"十二五"普通高等教育本科国家级规划教材

自适应控制理论及应用

（第2版）

编　著　李言俊　吕梅柏
参　编　张　科　王　佩
　　　　李　泽　葛致磊

西北工业大学出版社
西　安

【内容简介】 本书主要介绍自适应控制的基本原理和常用基本方法。全书分为13章，内容包括绪论、自适应控制的理论基础、连续时间模型参考自适应控制、离散时间系统模型参考自适应控制、自校正控制、变结构控制、自抗扰控制理论、混合自适应控制、对象具有未建模动态时的混合自适应控制、非线性控制对象的自适应控制、模糊自适应控制、自适应控制的应用以及尾坐式无人机的自适应控制方法等。本书侧重理论的应用，未进行大量的公式推导及证明阐述，着重在知识的层次结构和逻辑关系上进行了梳理和总结，与国外教材相比，航空航天应用特色鲜明，技术及内容跟随了当今控制理论方法的应用前沿，更加符合我国科研应用背景及学者参考使用习惯。

本书可作为高等学校自动控制类和航空航天类专业研究生教材，也可供本科高年级学生和工程技术人员参考。

图书在版编目(CIP)数据

自适应控制理论及应用 / 李言俊，吕梅柏编著. —
2版. — 西安 ：西北工业大学出版社，2021.11
ISBN 978-7-5612-7670-9

Ⅰ.①自… Ⅱ.①李… ②吕… Ⅲ.①自适应控制-高等学校-教材 Ⅳ.①TP13

中国版本图书馆CIP数据核字(2021)第053619号

ZISHIYING KONGZHI LILUN JI YINGYONG

自 适 应 控 制 理 论 及 应 用

责任编辑：杨　军　　**策划编辑：**杨　军
责任校对：胡莉巾　　**装帧设计：**李　飞
出版发行：西北工业大学出版社
通信地址：西安市友谊西路127号　　邮编:710072
电　　话：(029)88491757，88493844
网　　址：www.nwpup.com
印 刷 者：兴平市博闻印务有限公司
开　　本：787 mm×1 092 mm　　1/16
印　　张：27
字　　数：708千字
版　　次：2005年4月第1版　2021年11月第1版　2021年11月第1次印刷
定　　价：79.00元

第2版前言

自20世纪60年代以来，由于航空航天技术和过程控制发展的需要，在计算机技术发展的推动下，自适应控制无论是在理论上还是在应用上都取得了很大进展。近20年来，由于计算机技术的快速发展，特别是超大规模集成电路和芯片的广泛普及，为自适应控制技术的应用开辟了广阔的领域。目前，自适应控制在以无人机为代表的飞行器控制、深空探测器控制、卫星跟踪控制、大型油轮控制、电力拖动、造纸过程控制、水泥配料控制、大型加热炉温控制、冶金过程和化工过程控制等方面都得到了应用。利用自适应控制能够解决一些常规的反馈控制所不能解决的复杂控制问题，可以大幅度提高系统的稳态精度和动态品质。

本书是在《自适应控制理论及应用》第1版的基础上修订而成的，根据自适应控制发展，更新、补充和调整了部分内容，同时增加了两章内容(第7章和第13章)。全书共分为13章，第1章至第5章为绪论、自适应控制的理论基础、连续时间系统模型参考自适应控制、离散时间系统模型参考自适应控制和自校正控制，主要是回顾和介绍与自适应控制有关的一些基础知识及经典的模型参考自适应控制和自校正控制系统设计方案。第6章至第11章为变结构控制、自抗扰控制理论、混合自适应控制、对象具有未建模动态时的混合自适应控制、非线性控制对象的自适应控制和模糊自适应控制，主要介绍近20多年来的自适应控制理论发展所出现的一些新的研究领域和研究成果。第12章为自适应控制的应用，介绍了自适应控制在应用方面的一些研究成果。第13章以尾坐式无人机的自适应控制方法为例，详细的阐述了自适应控制的应用过程。

本书第1章至第3章、第5章由吕梅柏编写，第4章、第8章和第12章由李言俊编写，第6章和第11章由张科编写，第7章和第12章的部分内容由王佩编写，第9章至第10章由李泽编写，第13章由葛致磊编写。

陈新海教授和周军教授参编的《自适应控制及应用》为本书提供了很好的参考，打下了良好的基础，在此表示衷心感谢。

编写本书曾参阅了相关文献、资料，在此，谨向其作者深致谢忱。

西北工业大学教务处和西北工业大学出版社对本书的出版给予了热情支持，在此深致谢忱。

书中如有不妥之处，敬请读者批评指正。

编　者

2020年6月

目　　录

第1章　绪　　论

1.1　自适应控制系统概述

1.1.1　自适应控制问题的提出

很多控制对象的数学模型会随着时间或工作环境的改变而变化，其变化规律往往事先不知道。例如，导弹或飞机的气动参数会随其飞行速度、飞行高度和大气密度而变，特别是导弹的飞行速度和飞行高度的变化范围很大，因而导弹的数学模型参数可在很大的范围内变化。在飞行过程中，导弹的质量和质心位置会随着燃料的消耗而改变，这也会影响其数学模型的参数。当对象的数学模型参数在小范围内变化时，可用一般的反馈控制、最优控制或补偿控制等方法来消除或减小参数变化对控制品质的有害影响。如果控制对象的参数在大范围内变化，上面这些方法就不能圆满地解决问题了。为了使控制对象参数在大范围内变化时，系统仍能自动地工作于最优工作状态或接近于最优的工作状态，因而就提出了自适应控制问题。

自适应控制也是一种反馈控制，但它不是一般的系统状态反馈或系统输出反馈，而是一种比较复杂的反馈控制。自适应控制系统很复杂，即使对于线性定常的控制对象，其自适应控制也是非线性时变反馈控制系统，因此设计自适应控制比设计一般的反馈控制要复杂得多。

1.1.2　自适应系统定义

自适应系统定义的统一仍然是一个有很大争议的问题，现引入部分有关的定义，其余定义可查阅有关参考文献。

定义 1.1.1　自适应系统在工作过程中能不断地检测系统参数或运行指标，根据参数或运行指标的变化，改变控制参数或控制作用，使系统工作于最优工作状态或接近于最优工作状态。

定义 1.1.2　自适应系统利用可调系统的输入量、状态变量及输出量来测量某种性能指标，根据测得的性能指标与给定的性能指标的比较，自适应机构修改可调系统的参数或者产生辅助输入量，以保持测得的性能指标接近于给定的性能指标，或者说使测得的性能指标处于可接受性能指标的集合内。

1.1.3　自适应系统的基本结构

自适应系统的基本结构框图如图 1.1 所示。图中所示的可调系统可以理解为这样一个系统，即它能够用调整它的参数或者输入信号的方法来调整系统特性。

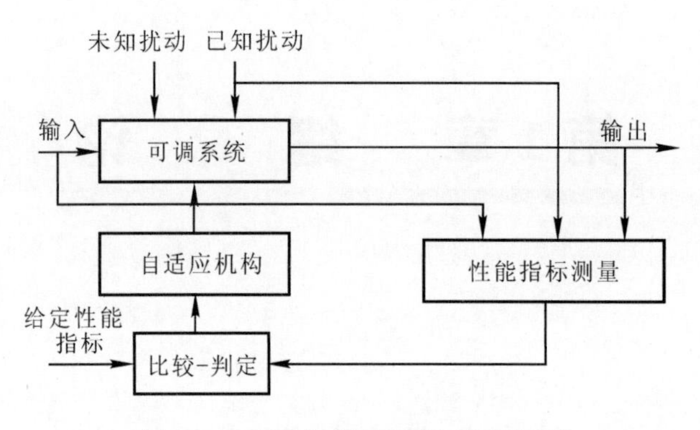

图 1.1　自适应系统的基本结构框图

性能指标的测量有多种方法，有些是直接的，有些是间接的，例如通过系统动态参数的辨识来测量性能指标就是一种间接方法。

比较-判定是指在给定的性能指标与测得的性能指标之间做出比较，并判定所测得的性能指标是否处于可接受性能指标的集合内。如果不是，自适应机构就相应地动作，或者调整可调系统的参数，或者调整可调系统的输入信号，从而调整系统的特性。

应当注意，在图 1.1 中，性能指标测量、比较-判定和自适应机构三个基本结构方块的实施是非常复杂的，在有些情况下，要把一个自适应系统按照图 1.1 所示的基本结构图进行分解不是一件容易的事情。

判断一个系统是否真正具有"自适应"的基本特征，关键看其是否存在一个对性能指标的闭环控制。有许多控制系统被设计成参数变化时具有可接受的特性，习惯上，它们常被称为"自适应系统"。但是，它们并没有一个对性能指标的闭环控制，因而这样的系统并不是真正的"自适应系统"。

1.1.4　自适应系统的分类

有许多准则可以用来对自适应系统进行分类，因而自适应系统的分类方法很多，下面主要按照自适应系统各个组成部分的特点和完成自适应所用策略来考虑分类。

1. 按照所用性能指标类型对自适应系统分类

由于性能指标的类型将决定性能指标测量方块的特点，所以可以从性能指标的类型对自适应系统进行分类。性能指标可分为：

(1) 静态性能指标；

(2) 动态性能指标；

(3) 参数性能指标；

(4) 状态变量和输入量的泛函。

例如，内燃机的效率是一个静态性能指标。系统对阶跃输入响应的形状是一个动态性能指标。闭环控制系统的阻尼系数是一个参数性能指标。二次型性能指标为

$$J=\int_{0}^{t_1}(\boldsymbol{x}^{\mathrm{T}}\boldsymbol{Q}\boldsymbol{x}+\boldsymbol{u}^{\mathrm{T}}\boldsymbol{R}\boldsymbol{u})\mathrm{d}t \tag{1.1}$$

它是状态变量和输入量的一个泛函。

2. 按照比较-判定方块的特点进行分类

一般情况下，可分为：

(1) 减法器；

(2) 决定一个规定性能指标变量的极大值化或极小值化；

(3) 属于某个数值域。

当给定的性能指标对某种使用情况被唯一地确定并且能够以某一个信号来代表的时候，采用第一种形式。对于极值自适应系统，一般希望能使某一性能指标达到极大或极小，例如使内燃机的效率极大值化，则属于第二种形式。当希望把系统的某一参数控制在某一数值域时，例如希望把一个闭环控制系统的阻尼系数保持在 0.4 ～ 0.6，则属于第三种形式。

3. 按照自适应机构对可调系统的作用进行分类

一般情况下，可分为：

(1) 参数自适应；

(2) 信号综合自适应。

例如，在一个控制回路中，既可以修改控制器的参数，也可以直接在控制器的输出端加入一个辅助信号来修改加到对象上的控制信号，前者为参数自适应，后者为信号综合自适应。

4. 按照自适应技巧，也就是按照各个组成部分的工作模式进行分类

一般情况下，可分为：

(1) 确定性的；

(2) 随机性的；

(3) 学习性的(或称演变性的)。

第一种类型是最常见的自适应系统类型，系统各个方块的设计都使用的是确定性概念。对于第二种类型，或者性能指标测量方块或者比较-判定方块是使用随机性概念设计的。第三种类型的各个方块则含有记忆及模式识别的特点。一个学习系统能够记忆它先前的经历，辨认已经见识过的情况。这样就使系统能够根据它以前的经历来改善它的自适应控制。一个学习系统是一个自适应系统，但一个自适应系统却不一定具有学习的性质。

5. 按照自适应环的运行条件进行分类

一般情况下，可分为：

(1) 有测试信号：① 测试信号加到系统输入；② 测试信号作用于系统的可调参数。

(2) 无测试信号。

对测试信号的需求是为了保证性能指标得到良好和快速的测量，当已有的信号不足以对性能指标进行满意的测量时，就要使用测试信号。例如，当参考输入为常值时，为了辨识控制对象的参数，就需要加入测试信号。

除了上述分类方法之外，有的文献资料将自适应控制系统分为三大类，即自校正控制系统、模型参考自适应控制系统和其他类型的自适应控制系统。

(1) 自校正控制系统。典型的自校正控制系统结构框图如图 1.2 所示，系统受到随机干扰的作用。

自校正控制的基本思想是将控制对象参数递推估计算法与对系统运行指标的要求结合起来，形成一个能自动校正调节器或控制器参数的实时计算机控制系统。首先读取对象的输入

$\boldsymbol{u}(t)$ 和输出 $\boldsymbol{y}(t)$ 的实测数据，用在线递推辨识方法辨识对象的参数向量 $\boldsymbol{\theta}$ 和随机干扰的数学模型，然后按照辨识求得的参数向量估值 $\hat{\boldsymbol{\theta}}$ 和对系统运行指标的要求，随时调整调节器或控制器参数，给出最优控制 $\boldsymbol{u}(t)$，使系统适应于本身参数的变化和环境干扰的变化，始终处于最优或接近于最优的工作状态。

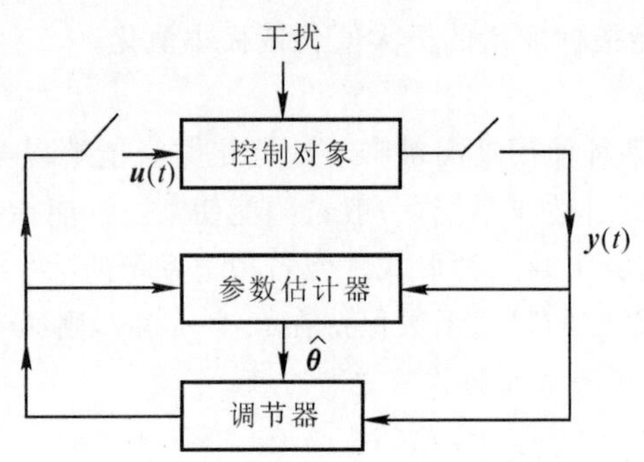

图 1.2　自校正控制系统结构框图

自校正控制系统可分为自校正调节器与自校正控制器两大类。自校正控制的运行指标（性能指标）可以是输出的方差最小、最优跟踪或理想极点配置等等。因此自校正控制又可分为最小方差自校正控制、广义最小方差自校正控制和极点配置自校正控制等。

设计自校正控制的主要工作是用递推辨识算法辨识系统参数，然后根据系统运行指标来确定调节器或控制器的参数。一般情况下自校正控制仅适用于离散随机控制系统，在有些情况下也可用于混合自适应控制系统。

(2) 模型参考自适应控制系统。在各种类型的自适应控制方案中，模型参考自适应控制由于其自适应速度高且便于实现而获得了广泛的应用。在模型参考自适应系统中，给定的性能指标集合被一个动态性能指标所代替，变成了一个参考性能指标。为了产生这个参考性能指标，引入了一个被称为参考模型的辅助动态系统，它与可调系统同时被相同的外部输入信号所激励。参考模型用它的输出和状态规定了一个给定的性能指标。在这种情况下，给定的性能指标与测得的性能指标之间的比较使用了一个典型的反馈比较器 —— 减法器，而比较结果可以从可调系统与参考模型的输出或状态之间的比较直接得到。参考模型与可调系统的输出之差被自适应机构用来修改可调系统的参数或产生一个辅助输入信号，使得被表示成可调系统与参考模型的输出或状态之差的泛函的两个性能指标之差达到极小，也就是使测得的性能指标保持在参考性能指标的邻域内，而这个邻域构成了可接受性能指标的一个集合。

模型参考自适应系统的发展概况、分类、一些常用定义及典型结构等将在 1.2 节进行较详细的介绍。

(3) 其他类型的自适应控制系统。除了自校正控制系统和模型参考自适应控制系统之外，其他各种类型的自适应控制系统层出不穷，例如变结构控制系统、非线性自适应控制系统、模糊自适应控制系统和神经网络自适应控制系统等等，在此不再一一列举。

1.1.5　自适应控制的发展概况

在20世纪50年代末，由于飞行控制的需要，美国麻省理工学院（MIT）的 Whitaker 教授首先提出了飞机自动驾驶仪的模型参考自适应控制方案，称为 MIT 方案。在该方案中采用局部参数优化理论设计自适应控制规律，但这一方案没有获得实际应用。由于用局部参数优化法设计模型参考自适应系统时，没有考虑系统的稳定性，所以在自适应系统设计完毕之后，还要进一步检验系统的稳定性，这就限制了这一方法的应用。

1966 年德国学者 P. C. Parks 提出了利用李雅普诺夫(A. M. Liapunov)第二法来推导自适应算法的自适应系统设计方法。这种方法可保证自适应系统的全局渐近稳定性，但在用控制对象的输入和输出构成自适应规律时要用到输入和输出的各阶导数，这就降低了自适应系统对干扰的抑制能力。为了避免这一缺点，印度学者 K. S. Narendra 和其他学者都提出了各自的不同方案。罗马尼亚学者 V. M. Popov 在 1963 年提出了超稳定性理论，法国学者 I. D. Landau 把超稳定性理论应用于模型参考自适应控制。用超稳定性理论设计的模型参考自适应系统是全局渐近稳定的。

自校正调节器是在 1973 年由瑞典学者 K. J. Åström 和 B. Wittenmark 首先提出来的。1975 年 D. W. Clark 等提出自校正控制器。1979 年 P. E. Wellstead 和 K. J. Åström 提出极点配置自校正调节器和伺服系统的设计方案。

自适应控制经过 60 多年的发展，无论是在理论上还是在应用上都取得了很大的进展。近 30 多年来，由于计算机技术的飞速发展，特别是超大规模集成电路和芯片的广泛普及，为自适应控制技术的应用开辟了广阔的领域。目前，自适应控制在飞行器控制、深空探测器控制、卫星跟踪系统、大型油轮控制、电子拖动、造纸过程控制、水泥配料控制、大型加热炉温度控制、冶金过程控制和化工过程控制等方面都得到了应用。利用自适应控制能够解决一些常规的反馈控制所不能解决的复杂控制问题，可以大幅度地提高系统的稳态精度和动态品质。

1.2　模型参考自适应系统

1.2.1　模型参考自适应系统的发展概况

在很长的一个时期内，如果不考虑反馈原理的应用，则物理过程的自动控制是一门经验技术，它较多地依赖于实践技巧而不是科学基础。对更复杂和更高性能控制系统的需求推动了控制理论的发展。即使有了这样一种系统化的控制理论，在设计实际系统时仍常常感到控制对象先验知识的不足，例如，缺乏对控制对象动态特性的清楚了解，有时甚至是统计意义上的了解也无法满足。

当对控制对象的动态特性知道很少或对象的动态特性具有不可预测的较大变化时，为了构造高性能的控制系统，产生了一类被称为自适应控制系统的新型控制系统，它对这类问题的解决提供了可能性。自适应控制概念的提出也许和反馈概念一样古老，但学者对这类控制系统的浓厚兴趣则始于 20 世纪 50 年代早期。

为了使控制系统能够“自适应”，也就是当对象的动态特性发生不可预测的较大变化时，能够使控制系统仍具有良好的性能，学者们也曾提出过许多解决办法。其中，一类特殊的自适应系统——模型参考自适应系统(Model Refevence Adaptive Control System, MRACS)，就是在 20 世纪 50 年代后期发展起来的。

模型参考自适应系统的主要创新点之一是参考模型的出现，由于参考模型规定了所要求的系统性能。在好几年里,参考模型曾是一个非常有争议的概念。然而,只要对线性控制系统设计问题和自适应控制问题进行仔细地研究,就会很自然地引出参考模型的概念。为了进一步说明这一论点,让我们简略回顾控制理论的发展过程。

在控制理论发展的第一阶段,它是通过在确定环境下导出的线性定常微分方程发展起来的。早期的许多重要研究成果是利用线性积分变换技术把控制问题变换到频域中得到的。后来,在确定最优控制策略方面获得了丰富的理论成果,在这一阶段中状态变量的概念在描述动态过程时起到了很大作用。

现在来简单回顾一下最优控制理论。如果对象的状态方程为

$$\dot{\boldsymbol{x}} = \boldsymbol{A}\boldsymbol{x} + \boldsymbol{B}\boldsymbol{u} \tag{1.2}$$

式中,$\boldsymbol{x}$ 为状态向量,$\boldsymbol{u}$ 为控制输入,$\boldsymbol{A}$ 和 $\boldsymbol{B}$ 为具有合适维数的常值矩阵。在某些假设条件下求解最优控制 $\boldsymbol{u}$,使二次型性能指标

$$J = \int_0^{t_1} (\boldsymbol{x}^{\mathrm{T}}\boldsymbol{Q}\boldsymbol{x} + \boldsymbol{u}^{\mathrm{T}}\boldsymbol{R}\boldsymbol{u})\mathrm{d}t \tag{1.3}$$

为极小,式中 $\boldsymbol{Q}$ 为非负定矩阵,$\boldsymbol{R}$ 为正定矩阵。

上述最优控制问题具有下列的局限性:

(1) 能够正确地用线性定常微分方程描述的动态过程并不太多,对于线性定常的假设,例外情况多于适用情况。线性定常的描述仅是在状态向量的稳态值附近才能对系统的动态特性给出有价值的描述。

(2) 在最优控制理论中假定控制系统所要求的性能可以由一个二次型性能指标完全确定,式(1.3) 中的矩阵 $\boldsymbol{Q}$ 和 $\boldsymbol{R}$ 是给定的。在许多情况下,这些假定是不成立的。

(3) 式(1.2) 中引入了由矩阵 $\boldsymbol{A}$ 和 $\boldsymbol{B}$ 定义的动态参数概念,这些动态参数极少能够直接测量。

(4) 构成最优控制律需要得到全部状态变量,而在许多情况下,有些状态变量是无法直接得到的。

为了进一步讨论上面所给出的控制系统设计问题的结果,现在假定:线性和定常这两个前提是有效的,对象的参数是已知的,全部状态变量都是可以测量的。控制系统的设计者具有计算最优控制律所必需的全部数学工具之后,首先需要解决的一个重要问题就是如何选取式(1.3) 所给出的性能指标中的矩阵 $\boldsymbol{Q}$ 和 $\boldsymbol{R}$。当系统的维数增加时,选取矩阵 $\boldsymbol{Q}$ 和 $\boldsymbol{R}$ 的问题就更为复杂。在大多数情况下,除了使式(1.3) 所给出的性能指标为极小之外,还必须保证对象的状态向量和控制输入向量随时间的变化满足某种动态性能。由于二次型性能指标式(1.3) 没有包含对象的状态向量和控制输入向量在每一瞬间变化的任何明显信息,所以用 $\boldsymbol{Q}$ 和 $\boldsymbol{R}$ 来确定广泛采用的诸如上升时间、超调量和阻尼系数等性能指标是极为困难的。如果我们将所希望的性能指标用一个被称为"参考模型"的理想控制系统的性能来规定,就可以避免上述的困难。

如果 $\boldsymbol{x}_{\mathrm{m}}$ 是接受控制信号 $\boldsymbol{u}_{\mathrm{m}}$ 的参考模型的状态向量,需要设计一个控制系统,使二次型性能指标

$$J = \int_0^{t_1} [(\boldsymbol{x}_{\mathrm{m}} - \boldsymbol{x})^{\mathrm{T}}\boldsymbol{Q}(\boldsymbol{x}_{\mathrm{m}} - \boldsymbol{x}) + \boldsymbol{u}^{\mathrm{T}}\boldsymbol{R}\boldsymbol{u}]\mathrm{d}t \tag{1.4}$$

达到极小。在性能指标式(1.4) 中,权矩阵 $\boldsymbol{Q}$ 决定了状态变量的跟随精度,$\boldsymbol{R}$ 决定了 $\boldsymbol{u}$ 的幅值。依赖于 $\boldsymbol{Q}$ 和 $\boldsymbol{R}$ 的选择,对模型各个状态变量的跟随精度有高有低,控制输入 $\boldsymbol{u}$ 的各个分量

的幅值也有大有小，但控制对象各个状态变量的动态响应将由参考模型规定。

参考模型既可以是显式的，也可以是隐式的。在显式情况下，参考模型是控制系统的一个组成部分，所要求的特性由参考模型状态的动态响应明显地规定。而在隐式情况下，参考模型仅仅用作控制规律的计算，并不明显出现在控制系统中。

参考模型的概念并不是随着自适应系统的产生才出现的。在线性定常控制系统设计的早期阶段，在线性系统最优控制理论的范畴内，参考模型的概念已显示出是一个用来解决实际问题的很有用的工具。例如，在线性模型跟随系统的设计中，就用到了显式参考模型和隐式参考模型。在线性状态观测器中，对象就是参考模型。在参数辨识中，被辨识的对象也扮演了参考模型的角色。由此可以看出，即使设计一个最优线性控制系统，无论是对于所要求的系统特性，还是对于不可达状态的观测，参考模型的概念都是非常有用的。

现在回到对象参数出现大的、快的和不可预测的变化时的情况，这是在许多实际工程项目中经常遇到的问题。在这种情况下，当参数的平均值以足够的精度已知时，参数的可能变化就可用一个已知的随机模型来描述，就能够用随机控制理论来设计控制系统。然而，在处理实际问题时这种方法却难以应用，主要原因是：

(1) 对象参数的平均值难以预先确定。

(2) 难以建立参数变化的随机模型，以及参数的变化太大，都会使用随机方法设计的系统产生不良特性。

从设计者的角度出发，我们进一步来讨论参数变化问题。目标是设计一种控制系统，使其能在动态参数变化时仍保持它的额定特性。为此，可以采取下列任意一种方法：

(1) 设计一个反馈控制，使系统特性对参数变化不敏感。

(2) 无延迟地在线测量控制对象参数并且相应修改控制规律的参数。

(3) 将所要求的性能指标与实际的性能指标进行比较，并由此信息来修改反馈控制规律。

上述第一种方法引发了控制系统敏感性领域的大量研究工作，出现了许多富有成效的研究成果，但其应用范围局限于参数在额定值附近发生小的变化。第二种和第三种方法引导了自适应控制系统的产生。但第二种方法存在若干限制，其中之一就是在确定对象参数时存在延迟，在大多数情况下它将会使自适应作用变得缓慢。第三种方法有利于理解自适应控制的意义及其相对于传统反馈控制的特点。实际上，自适应控制系统和传统反馈控制系统都是反馈系统，但自适应控制系统具有一个附加的反馈环，它不是作用在状态变量上，而是作用在一个抽象变量上，这个抽象变量就是利用性能指标估算出来的系统特性。要求的性能指标与测量的性能指标之差通过自适应规律作用到反馈控制环的参数或控制对象的输入，以保持实际的性能指标接近要求的性能指标。

因此，关键的问题就在于如何确定自适应规律，使得在环境发生变化时系统的实际性能指标接近于所要求的性能指标。

一个自适应控制系统的行为依赖于用来度量系统性能的性能指标。例如，如果选取二次型积分判据作为性能指标，则自适应作用就只能在估算性能指标所必需的某个滞后时间 Δt 之后才能完成。这自然就产生了一个疑问：能否在完成自适应作用的同时测量系统性能？问题的答案是肯定的。只要采用包含参考模型的自适应控制系统就可做到这一点。这类系统的典型结构如图 1.3 所示。图中参考模型的状态向量与对象的状态向量之差，就是所要求的特性与实际特性之差。在这种系统中，误差向量 $\boldsymbol{e}=\boldsymbol{x}_{\mathrm{m}}-\boldsymbol{x}_{\mathrm{s}}$ 不仅用来消除对象的状态向量 $\boldsymbol{x}_{\mathrm{s}}$ 与参考模型的状态向量 $\boldsymbol{x}_{\mathrm{m}}$ 之差，而且当对象的参数值偏离设计线性控制系统所用的额定值时，误差向量 $\boldsymbol{e}$ 也用来修改控制规律的参数，或用来产生一个辅助控制信号。

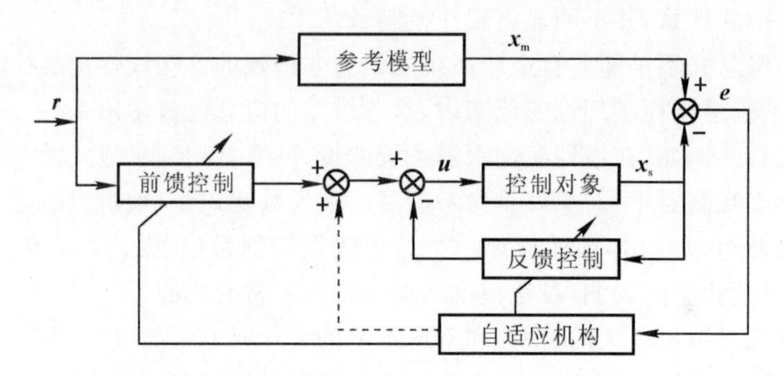

图 1.3　含有参考模型的自适应控制系统

当对控制对象参数知道很少或参数发生很大变化时，建立观测器也需要采用自适应方案。在这种情况下，对象的输出与观测模型之差不仅用来构成观测模型的附加输入，而且还用来调整观测模型的参数，以便保持理想线性渐近观测器的性质，即

$$\lim_{t\to\infty}(\boldsymbol{x}_{\mathrm{m}}-\boldsymbol{x}_{\mathrm{s}})=\boldsymbol{0} \tag{1.5}$$

因此就产生了具有模型参考自适应系统结构的自适应观测器。它具有下列两个有趣的性质：

(1) 可以确保观测模型的状态向量收敛于对象的状态向量，而与观测模型的初始值无关。

(2) 在某些条件下，允许确定对象的动态参数，例如在自适应的作用下，观测模型的参数将收敛于对象的参数。

这种类型的自适应观测器称为具有可调模型的辨识器和观测器。于是可以得出结论：模型参考自适应系统起到了对使用积分二次型性能指标的最优线性系统的合理补充作用，使我们可以更有效地解决一些实际问题。

实际上，模型参考自适应系统在使用积分二次型性能指标的线性最优控制理论之前就已经出现了。它起源于把人类行为的自适应反应和因果律模型概念移植到控制领域，而因果律模型清楚地显示出人的自适应特征的推理过程的一般模式。例如，为了描述物理的、社会的或生物的现象，人们常常从惟象的模型结构出发，而惟象的模型结构表征了原因与结果之间定性联系的特点。从这个结构出发，人们尝试决定能够由因果关系得到定量确定的那些参数。于是，人们把这些模型与真实现象相比较，而人起着自适应机构的作用去修改这些参数值，一直到获得一个符合客观实际的模型为止。这个工作过程等价于具有可调模型的系统辨识。当人们期望利用已经建立的具有一定正确性的因果律模型的现象或对这个现象施加作用时，人们规定出所要求的模型行为，再对这些现象确定一个控制策略以使现象具有所要求的行为。在充分掌握这些模型的不完善性和可以改变所考虑模型有效性的扰动的基础上，人们把所获得的实际行为与所要求的行为进行比较。根据这些观察，人们试着修改控制策略以获得一个接近要求的行为。这种工作过程就对应于自适应模型跟随控制系统。

当然,真正意义上的模型参考自适应系统,即现代控制理论中的模型参考自适应系统是在20世纪50年代后期才逐渐发展起来的,这些内容在1.1.5小节及本小节的前面已叙述过,此处不再重述。

1.2.2　模型参考自适应系统的分类

由于模型参考自适应系统的类型很多,如果只用一个标准来对所有的典型结构进行分类是不可能的。这里按照系统结构、性能指标、应用类型、参数扰动类型和自适应控制的实现方式来对模型参考自适应系统进行分类。

1. 按照系统结构分类

(1) 并联模型参考自适应系统;

(2) 串并联模型参考自适应系统;

(3) 串联模型参考自适应系统。

三种系统结构都可用于系统辨识和自适应模型跟随控制,其中并联方案是最常用的结构。

2. 按照性能指标分类

(1) 输出广义误差及其导数的范数的极小化;

(2) 状态距离的极小化;

(3) 参数距离的极小化。

请注意,不要将这里所说的性能指标与参考模型给出的所要求的性能指标相混淆。这里所说的性能指标仅仅用于设计自适应机构,它是表示参考模型给出的所要求的性能指标与可调系统的真实性能指标之差的一种量度。

3. 按照应用的类型分类

(1) 自适应模型跟随控制系统;

(2) 具有一个可调模型的系统辨识;

(3) 状态观测;

(4) 自适应调节;

(5) 极值控制。

4. 按照参数扰动的类型分类

(1) 参数未知,但却是恒定的;

(2) 参数具有频繁不可测量的变化。

5. 按照自适应控制的实现方式分类

(1) 连续时间模型参考自适应系统;

(2) 离散时间模型参考自适应系统;

(3) 混合式模型参考自适应系统。

1.2.3　常用的一些定义

设参考模型方程为

$$\dot{\boldsymbol{x}}_{\mathrm{m}} = \boldsymbol{A}_{\mathrm{m}}\boldsymbol{x}_{\mathrm{m}} + \boldsymbol{B}_{\mathrm{m}}\boldsymbol{r} \tag{1.6}$$

$$\boldsymbol{y}_{\mathrm{m}} = \boldsymbol{C}\boldsymbol{x}_{\mathrm{m}} \tag{1.7}$$

并联可调系统方程为

$$\dot{\boldsymbol{x}}_{\mathrm{s}}=\boldsymbol{A}_{\mathrm{s}}(t)\boldsymbol{x}_{\mathrm{s}}+\boldsymbol{B}_{\mathrm{s}}(t)\boldsymbol{r} \tag{1.8}$$

$$\boldsymbol{y}_{\mathrm{s}}=\boldsymbol{C}\boldsymbol{x}_{\mathrm{s}} \tag{1.9}$$

式中，$\boldsymbol{x}_{\mathrm{m}}$ 和 $\boldsymbol{x}_{\mathrm{s}}$ 为 n 维状态向量，$\boldsymbol{r}$ 是 m 维输入向量，$\boldsymbol{y}_{\mathrm{m}}$ 和 $\boldsymbol{y}_{\mathrm{s}}$ 为 r 维输出向量，$\boldsymbol{A}_{\mathrm{m}}$ 和 $\boldsymbol{B}_{\mathrm{m}}$ 为适当维数的常值矩阵，$\boldsymbol{A}_{\mathrm{s}}(t)$ 和 $\boldsymbol{B}_{\mathrm{s}}(t)$ 为适当维数的时变矩阵，$\boldsymbol{C}$ 为适当维数的输出矩阵。不失一般性，这里对参考模型和可调系统采用了同一矩阵 $\boldsymbol{C}$。

定义 1.2.1（广义状态误差） 广义状态误差 $\boldsymbol{e}$ 表示参考模型的状态向量 $\boldsymbol{x}_{\mathrm{m}}$ 与可调系统状态向量 $\boldsymbol{x}_{\mathrm{s}}$ 之差的可变向量，即

$$\boldsymbol{e}=\boldsymbol{x}_{\mathrm{m}}-\boldsymbol{x}_{\mathrm{s}} \tag{1.10}$$

定义 1.2.2（广义输出误差） 广义输出误差 $\boldsymbol{\varepsilon}$ 表示参考模型的输出 $\boldsymbol{y}_{\mathrm{m}}$ 与可调系统输出 $\boldsymbol{y}_{\mathrm{s}}$ 之差的可变向量，即

$$\boldsymbol{\varepsilon}=\boldsymbol{y}_{\mathrm{m}}-\boldsymbol{y}_{\mathrm{s}}=\boldsymbol{C}\boldsymbol{e} \tag{1.11}$$

定义 1.2.3（状态距离） 参考模型的状态向量 $\boldsymbol{x}_{\mathrm{m}}$ 与可调系统状态向量 $\boldsymbol{x}_{\mathrm{s}}$ 之差的任何一种范数都称为状态距离。

定义 1.2.4（参数距离） 参考模型的参数向量（或矩阵）与可调系统参数向量（或矩阵）之差的任何一种范数都称为参数距离。

定义 1.2.5（自适应规律） 广义误差与相应的参数修改量之间的关系或与加到可调系统输入的修改量之间的关系称为自适应规律或自适应算法。

定义 1.2.6（自适应机构） 用来执行自适应规律的一组相互连接的线性的、非线性的或时变的方块称为自适应机构。

定义 1.2.7（模型参考自适应系统） 给出一个由参考模型

$$\boldsymbol{y}_{\mathrm{m}}=f_{\mathrm{m}}(\boldsymbol{r},\boldsymbol{\theta}_{\mathrm{m}},\boldsymbol{x}_{\mathrm{m}},t) \tag{1.12}$$

的输入 $\boldsymbol{r}$、输出 $\boldsymbol{y}_{\mathrm{m}}$ 和状态 $\boldsymbol{x}_{\mathrm{m}}$ 所规定的性能指标，式中 $\boldsymbol{\theta}_{\mathrm{m}}$ 是参考模型的参数。同时给出一个可调系统，即

$$\boldsymbol{y}_{\mathrm{s}}=f_{\mathrm{s}}(\boldsymbol{r},\boldsymbol{\theta}_{\mathrm{s}},\boldsymbol{x}_{\mathrm{s}},t) \tag{1.13}$$

式中，$\boldsymbol{\theta}_{\mathrm{s}}$ 是可调系统的参数，$\boldsymbol{x}_{\mathrm{s}}$ 是可调系统的状态。再给出一个性能指标，即

$$J=f(\boldsymbol{\varepsilon},\boldsymbol{\theta}_{\mathrm{m}}-\boldsymbol{\theta}_{\mathrm{s}},\boldsymbol{e},t) \tag{1.14}$$

它表示由参考模型规定的性能指标与可调系统性能指标之差。通过以广义误差作为输入之一的自适应机构，采用参数自适应或信号综合自适应使性能指标 J 达到极小。这类系统称为模型参考自适应系统。

1.2.4 典型结构及数学描述

按照自适应控制的实现方式分类可将模型参考自适应系统分为连续时间模型参考自适应系统、离散时间模型参考自适应系统和混合式模型参考自适应系统三种类型，这三种类型的数学描述各不相同。受篇幅限制，这里仅简单介绍连续时间模型参考自适应系统的典型结构和数学描述，三种类型模型参考自适应系统的详细介绍将分别在第 3 章、第 4 章、第 8 章和第 9 章给出。

1. 并联模型参考自适应系统

并联模型参考自适应系统的基本结构如图 1.4 所示。我们将采用状态方程和微分算子方程两种方式描述模型参考自适应系统。

(1) 状态方程描述。对于参考模型,选取线性状态方程,即

$$\dot{\boldsymbol{x}}_{\mathrm{m}}=\boldsymbol{A}_{\mathrm{m}}\boldsymbol{x}_{\mathrm{m}}+\boldsymbol{B}_{\mathrm{m}}\boldsymbol{r} \tag{1.15}$$

式中,$\boldsymbol{x}_{\mathrm{m}}$ 为 n 维状态向量,$\boldsymbol{r}$ 为分段连续的 m 维输入向量,$\boldsymbol{A}_{\mathrm{m}}$ 和 $\boldsymbol{B}_{\mathrm{m}}$ 分别为 $n\times n$ 和 $n\times m$ 常值矩阵。选取参考模型是稳定且完全可控的。

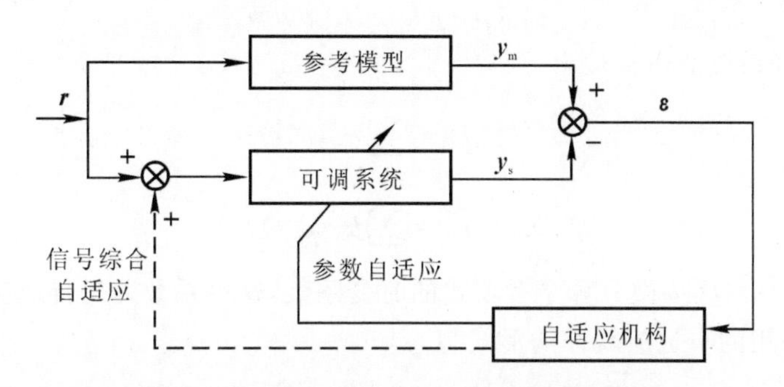

图 1.4　并联模型参考自适应系统的基本结构

可调系统可以具有可调参数,也可以具有辅助输入信号。前者称为参数自适应,后者称为信号综合自适应。

对于参数自适应,可调系统的状态方程为

$$\dot{\boldsymbol{x}}_{\mathrm{s}}=\boldsymbol{A}_{\mathrm{s}}(\boldsymbol{e},t)\boldsymbol{x}_{\mathrm{s}}+\boldsymbol{B}_{\mathrm{s}}(\boldsymbol{e},t)\boldsymbol{r} \tag{1.16}$$

式中,$\boldsymbol{x}_{\mathrm{s}}$ 为可调系统的 n 维状态向量,$\boldsymbol{A}_{\mathrm{s}}$ 和 $\boldsymbol{B}_{\mathrm{s}}$ 分别为 $n\times n$ 和 $n\times m$ 时变矩阵。两个矩阵的元素通过自适应规律依赖于广义状态误差向量 $\boldsymbol{e}$ 和其他变量。

对于信号综合自适应,可调系统的状态方程为

$$\dot{\boldsymbol{x}}_{\mathrm{s}}=\boldsymbol{A}_{\mathrm{s}}\boldsymbol{x}_{\mathrm{s}}+\boldsymbol{B}_{\mathrm{s}}\boldsymbol{r}+\boldsymbol{u}_{\mathrm{a}}(\boldsymbol{e},t) \tag{1.17}$$

式中,$\boldsymbol{A}_{\mathrm{s}}$ 和 $\boldsymbol{B}_{\mathrm{s}}$ 为常值矩阵,自适应信号 $\boldsymbol{u}_{\mathrm{a}}$ 通过自适应规律依赖于广义状态误差向量 $\boldsymbol{e}$ 和其他变量。

在参数自适应情况下的设计目标是寻找一种自适应规律来调整参数矩阵 $\boldsymbol{A}_{\mathrm{s}}(\boldsymbol{e},t)$ 和 $\boldsymbol{B}_{\mathrm{s}}(\boldsymbol{e},t)$,使得对于任何输入 $\boldsymbol{r}$ 均有 $\boldsymbol{e}\rightarrow\boldsymbol{0}$。如果还希望自适应机构具有记忆,就要考虑在自适应机构中包含积分器,于是 t 时刻的可调参数值不仅依赖于 $\boldsymbol{e}(t)$,而且还依赖于它的过去值 $\boldsymbol{e}(\tau)$, $\tau\leqslant t$。因此,在参数自适应情况下自适应规律的形式为

$$\boldsymbol{A}_{\mathrm{s}}(\boldsymbol{e},t)=\boldsymbol{F}(\boldsymbol{e},\tau,t)+\boldsymbol{A}_{\mathrm{s}}(0),\quad 0\leqslant\tau\leqslant t \tag{1.18}$$

$$\boldsymbol{B}_{\mathrm{s}}(\boldsymbol{e},t)=\boldsymbol{G}(\boldsymbol{e},\tau,t)+\boldsymbol{B}_{\mathrm{s}}(0),\quad 0\leqslant\tau\leqslant t \tag{1.19}$$

式中,$\boldsymbol{F}$ 和 $\boldsymbol{G}$ 表示 $\boldsymbol{A}_{\mathrm{s}}(\boldsymbol{e},t)$ 和 $\boldsymbol{B}_{\mathrm{s}}(\boldsymbol{e},t)$ 与向量 $\boldsymbol{e}$ 之间在区间 $0\leqslant\tau\leqslant t$ 上的函数关系。

在信号综合自适应的情况下,自适应规律的形式为

$$\boldsymbol{u}_{\mathrm{a}}(\boldsymbol{e},t)=\boldsymbol{u}(\boldsymbol{e},\tau,t)+\boldsymbol{u}_{\mathrm{a}}(0),\quad 0\leqslant\tau\leqslant t \tag{1.20}$$

式中,$\boldsymbol{u}$ 表示 $\boldsymbol{u}_{\mathrm{a}}(e,t)$ 与向量 $\boldsymbol{e}$ 之间在 $0\leqslant\tau\leqslant t$ 上的函数关系。

(2) 微分算子方程描述。参考模型的微分算子方程为

$$A_{\mathrm{m}}(p)y_{\mathrm{m}}=B_{\mathrm{m}}(p)r \tag{1.21}$$

式中，$p \xlongequal{\text{def}} \mathrm{d}/\mathrm{d}t$ 为微分算子，r 为标量输入，$y_{\mathrm{m}}(t)$ 为参考模型的标量输出，则

$$A_{\mathrm{m}}(p)=\sum_{i=0}^{n} a_{\mathrm{m}i} p^{i} \tag{1.22}$$

$$B_{\mathrm{m}}(p)=\sum_{i=0}^{m} b_{\mathrm{m}i} p^{i} \tag{1.23}$$

式中，$a_{\mathrm{m}i}$ 和 $b_{\mathrm{m}i}$ 为参考模型微分算子多项式的常系数。

在参数自适应情况下，可调系统微分算子方程为

$$A_{\mathrm{s}}(p,t) y_{\mathrm{s}}=B_{\mathrm{s}}(p,t) r \tag{1.24}$$

式中，$y_{\mathrm{s}}(t)$ 为可调系统的标量输出，则

$$A_{\mathrm{s}}(p,t)=\sum_{i=0}^{n} a_{\mathrm{s}i}(\varepsilon,t) p^{i} \tag{1.25}$$

$$B_{\mathrm{s}}(p,t)=\sum_{i=0}^{m} b_{\mathrm{s}i}(\varepsilon,t) p^{i} \tag{1.26}$$

式中，$a_{\mathrm{s}i}(\varepsilon,t)$ 和 $b_{\mathrm{s}i}(\varepsilon,t)$ 为微分算子多项式的时变系数，这些系数通过自适应规律依赖于广义输出误差 ε。所采用的自适应规律的形式为

$$a_{\mathrm{s}i}(\varepsilon,t)=f_{i}(\varepsilon,\tau,t)+a_{\mathrm{s}i}(0), \qquad \tau \leqslant t \tag{1.27}$$

$$b_{\mathrm{s}i}(\varepsilon,t)=g_{i}(\varepsilon,\tau,t)+b_{\mathrm{s}i}(0), \qquad \tau \leqslant t \tag{1.28}$$

在信号综合自适应情况下，可调系统的微分算子方程为

$$A_{\mathrm{s}}(p) y_{\mathrm{s}}=B_{\mathrm{s}}(p)[r+\mu(\varepsilon,t)] \tag{1.29}$$

式中

$$A_{\mathrm{s}}(p)=\sum_{i=0}^{n} a_{\mathrm{s}i} p^{i} \tag{1.30}$$

$$B_{\mathrm{s}}(p)=\sum_{i=0}^{m} b_{\mathrm{s}i} p^{i} \tag{1.31}$$

式中，$a_{\mathrm{s}i}$ 和 $b_{\mathrm{s}i}$ 为微分算子多项式的常系数。自适应规律的形式为

$$\mu(\varepsilon,t)=u(\varepsilon,\tau,t)+\mu(0), \qquad \tau \leqslant t \tag{1.32}$$

2. 串并联模型参考自适应系统

串并联模型参考自适应系统的典型结构框图如图 1.5 和图 1.6 所示。

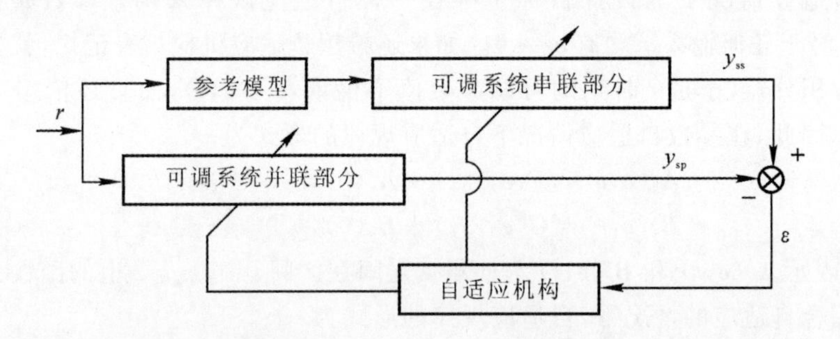

图 1.5　串并联模型参考自适应系统典型结构 Ⅰ 框图

对于图 1.5 所示典型结构 Ⅰ，可调系统具有两部分，一部分与参考模型串联，另一部分与参考模型并联。当用状态方程描述时，参考模型状态方程为式(1.15)，而可调系统状态方程为

$$\dot{\boldsymbol{x}}_{\mathrm{s}}=\boldsymbol{A}_{\mathrm{s}}(\boldsymbol{e},t)\boldsymbol{x}_{\mathrm{m}}+\boldsymbol{B}_{\mathrm{s}}(\boldsymbol{e},t)\boldsymbol{r},\qquad \boldsymbol{x}_{\mathrm{s}}(0)=\boldsymbol{x}_{\mathrm{m}}(0) \tag{1.33}$$

式中,广义状态误差向量 $\boldsymbol{e}=\boldsymbol{x}_{\mathrm{m}}-\boldsymbol{x}_{\mathrm{s}}$,可调系统并联部分由 $\boldsymbol{B}_{\mathrm{s}}(\boldsymbol{e},t)\boldsymbol{r}$ 给出,串联部分由 $\boldsymbol{A}_{\mathrm{s}}(\boldsymbol{e},t)\boldsymbol{x}_{\mathrm{m}}$ 给出。

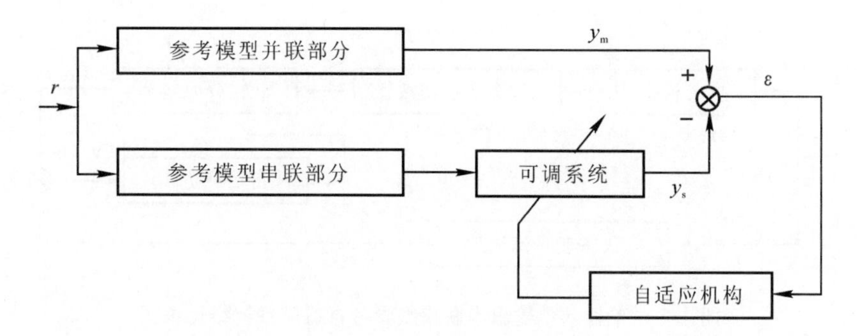

图1.6　串并联模型参考自适应系统典型结构 Ⅱ 框图

对于图1.6所示典型结构 Ⅱ,可调系统状态方程为式(1.16),参考模型状态方程为

$$\dot{\boldsymbol{x}}_{\mathrm{m}}=\boldsymbol{A}_{\mathrm{m}}\boldsymbol{x}_{\mathrm{s}}+\boldsymbol{B}_{\mathrm{m}}\boldsymbol{r},\qquad \boldsymbol{x}_{\mathrm{m}}(0)=\boldsymbol{x}_{\mathrm{s}}(0) \tag{1.34}$$

当使用微分算子方程描述时,对于典型结构 Ⅰ,有

$$\varepsilon=y_{\mathrm{ss}}-y_{\mathrm{sp}} \tag{1.35}$$

式中

$$y_{\mathrm{ss}}=\left[\sum_{i=0}^{n}a_{\mathrm{s}i}(\varepsilon,t)p^{i}\right]y_{\mathrm{m}} \tag{1.36}$$

$$y_{\mathrm{sp}}=\left[\sum_{i=0}^{m}b_{\mathrm{s}i}(\varepsilon,t)p^{i}\right]r \tag{1.37}$$

对于典型结构 Ⅱ,有

$$\varepsilon=y_{\mathrm{m}}-y_{\mathrm{s}} \tag{1.38}$$

$$y_{\mathrm{s}}=-\sum_{i=0}^{n}a_{\mathrm{s}i}(\varepsilon,t)p^{i}y_{\mathrm{m}}+\sum_{i=0}^{m}b_{\mathrm{s}i}(\varepsilon,t)p^{i}r \tag{1.39}$$

当 $a_{\mathrm{m}0}=a_{\mathrm{s}0}=1$ 时,这两种典型结构的微分算子方程是等价的。

由式(1.36)、式(1.37)和式(1.39)可以看到,要实现串并联模型参考自适应系统需要有作用于 y_{m} 和 r 的纯微分运算。为避免纯微分运算,在系统的两条前向通路中都引入状态变量滤波器,这是一种渐近稳定的低通滤波器,使我们能够获得 $0\sim n$ 阶滤波后的导数。

3. 串联模型参考自适应系统

串联模型参考自适应系统的实现受到参考模型可逆性的限制,这类问题对单输入单输出系统来说相对地较为简单,而对于多变量系统来说却复杂得多,这里我们只限于讨论单输入单输出系统情况。在这种情况下,参考模型由式(1.21)描述,串联可调系统的微分算子方程为

$$\sum_{i=0}^{m}b_{\mathrm{s}i}(\varepsilon,t)p^{i}y_{\mathrm{s}}=-\sum_{i=0}^{n}a_{\mathrm{s}i}(\varepsilon,t)p^{i}y_{\mathrm{m}} \tag{1.40}$$

广义误差为

$$\varepsilon=y_{\mathrm{s}}-r \tag{1.41}$$

在实现这种类型的模型参考自适应系统时为避免使用纯微分运算,要像串并联情况那样

在两条前向通路中都引入状态变量滤波器，整个系统的结构框图如图1.7所示。引入状态变量滤波器后，式(1.40)和式(1.41)形式不变，但y_m和r用它们相应的滤波值y_{mf}和r_f代替，而这时串联可调系统的输出为y_{sf}。

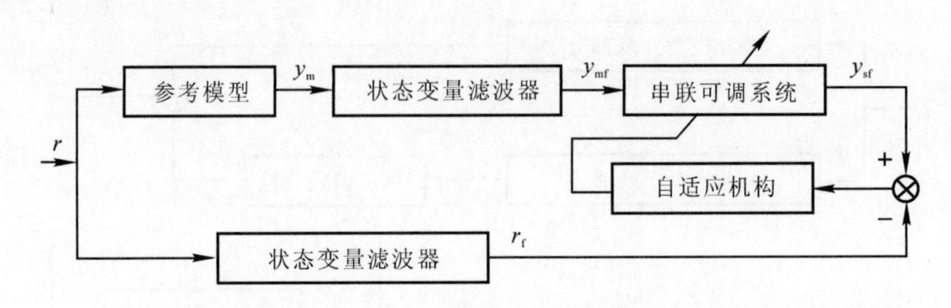

图1.7　单输入单输出串联模型参考自适应系统结构框图

1.2.5　系统设计时常用的一些假设

在1.2.4小节中给出的各种形式的模型参考自适应系统符合下列一些基本假设：

(1) 参考模型是一个线性定常系统；

(2) 参考模型与可调系统的维数相同；

(3) 在参数自适应的情况下，可调系统的所有参数对于自适应作用来说是可达的；

(4) 在自适应调整过程中可调系统的参数仅依赖于自适应机构；

(5) 除输入信号r外没有其他外部信号作用到系统上或系统的局部上；

(6) 参考模型参数与可调系统参数之间的初始差异是未知的；

(7) 广义状态误差向量和广义输出误差向量是可测的。

上述一组假设称为理想情况或基本情况，因为这组假设使我们能够对模型参考自适应系统的设计直接进行解析处理。

许多实际问题完全符合理想情况，而且以理想情况所获得的结果还可以推广到某些非理想情况。实际问题中常遇到的非理想情况可归结如下：

(1) 参考模型是一个非线性时变系统；

(2) 可调系统包含有非线性；

(3) 参考模型的维数不同于可调系统的维数；

(4) 并非所有可调系统参数对于自适应作用可达；

(5) 在自适应调整过程中，可调系统参数不仅依赖于自适应机构，而且还受到外来参数扰动的影响；

(6) 系统的其他不同部分也受到扰动作用；

(7) 广义状态误差向量或广义输出误差向量的测量值受噪声污染。

这一组假设称为实际情况或普遍情况。实际情况下的设计问题比理想情况下的设计问题要困难得多，虽然近些年有了一些有价值的研究成果，但未解决的问题仍然很多，仍属于当前正在研究的范畴。

习　　题

1.1　阐述自适应控制系统的分类，并尝试用形象的方法建立各类型间的关系图。

1.2　阐述模型参考自适应系统的分类，并尝试用图表或关系树的方法建立各类型间的关系图。

1.3　设并联模型参考自适应系统中的参考模型状态方程为式(1.15)，可调系统具有可调前馈增益和反馈增益，其状态方程为

$$\dot{\boldsymbol{x}}_{\mathrm{s}} = \boldsymbol{A}_{\mathrm{s}}\boldsymbol{x}_{\mathrm{s}} + \boldsymbol{B}_{\mathrm{s}}\boldsymbol{u}$$

$$\boldsymbol{u} = -\boldsymbol{K}_{\mathrm{x}}(\boldsymbol{e},t)\boldsymbol{x}_{\mathrm{s}} + \boldsymbol{K}_{\mathrm{u}}(\boldsymbol{e},t)\boldsymbol{u}$$

式中，$\boldsymbol{A}_{\mathrm{s}}$ 和 $\boldsymbol{B}_{\mathrm{s}}$ 为未知的常值矩阵。试讨论 $\boldsymbol{A}_{\mathrm{s}}$，$\boldsymbol{B}_{\mathrm{s}}$，$\boldsymbol{A}_{\mathrm{m}}$ 和 $\boldsymbol{B}_{\mathrm{m}}$ 在什么样的结构条件下，使得对于 $\boldsymbol{K}_{\mathrm{x}}(\boldsymbol{e},t)$ 和 $\boldsymbol{K}_{\mathrm{u}}(\boldsymbol{e},t)$ 的某个确定值，参考模型与可调系统能够获得相同的性能。

1.4　试分别就下面两种情况使用微分算子方程表达的输入输出关系来描述具有串并联参考模型的单输入单输出模型参考自适应系统：

(1) 参考模型的串联部分置于可调系统之前；

(2) 参考模型的串联部分置于可调系统之后。

1.5　试对式(1.15) 和式(1.33) 描述的串并联模型参考自适应系统做出其等价描述，使其具有同样的广义状态误差表达式，但系统结构与图 1.6 所示的相同。

第2章 自适应控制的理论基础

模型参考自适应控制的理论基础是李雅普诺夫稳定性理论和超稳定性理论。为了便于学习自适应控制理论,本章将简要地介绍这两种在现代控制理论中最常用的稳定性理论。

2.1 李雅普诺夫稳定性理论

李雅普诺夫稳定性理论是俄国学者李雅普诺夫(A. M. Liapunov) 于 1892 年提出的。它采用了状态向量描述,是确定系统稳定性的一种方法。它比经典控制理论中的代数判据、奈奎斯特判据、对数判据和根轨迹判据等适用范围更广。它不仅适用于单变量、线性、定常系统,而且适用于多变量、非线性、时变系统。在分析一些特定的非线性系统的稳定性时,李雅谱诺夫理论有效地解决了用其他方法所不能解决的问题。李雅普诺夫理论在建立一系列关于稳定性概念的基础上,提出了判断系统稳定性的两种方法:一种方法是利用线性系统微分方程的解来判断系统稳定性,称之为李雅普诺夫第一法或间接法;另一种方法是首先利用经验和技巧来构造李雅普诺夫函数,进而利用李雅普诺夫函数来判断系统稳定性,称之为李雅普诺夫第二法或直接法。由于间接法需要解线性系统微分方程,求解系统微分方程往往并非易事,所以间接法的应用受到了很大限制。而直接法不需解系统微分方程,给判断系统的稳定性带来极大方便,获得了广泛应用,并且在现代控制理论的各个分支,如最优控制、自适应控制、非线性系统控制和时变系统控制等方面,均得到应用和发展。

下面先介绍关于李雅普诺夫稳定性的一些基本概念。

2.1.1 李雅普诺夫意义下的稳定性

设系统方程为

$$\dot{\boldsymbol{x}} = \boldsymbol{f}(\boldsymbol{x}, t) \tag{2.1}$$

式中,$\boldsymbol{x}$ 为 n 维状态向量,且显含时间 t;$\boldsymbol{f}(\boldsymbol{x}, t)$ 为线性或非线性、定常或时变的 n 维函数。假定方程的解为 $\boldsymbol{x}(t;\boldsymbol{x}_0, t_0)$,其中 $\boldsymbol{x}_0$ 和 t_0 分别为初始状态向量和初始时刻,则初始条件 $\boldsymbol{x}_0$ 必满足 $\boldsymbol{x}(t_0;\boldsymbol{x}_0, t_0) = \boldsymbol{x}_0$。

1. 平衡状态

李雅普诺夫关于稳定性的研究均针对平衡状态而言。对于所有 t,满足

$$\dot{\boldsymbol{x}}_e = \boldsymbol{f}(\boldsymbol{x}_e, t) = \boldsymbol{0} \tag{2.2}$$

状态的 $\boldsymbol{x}_e$ 称为平衡状态。平衡状态的各分量相对于时间不再发生变化,如果没有外力作用于系统,系统将保持在这个平衡状态。

对于线性定常系统 $\dot{\boldsymbol{x}}=\boldsymbol{A}\boldsymbol{x}$，其平衡状态 $\boldsymbol{x}_e$ 满足 $\boldsymbol{A}\boldsymbol{x}_e=\boldsymbol{0}$。当 $\boldsymbol{A}$ 为非奇异矩阵时，系统只有惟一的零解，即只存在一个位于状态空间原点的平衡状态。若 $\boldsymbol{A}$ 为奇异矩阵，则系统存在无穷多个平衡状态。对于非线性系统，可能有一个或多个平衡状态。

系统受到外力或干扰作用后，就会偏离平衡状态。若随后所有的外力或干扰作用消失，系统是否能够恢复到平衡状态或在平衡状态附近运动，这就提出了平衡状态的稳定性问题。

2. 李雅普诺夫意义下的稳定性

设系统初始状态位于以平衡状态 $\boldsymbol{x}_e$ 为球心、δ 为半径的闭球域 $S(\delta)$ 内，即

$$\|\boldsymbol{x}_0-\boldsymbol{x}_e\|\leqslant\delta,\qquad t=t_0 \tag{2.3}$$

若能使系统方程的解 $\boldsymbol{x}(t;\boldsymbol{x}_0,t_0)$ 在 $t\to\infty$ 的过程中，都位于以 $\boldsymbol{x}_e$ 为球心、任意规定的半径为 ε 的闭球域 $S(\varepsilon)$ 内，即

$$\|\boldsymbol{x}(t;\boldsymbol{x}_0,t_0)-\boldsymbol{x}_0\|\leqslant\varepsilon,\qquad t\geqslant t_0 \tag{2.4}$$

则称系统的平衡状态 $\boldsymbol{x}_e$ 在李雅普诺夫意义下是稳定的。该定义的平面几何表示如图 2.1(a) 所示，式(2.4) 中 $\|\cdot\|$ 为欧几里德范数，其几何意义是空间距离的尺度。例如 $\|\boldsymbol{x}_0-\boldsymbol{x}_e\|$ 表示状态空间中 $\boldsymbol{x}_0$ 至 $\boldsymbol{x}_e$ 点之间距离的尺度，其数学表达式为

$$\|\boldsymbol{x}_0-\boldsymbol{x}_e\|=[(x_{01}-x_{e1})^2+\cdots+(x_{0n}-x_{en})^2]^{\frac{1}{2}} \tag{2.5}$$

实数 δ 与 ε 有关，通常也与 t_0 有关。如果 δ 与 t_0 无关，则称平衡状态是一致稳定的。

请注意到，按李雅普诺夫意义下的稳定性定义，当系统做不衰减的振荡运动时，将在平面上描绘出一条封闭曲线，只要不超出 $S(\varepsilon)$，则认为是稳定的，这与经典控制理论中线性定常系统稳定性的定义是有差异的。

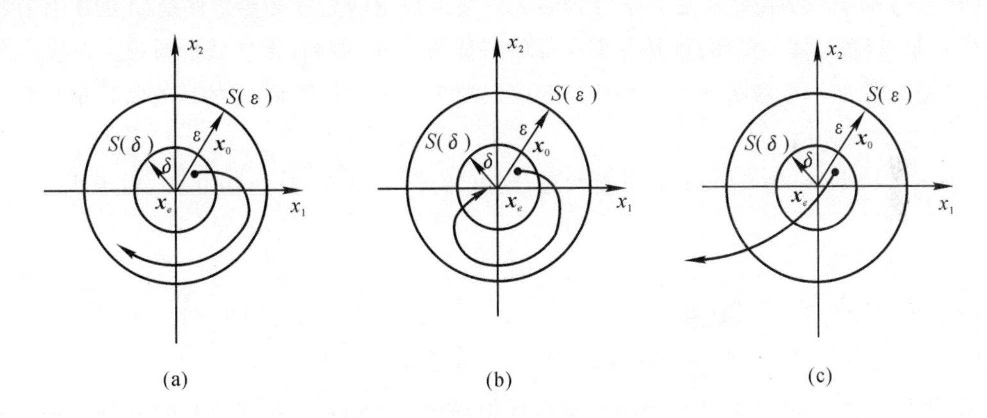

图 2.1　有关稳定性的平面几何表示

(a) 李雅普诺夫意义下的稳定性；(b) 渐近稳定性；(c) 不稳定性

3. 渐近稳定性

若系统的平衡状态 $\boldsymbol{x}_e$ 不仅具有李雅普诺夫意义下的稳定性，且有

$$\lim_{t\to\infty}\|\boldsymbol{x}(t;\boldsymbol{x}_0,t_0)-\boldsymbol{x}_e\|=0 \tag{2.6}$$

则称此平衡状态是渐近稳定的。这时，从 $S(\delta)$ 出发的轨迹不仅不会超出 $S(\varepsilon)$，且当 $t\to\infty$ 时收敛于 $\boldsymbol{x}_e$，其平面几何表示如图 2.1(b) 所示。显见经典控制理论中的稳定性定义与此处的渐近稳定性对应。

若 δ 与 t_0 无关，且式(2.6) 的极限过程与 t_0 无关，则称平衡状态是一致渐近稳定的。

4. 大范围(全局)渐近稳定性

当初始条件扩展至整个状态空间,且平衡状态均具有渐近稳定性时,称此平衡状态是大范围渐近稳定的,亦称全局渐近稳定。此时,$\delta \to \infty$,$S(\delta) \to \infty$。当$t \to \infty$时,由状态空间中任一点出发的轨迹都收敛至 $\boldsymbol{x}_e$。

对于严格线性的系统,如果它是渐近稳定的,必定是大范围渐近稳定的,这是因为线性系统的稳定性与初始条件的大小无关。而对于非线性系统来说,其稳定性往往与初始条件的大小密切相关,系统渐近稳定不一定是大范围渐近稳定。

5. 不稳定性

如果对于某个实数 $\varepsilon > 0$ 和任一个实数 $\delta > 0$,不管这两个实数有多么小,在 $S(\delta)$ 内总存在一个状态 $\boldsymbol{x}_0$,使得由这个状态出发的轨迹超出 $S(\varepsilon)$,则平衡状态 $\boldsymbol{x}_e$ 就称为是不稳定的,其平面几何表示如图 2.1(c) 所示。

下面介绍李雅普诺夫稳定性理论中判断系统稳定性的方法。

2.1.2 李雅普诺夫第一法(间接法)

李雅普诺夫第一法是一种利用状态方程解的特性来判断系统稳定性的方法,它适用于线性定常、线性时变及非线性可线性化的情况。受篇幅限制,在此仅介绍线性定常系统的特征值判据。

定理 2.1.1 对于线性定常系统 $\dot{\boldsymbol{x}} = \boldsymbol{A}\boldsymbol{x}$,$\boldsymbol{x}(0) = \boldsymbol{x}_0$, $t \geqslant 0$,则有

(1) 系统的每一平衡状态是在李雅普诺夫意义下稳定的充分必要条件是:$\boldsymbol{A}$ 的所有有特征值均具有非正(负或零) 实部,且具有零实部的特征值为 $\boldsymbol{A}$ 的特征多项式的单根。

(2) 系统的惟一平衡状态 $\boldsymbol{x}_e = \boldsymbol{0}$ 是渐近稳定的充分必要条件是:$\boldsymbol{A}$ 的所有特征值均具有负实部。

证明 (1) 设 $\boldsymbol{x}_e$ 为 $\dot{\boldsymbol{x}} = \boldsymbol{A}\boldsymbol{x}$ 的平衡状态,则由性质 $\dot{\boldsymbol{x}}_e = \boldsymbol{0}$ 和 $\boldsymbol{A}\boldsymbol{x}_e = \boldsymbol{0}$ 可知,对于所有 $t \geqslant 0$,均有

$$\boldsymbol{x}_e = \mathrm{e}^{\boldsymbol{A}t}\boldsymbol{x}_0 \tag{2.7}$$

考虑到 $\boldsymbol{x}(t;\boldsymbol{x}_0,0) = \mathrm{e}^{\boldsymbol{A}t}\boldsymbol{x}_0$,则有

$$\boldsymbol{x}(t;\boldsymbol{x}_0,0) - \boldsymbol{x}_e = \mathrm{e}^{\boldsymbol{A}t}(\boldsymbol{x}_0 - \boldsymbol{x}_e), \qquad \forall t \geqslant 0 \tag{2.8}$$

这表明,当且仅当 $\| \mathrm{e}^{\boldsymbol{A}t} \| \leqslant k < \infty$ 时,对于任给的一个实数 $\varepsilon > 0$,都对应存在和初始时刻无关的一个实数 $\delta(\varepsilon) = \varepsilon / k$,使得由满足不等式

$$\| \boldsymbol{x}_0 - \boldsymbol{x}_e \| \leqslant \delta(\varepsilon)$$

的任一初始状态 $\boldsymbol{x}_0$ 出发的受扰运动都满足不等式

$$\| \boldsymbol{x}(t;\boldsymbol{x}_0,0) - \boldsymbol{x}_e \| \leqslant \| \mathrm{e}^{\boldsymbol{A}t} \| \, \| \boldsymbol{x}_0 - \boldsymbol{x}_e \| \leqslant k \frac{\varepsilon}{k} = \varepsilon, \qquad \forall t \geqslant 0 \tag{2.9}$$

从而由定义知,系统的每一个平衡状态均为在李雅普诺夫意义下稳定的。再引入非奇异变换阵 $\boldsymbol{P}$,使得 $\bar{\boldsymbol{A}} = \boldsymbol{P}^{-1}\boldsymbol{A}\boldsymbol{P}$ 为矩阵 $\boldsymbol{A}$ 的约当规范型,则又有

$$\| \mathrm{e}^{\bar{\boldsymbol{A}}t} \| \leqslant \| \boldsymbol{P}^{-1} \| \, \| \mathrm{e}^{\boldsymbol{A}t} \| \, \| \boldsymbol{P} \| \tag{2.10}$$

因而 $\| \mathrm{e}^{\boldsymbol{A}t} \|$ 有界,等价于 $\| \mathrm{e}^{\bar{\boldsymbol{A}}t} \|$ 有界。但是,由 $\bar{\boldsymbol{A}}$ 为约当规范型可知 $\mathrm{e}^{\bar{\boldsymbol{A}}t}$ 的每一元的形式为

$$t^{\beta_i} e^{\alpha_i t + j\omega_i t}, \quad \alpha_i + j\omega_i = \lambda_i(\bar{A}) = \lambda_i(A) \tag{2.11}$$

式中，$\lambda_i(\cdot)$ 为 $(\cdot)$ 的特征值，β_i 为特征值的重数。注意到式(2.11)中，当 $\alpha_i < 0$ 时，对任何正整数 β_i，此元在 $[0,\infty)$ 上有界；当 $\alpha_i = 0$ 时，只有 $\beta_i = 0$，此元才在 $[0,\infty)$ 上有界。同时，$e^{\bar{A}t}$ 的每一个元有界，意味着 $\| e^{\bar{A}t} \|$ 有界。由此可知，当且仅当 $\boldsymbol{A}$ 的所有特征值均具有负或零实部，且具有零实部的特征值为单根时，$\| e^{\bar{A}t} \|$ 为有界，也就是系统的每一个平衡状态均为在李雅普诺夫意义下稳定的。结论(1)证毕。

(2) 由式(2.8)可知，当且仅当 $\| e^{At} \|$ 对一切 $t \geqslant 0$ 有界，且当 $t \to \infty$ 时 $\| e^{At} \| \to 0$，零平衡状态 $\boldsymbol{x}_e = \boldsymbol{0}$ 为渐近稳定。如上所证，当且仅当 $\boldsymbol{A}$ 的所有特征值均具有负和零特征值时，$\| e^{\bar{A}t} \|$ 有界。又根据式(2.10)和式(2.11)可知，当且仅当 $t \to \infty$ 时 $t^{\beta_i} e^{\alpha_i t + j\omega_i t} \to 0$ 才可保证当 $t \to \infty$ 时 $\| e^{At} \| \to 0$，这等价于 $\boldsymbol{A}$ 的所有特征值均具有负实部。结论(2)证毕。

2.1.3　李雅普诺夫第二法(直接法)

李雅普诺夫第二法又称李雅普诺夫直接法，应用这一方法可在不解微分方程的条件下确定系统的稳定性，因此这一方法有很大的优越性。

根据古典力学中的振动现象，若系统能量(含动能与势能)随时间推移而衰减，系统迟早会达到平衡状态，但要找到实际系统的能量函数表达式并非易事。李雅普诺夫提出，可虚构一个能量函数(后来被称为李雅普诺夫函数)，一般它与 $\boldsymbol{x}$ 及 t 有关，记为 $V(\boldsymbol{x},t)$。若不显含 t，则记为 $V(\boldsymbol{x})$。它是一个标量函数，考虑到能量总大于零，故为正定函数。能量衰减特性用 $\dot{V}(\boldsymbol{x},t)$ 或 $\dot{V}(\boldsymbol{x})$ 表示。李雅普诺夫第二法利用 $V(\boldsymbol{x},t)$ 或 $V(\boldsymbol{x})$ 及 $\dot{V}(\boldsymbol{x},t)$ 或 $\dot{V}(\boldsymbol{x})$ 的符号特征直接对平衡状态的稳定性做出判断，无须求出系统状态方程的解，解决了一些用其他稳定性判据难以解决的非线性系统的稳定性问题。对于线性系统，通常用二次型函数 $\boldsymbol{x}^{\mathrm{T}}\boldsymbol{p}\boldsymbol{x}$ 作为李雅普诺夫函数，但对于一般非线性系统，目前仍未找到构造李雅普诺夫函数的通用方法。

这里不打算对李雅普诺夫第二法中的诸稳定性定理在数学上做严格的证明，而只着重于物理概念的阐述和应用。

1. 标量函数定号性的简要回顾

(1) 正定性。标量函数 $V(\boldsymbol{x})$ 对所有在域 S 中的非零状态 $\boldsymbol{x}$，有 $V(\boldsymbol{x}) > 0$ 且 $V(\boldsymbol{0}) = 0$，则在域 S(域 S 包含状态空间的原点)内的标量函数 $V(\boldsymbol{x})$ 称为是正定的。

如果时变函数 $V(\boldsymbol{x},t)$ 由一个定常的正定函数作为下限，即存在一个正定函数 $W(\boldsymbol{x})$，使得

$$V(\boldsymbol{x},t) > W(\boldsymbol{x}), \qquad V(\boldsymbol{0},t) = 0, \qquad t \geqslant t_0$$

则称时变函数 $V(\boldsymbol{x},t)$ 在域 S(域 S 包含状态空间的原点)内是正定的。

(2) 负定性。如果 $-V(\boldsymbol{x})$ 是正定函数，则标量函数 $V(\boldsymbol{x})$ 称为负定函数。

(3) 半正定性。如果标量函数 $V(\boldsymbol{x})$ 除了在原点及某些状态处等于零外，在域 S 内的所有状态都是正定的，则 $V(\boldsymbol{x})$ 称为半正定函数。

(4) 半负定性。如果 $-V(\boldsymbol{x})$ 是半正定函数，则标量函数 $V(\boldsymbol{x})$ 称为半负定函数。

(5) 不定性。如果在域 S 内，不论域 S 多么小，$V(\boldsymbol{x})$ 既可为正值也可为负值，则标量函数

$V(\boldsymbol{x})$ 称为不定函数。

2. 李雅普诺夫第二法的主要定理

定理 2.1.2(大范围一致渐近稳定判别定理)　对于连续时间非线性时变自由系统

$$\dot{\boldsymbol{x}}=\boldsymbol{f}(\boldsymbol{x},t),\qquad t\geqslant t_0 \tag{2.12}$$

其中 $\boldsymbol{f}(\boldsymbol{0},t)=\boldsymbol{0}$,即状态空间的原点为系统的平衡状态。如果存在一个对 $\boldsymbol{x}$ 和 t 具有连续一阶偏导数的标量函数 $V(\boldsymbol{x},t)$,$V(\boldsymbol{0},t)=0$,且满足如下条件:

(1)$V(\boldsymbol{x},t)$ 正定且有界,即存在两个连续的非减标量函数 $\alpha(\|\boldsymbol{x}\|)$ 和 $\beta(\|\boldsymbol{x}\|)$,其中 $\alpha(0)=0$,$\beta(0)=0$,使对于一切 $t\geqslant t_0$ 和一切 $\boldsymbol{x}\neq\boldsymbol{0}$,均有

$$\beta(\|\boldsymbol{x}\|)\geqslant V(\boldsymbol{x},t)\geqslant\alpha(\|\boldsymbol{x}\|)>0 \tag{2.13}$$

(2)$V(\boldsymbol{x},t)$ 对时间 t 的导数 $\dot{V}(\boldsymbol{x},t)$ 负定且有界,即存在一个连续的非减标量函数 $r(\|\boldsymbol{x}\|)$,其中 $r(0)=0$,使对于一切 $t\geqslant t_0$ 和一切 $\boldsymbol{x}\neq\boldsymbol{0}$,均有

$$\dot{V}(\boldsymbol{x},t)\leqslant -r(\|\boldsymbol{x}\|)<0 \tag{2.14}$$

(3) 当 $\|\boldsymbol{x}\|\to\infty$ 时,

$$\alpha(\|\boldsymbol{x}\|)\to\infty,\quad V(\boldsymbol{x},t)\to\infty$$

则系统原点平衡状态为大范围一致渐近稳定的。

定理 2.1.3(定常系统大范围渐近稳定判别定理 1)　对于定常系统

$$\dot{\boldsymbol{x}}=\boldsymbol{f}(\boldsymbol{x}),\qquad t\geqslant 0 \tag{2.15}$$

其中 $\boldsymbol{f}(\boldsymbol{0})=\boldsymbol{0}$,如果存在一个具有连续一阶偏导数的标量函数 $V(\boldsymbol{x})$,$V(\boldsymbol{0})=0$,并且对于状态空间中的一切非零 $\boldsymbol{x}$ 满足如下条件:

(1) $V(\boldsymbol{x})$ 为正定的;

(2) $\dot{V}(\boldsymbol{x})$ 为负定的;

(3) 当 $\|\boldsymbol{x}\|\to\infty$ 时,$V(\boldsymbol{x})\to\infty$;

则系统的原点平衡状态是大范围渐近稳定的。

定理 2.1.4(定常系统大范围渐近稳定判别定理 2)　对于定常系统[式(2.15)],如果存在一个具有连续一阶导数的标量函数 $V(\boldsymbol{x})$,$V(\boldsymbol{0})=0$,并且对于状态空间 X 中的一切非零 $\boldsymbol{x}$ 满足如下条件:

(1) $V(\boldsymbol{x})$ 为正定的;

(2) $\dot{V}(\boldsymbol{x})$ 为半负定的;

(3) 对任意 $\boldsymbol{x}\in X$,$\dot{V}(\boldsymbol{x}(t;\boldsymbol{x}_0,0))\not\equiv 0$;

(4) 当 $\|\boldsymbol{x}\|\to\infty$ 时,$V(\boldsymbol{x})\to\infty$;

则系统的原点平衡状态是大范围渐近稳定的。

定理 2.1.5(系统不稳定判别定理)　对于时变系统[式(2.12)]或定常系统[式(2.15)],如果存在一个具有连续一阶导数的标量函数 $V(\boldsymbol{x},t)$ 或 $V(\boldsymbol{x})$ 其中 $V(\boldsymbol{0},t)=0$,$V(\boldsymbol{0})=0$,和围绕原点的域 Ω,使得对于一切 $\boldsymbol{x}\in\Omega$ 和一切 $t\geqslant t_0$ 满足如下条件:

(1) $V(\boldsymbol{x},t)$ 为正定且有界,或 $V(\boldsymbol{x})$ 为正定的;

(2) $\dot{V}(\boldsymbol{x},t)$ 为正定且有界，或 $\dot{V}(\boldsymbol{x})$ 为正定的；
则系统平衡状态为不稳定。

例 2.1.1　设系统状态方程为

$$\dot{x}_1 = x_2 - x_1(x_1^2 + x_2^2)$$
$$\dot{x}_2 = -x_1 - x_2(x_1^2 + x_2^2)$$

试确定系统的稳定性。

解　显然，原点($x_1=0,\ x_2=0$)是该系统惟一的平衡状态。选取正定标量函数 $V(\boldsymbol{x})$ 为

$$V(\boldsymbol{x}) = x_1^2 + x_2^2$$

则沿任意轨迹 $V(\boldsymbol{x})$ 对时间的导数

$$\dot{V}(\boldsymbol{x}) = 2x_1\dot{x}_1 + 2x_2\dot{x}_2 = -2(x_1^2 + x_2^2)^2$$

是负定的。由于当 $\|\boldsymbol{x}\| \to \infty$ 时，$V(\boldsymbol{x}) \to \infty$，故系统在原点处的平衡状态是大范围渐近稳定的。

例 2.1.2　已知定常系统状态方程为

$$\dot{x}_1 = x_2$$
$$\dot{x}_2 = -x_1 - (1 + x_2)^2 x_2$$

试确定系统的稳定性。

解　易知原点($x_1=0,x_2=0$)为系统惟一平衡状态。现取 $V(\boldsymbol{x}) = x_1^2 + x_2^2$，且有

(1) $V(\boldsymbol{x}) = x_1^2 + x_2^2$ 为正定的；

(2) $\dot{V}(\boldsymbol{x}) = 2x_1\dot{x}_1 + 2x_2\dot{x}_2 = -2x_2^2(1 + x_2)^2$。

容易看出，除了当①x_1 任意，$x_2=0$；②x_1 任意，$x_2=-1$ 时，$\dot{V}(\boldsymbol{x})=0$ 以外，均有 $\dot{V}(\boldsymbol{x}) < 0$。所以，$\dot{V}(\boldsymbol{x})$ 为负半定的。

(3) 检查是否 $\dot{V}(\boldsymbol{x}(t;\boldsymbol{x}_0,0)) \not\equiv 0$。考虑到使得 $\dot{V}(\boldsymbol{x})=0$ 的可能性只有上述①和②两种情况，所以问题归结为判断这两种情况是否为系统的受扰运动解。先考虑情况①，设 $\bar{\boldsymbol{x}}(t;\boldsymbol{x}_0,0) = [x_1(t)\quad 0]^{\mathrm{T}}$，则由 $x_2(t) \equiv 0$ 可导出 $\dot{x}_2(t)=0$，将此代入系统状态方程，可得

$$\dot{x}_1(t) = x_2(t) = 0$$
$$0 = \dot{x}_2(t) = -x_1(t) - (1 + x_2(t))^2 x_2(t) = -x_1(t)$$

这表明，除了原点($x_1=0,x_2=0$)外，$\bar{\boldsymbol{x}}(t;\boldsymbol{x}_0,t) = [x_1(t)\quad 0]^{\mathrm{T}}$ 不是系统的受扰运动解。再考察情况②，设 $\bar{\boldsymbol{x}}(t;\boldsymbol{x}_0,0) = [x_1(t)\quad -1]^{\mathrm{T}}$，则由 $x_2(t)=-1$ 可导出 $\dot{x}_2(t)=0$。将此代入系统状态方程，可得

$$\dot{x}_1(t) = x_2(0) = -1$$
$$0 = \dot{x}_2(t) = -x_1(t) - (1 + x_2(t))^2 x_2(t) = -x_1(t)$$

显然，这是一个矛盾的结果，表明 $\bar{\boldsymbol{x}}(t;\boldsymbol{x}_0,0) = [x_1(t)\quad -1]^{\mathrm{T}}$ 也不是系统的受扰运动解。综合以上分析可知 $\dot{V}(\boldsymbol{x}(t;\boldsymbol{x}_0,0)) \not\equiv 0$。

(4) 当 $\|\boldsymbol{x}\| \to \infty$ 时，显然有 $V(\boldsymbol{x}) = \|\boldsymbol{x}\|^2 \to \infty$。

于是，根据定理 2.1.4 可判定系统的原点平衡状态是大范围渐近稳定的。

2.1.4 线性定常系统的李雅普诺夫稳定性分析

李雅普诺夫稳定性理论在系统稳定性分析和系统设计中得到了广泛应用。下面讨论李雅普诺夫第二法在线性定常系统稳定性分析中的应用。

1. 线性定常连续系统渐近稳定性的判别

设线性定常连续系统的状态方程为

$$\dot{\boldsymbol{x}} = \boldsymbol{A}\boldsymbol{x}, \qquad \boldsymbol{x}(0) = \boldsymbol{x}_0, \qquad t \geqslant 0 \tag{2.16}$$

式中,$\boldsymbol{x}$ 为 n 维状态向量,$\boldsymbol{A}$ 为 $n \times n$ 维非奇异常值矩阵,故原点是惟一平衡状态。设取正定二次型函数

$$V(\boldsymbol{x}) = \boldsymbol{x}^{\mathrm{T}}\boldsymbol{P}\boldsymbol{x} \tag{2.17}$$

作为可能的李雅普诺夫函数,其中 $\boldsymbol{P}$ 为 $n \times n$ 维对称正定矩阵,求 $V(\boldsymbol{x})$ 对时间 t 的导数,并考虑到系统状态方程式(2.16),则有

$$\dot{V}(\boldsymbol{x}) = \dot{\boldsymbol{x}}^{\mathrm{T}}\boldsymbol{P}\boldsymbol{x} + \boldsymbol{x}^{\mathrm{T}}\boldsymbol{P}\dot{\boldsymbol{x}} = \boldsymbol{x}^{\mathrm{T}}(\boldsymbol{A}^{\mathrm{T}}\boldsymbol{P} + \boldsymbol{P}\boldsymbol{A})\boldsymbol{x} \tag{2.18}$$

令

$$\boldsymbol{A}^{\mathrm{T}}\boldsymbol{P} + \boldsymbol{P}\boldsymbol{A} = -\boldsymbol{Q} \tag{2.19}$$

于是有

$$\dot{V}(\boldsymbol{x}) = -\boldsymbol{x}^{\mathrm{T}}\boldsymbol{Q}\boldsymbol{x} \tag{2.20}$$

根据定常系统大范围渐近稳定判别定理1,只要矩阵 $\boldsymbol{Q}$ 正定,则系统是大范围渐近稳定的。于是线性定常连续系统渐近稳定的充分必要条件可表示为:给定一正定矩阵 $\boldsymbol{P}$,存在着满足式(2.19)的正定矩阵 $\boldsymbol{Q}$,而 $\boldsymbol{x}^{\mathrm{T}}\boldsymbol{P}\boldsymbol{x}$ 是该系统的一个李雅普诺夫函数。式(2.19)称为李雅普诺夫矩阵代数方程。

但是,按上述先给定矩阵 $\boldsymbol{P}$、再验证矩阵 $\boldsymbol{Q}$ 是否正定的步骤去分析系统稳定性时,若矩阵 $\boldsymbol{P}$ 选取不当,往往会导致矩阵 $\boldsymbol{Q}$ 非正定,需反复多次选取矩阵 $\boldsymbol{P}$ 来检验矩阵 $\boldsymbol{Q}$ 是否正定,使用中很不方便。在应用时,往往是先选取矩阵 $\boldsymbol{Q}$ 为正定实对称矩阵,再求解式(2.19),若所求得的矩阵 $\boldsymbol{P}$ 为正定实对称矩阵,则可判定系统是渐近稳定的。由于使用中常选取矩阵 $\boldsymbol{Q}$ 为单位矩阵或对角线矩阵,比起先选矩阵 $\boldsymbol{P}$ 再检验矩阵 $\boldsymbol{Q}$ 要方便得多,所以在判别系统的稳定性时,常利用下述定理。

定理 2.1.6 线性定常连续系统[式(2.16)]的原点平衡状态 $\boldsymbol{x}_e = \boldsymbol{0}$ 为渐近稳定的充分必要条件是,对于任意给定的一个正定对称矩阵 $\boldsymbol{Q}$,有惟一的正定对称矩阵 $\boldsymbol{P}$ 使式(2.19)成立。

需要说明的是,在利用上述定理判断线性定常连续系统的渐近稳定性时,对矩阵 $\boldsymbol{Q}$ 的惟一限制是其应为对称正定矩阵。显然,满足这一限制的矩阵 $\boldsymbol{Q}$ 可能有无限多个,但判断的结果只有一种,而和矩阵 $\boldsymbol{Q}$ 的不同选择无关。

另外,根据定常大范围渐近稳定判别定理2可知,若系统任意的状态轨迹在非零状态不存在 $\dot{V}(\boldsymbol{x})$ 恒为零时,矩阵 $\boldsymbol{Q}$ 可选择为半正定矩阵,即允许矩阵 $\boldsymbol{Q}$ 取单位矩阵时主对角线上部分元素为零,所解得的矩阵 $\boldsymbol{P}$ 仍应是正定的。

例 2.1.3 设系统状态方程为

$$\begin{bmatrix}\dot{x}_1\\ \dot{x}_2\end{bmatrix}=\begin{bmatrix}0 & 4\\ -8 & -12\end{bmatrix}\begin{bmatrix}x_1\\ x_2\end{bmatrix}$$

求系统的李雅普诺夫函数。

解　设

$$\boldsymbol{P}=\begin{bmatrix}p_{11} & p_{12}\\ p_{21} & p_{22}\end{bmatrix},\quad 且\ p_{21}=p_{12},\quad \boldsymbol{Q}=\begin{bmatrix}1 & 0\\ 0 & 1\end{bmatrix}$$

根据李雅普诺夫方程可得

$$\begin{bmatrix}0 & -8\\ 4 & -12\end{bmatrix}\begin{bmatrix}p_{11} & p_{12}\\ p_{21} & p_{22}\end{bmatrix}+\begin{bmatrix}p_{11} & p_{12}\\ p_{21} & p_{22}\end{bmatrix}\begin{bmatrix}0 & 4\\ -8 & -12\end{bmatrix}=\begin{bmatrix}-1 & 0\\ 0 & -1\end{bmatrix}$$

$$-16p_{12}=-1,\quad 4p_{11}-12p_{12}-8p_{22}=0,\quad 8p_{12}-24p_{22}=-1$$

解之得

$$p_{11}=\frac{5}{16},\qquad p_{12}=p_{21}=\frac{1}{16},\qquad p_{22}=\frac{1}{16}$$

矩阵 $\boldsymbol{P}$ 为

$$\boldsymbol{P}=\begin{bmatrix}\frac{5}{16} & \frac{1}{16}\\ \frac{1}{16} & \frac{1}{16}\end{bmatrix}$$

$\boldsymbol{P}$ 为正定矩阵。

李雅普诺夫函数为

$$V(\boldsymbol{x})=\boldsymbol{x}^{\mathrm{T}}\boldsymbol{P}\boldsymbol{x}=\frac{5}{16}x_1^2+\frac{1}{8}x_1x_2+\frac{1}{16}x_2^2=\frac{1}{4}x_1^2+\frac{1}{16}(x_1+x_2)^2$$

$V(\boldsymbol{x})$ 对 t 的导数为

$$\dot{V}(\boldsymbol{x})=\frac{1}{2}x_1\dot{x}_1+\frac{1}{8}(x_1+x_2)(\dot{x}_1+\dot{x}_2)=2x_1x_2-(x_1+x_2)^2=-(x_1^2+x_2^2)$$

$V(\boldsymbol{x})$ 正定，$\dot{V}(\boldsymbol{x})$ 负定，因此系统渐近稳定。

2. 线性定常离散系统渐近稳定性的判据

设线性定常离散系统的状态方程为

$$\boldsymbol{x}(k+1)=\boldsymbol{\Phi}\boldsymbol{x}(k),\quad \boldsymbol{x}(0)=\boldsymbol{x}_0,\quad k=0,1,2,\cdots \tag{2.21}$$

式中，$\boldsymbol{x}(k)$ 为 n 维状态向量，矩阵 $\boldsymbol{\Phi}$ 为 $n\times n$ 维非奇异阵，原点为平衡状态。取正定二次型函数

$$V(\boldsymbol{x}(k))=\boldsymbol{x}^{\mathrm{T}}(k)\boldsymbol{P}\boldsymbol{x}(k) \tag{2.22}$$

以 $\Delta V(\boldsymbol{x}(k))$ 代替 $\dot{V}(\boldsymbol{x})$，则有

$$\Delta V(\boldsymbol{x}(k))=V(\boldsymbol{x}(k+1))-V(\boldsymbol{x}(k)) \tag{2.23}$$

考虑到状态方程式(2.21)，则有

$$\begin{aligned}\Delta V(\boldsymbol{x}(k))&=\boldsymbol{x}^{\mathrm{T}}(k+1)\boldsymbol{P}\boldsymbol{x}(k+1)-\boldsymbol{x}^{\mathrm{T}}(k)\boldsymbol{P}\boldsymbol{x}(k)=\\ &[\boldsymbol{\Phi}\boldsymbol{x}(k)]^{\mathrm{T}}\boldsymbol{P}[\boldsymbol{\Phi}\boldsymbol{x}(k)]-\boldsymbol{x}^{\mathrm{T}}(k)\boldsymbol{P}\boldsymbol{x}(k)=\\ &\boldsymbol{x}^{\mathrm{T}}(k)(\boldsymbol{\Phi}^{\mathrm{T}}\boldsymbol{P}\boldsymbol{\Phi}-\boldsymbol{P})\boldsymbol{x}(k)\end{aligned} \tag{2.24}$$

令

$$\boldsymbol{\Phi}^{\mathrm{T}}\boldsymbol{P}\boldsymbol{\Phi}-\boldsymbol{P}=-\boldsymbol{Q} \tag{2.25}$$

于是有

$$\Delta V(\boldsymbol{x}(k)) = -\boldsymbol{x}^{\mathrm{T}}(k)\boldsymbol{Q}\boldsymbol{x}(k) \tag{2.26}$$

定理 2.1.7 式(2.21)渐近稳定的充分必要条件是：给定任一正定对称矩阵 $\boldsymbol{Q}$，存在一个正定对称矩阵 $\boldsymbol{P}$ 使式(2.25)成立。

$\boldsymbol{x}^{\mathrm{T}}(k)\boldsymbol{P}\boldsymbol{x}(k)$ 是系统的一个李雅普诺夫函数，式(2.25)称为离散的李雅普诺夫代数方程，通常可取 $\boldsymbol{Q}=\boldsymbol{I}$。

如果 $\Delta V(\boldsymbol{x}(k))$ 沿任一解序列不恒为零，则矩阵 $\boldsymbol{Q}$ 也可取为半正定矩阵。

2.2 动态系统的正实性

正实性概念最先是在网络分析与综合中提出来的。由电阻、电容、电感及变压器等构成的无源网络总要从外界吸收能量，因而无源性表现了网络中能量的非负性，其相应的传递函数是正实的。随着控制理论的不断发展，正实性概念也被引入自动控制，在自适应控制的研究中起着重要作用。

下面先引入正实性概念的一些基本数学定义，然后在这些定义的基础上讨论系统的正实性及有关问题。

2.2.1 正实函数与正实函数矩阵

定义 2.2.1(正实函数) 复变量 $s=\sigma+\mathrm{j}\omega$ 的有理函数 $h(s)$ 若满足下列条件：

(1) 当 s 为实数时，$h(s)$ 是实的；

(2) 对于所有 $\mathrm{Re}s>0$ 的 s，$\mathrm{Re}[h(s)]\geqslant 0$；

则 $h(s)$ 称为正实函数。

由于在右半开平面 $\mathrm{Re}s>0$ 上检验 $\mathrm{Re}[h(s)]$ 是一项繁琐的运算，所以常使用下面的等价定义。

定义 2.2.2(正实函数) 如果复变量 $s=\sigma+\mathrm{j}\omega$ 的有理函数 $h(s)$ 满足下列条件：

(1) 当 s 为实数时，$h(s)$ 是实的；

(2) $h(s)$ 在右半开平面 $\mathrm{Re}s>0$ 上没有极点；

(3) $h(s)$ 在轴 $\mathrm{Re}s=0$(即虚轴)上，如果存在极点则是相异的，其相应的留数为实数，且为正或为零；

(4) 对于任意实数 $\omega(-\infty<\omega<\infty)$，当 $s=\mathrm{j}\omega$ 不是 $h(s)$ 的极点时，有 $\mathrm{Re}[h(\mathrm{j}\omega)]\geqslant 0$。

则 $h(s)$ 称为正实函数。

定义 2.2.3(严格正实函数) 如果复变量 $s=\sigma+\mathrm{j}\omega$ 的有理函数 $h(s)$ 满足下列条件：

(1) 当 s 为实数时，$h(s)$ 是实的；

(2) $h(s)$ 在右半闭平面 $\mathrm{Re}s\geqslant 0$ 上没有极点；

(3) 对任意实数 $\omega(-\infty<\omega<\infty)$，均有 $\mathrm{Re}[h(\mathrm{j}\omega)]>0$。

则 $h(s)$ 称为严格正实函数。

由上述的定义可以看出，严格正实函数与正实函数之间的差别是：在严格正实函数的情况下，不允许 $h(s)$ 在虚轴上有极点，并且对于所有实数 ω 均有 $\mathrm{Re}[h(\mathrm{j}\omega)]>0$。

例 2.2.1　试判断下列传递函数的正实性：

(1) $W(s)=\dfrac{1}{s+a}$，　$a>0$；

(2) $W(s)=\dfrac{1}{s^2+a_1s+a_0}$，　$a_0>0$，　$a_1>0$；

(3) $W(s)=\dfrac{b_1s+b_0}{s^2+a_1s+a_0}$，　其中 a_0,a_1,b_0,b_1 均为正实数。

解　(1) $W(s)$ 的极点为 $s=-a,a>0$，且

$$W(\mathrm{j}\omega)=\frac{a-\mathrm{j}\omega}{a^2+\omega^2}$$

$$\mathrm{Re}[W(\mathrm{j}\omega)]=\frac{a}{a^2+\omega^2}>0$$

所以 $W(s)$ 为严格正实函数。

(2) 可以验证，当 $a_0>0,a_1>0$ 时，$W(s)$ 在右半闭平面上无极点。由于

$$W(\mathrm{j}\omega)=\frac{a_0-\omega^2-\mathrm{j}a_1\omega}{(a_0-\omega^2)^2+(a_1\omega)^2}$$

$$\mathrm{Re}[W(\mathrm{j}\omega)]=\frac{a_0-\omega^2}{(a_0-\omega^2)^2+(a_1\omega)^2}$$

当 $\omega^2>a_0$ 时，$\mathrm{Re}[W(\mathrm{j}\omega)]<0$，所以 $W(s)$ 不是正实函数。

(3) 可以验证，当 $a_0>0,a_1>0$ 时，$W(s)$ 在右半闭平面上无极点。由于

$$W(\mathrm{j}\omega)=\frac{a_0b_0+(a_1b_1-b_0)\omega^2+\mathrm{j}\omega[b_1(a_0-\omega^2)-a_1b_0]}{(a_0-\omega^2)^2+(a_1\omega)^2}$$

$$\mathrm{Re}[W(\mathrm{j}\omega)]=\frac{a_0b_0+(a_1b_1-b_0)\omega^2}{(a_0-\omega^2)^2+(a_1\omega)^2}$$

所以，当 $a_1b_1\geqslant b_0$ 时，$\mathrm{Re}[W(\mathrm{j}\omega)]>0$，$W(s)$ 为严格正实函数；当 $a_1b_1<b_0$ 时，$W(s)$ 不是正实函数。

可以看到，根据上述定义判断函数正实性的方法对于高阶系统很不方便。由于我们所研究的系统传递函数的形式基本上都可表示为

$$h(s)=\frac{M(s)}{N(s)} \tag{2.27}$$

式中，$M(s)$ 和 $N(s)$ 都是复变量 s 的互质多项式，因而利用 $M(s)$ 和 $N(s)$ 的特性来判断传递函数 $h(s)$ 的正实性则是比较方便的。

引理 2.2.1　如果 $h(s)=M(s)/N(s)$ 满足下列条件：

(1) $M(s)$ 与 $N(s)$ 都具有实系数；

(2) $M(s)$ 与 $N(s)$ 都是古尔维茨(Hurwitz) 多项式；

(3) $M(s)$ 与 $N(s)$ 的阶数之差不超过 ±1；

(4) $1/h(s)$ 仍为正实函数；

则 $h(s)$ 为正实函数。

对于 $M(s)$ 与 $N(s)$ 的阶数差不超过 ±1 的要求可解释如下：$h(\mathrm{j}\omega)$ 为 $h(s)$ 的频率特性，要求正实函数的频率特性的实部 $\mathrm{Re}[h(\mathrm{j}\omega)]\geqslant0$，即要求在复变量 s 的平面上，当 ω 在 $(-\infty,\infty)$

范围内变化时，$h(\mathrm{j}\omega)$ 只能在第一和第四象限内变化，也就是正实函数 $h(s)$ 的相角只能在 $-\pi/2$ 与 $\pi/2$ 之间变化。由于一阶微分环节的相角变化为 $0\sim\pi/2$，惯性环节的相角变化为 $0\sim-\pi/2$，所以 $M(s)$ 与 $N(s)$ 只能相差一个一阶微分环节或惯性环节，即 $M(s)$ 与 $N(s)$ 的阶数差不超过 ±1。

在研究多输入多输出系统时，常常用传递函数矩阵来表示输出变量与输入变量之间的关系，所以需要讨论传递函数矩阵的正实性问题。在讨论复变量 s 的实有理函数矩阵 $\boldsymbol{H}(s)$ 的正实性之前，我们先引入埃尔米特(Hermite)矩阵，并简单介绍其性质。

定义 2.2.4(埃尔米特矩阵)　如果复变量 $s=\sigma+\mathrm{j}\omega$ 的矩阵函数 $\boldsymbol{H}(s)$ 满足关系式

$$\boldsymbol{H}(s)=\boldsymbol{H}^{\mathrm{T}}(\bar{s}) \tag{2.28}$$

式中，$\bar{s}$ 为 s 的共轭，即 $s=\sigma+\mathrm{j}\omega$，$\bar{s}=\sigma-\mathrm{j}\omega$，则 $\boldsymbol{H}(s)$ 称为埃尔米特矩阵。

埃尔米特矩阵具有下列一些性质：

(1) 埃尔米特矩阵为一方阵，并且它的对角元为实数；

(2) 埃尔米特矩阵的特征值恒为实数；

(3) 如果 $\boldsymbol{H}(s)$ 为一埃尔米特矩阵，$\boldsymbol{x}$ 为具有复数分量的向量，则二次型函数 $\boldsymbol{x}^{\mathrm{T}}\boldsymbol{H}\bar{\boldsymbol{x}}$ 恒为实数，其中 $\bar{\boldsymbol{x}}$ 为 $\boldsymbol{x}$ 的共轭。

定义 2.2.5(正实函数矩阵)　如果 $m\times m$ 维实有理函数矩阵 $\boldsymbol{H}(s)$ 为正实函数矩阵，则应满足下列条件：

(1) $\boldsymbol{H}(s)$ 的所有元素在右半开平面 $\mathrm{Re}s>0$ 上都是解析的，即在 $\mathrm{Re}s>0$ 上 $\boldsymbol{H}(s)$ 没有极点；

(2) $\boldsymbol{H}(s)$ 的任何元素在轴 $\mathrm{Re}s=0$(即虚轴)上如果存在极点则是相异的，相应的 $\boldsymbol{H}(s)$ 的留数矩阵为半正定的埃尔米特矩阵；

(3) 对于不是 $\boldsymbol{H}(s)$ 任何元素的极点的所有实 ω 值，矩阵 $\boldsymbol{H}(\mathrm{j}\omega)+\boldsymbol{H}^{\mathrm{T}}(-\mathrm{j}\omega)$ 为半正定的埃尔米特矩阵。

定义 2.2.5 中的条件(2)和(3)也可表示为：对于所有 $\mathrm{Re}s>0$，矩阵 $\boldsymbol{H}(s)+\boldsymbol{H}^{\mathrm{T}}(\bar{s})$ 为半正定的埃尔米特矩阵。也有的参考文献将此作为一个单独的定义列出。

定义 2.2.6(严格正实函数矩阵)　如果 $m\times m$ 维实有理函数矩阵 $\boldsymbol{H}(s)$ 为严格正实函数矩阵，则应满足下列条件：

(1) $\boldsymbol{H}(s)$ 的所有元素在右半闭平面 $\mathrm{Re}s\geqslant0$ 上都是解析的，即在 $\mathrm{Re}s\geqslant0$ 上 $\boldsymbol{H}(s)$ 的所有元素都没有极点；

(2) 对于所有实数 ω，矩阵 $\boldsymbol{H}(\mathrm{j}\omega)+\boldsymbol{H}^{\mathrm{T}}(-\mathrm{j}\omega)$ 均为正定的埃尔米特矩阵。

引理 2.2.2(卡尔曼-雅库鲍维奇-波波夫正实引理)　若 $\boldsymbol{A},\boldsymbol{B},\boldsymbol{C},\boldsymbol{J}$ 为 $\boldsymbol{H}(s)$ 的最小实现，相应的系统方程为

$$\dot{\boldsymbol{x}}=\boldsymbol{A}\boldsymbol{x}+\boldsymbol{B}\boldsymbol{u} \tag{2.29}$$

$$\boldsymbol{y}=\boldsymbol{C}\boldsymbol{x}+\boldsymbol{J}\boldsymbol{u} \tag{2.30}$$

式中，$(\boldsymbol{A},\boldsymbol{B})$ 完全可控，$(\boldsymbol{A},\boldsymbol{C})$ 完全可观测。传递函数矩阵

$$\boldsymbol{H}(s)=\boldsymbol{C}(s\boldsymbol{I}-\boldsymbol{A})^{-1}\boldsymbol{B}+\boldsymbol{J} \tag{2.31}$$

为复变量 s 的 $m\times m$ 维实有理函数矩阵，且 $\boldsymbol{H}(\infty)<\infty$，则 $\boldsymbol{H}(s)$ 为正实函数矩阵的充分必要条件是：存在实矩阵 $\boldsymbol{K},\boldsymbol{L}$ 和实正定对称矩阵 $\boldsymbol{P}$，使得方程

$$\boldsymbol{PA}+\boldsymbol{A}^{\mathrm{T}}\boldsymbol{P}=-\boldsymbol{LL}^{\mathrm{T}} \tag{2.32}$$

$$\boldsymbol{B}^{\mathrm{T}}\boldsymbol{P}+\boldsymbol{K}^{\mathrm{T}}\boldsymbol{L}^{\mathrm{T}}=\boldsymbol{C} \tag{2.33}$$

$$\boldsymbol{K}^{\mathrm{T}}\boldsymbol{K}=\boldsymbol{J}+\boldsymbol{J}^{\mathrm{T}} \tag{2.34}$$

成立。并且当

$$\boldsymbol{PA}+\boldsymbol{A}^{\mathrm{T}}\boldsymbol{P}=-\boldsymbol{LL}^{\mathrm{T}}=-\boldsymbol{Q} \tag{2.35}$$

且 $\boldsymbol{Q}=\boldsymbol{Q}^{\mathrm{T}}>\boldsymbol{0}$ 时，$\boldsymbol{H}(s)$ 为严格正实函数矩阵。

证明　这里仅给出引理的充分性证明。

由于$(\boldsymbol{A},\boldsymbol{B})$ 完全可控，$(\boldsymbol{A},\boldsymbol{C})$ 完全可观测，因而传递函数矩阵 $\boldsymbol{H}(s)$ 的所有元的分子多项式与分母多项式互质。对于系统 $\dot{\boldsymbol{x}}=\boldsymbol{Ax}$，$\boldsymbol{x}(0)=\boldsymbol{0}$ 来说，$V(\boldsymbol{x})=\boldsymbol{x}^{\mathrm{T}}\boldsymbol{Px}$，式(2.32) 成立意味着 $\dot{V}(\boldsymbol{x})\leqslant 0$，根据李雅普诺夫稳定性理论知系统 $\dot{\boldsymbol{x}}=\boldsymbol{Ax}$ 原点稳定，矩阵 $\boldsymbol{A}$ 的特征值的实部均小于或等于零，即传递函数矩阵 $\boldsymbol{H}(s)$ 的所有元素在右半开平面 $\mathrm{Re}s>0$ 上都是解析的。

设 $\bar{s}$ 为 s 的共轭复数，$\boldsymbol{H}^{\mathrm{T}}(\bar{s})$ 为 $\boldsymbol{H}(s)$ 的共轭转置矩阵，则有

$$\begin{aligned}\boldsymbol{H}(s)+\boldsymbol{H}^{\mathrm{T}}(\bar{s})=&\boldsymbol{J}+\boldsymbol{C}(s\boldsymbol{I}-\boldsymbol{A})^{-1}\boldsymbol{B}+\boldsymbol{J}^{\mathrm{T}}+\boldsymbol{B}^{\mathrm{T}}(\bar{s}\boldsymbol{I}-\boldsymbol{A}^{\mathrm{T}})^{-1}\boldsymbol{C}^{\mathrm{T}}=\\&\boldsymbol{K}^{\mathrm{T}}\boldsymbol{K}+\boldsymbol{B}^{\mathrm{T}}\boldsymbol{P}(s\boldsymbol{I}-\boldsymbol{A})^{-1}\boldsymbol{B}+\boldsymbol{K}^{\mathrm{T}}\boldsymbol{L}^{\mathrm{T}}(s\boldsymbol{I}-\boldsymbol{A})^{-1}\boldsymbol{B}+\\&\boldsymbol{B}^{\mathrm{T}}(\bar{s}\boldsymbol{I}-\boldsymbol{A}^{\mathrm{T}})^{-1}\boldsymbol{PB}+\boldsymbol{B}^{\mathrm{T}}(\bar{s}\boldsymbol{I}-\boldsymbol{A}^{\mathrm{T}})^{-1}\boldsymbol{LK}\end{aligned} \tag{2.36}$$

式(2.36) 等号右边第二项和第四项之和为

$$\begin{aligned}&\boldsymbol{B}^{\mathrm{T}}\boldsymbol{P}(s\boldsymbol{I}-\boldsymbol{A})^{-1}\boldsymbol{B}+\boldsymbol{B}^{\mathrm{T}}(\bar{s}\boldsymbol{I}-\boldsymbol{A}^{\mathrm{T}})^{-1}\boldsymbol{PB}=\\&\quad\boldsymbol{B}^{\mathrm{T}}(\bar{s}\boldsymbol{I}-\boldsymbol{A}^{\mathrm{T}})^{-1}(\bar{s}\boldsymbol{I}-\boldsymbol{A}^{\mathrm{T}})\boldsymbol{P}(s\boldsymbol{I}-\boldsymbol{A})^{-1}\boldsymbol{B}+\\&\quad\boldsymbol{B}^{\mathrm{T}}(\bar{s}\boldsymbol{I}-\boldsymbol{A}^{\mathrm{T}})^{-1}\boldsymbol{P}(s\boldsymbol{I}-\boldsymbol{A})(s\boldsymbol{I}-\boldsymbol{A})^{-1}\boldsymbol{B}=\\&\quad\boldsymbol{B}^{\mathrm{T}}(\bar{s}\boldsymbol{I}-\boldsymbol{A}^{\mathrm{T}})^{-1}[\boldsymbol{P}(\bar{s}+s)-\boldsymbol{A}^{\mathrm{T}}\boldsymbol{P}-\boldsymbol{PA}](s\boldsymbol{I}-\boldsymbol{A})^{-1}\boldsymbol{B}=\\&\quad\boldsymbol{B}^{\mathrm{T}}(\bar{s}\boldsymbol{I}-\boldsymbol{A}^{\mathrm{T}})^{-1}\boldsymbol{P}(s\boldsymbol{I}-\boldsymbol{A})^{-1}\boldsymbol{B}\times 2\mathrm{Re}s+\boldsymbol{B}^{\mathrm{T}}(\bar{s}\boldsymbol{I}-\boldsymbol{A}^{\mathrm{T}})^{-1}\boldsymbol{LL}^{\mathrm{T}}(s\boldsymbol{I}-\boldsymbol{A})^{-1}\boldsymbol{B}\end{aligned} \tag{2.37}$$

将式(2.37) 代入式(2.36)，可得

$$\begin{aligned}\boldsymbol{H}(s)+\boldsymbol{H}^{\mathrm{T}}(\bar{s})=&\boldsymbol{K}^{\mathrm{T}}\boldsymbol{K}+\boldsymbol{B}^{\mathrm{T}}(\bar{s}\boldsymbol{I}-\boldsymbol{A}^{\mathrm{T}})^{-1}\boldsymbol{P}(s\boldsymbol{I}-\boldsymbol{A})^{-1}\boldsymbol{B}\times 2\mathrm{Re}s+\\&\boldsymbol{B}^{\mathrm{T}}(\bar{s}\boldsymbol{I}-\boldsymbol{A}^{\mathrm{T}})^{-1}\boldsymbol{LL}^{\mathrm{T}}(s\boldsymbol{I}-\boldsymbol{A})^{-1}\boldsymbol{B}+\boldsymbol{K}^{\mathrm{T}}\boldsymbol{L}^{\mathrm{T}}(s\boldsymbol{I}-\boldsymbol{A})^{-1}\boldsymbol{B}+\\&\boldsymbol{B}^{\mathrm{T}}(\bar{s}\boldsymbol{I}-\boldsymbol{A}^{\mathrm{T}})^{-1}\boldsymbol{LK}=\\&[\boldsymbol{K}+\boldsymbol{L}^{\mathrm{T}}(\bar{s}\boldsymbol{I}-\boldsymbol{A})^{-1}\boldsymbol{B}]^{\mathrm{T}}[\boldsymbol{K}+\boldsymbol{L}^{\mathrm{T}}(s\boldsymbol{I}-\boldsymbol{A})^{-1}\boldsymbol{B}]+\\&\boldsymbol{B}^{\mathrm{T}}(\bar{s}\boldsymbol{I}-\boldsymbol{A}^{\mathrm{T}})^{-1}\boldsymbol{P}(s\boldsymbol{I}-\boldsymbol{A})^{-1}\boldsymbol{B}\times 2\mathrm{Re}s\end{aligned} \tag{2.38}$$

在式(2.38) 中，等号右边第一项为非负定矩阵，第二项中 $2\mathrm{Re}s$ 的系数矩阵为非负定矩阵，如果数值 $\mathrm{Re}s>0$，则 $\boldsymbol{H}(s)+\boldsymbol{H}^{\mathrm{T}}(\bar{s})$ 为非负定埃尔米特矩阵，$\boldsymbol{H}(s)$ 为正实函数矩阵。

当式(2.35) 成立并且 $\boldsymbol{Q}=\boldsymbol{Q}^{\mathrm{T}}>\boldsymbol{0}$ 时，系统 $\dot{\boldsymbol{x}}=\boldsymbol{Ax}$，$\boldsymbol{x}(0)=\boldsymbol{0}$ 原点渐近稳定，矩阵 $\boldsymbol{A}$ 的特征值的实部均为负值，$\boldsymbol{H}(s)$ 的所有元素在右半闭平面 $\mathrm{Re}s\geqslant 0$ 上均无极点，式(2.38) 等号右边第一项为正定矩阵。当 $\mathrm{Re}s\geqslant 0$ 时，式(2.38) 等号右边第二项为非负定矩阵，故 $\boldsymbol{H}(s)+\boldsymbol{H}^{\mathrm{T}}(\bar{s})$ 为正定的埃尔米特矩阵，$\boldsymbol{H}(s)$ 为严格正实函数矩阵。引理的充分性证明完毕。

关于引理必要性的证明比较复杂，可参考有关文献。

2.2.2　正定积分核

定义 2.2.7(正定积分核)　如果对于每个区间$[t_0,t_1]$和在$[t_0,t_1]$上分段连续的所有向量

函数 $\boldsymbol{f}(t)$，方阵 $\boldsymbol{K}(t,\tau)$ 使下面的不等式成立，即

$$\eta(t_0,t_1)=\int_{t_0}^{t_1}\boldsymbol{f}^{\mathrm{T}}(t)\left[\int_{t_0}^{t}\boldsymbol{K}(t,\tau)\boldsymbol{f}(\tau)\mathrm{d}\tau\right]\mathrm{d}t\geqslant 0 \tag{2.39}$$

则方阵 $\boldsymbol{K}(t,\tau)$ 称为正定积分核。

式(2.39)中的$\int_{t_0}^{t}\boldsymbol{K}(t,\tau)\boldsymbol{f}(\tau)\mathrm{d}\tau$ 可解释为系统脉冲传递函数为 $\boldsymbol{K}(t,\tau)$、输入为 $\boldsymbol{f}(t)$ 的系统的输出，因此式(2.39)可解释为系统输入输出内积的积分。当 $\boldsymbol{K}(t,\tau)$ 为正定时，这个积分值为正或为零。

如果 $\boldsymbol{K}(t,\tau)$ 只依赖于变元$(t-\tau)$，即 $\boldsymbol{K}(t,\tau)=\boldsymbol{K}(t-\tau)$，并且 $\boldsymbol{K}(t-\tau)$ 的各元素有界，则 $\boldsymbol{K}(t-\tau)$ 所对应的拉普拉斯(Laplace)变换为

$$\boldsymbol{H}(s)=\int_{0}^{\infty}\boldsymbol{K}(t)\mathrm{e}^{-st}\mathrm{d}t \tag{2.40}$$

在这种情况下有下面的引理。

引理 2.2.3 对于存在拉普拉斯变换的一类核 $\boldsymbol{K}(t-\tau)$，它是正定核的充分必要条件为它的拉普拉斯变换式是复变量 $s=\sigma+\mathrm{j}\omega$ 的有理函数的正实矩阵(即正实传递函数矩阵)。

2.2.3 连续线性定常正性系统

设线性定常系统的方程为

$$\dot{\boldsymbol{x}}=\boldsymbol{Ax}+\boldsymbol{Bu} \tag{2.41}$$

$$\boldsymbol{v}=\boldsymbol{Cx}+\boldsymbol{Ju} \tag{2.42}$$

式中，$\dot{\boldsymbol{x}}$ 为 n 维状态向量，$\boldsymbol{u}$ 和 $\boldsymbol{v}$ 分别为 m 维输入向量和 m 维输出向量，$\boldsymbol{A}$，$\boldsymbol{B}$，$\boldsymbol{C}$ 和 $\boldsymbol{J}$ 为具有相应维数的矩阵。假定$(\boldsymbol{A},\boldsymbol{B})$ 完全可控，$(\boldsymbol{A},\boldsymbol{C})$ 完全可观测。系统的传递函数矩阵为

$$\boldsymbol{H}(s)=\boldsymbol{J}+\boldsymbol{C}(s\boldsymbol{I}-\boldsymbol{A})^{-1}\boldsymbol{B} \tag{2.43}$$

定义 2.2.8(正性系统) 对于由式(2.41)和式(2.42)所描述的系统，$\boldsymbol{u}(t)$ 是输入，$\boldsymbol{v}(t)$ 是输出，系统的脉冲响应矩阵为 $\boldsymbol{K}(t-\tau)$，若

$$\begin{aligned}\eta(0,t_1)=&\int_{0}^{t_1}\boldsymbol{u}^{\mathrm{T}}(t)\boldsymbol{v}(t)\mathrm{d}t=\int_{0}^{t_1}\boldsymbol{v}^{\mathrm{T}}(t)\boldsymbol{u}(t)\mathrm{d}t=\\&\int_{0}^{t_1}\boldsymbol{u}^{\mathrm{T}}(t)\left[\int_{0}^{t}\boldsymbol{K}(t-\tau)\boldsymbol{u}(\tau)\mathrm{d}\tau\right]\mathrm{d}t\geqslant -r_0^2,\quad r_0^2<\infty\end{aligned} \tag{2.44}$$

成立，则该系统称为正性系统。

定理 2.2.1 对于式(2.41)和式(2.42)所描述的系统，下列各种提法是相互等价的：

(1) 由式(2.41)和式(2.42)所描述的系统是正性系统；

(2) 由式(2.43)所给出的 $\boldsymbol{H}(s)$ 是正实传递函数矩阵；

(3) 存在一个正定对称矩阵 $\boldsymbol{P}$、一个正定对称矩阵 $\boldsymbol{Q}$ 及矩阵 $\boldsymbol{S}$ 和 $\boldsymbol{R}$，使得

$$\boldsymbol{PA}+\boldsymbol{A}^{\mathrm{T}}\boldsymbol{P}=-\boldsymbol{Q} \tag{2.45}$$

$$\boldsymbol{B}^{\mathrm{T}}\boldsymbol{P}+\boldsymbol{S}^{\mathrm{T}}=\boldsymbol{C} \tag{2.46}$$

$$\boldsymbol{J}+\boldsymbol{J}^{\mathrm{T}}=\boldsymbol{R} \tag{2.47}$$

$$\begin{bmatrix}\boldsymbol{Q} & \boldsymbol{S}\\ \boldsymbol{S}^{\mathrm{T}} & \boldsymbol{R}\end{bmatrix}\geqslant \boldsymbol{0} \tag{2.48}$$

(4) 存在一个正定对称阵 $\boldsymbol{P}$ 及矩阵 $\boldsymbol{K}$ 和 $\boldsymbol{L}$，使得

$$PA + A^{\mathrm{T}}P = -LL^{\mathrm{T}} \tag{2.49}$$

$$B^{\mathrm{T}}P + K^{\mathrm{T}}L^{\mathrm{T}} = C \tag{2.50}$$

$$K^{\mathrm{T}}K = J + J^{\mathrm{T}} \tag{2.51}$$

(5) 埃尔米特矩阵 $Z(s,\bar{s}) = H(s) + H^{\mathrm{T}}(\bar{s})$ 能够分解为

$$Z(s,\bar{s}) = H(s) + H^{\mathrm{T}}(\bar{s}) = [K + L^{\mathrm{T}}(\bar{s}I - A)^{-1}B]^{\mathrm{T}}[K + L^{\mathrm{T}}(sI - A)^{-1}B] \tag{2.52}$$

(6) 对于 $\det(\mathrm{j}\omega I - A) \neq 0$ 的所有 $s = \mathrm{j}\omega$，埃尔米特矩阵 $Z(s,\bar{s}) = H(s) + H^{\mathrm{T}}(\bar{s})$ 为半正定；

(7) 由式(2.41) 和式(2.42) 所描述的系统的所有解 $x(x(0),u,t)$ 满足

$$\int_0^{t_1} v^{\mathrm{T}}(t)u(t)\mathrm{d}t = \frac{1}{2}x^{\mathrm{T}}(t_1)Px(t_1) - \frac{1}{2}x^{\mathrm{T}}(0)Px(0) + \frac{1}{2}\int_0^{t_1}(x^{\mathrm{T}}Qx + 2u^{\mathrm{T}}S^{\mathrm{T}}x + u^{\mathrm{T}}Ru)\mathrm{d}t \tag{2.53}$$

式中，P 是正定矩阵，并且 P,Q,S 和 R 满足式(2.45) ～ 式(2.48)；

(8) 对于 $x(0) = \mathbf{0}$ 及任何输入向量函数 $u(t)$，由式(2.41) 和式(2.42) 所描述系统的相应解 $x(\mathbf{0},u,t)$ 满足不等式

$$\int_0^{t_1} v^{\mathrm{T}}(t)u(t)\mathrm{d}t \geqslant 0 \tag{2.54}$$

(9) 脉冲响应矩阵

$$K(t-\tau) = J\delta(t-\tau) + C\mathrm{e}^{A(t-\tau)}B1(t-\tau) \tag{2.55}$$

是一个正定核，式中 $\delta(t-\tau)$ 是狄拉克(Dirac)δ 函数，$1(t-\tau)$ 是单位阶跃函数，即当 $(t-\tau) < 0$ 时，$1(t-\tau) = 0$；当 $(t-\tau) \geqslant 0$ 时，$1(t-\tau) = 1$。

定理 2.2.1 中命题(4) 与命题(2) 的等价性已在引理 2.2.2 中给出证明，受篇幅限制，此处只给出命题(3) 和命题(4) 的等价性证明，其余命题的等价性可在一些专著中查到，也可作为练习由读者进行推导。

因为出现在不等式(2.48) 中的矩阵至少必须是半正定的，它可以分解为

$$\begin{bmatrix} Q & S \\ S^{\mathrm{T}} & R \end{bmatrix} = MM^{\mathrm{T}} = \begin{bmatrix} L \\ K^{\mathrm{T}} \end{bmatrix}[L^{\mathrm{T}} \quad K] = \begin{bmatrix} LL^{\mathrm{T}} & LK \\ K^{\mathrm{T}}L^{\mathrm{T}} & K^{\mathrm{T}}K \end{bmatrix} \tag{2.56}$$

式中，L 为 $n \times q$ 矩阵，K^{T} 为 $m \times q$ 矩阵，q 为任意正整数。在式(2.45)、式(2.46) 和式(2.47) 中用 LL^{T} 代替 Q，用 $K^{\mathrm{T}}L^{\mathrm{T}}$ 代替 S^{T}，用 $K^{\mathrm{T}}K$ 代替 R，即可得到式(2.49)、式(2.50) 和式(2.51)。

2.2.4　离散线性定常正性系统

设离散线性定常系统的动态方程为

$$x(k+1) = Ax(k) + Bu(k) \tag{2.57}$$

$$v(k) = Cx(k) + Ju(k) \tag{2.58}$$

式中，$x(k)$ 为 n 维状态向量，$u(k)$ 为 m 维输入向量，$v(k)$ 为 m 维输出向量。A,B,C 和 J 为具有相应维数的常值矩阵。(A,B) 完全可控，(A,C) 完全可观测。

离散传递矩阵为

$$H(z) = J + C(zI - A)^{-1}B \tag{2.59}$$

$H(z)$ 是一个 $m \times m$ 实有理函数矩阵。

定义 2.2.8(离散正实矩阵)　离散传递矩阵 $H(z)$ 为正实矩阵的条件：

(1) $\boldsymbol{H}(z)$ 的所有元在单位圆外是解析的，即在 $|z|>1$ 上，$\boldsymbol{H}(z)$ 的所有元素都没有极点；

(2) 在单位圆 $|z|=1$ 上，$\boldsymbol{H}(z)$ 的任何元素可能有的极点均为单极点(即无重极点)，相应的留数矩阵是一个半正定的埃尔米特矩阵；

(3) 对于除了 $\boldsymbol{H}(z)$ 在单位圆 $|z|=|e^{j\omega}|=1$ 上的极点之外的所有 ω 值，矩阵

$$\boldsymbol{H}(z)+\boldsymbol{H}^{\mathrm{T}}(\bar{z})=\boldsymbol{H}(e^{j\omega})+\boldsymbol{H}^{\mathrm{T}}(e^{-j\omega}) \tag{2.60}$$

是半正定的埃尔米特矩阵，其中 $\bar{z}$ 是 z 的共轭。

定义 2.2.9(离散严格正实矩阵)　离散传递矩阵 $\boldsymbol{H}(z)$ 是严格正实矩阵的条件：

(1) 在 $|z|\geqslant 1$ 上 $\boldsymbol{H}(z)$ 的所有元素均无极点；

(2) 对于所有 ω 值($-\infty<\omega<\infty$)，矩阵

$$\boldsymbol{H}(z)+\boldsymbol{H}^{\mathrm{T}}(\bar{z})=\boldsymbol{H}(e^{j\omega})+\boldsymbol{H}^{\mathrm{T}}(e^{-j\omega}) \tag{2.61}$$

是一个正定的埃尔米特矩阵，其中 $\bar{z}$ 为 z 的共轭。

定义 2.2.10(离散正定矩阵核)　设 $\boldsymbol{F}(k,l)$ 是离散矩阵核，如果对于每个区间 $[k_0,k_1]$，以及在这个区间上有界的所有离散向量 $\boldsymbol{f}(k)$，均有

$$\sum_{k=k_0}^{k_1}\boldsymbol{f}^{\mathrm{T}}(k)\Big[\sum_{l=k_0}^{k}\boldsymbol{F}(k,l)\boldsymbol{f}(l)\Big]\geqslant 0,\quad \text{对所有 } k_1\geqslant k_0 \tag{2.62}$$

则称 $\boldsymbol{F}(k,l)$ 为离散正定矩阵核。

引理 2.2.4　对于存在 z 变换的一类离散矩阵核 $\boldsymbol{F}(k-l)$，它是离散正定矩阵核的充分必要条件是它的 z 变换是一个离散正实传递矩阵。

定义 2.2.11(离散正性系统)　对于由式(2.57)和式(2.58)所描述的离散系统，设其脉冲响应矩阵为 $\boldsymbol{F}(k,l)$，区间 $[k_0,k_N]$ 有界，输入为 $\boldsymbol{u}(k)$，输出为

$$\boldsymbol{v}(k)=\sum_{l=k_0}^{k}\boldsymbol{F}(k,l)\boldsymbol{u}(l) \tag{2.63}$$

如果

$$\sum_{k=k_0}^{k_N}\boldsymbol{u}^{\mathrm{T}}(k)\Big[\sum_{l=k_0}^{k}\boldsymbol{F}(k,l)\boldsymbol{u}(l)\Big]\geqslant 0,\quad \text{对所有 } k_N\geqslant k_0 \tag{2.64}$$

则该离散系统称为离散正性系统。

定理 2.2.2　对于由式(2.57)和式(2.58)所描述的离散系统，下列几种提法是相互等价的：

(1) 由式(2.57)和式(2.58)所描述的离散系统是正性的；

(2) 由式(2.59)所给出的离散传递矩阵 $\boldsymbol{H}(s)$ 是正实的；

(3) 存在正定对称矩阵 $\boldsymbol{P}$、半正定对称矩阵 $\boldsymbol{Q}$ 及矩阵 $\boldsymbol{S}$ 和 $\boldsymbol{R}$，使得

$$\boldsymbol{A}^{\mathrm{T}}\boldsymbol{P}\boldsymbol{A}-\boldsymbol{P}=-\boldsymbol{Q} \tag{2.65}$$

$$\boldsymbol{B}^{\mathrm{T}}\boldsymbol{P}\boldsymbol{A}+\boldsymbol{S}^{\mathrm{T}}=\boldsymbol{C} \tag{2.66}$$

$$\boldsymbol{J}+\boldsymbol{J}^{\mathrm{T}}-\boldsymbol{B}^{\mathrm{T}}\boldsymbol{P}\boldsymbol{B}=\boldsymbol{R} \tag{2.67}$$

$$\begin{bmatrix}\boldsymbol{Q} & \boldsymbol{S}\\ \boldsymbol{S}^{\mathrm{T}} & \boldsymbol{R}\end{bmatrix}\geqslant \boldsymbol{0} \tag{2.68}$$

(4) 存在正定对称矩阵 $\boldsymbol{P}$ 及矩阵 $\boldsymbol{K}$ 和 $\boldsymbol{L}$，使得

$$\boldsymbol{A}^{\mathrm{T}}\boldsymbol{P}\boldsymbol{A}-\boldsymbol{P}=-\boldsymbol{L}\boldsymbol{L}^{\mathrm{T}} \tag{2.69}$$

$$B^{\mathrm{T}}PA + K^{\mathrm{T}}L^{\mathrm{T}} = C \tag{2.70}$$

$$K^{\mathrm{T}}K = J + J^{\mathrm{T}} - B^{\mathrm{T}}PB \tag{2.71}$$

(5) 式(2.57) 和式(2.58) 的每一个解均满足等式

$$\sum_{k=0}^{k_1} v^{\mathrm{T}}(k)u(k) = \frac{1}{2}x^{\mathrm{T}}(k_1+1)Px(k_1+1) - \frac{1}{2}x^{\mathrm{T}}(0)Px(0) + \frac{1}{2}\sum_{k=0}^{k_1}[x^{\mathrm{T}}(k)Qx(k) + 2u^{\mathrm{T}}(k)S^{\mathrm{T}}x(k) + u^{\mathrm{T}}(k)Ru(k)] \tag{2.72}$$

式中,P 是正定矩阵,矩阵 P,Q 和 R 满足式(2.65) ～ 式(2.68);

(6) 系统脉冲响应矩阵

$$F(k-l) = J\delta(k-l) + CA^{-(l-1)}B1(k-l) \tag{2.73}$$

是离散正定矩阵核。

上述命题(2) 与命题(4) 之间的等价性称为离散正实引理,或称为卡尔曼-赛格-波波夫(Kalman-Szegö-Popov) 正实引理。

引理 2.2.5　对于由式(2.59) 所给出的离散传递矩阵 $H(z)$,如果存在正定对称矩阵 Q 及矩阵 K 和 L,使得

$$A^{\mathrm{T}}PA - P = -LL^{\mathrm{T}} - Q = -\bar{Q} \tag{2.74}$$

$$B^{\mathrm{T}}PA + K^{\mathrm{T}}L^{\mathrm{T}} = C \tag{2.75}$$

$$K^{\mathrm{T}}K = J + J^{\mathrm{T}} - B^{\mathrm{T}}PB \tag{2.76}$$

则此离散传递矩阵 $H(z)$ 是严格正实的。

显然,式(2.74) 中的 $\bar{Q}$ 是正定矩阵,这就意味着矩阵 A 的所有特征值的绝对值均小于 1,因而在 $|z| \geqslant 1$ 上,$H(z)$ 的所有元素都是解析的。

2.2.5　离散线性时变正性系统

设离散线性时变系统的状态空间表达式为

$$x(k+1) = A(k)x(k) + B(k)u(k) \tag{2.77}$$

$$v(k) = C(k)x(k) + J(k)u(k) \tag{2.78}$$

式中,$x(k)$ 为 n 维状态向量,$u(k)$ 为 m 维输入向量,$v(k)$ 为 m 维输出向量,$A(k)$,$B(k)$,$C(k)$ 和 $J(k)$ 是定义在所有 $k \geqslant k_0$ 上的具有相应维数的时变矩阵。

定义 2.2.12(离散时变正性系统)　对于由式(2.77) 和式(2.78) 所描述的离散时变系统,如果在区间$[k_0, k_1]$上输入和输出的内积之和可以表示为

$$\sum_{k=k_0}^{k} v^{\mathrm{T}}(k)u(k) = \xi(x(k_1+1), k_1+1) - \xi(x(k_0), k_0) + \sum_{k=k_0}^{k_1}\lambda(x(k), u(k), k), \quad k \geqslant k_0 \tag{2.79}$$

以及

$$\lambda(x(k), u(k), k) \geqslant 0, \quad x(k) \in \mathbf{R}^n, \quad u(k) \in \mathbf{R}^m, \quad k \geqslant k_0 \tag{2.80}$$

则此系统称为离散时变正性系统。

下面给出关于离散线性时变系统正性的一些充分条件,而不是必要条件。

引理 2.2.6 对于由式(2.77)和式(2.78)所描述的离散线性时变系统，如果存在一个时变正定对称矩阵 $\boldsymbol{P}(k)$ 及时变矩阵 $\boldsymbol{S}(k)$ 和 $\boldsymbol{R}(k)$，使得

$$\boldsymbol{A}^{\mathrm{T}}(k)\boldsymbol{P}(k+1)\boldsymbol{A}(k)-\boldsymbol{P}(k)=-\boldsymbol{Q}(k) \tag{2.81}$$

$$\boldsymbol{B}^{\mathrm{T}}(k)\boldsymbol{P}(k+1)\boldsymbol{A}(k)+\boldsymbol{S}^{\mathrm{T}}(k)=\boldsymbol{C}(k) \tag{2.82}$$

$$\boldsymbol{J}(k)+\boldsymbol{J}^{\mathrm{T}}(k)-\boldsymbol{B}^{\mathrm{T}}(k)\boldsymbol{P}(k+1)\boldsymbol{B}(k)=\boldsymbol{R}(k) \tag{2.83}$$

$$\begin{bmatrix}\boldsymbol{Q}(k) & \boldsymbol{S}(k)\\ \boldsymbol{S}^{\mathrm{T}}(k) & \boldsymbol{K}(k)\end{bmatrix}\geqslant \boldsymbol{0},\quad 对所有\ k\geqslant k_0 \tag{2.84}$$

则此系统是正性的。

引理 2.2.7 对于由式(2.77)和式(2.78)所描述的离散线性时变系统，如果存在一个时变正定对称矩阵 $\boldsymbol{P}(k)$ 及时变矩阵 $\boldsymbol{K}(k)$ 和 $\boldsymbol{L}(k)$，使得

$$\boldsymbol{A}^{\mathrm{T}}(k)\boldsymbol{P}(k+1)\boldsymbol{A}(k)-\boldsymbol{P}(k)=-\boldsymbol{L}(k)\boldsymbol{L}^{\mathrm{T}}(k) \tag{2.85}$$

$$\boldsymbol{B}^{\mathrm{T}}(k)\boldsymbol{P}(k+1)\boldsymbol{A}(k)+\boldsymbol{K}^{\mathrm{T}}(k)\boldsymbol{L}^{\mathrm{T}}(k)=\boldsymbol{C}(k) \tag{2.86}$$

$$\boldsymbol{J}(k)+\boldsymbol{J}^{\mathrm{T}}(k)-\boldsymbol{B}^{\mathrm{T}}(k)\boldsymbol{P}(k+1)\boldsymbol{B}(k)=\boldsymbol{K}^{\mathrm{T}}(k)\boldsymbol{K}(k) \tag{2.87}$$

则此系统是正性的。

引理 2.2.8 如果式(2.87)中的矩阵 $\boldsymbol{K}(k)$ 被限制于非奇异矩阵类，即 $\boldsymbol{K}^{\mathrm{T}}(k)\boldsymbol{K}(k)>\boldsymbol{0}$，并且存在一个时变正定对称矩阵 $\boldsymbol{P}(k)$，使得

$$\begin{aligned}\boldsymbol{A}^{\mathrm{T}}(k)\boldsymbol{P}(k+1)\boldsymbol{A}(k)-\boldsymbol{P}(k)= &-[\boldsymbol{C}^{\mathrm{T}}(k)-\boldsymbol{A}^{\mathrm{T}}(k)\boldsymbol{P}(k+1)\boldsymbol{B}(k)][\boldsymbol{J}^{\mathrm{T}}(k)+\boldsymbol{J}(k)-\\ &\boldsymbol{B}^{\mathrm{T}}(k)\boldsymbol{P}(k+1)\boldsymbol{B}(k)]^{-1}[\boldsymbol{C}(k)-\boldsymbol{B}^{\mathrm{T}}(k)\boldsymbol{P}(k+1)\boldsymbol{A}(k)]\end{aligned} \tag{2.88}$$

则由式(2.77)和式(2.78)所描述的系统是正性的。

引理 2.2.9 对于由式(2.77)和式(2.78)所描述的离散线性时变系统，如果系统的所有解 $\boldsymbol{x}(\boldsymbol{x}(k_0),\boldsymbol{u}(k),k)$ 都满足关系式

$$\begin{aligned}\sum_{k=k_0}^{k_1}\boldsymbol{v}^{\mathrm{T}}(k)\boldsymbol{u}(k)=&\frac{1}{2}\boldsymbol{x}^{\mathrm{T}}(k_1+1)\boldsymbol{P}(k_1+1)\boldsymbol{x}(k_1+1)-\frac{1}{2}\boldsymbol{x}^{\mathrm{T}}(k_0)\boldsymbol{P}(k_0)\boldsymbol{x}(k_0)+\\ &\sum_{k=k_0}^{k_1}[\boldsymbol{x}^{\mathrm{T}}(k)\boldsymbol{Q}(k)\boldsymbol{x}(k)+2\boldsymbol{u}^{\mathrm{T}}(k)\boldsymbol{S}^{\mathrm{T}}(k)\boldsymbol{x}(k)+\boldsymbol{u}^{\mathrm{T}}(k)\boldsymbol{R}(k)\boldsymbol{u}(k)]\end{aligned} \tag{2.89}$$

式中，$\boldsymbol{x}(k)=\boldsymbol{x}(\boldsymbol{x}(k_0),\boldsymbol{u}(k),k)$，$\boldsymbol{P}(k)$ 是正定矩阵序列，矩阵 $\boldsymbol{P}(k)$，$\boldsymbol{Q}(k)$，$\boldsymbol{S}(k)$ 和 $\boldsymbol{R}(k)$ 满足式(2.81)～式(2.84)，则此系统是正性的。

例 2.2.1 试证明：

(1) 如果在引理 2.2.7 中把 $\boldsymbol{K}(k)$ 限制在时变非奇异矩阵类，则能够从引理 2.2.7 得到引理 2.2.8。

(2) 由引理 2.2.6 可得到引理 2.2.9。

证明 (1) 由式(2.86)，可得

$$\boldsymbol{L}^{\mathrm{T}}(k)=[\boldsymbol{K}^{\mathrm{T}}(k)]^{-1}[\boldsymbol{C}(k)-\boldsymbol{B}^{\mathrm{T}}(k)\boldsymbol{P}(k+1)\boldsymbol{A}(k)] \tag{2.90}$$

因而有

$$\begin{aligned}\boldsymbol{L}(k)\boldsymbol{L}^{\mathrm{T}}(k)=&[\boldsymbol{C}^{\mathrm{T}}(k)-\boldsymbol{A}^{\mathrm{T}}(k)\boldsymbol{P}(k+1)\boldsymbol{B}(k)][\boldsymbol{K}^{\mathrm{T}}(k)\boldsymbol{K}(k)]^{-1}\times\\ &[\boldsymbol{C}(k)-\boldsymbol{B}^{\mathrm{T}}(k)\boldsymbol{P}(k+1)\boldsymbol{A}(k)]\end{aligned} \tag{2.91}$$

由式(2.87)和式(2.91)，可得

$$\boldsymbol{L}(k)\boldsymbol{L}^{\mathrm{T}}(k)=[\boldsymbol{C}^{\mathrm{T}}(k)-\boldsymbol{A}^{\mathrm{T}}(k)\boldsymbol{P}(k+1)\boldsymbol{B}(k)][\boldsymbol{J}(k)+\boldsymbol{J}^{\mathrm{T}}(k)-\boldsymbol{B}^{\mathrm{T}}(k)\boldsymbol{P}(k+1)\boldsymbol{B}(k)]^{-1}[\boldsymbol{C}(k)-\boldsymbol{B}^{\mathrm{T}}(k)\boldsymbol{P}(k+1)\boldsymbol{A}(k)] \tag{2.92}$$

将式(2.92)代入式(2.85)，可得式(2.88)。

(2) 由引理 2.2.6 中的式(2.81)，可得

$$\boldsymbol{x}^{\mathrm{T}}(k)\boldsymbol{Q}(k)\boldsymbol{x}(k)=-\boldsymbol{x}^{\mathrm{T}}(k)\boldsymbol{A}^{\mathrm{T}}(k)\boldsymbol{P}(k+1)\boldsymbol{A}(k)\boldsymbol{x}(k)+\boldsymbol{x}^{\mathrm{T}}(k)\boldsymbol{P}(k)\boldsymbol{x}(k) \tag{2.93}$$

利用式(2.77)，由式(2.93)，可得

$$\begin{aligned}\boldsymbol{x}^{\mathrm{T}}(k)\boldsymbol{Q}(k)\boldsymbol{x}(k)=&-[\boldsymbol{x}(k+1)-\boldsymbol{B}(k)\boldsymbol{u}(k)]^{\mathrm{T}}\boldsymbol{P}(k+1)[\boldsymbol{x}(k+1)-\\&\boldsymbol{B}(k)\boldsymbol{u}(k)]+\boldsymbol{x}^{\mathrm{T}}(k)\boldsymbol{P}(k)\boldsymbol{x}(k)=\\&-\boldsymbol{x}^{\mathrm{T}}(k+1)\boldsymbol{P}(k+1)\boldsymbol{x}(k+1)+\boldsymbol{x}^{\mathrm{T}}(k)\boldsymbol{P}(k)\boldsymbol{x}(k)+\\&\boldsymbol{u}^{\mathrm{T}}(k)\boldsymbol{B}^{\mathrm{T}}(k)\boldsymbol{P}(k+1)\boldsymbol{x}(k+1)+\boldsymbol{x}^{\mathrm{T}}(k+1)\boldsymbol{P}(k+1)\boldsymbol{B}(k)\boldsymbol{u}(k)-\\&\boldsymbol{u}^{\mathrm{T}}(k)\boldsymbol{B}^{\mathrm{T}}(k)\boldsymbol{P}(k+1)\boldsymbol{B}(k)\boldsymbol{u}(k)=\\&-\boldsymbol{x}^{\mathrm{T}}(k+1)\boldsymbol{P}(k+1)\boldsymbol{x}(k+1)+\boldsymbol{x}^{\mathrm{T}}(k)\boldsymbol{P}(k)\boldsymbol{x}(k)+\\&\boldsymbol{u}^{\mathrm{T}}(k)\boldsymbol{B}^{\mathrm{T}}(k)\boldsymbol{P}(k+1)[\boldsymbol{A}(k)\boldsymbol{x}(k)+\boldsymbol{B}(k)\boldsymbol{u}(k)]+\\&[\boldsymbol{x}^{\mathrm{T}}(k)\boldsymbol{A}^{\mathrm{T}}(k)+\boldsymbol{u}^{\mathrm{T}}(k)\boldsymbol{B}^{\mathrm{T}}(k)]\boldsymbol{P}(k+1)\boldsymbol{B}(k)\boldsymbol{u}(k)-\\&\boldsymbol{u}^{\mathrm{T}}(k)\boldsymbol{B}^{\mathrm{T}}(k)\boldsymbol{P}(k+1)\boldsymbol{B}(k)\boldsymbol{u}(k)\end{aligned} \tag{2.94}$$

在式(2.94)等号两边同时加上 $2\boldsymbol{u}^{\mathrm{T}}(k)\boldsymbol{S}^{\mathrm{T}}(k)\boldsymbol{x}(k)+\boldsymbol{u}^{\mathrm{T}}(k)\boldsymbol{R}(k)\boldsymbol{u}(k)$，并利用式(2.82)、式(2.83)和式(2.77)，可得

$$\begin{aligned}&\boldsymbol{x}^{\mathrm{T}}(k)\boldsymbol{Q}(k)\boldsymbol{x}(k)+2\boldsymbol{u}^{\mathrm{T}}(k)\boldsymbol{S}^{\mathrm{T}}(k)\boldsymbol{x}(k)+\boldsymbol{u}^{\mathrm{T}}(k)\boldsymbol{R}(k)\boldsymbol{u}(k)=\\&\quad-\boldsymbol{x}^{\mathrm{T}}(k+1)\boldsymbol{P}(k+1)\boldsymbol{x}(k+1)+\boldsymbol{x}^{\mathrm{T}}(k)\boldsymbol{P}(k)\boldsymbol{x}(k)+\\&\quad2\boldsymbol{u}^{\mathrm{T}}(k)\boldsymbol{C}(k)\boldsymbol{x}(k)+\boldsymbol{u}^{\mathrm{T}}(k)[\boldsymbol{J}(k)+\boldsymbol{J}^{\mathrm{T}}(k)]\boldsymbol{u}(k)=\\&\quad-\boldsymbol{x}^{\mathrm{T}}(k+1)\boldsymbol{P}(k+1)\boldsymbol{x}(k+1)+\boldsymbol{x}^{\mathrm{T}}(k)\boldsymbol{P}(k)\boldsymbol{x}(k)+\\&\quad2\boldsymbol{u}^{\mathrm{T}}(k)\boldsymbol{B}^{\mathrm{T}}(k)\boldsymbol{P}(k+1)\boldsymbol{A}(k)\boldsymbol{x}(k)+\boldsymbol{u}^{\mathrm{T}}(k)\boldsymbol{B}^{\mathrm{T}}(k)\boldsymbol{P}(k+1)\boldsymbol{B}(k)\boldsymbol{u}(k)+\\&\quad2\boldsymbol{u}^{\mathrm{T}}(k)\boldsymbol{S}^{\mathrm{T}}(k)\boldsymbol{x}(k)+\boldsymbol{u}^{\mathrm{T}}(k)\boldsymbol{R}(k)\boldsymbol{u}(k)=\\&\quad-\boldsymbol{x}^{\mathrm{T}}(k+1)\boldsymbol{P}(k+1)\boldsymbol{x}(k+1)+\boldsymbol{x}^{\mathrm{T}}(k)\boldsymbol{P}(k)\boldsymbol{x}(k)+\\&\quad2\boldsymbol{u}^{\mathrm{T}}(k)[\boldsymbol{B}^{\mathrm{T}}(k)\boldsymbol{P}(k+1)\boldsymbol{A}(k)+\boldsymbol{S}^{\mathrm{T}}(k)]\boldsymbol{x}(k)+\\&\quad\boldsymbol{u}^{\mathrm{T}}(k)[\boldsymbol{B}^{\mathrm{T}}(k)\boldsymbol{P}(k+1)\boldsymbol{B}(k)+\boldsymbol{R}(k)]\boldsymbol{u}(k)=\\&\quad-\boldsymbol{x}^{\mathrm{T}}(k+1)\boldsymbol{P}(k+1)\boldsymbol{x}(k+1)+\boldsymbol{x}^{\mathrm{T}}(k)\boldsymbol{P}(k)\boldsymbol{x}(k)+\\&\quad2\boldsymbol{u}^{\mathrm{T}}(k)\boldsymbol{C}(k)\boldsymbol{x}(k)+\boldsymbol{u}^{\mathrm{T}}(k)[\boldsymbol{J}(k)+\boldsymbol{J}^{\mathrm{T}}(k)]\boldsymbol{u}(k)\end{aligned} \tag{2.95}$$

因而有

$$\begin{aligned}&\boldsymbol{x}^{\mathrm{T}}(k)\boldsymbol{C}^{\mathrm{T}}(k)\boldsymbol{u}(k)+\boldsymbol{u}^{\mathrm{T}}(k)\boldsymbol{J}^{\mathrm{T}}(k)\boldsymbol{u}(k)=\\&\quad\frac{1}{2}[\boldsymbol{x}^{\mathrm{T}}(k+1)\boldsymbol{P}(k+1)\boldsymbol{x}(k+1)-\boldsymbol{x}^{\mathrm{T}}(k)\boldsymbol{P}(k)\boldsymbol{x}(k)+\boldsymbol{x}^{\mathrm{T}}(k)\boldsymbol{Q}(k)\boldsymbol{x}(k)+\\&\quad2\boldsymbol{u}^{\mathrm{T}}(k)\boldsymbol{S}^{\mathrm{T}}(k)\boldsymbol{x}(k)+\boldsymbol{u}^{\mathrm{T}}(k)\boldsymbol{R}(k)\boldsymbol{u}(k)]\end{aligned} \tag{2.96}$$

利用式(2.78)和式(2.96)，可得

$$\sum_{k=k_0}^{k_1}\boldsymbol{v}^{\mathrm{T}}(k)\boldsymbol{u}(k)=\sum_{k=k_0}^{k_1}[\boldsymbol{x}^{\mathrm{T}}(k)\boldsymbol{C}^{\mathrm{T}}(k)+\boldsymbol{u}^{\mathrm{T}}(k)\boldsymbol{J}^{\mathrm{T}}(k)]\boldsymbol{u}(k)=$$

$$\sum_{k=k_0}^{k_1}[\boldsymbol{x}^{\mathrm{T}}(k)\boldsymbol{C}^{\mathrm{T}}(k)\boldsymbol{u}(k)+\boldsymbol{u}^{\mathrm{T}}(k)\boldsymbol{J}^{\mathrm{T}}(k)\boldsymbol{u}(k)]=$$
$$\frac{1}{2}\sum_{k=k_0}^{k_1}\boldsymbol{x}^{\mathrm{T}}(k+1)\boldsymbol{P}(k+1)\boldsymbol{x}(k+1)-\frac{1}{2}\sum_{k=k_0}^{k_1}\boldsymbol{x}^{\mathrm{T}}(k)\boldsymbol{P}(k)\boldsymbol{x}(k)+$$
$$\frac{1}{2}\sum_{k=k_0}^{k_1}[\boldsymbol{x}^{\mathrm{T}}(k)\boldsymbol{Q}(k)\boldsymbol{x}(k)+2\boldsymbol{u}^{\mathrm{T}}(k)\boldsymbol{S}^{\mathrm{T}}(k)\boldsymbol{x}(k)+\boldsymbol{u}^{\mathrm{T}}(k)\boldsymbol{R}(k)\boldsymbol{u}(k)]=$$
$$\frac{1}{2}\boldsymbol{x}^{\mathrm{T}}(k_1+1)\boldsymbol{P}(k_1+1)\boldsymbol{x}(k_1+1)-\frac{1}{2}\boldsymbol{x}^{\mathrm{T}}(k_0)\boldsymbol{P}(k_0)\boldsymbol{x}(k_0)+$$
$$\frac{1}{2}\sum_{k=k_0}^{k_1}[\boldsymbol{x}^{\mathrm{T}}(k)\boldsymbol{Q}(k)\boldsymbol{x}(k)+2\boldsymbol{u}^{\mathrm{T}}(k)\boldsymbol{S}^{\mathrm{T}}(k)\boldsymbol{x}(k)+\boldsymbol{u}^{\mathrm{T}}(k)\boldsymbol{R}(k)\boldsymbol{u}(k)] \tag{2.97}$$

这恰好是引理 2.2.9 中的式(2.89)。证毕。

引理 2.2.10 一个离散线性时变系统只要满足引理 2.2.6 到引理 2.2.9 中的任何一个引理，则系统是正性的，并且对于所有 $\boldsymbol{x}(k_0)$，均满足不等式

$$\sum_{k=k_0}^{k_1}\boldsymbol{v}^{\mathrm{T}}(k)\boldsymbol{u}(k)\geqslant-\frac{1}{2}\boldsymbol{x}^{\mathrm{T}}(k_0)\boldsymbol{P}(k_0)\boldsymbol{x}(k_0)\geqslant-r_0^2,\quad k_1\geqslant k_0 \tag{2.98}$$

式中，r_0^2 是一个有限正常数。

2.3 超稳定性理论

波波夫(Popov)在 20 世纪 60 年代初提出了超稳定性理论，它是研究自适应控制系统的一个重要理论基础。由于超稳定性问题是对绝对稳定性问题的一个扩充，因而本节先对绝对稳定性问题做简单介绍，然后分连续系统和离散系统两种情况来介绍超稳定性问题。

2.3.1 绝对稳定性问题

在绝对稳定性问题研究中，波波夫所研究的是一大类具有普遍性的控制系统，这一类控制系统的前向回路是线性定常系统，反馈回路是无惯性(也可能是时变)的非线性环节，其结构图如图 2.2 所示。

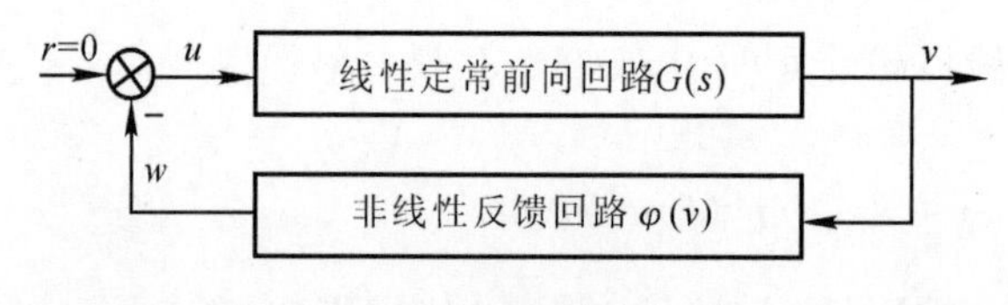

图 2.2 非线性反馈系统

反馈非线性环节的输出为

$$w=\varphi(v) \tag{2.99}$$

并且非线性环节的输入和输出满足关系式，即

$$0 \leqslant v\varphi(v) = wv \leqslant kv^2, \qquad \varphi(0) = 0 \tag{2.100}$$

其特性曲线如图 2.3 所示。

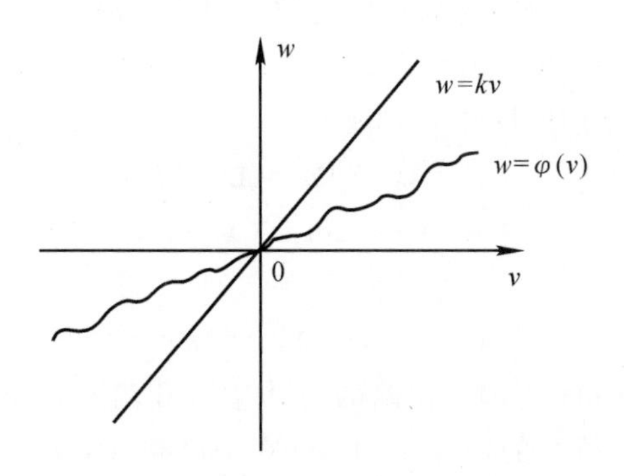

图 2.3　非线性环节的特性曲线

可见，函数 $\varphi(v)$ 的图形被限制在第一和第三象限中，处于横轴 v 与直线 $w=kv$ 所组成的扇形区域内，当 $k \to \infty$ 时，扇形区域扩大到整个第一和第三象限。这意味着要求反馈方块在每一瞬间的输入和输出的乘积都大于零。将这一要求推广到多输入多输出系统，就要求每一非线性反馈元件的输入 v_i 与对应的输出 w_i 的乘积都大于零，即

$$w_i v_i \geqslant 0, \qquad i=1,2,\cdots,m \tag{2.101}$$

或写为

$$\boldsymbol{w}^{\mathrm{T}}\boldsymbol{v} \geqslant 0 \tag{2.102}$$

式中，$\boldsymbol{w}^{\mathrm{T}}=[w_1 \quad w_2 \quad \cdots \quad w_{\mathrm{m}}]$，$\boldsymbol{v}=[v_1 \quad v_2 \quad \cdots \quad v_{\mathrm{m}}]^{\mathrm{T}}$。

现在要问，在式(2.100) 或式(2.102) 所给出的非线性反馈条件下，前向方块 $\boldsymbol{G}(s)$ 满足什么条件才能使闭环系统全局渐近稳定？

对于一切满足式(2.100) 或式(2.102) 的非线性反馈，当系统平衡点 $\boldsymbol{x}=\boldsymbol{0}$ 为全局渐近稳定时，求 $G(s)$ 应满足的条件。这一问题称为绝对稳定性问题，有时也称为鲁里叶问题。

关于系统绝对稳定性的波波夫判据很多，由于本节的目的是介绍超稳定性理论，所以在此不再列举这些绝对稳定性判据。

2.3.2　连续系统的超稳定性

如果把式(2.100) 或式(2.102) 所给出的非线性特性的要求放宽，扩大到并非每一瞬间都要求输入和输出的乘积都大于零，而允许在一些充分小的时间间隔内不满足式(2.100) 或式(2.102)，而在大部分时间里满足式(2.100) 或式(2.102)。因此，系统的输入、输出特性可用积分不等式表示为

$$\eta(t_0,t_1)=\int_{t_0}^{t_1}\boldsymbol{w}^{\mathrm{T}}(\tau)\boldsymbol{v}(\tau)\mathrm{d}\tau \geqslant 0, \qquad t_1 \geqslant t_0 \tag{2.103}$$

式(2.103) 称为波波夫积分不等式。波波夫积分不等式还可写为

$$\eta(t_0,t_1)=\int_{t_0}^{t_1}\boldsymbol{w}^{\mathrm{T}}(\tau)\boldsymbol{v}(\tau)\mathrm{d}\tau \geqslant -r_0^2, \qquad t_1 \geqslant t_0 \tag{2.104}$$

式中，$-r_0^2$ 为一常数。式(2.104) 表示输入和输出的乘积必须在平均意义上大于一个负常数，以此来代替系统输入和输出的乘积在每一瞬间都大于零。对于图 2.2 所示非线性反馈系统，

当非线性反馈回路(方块)满足波波夫积分不等式时,前向方块$\boldsymbol{G}(s)$在什么条件下能使闭环系统稳定,波波夫将这一稳定性问题定义为超稳定性问题。因为波波夫积分不等式条件比式(2.100)或式(2.102)要宽,所以在超稳定性问题中包含了绝对稳定性问题。

下面给出超稳定性的一些定义和定理。

设闭环系统的线性定常前向回路的方程为

$$\dot{\boldsymbol{x}} = \boldsymbol{A}\boldsymbol{x} + \boldsymbol{B}\boldsymbol{u} = \boldsymbol{A}\boldsymbol{x} - \boldsymbol{B}\boldsymbol{w} \tag{2.105}$$

$$\boldsymbol{v} = \boldsymbol{C}\boldsymbol{x} + \boldsymbol{J}\boldsymbol{u} = \boldsymbol{C}\boldsymbol{x} - \boldsymbol{J}\boldsymbol{w} \tag{2.106}$$

非线性反馈回路的方程为

$$\boldsymbol{w} = \boldsymbol{\varphi}(\boldsymbol{v},t,\tau), \qquad \tau \leqslant t \tag{2.107}$$

式中,$\boldsymbol{x}$为n维状态向量,$\boldsymbol{u}$和$\boldsymbol{v}$为前向回路的m维输入和输出向量,$\boldsymbol{w}$为反馈回路的m维输出向量;$\boldsymbol{A},\boldsymbol{B},\boldsymbol{C},\boldsymbol{J}$为具有相应维数的矩阵。$(\boldsymbol{A},\boldsymbol{B})$完全可控,$(\boldsymbol{A},\boldsymbol{C})$完全可观测,$\boldsymbol{\varphi}(\cdot)$表示一个向量泛函。

定义 2.3.1(超稳定) 设闭环系统的方程为式(2.105)、式(2.106)和式(2.107),如果对于满足不等式(2.104)的任何反馈方块$\boldsymbol{w}=\boldsymbol{\varphi}(\boldsymbol{v},t,\tau)$,存在一个常数$\delta>0$和一个常数$r(0)>0$,使方程式(2.105)和式(2.106)的所有解$\boldsymbol{x}(\boldsymbol{x}(0),t)$满足不等式

$$\|\boldsymbol{x}(t)\| < \delta(\|\boldsymbol{x}(0)\| + r(0)), \qquad 对所有\ t \geqslant 0 \tag{2.108}$$

则称此闭环系统是超稳定的,或者称式(2.105)和式(2.106)所描述的前向回路是超稳定的。

定义 2.3.2(渐近超稳定) 设闭环系统的方程为式(2.105)、式(2.106)和式(2.107),如果

(1) 它是超稳定的;

(2) 对于所有满足不等式(2.104)的反馈回路$\boldsymbol{w}=\boldsymbol{\varphi}(\boldsymbol{v},t,\tau)$均有$\lim\limits_{t\to\infty}\boldsymbol{x}(t)=\boldsymbol{0}$;

则称此闭环系统是渐近超稳定的。

定义 2.3.2 还可叙述为如下形式。

定义 2.3.3(渐近超稳定) 如果对于满足不等式(2.104)的所有反馈回路$\boldsymbol{w}=\boldsymbol{\varphi}(\boldsymbol{v},t,\tau)$,由方程式(2.105)、式(2.106)和式(2.107)所描述的闭环系统是整体渐近稳定的,则称此闭环系统是渐近超稳定的。

定义 2.3.4(全局超稳定) 设一个方块的输入、输出关系可表示为

$$\boldsymbol{w} = \boldsymbol{H}\boldsymbol{v} \tag{2.109}$$

式中,$\boldsymbol{v}$为输入向量,$\boldsymbol{w}$为输出向量,$\boldsymbol{w}$和$\boldsymbol{v}$是对$t\geqslant t_0$定义的分段连续向量函数,$\boldsymbol{H}$是作用于$\boldsymbol{v}$上的一个算子。如果该方块满足波波夫积分不等式(2.104),则此方块是全局超稳定的。

定理 2.3.1 由式(2.105)、式(2.106)、式(2.107)和式(2.104)所描述的闭环系统为超稳定的充分必要条件是传递函数矩阵

$$\boldsymbol{G}(s) = \boldsymbol{J} + \boldsymbol{C}(s\boldsymbol{I} - \boldsymbol{A})^{-1}\boldsymbol{B} \tag{2.110}$$

为正实传递函数矩阵。

证明 若系统的传递函数矩阵$\boldsymbol{G}(s)$是正实的,根据正实引理必存在正定对称矩阵$\boldsymbol{P}$及实矩阵$\boldsymbol{K}$和$\boldsymbol{L}$使下列三个等式成立,即

$$\boldsymbol{P}\boldsymbol{A} + \boldsymbol{A}^{\mathrm{T}}\boldsymbol{P} = -\boldsymbol{L}\boldsymbol{L}^{\mathrm{T}} \tag{2.111}$$

$$\boldsymbol{P}\boldsymbol{B} - \boldsymbol{C}^{\mathrm{T}} = \boldsymbol{L}\boldsymbol{K} \tag{2.112}$$

$$\boldsymbol{J} + \boldsymbol{J}^{\mathrm{T}} = \boldsymbol{K}^{\mathrm{T}}\boldsymbol{K} \tag{2.113}$$

选取李雅普诺夫函数为

$$V(\boldsymbol{x}) = \boldsymbol{x}^{\mathrm{T}}\boldsymbol{P}\boldsymbol{x} \tag{2.114}$$

求 V 对时间的导数并将式(2.105)代入，可得

$$\dot{V}(\boldsymbol{x}) = \dot{\boldsymbol{x}}^{\mathrm{T}}\boldsymbol{P}\boldsymbol{x} + \boldsymbol{x}^{\mathrm{T}}\boldsymbol{P}\dot{\boldsymbol{x}} = \boldsymbol{x}^{\mathrm{T}}(\boldsymbol{P}\boldsymbol{A} + \boldsymbol{A}^{\mathrm{T}}\boldsymbol{P})\boldsymbol{x} + 2\boldsymbol{u}^{\mathrm{T}}\boldsymbol{B}^{\mathrm{T}}\boldsymbol{P}\boldsymbol{x} \tag{2.115}$$

再将式(2.106)、式(2.111)、式(2.112)和式(2.113)代入式(2.115)，可得

$$\dot{V}(\boldsymbol{x}) = -(\boldsymbol{L}^{\mathrm{T}}\boldsymbol{x} - \boldsymbol{u}^{\mathrm{T}}\boldsymbol{K}^{\mathrm{T}})^2 + 2\boldsymbol{u}^{\mathrm{T}}\boldsymbol{v} \tag{2.116}$$

将式(2.116)从 t_0 到 t_1 积分，可得

$$\begin{aligned} V(\boldsymbol{x}(t_1)) - V(\boldsymbol{x}(t_0)) &= \boldsymbol{x}^{\mathrm{T}}(t_1)\boldsymbol{P}\boldsymbol{x}(t_1) - \boldsymbol{x}^{\mathrm{T}}(t_0)\boldsymbol{P}\boldsymbol{x}(t_0) = \\ &-\int_{t_0}^{t_1}(\boldsymbol{L}^{\mathrm{T}}\boldsymbol{x} - \boldsymbol{u}^{\mathrm{T}}\boldsymbol{K}^{\mathrm{T}})^2\mathrm{d}t + 2\int_{t_0}^{t_1}\boldsymbol{u}^{\mathrm{T}}\boldsymbol{v}\mathrm{d}t \end{aligned} \tag{2.117}$$

若系统的反馈回路满足波波夫积分不等式

$$\eta(t_0, t_1) = \int_{t_0}^{t_1}\boldsymbol{w}^{\mathrm{T}}\boldsymbol{v}\mathrm{d}t \geqslant 0, \qquad t_1 > t_0 \tag{2.118}$$

或写为

$$-\int_{t_0}^{t_1}\boldsymbol{w}^{\mathrm{T}}\boldsymbol{v}\mathrm{d}t = \int_{t_0}^{t_1}\boldsymbol{u}^{\mathrm{T}}\boldsymbol{v}\mathrm{d}t \leqslant 0 \tag{2.119}$$

因而有

$$V(\boldsymbol{x}(t_1)) - V(\boldsymbol{x}(t_0)) = -\int_{t_0}^{t_1}(\boldsymbol{L}^{\mathrm{T}}\boldsymbol{x} - \boldsymbol{u}^{\mathrm{T}}\boldsymbol{K}^{\mathrm{T}})^2\mathrm{d}t + 2\int_{t_0}^{t_1}\boldsymbol{u}^{\mathrm{T}}\boldsymbol{v}\mathrm{d}t \leqslant 0 \tag{2.120}$$

由于 $t_1 > t_0$ 且为任意值，则由式(2.120)可看出 V 是时间的递减函数，则 $\dot{V}(\boldsymbol{x})$ 为负定，系统是超稳定的。这就证明了如果系统前向回路传递函数矩阵 $\boldsymbol{G}(s)$ 是正实的，反馈回路满足波波夫积分不等式，则闭环系统是超稳定的。充分性证毕。可用反证法来证明定理的必要条件，此处不再详述。

由式(2.120)可以看出，若系统的反馈回路满足波波夫积分不等式(2.118)，则闭环系统是超稳定的。但如果系统的反馈回路满足波波夫积分不等式(2.104)，则有

$$-\int_{t_0}^{t_1}\boldsymbol{w}^{\mathrm{T}}\boldsymbol{v}\mathrm{d}t = \int_{t_0}^{t_1}\boldsymbol{u}^{\mathrm{T}}\boldsymbol{v}\mathrm{d}t \leqslant r_0^2$$

因而有

$$\begin{aligned} V(\boldsymbol{x}(t)) - V(\boldsymbol{x}(t_0)) &= -\int_{t_0}^{t_1}(\boldsymbol{L}^{\mathrm{T}}\boldsymbol{x} - \boldsymbol{u}^{\mathrm{T}}\boldsymbol{K}^{\mathrm{T}})^2\mathrm{d}t + 2\int_{t_0}^{t_1}\boldsymbol{u}^{\mathrm{T}}\boldsymbol{v}\mathrm{d}t \leqslant \\ &-\int_{t_0}^{t_1}(\boldsymbol{L}^{\mathrm{T}}\boldsymbol{x} - \boldsymbol{u}^{\mathrm{T}}\boldsymbol{K}^{\mathrm{T}})^2\mathrm{d}t + 2r_0^2 \end{aligned}$$

若要使 $\dot{\boldsymbol{V}}(\boldsymbol{x})$ 负定，则 r_0^2 不能太大，否则无法保证 $\dot{\boldsymbol{V}}(\boldsymbol{x})$ 负定，也就无法保证闭环系统是超稳定的。在大多数的参考文献中，一般都只强调 r_0^2 是一个有界常数，但从上面的推导中可以看到，r_0^2 只能是一个很小的常数。当 r_0^2 取较大值时，不能保证闭环系统是超稳定的或渐近超稳定的。从实际工程问题的应用结果来看，当 r_0^2 取较大值时，虽然系统设计时的参数选择较为灵活，但设计出的系统的性能并不理想，不仅系统调节速度较慢，而且有可能导致系统发散。建议在用超稳定性理论设计系统时，若采用波波夫积分不等式(2.104)，r_0^2 的取值应尽可能地小，最好利用波波夫积分不等式(2.118)或选取波波夫积分不等式为

$$\eta(t_0, t_1) = \int_{t_0}^{t_1}\boldsymbol{w}^{\mathrm{T}}\boldsymbol{v}\mathrm{d}t \geqslant r_0^2, \quad r_0^2 < \infty$$

这样可以确保闭环系统是超稳定的或渐近超稳定的。

定理 2.3.2 由式(2.105)、式(2.106)、式(2.107)和式(2.104)所描述的闭环系统为渐近超稳定的充分必要条件是由式(2.110)所给出的传递函数矩阵 $\boldsymbol{G}(s)$ 为严格正实传递函数矩阵。

定理的证明方法与定理 2.3.1 相似,此处不再重述。

当式(2.105)和式(2.106)所描述的线性定常前向回路不是完全可控时,存在一个合适的等价变换 $\hat{\boldsymbol{x}}=\boldsymbol{T}\boldsymbol{x}$,其中 $\boldsymbol{T}$ 是非奇异变换矩阵,这个等价变换可把式(2.105)和式(2.106)变换为

$$\dot{\hat{\boldsymbol{x}}}_1=\boldsymbol{A}_{11}\hat{\boldsymbol{x}}_1+\boldsymbol{A}_{12}\hat{\boldsymbol{x}}_2+\boldsymbol{B}_1\boldsymbol{u} \tag{2.121}$$

$$\dot{\hat{\boldsymbol{x}}}_2=\boldsymbol{A}_{22}\hat{\boldsymbol{x}}_2 \tag{2.122}$$

$$\boldsymbol{v}=[\boldsymbol{C}_1 \quad \boldsymbol{C}_2]\begin{bmatrix}\hat{\boldsymbol{x}}_1\\ \hat{\boldsymbol{x}}_2\end{bmatrix}+\boldsymbol{J}\boldsymbol{u} \tag{2.123}$$

式中,$\hat{\boldsymbol{x}}_1$ 为完全可控部分的状态向量,$\hat{\boldsymbol{x}}_2$ 为不可控部分的状态向量。设($\boldsymbol{A}_{11}$,$\boldsymbol{C}_1$)完全可观测,则有下面的定理。

定理 2.3.3 由式(2.121)、式(2.122)、式(2.123)、式(2.107)和式(2.104)所描述的闭环系统是渐近超稳定的充分必要条件:

(1) 矩阵 $\boldsymbol{A}_{22}$ 是一个古尔维茨矩阵,即它的所有特征值均具有负实部;

(2) 前向回路中完全可控且完全可观测部分的传递函数矩阵

$$\boldsymbol{G}_1(s)=\boldsymbol{G}(s)=\boldsymbol{C}_1(s\boldsymbol{I}-\boldsymbol{A}_{11})^{-1}\boldsymbol{B}_1+\boldsymbol{J} \tag{2.124}$$

是严格正实的。

2.3.3 离散系统的超稳定性

设离散系统状态方程为

$$\boldsymbol{x}(k+1)=\boldsymbol{A}\boldsymbol{x}(k)+\boldsymbol{B}\boldsymbol{u}(k) \tag{2.125}$$

$$\boldsymbol{v}(k)=\boldsymbol{C}\boldsymbol{x}(k)+\boldsymbol{J}\boldsymbol{u}(k) \tag{2.126}$$

式中,($\boldsymbol{A}$,$\boldsymbol{B}$)完全可控,($\boldsymbol{A}$,$\boldsymbol{C}$)完全可观测。系统前向回路的传递函数矩阵为

$$\boldsymbol{H}(z)=\boldsymbol{J}+\boldsymbol{C}(z\boldsymbol{I}-\boldsymbol{A})^{-1}\boldsymbol{B} \tag{2.127}$$

反馈回路为

$$\boldsymbol{w}(k)=\boldsymbol{\varphi}(\boldsymbol{v},k,l), \qquad k\geqslant l \tag{2.128}$$

波波夫积分不等式为

$$\eta(k_0,k_N)=\sum_{k=k_0}^{k_N}\boldsymbol{w}^{\mathrm{T}}(k)\boldsymbol{v}(k)\geqslant -r_0^2, \qquad k_N>k_0 \tag{2.129}$$

式中,r_0^2 是一个有限正常数。

定理 2.3.4 由式(2.125)、式(2.126)、式(2.128)和式(2.129)所描述的闭环系统为超稳定的充分必要条件是由式(2.127)所给出的离散传递函数矩阵 $\boldsymbol{H}(z)$ 是正实离散传递函数矩阵。

定理 2.3.5 由式(2.125)、式(2.126)、式(2.128)和式(2.129)所描述的闭环系统为渐近超稳定的充分必要条件是由式(2.127)所给出的离散传递函数矩阵 $\boldsymbol{H}(z)$ 是严格正实离散传递函数矩阵。

2.3.4　超稳定回路(方块)组合后的性质

引理 2.3.1　由两个超稳定回路并联组合所得到的任何一个回路是超稳定的。

引理 2.3.2　两个超稳定回路中的任何一个作为前向回路、另一个作为反馈回路进行组合，所得到的回路是超稳定的。

引理 2.3.3　两个全局超稳定回路的并联组合构成的一个回路是全局超稳定的。

引理 2.3.4　两个全局超稳定回路中的任何一个作为前向回路、另一个作为反馈回路进行组合，所得到的回路是全局超稳定的。

引理 2.3.5　由一个超稳定回路和一个全局超稳定回路中的任何一个回路作为前向回路、另一个作为反馈回路，所得到的任何一个闭环反馈系统都是整体稳定的。

习　　题

2.1　应用李雅普诺夫稳定性判别方法确定下列系统的原点稳定性。

(1) $\begin{bmatrix}\dot{x}_1\\ \dot{x}_2\end{bmatrix}=\begin{bmatrix}0 & 1\\ -2 & -7\end{bmatrix}\begin{bmatrix}x_1\\ x_2\end{bmatrix}$

(2) $\begin{bmatrix}\dot{x}_1\\ \dot{x}_2\end{bmatrix}=\begin{bmatrix}0 & 1\\ 2 & -1\end{bmatrix}\begin{bmatrix}x_1\\ x_2\end{bmatrix}$

(3) $\dot{x}_1=-2x_1+2x_2^4$

$\dot{x}_2=-x_2$

(4) $\dot{x}_1=-x_1+x_2$

$\dot{x}_2=2x_1-3x_2$

(5) $\dot{x}_1=x_2-x_1(x_1^2+x_2^2)$

$\dot{x}_2=-x_1-x_2(x_1^2+x_2^2)$

(6) $x_1(k+1)=0.8x_1(k)-0.4x_2(k)$

$x_2(k+1)=1.2x_1(k)+0.2x_2(k)$

2.2　已知系统结构图如图 2.4 所示，应用李雅普诺夫直接法确定系统渐近稳定的 k 值范围。

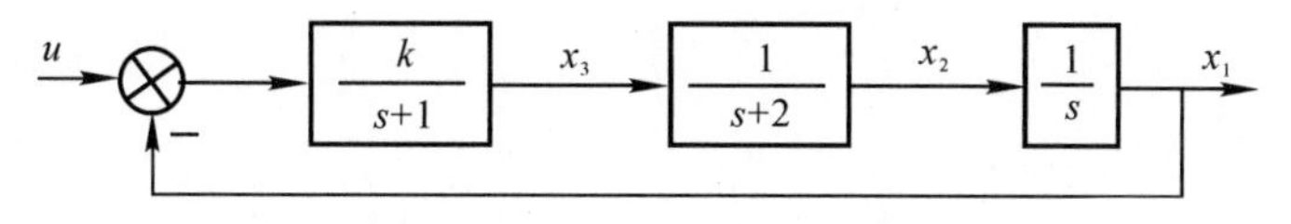

图 2.4　系统结构图

2.3　设线性定常离散系统状态方程为

$$\boldsymbol{x}(k+1)=\begin{bmatrix}0 & 1 & 0\\ 0 & 0 & 1\\ a & 0 & 0\end{bmatrix}\boldsymbol{x}(k),\qquad a>0$$

试确定使系统渐近稳定的 a 值范围。

2.4　检验下列传递函数的正实性和严格正实性。

(1) $\frac{k(1+bs)}{1+as}$

(2) $\frac{k(1+bs)}{(1+a_1s)(1+a_2s)}$

(3) $\frac{k}{s}$

(4) $\frac{k}{s(1+as)}$

(5) $\frac{k}{s^2+\omega_0^2}$

(6) $\frac{ks}{1+a_1s+a_2}$

2.5　分析由两个严格正实传递函数串联、并联或反馈所得传递函数的正实性。

第3章 连续时间系统模型参考自适应控制

本章介绍模型参考自适应控制的基本概念和方法。其主要内容有应用局部参数优化理论、李雅普诺夫稳定性理论和超稳定性理论来设计连续时间系统的模型参考自适应系统和离散时间系统的模型参考自适应系统,同时引入了模型参考自适应控制的鲁棒性问题。

3.1 用局部参数优化理论设计模型参考自适应系统

用局部参数优化理论设计模型参考自适应系统(Model Refevence Adaptive System, MRAS)是最早的一种设计方法。应用这一方法时,要求系统参数的变化速度比系统过渡过程进行速度缓慢得多。假定在系统前向回路和反馈回路中有若干个可调参数,当被控对象的参数发生变化时,自适应机构对这些可调参数进行调整,以补偿系统参数变化对控制系统性能的影响,使得控制系统的输出特性与参考模型的输出特性相一致。为此,用被控对象与参考模型之间的广义误差 ε 构成性能指标函数 J,按 J 最小来确定自适应控制规律。J 是广义误差 ε 的直接函数,间接地也是系统可调参数 $\boldsymbol{\theta}$ 的函数,即 $J=J(\boldsymbol{\theta})$。

应用这一类方法在设计系统时要求满足两个辅助假设:

(1)$\boldsymbol{A}_{\mathrm{m}}-\boldsymbol{A}_{\mathrm{s}}(t_0)$ 和 $\boldsymbol{B}_{\mathrm{m}}-\boldsymbol{B}_{\mathrm{s}}(t_0)$ 很小,即可调系统参数与参考模型参数之间的初始误差很小,参数的调整从参考模型的邻域开始;

(2) 系统参数的变化速度比系统过渡过程进行速度缓慢得多,即自适应速度较慢。

为了在广义误差的测量中能够较容易地将参数调整的影响与输入信号变化的影响相分离,上述第二个辅助假设是必须的。

这类方法有一个共同的缺点:设计过程中从没有谈及所设计自适应系统的稳定性。所以在系统设计完之后,需要进行系统的稳定性分析,要完成这种稳定性分析常常不太容易。

然而,尽管存在这一缺点,在利用这类方法所设计的系统与基于稳定性观点所设计的系统之间仍然存在着一些联系。在用来产生自适应算法的基本最优方法中间,人们可能已经注意到了下述方法:梯度法、最陡下降法和共轭梯度法。这些方法的实现常常要求运用必须在线产生的灵敏度函数(或称为敏感函数)。下面我们较详细地介绍梯度法,先介绍只调整增益参数的梯度法,即麻省理工(Massachusetts Institute of Technology, MIT) 自适应方案,然后再介绍多参数可调的梯度法,即一般情形下的梯度法。

3.1.1 只调整增益参数的梯度法

先介绍梯度的基本概念。可将性能指标 $J(\boldsymbol{\theta})$ 看做参数空间中的一个超曲面,如图 3.1 所示。图中用闭环曲线表示 $J(\boldsymbol{\theta})$ 的等位面曲面,实箭头表示 $J(\boldsymbol{\theta})$ 在参数空间变化率最大的方向,称 $J(\boldsymbol{\theta})$ 的梯度,用 $\mathbf{grad}J(\boldsymbol{\theta})$ 表示。使 $J(\boldsymbol{\theta})$ 下降的方向是负梯度方向,如图中虚箭头所示。参数调整量可表示为

$$\Delta\boldsymbol{\theta} = -\lambda\ \mathbf{grad}J(\boldsymbol{\theta}),\qquad \lambda > 0 \tag{3.1}$$

式中,λ 为调整步长。以式(3.1)为基础,可推导出调整参数的自适应规律。下面讨论具有可调增益的模型参考自适应系统。

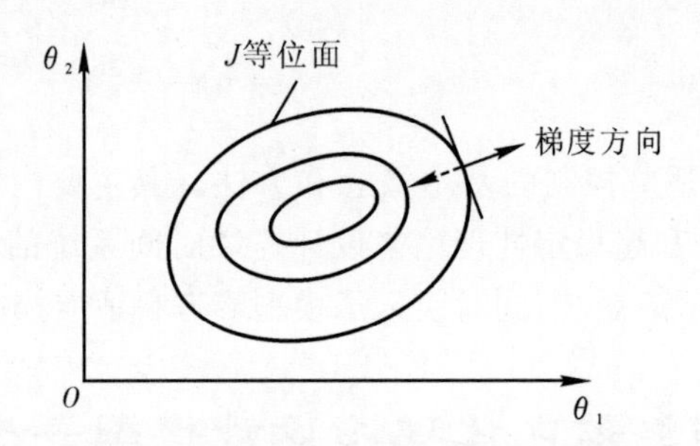

图 3.1　性能指标 $J(\boldsymbol{\theta})$ 的等位面图

设参考模型的传递函数为

$$G_{\mathrm{m}}(s) = \frac{k_{\mathrm{m}}N(s)}{D(s)} \tag{3.2}$$

被控对象的传递函数为

$$G_{\mathrm{p}}(s) = \frac{k_{\mathrm{p}}N(s)}{D(s)} \tag{3.3}$$

系统的方块图如图 3.2 所示。图中的自适应机构根据 ε 的大小来调整 k_{c},使得 $\varepsilon(t)\to 0$,控制对象的输出 y_{p} 趋近于参考模型的输出 y_{m}。

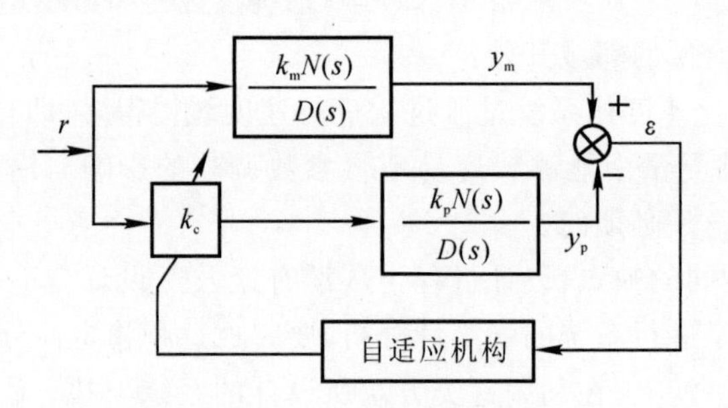

图 3.2　自适应系统方块图

被控对象与参考模型的传递函数的基本部分相同,参考模型的增益 k_{m} 是常值,被控对象的增益 k_{p} 随周围环境或其他干扰的影响而变。用自适应机构来调整 k_{c},使得 $k_{\mathrm{c}}k_{\mathrm{p}}$ 与参考模型的增益 k_{m} 相一致。

设广义误差为

$$\varepsilon(t) = y_{\mathrm{m}}(t) - y_{\mathrm{p}}(t) \tag{3.4}$$

式中,y_{m} 为参考模型的输出,y_{p} 为被控对象的输出,广义误差 ε 表示输入信号为 $r(t)$ 时,被控

对象的响应与参考模型的响应之间的偏差。

设性能指标泛函为

$$J=\frac{1}{2}\int_{t_0}^{t}\varepsilon^2(\tau)\mathrm{d}\tau \tag{3.5}$$

现用梯度寻优法确定调整 k_c 的自适应规律，使得 J 为最小。首先求出 J 对 k_c 的梯度，即

$$\frac{\partial J}{\partial k_c}=\int_{t_0}^{t}\varepsilon\frac{\partial\varepsilon}{\partial k_c}\mathrm{d}\tau \tag{3.6}$$

根据梯度法的性质可知，使 J 下降的方向是负梯度方向，因此参数 k_c 的修正量为

$$\Delta k_c=-\lambda\frac{\partial J}{\partial k_c},\qquad \lambda>0 \tag{3.7}$$

则调整后的 k_c 为

$$k_c=\Delta k_c+k_{c0}=-\lambda\frac{\partial J}{\partial k_c}+k_{c0}=-\lambda\int_{t_0}^{t}\varepsilon\frac{\partial\varepsilon}{\partial k_c}\mathrm{d}\tau+k_{c0} \tag{3.8}$$

式中，k_{c0} 为调整前的初始值。将式(3.8)等号两边对时间 t 求导数，可得

$$\dot{k}_c=-\lambda\varepsilon\frac{\partial\varepsilon}{\partial k_c} \tag{3.9}$$

式(3.9)表示可调增益 k_c 随时间变化规律。为了求出 $\dot{k}_c$，必须计算$\frac{\partial\varepsilon}{\partial k_c}$。求式(3.4)对 k_c 的偏导数，并考虑到 y_m 与 k_c 无关，可得

$$\frac{\partial\varepsilon}{\partial k_c}=\frac{\partial y_m}{\partial k_c}-\frac{\partial y_p}{\partial k_c}=-\frac{\partial y_p}{\partial k_c} \tag{3.10}$$

把式(3.10)代入式(3.9)，可得

$$\dot{k}_c=\lambda\varepsilon\frac{\partial y_p}{\partial k_c} \tag{3.11}$$

式中，$\frac{\partial y_p}{\partial k_c}$ 称为被控系统对可调参数 k_c 的敏感函数。

由于$\frac{\partial y_p}{\partial k_c}$不易得到，故要寻找与$\frac{\partial y_p}{\partial k_c}$等效而又容易获得的函数。由图 3.2 可看出，系统的开环传递函数为

$$\frac{\varepsilon(s)}{r(s)}=(k_m-k_ck_p)\frac{N(s)}{D(s)} \tag{3.12}$$

把式(3.12)转化为微分方程的时域算子形式，即

$$D(p)\varepsilon(t)=(k_m-k_ck_p)N(p)r(t) \tag{3.13}$$

式中，$p=\frac{\mathrm{d}}{\mathrm{d}t}$ 为微分算子。求上式对 k_c 的偏导数，可得

$$D(p)\frac{\partial\varepsilon(t)}{\partial k_c}=-k_pN(p)r(t) \tag{3.14}$$

考虑得到式(3.10)，可得

$$D(p)\frac{\partial y_p(t)}{\partial k_c}=k_pN(p)r(t) \tag{3.15}$$

参考模型微分方程的时域算子形式为

$$D(p)y_m(t)=k_mN(p)r(t) \tag{3.16}$$

比较式(3.15)和式(3.16),可得

$$\frac{\partial y_{\mathrm{p}}(t)}{\partial k_{\mathrm{c}}}=\frac{k_{\mathrm{p}}}{k_{\mathrm{m}}}y_{\mathrm{m}}(t) \tag{3.17}$$

将式(3.17)代入式(3.11),可得

$$\dot{k}_{\mathrm{c}}=\lambda\frac{k_{\mathrm{p}}}{k_{\mathrm{m}}}\varepsilon(t)y_{\mathrm{m}}(t)=\mu\,\varepsilon(t)y_{\mathrm{m}}(t) \tag{3.18}$$

式中

$$\mu=\lambda\frac{k_{\mathrm{p}}}{k_{\mathrm{m}}} \tag{3.19}$$

为一常数。

式(3.18)为可调增益 k_{c} 的调节规律,即系统的自适应规律。整个自适应系统的结构图如图3.3所示,图中 k_{c0} 为 k_{c} 的初值。由于这个方案是由美国麻省理工学院(MIT)最早提出来的,因此又称MIT自适应方案。

用MIT自适应方案设计自适应系统时,没有考虑到自适应系统的稳定性问题,这是这种方法的一个缺点。用这种方法设计自适应系统时,在求得自适应规律之后,还需要进行稳定性检验,以保证广义误差 ε 收敛于某一允许值。由于用MIT自适应方案所设计的自适应控制系统是非线性时变系统,一般说来检验其稳定性是比较困难的,因此这种方法的应用受到了一定的限制。

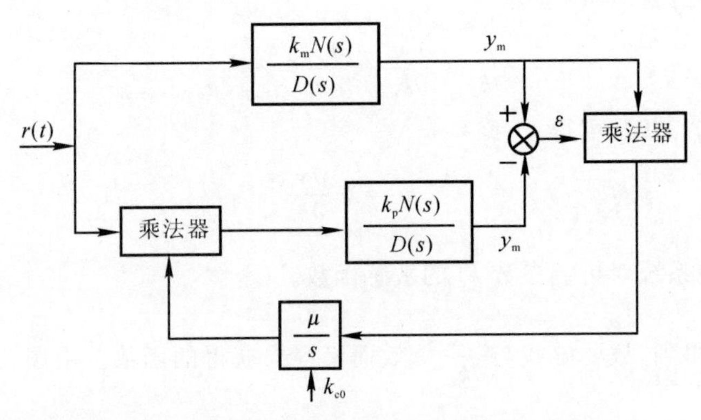

图3.3　利用灵敏度滤波器时的MRAS基本结构图

例3.1.1　设控制对象的微分算子方程为

$$(a_2p^2+a_1p+1)y_{\mathrm{p}}(t)=k_{\mathrm{p}}r(t)$$

参考模型的微分算子方程为

$$(a_2p^2+a_1p+1)y_{\mathrm{m}}(t)=k_{\mathrm{m}}r(t)$$

试按MIT方案求自适应规律。

解　设自适应可调增益为 k_{c},按MIT方案,可得

$$a_2\ddot{y}_{\mathrm{m}}+a_1\dot{y}_{\mathrm{m}}+y_{\mathrm{m}}=k_{\mathrm{m}}r$$

$$a_2\ddot{y}_{\mathrm{p}}+a_1\dot{y}_{\mathrm{p}}+y_{\mathrm{p}}=k_{\mathrm{c}}k_{\mathrm{p}}r$$

设 $\varepsilon=y_{\mathrm{m}}-y_{\mathrm{p}}$,由上述二式,可得

$$a_2\ddot{\varepsilon}+a_1\dot{\varepsilon}+\varepsilon=(k_{\mathrm{m}}-k_{\mathrm{c}}k_{\mathrm{p}})r \tag{3.20}$$

$$\dot{k}_c = \mu\,\varepsilon(t)\,y_m(t) \tag{3.21}$$

$$k_c(t) = \int_0^t \mu\,\varepsilon(t)\,y_m(t)\,d\tau + k_{c0}$$

整个自适应系统结构图如图 3.4 所示。

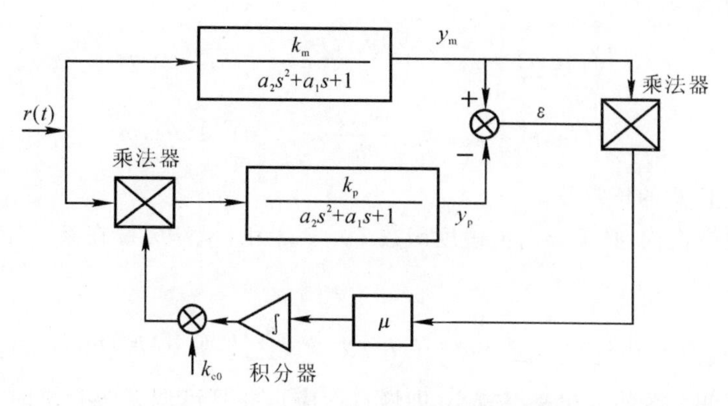

图 3.4　例 3.1.1 的自适应系统结构图

为了检验本例自适应系统的稳定性，在所求出的广义误差 ε 的动态方程式(3.20) 中，假定 $r(t)$ 为阶跃信号，$r(t)=R$，并设系统的过渡过程很短，k_p 变化缓慢，$\dot{k}_p \approx 0$，在 $\varepsilon(t)$ 的调节过程中 $y_m(t)$ 已达到稳定值。对式(3.20) 求导，可得

$$a_2\dddot{\varepsilon} + a_1\ddot{\varepsilon} + \dot{\varepsilon} = -\dot{k}_c k_p r \tag{3.22}$$

将式(3.21) 代入上式，可得

$$a_2\dddot{\varepsilon} + a_1\ddot{\varepsilon} + \dot{\varepsilon} = -k_p \mu y_m r\,\varepsilon \tag{3.23}$$

由于参考模型都选取稳定系统，当 t 较大时，$y_m(t) \to k_m r(t)$，则式(3.23) 变为

$$a_2\dddot{\varepsilon} + a_1\ddot{\varepsilon} + \dot{\varepsilon} + k_p \mu k_m r^2 \varepsilon = 0 \tag{3.24}$$

根据古尔维茨(Hurwitz) 稳定性判据，上述方程满足稳定性的充分必要条件为

$$a_1 > a_2 k_p k_m \mu\, r^2 \tag{3.25}$$

从上式可以看出，如果输入 r 或自适应增益 μ 较大时，系统可能不稳定，因此必须对输入信号加以限制，自适应增益也不能选得太大。

用局部参数优化理论来设计自适应系统的主要缺点是没有考虑到自适应系统的稳定性，最后必须对自适应系统的稳定性进行检验，这是比较困难的工作。但这种方法设计简单，易于实现，所以在个别地方仍得到应用。

本书着重讨论以稳定性理论为基础的自适应控制系统设计方法。这一章主要讨论以李雅普诺夫稳定性理论和超稳定性理论为基础的设计方法，用这些方法设计出来的系统肯定是稳定的。

3.1.2　一般情形下的梯度法(SISO 系统)

一般情形下单输入单输出(SISO) 系统参考模型的微分算子方程为

$$\left(\sum_{i=0}^{n} a_{mi} p^i\right) y_m = \left(\sum_{i=0}^{m} b_{mi} p^i\right) r \tag{3.26}$$

可调系统的微分算子方程为

$$\left(\sum_{i=0}^{n} a_{si}(\varepsilon,t)p^{i}\right)y_{s}=\left(\sum_{i=0}^{m} b_{si}(\varepsilon,t)p^{i}\right)r \tag{3.27}$$

性能指标 J 如式(3.5)所示。不失一般性,假设 $a_{m0}=a_{s0}=1$。应用与3.1.1小节相同的方法,可得自适应律为

$$\dot{a}_{si}(\varepsilon,t)=\lambda_{ai}\varepsilon(t)\frac{\partial y_{s}(t)}{\partial a_{si}},\quad i=1,2,\cdots,n \tag{3.28}$$

$$\dot{b}_{si}(\varepsilon,t)=\lambda_{bi}\varepsilon(t)\frac{\partial y_{s}(t)}{\partial b_{si}},\quad i=0,1,\cdots,m \tag{3.29}$$

其中 λ_{ai} 和 λ_{bi} 是任意的正常数。

要实现自适应机构,必须导出灵敏度函数 $\partial y_s/\partial a_{si}$ 和 $\partial y_s/\partial b_{si}$。在某一任意时刻 $t=t_1$,由式(3.27)可得

$$y_{s}=-\left(\sum_{i=1}^{n} a_{si}(\varepsilon,t)p^{i}\right)y_{s}+\left(\sum_{i=0}^{m} b_{si}(\varepsilon,t)p^{i}\right)r \tag{3.30}$$

在此再次假设可调系数的变化速率较小(即慢自适应),并且可调系统是慢时变系统。根据这一假设,将式(3.30)两边分别对 a_{si} 和 b_{si} 求偏导数,并且交换微分次序,可得

$$\left.\frac{\partial y_{s}}{\partial a_{si}}\right|_{t=t_1}=-p^{i}y_{s}-\left[\sum_{j=1}^{n} a_{sj}(\varepsilon,t_1)p^{j}\right]\frac{\partial y_{s}}{\partial a_{si}} \tag{3.31}$$

$$\left.\frac{\partial y_{s}}{\partial b_{si}}\right|_{t=t_1}=-p^{i}r-\left[\sum_{j=1}^{n} a_{sj}(\varepsilon,t_1)p^{j}\right]\frac{\partial y_{s}}{\partial b_{si}} \tag{3.32}$$

于是就得到了自适应律所需要的 t_1 邻域的灵敏度函数,就像是一个传递函数为

$$h_{f}(s)=\frac{1}{1+\sum_{i=1}^{n} a_{si}(\varepsilon,t_1)s^{i}} \tag{3.33}$$

的灵敏度滤波器的输出,并且其输入为 $-p^{i}y_{s}$ 时得到 $\partial y_s/\partial a_{si}$,其输入为 $-p^{i}r$ 时得到 $\partial y_s/\partial b_{si}$。

根据式(3.31)可写出 $i-1$ 时的微分算子方程为

$$\left.\frac{\partial y_{s}}{\partial a_{si-1}}\right|_{t=t_1}=-p^{i-1}y_{s}-\left[\sum_{j=1}^{n} a_{sj}(\varepsilon,t_1)p^{j}\right]\frac{\partial y_{s}}{\partial a_{si-1}} \tag{3.34}$$

并且在假设可调系统几乎冻结在 $t=t_1$ 的情况下,将式(3.34)与式(3.31)相比较,可得

$$\frac{\partial y_{s}}{\partial a_{si}}\simeq\frac{\partial}{\partial t}\left(\frac{\partial y_{s}}{\partial a_{si-1}}\right)\simeq\frac{\partial^{i-1}}{\partial t^{i-1}}\left(\frac{\partial y_{s}}{\partial a_{s1}}\right) \tag{3.35}$$

同样,对于 $\partial y_s/\partial b_{si}$,可得

$$\frac{\partial y_{s}}{\partial b_{si}}\simeq\frac{\partial}{\partial t}\left(\frac{\partial y_{s}}{\partial b_{si-1}}\right)\simeq\frac{\partial^{i-1}}{\partial t^{i-1}}\left(\frac{\partial y_{s}}{\partial b_{s0}}\right) \tag{3.36}$$

因此,为了产生灵敏度函数,仅需要两个灵敏度滤波器,一个用于产生 $\partial y_s/\partial a_{s1}$,另一个用于产生 $\partial y_s/\partial b_{s0}$。其余的灵敏度函数则是 $\partial y_s/\partial a_{s1}$ 和 $\partial y_s/\partial b_{s0}$ 的时间导数,由用于产生 $\partial y_s/\partial a_{s1}$ 和 $\partial y_s/\partial b_{s0}$ 的灵敏度滤波器直接得到[见式(3.31)和式(3.32)]。

剩下的问题是如何构造灵敏度滤波器,这需要知道 $a_{si}(\varepsilon,t)$ 和 $b_{si}(\varepsilon,t)$。在利用可调系统进行辨识的情况下,$a_{si}(\varepsilon,t)$ 和 $b_{si}(\varepsilon,t)$ 的值是能够得到的,但这就意味着具有变系数的两个灵敏度滤波器可以实现(实现的硬件将比较复杂)。在自适应模型跟踪控制的情况下,系数

$a_{si}(\varepsilon,t)$ 和 $b_{si}(\varepsilon,t)$ 是无法得到的，因为事实上它们是被控对象和可调控制器单元未知系数的和或积。 基于这两个原因，当应用局部参数优化技术时，为了克服实现灵敏度的困难，就可以利用上述第一个辅助假设的有利条件，即 $a_{mi}-a_{si}(\varepsilon,0)$ 已经很小，因为这样就可以将式(3.31)、式(3.32) 和式(3.33) 中的可调系数 $a_{si}(\varepsilon,t)$ 用 a_{mi} 或 $a_{si}(\varepsilon,0)$ 代替。因此，就可得到图 3.5 所示模型参考自适应系统(MRAS) 的基本结构图。图 3.6 所示为灵敏度滤波器的结构图。

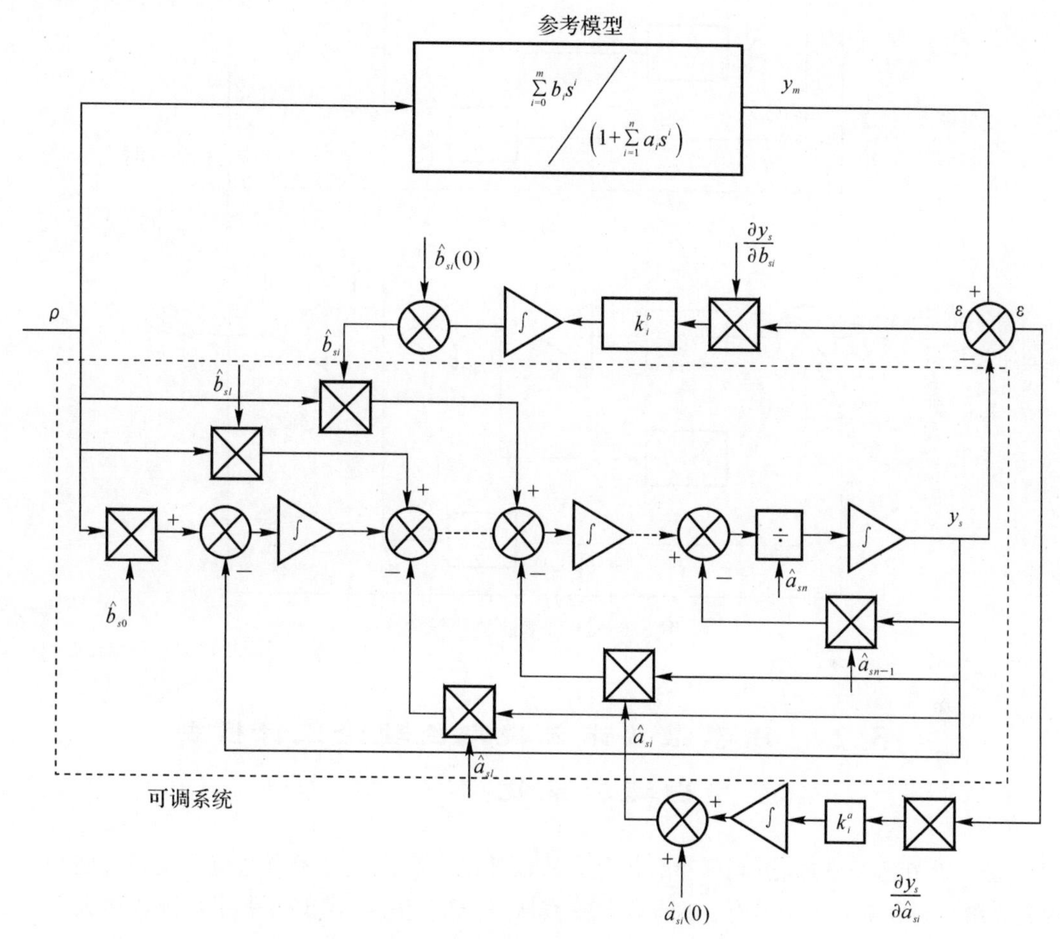

图 3.5　利用灵敏度滤波器时的 MRAS 基本结构图

如果假定自适应速度足够慢，使得

$$\frac{\partial y_s}{\partial a_{si}} \gg \frac{\partial^j}{\partial t^j}\left(\frac{\partial y_s}{\partial a_{si}}\right), \quad j=1,2,\cdots,n;\ i=1,2,\cdots,n \tag{3.37}$$

$$\frac{\partial y_s}{\partial b_{si}} \gg \frac{\partial^j}{\partial t^j}\left(\frac{\partial y_s}{\partial b_{si}}\right), \quad j=1,2,\cdots,n;\ i=1,2,\cdots,n \tag{3.38}$$

则这种方案可以进一步简化。在这种情况下，由式(3.31) 和式(3.32) 可得灵敏度函数的近似表达式为

$$\frac{\partial y_s}{\partial a_{si}} = -p^i y_s, \quad i=1,2,\cdots,n \tag{3.39}$$

$$\frac{\partial y_s}{\partial b_{si}}=-p^i r, \quad i=1,2,\cdots,m \tag{3.40}$$

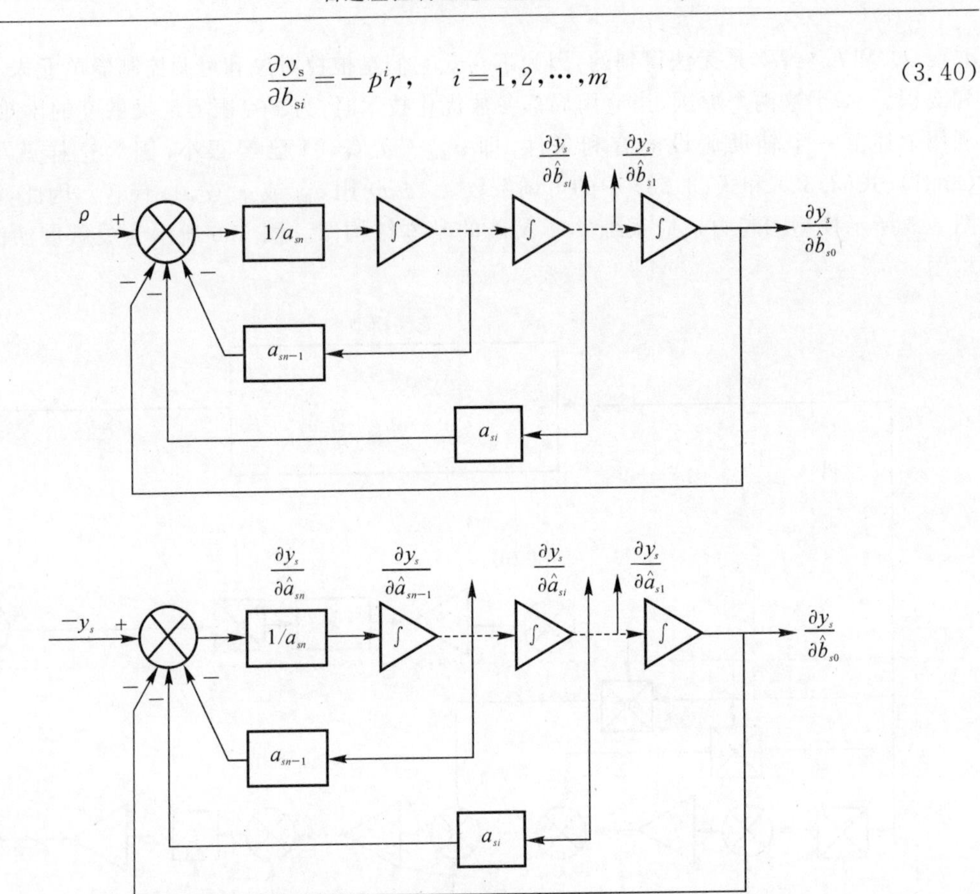

图 3.6　灵敏度滤波器结构图

3.2　用李雅普诺夫稳定性理论设计模型参考自适应系统

在 3.1 节已经讲过，用局部参数优化方法设计出来的模型参考自适应系统不一定稳定。为了克服这一缺点，于 1966 年，德国学者帕克斯(P. C. Parks) 提出了采用李雅普诺夫第二法来推导模型参考自适应系统的控制规律，以保证在系统全局渐近稳定下的自适应控制。

控制系统可用状态方程或传递函数来描述。控制系统用状态方程描述时，可用系统的状态变量来构成自适应控制规律。控制系统用传递函数描述时，可用系统的输入变量和输出变量来构成自适应控制规律。下面按这两种情况进行讨论。

3.2.1　用系统状态变量构成自适应控制规律

假定系统的各状态变量都可直接得到。控制对象的参数一般是未知的，并且是不能直接调整的。

设控制对象的状态方程为

$$\dot{\boldsymbol{x}}_{\mathrm{p}}=\boldsymbol{A}_{\mathrm{p}}\boldsymbol{x}_{\mathrm{p}}+\boldsymbol{B}_{\mathrm{p}}\boldsymbol{u} \tag{3.41}$$

式中，$\boldsymbol{x}_p$ 为 n 维状态向量，$\boldsymbol{u}$ 为 m 维控制向量，$\boldsymbol{A}_p$ 为 $n\times n$ 矩阵，$\boldsymbol{B}_p$ 为 $n\times m$ 矩阵。由于控制对象的状态矩阵 $\boldsymbol{A}_p$ 和控制矩阵 $\boldsymbol{B}_p$ 是不能直接调整的，如要改变控制对象的动态特性，只能用前馈控制和反馈控制，如图 3.7 所示。

控制信号 $\boldsymbol{u}$ 由前馈信号 $\boldsymbol{Kr}$ 和反馈信号 $\boldsymbol{Fx}_p$ 所组成，即

$$\boldsymbol{u}=\boldsymbol{Kr}+\boldsymbol{Fx}_p \tag{3.42}$$

式中，$\boldsymbol{K}$ 为 $m\times m$ 矩阵，$\boldsymbol{F}$ 为 $m\times n$ 矩阵，$\boldsymbol{r}$ 为 m 维输入信号。将式(3.42) 代入式(3.41)，可得

$$\dot{\boldsymbol{x}}_p=[\boldsymbol{A}_p+\boldsymbol{B}_p\boldsymbol{F}]\boldsymbol{x}_p+\boldsymbol{B}_p\boldsymbol{Kr} \tag{3.43}$$

式(3.43) 称为可调系统。矩阵 $\boldsymbol{A}_p$ 和 $\boldsymbol{B}_p$ 的元素都是时变参数，它们随系统的工作环境和外界干扰而变化。由于矩阵 $\boldsymbol{A}_p$ 和 $\boldsymbol{B}_p$ 不能直接进行调整，为了使控制对象的动态特性与参考模型的动态特性相一致，需要按照自适应规律调整前馈增益矩阵 $\boldsymbol{K}$ 和反馈增益矩阵 $\boldsymbol{F}$，使自适应闭环回路的特性接近于参考模型的特性。

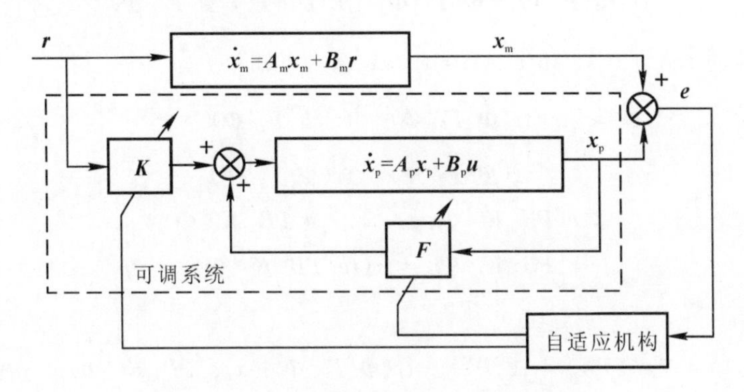

图 3.7　用状态变量构成自适应控制规律

参考模型是由设计者所选取的动态品质优良的理想系统，一般均选择参考模型与受控对象同维数。

选定参考模型的状态方程为

$$\dot{\boldsymbol{x}}_m=\boldsymbol{A}_m\boldsymbol{x}_m+\boldsymbol{B}_m\boldsymbol{r} \tag{3.44}$$

式中，$\boldsymbol{x}_m$ 为 n 维状态向量，$\boldsymbol{r}$ 为 m 维输入向量，$\boldsymbol{A}_m$ 为 $n\times n$ 矩阵，$\boldsymbol{B}_m$ 为 $n\times m$ 矩阵，$\boldsymbol{A}_m$ 和 $\boldsymbol{B}_m$ 均为常数矩阵。

设系统的广义状态误差向量为

$$\boldsymbol{e}=\boldsymbol{x}_m-\boldsymbol{x}_p \tag{3.45}$$

由式(3.44) 和式(3.43)，可得

$$\dot{\boldsymbol{e}}=\boldsymbol{A}_m\boldsymbol{e}+(\boldsymbol{A}_m-\boldsymbol{A}_p-\boldsymbol{B}_p\boldsymbol{F})\boldsymbol{x}_p+(\boldsymbol{B}_m-\boldsymbol{B}_p\boldsymbol{K})\boldsymbol{r} \tag{3.46}$$

在理想情况下，式(3.46) 右边后两项应等于零。设 $\boldsymbol{F}$ 和 $\boldsymbol{K}$ 的理想值分别为 $\bar{\boldsymbol{F}}$ 和 $\bar{\boldsymbol{K}}$，当 $\boldsymbol{F}=\bar{\boldsymbol{F}}$，$\boldsymbol{K}=\bar{\boldsymbol{K}}$，且 $|\bar{\boldsymbol{K}}|\neq\boldsymbol{0}$ 时，则有

$$\boldsymbol{A}_p+\boldsymbol{B}_p\bar{\boldsymbol{F}}=\boldsymbol{A}_m,\quad \boldsymbol{B}_p\bar{\boldsymbol{K}}=\boldsymbol{B}_m,\quad \boldsymbol{B}_p=\boldsymbol{B}_m\bar{\boldsymbol{K}}^{-1} \tag{3.47}$$

及

$$\boldsymbol{A}_m-\boldsymbol{A}_p=\boldsymbol{B}_p\bar{\boldsymbol{F}} \tag{3.48}$$

式(3.46) 可写成

$$\dot{\boldsymbol{e}}=\boldsymbol{A}_m\boldsymbol{e}+\boldsymbol{B}_m\bar{\boldsymbol{K}}^{-1}(\bar{\boldsymbol{F}}-\boldsymbol{F})\boldsymbol{x}_p+\boldsymbol{B}_m\bar{\boldsymbol{K}}^{-1}(\bar{\boldsymbol{K}}-\boldsymbol{K})\boldsymbol{r} \tag{3.49}$$

$$\dot{\boldsymbol{e}}=\boldsymbol{A}_{\mathrm{m}}\boldsymbol{e}+\boldsymbol{B}_{\mathrm{m}}\bar{\boldsymbol{K}}^{-1}\boldsymbol{\Phi}\boldsymbol{x}_{\mathrm{p}}+\boldsymbol{B}_{\mathrm{m}}\bar{\boldsymbol{K}}^{-1}\boldsymbol{\Psi}\boldsymbol{r} \tag{3.50}$$

式中，$\boldsymbol{\Phi}=\bar{\boldsymbol{F}}-\boldsymbol{F}$ 为 $m\times n$ 矩阵，$\Psi=\bar{\boldsymbol{K}}-\boldsymbol{K}$ 为 $m\times m$ 矩阵。$\boldsymbol{\Phi}$ 和 $\boldsymbol{\Psi}$ 称为可调参数误差矩阵。

选取李雅普诺夫函数为

$$V=\frac{1}{2}[\boldsymbol{e}^{\mathrm{T}}\boldsymbol{P}\boldsymbol{e}+\mathrm{tr}(\boldsymbol{\Phi}^{\mathrm{T}}\boldsymbol{\Gamma}_1^{-1}\boldsymbol{\Phi}+\boldsymbol{\Psi}^{\mathrm{T}}\boldsymbol{\Gamma}_2^{-1}\boldsymbol{\Psi})] \tag{3.51}$$

式中，$\boldsymbol{P}$，$\boldsymbol{\Gamma}_1$ 和 $\boldsymbol{\Gamma}_2$ 皆为正定对称矩阵，符号 tr 表示矩阵的迹。求式(3.51) 对时间 t 的导数得

$$\dot{V}=\frac{1}{2}[\dot{\boldsymbol{e}}\boldsymbol{P}\boldsymbol{e}+\boldsymbol{e}^{\mathrm{T}}\boldsymbol{P}\dot{\boldsymbol{e}}+\mathrm{tr}(\dot{\boldsymbol{\Phi}}^{\mathrm{T}}\boldsymbol{\Gamma}_1^{-1}\boldsymbol{\Phi}+\boldsymbol{\Phi}^{\mathrm{T}}\boldsymbol{\Gamma}_1^{-1}\dot{\boldsymbol{\Phi}}+\dot{\boldsymbol{\Psi}}^{\mathrm{T}}\boldsymbol{\Gamma}_2^{-1}\boldsymbol{\Psi}+\boldsymbol{\Psi}^{\mathrm{T}}\boldsymbol{\Gamma}_2^{-1}\dot{\boldsymbol{\Psi}})] \tag{3.52}$$

将式(3.50) 代入式(3.52)，可得

$$\begin{aligned}\dot{V}=&\frac{1}{2}\boldsymbol{e}^{\mathrm{T}}(\boldsymbol{P}\boldsymbol{A}_{\mathrm{m}}+\boldsymbol{A}_{\mathrm{m}}^{\mathrm{T}}\boldsymbol{P})\boldsymbol{e}+\boldsymbol{e}^{\mathrm{T}}\boldsymbol{P}\boldsymbol{B}_{\mathrm{m}}\bar{\boldsymbol{K}}^{-1}\boldsymbol{\Phi}\boldsymbol{x}_{\mathrm{p}}+\boldsymbol{e}^{\mathrm{T}}\boldsymbol{P}\boldsymbol{B}_{\mathrm{m}}\bar{\boldsymbol{K}}^{-1}\boldsymbol{\Psi}\boldsymbol{r}+\\&\frac{1}{2}\mathrm{tr}(\dot{\boldsymbol{\Phi}}^{\mathrm{T}}\boldsymbol{\Gamma}_1^{-1}\boldsymbol{\Phi}+\boldsymbol{\Phi}^{\mathrm{T}}\boldsymbol{\Gamma}_1^{-1}\dot{\boldsymbol{\Phi}}+\dot{\boldsymbol{\Psi}}^{\mathrm{T}}\boldsymbol{\Gamma}_2^{-1}\boldsymbol{\Psi}+\boldsymbol{\Psi}^{\mathrm{T}}\boldsymbol{\Gamma}_2^{-1}\dot{\boldsymbol{\Psi}})\end{aligned} \tag{3.53}$$

根据矩阵迹的性质 $\mathrm{tr}\boldsymbol{A}=\mathrm{tr}\boldsymbol{A}^{\mathrm{T}}$ 和 $\boldsymbol{x}^{\mathrm{T}}\boldsymbol{A}\boldsymbol{x}=\mathrm{tr}(\boldsymbol{x}\boldsymbol{x}^{\mathrm{T}}\boldsymbol{A})$，可知

$$\mathrm{tr}(\dot{\boldsymbol{\Phi}}^{\mathrm{T}}\boldsymbol{\Gamma}_1^{-1}\boldsymbol{\Phi})=\mathrm{tr}(\boldsymbol{\Phi}^{\mathrm{T}}\boldsymbol{\Gamma}_1^{-1}\dot{\boldsymbol{\Phi}})$$

$$\mathrm{tr}(\dot{\boldsymbol{\Psi}}^{\mathrm{T}}\boldsymbol{\Gamma}_2^{-1}\boldsymbol{\Psi})=\mathrm{tr}(\boldsymbol{\Psi}^{\mathrm{T}}\boldsymbol{\Gamma}_2^{-1}\dot{\boldsymbol{\Psi}})$$

$$\boldsymbol{e}^{\mathrm{T}}\boldsymbol{P}\boldsymbol{B}_{\mathrm{m}}\bar{\boldsymbol{K}}^{-1}\boldsymbol{\Phi}\boldsymbol{x}_{\mathrm{p}}=\mathrm{tr}(\boldsymbol{x}_{\mathrm{p}}\boldsymbol{e}^{\mathrm{T}}\boldsymbol{P}\boldsymbol{B}_{\mathrm{m}}\bar{\boldsymbol{K}}^{-1}\boldsymbol{\Phi})$$

$$\boldsymbol{e}^{\mathrm{T}}\boldsymbol{P}\boldsymbol{B}_{\mathrm{m}}\bar{\boldsymbol{K}}^{-1}\boldsymbol{\Psi}\boldsymbol{r}=\mathrm{tr}(\boldsymbol{r}\boldsymbol{e}^{\mathrm{T}}\boldsymbol{P}\boldsymbol{B}_{\mathrm{m}}\bar{\boldsymbol{K}}^{-1}\boldsymbol{\Psi})$$

于是有

$$\begin{aligned}\dot{V}=&\frac{1}{2}\boldsymbol{e}^{\mathrm{T}}(\boldsymbol{P}\boldsymbol{A}_{\mathrm{m}}+\boldsymbol{A}_{\mathrm{m}}^{\mathrm{T}}\boldsymbol{P})\boldsymbol{e}+\mathrm{tr}(\dot{\boldsymbol{\Phi}}^{\mathrm{T}}\boldsymbol{\Gamma}_1^{-1}\boldsymbol{\Phi}+\boldsymbol{x}_{\mathrm{p}}\boldsymbol{e}^{\mathrm{T}}\boldsymbol{P}\boldsymbol{B}_{\mathrm{m}}\bar{\boldsymbol{K}}^{-1}\boldsymbol{\Phi})+\\&\mathrm{tr}(\dot{\boldsymbol{\Psi}}^{\mathrm{T}}\boldsymbol{\Gamma}_2^{-1}\boldsymbol{\Psi}+\boldsymbol{r}\boldsymbol{e}^{\mathrm{T}}\boldsymbol{P}\boldsymbol{B}_{\mathrm{m}}\bar{\boldsymbol{K}}^{-1}\boldsymbol{\Psi})\end{aligned} \tag{3.54}$$

因为 $\boldsymbol{A}_{\mathrm{m}}$ 为稳定矩阵，则可选定正定对称阵 $\boldsymbol{Q}$，使 $\boldsymbol{P}\boldsymbol{A}_{\mathrm{m}}+\boldsymbol{A}_{\mathrm{m}}^{\mathrm{T}}\boldsymbol{P}=-\boldsymbol{Q}$ 成立。对于任意 $\boldsymbol{e}\neq\boldsymbol{0}$，式(3.54) 等号右边第一项是负定的。如果式(3.54) 等号右边后两项都为零，则 $\dot{V}$ 为负定的。为此选

$$\dot{\boldsymbol{\Phi}}=-\boldsymbol{\Gamma}_1(\boldsymbol{B}_{\mathrm{m}}\bar{\boldsymbol{K}}^{-1})^{\mathrm{T}}\boldsymbol{P}\boldsymbol{e}\boldsymbol{x}_{\mathrm{p}}^{\mathrm{T}} \tag{3.55}$$

$$\dot{\boldsymbol{\Psi}}=-\boldsymbol{\Gamma}_2(\boldsymbol{B}_{\mathrm{m}}\bar{\boldsymbol{K}}^{-1})^{\mathrm{T}}\boldsymbol{P}\boldsymbol{e}\boldsymbol{r}^{\mathrm{T}} \tag{3.56}$$

则式(3.54) 等号右边后两项都为零。

当 $\boldsymbol{A}_{\mathrm{p}}$ 和 $\boldsymbol{B}_{\mathrm{p}}$ 为常值或缓慢变化时，可设

$$\dot{\bar{\boldsymbol{F}}}\approx\boldsymbol{0},\qquad\dot{\bar{\boldsymbol{K}}}\approx\boldsymbol{0}$$

则可得自适应调节规律为

$$\dot{\boldsymbol{F}}=\dot{\bar{\boldsymbol{F}}}-\dot{\boldsymbol{\Phi}}=-\dot{\boldsymbol{\Phi}}=\boldsymbol{\Gamma}_1(\boldsymbol{B}_{\mathrm{m}}\bar{\boldsymbol{K}}^{-1})^{\mathrm{T}}\boldsymbol{P}\boldsymbol{e}\boldsymbol{x}_{\mathrm{p}}^{\mathrm{T}} \tag{3.57}$$

$$\dot{\boldsymbol{K}}=\dot{\bar{\boldsymbol{K}}}-\dot{\boldsymbol{\Psi}}=-\dot{\boldsymbol{\Psi}}=\boldsymbol{\Gamma}_2(\boldsymbol{B}_{\mathrm{m}}\bar{\boldsymbol{K}}^{-1})^{\mathrm{T}}\boldsymbol{P}\boldsymbol{e}\boldsymbol{r}^{\mathrm{T}} \tag{3.58}$$

$\boldsymbol{F}(t)$ 和 $\boldsymbol{K}(t)$ 的自适应变化规律为

$$\boldsymbol{F}(t)=\int_0^t\boldsymbol{\Gamma}_1(\boldsymbol{B}_{\mathrm{m}}\bar{\boldsymbol{K}}^{-1})^{\mathrm{T}}\boldsymbol{P}\boldsymbol{e}\boldsymbol{x}_{\mathrm{p}}^{\mathrm{T}}\mathrm{d}\tau+\boldsymbol{F}(0) \tag{3.59}$$

$$\boldsymbol{K}(t)=\int_0^t\boldsymbol{\Gamma}_2(\boldsymbol{B}_{\mathrm{m}}\bar{\boldsymbol{K}}^{-1})^{\mathrm{T}}\boldsymbol{P}\boldsymbol{e}\boldsymbol{r}^{\mathrm{T}}\mathrm{d}\tau+\boldsymbol{K}(0) \tag{3.60}$$

所设计的自适应规律对任意分段连续输入向量函数 $\boldsymbol{r}$ 均能够保证模型参考自适应系统是全局渐近稳定的，即

$$\lim_{t\to\infty}\boldsymbol{e}(t)=\boldsymbol{0}$$

由式(3.50)知，$\boldsymbol{e}(t)=\boldsymbol{0}$ 意味着

$$\boldsymbol{B}_{\mathrm{m}}\bar{\boldsymbol{K}}^{-1}\boldsymbol{\Phi}\boldsymbol{x}_{\mathrm{p}}+\boldsymbol{B}_{\mathrm{m}}\bar{\boldsymbol{K}}^{-1}\boldsymbol{\Psi}\boldsymbol{r}=\boldsymbol{0}$$

及

$$\boldsymbol{\Phi}\boldsymbol{x}_{\mathrm{p}}+\boldsymbol{\Psi}\boldsymbol{r}\equiv\boldsymbol{0}\tag{3.61}$$

恒等式(3.61)对任何 t 都能成立的条件：

(1) $\boldsymbol{x}_{\mathrm{p}}$ 和 $\boldsymbol{r}$ 为线性相关，并且 $\boldsymbol{\Phi}\neq\boldsymbol{0},\boldsymbol{\Psi}\neq\boldsymbol{0}$；

(2) $\boldsymbol{x}_{\mathrm{p}}$ 和 $\boldsymbol{r}$ 恒为零；

(3) $\boldsymbol{x}_{\mathrm{p}}$ 和 $\boldsymbol{r}$ 为线性独立，并且 $\boldsymbol{\Phi}=\boldsymbol{0},\boldsymbol{\Psi}=\boldsymbol{0}$。

显然，只有第三种情况能导致参数收敛，所以要求 $\boldsymbol{x}_{\mathrm{p}}$ 与 $\boldsymbol{r}$ 线性独立。$\boldsymbol{x}_{\mathrm{p}}$ 与 $\boldsymbol{r}$ 线性独立的条件是 $\boldsymbol{r}(t)$ 为具有一定频率的方波信号或为 q 个不同频率的正弦信号组成的分段连续信号，其中 $q>\frac{n}{2}$ 或 $q>\frac{n-1}{2}$。在这种情况下，$\boldsymbol{x}_{\mathrm{p}}$ 与 $\boldsymbol{r}$ 不恒等于零，且彼此线性独立，可以保证误差矩阵 $\boldsymbol{\Phi}(t)$ 和 $\boldsymbol{\Psi}(t)$ 逐渐收敛，即

$$\lim_{t\to\infty}\boldsymbol{\Phi}(t)=\boldsymbol{0},\qquad \lim_{t\to\infty}\boldsymbol{\Psi}(t)=\boldsymbol{0}$$

例 3.2.1　设单输入单输出控制对象的状态方程为

$$\dot{x}_{\mathrm{p}}=-\frac{1}{T}x_{\mathrm{p}}+\frac{b_{\mathrm{p}}}{T}r$$

式中，b_{p} 未知。参考模型的状态方程为

$$\dot{x}_{\mathrm{m}}=-\frac{1}{T}x_{\mathrm{m}}+\frac{b_{\mathrm{m}}}{T}r$$

试用李雅普诺夫函数法求自适应规律。

解　设广义误差 $\varepsilon=x_{\mathrm{m}}-x_{\mathrm{p}}$，则由控制对象和参考模型的状态方程，可得

$$\dot{\varepsilon}=-\frac{1}{T}\varepsilon+\left(\frac{b_{\mathrm{m}}}{T}-\frac{b_{\mathrm{p}}}{T}k\right)r$$

式中，k 为前馈增益。设当 $k=\bar{k}$ 时，上式右边第二项为零，则有

$$b_{\mathrm{m}}=b_{\mathrm{p}}\bar{k},\quad \bar{k}=\frac{b_{\mathrm{m}}}{b_{\mathrm{p}}},\quad \bar{k}^{-1}=\frac{b_{\mathrm{p}}}{b_{\mathrm{m}}}$$

选取李雅普诺夫函数，有

$$V=\frac{1}{2}[\varepsilon p\varepsilon+\mathrm{tr}(\psi\,\Gamma^{-1}\psi)]$$

式中，$\psi=\bar{k}-k$ 为前馈增益误差。求 V 对时间 t 的导数，可得

$$\begin{aligned}\dot{V}=&\frac{1}{2}\varepsilon(pA_{\mathrm{m}}+A_{\mathrm{m}}p)\varepsilon+\varepsilon pb_{\mathrm{m}}\bar{k}^{-1}\psi\,r+\mathrm{tr}(\dot{\psi}\Gamma^{-1}\psi)=\\&\frac{1}{2}\varepsilon(pA_{\mathrm{m}}+A_{\mathrm{m}}p)\varepsilon+\mathrm{tr}(\dot{\psi}\Gamma^{-1}\psi+r\,\varepsilon pb_{\mathrm{m}}\bar{k}^{-1}\psi)\end{aligned}$$

式中，$A_{\mathrm{m}}=-\frac{1}{T}$。选取

$$pA_{\mathrm{m}}+A_{\mathrm{m}}p=-Q,\qquad Q>0$$

$$\dot{\psi}=-\Gamma(b_{\mathrm{m}}\bar{k}^{-1})p\,\varepsilon r$$

则可使 $\dot{V}<0$,可保证闭环系统渐近稳定。由于系统为一阶系统,输入信号 r 为标量,上述各公式的矩阵也皆为标量,因而系统的自适应律为

$$k=\int_0^t \Gamma b_m \bar{k}^{-1} p \varepsilon r \mathrm{d}\tau + k(0)=\int_0^t \mu \varepsilon r \mathrm{d}\tau + k(0)$$

式中,$\mu=\Gamma b_m \bar{k}^{-1} p$。整个自适应控制系统的结构图如图 3.8 所示。

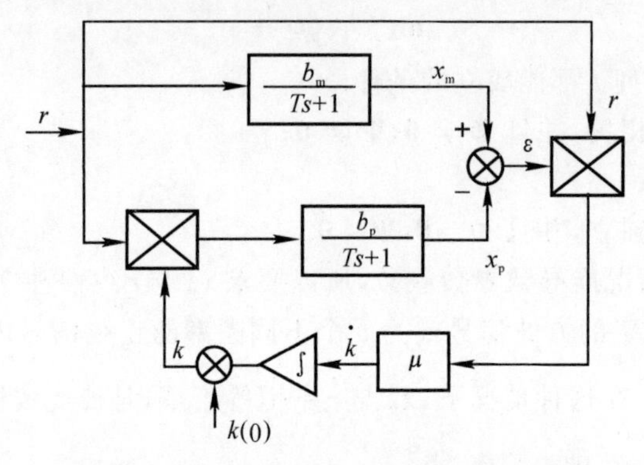

图 3.8 例 3.2.1 自适应控制系统结构图

例 3.2.2 设参考模型状态方程为

$$\dot{\boldsymbol{x}}_m=\boldsymbol{A}_m\boldsymbol{x}_m+\boldsymbol{B}_m r$$

式中

$$\boldsymbol{x}_m=\begin{bmatrix} x_{m1} \\ x_{m2} \end{bmatrix}, \quad \boldsymbol{A}_m=\begin{bmatrix} 0 & 1 \\ -10 & -5 \end{bmatrix}, \quad \boldsymbol{B}_m=\begin{bmatrix} 0 \\ 2 \end{bmatrix}$$

控制对象状态方程为

$$\dot{\boldsymbol{x}}_p=\boldsymbol{A}_p\boldsymbol{x}_p+\boldsymbol{B}_p u$$

式中

$$\boldsymbol{x}_p=\begin{bmatrix} x_{p1} \\ x_{p2} \end{bmatrix}, \quad \boldsymbol{A}_p=\begin{bmatrix} 0 & 1 \\ -6 & -7 \end{bmatrix}, \quad \boldsymbol{B}_p=\begin{bmatrix} 0 \\ 4 \end{bmatrix}$$

试用李雅普诺夫函数法求自适应规律。

解 在自适应控制中引入前馈增益矩阵 $\boldsymbol{K}$ 和反馈增益矩阵 $\boldsymbol{F}$,则可调系统状态方程为

$$\dot{\boldsymbol{x}}_p=(\boldsymbol{A}_p+\boldsymbol{B}_p\boldsymbol{F})\boldsymbol{x}_p+\boldsymbol{B}_p\boldsymbol{K}r$$

按式(3.47),可得

$$\boldsymbol{B}_m\bar{\boldsymbol{K}}^{-1}=\boldsymbol{B}_p=\begin{bmatrix} 0 \\ 4 \end{bmatrix}$$

选取 $\boldsymbol{P}=\begin{bmatrix} 3 & 1 \\ 1 & 1 \end{bmatrix}$,$\boldsymbol{\Gamma}_1=\boldsymbol{\Gamma}_2=1$,代入式(3.44) 和式(3.45) 得自适应规律为

$$\boldsymbol{F}(t)=\int_0^t [0 \quad 4]\begin{bmatrix} 3 & 1 \\ 1 & 1 \end{bmatrix}\begin{bmatrix} e_1 \\ e_2 \end{bmatrix}[x_{p1} \quad x_{p2}]\mathrm{d}\tau+\boldsymbol{F}(0)=$$

$$\int_0^t [(4e_1+4e_2)x_{p1} \quad (4e_1+4e_2)x_{p2}]\mathrm{d}\tau+\boldsymbol{F}(0)$$

$$\boldsymbol{K}(t)=\int_0^t (4e_1+4e_2) r \mathrm{d}\tau+\boldsymbol{K}(0)$$

式中，$e_1 = x_{m1} - x_{p1}$，$e_2 = x_{m2} - x_{p2}$，并且可以验证，$\boldsymbol{P}$ 满足李雅普诺夫方程 $\boldsymbol{P}\boldsymbol{A}_m + \boldsymbol{A}_m^T\boldsymbol{P} = -\boldsymbol{Q}$，$\boldsymbol{Q} > \boldsymbol{0}$。

3.2.2 用控制对象的输入、输出构成自适应控制规律

在前面所讨论的用控制对象的状态变量构成自适应控制规律的方法要用到全部状态变量，但对许多实际控制对象来说往往不能获得全部状态变量，因此提出利用控制对象的输入、输出构成自适应控制规律的问题。

1. 单输入单输出系统的自适应规律

设控制对象为二阶系统，其微分方程为

$$\ddot{y} + \alpha_1 \dot{y}_p + \alpha_0 y_p = \beta u \tag{3.62}$$

由于控制象的参数 α_0，α_1 和 β 是不可调整的未知时变参数，所以选取控制变量为

$$u = kr + f_0 y_p + f_1 \dot{y}_p \tag{3.63}$$

式中，k 为前馈增益，f_0 和 f_1 为反馈增益，通过自适应调整参数 k，f_0 和 f_1 使控制对象的输出跟踪参考模型的输出。所选取的参考模型的阶数与控制对象相同，其微分方程为

$$\ddot{y}_m + a_1 \dot{y}_m + a_0 y_m = br \tag{3.64}$$

式中，r 为参考模型的输入信号。整个闭环系统的结构图如图 3.9 所示。

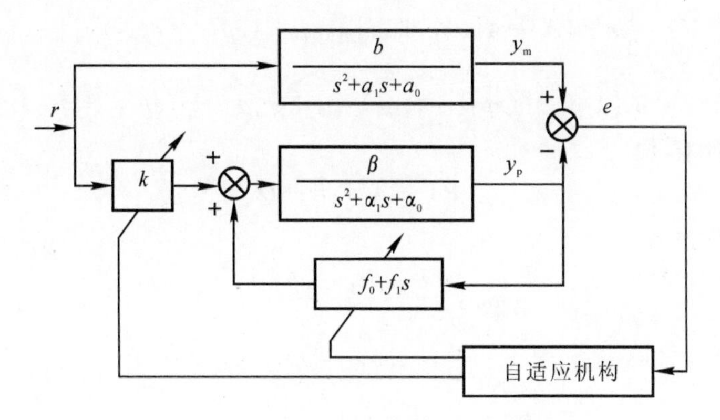

图 3.9　二阶闭环自适应系统结构图

将式(3.63) 代入式(3.62)，可得可调系统微分方程，即

$$\ddot{y}_p + (\alpha_1 - \beta f_1)\dot{y}_p + (\alpha_0 - \beta f_0) y_p = k\beta r \tag{3.65}$$

令

$$\bar{\alpha}_1 = \alpha_1 - \beta f_1, \qquad \bar{\alpha}_0 = \alpha_0 - \beta f_0, \qquad \bar{\beta} = k\beta \tag{3.66}$$

则式(3.65) 可写为

$$\ddot{y}_p + \bar{\alpha}_1 \dot{y}_p + \bar{\alpha}_0 y_p = \bar{\beta} r \tag{3.67}$$

设 $e = y_m - y_p$ 为广义误差，由式(3.64) 和式(3.67)，可得误差方程为

$$\ddot{e} + a_1 \dot{e} + a_0 e = (\bar{\alpha}_1 - a_1)\dot{y}_p + (\bar{\alpha}_0 - a_0) y_p + (b - \bar{\beta}) r \tag{3.68}$$

令

$$\delta_1 = \bar{\alpha}_1 - a_1, \qquad \delta_0 = \bar{\alpha}_0 - a_0, \qquad \sigma = b - \bar{\beta} \tag{3.69}$$

则式(3.68)可写为

$$\ddot{e}+a_1\dot{e}+a_0e=\delta_1\dot{y}_p+\delta_0y_p+\sigma r \tag{3.70}$$

设参数误差向量 $\boldsymbol{\varphi}$ 和广义误差向量 $\boldsymbol{\varepsilon}$ 分别为

$$\boldsymbol{\varphi}^T=[\delta_0\quad \delta_1\quad \sigma],\qquad \boldsymbol{\varepsilon}^T=[e\quad \dot{e}] \tag{3.71}$$

则误差方程式(3.70)可写为矩阵-向量形式,即

$$\dot{\boldsymbol{\varepsilon}}=\boldsymbol{A\varepsilon}+\boldsymbol{\Delta}_a+\boldsymbol{\Delta}_b \tag{3.72}$$

式中

$$\boldsymbol{A}=\begin{bmatrix}0 & 1\\ -a_0 & -a_1\end{bmatrix},\quad \boldsymbol{\Delta}_a=\begin{bmatrix}0\\ \delta_0y_p+\delta_1\dot{y}_p\end{bmatrix},\quad \boldsymbol{\Delta}_b=\begin{bmatrix}0\\ \sigma r\end{bmatrix} \tag{3.73}$$

选取李雅普诺夫函数为

$$V=\frac{1}{2}(\boldsymbol{\varepsilon}^T\boldsymbol{P\varepsilon}+\boldsymbol{\varphi}^T\boldsymbol{\Gamma\varphi}) \tag{3.74}$$

式中,$\boldsymbol{P}$ 为 2×2 正定对称阵,$\boldsymbol{\Gamma}$ 为3维正定对角线阵,即

$$\boldsymbol{\Gamma}=\mathrm{diag}(\lambda_0,\lambda_1,\mu) \tag{3.75}$$

设 $\boldsymbol{P}=\begin{bmatrix}p_{11} & p_{12}\\ p_{21} & p_{22}\end{bmatrix}$ 且 $p_{12}=p_{21}$,求 V 对时间的导数,可得

$$\dot{V}=\frac{1}{2}\boldsymbol{\varepsilon}^T(\boldsymbol{PA}+\boldsymbol{A}^T\boldsymbol{P})\boldsymbol{\varepsilon}+\delta_0[\lambda_0\dot{\delta}_0+(ep_{12}+\dot{e}p_{22})y_p]+$$
$$\delta_1[\lambda_1\dot{\delta}_1+(ep_{12}+\dot{e}p_{22})\dot{y}_p]+\sigma[\mu\dot{\sigma}+(ep_{12}+\dot{e}p_{22})r] \tag{3.76}$$

选取正定对称矩阵 $\boldsymbol{Q}$,使

$$\boldsymbol{PA}+\boldsymbol{A}^T\boldsymbol{P}=-\boldsymbol{Q} \tag{3.77}$$

并且选取自适应规律为

$$\dot{\delta}_0=-\frac{(ep_{12}+\dot{e}p_{22})y_p}{\lambda_0} \tag{3.78}$$

$$\dot{\delta}_1=-\frac{(ep_{12}+\dot{e}p_{22})\dot{y}_p}{\lambda_1} \tag{3.79}$$

$$\dot{\sigma}=-\frac{(ep_{12}+\dot{e}p_{22})r}{\mu} \tag{3.80}$$

则 $\dot{V}$ 为负定,闭环系统渐近稳定。

当对象参数为缓慢变化时,$\dot{\alpha}_1\approx0$,$\dot{\alpha}_0\approx0$,$\dot{\beta}\approx0$,由式(3.69)和式(3.66),可得

$$\dot{\delta}_0=\dot{\bar{\alpha}}_0\approx-\beta\dot{f}_0,\quad \dot{\delta}_1=\dot{\bar{\alpha}}_1\approx-\beta\dot{f}_1,\quad \dot{\sigma}=-\dot{\bar{\beta}}=-\dot{k}\beta \tag{3.81}$$

$$\dot{f}_0=-\frac{\dot{\delta}_0}{\beta},\quad \dot{f}_1=-\frac{\dot{\delta}_1}{\beta},\quad \dot{k}=-\frac{\dot{\sigma}}{\beta} \tag{3.82}$$

将式(3.78)和式(3.79)代入式(3.72),可得反馈增益系数 f_0 和 f_1 的自适应规律,即

$$\dot{f}_0=\frac{(ep_{12}+\dot{e}p_{22})y_p}{\lambda_0\beta} \tag{3.83}$$

$$\dot{f}_1=\frac{(ep_{12}+\dot{e}p_{22})\dot{y}_p}{\lambda_1\beta} \tag{3.84}$$

及

$$f_0=\int_0^t \frac{(ep_{12}+\dot{e}p_{22})y_p}{\lambda_0\beta}d\tau+f_0(0) \tag{3.85}$$

$$f_1=\int_0^t \frac{(ep_{12}+\dot{e}p_{22})\dot{y}_p}{\lambda_1\beta}d\tau+f_1(0) \tag{3.86}$$

将式(3.80)代入式(3.82)，可得前馈增益 k 的自适应规律，即

$$\dot{k}=\frac{(ep_{12}+\dot{e}p_{22})r}{\mu\beta} \tag{3.87}$$

$$k=\int_0^t \frac{(ep_{12}+\dot{e}p_{22})r}{\mu\beta}d\tau+k(0) \tag{3.88}$$

按式(3.85)、式(3.86)及式(3.88)自适应调节 f_0，f_1 和 k，可使 $\alpha_1-\beta f_1\rightarrow a_1$，$\alpha_0-\beta f_0\rightarrow a_0$，$k\beta\rightarrow b$ 及 $y_p\rightarrow y_m$。

从上面的推导可以看出，利用控制对象的输入输出构成自适应控制规律时，要用到控制对象输出和广义误差的各阶导数，因而需要在自适应机构中设置微分器，这就降低了自适应系统的抗干扰能力。为了避免这一缺点，K. S. Narendra 提出了稳定自适应控制器方案。这一方案不需要被控对象输出和广义误差的导数。下面讨论 Narendra 所提出的方案。

2. Narendra 自适应控制器方案

(1) 问题的提法。设单输入单输出控制对象的状态方程和输出方程分别为

$$\dot{\boldsymbol{x}}_p=\boldsymbol{A}_p\boldsymbol{x}_p+\boldsymbol{b}_p u \tag{3.89}$$

$$y_p=\boldsymbol{h}^T\boldsymbol{x}_p \tag{3.90}$$

式中，$\boldsymbol{x}_p$ 为 n 维状态向量，$\boldsymbol{A}_p$ 为 $n\times n$ 矩阵，$\boldsymbol{b}_p$ 为 $n\times 1$ 矩阵，$\boldsymbol{h}^T$ 为 $1\times n$ 矩阵。控制对象的传递函数为

$$W_p(s)=\boldsymbol{h}^T(s\boldsymbol{I}-\boldsymbol{A}_p)^{-1}\boldsymbol{b}_p=\frac{k_p Z_p(s)}{R_p(s)} \tag{3.91}$$

式中，$Z_p(s)$ 是 m 阶首一(首项系数为 1)古尔维茨多项式，$R_p(s)$ 是 n 阶首一古尔维茨多项式，假定 n 和 m 为已知，控制对象的参数值是未知的变化量。

所选取的参考模型也是单输入单输出系统，其状态方程和输出方程分别为

$$\dot{\boldsymbol{x}}_m=\boldsymbol{A}_m\boldsymbol{x}_m+\boldsymbol{b}_m r \tag{3.92}$$

$$y_m=\boldsymbol{h}^T\boldsymbol{x}_m \tag{3.93}$$

式中，$\boldsymbol{x}_m$ 为 n 维状态向量，$\boldsymbol{A}_m$ 为 $n\times n$ 矩阵，$\boldsymbol{b}_m$ 为 $n\times 1$ 矩阵，$\boldsymbol{h}^T$ 为 $1\times n$ 矩阵。参考模型的传递函数为

$$W_m(s)=\boldsymbol{h}^T(s\boldsymbol{I}-\boldsymbol{A}_m)^{-1}\boldsymbol{b}_m=\frac{k_m Z_m(s)}{R_m(s)} \tag{3.94}$$

式中，$Z_m(s)$ 和 $R_m(s)$ 都是首一古尔维茨多项式，其阶数分别为 m 和 n。

设广义输出误差为

$$e_1=y_p-y_m \tag{3.95}$$

自适应控制问题的提法：已知参考模型输入 r 分段连续一致有界，输出为 y_m，求控制对象的综合控制信号 u，使得控制对象的输出与参考模型的输出相匹配，即

$$\lim_{t\rightarrow\infty}|y_p(t)-y_m(t)|=\lim_{t\rightarrow\infty}|e_1(t)|=0 \tag{3.96}$$

为了实现可调系统与参考模型的完全匹配，自适应控制器必须具有足够多的可调参数。当控制对象传递函数的分母为 n 阶、分子为 m 阶时，加上放大系数 k_p，最多可调参数为 $n+m+$

1 个,因此自适应机构也应有 $n+m+1$ 个可调参数与之对应。我们先讨论 $n-m=1$ 时的自适应控制方案,然后再讨论 $n-m>1$ 时的自适应控制方案。

(2) 当 $n-m=1$ 时的自适应控制器结构。当 $n-m=1$ 时,Narendra 自适应控制方案如图 3.8 所示。

从图 3.10 可以看出,参考输入为 $r(t)$,参考模型输出为 $y_m(t)$,控制对象输入为 $u(t)$,输出为 $y_p(t)$,控制器中有两个辅助信号发生器 F_1 和 F_2。F_1 接在控制对象的输入端,输入信号为 $u(t)$,输出信号为 ω_1,有 $(n-1)$ 个可调参数 $c_i(i=1,2,\cdots,n-1)$。F_2 接在控制对象的输出端,输入信号为 $y_p(t)$,输出信号为 ω_2,有 n 个可调参数 $d_i=(i=0,1,\cdots,n-1)$。F_1 和 F_2 的可调参数为 $(2n-1)$ 个,加上可调增益 k_0,整个控制系统共有 $2n$ 个可调参数。F_1 和 F_2 的输出信号 ω_1 和 ω_2,加上可调增益输出 $k_0 r$,组成了控制对象的综合输入信号 $u(t)$,控制着控制对象的输出 $y_p(t)$,使其与参考模型的输出 $y_m(t)$ 相一致。

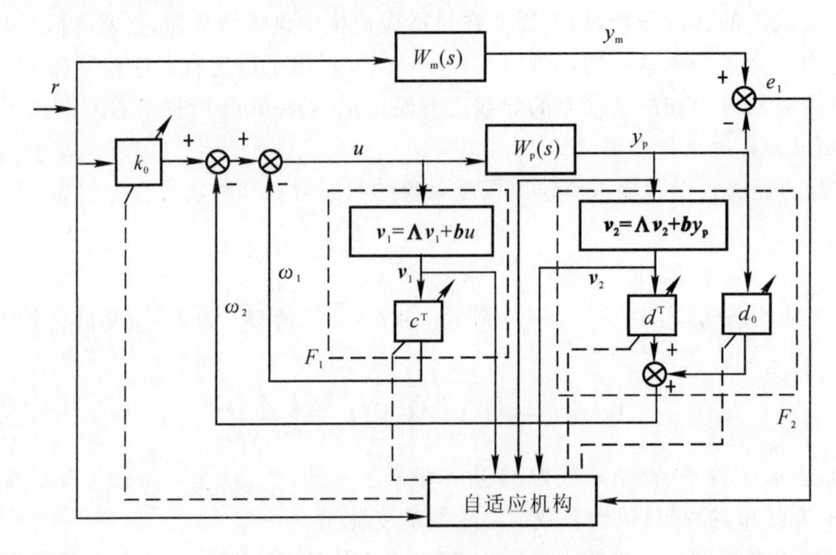

图 3.10 $n-m=1$ 时的 Narendra 方案

辅助信号发生器 F_1 和 F_2 都是 $(n-1)$ 阶的稳定动态系统。F_1 的状态方程、输出方程和传递函数分别为

$$\dot{\boldsymbol{v}}_1=\boldsymbol{\Lambda v}_1+\boldsymbol{b}u \tag{3.97}$$

$$\omega_1=\boldsymbol{c}^{\mathrm{T}}\boldsymbol{v}_1 \tag{3.98}$$

$$W_1(s)=\boldsymbol{c}^{\mathrm{T}}(s\boldsymbol{I}-\boldsymbol{\Lambda})^{-1}\boldsymbol{b}=\frac{C(s)}{N(s)} \tag{3.99}$$

式中,$\boldsymbol{v}_1$ 为 $(n-1)$ 维列向量,$\boldsymbol{\Lambda}$ 为 $(n-1)\times(n-1)$ 矩阵,$\boldsymbol{c}$ 为 $(n-1)$ 维列向量。F_2 的状态方程、输出方程和传递函数分别为

$$\dot{\boldsymbol{v}}_2=\boldsymbol{\Lambda v}_2+\boldsymbol{b}y_p \tag{3.100}$$

$$\omega_2=\boldsymbol{d}^{\mathrm{T}}\boldsymbol{v}_2+d_0 y_p \tag{3.101}$$

$$W_2(s)=d_0+\boldsymbol{d}^{\mathrm{T}}(s\boldsymbol{I}-\boldsymbol{\Lambda})^{-1}\boldsymbol{b}=\frac{D(s)}{N(s)}+d_0 \tag{3.102}$$

式中,$\boldsymbol{v}_2$ 为 $(n-1)$ 维列向量,$\boldsymbol{d}$ 为 $(n-1)$ 维列向量。F_1 和 F_2 中的 $\boldsymbol{\Lambda}$ 和 $\boldsymbol{b}$ 完全相同,可分别表

示为

$$\boldsymbol{A}=\begin{bmatrix}0 & & \\ \vdots & \boldsymbol{I}_{n-2} & \\ 0 & & \\ -l_1 & \cdots & -l_{n-1}\end{bmatrix},\quad \boldsymbol{b}=\begin{bmatrix}0\\ \vdots\\ 0\\ 1\end{bmatrix} \tag{3.103}$$

列向量 $\boldsymbol{c}$ 和 $\boldsymbol{d}$ 可分别表示为

$$\boldsymbol{c}^{\mathrm{T}}=[c_1\quad c_2\quad \cdots\quad c_{n-1}],\quad \boldsymbol{d}^{\mathrm{T}}=[d_1\quad d_2\quad \cdots\quad d_{n-1}]$$

传递函数 $W_1(s)$ 和 $W_2(s)$ 中的分母 $N(s)$ 是 $(n-1)$ 阶首一古尔维茨多项式，分子 $C(s)$ 和 $D(s)$ 都是 $(n-2)$ 阶多项式，它们的系数分别是向量 $\boldsymbol{c}$ 和 $\boldsymbol{d}$ 的元素，为系统的可调参数。这两个辅助信号发生器与控制对象一起组成了如图 3.11 所示的可调系统。

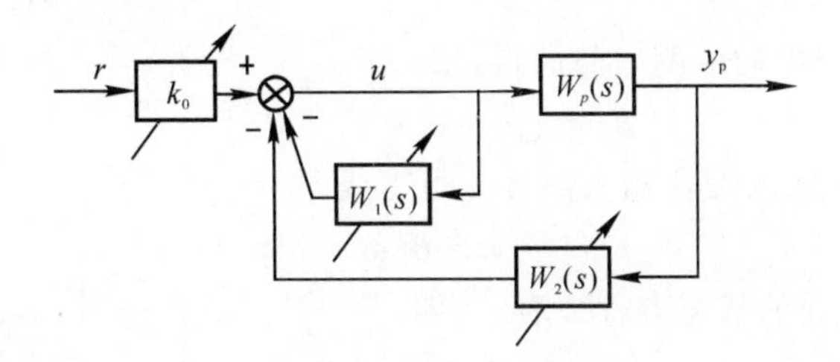

图 3.11　可调系统结构图

根据图 3.11 可得可调系统的传递函数，即

$$W(s)=\frac{y_{\mathrm{p}}(s)}{r(s)}=\frac{k_0W_{\mathrm{p}}(s)}{1+W_1(s)+W_2(s)W_{\mathrm{p}}(s)}=$$

$$\frac{k_0k_{\mathrm{p}}\dfrac{Z_{\mathrm{p}}(s)}{R_{\mathrm{p}}(s)}}{1+\dfrac{C(s)}{N(s)}+\left[\dfrac{D(s)}{N(s)}+d_0\right]\dfrac{k_{\mathrm{p}}Z_{\mathrm{p}}(s)}{R_{\mathrm{p}}(s)}}=$$

$$\frac{k_0k_{\mathrm{p}}Z_{\mathrm{p}}(s)N(s)}{[N(s)+C(s)]R_{\mathrm{p}}(s)+k_{\mathrm{p}}Z_{\mathrm{p}}(s)[d_0N(s)+D(s)]} \tag{3.104}$$

自适应控制的作用是使可调系统的传递函数与参考模型的传递函数相一致，即

$$W(s)=\frac{k_0k_{\mathrm{p}}Z_{\mathrm{p}}(s)N(s)}{[N(s)+C(s)]R_{\mathrm{p}}(s)+k_{\mathrm{p}}Z_{\mathrm{p}}(s)[d_0N(s)+D(s)]}=\frac{k_{\mathrm{m}}Z_{\mathrm{m}}(s)}{R_{\mathrm{m}}(s)} \tag{3.105}$$

因而要求下列各式成立：

$$k_0=\frac{k_{\mathrm{m}}}{k_{\mathrm{p}}} \tag{3.106}$$

$$N(s)=Z_{\mathrm{m}}(s) \tag{3.107}$$

$$[N(s)+C(s)]R_{\mathrm{p}}(s)+k_{\mathrm{p}}Z_{\mathrm{p}}(s)[d_0N(s)+D(s)]=R_{\mathrm{m}}(s)Z_{\mathrm{p}}(s) \tag{3.108}$$

式(3.106) 和式(3.107) 容易实现，但是实现式(3.108) 就比较困难一些。从式(3.105) 可以看出，$W(s)$ 有 $(2n-1)$ 个极点和 $(2n-2)$ 个零点，其中的 $(n-1)$ 个极点和 $(n-1)$ 个零点应相消。根据式(3.105)，希望 $W(s)$ 的零点与参考模型的零点相一致，因此选择 $N(s)=Z_{\mathrm{m}}(s)$。因为 $N(s)$ 是辅助信号发生器传递函数的分母多项式，所以要求 $N(s)$ 是稳定多项式，$Z_{\mathrm{m}}(s)$ 也应该是稳定多项式。为了使式(3.108) 成立，必须满足下列两点：

1）要求控制对象传递函数的分子多项式 $Z_p(s)$ 和分母多项式 $R_p(s)$ 是两个互质多项式。这样只要适当选择 $[N(s)+C(s)]$ 和 $[d_0N(s)+D(s)]$ 就能使式(3.108)等号的左右两边相等。

2）要求控制对象传递函数的分子多式项式 $Z_p(s)$ 是稳定多项式。如果 $Z_p(s)$ 不是稳定多项式，就不能实现式(3.108)两边 $Z_p(s)$ 的相消，也就不能实现 $W(s)$ 中的零、极点相消。

(3) 当 $n-m=1$ 时的自适应规律设计。为了应用李雅普诺夫稳定性理论来设计自适应规律，要把可调系统和参考模型用状态方程来表示，找出两者状态偏差的动态方程和输出偏差的动态方程，所设计出的自适应规律应使控制对象与参考模型的输出偏差渐近趋于零。

设 $\boldsymbol{\omega}$ 表示可调系统中的信号向量，即

$$\boldsymbol{\omega}^{\mathrm{T}}=[r \quad \boldsymbol{v}_1^{\mathrm{T}} \quad y_p \quad \boldsymbol{v}_2^{\mathrm{T}}] \tag{3.109}$$

式中，$\boldsymbol{\omega}$ 为 $2n$ 维向量。

设 $\boldsymbol{\theta}^{\mathrm{T}}$ 表示可调系统中的可调参数向量，即

$$\boldsymbol{\theta}^{\mathrm{T}}=[k_0 \quad \boldsymbol{c}^{\mathrm{T}} \quad d_0 \quad \boldsymbol{d}^{\mathrm{T}}] \tag{3.110}$$

$\boldsymbol{\theta}$ 为 $2n$ 维向量。控制对象的综合输入信号 u 可写成

$$u=\boldsymbol{\theta}^{\mathrm{T}}\boldsymbol{\omega} \tag{3.111}$$

则整个可调系统可用下面的状态方程来表示，即

$$\dot{\boldsymbol{x}}_p=\boldsymbol{A}_p\boldsymbol{x}_p+\boldsymbol{b}_p\boldsymbol{\theta}^{\mathrm{T}}\boldsymbol{\omega} \tag{3.112}$$

$$\dot{\boldsymbol{v}}_1=\boldsymbol{\Lambda}\boldsymbol{v}_1+\boldsymbol{b}\,\boldsymbol{\theta}^{\mathrm{T}}\boldsymbol{\omega} \tag{3.113}$$

$$\dot{\boldsymbol{v}}_2=\boldsymbol{\Lambda}\boldsymbol{v}_2+\boldsymbol{b}\,\boldsymbol{h}^{\mathrm{T}}\boldsymbol{x}_p \tag{3.114}$$

$$y_p=\boldsymbol{h}^{\mathrm{T}}\boldsymbol{x}_p \tag{3.115}$$

或写成

$$\begin{bmatrix}\dot{\boldsymbol{x}}_p\\ \dot{\boldsymbol{v}}_1\\ \dot{\boldsymbol{v}}_2\end{bmatrix}=\begin{bmatrix}\boldsymbol{A}_p & \boldsymbol{0} & \boldsymbol{0}\\ \boldsymbol{0} & \boldsymbol{\Lambda} & \boldsymbol{0}\\ \boldsymbol{b}\,\boldsymbol{h}^{\mathrm{T}} & \boldsymbol{0} & \boldsymbol{\Lambda}\end{bmatrix}\begin{bmatrix}\boldsymbol{x}_p\\ \boldsymbol{v}_1\\ \boldsymbol{v}_2\end{bmatrix}+\begin{bmatrix}\boldsymbol{b}_p\\ \boldsymbol{b}\\ \boldsymbol{0}\end{bmatrix}\boldsymbol{\theta}^{\mathrm{T}}\boldsymbol{\omega} \tag{3.116}$$

设

$$\boldsymbol{\theta}=\bar{\boldsymbol{\theta}}+\boldsymbol{\psi} \tag{3.117}$$

式中，$\bar{\boldsymbol{\theta}}$ 表示可调系统与参考模型完全匹配时的一组参数，$\boldsymbol{\psi}$ 表示参数向量 $\boldsymbol{\theta}$ 与参考模型的失配部分。如果可调系统与参考模型完全匹配，则 $\boldsymbol{\psi}=\boldsymbol{0}$，$k_0=\bar{k}_0$，$\boldsymbol{c}=\bar{\boldsymbol{c}}$，$d_0=\bar{d}_0$，$\boldsymbol{d}=\bar{\boldsymbol{d}}$。$u$ 可写成

$$u=\boldsymbol{\theta}^{\mathrm{T}}\boldsymbol{\omega}=[\bar{\boldsymbol{\theta}}+\boldsymbol{\psi}]^{\mathrm{T}}\boldsymbol{\omega}=\bar{k}_0r+\bar{\boldsymbol{c}}^{\mathrm{T}}\boldsymbol{v}_1+\bar{d}_0\boldsymbol{h}^{\mathrm{T}}\boldsymbol{x}_p+\bar{\boldsymbol{d}}^{\mathrm{T}}\boldsymbol{v}_2+\boldsymbol{\psi}^{\mathrm{T}}\boldsymbol{\omega} \tag{3.118}$$

将式(3.118)代入式(3.116)，经过整理可得增广状态方程为

$$\dot{\boldsymbol{x}}=\boldsymbol{A}_c\boldsymbol{x}+\boldsymbol{b}_c[\bar{k}_0r+\boldsymbol{\psi}^{\mathrm{T}}\boldsymbol{\omega}] \tag{3.119}$$

式中

$$\boldsymbol{x}^{\mathrm{T}}=[\boldsymbol{x}_p^{\mathrm{T}} \quad \boldsymbol{v}_1^{\mathrm{T}} \quad \boldsymbol{v}_2^{\mathrm{T}}]$$

$$\boldsymbol{A}_c=\begin{bmatrix}\boldsymbol{A}_p+\bar{d}_0\boldsymbol{b}_p\boldsymbol{h}^{\mathrm{T}} & \boldsymbol{b}_p\bar{\boldsymbol{c}}^{\mathrm{T}} & \boldsymbol{b}_p\bar{\boldsymbol{d}}\\ \boldsymbol{b}_p\bar{d}_0\boldsymbol{h}^{\mathrm{T}} & \boldsymbol{\Lambda}+\boldsymbol{b}\,\bar{\boldsymbol{c}}^{\mathrm{T}} & \boldsymbol{b}\,\bar{\boldsymbol{d}}\\ \boldsymbol{b}\,\boldsymbol{h}^{\mathrm{T}} & \boldsymbol{0} & \boldsymbol{\Lambda}\end{bmatrix}$$

$$\boldsymbol{b}_c^{\mathrm{T}}=[\boldsymbol{b}_p^{\mathrm{T}} \quad \boldsymbol{b}^{\mathrm{T}} \quad \boldsymbol{0}]$$

由于 $\boldsymbol{\psi}=\boldsymbol{0}$ 时可调系统与参考模型相匹配，所以令式(3.119)中 $\boldsymbol{\psi}=\boldsymbol{0}$，可得参考模型的增广状

态方程。设 $\boldsymbol{x}_{\mathrm{mc}}$ 表示参考模型的增广状态向量，即

$$\boldsymbol{x}_{\mathrm{mc}}^{\mathrm{T}}=[\boldsymbol{x}_{\mathrm{m}}^{\mathrm{T}} \quad \boldsymbol{v}_{\mathrm{m1}}^{\mathrm{T}} \quad \boldsymbol{v}_{\mathrm{m2}}^{\mathrm{T}}] \tag{3.120}$$

由于 $\boldsymbol{x}$ 为$(3n-2)$维向量，所以 $\boldsymbol{x}_{\mathrm{mc}}$ 也为$(3n-2)$维向量。参考模型的状态方程可写成

$$\dot{\boldsymbol{x}}_{\mathrm{mc}}=\boldsymbol{A}_{\mathrm{c}}\boldsymbol{x}_{\mathrm{mc}}+\boldsymbol{b}_{\mathrm{c}}\bar{k}_0 r \tag{3.121}$$

$$y_{\mathrm{m}}=\boldsymbol{h}_{\mathrm{c}}^{\mathrm{T}}\boldsymbol{x}_{\mathrm{mc}}=\boldsymbol{h}^{\mathrm{T}}\boldsymbol{x}_{\mathrm{m}} \tag{3.122}$$

式中，$\boldsymbol{h}_{\mathrm{c}}^{\mathrm{T}}=[\boldsymbol{h}^{\mathrm{T}} \quad \boldsymbol{0} \quad \boldsymbol{0}]$。参考模型的传递函数为

$$W_{\mathrm{m}}(s)=\boldsymbol{h}_{\mathrm{c}}^{\mathrm{T}}(s\boldsymbol{I}-\boldsymbol{A}_{\mathrm{c}})^{-1}\boldsymbol{b}_{\mathrm{c}}\bar{k}_0 \tag{3.123}$$

由于控制对象的参数是未知的，即 $\boldsymbol{A}_{\mathrm{c}}$ 和 $\boldsymbol{b}_{\mathrm{c}}$ 未知，因而不能利用式(3.121)来建立参考模型的状态方程，但可利用式(3.118)和式(3.121)推导出增广状态误差方程，即

$$\dot{\boldsymbol{e}}=\boldsymbol{A}_{\mathrm{c}}\boldsymbol{e}+\boldsymbol{b}_{\mathrm{c}}\boldsymbol{\psi}^{\mathrm{T}}\boldsymbol{\omega} \tag{3.124}$$

式中

$$\boldsymbol{e}=\boldsymbol{x}-\boldsymbol{x}_{\mathrm{mc}}=\begin{bmatrix}\boldsymbol{x}_{\mathrm{p}}-\boldsymbol{x}_{\mathrm{m}}\\ \boldsymbol{v}_1-\boldsymbol{v}_{\mathrm{m1}}\\ \boldsymbol{v}_2-\boldsymbol{v}_{\mathrm{m2}}\end{bmatrix}$$

设控制对象输出与参考模型输出间的误差为 e_1，则有

$$e_1=y_{\mathrm{p}}-y_{\mathrm{m}}=\boldsymbol{h}_{\mathrm{c}}^{\mathrm{T}}(\boldsymbol{x}-\boldsymbol{x}_{\mathrm{mc}})=\boldsymbol{h}_{\mathrm{c}}^{\mathrm{T}}\boldsymbol{e} \tag{3.125}$$

如果把 $\boldsymbol{\psi}^{\mathrm{T}}\boldsymbol{\omega}$ 看做误差模型的输入，把 e_1 看做误差模型的输出，则误差模型输入、输出间的传递函数为

$$W_{\mathrm{e}}(s)=\boldsymbol{h}_{\mathrm{c}}^{\mathrm{T}}(s\boldsymbol{I}-\boldsymbol{A}_{\mathrm{c}})^{-1}\boldsymbol{b}_{\mathrm{c}} \tag{3.126}$$

将式(3.126)与式(3.123)相比较，考虑到式(3.91)，可得

$$W_{\mathrm{m}}(s)=W_{\mathrm{e}}(s)\bar{k}_0=W_{\mathrm{e}}(s)\frac{k_{\mathrm{m}}}{k_{\mathrm{p}}} \tag{3.127}$$

$$W_{\mathrm{e}}(s)=\frac{k_{\mathrm{p}}}{k_{\mathrm{m}}}W_{\mathrm{m}}(s) \tag{3.128}$$

因此有

$$e_1=\frac{k_{\mathrm{p}}}{k_{\mathrm{m}}}W_{\mathrm{m}}(s)\boldsymbol{\psi}^{\mathrm{T}}\boldsymbol{\omega} \tag{3.129}$$

下面讨论如何设计可调参数 $\boldsymbol{\psi}$ 的自适应规律，使误差模型全局渐近稳定。由于误差模型的状态 $\boldsymbol{e}$ 不能直接获取，不能利用它来构成自适应规律。误差模型中的 $\boldsymbol{\omega}$ 和 e_1 都可直接获取，可用于构成自适应规律。

选取李雅普诺夫函数为

$$V=\frac{1}{2}(\boldsymbol{e}^{\mathrm{T}}\boldsymbol{P}\boldsymbol{e}+\boldsymbol{\psi}^{\mathrm{T}}\boldsymbol{\Gamma}^{-1}\boldsymbol{\psi}) \tag{3.130}$$

式中，$\boldsymbol{P}$ 和 $\boldsymbol{\Gamma}$ 都是正定对称矩阵。求 V 对时间的导数并考虑到 $\boldsymbol{\omega}^{\mathrm{T}}\boldsymbol{\psi}=\boldsymbol{\psi}^{\mathrm{T}}\boldsymbol{\omega}$，可得

$$\begin{aligned}\dot{V}=&\frac{1}{2}\boldsymbol{e}^{\mathrm{T}}(\boldsymbol{P}\boldsymbol{A}_{\mathrm{c}}+\boldsymbol{A}_{\mathrm{c}}^{\mathrm{T}}\boldsymbol{P})\boldsymbol{e}+\boldsymbol{\psi}^{\mathrm{T}}\boldsymbol{\omega}\,\boldsymbol{b}_{\mathrm{c}}^{\mathrm{T}}\boldsymbol{P}\boldsymbol{e}+\boldsymbol{\psi}^{\mathrm{T}}\boldsymbol{\Gamma}^{-1}\dot{\boldsymbol{\psi}}=\\ &\frac{1}{2}\boldsymbol{e}^{\mathrm{T}}(\boldsymbol{P}\boldsymbol{A}_{\mathrm{c}}+\boldsymbol{A}_{\mathrm{c}}^{\mathrm{T}}\boldsymbol{P})\boldsymbol{e}+\boldsymbol{\psi}^{\mathrm{T}}(\boldsymbol{\omega}\,\boldsymbol{b}_{\mathrm{c}}^{\mathrm{T}}\boldsymbol{P}\boldsymbol{e}+\boldsymbol{\Gamma}^{-1}\dot{\boldsymbol{\psi}})\end{aligned} \tag{3.131}$$

自适应规律选为

$$\dot{\boldsymbol{\psi}}=-\boldsymbol{\Gamma}\boldsymbol{\omega}\,\boldsymbol{b}_{\mathrm{c}}^{\mathrm{T}}\boldsymbol{P}\boldsymbol{e} \tag{3.132}$$

式中，$\boldsymbol{P}$ 矩阵满足关系式

$$\boldsymbol{P}\boldsymbol{A}_{c} + \boldsymbol{A}_{c}^{T}\boldsymbol{P} = -\boldsymbol{Q} \tag{3.133}$$

式中，$\boldsymbol{Q}$ 为选定的正定对称矩阵，则 $\dot{V} < 0$，可保证自适应系统全局渐近稳定。

可以看到，式(3.132) 中的 $\boldsymbol{b}_{c}$ 是未知的，$\boldsymbol{e}$ 是无法直接获取的，为了在自适应规律中利用可直接获取的输出广义误差 e_1 来代替 $\boldsymbol{e}$，在式(3.132) 中，使

$$\boldsymbol{b}_{c}^{T}\boldsymbol{P} = \boldsymbol{h}_{c}^{T} \tag{3.134}$$

则由式(3.125) 和式(3.132) 可得自适应规律，即

$$\dot{\boldsymbol{\psi}} = -\boldsymbol{\Gamma}\boldsymbol{\omega}e_1 \tag{3.135}$$

当系统参数为常值或慢变化时，可设 $\dot{\bar{\boldsymbol{\theta}}} \approx \boldsymbol{0}$，则有

$$\dot{\boldsymbol{\theta}} = \dot{\bar{\boldsymbol{\theta}}} + \dot{\boldsymbol{\psi}} = \dot{\boldsymbol{\psi}} \tag{3.136}$$

所以，自适应规律又可写为

$$\dot{\boldsymbol{\theta}} = -\boldsymbol{\Gamma}\boldsymbol{\omega}e_1 \tag{3.137}$$

$$\boldsymbol{\theta}(t) = -\int_{0}^{t}\boldsymbol{\Gamma}\boldsymbol{\omega}(\tau)e_1(\tau)\mathrm{d}\tau + \boldsymbol{\theta}(0) \tag{3.138}$$

由以上的推导可知，要实现式(3.138) 所给出的自适应规律，必须使误差传递函数 $W_{e}(s)$ 中的 $\boldsymbol{A}_{c}$，$\boldsymbol{b}_{c}$ 和 $\boldsymbol{h}_{c}^{T}$ 满足式(3.133) 和式(3.134)，且其中的 $\boldsymbol{P}$ 和 $\boldsymbol{Q}$ 都是正定对称矩阵。根据卡尔曼-雅库鲍维奇-波波夫正实引理可知，使式(3.133) 和式(3.134) 成立的误差传递函数 $W_{e}(s)$ 一定是严格正实的。反之，若 $W_{e}(s)$ 是严格正实的，则一定存在正定对称矩阵 $\boldsymbol{P}$ 和 $\boldsymbol{Q}$ 使得式(3.133) 和式(3.134) 成立。由式(3.128) 可以看出，误差传递函数 $W_{e}(s)$ 与参考模型传递函数 $W_{m}(s)$ 之间只相差一个常值系数 k_{p}/k_{m}，只要 $W_{m}(s)$ 严格正实，则 $W_{e}(s)$ 一定是严格正实的。因此式(3.133) 和式(3.134) 能否成立，取决于 $W_{m}(s)$ 是否严格正实。这就要求 $W_{m}(s)$ 的分子和分母都是稳定多项式，而且它们的阶数差 $n-m$ 不能大于1。由于 $W_{m}(s)$ 是设计者所选取的参考模型传递函数，当控制对象传递函数 $W_{p}(s)$ 的分子多项式与分母多项式的阶差 $n-m$ 不大于 1 时，上述要求很容易满足。对于 $n-m>1$ 的情况，将在后面讨论。

另外，由上述讨论可以看出，式(3.133) 和式(3.134) 的成立是保证系统全局渐近稳定的重要条件，而自适应规律的实现则用不着具体求解式(3.133) 和(3.134)。由于 Narendra 方案中引入了辅助信号发生器 F_1 和 F_2，使导出的自适应控制律简单且容易实现，这是 Narendra 方案的一个突出优点。

例 3.2.3 已知控制对象和参考模型的传递函数分别为

$$W_{p}(s) = \frac{s+1}{s^2 - 5s + 6}$$

$$W_{m}(s) = \frac{s+2}{s^2 + 3s + 6}$$

求自适应控制规律。

解 设

$$y_{p} = W_{p}(s)u = \frac{k_{p}Z_{p}(s)}{R_{p}(s)}u, \quad y_{m} = W_{m}(s)r = \frac{k_{m}Z_{m}(s)}{R_{m}(s)}r$$

则有

$$R_{\mathrm{p}}(s)=s^2-5s+6,\quad Z_{\mathrm{p}}(s)=s+1,\quad k_{\mathrm{p}}=1$$
$$R_{\mathrm{m}}(s)=s^2+3s+6,\quad Z_{\mathrm{m}}(s)=s+2,\quad k_{\mathrm{m}}=1$$

辅助信号发生器 F_1 和 F_2 分别为

$$\dot{v}_1=-lv_1+u,\quad \omega_1=cv_1,\quad W_1(s)=\frac{C(s)}{N(s)}=\frac{c}{s+l}$$

$$\dot{v}_2=-lv_2+y_{\mathrm{p}},\quad \omega_2=d_0y_{\mathrm{p}}+dv_2,\quad W_2=d_0+\frac{D(s)}{N(s)}=d_0+\frac{d}{s+l}$$

设输出误差 e_1 和可调参数向量 $\boldsymbol{\theta}$ 分别为

$$e_1=y_{\mathrm{p}}-y_{\mathrm{m}}$$
$$\boldsymbol{\theta}^{\mathrm{T}}=[k_0\quad c\quad d_0\quad d]$$

将上述有关式子代入式(3.105),可得

$$W(s)=\frac{k_0(s+1)(s+l)}{(s+l+c)(s^2-5s+6)+(s+1)[d_0(s+l)+d]}=$$
$$\frac{k_{\mathrm{m}}Z_{\mathrm{m}}(s)}{R_{\mathrm{m}}(s)}=\frac{s+2}{s^2+3s+6}$$

要求 $N(s)=s+l=Z_{\mathrm{m}}(s)=s+2$,则 $l=2$。在 $W(s)$ 中要求分子、分母有公因式 $(s+1)$,因而有

$$s+l+\bar{c}=s+1,\qquad \bar{c}=-1$$

在 $W(s)$ 的分子、分母中消去公因式 $(s+1)$,而后令等号两边的分子、分母相等,可得

$$\bar{k}_0=1,\quad \bar{d}_0=8,\quad \bar{d}=-6$$

在式(3.137)中令 $\boldsymbol{\Gamma}$ 为单位矩阵,可得自适应规律,即

$$\dot{k}_0=-re_1,\quad \dot{c}=-v_1e_1,\quad \dot{d}_0=-y_{\mathrm{p}}e_1,\quad \dot{d}=-v_2e_1$$

及

$$k_0(t)=-\int_0^t r(\tau)e_1(\tau)\mathrm{d}\tau+1,\quad c(t)=-\int_0^t v_1(\tau)e_1(\tau)\mathrm{d}\tau-1$$

$$d_0(t)=-\int_0^t y_{\mathrm{p}}(\tau)e_1(\tau)\mathrm{d}\tau+8,\quad d(t)=-\int_0^t v_2(\tau)e_1(\tau)\mathrm{d}\tau-6$$

在上述自适应规律中将 $\bar{k}_0,\bar{c},\bar{d}_0$ 和 $\bar{d}$ 取为 $k_0(t),c(t),d_0(t)$ 和 $d(t)$ 的初值是为了保证使系统的初始状态处于稳定的理想状态,可使系统可调参数很快逼近理想参数。从理论上来说,自适应规律中的可调参数初值可选为任意常值。但值得注意的是,如果这些初值选取不当,有可能使系统处于不稳定初始状态。有的情况下,通过可调参数的自适应调整能使系统脱离不稳定状态,而在有些情况下,可能在自适应规律使系统脱离不稳定状态之前,系统已经发散得无法继续工作,所以自适应规律中的可调参数初值最好在理想参数附近选取。

(4) 当 $n-m=2$ 时的自适应控制器和自适应控制律　当 $n-m=2$ 时,控制对象的传递函数为

$$W_{\mathrm{p}}(s)=\frac{\beta_0}{s^2+\alpha_1s+\alpha_0}$$

或

$$W_{\mathrm{p}}(s)=\frac{\beta_1s+\beta_0}{s^3+\alpha_2s^2+\alpha_1s+\alpha_0}$$

对应的参考模型传递函数为

$$W_{\mathrm{m}}(s)=\frac{b_0}{s^2+a_1s+a_0}$$

或

$$W_{\mathrm{m}}(s)=\frac{b_1s+b_0}{s^3+a_2s^2+a_1s+a_0}$$

在这种情况下,$W_{\mathrm{m}}(s)$ 不是严格正实的。如果引入 $L(s)=s+a$,只要适当选择 a,可使 $W_{\mathrm{m}}(s)L(s)$ 为严格正实的。这时的误差模型如图 3.12 所示。

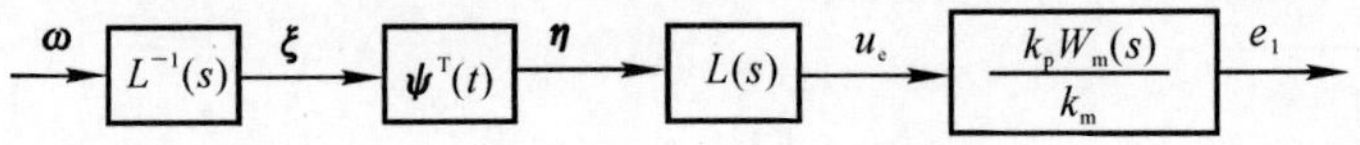

$$\boldsymbol{\omega}\rightarrow\boxed{L^{-1}(s)}\xrightarrow{\boldsymbol{\xi}}\boxed{\boldsymbol{\psi}^{\mathrm{T}}(t)}\xrightarrow{\boldsymbol{\eta}}\boxed{L(s)}\xrightarrow{u_{\mathrm{e}}}\boxed{\frac{k_{\mathrm{p}}W_{\mathrm{m}}(s)}{k_{\mathrm{m}}}}\xrightarrow{e_1}$$

图 3.12　引入 $L(s)$ 后的误差模型图

引入 $L(s)$ 后的误差模型的输入为

$$u_{\mathrm{e}}(t)=L(s)\boldsymbol{\psi}^{\mathrm{T}}(t)L^{-1}(s)\boldsymbol{\omega}(t)=\boldsymbol{P}_L(\boldsymbol{\psi}^{\mathrm{T}})\boldsymbol{\omega}(t) \tag{3.139}$$

式中

$$\boldsymbol{P}_L(\boldsymbol{\psi}^{\mathrm{T}})=L(s)\boldsymbol{\psi}^{\mathrm{T}}(t)L^{-1}(s) \tag{3.140}$$

称为综合算子。$\boldsymbol{\omega}(t)$ 为 $2n$ 维向量,式(3.124) 可表示为

$$u_{\mathrm{e}}(t)=\sum_{i=1}^{2n}P_L(\psi_i)\omega_i(t) \tag{3.141}$$

增广状态误差方程为

$$\dot{\boldsymbol{e}}=\boldsymbol{A}_{\mathrm{c}}\boldsymbol{e}+\boldsymbol{b}_{\mathrm{c}}\left[\sum_{i=1}^{2n}P_L(\psi_i)\omega_i(t)\right] \tag{3.142}$$

当 $L(s)=s+a$ 时,由图 3.12,可得

$$\boldsymbol{\xi}=L^{-1}(s)\boldsymbol{\omega}=\frac{1}{s+a}\boldsymbol{\omega} \tag{3.143}$$

$$\dot{\boldsymbol{\xi}}+a\boldsymbol{\xi}=\boldsymbol{\omega} \tag{3.144}$$

$$\eta=\boldsymbol{\psi}^{\mathrm{T}}\boldsymbol{\xi} \tag{3.145}$$

$$\begin{aligned}u_{\mathrm{e}}=L(s)\eta=(s+a)\eta=\dot{\eta}+a\eta=\dot{\boldsymbol{\psi}}^{\mathrm{T}}\boldsymbol{\xi}+\boldsymbol{\psi}^{\mathrm{T}}\dot{\boldsymbol{\xi}}+a\boldsymbol{\psi}^{\mathrm{T}}\boldsymbol{\xi}=\\ \dot{\boldsymbol{\psi}}^{\mathrm{T}}L^{-1}(s)\boldsymbol{\omega}+\boldsymbol{\psi}^{\mathrm{T}}(\dot{\boldsymbol{\xi}}+a\boldsymbol{\xi})=\dot{\boldsymbol{\psi}}^{\mathrm{T}}L^{-1}(s)\boldsymbol{\omega}+\boldsymbol{\psi}^{\mathrm{T}}\boldsymbol{\omega}=\\ (\boldsymbol{\psi}^{\mathrm{T}}+\dot{\boldsymbol{\psi}}^{\mathrm{T}}L^{-1}(s))\boldsymbol{\omega}\end{aligned} \tag{3.146}$$

比较式(3.146) 与式(3.139),可得

$$\boldsymbol{P}_L(\boldsymbol{\psi}^{\mathrm{T}})=\boldsymbol{\psi}^{\mathrm{T}}+\dot{\boldsymbol{\psi}}^{\mathrm{T}}L^{-1}(s) \tag{3.147}$$

或写为

$$P_L(\psi_i)=\psi_i+\dot{\psi}_iL^{-1}(s) \tag{3.148}$$

把式(3.148) 代入式(3.142),可得

$$\dot{\boldsymbol{e}}=\boldsymbol{A}_{\mathrm{c}}\boldsymbol{e}+\boldsymbol{b}_{\mathrm{c}}\left[\sum_{i=1}^{2n}(\psi_i+\dot{\psi}_iL^{-1}(s))\omega_i(t)\right] \tag{3.149}$$

及

$$e_1=\boldsymbol{h}_{\mathrm{c}}^{\mathrm{T}}\boldsymbol{e} \tag{3.150}$$

当 $n-m=2$ 时，自适应系统结构图如图 3.13 所示。

在图 3.11 中，辅助信号发生器 F_1 的输出为 ω_{1i} 和 $\xi_{1i}(i=1,2,\cdots,n)$，辅助信号发生器 F_2 的输出为 ω_{2i} 和 $\xi_{2i}(i=1,2,\cdots,n)$，并且

$$\boldsymbol{\omega}^{\mathrm{T}}=[\omega_{11}\quad \omega_{12}\quad \cdots\quad \omega_{1n}\quad \omega_{21}\quad \cdots\quad \omega_{2n}]$$

$$\boldsymbol{\xi}^{\mathrm{T}}=[\xi_{11}\quad \xi_{12}\quad \cdots\quad \xi_{1n}\quad \xi_{21}\quad \cdots\quad \xi_{2n}]$$

$$\boldsymbol{\xi}(t)=L^{-1}(s)\boldsymbol{\omega}(t) \tag{3.151}$$

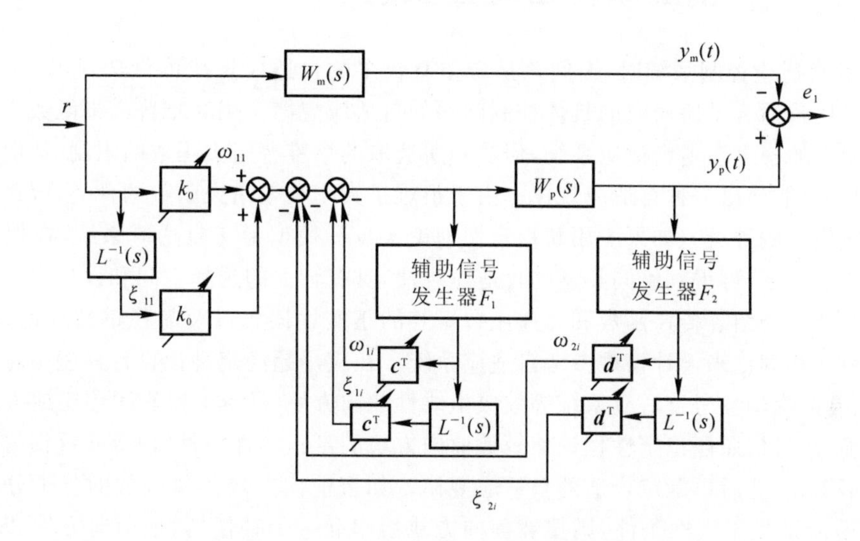

图 3.13　当 $n-m=2$ 时的自适应系统结构图

在图 3.12 中，$L(s)\dfrac{k_{\mathrm{p}}W_{\mathrm{m}}(s)}{k_{\mathrm{m}}}$ 为等效误差模型，$\boldsymbol{\psi}^{\mathrm{T}}(t)\boldsymbol{\xi}(t)$ 相当于等效误差模型的输入，$e_1(t)$ 为等效误差模型的输出，等效误差模型的传递函数为

$$W_{\mathrm{e1}}(s)=[\boldsymbol{h}_{\mathrm{c}}^{\mathrm{T}}(s\boldsymbol{I}-\boldsymbol{A}_{\mathrm{c}})^{-1}\boldsymbol{b}_{\mathrm{c}}]L(s)=W_{\mathrm{p}}(s)(s+a) \tag{3.152}$$

相应的等效参考模型为 $L(s)W_{\mathrm{m}}(s)$，其输入为 $\boldsymbol{\psi}^{\mathrm{T}}(t)\boldsymbol{\xi}(t)$，输出为 $y_{\mathrm{m}}(t)$，传递函数为

$$W_{\mathrm{m1}}(s)=[\boldsymbol{h}_{\mathrm{c}}^{\mathrm{T}}(s\boldsymbol{I}-\boldsymbol{A}_{\mathrm{c}})^{-1}\boldsymbol{b}_{\mathrm{c}}\frac{k_{\mathrm{m}}}{k_{\mathrm{p}}}]L(s)=W_{\mathrm{m}}(s)(s+a) \tag{3.153}$$

当 $W_{\mathrm{m1}}(s)$ 为严格正实传递函数时，一定存在正定对称矩阵 $\boldsymbol{P}$ 和 $\boldsymbol{Q}$ 满足如下关系式：

$$\boldsymbol{P}\boldsymbol{A}_{\mathrm{c}}+\boldsymbol{A}_{\mathrm{c}}^{\mathrm{T}}\boldsymbol{P}=-\boldsymbol{Q} \tag{3.154}$$

$$\boldsymbol{P}\boldsymbol{b}_{\mathrm{c}}=\boldsymbol{h}_{\mathrm{c}} \tag{3.155}$$

根据李雅普诺夫稳定性理论，可求得自适应规律为

$$\dot{\boldsymbol{\psi}}=-\boldsymbol{\Gamma}e_1\boldsymbol{\xi} \tag{3.156}$$

或

$$\dot{\boldsymbol{\theta}}=\dot{\bar{\boldsymbol{\theta}}}+\dot{\boldsymbol{\psi}}=\dot{\boldsymbol{\psi}}=-\boldsymbol{\Gamma}e_1\boldsymbol{\xi} \tag{3.157}$$

且系统全局渐近稳定，有

$$\lim_{t\to\infty}e_1(t)=0 \tag{3.158}$$

由于 $\|\boldsymbol{\xi}(t)\|$ 有界，所以有

$$\lim_{t \to \infty} \boldsymbol{\psi}(t) = \mathbf{0} \tag{3.159}$$

对于 $n-m>2$ 的情况，自适应系统更为复杂，要引入一个 $(n-m-1)$ 阶首一古尔维茨多项式 $L(s)$，使 $W_{\mathrm{m}}(s)L(s)$ 为严格正实的，在此不再进行详细讨论。

3.3 用状态变量根据超稳定性理论设计并联模型参考自适应系统

在设计自适应控制系统时，人们总是希望有较多的自适应规律可供选择，以便选择一种比较简单又比较适合于所研究的具体控制问题的自适应规律。用李雅普诺夫函数方法能成功地设计出稳定的模型参考自适应系统，但受到所选取的李雅普诺夫函数的限制，选取一种李雅普诺夫函数，只能导出一种自适应规律。由于很难扩大李雅普诺夫函数的种类，因而也就很难扩展自适应规律的种类。如果应用超稳定性理论来设计模型参考自适应系统，在保证自适应系统稳定的条件下，可得到不同类型的自适应规律，具有较大的选择空间和设计灵活性。

在第 2 章中介绍了传递函数和传递函数矩阵的正实性概念以及超稳定性理论，现在就要应用这些概念和理论来设计模型参考自适应系统。在应用超稳定理论设计模型参考自适应系统时，首先要把模型参考自适应系统等效成由线性前向方块（回路）和非线性反馈方块所组成的闭环系统，并且按照超稳定性理论使等效前向方块满足正实性条件，使等效反馈方块满足波波夫积分不等式，然后再确定合适的自适应规律。如果前向方块传递函数的分子分母的阶差超过 1，就不能满足正实性条件，则要在前向方块后串联一个补偿器，使前向方块和补偿器串联后的方块的阶差等于 1，再在此基础上确定合适的自适应控制规律。

用超稳定性理论设计模型参考自适应系统时，可用状态变量进行设计，也可用输入、输出变量进行设计。本节先介绍采用状态变量的设计方法，下一节再介绍采用输入、输出变量的设计方法。

设参考模型的状态方程为

$$\dot{\boldsymbol{x}}_{\mathrm{m}} = \boldsymbol{A}_{\mathrm{m}} \boldsymbol{x}_{\mathrm{m}} + \boldsymbol{B}_{\mathrm{m}} \boldsymbol{r} \tag{3.160}$$

式中，$\boldsymbol{x}_{\mathrm{m}}$ 为 n 维状态向量，$\boldsymbol{r}$ 为 m 维输入向量，$\boldsymbol{A}_{\mathrm{m}}$ 为 $n\times n$ 稳定矩阵，$\boldsymbol{B}_{\mathrm{m}}$ 为 $n\times m$ 矩阵。

控制对象的状态方程为

$$\dot{\boldsymbol{x}}_{\mathrm{p}} = \boldsymbol{A}_{\mathrm{p}}(t) \boldsymbol{x}_{\mathrm{p}} + \boldsymbol{B}_{\mathrm{p}}(t) \boldsymbol{u} \tag{3.161}$$

式中，$\boldsymbol{x}_{\mathrm{p}}$ 为 n 维状态向量，$\boldsymbol{u}$ 为 m 维控制向量，$\boldsymbol{A}_{\mathrm{p}}(t)$ 为 $n\times n$ 矩阵，$\boldsymbol{B}_{\mathrm{p}}(t)$ 为 $n\times m$ 矩阵。

一般自适应控制系统采用如图 3.14 所示的前馈加反馈控制，即

$$\boldsymbol{u} = \boldsymbol{K}(t)\boldsymbol{r} + \boldsymbol{F}(t)\boldsymbol{x}_{\mathrm{p}} \tag{3.162}$$

将式(3.162) 代入式(3.161)，可得

$$\dot{\boldsymbol{x}}_{\mathrm{p}} = [\boldsymbol{A}_{\mathrm{p}}(t) + \boldsymbol{B}_{\mathrm{p}}(t)\boldsymbol{F}(t)]\boldsymbol{x}_{\mathrm{p}} + \boldsymbol{B}_{\mathrm{p}}(t)\boldsymbol{K}(t)\boldsymbol{r} \tag{3.163}$$

设

$$\boldsymbol{A}_{\mathrm{p}}(t) + \boldsymbol{B}_{\mathrm{p}}(t)\boldsymbol{F}(t) = \boldsymbol{A}_{\mathrm{s}}(t), \quad \boldsymbol{B}_{\mathrm{p}}(t)\boldsymbol{K}(t) = \boldsymbol{B}_{\mathrm{s}}(t) \tag{3.164}$$

则式(3.163) 可写为

$$\dot{\boldsymbol{x}}_{\mathrm{p}} = \boldsymbol{A}_{\mathrm{s}}(t)\boldsymbol{x}_{\mathrm{p}} + \boldsymbol{B}_{\mathrm{s}}(t)\boldsymbol{r} \tag{3.165}$$

式(3.165) 为可调系统。由于控制对象的参数是无法直接进行调整的，因此在自适应调整时将通过调整 $\boldsymbol{K}(t)$ 和 $\boldsymbol{F}(t)$ 来调整 $\boldsymbol{B}_{\mathrm{s}}(t)$ 和 $\boldsymbol{A}_{\mathrm{s}}(t)$。

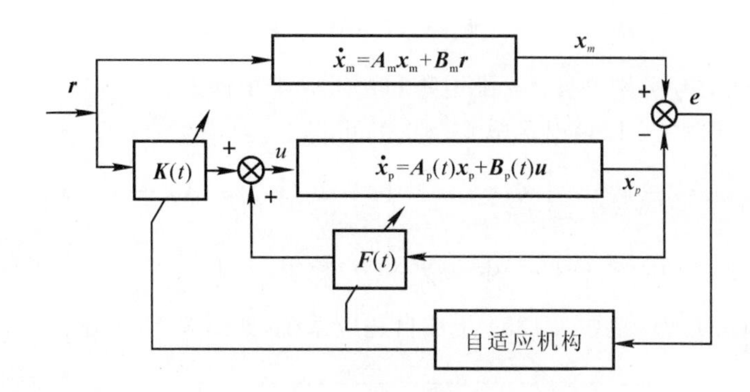

图3.14　模型参考自适应控制图

利用超稳定性理论设计模型参考自适应系统的步骤如下：

第1步　求出等价非线性时变反馈系统。

设广义误差向量为

$$\boldsymbol{e}=\boldsymbol{x}_{\mathrm{m}}-\boldsymbol{x}_{\mathrm{p}} \tag{3.166}$$

由式(3.160)和式(3.165)，可得状态误差方程，即

$$\dot{\boldsymbol{e}}=\dot{\boldsymbol{x}}_{\mathrm{m}}-\dot{\boldsymbol{x}}_{\mathrm{p}}=\boldsymbol{A}_{\mathrm{m}}\boldsymbol{e}+[\boldsymbol{A}_{\mathrm{m}}-\boldsymbol{A}_{\mathrm{s}}(t)]\boldsymbol{x}_{\mathrm{p}}+[\boldsymbol{B}_{\mathrm{m}}-\boldsymbol{B}_{\mathrm{s}}(t)]\boldsymbol{r} \tag{3.167}$$

等价的非线性时变反馈系统由线性前向方块和具有非线性时变特性的等价反馈方块所组成，其中线性前向方块为

$$\dot{\boldsymbol{e}}=\boldsymbol{A}_{\mathrm{m}}\boldsymbol{e}+\boldsymbol{I}\boldsymbol{w}_1 \tag{3.168}$$

非线性反馈方块为

$$\boldsymbol{w}=-\boldsymbol{w}_1=[\boldsymbol{A}_{\mathrm{s}}(t)-\boldsymbol{A}_{\mathrm{m}}]\boldsymbol{x}_{\mathrm{p}}+[\boldsymbol{B}_{\mathrm{s}}(t)-\boldsymbol{B}_{\mathrm{m}}]\boldsymbol{r} \tag{3.169}$$

按照超稳定性理论，为了保证等价的非线性时变反馈系统渐近稳定，要求等价的非线性反馈方块满足波波夫积分不等式，同时还要求线性前向方块严格正实。为了使前向方块严格正实，要求前向方块传递函数分子和分母的阶数差不大于1，如果阶数差大于1，就要引入补偿器，即

$$\boldsymbol{v}=\boldsymbol{D}\boldsymbol{e} \tag{3.170}$$

使原来的前向方块和补偿器串联后合成的前向方块传递函数分子和分母的阶数差不大于1，从而保证合成后的前向方块严格正实。合成后前向方块的输入为$\boldsymbol{w}_1$，输出为$\boldsymbol{v}$，其传递函数矩阵为

$$\boldsymbol{H}(s)=\boldsymbol{D}(s\boldsymbol{I}-\boldsymbol{A}_{\mathrm{m}})^{-1}\boldsymbol{I} \tag{3.171}$$

非线性反馈方块为自适应机构，其输入为$\boldsymbol{v}$，输出为$\boldsymbol{w}$，可调系统的矩阵$\boldsymbol{A}_{\mathrm{s}}(t)$和$\boldsymbol{B}_{\mathrm{s}}(t)$由自适应机构进行调整，因而$\boldsymbol{A}_{\mathrm{s}}(t)$和$\boldsymbol{B}_{\mathrm{s}}(t)$是$\boldsymbol{v}$和$t$的函数，可将$\boldsymbol{A}_{\mathrm{s}}(t)$和$\boldsymbol{B}_{\mathrm{s}}(t)$改写为$\boldsymbol{A}_{\mathrm{s}}(\boldsymbol{v},t)$和$\boldsymbol{B}_{\mathrm{s}}(\boldsymbol{v},t)$，即

$$\boldsymbol{A}_{\mathrm{s}}(t)=\boldsymbol{A}_{\mathrm{s}}(\boldsymbol{v},t),\qquad \boldsymbol{B}_{\mathrm{s}}(t)=\boldsymbol{B}_{\mathrm{s}}(\boldsymbol{v},t) \tag{3.172}$$

$\boldsymbol{A}_{\mathrm{s}}(\boldsymbol{v},t)$和$\boldsymbol{B}_{\mathrm{s}}(\boldsymbol{v},t)$是受系统工作环境影响而变的参数，同时它们又受自适应机构的调节。自适应机构的作用就是力图使$\boldsymbol{A}_{\mathrm{s}}(\boldsymbol{v},t)$和$\boldsymbol{B}_{\mathrm{s}}(\boldsymbol{v},t)$接近$\boldsymbol{A}_{\mathrm{m}}$和$\boldsymbol{B}_{\mathrm{m}}$。自适应规律是补偿器输出$\boldsymbol{v}$的时变非线性函数，为了使得在$\boldsymbol{v}(t)=\boldsymbol{0}$时仍能保持调节作用，则在自适应规律中应包含有记忆功能的积分规律，一般可采用比例加积分的调节规律，即

$$\boldsymbol{A}_{\mathrm{s}}(\boldsymbol{v},t)=\int_0^t \boldsymbol{\Phi}_1(\boldsymbol{v},t,\tau)\mathrm{d}\tau+\boldsymbol{\Phi}_2(\boldsymbol{v},t)+\boldsymbol{A}_{\mathrm{s0}} \tag{3.173}$$

$$\boldsymbol{B}_{\mathrm{s}}(\boldsymbol{v},t)=\int_{0}^{t}\boldsymbol{\Psi}_{1}(\boldsymbol{v},t,\tau)\mathrm{d}\tau+\boldsymbol{\Psi}_{2}(\boldsymbol{v},t)+\boldsymbol{B}_{\mathrm{s}0} \tag{3.174}$$

式中，$\boldsymbol{\Phi}_1$，$\boldsymbol{\Phi}_2$ 和 $\boldsymbol{\Psi}_1$，$\boldsymbol{\Psi}_2$ 分别是 $n\times n$ 维矩阵和 $n\times m$ 维矩阵。

把式(3.173)和式(3.174)代入式(3.169)，可得

$$\boldsymbol{w}=-\boldsymbol{w}_{1}=\left[\int_{0}^{t}\boldsymbol{\Phi}_{1}(\boldsymbol{v},t,\tau)\mathrm{d}\tau+\boldsymbol{\Phi}_{2}(\boldsymbol{v},t)+\boldsymbol{A}_{\mathrm{s}0}-\boldsymbol{A}_{\mathrm{m}}\right]\boldsymbol{x}_{\mathrm{p}}+\left[\int_{0}^{t}\boldsymbol{\Psi}_{1}(\boldsymbol{v},t,\tau)\mathrm{d}\tau+\boldsymbol{\Psi}_{2}(\boldsymbol{v},t)+\boldsymbol{B}_{\mathrm{s}0}-\boldsymbol{B}_{\mathrm{m}}\right]\boldsymbol{r} \tag{3.175}$$

由式(3.168)、式(3.170)和式(3.135)组成自适应系统，如图3.15所示。

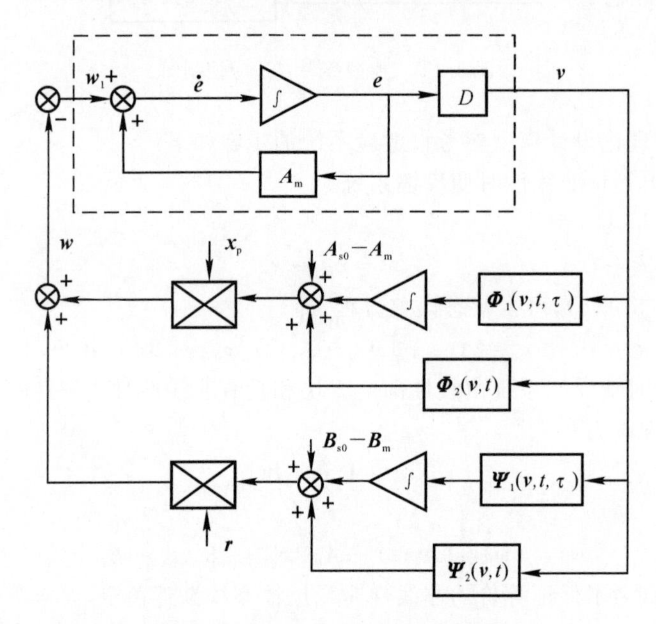

图3.15 自适应系统的等价系统图

第2步 使等价反馈方块满足波波夫积分不等式，即

$$\eta(0,t_1)=\int_{0}^{t_1}\boldsymbol{v}^{\mathrm{T}}\boldsymbol{w}\mathrm{d}t\geqslant -r_0^2,\qquad t_1\geqslant 0 \tag{3.176}$$

式中，r_0^2 是一个任意的有限正常数。将式(3.175)代入式(3.176)，可得

$$\eta(0,t_1)=\int_{0}^{t_1}\boldsymbol{v}^{\mathrm{T}}\left[\int_{0}^{t}\boldsymbol{\Phi}_{1}(\boldsymbol{v},t,\tau)\mathrm{d}\tau+\boldsymbol{\Phi}_{2}(\boldsymbol{v},t)+\boldsymbol{A}_{\mathrm{s}0}-\boldsymbol{A}_{\mathrm{m}}\right]\boldsymbol{x}_{\mathrm{p}}\mathrm{d}t+\int_{0}^{t_1}\boldsymbol{v}^{\mathrm{T}}\left[\int_{0}^{t}\boldsymbol{\Psi}_{1}(\boldsymbol{v},t,\tau)\mathrm{d}\tau+\boldsymbol{\Psi}_{2}(\boldsymbol{v},t)+\boldsymbol{B}_{\mathrm{s}0}-\boldsymbol{B}_{\mathrm{m}}\right]\boldsymbol{r}\mathrm{d}t\geqslant -r_0^2 \tag{3.177}$$

如果式(3.177)中的两个积分项分别满足同样形式的不等式，即

$$\eta_{\boldsymbol{\Phi}}(0,t_1)=\int_{0}^{t_1}\boldsymbol{v}^{\mathrm{T}}\left[\int_{0}^{t}\boldsymbol{\Phi}_{1}(\boldsymbol{v},t,\tau)\mathrm{d}\tau+\boldsymbol{\Phi}_{2}(\boldsymbol{v},t)+\boldsymbol{A}_{\mathrm{s}0}-\boldsymbol{A}_{\mathrm{m}}\right]\boldsymbol{x}_{\mathrm{p}}\mathrm{d}t\geqslant -r_{\Phi}^2 \tag{3.178}$$

$$\eta_{\boldsymbol{\Psi}}(0,t_1)=\int_{0}^{t_1}\boldsymbol{v}^{\mathrm{T}}\left[\int_{0}^{t}\boldsymbol{\Psi}_{1}(\boldsymbol{v},t,\tau)\mathrm{d}\tau+\boldsymbol{\Psi}_{2}(\boldsymbol{v},t)+\boldsymbol{B}_{\mathrm{s}0}-\boldsymbol{B}_{\mathrm{m}}\right]\boldsymbol{r}\mathrm{d}t\geqslant -r_{\Psi}^2 \tag{3.179}$$

并且设

$$\eta(0,t_1)=\eta_{\boldsymbol{\Phi}}(0,t_1)+\eta_{\boldsymbol{\Psi}}(0,t_1) \tag{3.180}$$

则式(3.177)一定成立。

式(3.178)和式(3.179)在形式上完全相同,因此只要求出式(3.178)的解,就可类推出式(3.179)的解。为了求解 $\boldsymbol{\Phi}_1(\boldsymbol{v},t,\tau)$ 和 $\boldsymbol{\Phi}_2(\boldsymbol{v},t)$,再将式(3.178)分解成两个不等式 $\eta_{\boldsymbol{\Phi}_1}(0,t_1)$ 和 $\eta_{\boldsymbol{\Phi}_2}(0,t_1)$,即

$$\eta_{\boldsymbol{\Phi}_1}(0,t_1)=\int_0^{t_1}\boldsymbol{v}^{\mathrm{T}}\left[\int_0^t\boldsymbol{\Phi}_1(\boldsymbol{v},t,\tau)\mathrm{d}\tau+\boldsymbol{A}_{\mathrm{s0}}-\boldsymbol{A}_{\mathrm{m}}\right]\boldsymbol{x}_{\mathrm{p}}\mathrm{d}t\geqslant-r_{\Phi_1}^2 \tag{3.181a}$$

$$\eta_{\boldsymbol{\Phi}_2}(0,t_1)=\int_0^{t_1}\boldsymbol{v}^{\mathrm{T}}\boldsymbol{\Phi}_2(\boldsymbol{v},t)\boldsymbol{x}_{\mathrm{p}}\mathrm{d}t\geqslant-r_{\Phi_2}^2 \tag{3.181b}$$

式中,$r_{\Phi_1}^2<\infty$,$r_{\Phi_2}^2<\infty$。

将两个 $n\times n$ 矩阵 $\boldsymbol{\Phi}_1(\boldsymbol{v},t,\tau)$ 和 $\boldsymbol{A}_{\mathrm{s0}}-\boldsymbol{A}_{\mathrm{m}}$ 用各自的列向量表示,即

$$\boldsymbol{\Phi}_1(\boldsymbol{v},t,\tau)=[\boldsymbol{\varphi}_1\quad\boldsymbol{\varphi}_2\quad\cdots\quad\boldsymbol{\varphi}_n] \tag{3.182a}$$

$$\boldsymbol{A}_{\mathrm{s0}}-\boldsymbol{A}_{\mathrm{m}}=[\boldsymbol{a}_1\quad\boldsymbol{a}_2\quad\cdots\quad\boldsymbol{a}_n] \tag{3.182b}$$

式中

$$\boldsymbol{\varphi}_i=[\varphi_{1i}\quad\varphi_{2i}\quad\cdots\quad\varphi_{ni}]^{\mathrm{T}},\qquad i=1,2,\cdots,n \tag{3.183a}$$

$$\boldsymbol{a}_i=[a_{1i}\quad a_{2i}\quad\cdots\quad a_{ni}]^{\mathrm{T}},\qquad i=1,2,\cdots,n \tag{3.183b}$$

考虑到 $\boldsymbol{x}_{\mathrm{p}}=[x_1\quad x_2\quad\cdots\quad x_n]^{\mathrm{T}}$,可把 $\eta_{\boldsymbol{\Phi}_1}(0,t_1)$ 表示成

$$\eta_{\boldsymbol{\Phi}_1}(0,t_1)=\sum_{i=1}^{n}\eta_{\Phi_{1i}}(0,t_1) \tag{3.184}$$

式中

$$\eta_{\Phi_{1i}}(0,t_1)=\int_0^{t_1}x_i\boldsymbol{v}^{\mathrm{T}}\left[\int_0^t\boldsymbol{\varphi}_i(\boldsymbol{v},t,\tau)\mathrm{d}\tau+\boldsymbol{a}_i\right]\mathrm{d}t,\qquad i=1,2,\cdots,n \tag{3.185}$$

式(3.184)满足波波夫积分不等式的充分条件为该式右边的每一项满足波波夫积分不等式,即

$$\begin{gathered}\eta_{\Phi_{1i}}(0,t_1)=\int_0^{t_1}x_i\boldsymbol{v}^{\mathrm{T}}\left[\int_0^t\boldsymbol{\varphi}_i(\boldsymbol{v},t,\tau)\mathrm{d}\tau+\boldsymbol{a}_i\right]\mathrm{d}t\geqslant-r_{\Phi_{1i}}^2\\ r_{\Phi_{1i}}^2\geqslant0,\qquad i=1,2,\cdots,n\end{gathered} \tag{3.186}$$

引理 3.3.1　设 $\boldsymbol{\varphi}_i(\boldsymbol{v},t,\tau)(i=1,2,\cdots,n)$ 为矩阵 $\boldsymbol{\Phi}_1(\boldsymbol{v},t,\tau)$ 的列向量,如果

$$\boldsymbol{\varphi}_i(\boldsymbol{v},t,\tau)=\boldsymbol{K}_A(t-\tau)\boldsymbol{v}(\tau)x_i(\tau) \tag{3.187}$$

式中,$\boldsymbol{K}_A(t-\tau)$ 是正定方阵积分核,它的拉普拉斯变换是在 $s=0$ 处有一个极点的正实传递函数矩阵,则式(3.181a)得到满足。

证明　将式(3.187)代入式(3.186),可得

$$\eta_{\Phi_{1i}}(0,t_1)=\int_0^{t_1}x_i(t)\boldsymbol{v}^{\mathrm{T}}(t)\left[\int_0^t\boldsymbol{K}_A(t-\tau)\boldsymbol{v}(\tau)x_i(\tau)\mathrm{d}\tau+\boldsymbol{a}_i\right]\mathrm{d}t \tag{3.188}$$

令 $\boldsymbol{v}(t)x_i(t)=\boldsymbol{f}_i(t)$,则式(3.175)可写为

$$\eta_{\Phi_{1i}}(0,t_1)=\int_0^{t_1}\boldsymbol{f}_i^{\mathrm{T}}(t)\left[\int_0^t\boldsymbol{K}_A(t-\tau)\boldsymbol{f}_i(\tau)\mathrm{d}\tau\right]\mathrm{d}t+\int_0^{t_1}\boldsymbol{f}_i^{\mathrm{T}}(t)\boldsymbol{a}_i\mathrm{d}t \tag{3.189}$$

因 $\boldsymbol{K}_A(t-\tau)$ 是正定积分核,式(3.176)右边第一项为

$$\int_0^{t_1}\boldsymbol{f}_i^{\mathrm{T}}(t)\left[\int_0^t\boldsymbol{K}_A(t-\tau)\boldsymbol{f}_i(\tau)\mathrm{d}\tau\right]\mathrm{d}t\geqslant0 \tag{3.190}$$

对于 $\boldsymbol{a}_i\neq\boldsymbol{0}$,可把 $\boldsymbol{a}_i$ 看做由积分核 $\boldsymbol{K}_A(t-\tau)$ 所表征的系统在 $t=0$ 时的输出,其输入量为 $\boldsymbol{f}_i(-t_0)$。由于 $\boldsymbol{K}_A(t-\tau)$ 是正定积分核,其拉普拉斯变换式 $\boldsymbol{G}(s)$ 是在 $s=0$ 处有一个极点的正实传递函数矩阵,因此存在 $t_0<\infty$ 及有限输入 $\boldsymbol{f}_i(-t_0)$,使得

$$\boldsymbol{a}_i=\int_{-t_0}^{0}\boldsymbol{K}_A(t-\tau)\boldsymbol{f}_i(-t_0)\mathrm{d}\tau \tag{3.191}$$

引进符号

$$\overline{\boldsymbol{f}}_i(t)=\begin{cases}\boldsymbol{f}_i(t), & t\geqslant 0\\ \boldsymbol{f}_i(-t_0), & -t_0\leqslant t<0\end{cases} \tag{3.192}$$

则有

$$\begin{aligned}\eta_{\Phi_{1i}}(0,t_1)=&\int_0^{t_1}\boldsymbol{f}_i^{\mathrm{T}}(t)\left[\int_{-t_0}^{t}\boldsymbol{K}_A(t-\tau)\overline{\boldsymbol{f}}_i(\tau)\mathrm{d}\tau\right]\mathrm{d}t=\\ &\int_{-t_0}^{t_1}\overline{\boldsymbol{f}}_i^{\mathrm{T}}(t)\left[\int_{-t_0}^{t}\boldsymbol{K}_A(t-\tau)\overline{\boldsymbol{f}}_i(\tau)\mathrm{d}\tau\right]\mathrm{d}t-\\ &\int_{-t_0}^{0}\boldsymbol{f}_i^{\mathrm{T}}(-t_0)\left[\int_{-t_0}^{t}\boldsymbol{K}_A(t-\tau)\boldsymbol{f}_i(-t_0)\mathrm{d}\tau\right]\mathrm{d}t\end{aligned} \tag{3.193}$$

由于 $\boldsymbol{K}_A(t-\tau)$ 是一个正定积分核，相应的传递函数矩阵是一个稳定的传递函数矩阵，它的所有元素都是有界的。设 $\boldsymbol{K}_A(t-\tau)$ 元素的上界为 m_i，则式(3.193)等号右边第一项大于或等于零，第二项为

$$\begin{aligned}0\leqslant&\int_{-t_0}^{0}\boldsymbol{f}_i^{\mathrm{T}}(-t_0)\left[\int_{-t_0}^{t}\boldsymbol{K}_A(t-\tau)\boldsymbol{f}_i(-t_0)\mathrm{d}\tau\right]\mathrm{d}t\leqslant\\ &\int_{-t_0}^{0}\int_{-t_0}^{t}m_i\|\boldsymbol{f}_i(-t_0)\|^2\mathrm{d}\tau\mathrm{d}t=\frac{1}{2}m_i\|\boldsymbol{f}_i(-t_0)\|^2t_0^2\end{aligned} \tag{3.194}$$

因为 $\|\boldsymbol{f}_i(-t_0)\|<\infty$，所以有

$$\begin{aligned}0\leqslant&\int_{-t_0}^{0}\boldsymbol{f}_i^{\mathrm{T}}(-t_0)\left[\int_{-t_0}^{t}\boldsymbol{K}_A(t-\tau)\boldsymbol{f}_i(-t_0)\mathrm{d}\tau\right]\mathrm{d}t\leqslant\\ &\frac{1}{2}m_i\|\boldsymbol{f}_i(-t_0)\|^2t_0^2=r_{1i}^2<\infty\end{aligned} \tag{3.195}$$

将式(3.195)代入式(3.193)，可得

$$\eta_{\Phi_{1i}}(0,t_1)\geqslant-\frac{1}{2}m_i\|\boldsymbol{f}_i(-t_0)\|^2t_0^2=-r_{1i}^2,\quad i=1,2,\cdots,n \tag{3.196}$$

从上面的证明可以看到，选择 $\boldsymbol{\varphi}_i(\boldsymbol{v},t,\tau)=\boldsymbol{K}_A(t-\tau)\boldsymbol{v}(\tau)x_i(\tau)$ 是合适的，将 $\boldsymbol{\varphi}_i(\boldsymbol{v},t,\tau)$ 代入式(3.182a)，可得

$$\begin{aligned}\boldsymbol{\Phi}_1(\boldsymbol{v},t,\tau)=&[\boldsymbol{\varphi}_1(\boldsymbol{v},t,\tau)\quad\boldsymbol{\varphi}_2(\boldsymbol{v},t,\tau)\quad\cdots\quad\boldsymbol{\varphi}_n(\boldsymbol{v},t,\tau)]=\\ &[\boldsymbol{K}_A(t-\tau)\boldsymbol{v}(\tau)x_1(\tau)\quad\boldsymbol{K}_A(t-\tau)\boldsymbol{v}(\tau)x_2(\tau)\quad\cdots\quad\boldsymbol{K}_A(t-\tau)\boldsymbol{v}(\tau)x_n(\tau)]=\\ &\boldsymbol{K}_A(t-\tau)\boldsymbol{v}(\tau)[x_1(\tau)\quad x_2(\tau)\quad\cdots\quad x_n(\tau)]=\boldsymbol{K}_A(t-\tau)\boldsymbol{v}(\tau)\boldsymbol{x}_{\mathrm{p}}^{\mathrm{T}}(t)\end{aligned} \tag{3.197}$$

因此所选 $\boldsymbol{\Phi}_1(\boldsymbol{v},t,\tau)$ 能满足式(3.181a)。证毕。

引理 3.3.2 选取矩阵

$$\boldsymbol{\Phi}_2(\boldsymbol{v},t)=\boldsymbol{K}_A'(t)\boldsymbol{v}(t)\boldsymbol{x}_{\mathrm{p}}^{\mathrm{T}}(t) \tag{3.198}$$

则式(3.181b)得到满足，当所有 $t\geqslant 0$ 时，式中 $\boldsymbol{K}_A'(t)$ 是正半定矩阵。

证明 将式(3.198)代入式(3.181b)，若当所有 $t\geqslant 0$ 时，$\boldsymbol{K}_A'(t)$ 是正半定矩阵，则有

$$\eta_{\boldsymbol{\Phi}_2}(0,t_1)=\int_0^{t_1}\boldsymbol{v}^{\mathrm{T}}(t)\boldsymbol{K}_A'(t)\boldsymbol{v}(t)\boldsymbol{x}_{\mathrm{p}}^{\mathrm{T}}(t)\boldsymbol{x}_{\mathrm{p}}(t)\mathrm{d}t\geqslant 0 \tag{3.199}$$

因此所选 $\boldsymbol{\Phi}_2(\boldsymbol{v},t)$ 能满足式(3.166b)。证毕。

由于式(3.181)成立，故式(3.178)成立。

与此类似，如果选取

$$\boldsymbol{\Psi}_1(\boldsymbol{v},t,\tau)=\boldsymbol{K}_B(t-\tau)\boldsymbol{v}(\tau)\boldsymbol{r}^{\mathrm{T}}(\tau),\qquad \tau\leqslant t \tag{3.200}$$

$$\boldsymbol{\Psi}_2(\boldsymbol{v},t)=\boldsymbol{K}_B'(t)\boldsymbol{v}(t)\boldsymbol{r}^{\mathrm{T}}(t) \tag{3.201}$$

则可使式(3.179)成立。因此按式(3.197)、式(3.198)、式(3.200)和式(3.201)所得到的等价反馈方块满足波波夫积分不等式(式(3.177))。

同样，若选取$\boldsymbol{\Psi}_1(\boldsymbol{v},t,\tau)=\boldsymbol{K}_B(t-\tau)\boldsymbol{v}(\tau)\boldsymbol{r}^{\mathrm{T}}(\tau)$，$\boldsymbol{B}_{s0}=\boldsymbol{B}_{m}$，则式(3.181b)一定可以得到满足。

将式(3.197)、式(3.198)、式(3.200)、式(3.201)代入式(3.173)、式(3.174)，可得可调系统参数调节的自适应规律为

$$\boldsymbol{A}_s(v,t)=\int_0^t\boldsymbol{K}_A(t-\tau)\boldsymbol{v}(\tau)\boldsymbol{x}_{\mathrm{p}}^{\mathrm{T}}(\tau)\,\mathrm{d}\tau+\boldsymbol{K}'_B(t)\boldsymbol{v}(t)\boldsymbol{r}^{\mathrm{T}}(t)+\boldsymbol{A}_{s0} \tag{3.202}$$

$$\boldsymbol{B}_s(v,t)=\int_0^t\boldsymbol{K}_B(t-\tau)\boldsymbol{v}(\tau)\boldsymbol{r}^{\mathrm{T}}(\tau)\,\mathrm{d}\tau+\boldsymbol{K}'_B(t)\boldsymbol{v}(t)\boldsymbol{r}^{\mathrm{T}}(t)+\boldsymbol{B}_{s0} \tag{3.203}$$

第 3 步　据据等价前向方块正实性要求，确定线性补偿器 $\boldsymbol{D}(s)$。

在等价反馈方块满足波波夫积分不等式的同时，为使系统渐近稳定，还要求由式(3.168)和式(3.169)所形成的系统等价前向方块的传递函数矩阵式(3.171)必须是严格正实的。根据正实引理，当参考模型渐近稳定时，总可以找到正定对称矩阵 $\boldsymbol{P}$ 和 $\boldsymbol{Q}$，使得

$$\boldsymbol{P}\boldsymbol{A}_{\mathrm{m}}+\boldsymbol{A}_{\mathrm{m}}^{\mathrm{T}}\boldsymbol{P}=-\boldsymbol{Q} \tag{3.204}$$

$$\boldsymbol{P}\boldsymbol{I}=\boldsymbol{D} \tag{3.205}$$

成立。因此按式(3.204)和式(3.205)求出的 $\boldsymbol{D}$ 必然使式(3.171)所给出的传递函数矩阵 $\boldsymbol{H}(s)$ 为严格正实的，并且由此所得到的并联模型参考自适应系统是全局渐近稳定的，即

$$\lim_{t\to\infty}\boldsymbol{e}(t)=\boldsymbol{0} \tag{3.206}$$

第 4 步　在确定 $\boldsymbol{K}_A(t)$，$\boldsymbol{K}_A'(t)$，$\boldsymbol{K}_B(t)$，$\boldsymbol{K}_B'(t)$ 和 $\boldsymbol{D}(s)$ 之后，做出自适应系统的结构图如图 3.16 所示。

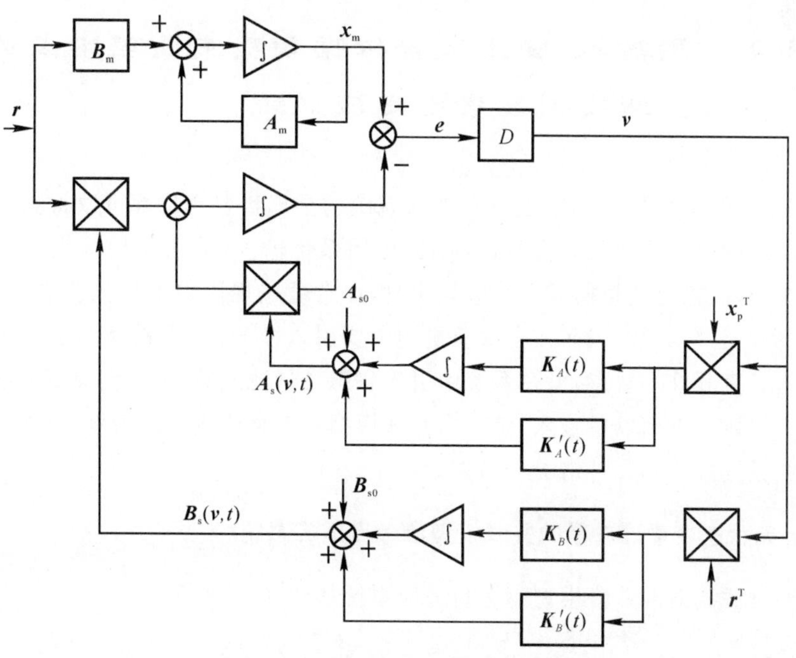

图 3.16　模型参考自适适系统结构图

下面讨论矩阵 $\boldsymbol{K}_A(t)$,$\boldsymbol{K}_A'(t)$,$\boldsymbol{K}_B(t)$ 和 $\boldsymbol{K}_B'(t)$ 的选取问题。$\boldsymbol{K}_A(t)$,$\boldsymbol{K}_A'(t)$,$\boldsymbol{K}_B(t)$ 和 $\boldsymbol{K}_B'(t)$ 有很多种选取方法,选取的方法不同,所得到的自适应规律的类型不同,但只要所选取的 $\boldsymbol{K}_A(t)$,$\boldsymbol{K}_A'(t)$,$\boldsymbol{K}_B(t)$ 和 $\boldsymbol{K}_B'(t)$ 满足非负定条件,就能使式(3.163) 和式(3.164) 得到满足。例如:

(1) 比例 + 积分自适应规律。选择

$$\left.\begin{array}{lll}\boldsymbol{K}_A(t-\tau)=\boldsymbol{K}_A>0, & \boldsymbol{K}_B(t-\tau)=\boldsymbol{K}_B>\boldsymbol{0}, & \tau\leqslant t\\ \boldsymbol{K}_A'(t)=\boldsymbol{K}_A'>\boldsymbol{0}, & \boldsymbol{K}_B'(t)=\boldsymbol{K}_B'>\boldsymbol{0}, & t\geqslant 0\end{array}\right\}\tag{3.207}$$

可得到比例 + 积分自适应规律。

(2) 继电式自适应规律。选取

$$\left.\begin{array}{lll}\boldsymbol{K}_A(t-\tau)=\boldsymbol{K}_A>0, & \boldsymbol{K}_B(t-\tau)=\boldsymbol{K}_B>0, & \tau\leqslant t\\ \boldsymbol{K}_A'(t)=\boldsymbol{K}_B'(t)=k_2\,\|\boldsymbol{v}\|, & k_2>0, & t\geqslant 0\end{array}\right\}\tag{3.208a}$$

则

$$\left.\begin{array}{l}\boldsymbol{\Phi}_2=(\boldsymbol{v},t)=\boldsymbol{K}_A'\boldsymbol{v}\boldsymbol{x}_{\mathrm{p}}^{\mathrm{T}}=k_2\boldsymbol{x}_{\mathrm{p}}^{\mathrm{T}}\operatorname{sgn}(\boldsymbol{v})\\ \boldsymbol{\Psi}_2=(\boldsymbol{v},t)=\boldsymbol{K}_B'\boldsymbol{v}\boldsymbol{r}^{\mathrm{T}}=k_2\boldsymbol{r}^{\mathrm{T}}\operatorname{sgn}(\boldsymbol{v})\end{array}\right\}\tag{3.208b}$$

所得到的自适应规律为继电式自适应规律。

按上述方法设计的模型参考自适应系统,能保证控制对象的状态收敛于参考模型的状态。如要实现参数收敛,由式(3.167) 可知,必须要求输入控制向量 $\boldsymbol{r}$ 和状态向量 $\boldsymbol{x}_{\mathrm{p}}$ 线性独立。为了满足这一条件,要求:

(1) 参考模型完全可控;

(2) $\boldsymbol{r}$ 的每个分量线性独立,并且每个分量都由多于 $n/2$ 个不同频率的正弦信号或余弦信号所组成。

3.4 用输入、输出变量根据超稳定性理论设计并联模型参考自适应系统

在利用状态变量构成自适应规律时,要求系统的全部状态变量都可以得到。但在许多实际系统中往往不能得到全部状态变量,因此提出用系统输入、输出变量构成自适应规律的问题。在用系统输入、输出变量构成自适应规律时,在自适应规律中不仅包含输入、输出变量本身,还包含它们的各阶导数,因而在自适应机构中要引入微分器,这就降低了自适应控制的抗干扰能力。为了克服这一缺点,可在系统中引入状态变量滤波器,由它们提供相应的滤波导数来构成自适应规律。下面以单输入、单输出并联模型参考自适应系统为例,分无状态变量滤波器和有状态变量滤波器等几种情况进行讨论。

3.4.1 无状态变量滤波器的并联模型参考自适应系统

无状态变量滤波器的并联模型参考自适应系统如图 3.17 所示。

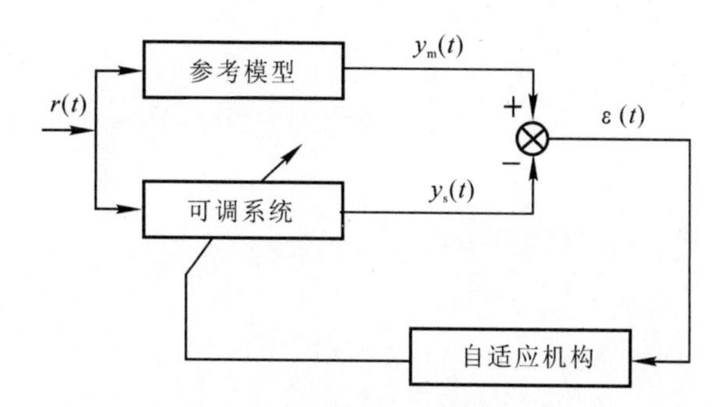

图 3.17　无状态变量滤波器的并联模型参考自适应系统

设参考模型方程为

$$(p^2+a_{m1}p+a_{m0})y_m=(b_{m1}p+b_{m0})r \tag{3.209a}$$

式中，$p=\dfrac{d}{dt}$，r 为参考模型的输入，y_m 为参考模型的输出。可调系统方程为

$$(p^2+a_{s1}p+a_{s0})y_s=(b_{s1}p+b_{s0})r \tag{3.209b}$$

式中，y_s 为控制对象的输出。

设广义输出误差为

$$\varepsilon=y_m-y_s \tag{3.210}$$

串联补偿器为

$$v=D(p)\varepsilon=(d_1p+d_0)\varepsilon \tag{3.211}$$

式中，ε 为补偿器的输入，v 为补偿器的输出。

自适应规律为

$$a_{si}(v,t)=\int_0^t\varphi_{1i}(v,t,\tau)d\tau+\varphi_{2i}(v,t)+a_{si}(0),\quad i=0,1 \tag{3.212a}$$

$$b_{si}(v,t)=\int_0^t\psi_{1i}(v,t,\tau)d\tau+\psi_{2i}(v,t)+b_{si}(0),\quad i=0,1 \tag{3.212b}$$

自适应控制的目的为

$$\lim_{t\to\infty}\varepsilon(t)=\lim_{t\to\infty}(y_m(t)-y_s(t))=0 \tag{3.213}$$

由式(3.209)和式(3.210)，可得

$$(p^2+a_{m1}p+a_{m0})\varepsilon=-[(a_{m1}-a_{s1})p+a_{m0}-a_{s0}]y_s+[(b_{m1}-b_{s1})p+b_{m0}-b_{s0}]r \tag{3.214}$$

令

$$-[(a_{m1}-a_{s1})p+a_{m0}-a_{s0}]y_s+[(b_{m1}-b_{s1})p+b_{m0}-b_{s0}]r=\omega_1 \tag{3.215}$$

则式(3.214)成为

$$(p^2+a_{m1}p+a_{m0})\varepsilon=\omega_1 \tag{3.216}$$

把式(3.212)代入式(3.215)，可得

$$\begin{aligned}\omega=-\omega_1=-\Bigg\{&\sum_{i=0}^{1}\left[\int_0^t\varphi_{1i}(v,t,\tau)d\tau+\varphi_{2i}(v,t)+a_{si}(0)-a_{mi}\right]p^iy_s-\\&\sum_{i=0}^{1}\left[\int_0^t\psi_{1i}(v,t,\tau)d\tau+\psi_{2i}(v,t)+b_{si}(0)-b_{mi}\right]p^ir\Bigg\}\end{aligned} \tag{3.217}$$

式中,v 和 ω 分别为等价反馈方块的输入和输出。根据超稳定性理论对等价反馈方块的要求,则有

$$\eta(0,t_1)=\int_0^{t_1} v(t)\omega(t)\mathrm{d}t \geqslant -r_0^2, \qquad t_1>0 \tag{3.218}$$

可得

$$\left.\begin{aligned}\varphi_{1i}&=-k_{ai}(t-\tau)v(\tau)p^i y_s(\tau)\\ \varphi_{2i}&=-k_{ai}'(t)v(t)p^i y_s(t)\\ \psi_{1i}&=k_{bi}(t-\tau)v(\tau)p^i r(\tau)\\ \psi_{2i}&=k_{bi}'(t)v(t)p^i r(t)\end{aligned}\right\} \quad i=0,1 \tag{3.219}$$

式中 $i=0,1$。将式(3.219) 代入式 (3.212) 可得可调系统参数调节的自适应规律为

$$a_{s1}(v,t)=-\int_0^t k_{a1}(t-\tau)v(\tau)\dot{y}_s(\tau)\,\mathrm{d}\tau-k'_{a1}(t)v(\tau)\dot{y}_s(t)+a_{s1}(0) \tag{3.220a}$$

$$a_{s0}(v,t)=-\int_0^t k_{a0}(t-\tau)v(\tau)y_s(\tau)\,\mathrm{d}\tau-k'_{a0}(t)v(\tau)y_s(t)+a_{s0}(0) \tag{3.220b}$$

$$b_{s1}(v,t)=-\int_0^t k_{b1}(t-\tau)v(\tau)\dot{r}(\tau)\,\mathrm{d}\tau-k'_{b1}(t)v(\tau)\dot{r}(t)+b_{s1}(0) \tag{3.220c}$$

$$b_{s0}(v,t)=-\int_0^t k_{b0}(t-\tau)v(\tau)r(\tau)\,\mathrm{d}\tau-k'_{b0}(t)v(\tau)r(t)+b_{s0}(0) \tag{3.220d}$$

等价前向方块的传递函数为

$$h(s)=\frac{d_1 s+d_0}{s^2+a_{m1}s+a_{m0}} \tag{3.221}$$

要使自适应系统为超稳定性系统,等价前向方块的传递函数 $h(s)$ 应当是严格正实的。

从式(3.220) 可以看出,在自适应律中包含输入、输出的导数,实现起来有困难,也有损系统的抗干扰能力,因此需要采用状态变量滤波器。状态变量滤波器可放在可调系统的输入端,也可放在可调系统的输出端,下面分别进行讨论。

3.4.2 状态变量滤波器放在可调系统输入端及参考模型输出端时的并联模型参考自适应系统(情况 1)

对于这种情况,系统的结构图如图 3.18 所示。

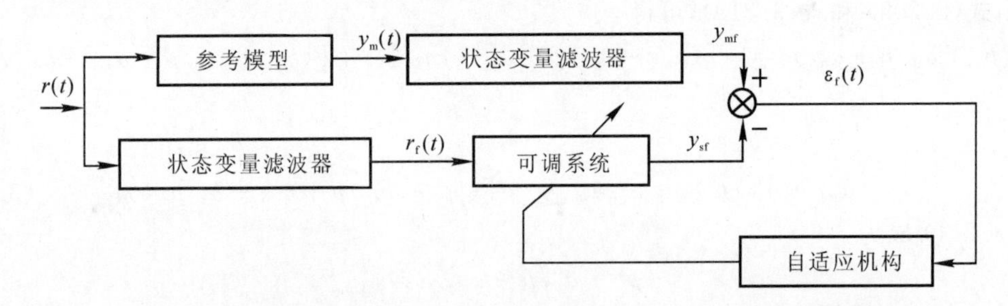

图 3.18　状态变量滤波器放在可调系统之前的模型参考自适应系统结构图

一般说来,控制对象的参数是不能任意调整的。图 3.16 所示系统结构常用于系统参数辨识,参考模型为辨识对象,可调系统为并联估计模型。当自适应机构能很好地工作时,可调系统的参数就是辨识对象的参数。当然,这种系统结构也可用于自适应控制,但需在控制对象前

串联一个参数可调的前馈方块，并且并联一个参数可调的反馈方块，组成如图3.12所示的可调系统。因此，当这种系统结构用于自适应控制时，其可调系统的概念与其他自适应控制方案完全相同。

设参考模型方程为

$$\left(\sum_{i=0}^{n} a_{mi} p^{i}\right) y_{m} = \left(\sum_{i=0}^{m} b_{mi} p^{i}\right) r, \qquad a_{mn} = 1 \tag{3.222}$$

接在参考模型输出端的状态变量滤波器的方程为

$$\left(\sum_{i=0}^{n-1} c_{i} p^{i}\right) y_{mf} = y_{m}, \qquad c_{n-1} = 1 \tag{3.223}$$

接在可调系统输入端的状态变量滤波器的方程为

$$\left(\sum_{i=0}^{n-1} c_{i} p^{i}\right) r_{f} = r, \qquad c_{n-1} = 1 \tag{3.224}$$

可调系统方程为

$$\left[\sum_{i=0}^{n} a_{si}(v,t) p^{i}\right] y_{sf} = \left[\sum_{i=0}^{m} b_{si}(v,t) p^{i}\right] r_{f}, \quad a_{sn}(v,t) = 1 \tag{3.225}$$

广义输出误差为

$$\varepsilon_{f} = y_{mf} - y_{sf} \tag{3.226}$$

串联补偿器为

$$v = D(p)\varepsilon_{f} = \left(\sum_{i=0}^{n-1} d_{i} p^{i}\right)\varepsilon_{f} \tag{3.227}$$

选取自适应规律的形式为

$$a_{si}(v,t) = \int_{0}^{t} \varphi_{1i}(v,t,\tau)\mathrm{d}\tau + \varphi_{2i}(v,t) + a_{si}(0), \quad i = 0,1,\cdots,n-1 \tag{3.228}$$

$$b_{si}(v,t) = \int_{0}^{t} \psi_{1i}(v,t,\tau)\mathrm{d}\tau + \psi_{2i}(v,t) + b_{si}(0), \quad i = 0,1,\cdots,m \tag{3.229}$$

控制的目的是，对于任意初始误差 $\varepsilon_{f}(0)$，$a_{mi} - a_{si}(0)$，$b_{mi} - b_{si}(0)$ 和任意分段连续的有界输入 r，有

$$\lim_{t\to\infty}\varepsilon_{f}(t) = \lim_{t\to\infty}(y_{mf}(t) - y_{sf}(t)) = 0 \tag{3.230}$$

现在推导自适应公式。由于参考模型和状态变量滤波器都是线性定常的，在图3.18中如果参考模型和状态变量滤波器互换位置，可得相同的 y_{mf}，因而有

$$\left(\sum_{i=0}^{n} a_{mi} p^{i}\right) y_{mf} = \left(\sum_{i=0}^{m} b_{mi} p^{i}\right) r_{f}, \qquad a_{mn} = 1 \tag{3.231}$$

由式(3.225)和式(3.231)，可得

$$\left(\sum_{i=0}^{n} a_{mi} p^{i}\right)(y_{mf} - y_{sf}) = \left[\sum_{i=0}^{m} (b_{mi} - b_{si}) p^{i}\right] r_{f} + \left[\sum_{i=0}^{n} (a_{si} - a_{mi}) p^{i}\right] y_{sf} \tag{3.232}$$

考虑到式(3.226)，可得

$$\left(\sum_{i=0}^{n} a_{mi} p^{i}\right)\varepsilon_{f} = \left[\sum_{i=0}^{n} (a_{si} - a_{mi}) p^{i}\right] y_{sf} + \left[\sum_{i=0}^{m} (b_{mi} - b_{si}) p^{i}\right] r_{f} \tag{3.233}$$

令

$$\omega_{1} = \left[\sum_{i=0}^{n} (a_{si} - a_{mi}) p^{i}\right] y_{sf} + \left[\sum_{i=0}^{m} (b_{mi} - b_{si}) p^{i}\right] r_{f} \tag{3.234}$$

则式(3.233)可写成

$$\left(\sum_{i=0}^{n} a_{mi} p^{i}\right) \varepsilon_{f} = \omega_{1} \tag{3.235}$$

将式(3.228)和式(3.229)代入式(3.234),可得

$$\begin{aligned}\omega = -\omega_{1} = &-\left\{\sum_{i=0}^{n-1}\left[\int_{0}^{t}\varphi_{1i}(v,t,\tau)\mathrm{d}\tau + \varphi_{2i}(v,t) + a_{si}(0) - a_{mi}\right]p^{i}\right\}y_{sf} + \\ &\left\{\sum_{i=0}^{m}\left[\int_{0}^{t}\psi_{1i}(v,t,\tau)\mathrm{d}\tau + \psi_{2i}(v,t) + b_{si}(0) - b_{mi}\right]p^{i}\right\}r_{f}\end{aligned} \tag{3.236}$$

由式(3.235)、式(3.227)和式(3.236)所构成的方程组描述了等价的时变非线性反馈系统,其中线性正向方块由式(3.235)和式(3.227)所描述,以 ω_1 为输入,v 为输出;时变非线性反馈方块由式(3.236)所描述,以 v 为输入,ω 为输出。为使自适应系统成为超稳定系统,要求系统的非线性反馈方块满足波波夫积分不等式,即

$$\eta(0,t_1) = \int_{0}^{t_1} v(t)\omega(t)\mathrm{d}t \geqslant -r_0^2, \qquad t_1 > 0 \tag{3.237}$$

由此可得自适应规律,即

$$\varphi_{1i} = -k_{ai}(t-\tau)v(\tau)p^{i}y_{sf}(\tau), \qquad \tau \leqslant t, \quad i=0,1,\cdots,n-1 \tag{3.238}$$

$$\varphi_{2i} = -k_{ai}'(t)v(t)p^{i}y_{sf}(t), \qquad i=0,1,\cdots,n-1 \tag{3.239}$$

$$\psi_{1i} = k_{bi}(t-\tau)v(\tau)p^{i}r_{f}(\tau), \qquad \tau \leqslant t, \quad i=0,1,\cdots,m \tag{3.240}$$

$$\psi_{2i} = k_{bi}'(t)v(t)p^{i}r_{f}(t), \qquad i=0,1,\cdots,m \tag{3.241}$$

式中,$k_{ai}(t-\tau)$ 和 $k_{bi}(t-\tau)$ 是正定标量积分核,它们的拉普拉斯变换式为在 $s=0$ 处有一极点的正实传递函数;k_{ai}' 和 k_{bi}' 在 $t \geqslant 0$ 时为非负标量增益。

系统等价前向方块的传递函数为

$$h(s) = \frac{\sum_{i=0}^{n-1} d_{i}s^{i}}{s^{n} + \sum_{i=0}^{n-1} a_{mi}s^{i}} \tag{3.242}$$

为使自适应系统成为渐近超稳定系统,要求传递函数 $h(s)$ 是严格正实的。

由上述的自适应系统设计过程可以看到,这种将状态变量滤波器放在可调系统输入端及参考模型输出端的并联模型参考自适应系统,在推导时为了方便,将放在参考模型输出端的状态变量滤波器调到了参考模型输入端,变成了状态变量滤波器同时放在参考模型和可调系统输入端的结构形式。在参考模型和状态变量滤波器都是线性定常的情况下,将参考模型与状态变量滤波器互换位置并不影响输出 y_{mf},也不影响整个系统的设计结果。但是,在参考模型和状态变量滤波器不全都是线性定常的情况下,将参考模型与状态变量滤波器互换位置将会影响到输出 y_{mf}。因此,对于自适应控制系统来说,可能将状态变量滤波器同时放在参考模型和可调系统输入端的结构形式比将状态变量滤波器放在可调系统输入端及参考模型输出端的结构形式更为适用。

例 3.4.1 设有二阶系统,其参考模型方程为

$$(p^2 + a_{m1}p + a_{m0})y_m = (b_{m1}p + b_{m0})r$$

接在参考模型输出端的状态变量滤波器方程为

$$(p+c_0)y_{mf}=y_m$$

并联可调系统方程为

$$[p^2+a_{s1}(v,t)p+a_{s0}(v,t)]y_{sf}=[b_{s1}(v,t)p+b_{s0}(v,t)]r_f$$

接在可调系统输入端的状态变量滤波器方程为

$$(p+c_0)r_f=r$$

试用超稳定性理论设计模型参考自适应系统。

解　设广义输出误差为

$$\varepsilon_f=y_{mf}-y_{sf}$$

串联补偿器方程为

$$v=D(p)\ \varepsilon_f=(d_1p+d_0)\varepsilon_f$$

选取自适应规律为

$$a_{si}(v,t)=\int_0^t\varphi_{1i}(v,t,\tau)\mathrm{d}\tau+\varphi_{2i}(v,t)+a_{si}(0),\quad i=0,1$$

$$b_{si}(v,t)=\int_0^t\psi_{1i}(v,t,\tau)\mathrm{d}\tau+\psi_{2i}(v,t)+b_{si}(0),\quad i=0,1$$

根据超稳定性理论,可得

$$\varphi_{11}=-k_{a1}(t-\tau)v(\tau)py_{sf}(\tau),\qquad \tau\leqslant t$$

$$\varphi_{10}=-k_{a0}(t-\tau)v(\tau)y_{sf}(\tau),\qquad \tau\leqslant t$$

$$\varphi_{21}=-k_{a1}'(t)v(t)py_{sf}(t)$$

$$\varphi_{20}=-k_{a0}'(t)v(t)y_{sf}(t)$$

$$\psi_{11}=k_{b1}(t-\tau)v(\tau)pr_f(\tau),\qquad \tau\leqslant t$$

$$\psi_{10}=k_{b0}(t-\tau)v(\tau)r_f(\tau),\qquad \tau\leqslant t$$

$$\psi_{21}=k_{b1}'(t)v(t)pr_f(t)$$

$$\psi_{20}=k_{b0}'(t)v(t)r_f(t)$$

式中,$k_{a1}(t-\tau)$,$k_{a0}(t-\tau)$,$k_{b1}(t-\tau)$ 和 $k_{b0}(t-\tau)$ 为正定积分核,它们的拉普拉斯变换式为在 $s=0$ 处有一极点的正实传递函数,$k_{a1}'(t)$,$k_{a0}'(t)$,$k_{b1}'(t)$ 和 $k_{b0}'(t)$ 对于任意 $t\geqslant 0$ 均为非负标量增益。

系统的等价前向线性方块传递函数为

$$h(s)=\frac{d_1s+d_0}{s^2+a_{m1}s+a_{m0}}$$

其对应的可控标准型状态空间表达式为

$$\dot{\boldsymbol{e}}=\boldsymbol{A}_m\boldsymbol{e}+\boldsymbol{b}\,\omega_1$$

$$v=\boldsymbol{d}^T\boldsymbol{e}$$

式中

$$\boldsymbol{e}=\begin{bmatrix}\varepsilon\\ \dot{\varepsilon}\end{bmatrix},\quad \boldsymbol{A}_m=\begin{bmatrix}0 & 1\\ -a_{m0} & -a_{m1}\end{bmatrix},\quad \boldsymbol{b}=\begin{bmatrix}0\\ 1\end{bmatrix},\quad \boldsymbol{d}=\begin{bmatrix}d_0\\ d_1\end{bmatrix}$$

如果要求 $h(s)$ 是一个严格正实传递函数,则必定存在一个正定对称矩阵 $\boldsymbol{P}$ 和一个正定对称矩阵 $\boldsymbol{Q}$,使方程式

$$\boldsymbol{P}\boldsymbol{A}_m+\boldsymbol{A}_m^T\boldsymbol{P}=-\boldsymbol{Q}$$

$$\boldsymbol{Pb} = \boldsymbol{d}$$

成立，由此可得解为

$$d_0 > 0, \qquad \frac{d_1}{d_0} > \frac{1}{a_{m1}}$$

整个自适应系统结构图如图 3.19 所示。

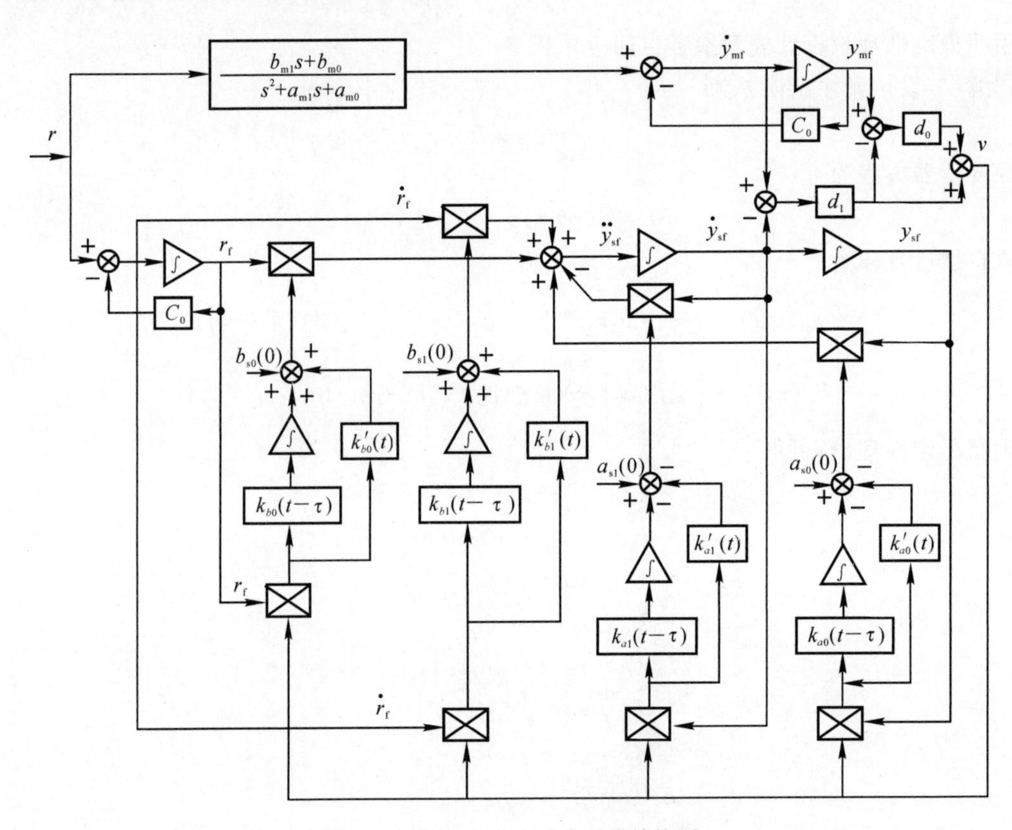

图 3.19　例 3.4.1 自适应系统结构图

3.4.3　状态变量滤波器放在参考模型和可调系统输出端时的并联模型参考自适应系统（情况 2）

这种情况的自适应系统如图 3.20 所示。

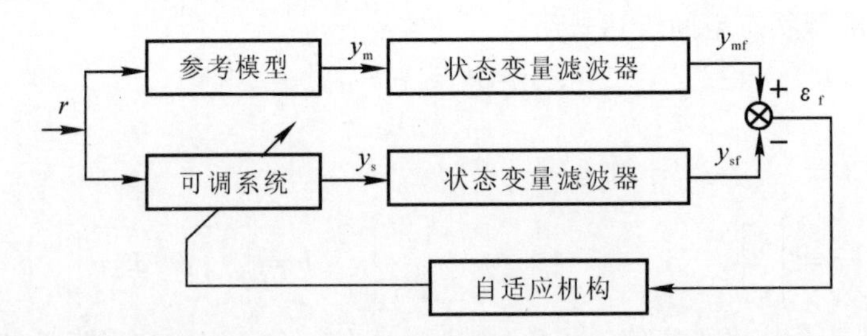

图 3.20　状态变量滤波器放在参考模型和可调系统输出端的自适应系统结构图

这种结构形式的自适应系统，适用于自适应式模型跟随控制系统，也适用于自适应式状态观测器。将图 3.20 与图 3.18 相比较，不同点在于图 3.18 所示的结构中把状态变量滤波器从可调系统的输入端移到了输出端。

设参考模型的方程为

$$\left(\sum_{i=0}^{n} a_{\mathrm{m}i} p^{i}\right) y_{\mathrm{m}} = \left(\sum_{i=0}^{m} b_{\mathrm{m}i} p^{i}\right) r, \qquad a_{\mathrm{m}n} = 1 \tag{3.243}$$

其可观测标准型状态方程为

$$\dot{\boldsymbol{x}}_{\mathrm{m}} = \begin{bmatrix} -a_{\mathrm{m},n-1} & 1 & \cdots & 0 \\ \vdots & \vdots & & \vdots \\ -a_{\mathrm{m}1} & 0 & \cdots & 1 \\ -a_{\mathrm{m}0} & 0 & \cdots & 0 \end{bmatrix} \boldsymbol{x}_{\mathrm{m}} + \begin{bmatrix} 0 \\ \vdots \\ b_{\mathrm{m}m} \\ \vdots \\ b_{\mathrm{m}0} \end{bmatrix} r = \boldsymbol{A}_{\mathrm{m}} \boldsymbol{x}_{\mathrm{m}} + \boldsymbol{b}_{\mathrm{m}} r \tag{3.244}$$

$$y_{\mathrm{m}} = \boldsymbol{c}^{\mathrm{T}} \boldsymbol{x}_{\mathrm{m}} = [1 \quad 0 \quad \cdots \quad 0] \boldsymbol{x}_{\mathrm{m}} = x_{\mathrm{m}1} \tag{3.245}$$

接在参考模型输出端的状态变量滤波器方程为

$$\left(\sum_{i=0}^{n-1} c_i p^{i}\right) y_{\mathrm{mf}} = y_{\mathrm{m}}, \qquad c_{n-1} = 1 \tag{3.246}$$

可调系统方程为

$$\left(\sum_{i=0}^{n} a_{\mathrm{s}i} p^{i}\right) y_{\mathrm{s}} = \left(\sum_{i=0}^{m} b_{\mathrm{s}i} p^{i}\right) r, \qquad a_{\mathrm{s}n} = 1 \tag{3.247}$$

其可观测标准型状态方程为

$$\dot{\boldsymbol{x}}_{\mathrm{s}} = \begin{bmatrix} -a_{\mathrm{s},n-1} & 1 & \cdots & 0 \\ \vdots & \vdots & & \vdots \\ -a_{\mathrm{s}1} & 0 & \cdots & 1 \\ -a_{\mathrm{s}0} & 0 & \cdots & 0 \end{bmatrix} \boldsymbol{x}_{\mathrm{s}} + \begin{bmatrix} 0 \\ \vdots \\ b_{\mathrm{s}m} \\ \vdots \\ b_{\mathrm{s}0} \end{bmatrix} r + \begin{bmatrix} 0 \\ u_{\mathrm{a},n-2} \\ \vdots \\ u_{\mathrm{a}0} \end{bmatrix} + \begin{bmatrix} 0 \\ u_{\mathrm{b},n-2} \\ \vdots \\ u_{\mathrm{b}0} \end{bmatrix} =$$

$$\boldsymbol{A}_{\mathrm{s}}(v,t) \boldsymbol{x}_{\mathrm{s}} + \boldsymbol{b}_{\mathrm{s}}(v,t) r + \boldsymbol{u}_{a}(v,t) + \boldsymbol{u}_{b}(v,t) \tag{3.248}$$

$$y_{\mathrm{s}} = \boldsymbol{c}^{\mathrm{T}} \boldsymbol{x}_{\mathrm{s}} = [1 \quad 0 \quad \cdots \quad 0] \boldsymbol{x}_{\mathrm{s}} = x_{\mathrm{s}1} \tag{3.249}$$

式中，$\boldsymbol{u}_{a}(v,t)$ 和 $\boldsymbol{u}_{b}(v,t)$ 是为了应用情况 1 讨论过的结果所引入的附加输入信号。

接于可调系统输出端的状态变量滤波器方程为

$$\left(\sum_{i=0}^{n-1} c_i p^{i}\right) y_{\mathrm{sf}} = y_{\mathrm{s}}, \qquad c_{n-1} = 1 \tag{3.250}$$

滤波后的广义输出误差为

$$\varepsilon_{\mathrm{f}} = y_{\mathrm{mf}} - y_{\mathrm{sf}} \tag{3.251}$$

自适应机构方程为

$$v = D(p) \varepsilon_{\mathrm{f}} = \left(\sum_{i=0}^{n-1} d_i p^{i}\right) \varepsilon_{\mathrm{f}} \tag{3.252}$$

$$a_{\mathrm{s}i}(v,t) = \int_0^t \varphi_{1i}(v,t,\tau) \mathrm{d}\tau + a_{\mathrm{s}i}(0), \quad i = 0,1,\cdots,n-1 \tag{3.253}$$

$$b_{\mathrm{s}i}(v,t) = \int_0^t \psi_{1i}(v,t,\tau) \mathrm{d}\tau + b_{\mathrm{s}i}(0), \quad i = 0,1,\cdots,m \tag{3.254}$$

$$u_{aj}=\varphi_{aj}(v,t,y_{sf}),\qquad j=0,1,\cdots,n-2 \tag{3.255}$$

$$u_{bj}=\psi_{bj}(v,t,r_{f}),\qquad j=0,1,\cdots,n-2 \tag{3.256}$$

我们的目标是把情况 1 所得到的设计结果应用到情况 2，以保证$\lim\limits_{t\to\infty}\varepsilon_{f}(t)=0$。由式(3.246)、式(3.250) 和式(3.251) 可以看到，ε_{f} 就是以 $\varepsilon=y_{m}-y_{s}$ 作为输入的状态变量滤波器的输出。因此，如果状态变量滤波器是渐近稳定的，则$\lim\limits_{t\to\infty}\varepsilon_{f}(t)=0$，意味着$\lim\limits_{t\to\infty}\varepsilon(t)=0$。

在情况 2 的结构中，状态变量滤波器放在可调系统的输出端。为了应用情况 1 的结果，情况 2 的结构必须与情况 1 可调系统的结构零状态输出等价，也就是由式(3.250) 给出的 y_{sf} 与由式(3.225) 给出的 y_{sf} 对所有 $t\geqslant 0$ 应当是相同的。为了做到这一点，在式(3.248) 中引入了自适应信号向量 $\boldsymbol{u}_{a}$ 和 $\boldsymbol{u}_{b}$，这两个信号向量将作为设计工作的一部分来确定。显然，如果式(3.225) 和式(3.248) 中的参数 $a_{si}(i=0,1,\cdots,n-1)$ 和 $b_{si}(i=0,1,\cdots,m)$ 相等并且为定常时，则在稳态情况下，由式(3.250) 给出的 y_{sf} 与由式(3.225) 给出的 y_{sf} 是相等的。因此，当自适应调整完成时，自适应信号向量 $\boldsymbol{u}_{a}$ 和 $\boldsymbol{u}_{b}$ 应为零，即

$$\boldsymbol{u}_{a}(v,t)\mid_{\varepsilon_{f}\equiv 0}=\boldsymbol{0},\qquad \boldsymbol{u}_{b}(v,t)\mid_{\varepsilon_{f}\equiv 0}=\boldsymbol{0} \tag{3.257}$$

由于我们的目标是使$\lim\limits_{t\to\infty}\varepsilon_{f}(t)=0$，因而也应该有

$$\lim_{t\to\infty}\boldsymbol{u}_{a}(v,t)=\boldsymbol{0},\qquad \lim_{t\to\infty}\boldsymbol{u}_{b}(v,t)=\boldsymbol{0} \tag{3.258}$$

这说明信号向量 $\boldsymbol{u}_{a}$ 和 $\boldsymbol{u}_{b}$ 只是在自适应过程中出现的暂态项。式(3.253) 和式(3.254) 所示参数自适应规律选取时没有暂态项，因为其暂态项已归入 $\boldsymbol{u}_{a}$ 和 $\boldsymbol{u}_{b}$。

因为我们已经假定 $\boldsymbol{u}_{a}$ 和 $\boldsymbol{u}_{b}$ 使情况 1 和情况 2 的输出 y_{sf} 零状态等价，情况 1 的等价反馈系统方程式(3.235)、式(3.227) 和式(3.236) 就能用于情况 2，所以情况 1 所得到的自适应规律也能够用于情况 2。

因此，在情况 2 中，设计时首先要确定 $\boldsymbol{u}_{a}(v,t)$ 和 $\boldsymbol{u}_{b}(v,t)$，使得由式(3.224) 和式(3.225) 所得到的输出 y_{sf} 零状态等价于由式(3.248) ～ 式(3.250) 所得到的输出 y_{sf}。这就意味着，由式(3.252) ～ 式(3.256) 所描述的模型参考自适应系统的等价反馈系统将由式(3.235)、式(3.227) 和式(3.236) 在 $\varphi_{2i}\equiv 0(i=0,1,\cdots,n-1)$ 和 $\psi_{2i}\equiv 0(i=0,1,\cdots,m)$ 的情况下给出，因为式(3.253) 和式(3.254) 中不包含 φ_{2i} 和 ψ_{2i}。

为了说明如何确定 $\boldsymbol{u}_{a}(v,t)$ 和 $\boldsymbol{u}_{b}(v,t)$，下面先给出一个二阶系统的例子，然后再叙述一般情况下的结果。

例 3.4.2 已知二阶系统参考模型的传递函数为

$$h_{m}(s)=\frac{b_{m1}s+b_{m0}}{s^{2}+a_{m1}s+a_{m0}} \tag{3.259}$$

如果状态变量滤波器置于可调系统的输入端(情况 1) 时，可调系统方程为

$$[p^{2}+a_{s1}(v,t)p+a_{s0}(v,t)]y_{sf}'=[b_{s1}(v,t)p+b_{s0}(v,t)]r_{f} \tag{3.260}$$

式中

$$(p+c_{0})r_{f}=r \tag{3.261}$$

状态变量滤波器置于可调系统输出端(情况 2) 时，可调系统的可观测标准型状态方程为

$$\dot{\boldsymbol{x}}_{s}=\begin{bmatrix}-a_{s1}(v,t) & 1\\ -a_{s0}(v,t) & 0\end{bmatrix}\boldsymbol{x}_{s}+\begin{bmatrix}b_{s1}(v,t)\\ b_{s0}(v,t)\end{bmatrix}r+\begin{bmatrix}0\\ u_{a0}\end{bmatrix}+\begin{bmatrix}0\\ u_{b0}\end{bmatrix} \tag{3.262}$$

$$y_{s}=x_{s1} \tag{3.263}$$

$$(p + c_0)y_{sf} = y_s \tag{3.264}$$

试求自适应控制律及 u_{a0} 和 u_{b0}。

解　对式(3.263)两边求一阶和二阶导数并利用式(3.262)，可得

$$[p^2 + a_{s1}(v,t)p + a_{s0}(v,t)]y_s = [b_{s1}(v,t)p + b_{s0}(v,t)]r - \dot{a}_{s1}(v,t)y_s + \dot{b}_{s1}(v,t)r + u_{a0} + u_{b0} \tag{3.265}$$

为了证明 y_{sf} 和 y_{sf}' 是零状态等价的，由式(3.264)知，只要证明 $(p + c_0)y_{sf}'$ 是零状态等价于 y_s 就可以了。用 $(p + c_0)$ 左乘式(3.260)两边，可得

$$(p + c_0)[p^2 + a_{s1}(v,t)p + a_{s0}(v,t)]y_{sf}' = (p + c_0)[b_{s1}(v,t)p + b_{s0}(v,t)]r_f \tag{3.266}$$

式(2.266)又可写为

$$[p^2 + a_{s1}(v,t)p + a_{s0}(v,t)][(p + c_0)y_{sf}'] + \dot{a}_{s1}(v,t)py_{sf}' + \dot{a}_{s0}(v,t)y_{sf}' = [b_{s1}(v,t)p + b_{s0}(v,t)][(p + c_0)r_f] + \dot{b}_{s1}(v,t)pr_f + \dot{b}_{s0}(v,t)r_f \tag{3.267}$$

重新排列式(3.267)中的各项并利用式(3.261)，可得

$$[p^2 + a_{s1}(v,t)p + a_{s0}(v,t)][(p + c_0)y_{sf}'] = [b_{s1}(v,t)p + b_{s0}(v,t)]r - \dot{a}_{s1}(v,t)py_{sf}' - \dot{a}_{s0}(v,t)y_{sf}' + \dot{b}_{s1}(v,t)pr_f + \dot{b}_{s0}(v,t)r_f \tag{3.268}$$

将式(3.268)与式(3.265)相对照可知，欲使 $(p+c_0)y_{sf}'$ 零状态等价于 y_s，则应使式(3.268)与式(3.265)的右边相等，消去在两式右边同时出现的项 $[b_{s1}(v,t)p + b_{s0}(v,t)]r$ 之后，可得

$$-\dot{a}_{s1}(v,t)y_s + \dot{b}_{s1}(v,t)r + u_{a0} + u_{b0} = -\dot{a}_{s1}(v,t)py_{sf}' - \dot{a}_{s0}(v,t)y_{sf}' + \dot{b}_{s1}(v,t)pr_f + \dot{b}_{s0}(v,t)r_f \tag{3.269}$$

因此如果选取

$$u_{a0} = \dot{a}_{s1}(v,t)(y_s - py_{sf}') - \dot{a}_{s0}(v,t)y_{sf}' \tag{3.270}$$

$$u_{b0} = \dot{b}_{s1}(v,t)(pr_f - r) + \dot{b}_{s0}(v,t)r_f \tag{3.271}$$

则 y_{sf} 与 y_{sf}' 将是零状态等价的。

利用式(3.261)和式(3.264)并用 y_{sf} 代替 y_{sf}'，u_{a0} 和 u_{b0} 的表达式能够写为

$$u_{a0} = \dot{a}_{s1}(v,t)c_0y_{sf} - \dot{a}_{s0}(v,t)y_{sf} \tag{3.272}$$

$$u_{b0} = -\dot{b}_{s1}(v,t)c_0r_f + \dot{b}_{s0}(v,t)r_f \tag{3.273}$$

利用 u_{a0} 和 u_{b0} 这两个自适应信号，则可使可调系统的方程式(3.262)、式(3.263)和式(3.264)能够用式(3.260)和式(3.261)来代替，因此能够应用情况 1 所给出的全部设计结果，但自适应规律中的 $\varphi_{2i} \equiv 0$，$\psi_{2i} \equiv 0$。

应用情况 1 的结果可知，等价反馈系统方程为

$$(p^2 + a_{m1}p + a_{m0})\varepsilon_f = \omega_1 \tag{3.274}$$

$$v = d(p)\varepsilon_f = (d_1p + d_0)\varepsilon_f \tag{3.275}$$

$$\omega = -\omega_1 = -\sum_{i=0}^{1}\left[\int_0^t \varphi_{1i}(v,t,\tau)\mathrm{d}\tau + a_{si}(0) - a_{mi}\right]p^iy_{sf} + \sum_{i=0}^{1}\left[\int_0^t \psi_{1i}(v,t,\tau) + b_{si}(0) - b_{mi}\right]p^ir_f \tag{3.276}$$

要求线性前向方块传递函数

$$h(s) = \frac{d_1s + d_0}{s^2 + a_{m1}s + a_{m0}} \tag{3.277}$$

是严格正实的。参数自适应规律为

$$a_{s1}(t)=-\int_0^t k_{a1}v(\tau)[py_{sf}(\tau)]\mathrm{d}\tau+a_{s1}(0) \tag{3.278}$$

$$a_{s0}(t)=-\int_0^t k_{a0}v(\tau)y_{sf}(\tau)\mathrm{d}\tau+a_{s0}(0) \tag{3.279}$$

$$b_{s1}(t)=\int_0^t k_{b1}v(\tau)[pr_f(\tau)]\mathrm{d}\tau+b_{s1}(0) \tag{3.280}$$

$$b_{s0}(t)=\int_0^t k_{b0}v(\tau)r_f(\tau)\mathrm{d}\tau+b_{s0}(0) \tag{3.281}$$

式中，k_{a1}，k_{a0}，k_{b1} 和 k_{b0} 均为正实数标量。由式(3.272)、式(3.273) 及式(3.278) ~ 式(3.281) 可得 $u_{a0}(v,t)$ 和 $u_{b0}(v,t)$ 的表达式，即

$$u_{a0}(v,t)=k_{a0}v(t)y_{sf}^2-k_{a1}v(t)(py_{sf})c_0y_{sf} \tag{3.282}$$

$$u_{b0}(v,t)=k_{b0}v(t)r_f^2-k_{b1}v(t)(pr_f)c_0r_f \tag{3.283}$$

整个自适应系统结构图如图 3.21 所示。

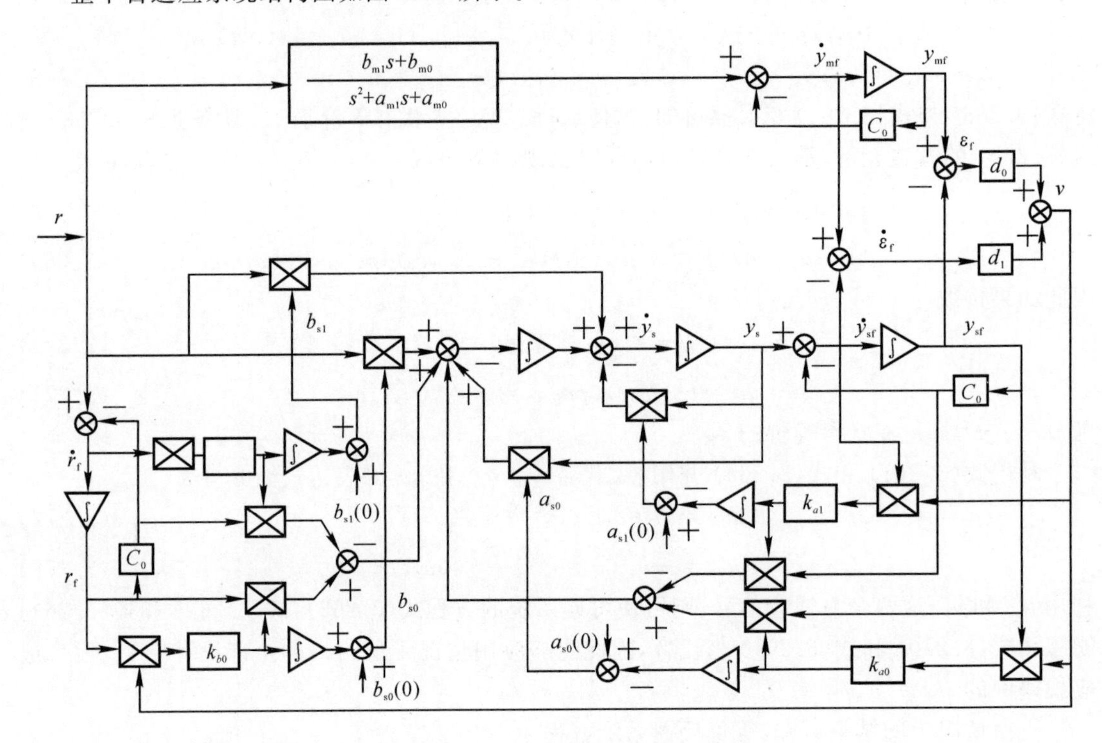

图 3.21　例 3.4.2 的自适应系统结构图

对于由式(3.243) ~ 式(3.256) 所描述的一般情况，则等价反馈系统方程为

$$\left(\sum_{i=0}^{n}a_{mi}p^i\right)\varepsilon_f=\omega_1,\qquad a_{mn}=1 \tag{3.284}$$

$$v=D(p)\varepsilon_f=\left(\sum_{i=0}^{n-1}d_ip^i\right)\varepsilon_f$$

$$\omega=-\omega_1=-\sum_{i=0}^{n-1}\left[\int_0^t\varphi_{1i}(v,t,\tau)+a_{si}(0)-a_{mi}\right]p^iy_{sf}+$$

$$\sum_{i=0}^{m}\left[\int_{0}^{t}\psi_{1i}(v,t,\tau)+b_{si}(0)-b_{mi}\right]p^{i}r_{f} \tag{3.285}$$

要求线性前向方块传递函数

$$h(s)=\frac{\sum_{i=0}^{n-1}d_{i}s^{i}}{s^{n}+\sum_{i=0}^{n-1}a_{mi}s^{i}} \tag{3.286}$$

是严格正实的。参数自适应规律为

$$a_{si}(v,t)=-\int_{0}^{t}k_{ai}(t-\tau)v(\tau)p^{i}y_{sf}(\tau)\mathrm{d}\tau+a_{si}(0),\quad i=0,1,\cdots,n-1 \tag{3.287}$$

$$b_{si}(v,t)=\int_{0}^{t}k_{bi}(t-\tau)v(\tau)p^{i}r_{f}(\tau)\mathrm{d}\tau+b_{si}(0),\quad i=0,1,\cdots,m \tag{3.288}$$

式中，$k_{ai}(t-\tau)$ 和 $k_{bi}(t-\tau)$ 为正定积分核，它们的拉普拉斯变换式为在 $s=0$ 处有一极点的正实传递函数。特殊地，可以取

$$k_{ai}(t-\tau)=k_{ai}>0,\qquad t\geqslant\tau \tag{3.289}$$

$$k_{bi}(t-\tau)=k_{bi}>0,\qquad t\geqslant\tau \tag{3.290}$$

即

$$a_{si}(v,t)=-\int_{0}^{t}k_{ai}v(\tau)p^{i}y_{sf}(\tau)\mathrm{d}\tau+a_{si}(0),\quad i=0,1,\cdots,n-1 \tag{3.291}$$

$$b_{si}(v,t)=\int_{0}^{t}k_{bi}v(\tau)p^{i}r_{f}(\tau)\mathrm{d}\tau+b_{si}(0),\quad i=0,1,\cdots,m \tag{3.292}$$

自适应信号为

$$\begin{aligned}u_{aj}(v,t)=&-\sum_{i=0}^{j}\dot{a}_{si}(v,t)\Big(p^{n-j-2}+\sum_{l=0}^{n-3-j}c_{l+1+j}p^{l}\Big)p^{i}y_{sf}+\\&\sum_{i=j+1}^{n-1}\dot{a}_{si}(v,t)\Big(\sum_{l=0}^{j}c_{l}p^{l}\Big)p^{i-j-1}y_{sf},\quad j=0,1,\cdots,n-2\end{aligned} \tag{3.293}$$

$$\begin{aligned}u_{bj}(v,t)=&\sum_{i=0}^{j}\dot{b}_{si}(v,t)\Big(p^{n-j-2}+\sum_{l=0}^{n-3-j}c_{l+1+j}p^{l}\Big)p^{i}r_{f}-\\&\sum_{i=j+1}^{m}\dot{b}_{si}(v,t)\Big(\sum_{l=0}^{j}c_{l}p^{l}\Big)p^{i-j-1}r_{f},\quad j=0,1,\cdots,n-2\end{aligned} \tag{3.294}$$

3.4.4 直接使用广义输出误差设计自适应规律(情况 3)

设单输入、单输出参考模型为

$$\dot{\boldsymbol{x}}_{m}=\boldsymbol{A}_{m}\boldsymbol{x}_{m}+\boldsymbol{b}_{m}r \tag{3.295}$$

$$y_{m}=\boldsymbol{c}^{T}\boldsymbol{x}_{m} \tag{3.296}$$

并联可调系统为

$$\dot{\boldsymbol{x}}_{s}=\boldsymbol{A}_{s}(\varepsilon,t)\boldsymbol{x}_{s}+\boldsymbol{b}_{s}(\varepsilon,t)r \tag{3.297}$$

$$y_{s}=\boldsymbol{c}^{T}\boldsymbol{x}_{s} \tag{3.298}$$

广义状态误差向量为

$$\boldsymbol{e}=\boldsymbol{x}_{m}-\boldsymbol{x}_{s} \tag{3.299}$$

广义输出误差为

$$\varepsilon = y_{\mathrm{m}} - y_{\mathrm{s}} = \boldsymbol{c}^{\mathrm{T}}\boldsymbol{e} \tag{3.300}$$

我们的目标是构造一个自适应规律，使它仅依赖于 ε 而不依赖于 $\boldsymbol{e}$，也不含有 ε 的各阶导数，即希望自适应规律的形式为

$$\boldsymbol{A}_{\mathrm{s}}(\varepsilon,t) = \int_0^t \boldsymbol{\Phi}_1(\varepsilon,t,\tau)\mathrm{d}\tau + \boldsymbol{A}_{\mathrm{s}}(0) \tag{3.301}$$

$$\boldsymbol{b}_{\mathrm{s}}(\varepsilon,t) = \int_0^t \boldsymbol{\Psi}_1(\varepsilon,t,\tau)\mathrm{d}\tau + \boldsymbol{b}_{\mathrm{s}}(0) \tag{3.302}$$

并且对所有初始条件 $\varepsilon(0)$，$\boldsymbol{A}_{\mathrm{s}}(0) - \boldsymbol{A}_{\mathrm{m}}$，$\boldsymbol{b}_{\mathrm{s}}(0) - \boldsymbol{b}_{\mathrm{m}}$ 以及分段连续有界输入 r，均可保证

$$\lim_{t\to\infty}\varepsilon(t) = 0 \tag{3.303}$$

为了能够设计一个直接用广义输出误差构造自适应规律的模型参考自适应系统，必须建立一个模型参考自适应系统使它的等价反馈系统的形式为

$$\dot{\boldsymbol{e}}' = \boldsymbol{A}_{\mathrm{m}}\boldsymbol{e}' + \boldsymbol{d}\omega_1 \tag{3.304}$$

$$\varepsilon = \boldsymbol{c}^{\mathrm{T}}\boldsymbol{e}' \tag{3.305}$$

$$\omega = -\omega_1 = \boldsymbol{f}^{\mathrm{T}}(\varepsilon,t)\boldsymbol{z} + \boldsymbol{g}^{\mathrm{T}}(\varepsilon,t)\boldsymbol{q} \tag{3.306}$$

式中，ω_1 为标量，$\boldsymbol{f}(\varepsilon,t)$ 和 $\boldsymbol{g}(\varepsilon,t)$ 为依赖于 ε 的向量函数，$\boldsymbol{z}$ 和 $\boldsymbol{q}$ 是辅助向量函数。$\boldsymbol{f}(\varepsilon,t)$ 和 $\boldsymbol{z}$ 的维数依赖于 $\boldsymbol{A}_{\mathrm{s}}(\varepsilon,t)$ 的可调参数数目，$\boldsymbol{g}(\varepsilon,t)$ 和 $\boldsymbol{q}$ 的维数依赖于 $\boldsymbol{b}_{\mathrm{s}}(\varepsilon,t)$ 的可调参数数目。如果

$$\int_0^{t_1}\varepsilon\,\omega\,\mathrm{d}t = \int_0^{t_1}\varepsilon\boldsymbol{f}^{\mathrm{T}}(\varepsilon,t)\boldsymbol{z}\mathrm{d}t + \int_0^{t_1}\varepsilon\boldsymbol{g}^{\mathrm{T}}(\varepsilon,t)\boldsymbol{q}\mathrm{d}t \geqslant -r_0^2,\quad t_1 \geqslant 0 \tag{3.307}$$

并且传递函数

$$h'(s) = \boldsymbol{c}^{\mathrm{T}}(s\boldsymbol{I} - \boldsymbol{A}_{\mathrm{m}})^{-1}\boldsymbol{d} \tag{3.308}$$

为严格正实，则可保证整个模型参考自适应系统是渐近稳定的。给定 $\boldsymbol{c}$ 和 $\boldsymbol{A}_{\mathrm{m}}$，就能够根据正实引理求出 $\boldsymbol{d}$，即

$$\boldsymbol{d} = \boldsymbol{P}^{-1}\boldsymbol{c} \tag{3.309}$$

式中，矩阵 $\boldsymbol{P}$ 是李雅普诺夫方程

$$\boldsymbol{A}_{\mathrm{m}}^{\mathrm{T}}\boldsymbol{P} + \boldsymbol{P}\boldsymbol{A}_{\mathrm{m}} = -\boldsymbol{Q},\qquad \boldsymbol{Q} > \boldsymbol{0} \tag{3.310}$$

的解。

如果选定 $\boldsymbol{f}(\varepsilon,t)$ 和 $\boldsymbol{g}(\varepsilon,t)$ 的各分量为

$$f_i(\varepsilon,t) = \int_0^t k_{fi}(t-\tau)z_i(\tau)\varepsilon(\tau)\mathrm{d}\tau + f_i(0) \tag{3.311}$$

$$g_i(\varepsilon,t) = \int_0^t k_{gi}(t-\tau)q_i(\tau)\varepsilon(\tau)\mathrm{d}\tau + g_i(0) \tag{3.312}$$

式中，$k_{fi}(t-\tau)$ 和 $k_{gi}(t-\tau)$ 为正定积分核，它们的拉普拉斯变换式为在 $s=0$ 处有一极点的正实传递函数，$f_i(\varepsilon,t)$ 和 $g_i(\varepsilon,t)$ 分别为 $\boldsymbol{f}$ 和 $\boldsymbol{g}$ 的分量，则可以验证不等式(3.327) 成立。

可以看到，利用由式(3.304) ～ 式(3.306) 所给出的等价反馈系统来设计由式(3.295) ～ 式(3.302) 所给出的模型参考自适应系统，就意味着由式(3.304) ～ 式(3.306) 所给出的 ε 应当零状态等价于由式(3.205) ～ 式(3.300) 所得到的 ε。也就是说，它们应当由同样的微分方程来确定。这一点是无法由式(3.295) ～ 式(3.302) 所描述的模型参考自适应系统得到的。为了得到一个等价反馈系统使其能够零状态输出等价于由式(3.304) ～ 式(3.306) 所给出的系统，我们必须修改可调系统的结构，增加两项暂态自适应向量信号 $\boldsymbol{u}_a(\varepsilon,t)$ 和 $\boldsymbol{u}_b(\varepsilon,t)$。这两

项自适应向量信号的性质为

$$\boldsymbol{u}_a(\varepsilon,t)\big|_{\varepsilon\equiv 0}=\mathbf{0},\qquad \boldsymbol{u}_b(\varepsilon,t)\big|_{\varepsilon\equiv 0}=\mathbf{0} \tag{3.313}$$

并且当自适应调整目标达到时，即$\lim\limits_{t\to\infty}\varepsilon(t)=0$，则有

$$\lim_{t\to\infty}\boldsymbol{u}_a(\varepsilon,t)=\mathbf{0},\qquad \lim_{t\to\infty}\boldsymbol{u}_b(\varepsilon,t)=\mathbf{0} \tag{3.314}$$

因此，新的可调系统方程为

$$\dot{\boldsymbol{x}}_{\rm s}=\boldsymbol{A}_{\rm s}(\varepsilon,t)\boldsymbol{x}_{\rm s}+\boldsymbol{b}_{\rm s}(\varepsilon,t)r+\boldsymbol{u}_a(\varepsilon,t)+\boldsymbol{u}_b(\varepsilon,t) \tag{3.315}$$

$$y_{\rm s}=\boldsymbol{c}^{\rm T}\boldsymbol{x}_{\rm s} \tag{3.316}$$

自适应信号 $\boldsymbol{u}_a(\varepsilon,t)$ 和 $\boldsymbol{u}_b(\varepsilon,t)$ 将作为设计工作的一部分进行确定。在这种情况下，设计模型参考自适应系统时第一步就是要确定 $\boldsymbol{u}_a(\varepsilon,t)$ 和 $\boldsymbol{u}_b(\varepsilon,t)$，使得由式(3.295)、式(3.296)、式(3.315)、式(3.316) 及式(3.299) ～ 式(3.302) 所描述的模型参考自适应系统的等价反馈系统由式(3.304) ～ 式(3.306) 给出。

现在研究 n 阶单输入单输出系统的并联模型参考自适应系统的设计问题。设参考模型为

$$\dot{\boldsymbol{x}}_{\rm m}=\begin{bmatrix}-a_{{\rm m},n-1} & 1 & 0 & \cdots & 0\\ -a_{{\rm m},n-2} & 0 & 1 & \cdots & 0\\ \vdots & \vdots & \vdots & & \vdots\\ -a_{\rm m1} & 0 & 0 & \cdots & 1\\ -a_{\rm m0} & 0 & 0 & \cdots & 0\end{bmatrix}\boldsymbol{x}_{\rm m}+\begin{bmatrix}0\\ \vdots\\ 0\\ b_{{\rm m}m}\\ \vdots\\ b_{\rm m0}\end{bmatrix}r=\boldsymbol{A}_{\rm m}\boldsymbol{x}_{\rm m}+\boldsymbol{b}_{\rm m}r \tag{3.317}$$

$$y_{\rm m}=[1\quad 0\quad \cdots\quad 0]\boldsymbol{x}_{\rm m}=\boldsymbol{c}^{\rm T}\boldsymbol{x}_{\rm m}=x_{\rm m1} \tag{3.318}$$

并联可调系统为

$$\dot{\boldsymbol{x}}_{\rm s}=\begin{bmatrix}-a_{{\rm s},n-1}(\varepsilon,t) & 1 & 0 & \cdots & 0\\ -a_{{\rm s},n-2}(\varepsilon,t) & 0 & 1 & \cdots & 0\\ \vdots & \vdots & \vdots & & \vdots\\ -a_{\rm s1}(\varepsilon,t) & 0 & 0 & \cdots & 1\\ -a_{\rm s0}(\varepsilon,t) & 0 & 0 & \cdots & 0\end{bmatrix}\boldsymbol{x}_{\rm s}+\begin{bmatrix}0\\ \vdots\\ 0\\ b_{sm}(\varepsilon,t)\\ \vdots\\ b_{\rm s0}(\varepsilon,t)\end{bmatrix}r+$$

$$\begin{bmatrix}0\\ u_{a,n-2}(\varepsilon,t)\\ \vdots\\ u_{a0}(\varepsilon,t)\end{bmatrix}+\begin{bmatrix}0\\ u_{b,n-2}(\varepsilon,t)\\ \vdots\\ u_{b0}(\varepsilon,t)\end{bmatrix}=$$

$$\boldsymbol{A}_{\rm s}(\varepsilon,t)\boldsymbol{x}_{\rm s}+\boldsymbol{b}_s(\varepsilon,t)r+\boldsymbol{u}_a(\varepsilon,t)+\boldsymbol{u}_b(\varepsilon,t) \tag{3.319}$$

$$y_{\rm s}=[1\quad 0\quad \cdots\quad 0]\boldsymbol{x}_{\rm s}=\boldsymbol{c}^{\rm T}\boldsymbol{x}_{\rm s}=x_{\rm s1} \tag{3.320}$$

参数自适应规律为

$$a_{{\rm s}i}(\varepsilon,t)=-\int_0^t k_{f,i+1}(t-\tau)z_{i+1}(\tau)\varepsilon(\tau)\mathrm{d}\tau+a_{{\rm s}i}(0),\quad i=0,1,\cdots,n-1 \tag{3.321}$$

$$b_{{\rm s}i}(\varepsilon,t)=\int_0^t k_{g,i+1}(t-\tau)q_{i+1}(\tau)\varepsilon(\tau)\mathrm{d}\tau+b_{{\rm s}i}(0),\quad i=0,1,\cdots,n-1 \tag{3.322}$$

式中，$k_{f,i+1}(t-\tau)$ 和 $k_{g,i+1}(t-\tau)$ 为正定积分核，它们的拉普拉斯变换式为在 $s=0$ 处有一极点的正实传递函数。z_i 和 q_i 为辅助变量，分别满足如下关系式：

$$(p^{n-1}+\sum_{l=0}^{n-2}d_l p_i)z_1=y_s,\quad z_1=y_{sf},\quad z_{i+1}=p^i z_1=p^i y_{sf} \tag{3.323}$$

$$i=0,1,\cdots,n-1$$

$$(p^{n-1}+\sum_{l=0}^{n-2}d_l p_i)q_1=r,\quad q_1=r_f,\quad q_{i+1}=p^i q_1=p^i r_f \tag{3.324}$$

$$i=0,1,\cdots,n-1$$

自适应信号为

$$u_{aj}(\varepsilon,t)=-\sum_{i=0}^{j}\dot{a}_{si}(\varepsilon,t)(p^{n-2-j}+\sum_{l=0}^{n-3-j}d_{l+1+j}p^l)p^i z_1+$$

$$\sum_{i=j+1}^{n-1}\dot{a}_{si}(\varepsilon,t)(\sum_{l=0}^{j}d_l p^l)p^{i-j-1}z_1,\quad j=0,1,\cdots,n-2 \tag{3.325}$$

$$u_{bj}(\varepsilon,t)=\sum_{i=0}^{j}\dot{b}_{si}(\varepsilon,t)(p^{n-2-j}+\sum_{l=0}^{n-3-j}d_{l+1+j}p^l)p^i q_1-$$

$$\sum_{i=j+1}^{m}\dot{b}_{si}(\varepsilon,t)(\sum_{l=0}^{j}d_l p^l)p^{i-j-1}q_1,\quad j=0,1,\cdots,n-2 \tag{3.326}$$

特殊地，当选取

$$k_{f,i+1}(t-\tau)=k_{f,i+1}>0,\qquad t\geqslant\tau \tag{3.327}$$

$$k_{g,i+1}(t-\tau)=k_{g,i+1}>0,\qquad t\geqslant\tau \tag{3.328}$$

时，则有

$$\dot{a}_{si}(\varepsilon,t)=-k_{f,i+1}z_{i+1}(t)\varepsilon(t) \tag{3.329}$$

$$\dot{b}_{si}(\varepsilon,t)=k_{g,i+1}q_{i+1}(t)\varepsilon(t) \tag{3.330}$$

等价反馈系统前向方块传递函数为

$$h'(s)=\frac{\sum_{i=0}^{n-1}d_i s^i}{s^n+\sum_{i=0}^{n-1}a_{mi}s^i} \tag{3.331}$$

要使等价反馈系统渐近稳定，根据超稳定性理论，要求式(3.316)严格正实。根据正实引理可知，由式(3.309)和式(3.310)所解出的 d 可保证式(3.331)是严格正实的。

与前面的情况 2 相对照可以看到，情况 3 只是情况 2 所给出的自适应信号的一种特殊情况。在情况 2 的自适应信号表达式中，若选取状态变量滤波器的参数 $c_i=d_i,i=0,1,\cdots,n-2$，则可得出情况 3 的自适应信号表达式。

采用情况 3 所给出的设计方法，不需要利用 ε 的各阶导数，但是作用在可调系统输入和输出上的状态变量滤波器具有的带通常常与整个系统的带通相差不大，这将造成自适应过程的迟缓。因此，当测量噪声电平不太高以及它的频谱处于整个系统的带通之外时，最好是另外设计状态变量滤波器使其具有较高的带通。在这种情况下，将采用滤波后的广义输出误差及其导数的线性组合来构造自适应规律。但情况 3 所给出的设计方法比情况 2 所给出的设计方法减少了作用在参考模型输出上的一个状态变量滤波器，这就意味着减少了 $n-1$ 个积分器。

3.4.5 可调系统的非最小状态空间实现(情况 4)

在上面介绍的各种方法中，当只用到输入变量与输出变量时，为了实现渐近稳定的模型参考自适应系统，引入了状态变量滤波器来产生自适应规律所需要的辅助变量。实际上，引入状态变量滤波器可以解释为可调系统状态向量的扩大。因此，就自然地产生一个问题：是否存在可调系统的一个合适的非最小状态空间实现，使得能够不必实用辅助变量？答案是肯定的。

这种设计方法的基本思想是：任何一个完全可控和可观测的 n 维单输入单输出系统能够用一个 $(2n-1)$ 维的非最小实现等价地描述，其形式为

$$\dot{\boldsymbol{x}}_{\mathrm{m}}=\begin{bmatrix}\alpha_1 & \boldsymbol{a}^{\mathrm{T}} & \boldsymbol{b}^{\mathrm{T}}\\ \boldsymbol{g} & \boldsymbol{F} & 0\\ \boldsymbol{0} & 0 & \boldsymbol{F}\end{bmatrix}\boldsymbol{x}_{\mathrm{m}}+\begin{bmatrix}\beta_1\\ \boldsymbol{0}\\ \boldsymbol{g}\end{bmatrix}r,\quad \boldsymbol{x}_{\mathrm{m}}(0)=\begin{bmatrix}x_1(0)\\ \boldsymbol{0}\\ \boldsymbol{x}_3(0)\end{bmatrix}\tag{3.332}$$

$$y_{\mathrm{m}}=\boldsymbol{c}_{\mathrm{m}}^{\mathrm{T}}\boldsymbol{x}_{\mathrm{m}}=[1\quad 0\quad \cdots\quad 0]\boldsymbol{x}_{\mathrm{m}}=x_{\mathrm{m1}}\tag{3.333}$$

式中，状态向量 $\boldsymbol{x}_{\mathrm{m}}$ 为 $(2n-1)$ 维，并且

$$\boldsymbol{x}_{\mathrm{m}}^{\mathrm{T}}=[x_{\mathrm{m1}}\quad \boldsymbol{x}_{\mathrm{m2}}^{\mathrm{T}}\quad \boldsymbol{x}_{\mathrm{m3}}^{\mathrm{T}}]\tag{3.334}$$

x_{m1} 为一标量，$\boldsymbol{x}_{\mathrm{m2}}$ 和 $\boldsymbol{x}_{\mathrm{m3}}$ 都是 $(n-1)$ 维向量，α_1 和 β_1 都是标量参数，$\boldsymbol{a}$ 和 $\boldsymbol{b}$ 都是 $(n-1)$ 维向量，并且

$$\boldsymbol{a}^{\mathrm{T}}=[\alpha_2\quad \cdots\quad \alpha_n],\qquad \boldsymbol{b}^{\mathrm{T}}=[\beta_2\quad \cdots\quad \beta_n]\tag{3.335}$$

$(\boldsymbol{g},\boldsymbol{F})$ 是任意的完全可观测的。在任何情况下，如果选取

$$\boldsymbol{g}^{\mathrm{T}}=[1\quad \cdots\quad 1]\tag{3.336}$$

$$\boldsymbol{F}=\mathrm{diag}[-\lambda_i],\quad i=2,3,\cdots,n;\quad \lambda_i\neq\lambda_j,\quad i\neq j\tag{3.337}$$

式中，$\boldsymbol{g}$ 为 $(n-1)$ 维向量，所有 $\lambda_i>0$，则描述这一系统的标准型表达式或传递函数就容易导出。

在式(3.332)中，若采用式(3.336)和式(3.337)所选定的 $\boldsymbol{g}$ 和 $\boldsymbol{F}$，则由式(3.332)和式(3.333)所描述的系统的传递函数为

$$h_{\mathrm{m}}(s)=\frac{\sum_{i=0}^{n-1}b_{\mathrm{m}i}s^i}{s^n+\sum_{i=0}^{n-1}a_{\mathrm{m}i}s^i}=\frac{\beta_1+\beta_2[1/(s+\lambda_2)]+\cdots+\beta_n[1/(s+\lambda_n)]}{s-\alpha_1-\alpha_2[1/(s+\lambda_2)]-\cdots-\alpha_n[1/(s+\lambda_n)]}\tag{3.338}$$

可以看出，使递函数的系数 $a_{\mathrm{m}i}$ 和 $b_{\mathrm{m}i}(i=0,1,\cdots,n-1)$ 依赖于 $\alpha_i,\beta_i(i=1,2,\cdots,n)$ 及 $\lambda_i(i=2,3,\cdots,n)$。

由于传递函数式(3.338)所确定的参考模型可以用式(3.317)和式(3.318)来表示，因此可将并联可调系统定义为

$$\dot{\boldsymbol{x}}_{\mathrm{s}}=\begin{bmatrix}\alpha_{\mathrm{s1}}(\varepsilon,t) & \boldsymbol{a}_{\mathrm{s}}^{\mathrm{T}}(\varepsilon,t) & \boldsymbol{b}_{\mathrm{s}}^{\mathrm{T}}(\varepsilon,t)\\ \boldsymbol{g} & \boldsymbol{F} & 0\\ \boldsymbol{0} & 0 & \boldsymbol{F}\end{bmatrix}\boldsymbol{x}_{\mathrm{s}}+\begin{bmatrix}\beta_{\mathrm{s1}}(\varepsilon,t)\\ \boldsymbol{0}\\ \boldsymbol{g}\end{bmatrix}r\tag{3.339}$$

$$y_{\mathrm{s}}=\boldsymbol{c}^{\mathrm{T}}\boldsymbol{x}_{\mathrm{s}}=[1\quad 0\quad \cdots\quad 0]\boldsymbol{x}_{\mathrm{s}}=x_{\mathrm{s1}}\tag{3.340}$$

式中

$$\boldsymbol{x}_{\mathrm{s}}^{\mathrm{T}}=[x_{\mathrm{s1}}\quad \boldsymbol{x}_{\mathrm{s2}}^{\mathrm{T}}\quad \boldsymbol{x}_{\mathrm{s3}}^{\mathrm{T}}]\tag{3.341}$$

x_{s1} 为一标量，$\boldsymbol{x}_{\mathrm{s2}}$ 和 $\boldsymbol{x}_{\mathrm{s3}}$ 都是 $(n-1)$ 维向量，但 $\boldsymbol{x}_{\mathrm{s2}}$ 和 $\boldsymbol{x}_{\mathrm{s3}}$ 不直接依赖于可调参数。

广义输出误差定义为

$$\varepsilon=y_{\mathrm{m}}-y_{\mathrm{s}}=x_{\mathrm{m1}}-x_{\mathrm{s1}}\tag{3.342}$$

设计步骤与3.3节所给出的基本步骤相同。但是,由于在这种情况下,等价线性定常前向方块是不完全可控的,因此需要对等价线性定常前向方块进行可控性分解,并且按定理2.3.3完成等价反馈系统的等价前向方块设计。

参数自适应规律为

$$\alpha_{s1}(\varepsilon,t)=\int_0^t k_{a11}(t-\tau)y_s(\tau)\varepsilon(\tau)\mathrm{d}\tau+k_{a21}(t)y_s(t)\varepsilon(t)+\alpha_{s1}(0) \tag{3.343}$$

$$\beta_{s1}(\varepsilon,t)=\int_0^t k_{b11}(t-\tau)r(\tau)\varepsilon(\tau)\mathrm{d}\tau+k_{b21}(t)y_s(t)\varepsilon(t)+\beta_{s1}(0) \tag{3.344}$$

$$\boldsymbol{a}_s(\varepsilon,t)=\int_0^t \boldsymbol{K}_{a1}(t-\tau)\boldsymbol{x}_{s2}(\tau)\varepsilon(\tau)\mathrm{d}\tau+\boldsymbol{K}_{a2}(t)\boldsymbol{x}_{s2}(t)\varepsilon(t)+\boldsymbol{a}_s(0) \tag{3.345}$$

$$\boldsymbol{b}_s(\varepsilon,t)=\int_0^t \boldsymbol{K}_{b1}(t-\tau)\boldsymbol{x}_{s3}(\tau)\varepsilon(\tau)\mathrm{d}\tau+\boldsymbol{K}_{b2}(t)\boldsymbol{x}_{s3}(t)\varepsilon(t)+\boldsymbol{b}_s(0) \tag{3.346}$$

式中,$k_{a11}(t-\tau)$,$k_{b11}(t-\tau)$,$\boldsymbol{K}_{a1}(t-\tau)$和$\boldsymbol{K}_{b1}(t-\tau)$为正定积分核,它们的拉普拉斯变换式分别为在$s=0$处有一极点的正实传递函数或正实传递函数矩阵;对于所有$t\geqslant 0$,均有$k_{a21}(t)\geqslant 0$,$k_{b21}(t)\geqslant 0$,$\boldsymbol{K}_{a2}(t)\geqslant\mathbf{0}$,$\boldsymbol{K}_{b2}(t)\geqslant\mathbf{0}$。特殊地,可以选取

$$k_{a11}(t-\tau)=k_{a11}>0,\qquad k_{b11}(t-\tau)=k_{b11}>0,\qquad t\geqslant\tau \tag{3.347}$$

$$\boldsymbol{K}_{a1}(t-\tau)=\boldsymbol{K}_{a1}>\mathbf{0},\qquad \boldsymbol{K}_{b1}(t-\tau)=\boldsymbol{K}_{b1}>\mathbf{0},\qquad t\geqslant\tau \tag{3.348}$$

$$k_{a21}(t)=k_{a21}\geqslant 0,\qquad k_{b21}(t)=k_{b21}\geqslant 0,\qquad t\geqslant 0 \tag{3.349}$$

$$\boldsymbol{K}_{a2}(t)=\boldsymbol{K}_{a2}\geqslant\mathbf{0},\qquad \boldsymbol{K}_{b2}(t)=\boldsymbol{K}_{b2}\geqslant\mathbf{0},\qquad t\geqslant 0 \tag{3.350}$$

系统渐近稳定的条件:

(1) $\boldsymbol{F}$必须是渐近稳定矩阵;

(2) $h(s)=\boldsymbol{c}^{\mathrm{T}}(s\boldsymbol{I}-\boldsymbol{A})^{-1}\boldsymbol{d}$必须是严格正实传递函数,其中$\boldsymbol{A}=\begin{bmatrix}\alpha_1 & \boldsymbol{a}^{\mathrm{T}}\\ \boldsymbol{g} & \boldsymbol{F}\end{bmatrix}$,$\boldsymbol{c}^{\mathrm{T}}=[1\quad 0\quad\cdots\quad 0]$,$\boldsymbol{d}^{\mathrm{T}}=[1\quad 0\quad\cdots\quad 0]$;

(3) $(\boldsymbol{g},\boldsymbol{F})$必须是完全可观测的。

稳定条件中的第一条保证了等价线性前向方块的不可控状态是渐近稳定的,第二条和第三条保证了剩下的完全可控和完全可观测部分是严格正实的。

特殊地,可以选取:

(1) $\boldsymbol{F}=\mathrm{diag}[-\lambda_i]$,$\lambda_i>0$,$i=2,3,\cdots,n$,当$i\neq j$时,$\lambda_i\neq\lambda_j$。

(2) $\boldsymbol{g}^{\mathrm{T}}=[1\quad 1\quad\cdots\quad 1]$

(3) $h(s)=\dfrac{\sum\limits_{i=2}^{n}(s+\lambda_i)}{s^n+\sum\limits_{i=0}^{n-1}a_{mi}s^i}$必须是严格正实传递函数。

这种设计方法的优点:减少了所用积分器的数量,情况2需要$n+2(n-1)$个积分器,这种设计方法只需要$1+2(n-1)$个积分器,减少了$n-1$个积分器。这种方法的缺点:

(1) 需要跟踪模型传递函数或标准型表达式的参数,而这些参数表现为α_i和λ_i及β_i和λ_i的各种组合,是无法直接得到的;

(2) 只能观测最小实现的状态,不能用来直接观测参考模型的不可达状态;

(3) 可调参数的数目增多,这意味着自适应机构更为复杂。

3.5　串并联模型参考自适应系统

上面所介绍的都是并联模型参考自适应系统设计方法，用超稳定性理论设计并联模型参考自适应系统的方法和结果也可以推广到串并联模型参考自适应系统。

串并联模型参考自适应系统的结构可分为两种类型，类型 1 主要用于参数辨识，类型 2 主要用于自适应状态变量调节器。

3.5.1　串并联模型参考自适应系统类型 1

设参考模型的状态方程为

$$\dot{\boldsymbol{x}}_{\mathrm{m}}=\boldsymbol{A}_{\mathrm{m}}\boldsymbol{x}_{\mathrm{m}}+\boldsymbol{B}_{\mathrm{m}}\boldsymbol{r} \tag{3.351}$$

串并联可调系统的状态方程为

$$\dot{\boldsymbol{x}}_{\mathrm{s}}=\boldsymbol{A}_{\mathrm{s}}(\boldsymbol{v},t)\boldsymbol{x}_{\mathrm{m}}+\boldsymbol{B}_{\mathrm{s}}(\boldsymbol{v},t)\boldsymbol{r}-\boldsymbol{K}\boldsymbol{e} \tag{3.352}$$

式中，$\boldsymbol{v}$ 为串联补偿器的输出向量，$\boldsymbol{e}$ 为广义状态误差向量，并且

$$\boldsymbol{e}=\boldsymbol{x}_{\mathrm{m}}-\boldsymbol{x}_{\mathrm{s}} \tag{3.353}$$

自适应机构为

$$\boldsymbol{v}=\boldsymbol{D}\boldsymbol{e} \tag{3.354}$$

$$\boldsymbol{A}_{\mathrm{s}}(\boldsymbol{v},t)=\int_0^t\boldsymbol{\Phi}_1(\boldsymbol{v},t,\tau)\mathrm{d}\tau+\boldsymbol{\Phi}_2(\boldsymbol{v},t)+\boldsymbol{A}_{\mathrm{s}}(0) \tag{3.355}$$

$$\boldsymbol{B}_{\mathrm{s}}(\boldsymbol{v},t)=\int_0^t\boldsymbol{\Psi}_1(\boldsymbol{v},t,\tau)\mathrm{d}\tau+\boldsymbol{\Psi}_2(\boldsymbol{v},t)+\boldsymbol{B}_{\mathrm{s}}(0) \tag{3.356}$$

类型 1 的系统结构如图 3.22 所示，设计所遵循的步骤与并联模型参考自适应系统相同。

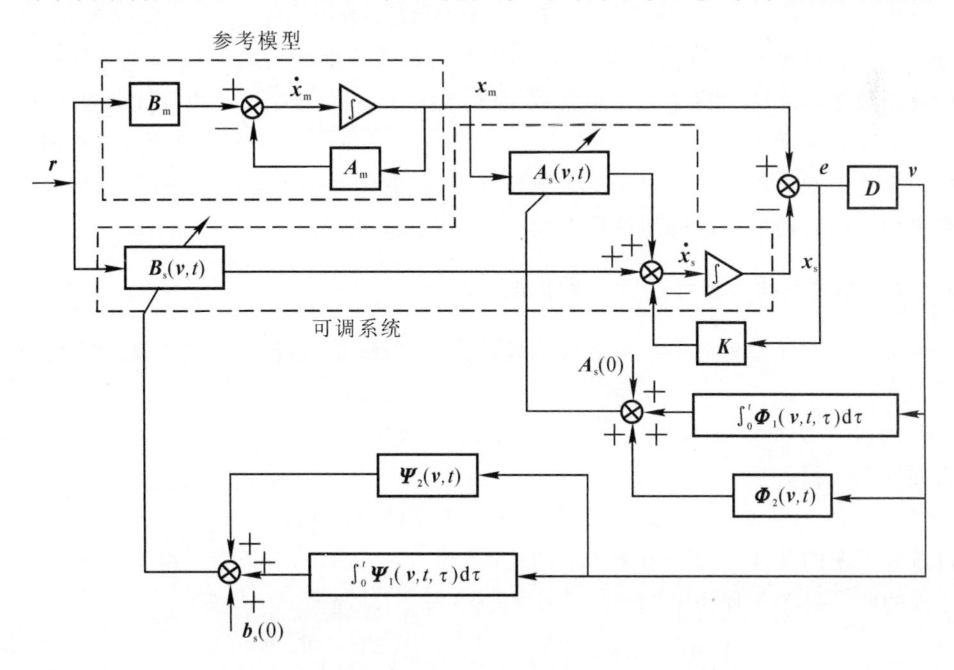

图 3.22　串并联模型参考自适应系统类型 1 的结构图

由式(3.351)～式(3.353),可得状态误差方程,即

$$\dot{\boldsymbol{e}}=\boldsymbol{K}\boldsymbol{e}+[\boldsymbol{A}_{\mathrm{m}}-\boldsymbol{A}_{\mathrm{s}}(\boldsymbol{v},t)]\boldsymbol{x}_{\mathrm{m}}+[\boldsymbol{B}_{\mathrm{m}}-\boldsymbol{B}_{\mathrm{s}}(\boldsymbol{v},t)]\boldsymbol{r} \tag{3.357}$$

由式(3.354)～式(3.357),可得等价反馈系统方程,即

$$\dot{\boldsymbol{e}}=\boldsymbol{K}\boldsymbol{e}+\boldsymbol{I}\boldsymbol{w}_1 \tag{3.358}$$

$$\boldsymbol{v}=\boldsymbol{D}\boldsymbol{e} \tag{3.359}$$

$$\boldsymbol{w}=-\boldsymbol{w}_1=\left[\int_0^t \boldsymbol{\Phi}_1(\boldsymbol{v},t,\tau)\mathrm{d}\tau+\boldsymbol{\Phi}_2(\boldsymbol{v},t)+\boldsymbol{A}_{\mathrm{s}}(0)-\boldsymbol{A}_{\mathrm{m}}\right]\boldsymbol{x}_{\mathrm{m}}+\left[\int_0^t \boldsymbol{\Psi}_1(\boldsymbol{v},t,\tau)\mathrm{d}\tau+\boldsymbol{\Psi}_2(\boldsymbol{v},t)+\boldsymbol{B}_{\mathrm{s}}(0)-\boldsymbol{B}_{\mathrm{m}}\right]\boldsymbol{r} \tag{3.360}$$

为了使由式(3.351)～式(3.356)所描述的串并联模型参考自适应系统是渐近稳定的,等价反馈系统的线性前向方块的传递函数矩阵

$$\boldsymbol{H}(s)=\boldsymbol{D}(s\boldsymbol{I}-\boldsymbol{K})^{-1} \tag{3.361}$$

应当是严格正实的。$\boldsymbol{D}$ 是正定矩阵,满足如下关系式:

$$\boldsymbol{P}\boldsymbol{K}+\boldsymbol{K}^{\mathrm{T}}\boldsymbol{P}=-\boldsymbol{Q},\qquad \boldsymbol{Q}>\boldsymbol{0} \tag{3.362}$$

$$\boldsymbol{P}\boldsymbol{I}=\boldsymbol{D} \tag{3.363}$$

式(3.362)和式(3.363)又可写为

$$\boldsymbol{D}\boldsymbol{K}+\boldsymbol{K}^{\mathrm{T}}\boldsymbol{D}=-\boldsymbol{Q},\qquad \boldsymbol{Q}>\boldsymbol{0} \tag{3.364}$$

为使 $\boldsymbol{D}$ 是一个正定矩阵,$\boldsymbol{K}$ 应当是一个古尔维茨矩阵,即它的所有特征值均具有负实部。参照并联模型参考自适应系统设计方法,可以选取自适应规律,即

$$\boldsymbol{\Phi}_1(\boldsymbol{v},t,\tau)=\boldsymbol{K}_A(t-\tau)\boldsymbol{v}(\tau)[\boldsymbol{G}_A\boldsymbol{x}_{\mathrm{m}}(\tau)]^{\mathrm{T}},\qquad t\geqslant\tau \tag{3.365}$$

$$\boldsymbol{\Phi}_2(v,t)=\boldsymbol{K}_A'(t)\boldsymbol{v}(t)[\boldsymbol{G}_A'(t)\boldsymbol{x}_{\mathrm{m}}(t)]^{\mathrm{T}} \tag{3.366}$$

$$\boldsymbol{\Psi}_1(\boldsymbol{v},t,\tau)=\boldsymbol{K}_B(t-\tau)\boldsymbol{v}(\tau)[\boldsymbol{G}_B\boldsymbol{r}(\tau)]^{\mathrm{T}},\qquad t\geqslant\tau \tag{3.367}$$

$$\boldsymbol{\Psi}_2(\boldsymbol{v},t)=\boldsymbol{K}_B'(t)\boldsymbol{v}(t)[\boldsymbol{G}_B'(t)\boldsymbol{r}(t)]^{\mathrm{T}} \tag{3.368}$$

式中,$\boldsymbol{K}_A(t-\tau)$ 和 $\boldsymbol{K}_B(t-\tau)$ 为正定积分核,它们的拉普拉斯变换式为在 $s=0$ 处具有一极点的正实传递函数矩阵。$\boldsymbol{G}_A$ 和 $\boldsymbol{G}_B$ 为正定常数矩阵,$\boldsymbol{K}_A'(t)$,$\boldsymbol{K}_B'(t)$,$\boldsymbol{G}_A'(t)$ 和 $\boldsymbol{G}_B'(t)$ 对于所有 $t\geqslant 0$ 为正定或半正定时变矩阵。

如果 $\boldsymbol{K}=\boldsymbol{0}$,则等价前向方块是一个纯积分器,它的传递函数矩阵仅为正实的,这只能保证串并联模型参考自适应系统的超稳定性而不再是渐近超稳定性。

3.5.2 串并联模型参考自适应系统类型 2

这种类型的串并联模型参考自适应系统结构图如图 3.23 所示。串并联参考模型状态方程为

$$\dot{\boldsymbol{x}}_{\mathrm{m}}=\boldsymbol{A}_{\mathrm{m}}\boldsymbol{x}_{\mathrm{s}}+\boldsymbol{B}_{\mathrm{m}}\boldsymbol{r} \tag{3.369}$$

可调系统状态方程为

$$\dot{\boldsymbol{x}}_{\mathrm{s}}=\boldsymbol{A}_{\mathrm{s}}(\boldsymbol{v},t)\boldsymbol{x}_{\mathrm{s}}+\boldsymbol{B}_{\mathrm{s}}(\boldsymbol{v},t)\boldsymbol{r}-\boldsymbol{K}\boldsymbol{e} \tag{3.370}$$

描述自适应系统的其他方程与类型 1 中的式(3.353)～式(3.356)完全相同。

系统的状态误差方程为

$$\dot{\boldsymbol{e}}=\boldsymbol{K}\boldsymbol{e}+[\boldsymbol{A}_{\mathrm{m}}-\boldsymbol{A}_{\mathrm{s}}(\boldsymbol{v},t)]\boldsymbol{x}_{\mathrm{s}}+[\boldsymbol{B}_{\mathrm{m}}-\boldsymbol{B}_{\mathrm{s}}(\boldsymbol{v},t)]\boldsymbol{r} \tag{3.371}$$

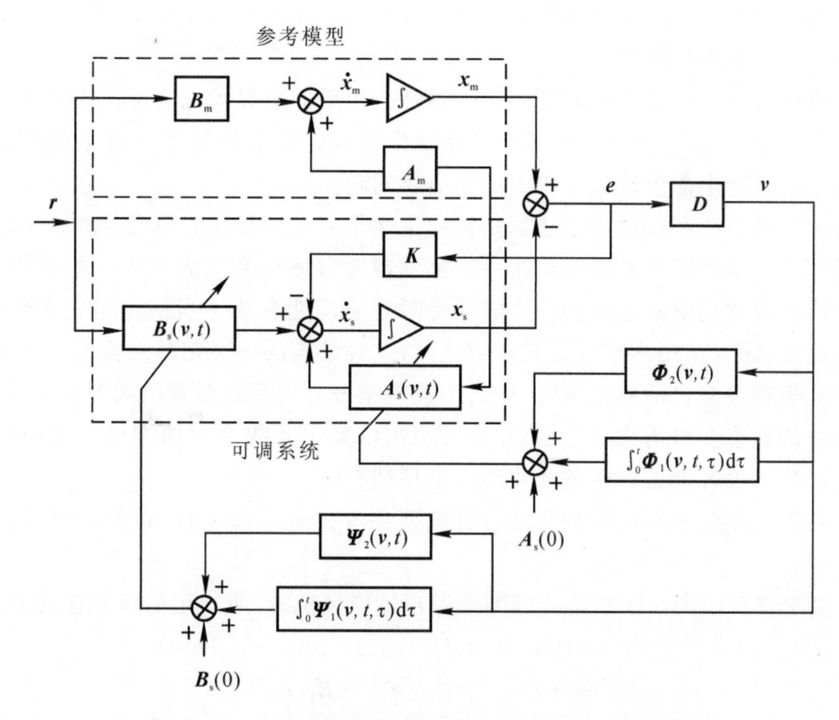

图 3.23　串并联模型参考自适应系统类型 2 的结构图

等价反馈系统方程为

$$\dot{e} = Ke + Iw_1 \tag{3.372}$$

$$v = De \tag{3.373}$$

$$w = -w_1 = \left[\int_0^t \Phi_1(v,t,\tau)d\tau + \Phi_2(v,t) + A_s(0) - A_m\right]x_s + \left[\int_0^t \Psi_1(v,t,\tau)d\tau + \Psi_2(v,t) + B_s(0) - B_m\right]r \tag{3.374}$$

在 K 为古尔维茨矩阵条件下，式中矩阵 D 由式(3.364) 解出。自适应规律为

$$\Phi_1(v,t,\tau) = K_A(t-\tau)v(\tau)[G_A x_s(\tau)]^T, \quad t \geqslant \tau \tag{3.375}$$

$$\Phi_2(v,t) = K_A'(t)v(t)[G_A'(t)x_s(t)]^T \tag{3.376}$$

$$\Psi_1(v,t,\tau) = K_B(t-\tau)v(\tau)[G_B r(\tau)]^T, \quad t \geqslant \tau \tag{3.377}$$

$$\Psi_2(v,t) = K_B'(t)v(t)[G_B'(t)r(t)]^T \tag{3.378}$$

式中，$K_A(t-\tau)$，$K_B(t-\tau)$，$K_A'(t)$，$K_B'(t)$，G_A，G_B，$G_A'(t)$ 及 $G_B'(t)$ 的定义与类型 1 完全相同。

3.6　各种模型参考自适应系统设计方法的比较

在这一节中，我们试图将本章中所介绍的模型参考自适应系统的各种设计方法加以比较，并力图着重叙述所能够认识到的它们之间的联系。

以局部参数优化技术为基础的设计方法的主要缺点有：

(1) 可调系统参数和参考模型参数之间的初始差别假设是小的；

(2) 自适应过程假定是慢的；

(3) 所给出的选取自适应增益的方法不能保证自适应过程的收敛性，因此也就不能保证模型参考自适应系统的总体稳定性。

由于模型参考自适应系统是时变的、非线性的，用局部参数优化法设计的模型参考自适应系统很容易变得不稳定，因此寻找能够保证系统渐近稳定的模型参考自适应系统设计方法就成了自适应系统设计中需要首先解决的一个重要问题。

李雅普诺夫函数法和超稳定性法都是将稳定性作为设计基础的模型参考自适应系统设计方法。这两种方法的共同出发点都是将一个模型参考自适应系统表示为一个等价反馈系统，它具有一个线性定常的前向方块和一个非线性时变的反馈方块。当使用超稳定性法时，这种结构是很明显的，而当使用李雅普诺夫函数法时，这种结构的出现则是间接的。在用李雅普诺夫函数法设计模型参考自适应系统时，所选用的李雅普诺夫函数总是由两项组成的，一项是由线性前向方块的状态变量构成的二次型，另一项则依赖于非线性反馈方块。这种形式的李雅普诺夫函数适宜于设计渐近稳定的非线性时变反馈系统。

用局部参数优化法和用稳定性方法设计模型参考自适应系统时，它们之间可能存在的联系如下：

(1) 在用李雅普诺夫函数法设计模型参考自适应系统时，所使用的李雅普诺夫函数形式

$$V=\boldsymbol{e}^{\mathrm{T}}\boldsymbol{P}\boldsymbol{e}+\mathrm{tr}[\boldsymbol{A}_{\mathrm{m}}-\boldsymbol{A}_{\mathrm{s}}(\boldsymbol{e},t)]^{\mathrm{T}}\boldsymbol{\Gamma}_1^{-1}[\boldsymbol{A}_{\mathrm{m}}-\boldsymbol{A}_{\mathrm{s}}(\boldsymbol{e},t)]+ \mathrm{tr}[\boldsymbol{B}_{\mathrm{m}}-\boldsymbol{B}_{\mathrm{s}}(\boldsymbol{e},t)]^{\mathrm{T}}\boldsymbol{\Gamma}_2^{-1}[\boldsymbol{B}_{\mathrm{m}}-\boldsymbol{B}_{\mathrm{s}}(\boldsymbol{e},t)] \tag{3.379}$$

表现为参考模型与可调系统之间的状态距离和参数距离的平方和。因此，在 3.2 节中所提出的设计方法是建立在要求状态距离和参数距离的导数必须恒为负的基础上，正是这个要求导致了一个全局渐近稳定的模型参考自适应系统。

(2) 如果一个等价反馈系统是由某些用局部参数优化法所设计的模型参考自适应系统导出的，则其中的线性定常前向方块的传递函数矩阵不一定是严格正实的。

在解决模型参考自适应系统设计时的稳定性问题方面，从理论上讲，李雅普诺夫函数法和超稳定性法的能力是相同的。但是，用李雅普诺夫函数法设计模型参考自适应系统时，由于受到了寻求合适的李雅普诺夫函数的限制，其自适应规律的种类可以选择的余地很少。用超稳定性法设计模型参考自适应系统时，由于把对一个等价反馈系统寻求合适的李雅普诺夫函数的问题转化为独立求解两个正性问题，即求解线性定常前馈方块和非线性时变反馈方块的正性问题，因此可获得更为一般性的自适应规律。

因为超稳定性法导致了一个全局渐近稳定的模型参考自适应系统，而对于一个全局渐近稳定的系统，李雅普诺夫函数肯定是存在的，因此对于一个用超稳定性法设计的模型参考自适应系统，一定可以找出相应的李雅普诺夫函数。对于连续时间模型参考自适应系统，有下面的结论。

定理 3.6.1 对于并联模型参考自适应系统，即

$$\dot{\boldsymbol{x}}_{\mathrm{m}}=\boldsymbol{A}_{\mathrm{m}}\boldsymbol{x}_{\mathrm{m}}+\boldsymbol{B}_{\mathrm{m}}\boldsymbol{r} \tag{3.380}$$

$$\dot{\boldsymbol{x}}_{\mathrm{s}}=\boldsymbol{A}_{\mathrm{s}}(\boldsymbol{v},t)\boldsymbol{x}_{\mathrm{s}}+\boldsymbol{B}_{\mathrm{s}}(\boldsymbol{v},t)\boldsymbol{r} \tag{3.381}$$

$$\boldsymbol{e}=\boldsymbol{y}_{\mathrm{m}}-\boldsymbol{y}_{\mathrm{s}} \tag{3.382}$$

$$\boldsymbol{v}=\boldsymbol{D}\boldsymbol{e} \tag{3.383}$$

$$\boldsymbol{A}_{\mathrm{s}}(\boldsymbol{v},t)=\int_0^t\boldsymbol{\Phi}_1(\boldsymbol{v},t,\tau)\mathrm{d}\tau+\boldsymbol{\Phi}_2(\boldsymbol{v},t)+\boldsymbol{A}_{\mathrm{s}}(0) \tag{3.384}$$

$$\boldsymbol{B}_{\mathrm{s}}(\boldsymbol{v},t)=\int_0^t \boldsymbol{\Psi}_1(\boldsymbol{v},t,\tau)\mathrm{d}\tau+\boldsymbol{\Psi}_2(\boldsymbol{v},t)+\boldsymbol{B}_{\mathrm{s}}(0) \tag{3.385}$$

式中，$\boldsymbol{A}_{\mathrm{m}}$ 为古尔维茨(Hurwitz) 矩阵。若选取自适应规律为

$$\boldsymbol{\Phi}_1(\boldsymbol{v},t,\tau)=\boldsymbol{K}_A(t-\tau)\boldsymbol{v}(\tau)[\boldsymbol{G}_A\boldsymbol{x}_{\mathrm{s}}(\tau)]^{\mathrm{T}},\qquad t\geqslant\tau \tag{3.386}$$

$$\boldsymbol{\Phi}_2(\boldsymbol{v},t)=\boldsymbol{K}_A'(t)\boldsymbol{v}(t)[\boldsymbol{G}_A'(t)\boldsymbol{x}_{\mathrm{s}}(t)]^{\mathrm{T}} \tag{3.387}$$

$$\boldsymbol{\Psi}_1(\boldsymbol{v},t,\tau)=\boldsymbol{K}_B(t-\tau)\boldsymbol{v}(\tau)[\boldsymbol{G}_B\boldsymbol{r}(\tau)]^{\mathrm{T}},\qquad t\geqslant\tau \tag{3.388}$$

$$\boldsymbol{\Psi}_2(\boldsymbol{v},t)=\boldsymbol{K}_B'(t)\boldsymbol{v}(t)[\boldsymbol{G}_B'(t)\boldsymbol{r}(t)]^{\mathrm{T}} \tag{3.389}$$

式中，$\boldsymbol{K}_A(t-\tau)$ 和 $\boldsymbol{K}_B(t-\tau)$ 为正定积分核，它们的拉普拉斯变换式为在 $s=0$ 处具有一极点的正实传递函数矩阵，$\boldsymbol{G}_A$ 和 $\boldsymbol{G}_B$ 为正定常数矩阵，$\boldsymbol{K}_A'(t)$，$\boldsymbol{K}_B'(t)$，$\boldsymbol{G}_A'(t)$ 和 $\boldsymbol{G}'B(t)$ 对于所有 $t\geqslant 0$ 为时变正定(或半正定) 矩阵。则正定函数

$$\begin{aligned}V(\boldsymbol{e},t)=&\boldsymbol{e}^{\mathrm{T}}\boldsymbol{P}\boldsymbol{e}+2\int_{-\infty}^{t}(\boldsymbol{P}\boldsymbol{e})^{\mathrm{T}}\left[\int_{-\infty}^{t'}\boldsymbol{K}_A(t'-\tau)\boldsymbol{P}\boldsymbol{e}(\boldsymbol{G}_A\boldsymbol{x}_{\mathrm{s}})^{\mathrm{T}}\mathrm{d}\tau\right]\boldsymbol{x}_{\mathrm{s}}\mathrm{d}t'+\\&2\int_{-\infty}^{t}(\boldsymbol{P}\boldsymbol{e})^{\mathrm{T}}\boldsymbol{K}_A'(t')\boldsymbol{P}\boldsymbol{e}\boldsymbol{x}_{\mathrm{s}}^{\mathrm{T}}\boldsymbol{G}_A'(t)\boldsymbol{x}_{\mathrm{s}}\mathrm{d}t'+\\&2\int_{-\infty}^{t}(\boldsymbol{P}\boldsymbol{e})^{\mathrm{T}}\left[\int_{-\infty}^{t'}\boldsymbol{K}_B(t'-\tau)\boldsymbol{P}\boldsymbol{e}(\boldsymbol{G}_B\boldsymbol{r})^{\mathrm{T}}\mathrm{d}\tau\right]\boldsymbol{r}\mathrm{d}t'+\\&2\int_{-\infty}^{t}(\boldsymbol{P}\boldsymbol{e})^{\mathrm{T}}\boldsymbol{K}_B'(t')\boldsymbol{P}\boldsymbol{e}\boldsymbol{r}^{\mathrm{T}}\boldsymbol{G}_B'(t)\boldsymbol{r}\mathrm{d}t'\end{aligned} \tag{3.390}$$

是模型参考自适应系统的一个李雅普诺夫函数。

对于串并联模型参考自适应系统，也可获得类似的结果，构成李雅普诺夫函数的这种方法还可以推广到离散时间系统。

当用系统的输入变量、输出变量设计模型参考自适应系统时，状态变量滤波器放在可调系统输入端及参考模型输出端(情况 1) 的系统结构主要应用于系统参数辨识，而状态变量滤波器放在参考模型和可调系统输出端(情况 2) 的系统结构则主要应用于自适应状态观测器的自适应模型跟随控制系统，当然也可用于系统参数辨识。

在 3.4.4 小节所给出的直接使用广义输出误差设计自适应规律的方法(情况 3) 与情况 2 有些相似。在情况 2 给出的设计方法中，需要确定一个具有参数自适应和信号自适应的模型参考自适应系统，以便得到等价反馈系统，即

$$(p^n+\sum_{i=0}^{n-1}a_{\mathrm{m}i}p^i)\varepsilon_{\mathrm{f}}=\omega_1 \tag{3.391}$$

$$v=(p^{n-1}+\sum_{i=0}^{n-2}d_ip^i)\varepsilon_{\mathrm{f}} \tag{3.392}$$

$$\omega=-\omega_1=\sum_{i=1}^{n}f_i(v,t)z_i \tag{3.393}$$

式中，滤波后的广义误差 ε_{f} 为渐近稳定状态变量滤波器

$$(p^{n-1}+\sum_{i=0}^{n-1}c_ip^i)\varepsilon_{\mathrm{f}}=\varepsilon \tag{3.394}$$

的输出。为了获得一个渐近稳定的等价反馈系统，即

$$\lim_{t\to\infty}\varepsilon_{\mathrm{f}}(t)=0,\qquad \lim_{t\to\infty}\varepsilon(t)=0 \tag{3.395}$$

根据超稳定性定理，必须使

$$\int_0^t v\,\omega\,\mathrm{d}\tau\geqslant -r_0^2,\qquad t\geqslant 0 \tag{3.396}$$

并且传递函数

$$h(s)=\frac{p^{n-1}+\sum_{i=0}^{n-2}d_i s^i}{p^n+\sum_{i=0}^{n-1}a_{mi}s^i} \tag{3.397}$$

必须为严格正实的。由式(3.396)和式(3.397)这两个条件能够设计线性补偿器的系数 d_i 和函数 $f_i(v,t)$。状态变量滤波器在保持渐近稳定的条件下，参数 c_i 可以自由选择，其带通根据噪声的电平和频谱来选择。

对于情况3所给出的设计方法，直接选取状态变量滤波器的参数 $c_i=d_i$，使得由式(3.397)所给出的 $h(s)$ 为严格正实的。然后，定义了一个具有参数自适应和信号自适应的模型参考自适应系统，得到一个由方程

$$(p^n+\sum_{i=0}^{n-1}a_{mi}p^i)\varepsilon=(p^{n-1}+\sum_{i=0}^{n-2}d_i p^i)\omega_1 \tag{3.398}$$

$$\omega=-\omega_1=\sum_{i=1}^{n}f_i(\varepsilon,t)z_i \tag{3.399}$$

来描述的等价反馈系统。如果除了由式(3.397)所给出的 $h(s)$ 为严格正实的之外，由式(3.399)所给出的 ω 满足波波夫积分不等式(3.396)，则式(3.398)和式(3.399)所给出的等价反馈系统是渐近稳定的。

比较情况2和情况3两种设计方法，则有：

(1) 情况3是情况2在 $c_i=d_i$ 时的特殊情况。

(2) 情况3仅需两个状态变量滤波器，而情况2需要三个状态变量滤波器，即情况2比情况3多用 $n-1$ 个积分器。

(3) 情况3中状态变量滤波器的带通与参考模型的带通差别不大，因而情况3中的自适应速度比情况2低。

当可调系统的结构可以由设计者选择而没有任何限制时，可以采用情况1和情况4中的设计方法，例如当模型参考自适应系统用做参数辨识时就可采用情况1和情况4的系统结构。两者相比较，有以下区别。

(1) 情况4比情况1可调系统结构简单，少用了$(n-1)$个积分器。

(2) 情况4可调参数数量为$2n$，情况1可调参数数量为$n+m$，当$m\leqslant n-1$时，情况4的可调参数比情况1多。由于可调参数数量也是自适应链的数量，每个自适应链包含有两个乘法器和一个比例加积分放大器，故情况4比情况1参数调整机构复杂。

(3) 情况1的设计允许直接跟踪参考模型传递函数的参数。而在情况4的设计中可调系统的参数必须组合起来以获得参考模型传递函数参数的估计，这就有可能在出现诸如量测噪声等干扰时引起附加的误差。

3.7 模型参考自适应系统的鲁棒性问题

在上面讨论模型参考自适应控制时，都假定控制对象和参考模型是同阶次的，并且控制对象不受外界干扰，也无量测噪声。这些假定在许多实际系统中可能不成立，因此，在研究自适应控制时，应该研究这些假定不成立时对系统的影响。

控制对象的模型阶次往往比较高，为了设计方便，常常对系统进行降阶，即借助“主导极点”概念，保留系统的主导极点和零点部分(低频部分)，舍弃系统的非主导极点和零点部分(高频部分)，得到一个阶次比较低的模型。设有一系统的传递函数为

$$W_0(s)=\frac{2}{s+1}\frac{229}{s^2+30s+229} \tag{3.400}$$

其降阶模型的传递函数为

$$W(s)=\frac{2}{s+1} \tag{3.401}$$

如果控制对象选用降阶模型，参考模型与降阶模型匹配，而与系统原模型不匹配，根据降阶模型所设计的自适应控制系统的全局稳定性将得不到保证。

对于线性系统，在设计中允许采用简化模型，使系统的高频部分在剪切频率之上，并且有足够的稳定余度，系统即使受到高频干扰，也能正常工作。自适应系统是非线性系统，低频信号也可能会产生高频振荡，使系统被忽略的高频部分激励起来。因此，在设计模型参考自适应控制时，应当考虑简化模型和噪声对系统的影响，这就提出了模型参考自适应系统的鲁棒性问题。

所谓控制系统的鲁棒性，就是系统在外界环境或系统本身发生变化时，能保持原有性能的能力，特别是保持稳定性的能力。

对于自适应控制来说，控制对象的不确定性可分为两类，第一类为参数或结构的不确定性，即传递函数的零极点位置不准确。第二类为模型简化时忽略了高频环节。在低频状态下，这些未被建模的高频环节的影响不太明显。但是，当系统中存在高频寄生时，这些未被建模的高频环节的动态特性可能对系统产生很大的影响，甚至会起主导作用，这就是所谓的未建模动态问题。对象具有未建模动态时的数学模型通常表示为

$$W_0(s)=W(s)+\mu\Delta_1(s) \tag{3.402}$$

$$W_0(s)=W(s)[1+\mu\Delta_2(s)] \tag{3.403}$$

式中，$W_0(s)$ 为控制对象的传递函数，$W(s)$ 是控制对象已建模部分的传递函数，即简化传递函数。式(3.402)中的 $\mu\Delta_1$ 表示控制对象的相加未建模动态，式(3.403)中的 $\mu\Delta_2$ 表示控制对象的相乘未建模动态。下面以 Rohrs 的例子来说明控制对象存在不大的未建模动态和干扰时，可能会导致模型参考自适应系统的稳定性受到破坏。Rohrs 例子的系统结构和参数如图 3.24 所示。

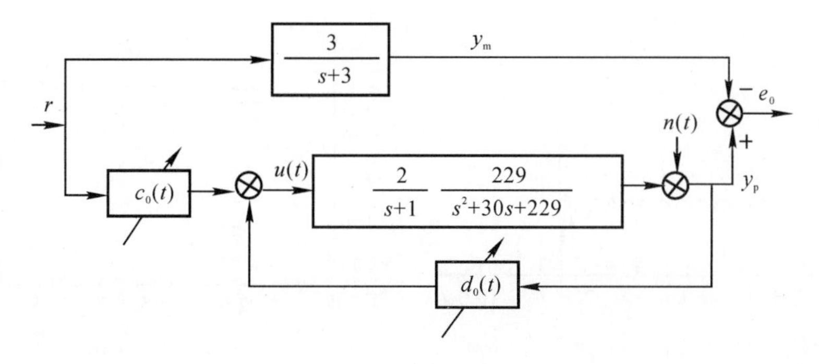

图 3.24　Rohrs 例子的系统结构图

控制对象的传递函数为

$$W_0(s)=\frac{2}{s+1}\frac{229}{s^2+30s+229} \tag{3.404}$$

在设计自适应控制时，取控制对象传递函数的简化模型为

$$W(s)=\frac{k_p}{s+a_p}=\frac{2}{s+1} \tag{3.405}$$

参考模型的传递函数为

$$W_m(s)=\frac{k_m}{s+a_m}=\frac{3}{s+3} \tag{3.406}$$

输出误差自适应控制用下列方程组描述：

$$\begin{cases} u=c_0r+d_0y_p & (3.407)\\ e_0=y_p-y_m & (3.408)\\ \dot{c}_0=-ge_0r & (3.409)\\ \dot{d}_0=-ge_0y_p & (3.410)\end{cases}$$

控制器参数的标称值为

$$\bar{c}_0=\frac{k_m}{k_p}=1.5 \tag{3.411}$$

$$\bar{d}_0=\frac{a_p-a_m}{k_p}=-1 \tag{3.412}$$

控制对象被忽略的高频环节为$\frac{229}{s^2+30s+229}$，其极点位于$-15\pm j2$。在本例中，y_p的量测值包含有量测噪声$n(t)$。

在Rohrs的例子中，控制对象的实际模型和简化模型都在稳定区域内，而且被忽略的高频环节是充分阻尼和稳定的。仿真结果表明，在无未建模动态和量测噪声时，自适应控制系统是稳定的，输出误差收敛到零。

当考虑到未建模动态时，出现了下列几类不稳定现象。

(1) 参考输入具有较大的常值，没有量测噪声。选取$r(t)=4.3$，$n(t)=0$，$c_0(0)=1.14$，$d_0(0)=-0.65$，$y_p(0)=0$时，$y_p(t)$，$c_0(t)$和$d_0(t)$的仿真曲线如图3.25(a)，(b)所示，输出误差开始收敛到零，最后发散到无穷大，参数c_0和d_0也发散。

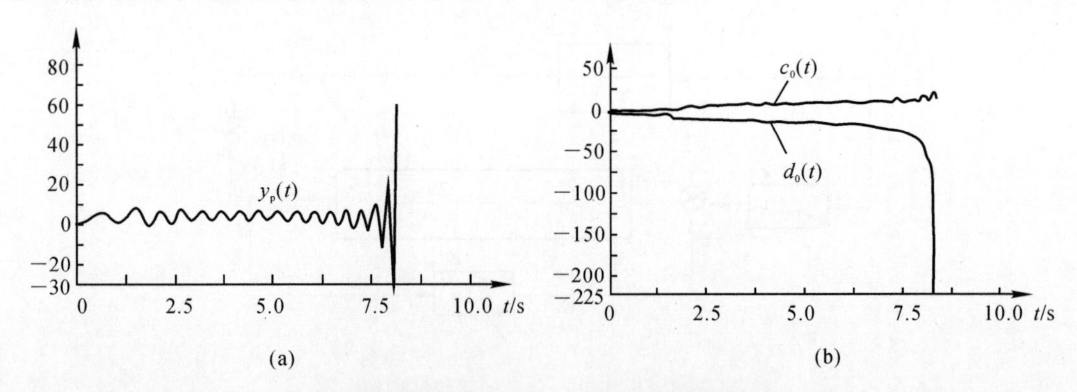

图 3.25　当$r=4.3$，$n=0$时，系统发散情况

(a) 控制对象输出仿真曲线；(b) 控制参数仿真曲线

(2) 参考输入由一较小的常值和一个较大的高频分量组成,即 $r(t)=0.3+1.85\sin(16.1t)$,选取 $c_0(0)=1.14$,$d_0(0)=-0.65$,$y_p(0)=0$ 时,$y_p(t)$,$c_0(t)$ 和 $d_0(t)$ 的仿真曲线如图 3.26(a),(b) 所示。输出误差开始慢慢发散,然后发散到无穷,参数 c_0 和 d_0 也随之发散。

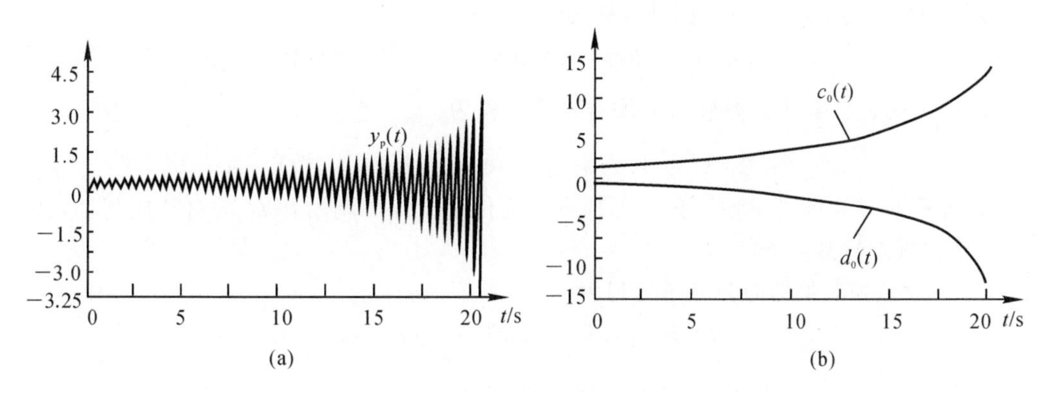

图 3.26　当 $r=0.3+1.85\sin(16.1t)$, $n=0$ 时,系统发散情况

(a) 控制对象输出仿真曲线; (b) 控制参数仿真曲线

(3) 中等参考输入,$r(t)=2$,小量测量噪声,$n(t)=0.5\sin(16.1t)$,选取 $c_0(0)=1.14$,$d_0(0)=-0.65$,$y_p(0)=0$ 时,$y_p(t)$,$c_0(t)$ 和 $d_0(t)$ 的仿真曲线如图 3.27 所示。输出误差开始收敛到零,然后在零附近停留一段时间,再发散至无穷,控制参数 c_0 和 d_0 以常速率漂移,然后突然发散。

从 Rohrs 的例子可看出,当系统存在未建模动态、外界干扰和量测噪声时,模型参考自适应系统会产生不稳定现象。我们希望所设计的模型参考自适应系统在上述不确定条件下仍能保持稳定性,这种系统称为具有鲁棒稳定性的系统。

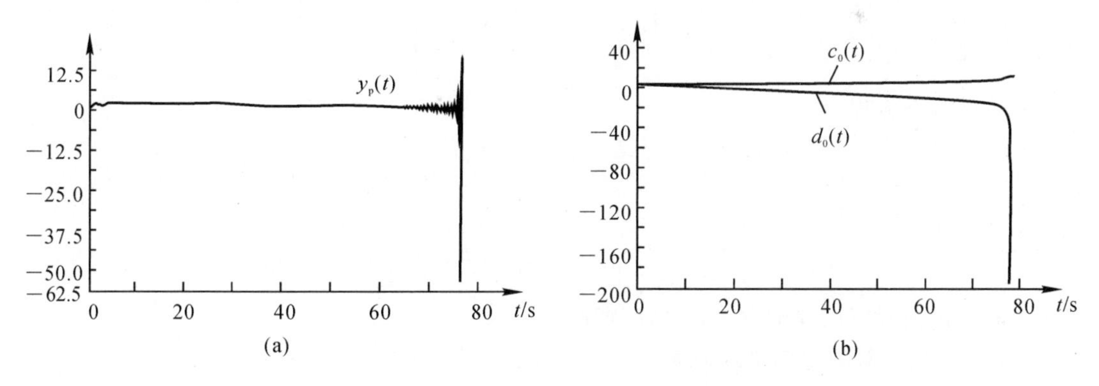

图 3.27　当 $r=2$, $n=0.5\sin(16.1t)$ 时,系统发散情况

(a) 控制对象输出仿真曲线; (b) 控制参数仿真曲线

自适应系统已经很复杂,自适应鲁棒稳定性系统更为复杂。对存在未建模动态、外界干扰和量测噪声时的自适应系统,目前已有很多鲁棒稳定性算法。在本书第 9 章所介绍的对象具有未建模动态时的混合自适应控制中,将会给出一些这方面的算法。

习　题

3.1　设有三阶系统,参考模型方程为

$$(a_3 p^3 + a_2 p^2 + a_1 p + 1) y_m(t) = kr(t)$$

式中,$p = \frac{d}{dt}$ 为微分算子。并联可调增益系统方程为

$$(a_3 p^3 + a_2 p^2 + a_1 p + 1) y_p(t) = k_c k_v r(t)$$

式中,k_v 是受环境影响的参数。试用局部参数优化法设计可调增益 k_c 的自适应规律,并确定使系统稳定所需的参数条件。

3.2　设被控对象的微分算子方程为

$$(a_{p2} p^2 + a_{p1} p + 1) y_p(t) = (b_{p1} p + b_{p0}) r(t)$$

选定参考模型为

$$(a_{m2} p^2 + a_{m1} p + 1) y_m(t) = (b_{m1} p + b_{m0}) r(t)$$

设 $a_{pi}(i=1,2)$ 和 $b_{pi}(i=0,1)$ 为可调参数,试用局部参数优化法设计可调参数规律。

3.3　设参考模型方程为

$$(p^2 + a_{m1} p + a_{m0}) y_m(t) = b_{m0} r(t)$$

可调系统方程为

$$(p^2 + a_{s1} p + a_{s0}) y_s(t) = b_{s0} r(t)$$

式中,$a_{s0} = a_{m0}$ 为固定参数,试用李雅普诺夫稳定性理论设计 a_{s1} 和 b_{s0} 的自适应规律。

3.4　设控制对象的状态方程为

$$\dot{\boldsymbol{x}}_p = \boldsymbol{A}_p(t) \boldsymbol{x}_p + \boldsymbol{b}_p(t) u$$

式中

$$\boldsymbol{A}_p = \begin{bmatrix} 0 & 1 \\ -6 & -7 \end{bmatrix}, \quad \boldsymbol{b}_p = \begin{bmatrix} 2 \\ 4 \end{bmatrix}$$

参考模型的状态方程为

$$\dot{\boldsymbol{x}}_m = \boldsymbol{A}_m \boldsymbol{x}_m + \boldsymbol{b}_m r$$

式中

$$\boldsymbol{A}_m = \begin{bmatrix} 0 & 1 \\ -10 & -5 \end{bmatrix}, \quad \boldsymbol{b}_m = \begin{bmatrix} 1 \\ 2 \end{bmatrix}$$

试用李雅普诺夫稳定性理论设计自适应规律。

3.5　设控制对象的传递函数为

$$W_p(s) = \frac{s+1}{s^2 + 8s + 20}$$

参考模型的传递函数为

$$W_m(s) = \frac{6(s+5)}{s^2 + 13s + 40}$$

试用 Narendra 方案设计模型参考自适应系统,并进行数字仿真,比较输入为阶跃信号和方波信号时,系统的输出误差和可调参数的变化过程。

3.6　设控制对象的传递函数为

$$W_p(s)=\frac{k_1}{T_1^2s^2+2T_1\xi_1 s+1}$$

参数 k_1,T_1 和 ξ_1 随时间而变的变化规律为

$$k_1(t)=1.12-0.008t,\quad T_1=0.036+0.004t,\quad \xi_1(t)=0.8-0.01t$$

设参考型的传递函数为

$$W_m(s)=\frac{1}{0.08^2s^2+2\times0.08\times0.75s+1}$$

试用超稳定性理论设计模型参考自适应系统。

假定系统参考输入：

(1) $r(t)$ 是方波信号,周期为 4 s,振幅为 ± 2；

(2) $r(t)=0.5+0.04t$。

设计自适应规律,给出仿真结果。

3.7　已知参考模型方程为

$$\left(p^n+\sum_{i=0}^{n-1}a_{mi}p^i\right)y_m(t)=b_{m0}r(t)$$

并联可调系统方程为

$$\left[p^n+\sum_{i=0}^{n-1}a_{si}(\varepsilon,t)p^i\right]y_s(t)=b_{s0}(\varepsilon,t)r(t)$$

式中,ε 为广义输出误差,$\varepsilon=y_m-y_s$,试推导能够导致模型参考自适应系统渐近稳定的参数自适应规律。

3.8　已知参考模型方程为

$$\left(\sum_{i=0}^{n}a_{mi}p^i\right)y_m(t)=\left(\sum_{i=0}^{m}b_{mi}p^i\right)r(t),\quad a_{m0}=1$$

可调系统的结构分别如下：

(1) 串联可调系统方程为

$$y_{ss}(t)=\sum_{i=0}^{n}a_{si}(\varepsilon_f,t)p^iy_m(t)$$

并联可调系统方程为

$$y_{sp}(t)=\sum_{i=0}^{m}b_{si}(\varepsilon_f,t)p^ir(t)$$

广义输出误差 ε 为

$$\varepsilon=y_{ss}-y_{sp}$$

ε_f 是 ε 滤波后的广义输出误差。

(2) 串并联可调系统方程为

$$y_s(t)=-\sum_{i=0}^{n}a_{si}(\varepsilon_f,t)p^iy_m+\sum_{i=0}^{m}b_{si}(\varepsilon_f,t)p^ir(t)$$

广义输出误差 ε 为

$$\varepsilon=y_m-y_s$$

ε_f 是 ε 滤波后的广义输出误差。

试确定两个串并联模型参考自适应系统的自适应规律。

3.9　设参考模型状态方程为

$$\begin{bmatrix}\dot{x}_{m1}\\ \dot{x}_{m2}\end{bmatrix}=\begin{bmatrix}-a_{m1} & 1\\ -a_{m0} & 0\end{bmatrix}\begin{bmatrix}x_{m1}\\ x_{m2}\end{bmatrix}+\begin{bmatrix}b_{m1}\\ b_{m0}\end{bmatrix}r$$

$$y_m=\boldsymbol{c}^T\boldsymbol{x}_m=x_{m1}$$

串并联可调系统方程为

$$\begin{bmatrix}\dot{x}_{s1}\\ \dot{x}_{s2}\end{bmatrix}=\begin{bmatrix}-a_{s1}(\varepsilon,t) & 1\\ -a_{s0}(\varepsilon,t) & 0\end{bmatrix}\begin{bmatrix}x_{s1}\\ x_{s2}\end{bmatrix}+\begin{bmatrix}b_{s1}(\varepsilon,t)\\ b_{s0}(\varepsilon,t)\end{bmatrix}r+\begin{bmatrix}k_1\\ k_2\end{bmatrix}\varepsilon+\boldsymbol{u}_a(\varepsilon,t)+\boldsymbol{u}_b(\varepsilon,t)$$

$$y_s=\boldsymbol{c}^T\boldsymbol{x}_s=x_{s1}$$

广义输出误差为

$$\varepsilon=y_m-y_s=x_{m1}-x_{s1}$$

增益 k_1 和 k_2 为常值增益，由设计者选取。试设计模型参考自适应系统：

(1) 用广义输出误差构造自适应规律。

(2) 用滤波后的广义输出误差及其一阶导数的线性组合构造自适应规律。

3.10　设状态变量滤波器的传递函数为

$$h_f(s)=(s^{n-1}+\sum_{i=0}^{n-2}c_is^i)^{-1}$$

选择其中的系数 $c_i(i=0,1,2,\cdots,n-2)$，使传递函数

$$h(s)=\frac{s^{n-1}+\sum_{i=0}^{n-2}c_is^i}{s^n+\sum_{i=0}^{n-1}a_{mi}s^i}$$

为严格正实的，式中 $a_{mi}(i=0,1,\cdots,n-1)$ 是参考模型传递函数分母的系数。

(1) 对于 $n=2$，试求出 c_0 的表达式，使得正性条件满足并保证相应的状态变量滤波器 $(c_0+s)^{-1}$ 有最大带通。

(2) 对 $n=2$ 时的传递函数 $h(s)$，若采用状态空间实现，应如何选取正对角矩阵 $\boldsymbol{Q}$ 使状态变量滤波器的带通最大。

(3) 设 $a_{m0}=1,a_{m1}=1.2$，试找出使状态变量滤波器带通为最大的 c_0，并计算出状态变量滤波器的带通与传递函数为 $h_m(s)=(1+1.2s+s^2)^{-1}$ 的参考模型的带通之比。

3.11　设双线性参考模型的方程为

$$\dot{\boldsymbol{x}}_m=\boldsymbol{A}_m\boldsymbol{x}_m+(\sum_{i=1}^{m}c_{mi}r_i)\boldsymbol{x}_m+\boldsymbol{B}_m\boldsymbol{r},\quad \boldsymbol{r}^T=[r_1,\cdots,r_m]$$

串并联可调系统方程为

$$\dot{\boldsymbol{x}}_s=\boldsymbol{A}_s(\boldsymbol{e},t)\boldsymbol{x}_m+[\sum_{i=1}^{m}c_{si}(\boldsymbol{e},t)r_i]\boldsymbol{x}_m+\boldsymbol{B}_s(\boldsymbol{e},t)\boldsymbol{r}-\boldsymbol{K}\boldsymbol{e}$$

式中

$$\boldsymbol{e}=\boldsymbol{x}_m-\boldsymbol{x}_s$$

(1) 试求自适应规律，使其对任何广义状态误差和参数误差均能保证 $\lim\limits_{t\to\infty}\boldsymbol{e}(t)=\boldsymbol{0}$。

(2) 若可调系统方程为

$$\dot{\boldsymbol{x}}_s=\boldsymbol{A}_s(\boldsymbol{e},t)\boldsymbol{x}_s+[\sum_{i=1}^{m}c_{si}(\boldsymbol{e},t)r_i]\boldsymbol{x}_m+\boldsymbol{B}_s(\boldsymbol{e},t)\boldsymbol{r}$$

试求自适应规律，使其保证整个系统渐近稳定。

3.12　设一个对输入为多项式非线性的参考模型方程为

$$\dot{\boldsymbol{x}}_{\mathrm{m}} = \boldsymbol{A}_{\mathrm{m}} \boldsymbol{x}_{\mathrm{m}} + \sum_{i=1}^{k} b_{\mathrm{m}i} r^{i}$$

可调系统方程为

$$\dot{\boldsymbol{x}}_{\mathrm{s}} = \boldsymbol{A}_{\mathrm{s}}(\boldsymbol{e}, t) \boldsymbol{x}_{\mathrm{s}} + \sum_{i=1}^{k} b_{\mathrm{s}i}(\boldsymbol{e}, t) r^{i}$$

式中

$$\boldsymbol{e} = \boldsymbol{x}_{\mathrm{m}} - \boldsymbol{x}_{\mathrm{s}}$$

试求自适应规律，使其对任何广义状态误差和参数误差均能保证 $\lim_{t \to \infty} \boldsymbol{e}(t) = \boldsymbol{0}$。

第4章　离散时间系统模型参考自适应控制

用数字计算机实现模型参考自适应系统时，需要导出离散时间自适应规律。对于线性定常系统来说，离散化时一般不会遇到很大困难。但是，由于模型参考自适应系统具有下列特点，完成离散化时必须极为谨慎：

(1) 模型参考自适应系统为时变非线性系统；

(2) 由于离散化后会在自适应回路中出现一个一步采样的固有延迟，因而使自适应过程的定性特点发生改变。

因此，不能简单地将连续时间系统的设计结果离散化后移植到离散时间系统，而应当对离散时间模型参考自适应系统直接建立一套自适应算法。在对离散时间模型参考自适应系统导出自适应算法时，超稳定性理论仍然是十分有用的。当然，也可采用梯度法与李雅普诺夫函数法相结合的方法导出离散时间模型参考自适应系统的自适应算法，但受篇幅限制，在这里主要介绍离散时间模型参考自适应系统的超稳定性设计方法。

离散时间模型参考自适应系统的设计步骤与连续时间系统基本相同。对于离散时间模型参考自适应控制系统，设计的第一步仍然是把原来的系统变换到一个等价反馈系统。但由于这个等价反馈系统的时变非线性部分还含有自适应过程的离散性质所引起的延迟，因而需要对自适应算法引入一个必须满足的补充条件，而在连续情况下这个补充条件是不需要的。

另外，用于实现离散时间模型参考自适应系统的数字计算机比连续情况时所使用的模拟装置具有很多灵活性。例如，在数字计算机上实现时变自适应增益是一步步递推计算的，不需要实时求解线性或非线性方程组，这使我们可以建立具有时变增益的自适应算法来代替具有常值增益的自适应算法，能够解决许多用常值增益自适应算法所不能解决的问题。

本章将首先以二阶系统为例，介绍离散时间模型参考自适应系统的设计步骤，然后介绍用差分方程描述的单输入、单输出离散时间模型参考自适应系统以及用状态方程描述的多变量离散时间模型参考自适应系统，最后讨论仅用输入、输出测量值来实现自适应算法的离散时间模型参考自适应系统。

4.1　离散时间模型参考自适应系统的设计

本节以二阶单输入单输出系统为例，介绍离散时间模型参考自适应系统的设计步骤。

设参考模型为

$$y_m(k)=a_{m1}y_m(k-1)+a_{m2}y_m(k-2)+b_{m1}r(k-1) \tag{4.1}$$

式中，k 是采样周期数，$r(k)$ 是输入序列，$y_m(k)$ 是参考模型的输出，a_{m1}，a_{m2} 和 b_{m1} 是参考模型的参数。

并联可调系统为

$$y_s^0(k)=a_{s1}(k-1)y_s(k-1)+a_{s2}(k-1)y_s(k-2)+b_{s1}(k-1)r(k-1) \tag{4.2}$$

$$y_s(k)=a_{s1}(k)y_s(k-1)+a_{s2}(k)y_s(k-2)+b_{s1}(k)r(k-1) \tag{4.3}$$

式中，$y_s^0(k)$ 是可调系统的先验输出，它由 $(k-1)$ 时刻的参数值计算；而 $y_s(k)$ 是可调系统的后验输出，它由 k 时刻的可调参数值计算。$y_s^0(k)$ 和 $y_s(k)$ 的计算公式不同，说明在使用离散自适应算法时会出现一个采样周期的延迟，这也说明在离散时间自适应系统设计中引入先验变量是必要的。

广义输出误差为

$$\varepsilon^0(k)=y_m(k)-y_s^0(k) \tag{4.4}$$

$$\varepsilon(k)=y_m(k)-y_s(k) \tag{4.5}$$

与连续时间情况相似，自适应机构将包含一个产生信号 $v(k)$ 的线性补偿器，即

$$v^0(k)=\varepsilon^0(k)+\sum_{i=0}^{l}d_i\varepsilon(k-i) \tag{4.6}$$

$$v(k)=\varepsilon(k)+\sum_{i=0}^{l}d_i\varepsilon(k-i) \tag{4.7}$$

式中，阶数 l 和系数 d_i 将作为设计工作的一部分来确定，信号 $v^0(k)$ 将用来构造自适应算法。

选取自适应算法的形式为

$$a_{si}(k)=a_{si}(k-1)+\varphi_i(v^0(k))=\sum_{j=0}^{k}\varphi_i(v^0(j))+a_{si}(-1),\quad i=1,2 \tag{4.8}$$

$$b_{s1}(k)=b_{s1}(k-1)+\Psi_1(v^0(k))=\sum_{j=0}^{k}\Psi_1(v^0(j))+b_{s1}(-1) \tag{4.9}$$

在进行设计时，为了方便，使用修改形式的自适应算法，即

$$a_{si}(k)=a_{si}(k-1)+\varphi_i'(v(k)),\quad i=1,2 \tag{4.10}$$

$$b_{s1}(k)=b_{s1}(k-1)+\Psi_1'(v(k))=\sum_{j=0}^{k}\Psi'(vcj)+b_{s1}(-1) \tag{4.11}$$

最后将分别建立 $\varphi_i'(v(k))$ 与 $\varphi_i(v^0(k))$ 及 $\Psi_1'(v(k))$ 与 $\Psi_1(v^0(k))$ 之间的关系，更确切地说是建立 $v^0(k)$ 与 $v(k)$ 之间的关系。

与连续时间情况相似，建立离散时间模型参考自适应系统的基本步骤如下：

第 1 步　求出等价非线性时变反馈系统。

由式(4.1)、式(4.3) 和式(4.5)，可得

$$\begin{aligned}\varepsilon(k)=&a_{m1}\varepsilon(k-1)+a_{m2}\varepsilon(k-2)+[a_{m1}-a_{s1}(k)]y_s(k-1)+\\&[a_{m2}-a_{s2}(k)]y_s(k-2)+[b_{m1}-b_{s1}(k)]r(k-1)\end{aligned} \tag{4.12}$$

再利用式(4.7)、式(4.10) 和式(4.11) 可得等价反馈系统，即

$$\varepsilon(k)=a_{m1}\varepsilon(k-1)+a_{m2}\varepsilon(k-2)+w_1(k) \tag{4.13}$$

$$v(k)=\varepsilon(k)+\sum_{i=1}^{l}d_i\varepsilon(k-i) \tag{4.14}$$

$$w(k)=-w_1(k)=\sum_{i=1}^{2}\Big[\sum_{j=0}^{k}\varphi_i'(v(j))+a_{si}(-1)-a_{mi}\Big]y_s(k-i)+$$

$$\left[\sum_{j=0}^{k}\psi_1'(v(j))+b_{s1}(-1)-b_{m1}\right]r(k-i) \tag{4.15}$$

式(4.13)和式(4.14)为线性定常前向方块,式(4.15)为非线性时变反馈方块。

第2步 使非线性反馈方块满足波波夫积分不等式,即

$$\eta(0,k_1)=\sum_{k=0}^{k_1}v(k)w(k)\geqslant -r_0^2,\quad k_1\geqslant 0,\quad r_0^2<\infty \tag{4.16}$$

将式(4.15)代入式(4.16),可得

$$\eta(0,k_1)=\sum_{i=1}^{2}\sum_{k=0}^{k_1}v(k)\left[\sum_{j=0}^{k}\varphi_i'(v(j))+a_{si}(-1)-a_{mi}\right]y_s(k-i)+$$
$$\sum_{k=0}^{k_1}v(k)\left[\sum_{j=0}^{k}\psi_1'(v(j))+b_{s1}(-1)-b_{m1}\right]r(k-1)\geqslant -r_0^2 \tag{4.17}$$

如果式(4.17)左边三项的每一项都满足同样类型的不等式,即

$$\eta_{\varphi_1}(0,k_1)=\sum_{k=0}^{k_1}v(k)\left[\sum_{j=0}^{k}\varphi_1'(v(j))+a_{s1}(-1)-a_{m1}\right]y_s(k-1)\geqslant -r_{\varphi_1}^2 \tag{4.18}$$

$$\eta_{\varphi_2}(0,k_1)=\sum_{k=0}^{k_1}v(k)\left[\sum_{j=0}^{k}\varphi_2'(v(j))+a_{s2}(-1)-a_{m2}\right]y_s(k-2)\geqslant -r_{\varphi_2}^2 \tag{4.19}$$

$$\eta_{\psi_1}(0,k_1)=\sum_{k=0}^{k_1}v(k)\left[\sum_{j=0}^{k}\psi_1'(v(j))+b_{s1}(-1)-b_{m1}\right]r(k-1)\geqslant -r_{\psi_1}^2 \tag{4.20}$$

并且设

$$\eta(0,k)=\eta_{\varphi_1}(0,k_1)+\eta_{\varphi_2}(0,k_1)+\eta_{\psi_1}(0,k_1) \tag{4.21}$$

则式(4.17)一定成立。

为了求满足上述三个不等式的解 φ_1',φ_2' 和 ψ_1',既可以仿照连续时间情况求其通解,也可以利用关系式

$$\sum_{k=0}^{k_1}x(k)\left[\sum_{j=0}^{k}x(j)+c\right]=\frac{1}{2}\left[\sum_{k=0}^{k_1}x(k)+c\right]^2+\frac{1}{2}\sum_{k=0}^{k_1}x^2(k)-\frac{c^2}{2}\geqslant -\frac{c^2}{2} \tag{4.22}$$

求其特殊解。

利用关系式(4.22),可得 $\varphi_i'(i=1,2)$ 和 ψ_1' 的特殊解,即

$$\varphi_i'(v(k))=\alpha_i v(k)y_s(k-i),\quad \alpha_i>0,\quad i=1,2 \tag{4.23}$$

$$\psi_1'(v(k))=\beta_1 v(k)r(k-1),\qquad \beta_1>0 \tag{4.24}$$

第3步 根据等价前向方块的正实性要求,确定式(4.14)中的参数 d_i。

根据离散系统的超稳定性定理2.3.5可知,为了使由式(4.13)~式(4.15)所确定的等价反馈系统是渐近稳定的,在等价反馈方块满足波波夫积分不等式的情况下,还要求由式(4.13)和式(4.14)所确定的等价前向方块的离散传递函数

$$h(z)=\frac{1+\sum\limits_{i=1}^{l}d_i z^{-1}}{1-a_{m1}z^{-1}-a_{m2}z^{-2}} \tag{4.25}$$

必须是严格正实的。

对于参数 d_i,我们既可以利用变换 $z=(1+s)/(1-s)$ 把离散时间域问题转化为连续时间域问题来确定,也可以将 $h(z)$ 转换为状态空间表达式之后应用引理2.2.5来求取。对于本节

中的二阶系统，我们采用第一种方法。

首先，对 $l=0$，即 $d_i \equiv 0$ 时的式(4.25) 使用变换 $z=(1+s)/(1-s)$，可得

$$h'(s)=\frac{s^2+2s+1}{(1+a_{\mathrm{m}1}-a_{\mathrm{m}2})s^2+(2a_{\mathrm{m}2}+2)s+(1-a_{\mathrm{m}1}-a_{\mathrm{m}2})} \tag{4.26}$$

由式(4.26) 可以看出，欲使系统的传递函数式(4.25) 严格正实，首先必须使式(4.26) 的分母多项式的系数都大于零，也就是首先必须使下列不等式成立：

$$\begin{cases}1+a_{\mathrm{m}1}-a_{\mathrm{m}2}>0\\ 1-a_{\mathrm{m}1}-a_{\mathrm{m}2}>0\\ 1+a_{\mathrm{m}2}>0\end{cases} \tag{4.27}$$

也就是说，为了使式(4.25) 所给出的传递函数严格正实，$h(z)$ 的极点应当位于 $|z|<1$ 的区域内。现在来考虑参数平面($a_{\mathrm{m}1}, a_{\mathrm{m}2}$)，根据式(4.27) 可知，如果 $a_{\mathrm{m}1}$ 和 $a_{\mathrm{m}2}$ 处于图 4.1 所示三角形之内，则可满足这一要求。这个稳定性区域由不等式组(4.27) 确定。

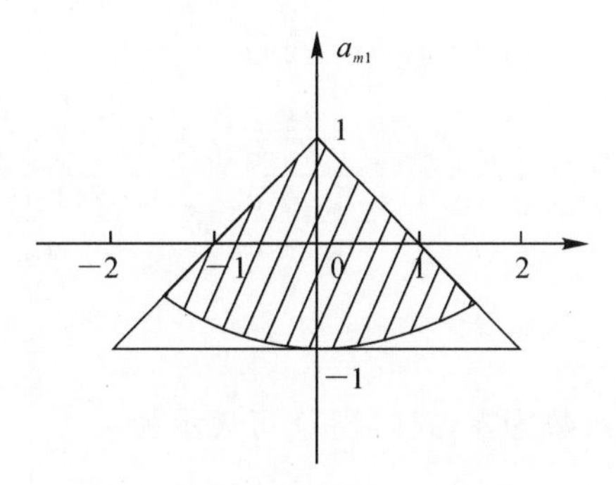

图 4.1　离散传递函数在参数平面上的稳定性与正性区域

当 $s=\mathrm{j}\omega$ 时，得到 $h'(s)$ 的实部为

$$\mathrm{Re}[h'(\mathrm{j}\omega)]=\frac{(1+a_{\mathrm{m}1}-a_{\mathrm{m}2})\omega^4+2(1+3a_{\mathrm{m}2})\omega^2+(1-a_{\mathrm{m}1}-a_{\mathrm{m}2})}{[1-a_{\mathrm{m}1}-a_{\mathrm{m}2}-(1+a_{\mathrm{m}1}-a_{\mathrm{m}2})\omega^2]^2+4(1+a_{\mathrm{m}2})\omega^2} \tag{4.28}$$

可以看到，在满足式(4.27) 的条件下，对于任意的 ω，式(4.28) 的分母总是大于零。为了使系统严格正实，也就是使 $\mathrm{Re}[h'(\mathrm{j}\omega)]$ 大于零，必须保证对于任意的 ω，式(4.28) 的分子多项式总是大于零。设 $a=1+a_{\mathrm{m}1}-a_{\mathrm{m}2}$，$b=1+3a_{\mathrm{m}2}$，$c=1-a_{\mathrm{m}1}-a_{\mathrm{m}2}$，$r=\omega^2$，则式(4.28) 的分子多项式在各项系数大于零的条件下，还应该满足不等式

$$ar^2+2br+c=a\left(r^2+2\frac{b}{a}r+\frac{c}{a}\right)=a\left[\left(r+\frac{b}{a}\right)^2-\frac{b^2}{a^2}+\frac{c}{a}\right]>0$$

即

$$-\frac{b^2}{a^2}+\frac{c}{a}>0$$

或写为

$$b^2-ac<0$$

将 $a_{\mathrm{m}1}$，$a_{\mathrm{m}2}$ 代入 a,b,c 的上述关系式，可知除了满足式(4.27) 所给出的条件之外，若 $a_{\mathrm{m}1}$ 和 $a_{\mathrm{m}2}$ 还满足下述条件：

$$\left.\begin{array}{l}1+3a_{\mathrm{m}2}\geqslant 0\\ (1+3a_{\mathrm{m}2})^2-(1+a_{\mathrm{m}1}-a_{\mathrm{m}2})(1-a_{\mathrm{m}1}-a_{\mathrm{m}2})<0\end{array}\right\} \tag{4.29}$$

则 $h'(\mathrm{j}\omega)$ 的实部对于任何实数值 ω 都是严格正实的，因而 $h'(s)$ 是严格正实的。

当 $l=0$ 时，在$(a_{\mathrm{m1}},a_{\mathrm{m2}})$ 平面上确保严格正实的区域如图 4.1 中用加斜线的部分表示，这个区域比稳定区域要小。

对于 $l=1$，应用与 $l=0$ 相同的步骤，并考虑到分子应当渐近稳定，即 $-1<d<1$，则可找出 d_1，a_{m1} 和 a_{m2} 必须满足的条件为

$$1-d_1a_{\mathrm{m1}}+3a_{\mathrm{m2}}\geqslant 0 \tag{4.30}$$

或

$$(1-d_1a_{\mathrm{m1}}+3a_{\mathrm{m2}})^2-(1-d_1^2)(1+a_{\mathrm{m1}}-a_{\mathrm{m2}})(1-a_{\mathrm{m1}}-a_{\mathrm{m2}})<0 \tag{4.31}$$

只要适当选取 d_1，式(4.31) 总是可以满足的。特别是对于在稳定域内的任何 a_{m1} 和 a_{m2} 值，如果选取

$$d_1=-0.5a_{\mathrm{m1}} \tag{4.32}$$

则式(4.31) 就得到满足。

对于 $l=2$，应用变换 $z=(1+s)/(1-s)$，可得

$$h'(s)=\frac{1+d_1+d_2}{1-a_{\mathrm{m1}}-a_{\mathrm{m2}}}\frac{\dfrac{1-d_1+d_2}{1+d_1+d_2}s^2+\dfrac{2(1-d_2)}{1+d_1d_2}s+1}{\dfrac{1+a_{\mathrm{m1}}-a_{\mathrm{m2}}}{1-a_{\mathrm{m1}}-a_{\mathrm{m2}}}s^2+\dfrac{2(1+a_{\mathrm{m2}})}{1-a_{\mathrm{m1}}-a_{\mathrm{m2}}}s+1} \tag{4.33}$$

如果选取

$$d_2=d_1-1 \tag{4.34}$$

则在 $h'(s)$ 的分子式中 s^2 的系数为零，式(4.33) 可表示为

$$h'(s)=d\,\frac{cs+1}{as^2+bs+1}$$

其中

$$a=\frac{1+a_{\mathrm{m1}}-a_{\mathrm{m2}}}{1-a_{\mathrm{m1}}-a_{\mathrm{m2}}},\quad b=\frac{2(1+a_{\mathrm{m2}})}{1-a_{\mathrm{m1}}-a_{\mathrm{m2}}},\quad c=\frac{2(1-d_2)}{1+d_1+d_2},\quad d=\frac{1+d_1+d_2}{1-a_{\mathrm{m1}}-a_{\mathrm{m2}}}$$

$$h'(\mathrm{j}\omega)=d\,\frac{\mathrm{j}c\omega+1}{(1-a\omega^2)+\mathrm{j}b\omega}=d\,\frac{(\mathrm{j}c\omega+1)(1-a\omega^2-\mathrm{j}b\omega)}{(1-a\omega^2)^2+b^2\omega^2}$$

$$\mathrm{Re}[h'(\mathrm{j}\omega)]=d\,\frac{1+(bc-a)\omega^2}{(1-a\omega^2)^2+b^2\omega^2}$$

若使 $\mathrm{Re}[h'(\mathrm{j}\omega)]>0$，则应使 $bc-a>0$ 或 $c>\dfrac{a}{b}$，即为了使 $h'(s)$ 为严格正实，应当满足不等式

$$\frac{2(1-d_2)}{1+d_1+d_2}=\frac{2-d_1}{d_1}\geqslant\frac{1+a_{\mathrm{m2}}-a_{\mathrm{m2}}}{2(1+a_{\mathrm{m2}})} \tag{4.35}$$

整理后成为

$$d_1\leqslant\frac{4(1+a_{\mathrm{m2}})}{3+a_{\mathrm{m1}}+a_{\mathrm{m2}}} \tag{4.36}$$

第 4 步　确定自适应规律。

剩下的最后一个问题是如何由式(4.23) 和式(4.24) 给出的自适应规律来确定式(4.10) 和式(4.11) 形式的参数自适应规律。在式(4.23) 和式(4.24) 中用的是 $v(k)$ 而不是 $v^0(k)$，在具体工程应用中，用 $v(k)$ 来实现自适应规律是不现实的，因为这意味着用 k 时刻的参数值去

计算 k 时刻的参数值。因此，在参数自适应规律中应该用 $v^0(k)$ 而不是 $v(k)$，这就需要首先找出 $v^0(k)$ 与 $v(k)$ 之间的关系，然后用 $v^0(k)$ 来代替式(4.23) 和式(4.24) 中的 $v(k)$。

对于 $l=2$，利用式(4.12)，由式(4.14) 可得 $v(k)$ 的表达式

$$\begin{aligned}v(k)=&\varepsilon(k)+d_1\varepsilon(k-1)+d_2\varepsilon(k-2)=\\&a_{m1}\varepsilon(k-1)+a_{m2}\varepsilon(k-2)+[a_{m1}-a_{s1}(k)]y_s(k-1)+\\&[a_{m2}-a_{s2}(k)]y_s(k-2)+[b_{m1}-b_{s1}(k)]r(k-1)+\\&d_1\varepsilon(k-1)+d_2\varepsilon(k-2)\end{aligned}\tag{4.37}$$

将式(4.37) 中的 $a_{s1}(k)$，$a_{s2}(k)$ 和 $b_{s1}(k)$ 分别用式(4.10)、式(4.11)、式(4.23) 和式(4.24) 来代替，可得

$$\begin{aligned}v(k)=&a_{m1}\varepsilon(k-1)+a_{m2}\varepsilon(k-2)+\\&[a_{m1}-a_{s1}(k-1)-\alpha_1 v(k)y_s(k-1)]y_s(k-1)+\\&[a_{m2}-a_{s2}(k-1)-\alpha_2 v(k)y_s(k-2)]y_s(k-2)+\\&[b_{m1}-b_{s1}(k-1)-\beta_1 v(k)r(k-1)]r(k-1)+d_1\varepsilon(k-1)+d_2\varepsilon(k-2)\end{aligned}\tag{4.38}$$

由式(4.1)、式(4.2)、式(4.4) 和式(4.6)，可得

$$\begin{aligned}v^0(k)=&a_{m1}\varepsilon(k-1)+a_{m2}\varepsilon(k-2)+\\&[a_{m1}-a_{s1}(k-1)]y_s(k-1)+[a_{m2}-a_{s2}(k-1)]y_s(k-2)+\\&[b_{m1}-b_{s1}(k-1)]r(k-1)+d_1\varepsilon(k-1)+d_2\varepsilon(k-2)\end{aligned}\tag{4.39}$$

将式(4.39) 与式(4.38) 相减，可得

$$v^0(k)-v(k)=\sum_{i=1}^{2}\alpha_i v(k)y_s^2(k-i)+\beta_1 v(k)r^2(k-1)\tag{4.40}$$

由式(4.40)，可得

$$v(k)=\frac{v^0(k)}{1+\sum_{i=1}^{2}\alpha_i y_s^2(k-i)+\beta_1 r^2(k-1)}\tag{4.41}$$

利用式(4.41)，则式(4.10)、式(4.11)、式(4.23) 和式(4.24) 所给出的自适规律变为

$$a_{si}(k)=a_{si}(k-1)+\frac{\alpha_i y_s(k-i)}{1+\sum_{i=1}^{2}\alpha_i y_s^2(k-i)+\beta_1 r^2(k-1)}v^0(k),\quad i=1,2\tag{4.42}$$

$$b_{s1}(k)=b_{s1}(k-1)+\frac{\beta_1 r(k-1)}{1+\sum_{i=1}^{2}\alpha_i y_s^2(k-i)+\beta_1 r^2(k-1)}v^0(k)\tag{4.43}$$

由式(4.1)、式(4.2)、式(4.4) 和式(4.6) 可得 $v^0(k)$ 的计算公式

$$v^0(k)=y_m(k)-\sum_{i=1}^{2}a_{si}(k-1)y_s(k-i)-b_{s1}(k-1)r(k-1)+\sum_{i=1}^{2}d_i\varepsilon(k-i)\tag{4.44}$$

由于式(4.42) 和式(4.43) 所给出的自适应规律中所利用的是 $v^0(k)$ 而不是 $v(k)$，而 $v^0(k)$ 的计算公式所利用的又是$(k-1)$ 时刻的参数值 $a_{si}(k-1)$ 和 $b_{s1}(k-1)$，也就是说 k 时刻参数计算利用的是$(k-1)$ 时刻的参数值，所以在工程上是可以用数字计算机实现的。

4.2 用差分方程描述的离散模型参考自适应系统

本节所讨论的模型参考自适应系统的设计方法是对 4.1 节所讨论的例子的直接推广，将重点介绍并联模型参考自适应系统和串并联模型参考自适应系统的自适应算法。

4.2.1 并联模型参考自适应系统的自适应算法及系统稳定性证明

设参考模型为

$$y_m(k)=\sum_{i=1}^{n}a_{mi}y_m(k-i)+\sum_{i=0}^{m}b_{mi}r(k-i)=\boldsymbol{\theta}_m^T\boldsymbol{x}_m(k-1) \tag{4.45}$$

式中

$$\boldsymbol{\theta}_m^T=[a_{m1}\quad\cdots\quad a_{mn}\quad b_{m0}\quad\cdots\quad b_{mm}] \tag{4.46}$$

$$\boldsymbol{x}_m^T(k-1)=[y_m(k-1)\quad\cdots\quad y_m(k-n)\quad r(k)\quad\cdots\quad r(k-m)] \tag{4.47}$$

$\boldsymbol{\theta}_m$ 为参数向量，$y_m(k)$ 是在 k 时刻的模型输出，$r(k)$ 是在 k 时刻的模型输入。

并联可调系统为

$$y_s(k)=\sum_{i=1}^{n}a_{si}(k)y_s(k-i)+\sum_{i=0}^{m}b_{si}(k)r(k-i)=\boldsymbol{\theta}_s^T(k)\boldsymbol{x}_s(k-1) \tag{4.48}$$

$$y_s^0(k)=\boldsymbol{\theta}_{sr}^T(k-1)\boldsymbol{x}_s(k-1) \tag{4.49}$$

式中

$$\boldsymbol{\theta}_s^T(k)=[a_{s1}(k)\quad\cdots\quad a_{sn}(k)\quad b_{s0}(k)\quad\cdots\quad b_{sm}(k)] \tag{4.50}$$

$$\boldsymbol{x}_s^T(k-1)=[y_s(k-1)\quad\cdots\quad y_s(k-n)\quad r(k)\quad\cdots\quad r(k-m)] \tag{4.51}$$

$y_s^0(k)$ 和 $y_s(k)$ 分别是可调系统在 k 时刻的先验输出和后验输出。

广义输出误差为

$$\varepsilon^0(k)=y_m(k)-y_s^0(k) \tag{4.52}$$

$$\varepsilon(k)=y_m(k)-y_s(k) \tag{4.53}$$

自适应算法的形式为

$$v^0(k)=\varepsilon^0(k)+\sum_{i=1}^{n}d_i\varepsilon(k-i) \tag{4.54}$$

$$v(k)=\varepsilon(k)+\sum_{i=1}^{n}d_i\varepsilon(k-i) \tag{4.55}$$

$$\boldsymbol{\theta}_s(k)=\boldsymbol{\theta}_{sr}(k)+\boldsymbol{\theta}_{sp}(k) \tag{4.56}$$

$$\boldsymbol{\theta}_s\mathrm{r}(k)=\boldsymbol{\theta}_{sr}(k-1)+\boldsymbol{\varphi}_1(v^0(k))=\sum_{j=0}^{k}\boldsymbol{\varphi}_1(v^0(j))+\boldsymbol{\theta}_{sr}(-1) \tag{4.57}$$

$$\boldsymbol{\theta}_{sp}(k)=\boldsymbol{\varphi}_2(v^0(k)) \tag{4.58}$$

式中，$\boldsymbol{\theta}_{sr}(k)$ 代表自适应算法的记忆部分，$\boldsymbol{\theta}_{sp}(k)$ 代表自适应算法的无记忆部分，$\boldsymbol{\theta}_{sp}(k)$ 是一个暂态项，当 $\lim\limits_{k\to\infty}v^0(k)=0$ 时，$\lim\limits_{k\to\infty}\boldsymbol{\theta}_{sp}(k)=\boldsymbol{0}$，$\lim\limits_{k\to\infty}\boldsymbol{\theta}_s(k)=\lim\limits_{k\to\infty}\boldsymbol{\theta}_{sr}(k)$。

与在 4.1 节所讨论过的例子相似，在推导形如式(4.57) 和式(4.58) 的各种具体自适应算法时，将先用 $v(k)$ 来构造自适应算法，即

$$\boldsymbol{\theta}_{sr}(k)=\boldsymbol{\theta}_{sr}(k-1)+\boldsymbol{\varphi}_1'(v(k)) \tag{4.59}$$

$$\boldsymbol{\theta}_{sp}(k)=\boldsymbol{\varphi}_2'(v(k)) \tag{4.60}$$

然后建立 $v^0(k)$ 与 $v(k)$ 之间的关系。最后再将式(4.59) 和式(4.60) 所给形式的自适应算法转换到式(4.57) 和式(4.58) 所给的形式。

定理 4.2.1(算法 1)　如果采用下列自适应算法:

$$\boldsymbol{\theta}_s(k)=\boldsymbol{\theta}_{sr}(k)+\boldsymbol{\theta}_{sp}(k) \tag{4.61}$$

$$\boldsymbol{\theta}_{sr}(k)=\boldsymbol{\theta}_{sr}(k-1)+\frac{\boldsymbol{G}\boldsymbol{x}_s(k-1)}{1+\boldsymbol{x}_s^{\mathrm{T}}(k-1)[\boldsymbol{G}+\boldsymbol{G}'(k)]\boldsymbol{x}_s(k-1)}v^0(k) \tag{4.62}$$

$$\boldsymbol{\theta}_{sp}(k)=\frac{\boldsymbol{G}'(k-1)\boldsymbol{x}_s(k-1)}{1+\boldsymbol{x}_s^{\mathrm{T}}(k-1)[\boldsymbol{G}+\boldsymbol{G}'(k-1)]\boldsymbol{x}_s(k-1)}v^0(k) \tag{4.63}$$

$$\frac{1}{2}\boldsymbol{G}+\boldsymbol{G}'(k)\geqslant \boldsymbol{0} \tag{4.64}$$

$$v^0(k)=y_m(k)-\boldsymbol{\theta}_{sr}^{\mathrm{T}}(k-1)\boldsymbol{x}_s(k-1)+\sum_{i=1}^{n}d_i\varepsilon(k-i) \tag{4.65}$$

式中,$\boldsymbol{G}$ 为任意正定矩阵,$\boldsymbol{G}'(k)$ 为常数阵或时变矩阵,$d_1,\cdots,d_n$ 的选取使离散传递函数

$$h(z)=\frac{1+\sum_{i=1}^{n}d_iz^{-i}}{1-\sum_{i=1}^{n}a_{mi}z^{-i}} \tag{4.66}$$

为严格正实的,则由式(4.45) ~ 式(4.58) 所给出的并联模型参考自适应系统是整体渐近稳定的。

证明　由式(4.45)、式(4.48)、式(4.53) 和式(4.55),可得

$$\varepsilon(k+1)=\boldsymbol{a}_m^{\mathrm{T}}\boldsymbol{e}(k)+[\boldsymbol{\theta}_m-\boldsymbol{\theta}_s(k+1)]^{\mathrm{T}}\boldsymbol{x}_s(k) \tag{4.67}$$

$$v(k+1)=\varepsilon(k+1)+\boldsymbol{d}^{\mathrm{T}}\boldsymbol{e}(k) \tag{4.68}$$

式中

$$\boldsymbol{a}_m^{\mathrm{T}}=[a_{m1}\quad\cdots\quad a_{mn}] \tag{4.69}$$

$$\boldsymbol{e}^{\mathrm{T}}(k)=[\varepsilon(k)\quad\cdots\quad\varepsilon(k-n+1)] \tag{4.70}$$

$$\boldsymbol{d}^{\mathrm{T}}=[d_1\quad\cdots\quad d_n] \tag{4.71}$$

由式(4.49)、式(4.52) 和式(4.54),可得

$$\varepsilon^0(k+1)=\boldsymbol{a}_m^{\mathrm{T}}\boldsymbol{e}(k)+[\boldsymbol{\theta}_m-\boldsymbol{\theta}_{sr}(k)]^{\mathrm{T}}\boldsymbol{x}_s(k) \tag{4.72}$$

$$v^0(k+1)=\varepsilon^0(k+1)+\boldsymbol{d}^{\mathrm{T}}\boldsymbol{e}(k) \tag{4.73}$$

将式(4.68) 与式(4.73) 相减,可得

$$v(k+1)-v^0(k+1)=\varepsilon(k+1)-\varepsilon^0(k+1) \tag{4.74}$$

把式(4.67) 和式(4.72) 代入式(4.74),则有

$$v(k+1)-v^0(k+1)=[\boldsymbol{\theta}_{sr}(k)-\boldsymbol{\theta}_s(k+1)]^{\mathrm{T}}\boldsymbol{x}_s(k) \tag{4.75}$$

将式(4.61)、式(4.62) 和式(4.63) 代入式(4.75),可得

$$v(k+1)-v^0(k+1)=-\frac{\boldsymbol{x}_s^{\mathrm{T}}(k)[\boldsymbol{G}+\boldsymbol{G}'(k)]\boldsymbol{x}_s(k)}{1+\boldsymbol{x}_s^{\mathrm{T}}(k)[\boldsymbol{G}+\boldsymbol{G}'(k)]\boldsymbol{x}_s(k)}v^0(k+1) \tag{4.76}$$

因而有

$$v(k+1)=\frac{v^0(k+1)}{1+\boldsymbol{x}_s^{\mathrm{T}}(k)[\boldsymbol{G}+\boldsymbol{G}'(k)]\boldsymbol{x}_s(k)} \tag{4.77}$$

用 $v(k+1)$ 代替 $v^0(k+1)$，在 $(k+1)$ 时刻，式(4.62) 和式(4.63) 变为

$$\boldsymbol{\theta}_{sr}(k+1)=\boldsymbol{\theta}_{sr}(k)+\boldsymbol{G}\boldsymbol{x}_s(k)v(k+1) \tag{4.78}$$

$$\boldsymbol{\theta}_{sp}(k+1)=\boldsymbol{G}'(k)\boldsymbol{x}_s(k)v(k+1) \tag{4.79}$$

定义辅助变量

$$\boldsymbol{\psi}(k)\xlongequal{\text{def}}\boldsymbol{\theta}_{sr}(k)-\boldsymbol{\theta}_m \tag{4.80}$$

并采用记号

$$w(k+1)=-w_1(k+1)\xlongequal{\text{def}}\boldsymbol{x}_s^T(k)[\boldsymbol{\theta}_s(k+1)-\boldsymbol{\theta}_m]=[\boldsymbol{\theta}_s(k+1)-\boldsymbol{\theta}_m]^T\boldsymbol{x}_s(k) \tag{4.81}$$

由式(4.67)、式(4.68)、式(4.78)、式(4.79)、式(4.80) 和式(4.81) 可得等价反馈系统

$$\varepsilon(k+1)=\boldsymbol{a}_m^T\boldsymbol{e}(k)+w_1(k+1) \tag{4.82}$$

$$v(k+1)=\varepsilon(k+1)+\boldsymbol{d}^T\boldsymbol{e}(k) \tag{4.83}$$

$$\boldsymbol{\psi}(k+1)=\boldsymbol{\psi}(k)+\boldsymbol{G}\boldsymbol{x}_s(k)v(k+1) \tag{4.84}$$

$$w(k+1)=-w_1(k+1)=\boldsymbol{x}_s^T(k)\boldsymbol{\psi}(k)+\boldsymbol{x}_s^T(k)[\boldsymbol{G}+\boldsymbol{G}'(k)]\boldsymbol{x}_s(k)v(k+1) \tag{4.85}$$

式(4.82) 和式(4.83) 定义了一个线性定常前向方块，它的传递函数为式(4.66)。式(4.84) 和式(4.85) 定义了一个时变非线性反馈方块。

由于自适应算法包含有记忆部分，所以能够直接研究所得等价反馈系统的超稳定性。为了能把离散系统的超稳定性定理应用于由式(4.82) ～ 式(4.85) 所描述的等价反馈系统，首先需要证明：在定理所给定的条件下，由式(4.84) 和式(4.85) 所给出的等价反馈方块对任何输入序列 $v(k)$ 和输出序列 $w(k)$ 都能够满足不等式，即

$$\sum_{k=0}^{k_1}w(k+1)v(k+1)\geqslant -r_0^2,\quad r_0^2<\infty,\quad k_1\geqslant 0 \tag{4.86}$$

现在利用正性系统的性质来检验式(4.86) 是否得到满足。

由于一个系统的正性性质并不依赖于系统的输入输出序列，故可定义新的输入输出序列，即

$$u(k)\xlongequal{\text{def}}v(k+1),\qquad \omega(k)\xlongequal{\text{def}}w(k+1) \tag{4.87}$$

则式(4.84) 和式(4.85) 可以表示为

$$\boldsymbol{\psi}(k+1)=\boldsymbol{\psi}(k)+\boldsymbol{G}\boldsymbol{x}_s(k)u(k) \tag{4.88}$$

$$\omega(k)=\boldsymbol{x}_s^T(k)\boldsymbol{\psi}(k)+\frac{1}{2}\boldsymbol{x}_s^T(k)\boldsymbol{G}\boldsymbol{x}_s(k)u(k)+\boldsymbol{x}_s^T(k)\left[\frac{1}{2}\boldsymbol{G}+\boldsymbol{G}'(k)\right]\boldsymbol{x}_s(k)u(k) \tag{4.89}$$

式(4.89) 可以分解为两个接受同一输入的并联方块，其中一个方块的输出为

$$\omega_1(k)=\boldsymbol{x}_s^T(k)\boldsymbol{\psi}(k)+\frac{1}{2}\boldsymbol{x}_s^T(k)\boldsymbol{G}\boldsymbol{x}_s(k)u(k) \tag{4.90}$$

另一个方块的输出为

$$\omega_2(k)=\boldsymbol{x}_s^T(k)\left[\frac{1}{2}\boldsymbol{G}+\boldsymbol{G}'(k)\right]\boldsymbol{x}_s(k)u(k) \tag{4.91}$$

如果这两个方块都满足不等式，即

$$\sum_{k=0}^{k_1}\omega_i(k)u(k)\geqslant -r_i^2,\quad r_i^2<\infty,\quad k_1\geqslant 0,\quad i=1,2 \tag{4.92}$$

则不等式(4.86) 一定满足。

对于输入为 $u(k)$、输出为 $\omega_2(k)$ 的方块来说，如果式(4.64) 所给出的条件得到满足，则对任何 $k \geqslant 0$，等价增益 $\boldsymbol{x}_s^{\mathrm{T}}(k)\left[\frac{1}{2}\boldsymbol{G}+\boldsymbol{G}'(k)\right]\boldsymbol{x}_s(k)$ 是非负的，不等式(4.92) 成立。对于输入为 $u(k)$、输出为 $\omega_1(k)$ 的方块引用引理 2.2.6 或引理 2.2.7，在式(2.77) 和式(2.78) 中作一些代换，令

$$\begin{cases}\boldsymbol{x}(k)=\boldsymbol{\psi}(k)\\ \boldsymbol{A}(k)=\boldsymbol{I}\\ \boldsymbol{B}(k)=\boldsymbol{G}\boldsymbol{x}_s(k)\\ \boldsymbol{C}(k)=\boldsymbol{x}_s^{\mathrm{T}}(k)\\ \boldsymbol{J}(k)=\dfrac{1}{2}\boldsymbol{x}_s^{\mathrm{T}}(k)\boldsymbol{G}\boldsymbol{x}_s(k)\end{cases} \tag{4.93}$$

因为 $\boldsymbol{G}$ 是正定矩阵，故可选 $\boldsymbol{P}=\boldsymbol{G}^{-1}$，于是对于 $\boldsymbol{Q}(k)=\boldsymbol{0}$，$\boldsymbol{S}(k)=\boldsymbol{0}$ 和 $\boldsymbol{R}(k)=\boldsymbol{0}$，式(2.81) ~ 式(2.82) 将被满足，并且由于引理 2.2.6 蕴含了引理 2.2.9 和引理 2.2.10，故有

$$\sum_{k=0}^{k_1}\omega_1(k)u(k) \geqslant -\frac{1}{2}\boldsymbol{\psi}^{\mathrm{T}}(0)\boldsymbol{G}^{-1}\boldsymbol{\psi}(0)=-r_1^2,\quad r_1^2<\infty,\quad k_1 \geqslant 0 \tag{4.94}$$

因此，可以做出结论，在定理 4.2.1 条件下，由式(4.84) 和式(4.85) 给出的等价反馈方块满足不等式(4.86)。

因为等价反馈系统的反馈方块满足引理 2.3.1 或引理 2.3.3 的应用条件，所以可以得出结论：如果式(4.66) 所给出的传递函数为严格正实，则式(4.82) ~ 式(4.85) 所给出的等价反馈系统是渐近稳定的，因而采用自适应算法 1 的并联模型参考自适应系统是整体渐近稳定的。证毕。

对于定理 4.2.1 需要说明的是：

(1) 当

$$\boldsymbol{G}'(k)=\boldsymbol{G}' \neq \boldsymbol{0} \tag{4.95}$$

式中，$\boldsymbol{G}'$ 为常数矩阵时，算法 1 就是具有常值自适应增益的比例 + 积分型算法。当

$$\boldsymbol{G}'(k)=\boldsymbol{0} \tag{4.96}$$

时，算法 1 就是积分型算法。

(2) 式(4.64) 中的 $\boldsymbol{G}'(k)$ 选为负定矩阵可以改善参数的收敛性，选为正定矩阵可以改善广义输出误差的收敛性，但 $\boldsymbol{G}'(k)$ 的元素取较大的值会减慢参数的收敛速度。

定理 4.2.2(算法 2—— 积分自适应型)　如果采用下列自适应算法：

$$\boldsymbol{\theta}_s(k)=\boldsymbol{\theta}_{sr}(k) \tag{4.97}$$

$$\boldsymbol{\theta}_{sr}(k)=\boldsymbol{\theta}_{sr}(k-1)+\frac{\boldsymbol{G}(k-1)\boldsymbol{x}_s(k-1)}{1+\boldsymbol{x}_s^{\mathrm{T}}(k-1)\boldsymbol{G}(k-1)\boldsymbol{x}_s(k-1)}v^0(k) \tag{4.98}$$

$$\boldsymbol{G}(k)=\boldsymbol{G}(k-1)-\frac{1}{\lambda}\frac{\boldsymbol{G}(k-1)\boldsymbol{x}_s(k-1)\boldsymbol{x}_s^{\mathrm{T}}(k-1)\boldsymbol{G}(k-1)}{1+\dfrac{1}{\lambda}\boldsymbol{x}_s^{\mathrm{T}}(k-1)\boldsymbol{G}(k-1)\boldsymbol{x}_s(k-1)},\quad \boldsymbol{G}(0)>\boldsymbol{0},\quad \lambda>\frac{1}{2} \tag{4.99}$$

$$v^0(k)=y_m(k)-\boldsymbol{\theta}_{sp}^{\mathrm{T}}(k-1)\boldsymbol{x}_s(k-1)+\sum_{i=1}^{n}d_i\varepsilon(k-i) \tag{4.100}$$

式中,$\boldsymbol{G}(0)$ 是一个任意正定对称矩阵,$d_1,\cdots,d_n$ 的选取使离散传递函数

$$h'(z)=\frac{1+\sum_{i=1}^{n}d_i z^{-i}}{1-\sum_{i=1}^{n}a_{\mathrm{m}i}z^{-i}}-\frac{1}{2\lambda} \tag{4.101}$$

为严格正实的,则由式(4.45) ~ 式(4.58) 所给出的并联模型参考自适应系统是整体渐近稳定的。

证明 仿照定理 4.2.1 证明中等价反馈系统的推导过程,可建立等价反馈系统方程

$$\varepsilon(k+1)=\boldsymbol{a}_{\mathrm{m}}^{\mathrm{T}}\boldsymbol{e}(k)+w_1(k+1) \tag{4.102}$$

$$v(k+1)=\varepsilon(k+1)+\boldsymbol{d}^{\mathrm{T}}\boldsymbol{e}(k) \tag{4.103}$$

$$\boldsymbol{\psi}(k+1)=\boldsymbol{\psi}(k)+\boldsymbol{G}(k)\boldsymbol{x}_{\mathrm{s}}(k)v(k+1) \tag{4.104}$$

$$w(k+1)=-w_1(k+1)=\boldsymbol{x}_{\mathrm{s}}^{\mathrm{T}}(k)\boldsymbol{\psi}(k)+\boldsymbol{x}_{\mathrm{s}}^{\mathrm{T}}(k)\boldsymbol{G}(k)v(k+1) \tag{4.105}$$

式中,$\boldsymbol{\psi}(k)$ 和 $w(k+1)$ 分别由式(4.80) 和式(4.81) 定义。但是,由式(4.102) 和式(4.103) 所给出的线性前向方块的离散传递函数不是式(4.101) 而是式(4.66)。要获得一个由离散传递函数式(4.101) 所表征的线性前向方块,必须对式(4.102) ~ 式(4.105) 进行附加的变换。

令

$$\bar{v}(k+1)\overset{\text{def}}{=\!=}v(k+1)-\frac{1}{2\lambda}w_1(k+1)=v(k+1)+\frac{1}{2\lambda}w(k+1) \tag{4.106}$$

则式(4.102) ~ 式(4.105) 可写为

$$\varepsilon(k+1)=\boldsymbol{a}_{\mathrm{m}}^{\mathrm{T}}\boldsymbol{e}(k)+w_1(k+1) \tag{4.107}$$

$$\bar{v}(k+1)=\varepsilon(k+1)+\boldsymbol{d}^{\mathrm{T}}\boldsymbol{e}(k)-\frac{1}{2\lambda}w_1(k+1) \tag{4.108}$$

$$\boldsymbol{\psi}(k+1)=\boldsymbol{\psi}(k)+\boldsymbol{G}(k)\boldsymbol{x}_{\mathrm{s}}(k)\left[\bar{v}(k+1)-\frac{1}{2\lambda}w(k+1)\right] \tag{4.109}$$

$$w(k+1)=-w_1(k+1)=\boldsymbol{x}_{\mathrm{s}}^{\mathrm{T}}(k)\boldsymbol{\psi}(k)+\boldsymbol{x}_{\mathrm{s}}^{\mathrm{T}}(k)\boldsymbol{G}(k)\boldsymbol{x}_{\mathrm{s}}(k)\left[\bar{v}(k+1)-\frac{1}{2\lambda}w(k+1)\right] \tag{4.110}$$

式(4.107) ~ 式(4.110) 所描述的等价反馈系统的线性前向方块由式(4.107) 和式(4.108) 所描述,它的离散传递函数为式(4.101)。式(4.109) 和式(4.110) 所描述的等价反馈方块比式(4.104) 和式(4.105) 所描述的等价反馈反块增加了一个增益为$\frac{1}{2\lambda}$ 的局部负反馈。

与定理 4.2.1 的证明一样,为了把离散系统的超稳定性定理用于式(4.107) ~ 式(4.110) 所描述的等价反馈系统,需要证明:在定理 4.2.2 给定的条件下,由式(4.109) 和式(4.110) 所确定的以 $\bar{v}(k+1)$ 为输入、以 $w(k+1)$ 为输出的等价反馈方块对所有 $k_1\geqslant 0$ 均满足不等式

$$\sum_{k=0}^{k_1}w(k+1)\bar{v}(k+1)\geqslant -r_0^2,\quad r_0^2<\infty \tag{4.111}$$

为了证明这一点,首先将式(4.109) 和式(4.110) 所给出的反馈方块分解为两个用反馈形式连接的方块,然后对每一个方块找出一个形如式(4.111) 的不等式,再分别利用这两个方块的输入与输出之间的关系及 $\bar{v}(k+1)$ 与 $w(k+1)$ 之间的关系,计算出式(4.111) 左边的项。

因为由式(4.111) 所表征的输入输出性质不依赖于输入输出序列,所以可定义新的输入输出序列为

$$\bar{u}(k) \overset{\text{def}}{=\!=} \bar{v}(k+1), \qquad \omega(k) \overset{\text{def}}{=\!=} w(k+1) \tag{4.112}$$

于是式(4.109) 和式(4.110) 可写为

$$\boldsymbol{\psi}(k+1)=\boldsymbol{\psi}(k)+\boldsymbol{G}(k)\boldsymbol{x}_{\mathrm{s}}(k)\left[\bar{u}(k)-\frac{1}{2\lambda}\omega(k)\right] \tag{4.113}$$

$$\omega(k)=\boldsymbol{x}_{\mathrm{s}}^{\mathrm{T}}(k)\boldsymbol{\psi}(k)+\boldsymbol{x}_{\mathrm{s}}^{\mathrm{T}}(k)\boldsymbol{G}(k)\boldsymbol{x}_{\mathrm{s}}(k)\left[\bar{u}(k)-\frac{1}{2\lambda}\omega(k)\right] \tag{4.114}$$

由式(4.113) 和式(4.114) 所确定的系统可进一步分解为如图 4.2 所示的两个用负反馈连接的方块,其中前向方块由

$$\boldsymbol{\psi}(k+1)=\boldsymbol{\psi}(k)+\boldsymbol{G}(k)\boldsymbol{x}_{\mathrm{s}}(k)u_1(k) \tag{4.115}$$

$$\omega_1(k)=\omega(k)=\boldsymbol{x}_{\mathrm{s}}^{\mathrm{T}}(k)\boldsymbol{\psi}(k)+\boldsymbol{x}_{\mathrm{s}}^{\mathrm{T}}(k)\boldsymbol{G}(k)\boldsymbol{x}_{\mathrm{s}}(k)u_1(k) \tag{4.116}$$

所确定,反馈方块由

$$\omega_2(k)=\frac{1}{2\lambda}\omega(k)=\frac{1}{2\lambda}u_2(k) \tag{4.117}$$

所确定,式中

$$u_1(k)=\bar{u}(k)-\frac{1}{2\lambda}\omega(k)=\bar{u}(k)-\omega_2(k) \tag{4.118}$$

利用式(4.116) ~ 式(4.118) 及式(4.113) 所定义的符号,式(4.111) 可写为

$$\begin{aligned}\sum_{k=0}^{k_1}\omega(k)\bar{u}(k)&=\sum_{k=0}^{k_1}\omega(k)[u_1(k)+\omega_2(k)]=\\&\sum_{k=0}^{k_1}\omega_1(k)u_1(k)+\sum_{k=0}^{k_1}\omega_2(k)u_2(k)\geqslant -r_0^2,\quad k_1\geqslant 0\end{aligned} \tag{4.119}$$

可以看到,式(4.119) 的左边已经分解为两个输出和输入乘积之和,第一项对应于前向方块,第二项对应于反馈方块,下面将分别计算这两项和式,然后证明式(4.119) 成立。

利用式(4.116) 和式(4.117),可得

$$\begin{aligned}\sum_{k=0}^{k_1}\omega_2(k)u_2(k)&=\frac{1}{2\lambda}\sum_{k=0}^{k_1}\omega^2(k)=\frac{1}{2\lambda}\sum_{k=0}^{k_1}\{\boldsymbol{\psi}^{\mathrm{T}}(k)\boldsymbol{x}_{\mathrm{s}}(k)\boldsymbol{x}_{\mathrm{s}}^{\mathrm{T}}(k)\boldsymbol{\psi}(k)+\\&2u_1(k)[\boldsymbol{x}_{\mathrm{s}}^{\mathrm{T}}(k)\boldsymbol{G}(k)\boldsymbol{x}_{\mathrm{s}}(k)]\boldsymbol{x}_{\mathrm{s}}^{\mathrm{T}}(k)\boldsymbol{\psi}(k)+\\&u_1(k)[\boldsymbol{x}_{\mathrm{s}}^{\mathrm{T}}(k)\boldsymbol{G}(k)\boldsymbol{x}_{\mathrm{s}}(k)]^2u_1(k)\}\end{aligned} \tag{4.120}$$

为了计算不等式(4.119) 左边第一项输出和输入乘积之和,需要先介绍矩阵求逆引理。

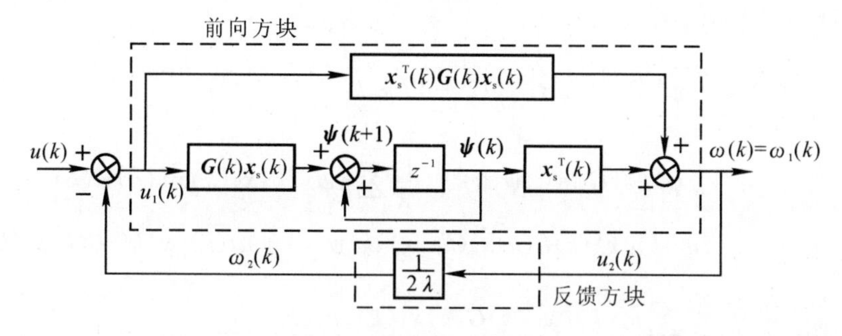

图 4.2　式(4.113) 和式(4.114) 所确定的等价反馈方块分解为两个用负反馈连接的方块

引理 4.2.1(矩阵求逆引理)　若 $n\times n$ 矩阵 $\boldsymbol{P}$ 和 $m\times m$ 矩阵 $\boldsymbol{R}$ 是非奇异的，$\boldsymbol{H}$ 为任意的 $n\times m$ 矩阵，则恒等式

$$(\boldsymbol{P}^{-1}+\boldsymbol{H}^{\mathrm{T}}\boldsymbol{R}\boldsymbol{H})^{-1}=\boldsymbol{P}-\boldsymbol{P}\boldsymbol{H}^{\mathrm{T}}(\boldsymbol{R}+\boldsymbol{H}\boldsymbol{P}\boldsymbol{H}^{\mathrm{T}})^{-1}\boldsymbol{H}\boldsymbol{P} \tag{4.121}$$

成立。

利用矩阵求逆引理，由式(4.99)，可得

$$\boldsymbol{G}^{-1}(k+1)=\boldsymbol{G}^{-1}(k)+\frac{1}{\lambda}\boldsymbol{x}_{\mathrm{s}}(k)\boldsymbol{x}_{\mathrm{s}}^{\mathrm{T}}(k) \tag{4.122}$$

将式(4.121) 和式(4.122) 与式(2.77) 和式(2.78) 相对照，令

$$\begin{cases}\boldsymbol{x}(k)=\boldsymbol{\psi}(k)\\ \boldsymbol{A}(k)=\boldsymbol{I}\\ \boldsymbol{B}(k)=\boldsymbol{G}(k)\boldsymbol{x}_{\mathrm{s}}(k)\\ \boldsymbol{C}(k)=\boldsymbol{x}_{\mathrm{s}}^{\mathrm{T}}(k)\\ \boldsymbol{J}(k)=\boldsymbol{x}_{\mathrm{s}}^{\mathrm{T}}(k)\boldsymbol{G}(k)\boldsymbol{x}_{\mathrm{s}}(k)\end{cases} \tag{4.123}$$

根据式(2.81) ～ 式(2.83)，则有

$$\boldsymbol{P}(k+1)-\boldsymbol{P}(k)=-\boldsymbol{Q}(k) \tag{4.124}$$

$$\boldsymbol{x}_{\mathrm{s}}^{\mathrm{T}}(k)-\boldsymbol{x}_{\mathrm{s}}^{\mathrm{T}}(k)\boldsymbol{G}(k)\boldsymbol{P}(k+1)=\boldsymbol{S}^{\mathrm{T}}(k) \tag{4.125}$$

$$2\boldsymbol{x}_{\mathrm{s}}^{\mathrm{T}}(k)\boldsymbol{G}(k)\boldsymbol{x}_{\mathrm{s}}(k)-\boldsymbol{x}_{\mathrm{s}}^{\mathrm{T}}(k)\boldsymbol{G}(k)\boldsymbol{P}(k+1)\boldsymbol{G}(k)\boldsymbol{x}_{\mathrm{s}}(k)=\boldsymbol{R}(k) \tag{4.126}$$

选取

$$\boldsymbol{P}(k)=\boldsymbol{G}^{-1}(k) \tag{4.127}$$

$$\boldsymbol{P}(k+1)=\boldsymbol{G}^{-1}(k+1)=\boldsymbol{G}^{-1}(k)+\frac{1}{\lambda}\boldsymbol{x}_{\mathrm{s}}(k)\boldsymbol{x}_{\mathrm{s}}^{\mathrm{T}}(k) \tag{4.128}$$

则有

$$\boldsymbol{G}(k)\boldsymbol{G}^{-1}(k+1)=\boldsymbol{I}+\frac{1}{\lambda}\boldsymbol{G}(k)\boldsymbol{x}_{\mathrm{s}}(k)\boldsymbol{x}_{\mathrm{s}}^{\mathrm{T}}(k) \tag{4.129}$$

利用式(4.129)，由式(4.124)、式(4.125) 和式(4.126)，可得

$$\boldsymbol{Q}(k)=-\frac{1}{\lambda}\boldsymbol{x}_{\mathrm{s}}(k)\boldsymbol{x}_{\mathrm{s}}^{\mathrm{T}}(k) \tag{4.130}$$

$$\boldsymbol{S}^{\mathrm{T}}(k)=-\frac{1}{\lambda}[\boldsymbol{x}_{\mathrm{s}}^{\mathrm{T}}(k)\boldsymbol{G}(k)\boldsymbol{x}_{\mathrm{s}}(k)]\boldsymbol{x}_{\mathrm{s}}^{\mathrm{T}}(k) \tag{4.131}$$

$$\boldsymbol{R}(k)=\boldsymbol{x}_{\mathrm{s}}^{\mathrm{T}}(k)\boldsymbol{G}(k)\boldsymbol{x}_{\mathrm{s}}(k)-\frac{1}{\lambda}[\boldsymbol{x}_{\mathrm{s}}^{\mathrm{T}}(k)\boldsymbol{G}(k)\boldsymbol{x}_{\mathrm{s}}(k)]^{2} \tag{4.132}$$

根据式(2.89) 可以写出

$$\begin{aligned}\sum_{k=0}^{k_1}\omega_1(k)u_1(k)=&\frac{1}{2}\boldsymbol{\psi}^{\mathrm{T}}(k_1+1)\boldsymbol{G}^{-1}(k_1+1)\boldsymbol{\psi}(k_1+1)-\\&\frac{1}{2}\boldsymbol{\psi}^{\mathrm{T}}(0)\boldsymbol{G}^{-1}(0)\boldsymbol{\psi}(0)-\frac{1}{2\lambda}\sum_{k=0}^{k_1}\{\boldsymbol{\psi}^{\mathrm{T}}(k)\boldsymbol{x}_{\mathrm{s}}(k)\boldsymbol{x}_{\mathrm{s}}^{\mathrm{T}}(k)\boldsymbol{\psi}(k)+\\&2u_1(k)[\boldsymbol{x}_{\mathrm{s}}^{\mathrm{T}}(k)\boldsymbol{G}(k)\boldsymbol{x}_{\mathrm{s}}(k)]\boldsymbol{x}_{\mathrm{s}}^{\mathrm{T}}(k)\boldsymbol{\psi}(k)+u_1(k)[\boldsymbol{x}_{\mathrm{s}}^{\mathrm{T}}(k)\boldsymbol{G}(k)\boldsymbol{x}_{\mathrm{s}}(k)]^{2}u_1(k)\}+\\&\frac{1}{2}\sum_{k=0}^{k_1}u_1(k)[\boldsymbol{x}_{\mathrm{s}}^{\mathrm{T}}(k)\boldsymbol{G}(k)\boldsymbol{x}_{\mathrm{s}}(k)]u_1(k)\end{aligned} \tag{4.133}$$

将式(4.133) 与式(4.120) 相加，得到

$$\sum_{k=0}^{k}\omega(k)\bar{u}(k)=\sum_{k=0}^{k_1}\omega_1(k)u_1(k)+\sum_{k=0}^{k_1}\omega_2(k)u_2(k)=$$
$$\frac{1}{2}\boldsymbol{\psi}^{\mathrm{T}}(k_1+1)\boldsymbol{G}^{-1}(k_1+1)\boldsymbol{\psi}(k_1+1)-\frac{1}{2}\boldsymbol{\psi}^{\mathrm{T}}(0)\boldsymbol{G}^{-1}(0)\boldsymbol{\psi}(0)-$$
$$\frac{1}{2\lambda}\sum_{k=0}^{k_1}\{\boldsymbol{\psi}^{\mathrm{T}}(k)\boldsymbol{x}_{\mathrm{s}}(k)\boldsymbol{x}_{\mathrm{s}}^{\mathrm{T}}(k)\boldsymbol{\psi}(k)+2u_1(k)[\boldsymbol{x}_{\mathrm{s}}^{\mathrm{T}}(k)\boldsymbol{G}(k)\boldsymbol{x}_{\mathrm{s}}(k)]\boldsymbol{x}_{\mathrm{s}}(k)\boldsymbol{\psi}(k)+$$
$$u_1(k)[\boldsymbol{x}_{\mathrm{s}}^{\mathrm{T}}(k)\boldsymbol{G}(k)\boldsymbol{x}_{\mathrm{s}}(k)]^2u_1(k)\}+$$
$$\frac{1}{2}\sum_{k=0}^{k_1}u_1(k)[\boldsymbol{x}_{\mathrm{s}}^{\mathrm{T}}(k)\boldsymbol{G}(k)\boldsymbol{x}_{\mathrm{s}}(k)]u_1(k)+\frac{1}{2\lambda}\sum_{k=0}^{k_1}\{\boldsymbol{\psi}^{\mathrm{T}}(k)\boldsymbol{x}_{\mathrm{s}}(k)\boldsymbol{x}_{\mathrm{s}}^{\mathrm{T}}(k)\boldsymbol{\psi}(k)+$$
$$2u_1(k)[\boldsymbol{x}_{\mathrm{s}}^{\mathrm{T}}(k)\boldsymbol{G}(k)\boldsymbol{x}_{\mathrm{s}}(k)]\boldsymbol{x}_{\mathrm{s}}^{\mathrm{T}}(k)\boldsymbol{\psi}(k)+$$
$$u_1(k)[\boldsymbol{x}_{\mathrm{s}}^{\mathrm{T}}(k)\boldsymbol{G}(k)\boldsymbol{x}_{\mathrm{s}}(k)]^2u_1(k)\}=$$
$$\frac{1}{2}\boldsymbol{\psi}^{\mathrm{T}}(k_1+1)\boldsymbol{G}^{-1}(k_1+1)\boldsymbol{\psi}(k_1+1)-\frac{1}{2}\boldsymbol{\psi}^{\mathrm{T}}(0)\boldsymbol{G}^{-1}(0)\boldsymbol{\psi}(0)+$$
$$\frac{1}{2}\sum_{k=0}^{k_1}u_1(k)[\boldsymbol{x}_{\mathrm{s}}^{\mathrm{T}}(k)\boldsymbol{G}(k)\boldsymbol{x}_{\mathrm{s}}(k)]u_1(k)\tag{4.134}$$

因为 $\boldsymbol{G}^{-1}(k_1+1)$，$\boldsymbol{G}^{-1}(0)$ 和 $\boldsymbol{G}(k)$ 都是正定矩阵，所以有

$$\sum_{k=0}^{k_1}\omega(k)\bar{u}(k)=\frac{1}{2}\boldsymbol{\psi}^{\mathrm{T}}(k_1+1)\boldsymbol{G}^{-1}(k_1+1)\boldsymbol{\psi}(k_1+1)-$$
$$\frac{1}{2}\boldsymbol{\psi}^{\mathrm{T}}(0)\boldsymbol{G}^{-1}(0)\boldsymbol{\psi}(0)+\frac{1}{2}\sum_{k=0}^{k_1}u_1(k)[\boldsymbol{x}_{\mathrm{s}}^{\mathrm{T}}(k)\boldsymbol{G}(k)\boldsymbol{x}_{\mathrm{s}}(k)]u_1(k)\geqslant$$
$$-\frac{1}{2}\boldsymbol{\psi}^{\mathrm{T}}(0)\boldsymbol{G}^{-1}(0)\boldsymbol{\psi}(0)=-r_0^2\tag{4.135}$$

即在定理 4.2.2 的条件下，由式(4.109) 和式(4.110) 所描述的等价反馈方块满足式(4.111)。

因此，根据离散系统的超稳定性定理可知，如果式(4.101) 所示离散传递函数是严格正实的，则由式(4.107) ～ 式(4.110) 所描述的等价反馈系统是渐近超稳定的。也就是说，使用定理 4.2.2 所给出的自适应算法，并联模型参考自适应系统是整体渐近稳定的。证毕。

对于定理 4.2.2 需要说明的是：

(1) 从式(4.99) 和 $\boldsymbol{G}(0)$ 为正定矩阵可以看出，$\boldsymbol{G}(k)\leqslant\boldsymbol{G}(k-1)$，即 $\boldsymbol{G}(k)$ 为递减自适应增益矩阵，而系数 λ 可以用来调整递减的速度。

(2) 在实用时大都选取 $\lambda=1$，这时式(4.99) 成为

$$\boldsymbol{G}(k)=\boldsymbol{G}(k-1)-\frac{\boldsymbol{G}(k-1)\boldsymbol{x}_{\mathrm{s}}(k-1)\boldsymbol{x}_{\mathrm{s}}^{\mathrm{T}}(k-1)\boldsymbol{G}(k-1)}{1+\boldsymbol{x}_{\mathrm{s}}^{\mathrm{T}}(k-1)\boldsymbol{G}(k-1)\boldsymbol{x}_{\mathrm{s}}(k-1)}$$

而式(4.101) 成为

$$h'(z)=\frac{1+\sum_{i=1}^{n}d_iz^{-i}}{1-\sum_{i=1}^{n}a_{\mathrm{m}i}z^{-i}}-\frac{1}{2}$$

(3) 当 $\lambda\to\infty$ 时，递减自适应增益矩阵 $\boldsymbol{G}(k)$ 趋近于一个常值矩阵，这对应于定理 4.2.1 中

的积分自适应的特殊情况。

(4) 由于定理 4.2.2 所考虑的传递函数等于定理 4.2.1 所考虑的传递函数加上 $-1/(2\lambda)$，所以定理 4.2.2 比定理 4.2.1 所需要的正性条件要强。

仿照定理 4.2.1，可以做出下面的比例 + 积分型自适应算法。

推理 4.2.1(算法 3—— 比例 + 积分型自适应算法)　如果采用下列自适应算法：

$$\boldsymbol{\theta}_{\mathrm{s}}(k)=\boldsymbol{\theta}_{\mathrm{sr}}(k)+\boldsymbol{\theta}_{\mathrm{sp}}(k) \tag{4.136}$$

$$\boldsymbol{\theta}_{\mathrm{sr}}(k)=\boldsymbol{\theta}_{\mathrm{sr}}(k-1)+\frac{\boldsymbol{G}(k-1)\boldsymbol{x}_{\mathrm{s}}(k-1)}{1+\boldsymbol{x}_{\mathrm{s}}^{\mathrm{T}}(k-1)[\boldsymbol{G}(k-1)+\boldsymbol{G}'(k-1)]\boldsymbol{x}_{\mathrm{s}}(k-1)}v^{0}(k) \tag{4.137}$$

$$\boldsymbol{\theta}_{\mathrm{sp}}(k)=\frac{\boldsymbol{G}'(k-1)\boldsymbol{x}_{\mathrm{s}}(k-1)}{1+\boldsymbol{x}_{\mathrm{s}}^{\mathrm{T}}(k-1)[\boldsymbol{G}(k-1)+\boldsymbol{G}'(k-1)]\boldsymbol{x}_{\mathrm{s}}(k-1)}v^{0}(k) \tag{4.138}$$

$$\boldsymbol{G}(k)=\boldsymbol{G}(k-1)-\frac{1}{\lambda}\frac{\boldsymbol{G}(k-1)\boldsymbol{x}_{\mathrm{s}}(k-1)\boldsymbol{x}_{\mathrm{s}}^{\mathrm{T}}(k-1)\boldsymbol{G}(k-1)}{1+\frac{1}{\lambda}\boldsymbol{x}_{\mathrm{s}}^{\mathrm{T}}(k-1)\boldsymbol{G}(k-1)\boldsymbol{x}_{\mathrm{s}}(k-1)},\quad \boldsymbol{G}(0)>\boldsymbol{0},\quad \lambda>0.5 \tag{4.139}$$

$$\boldsymbol{G}'(k)=\alpha\,\boldsymbol{G}(k),\qquad \alpha\geqslant-0.5 \tag{4.140}$$

$$v^{0}(k)=y_{\mathrm{m}}(k)-\boldsymbol{\theta}_{\mathrm{sr}}^{\mathrm{T}}(k-1)\boldsymbol{x}_{\mathrm{s}}(k-1)+\sum_{i=1}^{n}d_{i}\varepsilon(k-i) \tag{4.141}$$

式中，$\boldsymbol{G}(0)$ 是一个任意的正定对称矩阵；$d_1,\cdots,d_n$ 的选取使得离散传递函数

$$h'(z)=\frac{1+\sum_{i=1}^{n}d_{i}z^{-i}}{1-\sum_{i=1}^{n}a_{\mathrm{m}i}z^{-i}}-\frac{1}{2\lambda} \tag{4.142}$$

为严格正实的，则由式(4.45) ~ 式(4.58) 所给出的并联模型参考自适应系统是整体渐近稳定的。

对算法 3，所得到的并联模型参考自适应系统的整体渐近稳定性不存在一个严格的证明。但是，根据一些参考文献报导，大量的实验结果表明，当 $\lambda=1$ 时，对于所研究的各个例子，取 $\alpha>-0.5$ 的任何值都可以使整个自适应系统渐近稳定。对于 $|\alpha|\ll 1$ 的情况，可以对推论 4.2.1 给出证明，其证明过程与定理 4.2.2 的证明相似。

证明　由式(4.45) ~ 式(4.58)、式(4.136) ~ 式(4.142) 可得等价反馈系统，即

$$\varepsilon(k+1)=\boldsymbol{a}_{\mathrm{m}}^{\mathrm{T}}\boldsymbol{e}(k)+w_{1}(k+1) \tag{4.143}$$

$$\bar{v}(k+1)=\varepsilon(k+1)+\boldsymbol{d}^{\mathrm{T}}\boldsymbol{e}(k)-\frac{1}{2\lambda}w_{1}(k+1) \tag{4.144}$$

$$\boldsymbol{\psi}(k+1)=\boldsymbol{\psi}(k)+\boldsymbol{G}(k)\boldsymbol{x}_{\mathrm{s}}(k)\left[\bar{v}(k+1)-\frac{1}{2\lambda}w(k+1)\right] \tag{4.145}$$

$$\begin{aligned}w(k+1)=&-w_{1}(k+1)=\\&\boldsymbol{x}_{\mathrm{s}}^{\mathrm{T}}(k)\boldsymbol{\psi}(k)+\boldsymbol{x}_{\mathrm{s}}^{\mathrm{T}}(k)[\boldsymbol{G}(k)+\boldsymbol{G}'(k)]\boldsymbol{x}_{\mathrm{s}}(k)\left[\bar{v}(k+1)-\frac{1}{2\lambda}w(k+1)\right]\end{aligned} \tag{4.146}$$

式中，各符号的定义与定理 4.2.2 相同。

与定理 4.2.2 的证明相似，可将式(4.145) 和式(4.146) 所给出的反馈方块进一步分解为

两个方块，一个方块是由方程

$$\boldsymbol{\psi}(k+1)=\boldsymbol{\psi}(k)+\boldsymbol{G}(k)\boldsymbol{x}_s(k)u_1(k) \tag{4.147}$$

$$\omega_1(k)=\omega(k)=\boldsymbol{x}_s^{\mathrm{T}}(k)\boldsymbol{\psi}(k)+\boldsymbol{x}_s^{\mathrm{T}}(k)[\boldsymbol{G}(k)+\boldsymbol{G}'(k)]\boldsymbol{x}_s(k)u_1(k) \tag{4.148}$$

确定的前向方块，另一个方块是由方程

$$\omega_2(k)=\frac{1}{2\lambda}\omega(k)=\frac{1}{2\lambda}u_2(k) \tag{4.149}$$

所确定的反馈方块，式中

$$u_1(k)=\bar{u}(k)-\frac{1}{2\lambda}\omega(k)=\bar{u}(k)-\omega_2(k) \tag{4.150}$$

利用这个分解，相应不等式的形式为

$$\begin{aligned}\sum_{k=0}^{k_1}\omega(k)\bar{u}(k)=&\sum_{k=0}^{k_1}\omega(k)[u_1(k)+\omega_2(k)]=\\&\sum_{k=0}^{k_1}\omega_1(k)u_1(k)+\sum_{k=0}^{k_1}\omega_2(k)u_2(k)\geqslant-r_0^2,\quad r_0^2<\infty,\quad k_1\geqslant 0\end{aligned} \tag{4.151}$$

式(4.151)不等号左边第二项为

$$\begin{aligned}\sum_{k=0}^{k_1}\omega_2(k)u_2(k)=&\frac{1}{2\lambda}\sum_{k=0}^{k_1}[\omega(k)]^2=\frac{1}{2\lambda}\sum_{k=0}^{k_1}\{\boldsymbol{\psi}^{\mathrm{T}}(k)\boldsymbol{x}_s(k)\boldsymbol{x}_s^{\mathrm{T}}(k)\boldsymbol{\psi}(k)+\\&2(1+\alpha)u_1(k)[\boldsymbol{x}_s^{\mathrm{T}}(k)\boldsymbol{G}(k)\boldsymbol{x}_s(k)]\boldsymbol{x}_s^{\mathrm{T}}(k)\boldsymbol{\psi}(k)+\\&(1+\alpha)^2u_1(k)[\boldsymbol{x}_s^{\mathrm{T}}(k)\boldsymbol{G}(k)\boldsymbol{x}_s(k)]^2u_1(k)\}\end{aligned} \tag{4.152}$$

当 $|\alpha|\ll 1$ 时，式(4.152)近似为

$$\begin{aligned}\sum_{k=0}^{k_1}\omega_2(k)u_2(k)=&\frac{1}{2\lambda}\sum_{k=0}^{k_1}\{\boldsymbol{\psi}^{\mathrm{T}}(k)\boldsymbol{x}_s(k)\boldsymbol{x}_s^{\mathrm{T}}(k)\boldsymbol{\psi}(k)+\\&2u_1(k)[\boldsymbol{x}_s^{\mathrm{T}}(k)\boldsymbol{G}(k)\boldsymbol{x}_s(k)]\boldsymbol{x}_s^{\mathrm{T}}(k)\boldsymbol{\psi}(k)+u_1(k)[\boldsymbol{x}_s^{\mathrm{T}}(k)\boldsymbol{G}(k)\boldsymbol{x}_s(k)]^2u_1(k)\}\end{aligned} \tag{4.153}$$

对于式(4.147)和式(4.148)所描述的前向方块，则有

$$\begin{aligned}\sum_{k=0}^{k_1}\omega_1(k)u_1(k)=&\frac{1}{2}\boldsymbol{\psi}^{\mathrm{T}}(k_1+1)\boldsymbol{G}^{-1}(k_1+1)\boldsymbol{\psi}(k_1+1)-\frac{1}{2}\boldsymbol{\psi}^{\mathrm{T}}(0)\boldsymbol{G}^{-1}(0)\boldsymbol{\psi}(0)-\\&\frac{1}{2\lambda}\sum_{k=0}^{k_1}\{\boldsymbol{\psi}^{\mathrm{T}}(k)\boldsymbol{x}_s(k)\boldsymbol{x}_s^{\mathrm{T}}(k)\boldsymbol{\psi}(k)+2u_1(k)[\boldsymbol{x}_s^{\mathrm{T}}(k)\boldsymbol{G}(k)\boldsymbol{x}_s(k)]\boldsymbol{x}_s^{\mathrm{T}}(k)\boldsymbol{\psi}(k)+\\&u_1(k)[\boldsymbol{x}_s^{\mathrm{T}}(k)\boldsymbol{G}(k)\boldsymbol{x}_s(k)]^2u_1(k)\}+\\&\left(\frac{1}{2}+\alpha\right)\sum_{k=0}^{k_1}u_1(k)[\boldsymbol{x}_s^{\mathrm{T}}(k)\boldsymbol{G}(k)\boldsymbol{x}_s(k)]u_1(k)\end{aligned} \tag{4.154}$$

将式(4.153)与式(4.154)相加，可得

$$\begin{aligned}\sum_{k=0}^{k_1}\omega(k)\bar{u}(k)=&\sum_{k=0}^{k_1}\omega_1(k)u_1(k)+\sum_{k=0}^{k_1}\omega_2(k)u_2(k)=\\&\frac{1}{2}\boldsymbol{\psi}^{\mathrm{T}}(k_1+1)\boldsymbol{G}^{-1}(k_1+1)\boldsymbol{\psi}(k_1+1)-\frac{1}{2}\boldsymbol{\psi}^{\mathrm{T}}(0)\boldsymbol{G}^{-1}(0)\boldsymbol{\psi}(0)+\\&\left(\frac{1}{2}+\alpha\right)\sum_{k=0}^{k_1}u_1(k)[\boldsymbol{x}_s^{\mathrm{T}}(k)\boldsymbol{G}(k)\boldsymbol{x}_s(k)]u_1(k)\geqslant\end{aligned}$$

$$-\frac{1}{2}\boldsymbol{\psi}^{\mathrm{T}}(0)\boldsymbol{G}^{-1}(0)\boldsymbol{\psi}(0)=-r_0^2 \tag{4.155}$$

这说明在推论 4.2.1 的条件下，当 $|\alpha|\ll 1$ 时，算法 3 可保证并联模型参考自适应系统是整体渐近稳定的。证毕。

4.2.2 系数 d_i 的计算

定理 4.2.1 需要选择一组 $d_i, i=1,2,\cdots,n$，使得离散传递函数

$$h(z)=\frac{1+\sum_{i=1}^{n}d_i z^{-i}}{1-\sum_{i=1}^{n}a_{\mathrm{m}i}z^{-i}} \tag{4.156}$$

是严格正实的，定理 4.2.2 和推论 4.2.1 要求离散传递函数

$$h'(z)=\frac{1+\sum_{i=1}^{n}d_i z^{-i}}{1-\sum_{i=1}^{n}a_{\mathrm{m}i}z^{-i}}-\frac{1}{2\lambda},\qquad \lambda>0.5 \tag{4.157}$$

是严格正实的。为了得到计算系数 d_i 的显式表达式，需要先写出 $h(z)$ 和 $h'(z)$ 的状态空间实现。式(4.156) 的状态空间实现为

$$\boldsymbol{x}(k+1)=\boldsymbol{A}_{\mathrm{m}}\boldsymbol{x}(k)+\boldsymbol{b}_{\mathrm{m}}u(k) \tag{4.158}$$

$$v(k)=(\boldsymbol{d}+\boldsymbol{a}_{\mathrm{m}})^{\mathrm{T}}\boldsymbol{x}(k)+u(k) \tag{4.159}$$

式中

$$\boldsymbol{A}_{\mathrm{m}}=\begin{bmatrix}0 & 1 & \cdots & 0\\ 0 & 0 & \cdots & 0\\ \vdots & \vdots & & \vdots\\ 0 & 0 & \cdots & 1\\ a_{\mathrm{m}n} & a_{\mathrm{m},n-1} & \cdots & a_{\mathrm{m}1}\end{bmatrix},\qquad \boldsymbol{b}_{\mathrm{m}}=\begin{bmatrix}0\\ \vdots\\ 0\\ 1\end{bmatrix}$$

$$\boldsymbol{d}^{\mathrm{T}}=[d_n\ \ \cdots\ \ d_1],\qquad \boldsymbol{a}_{\mathrm{m}}^{\mathrm{T}}=[a_{\mathrm{m}n}\ \ \cdots\ \ a_{\mathrm{m}1}] \tag{4.160}$$

式(4.157) 的状态空间实现为

$$\boldsymbol{x}(k+1)=\boldsymbol{A}_{\mathrm{m}}\boldsymbol{x}(k)+\boldsymbol{b}_{\mathrm{m}}u(k) \tag{4.161}$$

$$v(k)=(\boldsymbol{d}+\boldsymbol{a}_{\mathrm{m}})^{\mathrm{T}}\boldsymbol{x}(k)+\left(1-\frac{1}{2\lambda}\right)u(k) \tag{4.162}$$

式中，$\boldsymbol{A}_{\mathrm{m}}, \boldsymbol{b}_{\mathrm{m}}, \boldsymbol{d}$ 和 $\boldsymbol{a}_{\mathrm{m}}$ 的定义与式(4.160) 相同。

为了获得系数 d_i 的简化计算，必须首先选择李雅普诺夫方程

$$\boldsymbol{A}_{\mathrm{m}}^{\mathrm{T}}\boldsymbol{P}\boldsymbol{A}_{\mathrm{m}}-\boldsymbol{P}=-\boldsymbol{Q},\qquad \boldsymbol{Q}>\boldsymbol{0} \tag{4.163}$$

中的矩阵 $\boldsymbol{Q}$，使方程的解 $\boldsymbol{P}=[p_{n,n}]$ 的值对于式(4.158) 和式(4.159) 的状态空间实现，有

$$p_{n,n}\leqslant 2 \tag{4.164}$$

或者对于式(4.161) 和式(4.162) 的状态空间实现，有

$$p_{n,n}\leqslant 2-\frac{1}{\lambda},\qquad \lambda>0.5 \tag{4.165}$$

如果 $p_{n,n}\leqslant 2$，式(4.158) 和式(4.159) 所描述的系统可分解为两个并联系统，一个系统为

$$\boldsymbol{x}(k+1)=\boldsymbol{A}_{\mathrm{m}}\boldsymbol{x}(k)+\boldsymbol{b}_{\mathrm{m}}u(k) \tag{4.166}$$

$$v_1(k)=(\boldsymbol{d}+\boldsymbol{a}_{\mathrm{m}})^{\mathrm{T}}\boldsymbol{x}(k)+\frac{1}{2}p_{n,n}u(k) \tag{4.167}$$

另一个系统为

$$v_2(k)=\left(1-\frac{1}{2}p_{n,n}\right)u(k) \tag{4.168}$$

并且只要不等式(4.164) 成立,则后一系统为严格正实,当 $p_{n,n}=2$ 时,它的输出为零。

如果 $p_{n,n}\leqslant 2-\frac{1}{\lambda}$,式(4.161) 和式(4.162) 所描述的系统也可以分解为两个并联系统,一个系统由式(4.166) 和式(4.167) 描述,另一个系统为

$$v_2(k)=\left(1-\frac{1}{2\lambda}-\frac{1}{2}p_{n,n}\right)u(k) \tag{4.169}$$

只要式(4.165) 成立,则后一个系统为严格正实的,当 $p_{n,n}=2-\frac{1}{\lambda}$ 时,它的输出为零。

一个具有正(或零) 常值增益的系统与传递函数为严格正实的另一系统并联,所构成的系统的传递函数将仍然是严格正实的。显然,式(4.168) 和式(4.169) 所描述的系统都是具有正(或零) 常值增益的系统,如果式(4.166) 和式(4.167) 所描述的系统是严格正实的,则由状态空间表达式描述的两个系统将都是严格正实的。

利用离散系统的正实引理公式,可导出式(4.166) 和式(4.167) 所描述的系统传递矩阵为严格正实的条件是满足方程

$$\boldsymbol{A}_{\mathrm{m}}^{\mathrm{T}}\boldsymbol{P}\boldsymbol{A}_{\mathrm{m}}-\boldsymbol{P}=-\boldsymbol{Q},\qquad \boldsymbol{Q}>\boldsymbol{0} \tag{4.170}$$

$$p_{n,n}\boldsymbol{a}_{\mathrm{m}}^{\mathrm{T}}+[0\quad p_{n1}\quad\cdots\quad p_{n,n-1}]=\boldsymbol{a}_{\mathrm{m}}^{\mathrm{T}}+\boldsymbol{d}^{\mathrm{T}} \tag{4.171}$$

由式(4.170) 和式(4.171),可得

$$\begin{cases}d_i=(p_{n,n}-1)a_{\mathrm{m}i}+p_{n,n-i}, & i=1,2,\cdots,n-1\\ d_n=(p_{n,n}-1)a_{\mathrm{m}n}\end{cases} \tag{4.172}$$

如果选取 $p_{n,n}=1$,则有

$$d_i=p_{n,n-i},\qquad i=1,2,\cdots,n-1,\qquad d_n=0 \tag{4.173}$$

我们还可以看到,如果 $p_{n,n}=1$ 并且 $p_{n,n-i}=0,i=1,2,\cdots,n-1$,则式(4.172) 或式(4.173) 中的 $d_i=0,i=1,2,\cdots,n$,因此对于 $\lambda\geqslant 1$ 并且系数 $d_i=0,i=1,2,\cdots,n$,传递函数 $h(z)$ 和 $h'(z)$ 是严格正实的。

在实际应用中,还可以采用下面的近似方法:把式(4.158) 和式(4.159) 描述的系统或式(4.161) 和式(4.162) 描述的系统分解为两个并联方块,一个方块由方程

$$\boldsymbol{x}(k+1)=\boldsymbol{A}_{\mathrm{m}}\boldsymbol{x}(k)+\boldsymbol{b}_{\mathrm{m}}u(k) \tag{4.174}$$

$$v_1(k)=(\boldsymbol{d}+\boldsymbol{a}_{\mathrm{m}})^{\mathrm{T}}\boldsymbol{x}(k) \tag{4.175}$$

描述,它的传递函数为

$$h_1(z)=\frac{\sum\limits_{i=1}^{n}(a_{\mathrm{m}i}+d_i)z^{-i}}{1-\sum\limits_{i=1}^{n}a_{\mathrm{m}i}z^{-i}} \tag{4.176}$$

而另一个方块在式(4.158) 和式(4.159) 的情况下具有单位传递函数(传递函数为 1),在式

(4.161) 和式(4.162) 情况下传递函数为$\left(1-\frac{1}{2\lambda}\right)$。如果对于 $|z|=1$ 的任何 z 值，在式(4.158) 和式(4.159) 情况下有 $|h_1(z)|<1$，在式(4.161) 和式(4.162) 情况下有 $|h'(z)|<\left(1-\frac{1}{2\lambda}\right)$，则两个并联方块的传递函数之和是严格正实的。如果选取 d_i 使其满足关系式

$$d_i=-a_{\mathrm{m}i}+\varepsilon_i, \qquad i=1,2,\cdots,n \tag{4.177}$$

式中，$0<\varepsilon_i\ll 1$，则可满足 $|h_1(z)|<1$ 或 $|h'(z)|<\left(1-\frac{1}{2\lambda}\right)$ 的条件。

4.2.3　不需预先选取 d_i 的自适应算法

上面所介绍的自适应算法 1～3 都需要预先选取 d_i，当参考模型的参数 $a_{\mathrm{m}i}(i=1,2,\cdots,n)$ 未知时，预先选取 d_i 是不可能的。例如，将模型参考自适应控制用于系统参数辨识时，参考模型 $a_{\mathrm{m}i}$ 就是被辨识的未知参数。在这种情况下，需要采用不必预先选取系数 d_i 的自适应算法。

对于式(4.45) ～ 式(4.58) 所描述的并联自适应系统，将其中的式(4.54) 和式(4.55) 分别用下面的两式来代替，即

$$v^0(k)=\varepsilon^0(k)+\sum_{i=1}^{n}d_i(k-1)\varepsilon(k-i)=\varepsilon^0(k)+\boldsymbol{d}^{\mathrm{T}}(k-1)\boldsymbol{e}(k) \tag{4.178}$$

$$v(k)=\varepsilon(k)+\boldsymbol{d}^{\mathrm{T}}(k)\boldsymbol{e}(k) \tag{4.179}$$

式中

$$\boldsymbol{d}^{\mathrm{T}}(k)=[d_1(k) \quad \cdots \quad d_n(k)] \tag{4.180}$$

$$\boldsymbol{e}^{\mathrm{T}}(k)=[\varepsilon(k-1) \quad \cdots \quad \varepsilon(k-n)] \tag{4.181}$$

定义一个扩大的可调参数向量

$$\begin{aligned}\boldsymbol{\theta}_{\mathrm{se}}^{\mathrm{T}}(k)=&[\boldsymbol{\theta}_{\mathrm{s}}^{\mathrm{T}}(k) \quad -\boldsymbol{d}^{\mathrm{T}}(k)]=\\ &[a_{\mathrm{s}1}(k) \quad \cdots \quad a_{\mathrm{s}n}(k) \quad b_{\mathrm{s}0}(k) \quad \cdots \quad b_{\mathrm{s}m}(k) \quad -d_1(k) \quad \cdots \quad -d_n(k)]\end{aligned} \tag{4.182}$$

和一个扩大的观测向量

$$\begin{aligned}\boldsymbol{x}_{\mathrm{se}}^{\mathrm{T}}(k-1)=&[\boldsymbol{x}_{\mathrm{s}}^{\mathrm{T}}(k-1) \quad \boldsymbol{e}^{\mathrm{T}}(k-1)]=\\ &[y_{\mathrm{s}}(k-1) \quad \cdots \quad y_{\mathrm{s}}(k-n) \quad r(k) \quad \cdots \quad r(k-m) \quad \varepsilon(k-1) \quad \cdots \quad \varepsilon(k-n)]\end{aligned} \tag{4.183}$$

定理 4.2.3(算法 4)　如果采用下列自适应算法：

$$\boldsymbol{\theta}_{\mathrm{se}}(k)=\boldsymbol{\theta}_{\mathrm{ser}}(k)+\boldsymbol{\theta}_{\mathrm{sep}}(k) \tag{4.184}$$

$$\boldsymbol{\theta}_{\mathrm{ser}}(k)=\boldsymbol{\theta}_{\mathrm{ser}}(k-1)+\frac{\overline{\boldsymbol{G}}\boldsymbol{x}_{\mathrm{se}}(k-1)}{1+\boldsymbol{x}_{\mathrm{se}}^{\mathrm{T}}(k-1)[\overline{\boldsymbol{G}}+\overline{\boldsymbol{G}}'(k-1)]\boldsymbol{x}_{\mathrm{se}}(k-1)}v^0(k), \quad \overline{\boldsymbol{G}}>\boldsymbol{0} \tag{4.185}$$

$$\boldsymbol{\theta}_{\mathrm{sep}}(k)=\frac{\overline{\boldsymbol{G}}'(k-1)\boldsymbol{x}_{\mathrm{se}}(k-1)}{1+\boldsymbol{x}_{\mathrm{se}}^{\mathrm{T}}(k-1)[\overline{\boldsymbol{G}}+\overline{\boldsymbol{G}}'(k-1)]\boldsymbol{x}_{\mathrm{se}}(k-1)}v^0(k) \tag{4.186}$$

$$\overline{\boldsymbol{G}}'(k)+\frac{1}{2}\overline{\boldsymbol{G}}\geqslant\boldsymbol{0}, \qquad k\geqslant 0 \tag{4.187}$$

$$v^0(k)=y_{\mathrm{m}}(k)-\boldsymbol{\theta}_{\mathrm{sr}}^{\mathrm{T}}(k-1)\boldsymbol{x}_{\mathrm{s}}(k-1)+\boldsymbol{d}^{\mathrm{T}}(k-1)\boldsymbol{e}(k-1) \tag{4.188}$$

式中，$\bar{\boldsymbol{G}}$ 是一个任意的正定对称矩阵，则由式(4.45) ~ 式(4.53)、式(4.178)、式(4.179)，以及式(4.56) ~ 式(4.58) 所描述的并联模型参考自适应系统是整体渐近稳定的。

证明　由式(4.45) ~ 式(4.48) 和式(4.53)，可得

$$\varepsilon(k+1)=\boldsymbol{a}_{\mathrm{m}}^{\mathrm{T}}\boldsymbol{e}(k)+[\boldsymbol{\theta}_{\mathrm{m}}-\boldsymbol{\theta}_{\mathrm{s}}(k+1)]^{\mathrm{T}}\boldsymbol{x}_{\mathrm{s}}(k) \tag{4.189}$$

式中，各符号的定义与定理4.2.1相同。将式(4.189) 代入式(4.179)，可得

$$v(k+1)=[\boldsymbol{a}_{\mathrm{m}}+\boldsymbol{d}(k+1)]^{\mathrm{T}}\boldsymbol{e}(k)+[\boldsymbol{\theta}_{\mathrm{m}}-\boldsymbol{\theta}_{\mathrm{s}}(k+1)]^{\mathrm{T}}\boldsymbol{x}_{\mathrm{s}}(k) \tag{4.190}$$

定义扩大的参数向量为

$$\boldsymbol{\theta}_{\mathrm{me}}^{\mathrm{T}}=[\boldsymbol{\theta}_{\mathrm{m}}^{\mathrm{T}}\quad \boldsymbol{a}_{\mathrm{m}}^{\mathrm{T}}]=[a_{\mathrm{m1}}\ \cdots\ a_{\mathrm{m}n}\ \ b_{\mathrm{m0}}\ \cdots\ b_{\mathrm{m}m}\ \ a_{\mathrm{m1}}\ \cdots\ a_{\mathrm{m}n}] \tag{4.191}$$

利用式(4.182) 和式(4.183)，则式(4.190) 可写为

$$v(k+1)=[\boldsymbol{\theta}_{\mathrm{me}}-\boldsymbol{\theta}_{\mathrm{se}}(k+1)]^{\mathrm{T}}\boldsymbol{x}_{\mathrm{se}}(k)=w_1(k+1) \tag{4.192}$$

于是，类似于定理4.2.1的证明，可得

$$\bar{\boldsymbol{\psi}}(k+1)=\bar{\boldsymbol{\psi}}(k)+\bar{\boldsymbol{G}}\boldsymbol{x}_{\mathrm{se}}(k)v(k+1) \tag{4.193}$$

$$w(k+1)=-w_1(k+1)=\boldsymbol{x}_{\mathrm{se}}^{\mathrm{T}}(k)\bar{\boldsymbol{\psi}}(k)+\boldsymbol{x}_{\mathrm{se}}^{\mathrm{T}}(k)[\bar{\boldsymbol{G}}+\bar{\boldsymbol{G}}'(k)]\boldsymbol{x}_{\mathrm{se}}(k)v(k+1) \tag{4.194}$$

式中

$$\bar{\boldsymbol{\psi}}(k)=\boldsymbol{\theta}_{\mathrm{ser}}(k)-\boldsymbol{\theta}_{\mathrm{me}} \tag{4.195}$$

式(4.192) ~ 式(4.194) 确定了一个等价反馈系统，由式(4.192) 所确定的线性前向方块是一个具有正值单位增益的方块，当然是严格正实的。除了维数较高之外，式(4.193) 和式(4.194) 所确定的反馈方块的结构与式(4.84) 和式(4.85) 所确定的反馈方块的结构相同。因此式(4.193) 和式(4.194) 所确定的反馈方块也满足波波夫不等式，所以等价反馈系统是渐近稳定的，即并联模型参考自适应系统是整体渐近稳定的。证毕。

定理4.2.4(算法5)　若采用下列自适应算法：

$$\boldsymbol{\theta}_{\mathrm{se}}(k)=\boldsymbol{\theta}_{\mathrm{ser}}(k) \tag{4.196}$$

$$\boldsymbol{\theta}_{\mathrm{se}}(k)=\boldsymbol{\theta}_{\mathrm{ser}}(k-1)+\frac{\bar{\boldsymbol{G}}(k-1)\boldsymbol{x}_{\mathrm{se}}(k-1)}{1+\boldsymbol{x}_{\mathrm{se}}^{\mathrm{T}}(k-1)\bar{\boldsymbol{G}}(k-1)\boldsymbol{x}_{\mathrm{se}}(k-1)}v^0(k) \tag{4.197}$$

$$\bar{\boldsymbol{G}}(k)=\bar{\boldsymbol{G}}(k-1)-\frac{1}{\lambda}\frac{\bar{\boldsymbol{G}}(k-1)\boldsymbol{x}_{\mathrm{se}}(k-1)\boldsymbol{x}_{\mathrm{se}}^{\mathrm{T}}(k-1)\bar{\boldsymbol{G}}(k-1)}{1+\dfrac{1}{\lambda}\boldsymbol{x}_{\mathrm{se}}^{\mathrm{T}}(k-1)\bar{\boldsymbol{G}}(k-1)\boldsymbol{x}_{\mathrm{se}}(k-1)},\quad \bar{\boldsymbol{G}}(0)>\boldsymbol{0},\quad \lambda>0.5 \tag{4.198}$$

$$v^0(k)=y_{\mathrm{m}}(k)-\boldsymbol{\theta}_{\mathrm{ser}}^{\mathrm{T}}(k-1)\boldsymbol{x}_{\mathrm{se}}(k-1) \tag{4.199}$$

式中，$\bar{\boldsymbol{G}}(0)$ 是一个任意的正定对称矩阵，则由式(4.45) ~ 式(4.53)、式(4.178)、式(4.179)，以及式(4.56) ~ 式(4.58) 所描述的并联模型参考自适应系统是整体渐近稳定的。

证明　该定理的证明与定理4.2.2相似。在该定理的条件下，等价反馈系统的线性前向方块方程为

$$\bar{v}(k+1)=\left(1-\frac{1}{2\lambda}\right)[\boldsymbol{\theta}_{\mathrm{me}}-\boldsymbol{\theta}_{\mathrm{ser}}(k+1)]^{\mathrm{T}}\boldsymbol{x}_{\mathrm{se}}(k)=\left(1-\frac{1}{2\lambda}\right)w_1(k+1) \tag{4.200}$$

因为 $\lambda>0.5$，所以由式(4.200) 所确定的线性前向方块的传递函数总是一个正的增益，满足严格正实的要求。等价反馈系统的反馈方块方程为

$$\bar{\boldsymbol{\psi}}(k+1)=\bar{\boldsymbol{\psi}}(k)+\bar{\boldsymbol{G}}(k)\boldsymbol{x}_{\mathrm{se}}(k)\left[\bar{v}(k+1)-\frac{1}{2\lambda}w(k+1)\right] \tag{4.201}$$

$$w(k+1)=-w_1(k+1)=\boldsymbol{x}_{se}^{T}(k)\bar{\boldsymbol{\psi}}(k)+\boldsymbol{x}_{se}^{T}(k)\bar{\boldsymbol{G}}(k)\boldsymbol{x}_{se}(k)\left[\bar{v}(k+1)-\frac{1}{2\lambda}w(k+1)\right] \tag{4.202}$$

式(4.201)和式(4.202)所描述的反馈方块与式(4.109)和式(4.110)所描述的反馈方块具有相类似的结构，只是用 $\bar{\boldsymbol{\psi}}(k)$，$\bar{\boldsymbol{G}}(k)$ 和 $\boldsymbol{x}_{se}(k)$ 代替对应的 $\boldsymbol{\psi}(k)$，$\boldsymbol{G}(k)$ 和 $\boldsymbol{x}_s(k)$，因此由式(4.201)和式(4.202)所确定的反馈方块也满足波波夫积分不等式。根据离散系统的超稳定性定理，等价反馈系统是渐近超稳定的，即并联模型参考自适应系统是整体渐近稳定的。证毕。

上述两个自适应算法不需要预先选取 d_i，但作为代价，可调参数向量的维数从 $(n+m+1)$ 扩大到 $(2n+m+1)$，相应地也增大了每一步的基本运算量。

式(4.190)启发我们可以对定理4.2.3和定理4.2.4所给的算法考虑一个近似算法，以便减少每一步的基本运算量。由于当 $\boldsymbol{\theta}_s(k)\to\boldsymbol{\theta}_m$ 时，$\boldsymbol{a}_s(k)\to\boldsymbol{a}_m$，$v(k)\to 0$，故在式(4.190)中可选取

$$\boldsymbol{d}(k+1)=\boldsymbol{a}_m \tag{4.203}$$

并使用定理4.2.1或定理4.2.2的算法来修正参数向量 $\boldsymbol{\theta}_s(k)$。这样，可使每一步的基本运算量减少很多。

4.2.4 串并联模型参考自适应系统的自适应算法

串并联情况下的自适应系统与并联情况相似，只是可调系统方程变为

$$y_s(k)=\sum_{i=1}^{n}a_{si}(k)y_m(k-i)+\sum_{i=0}^{m}b_{si}(k)r(k-i)=\boldsymbol{\theta}_s^{T}(k)\boldsymbol{x}_m(k-1) \tag{4.204}$$

$$y_s^0(k)=\boldsymbol{\theta}_{sr}^{T}(k-1)\boldsymbol{x}_m(k-1) \tag{4.205}$$

对于串并联模型参考自适应系统，具有与并联情况相对应的自适应算法。

定理4.2.5(算法6)　如果采用下列自适应算法：

$$\boldsymbol{\theta}_s(k)=\boldsymbol{\theta}_{sr}(k)+\boldsymbol{\theta}_{sp}(k) \tag{4.206}$$

$$\boldsymbol{\theta}_{sr}(k)=\boldsymbol{\theta}_{sr}(k-1)+\frac{\boldsymbol{G}\boldsymbol{x}_m(k-1)}{1+\boldsymbol{x}_m^{T}(k-1)[\boldsymbol{G}+\boldsymbol{G}'(k-1)]\boldsymbol{x}_m(k-1)}\varepsilon^0(k) \tag{4.207}$$

$$\boldsymbol{\theta}_{sp}(k)=\frac{\boldsymbol{G}'(k-1)\boldsymbol{x}_m(k-1)}{1+\boldsymbol{x}_m^{T}(k-1)[\boldsymbol{G}+\boldsymbol{G}'(k-1)]\boldsymbol{x}_m(k-1)}\varepsilon^0(k) \tag{4.208}$$

$$\boldsymbol{G}'(k)+\frac{1}{2}\boldsymbol{G}\geqslant\boldsymbol{0},\qquad k\geqslant 0 \tag{4.209}$$

$$\varepsilon^0(k)=y_m(k)-\boldsymbol{\theta}_{sr}^{T}(k-1)\boldsymbol{x}_m(k-1) \tag{4.210}$$

式中，$\boldsymbol{G}$ 是一个任意正定对称矩阵，$\boldsymbol{G}'(k)$ 是满足式(4.209)的常值或时变矩阵，则由式(4.45)～式(4.47)、式(4.50)、式(4.204)、式(4.205)及式(4.52)～式(4.58)所描述的串并联模型参考自适应系统是整体渐近稳定的。

定理4.2.6(算法7)　如果采用下列自适应算法：

$$\boldsymbol{\theta}_s(k)=\boldsymbol{\theta}_{sr}(k) \tag{4.211}$$

$$\boldsymbol{\theta}_{sr}(k)=\boldsymbol{\theta}_{sr}(k-1)+\frac{\boldsymbol{G}(k-1)\boldsymbol{x}_m(k-1)}{1+\boldsymbol{x}_m^{T}(k-1)\boldsymbol{G}(k-1)\boldsymbol{x}_m(k-1)}\varepsilon^0(k) \tag{4.212}$$

$$\boldsymbol{G}(k)=\boldsymbol{G}(k-1)-\frac{1}{\lambda}\frac{\boldsymbol{G}(k-1)\boldsymbol{x}_{\mathrm{m}}(k-1)\boldsymbol{x}_{\mathrm{m}}^{\mathrm{T}}(k-1)\boldsymbol{G}(k-1)}{1+\frac{1}{\lambda}\boldsymbol{x}_{\mathrm{m}}^{\mathrm{T}}(k-1)\boldsymbol{G}(k-1)\boldsymbol{x}_{\mathrm{m}}(k-1)},\quad \boldsymbol{G}(0)>\boldsymbol{0},\quad \lambda>0.5 \tag{4.213}$$

$$\varepsilon^{0}(k)=y_{\mathrm{m}}(k)-\boldsymbol{\theta}_{\mathrm{sr}}^{\mathrm{T}}(k-1)\boldsymbol{x}_{\mathrm{m}}(k-1) \tag{4.214}$$

式中，$\boldsymbol{G}(0)$ 是一个任意正定对称矩阵，则由式(4.45) ～ 式(4.47)、式(4.50)、式(4.204)、式(4.205) 及式(4.52) ～ 式(4.58) 所描述的串并联模型参考自适应系统是整体渐近稳定的。

对于串并联离散模型参考自适应系统，也可导出与推论 4.2.1 相似的比例 + 积分型自适应算法。

把串并联情况与并联情况的自适应算法相比较，可看到它们具有类似的结构，其区别仅在于：

(1) 并联情况采用的可测向量为 $\boldsymbol{x}_{\mathrm{s}}(k-1)$，而串并联采用的可测向量为 $\boldsymbol{x}_{\mathrm{m}}(k-1)$。

(2) 并联情况采用 $v^{0}(k)$，串并联时采用 $\varepsilon^{0}(k)$，$\varepsilon^{0}(k)$ 是超前广义输出误差，这意味着在串并联情况下，式(4.54) 或等价的式(4.65) 和式(4.100) 中的所有系数 $d_i(i=1,2,\cdots,n)$ 已经设置为零了。

(3) 串并联情况不要求离散传递函数满足正实性条件。

4.3　用状态方程描述的离散模型参考自适应系统

4.3.1　并联模型参考自适应系统的自适应算法

设参考模型的状态方程为

$$\boldsymbol{x}_{\mathrm{m}}(k+1)=\boldsymbol{A}_{\mathrm{m}}\boldsymbol{x}_{\mathrm{m}}(k)+\boldsymbol{B}_{\mathrm{m}}\boldsymbol{r}(k) \tag{4.215}$$

并联可调系统的状态方程为

$$\boldsymbol{x}_{\mathrm{s}}^{0}(k+1)=\boldsymbol{A}_{\mathrm{s}}(k)\boldsymbol{x}_{\mathrm{s}}(k)+\boldsymbol{B}_{\mathrm{s}}(k)\boldsymbol{r}(k) \tag{4.216}$$

$$\boldsymbol{x}_{\mathrm{s}}(k+1)=\boldsymbol{A}_{\mathrm{s}}(k+1)\boldsymbol{x}_{\mathrm{s}}(k)+\boldsymbol{B}_{\mathrm{s}}(k+1)\boldsymbol{r}(k) \tag{4.217}$$

式中，$\boldsymbol{x}_{\mathrm{m}}$ 和 $\boldsymbol{x}_{\mathrm{s}}$ 是 n 维状态向量，$\boldsymbol{r}$ 是 m 维输入向量，$\boldsymbol{A}_{\mathrm{m}}$ 为 $n\times n$ 常值矩阵，$\boldsymbol{A}_{\mathrm{s}}$ 为 $n\times n$ 时变矩阵，$\boldsymbol{B}_{\mathrm{m}}$ 为 $n\times m$ 常值矩阵，$\boldsymbol{B}_{\mathrm{s}}$ 为 $n\times m$ 时变矩阵。$\boldsymbol{x}_{\mathrm{s}}^{0}(k+1)$ 是可调系统的先验状态向量，它是利用可调参数在 k 时刻的值计算出来的。$\boldsymbol{x}_{\mathrm{s}}(k+1)$ 是可调系统的后验状态向量，它是利用可调参数在 $k+1$ 时刻的值计算出来的。

广义状态误差为

$$\boldsymbol{e}^{0}(k)=\boldsymbol{x}_{\mathrm{m}}(k)-\boldsymbol{x}_{\mathrm{s}}^{0}(k) \tag{4.218}$$

$$\boldsymbol{e}(k)=\boldsymbol{x}_{\mathrm{m}}(k)-\boldsymbol{x}_{\mathrm{s}}(k) \tag{4.219}$$

自适应算法为

$$\boldsymbol{v}^{0}(k)=\boldsymbol{D}\boldsymbol{e}^{0}(k) \tag{4.220}$$

$$\boldsymbol{v}(k)=\boldsymbol{D}\boldsymbol{e}(k) \tag{4.221}$$

$$\boldsymbol{A}_{\mathrm{s}}(k+1)=\sum_{l=0}^{k}\boldsymbol{\Phi}_{1}(\boldsymbol{v},k,l)+\boldsymbol{\Phi}_{2}(\boldsymbol{v},k)+\boldsymbol{A}_{\mathrm{s}}(0) \tag{4.222}$$

$$\boldsymbol{B}_s(k+1)=\sum_{l=0}^{k}\boldsymbol{\Psi}_1(\boldsymbol{v},k,l)+\boldsymbol{\Psi}_2(\boldsymbol{v},k)+\boldsymbol{B}_s(0) \tag{4.223}$$

式中，$\boldsymbol{\Phi}_1(\boldsymbol{v},k,l)$ 和 $\boldsymbol{\Psi}_1(\boldsymbol{v},k,l)$ 是 $\boldsymbol{v}$ 的离散矩阵泛函，$\boldsymbol{\Phi}_2(\boldsymbol{v},k)$ 和 $\boldsymbol{\Psi}_2(\boldsymbol{v},k)$ 是 $\boldsymbol{v}$ 的矩阵函数。

按照设计连续时间自适应控制系统所采取的基本步骤，以及在 4.1 节的例子中所介绍过的有关用 $\boldsymbol{v}^0(k+1)$ 来计算 $\boldsymbol{A}_s(k+1)$ 和 $\boldsymbol{B}_s(k+1)$ 的步骤，来设计离散时间自适应系统，则有下述的基本结论。

定理 4.3.1 对于由式(4.215) ～ 式(4.223) 所描述的离散时间并联模型参考自适应系统，如果满足两个条件：

(1) $$\boldsymbol{\Phi}_1(\boldsymbol{v},k,l)=\boldsymbol{K}_A(k-l)\boldsymbol{v}(l+1)[\boldsymbol{G}_A\boldsymbol{x}_s(l)]^{\mathrm{T}} \tag{4.224}$$

$$\boldsymbol{\Phi}_2(\boldsymbol{v},k)=\boldsymbol{K}_A'(k)\boldsymbol{v}(k+1)[\boldsymbol{G}_A'(k)\boldsymbol{x}_s(k)]^{\mathrm{T}} \tag{4.225}$$

$$\boldsymbol{\Psi}_1(\boldsymbol{v},k,l)=\boldsymbol{K}_B(k-l)\boldsymbol{v}(l+1)[\boldsymbol{G}_B\boldsymbol{r}(l)]^{\mathrm{T}} \tag{4.226}$$

$$\boldsymbol{\Psi}_2(\boldsymbol{v},k)=\boldsymbol{K}_B'(k)\boldsymbol{v}(k+1)[\boldsymbol{G}_B'(k)\boldsymbol{r}(k)]^{\mathrm{T}} \tag{4.227}$$

式中，$\boldsymbol{K}_A(k-l)$ 和 $\boldsymbol{K}_B(k-l)$ 是正定离散核，它们的 z 变换是在 $z=1$ 处有一个极点的正定传递函数矩阵，$\boldsymbol{G}_A$ 和 $\boldsymbol{G}_B$ 是正定常数矩阵。对于所有 $k\geqslant 0$，$\boldsymbol{K}_A'(k)$，$\boldsymbol{K}_B'(k)$，$\boldsymbol{G}_A'(k)$ 和 $\boldsymbol{G}_B'(k)$ 是时变正定(或半正定) 矩阵。

(2) 传递函数矩阵

$$\boldsymbol{H}(z)=\boldsymbol{D}z(z\boldsymbol{I}-\boldsymbol{A}_m)^{-1}=\boldsymbol{D}+\boldsymbol{D}\boldsymbol{A}_m(z\boldsymbol{I}-\boldsymbol{A}_m)^{-1} \tag{4.228}$$

为严格正实。那么，此系统在 $\boldsymbol{e}$ 空间是整体渐近稳定的。

在定理 4.3.1 中经常用到的两种特殊情况：

(1) 积分自适应，即

$$\boldsymbol{\Phi}_1(\boldsymbol{v},k,l)=\boldsymbol{K}_A\boldsymbol{v}(l+1)[\boldsymbol{G}_A\boldsymbol{x}_s(l)]^{\mathrm{T}} \tag{4.229}$$

$$\boldsymbol{\Psi}_1(\boldsymbol{v},k,l)=\boldsymbol{K}_B\boldsymbol{v}(l+1)[\boldsymbol{G}_B\boldsymbol{r}(l)]^{\mathrm{T}} \tag{4.230}$$

式中，$\boldsymbol{K}_A$，$\boldsymbol{K}_B$，$\boldsymbol{G}_A$ 和 $\boldsymbol{G}_B$ 均为正定常数矩阵。

(2) 比例自适应，即

$$\boldsymbol{\Phi}_2(\boldsymbol{v},k)=\boldsymbol{K}_A'\boldsymbol{v}(k+1)[\boldsymbol{G}_A'\boldsymbol{x}_s(k)]^{\mathrm{T}} \tag{4.231}$$

$$\boldsymbol{\Psi}_2(\boldsymbol{v},k)=\boldsymbol{K}_B'\boldsymbol{v}(k+1)[\boldsymbol{G}_B'\boldsymbol{r}(k)]^{\mathrm{T}} \tag{4.232}$$

式中，$\boldsymbol{K}_A'$，$\boldsymbol{K}_B'$，$\boldsymbol{G}_A'$ 和 $\boldsymbol{G}_B'$ 都是正定(或半正定) 常数矩阵。

积分自适应算法与比例自适应算法相结合将导出比例＋积分自适应算法。

为了有效地应用定理 4.3.1 的结果，应当把式(4.224) ～ 式(4.227) 或式(4.229) ～ 式(4.232) 中的 $\boldsymbol{v}(l+1)$ 和 $\boldsymbol{v}(k+1)$ 用 $\boldsymbol{v}^0(l+1)$ 和 $\boldsymbol{v}^0(k+1)$ 来表示。在比例＋积分自适应情况下，利用与 4.1 节相似的方法，对于 $\boldsymbol{G}_A'=\boldsymbol{G}_A$ 和 $\boldsymbol{G}_B'=\boldsymbol{G}_B$ 的情况，可得

$$\boldsymbol{v}(k+1)=[\boldsymbol{I}+\boldsymbol{D}\boldsymbol{N}(k)]^{-1}\boldsymbol{v}^0(k+1) \tag{4.233}$$

式中

$$\boldsymbol{N}(k)=(\boldsymbol{K}_A+\boldsymbol{K}_A')\boldsymbol{x}_s^{\mathrm{T}}(k)\boldsymbol{G}_A\boldsymbol{x}_s(k)+(\boldsymbol{K}_B+\boldsymbol{K}_B')\boldsymbol{r}^{\mathrm{T}}(k)\boldsymbol{G}_B\boldsymbol{r}(k) \tag{4.234}$$

4.3.2 矩阵 D 的计算

定理 4.3.1 要求传递函数矩阵

$$\boldsymbol{H}(z)=\boldsymbol{D}+\boldsymbol{D}\boldsymbol{A}_{\mathrm{m}}(z\boldsymbol{I}-\boldsymbol{A}_{\mathrm{m}})^{-1} \tag{4.235}$$

是严格正实的,为了保证 $\boldsymbol{H}(z)$ 严格正实,就需要对矩阵 $\boldsymbol{D}$ 进行计算。如果把 $\boldsymbol{D}$ 限制为一个正定矩阵,就可以极大地简化 $\boldsymbol{D}$ 的计算。

如果取 $\boldsymbol{D}$ 是正定矩阵,并且伴随传递矩阵

$$\boldsymbol{H}_1(z)=\frac{1}{2}\boldsymbol{D}+\boldsymbol{D}\boldsymbol{A}_{\mathrm{m}}(z\boldsymbol{I}-\boldsymbol{A}_{\mathrm{m}})^{-1} \tag{4.236}$$

为严格正实,则由式(4.235) 所给出的传递函数矩阵 $\boldsymbol{H}(z)$ 将是严格正实的。为了使式(4.236) 所给出的 $\boldsymbol{H}_1(z)$ 为严格正实,对于任意给定的一个正定矩阵 $\boldsymbol{Q}'$,方程组

$$\boldsymbol{A}_{\mathrm{m}}^{\mathrm{T}}\boldsymbol{P}\boldsymbol{A}_{\mathrm{m}}-\boldsymbol{P}=-\boldsymbol{L}\boldsymbol{L}^{\mathrm{T}}-\boldsymbol{Q}=-\boldsymbol{Q}' \tag{4.237}$$

$$\boldsymbol{P}\boldsymbol{A}_{\mathrm{m}}=\boldsymbol{D}\boldsymbol{A}_{\mathrm{m}}-\boldsymbol{K}^{\mathrm{T}}\boldsymbol{L}^{\mathrm{T}} \tag{4.238}$$

$$\boldsymbol{K}^{\mathrm{T}}\boldsymbol{K}=\boldsymbol{D}-\boldsymbol{P} \tag{4.239}$$

应该存在一个正定的矩阵解 $\boldsymbol{P}$。如果 $\boldsymbol{A}_{\mathrm{m}}$ 的特征值都位于 $|z|<1$ 的区域内,则选取 $\boldsymbol{D}=\boldsymbol{P}$,即可使式(4.237) ～ 式(4.239) 得到满足。

如同单输入单输出情况一样,推广定理 4.2.3 的结果,也可以不必预先选择矩阵 $\boldsymbol{D}$。在这种情况下,式(4.220) 和式(4.221) 应当由下列方程代替,即

$$\boldsymbol{v}^0(k)=\boldsymbol{e}^0(k)+\hat{\boldsymbol{D}}(k-1)\boldsymbol{e}(k-1) \tag{4.240}$$

$$\boldsymbol{v}(k)=\boldsymbol{e}(k)+\hat{\boldsymbol{D}}(k)\boldsymbol{e}(k-1) \tag{4.241}$$

式中 $\hat{\boldsymbol{D}}$ 为 $\boldsymbol{D}$ 的估计值,可以用与定理 4.23 相类似的方法获取。

4.4　关于用超稳定性和正性概念设计模型参考自适应系统的几点结论

将第 3 章和第 4 章所介绍的利用超稳定性和正性概念设计模型参考自适应系统的方法相对照,可以得出以下重要结论。

(1) 连续时间模型参考自适应系统设计方法的基本步骤也适用于离散时间模型参考自适应系统设计方法。

(2) 设计工作的最后一步,即从渐近稳定的等价反馈系统返回到原系统,在离散情况下要比连续情况复杂一些。这是因为在离散情况下还必须解决由于自适应过程的离散性质所引起的一个采样周期的固有延迟问题。

(3) 离散情况下自适应过程的一个采样周期的延迟问题可以用引进先验变量的方法来解决。k 时刻可调参数估值的自适应算法采用的是 k 时刻的先验变量,而 k 时刻先验变量的计算利用的是 $k-1$ 时刻可调参数的估值。

(4) 第 4 章还导出了采用时变增益的自适应算法,这些算法很容易用数字计算机实现,因为每一步的增益都可以递推计算。在许多情况下,采用时变增益的自适应算法比采用恒定增益的自适应算法能得到更好的自适应调节效果。

(5) 当只有输入测量值和输出测量值可以得到时,第 3 章所介绍的那些连续时间模型参考自适应系统设计方法都可以推广到离散时间模型参考自适应系统,受篇幅限制,对这种推广方法在第 4 章未进行详细叙述,将做为第 4 章的习题留给读者。

习　题

4.1　已知参考模型为

$$y_{\mathrm{m}}(k)=\sum_{i=1}^{n}a_{\mathrm{m}i}y_{\mathrm{m}}(k-i)+\sum_{i=0}^{m}b_{i}r(k-i)$$

参考模型滤波后的输出为

$$y_{\mathrm{mf}}(k)=\sum_{i=1}^{n-1}c_{i}y_{\mathrm{mf}}(k-i)+y_{\mathrm{m}}(k)$$

滤波后的输入为

$$r_{\mathrm{f}}(k)=\sum_{i=1}^{n-1}c_{i}r_{\mathrm{f}}(k-i)+r(k)$$

并联可调系统为

$$y_{\mathrm{s}}(k)=\sum_{i=1}^{n}a_{\mathrm{s}i}(k)y_{\mathrm{s}}(k-i)+\sum_{i=0}^{m}b_{\mathrm{s}i}(k)r_{\mathrm{f}}(k-i)$$

滤波后的广义输出误差为

$$\varepsilon_{\mathrm{f}}(k)=y_{\mathrm{mf}}(k)-y_{\mathrm{s}}(k)$$

试设计并联模型参考自适应控制算法。

4.2　当并联可调系统的方程式(4.48)由方程

$$y_{\mathrm{s}}(k)=\boldsymbol{\theta}_{\mathrm{s}}^{\mathrm{T}}(k)\boldsymbol{x}_{\mathrm{s}}(k-1)+\boldsymbol{g}^{\mathrm{T}}\boldsymbol{e}(k-1)$$

代替时,定理 4.2.1 和定理 4.2.2 中的计算公式是什么? 式中 $\boldsymbol{g}$ 是一个常向量,$\boldsymbol{g}^{\mathrm{T}}=[g_1\quad g_2\quad\cdots\quad g_n]$,$\boldsymbol{e}^{\mathrm{T}}(k-1)=[\varepsilon(k-1)\quad\varepsilon(k-2)\quad\cdots\quad\varepsilon(k-n)]$。

4.3　如果在定理 4.2.1 中,用一个时变自适应增益矩阵 $\boldsymbol{G}(k)$ 代替恒定的自适应增益矩阵 $\boldsymbol{G}$,$\boldsymbol{G}(k)$ 由下式给出

$$\boldsymbol{G}(k)=\boldsymbol{G}(k-1)+\boldsymbol{x}_{\mathrm{s}}(k-1)\boldsymbol{x}_{\mathrm{s}}^{\mathrm{T}}(k-1),\qquad \boldsymbol{G}(0)>\boldsymbol{0}$$

试证明仍然可以得到一个整体渐近稳定的并联模型参考自适应系统。

4.4　已知二阶参考模型为

$$y_{\mathrm{m}}(k)=a_{\mathrm{m}1}y_{\mathrm{m}}(k-1)+a_{\mathrm{m}2}y_{\mathrm{m}}(k-2)+b_{\mathrm{m}1}r(k-1)+b_{\mathrm{m}2}r(k-2)$$

并联可调系统为

$$\boldsymbol{x}_{\mathrm{s}}(k+1)=\begin{bmatrix}a_{\mathrm{s}1}(k+1) & 1\\ a_{\mathrm{s}2}(k+1) & 0\end{bmatrix}\boldsymbol{x}_{\mathrm{s}}(k)+\begin{bmatrix}b_{\mathrm{s}1}(k+1)\\ b_{\mathrm{s}2}(k+1)\end{bmatrix}r(k)+\begin{bmatrix}u_{\mathrm{a}1}(k+1)\\ 0\end{bmatrix}+\begin{bmatrix}u_{\mathrm{b}1}(k+1)\\ 0\end{bmatrix}$$

$$y_{\mathrm{s}}(k)=\boldsymbol{c}^{\mathrm{T}}\boldsymbol{x}_{\mathrm{s}}(k)=[1\quad 0]\begin{bmatrix}x_{\mathrm{s}1}(k)\\ x_{\mathrm{s}2}(k)\end{bmatrix}=x_{\mathrm{s}1}(k)$$

试建立只利用输入测量值和输出测量值的完整的自适应算法(积分及比例 + 积分自适应算法)。

4.5　试将习题 4.4 所得到的自适应算法推广到模型参考自适应系统具有一个串并联可调系统的情况,其可调系统方程为

$$
\boldsymbol{x}_{\mathrm{s}}(k+1)=\begin{bmatrix} a_{\mathrm{s1}}(k+1) & 1 \\ a_{\mathrm{s2}}(k+1) & 0 \end{bmatrix}\begin{bmatrix} y_{\mathrm{m}}(k) \\ x_{\mathrm{s2}}(k) \end{bmatrix}+\begin{bmatrix} b_{\mathrm{s1}}(k+1) \\ b_{\mathrm{s2}}(k+1) \end{bmatrix} r(k)+\begin{bmatrix} u_{\mathrm{a1}}(k+1) \\ 0 \end{bmatrix}+\begin{bmatrix} u_{\mathrm{b1}}(k+1) \\ 0 \end{bmatrix}
$$

$$
y_{\mathrm{s}}(k)=\begin{bmatrix} 1 & 0 \end{bmatrix}\begin{bmatrix} x_{\mathrm{s1}}(k) \\ x_{\mathrm{s2}}(k) \end{bmatrix}=x_{\mathrm{s1}}(k)
$$

式中，$y_{\mathrm{m}}(k)$ 和 $y_{\mathrm{s}}(k)$ 分别为参考模型和可调系统的输出。

第5章　自校正控制

在飞行器控制和许多工业过程控制中，控制对象的参数往往随工作环境的改变而变化，用常规的比例-积分-微分(PID)控制器来控制这一类控制对象，往往难以收到良好的控制效果。这是因为PID控制器很难适应参数随时间变化的情况。自校正控制适用于结构已知但参数未知而恒定的随机系统，也适用于结构已知但参数缓慢变化的随机系统。自校正控制既能完成调节任务，也能完成伺服跟踪任务。典型的自校正调节器的方框图如图5.1所示。它由三部分组成：控制对象、参数估计器和调节器。参数估计器根据对象输出y和输入u的观测序列来估计被控对象的参数$\boldsymbol{\theta}$，将得到的参数估值$\hat{\boldsymbol{\theta}}$送到调节器，调节器按事先已经选好的系统性能指标函数及送来的参数估值$\hat{\boldsymbol{\theta}}$，对调节器的参数进行调整，保证系统运行的性能指标达到最优或接近最优状态。

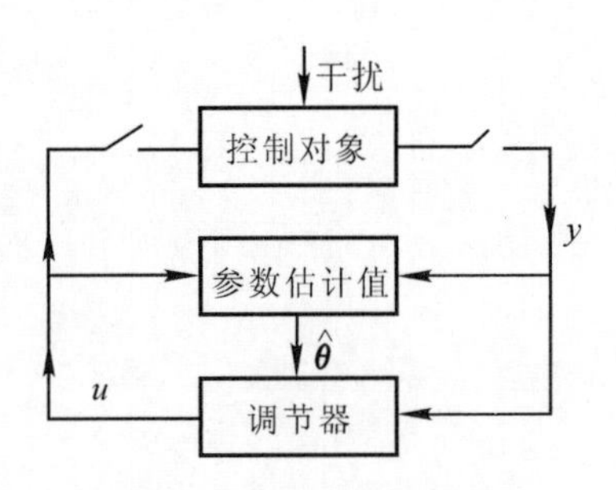

图5.1　自校正调节器方框图

自校正控制系统的性能指标，根据控制系统的性质和对控制系统的要求，可有各种不同的形式，用得最普遍的为最小方差控制和极点配置控制。最小方差控制的目标函数为误差二次型，自校正控制的目的是保证这个二次型目标函数达到极小值，因此这种控制策略称为最小方差控制。极点配置控制性能指标不是用目标函数的形式来表示的，而是把预期的闭环系统的行为用一组期望传递函数的零极点的位置加以规定的。自校正控制策略就是保证实际的闭环系统的零极点收敛于这一组期望的零极点，因此这种控制策略称为极点配置自校正控制。

自校正控制用在线辨识的方法估计被控对象的参数，然后计算出最优控制信号，使系统处于最优的工作状态。整个自校正控制过程的算法比较简单，便于工程实现，在许多领域都得到了应用，有着广阔的应用前景。

本章主要介绍最小方差自校正调节器、最小方差自校正控制器、极点配置自校正调节器、极点配置自校正控制器、最小方差自校正控制器的极点配置、多变量最小方差自校正控制器及多变量最小方差自校正调节器。

5.1　最小方差自校正调节器

自校正调节器最早是由 K. J. Åström 和 B. Wittenmark 于 1973 年首先提出来的。自校正调节器的方框图如图 5.1 所示，用在线辨识方法估计系统的参数，以输出方差最小作为调节指标，在自校正调节过程中，使系统的输出方差达到最小。目前最小方差自校正调节器已在造纸等许多不同的工业过程控制中得到成功的应用。

设控制对象的差分方程为

$$A(q^{-1})y(t)=q^{-d}B(q^{-1})u(t)+C(q^{-1})\varepsilon(t) \tag{5.1}$$

式中，q^{-1} 表示单位延迟，例如 $q^{-1}y(t)=y(t-1)$。

$$\left.\begin{aligned}A(q^{-1})&=1+a_1q^{-1}+a_2q^{-2}+\cdots+a_{n_a}q^{-n_a}\\B(q^{-1})&=b_0+b_1q^{-1}+\cdots+b_{n_b}q^{-n_b}\\C(q^{-1})&=c_0+c_1q^{-1}+\cdots+c_{n_c}q^{-n_c}\end{aligned}\right\} \tag{5.2}$$

$y(t)$ 为控制对象的输出，$u(t)$ 为其输入，$\varepsilon(t)$ 是均值为零的白噪声序列，d 表示系统的时延，d 为采样间隔的整倍数。就是说系统中的信号在传递时存在着 d 步的延迟，使得现时的控制作用 $u(t)$ 要滞后 d 个采样周期才能对输出产生影响。因此要使输出方差最小，就必须对输出量提前 d 步进行预测，根据预测值来调整控制作用 $u(t)$，以补偿随机扰动在 $(t+d)$ 时刻对输出的影响。这样，自校正调节就是不断地进行预测和调节，使系统的输出量的方差为最小。因此实现最小方差的自校正调节，关键问题是确定预测模型和建立最小方差调节律。

最小方差自校正调节器二次型指标函数为

$$J=E[y^2(t+d)]=J_{\min} \tag{5.3}$$

式中

$$y(t+d)=\frac{B(q^{-1})}{A(q^{-1})}u(t)+\frac{C(q^{-1})}{A(q^{-1})}\varepsilon(t+d) \tag{5.4}$$

$y(t+d)$ 为 $y(t)$ 的 d 步预测，J 为预测值的方差。

要使最小方差自校正调节器的解存在，必须满足下列假设：

(1) 受控系统的时延 d 及延迟算子多项式 A，B 和 C 的阶次及系数都是已知的；

(2) 多项式 $B(q^{-1})$ 的所有零点都位于 q^{-1} 复平面单位圆外；

(3) 多项式 $C(q^{-1})$ 的所有零点都位于 q^{-1} 复平面单位圆外；

(4) $\varepsilon(t)$ 为白噪声序列，$E[\varepsilon^2(t)]=\sigma^2$。

如果 $B(q^{-1})$ 的零点全在 q^{-1} 复平面单位圆外，则称该系统为最小相位系统，否则为非最小相位系统。有时称 $B(q^{-1})$ 的零点全在 q^{-1} 复平面单位圆外的系统为逆稳定系统，否则为逆不稳定系统。之所以要求 $B(q^{-1})$ 和 $C(q^{-1})$ 的零点全在单位圆外，与闭环系统的稳定性有关，这一问题将在后面讨论。现在来讨论使指标函数 J 为最小的最优控制 $u(t)$。在上面已提到，对于自校正控制需要一边估计参数，一边修正控制规律的参数。下面采用参数估计和求控制作用 $u(t)$ 的分离原则，先假定参数已知，求出最优控制 $u(t)$。

5.1.1 最优控制

将式(5.4)中的$\dfrac{C(q^{-1})}{A(q^{-1})}$展开成$q^{-1}$的无穷级数，也就是将$\dfrac{C(q^{-1})}{A(q^{-1})}\varepsilon(t+d)$展开成$\varepsilon(t+d)$，$\varepsilon(t+d-1)$，$\varepsilon(t+d-2)$，…，$\varepsilon(t+1)$，$\varepsilon(t)$，$\varepsilon(t-1)$…等项的线性组合，其中随机序列$\varepsilon(t)$，$\varepsilon(t-1)$…与系统输出值$\boldsymbol{Y}_{\mathrm{k}}=[y(t)\quad y(t-1)\quad \cdots]$相关，但随机序列$\varepsilon(t+d)$，$\varepsilon(t+d-1)$，…，$\varepsilon(t+1)$与$\boldsymbol{Y}_{\mathrm{k}}$不相关。我们把$\dfrac{C(q^{-1})}{A(q^{-1})}\varepsilon(t+d)$分解成与$\boldsymbol{Y}_{\mathrm{k}}$相关与不相关两个部分。令

$$\frac{C(q^{-1})}{A(q^{-1})}=F(q^{-1})+\frac{q^{-d}G(q^{-1})}{A(q^{-1})} \tag{5.5}$$

式中

$$F(q^{-1})=f_0+f_1q^{-1}+\cdots+f_{d-1}q^{-d+1} \tag{5.6}$$

$$G(q^{-1})=g_0+g_1q^{-1}+\cdots+g_{n_a-1}q^{-n_a+1} \tag{5.7}$$

$F(q^{-1})$是$\dfrac{C(q^{-1})}{A(q^{-1})}$的商式，$q^{-d}G(q^{-1})$是$\dfrac{C(q^{-1})}{A(q^{-1})}$的余式，要求$F(q^{-1})\varepsilon(t+d)$与$\boldsymbol{Y}_{\mathrm{k}}$不相关，则$F(q^{-1})$的阶次应当是$(d-1)$，而$G(q^{-1})$的阶次应当是$(n_a-1)$。$F(q^{-1})$和$G(q^{-1})$可用长除法来求，也可用下面的方法来求。

以$A(q^{-1})$乘式(5.5)等号两边，可得

$$C(q^{-1})=F(q^{-1})A(q^{-1})+q^{-d}G(q^{-1}) \tag{5.8}$$

将式(5.2)、式(5.6)和式(5.7)代入式(5.8)，则有

$$\begin{aligned}1+c_1q^{-1}+\cdots+c_{n_c}q^{-n_c}=&(1+a_1q^{-1}+\cdots+a_{n_a}q^{-n_a})\times\\&(f_0+f_1q^{-1}+\cdots+f_{d-1}q^{-d+1})+\\&q^{-d}(g_0+g_1q^{-1}+\cdots+g_{n_a-1}q^{-n_a+1})\end{aligned} \tag{5.9}$$

比较式(5.9)等号两边q^{-1}的同次项的系数，可得下列代数方程，即

$$\left.\begin{aligned}&f_0=1\\&c_1=a_1f_1+f_1\\&\cdots\cdots\\&c_{d-1}=a_{d-1}f_0+a_{d-2}f_1+a_{d-3}f_2+\cdots+a_1f_{d-2}+f_{d-1}\\&c_d=a_df_0+a_{d-1}f_1+a_{d-2}f_2+\cdots+a_1f_{d-1}+g_0\\&c_{d+1}=a_{d+1}f_0+a_df_1+a_{d-1}f_2+\cdots+a_2f_{d-1}+g_1\\&\cdots\cdots\\&c_{n_c}=a_{n_c}f_0+a_{n_c-1}f_1+a_{n_c-2}f_2+\cdots+a_{n_c-d+1}f_{d-1}+g_{n_c-d}\\&0=a_{n_c+1}f_0+a_{n_c}f_1+a_{n_c-1}f_2+\cdots+a_{n_c-d+2}f_{d-1}+g_{n_c-d+1}\\&\cdots\cdots\\&0=a_{n_a}f_{d-1}+g_{n_a-1}\end{aligned}\right\} \tag{5.10}$$

在式(5.10)中，有$(d+n_a)$个方程，$(d+n_a)$个未知数，因此方程组可解。实际上不必联立求解式(5.10)，只要从第一式开始，可按顺序比较快地求出f_0，f_1，…，f_{d-1}，g_0，g_1，…，g_{n_a-1}。

把式(5.5)代入式(5.4)，可得$y(t+d)$的表达式，即

$$y(t+d)=\frac{B(q^{-1})}{A(q^{-1})}u(t)+F(q^{-1})\varepsilon(t+d)+\frac{G(q^{-1})}{A(q^{-1})}\varepsilon(t) \tag{5.11}$$

式(5.11) 等号右边第二项为

$$F(q^{-1})\varepsilon(t+d)=\varepsilon(t+d)+f_1\varepsilon(t+d-1)+\cdots+f_{d-1}\varepsilon(t+1)$$

式中,$\varepsilon(t+1),\varepsilon(t+2),\cdots,\varepsilon(t+d)$ 与已得到的测量值 $y(t),y(t-1),\cdots$ 和 $u(t),u(t-1),\cdots$ 不相关。

式(5.11) 等号右边第三项是 $\varepsilon(t),\ \varepsilon(t-1),\ \cdots$ 的线性函数,可用已得的测量值 $y(t)$, $y(t-1),\cdots$ 和 $u(t),u(t-1),\cdots$ 来计算。因此,在式(5.11) 中,把干扰分成两部分,式中等号右边第二项表示未来干扰,与已得的测量值不相关,等号右边第三项与已得的测量值相关。由式(5.1) 可解出 $\varepsilon(t)$,即

$$\varepsilon(t)=\frac{A(q^{-1})}{C(q^{-1})}y(t)-\frac{B(q^{-1})}{C(q^{-1})}q^{-d}u(t) \tag{5.12}$$

把式(5.12) 代入式(5.11),可得

$$y(t+d)=F(q^{-1})\varepsilon(t+d)+\left[\frac{B(q^{-1})}{A(q^{-1})}-\frac{q^{-d}B(q^{-1})G(q^{-1})}{A(q^{-1})C(q^{-1})}\right]u(t)+\frac{G(q^{-1})}{C(q^{-1})}y(t)$$

利用式(5.8),可将上式等号右边第二项简化,从而可得

$$y(t+d)=F(q^{-1})\varepsilon(t+d)+\frac{B(q^{-1})F(q^{-1})}{C(q^{-1})}u(t)+\frac{G(q^{-1})}{C(q^{-1})}y(t) \tag{5.13}$$

该式称为控制对象的预测模型。对象输出 $y(t+d)$ 的方差为

$$\begin{aligned}J=&E[y^2(t+d)]=\\&E\left\{\left[F(q^{-1})\varepsilon(t+d)+\frac{B(q^{-1})F(q^{-1})}{C(q^{-1})}u(t)+\frac{G(q^{-1})}{C(q^{-1})}y(t)\right]^2\right\}=\\&E\{[F(q^{-1})\varepsilon(t+d)]^2\}+E\left\{\left[\frac{G(q^{-1})}{C(q^{-1})}y(t)+\frac{B(q^{-1})F(q^{-1})}{C(q^{-1})}u(t)\right]^2\right\}+\\&2E\left\{F(q^{-1})\varepsilon(t+d)\left[\frac{G(q^{-1})}{C(q^{-1})}y(t)+\frac{B(q^{-1})F(q^{-1})}{C(q^{-1})}u(t)\right]\right\}\end{aligned} \tag{5.14}$$

由于 $\varepsilon(t+1),\varepsilon(t+2),\cdots,\varepsilon(t+d)$ 与 $y(t),y(t-1),\cdots$ 和 $u(t),u(t-1),\cdots$ 互不相关,因而式(5.14) 等号右边最后一项应等于零,则

$$E[y^2(t+d)]=E\{[F(q^{-1})\varepsilon(t+d)]^2\}+E\left\{\left[\frac{G(q^{-1})}{C(q^{-1})}y(t)+\frac{B(q^{-1})F(q^{-1})}{C(q^{-1})}u(t)\right]^2\right\} \tag{5.15}$$

式(5.15) 等号右边第二项为非负项,则有

$$E[y^2(t+d)]\geqslant E\{[F(q^{-1})\varepsilon(t+d)]^2\} \tag{5.16}$$

如果在任何时刻,令

$$\frac{G(q^{-1})}{C(q^{-1})}y(t)+\frac{B(q^{-1})F(q^{-1})}{C(q^{-1})}u(t)=0 \tag{5.17}$$

则

$$E[y^2(t+d)]=E\{[F(q^{-1})\varepsilon(t+d)]^2\}=E_{\min}[y^2(t+d)] \tag{5.18}$$

即当 $u(t)$ 满足式(5.17) 时,输出 $y(t+d)$ 的方差为最小。由式(5.17) 可得最优控制,即

$$u(t)=-\frac{G(q^{-1})}{B(q^{-1})F(q^{-1})}y(t) \tag{5.19}$$

如果 $\varepsilon(t+1),\varepsilon(t+2),\cdots,\varepsilon(t+d)$ 的方差都为 σ^2,则输出 $y(t+d)$ 的最小方差为

$$J_{\min}=E\{[F(q^{-1})\varepsilon(t+d)]^2\}=(1+f_1^2+\cdots+f_{d-1}^2)\sigma^2 \tag{5.20}$$

自校正调节器方块图如图 5.2 所示。

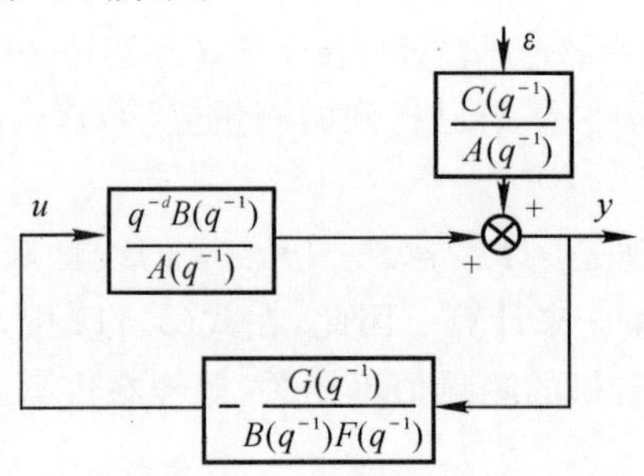

图 5.2　自校正调节器方块图

5.1.2　最优预测估值

最优预测估值 $\hat{y}(t+d \mid t)$ 为 $y(t), y(t-1), \cdots, u(t), u(t-1), \cdots$ 的线性组合，估计误差为

$$\tilde{y}(t+d \mid t) = y(t+d) - \hat{y}(t+d \mid t) \tag{5.21}$$

要求估计误差的方差为最小，即

$$J' = E[\tilde{y}^2(t+d \mid t)] = E\{[y(t+d) - \hat{y}(t+d \mid t)]^2\} = J'_{\min} \tag{5.22}$$

$$\begin{aligned} J' = & E\left\{\left[\frac{G(q^{-1})}{C(q^{-1})}y(t) + \frac{B(q^{-1})F(q^{-1})}{C(q^{-1})}u(t) + F(q^{-1})\varepsilon(t+d) - \hat{y}(t+d \mid t)\right]^2\right\} = \\ & E\left\{\left[\frac{G(q^{-1})}{C(q^{-1})}y(t) + \frac{B(q^{-1})F(q^{-1})}{C(q^{-1})}u(t) - \hat{y}(t+d \mid t)\right]^2 + \right. \\ & \left. E[F(q^{-1})\varepsilon(t+d)]^2\right\} \end{aligned}$$

在上式中等号右边第一项为非负项，如果令这一项为零，即

$$\frac{G(q^{-1})}{C(q^{-1})}y(t) + \frac{B(q^{-1})F(q^{-1})}{C(q^{-1})}u(t) - \hat{y}(t+d \mid t) = 0$$

J' 为最小，即

$$J' = E\{[F(q^{-1})\varepsilon(t+d)]^2\} = J'_{\min}$$

因此 $y(t+d)$ 的最优预测估值为

$$\hat{y}(t+d \mid t) = \frac{G(q^{-1})}{C(q^{-1})}y(t) + \frac{B(q^{-1})F(q^{-1})}{C(q^{-1})}u(t) \tag{5.23}$$

由式(5.17) 可知，当 $\hat{y}(t+d \mid t) = 0$ 时，可得最优控制 $u(t)$。从这里可看出，对于最小方差调节器，可按输出最优预测值为零求得最优 $u(t)$。

5.1.3　最小方差自校正调节器的算法

根据所选参数估计模型，可将最小方差自校正调节器分为显式和隐式两种。

1. 显式最小方差自校正调节器

在上面推导最优控制时，假定差分方程式(5.1) 中的参数都是已知的，而在实现控制时，这些参数往往是未知的。我们可利用 $y(t)$ 的观测值和 $u(t)$ 值来估计这些参数。获得参数估值后，按式(5.8) 求出 $F(q^{-1})$ 和 $G(q^{-1})$ 的系数，再按式(5.19) 求出最优控制 $u(t)$。这一方法称为显式最小方差自校正调节器算法。其计算步骤如下：

(1) 采样读取新的观测值 $y(t)$ 和 $u(t)$。

(2) 按递推最小二乘法或其他递推方法估计控制对象的参数 $a_1,\cdots,a_{n_a},b_0,\cdots,b_{n_b},c_1,\cdots,c_{n_c}$。下面给出最小二乘法递推公式为

$$\boldsymbol{\theta}^{\mathrm{T}}=[a_1\quad a_2\quad\cdots\quad a_{n_a}\quad b_0\quad b_1\quad\cdots\quad b_{n_b}\quad c_1\quad c_2\quad\cdots\quad c_{n_c}]$$

$$\boldsymbol{\varphi}^{\mathrm{T}}(t-1)=[-y(t-1)\quad -y(t-2)\quad\cdots\quad -y(t-n_a)\quad u(t-d)\quad\cdots\quad u(t-n_b)\quad \hat{\varepsilon}(t-1)\quad\cdots\quad \hat{\varepsilon}(t-n_c)]$$

$$\hat{\varepsilon}(t)=y(t)-\boldsymbol{\varphi}^{\mathrm{T}}(t-1)\hat{\boldsymbol{\theta}}(t-1)$$

$$\left.\begin{aligned}&\hat{\boldsymbol{\theta}}(t)=\hat{\boldsymbol{\theta}}(t-1)+\boldsymbol{K}(t)[y(t)-\boldsymbol{\varphi}^{\mathrm{T}}(t-1)\hat{\boldsymbol{\theta}}(t-1)]\\&\boldsymbol{K}(t)=\boldsymbol{P}(t-1)\boldsymbol{\varphi}(t-1)[1+\boldsymbol{\varphi}^{\mathrm{T}}(t-1)\boldsymbol{P}(t-1)\boldsymbol{\varphi}(t-1)]^{-1}\\&\boldsymbol{P}(t)=\boldsymbol{P}(t-1)-\boldsymbol{P}(t-1)\boldsymbol{\varphi}(t-1)\times\\&\qquad[1+\boldsymbol{\varphi}^{\mathrm{T}}(t-1)\boldsymbol{P}(t-1)\boldsymbol{\varphi}(t-1)]^{-1}\boldsymbol{\varphi}^{\mathrm{T}}(t-1)\boldsymbol{P}(t-1)\end{aligned}\right\}\tag{5.24}$$

在第一次计算时，需要给出初值 $\boldsymbol{\theta}(0)=\boldsymbol{\theta}_0$，$\boldsymbol{P}(0)=\alpha^2\boldsymbol{I}$，其中 α^2 是一个较大的常数，应用中常取大于 100 000。

(3) 按式(5.8) 式(5.10)，计算 $F(q^{-1})$ 和 $G(q^{-1})$ 的系数。

(4) 按式(5.19)，计算最优控制 $u(t)$。

当采样次数加 1，即将 t 变为 $t+1$ 时，重复上述计算步骤。

显式自校正调节器计算比较复杂。因为自校正调节器是闭环控制，还要检验反馈通道的阶数是否符合闭环辨识的要求。

2. 隐式最小方差自校正调节器

隐式最小方差自校正调节器不必辨识控制对象的参数，而是直接辨识调节器的参数，使计算手续大为简化。

从式(5.17) 出发来讨论调节器的参数估计问题。设

$$\left.\begin{aligned}&\frac{G(q^{-1})}{C(q^{-1})}=\alpha_0+\alpha_1 q^{-1}+\cdots+\alpha_{n_a-1}q^{-n_a+1}=A_\alpha(q^{-1})\\&\frac{B(q^{-1})F(q^{-1})}{C(q^{-1})}=\beta_0+\beta_1 q^{-1}+\cdots+\beta_{n_b+d-1}q^{-n_b-d+1}=B_\beta(q^{-1})\end{aligned}\right\}\tag{5.25}$$

则式(5.17) 变成

$$\alpha_0 y(t)+\alpha_1 y(t-1)+\cdots+\alpha_{n_a-1}y(t-n_a+1)+\beta_0 u(t)+\beta_1 u(t-1)+\cdots+\beta_{n_b+d-1}u(t-n_b-d+1)=0\tag{5.26}$$

在式(5.26) 中待估参数为 $\alpha_0,\alpha_1,\cdots,\alpha_{n_a-1},\beta_0,\beta_1,\cdots,\beta_{n_b+d-1}$，但按式(5.26) 不能进行辨识，现利用式(5.13) 进行参数辨识。将式(5.25) 代入式(5.13)，并设 $F(q^{-1})\varepsilon(t+d)=e(t+d)$，可得参数辨识模型，即

$$y(t+d)=\alpha_0 y(t)+\alpha_1 y(t-1)+\cdots+\alpha_{n_a-1}y(t-n_a+1)+\beta_0 u(t)+\beta_1 u(t-1)+\cdots+\beta_{n_b+d-1}u(t-n_b-d+1)+e(t+d)\tag{5.27}$$

式(5.27) 中的参数 p_0 的估值 $\hat{\beta}$ 不能为零或近似为零，否则将导致最优控制 $u(t)$ 的数值大得无法实现，并且为了使调节器参数便于辨识，应尽量减少被估参数数目，可凭经验给出 $\hat{\beta}_0$，虽然与真实值会有一定偏差，但可以通过自校正调节进行弥补。设

$$\boldsymbol{\theta}^{\mathrm{T}}=[\alpha_0\quad \alpha_1\quad\cdots\quad \alpha_{n_a-1}\quad \beta_1\quad \beta_2\quad\cdots\quad \beta_{n_b+d-1}]$$

$$\boldsymbol{\varphi}^{\mathrm{T}}(t)=[y(t)\quad y(t-1)\quad\cdots\quad y(t-n_a+1)\quad u(t-1)\quad\cdots\quad u(t-n_b-d+1)]$$

则式(5.27)可写成

$$y(t+d)-\hat{\beta}_0 u(t)=\boldsymbol{\varphi}^{\mathrm{T}}(t)\hat{\boldsymbol{\theta}}(t)+\xi(t+d) \tag{5.28}$$

递推最小二乘法参数估计公式如下：

$$\hat{\boldsymbol{\theta}}(t+1)=\hat{\boldsymbol{\theta}}(t)+\boldsymbol{K}(t)[y(t+d)-\hat{\beta}_0 u(t)-\boldsymbol{\varphi}^{\mathrm{T}}(t)\hat{\boldsymbol{\theta}}(t)] \tag{5.29}$$

$$\boldsymbol{K}(t)=\boldsymbol{P}(t-1)\boldsymbol{\varphi}(t-1)[1+\boldsymbol{\varphi}^{\mathrm{T}}(t-1)\boldsymbol{P}(t-1)\boldsymbol{\varphi}(t-1)]^{-1} \tag{5.30}$$

$$\begin{aligned}\boldsymbol{P}(t)=\boldsymbol{P}(t-1)-\boldsymbol{P}(t-1)\boldsymbol{\varphi}(t-1)[1+\boldsymbol{\varphi}^{\mathrm{T}}(t-1)\boldsymbol{P}(t-1)\times \\ \boldsymbol{\varphi}(t-1)]^{-1}\boldsymbol{\varphi}^{\mathrm{T}}(t-1)\boldsymbol{P}(t-1)\end{aligned} \tag{5.31}$$

最优控制为

$$\begin{aligned}u(t)=-\frac{1}{\hat{\beta}_0}[\hat{\alpha}_0 y(t)+\hat{\alpha}_1 y(t-1)+\cdots+\hat{\alpha}_{n_a-1}y(t-n_a+1)+ \\ \hat{\beta}_1 u(t-1)+\cdots+\hat{\beta}_{n_b+d-1}u(t-n_b-d+1)]\end{aligned} \tag{5.32}$$

隐式最小方差自校正调节器计算步骤如下：

(1) 采样读取新的观测值 $y(t+d)$；

(2) 按式(5.29)、式(5.30)及式(5.31)，估计 $\hat{\boldsymbol{\theta}}(t)$；

(3) 按式(5.32)计算最佳控制 $\hat{u}(t)$。

当采样时刻从 $t+d$ 变为 $t+d+1$ 时，重复上述步骤。

5.1.4 最小方差自校正调节器的稳定性问题

把式(5.19)代入式(5.1)，可得以 $y(t)$ 为输出、$\varepsilon(t)$ 为输入的闭环系统方程，即

$$B(q^{-1})[A(q^{-1})F(q^{-1})+q^{-d}G(q^{-1})]y(t)=B(q^{-1})F(q^{-1})C(q^{-1})\varepsilon(t) \tag{5.33}$$

考虑到式(5.8)，式(5.33)可写成

$$B(q^{-1})C(q^{-1})y(t)=B(q^{-1})F(q^{-1})C(q^{-1})\varepsilon(t) \tag{5.34}$$

闭环系统的特征方程为

$$B(q^{-1})C(q^{-1})=0 \tag{5.35}$$

为了使闭环系统稳定，B 和 C 的零点必须在单位圆外。如果 B 的零点在单位圆外，则由

$$A(q^{-1})y(t+d)=B(q^{-1})u(t)+C(q^{-1})\varepsilon(t+d)$$

或

$$B(q^{-1})u(t)=A(q^{-1})y(t+d)-C(q^{-1})\varepsilon(t+d)$$

可知，在 $y(t+d)$ 有界时，能保证序列 $\{u(t)\}$ 有界。如 $B(q^{-1})$ 的零点不在单位圆外，则 $y(t+d)$ 有界不能保证 $u(t)$ 有界，这就是说最小方差自校正调节器只适用于 $B(q^{-1})$ 的零点在单位圆外的系统，而不适用于非最小相位系统。

例 5.1.1 设有下列系统

$$A(q^{-1})y(t)=q^{-d}B(q^{-1})u(t)+C(q^{-1})\varepsilon(t)$$

式中

$$A(q^{-1})=1-1.7q^{-1}+0.7q^{-2}$$

$$B(q^{-1})=1+0.5q^{-1}$$

$$C(q^{-1})=1+1.5q^{-1}+0.9q^{-2}$$

d 为系统的延迟时间，试求 $d=1$ 和 $d=2$ 时的最小方差自校正调节信号、输出误差和输出误差方差。

解　(1) 当 $d=1$ 时，$F(q^{-1})=1$，根据式(5.8)，可得

$$1+1.5q^{-1}+0.9q^{-2}=1-1.7q^{-1}+0.7q^{-2}+q^{-1}(g_0+g_1q^{-1})$$

比较上式等号两边 q^{-1} 同次项的系数，可得

$$g_0=3.2,\quad g_1=0.2$$

最小方差自校正调节信号为

$$u(t)=-\frac{3.2+0.2q^{-1}}{1+0.5q^{-1}}y(t)$$

或

$$u(t)=-0.5u(t-1)-3.2y(t)-0.2y(t-1)$$

输出误差为

$$\tilde{y}(t)=\varepsilon(t)$$

输出误差方差为

$$E[\tilde{y}^2(t)]=\sigma^2$$

(2) $d=2$，表明系统延迟增大，性能变差，根据式(5.8)，可得

$$1+1.5q^{-1}+0.9q^{-2}=(1+f_1q^{-1})(1-1.7q^{-1}+0.7q^{-2})+q^{-2}(g_0+g_1q^{-1})$$

比较上式等号两边 q^{-1} 的同次项，可得

$$f_1=3.2,\quad g_0=5.64,\quad g_1=-2.24$$

最小方差调节信号为

$$u(t)=-5.64y(t)+2.24y(t-1)-3.7u(t-1)-1.6u(t-2)$$

输出误差为

$$\tilde{y}(t)=\varepsilon(t)+f_1\varepsilon(t-1)=\varepsilon(t)+3.2\varepsilon(t-1)$$

输出误差方差为

$$E[\tilde{y}^2(t)]=(1+3.2^2)\sigma^2=11.24\sigma^2$$

由于系统延迟增大，故输出误差的方差增大。

5.2　最小方差自校正控制器

在讨论自校正调节器时，认为参考输入为零，性能指标为输出的方差最小，对控制信号没有加以限制。但是，经常会遇到跟踪问题，希望系统的输出 $y(t)$ 能很好地跟踪参考输入 $y_r(t)$。另一方面，希望对控制信号加以一定的限制，因此提出最小方差自校正控制问题。最小方差自校正控制是 D. W. Clarke 和 P. I. Gawthrop 于 1975 年提出的，仍采用二次型指标函数，但在指标函数中引入参考输入项和控制作用的加权项。下面先求系统参数已知的最小方差控制器，然后讨论最小方差自校正控制器的算法和闭环系统的稳定性问题。

5.2.1　参数已知时的最小方差控制器

设控制对象的差分方程仍为式(5.1)和式(5.2)。自校正最小方差控制的指标函数为

$$J=E\{[\Gamma(q^{-1})y(t+d)-\Psi(q^{-1})y_r(t)]^2+[\Lambda'(q^{-1})u(t)]^2\}\tag{5.36}$$

寻求使 J 为最小的 $u(t)$。式中 y_r 为参考输入，$\Gamma(q^{-1})$，$\Psi(q^{-1})$ 和 $\Lambda'(q^{-1})$ 分别为加权多项式。Γ，Ψ 和 Λ' 的选取按跟踪精度和对 $u(t)$ 的限制而定，则有

$$\Gamma(q^{-1})=1+\Gamma_1 q^{-1}+\cdots+\Gamma_{n_\gamma}q^{-n_\gamma} \tag{5.37}$$

$$\Psi(q^{-1})=\Psi_0+\Psi_1 q^{-1}+\cdots+\Psi_{n_\Psi}q^{-n_\Psi} \tag{5.38}$$

$$\Lambda'(q^{-1})=\lambda'_0+\lambda'_1 q^{-1}+\cdots+\lambda'_{n_\lambda}q^{-n_\lambda} \tag{5.39}$$

为了使公式推导简明扼要，在下面公式推导中，使用 $B,C,F,G,\Gamma,\Psi,\Lambda',\Lambda$ 分别表示 $B(q^{-1})$，$C(q^{-1})$，$F(q^{-1})$，$G(q^{-1})$，$\Gamma(q^{-1})$，$\Psi(q^{-1})$，$\Lambda'(q^{-1})$，$\Lambda(q^{-1})$。

根据式(5.13)，可得

$$y(t+d)=\frac{G}{C}y(t)+\frac{BF}{C}u(t)+F\varepsilon(t+d) \tag{5.40}$$

将式(5.40) 代入式(5.36)，可得

$$J=E\left\{\left[\Gamma\frac{G}{C}y(t)+\Gamma\frac{BF}{C}u(t)+\Gamma F\varepsilon(t+d)-\Psi y_{\mathrm{r}}(t)\right]^2+[\Lambda' u(t)]^2\right\} \tag{5.41}$$

因为 $F\varepsilon(t+d)$ 与 $y(t),y(t-1),\cdots,u(t),u(t-1),\cdots$ 和 $y_{\mathrm{r}}(t)$ 不相关，则有

$$J=E\left\{\left[\frac{\Gamma G}{C}y(t)+\frac{\Gamma BF}{C}u(t)-\Psi y_{\mathrm{r}}(t)\right]^2+[\Lambda' u(t)]^2\right\}+E\{[\Gamma F\varepsilon(t+d)]^2\} \tag{5.42}$$

求 J 关于 $u(t)$ 的偏导数，令其等于零，可得

$$\frac{\partial J}{\partial u(t)}=E\left\{2\left[\frac{\Gamma G}{C}y(t)+\frac{\Gamma BF}{C}u(t)-\Psi y_{\mathrm{r}}(t)\right]\times \frac{\partial}{\partial u(t)}\left[\frac{\Gamma BF}{C}u(t)\right]+2\Lambda' u(t)\frac{\partial}{\partial u(t)}[\Lambda' u(t)]\right\}=0 \tag{5.43}$$

下面先求式(5.43) 中的两个偏导数，即

$$\begin{aligned}\frac{\Gamma BF}{C}u(t)=&(1+\Gamma_1 q^{-1}+\cdots)(b_0+b_1 q^{-1}+\cdots)\times\\&(1+f_1 q^{-1}+\cdots)(1-c_1 q^{-1}+\cdots)u(t)=\\&[b_0+(\Gamma_1 b_0+b_1+b_0 f_1-b_0 c_1)q^{-1}+\cdots]u(t)\end{aligned} \tag{5.44}$$

$$\frac{\partial}{\partial u(t)}\left[\frac{\Gamma BF}{C}u(t)\right]=b_0 \tag{5.45}$$

$$\Lambda' u(t)=[\lambda_0'+\lambda_1' q^{-1}+\cdots]u(t) \tag{5.46}$$

$$\frac{\partial}{\partial u(t)}[\Lambda' u(t)]=\lambda_0' \tag{5.47}$$

将式(5.45) 和式(5.47) 代入式(5.43)，经整理后，可得

$$\frac{\partial J}{\partial u(t)}=E\left\{2\left[\frac{\Gamma G}{C}y(t)+\frac{\Gamma BF}{C}u(t)-\Psi y_{\mathrm{r}}(t)\right]b_0+2\lambda_0'\Lambda' u(t)\right\}=0 \tag{5.48}$$

以 $\frac{C}{b_0}$ 乘式(5.48) 等号两边，经整理后，可得

$$E\{[\Gamma Gy(t)+\Gamma BFu(t)-C\Psi y_{\mathrm{r}}(t)+C\Lambda u(t)]\}=0 \tag{5.49}$$

式中

$$\Lambda=\frac{\lambda_0'}{b_0}\Lambda' \tag{5.50}$$

令式(5.49) 大括号中的多项式为零，即

$$\Gamma Gy(t)+\Gamma BFu(t)-C\Psi y_{\mathrm{r}}(t)+C\Lambda u(t)=0 \tag{5.51}$$

由式(5.51)可得最优控制，即

$$u(t)=\frac{C\Psi y_{\mathrm{r}}(t)-\Gamma G y(t)}{C\Lambda+\Gamma BF} \tag{5.52}$$

按式(5.1)和式(5.52)可得最小方差自校正控制器方块图，如图5.3所示。

使指标函数J为最小的充分条件为

$$\frac{\partial J}{\partial u(t)}\left(\frac{\partial J}{\partial u(t)}\right)=b_0^2+\lambda'^2_0>0 \tag{5.53}$$

由于式(5.53)总能成立，所以由式(5.52)所表示的控制规律总能使指标函数J为最小。

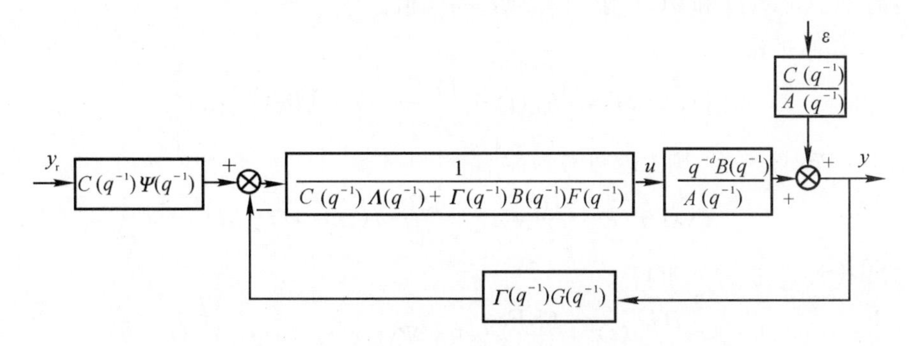

图5.3　最小方差自校正控制器方框图

式(5.36)表示的指标函数又称为广义最小方差准则，因此这里所讨论的最小方差自校正控制器又称为广义最小方差自校正控制器。

上面用直接法推导广义最小方差自校正控制规律，比较直观易懂。Clarke提出引入一个辅助系统的设计方法，可得同样结果。

如果用随机线性二次型理论来求最优控制问题，需要求解黎卡提方程，计算比较麻烦。用最小方差自校正控制，计算比较简单一些。

下面讨论自校正控制的算法及闭环系统的稳定性问题。

5.2.2　最小方差自校正控制器的算法

由于参数估计模型选得不同，最小方差自校正控制可分为显式和隐式两种。

1. 显式最小方差自校正控制

在上面推导最优控制方程时，假定差分方程式(5.1)的参数都是已知的，而在实现控制时，这些参数往往是未知的。我们可利用$y(t)$的观测值和$u(t)$来估计系统模型的参数，而后再计算控制器的参数。显式自校正控制的算法如下：

(1) 采样读取$y(t)$的观测值和$u(t)$值；

(2) 按递推最小二乘法或别的递推算法估计系统模型参数$\boldsymbol{\theta}$；

(3) 按式(5.8)计算$F(q^{-1})$和$G(q^{-1})$的系数；

(4) 按式(5.52)计算最优控制$u(t)$。

当采样次数加1，即$t\rightarrow t+1$时，重复上述计算步骤。

显式自校正控制计算比较复杂。

2. 隐式最小方差自校正控制

隐式最小方差自校正控制可不必辨识控制对象的参数，而直接辨识控制器的参数，使计算简化。

由式(5.52)，可得

$$(C\Lambda + \Gamma BF)u(t) = C\Psi y_r(t) - \Gamma G y(t) \tag{5.54}$$

按上式无法进行辨识，下面寻求控制器参数的辨识模型。设

$$r(t+d) = \Gamma y(t+d) - \Psi y_r(t) + \Lambda u(t) \tag{5.55}$$

可按获得的 $y(t)$，$y_r(t)$ 和 $u(t)$ 值，计算 $r(t+d)$ 值。

由式(5.13)，可得

$$\Gamma y(t+d) = \frac{\Gamma G}{C} y(t) + \frac{\Gamma BF}{C} u(t) + \Gamma F \varepsilon(t+d) \tag{5.56}$$

令 $e(t+d) = \Gamma F \varepsilon(t+d)$，则上式可写为

$$\Gamma y(t+d) = \frac{\Gamma G}{C} y(t) + \frac{\Gamma BF}{C} u(t) + e(t+d) \tag{5.57}$$

将式(5.57) 代入式(5.55)，可得

$$r(t+d) = \frac{\Gamma G}{C} y(t) + \frac{\Gamma BF}{C} u(t) - \Psi y_r(t) + \Lambda u(t) + e(t+d) \tag{5.58}$$

$$\begin{aligned} Cr(t+d) &= \Gamma G y(t) + (\Gamma BF + C\Lambda) u(t) - C\Psi y_r(t) + Ce(t+d) = \\ &\quad Ly(t) + Hu(t) - My_r(t) + Ce(t+d) \end{aligned} \tag{5.59}$$

式中

$$\begin{aligned} L &= L(q^{-1}) = \Gamma(q^{-1}) G(q^{-1}) = l_0 + l_1 q^{-1} + \cdots + l_{n_l} q^{-n_l} \\ H &= H(q^{-1}) = C(q^{-1}) \Lambda(q^{-1}) + \Gamma(q^{-1}) B(q^{-1}) F(q^{-1}) = \\ &\quad h_0 + h_1 q^{-1} + \cdots + h_{n_h} q^{-n_h} \\ M &= M(q^{-1}) = C(q^{-1}) \Psi(q^{-1}) = m_0 + m_1 q^{-1} + \cdots + m_{n_m} q^{-n_m} \end{aligned}$$

可以看到，L，H 和 M 中的参数恰好是控制器式(5.52) 的参数。对于最简单情况，即当 $C=1$ 时，$M(q^{-1})$ 的系数就是 $\Psi(q^{-1})$ 的系数，所以不必估计 $M(q^{-1})$ 的系数 $m_0, m_1, \cdots, m_{n_m}$。由式(5.59) 可得

$$\begin{aligned} r(t+d) &= Ly(t) + Hu(t) - My_r(t) + e(t+d) = \\ &\quad \boldsymbol{\varphi}^{\mathrm{T}}(t)\boldsymbol{\theta} - \Psi y_r(t) + e(t+d) \end{aligned} \tag{5.60}$$

式中

$$\boldsymbol{\theta}^{\mathrm{T}} = [l_0 \quad l_1 \quad \cdots \quad l_{n_l} \quad h_0 \quad h_1 \quad \cdots \quad h_{n_h}]$$

$$\boldsymbol{\varphi}^{\mathrm{T}}(t) = [y(t) \quad y(t-1) \quad \cdots \quad y(t-n_l) \quad u(t) \quad u(t-1) \quad \cdots u(t-n_h)]$$

式(5.60) 又可写为

$$r(t+d) + \Psi y_r(t) = Ly(t) + Hu(t) + e(t+d) = \boldsymbol{\varphi}^{\mathrm{T}}(t)\boldsymbol{\theta} + e(t+d) \tag{5.61}$$

式中，$r(t+d) + \Psi y_r(t)$ 可按式(5.55) 计算出来，$\boldsymbol{\theta}$ 的估值 $\hat{\boldsymbol{\theta}}$ 可按下列递推公式计算：

$$\hat{\boldsymbol{\theta}}(t+1) = \hat{\boldsymbol{\theta}}(t) + \boldsymbol{K}(t+1)[r(t+d) - \boldsymbol{\varphi}^{\mathrm{T}}(t)\hat{\boldsymbol{\theta}}(t)] \tag{5.62}$$

$$\boldsymbol{K}(t+1) = \boldsymbol{P}(t)\boldsymbol{\varphi}(t)[1 + \boldsymbol{\varphi}^{\mathrm{T}}(t)\boldsymbol{P}(t)\boldsymbol{\varphi}(t)]^{-1} \tag{5.63}$$

$$\begin{aligned} \boldsymbol{P}(t) &= \boldsymbol{P}(t-1) - \boldsymbol{P}(t-1)\boldsymbol{\varphi}(t-1)[1 + \boldsymbol{\varphi}^{\mathrm{T}}(t-1)\boldsymbol{P}(t-1) \times \\ &\quad \boldsymbol{\varphi}(t-1)]^{-1}\boldsymbol{\varphi}^{\mathrm{T}}(t-1)\boldsymbol{P}(t-1) \end{aligned} \tag{5.64}$$

隐式自校正控制算法如下：

(1) 读取输出数据 $y(t)$，$u(t)$ 和参考输入 $y_{\mathrm{r}}(t)$；

(2) 组成新观测数据向量 $\boldsymbol{\varphi}^{\mathrm{T}}(t)$；

(3) 按式(5.55) 计算 $r(t+d)+\Psi y_{\mathrm{r}}(t)$，即

$$\Psi y_{\mathrm{r}}(t)+r(t+d)=\Gamma y(t+d)+\Lambda u(t)$$

(4) 按递推最小二乘法公式(式(5.62) ～ 式(5.64)) 计算 $\hat{\boldsymbol{\theta}}$；

(5) 按式(5.52)，计算自校正控制规律。

当采样次数加 1，即 $t\rightarrow t+1$ 时，继续循环。

如果 $C\neq 1$，式(5.59) 可写成

$$r(t+d)=Ly(t)+Hu(t)-My_{\mathrm{r}}(t)+(1-C)r(t+d)+Ce(t+d)=\boldsymbol{\varphi}^{\mathrm{T}}(t)\boldsymbol{\theta}+\xi(t+d) \tag{5.65}$$

式中

$$\xi(t+d)=Ce(t+d)$$

$$\boldsymbol{\theta}^{\mathrm{T}}=[l_0\quad l_1\quad\cdots\quad l_{n_l}\quad h_0\quad h_1\quad\cdots\quad h_{n_h}\quad m_0\quad m_1\quad\cdots\quad m_{n_m}\quad c_1\quad c_2\quad\cdots\quad c_{n_c}]$$

$$\begin{aligned}\boldsymbol{\varphi}^{\mathrm{T}}(t)=[&y(t)\quad y(t-1)\quad\cdots\quad y(t-n_l)\quad u(t)\quad u(t-1)\quad\cdots\quad u(t-n_h)\\&-y_{\mathrm{r}}(t)\quad -y_{\mathrm{r}}(t-1)\quad\cdots\quad -y_{\mathrm{r}}(t-n_m)\quad -r(t+d-1)\quad\cdots\\&-r(t+d-n_c)]\end{aligned}$$

$r(t+d)$ 可按式(5.55) 计算出来，式(5.65) 是可辨识的，因而可得自校正控制器参数的估值。$\hat{\boldsymbol{\theta}}$ 可按下列递推公式计算：

$$\hat{\boldsymbol{\theta}}(t+1)=\hat{\boldsymbol{\theta}}(t)+\boldsymbol{K}(t+1)[r(t+d)-\boldsymbol{\varphi}^{\mathrm{T}}(t)\hat{\boldsymbol{\theta}}(t)] \tag{5.66}$$

$$\boldsymbol{K}(t+1)=\boldsymbol{P}(t)\boldsymbol{\varphi}(t)\,[1+\boldsymbol{\varphi}^{\mathrm{T}}(t)\boldsymbol{P}(t)\boldsymbol{\varphi}(t)]^{-1}$$

$$\begin{aligned}\boldsymbol{P}(t)=\boldsymbol{P}(t-1)-\boldsymbol{P}(t-1)\boldsymbol{\varphi}(t-1)[1+\boldsymbol{\varphi}^{\mathrm{T}}(t-1)\boldsymbol{P}(t-1)\times\\ \boldsymbol{\varphi}(t-1)]^{-1}\,\boldsymbol{\varphi}^{\mathrm{T}}(t-1)\boldsymbol{P}(t-1)\end{aligned}$$

由于 $\xi(t+d)$ 往往不是一个白噪声序列，如用递推最小二乘法估计 $\boldsymbol{\theta}$，估值 $\hat{\boldsymbol{\theta}}$ 是有偏的。但是加权最小方差控制可将最优预测 $\hat{r}(t+d\mid t)=\hat{L}y(t)+\hat{H}u(t)-\hat{M}y_{\mathrm{r}}(t)+(1-\hat{C})r(t+d)$ 的偏差逐渐校正到零。这样按式(5.66) 进行最小二乘估计，仍可得到无偏估计。

5.2.3　最小方差自校正控制闭环系统的稳定性

由图 5.3 所示可得以 $y_{\mathrm{r}}(t)$ 为输入、$y(t)$ 为输出的闭环系统方程，即

$$C(A\Lambda+\Gamma B)y(t)=q^{-d}BC\Psi y_{\mathrm{r}}(t)+(C\Lambda+\Gamma BF)C\varepsilon(t) \tag{5.67}$$

闭环系统的特征方程为

$$CT=C(A\Lambda+\Gamma B)=0 \tag{5.68}$$

在特征方程中权因子 Λ 和 Γ 的选择对系统的稳定性起着重大的作用，选择合适的 Λ 和 Γ 可获得希望的闭环特征方程。从式(5.67) 可看出，C 的零点成为闭环特征方程的根，因此要求 C 的零点在 q^{-1} 复平面的单位圆外，以保证闭环系统稳定。当 $\Lambda=0$ 时，对控制 $u(t)$ 不加约束，特征方程为

$$CT=\Gamma BC=0$$

从上式可看出，B 的零点成为闭环系统特征方程的根，当控制对象为非逆稳定时，闭环系统就不稳定了，因此要合理选择权因子。

在式(5.36)的指标函数 J 中，当 $\Lambda=0$ 时，广义最小方差控制退化为最小方差控制，再令 $\Psi=0$ 或 $y_r(t)=0$，就退化为最小方差自校正调节器。

例 5.2.1 设系统差分方程为

$$A(q^{-1})y(t)=q^{-d}B(q^{-1})u(t)+C(q^{-1})\varepsilon(t)$$

式中

$$A(q^{-1})=1-1.3q^{-1}+0.6q^{-2}$$
$$B(q^{-1})=1+0.5q^{-1}$$
$$C(q^{-1})=1-0.5q^{-1}$$
$$d=1$$

要求系统的输出 $y(t)$ 跟踪参考输入 $y_r(t)$，指标函数为

$$J=E\{[y(t+d)-y_r(t)]^2+0.5u^2(t)\}$$

试求最优控制 $u(t)$。

解 对照指标函数式(5.36)，可得

$$\Gamma=1,\quad \Psi=1,\quad \Lambda'=\lambda'=\sqrt{0.5},\quad b_0=1,\quad \Lambda=\frac{\lambda'_0}{b_0}\Lambda'=0.5$$

按式(5.8)，求 $F(q^{-1})$ 和 $G(q^{-1})$，则有

$$1-0.5q^{-1}=1-1.3q^{-1}+0.6q^{-2}+q^{-1}(g_0+g_1q^{-1})$$

解之得

$$g_0=0.8,\quad g_1=-0.6$$

由式(5.52)可得最优控制，即

$$u(t)=\frac{(1-0.5q^{-1})y_r(t)-(0.8-0.6q^{-1})y(t)}{1.5+0.25q^{-1}}$$

或

$$u(t)=\frac{-0.8y(t)+0.6y(t-1)-0.25u(t-1)+y_r(t)-0.5y_r(t-1)}{1.5}$$

例 5.2.2 设有逆不稳定系统

$$y(t)=0.95y(t-1)+u(t-2)+1.2u(t-3)+\varepsilon(t)-0.7\varepsilon(t-1)$$

指标函数为

$$J=E\{[y(t+2)-y_r(t)]^2+[\Lambda'u(t)]^2\}$$

试确定 Λ' 及控制规律 $u(t)$。

解 由已给条件知

$$A=1-0.95q^{-1}$$
$$B=1+1.2q^{-1}$$
$$C=1-0.7q^{-1}$$
$$d=2,\quad \Gamma=1,\quad \Psi=1$$

由于控制对象为逆不稳定系统，需要根据稳定的特征方程来确定权因子 Λ，闭环特征方程为

$$T=(1-0.95q^{-1})\Lambda+1+1.2q^{-1}=0$$

$$q^{-1}=\frac{\Lambda+1}{1.2-0.95\Lambda}$$

当特征方程的根大于1时,闭环系统稳定,因此要求

$$q^{-1}=\left|\frac{\Lambda+1}{1.2-0.95\Lambda}\right|>1$$

由此求得

$$\Lambda>0.103 \quad 或 \quad \Lambda'>\sqrt{0.103}=0.32$$

利用恒等式

$$C=AF+q^{-d}G$$

可得

$$F=1+1.65q^{-1}$$

$$G=g_0=1.5675$$

$$BF=1+2.85q^{-1}+1.98q^{-2}$$

取 $\Lambda=0.2$,按式(5.52)可得控制规律

$$u(t)=\frac{1}{1.2}[y_r(t)-0.7y_r(t-1)-2.71u(t-1)-1.98u(t-2)-1.5675y(t)]$$

5.3 极点配置自校正调节器与控制器

在5.1.4节已谈到,最小方差自校正调节器的闭环特征方程为

$$B(q^{-1})C(q^{-1})=0$$

$B(q^{-1})$ 的零点为闭环系统的极点。如果控制对象为逆稳定系统,$B(q^{-1})$ 的零点在 q^{-1} 复平面的单位圆外,则闭环系统稳定。如果控制对象为逆不稳定系统,$B(q^{-1})$ 有零点在 q^{-1} 复平面的单位圆内,则闭环系统不稳定。因此最小方差自校正调节方法不适合于逆不稳定系统,即不适合于非最小相位系统。

在连续系统中,很少遇到非最小相位系统,但在离散系统中可能会较多地遇到非最小相位系统。有的连续系统虽然是最小相位系统,但其离散系统可能是非最小相位系统。由于最小方差控制不适合于非最小相位系统,需要寻求适合于非最小相位系统的控制方法。用极点配置法可以任意安排闭环系统的极点,这一方法既适用于最小相位系统,也适用于非最小相位系统。

下面分别讨论极点配置自校正调节器和控制器及最小方差自校正控制器的极点配置。

5.3.1 极点配置自校正调节器

设系统的差分方程仍为式(5.1)和式(5.2),并且系统的反馈规律为

$$u(t)=-\frac{G(q^{-1})}{F(q^{-1})}y(t) \tag{5.69}$$

式中

$$F(q^{-1})=1+f_1q^{-1}+\cdots+f_{n_f}q^{-n_f} \tag{5.70}$$

$$G(q^{-1})=g_0+g_1q^{-1}+\cdots+g_{n_g}q^{-n_g} \tag{5.71}$$

极点配置自校正调节器闭环系统方块图如图5.4所示。闭环系统方程为

$$(AF+q^{-d}BG)y(t)=CF\varepsilon(t) \tag{5.72}$$

设闭环系统的期望特征多项式为 $C(q^{-1})T(q^{-1})$，其中

$$T(q^{-1})=\prod_{i=1}^{n_t}(1-t_iq^{-1}) \tag{5.73}$$

式中，$1/t_i$ 为相应的在 q^{-1} 复平面上的稳定极点。

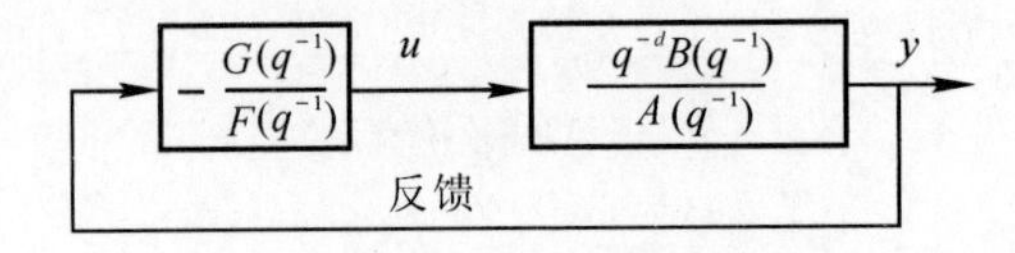

图 5.4 极点配置自校正调节器

如果 A,B,C 的参数已知，可按下式确定 F 和 G，则有

$$AF+q^{-d}BG=CT \tag{5.74}$$

闭环系统方程和 $u(t)$ 方程分别为

$$y(t)=\frac{F(q^{-1})}{T(q^{-1})}\varepsilon(t) \tag{5.75}$$

$$u(t)=-\frac{G(q^{-1})}{F(q^{-1})}y(t) \tag{5.76}$$

为了保证式(5.74)有解，要求 AF 与 $q^{-d}BG$ 的阶次相同，即要求

$$\left.\begin{aligned}n_g&=n_a-1\\n_f&=n_b+d-1\end{aligned}\right\} \tag{5.77}$$

闭环系统的极点数 n_t 必须使 CT 的阶次低于 $AF+q^{-d}BG$ 的阶次，即

$$n_t<n_a+n_b+d-1-n_c \tag{5.78}$$

由于 B 不是闭环特征方程的因子，因此极点配置自校正调节器适用于逆不稳定控制对象。

例 5.3.1 设有不稳定且逆不稳定系统，即

$$(1-q^{-1})y(t)=q^{-2}(0.5+q^{-1)})u(t)+(1+0.4q^{-1})\varepsilon(t)$$

试求控制规律 $u(t)$ 及闭环系统方程，使其在 q^{-1} 复平面上所期望的闭形极点为 2。

解 由已给条件知

$$n_a=1,\quad n_b=1,\quad d=2,\quad n_g=n_a-1=0$$
$$n_f=n_b+d-1=2,\quad T(q^{-1})=1-0.5q^{-1}$$

由式(5.74)，可得

$$(1-q^{-1})(1+f_1q^{-1}+f_2q^{-2})+q^{-2}(0.5+q^{-1})g_0=(1+0.4q^{-1})(1-0.5q^{-1})$$

解之得

$$g_0=0.47,\quad f_1=0.9,\quad f_2=0.47$$

于是

$$u(t)=-\frac{0.47}{1+0.9q^{-1}+0.47q^{-2}}y(t)$$

$$y(t)=-\frac{1+0.9q^{-1}+0.47q^{-2}}{1-0.5q^{-1}}\varepsilon(t)$$

由上例可以看出，极点配置自校正调节器既适用于逆不稳定的控制对象，也适用于不稳定

控制对象。

下面讨论极点配置自校正调节器的算法。参数 $\boldsymbol{\theta}$ 的估计公式在最小方差自校正调节器的算法中已列出,参考式(5.24)。其计算步骤如下:

(1) 设置闭环期望极点方程 $T(q^{-1})$;

(2) 读取新的观测数据 $y(t)$;

(3) 用递推最小二乘法公式(5.24)求出参数向量 $\boldsymbol{\theta}$ 的估值 $\hat{\boldsymbol{\theta}}$(即 $\hat{A},\hat{B},\hat{C}$ 多项式的系数);

(4) 按式(5.74)可得计算多项式 $\hat{F}(q^{-1})$ 和 $\hat{G}(q^{-1})$ 的公式,即

$$\hat{A}\hat{F}+q^{-d}\hat{B}\hat{C}=\hat{C}T$$

算出 $\hat{F}$ 和 $\hat{G}$;

(5) 按式(5.76)可得调节器规律,即

$$\hat{u}(t)=-\frac{\hat{G}(q^{-1})}{\hat{F}(q^{-1})}y(t) \tag{5.79}$$

求出 $\hat{u}(t)$,加入调节器闭环系统。

当 $t\rightarrow t+1$ 时,继续重复上述计算步骤(2)~(5)。

最小方差自校正调节器具有渐近性。讨论极点配置自校正调节器规律时,假定受控对象的参数是已知的。当参数估计收敛时,极点配置自校正调节规律将收敛于参数已知的极点配置调节规律。这种性质称为极点配置自校正调节器的渐近性。

5.3.2　极点配置自校正控制器

设控制系统无噪声,其方程为

$$A(q^{-1})y(t)=q^{-d}B(q^{-1})u(t) \tag{5.80}$$

式中

$$A(q^{-1})=1+a_1q^{-1}+\cdots+a_{n_a}q^{-n_a}$$

$$B(q^{-1})=b_0+b_1q^{-1}+\cdots+a_{n_b}q^{-n_b}$$

$A(q^{-1})$ 与 $B(q^{-1})$ 互质。

设系统的参考输入为 $y_{\mathrm{r}}(t)$,要求设计一个控制器,使系统输出 $y(t)$ 与参考输入 $y_{\mathrm{r}}(t)$ 之间的传递函数为

$$G_{\mathrm{m}}(q^{-1})=q^{-d}\frac{B_{\mathrm{m}}(q^{-1})}{A_{\mathrm{m}}(q^{-1})} \tag{5.81}$$

$G_{\mathrm{m}}(q^{-1})$ 为期望传递函数,设 $A_{\mathrm{m}}(q^{-1})$ 与 $B_{\mathrm{m}}(q^{-1})$ 互质。一般,控制信号 $u(t)$ 可用参考输入 $y_{\mathrm{r}}(t)$ 和系统输出 $y(t)$ 的线性函数来表示,如图 5.5 所示。

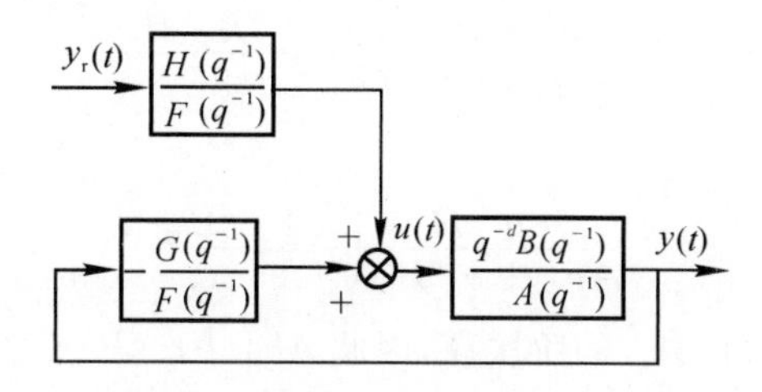

图 5.5　极点配置自校正控制器

由图 5.5 所示，可得控制信号 $u(t)$，即

$$u(t)=\frac{H(q^{-1})}{F(q^{-1})}y_{\mathrm{r}}(t)-\frac{G(q^{-1})}{F(q^{-1})}y(t) \tag{5.82}$$

系统输出 $y(t)$ 与输入 $y_{\mathrm{r}}(t)$ 之间的方程为

$$y(t)=\frac{q^{-d}H(q^{-1})B(q^{-1})}{A(q^{-1})F(q^{-1})+q^{-d}B(q^{-1})G(q^{-1})}y_{\mathrm{r}}(t) \tag{5.83}$$

$y(t)$ 与 $y_{\mathrm{r}}(t)$ 之间的传递函数为

$$G_{\mathrm{p}}(q^{-1})=\frac{q^{-d}H(q^{-1})B(q^{-1})}{A(q^{-1})F(q^{-1})+q^{-d}B(q^{-1})G(q^{-1})} \tag{5.84}$$

极点配置的任务就是寻求多项式 $F(q^{-1})$，$G(q^{-1})$ 和 $H(q^{-1})$，使闭环系统的传递函数 $G_{\mathrm{p}}(q^{-1})$ 等于期望的传递函数 $G_{\mathrm{m}}(q^{-1})$，即

$$\frac{q^{-d}H(q^{-1})B(q^{-1})}{A(q^{-1})F(q^{-1})+q^{-d}B(q^{-1})G(q^{-1})}=\frac{q^{-d}B_{\mathrm{m}}(q^{-1})}{A_{\mathrm{m}}(q^{-1})} \tag{5.85}$$

$A_{\mathrm{m}}(q^{-1})$ 与 $B_{\mathrm{m}}(q^{-1})$ 互质。$A_{\mathrm{m}}(q^{-1})$ 的极点应选在阻尼特性较好的区域。$A(q^{-1})F(q^{-1})+q^{-d}B(q^{-1})G(q^{-1})$ 是闭环特征多项式。

从式(5.85)可看到，闭环系统传递函数分子和分母的阶次都高于期望传递函数分子分母的阶次。如果要使闭环系统传递函数的阶次与期望传递函数的阶次相同，闭环系统传递函数的分子与分母必须进行零极点相消。零极点相消只能消掉稳定因子，不能消掉不稳定因子。如果 $B(q^{-1})$ 的根都在阻尼特性较好的区域，问题比较简单。如果 $B(q^{-1})$ 的根有在不稳定或阻尼特性差的区域，问题就比较复杂。把 $B(q^{-1})$ 分解成二部分，即

$$B(q^{-1})=B^{+}(q^{-1})B^{-}(q^{-1}) \tag{5.86}$$

式中，$B^{+}(q^{-1})$ 的根处于阻尼特性较好的区域，$B^{-}(q^{-1})$ 的根处于不稳定或阻尼特性差的区域，可规定 $B^{+}(q^{-1})$ 为首一多项式。为了保证闭环稳定，不能对消 $B^{-}(q^{-1})$ 的任何一个零点，因此 $B_{\mathrm{m}}(q^{-1})$ 必须包含因子 $B^{-}(q^{-1})$，即设

$$B_{\mathrm{m}}(q^{-1})=B_{\mathrm{m1}}(q^{-1})B^{-}(q^{-1}) \tag{5.87}$$

于是式(5.85)(略去(q^{-1}))变成

$$\frac{q^{-d}HB^{+}B^{-}}{AF+q^{-d}B^{-}B^{+}G}=\frac{q^{-d}B_{\mathrm{m1}}B^{-}}{A_{\mathrm{m}}} \tag{5.88}$$

因 A 与 B 互质，B^{+} 也应是 F 的因子，设

$$F(q^{-1})=F_1(q^{-1})B^{+}(q^{-1}) \tag{5.89}$$

将式(5.89)代入式(5.88)，可得

$$\frac{q^{-d}HB^{-}}{AF_1+q^{-d}B^{-}G}=\frac{q^{-d}B_{\mathrm{m1}}B^{-}}{A_{\mathrm{m}}} \tag{5.90}$$

或者

$$\frac{q^{-d}H}{AF_1+q^{-d}B^{-}G}=\frac{q^{-d}B_{\mathrm{m1}}}{A_{\mathrm{m}}} \tag{5.91}$$

因为 $AF_1+q^{-d}B^{-}G$ 的阶次比 A_{m} 的阶次高，因此 $AF_1+q^{-d}B^{-}G$ 与 H 之间有公因子，设公因子为 $A_0(q^{-1})$。A_0 可任意选择，A_0 的根应在阻尼特性较好的区域。在有噪声的情况下，A_0 应选为与噪声有关的 $C(q^{-1})$。如在式(5.91)右边的分子和分母都乘 A_0，可得

$$H = B_{m1} A_0 \tag{5.92}$$

$$AF_1 + q^{-d} B^- G = A_m A_0 \tag{5.93}$$

如果 B_{m1} 和 A_0 已给定,则可由式(5.92)算出 $H(q^{-1})$。下一步主要工作就是利用式(5.93)来求 F 和 G。为了使问题有惟一解,要求各多项式的阶次满足下列关系:

$$\deg G = \deg A - 1$$

$$\deg F_1 = \deg B^- + d - 1$$

$$\deg A_m + \deg A_0 \leqslant \deg A + \deg B^- + d - 1$$

在极点配置自校正控制器设计的每一循环计算中,都要求先辨识控制对象的参数 A 和 B,在获得参数估值 $\hat{A}$ 和 $\hat{B}$ 之后,按下列步骤设计控制器:

第一步　按式(5.93)求出 F_1 和 G;

第二步　按式(5.89)和式(5.92)求取 F 和 H,即

$$F = F_1 B^+$$

$$H = B_{m1} A_0$$

将求得的 F,G 和 H 代入式(5.82),可得控制 $u(t)$。

下面讨论两种特殊情况:

(1) 过程零点全部消去。受控对象为逆稳定系统。在这种情况下,$B(q^{-1})$ 的零点全部稳定,$B(q^{-1})$ 是 $F(q^{-1})$ 的因子。这时式(5.89)、式(5.92)和式(5.93)变成

$$F = F_1 B, \quad H = B_m A_0 \tag{5.94}$$

$$AF_1 + q^{-d} G = A_m A_0 \tag{5.95}$$

为了使 F_1 和 G 有惟一解,要求

$$\deg G = \deg A - 1$$

$$\deg F_1 = d - 1$$

$$\deg A_m + \deg A_0 \leqslant \deg A + d - 1$$

(2) 过程零点没有一个消掉。受控对象为逆不稳定。在这种情况下受控对象的零点全不稳定或在阻尼特性较差的区域,这时 $B(q^{-1})$ 与 $F(q^{-1})$ 无公因子,而且

$$B_m = \alpha B, \quad H = \alpha A_0 \tag{5.96}$$

α 为常数,在跟踪控制中,希望闭环传递函数低频段增益为 1,α 根据 $B_m(0) = A_m(0)$ 来选择。

在这种情况下式(5.93)变为

$$AF + q^{-d} BG = A_m A_0 \tag{5.97}$$

为了使 F 和 G 有惟一解,要求

$$\deg G = \deg A - 1$$

$$\deg F = \deg B + d - 1$$

$$\deg A_m + \deg A_0 \leqslant \deg A + \deg B + d - 1$$

极点配置方法的优点是适用于对象稳定的系统,也适用于对象不稳定和逆不稳定系统,缺点是计算比较复杂。实际上,它是一种模型参考自适应系统。

例 5.3.2　设有不稳定系统,即

$$(1 - q^{-1}) y(t) = q^{-2}(1 + 0.9 q^{-1}) u(t)$$

参考输入为 $y_r(t)$,期望传递函数为

$$G_{m}(p)=\frac{q^{-2}(1-0.6q^{-1})}{1-0.5q^{-1}}$$

求极点配置自校正控制器。

解　本例属过程零点全部消去的特殊情况。在题中，则有

$$A(q^{-1})=1-q^{-1},\quad B(q^{-1})=1+0.9q^{-1}$$

设 $A_0(q^{-1})=1-0.7q^{-1}$，则有

$$H(q^{-1})=B_mA_0=(1-0.6q^{-1})(1-0.7q^{-1})$$

$B(q^{-1})$ 为 $F(q^{-1})$ 的因子，$F(q^{-1})=F_1(q^{-1})B(q^{-1})$

$$\deg A=1$$

$$\deg G=\deg A-1=0$$

$$\deg F_1=d-1=1$$

则
$$G(q^{-1})=g_0,\quad F_1(q^{-1})=f_0+f_1q^{-1}$$

将上面的有关项代入式(5.95)，可得

$$(1-q^{-1})(f_0+f_1q^{-1})+g_0q^{-2}=(1-0.5q^{-1})(1-0.7q^{-1})=1-1.2q^{-1}+0.35q^{-2}$$

解之可得

$$f_0=1,\quad f_1=-0.2,\quad g_0=0.15$$

即

$$G(q^{-1})=0.15,\quad F_1(q^{-1})=1-0.2q^{-1},\quad F(q^{-1})=(1-0.2q^{-1})(1+0.9q^{-1})$$

$$u(t)=\frac{(1-0.6q^{-1})(1-0.7q^{-1})}{(1-0.2q^{-1})(1+0.9q^{-1})}y_r(t)-\frac{0.15}{(1-0.2q^{-1})(1+0.9q^{-1})}y(t)$$

或写为

$$u(t)=\frac{(1-1.3q^{-1}+0.42q^{-2})y_r-0.15y(t)}{1+0.7q^{-1}-0.18q^{-2}}$$

$$u(t)=y_r(t)-1.3y_r(t-1)+0.42y_r(t-2)-0.7u(t-1)$$
$$+0.18u(t-2)-0.15y(t)$$

将 A,B,F,G 和 H 代入式(5.84)，可得系统闭环传递函数，即

$$G_p(q^{-1})=\frac{q^{-2}(1-0.6q^{-1})}{1-0.5q^{-1}}=G_m(q^{-1})$$

经过极点配置后的闭环系统是稳定的。

5.3.3　最小方差自校正控制器的极点配置

在 5.3.2 小节中讨论极点配置自校正控制时，没有考虑系统对噪声的抑制问题。在实际中，要求系统输出 $y(t)$ 准确地跟踪参考输入 $y_r(t)$，又能抑制随机干扰的影响。在 5.2 节中已讨论过最小方差自校正控制器，系统方程[式(5.1)]为

$$A(q^{-1})y(t)=q^{-d}B(q^{-1})u(t)+C(q^{-1})\varepsilon(t)$$

自校正最小方差控制的指标函数(式(5.36))为

$$J=E\{[\Gamma(q^{-1})y(t+d)-\Psi(q^{-1})y_r(t)]^2+[\Lambda'(q^{-1})u(t)]^2\}$$

经过推导已得到最小方差自校正控制(式(5.52))，即

$$u(t)=\frac{C\Psi y_r(t)-\Gamma Gy(t)}{C\Lambda+\Gamma BF}$$

闭环系统的特征方程(式(5.68))为

$$CT = C(A\Lambda + \Gamma B) = 0$$

式中,C 的零点在 q^{-1} 复平面的单位圆外。从极点配置的观点来看,就是使上述特征方程中 $A\Lambda + \Gamma B$ 等价于闭环特征方程 T,即满足

$$A\Lambda + \Gamma B = T = 0 \tag{5.98}$$

式中,闭环特征多项式 $T(q^{-1})$ 是期望的特征多项式,根据对系统的要求而给定。需要求出多项式 $\Lambda(q^{-1})$ 和 $\Gamma(q^{-1})$。通常为了保证伺服跟踪精度,选择指标函数式(5.36)中的 $\Gamma(q^{-1})$ 与 $\Psi(q^{-1})$ 相等,即

$$\Gamma(q^{-1}) = \Psi(q^{-1}) \tag{5.99}$$

为了使式(5.98)有惟一解,对多项式 $\Lambda(q^{-1})$ 和 $\Gamma(q^{-1})$ 的阶次作如下的规定,即

$$\deg\Lambda = \deg B - 1$$
$$\deg\Gamma = \deg A - 1$$
$$\deg T \leqslant \deg A + \deg B - 1$$

闭环系统方程为

$$y(t) = \frac{q^{-d}B\Psi}{T}y_{\mathrm{r}} + \frac{C\Lambda + BF}{T}\varepsilon(t) \tag{5.100}$$

这样系统就达到期望极点的目的。

例 5.3.3　设系统方程为

$$y(t) - y(t-1) = u(t-2) + 0.8u(t-3) + \varepsilon(t) - 0.2\varepsilon(t-1)$$

求最小方差自校正控制极点配置。

解　由系统方程知

$$A(q^{-1}) = 1 - q^{-1},\quad B(q^{-1}) = 1 + 0.8q^{-1},\quad C = 1 - 0.2q^{-1}$$
$$d = 2,\quad \deg\Lambda = \deg B - 1 = 0,\quad \Lambda = \lambda_0$$

设

$$\Gamma = \Psi = 1,\quad T(q^{-1}) = k(1 - 0.5q^{-1})$$

则有

$$A\Lambda + \Gamma B = (1 - q^{-1})\lambda_0 + 1 + 0.8q^{-1} = T(q^{-1}) = k(1 - 0.5q^{-1})$$

解之得

$$k = 3.6,\quad \lambda_0 = 2.6\quad 或\quad \Lambda = 2.6$$

由

$$(1 - 0.2q^{-1}) = (1 + f_1q^{-1})(1 - q^{-1}) + g_0q^{-2}$$

得

$$f_1 = 0.8,\quad g_0 = 0.8$$

将 B,C,Γ,Ψ,Λ 和 F 代入式(5.52),可得

$$u(t) = \frac{0.277y_{\mathrm{r}}(t) - 0.222y(t) - 0.055y_{\mathrm{r}}(t-1)}{1 + 0.3q^{-1} + 0.17q^{-2}} = -$$
$$0.3u(t-1) - 0.17u(t-2) + 0.277y_{\mathrm{r}}(t) -$$
$$0.055y_{\mathrm{r}}(t-1) - 0.222y(t-2)$$

5.4 多变量最小方差自校正调节器

设有 m 维输入和 m 维输出的多变量系统,即

$$\boldsymbol{A}(q^{-1})\boldsymbol{Y}(t)=q^{-d}\boldsymbol{B}(q^{-1})\boldsymbol{u}(t)+\boldsymbol{C}(q^{-1})\boldsymbol{\varepsilon}(t) \tag{5.101}$$

式中

$$\left.\begin{aligned}\boldsymbol{A}(q^{-1})&=\boldsymbol{I}+\boldsymbol{A}_1q^{-1}+\cdots+\boldsymbol{A}_{n_a}q^{-n_a}\\ \boldsymbol{B}(q^{-1})&=\boldsymbol{B}_0+\boldsymbol{B}_1q^{-1}+\cdots+\boldsymbol{B}_{n_b}q^{-n_b}\\ \boldsymbol{C}(q^{-1})&=\boldsymbol{I}+\boldsymbol{C}_1q^{-1}+\cdots+\boldsymbol{C}_{n_c}q^{-n_c}\end{aligned}\right\} \tag{5.102}$$

$$E[\boldsymbol{\varepsilon}(t)]=\boldsymbol{0} \tag{5.103}$$

$$E[\boldsymbol{\varepsilon}(t_i)\boldsymbol{\varepsilon}^{\mathrm{T}}(t_j)]=\begin{cases}\boldsymbol{R}, & t_i=t_j\\ \boldsymbol{0}, & t_i\neq t_j\end{cases} \tag{5.104}$$

$\boldsymbol{I},\boldsymbol{A}_i(i=1,2,\cdots,n_a),\boldsymbol{B}_i(i=0,1,\cdots,n_b)$ 和 $\boldsymbol{C}_i(i=1,2,\cdots,n_c)$ 均为 $m\times m$ 矩阵,$\boldsymbol{R}$ 为 $m\times m$ 正定协方差阵。假定 $\boldsymbol{C}(q^{-1})$ 是非奇异的古尔维茨多项式矩阵,$\det\boldsymbol{C}(q^{-1})$ 的所有零点都位于 q^{-1} 复平面的单位圆外。$\boldsymbol{B}(q^{-1})$ 是非奇异的古尔维茨多项式矩阵,$\boldsymbol{B}_0$ 非奇异。

自校正调节器的指标函数

$$J=E[\boldsymbol{Y}^{\mathrm{T}}(t+d)\boldsymbol{Y}(t+d)] \tag{5.105}$$

为最小。

把单输入单输出自校正调节器方法推广到多输入多输出情况,所遇到的主要障碍是多项式矩阵不能互换。换句话说,必须考虑表达式中出现的矩阵顺序,为此引入"伪互换性"概念,其形式为

$$\bar{\boldsymbol{G}}(q^{-1})\boldsymbol{F}(q^{-1})=\bar{\boldsymbol{F}}(q^{-1})\boldsymbol{G}(q^{-1}) \tag{5.106}$$

在式(5.106)中,用"互换"对 $\bar{\boldsymbol{G}}(q^{-1})\boldsymbol{F}(q^{-1})$ 代替 $\bar{\boldsymbol{F}}(q^{-1})\boldsymbol{G}(q^{-1})$ 对,这些多项式矩阵必定存在,但未必惟一。

参考式(5.19),可得

$$\bar{\boldsymbol{G}}(q^{-1})\boldsymbol{Y}(t)+\bar{\boldsymbol{F}}(q^{-1})\boldsymbol{B}(q^{-1})\boldsymbol{u}(t)=\boldsymbol{0} \tag{5.107}$$

在式(5.107)中"伪互换"关系的互换对为

$$\bar{\boldsymbol{F}}(q^{-1})\boldsymbol{G}(q^{-1})=\bar{\boldsymbol{G}}(q^{-1})\boldsymbol{F}(q^{-1}) \tag{5.108}$$

并且,$\boldsymbol{F},\boldsymbol{G},\bar{\boldsymbol{F}}$ 和 $\bar{\boldsymbol{G}}$ 满足下列关系式:

$$\begin{cases}\boldsymbol{C}(q^{-1})=\boldsymbol{A}(q^{-1})\boldsymbol{F}(q^{-1})+q^{-d}\boldsymbol{G}(q^{-1})\\ \bar{\boldsymbol{C}}(q^{-1})=\bar{\boldsymbol{F}}(q^{-1})\boldsymbol{A}(q^{-1})+q^{-d}\bar{\boldsymbol{G}}(q^{-1})\end{cases} \tag{5.109}$$

$$\begin{cases}\boldsymbol{F}(q^{-1})=\boldsymbol{I}+\boldsymbol{F}_1q^{-1}+\cdots+\boldsymbol{F}_{d-1}q^{-d+1}\\ \bar{\boldsymbol{F}}(q^{-1})=\boldsymbol{I}+\bar{\boldsymbol{F}}_1q^{-1}+\cdots+\bar{\boldsymbol{F}}_{d-1}q^{-d+1}\end{cases} \tag{5.110}$$

$$\begin{cases}\boldsymbol{G}(q^{-1})=\boldsymbol{G}_0+\boldsymbol{G}_1q^{-1}+\cdots+\boldsymbol{G}_{n_a-1}q^{-n_a+1}\\ \bar{\boldsymbol{G}}(q^{-1})=\bar{\boldsymbol{G}}_0+\bar{\boldsymbol{G}}_1q^{-1}+\cdots+\bar{\boldsymbol{G}}_{n_a-1}q^{-n_a+1}\end{cases} \tag{5.111}$$

$$\begin{cases}\det\boldsymbol{F}(q^{-1})=\det\bar{\boldsymbol{F}}(q^{-1}), & \bar{\boldsymbol{F}}(0)=\boldsymbol{I}\\ \det\boldsymbol{G}(q^{-1})=\det\bar{\boldsymbol{G}}(q^{-1}), & \bar{\boldsymbol{G}}(0)=\boldsymbol{I}\end{cases} \tag{5.112}$$

闭环系统输出为

$$\boldsymbol{Y}(t)=\boldsymbol{F}(q^{-1})\boldsymbol{\varepsilon}(t) \tag{5.113}$$

证明　为公式推导简明扼要，下面公式推导中，分别用 $\boldsymbol{A}$, $\boldsymbol{B}$, $\boldsymbol{C}$, $\bar{\boldsymbol{C}}$, $\boldsymbol{F}$, $\bar{\boldsymbol{F}}$, $\boldsymbol{G}$, $\bar{\boldsymbol{G}}$, $\boldsymbol{\Gamma}$, $\boldsymbol{\Psi}$, $\boldsymbol{\Lambda}$, $\boldsymbol{\Lambda}'$ 表示 $\boldsymbol{A}(q^{-1})$, $\boldsymbol{B}(q^{-1})$, $\boldsymbol{C}(q^{-1})$, $\bar{\boldsymbol{C}}(q^{-1})$, $\boldsymbol{F}(q^{-1})$, $\bar{\boldsymbol{F}}(q^{-1})$, $\boldsymbol{G}(q^{-1})$, $\bar{\boldsymbol{G}}(q^{-1})$, $\boldsymbol{\Gamma}(q^{-1})$, $\boldsymbol{\Psi}(q^{-1})$, $\boldsymbol{\Lambda}(q^{-1})$, $\boldsymbol{\Lambda}'(q^{-1})$。

先用 $\bar{\boldsymbol{F}}$ 左乘式(5.109) 的第一式，可得

$$\bar{\boldsymbol{F}}\boldsymbol{C}=\bar{\boldsymbol{F}}\boldsymbol{A}\boldsymbol{F}+q^{-d}\bar{\boldsymbol{F}}\boldsymbol{G} \tag{5.114}$$

再用 $\boldsymbol{F}$ 右乘式(5.109) 的第二式，可得

$$\bar{\boldsymbol{C}}\boldsymbol{F}=\bar{\boldsymbol{F}}\boldsymbol{A}\boldsymbol{F}+q^{-d}\bar{\boldsymbol{G}}\boldsymbol{F} \tag{5.115}$$

比较式(5.114) 和式(5.115)，并考虑到式(5.106)，可得

$$\bar{\boldsymbol{C}}\boldsymbol{F}=\bar{\boldsymbol{F}}\boldsymbol{C} \tag{5.116}$$

利用式(5.108) 和式(5.112) 的关系，可得

$$\det\bar{\boldsymbol{C}}=\det\boldsymbol{C} \tag{5.117}$$

因为 $\boldsymbol{C}(q^{-1})$ 是稳定多项式矩阵，则 $\bar{\boldsymbol{C}}(q^{-1})$ 也为稳定多项式矩阵。式(5.101) 可表示为

$$\boldsymbol{A}\boldsymbol{Y}(t+d)=\boldsymbol{B}\boldsymbol{u}(t)+\boldsymbol{C}\boldsymbol{\varepsilon}(t+d) \tag{5.118}$$

用 $\bar{\boldsymbol{F}}$ 左乘式(5.118) 两边，可得

$$\bar{\boldsymbol{F}}\boldsymbol{A}\boldsymbol{Y}(t+d)=\bar{\boldsymbol{F}}\boldsymbol{B}\boldsymbol{u}(t)+\bar{\boldsymbol{F}}\boldsymbol{C}\boldsymbol{\varepsilon}(t+d) \tag{5.119}$$

由式(5.109) 第二式，可得

$$\bar{\boldsymbol{F}}\boldsymbol{A}=\bar{\boldsymbol{C}}-q^{-d}\bar{\boldsymbol{G}} \tag{5.120}$$

$$(\bar{\boldsymbol{C}}-q^{-d}\bar{\boldsymbol{G}})\boldsymbol{Y}(t+d)=\bar{\boldsymbol{F}}\boldsymbol{B}\boldsymbol{u}(t)+\bar{\boldsymbol{F}}\boldsymbol{C}\boldsymbol{\varepsilon}(t+d)$$

由式(5.120)，可得

$$\bar{\boldsymbol{C}}\boldsymbol{Y}(t+d)=\bar{\boldsymbol{G}}\boldsymbol{Y}(t)+\bar{\boldsymbol{F}}\boldsymbol{B}\boldsymbol{u}(t)+\bar{\boldsymbol{C}}\boldsymbol{F}\boldsymbol{\varepsilon}(t+d) \tag{5.121}$$

进一步，可得

$$\boldsymbol{Y}(t+d)=\boldsymbol{F}\boldsymbol{\varepsilon}(t+d)+\bar{\boldsymbol{C}}^{-1}[\bar{\boldsymbol{G}}\boldsymbol{Y}(t)+\bar{\boldsymbol{F}}\boldsymbol{B}\boldsymbol{u}(t)] \tag{5.122}$$

式(5.122) 等号右边第一项与后两项不相关，因而有

$$\begin{aligned}J=&E\{[\boldsymbol{F}\boldsymbol{\varepsilon}(t+d)]^{\mathrm{T}}[\boldsymbol{F}\boldsymbol{\varepsilon}(t+d)]\}+\\&E\{[\bar{\boldsymbol{C}}^{-1}\bar{\boldsymbol{G}}\boldsymbol{Y}(t)+\bar{\boldsymbol{C}}^{-1}\bar{\boldsymbol{F}}\boldsymbol{B}\boldsymbol{u}(t)]^{\mathrm{T}}[\bar{\boldsymbol{C}}^{-1}\bar{\boldsymbol{G}}\boldsymbol{Y}(t)+\bar{\boldsymbol{C}}^{-1}\bar{\boldsymbol{F}}\boldsymbol{B}\boldsymbol{u}(t)]\}\end{aligned} \tag{5.123}$$

如果式(5.123) 等号右边最后一项为零，则 J 为最小。这就说明使 J 最小的最优控制策略为

$$\bar{\boldsymbol{C}}^{-1}[\bar{\boldsymbol{G}}\boldsymbol{Y}(t)+\bar{\boldsymbol{F}}\boldsymbol{B}\boldsymbol{u}(t)]=\boldsymbol{0}$$

即得

$$\bar{\boldsymbol{G}}\boldsymbol{Y}(t)+\bar{\boldsymbol{F}}\boldsymbol{B}\boldsymbol{u}(t)=\boldsymbol{0} \tag{5.124}$$

$$\boldsymbol{u}(t)=-\boldsymbol{B}^{-1}\bar{\boldsymbol{F}}^{-1}\bar{\boldsymbol{G}}\boldsymbol{Y}(t) \tag{5.125}$$

将式(5.125) 代入式(5.102)，可得

$$\boldsymbol{A}\boldsymbol{Y}(t)=-q^{-d}\bar{\boldsymbol{F}}^{-1}\bar{\boldsymbol{G}}\boldsymbol{Y}(t)+\boldsymbol{C}\boldsymbol{\varepsilon}(t)$$

即

$$(\bar{\boldsymbol{F}}\boldsymbol{A}+q^{-d}\bar{\boldsymbol{G}})\boldsymbol{Y}(t)=\bar{\boldsymbol{F}}\boldsymbol{C}\boldsymbol{\varepsilon}(t)$$

利用式(5.109) 第二式，可得

$$\bar{\boldsymbol{C}}\boldsymbol{Y}(t)=\bar{\boldsymbol{F}}\boldsymbol{C}\boldsymbol{\varepsilon}(t)$$

再根据式(5.116)，可得

$$\bar{\boldsymbol{C}}\boldsymbol{Y}(t)=\bar{\boldsymbol{C}}\boldsymbol{F}\boldsymbol{\varepsilon}(t)$$

由于 $\bar{\boldsymbol{C}}(q)$ 为稳定多项式矩阵，因而可得闭环系统输出方程式(5.113)。证毕。

系统的闭环特征方程为

$$\det\begin{bmatrix}\boldsymbol{A} & -q^{-d}\boldsymbol{B}\\ \bar{\boldsymbol{G}} & \bar{\boldsymbol{F}}\boldsymbol{B}\end{bmatrix}=0 \tag{5.126}$$

如果式(5.126)的全部零点都位于 q^{-1} 平面的单位圆外，闭环系统稳定，否则就不稳定。

$$\begin{aligned}\det\begin{bmatrix}\boldsymbol{A} & -q^{-d}\boldsymbol{B}\\ \bar{\boldsymbol{G}} & \bar{\boldsymbol{F}}\boldsymbol{B}\end{bmatrix}&=\det\boldsymbol{A}\det[\bar{\boldsymbol{F}}\boldsymbol{B}+q^{-d}\bar{\boldsymbol{G}}\boldsymbol{A}^{-1}\boldsymbol{B}]=\\ &\det\boldsymbol{A}\det[(\bar{\boldsymbol{F}}\boldsymbol{A}+q^{-d}\bar{\boldsymbol{G}})\boldsymbol{A}^{-1}\boldsymbol{B}]=\\ &\det\boldsymbol{A}\det[\bar{\boldsymbol{C}}\boldsymbol{A}^{-1}\boldsymbol{B}]=\det\boldsymbol{A}\det\bar{\boldsymbol{C}}\det(\boldsymbol{A}^{-1}\boldsymbol{B})=\\ &\det\bar{\boldsymbol{C}}\det(\boldsymbol{A}\boldsymbol{A}^{-1}\boldsymbol{B})=\det\bar{\boldsymbol{C}}\det\boldsymbol{B}=\det\boldsymbol{B}\det\boldsymbol{C}=0\end{aligned} \tag{5.127}$$

若要闭环系统稳定，$\det\boldsymbol{B}$ 和 $\det\boldsymbol{C}$ 的零点必须位于 q^{-1} 平面的单位圆外。

多变量最小方差调节器算法也可分为显式算法和隐式算法。

(1) 显式算法。算法步骤如下：

第一步　读取 $\boldsymbol{Y}(t)$ 和 $\boldsymbol{u}(t)$；

第二步　辨识 $\boldsymbol{A},\boldsymbol{B}$ 和 $\boldsymbol{C}$ 的参数；

第三步　按式(5.109)，解出 $\boldsymbol{F}$ 和 $\boldsymbol{G}$；

第四步　利用伪互换式(5.108)，求出 $\bar{\boldsymbol{F}}$ 和 $\bar{\boldsymbol{G}}$；

第五步　按式(5.125)，求出 $\boldsymbol{u}(t)$。

当采样次数加 1，即 $t\to t+1$ 时，继续重复上述步骤。

(2) 隐式算法。可选式(5.122)作为参数辨识模型，设 $\boldsymbol{C}=\boldsymbol{I},\bar{\boldsymbol{C}}^{-1}=\boldsymbol{I}$，则式(5.122)成为

$$\boldsymbol{Y}(t+d)=\bar{\boldsymbol{G}}\boldsymbol{Y}(t)+\bar{\boldsymbol{F}}'\boldsymbol{u}(t)+\boldsymbol{e}(t+d) \tag{5.128}$$

式中

$$\bar{\boldsymbol{F}}'=\bar{\boldsymbol{F}}\boldsymbol{B},\quad \boldsymbol{e}(t+d)=\boldsymbol{F}\boldsymbol{\varepsilon}(t+d)$$

第一步　读取 $\boldsymbol{Y}(t),\boldsymbol{u}(t)$；

第二步　辨识 $\bar{\boldsymbol{G}}$ 和 $\bar{\boldsymbol{F}}'$ 的参数；

第三步　按式(5.125)，计算 $\boldsymbol{u}(t)$。

当采样次数加 1，即 $t\to t+1$ 时，重复上述步骤。

例 5.4.1　设有开环不稳定的双输入双输出系统($m=2$)，即

$$\boldsymbol{Y}(t)+\boldsymbol{A}_1\boldsymbol{Y}(t-1)=\boldsymbol{u}(t-2)+\boldsymbol{\varepsilon}(t)+\boldsymbol{C}_1\boldsymbol{\varepsilon}(t-1)$$

式中

$$\boldsymbol{A}_1=\begin{bmatrix}-0.9 & 0.5\\ 0.5 & -0.2\end{bmatrix},\quad \boldsymbol{C}_1=\begin{bmatrix}-0.2 & -0.4\\ 0.2 & -0.8\end{bmatrix}$$

求闭环控制向量 $\boldsymbol{u}(t)$。

解　由题意知

$$\boldsymbol{A}(q^{-1})=\boldsymbol{I}+\boldsymbol{A}_1q^{-1}=\begin{bmatrix}1 & 0\\ 0 & 1\end{bmatrix}+\begin{bmatrix}-0.9 & 0.5\\ 0.5 & -0.2\end{bmatrix}q^{-1}$$

$$\boldsymbol{B}(q^{-1})=\boldsymbol{B}_0=\begin{bmatrix}1 & 0\\ 0 & 1\end{bmatrix}$$

$$C(q^{-1}) = I + C_1 q^{-1} = \begin{bmatrix} 1 & 0 \\ 0 & 1 \end{bmatrix} + \begin{bmatrix} -0.2 & -0.4 \\ 0.2 & -0.8 \end{bmatrix} q^{-1}$$

$$n_a = 1,\quad n_b = 0,\quad d = 2,\quad n_c = 1$$

设

$$F(q^{-1}) = I + F_1 q^{-1}$$
$$G(q^{-1}) = G_0$$

按式(5.109)，可得

$$I + C_1 q^{-1} = (I + A_1 q^{-1})(I + F_1 q^{-1}) + q^{-2} G_0 = I + (A_1 + F_1) q^{-1} + (A_1 F_1 + G_0) q^{-2}$$

由 q^{-1} 的同次幂对应系数相等，解得

$$F_1 = C_1 - A_1 = \begin{bmatrix} 0.7 & -0.9 \\ -0.3 & -0.6 \end{bmatrix}$$

$$G_0 = -A_1 F_1 = \begin{bmatrix} 0.78 & -0.51 \\ -0.41 & 0.33 \end{bmatrix}$$

取 $\bar{G}_0 = G_0$，则有

$$\bar{F}_1 = G_0 F_1 G_0^{-1} = \begin{bmatrix} 1.4143 & 0.98571 \\ -1.1857 & -1.3143 \end{bmatrix}$$

将最小方差调节律式(5.124) 改写为

$$\bar{F} B u(t) = -\bar{G} Y(t)$$

并将 $\bar{F}$，B 和 $\bar{G}$ 代入上式，可得

$$u(t) = -\begin{bmatrix} 1.4143 & 0.98571 \\ -1.1857 & -1.3143 \end{bmatrix} u(t-1) - \begin{bmatrix} 0.78 & -0.51 \\ -0.41 & 0.33 \end{bmatrix} Y(t)$$

5.5　多变量最小方差自校正控制器

设有 m 维输入和 m 维输出的多变量系统的方程为：

$$A(q^{-1}) Y(t) = q^{-d} B(q^{-1}) u(t) + C(q^{-1}) \varepsilon(t) \tag{5.129}$$

系统的参考输入为 $Y_r(t)$，指标函数为

$$J = E\{[\Gamma(q^{-1}) Y(t+d) - \Psi(q^{-1}) Y_r(t)]^T \times [\Gamma(q^{-1}) Y(t+d) - \Psi(q^{-1}) Y_r(t)] + [\Lambda'(q^{-1}) u(t)]^T [\Lambda'(q^{-1}) u(t)]\} \tag{5.130}$$

式中，$\Gamma(q^{-1})$ 为 q^{-1} 的首一多项式，$\Psi(q^{-1})$ 和 $\Lambda'(q^{-1})$ 为 q^{-1} 的多项式矩阵。参照式(5.122)，可得

$$Y(t+d) = \bar{C}^{-1}[\bar{G} Y(t) + \bar{F} B u(t)] + F \varepsilon(t+d) \tag{5.131}$$

将式(5.131) 代入式(5.130)，可得

$$J = E\{[\bar{C}^{-1} \bar{G} \Gamma Y(t) + \bar{C}^{-1} \bar{F} B \Gamma u(t) + F \Gamma \varepsilon(t+d) - \Psi Y_r(t)]^T \times [\bar{C}^{-1} \bar{G} \Gamma Y(t) + \bar{C}^{-1} \bar{F} B \Gamma u(t) + F \Gamma \varepsilon(t+d) - \Psi Y_r(t)] + [\Lambda' u(t)]^T [\Lambda' u(t)]\}$$

由于 $Y(t)$，$u(t)$ 与 $\varepsilon(t+d)$ 不相关，则有

$$J = E\{[\bar{C}^{-1} \bar{G} \Gamma Y(t) + \bar{C}^{-1} \bar{F} B \Gamma u(t) - \Psi Y_r(t)]^T \times$$

$$[\bar{C}^{-1}\bar{G}\Gamma Y(t)+\bar{C}^{-1}\bar{F}B\Gamma u(t)-\Psi Y_{r}(t)]+$$
$$[F\Gamma\varepsilon(t+d)]^{T}[F\Gamma\varepsilon(t+d)]+[\Lambda' u(t)]^{T}[\Lambda' u(t)]\} \tag{5.132}$$

$$\frac{\partial J}{\partial u(t)}=2\frac{\partial}{\partial u(t)}[\bar{C}^{-1}\bar{F}B\Gamma u(t)]^{T}\times$$
$$[\bar{C}^{-1}\bar{G}\Gamma Y(t)+\bar{C}^{-1}\bar{F}B\Gamma u(t)-\Psi Y_{r}(t)]+2\frac{\partial}{\partial u(t)}[\Lambda' u(t)]^{T}[\Lambda' u(t)] \tag{5.133}$$

式中

$$\frac{\partial}{\partial u(t)}[\bar{C}^{-1}\bar{F}B\Gamma u(t)]^{T}=B_{0}^{T} \tag{5.134}$$

$$\frac{\partial}{\partial u(t)}[\Lambda' u(t)]^{T}=\Lambda_{0}'^{T} \tag{5.135}$$

则有

$$\frac{\partial J}{\partial u(t)}=2B_{0}^{T}[\bar{C}^{-1}\bar{G}\Gamma Y(t)+\bar{C}^{-1}\bar{F}B\Gamma u(t)-\Psi Y_{r}(t)]+2\Lambda_{0}'^{T}\Lambda' u(t)=\mathbf{0} \tag{5.136}$$

$$\bar{G}\Gamma Y(t)+[\bar{C}\Lambda+\bar{F}B\Gamma]u(t)-\bar{C}\Psi Y_{r}(t)=\mathbf{0}$$

$$[\bar{C}\Lambda+\bar{F}B\Gamma]u(t)=\bar{C}\Psi Y_{r}(t)-\bar{G}\Gamma Y(t) \tag{5.137}$$

$$u(t)=[\bar{C}\Lambda+\bar{F}B\Gamma]^{-1}[\bar{C}\Psi Y_{r}(t)-\bar{G}\Gamma Y(t)] \tag{5.138}$$

式中

$$\Lambda=(B_{0}^{T})^{-1}\Lambda_{0}'^{T}\Lambda'$$

系统的闭环特性由

$$\det T=\det\begin{bmatrix} A & -q^{-d}B \\ \bar{G}\Gamma & \bar{C}\Lambda+\bar{F}\Gamma B \end{bmatrix}=0$$

的零点决定。若其零点都位于 q^{-1} 平面的单位圆外，闭环系统是稳定的。

$$\begin{aligned}\det T=&\det A\det[\bar{C}\Lambda+(\bar{F}+q^{-d}\bar{G}A^{-1})\Gamma B]=\\ &\det A\det[\bar{C}\Lambda+(\bar{F}A+q^{-d}\bar{G})A^{-1}\Gamma B]=\\ &\det A\det[\bar{C}\Lambda+\bar{C}A^{-1}\Gamma B]=\det A\det\bar{C}\det[\Lambda+A^{-1}\Gamma B]=\\ &\det\bar{C}\det[A\Lambda+\Gamma B]=\det C\det[A\Lambda+\Gamma B]=0\end{aligned} \tag{5.139}$$

下面讨论两种情况。

(1) 当 $\Lambda=\mathbf{0}$，即在指标函数中，$u(t)$ 的加权矩阵为零时，则有

$$\det T=\Gamma\det B\det C=0 \tag{5.140}$$

如系统逆不稳定，则闭环系统不稳定。

(2) 当 $\Lambda=\mu I$，且 μ 足够大时，则有

$$\begin{aligned}\det T=&\det\bar{C}\det[A\mu+\Gamma B]=\mu\det\bar{C}\times\det[A+\frac{1}{\mu}\Gamma B]=\\ &\mu\det\bar{C}\det A=\mu\det C\det A=0\end{aligned} \tag{5.141}$$

从式(5.141)可知，当系统开环是稳定而非逆稳定时，只要 μ 选得足够大，就可使闭环系统稳定。当系统既不是开环稳定，又不是逆稳定时，如能选择适当的 μ 值，也能使闭环系统稳定。

下面讨论多变量最小方差自校正控制算法。

参照式(5.55)，可得

$$\boldsymbol{r}(t+d)=\boldsymbol{\Gamma Y}(t+d)-\boldsymbol{\Psi Y}_{\mathrm{r}}(t)+\boldsymbol{\Lambda u}(t) \tag{5.142}$$

因为已知 $\boldsymbol{\Gamma}$,$\boldsymbol{\Psi}$ 和 $\boldsymbol{\Lambda}$,若 $\boldsymbol{C}=\boldsymbol{I}$,参照式(5.123),可得

$$\boldsymbol{r}(t+d)=\boldsymbol{\Gamma\bar{G}Y}(t)+[\boldsymbol{\Gamma\bar{F}B}+\boldsymbol{\Lambda}]\boldsymbol{u}(t)-\boldsymbol{\Psi Y}_{\mathrm{r}}(t)+\boldsymbol{\Gamma F\varepsilon}(t) \tag{5.143}$$

设 $\boldsymbol{\Gamma\bar{G}}=\boldsymbol{L}$,$\boldsymbol{\Gamma\bar{F}B}+\boldsymbol{\Lambda}=\boldsymbol{H}$,$\boldsymbol{\Psi}=\boldsymbol{M}$,$\boldsymbol{\Gamma F\varepsilon}(t)=\boldsymbol{e}(t+d)$,则有

$$\boldsymbol{r}(t+d)=\boldsymbol{LY}(t)+\boldsymbol{Hu}(t)-\boldsymbol{MY}_{\mathrm{r}}(t)+\boldsymbol{e}(t+d) \tag{4.144}$$

按上式可辨识参数矩阵 $\boldsymbol{L}$,$\boldsymbol{H}$ 和 $\boldsymbol{M}$。算法如下：

第一步　读取 $\boldsymbol{Y}(t)$,$\boldsymbol{Y}_{\mathrm{r}}(t)$ 和 $\boldsymbol{u}(t)$;

第二步　按式(5.142),计算 $\boldsymbol{r}(t+d)$;

第三步　按式(5.144),辨识 $\boldsymbol{L}$,$\boldsymbol{H}$ 和 $\boldsymbol{M}$;

第四步　按式(5.138),计算 $\boldsymbol{u}(t)$。

当采样次数加 1,$t\to t+1$ 时,继续重复上述步骤。

与 5.2.2 小节中的隐式最小自校正控制的讨论相似,当 $\boldsymbol{C}=\boldsymbol{I}$ 时,$\boldsymbol{M}(q^{-1})$ 的系数矩阵就是 $\boldsymbol{\Psi}(q^{-1})$ 的系数矩阵,所以不必估计 $\boldsymbol{M}(q^{-1})$ 的系数矩阵,而仅估计 $\boldsymbol{L}(q^{-1})$ 和 $\boldsymbol{H}(q^{-1})$ 的系数矩阵即可,其所有过程和步骤均与 5.2.2 小节中的讨论相似,此处不再详述。

本章讨论了自校正控制的基本内容:最小方差自校正调节器,最小方差自校正控制器,极点配置自校正调节器和控制器,多变量最小方差自校正调节器和控制器。这些设计方法已在工业过程控制和其他方面得到应用。

习　题

5.1　设受控对象的差分方程为

$$(1-1.3q^{-1}+0.4q^{-2})y(t)=q^{-2}(1+0.5q^{-1})u(t)+(1-0.65q^{-1}+0.1q^{-2})\varepsilon(t)$$

式中,$\varepsilon(t)$ 是零均值、方差为 0.1 的白噪声。试设计最小方差自校正调节器。

5.2　设受控对象的差分方程为

$$(1-1.2q^{-1}+0.35q^{-2})y(t)=(0.5q^{-2}-0.8q^{-3})u(t)+(1-0.95q^{-1})\varepsilon(t)$$

式中,$\varepsilon(t)$ 是均值为零、方差为 0.2 的白噪声。性能指标为

$$J=E\{[y(t+d)-y_{\mathrm{r}}(t)]^2+[\Lambda u(t)]^2\}$$

设计最小方差控制器,并按闭环系统稳定性的要求,确定 Λ 的范围。

5.3　设受控对象的差分方程为

$$(1-1.1q^{-1}+0.3q^{-2})y(t)=q^{-2}(1+1.6q^{-1})u(t)+(1-0.65q^{-1})\varepsilon(t)$$

设闭环特征方程 $T(q^{-1})=1-0.5q^{-1}$,设计极点配置自校正调节器。

5.4　设受控对象的差分方程为

$$(1-1.2q^{-1}+0.4q^{-2})y(t)=q^{-1}(1+1.5q^{-1})u(t)+(1-0.65q^{-1}+0.2q^{-2})\varepsilon(t)$$

式中,$\varepsilon(t)$ 是零均值、方差为 0.1 的白噪声,设计最小方差自校正控制的极点配置。

第6章　变结构控制

在20世纪60年代，苏联学者Emelyanov提出变结构控制。20世纪70年代以来，变结构控制经过Utkin，Itkis及其他控制学者的传播和研究工作，历经40多年来的发展，在国际范围内得到广泛的重视，形成了一门相对独立的控制研究分支。

变结构控制是一类非线性控制。其控制的特点就是当系统状态穿越状态空间不同区域时，反馈控制器的结构按照一定的规律发生变化，使得控制系统对被控制对象的内在参数变化和外在环境扰动等因素具有较强的适应能力，从而保证了系统能够达到期望的性能指标要求。由此可见，变结构控制具备了自适应控制的基本特点，所以可以把它看做一类广义的自适应控制。

6.1　变结构控制基本理论

我们通常所说的变结构控制，一般是指滑动模态变结构控制，并已取得了大量基于定常滑动模态为主要特征的研究成果。定常滑动模态变结构控制内容丰富、发展比较成熟，且其研究成果和方法也往往被其他滑动模态变结构系统研究所采用。以下从滑动超平面、变结构控制律及变结构控制系统品质等方面，介绍滑动模态变结构控制的发展，并阐述其基本原理。

6.1.1　变结构控制的基本概念

1. 二阶系统的变结构控制

为了充分理解变结构控制的基本概念，首先考察下列三种情况的二阶系统。

情况Ⅰ　设某二阶控制系统为

$$\begin{cases} \ddot{x} = u \\ u = -\psi x \end{cases} \tag{6.1}$$

它有两种状态反馈结构，即

$$\psi = \begin{cases} a_1^2, \\ a_2^2, \end{cases} \quad a_1^2 > a_2^2 \tag{6.2}$$

这两种反馈结构所构成的闭环系统的状态轨迹，分别对应于图6.1(a)和(b)所示一簇“立式”和“卧式”的椭圆。

显然这两种反馈控制系统都仅仅是李雅普诺夫意义下稳定而非渐近稳定的。但是如果将系统的两种反馈结构沿状态平面的坐标轴按照如下逻辑进行切换组合：

$$\psi=\begin{cases}a_1^2, & x\dot{x}>0\\ a_2^2, & x\dot{x}<0\end{cases} \tag{6.3}$$

那么组合系统的状态轨迹如图 6.1(c) 所示，是渐近稳定的。

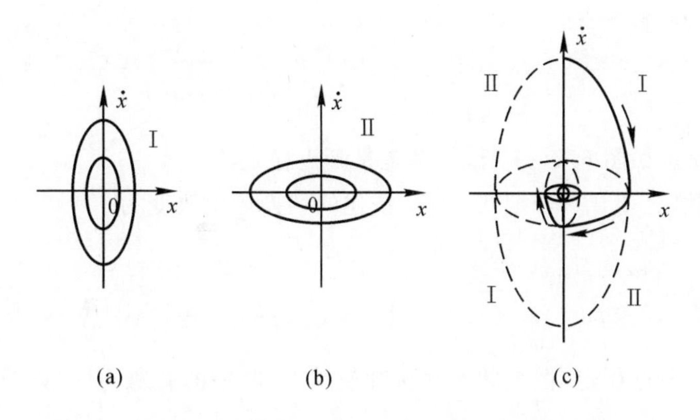

图 6.1　两个稳定控制系统组合成的渐近稳定控制系统

情况 Ⅱ　设某二阶控制系统为

$$\left.\begin{aligned}\ddot{x}-\xi\dot{x}&=u\\ u&=-\psi x\end{aligned}\right\} \tag{6.4}$$

式中，$\xi>0$。它的两种可能的状态反馈结构为

$$\psi=\begin{cases}a,\\ -a,\end{cases}\qquad a>0 \tag{6.5}$$

即前者为负反馈，后者为正反馈，闭环控制系统为

$$\ddot{x}-\xi\dot{x}+\psi x=0,\qquad \xi>0 \tag{6.6}$$

当 $\psi=-a$ 时，系统有正、负实根各一个，即 λ_1 和 λ_2，且 $\lambda_1>|\lambda_2|$，状态轨迹如图 6.2(a) 所示；当 $\psi=a$ 时，系统极点为两个带正实部的复根，对应于图 6.2(b) 所示的状态轨迹。

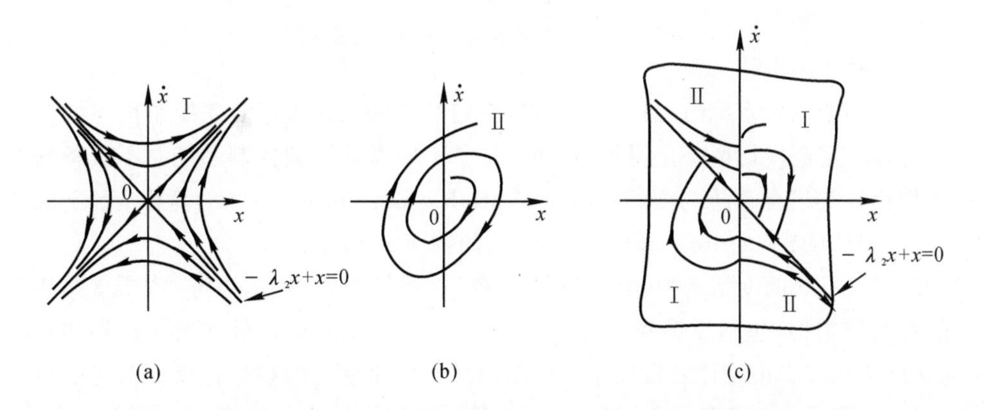

图 6.2　两个不稳定控制系统组合成的渐近稳定控制系统

可见，这两种反馈结构形成的闭环控制系统在一般情况下均不稳定。当且仅当 $\psi=-a$ 且

系统初始状态落在状态平面中的直线

$$-\lambda_2 x+\dot{x}=0,\quad \lambda_2=\xi/2-\sqrt{\xi^2/4+a} \tag{6.7}$$

上时,系统相对于原点渐近稳定。然而,如果将两种反馈结构沿着直线式(6.7)和 $\dot{x}=0$ 按下式描述的逻辑加以切换组合,即

$$\psi=\begin{cases}a, & xs>0\\ -a, & xs<0\end{cases},\quad s=-\lambda_2 x+\dot{x} \tag{6.8}$$

则组合系统状态轨迹如图 6.2(c) 所示,系统是渐近稳定的。

情况 Ⅲ　在情况 Ⅱ 中,若把式(6.8) 描述的切换逻辑改变为

$$\psi=\begin{cases}a, & xs>0\\ -a, & xs<0\end{cases},\quad \begin{cases}s=gx+\dot{x}\\ 0<g<-\lambda_2=-\dfrac{\xi}{2}+\sqrt{\dfrac{\xi^2}{4}+a}\end{cases}$$

那么组合系统依然渐近稳定,但是状态轨迹却较情况 Ⅱ 中的有所不同,如图 6.3 所示。

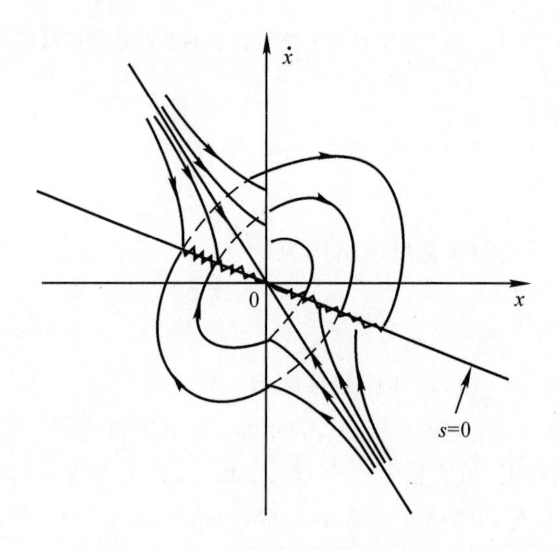

图 6.3　二阶变结构系统的滑动模态

分析以上两个二阶系统的三种情况知道,它们的共同点在于组合系统是由不同结构的反馈控制系统按一定逻辑切换变化得到的,并且具备了原来各反馈控制系统并不具备的渐近稳定性。我们称这类组合系统为变结构系统(Variable Structure System,简称 VSS) 或变结构控制系统(Variable Structure Control System,简称 VSCS)。

从上述二阶系统的变结构控制可以看出,变结构系统中所谓"变结构" 本质上是指系统内部的反馈控制器结构,包括反馈极性和系数,所发生的不连续非线性切换。这种切换并非任意,而是必须遵从一套由设计者按照系统性能指标要求而制定的切换逻辑。对应于每一种反馈控制结构,闭环系统对外显示出一种相应的结构和特性,称为子系统。变结构系统正是这些不同结构的子系统按照切换逻辑的有机组合。其目的在于充分利用各子系统的优良特性,甚至有可能获得超越所有子系统特性的新特性。

此外,分析前面的三种情况结果还表明,随着子系统组合方式的不同,即系统反馈结构切

换的逻辑不同,变结构系统将显示出两种截然不同的形式和系统特性：

形式一:变结构系统的运动是各子系统部分有益运动的“精心补拼”。例如,在情况 Ⅰ 和情况 Ⅱ 中,变结构系统的状态轨迹完全是各子系统状态轨迹的一段段拼接。无论各子系统运动的稳定性如何,拼接出的组合运动都能保证渐近稳定性。这一形式的变结构系统在大大提高了稳定性的同时,各个系统所承受的参数扰动和干扰等不确定性因素的影响并未得到消除,而是随着各子系统的运动被带入变结构系统,并影响其动态特性和稳态品质。

形式二:变结构系统的运动不同于任一子系统的运动。例如在情况 Ⅲ 中,变结构系统状态轨迹 $s=gx+\dot{x}=0$ 是各种反馈结构的子系统根本就不存在的“新生”状态轨迹,如图 6.3 所示。所以,这类变结构系统就可能具有独立于各子系统特性,并且具有某种降低系统对不确定性因素影响的优良新特性。

比较这两种形式的变结构系统,在保证渐近稳定性前提下,后者较前者具有更强的鲁棒性。目前人们在变结构控制理论中主要研究的就是这一类系统,一般称图 6.3 中 $s=gx+\dot{x}=0$ 所描述的状态域为滑动模态域,而将形式二的变结构系统称为滑动模态变结构控制系统。今后,若不加特殊说明,均指滑动模态变结构控制系统。

2. *滑动模态*

滑动模态是变结构控制系统的主要特征之一。在图 6.3 中,$s=0$ 是针对一个单变量二阶系统的滑动模态域。分析该图发现,在 $s=0$ 附近,系统的状态轨迹均指向它,这意味着系统的状态点一旦进入 $s=0$ 便只能沿其运动而不能再离开。

现在来讨论什么是滑动模态。所谓滑动模态是指一种运动,称为滑动运动,简称滑态。设有一个超平面,或称为流形,把它记为 $\boldsymbol{S}$,在 n 维空间 $\mathbf{R}^n$ 中,$\boldsymbol{S}$ 可以是$(n-1)$ 维的超平面,即

$$s(\boldsymbol{x})=\boldsymbol{cx}=0 \tag{6.9}$$

$$c_1x_1+c_2x_2+\cdots+c_nx_n=0 \tag{6.10}$$

或者是$(n-m)$ 维的超平面,即

$$\boldsymbol{s}(\boldsymbol{x})=\boldsymbol{Cx}=\boldsymbol{0} \tag{6.11}$$

式中,$\boldsymbol{C}$ 为 $m\times n$ 矩阵。

超平面 $\boldsymbol{s}$ 可表示为

$$\boldsymbol{s}=\{\boldsymbol{x}\mid \boldsymbol{s}(\boldsymbol{x})=0\} \tag{6.12}$$

滑动模态是指动态系统

$$\dot{\boldsymbol{x}}=f(\boldsymbol{x},\boldsymbol{u},t),\quad \boldsymbol{x}\in\mathbf{R}^n,\quad \boldsymbol{u}\in\mathbf{R}^m \tag{6.13}$$

中,状态 $\boldsymbol{x}$ 发生在流形 $\boldsymbol{s}$ 上的那一类运动。

对于一般的动态系统来说,可能不存在滑动模态,而且往往也没有必要去寻找滑动模态区。我们在 $\boldsymbol{s}$ 上确定一个滑动模态,也就是给出滑动模态的微分方程,这样就补充确定了动态系统式(6.13) 的不确定性,即补充后的系统为

$$\dot{\boldsymbol{x}}=f(\boldsymbol{x},\boldsymbol{u},t),\quad f(\boldsymbol{x},\boldsymbol{u},t)=\begin{cases}f(\boldsymbol{x},\boldsymbol{u}^+,t), & \boldsymbol{s}(\boldsymbol{x})>0\\ f(\boldsymbol{x},\boldsymbol{u}^-,t), & \boldsymbol{s}(\boldsymbol{x})<0\end{cases}$$

$$\dot{\boldsymbol{x}}=f(\boldsymbol{x},\boldsymbol{u}_{\mathrm{eq}},t),\quad \boldsymbol{s}(\boldsymbol{x})=\boldsymbol{0} \tag{6.14}$$

这样,动态系统式(6.13) 在整个状态空间 $\mathbf{R}^n$ 上处处都有定义。式中,$\boldsymbol{u}_{\mathrm{eq}}$ 为状态 $\boldsymbol{x}$ 发生在流形

$\boldsymbol{s}$ 上运动的等价控制量。

对于线性定常控制系统

$$\dot{\boldsymbol{x}} = \boldsymbol{A}\boldsymbol{x} + \boldsymbol{B}\boldsymbol{u} \tag{6.15}$$

我们的目标在于设计一个流形 $\boldsymbol{s}$,并寻求$\boldsymbol{u}^{\pm}(\boldsymbol{x})$ 以保证在 $\boldsymbol{s}$ 上存在滑动运动。

在变结构控制中,滑动模态区一般表现为以下两种形式:

(1) 递阶滑动模态形式设某流形为

$$\boldsymbol{s}(\boldsymbol{x}) = \boldsymbol{0}, \quad \boldsymbol{s}(\boldsymbol{x}) = [s_1(\boldsymbol{x}) s_2(\boldsymbol{x}) \cdots s_m(\boldsymbol{x})]^{\mathrm{T}}$$

则 m 个$(n-1)$ 维超平面都是滑动模态面,即

$$s_i = \{\boldsymbol{x} \mid s_i(\boldsymbol{x}) = 0\}, \quad i = 1,2,\cdots,m \tag{6.16}$$

同样,所有$(n-2)$ 维超平面

$$s_{ij} = \{\boldsymbol{x} \mid s_i(\boldsymbol{x}) = 0, s_j(\boldsymbol{x}) = 0, i \neq j\}, \quad i,j = 1,2,\cdots,m$$

也是滑动模态面。显然,

$$s_{ij} = s_i \cap s_j$$

s_{ij} 是 s_i 与 s_j 的交集。依次类推,则有

$$s_{ijk} = s_i \cap s_j \cap s_k, \quad i \neq j \neq k$$

直到最后一个$(n-m)$ 维超平面,即

$$s_0 = s_1 \cap s_2 \cap \cdots \cap s_m = \{\boldsymbol{x} \mid \boldsymbol{s}(\boldsymbol{x}) = \boldsymbol{0}\} \tag{6.17}$$

这样,我们就定义了从$(n-1)$ 维到$(n-m)$ 维的滑动模态区。

(2) 最终滑动模态形式在上述$(n-1)$ 维到$(n-m)$ 维的滑动模态区中,只要求

$$s_0 = \{\boldsymbol{x} \mid \boldsymbol{s}(\boldsymbol{x}) = \boldsymbol{0}\}$$

是滑动模态区,即

$$\boldsymbol{x}_0 \in s_0, \text{必有 } \boldsymbol{x}(\boldsymbol{t}, \boldsymbol{x}_0, \boldsymbol{t}_0) \in s_0$$

而至于

$$s_1, \cdots, s_m, s_{12}, s_{13}, \cdots$$

是否是滑动模态区,我们并不关心,也不要求它们是滑动模态区。即只定义了 s_0 上的运动是滑动模态运动。

从上述滑动模态的讨论中,我们归纳出变结构控制系统滑动模态的一般定义如下:

定义 6.1.1 对于一个 n 阶系统,$\boldsymbol{x} \in \mathbf{R}^n$ 为系统状态向量,$\tilde{s}$ 是 n 维状态空间中状态域 $\boldsymbol{s}(\boldsymbol{x}) = 0$ 上的一个子域。如果对于每个 $\varepsilon > 0$,总有一个 $\delta > 0$ 存在,使得任何源于 $\tilde{s}$ 的 n 维 δ 领域的系统运动若要离开 $\tilde{s}$ 的 n 维 ε 领域,只能穿过 $\tilde{s}$ 边界的 n 维 ε 领域,那么 $\tilde{s}$ 就是一个滑动模态域。

变结构控制系统在滑动模态域中的运动就称为滑动运动,我们把这种特殊的运动形式称为滑动模态。

3. 变结构控制的等价控制和等价系统

由于滑动运动是变结构控制系统特有的运动,因此首先分析这一运动赋予系统的特性。根据滑动模态定义,一旦系统状态 $\boldsymbol{x}$ 进入滑动模态域将只能沿其运动,且滑动运动满足方程

$$\boldsymbol{s} = \boldsymbol{C}\boldsymbol{x} \equiv \boldsymbol{0} \tag{6.18}$$

即

$$\dot{s} = C\dot{x} = 0 \tag{6.19}$$

将系统状态方程式(6.15)代入式(6.19),可得

$$\boldsymbol{CAx} + \boldsymbol{CBu} = \mathbf{0}$$

如果滑动模态的设计保证矩阵 $\boldsymbol{CB}$ 非奇异,那么由上式可解出满足式(6.19)的 $\boldsymbol{u}$ 的一个解,即

$$\boldsymbol{u}_{\mathrm{eq}} = -(\boldsymbol{CB})^{-1}\boldsymbol{CAx} \tag{6.20}$$

它被称为变结构控制系统的等效控制。其物理意义在于,若系统初始状态 $\boldsymbol{x}(0)$ 在滑动模态域上,即满足 $\boldsymbol{Cx}(0) = \mathbf{0}$,则在等效控制$\boldsymbol{u}_{\mathrm{eq}}$ 的作用下,系统将沿着滑动模态域运动。

把等效控制代入状态方程式(6.15),可得

$$\dot{\boldsymbol{x}} = [\boldsymbol{I} - \boldsymbol{B}(\boldsymbol{CB})^{-1}\boldsymbol{C}]\boldsymbol{Ax} \tag{6.21}$$

其中 $\boldsymbol{I}$ 是 $m \times m$ 单位矩阵。该方程描述了系统在滑动模态下的运动情况,称为滑动模态方程或等价系统方程。式(6.21)就是变结构控制系统进入滑动模态域后的闭环控制系统,称为变结构控制系统在滑动模态下的等价系统。

6.1.2　变结构控制的简约标准型

1. 线性系统的基本假设

以线性定常控制系统为研究对象,系统模型描述为

$$\begin{cases} \dot{\boldsymbol{x}} = \boldsymbol{Ax} + \boldsymbol{Bu} \\ \boldsymbol{s} = \boldsymbol{Cx} \end{cases} \tag{6.22}$$

式中,$\boldsymbol{x} \in \mathbf{R}^n, \boldsymbol{u} \in \mathbf{R}^m, \boldsymbol{s} \in \mathbf{R}^m, n \geqslant m \geqslant 1$,$\boldsymbol{s}$ 是切换函数向量。

对系统式(6.22)作以下基本假设:

假设 6.1.1($\boldsymbol{A},\boldsymbol{B}$)为可控对;

假设 6.1.2　$\boldsymbol{CB}$ 为非奇异 $m \times m$ 矩阵。

这二个基本假设隐含着变结构系统的某些基本性质。

(1) 上述的基本假设可以保证变换后系统具有不变性,即状态变换的不变性和切换函数向量变换的不变性。

1) 状态变换的不变性对系统作非奇异变换 $\tilde{\boldsymbol{x}} = \boldsymbol{Tx}$,即

$$(\boldsymbol{A},\boldsymbol{B},\boldsymbol{C}) \rightarrow (\tilde{\boldsymbol{A}},\tilde{\boldsymbol{B}},\tilde{\boldsymbol{C}})$$

$$\tilde{\boldsymbol{A}} = \boldsymbol{TAT}^{-1},\quad \tilde{\boldsymbol{B}} = \boldsymbol{TB},\quad \tilde{\boldsymbol{C}} = \boldsymbol{CT}^{-1}$$

由线性系统理论可知,变换后系统的可控性与可观性不变。我们来验证一下 $\boldsymbol{CB}$ 的不变性。

$$\tilde{\boldsymbol{C}}\tilde{\boldsymbol{B}} = \boldsymbol{CT}^{-1}\boldsymbol{TB} = \boldsymbol{CB}$$

由上可知,不仅 $\boldsymbol{CB}$ 非奇异性不变,其乘积本身也不变。

2) 切换函数向量变换的不变性可以给出一个更一般的变换,即

$$\tilde{\boldsymbol{s}} = \boldsymbol{Q}(\boldsymbol{x},t)\boldsymbol{s},\quad \boldsymbol{Q} \in \mathbf{R}^{m\times n}$$

式中,函数矩阵 $\boldsymbol{Q}$ 对所有 $\boldsymbol{x}$ 及 t 非奇异。

此时 $\tilde{\boldsymbol{s}} = \mathbf{0}$ 与 $\boldsymbol{s} = \mathbf{0}$ 是等价的。这表明空间

$$s_0 = \ker\boldsymbol{C} = \{\boldsymbol{x} \mid \boldsymbol{s} = \mathbf{0}\} = \{\boldsymbol{x} \mid \tilde{\boldsymbol{s}} = \mathbf{0}\}$$

对变换 $\boldsymbol{Q}(\boldsymbol{x},t)$ 是不变的。

(2) 上述 2 个假设对变结构控制系统有着重要意义。主要体现在以下两方面：

1) 可控性在线性系统理论中有一个十分重要的定理:线性系统可由状态反馈 $\boldsymbol{u}=\boldsymbol{Kx}$ 任意极点配置的充分必要条件为 $(\boldsymbol{A},\boldsymbol{B})$ 可控。

在变结构控制系统中,我们要求滑动模态具有良好动态品质。对滑动模态来说,其运动微分方程是降维的线性系统。可以证明滑动模态可控的充分必要条件是 $(\boldsymbol{A},\boldsymbol{B})$ 可控。用极点配置及二次型最优方法来设计变结构控制系统时,$(\boldsymbol{A},\boldsymbol{B})$ 可控是前提。在本章中均假设 $(\boldsymbol{A},\boldsymbol{B})$ 可控。

2) $\boldsymbol{CB}$ 阵非奇异由变结构控制理论可知,实现滑动模态运动的必要条件是 $\boldsymbol{CB}$ 为 $m\times m$ 非奇异矩阵。此外,$|\det[\boldsymbol{CB}]|=\rho$ 的大小是衡量控制实现到达条件的有效性度量,ρ 大,控制就能有效地(省能)实现到达条件。

假设 6.1.2 意味着矩阵 $\boldsymbol{B}$ 列满秩、矩阵 $\boldsymbol{C}$ 行满秩,应用中常要求矩阵 $\boldsymbol{B}$ 与 $\boldsymbol{C}$ 的秩相同,即

$$\mathrm{rank}\boldsymbol{B}=m,\quad \mathrm{rank}\boldsymbol{C}=m$$

则是从工程设计角度提出的,这样可使控制最简单、最合理。

2. 变结构系统的简约型

在研究变结构系统式(6.22)时,把它化简将会为分析带来很大方便,由下述定理可以证明。

定理 6.1.1 若对系统式(6.22)假定 $(\boldsymbol{A},\boldsymbol{B})$ 可控,那么经过线性非奇异变换

$$\tilde{\boldsymbol{x}}=\boldsymbol{Tx}$$

可将它化为简约形式

$$\begin{cases}\dot{\tilde{\boldsymbol{x}}}=\tilde{\boldsymbol{A}}\boldsymbol{x}+\tilde{\boldsymbol{B}}\boldsymbol{u}\\ \boldsymbol{s}=\tilde{\boldsymbol{C}}\tilde{\boldsymbol{x}}\end{cases}\tag{6.23}$$

$$\tilde{\boldsymbol{A}}=\boldsymbol{TA}\,\boldsymbol{T}^{-1}=\begin{bmatrix}\tilde{\boldsymbol{A}}_{11} & \tilde{\boldsymbol{A}}_{12}\\ \tilde{\boldsymbol{A}}_{21} & \tilde{\boldsymbol{A}}_{22}\end{bmatrix}$$

$$\tilde{\boldsymbol{B}}=\begin{bmatrix}\boldsymbol{0}\\ \boldsymbol{B}_2\end{bmatrix},\quad \tilde{\boldsymbol{C}}=[\tilde{\boldsymbol{C}}_1,\quad \tilde{\boldsymbol{C}}_2]$$

式中,$\boldsymbol{A}$ 为无特殊结构矩阵,$\tilde{\boldsymbol{C}}$ 也为无特殊结构矩阵,$\boldsymbol{B}_2$ 为 $m\times m$ 非奇异矩阵,$\boldsymbol{A}_{11}$ 为 $(n-m)\times(n-m)$ 矩阵,$\boldsymbol{C}_2$ 为 $m\times m$ 矩阵。

证明 由于 $\boldsymbol{B}$ 列满秩,且 $\mathrm{rank}\boldsymbol{B}=m$,故不失一般性可设 $\boldsymbol{B}_2$ 为 $m\times m$ 非奇异矩阵:

$$\boldsymbol{B}=\begin{bmatrix}\boldsymbol{B}_1\\ \boldsymbol{B}_2\end{bmatrix},\quad \det(\boldsymbol{B}_2)\neq 0$$

取线性变换

$$\tilde{\boldsymbol{x}}=\boldsymbol{Tx},\quad \boldsymbol{T}=\begin{bmatrix}\boldsymbol{I}_{n-m} & -\boldsymbol{B}_1\boldsymbol{B}_2^{-1}\\ \boldsymbol{0} & \boldsymbol{I}_m\end{bmatrix}$$

可得

$$\tilde{\boldsymbol{B}}=\boldsymbol{TB}=\begin{bmatrix}\boldsymbol{I}_{n-m} & -\boldsymbol{B}_1\boldsymbol{B}_2^{-1}\\ \boldsymbol{0} & \boldsymbol{I}_m\end{bmatrix}\begin{bmatrix}\boldsymbol{B}_1\\ \boldsymbol{B}_2\end{bmatrix}=\begin{bmatrix}\boldsymbol{0}\\ \boldsymbol{B}_2\end{bmatrix}$$

证毕。

如果取

$$\boldsymbol{T}=\begin{bmatrix}\boldsymbol{I}_{n-m} & -\boldsymbol{B}_1\boldsymbol{B}_2^{-1}\\ \boldsymbol{0} & \boldsymbol{B}_2^{-1}\end{bmatrix}$$

则可得

$$\boldsymbol{B}=\begin{bmatrix}\boldsymbol{0}\\ \boldsymbol{I}_m\end{bmatrix}$$

3. 简约型的重要性质

式(6.23)可写成

$$\dot{\tilde{\boldsymbol{x}}}_1=\tilde{\boldsymbol{A}}_{11}\tilde{\boldsymbol{x}}_1+\tilde{\boldsymbol{A}}_{12}\tilde{\boldsymbol{x}}_2$$

$$\dot{\tilde{\boldsymbol{x}}}_2=\tilde{\boldsymbol{A}}_{21}\tilde{\boldsymbol{x}}_1+\tilde{\boldsymbol{A}}_{22}\tilde{\boldsymbol{x}}_2+\boldsymbol{B}_2\boldsymbol{u}$$

$$\boldsymbol{s}=\tilde{\boldsymbol{C}}_1\tilde{\boldsymbol{x}}_1+\tilde{\boldsymbol{C}}_2\tilde{\boldsymbol{x}}_2$$

不失一般性，以后设系统式(6.22)具有简约型，即

$$\begin{cases}\dot{\boldsymbol{x}}_1=\boldsymbol{A}_{11}\boldsymbol{x}_1+\boldsymbol{A}_{12}\boldsymbol{x}_2\\ \dot{\boldsymbol{x}}_2=\boldsymbol{A}_{21}\boldsymbol{x}_1+\boldsymbol{A}_{22}\boldsymbol{x}_2+\boldsymbol{B}_2\boldsymbol{u}\\ \boldsymbol{s}=\boldsymbol{C}_1\boldsymbol{x}_1+\boldsymbol{C}_2\boldsymbol{x}_2\end{cases}\tag{6.24}$$

式中，$\boldsymbol{x}_1\in\mathbf{R}^{n-m}$，$\boldsymbol{x}_2\in\mathbf{R}^m$，且

$$\boldsymbol{x}=\begin{bmatrix}\boldsymbol{x}_1\\ \boldsymbol{x}_2\end{bmatrix}$$

简约型式(6.24)具有以下重要性质。

定理 6.1.2　若$(\boldsymbol{A},\boldsymbol{B})$可控，则$(\boldsymbol{A}_{11},\boldsymbol{A}_{12})$是可控阵对。

证明　$(\boldsymbol{A},\boldsymbol{B})$可控，亦即

$$\left(\begin{bmatrix}\boldsymbol{A}_{11} & \boldsymbol{A}_{12}\\ \boldsymbol{A}_{21} & \boldsymbol{A}_{22}\end{bmatrix},\ \begin{bmatrix}\boldsymbol{0}\\ \boldsymbol{B}_2\end{bmatrix}\right)$$

是可控阵对，其中$\boldsymbol{B}_2$非奇异。

对于线性系统，状态反馈不改变可控性. 故$(\boldsymbol{A}+\boldsymbol{BK},\boldsymbol{B})$仍是可控对，这里$\boldsymbol{K}$为任一$m\times m$矩阵。

取

$$\boldsymbol{K}=-\boldsymbol{B}_2^{-1}\begin{bmatrix}\boldsymbol{A}_{21} & \boldsymbol{A}_{22}\end{bmatrix}$$

则有

$$\bar{\boldsymbol{A}}=\boldsymbol{A}+\boldsymbol{BK}=\begin{bmatrix}\boldsymbol{A}_{11} & \boldsymbol{A}_{12}\\ \boldsymbol{A}_{21} & \boldsymbol{A}_{22}\end{bmatrix}-\begin{bmatrix}\boldsymbol{0}\\ \boldsymbol{B}_2\end{bmatrix}\boldsymbol{B}_2^{-1}\begin{bmatrix}\boldsymbol{A}_{21} & \boldsymbol{A}_{22}\end{bmatrix}=\begin{bmatrix}\boldsymbol{A}_{11} & \boldsymbol{A}_{12}\\ \boldsymbol{0} & \boldsymbol{0}\end{bmatrix}\tag{6.25}$$

现在，$(\bar{\boldsymbol{A}},\boldsymbol{B})$为可控对，即

$$\left(\begin{bmatrix}\boldsymbol{A}_{11} & \boldsymbol{A}_{12}\\ \boldsymbol{0} & \boldsymbol{0}\end{bmatrix},\ \begin{bmatrix}\boldsymbol{0}\\ \boldsymbol{B}_2\end{bmatrix}\right)$$

为可控对。此矩阵对的可控性矩阵为

$$Q_c = [\boldsymbol{B} \quad \bar{\boldsymbol{A}}\boldsymbol{B} \quad \cdots \quad \bar{\boldsymbol{A}}^{n-1}\boldsymbol{B}] \tag{6.26}$$

有以下秩关系：

$$\operatorname{rank} \boldsymbol{Q}_c = \operatorname{rank} [\boldsymbol{B} \quad (\boldsymbol{A}+\boldsymbol{BK})\boldsymbol{B} \quad \cdots \quad (\boldsymbol{A}+\boldsymbol{BK})^{n-1}\boldsymbol{B}] =$$

$$\operatorname{rank} \begin{bmatrix} \boldsymbol{0} & \boldsymbol{A}_{12}\boldsymbol{B}_2 & \boldsymbol{A}_{11}\boldsymbol{A}_{12}\boldsymbol{B}_2 & \cdots & \boldsymbol{A}_{11}^{n-2}\boldsymbol{A}_{12} \\ \boldsymbol{B}_2\boldsymbol{B}_2 & \boldsymbol{0} & \boldsymbol{0} & \cdots & \boldsymbol{0} \end{bmatrix}$$

由于 $\operatorname{rank} \boldsymbol{B}_2 = m$，可得

$$\begin{aligned} \operatorname{rank} \boldsymbol{Q}_c &= \operatorname{rank} [\boldsymbol{A}_{12}\boldsymbol{B}_2 \quad \boldsymbol{A}_{11}\boldsymbol{A}_{12}\boldsymbol{B}_2 \quad \cdots \quad \boldsymbol{A}_{11}^{n-2}\boldsymbol{A}_{12}\boldsymbol{B}_2] + m = \\ & \operatorname{rank} [\boldsymbol{A}_{12} \quad \boldsymbol{A}_{11}\boldsymbol{A}_{12} \quad \cdots \quad \boldsymbol{A}_{11}^{n-2}\boldsymbol{A}_{12}] + \\ & m\operatorname{rank} [\boldsymbol{A}_{12} \quad \boldsymbol{A}_{11}\boldsymbol{A}_{12} \quad \cdots \quad \boldsymbol{A}_{11}^{n-2}\boldsymbol{A}_{12}] = n-m \end{aligned} \tag{6.27}$$

式中，$\boldsymbol{A}_{11}$ 是 $(n-m)\times(n-m)$ 矩阵，由哈米尔顿-凯莱定理，可知

$$\boldsymbol{I}_{n-m}, \boldsymbol{A}_{11}, \boldsymbol{A}_{11}^2, \cdots, \boldsymbol{A}_{11}^{n-m-1}$$

是线性独立的，而 $\boldsymbol{A}_{11}^{n-m}$ 和 $\boldsymbol{A}_{11}^{n-m+i}$ $(i \geqslant 1)$ 均可表为上述 $(n-m)$ 个矩阵的线性组合，例如

$$\boldsymbol{A}_{11}^{n-m} = -\boldsymbol{I} - p_1\boldsymbol{A}_{11} - p_2\boldsymbol{A}_{11}^2 - \cdots - p_{n-m-1}\boldsymbol{A}_{11}^{n-m-1}$$

式中 $p_1, p_2, \cdots, p_{n-m-1}$ 均为实数。于是

$$\operatorname{rank} [\boldsymbol{A}_{12} \quad \boldsymbol{A}_{11}\boldsymbol{A}_{12} \quad \cdots \quad \boldsymbol{A}_{11}^{n-m-1}\boldsymbol{A}_{12}] = n-m \tag{6.28}$$

故而 $(\boldsymbol{A}_{11}, \boldsymbol{A}_{12})$ 是可控对。

矩阵对 $(\boldsymbol{A}_{11}, \boldsymbol{A}_{12})$ 可控表示滑动模态的可控性。这时若 $\boldsymbol{A}_{11}$ 不稳定，则可通过选择切换函数 $\boldsymbol{s}=\boldsymbol{Cx}$ 中的矩阵 $\boldsymbol{C}$ 使滑动模态稳定，进一步也可以任意配置极点或最优化。对于系统式(6.22)，其滑动模态的特性有以下定理。

定理 6.1.3 设系统式(6.22)可控，则

$$s_0 = \ker \boldsymbol{C} = \{\boldsymbol{x} \mid \boldsymbol{s} = 0\} \tag{6.29}$$

上的滑动模态的动态特性决定于 $\boldsymbol{C}$，而与控制 $\boldsymbol{u}(\boldsymbol{x})$ 的选择无关。

证明从略。

6.2 变结构控制系统设计

就变结构控制系统而言，其要解决的主要有以下两个问题：

(1) 满足到达性条件，即滑动超平面 $\boldsymbol{s}=\boldsymbol{0}$ 以外的状态轨线于有限时刻到达滑动超平面，此阶段称为变结构控制系统的能达阶段；

(2) 保证滑动运动稳定且其动态性能良好，该阶段称为变结构控制系统的滑动阶段。

变结构系统的能达阶段和滑动阶段是相互独立的，因而变结构控制问题被简化为可以进行单独设计的两个过程：

(1) 设计变结构控制律 $\boldsymbol{u}$ 使得系统实现滑动模态运动。假定系统以流形 $\boldsymbol{s}=\boldsymbol{0}$ 上的点为目标域，若状态偏离切换流形 $\boldsymbol{s}=\boldsymbol{0}$，则在不连续控制 $\boldsymbol{u}$ 的作用下，驱使系统状态到达切换流形上。

(2) 设计合理的滑态超平面，确保滑态运动稳定并具有良好的动态品质。变结构控制系统只在滑动阶段才具备对外界干扰、系统矩阵和控制矩阵参数摄动的不变性这一重要特性。

6.2.1　变结构控制律设计

变结构控制律的设计对应于变结构控制系统的能达阶段的运动，其任务就是驱动系统从位于状态空间任意位置的初始状态进入滑动模态，并将其稳定可靠地保持在滑动模态上。不难理解，这就要求滑动模态域周围的状态轨迹均指向滑动模态域，由图 6.4 可见，滑动模态域 $s=0$ 将二阶系统的状态平面分为两半。当系统状态位于 $s<0$ 时，控制律必须保证 $\dot{s}>0$ 才能使系统最终实现 $s=0$；反之，当系统状态位于 $s>0$ 时，必须有 $\dot{s}<0$。总之，该二阶系统最终能到达滑动模态域的条件就是

$$s\dot{s}<0 \tag{6.30}$$

这一结论对于单变量系统具有一般性，我们称式(6.30) 为单变量变结构控制系统的能达条件。

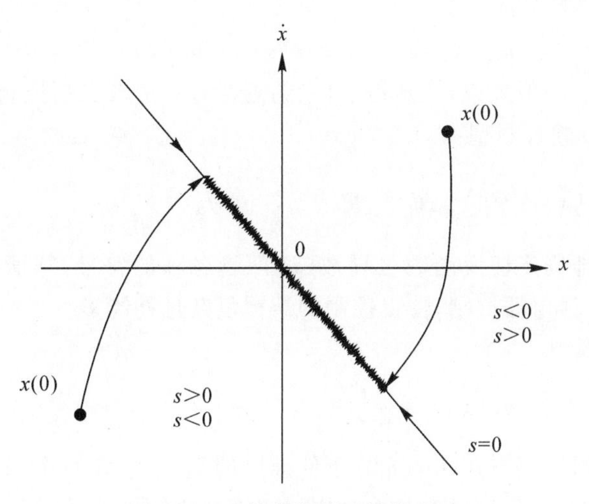

图 6.4　变结构控制系统的运动

对于多变量系统而言，式(6.30) 可以很容易地加以推广。针对滑动模态域 $\boldsymbol{s}=\boldsymbol{Cx}\equiv\boldsymbol{0}$，式(6.30) 就变为

$$s_i\dot{s}_i<0,\quad i=1,2,\cdots,m \tag{6.31}$$

但是这一推广结果并不能完全解决多变量情况下的能达条件问题，因为多变量情况有其特殊性。限于篇幅，这里不加证明地给出比式(6.31) 更具一般性的多变量变结构控制系统的能达条件：

$$\frac{\mathrm{d}}{\mathrm{d}t}(\boldsymbol{s}^{\mathrm{T}}\boldsymbol{Q}\boldsymbol{s})<0,\quad \boldsymbol{Q}>0,\quad \boldsymbol{s}\in\mathbf{R}^m \tag{6.32}$$

式中，$\boldsymbol{Q}$ 取正定对称矩阵。特殊地，若 $\boldsymbol{Q}$ 取为单位阵，则式(6.32) 变为

$$\frac{\mathrm{d}}{\mathrm{d}t}(\boldsymbol{s}^{\mathrm{T}}\boldsymbol{s})<0 \tag{6.33}$$

或

$$\boldsymbol{s}^{\mathrm{T}}\dot{\boldsymbol{s}}<0 \tag{6.34}$$

很明显，式(6.31) 为式(6.34) 的特殊情况。

Dorling和Zinober经过分析研究,认为在大多数情况下,变结构控制律$\boldsymbol{u}$是由线性分量$\boldsymbol{u}_{\mathrm{L}}$及非线性控制分量$\boldsymbol{u}_{\mathrm{N}}$组成,即

$$\boldsymbol{u}=\boldsymbol{u}_{\mathrm{L}}+\boldsymbol{u}_{\mathrm{N}} \tag{6.35}$$

其中线性控制分量$\boldsymbol{u}_{\mathrm{L}}$为线性状态反馈,即

$$\boldsymbol{u}_{\mathrm{L}}=\boldsymbol{L}\boldsymbol{x} \tag{6.36}$$

$\boldsymbol{u}_{\mathrm{L}}$是对原系统进行初步的校正,从而改变原系统的动力学特性,使系统状态的运动轨迹指向滑动模态,有利于改善变结构控制系统能达阶段的动态品质。而非线性控制分量$\boldsymbol{u}_{\mathrm{N}}$则反映了变结构控制律中的不连续性,其作用在于维持系统状态不脱离滑动模态。其典型形式如下:

(1) 常增益继电控制型:

$$\boldsymbol{u}_{\mathrm{N}_i}(\boldsymbol{x})=M_i\operatorname{sgn}(s_i),\quad M_i>0 \tag{6.37}$$

其滑动模态仅在切换面的某一区域内发生。

(2) 变增益继电控制型:

$$\boldsymbol{u}_{\mathrm{N}_i}(\boldsymbol{x})=m_i(\boldsymbol{x})\operatorname{sgn}(s_i),\quad m_i(\boldsymbol{x})>0 \tag{6.38}$$

此结构目前最为常见。一般来说,从到达条件、趋近律等方法求出的控制均导致这样的结果。

(3) 变系数状态反馈控制型:

$$\boldsymbol{u}_{\mathrm{N}}(\boldsymbol{x})=\boldsymbol{\Psi}\boldsymbol{x},\quad \boldsymbol{\Psi}=[\Psi_{ij}]_{m\times n},\quad \boldsymbol{\psi}_{ij}=\begin{cases}\alpha_{ij}, & s_i x_j>0\\ \beta_{ij}, & s_i x_j<0\end{cases} \tag{6.39}$$

该结构用于一项一项地判定切换函数之导数($\dot{s}$)所含各项的符号,从而得到$\dot{s}$的总符号。因此,此种控制中有许多继电器控制,使得控制的结构复杂且耗能多。

(4) 单位向量控制型:

$$\boldsymbol{u}_{\mathrm{N}}(\boldsymbol{x})=\rho\frac{\boldsymbol{C}\boldsymbol{x}}{\|\boldsymbol{C}\boldsymbol{x}\|}=\rho\frac{\boldsymbol{s}}{\|\boldsymbol{s}\|},\quad \rho>0 \tag{6.40}$$

前三种形式是由滑动模态存在的充分条件推导的,它要求在每个切换超平面上都存在局部滑动模态运动,其控制函数分量在各自对应的切换超平面上不连续。单位向量控制形式是Corless和Leitmann提出的,它可由式(6.32)的可达性条件推导得到,只有当系统状态轨迹穿越滑动模态(全部超平面之交)时,控制函数分量才发生切换,否则保持连续,在每个切换超平面上不存在局部滑动模态运动。因此,单位向量变结构控制也称为最终滑动模态变结构控制。

Goodall及Ryan进一步发展了单位向量控制方案,提出了如下控制方案:

$$\boldsymbol{u}(\boldsymbol{x})=\boldsymbol{L}\boldsymbol{x}+\rho\frac{\boldsymbol{N}\boldsymbol{x}}{\|\boldsymbol{M}\boldsymbol{x}\|} \tag{6.41}$$

其中矩阵$\boldsymbol{M},\boldsymbol{N}$满足关系式:$\mathrm{Ker}\boldsymbol{N}=\mathrm{Ker}\boldsymbol{M}=\mathrm{Ker}\boldsymbol{C}$。

以上四种控制函数的非线性控制项都要求系统控制的切换速度不受限制,即要求它们能以无限快的速度准确地在$s_i=0$或$\boldsymbol{s}=\boldsymbol{0}$上切换,从而将系统状态保持在滑动模态域上。但在实际工程中,由于任何物理系统的频带宽度均有限,控制律切换均需时间,加之各种其它非理想因素的存在,不连续的非线性变结构控制律不可避免地会产生系统高频微幅颤振,这是变结构控制系统的一个固有缺陷。为了消除系统的颤振,人们的基本思想是采用连续控制律在一定程度上近似不连续的控制律,因此Slotine提出了平滑控制概念;其后,Ambroaino,Dorling和Zinober针对式(6.40)和式(6.41),在其分母中加入一个小的正常数σ,形成了连续控制,即

$$\boldsymbol{u}_{\mathrm{N}}(\boldsymbol{x})=\rho \frac{\boldsymbol{s}}{\|\boldsymbol{s}\|+\sigma} \tag{6.42}$$

$$\boldsymbol{u}_{\mathrm{N}}(\boldsymbol{x})=\rho \frac{\boldsymbol{N}\boldsymbol{x}}{\|\boldsymbol{M}\boldsymbol{x}\|+\sigma} \tag{6.43}$$

从而达到消颤目的，并给出了根据精度要求选择 σ 的方法。式(6.42) 和(6.43) 在变结构控制律的设计中使用特别广泛，本章的后续变结构控制律设计中将普遍采用这种形式。此外，人们还常采用如下的引入微小量 δ_i 的方法对式(6.37) 或式(6.37) 中的非连续因素进行修正：

$$\operatorname{sgn}(s_i) \approx \frac{s_i}{\|s_i\|+\delta_i} \tag{6.44}$$

或

$$\operatorname{sgn}(s_i) \approx \operatorname{sat}\left(\frac{s_i}{\delta_i}\right)=\begin{cases}\operatorname{sgn}(s_i), & |s_i|>\delta_i \\ \dfrac{s_i}{\delta_i}, & |s_i| \leqslant \delta_i\end{cases} \tag{6.45}$$

实践证明，上述这些措施都是十分有效的。

6.2.2　变结构控制系统滑动超平面设计

在变结构控制系统设计中，滑动模态设计很关键，它决定了系统的最终控制效果，就其形式来说，主要有三种：

(1) 状态反馈型：

$$\boldsymbol{S}(\boldsymbol{x})=\boldsymbol{C}\boldsymbol{x}(t) \tag{6.46}$$

(2) 输出反馈型：

$$\boldsymbol{S}(\boldsymbol{Y})=\boldsymbol{C}\boldsymbol{Y}(t) \tag{6.47}$$

(3) 动态反馈型：

$$\boldsymbol{S}(\boldsymbol{W})=\boldsymbol{C}\boldsymbol{W}(t) \tag{6.48}$$

动态补偿方程为

$$\left.\begin{aligned}\boldsymbol{W}(t)&=\boldsymbol{H}\boldsymbol{Z}(t)+\boldsymbol{L}\boldsymbol{Y}(t)\\ \dot{\boldsymbol{Z}}(t)&=\boldsymbol{F}\boldsymbol{Z}(t)+\boldsymbol{K}\boldsymbol{Y}(t)\end{aligned}\right\} \tag{6.49}$$

式中，前两种较为普遍。不论何种类型，其设计要遵循以下两点：

(1) 保证滑动模态运动稳定；

(2) 滑动模态运动具有良好的动态品质。

Young，Koktovic 运用奇异摄动理论分析了变结构控制系统的滑动模态运动，并依此提出了基于矩阵摄动的滑动超平面设计方法；Write 研究了单变量系统状态不可全得的情况下，滑动超平面的设计问题；Zinober，Dorling 将最优控制理论引入到滑动超平面的设计，系统的性能指标由二次型最优性能指标规定，综合得到最优反馈控制矩阵，从而得到滑动模态参数矩阵。

Utkin 首先提出了滑动超平面必须根据闭环特征根的配置要求进行设计的原则，简称滑动模态的极点配置设计方法。该设计方法由于直接从变结构闭环系统的稳定性和快速性的指标要求出发，故而受到了广大变结构控制学者的关注，并对此方法进行了卓有成效的改进和丰富，使之日益成为变结构控制系统滑动模态设计的最主要方法。滑动模态的极点配置设计方法,提供了一种确定滑动模态参数矩阵的方法,使得最终滑动模态具有预先给定的极点集。

从上述可知,变结构控制系统滑动模态参数矩阵 $\boldsymbol{C}$ 关系到控制系统的最终控制效果,其设计的基本出发点是保证滑动模态运动稳定且具有良好的动态品质。$\boldsymbol{C}$ 矩阵的设计通常采用三种方法:极点配置法、二次型最优法和特征结构配置法。

本章滑动模态的设计采用滑动模态的极点配置法。下面对这个方法作详细的介绍。

一般线性多变量系统为

$$\dot{\boldsymbol{x}}(t)=\boldsymbol{A}\boldsymbol{x}(t)+\boldsymbol{B}\boldsymbol{u}(t) \tag{6.50}$$

式中,状态变量 $\boldsymbol{x}\in\mathbf{R}^n$,控制向量 $\boldsymbol{u}\in\mathbf{R}^m$;$\boldsymbol{A}\in\mathbf{R}^{n\times n}$,$\boldsymbol{B}\in\mathbf{R}^{n\times m}$ 分别为控制对象的标称系统矩阵和标称控制矩阵,并且

$$\boldsymbol{x}=\begin{bmatrix}\boldsymbol{x}_1\\ \boldsymbol{x}_2\end{bmatrix},\quad \boldsymbol{A}=\begin{bmatrix}\boldsymbol{A}_{11} & \boldsymbol{A}_{12}\\ \boldsymbol{A}_{21} & \boldsymbol{A}_{22}\end{bmatrix},\quad \boldsymbol{B}=\begin{bmatrix}\mathbf{0}\\ \boldsymbol{B}_2\end{bmatrix} \tag{6.51}$$

式中,$\boldsymbol{x}_1\in\mathbf{R}^{n-m}$,$\boldsymbol{x}_2\in\mathbf{R}^m$,$\boldsymbol{A}_{11}\in\mathbf{R}^{(n-m)\times(n-m)}$,$\boldsymbol{A}_{12}\in\mathbf{R}^{(n-m)\times m}$,$\boldsymbol{A}_{21}\in\mathbf{R}^{m\times(n-m)}$,$\boldsymbol{A}_{22}\in\mathbf{R}^{m\times m}$,$\boldsymbol{B}_2\in\boldsymbol{R}^{\mathrm{m}\times\mathrm{m}}$ 为非奇异矩阵。

对式(6.50)的系统,选择其滑动超平面 $\boldsymbol{S}$ 为

$$\boldsymbol{S}(\boldsymbol{x},t)=\boldsymbol{C}\boldsymbol{x} \tag{6.52}$$

式中,$\boldsymbol{C}=[\boldsymbol{C}_1\quad \boldsymbol{C}_2]\in\mathbf{R}^{m\times n}$,$\boldsymbol{C}_1\in\mathbf{R}^{m\times(n-m)}$,$\boldsymbol{C}_2\in\mathbf{R}^{m\times m}$ 且满秩。

由式(6.50)和式(6.52),则有

$$\left.\begin{aligned}\dot{\boldsymbol{x}}_1&=\boldsymbol{A}_{11}\boldsymbol{x}_1+\boldsymbol{A}_{12}\boldsymbol{x}_2\\ \dot{\boldsymbol{x}}_2&=\boldsymbol{A}_{21}\boldsymbol{x}_1+\boldsymbol{A}_{22}\boldsymbol{x}_2+\boldsymbol{B}_2\boldsymbol{u}\\ \boldsymbol{S}&=\boldsymbol{C}_1\boldsymbol{x}_1+\boldsymbol{C}_2\boldsymbol{x}_2\end{aligned}\right\} \tag{6.53}$$

令 $\boldsymbol{S}=\mathbf{0}$,解出

$$\boldsymbol{x}_2=-\boldsymbol{K}\boldsymbol{x}_1 \tag{6.54}$$

则系统的滑动模态运动方程为

$$\dot{\boldsymbol{x}}_1=(\boldsymbol{A}_{11}-\boldsymbol{A}_{12}\boldsymbol{K})\boldsymbol{x}_1 \tag{6.55}$$

式中,$\boldsymbol{K}=\boldsymbol{C}_2^{-1}\boldsymbol{C}_1$。

由于$(\boldsymbol{A},\boldsymbol{B})$为完全可控对,则$(\boldsymbol{A}_{11},\boldsymbol{A}_{12})$也为完全可控对。选择 $\boldsymbol{K}$ 使$(\boldsymbol{A}_{11}-\boldsymbol{A}_{12}\boldsymbol{K})$的特征根 λ_i 为系统希望的特征根,从而保证系统在滑动阶段具有良好的动态品质。则有

$$\boldsymbol{C}=\boldsymbol{C}_2[\boldsymbol{K}\quad \boldsymbol{I}_{\mathrm{m}}] \tag{6.56}$$

式中,$\boldsymbol{C}_2$ 通常取为单位矩阵。

6.2.3 滑动模态的存在条件

考虑如下简约型变结构系统:

$$\left.\begin{aligned}\dot{\boldsymbol{X}}&=(\boldsymbol{A}+\Delta\boldsymbol{A})\boldsymbol{X}+(\boldsymbol{B}+\Delta\boldsymbol{B})\boldsymbol{u}+\boldsymbol{D}\boldsymbol{f}\\ \boldsymbol{S}&=\boldsymbol{C}\boldsymbol{X}\end{aligned}\right\} \tag{6.57}$$

式中,各矩阵具有相应维数。其变结构控制系统的运动特征可由方程组描述为

$$\left.\begin{aligned}\boldsymbol{S}&=\boldsymbol{C}\boldsymbol{X}=\mathbf{0}\\ \dot{\boldsymbol{S}}&=\boldsymbol{C}\dot{\boldsymbol{X}}=\mathbf{0}\end{aligned}\right\} \tag{6.58}$$

由式(6.58)中的第一式解出的 $\boldsymbol{x}_2$ 代入第二式,则有

$$\dot{S}=C_1\dot{x}_1+C_2\dot{x}_2+CDf=$$
$$C_2[(KA_{11}+A_{21})x_1+(K\Delta A_{11}+\Delta A_{21})x_1+$$
$$(KA_{12}+A_{22})x_2+(K\Delta A_{12}+\Delta A_{22})x_2]+$$
$$C_2[(B_2+\Delta B_2+K\Delta B_1)u_{eq}+(KD_1+D_2)f] \tag{6.59}$$

若矩阵$(B_2+K\Delta B_1+\Delta B_2)$ 非奇异，可得滑动模态运动的等价控制，则有

$$u_{eq}=-(B_2+K\Delta B_1+\Delta B_2)^{-1}[(KA_{11}+A_{21}-KA_{12}K-A_{22}K)x_1+$$
$$(K\Delta A_{11}+\Delta A_{21}-K\Delta A_{12}K-\Delta A_{22}K)x_1+(KD_1+D_2)f] \tag{6.60}$$

系统的滑动模态运动方程为

$$\dot{x}=(A_{11}-A_{12}K)x_1+$$
$$[\Delta B_1(B_2+K\Delta B_1+\Delta B_2)^{-1}(KA_{11}+A_{21}-KA_{12}K-$$
$$A_{22}K+K\Delta A_{11}+\Delta A_{21}-K\Delta A_{12}K-\Delta A_{22}K)+\Delta A_{11}-\Delta A_{12}K]x_1+$$
$$[D_1+\Delta B_1(B_2+K\Delta B_1+\Delta B_2)^{-1}(KD_1+D_2)]f \tag{6.61}$$

因此，矩阵$(B_2+K\Delta B_1+\Delta B_2)$非奇异是全程滑动模态存在的充分条件。根据矩阵分析理论，矩阵$(B_2+K\Delta B_1+\Delta B_2)$ 非奇异的条件为

$$\|K\Delta B_1+\Delta B_2\|=\left\|[K\quad I_m]\begin{bmatrix}\Delta B_1\\ \Delta B_2\end{bmatrix}\right\|<\|B_2^{-1}\|^{-1}\Rightarrow$$
$$(1+\|K\|)\|\Delta B\|<\|B_2^{-1}\|^{-1} \tag{6.62}$$

由此可得如下定理。

定理 6.2.1　变结构控制系统式(6.57)，滑动模态存在的充分条件为

$$\|K\|<(\|\Delta B\|\,\|B_2^{-1}\|)^{-1}-1 \tag{6.63}$$

由式(6.63)可知，控制矩阵的参数摄动会限制滑动模态参数矩阵的选择范围。因此，在设计滑动模态参数矩阵时，不但要使滑动模态运动稳定，而且还要满足滑动模态的存在条件式(6.47)。

6.3　变结构控制系统性能

变结构控制系统的性能主要包含以下四个方面：动态品质、稳定性、不变性和鲁棒性，下面围绕以上四个方面作简单说明。

6.3.1　动态品质

滑动模态运动段（滑动阶段）的动态品质取决于滑动模态的设计，正常运动段（能达阶段）的动态品质取决于变结构控制律的设计。在多变量变结构控制系统中，由于可能在各个超平面上出现不同维数的局部滑动模态，并且每一维数的滑动模态运动会出现在不同的子空间中，故而对其动态品质的分析是复杂的。递阶滑动控制虽然能较好地解决变结构控制问题，但是由于系统的状态须从低维的局部滑动运动逐次进入高维的局部滑动模态运动，故而对于瞬态控制性能要求较高的控制系统，递阶控制方案显得较为复杂且动态品质难以满足要求。

针对这一问题，高为炳提出了滑动模态的趋近律概念（等速趋近律和指数趋近律），分析研究了对应的系统运动特征，使能达阶段的动态品质有一个较为明确的度量尺度。

应用特征配置方法设计的变结构最终滑动模态控制系统，其控制结构简单，除了$(n-m)$维的最终滑动模态运动外，不存在其他较低维数的局部滑动模态，系统状态能够以期望的动态品质直接进入所设计的最终滑动模态，且能以期望的动态品质在滑动模态上运动直至原点。该方法近年来日益受到了变结构控制研究学者的亲赖。

6.3.2　稳定性

变结构控制系统稳定性是指，在正常运动阶段保证系统状态能趋近并进入滑动模态，且在滑动模态运动阶段保证滑动运动稳定。针对变结构控制系统运动分为两个阶段的情况，其稳定性分析也需要由两部分来考虑。对于能达阶段，选取李雅普诺夫(Lyapunov)函数为

$$\nu=\frac{1}{2}\boldsymbol{s}^{\mathrm{T}}\boldsymbol{Q}\boldsymbol{s},\quad \boldsymbol{Q}>0 \tag{6.64}$$

将其对时间t求导，可得

$$\dot{\nu}=\frac{\mathrm{d}}{\mathrm{d}t}\left(\frac{1}{2}\boldsymbol{s}^{\mathrm{T}}\boldsymbol{Q}\boldsymbol{s}\right)=\boldsymbol{s}^{\mathrm{T}}\boldsymbol{Q}\dot{\boldsymbol{s}} \tag{6.65}$$

由于能达阶段变结构控制律的设计要求满足能达条件式(6.32)，也就保证了$\dot{v}<0$，根据李雅普诺夫稳定性理论可知，$\dot{v}<0$就意味着在能达阶段可保证系统状态能够趋近并进入滑动模态域。

滑动模态运动的稳定性完全取决于滑动模态域的设计，若滑动模态域的设计保证等价系统式(6.21)的特征值均位于复平面的左半平面，滑动运动必定渐近稳定，故而它的稳定性在设计阶段就得到了保证。所以系统整个运动过程具有渐近稳定性。

由以上分析可以看到，尽管变结构控制系统属于非线性控制系统，但是其稳定性分析却十分方便。由于系统的滑动模态域和变结构控制律两部分设计均基于稳定性理论，可以保证所设计系统的稳定性，这一点与前面几章所介绍的其它自适应控制方法是相似的。

6.3.3　不变性

变结构控制系统的一个突出优点是，当系统处于滑动模态运动时，滑动模态在一定条件下具有对外界干扰、控制系统参数摄动的不变性，从而使得变结构控制系统具有较强的鲁棒性。

考虑定常不确定控制系统，即

$$\left.\begin{aligned}&\dot{\boldsymbol{x}}(t)=[\boldsymbol{A}+\Delta\boldsymbol{A}(\sigma,t)]\boldsymbol{x}(t)+[\boldsymbol{B}+\Delta\boldsymbol{B}(v,t)]\boldsymbol{u}(t)+\boldsymbol{D}\boldsymbol{f}(t)\\&\boldsymbol{S}=\boldsymbol{C}\boldsymbol{x}\end{aligned}\right\} \tag{6.66}$$

式中，$\boldsymbol{x}(t)\in\mathbf{R}^{n}$为系统的状态向量，$\boldsymbol{u}(t)\in\mathbf{R}^{m}$为控制向量，$\boldsymbol{f}(t)\in\mathbf{R}^{l}$；$\boldsymbol{A}\in\mathbf{R}^{n\times n}$，$\boldsymbol{B}\in\mathbf{R}^{n\times m}$，$\boldsymbol{D}\in\mathbf{R}^{n\times l}$分别为控制对象的标称系统矩阵、控制矩阵及扰动矩阵；$\Delta\boldsymbol{A}(\sigma,t)\in\mathbf{R}^{n\times n}$，$\Delta\boldsymbol{B}(v,t)\in\mathbf{R}^{n\times m}$分别为矩阵$\boldsymbol{A}$和$\boldsymbol{B}$的摄动矩阵。

该模型具有普遍性，对于具有时变标称模型的不确定性系统，用划分时间片的方法，将其表示成多模系统形式，故而在一定的时间内，可将时变标称模型的不确定系统等价变换成式(6.66)所示定常系统。

由6.1节可知，若$(\boldsymbol{A},\boldsymbol{B})$可控，当式(6.66)为非简约形式时，则可经线性非奇异变换将式(6.66)化成简约形式，其中，$\boldsymbol{B}^{\mathrm{T}}=[\boldsymbol{0}\quad \boldsymbol{B}_2^{\mathrm{T}}]$，$\boldsymbol{A}$与$\boldsymbol{C}$无特殊结构，$\boldsymbol{B}_2\in\mathbf{R}^{m\times m}$为非奇异矩阵。考虑到经非奇异变换后的系统与原系统具有等效性。故而，可假设所分析的不确定系统式(6.

66) 具有简约形式。

下面推导变结构控制系统的不变性条件。

考虑 n 阶多变量系统系统,其状态方程为

$$\dot{\boldsymbol{x}}(t)=\boldsymbol{A}\boldsymbol{x}(t)+\boldsymbol{B}\boldsymbol{u}(t)+\boldsymbol{D}\boldsymbol{f}(t) \tag{6.67}$$

式中各符号的意义与式(6.66) 相同。在 n 维状态空间中设计 m 个切换超平面:

$$s_i=c_{i1}x_1+c_{i2}x_2+\cdots+c_{in}x_n=0,\quad i=1,2,\cdots,m \tag{6.68}$$

定义它们的交集为系统的滑动模态域,即

$$\boldsymbol{s}=[s_1\quad s_2\quad\cdots\quad s_m]^{\mathrm{T}}=\boldsymbol{C}\boldsymbol{x}=\boldsymbol{0},\quad \boldsymbol{s}\in\mathbf{R}^m \tag{6.69}$$

式中,$\boldsymbol{C}\in\mathbf{R}^{m\times m}$ 为滑动模态参数矩阵,c_{ij} 为滑动模态参数,$\boldsymbol{C}=[c_{ij}]_{m\times n}$。

将状态方程式(6.67) 代入式(6.58) 第二式,可得

$$\dot{\boldsymbol{s}}=\boldsymbol{C}\boldsymbol{A}\boldsymbol{x}+\boldsymbol{C}\boldsymbol{B}\boldsymbol{u}+\boldsymbol{C}\boldsymbol{D}\boldsymbol{f}=\boldsymbol{0} \tag{6.70}$$

如果滑动模态的设计保证矩阵 $\boldsymbol{CB}$ 非奇异,则由上式可求得系统的等效控制

$$\boldsymbol{u}_{\mathrm{eq}}=-(\boldsymbol{CB})^{-1}\boldsymbol{C}(\boldsymbol{A}\boldsymbol{x}+\boldsymbol{D}\boldsymbol{f}) \tag{6.71}$$

将等效控制代入式(6.67) 可得等价系统方程

$$\dot{\boldsymbol{x}}=[\boldsymbol{I}-\boldsymbol{B}(\boldsymbol{CB})^{-1}\boldsymbol{C}](\boldsymbol{A}\boldsymbol{x}+\boldsymbol{D}\boldsymbol{f}) \tag{6.72}$$

由式(6.72) 可以看出,原系统所承受的扰动 $\boldsymbol{f}$ 依然作用于闭环等价系统。但是,当

$$[\boldsymbol{I}-\boldsymbol{B}(\boldsymbol{CB})^{-1}\boldsymbol{C}]\boldsymbol{D}\boldsymbol{f}=\boldsymbol{0} \tag{6.73}$$

成立时,滑动模态方程则变为

$$\dot{\boldsymbol{x}}=[\boldsymbol{I}-\boldsymbol{B}(\boldsymbol{CB})^{-1}\boldsymbol{C}]\boldsymbol{A}\boldsymbol{x} \tag{6.74}$$

显然,扰动 $\boldsymbol{f}$ 不再出现于闭环等价系统方程中,等价系统此时完全独立于 $\boldsymbol{f}$,其特性不受 $\boldsymbol{f}$ 的影响。式(6.73) 又可写为

$$\boldsymbol{D}\boldsymbol{f}=\boldsymbol{B}(\boldsymbol{CB})^{-1}\boldsymbol{C}\boldsymbol{D}\boldsymbol{f}=\boldsymbol{B}\boldsymbol{M} \tag{6.75}$$

式中

$$\boldsymbol{M}=(\boldsymbol{CB})^{-1}\boldsymbol{C}\boldsymbol{D}\boldsymbol{f} \tag{6.76}$$

由于对于任意的扰动 $\boldsymbol{f}$,式(6.75) 均需成立,所以根据代数方程组有解的有关定理可知,式(6.73) 成立的充分条件为

$$\mathrm{rank}[\boldsymbol{B},\boldsymbol{D}]=\mathrm{rank}\boldsymbol{B} \tag{6.77}$$

即当系统式(6.67) 的扰动矩阵 $\boldsymbol{D}$ 的所有列均是输入矩阵 $\boldsymbol{B}$ 各列的线性组合时,变结构闭环等价系统对扰动具有不变性。于是称式(6.77) 为变结构控制系统的扰动不变性条件。

对一个实际系统而言,除了受到外加扰动的作用外,它本身的结构参数也往往具有不确定性,例如参数在标称值附近摄动或参数在一定范围内发生变化等,这时系统的参数矩阵可以表示为 $\boldsymbol{A}+\Delta\boldsymbol{A}$ 的形式,相应的滑动模态方程式(6.72) 可以表示为

$$\dot{\boldsymbol{x}}=[\boldsymbol{I}-\boldsymbol{B}(\boldsymbol{CB})^{-1}\boldsymbol{C}](\boldsymbol{A}\boldsymbol{x}+\Delta\boldsymbol{A}\boldsymbol{x}+\boldsymbol{D}\boldsymbol{f}) \tag{6.78}$$

类似地,当

$$[\boldsymbol{I}-\boldsymbol{B}(\boldsymbol{CB})^{-1}\boldsymbol{C}]\Delta\boldsymbol{A}\boldsymbol{x}=\boldsymbol{0} \tag{6.79}$$

时,系统的参数变化将对等价系统没有影响。式(6.79) 又可写为

$$\Delta\boldsymbol{A}\boldsymbol{x}=\boldsymbol{B}(\boldsymbol{CB})^{-1}\boldsymbol{C}\Delta\boldsymbol{A}\boldsymbol{x} \tag{6.80}$$

或写为

$$\Delta\boldsymbol{A}\boldsymbol{x}=\boldsymbol{B}\boldsymbol{V} \tag{6.81}$$

$$\boldsymbol{V}=(\boldsymbol{CB})^{-1}\boldsymbol{C}\Delta\boldsymbol{A}\boldsymbol{x} \tag{6.82}$$

式(6.81)与式(6.75)形式上完全相同,所以式(6.79)成立的充分条件为

$$\mathrm{rank}[\boldsymbol{B},\Delta\boldsymbol{A}]=\mathrm{rank}\boldsymbol{B} \tag{6.83}$$

这表明,当式(6.83)的条件满足时,系统的参数矩阵 $\boldsymbol{A}$ 的变化或摄动对变结构闭环等价系统的特性无任何影响,故式(6.83)称为变结构控制系统的参数不变性条件。

同样,可得变结构控制系统抗控制矩阵 $\boldsymbol{B}$ 变化的不变性条件为

$$\mathrm{rank}[\boldsymbol{B},\Delta\boldsymbol{B}]=\mathrm{rank}\boldsymbol{B} \tag{6.84}$$

(1) 抗干扰条件

$$\mathrm{rank}(\boldsymbol{B},\boldsymbol{D})=\mathrm{rank}\boldsymbol{B} \tag{6.85}$$

(2) 抗 $\boldsymbol{A}$ 矩阵摄动条件

$$\mathrm{rank}(\boldsymbol{B},\Delta\boldsymbol{A})=\mathrm{rank}\boldsymbol{B} \tag{6.86}$$

(3) 抗 $\boldsymbol{B}$ 矩阵摄动条件

$$\mathrm{rank}(\boldsymbol{B},\Delta\boldsymbol{B})=\mathrm{rank}\boldsymbol{B} \tag{6.87}$$

满足式(6.85)～式(6.87)的系统不确定性因素称为匹配不确定性因素,反之称为非匹配不确定性因素。可见,变结构控制系统仅对匹配不确定性因素具有不变性。当系统存在非匹配不确定性因素时,则 $\Delta\boldsymbol{A}_{11}$, $\Delta\boldsymbol{A}_{12}$ 将影响滑动模态运动的稳定性,并限制了滑动模态参数 $\boldsymbol{C}$ 的选择范围;$\boldsymbol{D}_1$ 会使变结构控制系统的滑动模态运动不能稳定地趋于状态空间的原点,而是趋于原点附近的某一有界点集;$\Delta\boldsymbol{B}_1$ 将同时影响滑动模态运动的稳定性和有界点集的大小。因此,不变性条件大大限制了变结构控制理论的工程应用。众多学者分析研究了存在非匹配不确定性因素及外界干扰的情况下,变结构控制系统滑动模态的存在性及稳定性,给出了滑动模态的存在条件和稳定条件,并应用滑动模态的特征结构配置和李雅普诺夫稳定性理论设计了变结构的滑动模态控制系统,从理论上突破了不变性的限制,拓宽了变结构的应用领域。

上述滑动模态运动的不变性原理可用于关联系统的解耦控制,其思想方法是将关联系统的关联项作为干扰项处理,若关联项属于输入激励矩阵的列所张成的子空间,则采用变结构控制方法可实现解耦。采用变结构控制方法实现解耦,与通常的解耦方法不同之处在于系统必须在控制作用下经过一段时间到达 $\boldsymbol{S}=\boldsymbol{0}$,即实现滑动运动状态以后才处于解耦状态,因此在前一阶段的运动,系统还存在耦合作用的。

滑动模态运动的不变性原理还可以用于模型参考自适用控制系统的设计。模型跟踪误差的动态过程可由切换流形的选择而定,其思想方法与关联系统的解耦控制问题类似,将有关的项视为干扰或参数摄动,一旦控制量保证系统进入滑动模态运动,则误差就以期望的速度衰减至零。

6.3.4 鲁棒性

变结构控制系统的鲁棒性,包含两个方面:一是指当控制对象存在不确定性因素时控制系统的鲁棒稳定性;二是指控制系统存在未建模的寄生模态和控制受限时,控制系统的稳定性及滑动模态的稳定域问题。

当不确定性因素满足不变性条件时,变结构控制系统的滑动模态运动对其具有自适应性,因此系统的稳定性始终得到了保证;当控制系统存在非匹配不确定性因素时,则须从滑动模态运动的等效运动方程入手,运用矩阵摄动的特征值灵敏度理论来分析研究,从而得到控制系统

的稳定性条件。

在实际工程应用中，建模往往经过了各种简化及假设，因此，控制系统均存在未建模的寄生模态，其存在会影响整个系统的稳定性。考虑含有寄生模态的系统，即

$$\begin{bmatrix}\dot{\boldsymbol{x}}\\ \mu\dot{\boldsymbol{z}}\end{bmatrix}=\begin{bmatrix}\boldsymbol{A}_{11} & \boldsymbol{A}_{12}\\ \boldsymbol{A}_{21} & \boldsymbol{A}_{22}\end{bmatrix}\begin{bmatrix}\boldsymbol{x}\\ \boldsymbol{z}\end{bmatrix}+\begin{bmatrix}\boldsymbol{B}_1\\ \boldsymbol{B}_2\end{bmatrix}\boldsymbol{u}+\begin{bmatrix}\boldsymbol{D}\\ \boldsymbol{0}\end{bmatrix}\boldsymbol{f} \tag{6.88}$$

式中，$\boldsymbol{z}$是系统的寄生模态，μ为寄生模态的描述参数。分析式(6.54)所示系统的稳定性，通常采用李雅普诺夫稳定性理论。通过选取适当的李雅普诺夫函数，依据奇异摄动稳定性理论来得到寄生模态描述参数μ的上界μ^*，则μ^*的大小即可度量该系统的鲁棒性。μ^*越大，变结构控制系统的鲁棒性越强，反之则越弱。

当控制受限时，同样可运用李雅普诺夫稳定性理论分析研究变结构控制系统滑动模态运动的稳定域及滑动模态的吸引域问题，从而得到一个定性的结论。

6.4　变结构控制调节器设计

本章的前几节从概念上阐述了变结构控制系统的基本原理及其设计。本节主要讨论可控标准型线性系统的变结构控制调节器的设计。

6.4.1　单变量控制系统

1. 滑动模态参数设计

考虑下面能控规范型的单变量系统，其状态方程为

$$\left.\begin{aligned}\dot{x}_1&=x_2\\ \dot{x}_2&=x_3\\ &\vdots\\ \dot{x}_{n-1}&=x_n\\ \dot{x}_n&=-\sum_{i=1}^{n}a_ix_i+bu\end{aligned}\right\} \tag{6.89}$$

式中，$a_i(i=1,2,\cdots,n)$和b均有不确定性时变或摄动，但它们的上下界已知，即

$$a_{i0}-\Delta a_{i0}\leqslant a_i\leqslant a_{i0}+\Delta a_{i0},\quad 0<b_0-\Delta b_0\leqslant b\leqslant b_0+\Delta b_0 \tag{6.90}$$

式中，a_{i0}和b_0，$\Delta a_{i0}\geqslant 0$和$\Delta b_0\geqslant 0$分别为a_i和b的标称值与最大变化量。将式(6.89)写成矩阵形式，则有

$$\dot{\boldsymbol{X}}=(\boldsymbol{A}+\Delta\boldsymbol{A})\boldsymbol{X}+(\boldsymbol{B}+\Delta\boldsymbol{B})\boldsymbol{u} \tag{6.91}$$

式中

$$\boldsymbol{X}=\begin{bmatrix}\dot{x}_1\\ \dot{x}_2\\ \vdots\\ \dot{x}_{n-1}\\ \dot{x}_n\end{bmatrix},\quad \boldsymbol{A}=\begin{bmatrix}0 & 1 & 0 & \cdots & 0\\ 0 & 0 & 1 & \cdots & 0\\ \vdots & \vdots & \vdots & & \vdots\\ 0 & 0 & 0 & \cdots & 1\\ -a_{10} & -a_{20} & -a_{30} & \cdots & -a_{n0}\end{bmatrix},\quad \boldsymbol{B}=\begin{bmatrix}0\\ 0\\ \vdots\\ 0\\ b_0\end{bmatrix}$$

$$\Delta \boldsymbol{A}=\begin{bmatrix} 0 & 0 & \cdots & 0 \\ 0 & 0 & \cdots & 0 \\ \vdots & \vdots & & \vdots \\ 0 & 0 & \cdots & 0 \\ a_{10}-a_1 & a_{20}-a_2 & \cdots & a_{n0}-a_n \end{bmatrix}, \quad \Delta \boldsymbol{B}=\begin{bmatrix} 0 \\ 0 \\ \vdots \\ 0 \\ b-b_0 \end{bmatrix} \tag{6.92}$$

很容易验证$\Delta \boldsymbol{A}$和$\Delta \boldsymbol{B}$满足式(6.86)和式(6.87)，故而该系统的变结构闭环等价系统将具有对参数$a_1, a_2, \cdots, a_n$及b不确定性变化或摄动的不变性。

在n维状态空间中，首先定义系统的滑动模态域，对于式(6.91)单变量系统而言，按式(6.55)的滑动模态设计方法，系统的滑动模态域是一个超平面，即

$$s=\boldsymbol{CX}=c_1x_1+c_2x_2+\cdots+c_{n-1}x_{n-1}+x_n=0 \tag{6.93}$$

$$\boldsymbol{C}=[\boldsymbol{K} \quad \boldsymbol{I}_m]=[c_1 \quad c_2 \quad \cdots \quad c_{n-1} \quad 1] \tag{6.94}$$

式中，参数$c_1, c_2, \cdots, c_{n-1}$是常数，可由滑动模态的极点配置设计方法确定这些常数。

将$\boldsymbol{A}_0, \Delta \boldsymbol{A}, \boldsymbol{B}$和$\boldsymbol{C}$代入式(6.21)，推导可得原系统沿$s=0$滑动时间的$n-1$阶等价系统为

$$\left.\begin{aligned} & c_1x_1+c_2x_2+\cdots+c_{n-1}x_{n-1}+x_n=0 \\ & \dot{x}_i=x_{i+1}, \quad i=1,2,\cdots,n-1 \end{aligned}\right\} \tag{6.95}$$

显然，该系统是完全独立于参数a_i和b的定常自治系统。它的$n-1$个特征值由滑动模态$n-1$个参数$c_i (i=1,2,\cdots,n-1)$惟一确定并可任意配置。所以，等价系统式(6.95)的特性完全取决于滑动模态域式(6.93)的设计，这正是不变性条件带来的特点。

(1)$n=2$的情况。式(6.95)简化为

$$c_1x_1+\dot{x}_1=0 \tag{6.96}$$

其解为

$$x_1=h_0\mathrm{e}^{-c_1t}$$

h_0与初始条件有关。可见，单变量二阶能控规范型系统的变结构等价系统为一阶系统，且滑动模态参数为等价系统的时间常数T的倒数，即

$$T=\frac{1}{c_1} \quad 或 \quad c_1=\frac{1}{T} \tag{6.97}$$

(2)$n=3$的情况。式(6.95)变为

$$\ddot{x}_1+c_2\dot{x}_1+c_1x_1=0 \tag{6.98}$$

等价系统呈现二阶自治系统的性质。相应地，滑动模态参数c_1和c_2决定了其自然频率ω_n和阻尼系数ξ，则有

$$\omega_\mathrm{n}=\sqrt{c_1}, \quad \xi=\frac{c_2}{2\sqrt{c_1}} \tag{6.99}$$

或

$$c_1=\omega_\mathrm{n}^2, \quad c_2=2\xi\omega_\mathrm{n} \tag{6.100}$$

很明显，在以上两种特殊情况中，滑动模态参数均容易根据闭环系统的动态特性指标确定，而且它们的物理意义十分明确。

对于一般的单变量n阶系统，变结构闭环等价系统式(6.95)实质上就是

$$x_1^{(n-1)}+c_{n-1}x_1^{(n-2)}+\cdots+c_2\dot{x}_1+c_1x_1=0 \tag{6.101}$$

特征方程为

$$s^{n-1}+c_{n-1}s^{n-2}+\cdots+c_2s+c_1=0 \tag{6.102}$$

若根据系统性能要求确定的闭环系统理想极点分别为 $\lambda_1,\lambda_2,\cdots,\lambda_{n-1}$，则由下式可求出保证等价系统性能达到指标要求的滑动模态参数 c_i。

$$s^{n-1}+c_{n-1}s^{n-2}+\cdots+c_2s+c_1=\prod_{i=1}^{n-1}(s-\lambda_i) \tag{6.103}$$

2. 变结构控制律设计 Ⅰ(变系数状态反馈控制型)

为了保证系统式(6.91)的状态 $\boldsymbol{X}$ 能从 n 维状态空间任意初始位置最终进入滑动模态域 $s=0$，并沿其滑动，从而体现滑动模态确定的理想等价系统特性，我们设计变结构控制 u 是系统的状态反馈形式，则有

$$u=-\sum_{i=1}^{m}k_ix_i,\quad 1\leqslant m\leqslant n-1 \tag{6.104}$$

式中，k_i 的大小或符号关于滑动模态域是不连续切换的。于是控制 u 的设计便转化为 k_i 反馈系统的设计。

当系统尚未进入滑动模态域，即处于能达阶段时，$s=\boldsymbol{CX}\neq 0$。对该式求导，并把原系统状态方程式(6.91)和控制式(6.104)代入，可得

$$\begin{aligned}\dot{s}&=\boldsymbol{C}\dot{\boldsymbol{X}}=\boldsymbol{C}(\boldsymbol{A}+\Delta\boldsymbol{A})\boldsymbol{X}+\boldsymbol{C}(\boldsymbol{B}+\Delta\boldsymbol{B})\boldsymbol{u}=\\&[-a_1\quad c_1-a_2\quad\cdots\quad c_{n-1}-a_n]\boldsymbol{X}-b\sum_{i=1}^{m}k_ix_i=\\&\sum_{i=1}^{n}(c_{i-1}-a_i)x_i-b\sum_{i=1}^{m}k_ix_i\end{aligned} \tag{6.105}$$

式中，$c_0=0$。由式(6.93)，可得

$$x_n=s-\sum_{i=1}^{n-1}c_ix_i \tag{6.106}$$

代入式(6.105)，可得

$$\begin{aligned}\dot{s}&=\sum_{i=1}^{n-1}(c_{i-1}-a_i)x_i-(c_{n-1}-a_n)\Big(\sum_{i=1}^{n-1}c_ix_i\Big)-b\sum_{i=1}^{n}k_ix_i+(c_{n-1}-a_n)s=\\&\sum_{i=1}^{m}(c_{i-1}-a_i-c_{n-1}c_i+a_nc_i-bk_i)x_i+\\&\sum_{i=m+1}^{n-1}(c_{i-1}-a_i-c_{n-1}c_i+a_nc_i)x_i+(c_{n-1}-a_n)s\end{aligned} \tag{6.107}$$

两边同乘 s，则有

$$\begin{aligned}s\dot{s}&=\sum_{i=1}^{m}(c_{i-1}-a_i-c_{n-1}c_i+a_nc_i-bk_i)x_is=\\&\sum_{i=m+1}^{n-1}(c_{i-1}-a_i-c_{n-1}c_i+a_nc_i)x_is+(c_{n-1}-a_n)s^2\end{aligned} \tag{6.108}$$

式(6.108)满足单变量变结构控制系统滑动模态能达条件 $s\dot{s}<0$ 的充分条件为

$$(c_{i-1}-a_i-c_{n-1}c_i+a_nc_i-bk_i)x_is<0,\quad i=1,2,\cdots,m \tag{6.109}$$

$$(c_{i-1}-a_i-c_{n-1}c_i+a_nc_i)x_is\leqslant 0,\quad i=m+1,m+2,\cdots,n-1 \tag{6.110}$$

$$(c_{n-1}-a_n)s^2 \leqslant 0 \tag{6.111}$$

这里 $c_0=0$。所以控制律反馈系数 k_i 为

$$k_i=\begin{cases}\alpha_i \geqslant \dfrac{1}{b}(c_{i-1}-a_i-c_{n-1}c_i+a_nc_i), & x_is>0\\ \beta_i \leqslant \dfrac{1}{b}(c_{i-1}-a_i-c_{n-1}c_i+a_nc_i), & x_is<0\end{cases},\quad i=1,2,\cdots,m \tag{6.112}$$

且

$$c_{i-1}-a_i=c_i(c_{n-1}-a_n),\quad i=m+1,m+2,\cdots,n-1 \tag{6.113}$$

$$c_{n-1}-a_n \leqslant 0,\quad c_0=0 \tag{6.114}$$

对于许多实际系统，尽管不能确知 $a_1,a_2,\cdots,a_n$ 及 b 的准确值，但这些参数的上下界总能知道，如式(6.90)所示。将这些参数变化或摄动的界代入式(6.112)，便能求出合适的 α_i 和 β_i，它们按式(6.104)和式(6.112)确定的变结构控制律 u，一方面完全取决于参数的界而与其值无关，所以无须对系统进行辨识；另一方面能保证系统进入滑动模态域，使系统性能不受参数不确定性变化或摄动的影响。由此可见，变结构控制系统具有对参数变化或摄动的强鲁棒性和自适应功能。

另外，若考虑系统具有外部扰动的情况，原系统式(6.89)应描述为

$$\left.\begin{aligned}\dot{x}_i&=x_{i+1},\quad i=1,2,\cdots,n-1\\ \dot{x}_n&=-\sum_{i=1}^{n}a_ix_i+bu+df\end{aligned}\right\} \tag{6.115}$$

式中，不失一般性，令 $d>0$，f 为不确定性扰动，其上、下界已知，则有

$$f_{\min} \leqslant f \leqslant f_{\max} \tag{6.116}$$

于是，系统式(6.115)的矩阵形式相应变化为

$$\dot{\boldsymbol{X}}=(\boldsymbol{A}+\Delta\boldsymbol{A})\boldsymbol{X}+(\boldsymbol{B}+\Delta\boldsymbol{B})u+\boldsymbol{D}f \tag{6.117}$$

式中，$\boldsymbol{X}$，$\boldsymbol{A}$，$\Delta\boldsymbol{A}$，$\boldsymbol{B}$，$\Delta\boldsymbol{B}$ 与前相同，$\boldsymbol{D}=[0\quad 0\quad \cdots\quad d]^{\mathrm{T}}$，$\boldsymbol{D}\in\mathbf{R}^{n\times 1}$。我们容易验证式(6.85)成立，所以变结构闭环等价系统将具有对扰动 f 的不变性。

在存在外部扰动的情况下，变结构控制系统滑动模态域的设计过程和结果与前面介绍的完全相同，这里不再重复，而控制律的设计略有差别。

设计变结构控制律 u 的形式如下：

$$u=-\sum_{i=1}^{m}k_ix_i+u_{\mathrm{f}} \tag{6.118}$$

所以，与式(6.105)和式(6.108)相类似，则有

$$\begin{aligned}\dot{s}=\boldsymbol{C}\dot{\boldsymbol{X}}&=\boldsymbol{C}(\boldsymbol{A}+\Delta\boldsymbol{A})\boldsymbol{X}+\boldsymbol{C}(\boldsymbol{B}+\Delta\boldsymbol{B})u+\boldsymbol{CD}f=\\ &\sum_{i=1}^{n}(c_{i-1}-a_i)x_i-b\sum_{i=1}^{m}k_ix_i+bu_{\mathrm{f}}+df\end{aligned} \tag{6.119}$$

所以

$$\begin{aligned}s\dot{s}=&\sum_{i=1}^{m}(c_{i-1}-a_i-c_{n-1}c_i+a_nc_i-bk_i)x_is+\\ &\sum_{i=m+1}^{n-1}(c_{i-1}-a_i-c_{n-1}c_i+a_nc_i)x_is+(c_{n-1}-a_n)s^2+(bu_{\mathrm{f}}+df)s\end{aligned} \tag{6.120}$$

显然，式(6.120) $s\dot{s}<0$ 的充分条件为式(6.112) ～ 式(6.114) 成立，且

$$(bu_{\mathrm{f}}+df)s\leqslant 0$$

即

$$u_{\mathrm{f}}=\begin{cases}u_{\mathrm{f1}}\geqslant -\dfrac{d}{b}f, & s<0\\ u_{\mathrm{f2}}\leqslant -\dfrac{d}{b}f, & s>0\end{cases} \tag{6.121}$$

这样，式(6.118)、式(6.112) 和式(6.121) 就构成了存在外部扰动情况下的变结构控制律。

当系统无扰动即 $f=0$ 时，由式(6.118) 取 $u_{\mathrm{f}}=0$，则该控制律便退化为前面介绍的控制律。当已知 f 的上下界时，代入式(6.121)，则有

$$u_{\mathrm{f}}=\begin{cases}u_{\mathrm{f1}}\geqslant -\dfrac{d}{b}f_{\min}, & s<0\\ u_{\mathrm{f2}}\leqslant -\dfrac{d}{b}f_{\max}, & s>0\end{cases}$$

变结构控制律只取决于 f 的上下界，而与 K 的真值无关，从而也无需对干扰进行测量或估计，简化了系统。此外，f 存在时，变结构闭环等价系统依然由式(6.95) 描述，其特性不受扰动的影响，所以变结构控制系统也具有对外部扰动很强的抵抗能力和适应性。

3. 变结构控制律设计 Ⅱ(单位向量控制型)

在上述变结构控制律的设计中，采用的是变结构控制滑动模态能达条件式 $s\dot{s}<0$ 的充分条件，推导得到的变结构控制律中式(6.113) 和式(6.114) 不易成立。这是由于 c_i 是由特征极点配置式(6.103) 求得的。下面采用式(6.40) 的单位向量控制形式，设计变结构控制律。

待设计系统为式(6.117) 所示系统，即

$$\dot{\boldsymbol{X}}=(\boldsymbol{A}+\Delta\boldsymbol{A})\boldsymbol{X}+(\boldsymbol{B}+\Delta\boldsymbol{B})u+\boldsymbol{D}f$$

式中，矩阵 $\boldsymbol{A}$,$\boldsymbol{B}$ 和 $\boldsymbol{D}$ 如前面所述。取变结构控制律 u 的形式如下：

$$u=-g(t)(\boldsymbol{CB})^{-1}\mathrm{sgn}(s) \tag{6.122}$$

式中，$g(t)>0$ 为需要设计的变结构控制系数。由于系统为单变量系统，滑动模态能达条件可写成

$$s\dot{s}<0 \tag{6.123}$$

令 $P=s\dot{s}$，则有

$$P=s[\boldsymbol{C}(\boldsymbol{A}+\Delta\boldsymbol{A})\boldsymbol{X}+\boldsymbol{C}(\boldsymbol{B}+\Delta\boldsymbol{B})u+\boldsymbol{CD}f] \tag{6.124}$$

将式(6.122) 代入式(6.124)，则有

$$\begin{aligned}P=&-g(t)s\mathrm{sgn}(s)-g(t)s\,\boldsymbol{C}\Delta\boldsymbol{B}(\boldsymbol{CB})^{-1}\mathrm{sgn}(s)+s[\boldsymbol{CAX}+\boldsymbol{C}\Delta\boldsymbol{AX}+\boldsymbol{CD}f]\leqslant\\&-g(t)\parallel s\parallel[1-\psi_{\mathrm{b}}\parallel\boldsymbol{C}\parallel\ \parallel(\boldsymbol{CB})^{-1}\parallel]+\\&\parallel s\parallel[(\parallel\boldsymbol{CA}\parallel+\psi_{\mathrm{a}}\parallel\boldsymbol{C}\parallel)\parallel\boldsymbol{X}\parallel+\parallel\boldsymbol{CD}\parallel\psi_{\mathrm{f}}]\end{aligned} \tag{6.125}$$

式中，ψ_{a},ψ_{b},ψ_{f} 为已知正常数，且 $\parallel\Delta\boldsymbol{A}\parallel\leqslant\psi_{\mathrm{a}}$，$\parallel\Delta\boldsymbol{B}\parallel\leqslant\psi_{\mathrm{b}}$ 和 $|f|\leqslant\psi_{\mathrm{f}}$。若不特别说明，$\parallel\cdot\parallel$ 对于矩阵而言均为诱导范数。

考虑定理 6.2.1，则有

$$\begin{aligned}1-\psi_{\mathrm{b}}\parallel\boldsymbol{C}\parallel\ \parallel(\boldsymbol{CB})^{-1}\parallel&=1-\psi_{\mathrm{b}}\parallel[\boldsymbol{K}\quad\boldsymbol{I}_{\mathrm{m}}]\parallel\ \parallel\boldsymbol{B}_2^{-1}\parallel\geqslant\\&1-\psi_{\mathrm{b}}(1+\parallel\boldsymbol{K}\parallel)/b_0>1-b_0/b_0=0\end{aligned}$$

亦即 $1-\psi_{b}\|\boldsymbol{C}\|\|(\boldsymbol{CB})^{-1}\|>0$,结合式(6.84),则有

$$g(t)>\frac{(\|\boldsymbol{CA}\|+\psi_{a}\|\boldsymbol{C}\|)\|\boldsymbol{X}\|+d\psi_{f}}{1-\psi_{b}\|\boldsymbol{C}\|/b_{0}} \tag{6.126}$$

式(6.126)可写成

$$g(t)=(1-a_{3})^{-1}[a_{1}\|\boldsymbol{X}\|+a_{2}]+\varepsilon \tag{6.127}$$

式中,ε 为一小正数,其余系数为

$$a_{1}=\|\boldsymbol{CA}\|+\psi_{a}\|\boldsymbol{C}\| \tag{6.128a}$$

$$a_{2}=d\psi_{f} \tag{6.128b}$$

$$a_{2}=\psi_{b}\|\boldsymbol{C}\|/b_{0} \tag{6.128c}$$

为消除高频颤振现象,可采用消颤方法,即用下式代替式(6.129)中的 $\mathrm{sgn}(s)$:

$$m(s)=\frac{s}{|s|+\delta} \tag{6.129}$$

式中,δ 是一个小的正常数。

6.4.2 多变量控制系统

一般不确定性多变量系统为

$$\dot{\boldsymbol{X}}(t)=[\boldsymbol{A}+\Delta\boldsymbol{A}(t)]\boldsymbol{X}(t)+[\boldsymbol{B}+\Delta\boldsymbol{B}(t)]\boldsymbol{U}(t)+\boldsymbol{Df}(t) \tag{6.130}$$

式中,状态变量 $\boldsymbol{X}\in\mathbf{R}^{n}$,控制向量 $\boldsymbol{U}\in\mathbf{R}^{m}$,$\boldsymbol{f}(t)\in\mathbf{R}^{l}$ 为外界干扰;$\boldsymbol{A}\in\mathbf{R}^{n\times n}$,$\boldsymbol{B}\in\mathbf{R}^{n\times m}$,$\boldsymbol{D}\in\mathbf{R}^{n\times l}$ 分别为控制对象的标称系统矩阵、标称控制矩阵和扰动分配矩阵;$\Delta\boldsymbol{A}$,$\Delta\boldsymbol{B}$ 分别为矩阵 $\boldsymbol{A}$ 和 $\boldsymbol{B}$ 的摄动矩阵。

不失一般性,设系统式(6.130)满足以下假设条件:

假设 6.4.1

(1)$(\boldsymbol{A},\boldsymbol{B})$ 为完全可控对;

(2) 系统具有简约标准型,即控制矩阵 $\boldsymbol{B}^{\mathrm{T}}=[\boldsymbol{0}\quad\boldsymbol{B}_{2}^{\mathrm{T}}]$,且 $\boldsymbol{B}_{2}$ 非奇异。

假设 6.4.2

(1)$\Delta\boldsymbol{A}(t)$, $\Delta\boldsymbol{B}(t)$ 均为 Lebesgue 可测,且有界;

(2)$\Delta\boldsymbol{A}(t)$, $\Delta\boldsymbol{B}(t)$ 连续,对于任意的 $t\in\Omega$;

(3)$\Delta\dot{\boldsymbol{A}}(t)$, $\Delta\dot{\boldsymbol{B}}(t)$ 在 Ω 上一致有界。

假设 6.4.3

(1) 参数摄动 $\Delta\boldsymbol{A}$, $\Delta\boldsymbol{B}$ 满足:

$$\|\Delta\boldsymbol{A}\|\leqslant\psi_{a},\quad\|\Delta\boldsymbol{B}\|\leqslant\psi_{b}$$

(2) 外界扰动 $\boldsymbol{f}(t)$ 其上界已知,即 $\|\boldsymbol{f}(t)\|\leqslant\psi_{f}$。其中,$\psi_{a}$,$\psi_{b}$,$\psi_{f}$ 为已知正常数,$\|\cdot\|$ 为矩阵的诱导范数。

线性多变量被控对象的变结构控制系统设计依然分为滑动模态域设计和控制律设计两部分。首先讨论滑动模态域的设计。

对于式(6.130)的系统,选择其滑动超平面 $\boldsymbol{S}(\boldsymbol{X},t)$ 为

$$\boldsymbol{S}(\boldsymbol{X},t)=\boldsymbol{CX} \tag{6.131}$$

式中,$\boldsymbol{C}=[\boldsymbol{C}_{1}\quad\boldsymbol{C}_{2}]\in\mathbf{R}^{m\times n}$, $\boldsymbol{C}_{1}\in\mathbf{R}^{m\times(n-m)}$, $\boldsymbol{C}_{2}\in\mathbf{R}^{m\times m}$ 且满秩。

滑动模态参数矩阵 $\boldsymbol{C}$ 的设计方法，采用 6.2.2 中的极点配置设计方法。参照式(6.55) 和式(6.56)，滑模参数矩阵 $\boldsymbol{C}$ 为

$$\boldsymbol{C}=\boldsymbol{C}_2[\boldsymbol{K}\quad \boldsymbol{I}_m]$$

式中，$\boldsymbol{C}_2$ 取为单位矩阵 $\boldsymbol{I}_m$，$\boldsymbol{K}\in\mathbf{R}^{m\times(n-m)}$。$\boldsymbol{K}$ 矩阵可由滑动模态运动的希望特征极点配置计算，即设计 $\boldsymbol{K}$ 矩阵使得 $(\boldsymbol{A}_{11}-\boldsymbol{A}_{12}\boldsymbol{K})$ 的特征值等于希望的特征极点 $\lambda_i(i=1,2,\cdots,n-m)$，用线性系统理论中多变量系统的极点配置技术解决这个问题的方法是非常成熟的。

下面讨论多变量变结构控制律的设计问题。

在讨论单变量系统变结构控制律设计时，并未对系统的输入做过多假设，故而可将其推广至多变量系统中。

仿照 6.4.1 内容，取变结构控制律 u 的形式如下：

$$u=-g(t)(\boldsymbol{CB})^{-1}\mathrm{sgn}(\boldsymbol{S}) \tag{6.132}$$

式中，$g(t)>0$ 为需要设计的变结构控制系数。由滑动模态能达条件有

$$\boldsymbol{S}^{\mathrm{T}}\dot{\boldsymbol{S}}<0 \tag{6.133}$$

令 $P=\boldsymbol{S}^{\mathrm{T}}\dot{\boldsymbol{S}}$，则有

$$P=\boldsymbol{S}^{\mathrm{T}}[\boldsymbol{C}(\boldsymbol{A}+\Delta\boldsymbol{A})\boldsymbol{X}+\boldsymbol{C}(\boldsymbol{B}+\Delta\boldsymbol{B})\boldsymbol{U}+\boldsymbol{CD}\boldsymbol{f}] \tag{6.134}$$

将式(6.132) 代入式(6.134)，则有

$$\begin{aligned}P=&-g(t)\boldsymbol{S}^{\mathrm{T}}\mathrm{sgn}(\boldsymbol{S})-g(t)\boldsymbol{S}^{\mathrm{T}}\boldsymbol{C}\Delta\boldsymbol{B}(\boldsymbol{CB})^{-1}\mathrm{sgn}(\boldsymbol{S})+\boldsymbol{S}^{\mathrm{T}}[\boldsymbol{CAX}+\boldsymbol{C}\Delta\boldsymbol{AX}+\boldsymbol{CD}\boldsymbol{f}]\leqslant\\&-g(t)\parallel\boldsymbol{S}\parallel[1-\psi_{\mathrm{b}}\parallel\boldsymbol{C}\parallel\ \parallel(\boldsymbol{CB})^{-1}\parallel]+\\&\parallel\boldsymbol{S}^{\mathrm{T}}\parallel[(\parallel\boldsymbol{CA}\parallel+\psi_{\mathrm{a}}\parallel\boldsymbol{C}\parallel)\parallel X\parallel+\parallel\boldsymbol{CD}\parallel\psi_{\mathrm{f}}]\end{aligned} \tag{6.135}$$

由定理 6.2.1 可推得

$$1-\psi_{\mathrm{b}}\parallel\boldsymbol{C}\parallel\ \parallel(\boldsymbol{CB})^{-1}\parallel>0$$

结合式(6.133)，则有

$$g(t)>\frac{(\parallel\boldsymbol{CA}\parallel+\psi_{\mathrm{a}}\parallel\boldsymbol{C}\parallel)\parallel\boldsymbol{X}\parallel+\parallel\boldsymbol{CD}\parallel\psi_{\mathrm{f}}}{1-\psi_{\mathrm{b}}\parallel\boldsymbol{C}\parallel\ \parallel(\boldsymbol{CB})^{-1}\parallel} \tag{6.136}$$

即

$$g(t)=(1-a_3)^{-1}[a_1\parallel\boldsymbol{X}\parallel+a_2]+\varepsilon \tag{6.137}$$

式中，ε 为一小正数，其余系数为

$$a_1=\parallel\boldsymbol{CA}\parallel+\psi_{\mathrm{a}}\parallel\boldsymbol{C}\parallel \tag{6.138a}$$

$$a_2=\parallel\boldsymbol{CD}\parallel\psi_{\mathrm{f}} \tag{6.138b}$$

$$a_3=\psi_{\mathrm{b}}\parallel\boldsymbol{C}\parallel\ \parallel(\boldsymbol{CB})^{-1}\parallel \tag{6.138c}$$

同理，可采用消颤方法，用 $\boldsymbol{M}(\boldsymbol{S})$ 代替式(6.132) 中的 $\mathrm{sgn}(\boldsymbol{S})$，即

$$\begin{aligned}&\boldsymbol{M}(\boldsymbol{S})=[m(s_1)\quad m(s_2)\quad\cdots\quad m(s_m)]^{\mathrm{T}}\\&m(s_i)=\frac{s_i}{|s_i|+\delta_i},\quad i=1,2,\cdots,m\end{aligned} \tag{6.139}$$

式中，δ_i 是一个小的正常数。

例 6.4.1　不确定性多变量控制系统为

$$\dot{\boldsymbol{x}}=\left(\begin{bmatrix}0&1&0\\0&0&1\\3&4&-5\end{bmatrix}+\begin{bmatrix}0&0&0\\0&0&0\\a_1&a_2&a_3\end{bmatrix}\right)\boldsymbol{x}+\left(\begin{bmatrix}0&0\\2&0\\0&4\end{bmatrix}+\begin{bmatrix}b_1&0\\b_2&0\\0&b_3\end{bmatrix}\right)\boldsymbol{u}+\begin{bmatrix}0\\0\\1\end{bmatrix}f$$

式中

$$a_1=0.5\sin(4\pi t),\quad a_2=0.7\sin(4\pi t),\quad a_3=0.8\cos(4\pi t);$$

$$b_1=0.1\sin(4\pi t),\quad b_2=0.2\sin(4\pi t),\quad b_3=0.1\cos(4\pi t);$$

$$\boldsymbol{x}_0^{\mathrm{T}}=[2\quad -4\quad 5];$$

f 为随机干扰，且 $\|f\|\leqslant\psi_{\mathrm{f}}=1$

要求变结构从初始状态调节到原点的调节时间不大于 1.5 s。

解　由上述设计指标，确定滑动模态运动的希望极点集为{−4}，由极点配置，则有

$$\lambda[(\boldsymbol{A}_{11}-\boldsymbol{A}_{12}\boldsymbol{K})]=-4$$

可得

$$\boldsymbol{K}=[4\quad 0]$$

则滑动模态参数矩阵 $\boldsymbol{C}$ 为

$$\boldsymbol{C}=\boldsymbol{C}_2[\boldsymbol{K}\quad \boldsymbol{I}_m]=\begin{bmatrix}4 & 1 & 0\\ 0 & 0 & 1\end{bmatrix}$$

设计的变结构调节器如下：

$$\boldsymbol{S}(\boldsymbol{x},t)=\begin{bmatrix}4 & 1 & 0\\ 0 & 0 & 1\end{bmatrix}\boldsymbol{x}$$

$$\boldsymbol{u}(t)=-g(t)\begin{bmatrix}0.5 & 0\\ 0 & 0.25\end{bmatrix}\boldsymbol{M}(\boldsymbol{S})$$

$$\boldsymbol{M}(\boldsymbol{S})=\begin{bmatrix}\dfrac{s_1}{|s_1|+0.5} & \dfrac{s_2}{|s_2|+0.5}\end{bmatrix}^{\mathrm{T}}$$

$$g(t)=(22\|\boldsymbol{x}\|+1)/0.5+0.1$$

其控制效果图如图 6.4 所示。

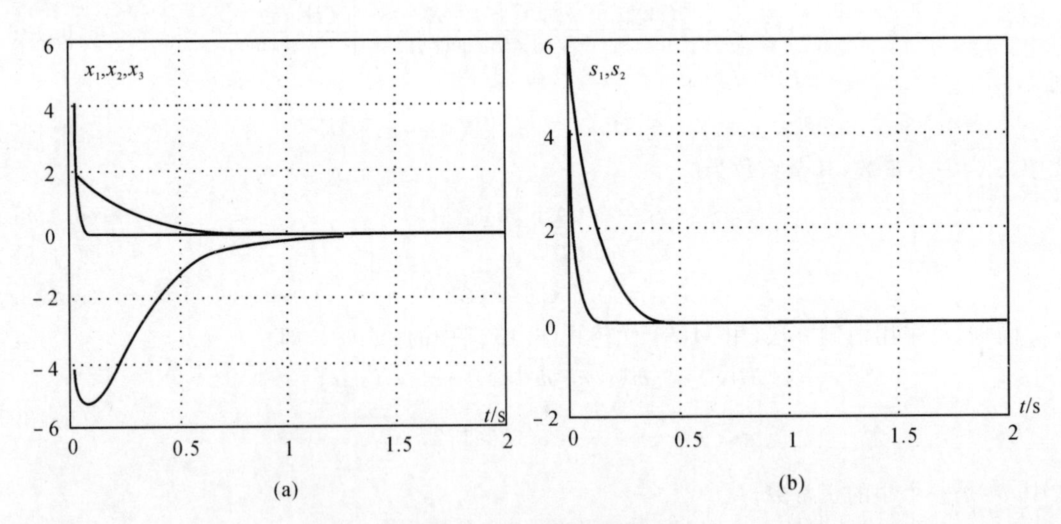

图 6.4　控制效果图

(a) 状态运动曲线；(b) 滑动超平面曲线

6.5　模型参考变结构控制器设计

控制系统的设计不仅仅是调节器问题，有时也表现为跟随器问题。因为在实际工程中往往要求被控对象的状态 / 输出跟踪某一特定的期望运动轨迹，使得闭环系统的特性与某一理想模型基本一致，这就是跟随器的设计问题。模型参考控制是跟随器中最为广泛的控制器形式。

模型参考控制是一种行之有效的控制方法，它具有性能指标明确、设计直观方便的特点。当系统中存在参数变化或外界扰动时，早期的办法是基于李雅普诺夫函数或超稳定性概念来设计的自适应模型跟踪控制。这两种方法都能保证当 $t \to \infty$ 时误差趋于零，然而其共同的缺陷是不能定量的设计误差的瞬态过程。对于这一问题，变结构控制以其良好的瞬态性能和抗参数大范围变化能力等优点而得到了普遍重视，自 20 世纪 70 年代以来国内外学者利用这一方法对单变量系统的模型跟踪问题进行了广泛的研究。Young，Ryan 等将变结构控制推广应用到多变量系统方面，通过递阶控制算法保证系统状态依次进入各级滑动模态直至进入最终滑动模态，但是递阶控制的算法结构较为复杂，且状态到达最终滑动模态的动态过程难以规划，瞬态性能也不易改善，限制了其工程应用。为此，本节主要讨论最终滑动模态变结构模型跟踪控制器设计。

6.5.1　最终滑动模态模型跟踪控制问题描述

1. 数学模型描述

(1) 被控对象的数学描述。一般不确定性多变量系统为

$$\dot{\boldsymbol{x}}_{\mathrm{p}}(t)=[\boldsymbol{A}_{\mathrm{p}}+\Delta\boldsymbol{A}_{\mathrm{p}}(t)]\boldsymbol{x}_{\mathrm{p}}(t)+[\boldsymbol{B}_{\mathrm{p}}+\Delta\boldsymbol{B}_{\mathrm{p}}(t)]\boldsymbol{u}(t)+\boldsymbol{D}_{\mathrm{p}}\boldsymbol{f}_{\mathrm{p}}(t) \tag{6.140}$$

式中，$\boldsymbol{x}\in\mathbf{R}^n$，$\boldsymbol{u}\in\mathbf{R}^m$，$\boldsymbol{f}_{\mathrm{p}}(t)\in\mathbf{R}^l$ 分别为状态变量、控制向量和外界干扰；$\boldsymbol{A}_{\mathrm{p}}\in\mathbf{R}^{n\times n}$，$\boldsymbol{B}_{\mathrm{p}}\in\mathbf{R}^{n\times m}$ 分别为被控对象的已知标称系统矩阵和标称控制矩阵；$\Delta\boldsymbol{A}_{\mathrm{p}}$，$\Delta\boldsymbol{B}_{\mathrm{p}}$ 和 $\boldsymbol{D}_{\mathrm{p}}\in\mathbf{R}^{n\times l}$ 分别为矩阵 $\boldsymbol{A}_{\mathrm{p}}$，$\boldsymbol{B}_{\mathrm{p}}$ 的摄动矩阵和扰动分配矩阵。

被控对象式(6.140) 满足假设 6.4.1 ～ 假设 6.4.3，其标称模型为

$$\dot{\boldsymbol{x}}_{\mathrm{p}}=\boldsymbol{A}_{\mathrm{p}}\boldsymbol{x}+\boldsymbol{B}_{\mathrm{p}}\boldsymbol{u} \tag{6.141}$$

(2) 参考模型的数学描述。参考模型的数学描述为

$$\dot{\boldsymbol{x}}_{\mathrm{m}}(t)=\boldsymbol{A}_{\mathrm{m}}\boldsymbol{x}_{\mathrm{m}}(t)+\boldsymbol{B}_{\mathrm{m}}\boldsymbol{r}(t) \tag{6.142}$$

式中，$\boldsymbol{x}_{\mathrm{m}}(t)\in\mathbf{R}^n$ 为参考模型的状态变量，$\boldsymbol{r}(t)\in\mathbf{R}^l$ 为参考模型的一致有界的外部输入量，$\boldsymbol{A}_{\mathrm{m}}\in\mathbf{R}^{n\times n}$，$\boldsymbol{B}_{\mathrm{m}}\in\mathbf{R}^{n\times l}$ 分别为参考模型的系统矩阵和控制矩阵。显然，参考模型是一个确定性的多变量系统。

假设 6.5.1　参考模型式(6.142)，满足：

1) $\boldsymbol{A}_{\mathrm{m}}$，$\boldsymbol{B}_{\mathrm{m}}$ 均为 Lebesgue 可测，且有界；

2) $(\boldsymbol{A}_{\mathrm{m}}, \boldsymbol{B}_{\mathrm{m}})$ 为可控对，且 $\mathrm{rank}(\boldsymbol{B}_{\mathrm{m}})=l\leqslant m$。

(3) 误差模型的数学描述。模型参考控制系统的目的是要求被控对象的状态变量跟踪参考模型的状态变量，定义误差系统的状态变量为

$$\boldsymbol{e}(t)=\boldsymbol{x}_{\mathrm{m}}(t)-\boldsymbol{x}_{\mathrm{p}}(t) \tag{6.143}$$

由被控对象式(6.140)和参考模型式(6.142)可得模型参考控制系统的误差模型为

$$\begin{aligned}\dot{e}(t)=&\dot{x}_m(t)-\dot{x}_p(t)=\\&[A_m x_m(t)+B_m r(t)]-[(A_p+\Delta A_p)x_p+(B_p+\Delta B_p)u(t)+D_p f_p(t)]=\\&A_m[x_m(t)-x_p(t)]+[A_m-A_p]x_p+B_m r(t)-B_p u(t)-\\&[\Delta A_p x_p+\Delta B_p u(t)+D_p f_p(t)]=\\&A_m e(t)+[A_m-A_p]x_p+B_m r(t)-B_p u(t)-\Delta A_p x_p-\Delta B_p u(t)-D_p f_p(t)\end{aligned}\tag{6.144}$$

误差系统的标称模型为

$$\dot{e}(t)=A_m e(t)+[A_m-A_p]x_p+B_m r(t)-B_p u(t)\tag{6.145}$$

2. 完全模型跟踪条件

若要实现被控对象对参考模型的完全跟踪,即

$$\lim_{t\to\infty}e(t)=0\tag{6.146}$$

那么,对于系统式(6.144),控制量 $u(t)$ 必须使得

$$[A_m-A_p]x_p+B_m r(t)-B_p u(t)-\Delta A_p x_p-\Delta B_p u(t)-Df_p(t)=0\tag{6.147}$$

成立。据此线性代数理论可以导出被控对象对参考模型的完全跟踪的充分条件为

$$\mathrm{rank}[B_p]=\mathrm{rank}[B_p\quad A_m-A_p]=\mathrm{rank}[B_p\quad B_m]\tag{6.148}$$

$$\mathrm{rank}[B_p]=\mathrm{rank}[B_p\quad \Delta A_p]=\mathrm{rank}[B_p\quad \Delta B_p]=\mathrm{rank}[B_p\quad D]\tag{6.149}$$

式中,式(6.148)被称为完全跟踪的模型匹配条件,式(6.149)称为完全跟踪的不确定性匹配条件。考察完全跟踪条件,若将

$$F=[A_m-A_p-\Delta A_p]x_p-\Delta B_p u(t)+[B_m r(t)-D_p f_p(t)]\tag{6.150}$$

视为误差标称系统式(6.145)的参数摄动及外界干扰项,则模型参考控制系统的完全模型跟踪条件就是变结构控制系统的不变性条件。

6.5.2 变结构模型参考控制系统设计

在6.5.1小节分析了完全模型跟踪条件,得到了一种参考模型的规划方法。本节将研究不确定性系统的全程滑动模态变结构模型参考控制系统的设计。

针对误差模型

$$\dot{e}(t)=A_m e(t)+[A_m-A_p]x_p+B_m r(t)-B_p u(t)-\Delta A_p x_p-\Delta B_p u(t)-D_p f_p(t)\tag{6.151}$$

利用6.4节的研究成果,选择全程滑动模态切换超平面,即

$$S(e,t)=Ce(t)\tag{6.152}$$

式中,C 为待设计的滑动模态参数矩阵,$C=[C_1\quad C_2]$。

在滑动模态超平面形式选定之后,其设计任务:一是求取滑动模态参数矩阵 C,以保证滑动模态运动稳定并具有良好的动态品质;二是构造滑动模态变结构控制律,以确保系统到达滑动模态并且不脱离滑动模态。

滑动模态参数矩阵 C 可根据6.4节的方法进行设计。这里只讨论模型参考变结构控制律

的设计。取其变结构控制律的结构为

$$\boldsymbol{u}(t)=\boldsymbol{u}_{\mathrm{m}}(t)+\boldsymbol{u}_{\mathrm{v}}(t) \tag{6.153}$$

式中,$\boldsymbol{u}_{\mathrm{m}}$ 为模型参考闭环控制系统的匹配控制律,$\boldsymbol{u}_{\mathrm{v}}$ 为变结构控制律。

根据完全跟踪的模型匹配条件,存在匹配控制律,即

$$\boldsymbol{u}_{\mathrm{m}}(t)=\boldsymbol{B}_{\mathrm{p2}}^{-1}[\boldsymbol{0} \quad \boldsymbol{I}_{\mathrm{m}}](\boldsymbol{A}_{\mathrm{m}}-\boldsymbol{A}_{\mathrm{p}})\boldsymbol{x}_{\mathrm{p}}(t)+\boldsymbol{B}_{\mathrm{p2}}^{-1}[\boldsymbol{0} \quad \boldsymbol{I}_{\mathrm{m}}]\boldsymbol{B}_{\mathrm{m}}\boldsymbol{r}(t) \tag{6.154}$$

将式(6.153),式(6.154)代入误差模型式(6.151),则误差方程为

$$\dot{\boldsymbol{z}}=\boldsymbol{A}_{\mathrm{m}}\boldsymbol{z}-\boldsymbol{B}_{\mathrm{p}}\boldsymbol{u}_{\mathrm{v}}-[\Delta\boldsymbol{A}_{\mathrm{p}}\boldsymbol{x}_{\mathrm{p}}+\Delta\boldsymbol{B}_{\mathrm{p}}\boldsymbol{u}+\boldsymbol{D}_{\mathrm{p}}\boldsymbol{f}_{\mathrm{p}}(t)] \tag{6.155}$$

针对式(6.155),选择变结构控制律 $\boldsymbol{u}_{\mathrm{v}}(t)$ 保证系统稳定可靠地保持在滑动模态上,即 $\boldsymbol{u}_{\mathrm{v}}$ 使得 $\frac{\mathrm{d}}{\mathrm{d}t}(\boldsymbol{S}^{\mathrm{T}}\boldsymbol{Q}\boldsymbol{S})<0$,$\boldsymbol{Q}>0$ 为对称正定矩阵,一般可选 $\boldsymbol{Q}$ 为单位矩阵,则 $\boldsymbol{u}_{\mathrm{v}}$ 的选取应使得 $\dot{\boldsymbol{v}}=\boldsymbol{S}^{\mathrm{T}}\dot{\boldsymbol{S}}<0$,取

$$\boldsymbol{u}_{\mathrm{v}}=g(t)(\boldsymbol{C}\boldsymbol{B}_{\mathrm{p}})^{-1}\operatorname{sgn}(\boldsymbol{S}) \tag{6.156}$$

式中,$g(t)>0$ 为待求的标量控制系数,由式(6.152)、式(6.155)和(6.156),可得

$$\begin{aligned}\dot{\boldsymbol{v}}=&-g(t)\boldsymbol{S}^{\mathrm{T}}\operatorname{sgn}(\boldsymbol{S})-g(t)\boldsymbol{S}^{\mathrm{T}}\boldsymbol{C}\Delta\boldsymbol{B}_{\mathrm{p}}(\boldsymbol{C}\boldsymbol{B}_{\mathrm{p}})^{-1}\operatorname{sgn}(\boldsymbol{S})-\\&\boldsymbol{S}^{\mathrm{T}}\boldsymbol{C}\Delta\boldsymbol{B}_{\mathrm{p}}\boldsymbol{u}_{\mathrm{m}}+\boldsymbol{S}^{\mathrm{T}}[\boldsymbol{C}\boldsymbol{A}_{\mathrm{m}}\boldsymbol{z}-\boldsymbol{C}\Delta\boldsymbol{A}_{\mathrm{p}}\boldsymbol{x}_{\mathrm{p}}-\boldsymbol{C}\boldsymbol{D}_{\mathrm{p}}\boldsymbol{f}_{\mathrm{p}}]\leqslant\\&-g(t)\|\boldsymbol{S}^{\mathrm{T}}\|[1-\psi_{\mathrm{b}}\|\boldsymbol{C}\|\|(\boldsymbol{C}\boldsymbol{B}_{\mathrm{p}})^{-1}\|]+\|\boldsymbol{S}^{\mathrm{T}}\|\psi_{\mathrm{b}}\|\boldsymbol{C}\|\|\boldsymbol{u}_{\mathrm{m}}\|+\\&\|\boldsymbol{S}^{\mathrm{T}}\|[\|\boldsymbol{C}\boldsymbol{A}_{\mathrm{m}}\|\|\boldsymbol{z}\|+\psi_{\mathrm{a}}\|\boldsymbol{C}\|\|\boldsymbol{x}_{\mathrm{p}}\|+\|\boldsymbol{C}\boldsymbol{D}_{\mathrm{p}}\|\psi_{\mathrm{f}}]\end{aligned}$$

即控制系数为

$$g(t)=(1-a_5)^{-1}[a_1\|\boldsymbol{z}\|+a_2\|\boldsymbol{x}_{\mathrm{p}}\|+a_3\|\boldsymbol{u}_{\mathrm{m}}\|+a_4]+\varepsilon \tag{6.157}$$

式中,ε 为一小正数,$a_i(i=1,\cdots,5)$ 各系数为

$$a_1=\|\boldsymbol{C}\boldsymbol{A}_{\mathrm{m}}\| \tag{6.158a}$$

$$a_2=\psi_{\mathrm{a}}\|\boldsymbol{C}\| \tag{6.158b}$$

$$a_3=\psi_{\mathrm{b}}\|\boldsymbol{C}\| \tag{6.158c}$$

$$a_4=\|\boldsymbol{C}\boldsymbol{D}_{\mathrm{p}}\|\psi_{\mathrm{f}} \tag{6.158d}$$

$$a_5=\psi_{\mathrm{b}}\|\boldsymbol{C}\|\|(\boldsymbol{C}\boldsymbol{B}_{\mathrm{p}})^{-1}\| \tag{6.158e}$$

式中,$1-a_5>0$ 为滑动模态存在的充分条件,这在 6.2 节中已讨论过,该条件限制了控制参数的摄动范围。得到上述的控制律后,我们只要将上面控制律中的 $\boldsymbol{z}$ 再变换成 $\boldsymbol{e}(t)$,即可得到全程滑动模态模型参考变结构控制律。

此外,采用与 6.4 节处理控制律中高频颤振的相同方法,用下式中的 $m_i(s)$ 代替 $\operatorname{sgn}(s_i)$,则可

从而消除系统运动中的高频颤振。即

此外,采用与 6.4 节相同的方法,用 $m_i(s)$ 代替 $\operatorname{sgn}(s_i)$,即

$$m_i(s)=\frac{s_i}{|s_i|+\delta_i}, \quad i=1,2,\cdots,m \tag{6.159}$$

则可将不连续控制转化为连续控制,从而消除系统运动中的高频颤振。

6.5.3　仿真算例

考虑二维控制,四阶状态对象,即

$$\dot{\boldsymbol{X}}(t)=(\boldsymbol{A}+\Delta\boldsymbol{A})\boldsymbol{X}(t)+(\boldsymbol{B}+\Delta\boldsymbol{B})\boldsymbol{U}(t)+\boldsymbol{D}v(t)$$

式中

$$\boldsymbol{A}=\begin{bmatrix}0&1&0&0\\0&0&1&0\\0&0&0&1\\-6&-6&-11&-10\end{bmatrix},\quad \Delta\boldsymbol{A}=\begin{bmatrix}0&0&0&0\\0&0&0&0\\0&0&0&0\\a_1&a_2&a_3&a_4\end{bmatrix}$$

$$\boldsymbol{B}=\begin{bmatrix}0&0\\0&0\\0&10\\10&1\end{bmatrix},\quad \Delta\boldsymbol{B}=\begin{bmatrix}0&0\\0&0\\b_1&0\\0&b_2\end{bmatrix},\quad \boldsymbol{D}=[0\quad 0\quad 0\quad 1]^{\mathrm{T}}$$

$$a_1=0.4\sin(4\pi t),\quad a_2=0.4\sin(4\pi t),\quad a_3=0.7\cos(4\pi t)$$

$$a_4=0.5\cos(4\pi t),\quad b_1=0.2\sin(4\pi t),\quad b_2=0.2\cos(4\pi t)$$

$f(t)$ 为外界随机干扰,且 $|f|\leqslant 1$。

对象初始状态为

$$\boldsymbol{X}(0)=[-1\quad 1\quad 1\quad -1]^{\mathrm{T}}$$

参考模型由微分方程描述,即

$$\dot{\boldsymbol{X}}_{\mathrm{m}}(t)=\boldsymbol{A}_{\mathrm{m}}\boldsymbol{X}(t)+\boldsymbol{B}_{\mathrm{m}}\boldsymbol{R}(t)\tag{6.160}$$

$$\boldsymbol{A}_{\mathrm{m}}=\begin{bmatrix}0&1&0&0\\0&0&1&0\\0&0&0&1\\-3&-12&-19&-8\end{bmatrix},\quad \boldsymbol{B}_{\mathrm{m}}=\begin{bmatrix}0&0\\0&0\\0&0\\3&0\end{bmatrix}$$

$$\boldsymbol{R}=[r_1\quad 0]^{\mathrm{T}},\quad r_1=\begin{cases}2, & 0<t<10\\0, & t\leqslant 10\end{cases}$$

初始状态为

$$\boldsymbol{X}_{\mathrm{m}}(0)=[0\quad 0\quad 0\quad 0]^{\mathrm{T}}$$

要求设计的跟随器在 2.0 s 实现对参考模型的完全跟踪。

解 由上述的模型描述可知,系统满足完全模型跟踪条件。根据设计指标要求,选择滑动模态运动期望的极点集为{-4, -4},则滑动模态参数矩阵为

$$\boldsymbol{C}=\begin{bmatrix}16&8&1&0\\0&0&0&1\end{bmatrix}\tag{6.161a}$$

控制系数为

$$g(t)=(50\|\boldsymbol{e}\|+59.5\|\boldsymbol{X}\|+1.5\|\boldsymbol{R}\|+1)/0.5+0.5\tag{6.161b}$$

仿真结果如图 6.5 ~ 图 6.10 所示。从仿真结果可以看出,本章所提出的模型参考变结构控制方案对于同时存在参数摄动与外加干扰的多变量系统的模型跟踪问题可以获得较为满意的效果,且算法简单、直观,便于工程应用。

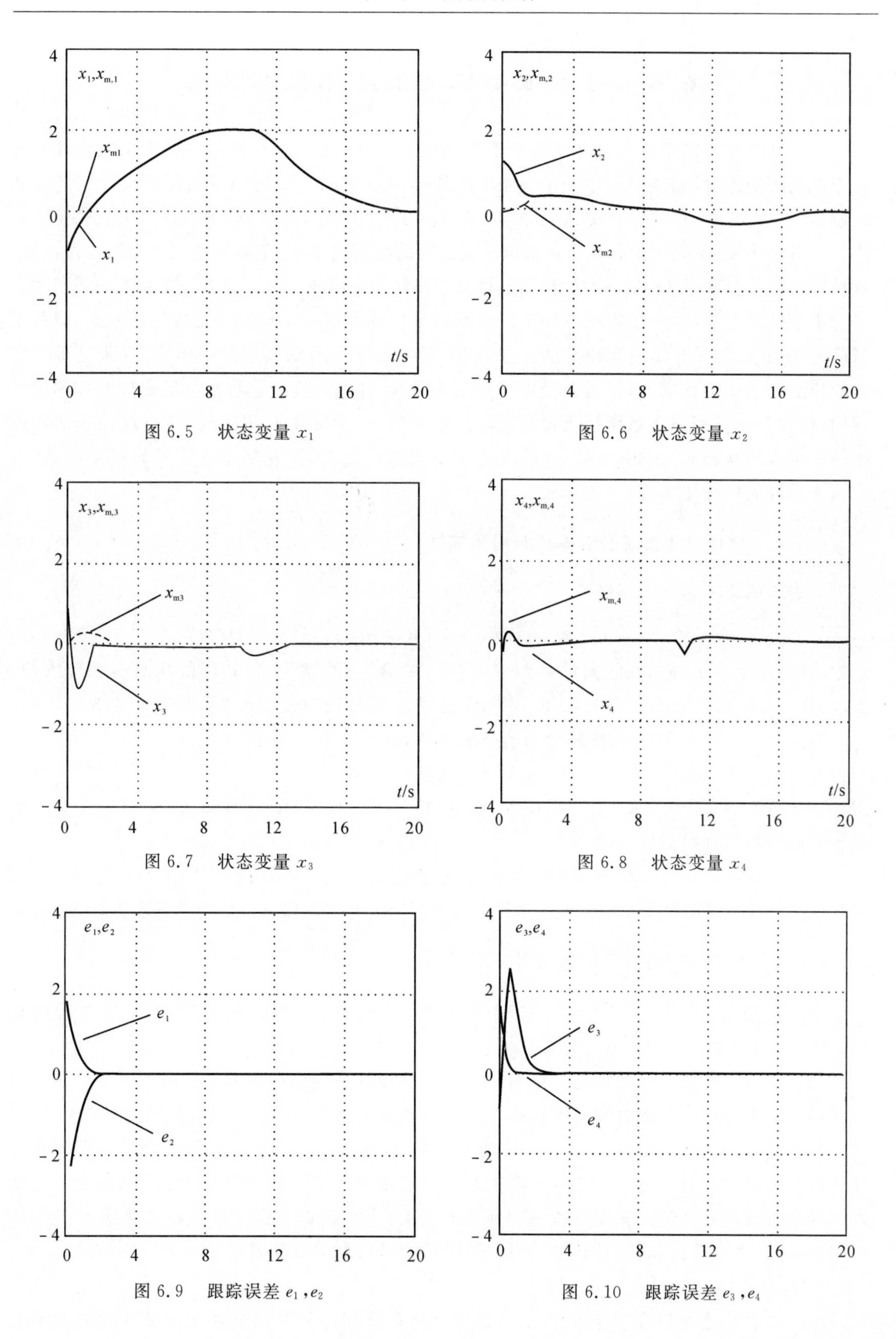

图 6.5　状态变量 x_1

图 6.6　状态变量 x_2

图 6.7　状态变量 x_3

图 6.8　状态变量 x_4

图 6.9　跟踪误差 e_1，e_2

图 6.10　跟踪误差 e_3，e_4

6.6 全程滑动模态变结构控制系统

由于变结构控制系统仅仅在系统处于滑动模态运动阶段时，才具有对系统参数摄动和外界干扰的不变性，故而如何缩短变结构系统的能达时间就成为变结构控制系统设计中的重要问题之一。近年来，许多学者都认识到这一缺陷并进行了大量的研究工作，得到了一些解决办法。尤其是 S. Choi 提出的移动 / 旋转滑动模态变结构控制方案，基本上消除了能达阶段，但是其算法仅仅适用于SISO的二阶系统，无法将其推广到SISO高阶系统，更不必说MIMO系统了。

本节针对上述问题，提出了不确定性多变量系统的全程滑动模态变结构控制方案，研究了MIMO 系统的全程滑动模态超平面设计问题；提出了全程滑动模态因子的概念，研究了全程滑动模态因子的设计准则；针对多变量不确定性系统，详细研究了全程滑动模态控制律的设计问题，使设计的控制律将系统状态保持在切换超平面上，消除了能达阶段，并通过在变结构控制律中引入与状态有关的时变因子项，改善了系统的瞬态性能，克服了未知参数摄动的影响，提高了系统的鲁棒稳定性。

6.6.1 全程滑动模态变结构控制问题描述

一般不确定性多变量系统为

$$\dot{\boldsymbol{X}}(t)=[\boldsymbol{A}+\Delta\boldsymbol{A}(t)]\boldsymbol{X}(t)+[\boldsymbol{B}+\Delta\boldsymbol{B}(t)]\boldsymbol{u}(t)+\boldsymbol{D}\boldsymbol{f}(t) \tag{6.162}$$

式中，状态变量 $\boldsymbol{X}\in\mathbf{R}^n$，控制向量 $\boldsymbol{U}\in\mathbf{R}^m$，$\boldsymbol{f}(t)\in\mathbf{R}^l$ 为外界干扰；$\boldsymbol{A}$，$\boldsymbol{B}$ 和 $\boldsymbol{D}$ 具有相应维数，$\Delta\boldsymbol{A}$，$\Delta\boldsymbol{B}$ 为参数摄动矩阵。系统式(6.162) 满足假设 6.4.1、假设 6.4.2 和假设 6.4.3。

对式(6.162) 的系统，选择其滑动超平面 $\boldsymbol{S}(\boldsymbol{X},t)$ 为

$$\boldsymbol{S}(\boldsymbol{X},t)=\boldsymbol{C}\boldsymbol{X}-\boldsymbol{W}(t) \tag{6.163}$$

式中，$\boldsymbol{C}=[\boldsymbol{C}_1\quad \boldsymbol{C}_2]=\boldsymbol{C}_2[\boldsymbol{K}\quad \boldsymbol{I}_m]\in\mathbf{R}^{m\times n}$，$\boldsymbol{C}_1\in\mathbf{R}^{m\times(n-m)}$，$\boldsymbol{C}_2\in\mathbf{R}^{m\times m}$ 且满秩；$\boldsymbol{W}(t)$ 定义为切换超平面的全程滑动模态因子。

全程滑动模态变结构调节器的任务就是设计出恰当的全程滑动模态因子 $\boldsymbol{W}(t)$、滑动模态参数矩阵 $\boldsymbol{C}$ 及控制 $\boldsymbol{u}$，使得系统一开始就处于滑动模态上并将其保持且滑动模态运动是稳定的。

6.6.2 全程滑动模态因子的设计

变结构系统中引入全程滑动模态因子是一个全新的概念，在本节中我们将研究全程滑动模态因子的设计准则，并给出全程滑动模态因子的一种形式。

全程滑动模态变结构切换超平面与一般定常滑动模态变结构切换超平面不同之处在于全滑动模态超平面中有一随时间而变化的全程滑动模态因子 $\boldsymbol{W}(t)$，从而切换超平面 $\boldsymbol{S}(\boldsymbol{X},t)$ 不仅是状态变量的显函数，也是时间变量 t 的显函数，即 $\boldsymbol{S}(\boldsymbol{X},t)$ 是时变的，因此全程滑动模态变结构控制可以称为时变滑动模态变结构控制。要实现全程滑动模态运动，关键问题之一是如何设计全滑动模态因子。根据全程滑动模态的要求，全滑动模态因子的设计必须满足三个条件，我们称之为全程滑动模态因子的初值条件、终值条件和可导条件。

1. *初值条件*

全程滑动模态变结构控制的一个显著特点是系统在初始时刻就处于所设计的滑动模态

上，即

$$\boldsymbol{S}[\boldsymbol{x}(0),0]=\boldsymbol{C}\boldsymbol{X}(0)-\boldsymbol{W}(0)=\boldsymbol{0} \tag{6.164}$$

由式(6.164) 有

$$\boldsymbol{W}(0)=\boldsymbol{C}\boldsymbol{X}(0) \tag{6.165}$$

式(6.165) 称为全程滑动模态因子的初值条件。

2. 终值条件

我们知道变结构控制系统的工作原理就是驱使系统状态从任意初始点进入到所设计的滑动模态，且将其保持在滑动模态上，并在滑动模态运动的引导下使系统状态趋向原点，则有

$$\left.\begin{aligned}&\lim_{t\to\infty}\boldsymbol{X}(t)=\boldsymbol{0}\\&\lim_{t\to\infty}\boldsymbol{S}(\boldsymbol{x},t)=\boldsymbol{0}\end{aligned}\right\} \tag{6.166}$$

同样，全程滑动模态变结构控制也要满足式(6.132)，由上式，可得

$$\lim_{t\to\infty}\boldsymbol{S}(\boldsymbol{x},t)=\lim_{t\to\infty}[\boldsymbol{C}\boldsymbol{X}(t)-\boldsymbol{C}\boldsymbol{W}(t)]=\lim_{t\to\infty}\boldsymbol{C}\boldsymbol{W}(t)=\boldsymbol{0} \tag{6.167}$$

则有

$$\lim_{t\to\infty}\boldsymbol{W}(t)=\boldsymbol{0} \tag{6.168}$$

式(6.168) 称为全程滑动模态因子的终值条件。

3. 可导条件

由于全程滑动模态变结构系统在整个运动工程中都处于所设计的滑动模态上，故下式成立：

$$\left.\begin{aligned}&\boldsymbol{S}(\boldsymbol{x},t)=\boldsymbol{C}\boldsymbol{X}-\boldsymbol{W}(t)=\boldsymbol{0}\\&\dot{\boldsymbol{S}}(\boldsymbol{x},t)=\boldsymbol{C}\dot{\boldsymbol{X}}-\dot{\boldsymbol{W}}(t)=\boldsymbol{0}\end{aligned}\right\} \tag{6.169}$$

因此，全程滑动模态因子 $\boldsymbol{W}(t)$ 存在一阶微分且有界，称之为全程滑动模态因子的可导条件。

根据全程滑动模态因子 $\boldsymbol{W}(t)$ 设计的上述三个条件，选取 $\boldsymbol{W}(t)$ 的形式为

$$\boldsymbol{W}(t)=\boldsymbol{C}\boldsymbol{E}(t)\boldsymbol{X}(0) \tag{6.170}$$

式中

$$\boldsymbol{E}(t)=\begin{bmatrix}\boldsymbol{E}_1(t) & 0\\ 0 & \boldsymbol{E}_2(t)\end{bmatrix},\qquad \boldsymbol{E}(t)\in\mathbf{R}^{n\times n}$$

$$\boldsymbol{E}_1(t)=\mathrm{diag}[\exp(-\beta_1 t),\cdots,\exp(-\beta_{n-m}t)]$$

$$\boldsymbol{E}_2(t)=\mathrm{diag}[\exp(-\beta_{n-m+1}t),\cdots,\exp(-\beta_n t)]$$

$\mathrm{Re}(\beta_i)>0,\quad i=1,2,\cdots,n$ 为设计的滑动模态移动参数。

显然，式(6.170) 满足 $\boldsymbol{W}(t)$ 设计的三个条件。

6.6.3　全程滑动模态滑动超平面滑动模态参数设计

全程滑动模态滑动超平面的滑动模态参数包括两组参数：滑动模态参数矩阵 $\boldsymbol{C}$ 和滑动模态移动参数 $\beta_i(i=1,\cdots,n)$，比定常滑动模态变结构控制的多了一组参数 β_i。本节讨论它们的设计方法，特别是滑动模态移动参数的设计。

1. 滑动模态参数矩阵 $\boldsymbol{C}$ 的设计

变结构控制系统滑动模态参数矩阵 $\boldsymbol{C}$ 关系到控制系统的最终控制效果，其设计的基本出发点是保证滑动模态运动稳定且具有良好的动态品质。$\boldsymbol{C}$ 矩阵的设计通常采用三种方法：极点配置法、二次型最优法和特征结构配置法。

我们采用滑动模态的极点配置设计方法来设计 $\boldsymbol{C}$ 矩阵。由式(6.162)、式(6.163)和式(6.170),则有

$$\begin{aligned}\dot{\boldsymbol{x}}_1&=(\boldsymbol{A}_{11}+\Delta\boldsymbol{A}_{11})\boldsymbol{x}_1+(\boldsymbol{A}_{12}+\Delta\boldsymbol{A}_{12})\boldsymbol{x}_2+\Delta\boldsymbol{B}_1\boldsymbol{u}+\boldsymbol{D}_1\boldsymbol{f}\\ \dot{\boldsymbol{x}}_2&=(\boldsymbol{A}_{21}+\Delta\boldsymbol{A}_{21})\boldsymbol{x}_1+(\boldsymbol{A}_{22}+\Delta\boldsymbol{A}_{22})\boldsymbol{x}_2+(\boldsymbol{B}_2+\Delta\boldsymbol{B}_2)\boldsymbol{u}+\boldsymbol{D}_2\boldsymbol{f}\\ \boldsymbol{S}&=\boldsymbol{C}_1\boldsymbol{x}_1+\boldsymbol{C}_2\boldsymbol{x}_2-\boldsymbol{C}_1\boldsymbol{E}_1(t)\boldsymbol{x}_1(0)-\boldsymbol{C}_2\boldsymbol{E}_2(t)\boldsymbol{x}_2(0)\end{aligned}\tag{6.171}$$

令 $\boldsymbol{S}=\boldsymbol{0}$,解出

$$\boldsymbol{x}_2=-\boldsymbol{K}\boldsymbol{x}_1+\boldsymbol{K}\boldsymbol{E}_1(t)\boldsymbol{x}_1(0)+\boldsymbol{E}_2(t)\boldsymbol{x}_2(0)\tag{6.172}$$

则系统的滑动模态运动方程为

$$\begin{aligned}\dot{\boldsymbol{x}}_1=&(\boldsymbol{A}_{11}-\boldsymbol{A}_{12}\boldsymbol{K})\boldsymbol{x}_1+(\Delta\boldsymbol{A}_{11}-\Delta\boldsymbol{A}_{12}\boldsymbol{K})\boldsymbol{x}_1+\Delta\boldsymbol{B}_1\boldsymbol{u}_{\text{eq}}+\boldsymbol{D}_1\boldsymbol{f}+\\&(\boldsymbol{A}_{12}+\Delta\boldsymbol{A}_{12})[\boldsymbol{K}\boldsymbol{E}_1(t)\boldsymbol{x}_1(0)+\boldsymbol{E}_2(t)\boldsymbol{x}_2(0)]\end{aligned}\tag{6.173}$$

式中,$\boldsymbol{K}=\boldsymbol{C}_2^{-1}\boldsymbol{C}_1$,$\boldsymbol{u}_{\text{eq}}$ 为滑动模态运动的等价控制。

式(6.173)描述的系统标称方程为

$$\dot{\boldsymbol{x}}_1=(\boldsymbol{A}_{11}-\boldsymbol{A}_{12}\boldsymbol{K})\boldsymbol{x}_1\tag{6.174}$$

由于$(\boldsymbol{A},\boldsymbol{B})$为完全可控对,则$(\boldsymbol{A}_{11},\boldsymbol{A}_{12})$也为完全可控对。选择 $\boldsymbol{K}$ 使$(\boldsymbol{A}_{11}-\boldsymbol{A}_{12}\boldsymbol{K})$的特征根 λ_i 为系统希望的特征根,从而保证系统在滑动阶段具有良好的动态品质。则有

$$\boldsymbol{C}=\boldsymbol{C}_2[\boldsymbol{K}\quad \boldsymbol{I}_m]\tag{6.175}$$

通常 $\boldsymbol{C}_2$ 取为单位矩阵。

2. 滑动模态移动参数 β_i 的设计

我们知道一般变结构系统中 $\boldsymbol{x}_1$ 的运动特性由滑动模态参数矩阵 $\boldsymbol{C}$ 的设计来保证,而 $\boldsymbol{x}_2$ 的运动特性则由趋近律或变结构控制律中的线性项的设计来确定。在全程滑动模态变结构系统中,我们提出用滑动模态移动参数 β_i 来确定 $\boldsymbol{x}_2$ 的期望运动特性,由此可见,β_i 的设计与系统的瞬态性能有密切的关系。同时,用 β_i 来确定 $\boldsymbol{x}_2$ 的期望运动特性这也是变结构控制系统设计中的新思想。

系统的切换超平面方程可变换为

$$\boldsymbol{S}=\boldsymbol{C}\boldsymbol{X}-\boldsymbol{C}\boldsymbol{E}(t)\boldsymbol{X}(0)=\boldsymbol{C}_1(\boldsymbol{x}_1-\boldsymbol{E}_1(t)\boldsymbol{x}_1(0))+\boldsymbol{C}_2(\boldsymbol{x}_2-\boldsymbol{E}_2(t)\boldsymbol{x}_2(0))$$

由于系统为全程滑动模态运动,即系统始终有 $\boldsymbol{S}=\boldsymbol{0}$,则有

$$\boldsymbol{C}_1(\boldsymbol{x}_1-\boldsymbol{E}_1(t)\boldsymbol{x}_1(0))+\boldsymbol{C}_2(\boldsymbol{x}_2-\boldsymbol{E}_2(t)\boldsymbol{x}_2(0))=\boldsymbol{0}\tag{6.176}$$

又由式(6.174)可知系统期望的滑动模态运动为

$$\boldsymbol{x}_1=\widetilde{\boldsymbol{E}}_1(t)\boldsymbol{x}_1(0),\quad \widetilde{\boldsymbol{E}}_1(t)=\operatorname{diag}[\exp(\lambda_1 t),\cdots,\exp(\lambda_{n-m}t)]\tag{6.177}$$

式中,λ_i 为矩阵$(\boldsymbol{A}_{11}-\boldsymbol{A}_{12}\boldsymbol{K})$的 $n-m$ 个特征值,故而我们作如下设计,即

$$\beta_i=-\lambda_i(\boldsymbol{A}_{11}-\boldsymbol{A}_{12}\boldsymbol{K})\qquad(i=1,2,\cdots,n-m)\tag{6.178}$$

则 $\widetilde{\boldsymbol{E}}_1(t)=\boldsymbol{E}_1(t)$,结合式(6.143)和式(6.144),可得系统状态 $\boldsymbol{x}_2$ 的期望运动特性为

$$\boldsymbol{x}_2=\boldsymbol{E}_2(t)\boldsymbol{x}_2(0)\tag{6.179}$$

亦即,$\boldsymbol{x}_2$ 的期望运动特性由滑动模态移动参数 $\beta_i(i=n-m+1,\cdots,n)$ 来决定。适当地选择 β_i $(i=n-m+1,\cdots,n)$,则 $\boldsymbol{x}_2$ 的运动特性能得到保证。

综上所述,根据系统所要设计的性能指标要求,选择滑动模态移动参数为系统期望的 n 个特征值,则系统期望的运动均以指数形式趋近于原点。

6.6.4　全程滑动模态系统的滑动模态分析

下面对全程滑动模态系统的滑动模态的存在条件及全程滑动模态运动的稳定性进行分析。

1. 滑动模态的存在条件

对于全程滑动模态系统滑动模态的存在条件的推导，可以完全参照 6.2.3 小节的内容。全程滑动模态系统的运动特征由下面方程组描述，即

$$\left.\begin{aligned}\boldsymbol{S}&=\boldsymbol{CX}-\boldsymbol{CE}(t)\boldsymbol{X}(0)=\boldsymbol{0}\\ \dot{\boldsymbol{S}}&=\boldsymbol{C}\dot{\boldsymbol{X}}-\boldsymbol{C}\dot{\boldsymbol{E}}(t)\boldsymbol{X}(0)=\boldsymbol{0}\end{aligned}\right\}\tag{6.180}$$

由式(6.180) 中的第一式解出的 $\boldsymbol{x}_2$，代入第二式，则有

$$\begin{aligned}\dot{\boldsymbol{S}}=&\boldsymbol{C}_1\dot{\boldsymbol{x}}_1+\boldsymbol{C}_2\dot{\boldsymbol{x}}_2-\boldsymbol{C}_1\boldsymbol{H}_1\boldsymbol{E}_1(t)\boldsymbol{x}_1(0)-\boldsymbol{C}_2\boldsymbol{H}_2\boldsymbol{E}_2(t)\boldsymbol{x}_2(0)=\\ &\boldsymbol{C}_2[(\boldsymbol{KA}_{11}+\boldsymbol{A}_{21})\boldsymbol{x}_1+(\boldsymbol{K}\Delta\boldsymbol{A}_{11}+\Delta\boldsymbol{A}_{21})\boldsymbol{x}_1+\\ &(\boldsymbol{KA}_{12}+\boldsymbol{A}_{22})\boldsymbol{x}_2+(\boldsymbol{K}\Delta\boldsymbol{A}_{12}+\Delta\boldsymbol{A}_{22})\boldsymbol{x}_2]+\\ &\boldsymbol{C}_2[(\boldsymbol{B}_2+\Delta\boldsymbol{B}_2+\boldsymbol{K}\Delta\boldsymbol{B}_1)\boldsymbol{u}_{\mathrm{eq}}+(\boldsymbol{KD}_1+\boldsymbol{D}_2)\boldsymbol{f}-\\ &\boldsymbol{KH}_1\boldsymbol{E}_1(t)\boldsymbol{x}_1(0)-\boldsymbol{H}_2\boldsymbol{E}_2(t)\boldsymbol{x}_2(0)]=\boldsymbol{0}\end{aligned}\tag{6.181}$$

若矩阵$(\boldsymbol{B}_2+\boldsymbol{K}\Delta\boldsymbol{B}_1+\Delta\boldsymbol{B}_2)$ 非奇异，可得滑动模态运动的等价控制为

$$\begin{aligned}\boldsymbol{u}_{\mathrm{eq}}=&-(\boldsymbol{B}_2+\boldsymbol{K}\Delta\boldsymbol{B}_1+\Delta\boldsymbol{B}_2)^{-1}[(\boldsymbol{KA}_{11}+\boldsymbol{A}_{21}-\boldsymbol{KA}_{12}\boldsymbol{K}-\boldsymbol{A}_{22}\boldsymbol{K})\boldsymbol{x}_1+\\ &(\boldsymbol{K}\Delta\boldsymbol{A}_{11}+\Delta\boldsymbol{A}_{21}-\boldsymbol{K}\Delta\boldsymbol{A}_{12}\boldsymbol{K}-\Delta\boldsymbol{A}_{22}\boldsymbol{K})\boldsymbol{x}_1+(\boldsymbol{KD}_1+\boldsymbol{D}_2)\boldsymbol{f}+\\ &(-\boldsymbol{KH}_1+\boldsymbol{KA}_{12}\boldsymbol{K}+\boldsymbol{A}_{22}\boldsymbol{K}+\boldsymbol{K}\Delta\boldsymbol{A}_{12}\boldsymbol{K}+\Delta\boldsymbol{A}_{22}\boldsymbol{K})\boldsymbol{E}_1\boldsymbol{x}_1(0)+\\ &(-\boldsymbol{H}_2+\boldsymbol{KA}_{12}+\boldsymbol{A}_{22}+\boldsymbol{K}\Delta\boldsymbol{A}_{12}+\Delta\boldsymbol{A}_{22})\boldsymbol{E}_2\boldsymbol{x}_2(0)]\end{aligned}\tag{6.182}$$

式中，$\boldsymbol{H}_1=\mathrm{diag}[-\beta_1,\cdots,-\beta_{n-m}]$，$\boldsymbol{H}_2=\mathrm{diag}[-\beta_{n-m+1},\cdots,-\beta_n]$。则系统的滑动模态运动方程为

$$\begin{aligned}\dot{\boldsymbol{x}}_1=&(\boldsymbol{A}_{11}-\boldsymbol{A}_{12}\boldsymbol{K})\boldsymbol{x}_1+[\Delta\boldsymbol{B}_1(\boldsymbol{B}_2+\boldsymbol{K}\Delta\boldsymbol{B}_1+\Delta\boldsymbol{B}_2)^{-1}(\boldsymbol{KA}_{11}+\boldsymbol{A}_{21}-\boldsymbol{KA}_{12}\boldsymbol{K}-\\ &\boldsymbol{A}_{22}\boldsymbol{K}+\boldsymbol{K}\Delta\boldsymbol{A}_{11}+\Delta\boldsymbol{A}_{21}-\boldsymbol{K}\Delta\boldsymbol{A}_{12}\boldsymbol{K}-\Delta\boldsymbol{A}_{22}\boldsymbol{K})+\Delta\boldsymbol{A}_{11}-\Delta\boldsymbol{A}_{12}\boldsymbol{K}]\boldsymbol{x}_1+\\ &[\boldsymbol{D}_1+\Delta\boldsymbol{B}_1(\boldsymbol{B}_2+\boldsymbol{K}\Delta\boldsymbol{B}_1+\Delta\boldsymbol{B}_2)^{-1}(\boldsymbol{KD}_1+\boldsymbol{D}_2)]\boldsymbol{f}+\\ &[\Delta\boldsymbol{B}_1(\boldsymbol{B}_2+\boldsymbol{K}\Delta\boldsymbol{B}_1+\Delta\boldsymbol{B}_2)^{-1}(-\boldsymbol{KH}_1+\boldsymbol{KA}_{12}\boldsymbol{K}+\\ &\boldsymbol{A}_{22}\boldsymbol{K}+\boldsymbol{K}\Delta\boldsymbol{A}_{12}\boldsymbol{K}+\Delta\boldsymbol{A}_{22}\boldsymbol{K})+(\boldsymbol{A}_{12}+\Delta\boldsymbol{A}_{12})\boldsymbol{K}]\boldsymbol{E}_1\boldsymbol{x}_1(0)+\\ &[\Delta\boldsymbol{B}_1(\boldsymbol{B}_2+\boldsymbol{K}\Delta\boldsymbol{B}_1+\Delta\boldsymbol{B}_2)^{-1}(-\boldsymbol{H}_2+\boldsymbol{KA}_{12}+\boldsymbol{A}_{22}+\boldsymbol{K}\Delta\boldsymbol{A}_{12}+\Delta\boldsymbol{A}_{22})+\\ &(\boldsymbol{A}_{12}+\Delta\boldsymbol{A}_{12})]\boldsymbol{E}_2\boldsymbol{x}_2(0)\end{aligned}\tag{6.183}$$

因此，矩阵$(\boldsymbol{B}_2+\boldsymbol{K}\Delta\boldsymbol{B}_1+\Delta\boldsymbol{B}_2)$ 非奇异是全程滑动模态存在的充分条件，根据矩阵分析理论，矩阵$(\boldsymbol{B}_2+\boldsymbol{K}\Delta\boldsymbol{B}_1+\Delta\boldsymbol{B}_2)$ 非奇异的条件为

$$\begin{gathered}\|\boldsymbol{K}\Delta\boldsymbol{B}_1+\Delta\boldsymbol{B}_2\|=\left\|[\boldsymbol{K}\quad\boldsymbol{I}_m]\begin{bmatrix}\Delta\boldsymbol{B}_1\\ \Delta\boldsymbol{B}_2\end{bmatrix}\right\|<\|\boldsymbol{B}_2^{-1}\|^{-1}\Rightarrow\\ (1+\|\boldsymbol{K}\|)\|\Delta\boldsymbol{B}\|<\|\boldsymbol{B}_2^{-1}\|^{-1}\end{gathered}\tag{6.184}$$

从式(6.184) 可知，全程滑动模态存在的充分条件要满足定理 6.2.1。故而控制矩阵参数摄动限制了滑动模态参数的选择范围。

2. 全程滑动模态运动的稳定性

在滑动模态存在的前提下，系统的稳定性就由滑动模态运动方程式(6.183) 决定。由于干扰项 f 及状态初值项 $\boldsymbol{x}_1(0)$，$\boldsymbol{x}_2(0)$ 不影响滑动模态运动系统式(6.183) 特征值的变化，因此式(6.183) 的系统的稳定性可由下述方程来描述：

$$\dot{\boldsymbol{x}}_1=(\boldsymbol{A}_{11}-\boldsymbol{A}_{12}\boldsymbol{K})\boldsymbol{x}_1+$$
$$[\Delta\boldsymbol{B}_1(\boldsymbol{B}_2+\boldsymbol{K}\Delta\boldsymbol{B}_1+\Delta\boldsymbol{B}_2)^{-1}(\boldsymbol{K}\boldsymbol{A}_{11}+\boldsymbol{A}_{21}-\boldsymbol{K}\boldsymbol{A}_{12}\boldsymbol{K}-\boldsymbol{A}_{22}\boldsymbol{K}+$$
$$\boldsymbol{K}\Delta\boldsymbol{A}_{11}+\Delta\boldsymbol{A}_{21}-\boldsymbol{K}\Delta\boldsymbol{A}_{12}\boldsymbol{K}-\Delta\boldsymbol{A}_{22}\boldsymbol{K})+\Delta\boldsymbol{A}_{11}-\Delta\boldsymbol{A}_{12}\boldsymbol{K}]\boldsymbol{x}_1 \tag{6.185}$$

式(6.185)与定常滑动模态变结构控制系统的滑动模态运动方程是完全一致的,可见,全程滑动模态运动稳定性与定常滑动模态的是相同的。即

(1) 系统扰动满足不变性条件,易知系统的滑动模态运动是稳定的;

(2) 系统扰动不满足不变性条件,则系统的滑动模态运动稳定性由下述定理来保证。

定理 6.6.1 变结构控制系统滑动模态运动渐近稳定的充分条件为

$$\psi_a(1+\|\boldsymbol{K}\|)+\psi_b(1+\delta)^{-1}\|\boldsymbol{B}_2^{-1}\|(1+\|\boldsymbol{K}\|)^2(\|\boldsymbol{A}\|+\psi_a)\leqslant\frac{\min\mathrm{Re}(-\lambda_i)}{\mathrm{Cond}(\boldsymbol{Y})} \tag{6.196}$$

式中,δ 为 $\|\boldsymbol{B}_2^{-1}\|\,\|\boldsymbol{K}\Delta\boldsymbol{B}_1+\Delta\boldsymbol{B}_2\|$ 的上界,$\lambda_i(i=1,\cdots,n-m)$ 及 $\boldsymbol{Y}$ 分别是矩阵$(\boldsymbol{A}_{11}-\boldsymbol{A}_{12}\boldsymbol{K})$的特征值和特征向量。

证明从略。

6.6.5 全程滑动模态变结构控制律设计

由于系统状态一开始就处于所设计的切换超平面上,因此本文变结构控制律的设计任务是将系统状态可靠地保持在滑动模态上,即设计的 $\boldsymbol{u}(t)$ 要满足滑动模态的可达性条件,即

$$\frac{\mathrm{d}}{\mathrm{d}t}(\boldsymbol{S}^{\mathrm{T}}\boldsymbol{Q}\boldsymbol{S})<0 \tag{6.187}$$

式中,$\boldsymbol{Q}$ 为对称正定矩阵,取 $\boldsymbol{Q}$ 为单位矩阵,可得

$$\boldsymbol{S}^{\mathrm{T}}\dot{\boldsymbol{S}}<0 \tag{6.188}$$

令 $P=\boldsymbol{S}^{\mathrm{T}}\dot{\boldsymbol{S}}$,则有

$$P=\boldsymbol{S}^{\mathrm{T}}[\boldsymbol{C}\boldsymbol{A}\boldsymbol{X}+\boldsymbol{C}\Delta\boldsymbol{A}+\boldsymbol{C}\boldsymbol{D}\boldsymbol{f}+\boldsymbol{C}\boldsymbol{H}\boldsymbol{E}(t)\boldsymbol{X}_0]+\boldsymbol{S}^{\mathrm{T}}(\boldsymbol{C}\boldsymbol{B}\boldsymbol{u}+\boldsymbol{C}\Delta\boldsymbol{B}) \tag{6.189}$$

式中,$\boldsymbol{H}=\mathrm{diag}[\beta_1,\beta_2,\cdots,\beta_n]$。由于矩阵 $\boldsymbol{C}\boldsymbol{B}=\boldsymbol{C}_2\boldsymbol{B}_2=\boldsymbol{B}_2$ 为非奇异阵,构造如下变结构控制律:

$$\boldsymbol{u}=-g(t)(\boldsymbol{C}\boldsymbol{B})^{-1}\mathrm{sgn}(\boldsymbol{S}) \tag{6.190}$$

式中,$g(t)>0$ 为需设计的变结构控制系数,将式(6.190)代入式(6.189),则有

$$P=-g(t)\boldsymbol{S}^{\mathrm{T}}\mathrm{sgn}(\boldsymbol{S})-g(t)\boldsymbol{S}^{\mathrm{T}}\boldsymbol{C}\Delta\boldsymbol{B}(\boldsymbol{C}\boldsymbol{B})^{-1}\mathrm{sgn}(\boldsymbol{S})+$$
$$\boldsymbol{S}^{\mathrm{T}}[\boldsymbol{C}\boldsymbol{A}\boldsymbol{X}+\boldsymbol{C}\Delta\boldsymbol{A}\boldsymbol{X}+\boldsymbol{C}\boldsymbol{D}\boldsymbol{f}+\boldsymbol{C}\boldsymbol{H}\boldsymbol{E}(t)\boldsymbol{X}(0)]\leqslant$$
$$-g(t)\|\boldsymbol{S}^{\mathrm{T}}\|[1-\psi_b\|\boldsymbol{C}\|\,\|(\boldsymbol{C}\boldsymbol{B})^{-1}\|]+$$
$$\|\boldsymbol{S}^{\mathrm{T}}\|[(\|\boldsymbol{C}\boldsymbol{A}\|+\psi_a\|\boldsymbol{C}\|)\|\boldsymbol{X}\|+\|\boldsymbol{C}\boldsymbol{D}\|\psi_f+$$
$$\beta_{\max}\exp(-\beta_{\min}t)\|\boldsymbol{C}\boldsymbol{X}(0)\|] \tag{6.191}$$

考虑定理 6.2.1,则有

$$1-\psi_b\|\boldsymbol{C}\|\,\|(\boldsymbol{C}\boldsymbol{B})^{-1}\|=1-\psi_b\|[\boldsymbol{K}\quad \boldsymbol{I}_m]\|\,\|\boldsymbol{B}_2^{-1}\|\geqslant$$
$$1-\psi_b(1+\|\boldsymbol{K}\|)\|\boldsymbol{B}_2^{-1}\|>$$
$$1-\|\boldsymbol{B}_2^{-1}\|^{-1}\|\boldsymbol{B}_2^{-1}\|=0 \tag{6.192}$$

亦即 $1-\psi_b\|\boldsymbol{C}\|\,\|(\boldsymbol{C}\boldsymbol{B})^{-1}\|>0$,结合式(6.188),则有

$$g(t)>\frac{(\|\boldsymbol{C}\boldsymbol{A}\|+\psi_a\|\boldsymbol{C}\|)\|\boldsymbol{X}\|+\|\boldsymbol{C}\boldsymbol{D}\|\psi_f+\beta_{\max}\exp(-\beta_{\min}t)\|\boldsymbol{C}\boldsymbol{X}_0\|}{1-\psi_b\|\boldsymbol{C}\|\,\|(\boldsymbol{C}\boldsymbol{B})^{-1}\|} \tag{6.193}$$

式(6.193)可写成

$$g(t)=(1-a_4)^{-1}[a_1\|\boldsymbol{X}\|+a_2+a_3\exp(-\beta_{\min}t)]+\varepsilon \tag{6.194}$$

式中，ε 为一小正数，其余系数为

$$a_1=\|\boldsymbol{CA}\|+\psi_{\mathrm{a}}\|\boldsymbol{C}\| \tag{6.195a}$$

$$a_2=\|\boldsymbol{CD}\|\psi_{\mathrm{f}} \tag{6.195b}$$

$$a_3=\beta_{\max}\|\boldsymbol{CX}_0\| \tag{6.195c}$$

$$a_4=\psi_{\mathrm{b}}\|\boldsymbol{C}\|\|(\boldsymbol{CB})^{-1}\| \tag{6.195d}$$

同样，采用消颤方法，即用下式代替式(6.190)中的 $\mathrm{sgn}(\boldsymbol{S})$：

$$\mathrm{sgn}(\boldsymbol{S})=\begin{bmatrix}\dfrac{s_1}{|s_1|+\delta_1} & \cdots & \dfrac{s_m}{|s_m|+\delta_m}\end{bmatrix} \tag{6.196}$$

式中，δ_i 是一个小的正常数。

值得说明的是：虽然式(6.193)中 $g(t)$ 与 $\boldsymbol{X}_0$ 有关，特别是当系统初始值较大时，$g(t)$ 在初始时刻较大，但是由于采用了全程滑动变结构控制方案，可始终保持在原点的邻域内，通过 δ_i 可以调节控制幅度，因此控制量幅度与基于定常滑动模态的控制量幅度基本相当。关于这个问题，我们将在仿真算例中给出有关对比的结果。

6.6.6　仿真算例

下面用一组仿真算例来说明采用全程滑动模态设计方案的优越性及方案的合理性。在系统鲁棒性对比时，采用相平面系统，这样的对比直观明了。

考虑如下相平面系统：

$$\begin{bmatrix}\dot{x}_1\\ \dot{x}_2\end{bmatrix}=\left\{\begin{bmatrix}0 & 1\\ 3 & -1\end{bmatrix}+\begin{bmatrix}0 & 0\\ a_1 & a_2\end{bmatrix}\right\}\begin{bmatrix}x_1\\ x_2\end{bmatrix}+\left\{\begin{bmatrix}0\\ 2\end{bmatrix}+\begin{bmatrix}0\\ b_1\end{bmatrix}\right\}u+\begin{bmatrix}0\\ 1\end{bmatrix}f$$

其中

$$a_1=0.1\sin(4\pi t),\quad a_2=0.1\sin(2\pi t)$$

$$b_1=0.1\cos(4\pi t),\quad f=\sin(3\pi t)$$

$$\boldsymbol{x}_0^{\mathrm{T}}=[2\quad 2]$$

要求变结构系统从初始状态调节到系统原点的时间不大于2.0 s。

解　根据系统设计指标，滑动模态运动的希望极点集为{−3}，则全程滑动模态变结构控制系统各参数为

$$\boldsymbol{C}=[3\quad 1],\quad \beta_i=3\quad (i=1,2)$$

$$s=3x_1+x_2-3\exp(-3t)x_1(0)-\exp(-3t)x_2(0)$$

$$u(t)=-0.5g(t)\mathrm{sgn}(s)$$

$$g(t)=(5.8\|\boldsymbol{X}\|+1+24\exp(-3t))/0.8+0.1$$

图6.11(a)～(c)是定常滑动模态变结构控制效果图，从图中可明显看出：系统在能达阶段易受系统扰动和外界干扰的影响；图6.12(a)～(c)是全程滑动模态变结构控制的效果图，在有扰动和无扰动两种情况下系统状态运动轨迹是重合的，表明控制系统有强的鲁棒性；图6.13，图6.14是全程滑动模态和定常滑动模态的状态运动比较图，显而易见，全程滑动模态的状态运动轨迹优于定常滑动模态的。此外，两种变结构控制方法的控制量幅度相当，并未由于全程滑动模态因子的引入而增大控制量。

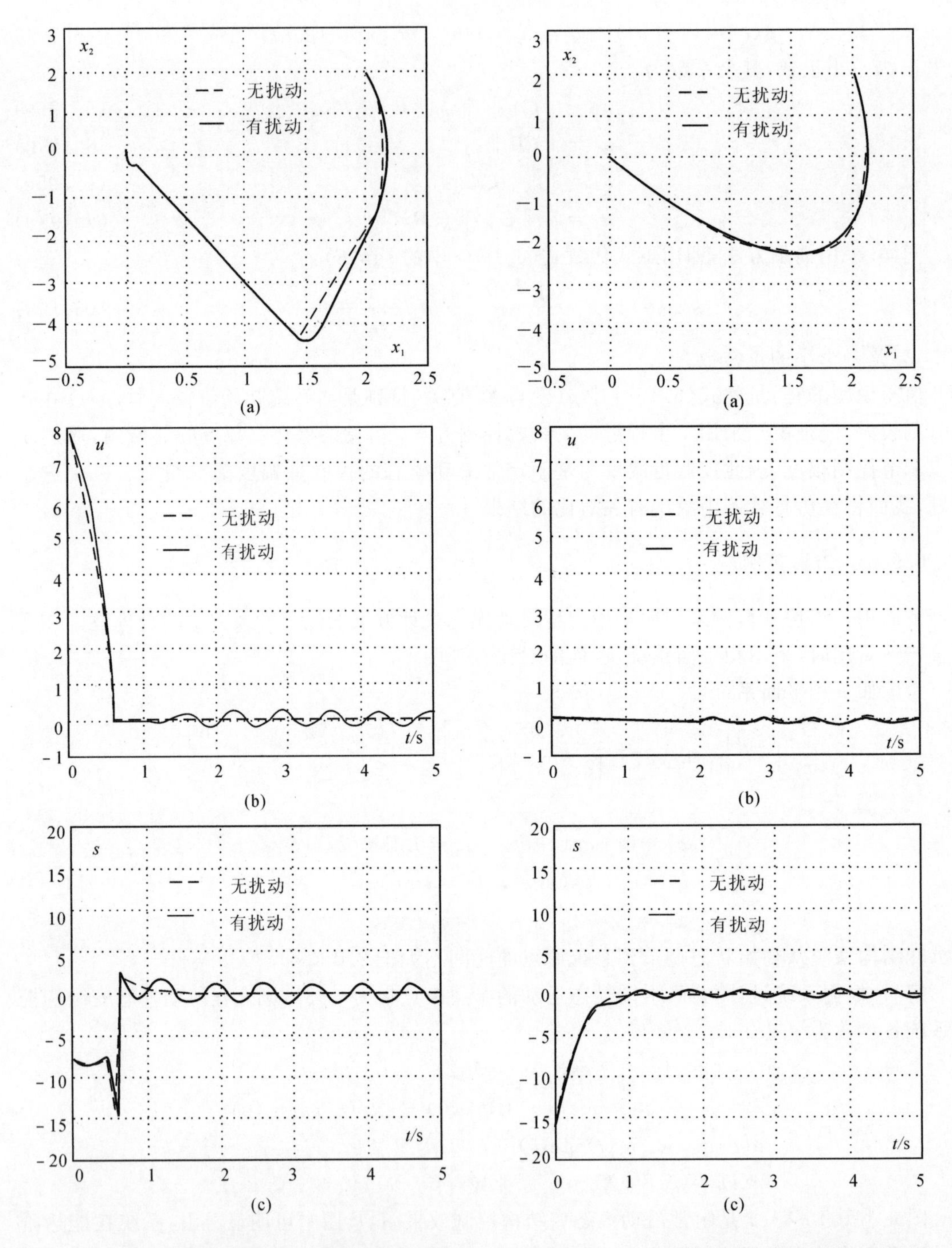

图 6.11　定常滑动模态变结构控制效果图

(a) 定常滑动模态的相轨迹；

(b) 定常滑动模态的滑动超平面；

(c) 定常滑动模态的控制量

图 6.12　全程滑动模态变结构控制效果图

(a) 全程滑动模态的相轨迹；

(b) 全程滑动模态的滑动超平面；

(c) 全程滑动模态的控制量

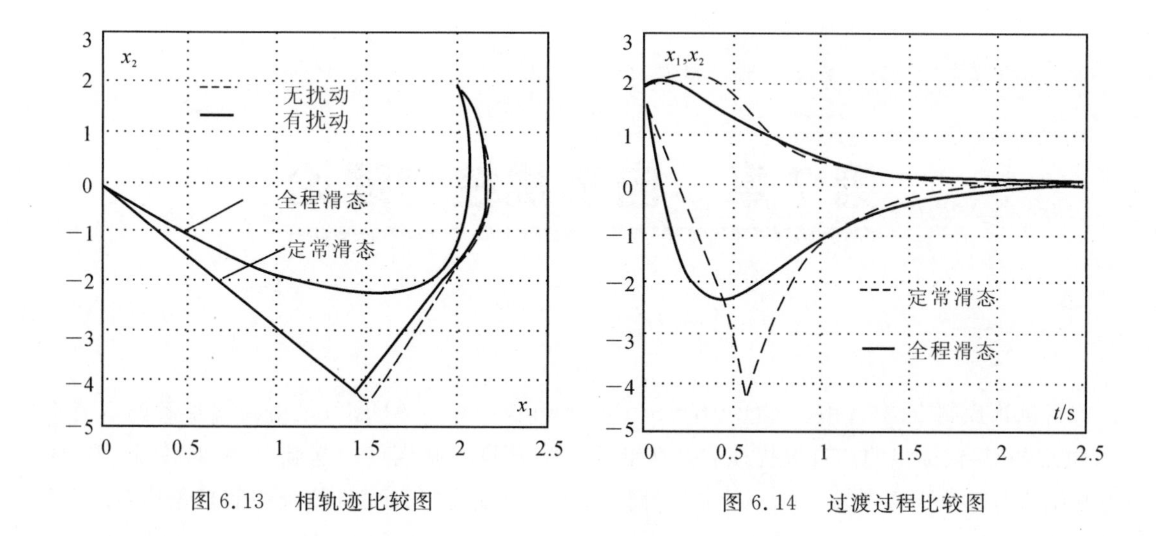

图 6.13　相轨迹比较图　　　图 6.14　过渡过程比较图

习　题

6.1　已知一被控对象的状态方程为

$$\dot{\boldsymbol{X}}=\begin{bmatrix}0 & 3 & -1\\ 1 & -1 & 0\\ -1 & 3 & -2\end{bmatrix}\boldsymbol{X}+\begin{bmatrix}0\\1\\1\end{bmatrix}\boldsymbol{u}$$

若其变结构控制系统的滑动阶段的期望特征值为 $-4\pm 2\mathrm{j}$,设计该系统的滑动超平面,并求出滑动阶段的运动方程。

6.2　已知不确定性被控对象的状态方程具有如下形式:

$$\begin{cases}\dot{x}_1=x_2\\ \dot{x}_2=x_3\\ \dot{x}_3=(1.5+\Delta a_1)x_1+(-1.5+\Delta a_2)x_2+(2+\Delta a_3)x_3+(20+\Delta b)u+0.5f\end{cases}$$

式中,不确定性参数 $\Delta a_1,\Delta a_2,\Delta a_3,\Delta b$ 及外部扰动 f 的上下界分别为

$$|\Delta a_1|\leqslant 0.5,\ |\Delta a_2|\leqslant 0.5,\ |\Delta a_3|\leqslant 1.0,\ |\Delta b|\leqslant 2.0,\ -2.0\leqslant f\leqslant 2.0$$

系统初始状态为 $\boldsymbol{X}_0=[3\quad 4\quad 5]^{\mathrm{T}}$,现希望系统调节至原点的时间不超过 1.5 s。试分别设计定常滑动模态变结构控制系统和全程滑动模态变结构控制系统。

6.3　已知二阶被控对象为

$$\dot{\boldsymbol{X}}=\begin{bmatrix}0 & 1\\ 1.5 & 2.0\end{bmatrix}\boldsymbol{X}+\begin{bmatrix}0\\1\end{bmatrix}u+\begin{bmatrix}0\\1\end{bmatrix}f$$

式中,扰动 f 满足 $|f|\leqslant 1.0$。参考模型为

$$\dot{\boldsymbol{X}}_{\mathrm{m}}=\begin{bmatrix}0 & 1\\ -1 & -2\end{bmatrix}\boldsymbol{X}_{\mathrm{m}}+\begin{bmatrix}0\\1\end{bmatrix}u_{\mathrm{m}}$$

设计变结构模型跟踪控制系统,并要求系统误差在滑动模态下以 e^{-4} 的速度衰减。

第 7 章　自抗扰控制理论

自抗扰控制方法(Active Disturbance Rejection Contorl,ADRC)是由我国学者韩京清于20世纪90年代提出的。自抗扰控制是在继承传统PID控制优点的基础上,针对传统PID固有缺陷进行改进下逐渐形成的一种非线性控制方法。该控制方法将传统控制理论中"以误差来消除误差"的思想和现代控制理论中"通过观测系统状态来反馈控制"的思想相结合,形成了以误差反馈控制为基础,以状态观测来辅助补偿的控制结构。这样一来,使得自抗扰控制器继承了PID控制不要求对象精确建模的优点,具备了很强的鲁棒性,又通过状态观测将系统内部扰动、外部干扰、未建模动态及其他影响统一进行实时估计并给予补偿,极大增强了系统抗干扰能力。自提出以来,受到了工业界和学术界的广泛关注。

7.1　自抗扰控制基本概念

7.1.1　PID 控制剖析

PID(Proprtional - Integral - Derivative)控制律是控制工程中最常用且最著名的控制律,其表示为

$$u = K\left(e + T_d\dot{e} + \frac{1}{T_i}\int_0^t e(\tau)\mathrm{d}\tau\right) \text{ 或 } u = k_1 e + k_2\dot{e} + k_0\int_0^t e(\tau)\mathrm{d}\tau \tag{7.1}$$

式中,K 为反馈增益;T_d 为微分时间常数;T_i 为积分时间常数。$k_1 = K, k_2 = KT_d, k_0 = \frac{K}{T_i}$。

由其表达式可以将PID控制律看作为误差的过去(积分作用)、现在(比例反馈)和将来(微分作用)的加权和。如果控制目标为使系统输出达到设定目标值,则一个确定的PID控制律所能控制的对象是满足稳定性条件的一类对象,并随着PID控制系数的增大,将使得适用的对象范围随之增大,这就是PID控制律能够广泛应用,普适性很强的原因。

通常我们衡量一个控制律的好坏,可以通过整个闭环系统的稳态指标和动态指标两方面进行衡量。一般来说,闭环系统的静态指标为静差,这是衡量是否满足控制要求的重要指标。而在达到稳态指标的前提下,我们更为关心系统完成静态指标之前的动态性能。

例 7.1.1　假设被控对象为

$$\begin{cases} \ddot{x} = -a_1 x - a_2\dot{x} + u \\ y = x \end{cases}, \quad a_1 = 1, a_2 = 1 \tag{7.2}$$

期望的设定目标值为 $v_0=1$，采用 PID 控制律，设计了两个不同的 PID 控制律分别为

$$\mathrm{PID}_1: k_0=1.1 \quad k_1=0.7 \quad k_2=0.1$$

$$\mathrm{PID}_2: k_0=1 \quad k_1=2.0 \quad k_2=1.5$$

对于三阶线性定常系统来说，其闭环稳定条件为

只要满足不等式 $\begin{cases} a_1+k_1>0 \\ a_2+k_2>0 \\ k_0>0 \\ (a_1+k_1)(a_2+k_2)>k_0 \end{cases}$，则系统状态随时间将满足

$$\lim_{t\to\infty} e_0(t)=\frac{a_1}{k_0}v_0$$

$$\lim_{t\to\infty} \dot{e}(t)=0$$

$$\lim_{t\to\infty} e(t)=0 \text{ 即} \lim_{t\to\infty} y(t)=v_0 \tag{7.3}$$

式中，$e_0=\int_0^t e(\tau)\mathrm{d}\tau$。

对上述两个控制律进行检验，即

$$\mathrm{PID}_1:\begin{cases} a_1+k_1=1.7>0 \\ a_2+k_2=1.1>0 \\ k_0=1.1>0 \\ (a_1+k_1)(a_2+k_2)=1.87>1.1=k_0 \end{cases} \tag{7.4}$$

$$\mathrm{PID}_2:\begin{cases} a_1+k_1=3.0>0 \\ a_2+k_2=2.5>0 \\ k_0=1>0 \\ (a_1+k_1)(a_2+k_2)=7.5>1=k_0 \end{cases} \tag{7.5}$$

由上述检验结果可知，两个 PID 控制器均能够保证闭环系统稳定，同时由于 k_0 值相同所以两组控制器作用下的闭环系统稳定性能完全相同，所以仅从稳态性能来说，两个控制律的控制效果是一样的。由图 7.1，图 7.2 可知，两个控制律的动态性能差异很大。

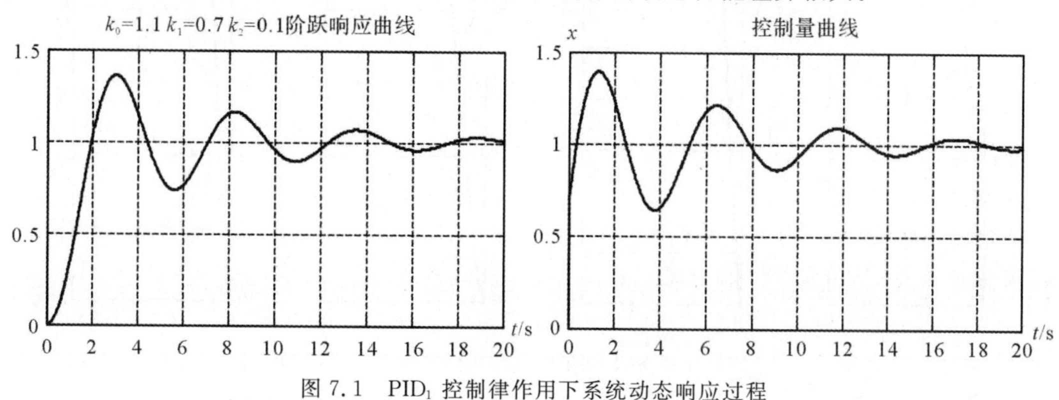

图 7.1　PID_1 控制律作用下系统动态响应过程

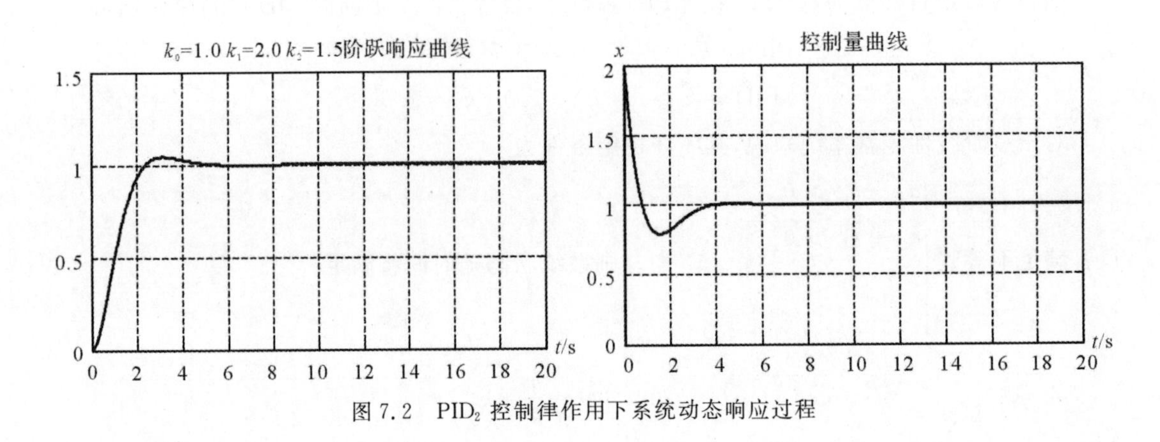

图 7.2 PID_2 控制律作用下系统动态响应过程

PID_1 控制律作用下的闭环系统相比 PID_2 在到达设定值之前振荡明显，调节时间更长，超调量更大。从控制量曲线对比可以看出，动态控制性能受控制量的变化范围和速度的影响。在工程实际中，还应考虑需用控制量与实际执行机构的输出控制能力，需用控制速度还受制于执行机构的反应速度，因此过大、过快的需用控制量并不能获得更好的控制效果。因此，在设计 PID 控制律时，就需要综合考虑静态指标、动态性能和控制能力边界，选择合适的控制参数，使闭环系统在执行机构的作用下能够满足闭环的静态、动态指标要求。

假设系统参数为 $a_1=1.0$，$a_2=0$ 时，通过设计得到一组 PID 参数 PID：$k_0=1.0$，$k_1=3.0$，$k_2=2.5$。当控制参数分别下调或上浮 40% 时，由图 7.3 和图 7.4 可知，当 PID 参数上下变动后，闭环系统的动态响应曲线差异很大，表明闭环系统对 PID 控制参数的变化非常敏感。

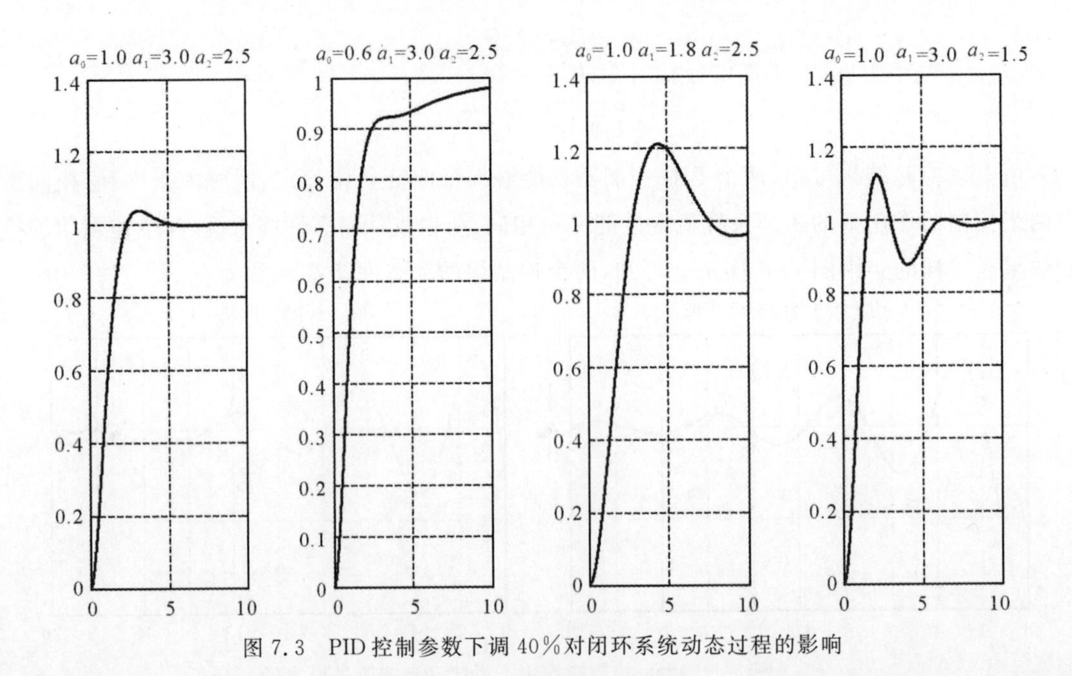

图 7.3 PID 控制参数下调 40%对闭环系统动态过程的影响

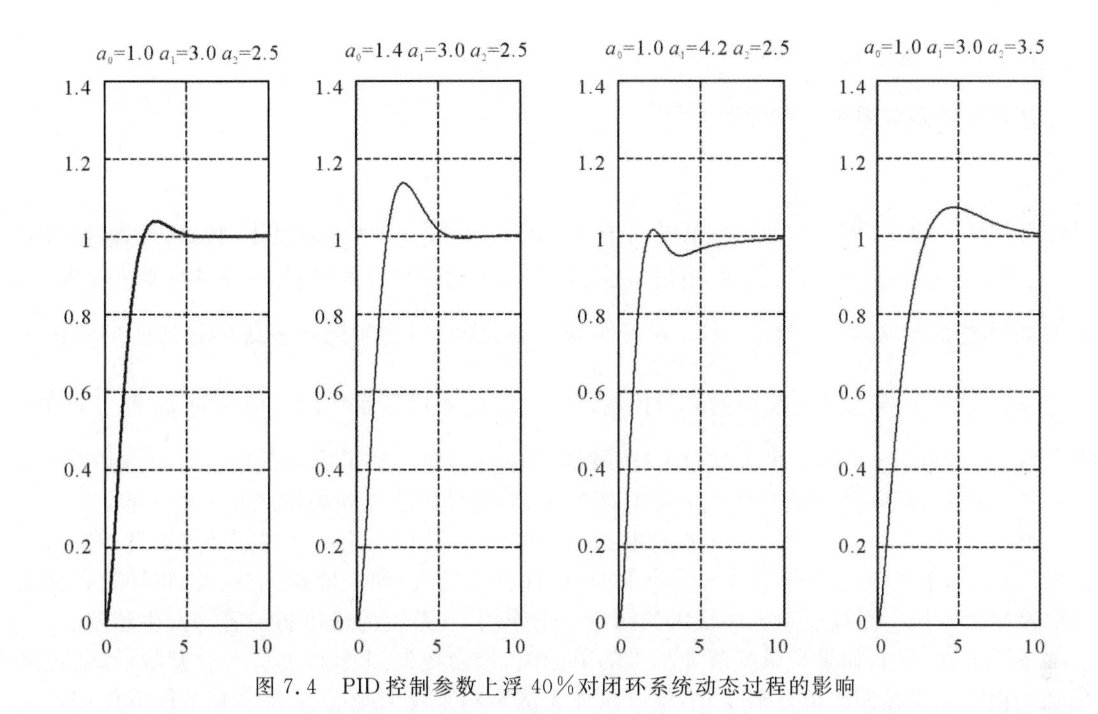

图 7.4　PID 控制参数上浮 40%对闭环系统动态过程的影响

由于闭环系统一次项和常数项参数是被控对象参数 a_1，a_2 比例系数 k_1 和微分系数 k_2 共同决定的，所以当 PID 控制参数不变，被控对象参数发生变化也会导致类似的结果，所以 PID 控制律的控制效果对对象参数的变化非常敏感，在实际应用中如果对象参数发生了变化就需要对 PID 参数进行调整，以保证控制要求的实现。

PID 控制靠目标与系统输出之间的误差来产生消除误差所需的控制量，而不是依靠对象的输入一输出模型来决定控制策略。随着控制对象的不断复杂，对控制器环境适应性要求越来越高，PID 控制不适用内部状态信息的缺陷逐渐显现，有必要正确认识 PID 的缺点。

(1)尽管 PID 控制具有较大的稳定控制裕度，但闭环动态品质对 PID 增益的变化太敏感，导致 PID 控制增益能够满足动态品质的裕度很小。这就 PID 控制在被控对象模型复杂、环境变化剧烈时，应用效果受到极大的限制。

(2)PID 控制基于误差产生控制量，在初期往往因初始误差较大而输出过大的控制量导致超调，从而出现了快速性和超调之间的矛盾，使得设计人员只能在两者之间进行权衡。

(3)状态微分信号的获取，尤其是噪声微分放大效应，导致微分环节在很多场合因缺乏微分传感器使得 PID 退化为 PI 控制，限制了 PID 的控制效果。

(4)PID 可以看作是系统误差的线性加权和，这种方式是否最优有必要进行进一步论证。

(5)误差积分部分针对常值干扰的控制效果很好，而对于随机干扰的抑制效果并不理想，同时误差积分反馈会降低闭环系统的动态性能，因此，是否需要采用误差积分反馈是设计人员需要谨慎考虑的。

由上述分析可知，如果能够在 PID 控制基础上结合现代控制理论中状态观测和非线性信号处理方法，实现在保留 PID 控制精髓的基础上克服上述缺点，将产生一种即简单有效，又具有良好动态品质的控制方法。

7.1.2 过渡过程

经典二阶跟踪系统方程可表示为

$$\begin{cases}\ddot{x}=-a_1(x-v_0)-a_2\dot{x}\\ y=x\end{cases}\tag{7.6}$$

在实际工程应用中，当缺乏获得微分信号的设备时，只能采用 PI 控制形式，就样就不能通过调整 D 的增益 k_2 来影响跟踪系统的阻尼系数 a_2，仅能依靠调整 P 的增益 k_1 来影响系统参数 a_1，这时如果增益 k_1 满足 $k_1=\frac{a^2}{4}-a_1$ 则可实现控制无超调，这时闭环系统的过渡时间将满足 $T_0=\frac{14}{a_2}$。这样一来实现无超调的 PID 控制器的增益 k_1 和闭环系统的过渡时间 T_0 将完全有对象参数 a_1，a_2 决定，又因为无法改变闭环系统的系数 a_2，所以如果要降低过渡时间就必须增大增益 k_1，这就导致闭环系统变成欠阻尼而产生超调，造成快速性和超调之间出现矛盾。

系统惯性使得系统输出 $y=x$ 在控制指令非零值 v_0 的作用下将从零初始状态开始随时间逐渐变化，这样在初期误差 $e=x-v_0$ 的初始值往往比较大，如果增益 k_1 较大，将导致很大的 PID 控制初始量。而被控系统在很大的初始冲击作用下，系统的输出将很容易发生超调。

鉴于上述原因，如果在系统所能承受的范围内，结合控制目标通过引入过渡阶段，通过降低初始误差使得控制输出逐渐变化，就可以在无法影响系统阻尼特性参数的条件下使用较大的增益 k_1 来加快过渡过程，同时避免超调。

假设过渡函数：

$$\mathrm{trans}(T_0,t)=\begin{cases}\frac{1}{2}\left(1+\sin\left(\pi\left(\frac{t}{T_0}-\frac{1}{2}\right)\right)\right) & t\leqslant T_0\\ 1 & t>T_0\end{cases}\tag{7.7}$$

该过渡函数值在 T_0 时间内从 0 单调上升到 1 并保持不变(见图 7.5)，乘以目标值 v_0 即可作为任意目标值的过渡过程，这样 T_0 就可看作为过渡时间，可结合对象的能力进行设定。

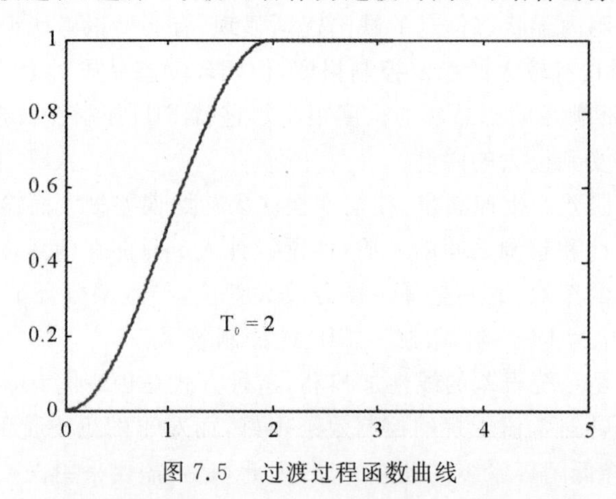

图 7.5　过渡过程函数曲线

这样控制指令经过过渡过程后进入控制器，并假设 D 的增益参数 $k_2=0$，此时闭环系统可表示为

$$\begin{cases}\ddot{x}=-\bar{a}_1(x-v_0\mathrm{trans}(T_0,t))-a_2\dot{x}\\ y=x\end{cases}\quad \bar{a}_1=a_1+k_1\tag{7.8}$$

当对象参数取为 $a_1=1, a_2=3$ 时,P 的增益 k_1 取不同值的闭环系统输出曲线如 7.6 图所示。

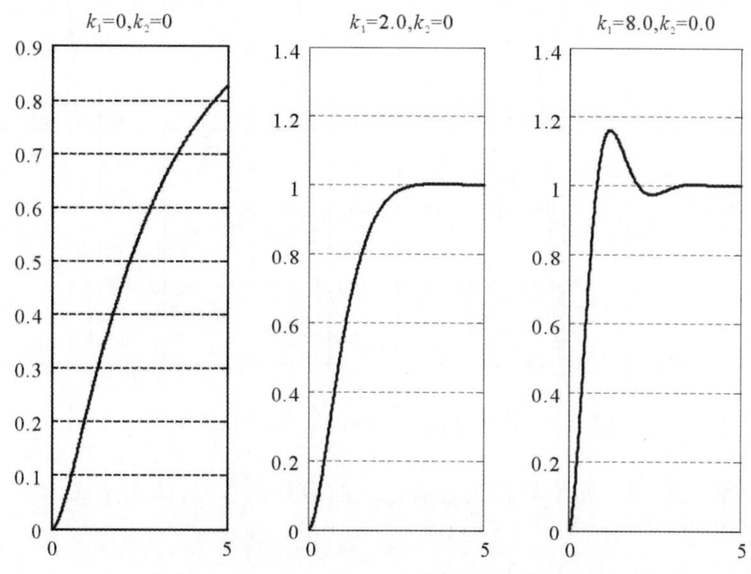

图 7.6　PID 控制参数对控制品质的影响对比图

由图 7.6 可知,增大 k_1 虽能加快过渡过程,但不可避免的导致超调随之增大。而当安排了过渡过程后,不同 P 的增益作用下的闭环系统输出如图 7.7 所示。

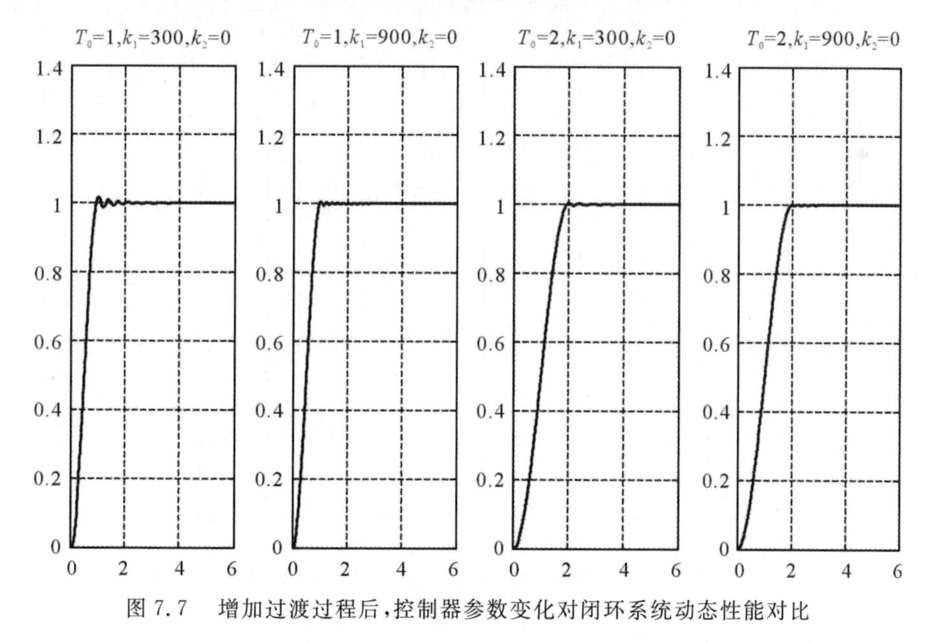

图 7.7　增加过渡过程后,控制器参数变化对闭环系统动态性能对比

由上述仿真结果可以看出,安排了过渡过程后,闭环系统输出的快速性和超调不再矛盾,系统的输出对一定范围内的增益 k_1 的变化并不敏感,这也意味着对于固定的增益 k_1 对于较大范围内的对象参数 a_1 均适用。因此,安排过渡过程也能扩大增益 k_1 对对象参数 a_2 的适应范围。

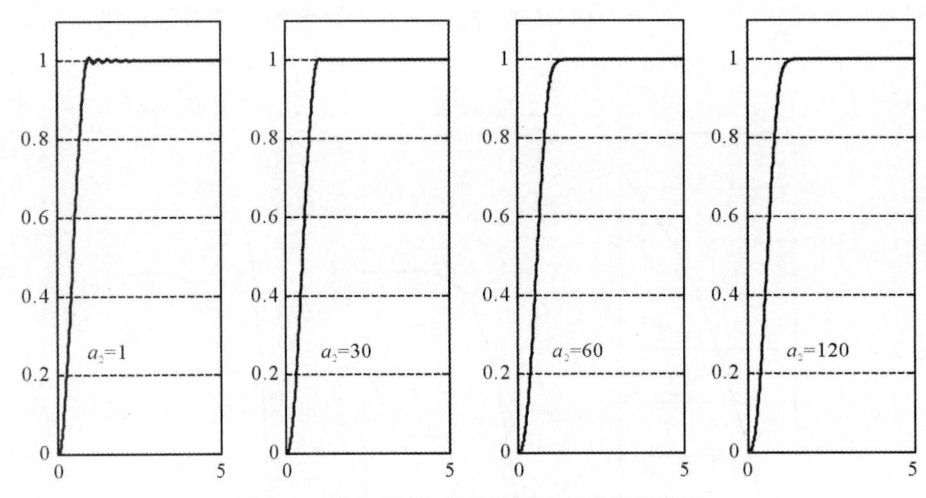

图 7.8　系统参数变化对闭环控制性能的影响

根据过渡过程函数(7.7),不难得到过渡过程的微分信号,具体表达式为:

$$\mathrm{dtrns}(T_0,t)=\begin{cases}\dfrac{\pi}{2T_0}\cos\left(\pi\left(\dfrac{t}{T_0}-\dfrac{1}{2}\right)\right) & t\leqslant T_0\\ 0 & t>T_0\end{cases}\tag{7.9}$$

这样误差信号为 $e=v_0\mathrm{trns}(T_0,t)-x$,误差的微分信号为 $\dot{e}=v_0\mathrm{dtrns}(T_0,t)-\dot{x}$,这样就可以实现PD反馈系统,由图7.9可知,安排过渡过程后可适应的对象参数 a_1,a_2 的范围将进一步扩大。

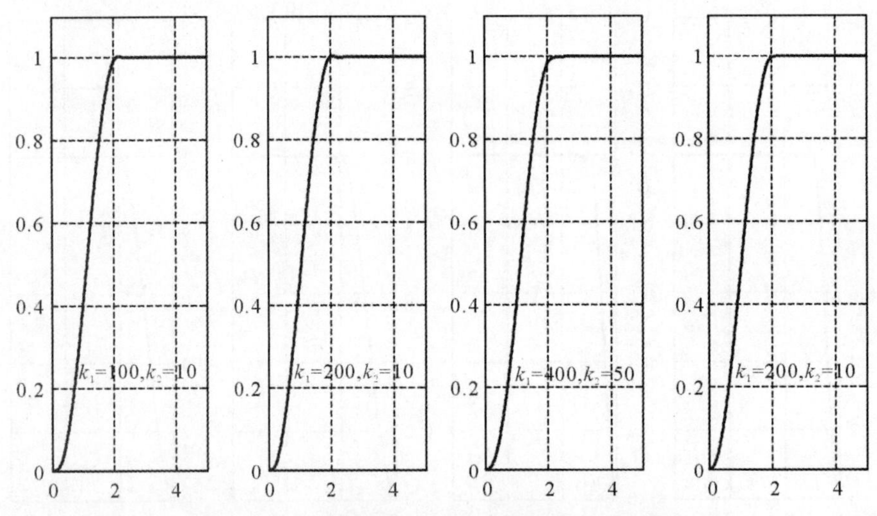

图 7.9　控制器参数变化对闭环控制性能的影响

上述仿真结果表明:

(1) 通过安排过渡过程可以有效的解决快速性与超调之间的矛盾;

(2) 安排过渡过程后,将大幅扩大误差反馈和误差微分反馈的增益选取范围,从而大幅降低控制器参数整定难度;

(3) 安排过渡过程后,给定的反馈增益将对很大范围内的对象参数均适用,提高了控制器的鲁棒性。

7.1.3　跟踪微分器

给定信号的微分信号可通过下式获取，即

$$\dot{v} \approx \frac{v(t) - v(t-T)}{T} \tag{7.10}$$

式中，延迟信号 $v(t-T)$ 可使用惯性环节 $1/(Ts+1)$ 来获取。

但限制上述微分器应用的主要问题是当输入 $v(t)$ 被随机噪声 $n(t)$ 所污染时，可得

$$y(t) \approx \dot{v}(t) + \frac{1}{T}n(t) \tag{7.11}$$

这意味着噪声信号将被放大 $1/T$ 倍，并且 T 越小，噪声放大越明显，甚至有可能完全淹没微分信号 $\dot{v}(t)$。为了消除或减弱噪声放大效应，可使用如下微分近似公式，有

$$\dot{v}(t) \approx \frac{v(t-\tau_1) - v(t-\tau_2)}{\tau_2 - \tau_1} \quad 0 < \tau_1 < \tau_2 \tag{7.12}$$

对比上述两种微分器对被噪声污染的正弦信号的微分提取效果如图 7.10 所示，受污染的正弦信号表达式为

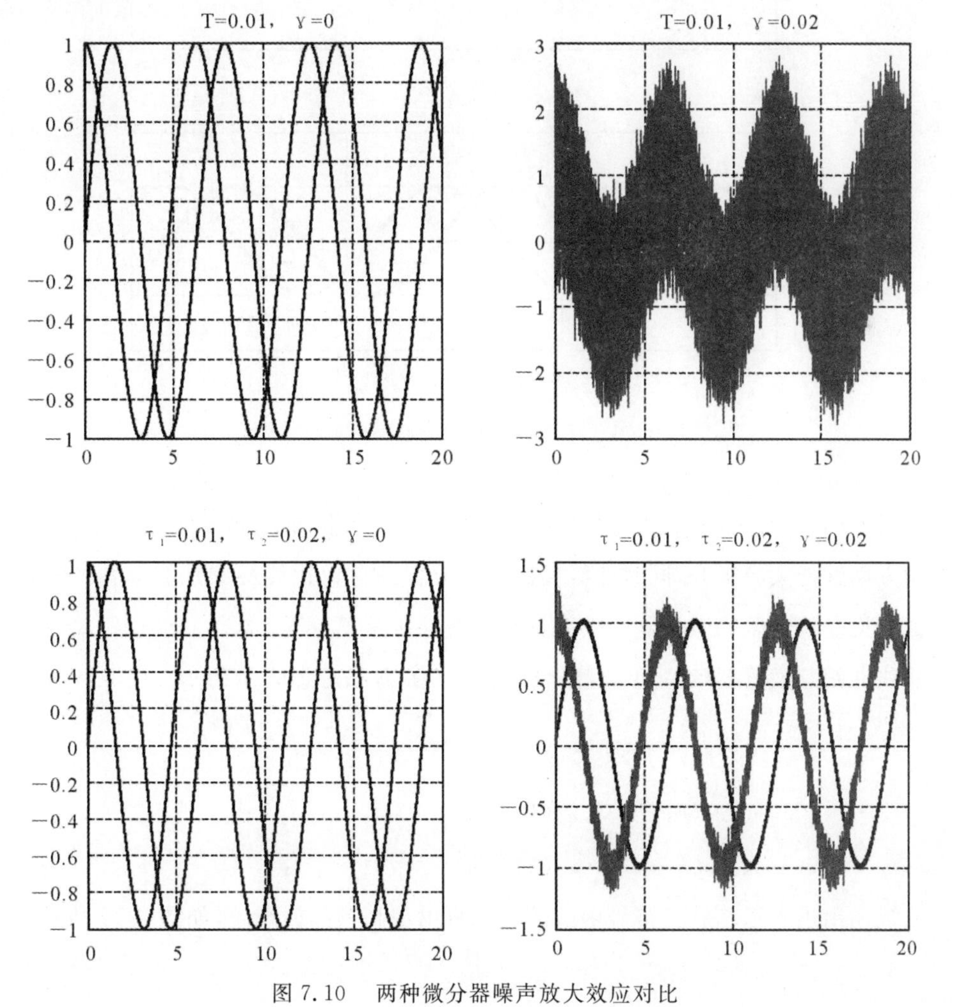

图 7.10　两种微分器噪声放大效应对比

$$v(t)=\sin(t)+\gamma n(t)$$

$$n(t)\text{ 为}[-1,1]\text{ 上均匀分布的白噪声} \tag{7.13}$$

如图 7.10 所示，当输入正弦信号被噪声污染后，式(7.12) 比式(7.10) 的噪声抑制能力更强，当噪声强度 γ 不超过时间常数 τ_1 时，式(7.12) 便具有很好的噪声抑制能力。

鉴于线性微分器的噪声放大效应，使用二阶积分器串联型系统形式，采用以原点为终点的快速最优控制综合函数设计系统如下：

$$\begin{cases}\dot{x}_1=x_2\\ \dot{x}_2=-r\operatorname{sign}\left(x_1-v_0(t)+\dfrac{x_2\,|x_2|}{2r}\right)\end{cases} \tag{7.14}$$

对该系统输入被噪声污染的正弦信号后，系统输出结果如图 7.11 所示：

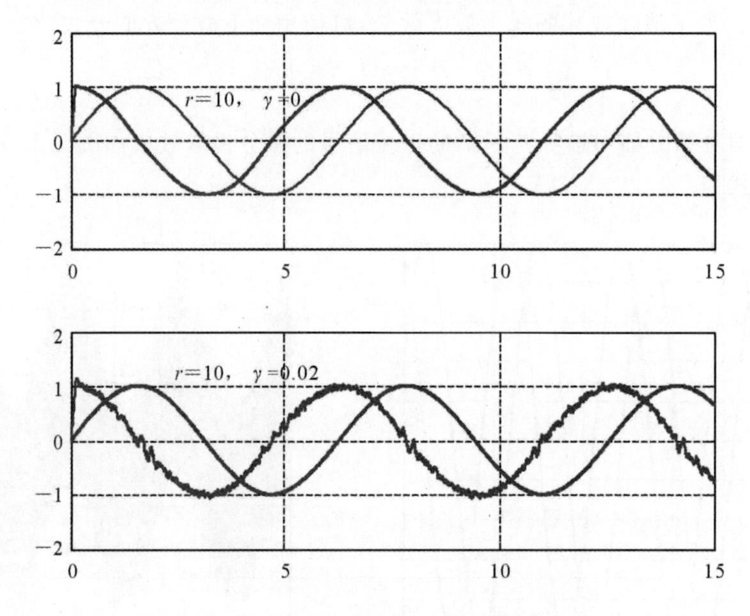

图 7.11　非线性跟踪微分器噪声抑制效果

通过对比图 7.10 与图 7.11 可知，相比线性跟踪微分器，采用非线性函数的跟踪微分器在噪声抑制方面性能大幅提升，同时非线性跟踪微分器的参数比线性跟踪微分器的参数小两个数量级。可见非线性跟踪微分器的效率远高于线性跟踪微分器。

将非线性跟踪微分器(7.14) 离散化后，非线性跟踪微分器表示为

$$\begin{cases}f=-r\operatorname{sign}(x_1(k)-v_0(k)+\dfrac{x_2(k)\,|x_2(k)|}{2r})\\ x_1(k+1)=x_1(k)+hx_2(k)\\ x_2(k+1)=x_2(k)+hf\end{cases} \tag{7.15}$$

当系统输出进入稳态后受符号函数的影响将出现高频颤振现象，如图 7.12 所示。

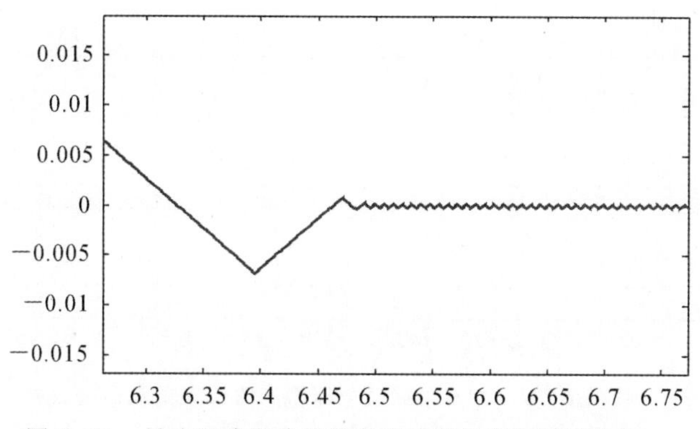

图 7.12　最速跟踪微分器稳态跟踪误差高频颤振现象

针对上述问题，对连续方程离散化，可以获得离散系统的最速控制综合函数 $fhan(x_1, x_2, r, h_0)$，

$$\begin{cases} d = rh_0 \\ d_0 = h_0 d \\ a_0 = \sqrt{d^2 + 8r|y|} \\ a = \begin{cases} x_2 + \dfrac{(a_0 - d)}{2}\text{sign}(y) & |y| > d_0 \\ x_2 + \dfrac{y}{h_0} & |y| \leqslant d_0 \end{cases} \\ fhan = -\begin{cases} r\text{sign}(a) & |a| > d \\ r\dfrac{a}{d} & |a| \leqslant d \end{cases} \end{cases} \tag{7.16}$$

这样就可以获得最速离散跟踪微分器

$$\begin{cases} fh = fhan(x_1(k) - v_0(k), x_2(k), r, h_0) \\ x_1(k+1) = x_1(k) + hx_2(k) \\ x_2(k+1) = x_2(k) + hfh \end{cases} \tag{7.17}$$

当微分器输入为受噪声污染的正弦信号时，由图 7.13 和图 7-14 可知，最速离散跟踪微分器输出进入稳态后没有出现高频颤振。

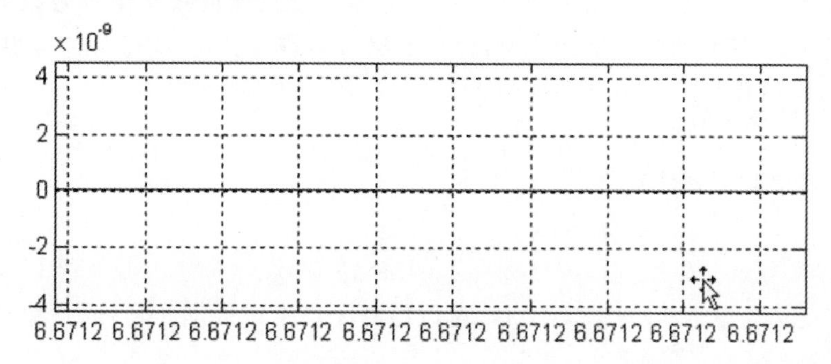

图 7.13　最速跟踪微分器稳态跟踪误差和微分误差

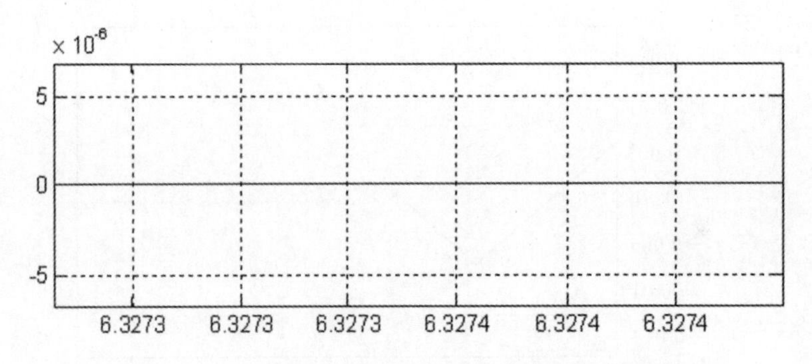

续图 7.14　最速跟踪微分器稳态跟踪误差和微分误差

同时，还发现在式(7.16)中当 h_0 适当大于步长 h 时，还表现出了较好的抑制微分信号噪声放大的作用。最速离散跟踪微分器 h_0 参数的滤波效果，如图 7.15 所示。

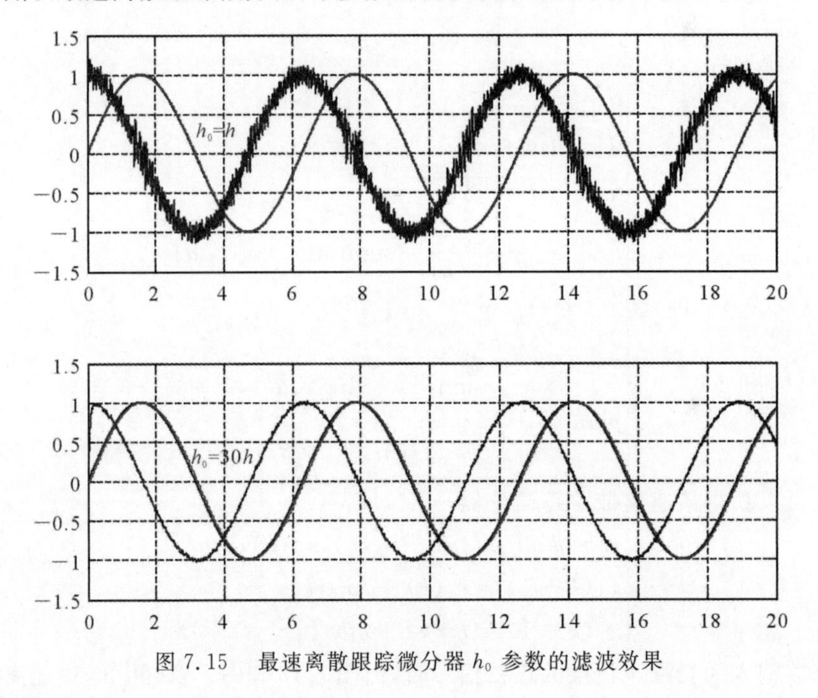

图 7.15　最速离散跟踪微分器 h_0 参数的滤波效果

由上述仿真结果可以看出，最速离散跟踪微分器不仅在保证跟踪微分效果的同时避免了稳态高频颤振现象，还具有滤波因子 h_0 可以抑制微分噪声放大，提高微分信号提取效果。

7.1.4　非线性反馈

对于积分器串联型系统：

$$\begin{cases} \dot{x}_1 = x_2 \\ \dot{x}_2 = f(x_1, x_2, k(x_1, x_2, v)) = v \end{cases} \tag{7.18}$$

通过设计状态反馈为 $v = k_1(x_1, x_2) + v_1$，可以控制闭环系统的动态特性，这里假设采用如下的线性状态反馈形式

$$v = -k_1 x_1 - k_2 x_2 \tag{7.19}$$

当系统输入信号为正弦信号，取反馈系数为 $k_1=200$，$k_2=3$ 时，闭环系统对输入信号的跟踪效果如图 7.16 所示。

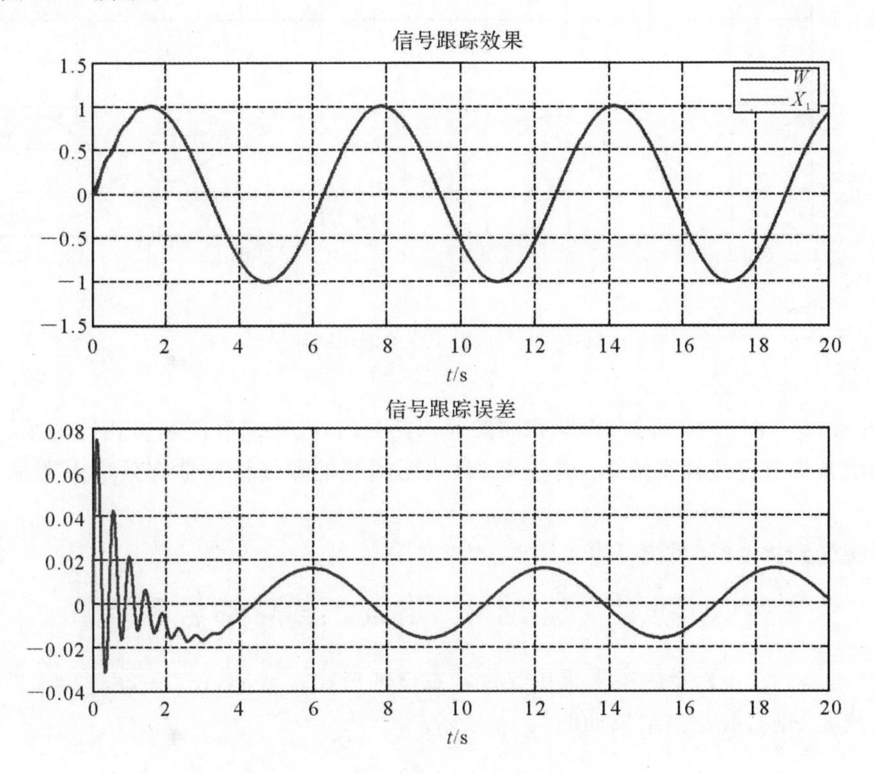

图 7.16　线性反馈控制效果

如果采用非线性状态反馈形式

$$v=-r\mathrm{sign}\left(x_1-v_1+\frac{x_2\left|x_2\right|}{2r}\right) \tag{7.20}$$

当系统输入信号为相同正弦信号，取 $r=30$ 时，闭环系统对输入信号的跟踪效果如图 7.17 所示。

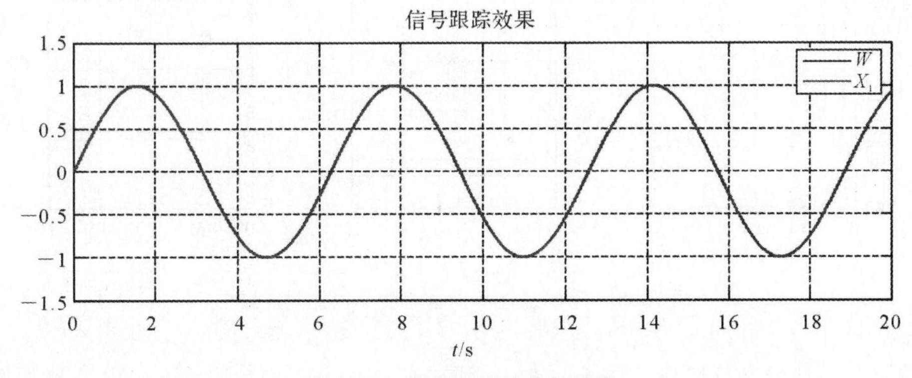

图 7.17　非线性反馈控制效果

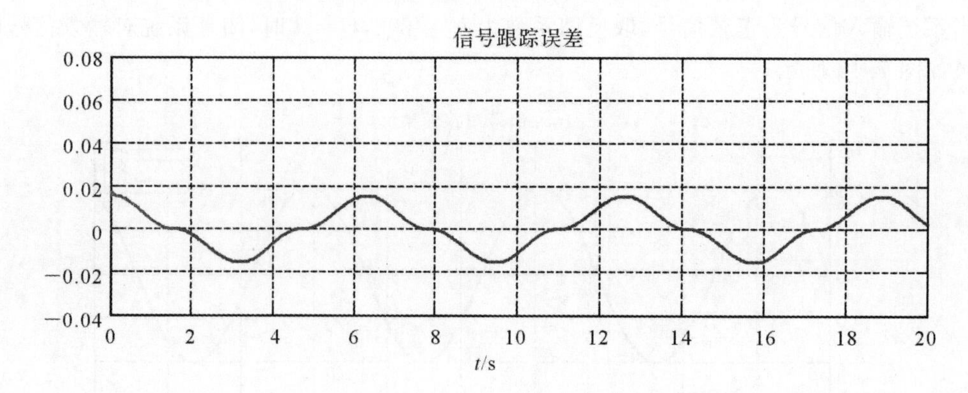

续图 7.17　非线性反馈控制效果

由图 7.16 和图 7.17 可知，跟踪相同的输入信号时，在跟踪性能基本相同的情况下，非线性反馈的增益参数比线性系统小一个数量级，表明适当的非线性反馈在效率上明显优于线性反馈。

当系统受到扰动时，系统可表示为

$$\begin{cases}\dot{x}_1 = x_2 \\ \dot{x}_2 = u + w(x_1, x_2, t)\end{cases} \qquad |w(x_1, x_2, t)| < w_0 \tag{7.21}$$

令 $w(x_1, x_2, t) = 1$，系统输入采用线性状态反馈形式 $u = -k_1(x_1 + 2\xi x_2)$，选择不同的反馈增益系统 k_1，则系统输出结果如图 7.18 所示。

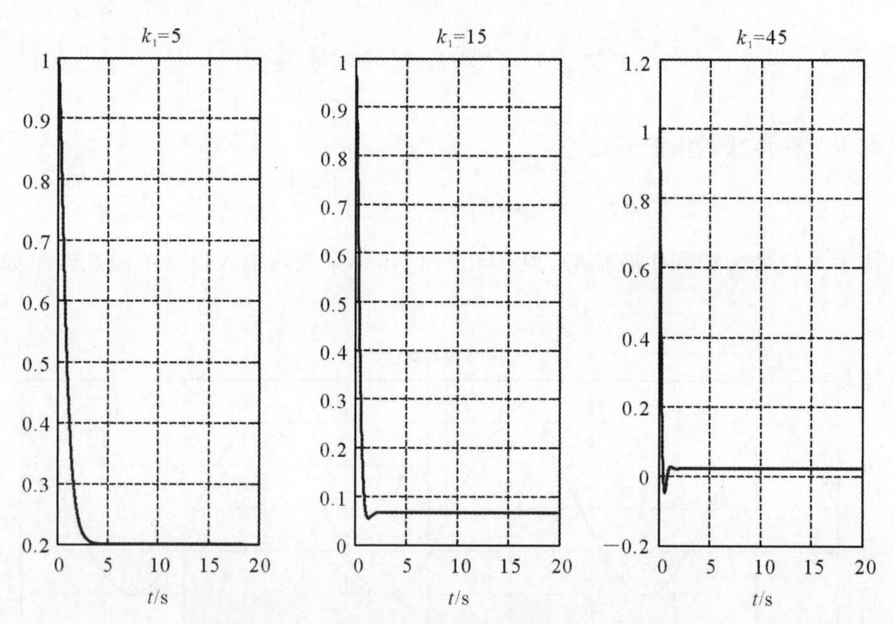

图 7.18　不同线性反馈增益的干扰抑制效果

当采用非线性状态反馈形式 $u = -k(|x_1|^{-\frac{1}{2}} x_1 + 2\xi x_2)$ 时，则系统输出结果如图 7.19 所示。

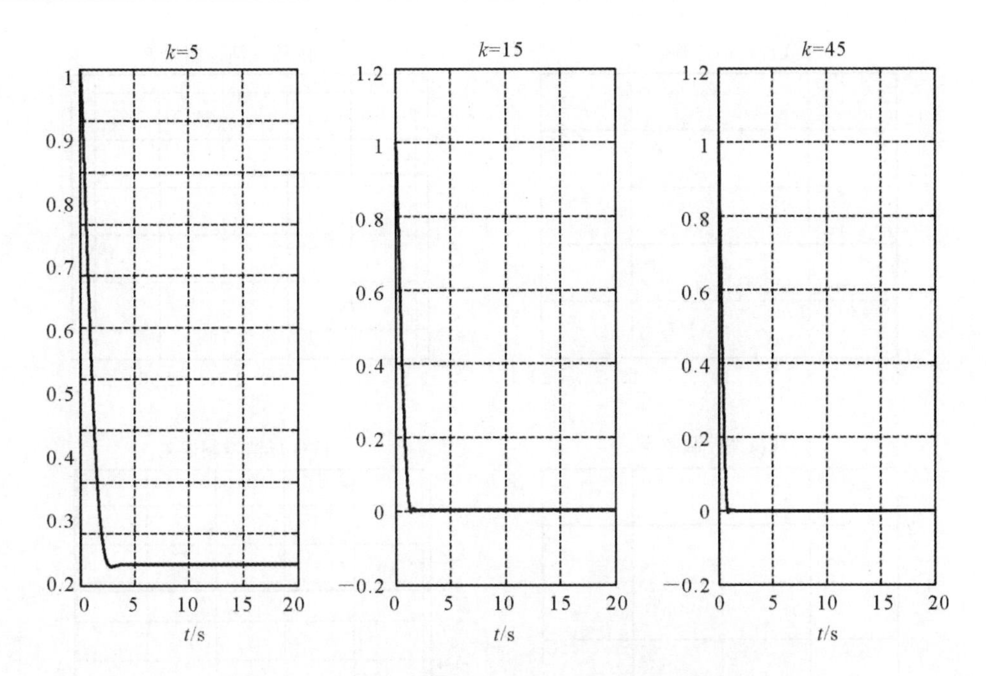

图 7.19　不同非线性反馈增益的干扰抑制效果

由上述仿真结果可以看出，在反馈增益参数相同的情况下，非线性反馈的抗扰动性能明显优于线性反馈。

对于变结构反馈控制系统来说，采用线性滑动模态意味着仅在滑动模态的部分区域才能具备“到达条件”，这样系统的状态轨线可能要在滑动模态附近经过多次切换才能到达滑动模态，然后以指数衰减率沿滑动模态向原点趋近。而采用非线性滑动模态后则在整个滑动模态上都能满足“到达条件”，这样系统状态轨线最多切换一次即可沿滑动模态在有限时间内到达原点。

假设二阶系统采用如下描述形式：

$$\begin{cases}\dot{x}_1 = x_2 \\ \dot{x}_2 = f(x_1, x_2, t) + u \\ y = x_1\end{cases} \tag{7.22}$$

式中，$f(x_1, x_2, t) = x_1^5 + x_2^5 + \mathrm{sign}(\sin(t))$ 或 $f(x_1, x_2, t) = \mathrm{sign}(\sin(t))$。

控制指令为设定值 $v=2.0$，为保证系统输出 y 在有限时间内到达设定值，这里选择两种状态反馈为：$u = fhan(x_1 - v, cx_2, t, h_1)$ 与 $u = -r^2(x_1 - v) - crx_2$，系统在态反馈的作用下，系统控制结果如图 7.20 所示。

由图 7.20 可知，两种状态反馈作用下系统输出均无超调，线性反馈形式的快速性更好，但控制精度相比非线性反馈差一个数量级，而且线性反馈的比例增益比非线性反馈增益高 $80 \times 80 : 40 = 160$ 倍，阻尼增益高 $240 : 3 = 80$ 倍，相差近两个数量级。

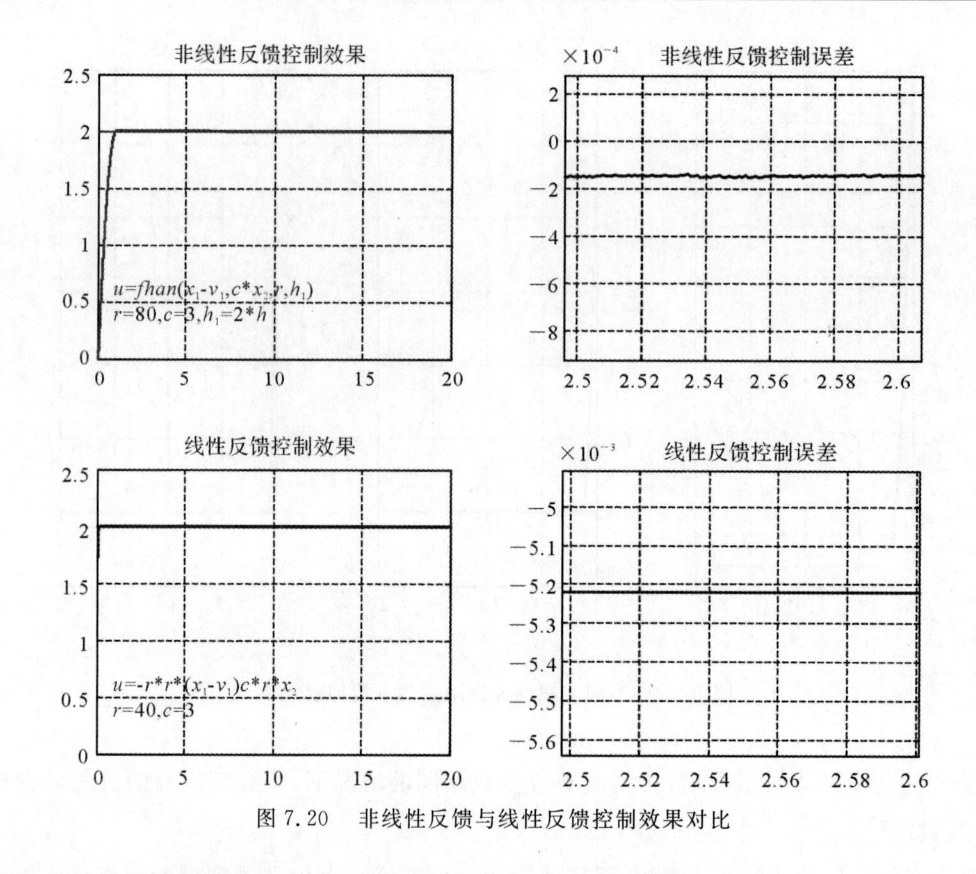

图 7.20　非线性反馈与线性反馈控制效果对比

7.1.5　扩张状态观测器

对于线性系统其状态方程可表示为

$$\begin{cases}\dot{\boldsymbol{X}}=\boldsymbol{AX}+\boldsymbol{BU}\\ \boldsymbol{Y}=\boldsymbol{CX}\end{cases} \tag{7.23}$$

当系统矩阵$(\boldsymbol{A},\boldsymbol{C})$满足能观测条件，存在矩阵$\boldsymbol{L}$使得$\boldsymbol{A}-\boldsymbol{LC}$稳定时，可以设计如下状态观测器

$$\begin{cases}\boldsymbol{e}=\boldsymbol{CZ}-\boldsymbol{Y}\\ \dot{\boldsymbol{Z}}=\boldsymbol{AZ}-\boldsymbol{Le}+\boldsymbol{BU}\end{cases} \tag{7.24}$$

当$\boldsymbol{e}\rightarrow 0$时，则观测器实现了对系统状态的观测$\boldsymbol{Z}\rightarrow\boldsymbol{X}$。

对于二阶线性系统

$$\begin{cases}\dot{x}_1=x_2\\ \dot{x}_2=a_1x_1+a_2x_2+bu\\ y=x_1\end{cases} \tag{7.25}$$

其状态观测器可设计为

$$\begin{cases}e_1=z_1-y\\ \dot{z}_1=z_2-l_1e_1\\ \dot{z}_2=(a_1z_1+a_2z_2)-l_2e_1+bu\end{cases} \tag{7.26}$$

对于非线性系统

$$\begin{cases}\dot{x}_1 = x_2 \\ \dot{x}_2 = f(x_1, x_2) + bu \\ y = x_1\end{cases} \tag{7.27}$$

其状态观测器可设计为

$$\begin{cases}e_1 = z_1 - y \\ \dot{z}_1 = z_2 - l_1 e_1 \\ \dot{z}_2 = f(z_1, z_2) - l_2 e_1 + bu\end{cases} \tag{7.28}$$

上述状态观测器是在 a_1, a_2 或函数 $f(x_1, x_2)$ 已知的前提下设计的，而在实际应用中，往往无法准确的获得这些系统参数或函数，所以无法设计出线性状态观测器对系统状态进行有效观测。

根据非线性反馈和对偶原理，将非线性反馈观测器设计为如下形式

$$\begin{cases}e = z_1 - y \\ \dot{z}_1 = z_2 - \beta_{01} g_1(e) \\ \dot{z}_2 = -\beta_{02} g_2(e) + bu\end{cases} \tag{7.29}$$

通过选择参数 β_{01}, β_{02} 和非线性函数 $g_1(e), g_2(e)$ 后，得到具体非线性反馈状态观测器为

$$\begin{cases}e = z_1 - y \\ \dot{z}_1 = z_2 - 50e & z_1(0) = 0 \\ \dot{z}_2 = -150 fal(e, 0.5, 0.01) & z_2(0) = 0\end{cases}$$

$$fal(e, 0.5, 0.01) = \begin{cases}|e|^{0.5}\,\mathrm{sign}(e) & |e| > 0.01 \\ \dfrac{e}{0.01^{-0.5}} & |e| \leqslant 0.01\end{cases} \tag{7.30}$$

采用该观测器对如下对象进行观测，则有

$$\begin{cases}\dot{x}_1 = x_2 \\ \dot{x}_2 = f(x_1, x_2, t) + w(t) \\ y = x_1\end{cases} \tag{7.31}$$

式中，$f(x_1, x_2, t) = -\left(2 + \dfrac{\sin(t)}{3}\right)x_1 - \left(2 + \cos\left(\dfrac{t}{4}\right)\right)x_2$，$w(t) = \mathrm{sign}\left(\sin\left(\dfrac{5}{2}t\right)\right)$

由图 7.21 中可以看出，该观测器对原系统状态实现了良好的观测，对系统状态和系统状态变化率的观测误差非常小，基本完全重合。

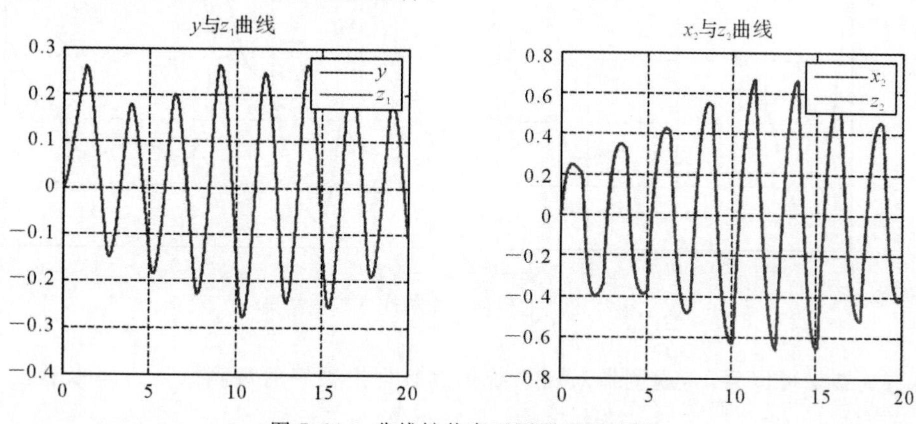

图 7.21　非线性状态观测器观测结果

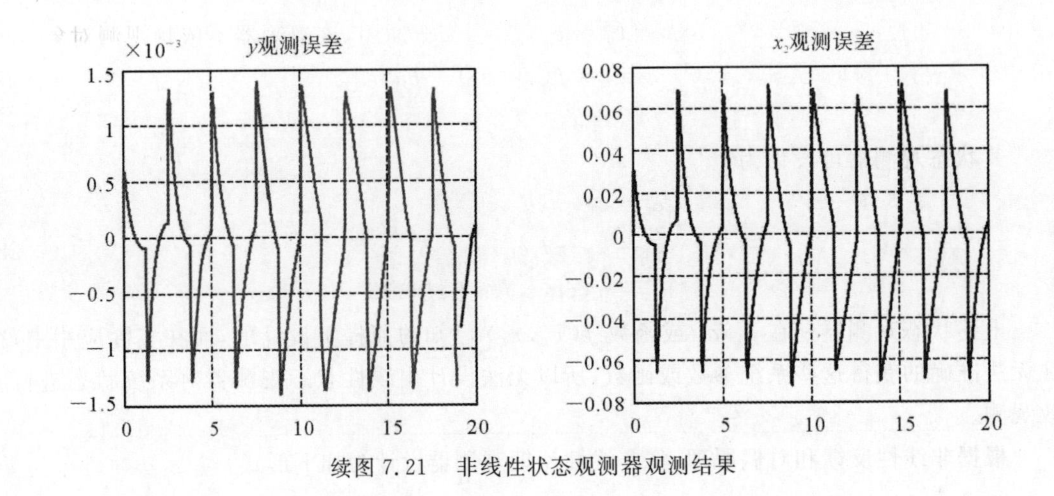

续图 7.21 非线性状态观测器观测结果

当系统函数变为

$$f(x_1,x_2,t)=-x_1-0.25x_2(2.5+x_1^3),w(t)=\cos\left(\frac{1}{2}t\right) \tag{7.32}$$

仍然采用上述状态观测器，对新系统的观测结果如图 7.22 所示。

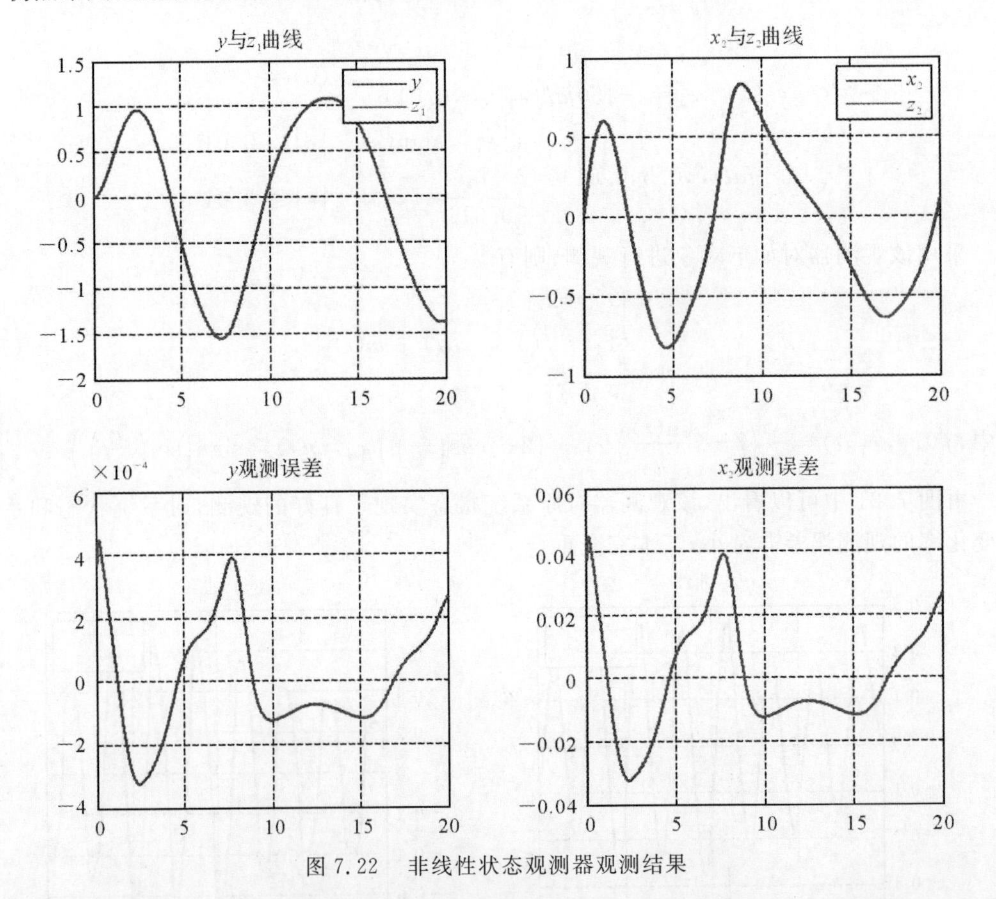

图 7.22 非线性状态观测器观测结果

由仿真结果可以看出，观测器对新系统仍然表现出很好的观测结果。可以看出采用(式

7.30）形式的状态观测器对一定范围内的系统来说完全通用，该观测器不依赖观测对象，可见采用了非光滑函数后大幅提高了观测效率。

鉴于采用非光滑函数的状态观测器对非线性系统

$$\begin{cases}\dot{x}_1 = x_2 \\ \dot{x}_2 = f(x_1, x_2) + bu \\ y = x_1\end{cases} \tag{7.33}$$

的优良跟踪观测性能，我们可以将作用于开环系统的加速度 $f(x_1, x_2)$ 扩充为新的状态变量 x_3，记作

$$x_3(t) = f[x_1(t), x_2(t)] \tag{7.34}$$

并假设 $\dot{x}_3(t) = w(t)$，那么原系统将扩张为

$$\begin{cases}\dot{x}_1 = x_2 \\ \dot{x}_2 = x_3 + bu \\ \dot{x}_3 = w(t) \\ y = x_1\end{cases} \tag{7.35}$$

同时，可以将状态观测器设计为

$$\begin{cases}e = z_1 - y \\ \dot{z}_1 = z_2 - \beta_{01} e \\ \dot{z}_2 = z_3 - \beta_{02} \ |e|^{0.5} \mathrm{sign}(e) + bu \\ \dot{z}_3 = -\beta_{03} \ |e|^{0.25} \mathrm{sign}(e)\end{cases} \tag{7.36}$$

这样只要适当的选择参数 $\beta_{01}, \beta_{02}, \beta_{03}$，该观测器将能够实现对系统的状态变量 $x_1(t), x_2(t)$ 及被扩张的状态的实时作用量 $x_3(t) = f[x_1(t), x_2(t)]$ 良好观测，即

$$z_1(t) \rightarrow x_1(t) \quad z_2(t) \rightarrow x_2(t) \quad z_3(t) \rightarrow x_3(t) = f[x_1(t), x_2(t)]$$

在函数 $f(x_1(t), x_2(t))$ 中含有时间变量和未知扰动作用情况下，令

$$x_3(t) = f[x_1(t), x_2(t), t, \omega(t)] \tag{7.37}$$

则采用观测器同样能够获得状态变量 $x_1(t), x_2(t)$ 较好观测值 $z_1(t), z_2(t)$，同时能估计出被扩张的状态变量即作用于系统的加速度作用量

$$a(t) = f(x_1(t), x_2(t), t, \omega(t)) \tag{7.38}$$

这样我们将该观测器称为扩张状态观测器。对扩张观测器而言，观测如下三类系统：

$$\begin{cases}\dot{x}_1 = x_2 \\ \dot{x}_2 = f(t) + bu; \\ y = x_1\end{cases} \quad \begin{cases}\dot{x}_1 = x_2 \\ \dot{x}_2 = f(x_1, x_2) + bu; \\ y = x_1\end{cases} \quad \begin{cases}\dot{x}_1 = x_2 \\ \dot{x}_2 = f[x_1, x_2, t, w(t)] + bu \\ y = x_1\end{cases} \tag{7.39}$$

的状态和被扩张状态没有什么区别，对于系统的函数部分是否已知，是否连续的还是不连续的没有要求，只要系统函数是有界的，并且参数 b 已知，总可以通过设计适当的参数 $\beta_{01}, \beta_{02}, \beta_{03}$，使扩张观测器能够很好地实时观测系统的状态 $x_1(t), x_2(t)$，估计出被扩张的状态 $x_3(t)$。

假设二阶系统为

$$\begin{cases}\dot{x}_1 = x_2 \\ \dot{x}_2 = a\mathrm{sign}(\sin(\omega t)) + 5\cos(t/3) \\ y = x_1\end{cases} \tag{7.40}$$

设计扩张观测器对该系统进行估计，仿真结果如图 7.23 所示。

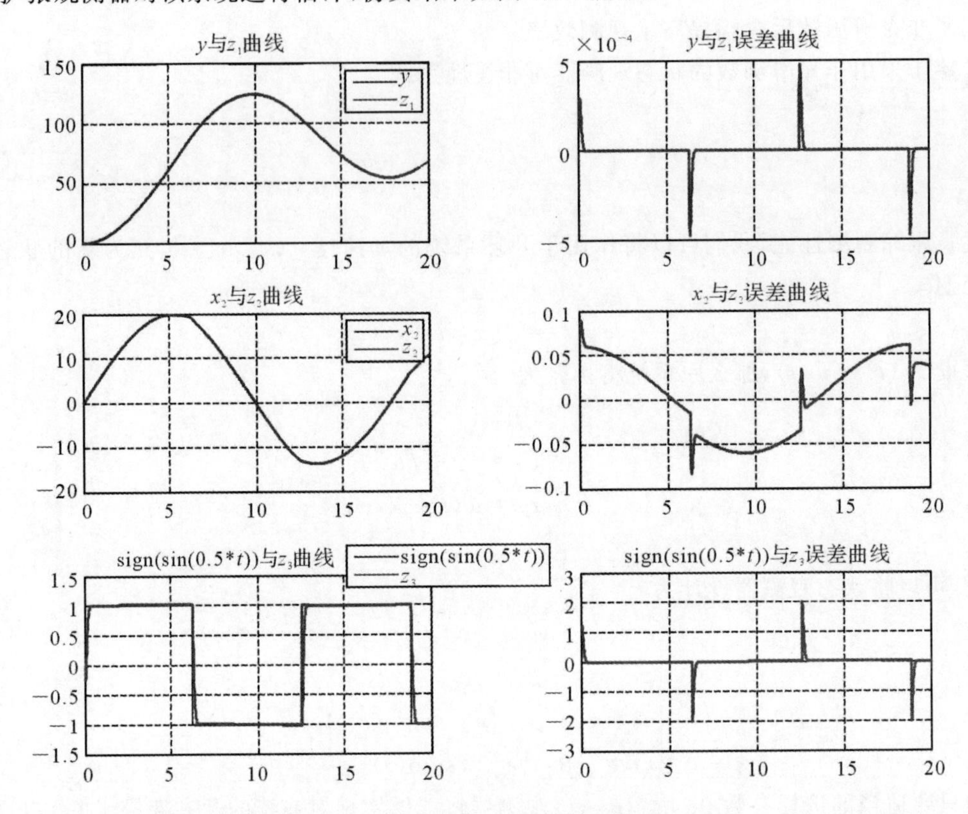

图 7.23　扩张观测器观测结果

由仿真结果可以看出，系统状态变量和观测器估计结果的几乎完全一致，扩张状态与估计值的差别相对明显，但除扩张状态发生陡变外，估计效果也很好。这样在具备了扩张状态 $x_3(t)$ 的估计值 $z_3(t)$ 后，只要参数 b 已知，可设计控制量为

$$u = u_0 - \frac{z_3(t)}{b} \text{ 或 } u = \frac{u_0 - z_3(t)}{b} \tag{7.41}$$

即在控制量中使用估计值 $z_3(t)$ 实现对扩张状态 $x_3(t)$ 的补偿，从而使对象变成线性的积分器串联型控制系统，则有

$$\begin{cases} \dot{x}_1 = x_2 \\ \dot{x}_2 = f(x_1(t), x_2(t)) + b\left(u_0 - \dfrac{z_3(t)}{b}\right) \Rightarrow \\ y = x_1 \end{cases}$$

$$\begin{cases} \dot{x}_1 = x_2 \\ \dot{x}_2 = f(x_1(t), x_2(t)) - z_3(t) + bu_0 \\ y = x_1 \end{cases} \Rightarrow \begin{cases} \dot{x}_1 = x_2 \\ \dot{x}_2 = bu_0 \\ y = x_1 \end{cases} \tag{7.42}$$

或

$$\begin{cases}\dot{x}_1 = x_2 \\ \dot{x}_2 = f(x_1(t), x_2(t)) + b\left(\dfrac{u_0 - z_3(t)}{b}\right) \Rightarrow \\ y = x_1\end{cases}$$

$$\begin{cases}\dot{x}_1 = x_2 \\ \dot{x}_2 = f(x_1(t), x_2(t)) - z_3(t) + u_0 \\ y = x_1\end{cases} \Rightarrow \begin{cases}\dot{x}_1 = x_2 \\ \dot{x}_2 = u_0 \\ y = x_1\end{cases} \tag{7.43}$$

这样无论对象是否确定，是否线性，是否时变，通过上述补偿手段，均可以将系统转变为积分器串联型被控制系统。

大量仿真研究表明即使参数 b 呈现状态函数或时变参数形式，只要其变化范围在一定范围内，只要假定其近似估计值 b_0，那么扩张状态观测器同样可以将控制量中的未知部分 $(b - b_0)u(t)$ 也作为扩张量进行估计。

假设二阶非线性对象为

$$\begin{cases}\dot{x}_1 = x_2 \\ \dot{x}_2 = \text{sign}(\sin(0.2t)) + (1.5 + 0.5\text{sign}(\cos(0.05t)))\sin(0.04t) \\ y = x_1\end{cases} \tag{7.44}$$

当把函数 $b = 1.5 + 0.5\text{sign}(\sin(0.03t))$ 估计成常值 $b_0 = 1.5$，则待估计扩张量为 $f = \text{sign}(\sin(0.2t)) + 0.5\text{sign}(\cos(0.05t)))\sin(0.04t)$，使用扩张观测器对系统(式 7.48) 进行观测，系统状态与观测器状态如图 7.24 所示。

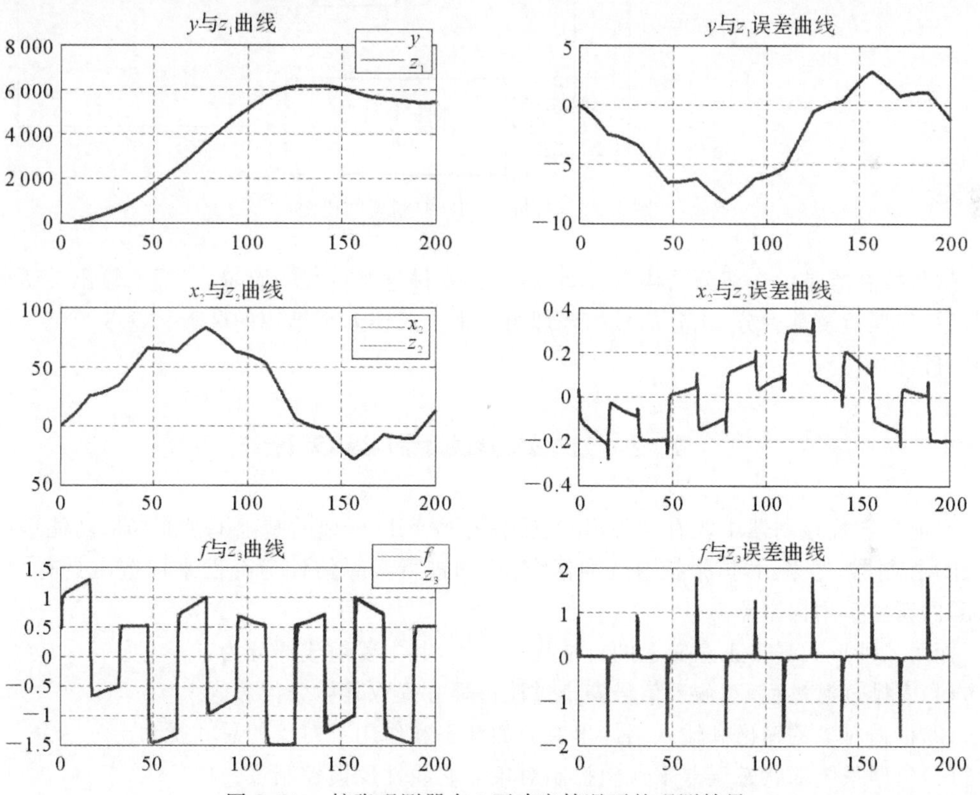

图 7.24　扩张观测器在 b 不确定情况下的观测结果

由仿真结果可知，即使在系统模型中的控制量放大系数 b 未知的情况下，使用近似估计值 b_0 当作扩张观测器的可调参数来进行设计是完全可行的。

基于上述分析，针对 PID 控制的固有缺陷，可以采用如下措施进行改进。

(1)考虑系统承受能力、状态变化合理性和控制执行机构能力前提下，针对超调和快速性的矛盾问题，可以对设定值使用跟踪微分器或适当的函数发生器安排合适的过渡过程来改进。

(2)使用噪声放大效应很低的跟踪微分器、状态观测器或扩张状态观测器可以解决误差的微分信号获取问题。

(3)在非线性领域寻找更合适的组合形式来形成误差反馈律可以显著提高控制性能和效率。

(4)采用扩张状态观测器实时估计作用于系统的扰动并给予补偿的办法不仅能够抑制常值扰动，还能够抑制消除几乎任意形式的扰动影响。

通过这些有效措施的引入进而促成了基于 PID 控制形式自抗扰控制器，该控制器就由跟踪微分器，通过适当"非线性组合"来产生控制量，其原理如图 7.25 所示。

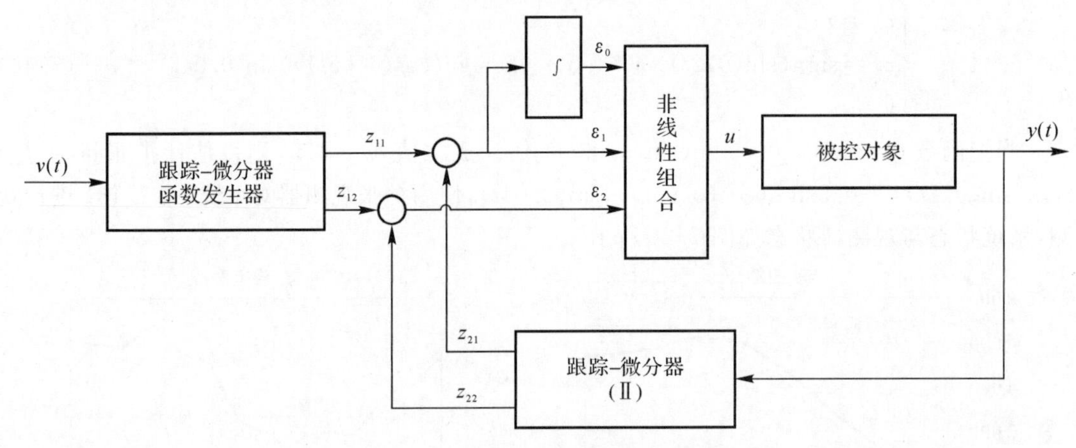

图 7.25　自抗扰 PID 控制器结构图

这类控制器是由 3 部分结构组合而成的：①安排过渡过程的装置；②提取输出量微分信号的装置；③误差及其微分、积分信号的合理组合来生成误差反馈律的装置。这 3 个装置都有好几种可能的组合。

7.2　自抗扰控制器设计

目前自抗扰控制器主要有两种形式：①在经典 PID 框架的基础上扩充局部功能形成非线性 PID 控制器；②采用"扩张状态观测器"对扰动进行实时估计与补偿来构造出具有"自抗扰功能"的新型实用控制器。

而第二种形式是真正意义上的自抗扰控制器，其主要组成部分为：

(1)安排过渡过程，对输入信号安排过渡过程并提取其微分信号。

(2)根据对象的输出和输入估计出对象的状态和作用于对象的总和扰动。

(3)根据系统的状态误差来产生控制对象的非线性反馈控制量。

(4)通过使用扰动估计值实现补偿得到最终控制量。

自抗扰控制器最本质的特性就是实时估计扰动和对扰动的动态补偿能力。其显著特点是只依靠输入和输出信号的前提下，无需事先知道关于扰动本身的任何先验知识，只要其作用能够影响系统的输出且其作用范围是有限的，就可以使用扩张状态观测器来实时跟踪估计未知扰动，进而实现扰动补偿。

假设具有未知扰动的不确定对象为

$$y^{(n)}=f(y,y^{(1)},\cdots,y^{(n-1)})+\omega(t)+b_0u \tag{7.45}$$

式中，f 及 $\omega(t)$ 均未知，u，y 分别为系统输入和输出，b_0 为已知常数。选择系统状态变量 $[x_1,x_2,\cdots,x_n]^T=[y,y^{(1)},\cdots,y^{(n-1)}]^T$。令 $a(t)=f+\omega$，$a(t)$ 由系统模型和外扰总和组成称为系统的扩张状态变量。令 $b(t)=\dot{a}(t)$，这样系统的扩张状态方程可表示为

$$\begin{cases}\dot{x}_1=x_2\\ \dot{x}_2=x_3\\ \cdots\\ \dot{x}_{n-1}=x_n\\ \dot{x}_n=a(t)+b_0u\\ \dot{x}_{n+1}=b(t)\\ y=x_1\end{cases} \tag{7.46}$$

针对上述系统设计“全维”扩张状态观测器为

$$\begin{cases}\dot{z}_1=z_2-b_1g_1(z_1-x_1)\\ \dot{z}_2=z_3-b_2g_2(z_1-x_1)\\ \cdots\\ \dot{z}_n=z_{n+1}-b_ng_n(z_1-x_1)+b_0u\\ \dot{z}_{n+1}=-b_{n+1}g_{n+1}(z_1-x_1)\end{cases} \tag{7.47}$$

式中，$g_1,g_2,\cdots,g_{n+1}$ 为适当的非线性函数，$b_1,b_2,\cdots,b_n$ 为常系数。通过参数选择，使扩张状态观测器稳定，且以一定速度跟踪系统的各个状态，即

$$z_1(t)\to x_1(t)\quad\cdots\quad z_n(t)\to x_n(t) \tag{7.48}$$

$$z_{n+1}(t)\to x_{n+1}(t)=a(t) \tag{7.49}$$

此外，将参考输入 $v_0(t)$ 通过跟踪微分器实现过渡过程安排，可以获得参考输入 $v_0(t)$ 的跟踪值及各阶导数，记为 $v_1(t),v_2(t),\cdots,v_n(t)$，然后设计系统的控制量非线性误差状态反馈为

$$u(t)=k_1h_1(v_1-z_1)+k_2h_2(v_2-z_2)+\cdots+k_nh_n(v_n-z_n)+z_{n+1}/b_0 \tag{7.50}$$

式中，$h_1,h_2,\cdots,h_n$ 为适当的非线性函数，$k_1,k_2,\cdots,k_n$ 为常系数。z_{n+1}/b_0 作为扩张状态反馈量将起到补偿系统扰动的作用，通过对系统模型扰动和外扰的适时补偿，使闭环系统具有很强的鲁棒性。

通过非线性组合可以有效构造经补偿后的积分串联型系统的动态特性。这样整个控制器的设计不依赖于被控对象的精确模型，非常适合飞行控制器设计时面临无法精确建模、外部扰动影响大、模型参数变化范围大等特点。目前，针对二阶系统，具有扰动跟踪补偿能力的自抗扰控制器的算法可以概括为：

(1) 以目标值 v_0 为输入，采用跟踪微分器安排过渡过程

$$\begin{cases} e=v_1-v_0 \\ fh=fhan(e,v_2,r_0,h) \\ v_1=v_1+hv_2 \\ v_2=v_2+hfh \end{cases} \tag{7.51}$$

(2) 采用三阶扩张观测器,利用系统输出和输入信号来跟踪估计系统状态和扰动

$$\begin{cases} e=z_1-y, fe=fal(e,0.5,\delta), fe_1=fal(e,0.25,\delta) \\ z_1=z_1+h(z_2-\beta_{01}e) \\ z_2=z_2+h(z_3-\beta_{02}e+b_0u) \\ z_3=z_3+h(-\beta_{03}fe_1) \end{cases} \tag{7.52}$$

(3) 设计非线性状态误差反馈控制律

$$\begin{cases} e_1=v_1-z_1, e_2=v_2-z_2 \\ u_0=k(e_1,e_2,p) \end{cases} \tag{7.53}$$

(4) 利用扩张状态观测值,实现扰动补偿

$$u=u_0-\frac{z_3(t)}{b_0} \text{ 或 } u=\frac{u_0-z_3(t)}{b_0} \tag{7.54}$$

自抗扰控制器结构如图 7.26 所示。

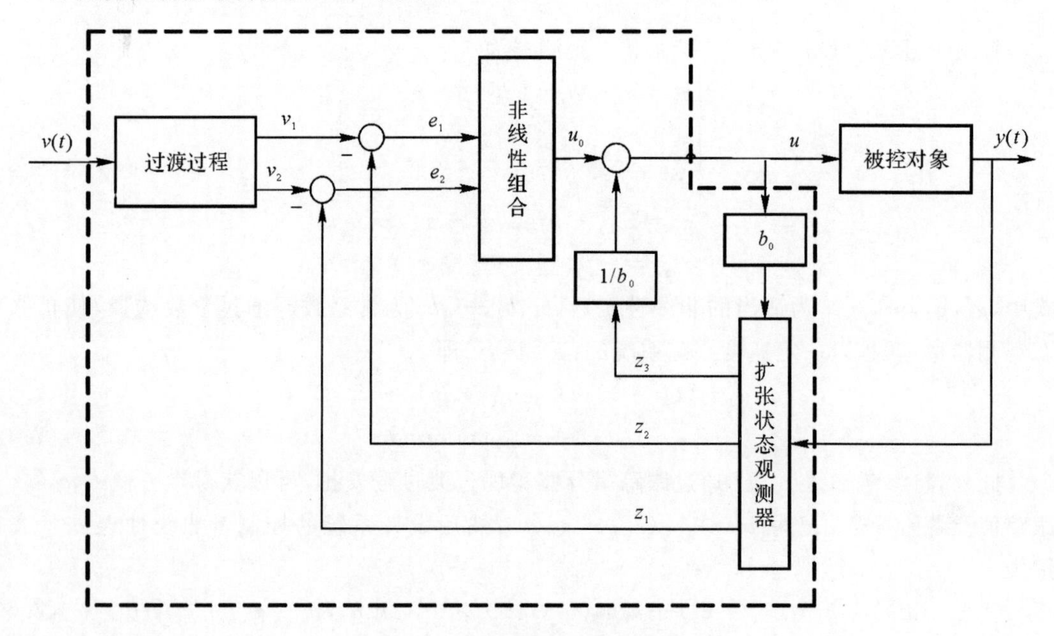

图 7.26　自抗扰控制器结构图

如果对象模型中有已建模的确知部分 $f_0(x_1,x_2)$,那么扩张状态观测器中可以引入 $f_0(x_1,x_2)$,降低扩张状态观测部分。同时,扰动补偿部分也应进行修改 $u=u_0-\frac{f_0(x_1,x_2)+z_3(t)}{b_0}$ 或 $u=\frac{u_0-f_0(x_1,x_2)-z_3(t)}{b_0}$,这样对于带有已建模部分的自抗扰控制器结构如图 7.27 所示。

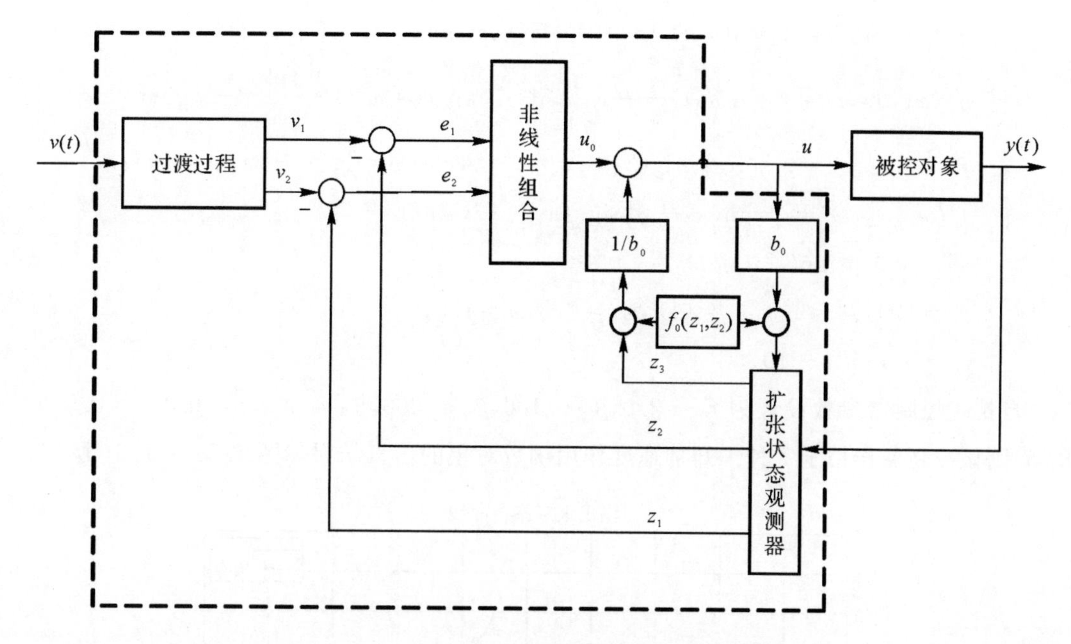

图 7.27　带有已建模型的自抗扰控制器结构图

假设典型二阶受扰系统可表示为

$$\begin{cases} \dot{x}_1 = x_2 \\ \dot{x}_2 = f(x_1, x_2, t) + w(t) + bu \\ y = x_1 \end{cases} \tag{7.55}$$

采用如下形式的自抗扰控制器，则有

$$\begin{cases} fh_0 = fhan(v_1 - v_0, v_2, r_0, h) \\ v_1 = v_1 + hv_2 \\ v_2 = v_2 + hfh_0\text{，过渡过程} \\ e = z_1 - y, fe = fal(e, 0.5, h), fe_1 = fal(e, 0.25, h) \\ z_1 = z_1 + h(z_2 - \beta_{01} e) \\ z_2 = z_2 + h(z_3 - \beta_{02} fe + u) \\ z_3 = z_3 + h(-\beta_{03} fe1)\text{，估计状态和扰动} \\ e_1 = v_1 - z_1, e_2 = v_2 - z_2 \\ u_0 = -fhan(e_1, ce_2, r, h_1)\text{，误差反馈} \\ u = u_0 - z_3\text{，扰动补偿} \end{cases} \tag{7.56}$$

假定对象的未知加速度作用函数 $f(x_1, x_2, t)$ 分别具有如下 7 种不同形式：

$$f_1(x_1, x_2, t) = \gamma_1 \sin(\omega_1 t) x_1 + \gamma_2 \cos(\omega_2 t) x_2 + w(t)$$

$$f_2(x_1, x_2, t) = \gamma_1 \sin(\omega_1 t) |x_1| x_1 + \gamma_2 \cos(\omega_2 t) |x_2| x_2 + w(t)$$

$$f_3(x_1, x_2, t) = \gamma_1 \sin(\omega_1 t) \operatorname{sign}(x_1) \sqrt{|x_1|} + \gamma_2 \cos(\omega_2 t) \operatorname{sign}(x_2) \sqrt{|x_2|} + w(t)$$

$$f_4(x_1,x_2,t)=\gamma_1\sin(\omega_1 t)\,|x_1|^{0.8}+\gamma_2\cos(\omega_2 t)\,|x_2|^{0.3}+w(t)$$

$$f_5(x_1,x_2,t)=\gamma_1\sin(\omega_1 t)\,\frac{1}{1+|x|_1^2}+\gamma_2\exp(\cos(\omega_2 t)\,\frac{1+|x_1|}{5})+w(t)$$

$$f_6(x_1,x_2,t)=\gamma_1\sin(\omega_1 t)\lg(2+|x_1|)+\gamma_2\cos(\omega_2 t)\lg(2+|x_2|)+w(t)$$

$$f_7(x_1,x_2,t)=\gamma_1\operatorname{sign}(x_1+\gamma_2\operatorname{sign}(x_2))+w(t)$$

$$w(t)=0.5\operatorname{sign}(\sin(\omega t)) \tag{7.57}$$

$$\gamma_1=1.0,\gamma_2=2.0,\omega_1=0.5,\omega_2=0.8,\omega=1.0;$$

$$v_0=-\operatorname{sign}(t-10)$$

自抗扰控制器参数设计为 $r_0=2.0,\beta_{01}=100,\beta_{02}=200,\beta_{03}=800,r=6.0,c=0.5,h_1=0.05$，则该控制器作用于7种未知加速度作用函数对象的仿真结果如图7.28～7.34所示。

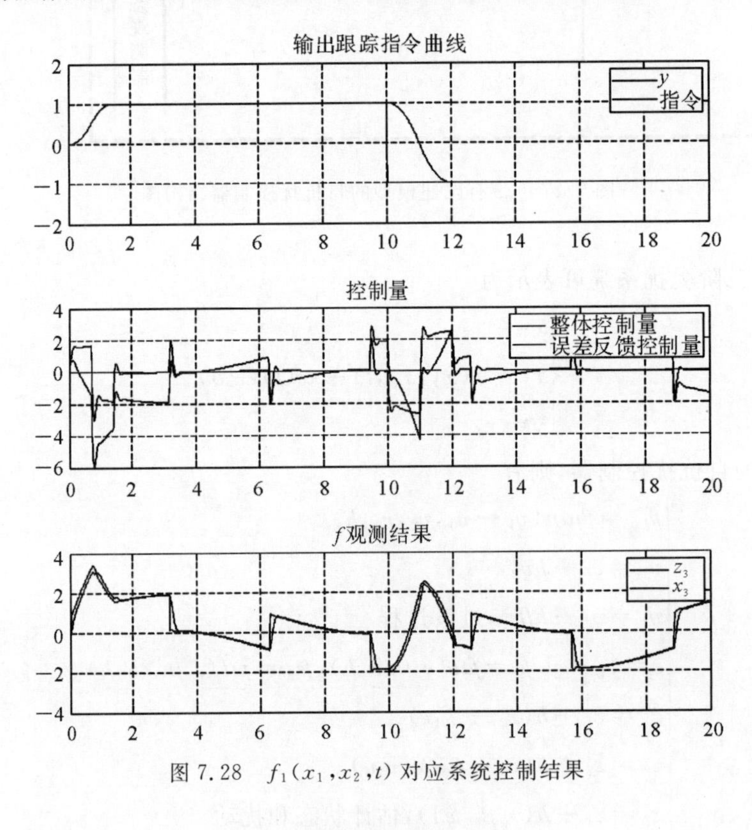

图7.28 $f_1(x_1,x_2,t)$ 对应系统控制结果

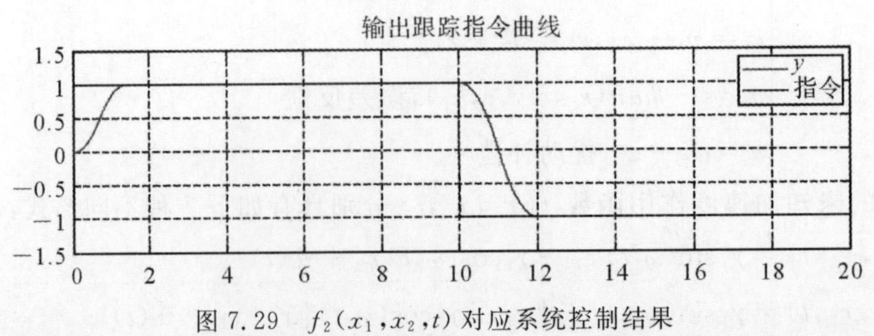

图7.29 $f_2(x_1,x_2,t)$ 对应系统控制结果

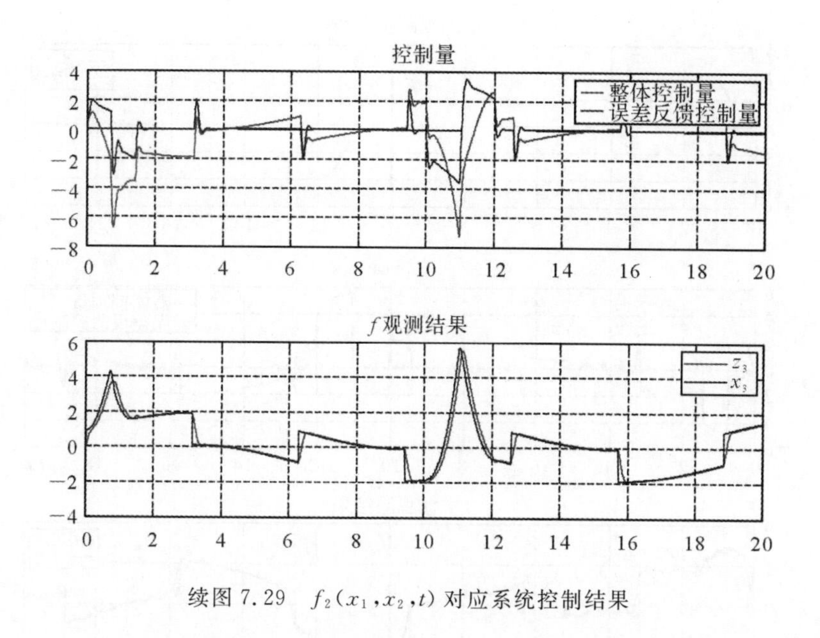

续图 7.29　$f_2(x_1, x_2, t)$ 对应系统控制结果

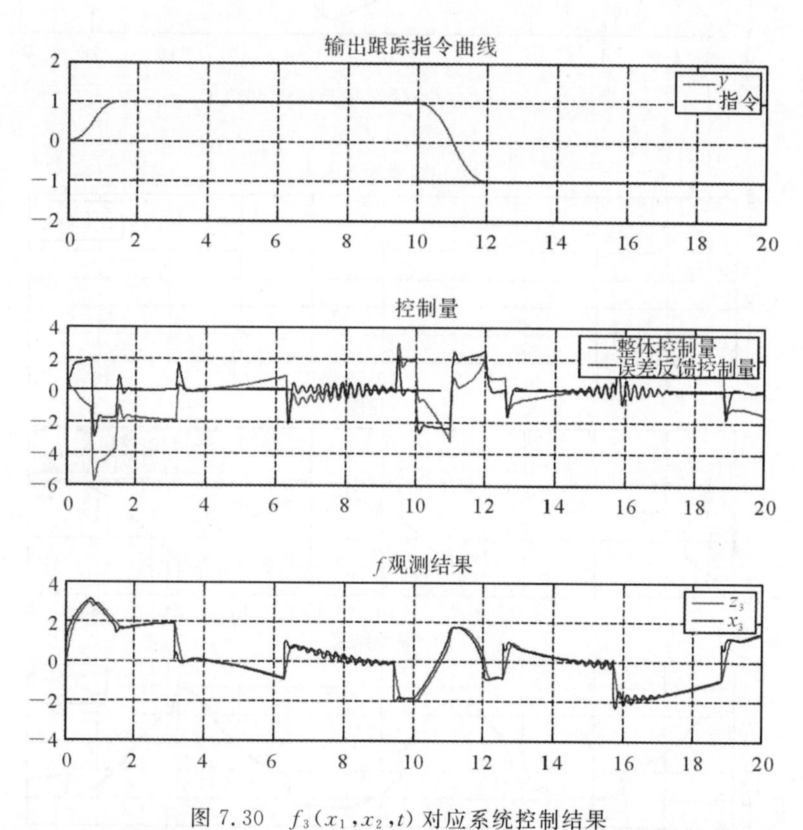

图 7.30　$f_3(x_1, x_2, t)$ 对应系统控制结果

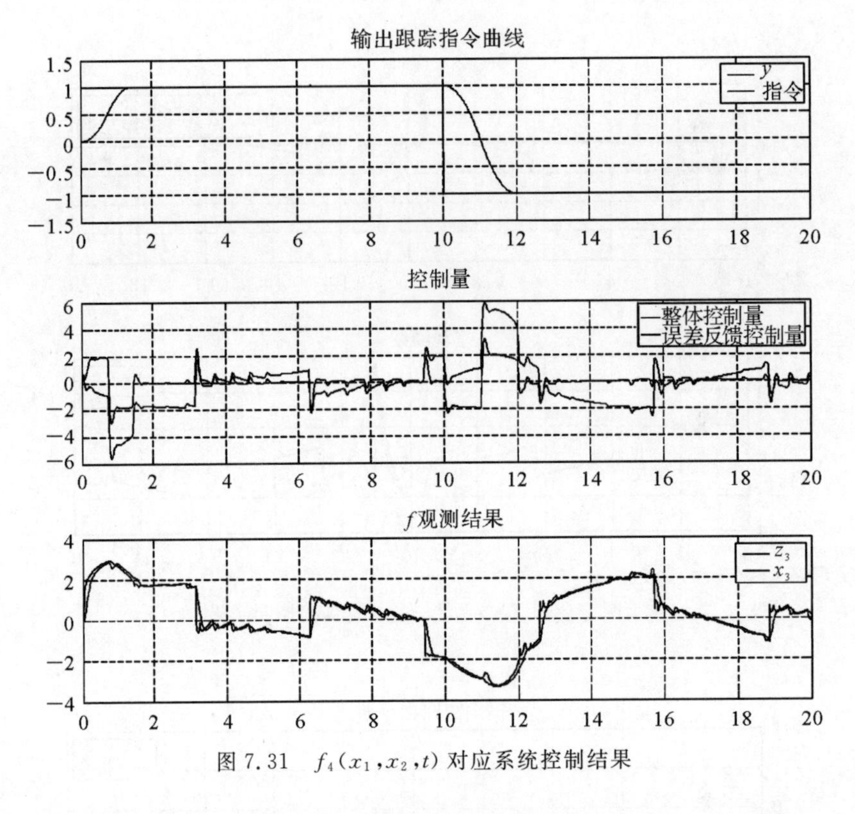

图 7.31 $f_4(x_1, x_2, t)$ 对应系统控制结果

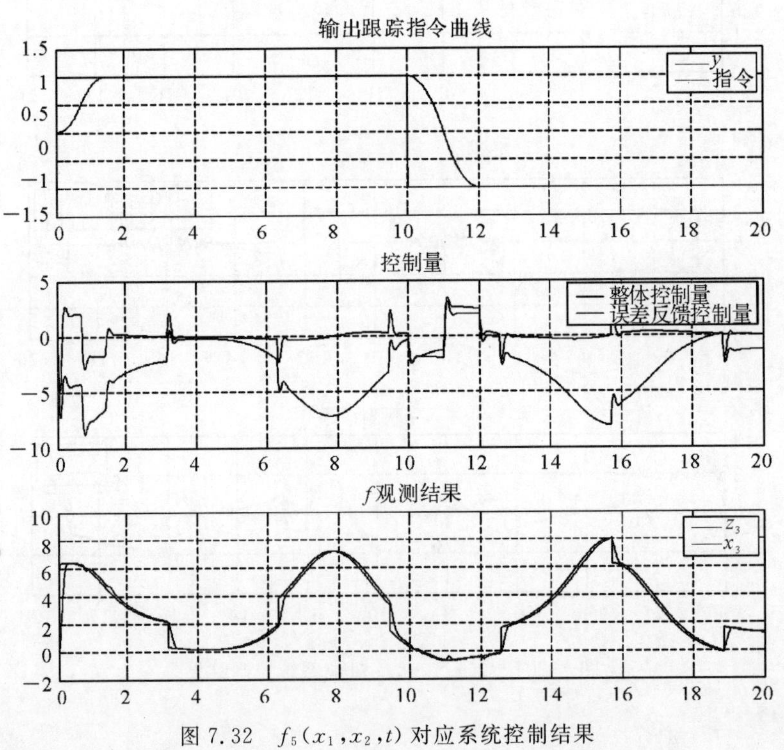

图 7.32 $f_5(x_1, x_2, t)$ 对应系统控制结果

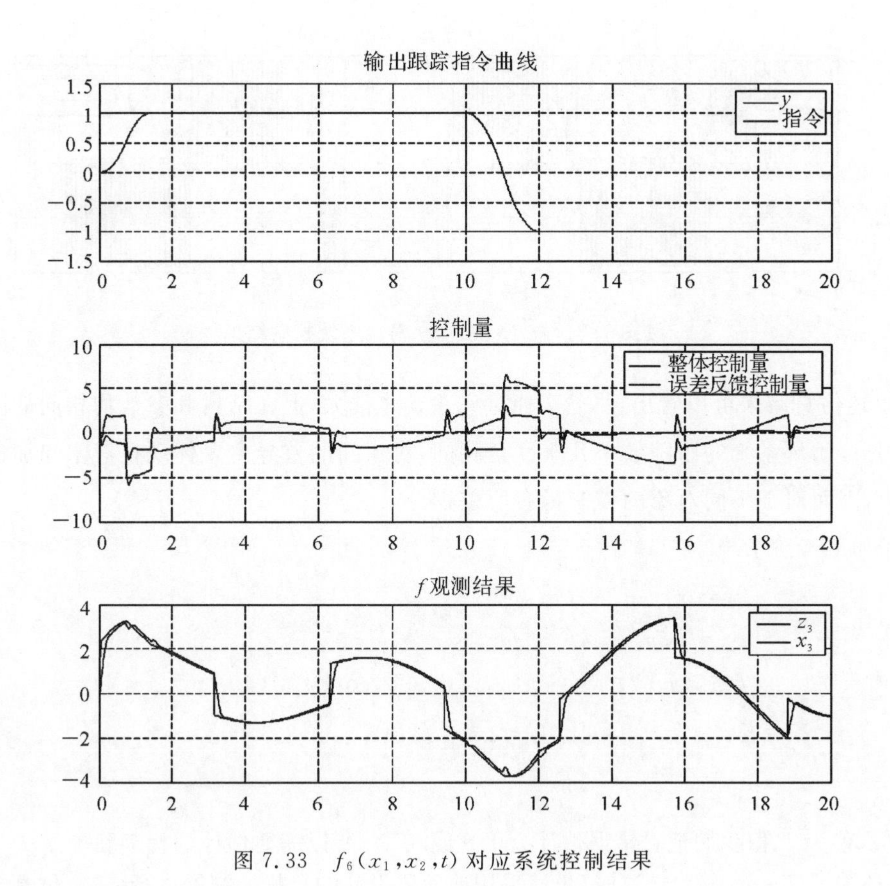

图 7.33　$f_6(x_1,x_2,t)$ 对应系统控制结果

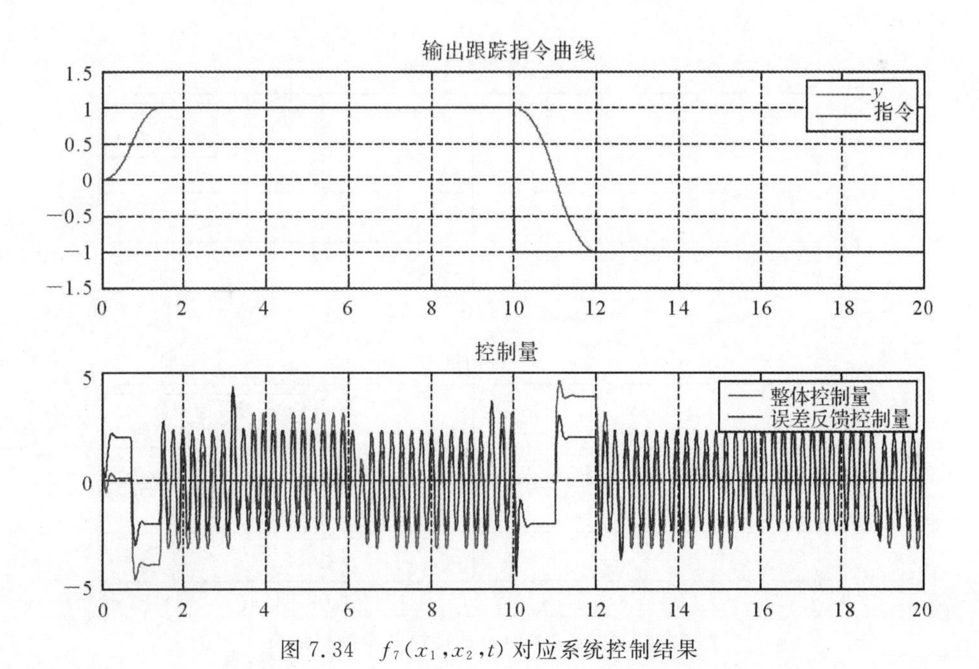

图 7.34　$f_7(x_1,x_2,t)$ 对应系统控制结果

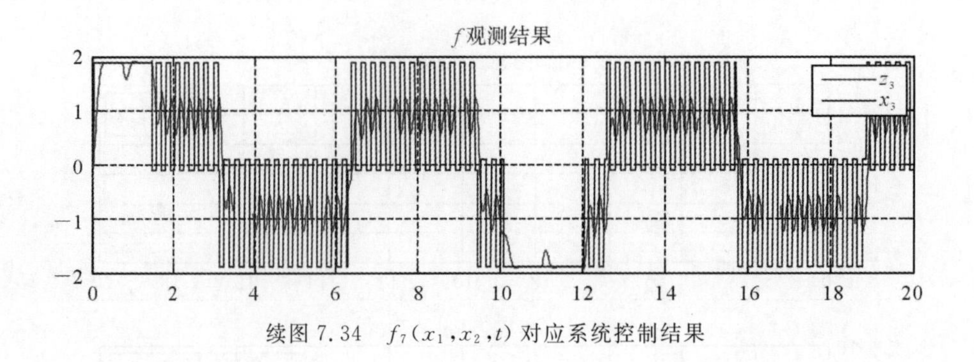

续图 7.34 $f_7(x_1, x_2, t)$ 对应系统控制结果

由上述仿真结果可以看出,尽管7种对象差异非常大,但在结构和参数均相同的同一个控制器作用下,闭环系统的跟踪效果几乎完全相同,对象间的差异主要体现在对未知加速度作用的估计上,因而对于不同对象的控制量有所差别。

对于如下二阶系统

$$\begin{cases} \dot{x}_1 = x_2 \\ \dot{x}_2 = f(x_1, x_2, t) + bu \\ f(x_1, x_2, t) = \gamma_1 \sin(\omega_1 t) x_1 + \gamma_2 \cos(\omega_2 t)(4 - x_1^{2.5}) x_2 \\ \qquad\qquad + \dfrac{1}{2}\mathrm{sign}\left(\sin\left(\dfrac{3t}{2}\right)\right) \\ y = x_1 \end{cases} \tag{7.58}$$

假定 b 的真值为1,但我们把它错误估计为1.8或0.2。所以需要估计的扰动除了 $f(x_1, x_2, t) + w(t)$ 外,还多了 $(b - b_0)u(t)$。这时,仍然采用前面所设计的自扰控制器进行控制,仿真结果如图7.35、图7.36所示。

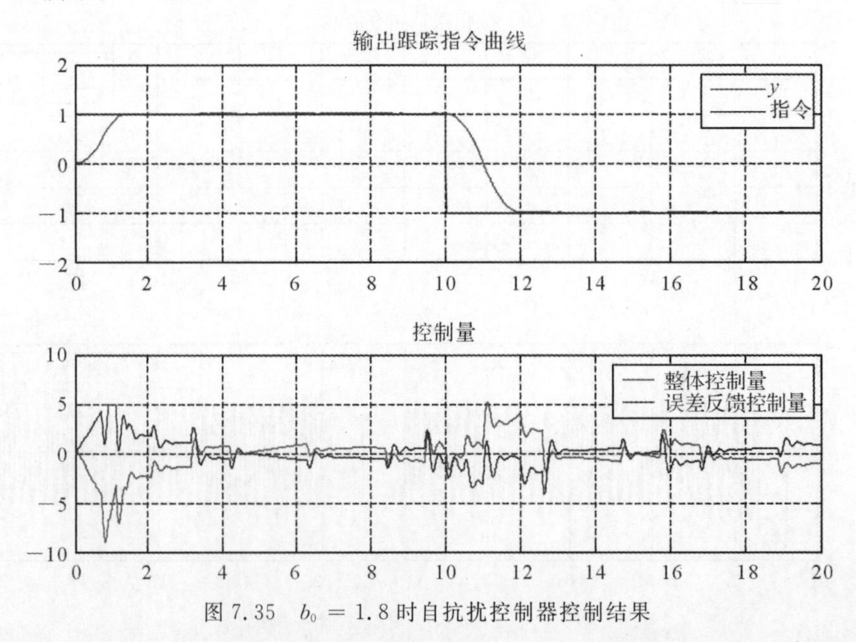

图 7.35 $b_0 = 1.8$ 时自抗扰控制器控制结果

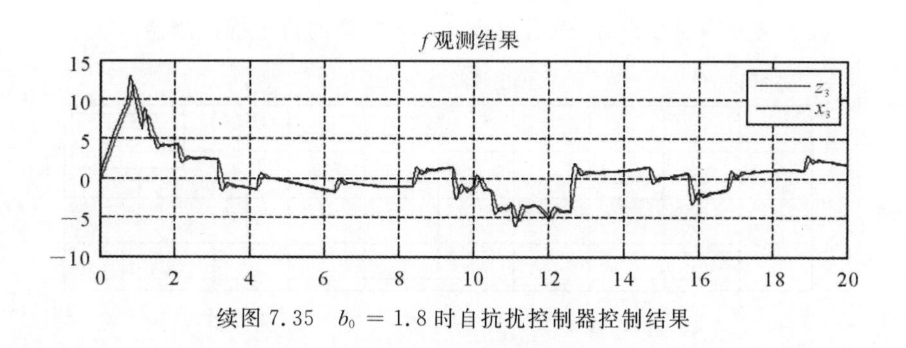

续图 7.35　$b_0 = 1.8$ 时自抗扰控制器控制结果

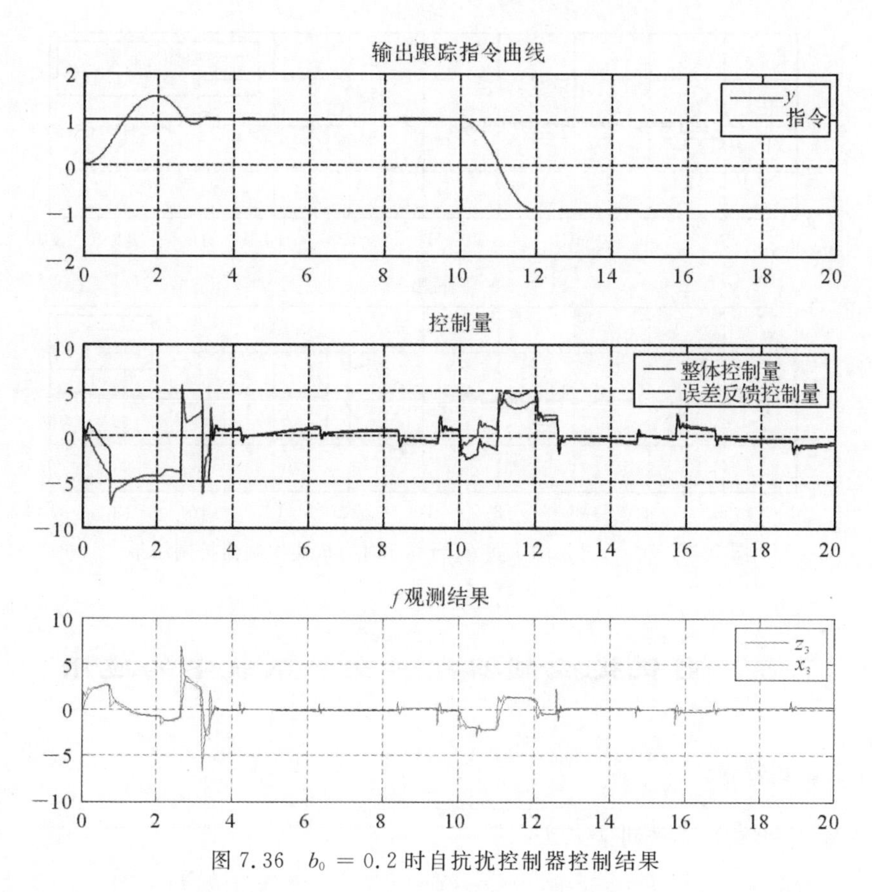

图 7.36　$b_0 = 0.2$ 时自抗扰控制器控制结果

假设系统控制量系数为时变函数 $b = 2 + \cos(x_1)$，而估计值 $b_0 = 0.5$，在同一自抗扰控制器的作用下结果如图 7.37 所示。

上述仿真结果说明，自抗扰控制算法对 b 的估计精度要求并不高。

从自抗扰控制器的结构来看，自抗扰控制器设计可以分为以下三部分设计：

(1) 安排过渡过程；

(2) 扩张观测器设计；

(3) 误差反馈设计。

上述部分组合成为一个整体使得自抗扰控制器具备了适应范围广、鲁棒性强、控制效率高，兼顾快速和超调等优点。但在设计自抗扰控制器时可以分为三个独立组成部分进行设计，按照各自的工程意义分别独立设计，然后组合成一个完整的自抗扰控制器。

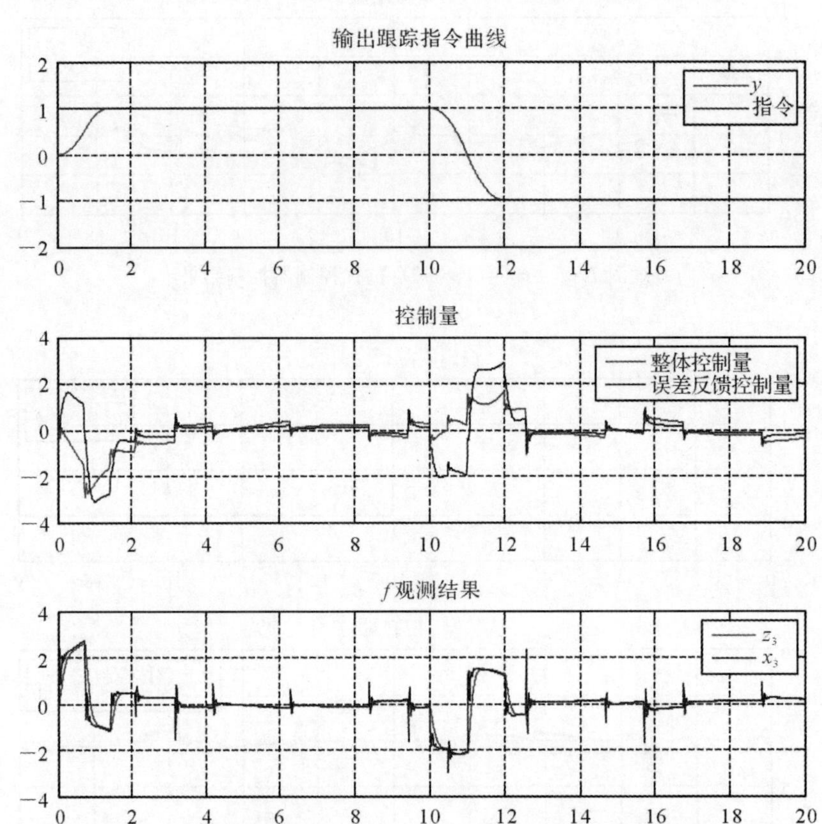

图 7.37　$b = 2 + \cos(x_1), b_0 = 0.5$ 时自抗扰控制器控制结果

7.3　自抗扰控制器在多变量系统中的应用

7.3.1　解耦控制

假设多输入-多输出系统可表示为

$$
\begin{cases}
\ddot{x}_1 = f_1(x_1, \dot{x}_1, \cdots, x_m, \dot{x}_m) + b_{11}u_1 + \cdots + b_{1m}u_m \\
\ddot{x}_2 = f_1(x_1, \dot{x}_1, \cdots, x_m, \dot{x}_m) + b_{21}u_1 + \cdots + b_{2m}u_m \\
\vdots \\
\ddot{x}_m = f_m(x_1, \dot{x}_1, \cdots, x_m, \dot{x}_m) + b_{m1}u_1 + \cdots + b_{mm}u_m \\
y_1 = x_1, y_2 = x_2, \cdots, y_m = x_m
\end{cases}
\tag{7.59}
$$

式中，b_{ij} 为控制量的放大系统为状态变量和时间的函数，用 $b_{ij}(\boldsymbol{x}, \dot{\boldsymbol{x}}, t)$ 表示。如果矩阵

$$
\boldsymbol{B}(\boldsymbol{x}, \dot{\boldsymbol{x}}, t) = \begin{bmatrix} b_{11}(\boldsymbol{x}, \dot{\boldsymbol{x}}, t) & \cdots & b_{1m}(\boldsymbol{x}, \dot{\boldsymbol{x}}, t) \\ \vdots & & \vdots \\ b_{m1}(\boldsymbol{x}, \dot{\boldsymbol{x}}, t) & \cdots & b_{mm}(\boldsymbol{x}, \dot{\boldsymbol{x}}, t) \end{bmatrix}
\tag{7.60}
$$

可逆。可以把系统控制量之外的模型部分 $\boldsymbol{f}(x_1,x_2,\cdots,x_m)=[f_1\quad f_2\quad \cdots\quad f_m]$ 称为"动态耦合",而把 $\boldsymbol{U}=\boldsymbol{B}(\boldsymbol{x},\dot{\boldsymbol{x}},t)u$ 部分称为"静态耦合" 部分,这样如果引入"虚拟控制量"$\boldsymbol{U}=\boldsymbol{B}(\boldsymbol{x},\dot{\boldsymbol{x}},t)u$,则多输入-多输出系统可表示为

$$\begin{cases}\ddot{\boldsymbol{x}}=\boldsymbol{f}(\boldsymbol{x},\dot{\boldsymbol{x}},t)+\boldsymbol{U}\\ y=x\end{cases}\tag{7.61}$$

式中,$\boldsymbol{x}=[x_1\quad x_2\quad \cdots\quad x_m]^T$,$\boldsymbol{f}=[f_1\quad f_2\quad \cdots\quad f_m]^T$,$\boldsymbol{U}=[V_1\quad V_2\quad \cdots\quad V_m]^T$

这样该系统第 i 通道的输入输出关系为

$$\begin{cases}\ddot{x}_i=f_i(x_1,\dot{x}_1,\cdots,x_m,\dot{x}_m,t)+V_i\\ y_i=x_i\end{cases}\tag{7.62}$$

即第 i 通道上的输入为 V_i,而其输出为 y_i。这样第 i 通道的虚拟控制量 V_i 与被控输出 y_i 之间就变成了单输入单输出关系,即第 i 通道的被控输出 y_i 和其他通道的"虚拟控制量"$V_{j\neq i}$ 之间将完全无关,实现了完全解耦。而 $f_i(x_1,\dot{x}_1,\cdots,x_m,\dot{x}_m,t)$ 则可以看做是作用于第 i 通道上的"扰动总和",因此,只要有被控量 y_i 的目标值 $y_i^*(t)$ 且 y_i 能测量,就可以使用自抗扰控制产生 V_i,从而实现让 y_i 完全跟踪上目标 $y_i^*(t)$ 的目的。推广到其他通道,在控制向量 U 和输出向量 y 之间通过并行地嵌入 m 个独立的自抗扰控制器就可以实现多变量系统的解耦控制。在获得了虚拟控制量 $U=[V_1\quad V_2\quad \cdots\quad V_m]$ 后,通过如公式(7.63) 可以获得实际控制量 $u=[u_1\quad u_2\quad \cdots\quad u_m]$。自抗扰耦合系统控制如图 7.38 所示。

$$u=\boldsymbol{B}^{-1}(\boldsymbol{x},\dot{\boldsymbol{x}},t)\boldsymbol{U}\tag{7.63}$$

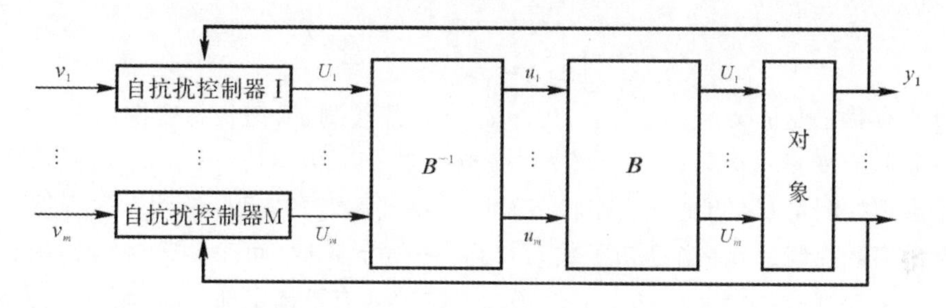

图 7.38　自抗扰耦合系统控制

这样,系统的动态耦合作用 $f(x,\dot{x},t)$ 的各分量 $f_i(x,\dot{x},t)$,在对应通道上将被作为该通道上的"扰动总和" 被自抗扰控制器进行估计并补偿掉的。采用自抗扰控制器实现解耦控制时,无需考虑"动态耦合" 部分的具体形式,只要知道"静态耦合" 部分 $B(x,\dot{x},t)$ 就能够完成实际控制量的计算。大量仿真研究表明,自抗扰控制器对于控制量参数的精度要求并不高,所以在进行解耦控制时,对"静态耦合" 矩阵 $B(x,\dot{x},t)$ 的估计精度要求同样不高,当估计误差达到百分之几十的情况下,只要保证矩阵 $B(x,\dot{x},t)$ 可逆,就不会对闭环控制性能造成太大影响。即使甚至当矩阵 $B(x,\dot{x},t)$ 在系统运行过程中瞬间地出现不可逆的奇异现象,也可以通过在矩阵 $B(x,\dot{x},t)$ 附近找一个可逆矩阵的方式来近似。

7.3.2　串级控制

假设二阶系统为

$$\begin{cases}\dot{x}_1 = f_1(x_1) + x_2 \\ \dot{x}_2 = f_2(x_1, x_2, t) + bu \\ y = x_1\end{cases} \tag{7.64}$$

式中,假定 x_1,x_2 均可测量,$f_2(x_1,x_2,t)$ 是未知函数。

对于该系统的控制是一个标准的串级系统控制问题,即该系统控制是通过控制量 u 直接驱动 x_2,而 x_2 再去直接驱动 x_1 来达到控制目的。因此,对于 x_1 来说可以把状态变量 x_2 当作"虚拟控制量"U。

当 $f_1(x_1)$ 已知的情况下,可以先在虚拟控制量中对 $f_1(x_1)$ 部分的影响进行补偿,$U = U_0 - f_1(x_1)$,这样 x_1 就成为了积分系统,变为 $\dot{x}_1 = U_0$,然后用误差反馈来设计 U_0 使变量 x_1 跟踪时变轨迹 $v(t)$。然后再将虚拟控制量 $U(t)$ 作状态变量 x_2 要跟踪的目标轨迹,通过设计自抗扰控制产生实际控制量 u 使变量 x_2 跟踪虚拟控制量 $U(t)$ 来完成最终控制目的。

当 $f_1(x_1)$ 未知或含有不确定因素时,根据设定轨迹 $v(t)$ 用自抗扰控制器来生成虚拟控制量 $U(t)$,然后再设计自抗扰控制让状态变量 x_2 跟踪上虚拟控制量 $U(t)$,从而解决串级系统控制问题。

对于高阶串级系统来说:

$$\begin{cases}\dot{x}_1 = f_1 + x_2 \\ \dot{x}_2 = f_2 + x_3 \\ \vdots \\ \dot{x}_{n-1} = f_{n-1} + x_n \\ \dot{x}_n = f_n + u\end{cases} \tag{7.65}$$

假设所有状态变量 $\boldsymbol{x} = [x_1 \quad x_2 \quad \cdots \quad x_n]^T$ 都能够测量,把状态变量 $x_2 \quad x_3 \quad \cdots \quad x_n$ 依次当作控制状态变量 $x_1 \quad x_2 \quad \cdots \quad x_n$ 的"虚拟控制量"$U_1 \quad U_2 \quad \cdots \quad U_{n-1}$,然后依次设计控制器产生虚拟控制量 U_i,再把它当作状态变量 x_{i+1} 要跟踪的"目标轨线",这样逐级递推下去直至确定出实际控制量 u。当已知函数 $f_1 \quad f_2 \quad \cdots \quad f_{n-1}$ 时,可采用简单的补偿和误差反馈法的方法产生控制量,而当 $f_1 \quad f_2 \quad \cdots \quad f_{n-1}$ 未知或含有不确定部分时,则可以逐级使用自抗扰控制器,即把状态变量 x_{i+1} 当作控制状态变量 x_i 的"虚拟控制量"U_i,同时把 U_i 当作状态变量要跟踪的目标轨迹设计下一个 U_{i+1},直至最底层产生实际的控制量 u。此思想与反步控制思想基本一致,区别在于反步控制方法是一步步递推构造复杂的 Lyapunov 函数来设计控制器,而这里是每一步采用简单的补偿和误差反馈,或一阶自抗扰控制来设计控制器。自抗扰串联系统控制结构如图 7.39 所示。

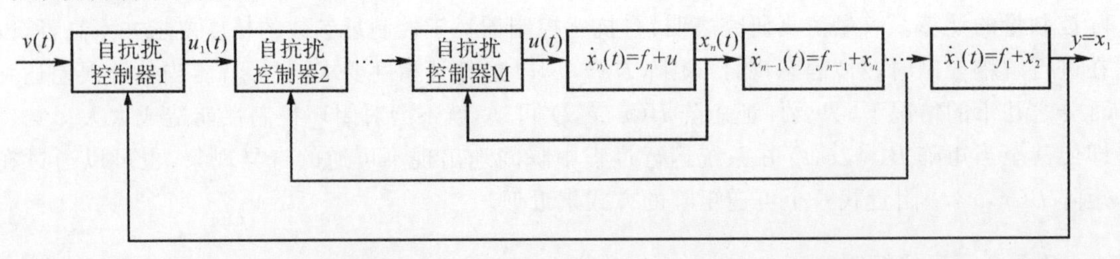

图 7.39　自抗扰串联系统控制结构

7.3.3　自抗扰控制在面对称飞行器姿态控制中的应用

对于飞行器姿态控制来说，首先可以运用时间尺度分离方法进行状态分离，按照状态变化快速性进行分层控制。当飞行器所受气动力发生改变导致力矩大小改变时，首先会引起飞行器姿态角的改变，进而会引起飞行器姿态层状态的改变，其次引起飞行器速度和航向发生改变，最后才会引起飞行器质心空间坐标发生改变，因此可把飞行器姿态运动系统描述成四层结构：

$$
\begin{aligned}
&\text{质心层}:\dot{x}_1 = f_1(x_2)\\
&\text{速度层}:\dot{x}_2 = f_2(x_2, x_3)\\
&\text{姿态层}:\dot{x}_3 = f_3(x_2, x_3, x_4) + g_3(x_2, x_3, x_4)x_4\\
&\text{角速度层}:\dot{x}_4 = f_4(x_2, x_3, x_4) + u
\end{aligned}
\tag{7.66}
$$

式中，$\boldsymbol{x}_1 = (x, y, z)^{\mathrm{T}}$ 表示飞行器质心的空间坐标；$\boldsymbol{x}_2 = (V, \theta, \Psi)^{\mathrm{T}}$ 表示飞行器质心的速度、弹道倾角、弹道偏角；$x_3 = (\alpha, \beta, \phi)^{\mathrm{T}}$ 表示飞行器的攻角、侧滑角和滚动角；$\boldsymbol{x}_4 = (\omega_x, \omega_y, \omega_y)^{\mathrm{T}}$ 表示转动角速度。相应的控制量为 u 气动力力矩。

上述系统是典型的具有分层结构的时变非线性系统，其中前两式为一般形式的非线性子系统，后两式具有仿射结构。四组状态的相互作用及其时标构成了响应快慢不同的内外回路结构。相对姿态层和角速度层而言，质心层和速度层一般并不需要控制，只需进行姿态层和角速度层的控制。

在面对称体飞行器的飞行过程中，随着飞行高度、速度的变化，气动参数会发生较大的变化。另外，在整个飞行过程中飞行器不可避免会遭遇到各种干扰，这些都对飞行器姿态控制的鲁棒性及抗干扰能力提出了较高的要求，可以使用自抗扰控制来实现姿态控制。按照奇异摄动理论，可以把整个姿态控制回路分为内外两个回路进行设计：内回路为快变的阻尼回路，弹体角速度作为被控量，其输出为舵偏指令信号；外回路为慢变的姿态稳定回路，根据姿态误差产生弹体角速度，并把弹体角速度作为内回路的跟踪指令信号。由于内回路的变化速度大于外回路的变化速度，在外回路的设计过程中可把内回路当作直通回路。

采用串级系统控制方式，首先设计姿态层的自抗扰控制器，以角速度为控制量，产生期望的姿态角。在角速度层，以该控制量作为期望角速度，设计角速度层的自抗扰控制器使飞行器的角速度跟踪上姿态层所要求的期望角速度。由于飞行器是面对称的，在姿态层和角速度层存在耦合，这样在内部设计时，使用自抗扰控制解耦控制方式，将各通道中耦合部分归为总和扰动处理，得到等效控制量，然后按照静态耦合矩阵进行控制量分配。这样整个姿态控制系统结构如图 7.40 所示。

当姿态层攻角输入指令为 $10\sin(t)$ 度，侧滑角输入为 0，滚动角为以 $0.5r/s$ 的角速度进行自旋，自抗扰控制系统的仿真结果如图 7.41 所示。

当姿态层攻角输入指令为 $15\sin(t)$ 度，侧滑角输入为 0 度，滚动角为 $45\mathrm{sign}(\sin(t))$ 度的方波时仿真结果如图 7.42 所示。

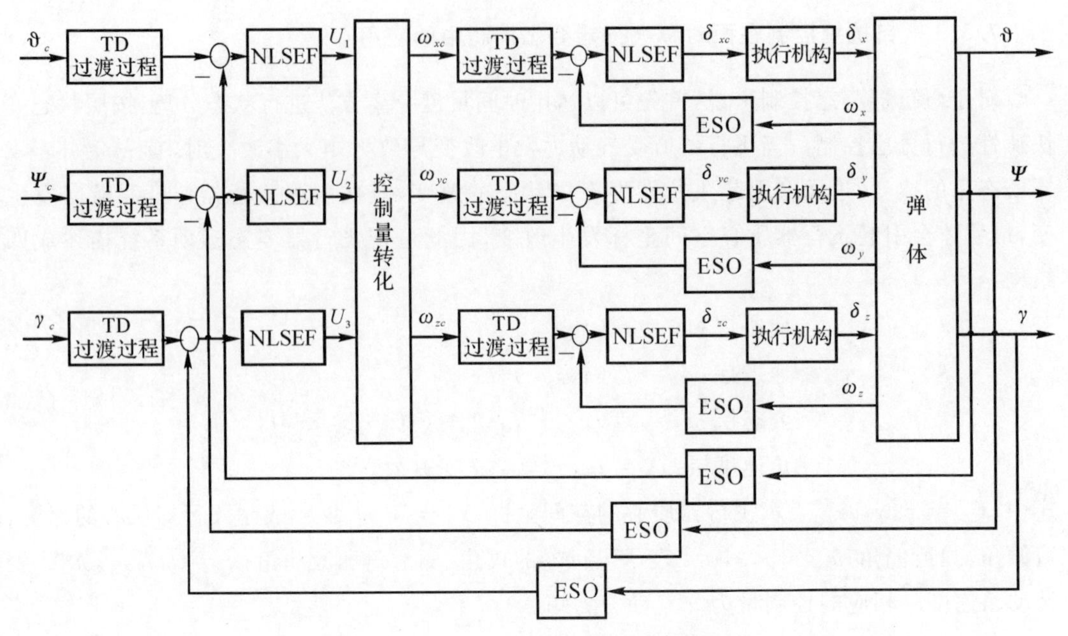

图 7.40　自抗扰姿态控制系统结构图

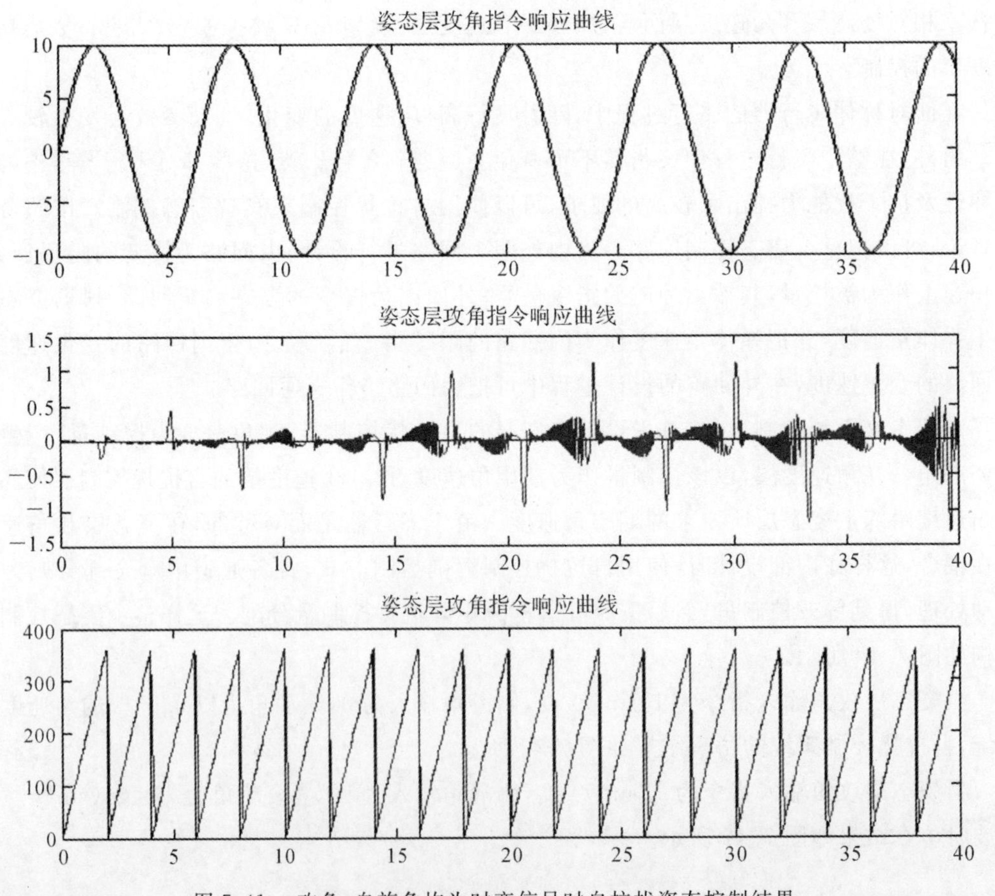

图 7.41　攻角、自旋角均为时变信号时自抗扰姿态控制结果

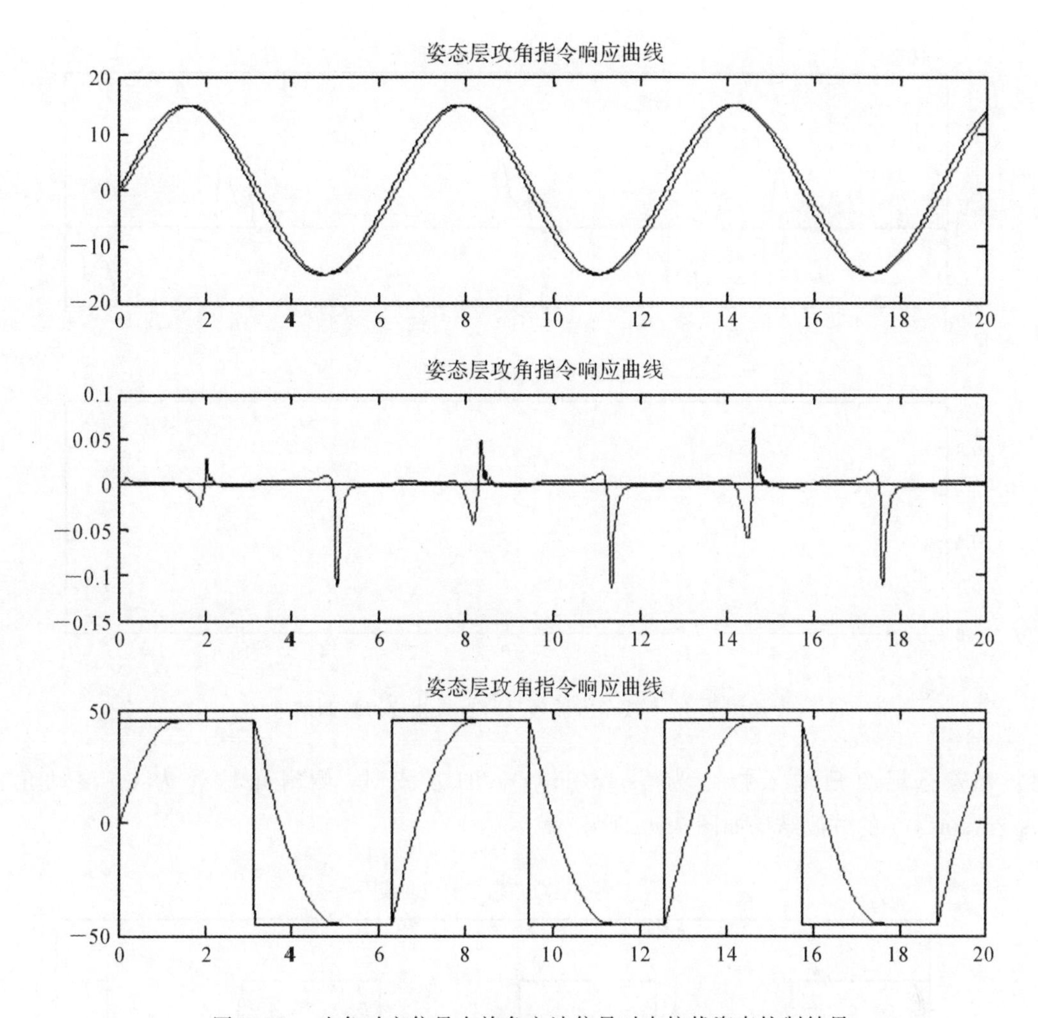

图 7.42　攻角时变信号自旋角方波信号时自抗扰姿态控制结果

当姿态层攻角输入指令为 5sign(sin(t))的方波时，侧滑角输入为 0，滚动角为 0 时仿真结果如图 7.43 所示。

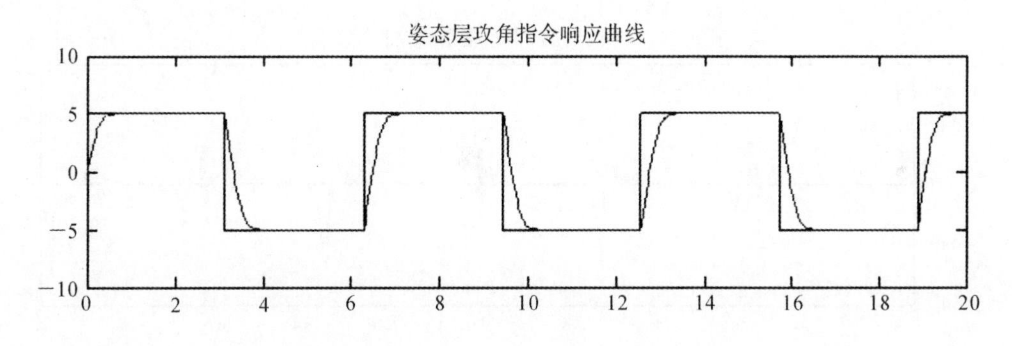

图 7.43　攻角方波信号时自抗扰姿态控制结果

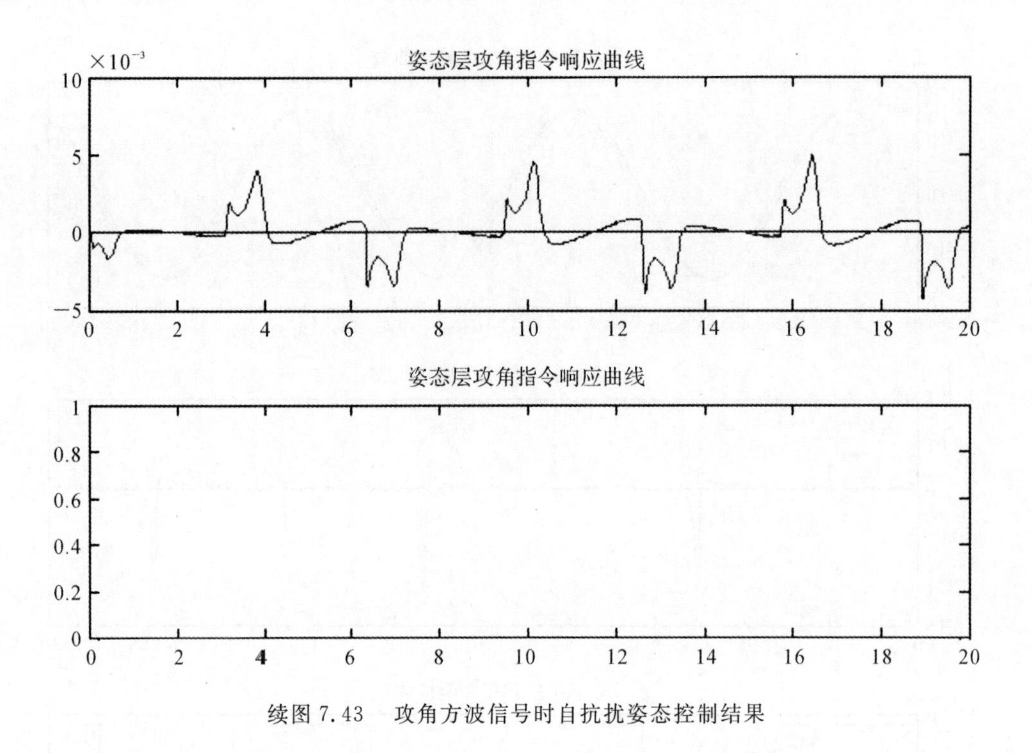

续图 7.43　攻角方波信号时自抗扰姿态控制结果

当姿态层攻角输入指令为 5sign(sin(t)) 的方波时，侧滑角输入为 0，滚动角为 45sign(sin(t)) 的方波结果如图 7.44 所示。

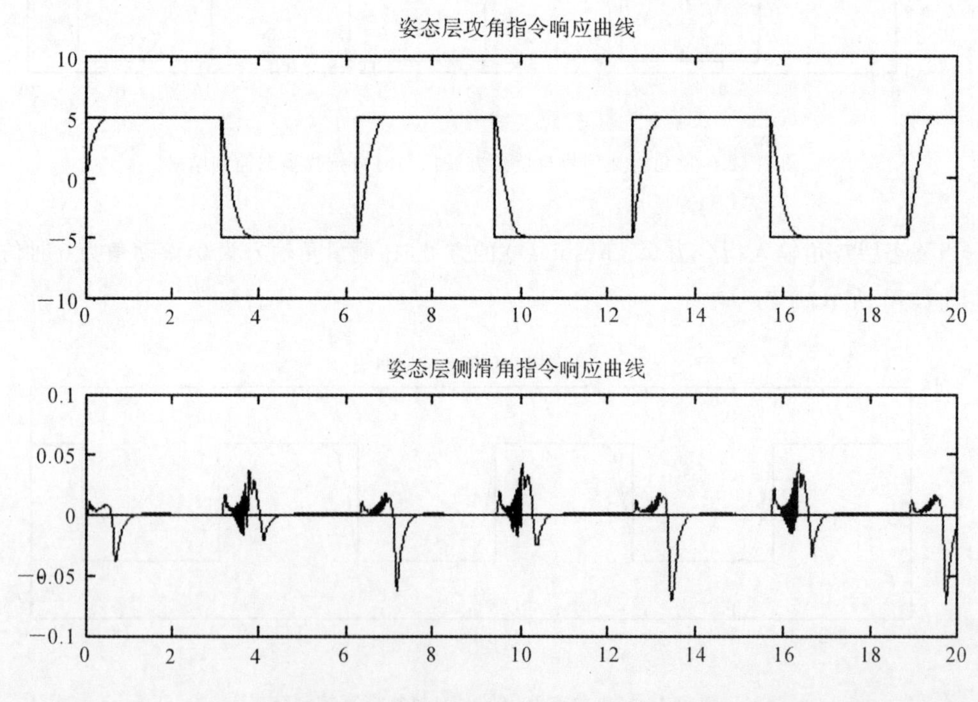

图 7.44　攻角、自旋角均为方波信号时自抗扰姿态控制结果

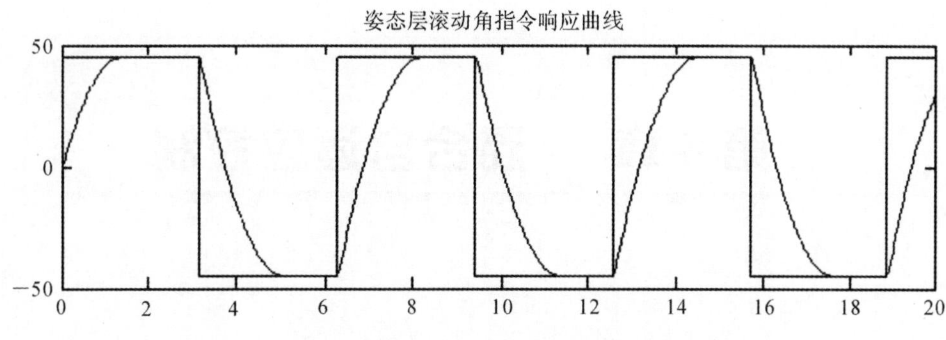

续图 7.44　攻角、自旋角均为方波信号时自抗扰姿态控制结果

由上述仿真结果可知，采用所设计的自抗扰姿态控制器可以在面对称飞行器存在通道耦合的情况下，实现姿态的稳定控制。

小结

自抗扰控制器的算法简单，容易实现，而且其参数适应范围广，是一种理想的实用数字控制器。自抗扰控制器的结构固定，针对形式相同，参数或系统函数不同的对象，只需调整控制器相应参数即可。总结自抗扰控制器具有如下特点：

(1)独立于对象模型的非线性固定结构，无须量测外扰的情况下，仅靠输入和输出就能够通过对其进行估计来补偿外扰的影响，有很好的工程应用价值；

(2)对模型的依赖程度极低，不用区分线性、非线性、时变、非时变对象，不要求知道对象模型的准确结构形式及参数取值；

(3)较好地解决了快速性与超调之间的矛盾，被调参数物理意义明确，参数易整定，算法简单，是实现高速、高精度控制的理想数字控制器；

但自抗扰控制器所需设计的参数多达 10 个，且参数之间的协调设计直接影响着自抗扰控制器的适应性和鲁棒性品质。因此，参数的协调设计问题是自抗扰控制器应用所面临的主要问题。

习　题

7.1　PID 控制的固有缺陷有哪些？

7.2　自抗扰控制通过哪些措施来改进 PID 控制的固有缺陷？

7.3　给出两种自抗扰控制器的典型结构，并说明结构中各部分的主要作用？

7.4　简述自抗扰控制实现解耦控制的基本原理？并给出自抗扰解耦控制器结构？

7.5　简述自抗扰控制实现串级控制的基本原理？并给出自抗扰串级控制器结构？

7.6　面对称飞行器姿态控制面临的主要问题有哪些？

7.7　自抗扰控制在面对称飞行器姿态控制方面有哪些应用优势？

第8章　混合自适应控制

在前面各章分别研究了各类连续时间系统和离散时间系统。在具体工程问题中，由于大多数实际对象本身是连续时间系统，因而用连续时间方程来描述这些实际对象比用离散时间方程更接近于事物的本质。但是，连续时间算法的实现不太适合现代数字计算技术，而且调整速度较慢，在系统存在干扰或未建模动态的情况下，常常使系统不能满足技术条件要求。

离散时间算法可以很好地利用现代数字计算技术，但由于它们的设计建立在把实际连续对象作为离散系统的基础上，因而这种设计可能无法与实际对象紧密耦合，综合出的系统可能是不理想的。最明显的一个例子就是零点全部在左半平面的连续系统离散化之后，在Z平面上可能具有单位圆之外的零点，而且一个可控的连续系统，在其离散化后并不一定能保持其可控性。此外，当采用离散时间最小方差控制或离散模型参考自适应控制时，采样间隔内的系统性能可能与采样点处的性能明显不同，尤其是对于那些小阻尼系统更为明显。这就意味着某些在离散情况下性能良好的自适应系统，如果考察其连续时间响应，有可能是很差的。

基于上述原因，一些学者建议在设计自适应控制器时采用离散与连续相结合的方法，建立混合自适应控制系统。

1980年，Gawthrop等人首先提出了一种混合自校正控制方案。由于当时控制理论发展水平的限制，文中未能给出全部的稳定性证明，只是用仿真结果表明了所提出方案的可行性。此后，Eilliott(1982年)，玲木(1983年)，Narendra(1985年)等人提出过一些适用于理想系统，即系统中不存在任何干扰或未建模动态情况下的混合自适应控制方案。尽管一些学者曾预言将来最有前途的一种控制就是混合自适应控制，而且一些数字模拟结果也表明混合控制具有连续控制和离散控制两者的优点。在主要性能方面，混合自适应控制系统优于全连续和全离散自适应控制系统，但由于混合控制涉及连续和离散相互交错，给系统稳定性的严格证明带来不少困难。因而，对于混合自适应控制理论的研究与其他各种自适应方法的研究相比，进展是相当缓慢的。

本章将分别介绍一些典型的混合自适应控制器设计方法。

8.1　基于Narendra方案的显式模型参考混合自适应控制

8.1.1　对象及自适应系统的误差模型

考虑单输入单输出控制对象(简称对象)，即

$$\dot{\boldsymbol{x}}(t)=\boldsymbol{A}\boldsymbol{x}(t)+\boldsymbol{b}u(t) \tag{8.1a}$$

$$y(t) = \boldsymbol{h}^{\mathrm{T}} \boldsymbol{x}(t) \tag{8.1b}$$

式中，$\boldsymbol{A}$ 为 $n \times n$ 矩阵，$\boldsymbol{h}$ 和 $\boldsymbol{b}$ 为 n 维向量，$\boldsymbol{x}(t)$ 为 n 维状态向量。对象的传递函数为

$$\frac{y(s)}{u(s)} = W(s) = \boldsymbol{h}^{\mathrm{T}}(s\boldsymbol{I} - \boldsymbol{A})^{-1}\boldsymbol{b} = \frac{k_{\mathrm{p}} Z_{\mathrm{p}}(s)}{R_{\mathrm{p}}(s)} \tag{8.2}$$

式中，$W(s)$ 是严格真的，$Z_{\mathrm{p}}(s)$ 为首一 m 次 Hurwitz 多项式，$R_{\mathrm{p}}(s)$ 为首一 n 次多项式，且 $m \leqslant n-1$；k_{p} 为常数增益。假定对象模型的阶次 n 和相对阶次 $n^* = n - m$ 以及 k_{p} 的符号是已知的，不失一般性，假设 $k_{\mathrm{p}} > 0$。

所选取的参考模型为

$$\frac{y_{\mathrm{m}}(s)}{r(s)} = W_{\mathrm{m}}(s) = \frac{k_{\mathrm{m}} Z_{\mathrm{m}}(s)}{R_{\mathrm{m}}(s)} \tag{8.3}$$

式中，y_{m} 为参考模型的输出，r 为一致有界参考输入信号，$Z_{\mathrm{m}}(s)$ 为首一 m 次多项式，$R_{\mathrm{m}}(s)$ 为首一 n 次 Hurwitz 多项式，k_{m} 为一常数。

自适应控制的目的就是设计一个不使用微分器的自适应控制器以产生控制信号 $u(t)$，使得对象的输出 $y(t)$ 尽可能紧密地跟踪参考模型的输出 $y_{\mathrm{m}}(t)$，即

$$\lim_{t\to\infty} | e_1(t) | = \lim_{t\to\infty} | y(t) - y_{\mathrm{m}}(t) | = 0 \tag{8.4}$$

为达到上述目的，与前面各章方法不同，这里采用混合自适应控制。在这种控制系统中，对象和控制信号都保持连续时间状态，而控制参数的估计和调整是离散的，整个系统是连续和离散混合组成的闭环自适应系统。

对象的输入 $u(t)$ 和输出 $y(t)$ 用来产生 $(n-1)$ 维辅助向量 $\boldsymbol{\omega}_1$，$\boldsymbol{\omega}_2$ 及 $(2n-1)$ 维辅助向量 $\boldsymbol{\omega}$，则有

$$\dot{\boldsymbol{\omega}}_1(t) = \boldsymbol{F}\boldsymbol{\omega}_1(t) + \boldsymbol{q}u(t) \tag{8.5a}$$

$$\dot{\boldsymbol{\omega}}_2(t) = \boldsymbol{F}\boldsymbol{\omega}_2(t) + \boldsymbol{q}y(t) \tag{8.5b}$$

$$\boldsymbol{\omega}^{\mathrm{T}}(t) = [\boldsymbol{\omega}_1^{\mathrm{T}} \quad \boldsymbol{\omega}_2^{\mathrm{T}} \quad y] \tag{8.5c}$$

式中，$\boldsymbol{F}$ 是 $(n-1) \times (n-1)$ 稳定矩阵，$\boldsymbol{q}$ 是 $(n-1)$ 维向量，$(\boldsymbol{F}, \boldsymbol{q})$ 为完全可控。

取对象的输入为

$$u(t) = \boldsymbol{\theta}_{1k}^{\mathrm{T}} \boldsymbol{\omega}_1(t) + \boldsymbol{\theta}_{2k}^{\mathrm{T}} \boldsymbol{\omega}_2(t) + \theta_{3k} y(t) + c_k r(t) \tag{8.6a}$$

或

$$u(t) = \boldsymbol{\theta}_k^{\mathrm{T}} \boldsymbol{\omega}(t) + c_k r(t), \quad t \in [t_k, t_{k+1}), \quad k \in \mathbf{N} \tag{8.6b}$$

式中，$\boldsymbol{\theta}_k^{\mathrm{T}} = [\boldsymbol{\theta}_{1k}^{\mathrm{T}} \quad \boldsymbol{\theta}_{2k}^{\mathrm{T}} \quad \theta_{3k}]$ 是 $(2n-1)$ 维控制参数向量，c_k 是标量前馈参数。在区间 $[t_k, t_{k+1})$ 上，$\boldsymbol{\theta}_k$ 和 c_k 皆为常值，参数 $\boldsymbol{\theta}_k$ 和 c_k 仅仅在离散时刻 $t_k (k \in \mathbf{N})$ 进行调整。

容易证明，存在着常值参数 $\boldsymbol{\theta}^*$ 和 c^*，使得当 $\boldsymbol{\theta}_k \equiv \boldsymbol{\theta}^*$ 和 $c_k \equiv c^*$ 时，对象与控制器所构成的闭环系统的传递函数恰好等于参考模型的传递函数。因而有

$$W_{\mathrm{m}}(s) = \frac{W(s)}{1 - F_1(s) - F_2(s) W(s)} \tag{8.7}$$

式中

$$F_1(s) = \boldsymbol{\theta}_1^{*\mathrm{T}} (s\boldsymbol{I} - \boldsymbol{F})^{-1} \boldsymbol{q}, \quad F_2(s) = \theta_3^* + \boldsymbol{\theta}_2^{*\mathrm{T}} (s\boldsymbol{I} - \boldsymbol{F})^{-1} \boldsymbol{q} \tag{8.8}$$

对象式(8.2)可以表示为

$$y = \frac{1}{c^*} W_{\mathrm{m}}(s)(\boldsymbol{\varphi}_k^{\mathrm{T}} \boldsymbol{\omega} + c_k r) - \frac{1}{c^*} W_{\mathrm{m}}(s)(\boldsymbol{\varphi}_k^{\mathrm{T}} \boldsymbol{\omega} + c_k r) + W(s) u \tag{8.9}$$

式中，$\boldsymbol{\varphi}_k = \boldsymbol{\theta}_k - \boldsymbol{\theta}^*$。由于

$$\begin{aligned}\frac{1}{c^*}W_{\mathrm{m}}(s)(\boldsymbol{\varphi}_k^{\mathrm{T}}\boldsymbol{\omega}+c_k r)=&\frac{W(s)}{1-F_1(s)-F_2(s)W(s)}(u-\boldsymbol{\theta}^{*\mathrm{T}}\boldsymbol{\omega})=\\&\frac{W(s)}{1-F_1(s)-F_2(s)W(s)}[u-\boldsymbol{\theta}_1^{*\mathrm{T}}(s\boldsymbol{I}-\boldsymbol{F})^{-1}\boldsymbol{q}u-\\&\boldsymbol{\theta}_2^{*\mathrm{T}}(s\boldsymbol{I}-\boldsymbol{F})^{-1}\boldsymbol{q}y-\theta_3^* y]=\\&\frac{W(s)}{1-F_1(s)-F_2(s)W(s)}\{1-\boldsymbol{\theta}_1^{*\mathrm{T}}(s\boldsymbol{I}-\boldsymbol{F})^{-1}\boldsymbol{q}-\\&[\theta_3^*+\boldsymbol{\theta}_2^{*\mathrm{T}}(s\boldsymbol{I}-\boldsymbol{F})^{-1}\boldsymbol{q}]W(s)\}u=\\&W(s)u\end{aligned}\tag{8.10}$$

因而

$$e_1\overset{\text{def}}{=\!=\!=}y-y_{\mathrm{m}}=\frac{1}{c^*}W_{\mathrm{m}}(s)(\boldsymbol{\varphi}_k^{\mathrm{T}}\boldsymbol{\omega}+\tilde{c}_k r)\tag{8.11}$$

式中，$\tilde{c}_k=c_k-c^*$。

为使叙述简单明了，先来研究 k_{p} 已知时的情况。当 k_{p} 已知时，不失一般性，可假设 $k_{\mathrm{p}}=k_{\mathrm{m}}=1$，则 $\tilde{c}=0$，并且

$$e_1=W_{\mathrm{m}}(s)\boldsymbol{\varphi}_k^{\mathrm{T}}\boldsymbol{\omega}\tag{8.12}$$

引入辅助信号 $y_{\mathrm{a}}(t)$，即

$$y_{\mathrm{a}}\overset{\text{def}}{=\!=\!=}-\boldsymbol{\theta}_k^{\mathrm{T}}W_{\mathrm{m}}(s)\boldsymbol{\omega}+W_{\mathrm{m}}(s)\boldsymbol{\theta}_k^{\mathrm{T}}\boldsymbol{\omega}\tag{8.13}$$

并且令 $\boldsymbol{\zeta}=W_{\mathrm{m}}(s)\boldsymbol{\omega}$，则可得增广误差，即

$$\varepsilon_1(t)\overset{\text{def}}{=\!=\!=}e_1(t)-y_{\mathrm{a}}(t)=\boldsymbol{\varphi}_k^{\mathrm{T}}\boldsymbol{\zeta}(t),\quad t\in[t_k,t_{k+1}),\quad k\in\mathbf{N}\tag{8.14}$$

8.1.2 混合自适应律

在误差模型式(8.14)中，变量 $\varepsilon_1(t)$ 和 $\boldsymbol{\zeta}(t)$ 在任意时刻 t 都是可以观测的，但 $\boldsymbol{\varphi}_k(k\in\mathbf{N})$ 是未知的。由于 $\boldsymbol{\varphi}_{k+1}-\boldsymbol{\varphi}_k=\boldsymbol{\theta}_{k+1}-\boldsymbol{\theta}_k$，在选定有界的 $\boldsymbol{\theta}_0$ 之后，若能确定 $\Delta\boldsymbol{\varphi}_k\overset{\text{def}}{=\!=\!=}\boldsymbol{\varphi}_{k+1}-\boldsymbol{\varphi}_k$，就可以确定在 $t=t_{k+1}$ 时刻的 $\boldsymbol{\theta}_{k+1}$ 值，从而对控制参数在 t_{k+1} 时刻进行调整。本节的目的就是介绍如何利用可观测变量 $\varepsilon_1(t)$ 和 $\boldsymbol{\zeta}(t)$ 来确定序列 $\{\Delta\boldsymbol{\varphi}_k\}$ 的自适应律，从而使得 $\lim\limits_{t\to\infty}e_1(t)=0$。

1. 固定增益方案

$$\Delta\boldsymbol{\varphi}_k=-\frac{1}{T_k}\int_{t_k}^{t_{k+1}}\frac{\varepsilon_1(\tau)\boldsymbol{\zeta}(\tau)}{1+\boldsymbol{\zeta}^{\mathrm{T}}(\tau)\boldsymbol{\zeta}(\tau)}\mathrm{d}\tau\tag{8.15}$$

式中，$T_k=t_{k+1}-t_k$，$k\in\mathbf{N}$，$\mathbf{N}$ 为自然数集。

2. 自适应增益方案

$$\Delta\boldsymbol{\varphi}_k=-\frac{\boldsymbol{\Gamma}_k}{T_k}\int_{t_k}^{t_{k+1}}\frac{\varepsilon_1(\tau)\boldsymbol{\zeta}(\tau)}{1+\boldsymbol{\zeta}^{\mathrm{T}}(\tau)\boldsymbol{\zeta}(\tau)}\mathrm{d}\tau\tag{8.16a}$$

$$\boldsymbol{\Gamma}_{k+1}^{-1}=\boldsymbol{\Gamma}_k^{-1}+\boldsymbol{R}_k,\qquad\boldsymbol{\Gamma}_0=\boldsymbol{I}\tag{8.16b}$$

$$\boldsymbol{R}_k=\frac{1}{T_k}\int_{t_k}^{t_{k+1}}\frac{\boldsymbol{\zeta}(\tau)\boldsymbol{\zeta}^{\mathrm{T}}(\tau)}{1+\boldsymbol{\zeta}^{\mathrm{T}}(\tau)\boldsymbol{\zeta}(\tau)}\mathrm{d}\tau\tag{8.16c}$$

式中，$T_k=t_{k+1}-t_k$，$k\in\mathbf{N}$。

3. 梯度法

将误差方程式(8.14)等号两边先乘以 $\varepsilon_1(t)$，然后在区间 $[t_k,t_{k+1})$ 上进行积分，可得

$$\boldsymbol{\varphi}_k^{\mathrm{T}}\int_{t_k}^{t_{k+1}}\varepsilon_1(\tau)\boldsymbol{\zeta}(\tau)\mathrm{d}\tau=\int_{t_k}^{t_{k+1}}\varepsilon_1^2(\tau)\mathrm{d}\tau \tag{8.17}$$

令

$$\boldsymbol{\zeta}_k=\int_{t_k}^{t_{k+1}}\varepsilon_1(\tau)\boldsymbol{\zeta}(\tau)\mathrm{d}\tau,\quad \varepsilon_k=\int_{t_k}^{t_{k+1}}\varepsilon_1^2(\tau)\mathrm{d}\tau \tag{8.18}$$

则离散形式误差方程为

$$\boldsymbol{\varphi}_k^{\mathrm{T}}\boldsymbol{\zeta}_k=\varepsilon_k \tag{8.19}$$

根据式(8.19)可选用最简单的梯度法获得 $\Delta\boldsymbol{\varphi}_k$,即

$$\Delta\boldsymbol{\varphi}_k=-\frac{\varepsilon_k\boldsymbol{\zeta}_k}{1+\boldsymbol{\zeta}_k^{\mathrm{T}}\boldsymbol{\zeta}_k} \tag{8.20}$$

整个混合自适应控制系统的结构如图 8.1 所示。

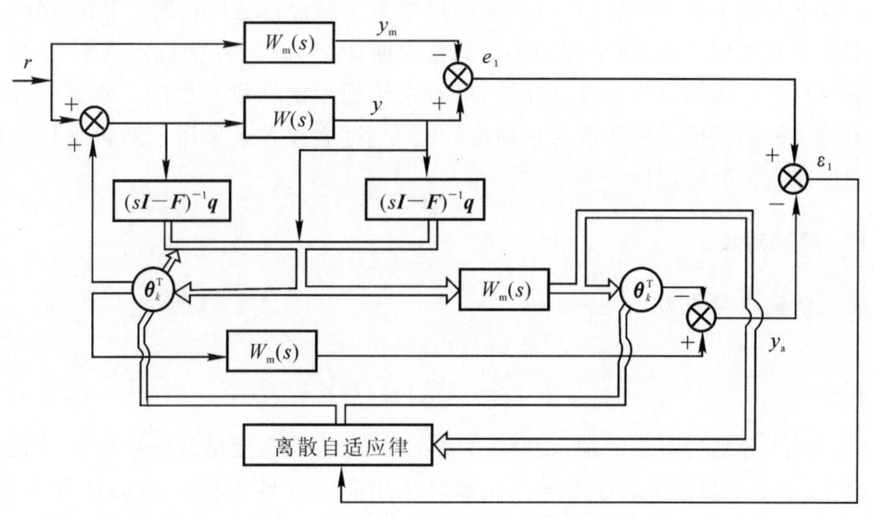

图 8.1　混合自适应控制系统结构图

8.1.3　k_p 未知时的混合自适应律

上面讨论了 k_p 已知并假设 $k_p=k_m=1$ 时的情况。当 k_p 未知时,则有

$$y=\frac{1}{c^*}W_m(s)[\boldsymbol{\varphi}_k^{\mathrm{T}}\boldsymbol{\omega}+(c^*+\tilde{c}_k)r] \tag{8.21}$$

$$e_1=\rho_0W_m(s)(\boldsymbol{\varphi}_k^{\mathrm{T}}\boldsymbol{\omega}+\tilde{c}_kr) \tag{8.22}$$

式中,$\rho_0=1/c^*$ 是未知常数。令 $\bar{\boldsymbol{\varphi}}_s^{\mathrm{T}}=[\boldsymbol{\varphi}_k^{\mathrm{T}}\quad \tilde{c}_k]$, $\bar{\boldsymbol{\omega}}^{\mathrm{T}}=[\boldsymbol{\omega}^{\mathrm{T}}\quad r]$,则式(8.22)可以表示为

$$e_1=\rho_0W_m(s)\bar{\boldsymbol{\varphi}}_k^{\mathrm{T}}\bar{\boldsymbol{\omega}} \tag{8.23}$$

引入辅助信号 y_a,即

$$y_a=\rho_k[-\bar{\boldsymbol{\theta}}_k^{\mathrm{T}}W_m(s)\bar{\boldsymbol{\omega}}+W_m(s)\bar{\boldsymbol{\theta}}_k^{\mathrm{T}}\bar{\boldsymbol{\omega}}] \tag{8.24}$$

式中,$\bar{\boldsymbol{\theta}}_k=[\boldsymbol{\theta}_k^{\mathrm{T}}\quad c_k]$,$\rho_k=\rho_0+\psi_k$,$\bar{\boldsymbol{\theta}}_k$ 和 ρ_k 分别为控制参数向量 $\bar{\boldsymbol{\theta}}^{*\mathrm{T}}=[\boldsymbol{\theta}^{*\mathrm{T}}\quad c^*]$ 和 ρ_0 在 t_k 时刻的估值。系统的增广误差为

$$\varepsilon_1\overset{\mathrm{def}}{=\!=}e_1(t)-y_a(t) \tag{8.25}$$

在式(8.23)和式(8.24)中,令

$$\boldsymbol{L}_k = \rho_0 \boldsymbol{\varphi}_k^{\mathrm{T}}, \qquad \boldsymbol{\zeta} = W_{\mathrm{m}}(s)\bar{\boldsymbol{\omega}} \tag{8.26}$$

$$\xi = \bar{\boldsymbol{\varphi}}_k^{\mathrm{T}} W_{\mathrm{m}}(s)\bar{\boldsymbol{\omega}} - W_{\mathrm{m}}(s)\bar{\boldsymbol{\varphi}}_k^{\mathrm{T}}\bar{\boldsymbol{\omega}} \tag{8.27}$$

并且设

$$\bar{\boldsymbol{\varphi}}_k^{\mathrm{T}} = [\boldsymbol{L}_k^{\mathrm{T}} \quad \psi_k], \quad \bar{\boldsymbol{\zeta}}^{\mathrm{T}}(t) = [\boldsymbol{\zeta}^{\mathrm{T}}(t) \quad \xi(t)] \tag{8.28}$$

则式(8.25)可以表示为

$$\varepsilon_1(t) = \bar{\boldsymbol{\varphi}}_k^{\mathrm{T}}\bar{\boldsymbol{\zeta}}(t), \quad t \in [t_k, t_{k+1}), \quad k \in \mathbf{N} \tag{8.29}$$

方程式(8.29)与方程式(8.14)相似,因而 k_{p} 未知时的混合自适应律与 k_{p} 已知时相类似。

8.2 Elliott 隐式模型参考混合自适应控制方案

在 8.1 节中介绍了基于 Narendra 方案的模型参考混合自适应控制。Narcndra 方案是一种显式模型参考自适应方案,所采用的参数调整周期 $T_k = t_{k+1} - t_k$ 为固定周期,当然也可以采用随机周期或自适应周期以改善暂态性能,但对系统的稳定性没有影响。本节将介绍 Elliott 等人所提出的一种隐式模型参考混合自适应控制方案,这种方案采用了随机采样方法以保证闭环自适应控制系统的稳定性。

8.2.1 控制对象

设单输入单输出对象为

$$R_{\mathrm{p}}(s)x(t) = u(t) \tag{8.30a}$$

$$y(t) = k_{\mathrm{p}} Z_{\mathrm{p}}(s)x(t) \tag{8.30b}$$

式中,$u(t)$ 和 $y(t)$ 分别为对象的输入和输出信号,$x(t)$ 为状态变量,$s \xlongequal{\text{def}} \mathrm{d}/\mathrm{d}t$ 为微分算子。为了方便起见,本章中将微分算子和传递函数算子用同一符号 s 表示,在具体的方程中,这是容易区别的。与式(8.30)相对应的对象传递函数 $W(s)$ 及已知条件,均与上一节相同,但这里只要求知道对象阶数 n 的上界 n_{s}。

控制的目的是使对象的输出 $y(t)$ 跟踪隐式参考模型

$$R_{\mathrm{m}}(s)y_{\mathrm{m}}(t) = k_{\mathrm{m}} Z_{\mathrm{m}}(s)r(t) \tag{8.31}$$

的输出 $y_{\mathrm{m}}(t)$,式中 $r(t)$ 是一致有界的外参考输入信号,$R_{\mathrm{m}}(s)$ 和 $Z_{\mathrm{m}}(s)$ 是阶数分别为 n_{m} 和 m_{m} 的首一多项式,其相对阶数 $n_{\mathrm{m}}^* = n_{\mathrm{m}} - m_{\mathrm{m}} \geqslant n^*$,并且假设 $R_{\mathrm{m}}(s)$ 是可以分解为

$$R_{\mathrm{m}}(s) = R_{\mathrm{m1}}(s)R_{\mathrm{m2}}(s) \tag{8.32}$$

的 Hurwitz 多项式,式中 $R_{\mathrm{m1}}(s)$ 的阶数等于对象的相对阶数 n^*。

为达到上述控制目的,采用如图 8.2 所示混合自适应系统结构。

在这种控制系统中,对象始终保持连续状态,用一个连续时间可调控制器去控制连续时间对象,而用离散自适应机构对滤波后的可测连续时间变量进行采样,并根据所获得的信息离散地对可调控制器进行校正,产生控制信号,从而控制对象的输出 $y(t)$,使其尽可能紧密地跟踪隐式参考模型的输出 $y_{\mathrm{m}}(t)$。所采用的理想控制律为

$$R_{\mathrm{m2}}(s)\tilde{r}(t) = k_{\mathrm{m}} Z_{\mathrm{m}}(s)r(t) \tag{8.33a}$$

$$q(s)S(t) = k^*(s)u(t) + h^*(s)y(t) \tag{8.33b}$$

$$u(t) = S(t) + g^*\tilde{r}(t) \tag{8.33c}$$

式中，$q(s)$ 为由设计者选择的 (n_s-1) 次 Hurwitz 多项式，$h^*(s)$ 和 $k^*(s)$ 满足多项式方程

$$h^*(s)k_pZ_p(s)+k^*(s)R_p(s)=q(s)[R_p(s)-R_{m1}(s)Z_p(s)] \tag{8.34}$$

并且

$$h^*(s)=\sum_{i=0}^{n_s-1}h_i^*s^i,\quad k^*(s)=\sum_{i=0}^{n_s-2}k_i^*s^i \tag{8.35}$$

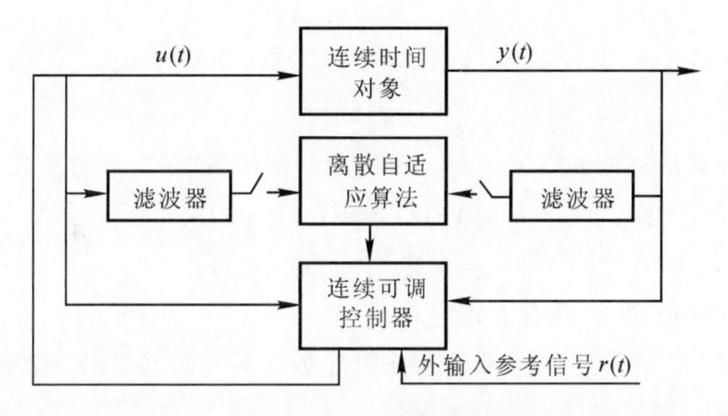

图 8.2　系统结构图

若 $n_s=n$，则方程式(8.34)的解 $h^*(s)$，$k^*(s)$ 存在并且是惟一的；若 $n_s>n$，则方程式(8.34)的解 $h^*(s)$，$k^*(s)$ 存在，但不是惟一的。当方程式(8.34)成立时，控制律式(8.33)表示输入动态式(8.33a)和 Luen berger 观测器式(8.33b)的组合，这种 Luen berger 观测器将产生与稳定多项式 $q(s)R_{m1}(s)Z_p(s)$ 的零点相对应的闭环极点，而 $q(s)$ 的零点则表示不可控观测器极点。在这种情况下，若式(8.33c)中的 g^* 等于 $1/k_p$，则 $y(t)$ 将指数收敛于 $y_m(t)$。因而，利用能够收敛于式(8.33)的控制律，则可以完成自适应模型匹配。现采用参数自适应控制律，即

$$q(s)\tilde{u}(t)=u(t) \tag{8.36a}$$

$$q(s)\tilde{y}(t)=y(t) \tag{8.36b}$$

$$R_{m2}(s)\tilde{r}(t)=k_mZ_m(s)r(t) \tag{8.36c}$$

$$u(t)=\sum_{i=0}^{n_s-1}h_i(t)s^i\tilde{y}(t)+\sum_{i=0}^{n_s-2}k_i(t)s^i\tilde{u}(t)+g(t)\tilde{r}(t) \tag{8.36d}$$

若

$$\lim_{t\to\infty}h_i(t)=h_i^*,\qquad i=0,1,\cdots,n_s-1 \tag{8.37a}$$

$$\lim_{t\to\infty}k_i(t)=k_i^*,\qquad i=0,1,\cdots,n_s-2 \tag{8.37b}$$

$$\lim_{t\to\infty}g(t)=g^*=1/k_p \tag{8.37c}$$

则式(8.36)收敛于式(8.33)。下面将导出一种估计参数 $h_i(t)$，$k_i(t)$ 和 $g(t)$ 的方法。

8.2.2　自适应方程

方程式(8.34)可以表示为

$$h^*(s)k_pZ_p(s)+k^*(s)R_p(s)=q(s)[R_p(s)-g^*R_{m1}(s)k_pZ_p(s)] \tag{8.38}$$

当 $g^*\neq1/k_p$ 时，方程式(8.38)右边的次数将高于左边的次数，当且仅当 $g^*=1/k_p$，并且 $h^*(s)$ 和 $k^*(s)$ 满足式(8.34)时，方程式(8.38)成立。

令

$$\boldsymbol{\theta}^{*\mathrm{T}}=[k_0^* \quad k_1^* \quad \cdots \quad k_{n_s-2}^* \quad h_0^* \quad h_1^* \quad \cdots \quad h_{n_s-1}^* \quad g^*] \tag{8.39}$$

以及

$$d(s)\overline{y}(t)=y(t) \tag{8.40a}$$

$$d(s)\overline{u}(t)=u(t) \tag{8.40b}$$

$$d(s)\overline{x}(t)=x(t) \tag{8.40c}$$

$$\boldsymbol{Z}^{\mathrm{T}}(t)=[\overline{u}(t) \quad s\overline{u}(t) \quad \cdots \quad s^{n_s-2}\overline{u}(t) \quad \overline{y}(t) \quad s\overline{y}(t) \quad \cdots \quad s^{n_s-1}\overline{y}(t) \quad R_{\mathrm{m1}}(s)q(s)\overline{y}(t)] \tag{8.40d}$$

式中，$d(s)$ 为由设计者选择的 $n_d=n_s+n^*-1$ 次 Hurwitz 多项式，且对象式(8.30)可以表示为

$$R_{\mathrm{p}}(s)\overline{x}(t)=\overline{u}(t)+\delta(t) \tag{8.41a}$$

$$\overline{y}(t)=k_{\mathrm{p}}Z_{\mathrm{p}}(s)\overline{x}(t)+\delta(t) \tag{8.41b}$$

式中，$\delta(t)$ 为指数衰减项，并且具有下述定理。

定理 8.2.1 若 $\overline{x}(t)$ 及其 1 至 $(2n_s-1)$ 阶导数在某一时间区域 τ 上是线性无关的，则当且仅当 $\boldsymbol{\theta}^*$ 在区间 τ 上满足方程

$$\boldsymbol{\theta}^{*\mathrm{T}}\boldsymbol{Z}(t)=q(s)\overline{u}(t)+\delta(t) \tag{8.42}$$

时，方程式(8.38)成立。

证明 将方程式(8.38)乘以 $x(t)$，可得

$$\{h^*(s)k_{\mathrm{p}}Z_{\mathrm{p}}(s)+k^*(s)R_{\mathrm{p}}(s)-q(s)[R_{\mathrm{p}}(s)-g^*R_{\mathrm{m1}}(s)k_{\mathrm{p}}Z_{\mathrm{p}}(s)]\}x(t)=\alpha(s)\overline{x}(t)=0 \tag{8.43}$$

因为 $\alpha(s)$ 的最高次数为 $(2n_s-1)$，如果 $\overline{x}(t)$ 满足线性无关条件，则当且仅当式(8.43)成立时，式(8.38)成立。利用式(8.41)和式(8.43)，可得

$$h^*(s)\overline{y}(t)+k^*(s)\overline{u}(t)+g^*R_{\mathrm{m1}}(s)q(s)\overline{y}(t)=q(s)\overline{u}(t)+\delta(t) \tag{8.44}$$

由式(8.44)可直接写出式(8.42)，证明完毕。

令

$$\boldsymbol{\theta}^{\mathrm{T}}(t)=[h_0(t) \quad h_1(t) \quad \cdots \quad h_{n_s-1}(t) \quad k_0(t) \quad k_1(t) \quad \cdots \quad k_{n_s-2}(t) \quad g(t)] \tag{8.45}$$

为式(8.36)中的可调控制器参数向量，定义参数误差测度 $\varepsilon(t)$ 为

$$\varepsilon(t)\overset{\mathrm{def}}{=\!=\!=}\boldsymbol{\theta}^{\mathrm{T}}(t)\boldsymbol{Z}(t)-q(s)\overline{u}(t) \tag{8.46}$$

由于式(8.46)是 $\boldsymbol{\theta}(t)$ 的线性方程，因而估计 $\boldsymbol{\theta}(t)$ 的问题就是一个线性的参数估计问题。

为了实现混合自适应控制，将采用下述方案对 $q(s)\overline{u}(t)$ 和 $\boldsymbol{Z}(t)$ 进行采样，以及对 $\boldsymbol{\theta}(t)$ 进行修正。设时刻 τ_k，时间区间 I_{1k}，I_{2k} 和 I_k 之间的关系式为

$$\tau_k=k(T_1+T_2) \tag{8.47a}$$

$$I_{1k}=(\tau_k,\tau_k+T_1) \tag{8.47b}$$

$$I_{2k}=(\tau_k+T_1,\tau_{k+1}) \tag{8.47c}$$

$$I_k=(\tau_k,\tau_{k+1}) \tag{8.47d}$$

式中，$T_2>0$ 为完成与参数修正有关的全部计算所需要的时间，$T_1>0$ 是任意选取的常数。设 $\{\psi_k\}_0^\infty$ 为均匀分布在区间 $[0,T_1)$ 上的独立随机变量序列所构成的随机过程，并且定义采样时刻 $\{t_k\}_0^\infty$ 为

$$t_k = \tau_k + \psi_k \tag{8.47e}$$

设 $\boldsymbol{Z}(t)$ 和 $q(s)\overline{u}(t)$ 采样后的离散序列为 $\boldsymbol{Z}_k = \boldsymbol{Z}(t_k)$，$u_k = [q(s)\overline{u}(t)]_{t=t_k}$，可调控制器参数向量 $\boldsymbol{\theta}(t)$ 的离散估值为 $\boldsymbol{\theta}_k$，并且

$$\boldsymbol{\theta}(t) = \boldsymbol{\theta}_k, \quad \forall\, t \in I_k \tag{8.48}$$

其采样和修正过程为：① 在时刻 $t_{k-1} \in I_{1,k-1}$ 时，对 $\varepsilon(t)$ 和 $\boldsymbol{Z}(t)$ 进行采样，并且利用所得到的采样值计算 $\boldsymbol{\theta}_k$；② 在区间 $I_{2,k-1}$ 内完成计算，并且在时刻 τ_k 对 $\boldsymbol{\theta}(t)$ 进行修正，使其等于 $\boldsymbol{\theta}_k$。

$\varepsilon(t)$ 的离散估值 ε_k 为

$$\varepsilon_k \overset{\text{def}}{=\!=\!=} \varepsilon(t_k) = \boldsymbol{\theta}_k^{\mathrm{T}} \boldsymbol{Z}_k - u_k \tag{8.49}$$

为了获得 $\boldsymbol{\theta}_k$，可采用下述经过改进的梯度法和最小二乘法进行参数估计。

1. 梯度法

$$\boldsymbol{\theta}_k = \boldsymbol{\theta}_{k-1} - \frac{\lambda \varepsilon_{k-1} \boldsymbol{Z}_{k-1}}{1 + \boldsymbol{Z}_{k-1}^{\mathrm{T}} \boldsymbol{Z}_{k-1}} + \boldsymbol{F}_{k-1} \tag{8.50a}$$

$$\boldsymbol{F}_k = \max\left(0, g_l - g_k + \frac{\lambda \varepsilon_k (\boldsymbol{Z}_k)_{2n}}{1 + \boldsymbol{Z}_k^{\mathrm{T}} \boldsymbol{Z}_k}\right)[0 \quad \cdots \quad 0 \quad 1]^{\mathrm{T}} \tag{8.50b}$$

式中，g_k 为 $\boldsymbol{\theta}_k$ 的第 $2n$ 个分量；$(\boldsymbol{Z}_k)_{2n}$ 为 $\boldsymbol{Z}_k$ 的第 $2n$ 个分量；g_l 为 g^* 的下界，$0 < \lambda < 1$。

这种算法与普通算法的不同处在于：① $\boldsymbol{F}_k$ 项的增加可保证对所有的 $k > 0$ 均有 $g_k > g_l$；② λ 被限制于 0 至 1 之间，普通算法 λ 位于 0 至 2 之间。这种对 λ 加严的限制是出于对指数衰减序列 $\delta_k = \delta(t_k)$ 影响的考虑，因为与式(8.42) 相对应的离散关系式为

$$\boldsymbol{\theta}^{*\mathrm{T}} \boldsymbol{Z}_k = u_k + \delta_k \tag{8.51}$$

2. 最小二乘法

$$\boldsymbol{\theta}_k = \boldsymbol{\theta}_{k-1} - \frac{\varepsilon_{k-1} \boldsymbol{P}_{k-2} \boldsymbol{Z}_{k-1}}{1 + \boldsymbol{Z}_{k-1}^{\mathrm{T}} \boldsymbol{P}_{k-2} \boldsymbol{Z}_{k-1}} + \boldsymbol{H}_{k-1} \tag{8.52a}$$

$$\boldsymbol{P}_k = \boldsymbol{P}_{k-1} - \frac{\boldsymbol{P}_{k-1} \boldsymbol{Z}_k \boldsymbol{Z}_k^{\mathrm{T}} \boldsymbol{P}_{k-1}}{1 + \boldsymbol{Z}_{k-1}^{\mathrm{T}} \boldsymbol{P}_{k-1} \boldsymbol{Z}_{k-1}} \tag{8.52b}$$

$$\boldsymbol{H}_k = \max\left(0, g_l - g_k + \frac{\varepsilon_k (\boldsymbol{P}_{k-1} \boldsymbol{Z}_k)_{2n}}{1 + \boldsymbol{Z}_k^{\mathrm{T}} \boldsymbol{P}_{k-1} \boldsymbol{Z}_k}\right) \boldsymbol{P}_k [0 \quad \cdots \quad 0 \quad \rho_k]^{\mathrm{T}} \tag{8.52c}$$

式中，$(\boldsymbol{P}_{k-1}\boldsymbol{Z}_k)_{2n}$ 为 $\boldsymbol{P}_{k-1}\boldsymbol{Z}_k$ 的第 $2n$ 个分量；$\rho_k = [(\boldsymbol{P}_k)_{2n,2n}]^{-1}$，$\boldsymbol{P}_{-1}$ 正定。

这种最小二乘法与普通最小二乘法的不同处在于增加了 $\boldsymbol{H}_k$ 项，以保证对于所有的 $k > 0$ 均有 $g_k \geqslant g_l$。可以证明，若 $\boldsymbol{P}_{-1}$ 是正定的，则对于所有有限的 $k > 0$，$\boldsymbol{P}_k$ 是正定的。这就意味着对于所有有限的 $k > 0$，$\boldsymbol{P}_k$ 的第$(2n, 2n)$ 个分量$(\boldsymbol{P}_k)_{2n,2n} > 0$，因而总能保证 $\rho_k > 0$。

上述两种算法具有下列性质：

(1) 存在着有限常数 $c_1 > 0$，使得

$$\lim_{k\to\infty} \frac{\varepsilon_k^2}{1 + c_1 \boldsymbol{Z}_k^{\mathrm{T}} \boldsymbol{Z}_k} = 0 \tag{8.53}$$

(2)

$$\|\boldsymbol{\theta}_k\| \leqslant c_2 \|\boldsymbol{\theta}_0\| + c_3 \tag{8.54}$$

式中，$c_2 > 0$，$c_3 > 0$ 均为有限常数。

(3) 对于 $\forall\, k > 0$，则有

$$g_k \geqslant g_l \tag{8.55}$$

(4)

$$\lim_{k\to\infty} \left(\boldsymbol{\alpha}_k \overset{\text{def}}{=\!=\!=} \boldsymbol{\theta}_k - \boldsymbol{\theta}_{k-1}\right) = \boldsymbol{0} \tag{8.56}$$

由于采用随机采样方案，因而当 $\varepsilon(t)$ 是无界增长时，$\varepsilon(t)$ 的动态利用采样值 $\{\varepsilon_k\}_0^\infty$ 是几乎肯定(或称为以概率1)可以观测的。因而，如果采样序列 $\{\varepsilon_k\}$ 收敛至零，则 $\varepsilon(t)$ 也收敛至零。

8.3 玲木模型参考混合自适应控制方案

8.3.1 问题的叙述

设单输入单输出对象为

$$A(s)y(t)=B(s)u(t) \tag{8.57a}$$

$$A(s)=s^n+a_1s^{n-1}+\cdots+a_n \tag{8.57b}$$

$$B(s)=b_0s^m+b_1s^{m-1}+\cdots+b_m \tag{8.57c}$$

式中，$u(t)$ 和 $y(t)$ 分别为对象的输入信号和输出信号，$s\overset{\text{def}}{=\!=}\mathrm{d}/\mathrm{d}t$ 为微分算子，并且假设：① n，m 已知，$n>m$；② $A(s)$ 和 $B(s)$ 互质；③ $B(s)$ 渐近稳定。

所选取的参考模型为

$$A_{\mathrm{m}}(s)y_{\mathrm{m}}(t)=B_{\mathrm{m}}(s)r(t) \tag{8.58a}$$

$$A_{\mathrm{m}}(s)=s^{n_{\mathrm{m}}}+a_{\mathrm{m}1}s^{n_{\mathrm{m}}-1}+\cdots+a_{\mathrm{m}n_{\mathrm{m}}} \tag{8.58b}$$

$$B_{\mathrm{m}}(s)=b_{\mathrm{m}0}s^{m_{\mathrm{m}}}+b_{\mathrm{m}1}s^{m_{\mathrm{m}}-1}+\cdots+b_{\mathrm{m}m_{\mathrm{m}}} \tag{8.58c}$$

式中，$y_{\mathrm{m}}(t)$ 为参考模型输出，$r(t)$ 为一致有界参考输入信号。

选取滤波器 $q^{-1}=1/(1+\tau s)$，式中 $\tau>0$ 为设计参数，利用 q^{-1} 分别对方程式(8.57)和式(8.58)进行变换，可得到相应的等价形式方程，即

$$A'(q^{-1})y(t)=q^{-d}B'(q^{-1})u(t) \tag{8.59a}$$

$$A'(q^{-1})=1+\alpha_1q^{-1}+\cdots+\alpha_nq^{-n} \tag{8.59b}$$

$$B'(q^{-1})=\beta_0+\beta_1q^{-1}+\cdots+\beta_mq^{-m} \tag{8.59c}$$

式中，$d=n-m$。

$$A_{\mathrm{m}}'(q^{-1})y_{\mathrm{m}}(t)=q^{-d_{\mathrm{m}}}B_{\mathrm{m}}'(q^{-1})r(t) \tag{8.60a}$$

$$A_{\mathrm{m}}'(q^{-1})=1+\alpha_{\mathrm{m}1}q^{-1}+\cdots+\alpha_{\mathrm{m}n_{\mathrm{m}}}q^{-n_{\mathrm{m}}} \tag{8.60b}$$

$$B_{\mathrm{m}}'(q^{-1})=\beta_{\mathrm{m}0}+\beta_{\mathrm{m}1}q^{-1}+\cdots+\beta_{\mathrm{m}m_{\mathrm{m}}}q^{-m_{\mathrm{m}}} \tag{8.60c}$$

式中，$d_{\mathrm{m}}=n_{\mathrm{m}}-m_{\mathrm{m}}\geqslant d$。

8.3.2 控制器结构

选择渐近稳定的多项式

$$C(q^{-1})=1+c_1q^{-1}+\cdots+c_{n_c}q^{-n_c} \tag{8.61}$$

式中，$n_c\leqslant 2n-m-1=n+d-1$。

设多项式 $R(q^{-1})$ 和 $S(q^{-1})$ 为

$$R(q^{-1})=1+r_1q^{-1}+\cdots+r_{d-1}q^{-(d-1)} \tag{8.62a}$$

$$S(q^{-1})=s_0+s_1q^{-1}+\cdots+s_{n-1}q^{-(n-1)} \tag{8.62b}$$

并且满足多项式方程

$$C(q^{-1})=A'(q^{-1})R(q^{-1})+q^{-d}S(q^{-1}) \tag{8.63}$$

将式(8.63)乘以 $y(t)$，可得

$$C(q^{-1})y(t)=A'(q^{-1})R(q^{-1})y(t)+q^{-d}S(q^{-1})y(t) \tag{8.64}$$

利用式(8.59a)，可将式(8.64)表示为

$$C(q^{-1})y(t)=q^{-d}[B'(q^{-1})R(q^{-1})u(t)+S(q^{-1})y(t)] \tag{8.65}$$

设

$$q^{-(d+i-1)}u(t)=\zeta_i(t),\quad i=1,2,\cdots,n \tag{8.66}$$

$$q^{-(d+i-1)}y(t)=\zeta_{n+i}(t),\quad i=1,2,\cdots,n \tag{8.67}$$

$$C(q^{-1})y(t)\overset{\text{def}}{=\!=}y'(t) \tag{8.68}$$

$$\boldsymbol{\theta}^{\mathrm{T}}=[\beta_0\quad\cdots\quad\beta_{\mathrm{m}}r_{d-1}\quad s_0\quad\cdots\quad s_{n-1}]=[\theta_1\quad\theta_2\quad\cdots\quad\theta_{2n}] \tag{8.69}$$

$$\boldsymbol{\zeta}^{\mathrm{T}}(t)=[\zeta_1(t)\quad\zeta_2(t)\quad\cdots\quad\zeta_{2n}(t)] \tag{8.70}$$

则式(8.65)可以表示为

$$y'(t)=\boldsymbol{\theta}^{\mathrm{T}}\boldsymbol{\zeta}(t) \tag{8.71}$$

选取自适应控制策略为

$$C(q^{-1})y(t)-C(q^{-1})y_{\mathrm{m}}(t)=0 \tag{8.72}$$

则有

$$C(q^{-1})y_{\mathrm{m}}(t)=\boldsymbol{\theta}^{\mathrm{T}}\boldsymbol{\zeta}(t) \tag{8.73}$$

从而可导出自适应控制律，即

$$u(t)=\frac{C(q^{-1})y_{\mathrm{m}}(t)-\sum_{i=2}^{2n}\hat{\theta}_i(t)\zeta_i(t)}{q^{-d}\hat{\theta}_1(t)} \tag{8.74}$$

或写为

$$u(t)=\frac{q^{d}C(q^{-1})y_{\mathrm{m}}(t)-\sum_{i=2}^{2n}\hat{\theta}_i(t)z_i(t)}{\hat{\theta}_1(t)} \tag{8.75}$$

式中

$$z_i(t)=q^{d}\zeta_i(t)=\begin{cases}q^{-(i-1)}u(t), & i=1,2,3,\cdots,n\\ q^{-(i-n-1)}y(t), & i=n+1,\cdots,2n\end{cases} \tag{8.76}$$

$$q^{d}C(q^{-1})y_{\mathrm{m}}(t)=\frac{q^{-(d_{\mathrm{m}}-d)}C(q^{-1})B_{\mathrm{m}}'(q^{-1})}{A_{\mathrm{m}}'(q^{-1})}r(t) \tag{8.77}$$

当采用混合自适应控制方案时，自适应控制规律式(8.75)可以表示为

$$u(t)=\frac{q^{d}C(q^{-1})y_{\mathrm{m}}(t)-\sum_{i=2}^{2n}\hat{\theta}_i(k)z_i(t)}{\hat{\theta}_1(k)} \tag{8.78}$$

式中，$k=0,1,\cdots$ 表示时刻 t_k，当 $t\in[t_k,t_{k+1})$ 时，$\hat{\theta}_i(k)(i=1,2,\cdots,2n)$ 为常数。

8.3.3　控制器参数的调整

为了实现混合自适应控制，需要对式(8.78)中的未知参数 $\hat{\theta}_i(k)(i=1,2,\cdots,2n;\ k=0,1,\cdots)$ 进行估计，这就需要对连续信号 $y'(t)$ 和 $\boldsymbol{\zeta}(t)$ 按周期 T_{s} 进行采样，然后根据所获得的采样值利用离散辨识算法估计控制参数，从而对控制器参数进行离散式调整。

对 $y'(t)$ 和 $\boldsymbol{\zeta}(t)$ 进行采样，可得与式(8.71)相对应的离散时间方程，即

$$y'(k)=\boldsymbol{\theta}^{\mathrm{T}}\boldsymbol{\zeta}(k) \tag{8.79}$$

定义辨识误差为

$$\varepsilon(k)=\hat{y}'(k)-y'(k)=\hat{\boldsymbol{\theta}}^{\mathrm{T}}(k+1)\boldsymbol{\zeta}(k)-\boldsymbol{\theta}^{\mathrm{T}}\boldsymbol{\zeta}(k)=[\hat{\boldsymbol{\theta}}(k+1)-\boldsymbol{\theta}]^{\mathrm{T}}\boldsymbol{\zeta}(k) \tag{8.80}$$

可采用固定迹算法进行参数估计，即

$$\hat{\boldsymbol{\theta}}(k+1)=\hat{\boldsymbol{\theta}}(k)-\boldsymbol{\Gamma}(k)\boldsymbol{\zeta}(k)\varepsilon(k) \tag{8.81a}$$

$$\boldsymbol{\Gamma}(k+1)=\frac{1}{\lambda(k)}\left[\boldsymbol{\Gamma}(k)-\frac{\boldsymbol{\Gamma}(k)\boldsymbol{\zeta}(k)\boldsymbol{\zeta}^{\mathrm{T}}(k)\boldsymbol{\Gamma}(k)}{1+\boldsymbol{\zeta}^{\mathrm{T}}(k)\boldsymbol{\Gamma}(k)\boldsymbol{\zeta}(k)}\right],\quad \boldsymbol{\Gamma}(0)>\mathbf{0} \tag{8.81b}$$

$$\lambda(k)=1-\frac{\|\boldsymbol{\Gamma}(k)\boldsymbol{\zeta}(k)\|^2}{1+\boldsymbol{\zeta}^{\mathrm{T}}(k)\boldsymbol{\Gamma}(k)\boldsymbol{\zeta}(k)}\frac{1}{\mathrm{tr}\boldsymbol{\Gamma}(0)} \tag{8.81c}$$

整个自适应控制系统的结构图如图8.3所示。在这种自适应控制系统中，控制器和滤波器采用的是模拟结构，而参数的估计和调整则采用的是离散装置，即 $\hat{\boldsymbol{\theta}}(t)=\hat{\boldsymbol{\theta}}(k)$，$t\in[t_k,t_{k+1})$，整个系统为混合自适应控制系统。

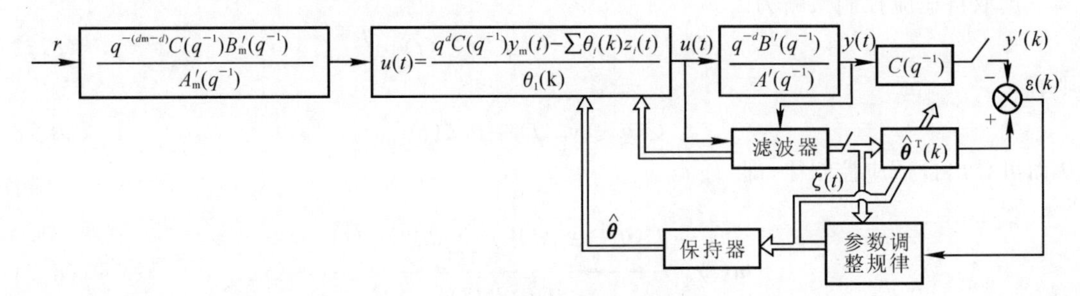

图8.3 自适应控制系统结构图

8.3.4 系统渐近稳定性及采样周期的选定

由式(8.80)和式(8.81a)，可得

$$\varepsilon(k)=[\hat{\boldsymbol{\theta}}(k)-\boldsymbol{\Gamma}(k)\boldsymbol{\zeta}(k)\varepsilon(k)-\boldsymbol{\theta}]^{\mathrm{T}}\boldsymbol{\zeta}(k)=[\hat{\boldsymbol{\theta}}(k)-\boldsymbol{\theta}]^{\mathrm{T}}\boldsymbol{\zeta}(k)-\boldsymbol{\zeta}^{\mathrm{T}}(k)\boldsymbol{\Gamma}(k)\boldsymbol{\zeta}(k)\varepsilon(k) \tag{8.82}$$

以及

$$\varepsilon(k)=\frac{\hat{\boldsymbol{\theta}}^{\mathrm{T}}(k)\boldsymbol{\zeta}(k)-y'(k)}{1+\boldsymbol{\zeta}^{\mathrm{T}}(k)\boldsymbol{\Gamma}(k)\boldsymbol{\zeta}(k)} \tag{8.83}$$

$$\hat{\boldsymbol{\theta}}(k+1)=\hat{\boldsymbol{\theta}}(k)-\frac{\boldsymbol{\Gamma}(k)\boldsymbol{\zeta}(k)[\hat{\boldsymbol{\theta}}^{\mathrm{T}}(k)\boldsymbol{\zeta}(k)-y'(k)]}{1+\boldsymbol{\zeta}^{\mathrm{T}}(k)\boldsymbol{\Gamma}(k)\boldsymbol{\zeta}(k)} \tag{8.84}$$

与普通最小二乘法证明过程相似，可以证明，式(8.81)可以保证当 $k\to\infty$ 时，$\varepsilon(k)\to 0$，$\hat{\boldsymbol{\theta}}\to\boldsymbol{\theta}^*=$常数向量；当 $\boldsymbol{\zeta}(k)$ 的分量线性无关时，可保证 $\boldsymbol{\theta}^*=\boldsymbol{\theta}$，$y'(k)=\boldsymbol{\theta}^{*\mathrm{T}}\boldsymbol{\zeta}(k)=\boldsymbol{\theta}^{\mathrm{T}}\boldsymbol{\zeta}(k)$。

对于混合自适应控制系统来说，系统稳定性证明中的最大困难就在于当关系式 $\boldsymbol{\theta}^{*\mathrm{T}}\boldsymbol{\zeta}(k)=\boldsymbol{\theta}^{\mathrm{T}}\boldsymbol{\zeta}(k)$ 成立时，如何保证对于采样点以外的任何时刻 t，关系式 $\boldsymbol{\theta}^{*\mathrm{T}}\boldsymbol{\zeta}(t)=\boldsymbol{\theta}^{\mathrm{T}}\boldsymbol{\zeta}(t)$ 也成立。对此，有下述的定义和定理。

定义8.3.1（μ 个元素持续独立信号） 设 $\boldsymbol{\zeta}(t)$，$t\in(-\infty,+\infty)$，为 v 维连续时间向量信号，设存在着时刻 t_1，在 $[t_2,+\infty)$ 的所有区间内($t_2>t_1$)，$\boldsymbol{\zeta}(t)$ 的 μ 个分量 $\zeta_i(t)$ 持续保持线性无关，并且存在 $s>0$，在 $[t_2,t_2+s]$，$t_2\geqslant t_1$，$s<\infty$ 的所有区间内，该 μ 个分量保持线性无关，

则称 $\boldsymbol{\zeta}(t)$ 为 μ 个元素持续独立信号。

若 $\boldsymbol{\zeta}(t)$ 为 μ 个元素持续独立信号，则在 $[kT_s,(k+N-1)T_s]$ 内的所有时间点上的向量 $\boldsymbol{\zeta}(t)$ 组成一个 μ 维向量空间。

定义 8.3.2（维数不变）　设 v 维向量信号 $\boldsymbol{\zeta}(t)$ 为 μ 个元素持续独立信号，若存在 $N<\infty$，使 $\boldsymbol{\zeta}(t)$ 的采样值形成的向量集合 $\{\boldsymbol{\zeta}(k),\boldsymbol{\zeta}(k+1),\cdots,\boldsymbol{\zeta}(k+N-1)\}$，其中 $k\geqslant t_1/T_s$，对于所有 k 构成了张有 μ 维空间的 $\boldsymbol{\zeta}(t)$ 的基，则称采样值 $\boldsymbol{\zeta}(k)$ 对于 $\boldsymbol{\zeta}(t)$ 维数不变。

定理 8.3.1　若采样值 $\boldsymbol{\zeta}(k)$ 对于连续时间信号 $\boldsymbol{\zeta}(t)$ 维数不变时，则 $\boldsymbol{\theta}^{*\mathrm{T}}\boldsymbol{\zeta}(k)=\boldsymbol{\theta}^{\mathrm{T}}\boldsymbol{\zeta}(k)$ 的成立意味着 $\boldsymbol{\theta}^{*\mathrm{T}}\boldsymbol{\zeta}(t)=\boldsymbol{\theta}^{\mathrm{T}}\boldsymbol{\zeta}(t)$ 的成立。

证明　$\boldsymbol{\zeta}(t)$ 维数不变，则 $\boldsymbol{\zeta}(t),t\in[kT_s,(k+N-1)T_s]$，可用向量集合 $\{\boldsymbol{\zeta}(k),\boldsymbol{\zeta}(k+1),\cdots,\boldsymbol{\zeta}(k+N-1)\}$ 的线性组合表示，即

$$\boldsymbol{\zeta}(t)=\sum_{j=0}^{N-1}\alpha_j\boldsymbol{\zeta}(k+j),\quad t\in[kT_s,(k+N-1)T_s],\quad |\alpha_j|<\infty \tag{8.85}$$

由于 $\boldsymbol{\theta}^{*\mathrm{T}}\boldsymbol{\zeta}(k)=\boldsymbol{\theta}^{\mathrm{T}}\boldsymbol{\zeta}(k)$，因而可得

$$(\boldsymbol{\theta}^*-\boldsymbol{\theta})^{\mathrm{T}}\boldsymbol{\zeta}(t)=(\boldsymbol{\theta}^*-\boldsymbol{\theta})^{\mathrm{T}}\sum_{j=0}^{N-1}\alpha_j\boldsymbol{\zeta}(k+j)=\sum_{j=0}^{N-1}\alpha_j(\boldsymbol{\theta}^*-\boldsymbol{\theta})^{\mathrm{T}}\boldsymbol{\zeta}(k+j)=0 \tag{8.86}$$

证毕。

在定理 8.3.1 中，一个很重要的条件就是要求采样值 $\boldsymbol{\zeta}(k)$ 对于连续时间信号 $\boldsymbol{\zeta}(t)$ 的维数不变，如何保证这一条件成立，对于混合自适应控制来说，是一个很重要的问题。在信号 $\boldsymbol{\zeta}(t)$ 的带宽受到一定限制的情况下，下述定理叙述了采样值 $\boldsymbol{\zeta}(k)$ 维数不变与采样周期 T_s 之间的关系。

定理 8.3.2　若 v 维向量信号 $\boldsymbol{\zeta}(t)$ 的各分量 $\zeta_i(t)$ 为不含 f_m(Hz) 以上高频分量的受频带约束信号，当采样频率 $f_s=1/T_s$ 选得高于 $2f_m$ 时，采样值 $\boldsymbol{\zeta}(k)$ 为维数不变。

证明　设 $\boldsymbol{\zeta}(t),t\in(-\infty,+\infty)$，为 v 维 μ 元素持续独立信号，不失一般性，假定 $\boldsymbol{\zeta}(t)$ 的前 μ 个分量是持续线性无关的，即对于任意的 t 来说，只有在 $\alpha_i=0(i=1,2,\cdots,\mu)$ 时，关系式

$$\alpha_1\zeta_1(t)+\alpha_2\zeta_2(t)+\cdots+\alpha_\mu\zeta_\mu(t)=0 \tag{8.87}$$

才能成立。若选取采样频率 $f_s>2f_m$，根据采样定理，信号 $\zeta_i(t)$ 可用采样值 $\zeta_i(k)$ 表示为

$$\zeta_i(t)=\sum_{k=-\infty}^{+\infty}\mathrm{sinc}(f_st-k)\zeta_i(k) \tag{8.88}$$

式中

$$\mathrm{sinc}t=\frac{\sin\pi t}{\pi t} \tag{8.89}$$

因而式(8.87) 可以表示为

$$\sum_{k=-\infty}^{+\infty}\mathrm{sinc}(f_st-k)[\alpha_1\zeta_1(k)+\alpha_2\zeta_2(k)+\cdots+\alpha_\mu\zeta_\mu(k)]=0 \tag{8.90}$$

式中，$\mathrm{sinc}(f_st-k),k=0,\pm1,\cdots$，为线性无关的函数，因而式(8.90) 意味着

$$\alpha_1\zeta_1(k)+\alpha_2\zeta_2(k)+\cdots+\alpha_\mu\zeta_\mu(k)=0,\qquad\forall k \tag{8.91}$$

由于式(8.90) 只有在 $\alpha_i=0(i=1,2,\cdots,\mu)$ 时才成立，且式(8.91) 与式(8.90) 是等价方程，这就意味着只有当 $\alpha_i=0(i=1,2,\cdots,\mu)$ 时，方程式(8.91) 才成立，因而 μ 个采样值 $\zeta_i(k)(i=1,2,\cdots,\mu)$ 线性无关。

当 $\{\zeta_1(t),\zeta_2(t),\cdots,\zeta_\mu(t)\}$ 为持续独立信号时，采样值在无限区间线性无关意味着在有限区间线性无关，即存在着任意 k，对于 $k'=k,k+1,\cdots,k+N-1,N<\infty$ 来说，只有当 $\alpha_i=0$

$(i=1,2,\cdots,\mu)$ 时,关系式

$$\alpha_1\zeta_1(k')+\alpha_2\zeta_2(k')+\cdots+\alpha_\mu\zeta_\mu(k')=0 \tag{8.92}$$

才能成立。

方程式(8.92)意味着向量集合$\{\boldsymbol{\zeta}(k),\boldsymbol{\zeta}(k+1),\cdots,\boldsymbol{\zeta}(k+N-1)\}$张有$\mu$维向量空间,即采样值$\boldsymbol{\zeta}(k)$维数不变,证明完毕。

模型参考自适应系统(MRACS)内部信号$\boldsymbol{\zeta}(t)$的分量$\zeta_i(t)$是否具有频带约束,是一个值得进一步讨论的问题。当系统的参考输入信号$r(t)$为矩形波时,包括无限多个频率分量,$y(t)$和$u(t)$将含有同样多个频率分量。由于$u(t)$和$y(t)$在构成$\zeta_i(t)(i=1,2,\cdots,2n)$时至少要经过滤波器$q^{-d},q^{-d}$的截止频率$f_c$通常取增益$-3$ db以下对应的频率(实际上可为其几倍),故$\zeta_i(t)$实际上是频带有上界的信号,此上界f_m可看做f_c,可选取采样频率$f_s\geqslant 2f_c$。当然,在选取f_s时要同时考虑有关参数的变化速度及在采样周期内常要完成的更新计算。

例 8.3.1 设对象和参考模型分别为

$$(s^2+s+2)y(t)=u(t) \tag{8.93}$$

$$(s^2+1.4s+1)y_m(t)=r(t) \tag{8.94}$$

求混合自适应控制律。

解 由于参考模型增益-3 db以下所对应的截止频率为$1/2\pi$(Hz),滤波器$q^{-1}=(1+\tau s)^{-1}$的截止频率选为参考模型截止频率的2倍,即$1/\pi$(Hz),由此可求得$\tau=0.5,q=1+0.5s$。利用q^{-1}可将对象式(8.93)变换为等价方程,即

$$(1-1.5q^{-1}+q^{-2})y(t)=0.25q^{-2}u(t) \tag{8.95}$$

选择$C(q^{-1})=1,R(q^{-1})=1+r_1q^{-1},S(q^{-1})=S_0+S_1q^{-1}$,则有

$$(1-1.5q^{-1}+q^{-2})(1+r_1q^{-1})+q^{-2}(S_0+S_1q^{-1})=1 \tag{8.96}$$

令式(8.96)等号两边q的同次幂的系数相等,可求得$r_1=1.5,S_0=1.25,S_1=-1.5$,因而有

$$\boldsymbol{\theta}^{\mathrm{T}}=[0.25\quad 0.375\quad 1.25\quad -1.5] \tag{8.97a}$$

$$\boldsymbol{\zeta}^{\mathrm{T}}(t)=[q^{-2}u(t)\quad q^{-3}u(t)\quad q^{-2}y(t)\quad q^{-3}y(t)] \tag{8.97b}$$

$$y(t)=\boldsymbol{\theta}^{\mathrm{T}}\boldsymbol{\zeta}(t) \tag{8.97c}$$

$$u(t)=\frac{q^2y_m(t)-\sum_{i=2}^{4}\hat{\theta}_i(k)z_i(t)}{\hat{\theta}_1(k)} \tag{8.98}$$

式中,$t\in[kT_s,(k+1)T_s]$,$z_2(t)=q^{-1}u(t)$,$z_3(t)=y(t)$,$z_4(t)=q^{-1}y(t)$。

由于滤波器q^{-2}在-3 db以下的截止频率$f_c=0.2$ Hz,因此选取采样频率$f_s=1$ Hz。

将混合MRACS与连续MRACS的性能进行比较,其计算结果如下:

(1) $\hat{\boldsymbol{\theta}}(t)$收敛于真值$\boldsymbol{\theta}$的时间:

混合自适应:4 s;

连续自适应:30 s。

(2) $y(t)$收敛于$y_m(t)$的时间:

混合自适应:6 s;

连续自适应:不满足要求。

由此可见,混合模型参考自适应控制系统对于参考模型的跟踪性能优于全连续模型参考自适应控制系统。

8.4　随机系统混合自适应控制

在前面三节中介绍了三种适合于理想确定性系统混合自适应控制器的设计方法，即系统中不含任何干扰及未建模动态时的混合自适应控制器设计方法。本节将介绍随机系统的混合自适应控制器设计方法。

目前有两种重要的随机系统稳定性分析方法：常微分方程（Ordinary Differential Equition，ODE）法和鞅收敛定理（Martingale Convergence Theorem），后者又称之为“随机李雅普诺夫理论”。两种方法都可用于递推参数估计和自适应闭环随机系统的稳定性分析。本节将利用鞅收敛理论及维数不变原理对混合自适应闭环随机系统进行稳定性分析，并且证明，当连续时间随机对象的随机干扰经滤波后的离散值为鞅差序列时，这种混合自适应控制器可保证闭环系统中的所有信号有界，并且对象输出与参考信号间的平方跟踪误差数学期望的平均值以概率 1 等于鞅差序列的方差。

8.4.1　对象模型与控制目的

考虑单输入单输出连续时间随机对象，即

$$A'(s)y(t)=B'(s)u(t)+\xi(t) \tag{8.99a}$$

$$A'(s)=s^n+a_1s^{n-1}+\cdots+a_n \tag{8.99b}$$

$$B'(s)=b_0s^{n-1}+b_1s^{n-2}+\cdots+b_{n-1} \tag{8.99c}$$

式中，$s=\mathrm{d}/\mathrm{d}t$ 为微分算子，$\xi(t)$ 为有界随机干扰，并且假设：① 阶次 n 已知，但系数 $a_i(i=1,2,\cdots,n)$ 和 $b_j(j=0,1,\cdots,n-1)$ 是未知的常数；② $A'(s)$ 和 $B'(s)$ 互质，且 $B'(s)$ 为 Hurwitz 多项式。

控制的目的是利用所设计的混合自适应控制器，使得闭环系统中的所有信号有界，并且系统的输出 $y(t)$ 尽可能紧密地跟踪一致连续有界并分段可微的参考信号 $y^*(t)$。

8.4.2　控制器结构

为了达到上述控制目的，采用图 8.4 所示混合自适应控制系统结构为例予以分析。

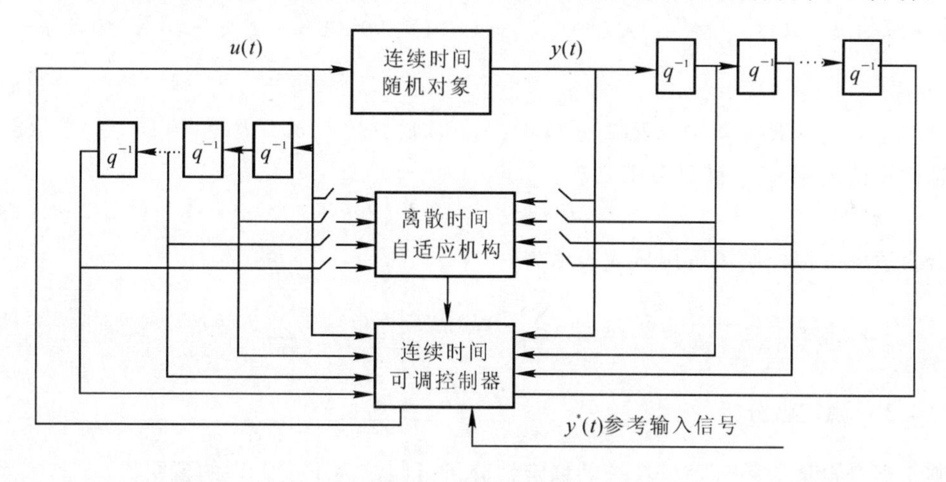

图 8.4　系统结构图

在这种控制方案中，用一个连续时间可调控制器去控制连续时间对象，而用离散时间自适应机构对可测连续时间变量进行采样，并根据所获得的信息离散地对可调控制器进行校正，产生控制信号，从而控制对象的输出，使其尽可能紧密地跟踪参考信号 $y^*(t)$。

选取

$$q^{-1}=1/(1+\tau s) \tag{8.100}$$

式中，$\tau>0$ 为设计常数。利用 q^{-1} 可将对象式(8.99) 变换为等价形式，即

$$A(q^{-1})y(t)=q^{-1}B(q^{-1})u(t)+q^{-n}\xi(t) \tag{8.101a}$$

$$A(q^{-1})=1+\alpha_1 q^{-1}+\cdots+\alpha_n q^{-n} \tag{8.101b}$$

$$B(q^{-1})=\beta_0+\beta_1 q^{-1}+\cdots+\beta_{n-1}q^{-(n-1)} \tag{8.101c}$$

令

$$\boldsymbol{\theta}^{\mathrm{T}}=[\alpha_1\quad \alpha_2\quad \cdots\quad \alpha_n\quad \beta_0\quad \beta_1\quad \cdots\quad \beta_{n-1}] \tag{8.102a}$$

$$\boldsymbol{\zeta}^{\mathrm{T}}(t)=[-q^{-1}y(t)\quad \cdots\quad -q^{-n}y(t)\quad q^{-1}u(t)\quad \cdots\quad -q^{-n}u(t)] \tag{8.102b}$$

则式(8.101a) 可以表示为

$$y(t)=\boldsymbol{\theta}^{\mathrm{T}}\boldsymbol{\zeta}(t)+v(t) \tag{8.103}$$

式中，$v(t)=q^{-n}\xi(t)$，为对象输出经滤波器滤波后的残余噪声。

对 $y(t)$ 和 $\boldsymbol{\zeta}(t)$ 进行采样，可得到式(8.103) 的相应离散形式方程，即

$$y(k)=\boldsymbol{\theta}^{\mathrm{T}}\boldsymbol{\zeta}(k)+v(k) \tag{8.104}$$

要准确描述 $v(k)$ 是困难的，仿照目前研究全离散系统所通常采用的方法，假定 $v(k)$ 为对 $\{F_k\}$ 的鞅并且具有下述统计特性，即

$$E\{v(k)\mid F_s\}=0,\quad \forall s\leqslant k \quad \text{a. s.} \tag{8.105a}$$

$$E\{v^2(k)\mid F_s\}=\sigma^2,\quad \forall s\leqslant k \quad \text{a. s.} \tag{8.105b}$$

$$\limsup_{N\to\infty}\frac{1}{N}\sum_{k=1}^{N}v^2(k)<\infty \quad \text{a. s.} \tag{8.105c}$$

式中，$F_s=F_{ts}$ 是 σ 代数 F_t 的离散形式，符号 a. s. 为英文 almost surely 的缩写。

根据式(8.104)，可选择各种辨识方法估计参数向量 $\boldsymbol{\theta}$。由于本节的目的不在于全面研究辨识方法，故在此仅举一例进行说明。我们选用随机近似法，即

$$\hat{\boldsymbol{\theta}}(k)=\hat{\boldsymbol{\theta}}(k-1)+\frac{a}{R(k-1)}\boldsymbol{\zeta}(k-1)[y(k-1)-\hat{\boldsymbol{\theta}}^{\mathrm{T}}(k-1)\boldsymbol{\zeta}(k-1)],\quad 0<a<1 \tag{8.106a}$$

$$R(k-1)=R(k-2)+\boldsymbol{\zeta}^{\mathrm{T}}(k-1)\boldsymbol{\zeta}(k-1),\quad R(0)=1 \tag{8.106b}$$

选取反馈控制 $u(t)$ 满足关系式

$$\hat{\boldsymbol{\theta}}^{\mathrm{T}}(k)\boldsymbol{\zeta}(t)=y^*(t) \tag{8.107}$$

则混合自适应反馈控制律可用显式表示为

$$u(t)=\frac{1}{\hat{\beta}_0(k)}\left[qy^*(t)+\sum_{i=1}^{n}\hat{\alpha}_i(k)q^{-(i-1)}y(t)-\sum_{j=1}^{n-1}\hat{\beta}_j(k)q^{-j}u(t)\right] \tag{8.108}$$

8.4.3 稳定性分析

整个混合自适应闭环随机系统的稳定性分析可归结为下述定理的证明。

定理 8.4.1　若连续时间随机对象式(8.99)满足假设条件①和②，则对于任何有界初始条件，由式(8.100)～式(8.108)所组成的混合自适应控制器可保证闭环随机系统中的所有信号有界，并且关系式

$$\lim_{T\to\infty}\sup_{T>0}\frac{1}{T}\int_0^T E\{[y(t)-y^*(t)]^2\}\mathrm{d}t=\sigma^2 \tag{8.109}$$

以概率 1 成立。

证明　定义

$$e(t)=y(t)-y^*(t)=y(t)-\hat{\boldsymbol{\theta}}^{\mathrm{T}}(k)\boldsymbol{\zeta}(t) \tag{8.110}$$

令 $\tilde{\boldsymbol{\theta}}(k)=\hat{\boldsymbol{\theta}}(k)-\boldsymbol{\theta}$，利用式(8.103)和式(8.110)，可得

$$e(t)=-\tilde{\boldsymbol{\theta}}^{\mathrm{T}}(k)\boldsymbol{\zeta}(t)+v(t) \tag{8.111}$$

其相应的离散时间方程为

$$e(k)=-\tilde{\boldsymbol{\theta}}^{\mathrm{T}}(k)\boldsymbol{\zeta}(k)+v(k) \tag{8.112}$$

由式(8.106a)，可得

$$\tilde{\boldsymbol{\theta}}(k+1)=\tilde{\boldsymbol{\theta}}(k)+\frac{1}{R(k)}\boldsymbol{\zeta}(k)e(k) \tag{8.113}$$

设 $V(k)=\tilde{\boldsymbol{\theta}}^{\mathrm{T}}(k)\tilde{\boldsymbol{\theta}}(k)$，则有

$$\begin{aligned}V(k+1)=&V(k)+\frac{2a}{R(k)}\tilde{\boldsymbol{\theta}}^{\mathrm{T}}(k)\boldsymbol{\zeta}(k)[e(k)-v(k)]+\\&\frac{2a}{R(k)}\tilde{\boldsymbol{\theta}}(k)\boldsymbol{\zeta}(k)v(k)+\frac{a^2}{R^2(k)}\boldsymbol{\zeta}^{\mathrm{T}}(k)\boldsymbol{\zeta}(k)\times\\&\{[e(k)-v(k)]^2+2v(k)[e(k)-v(k)]+v^2(k)\}\end{aligned} \tag{8.114}$$

并且

$$\begin{aligned}E\{V(k+1)\mid F_k\}=&V(k)+\frac{2a}{R(k)}\tilde{\boldsymbol{\theta}}^{\mathrm{T}}(k)\boldsymbol{\zeta}(k)[e(k)-v(k)]+\\&\frac{a^2}{R^2(k)}\boldsymbol{\zeta}^{\mathrm{T}}(k)\boldsymbol{\zeta}(k)[e(k)-v(k)]^2+\\&\frac{a^2}{R^2(k)}\boldsymbol{\zeta}^{\mathrm{T}}(k)\boldsymbol{\zeta}(k)\sigma^2\quad \text{a. s.}\end{aligned} \tag{8.115}$$

令

$$b(t)=-\tilde{\boldsymbol{\theta}}^{\mathrm{T}}(k)\boldsymbol{\zeta}(t),\quad z(t)=e(t)-v(t) \tag{8.116}$$

相应的离散时间方程为

$$b(k)=-\tilde{\boldsymbol{\theta}}^{\mathrm{T}}(k)\boldsymbol{\zeta}(k),\quad z(k)=e(k)-v(k) \tag{8.117}$$

则式(8.115)可以表示为

$$\begin{aligned}E\{V(k+1)\mid F_k\}=&V(k)-\frac{2a}{R(k)}b(k)z(k)+\frac{a^2}{R^2(k)}\boldsymbol{\zeta}^{\mathrm{T}}(k)\boldsymbol{\zeta}(k)z^2(k)+\\&\frac{a^2}{R^2(k)}\boldsymbol{\zeta}^{\mathrm{T}}(k)\boldsymbol{\zeta}(k)\sigma^2\quad \text{a. s.}\end{aligned} \tag{8.118}$$

由于$\dfrac{\boldsymbol{\zeta}^{\mathrm{T}}(k)\boldsymbol{\zeta}(k)}{R(k)}\leqslant 1$，因而可得

$$E\{V(k+1)\mid F_k\}\leqslant V_k-\frac{2a}{R(k)}[b(k)-\frac{a}{2}z(k)]z(k)+\frac{a^2}{R^2(k)}\boldsymbol{\zeta}^{\mathrm{T}}(k)\boldsymbol{\zeta}(k)\sigma^2 \quad \text{a. s.} \tag{8.119}$$

由式(8.112) 和式(8.117) 知

$$z(k)=-\widetilde{\boldsymbol{\theta}}^{\mathrm{T}}(k)\boldsymbol{\zeta}(k)=b(k) \tag{8.120}$$

所以,方程式(8.119) 又可写为

$$E\{V(k+1)\mid F_k\}\leqslant V_k-\frac{2a}{R(k)}[1-\frac{a}{2}]z^2(k)+\frac{a^2}{R^2(k)}\boldsymbol{\zeta}^{\mathrm{T}}(k)\boldsymbol{\zeta}(k)\sigma^2 \quad \text{a. s.} \tag{8.121}$$

因为 $0<a<1$,则有

$$E\{V(k+1)\mid F_k\}\leqslant V_k-\frac{a}{R(k)}z^2(k)+\frac{a^2}{R^2(k)}\boldsymbol{\zeta}^{\mathrm{T}}(k)\boldsymbol{\zeta}(k)\sigma^2 \quad \text{a. s.} \tag{8.122}$$

根据式(8.106b),则有

$$\frac{\boldsymbol{\zeta}^{\mathrm{T}}(k)\boldsymbol{\zeta}(k)}{R^2(k)}\leqslant\frac{\boldsymbol{\zeta}^{\mathrm{T}}(k)\boldsymbol{\zeta}(k)}{R(k)R(k-1)}=\frac{R(k)-R(k-1)}{R(k)R(k-1)}=\frac{1}{R(k-1)}-\frac{1}{R(k)} \tag{8.123}$$

以及

$$\sum_{k=1}^{\infty}\frac{\boldsymbol{\zeta}^{\mathrm{T}}(k)\boldsymbol{\zeta}(k)}{R^2(k)}=\sum_{k=1}^{\infty}[\frac{1}{R(k-1)}-\frac{1}{R(k)}]=\frac{1}{R(0)}<\infty \tag{8.124}$$

则有

$$\sum_{k=1}^{\infty}\frac{a^2}{R^2(k)}\boldsymbol{\zeta}^{\mathrm{T}}(k)\boldsymbol{\zeta}(k)\sigma^2<\infty \tag{8.125}$$

根据鞅收敛定理,则有

$$V(k)\rightarrow V \quad \text{a. s.} \tag{8.126}$$

并且

$$E\{V\}<\infty,\quad \sum_{k=1}^{\infty}\frac{a^2}{R(k)}z^2(k)<\infty \tag{8.127}$$

由于 $a>0$,因而$\sum\limits_{k=1}^{\infty}\dfrac{z^2(k)}{R(k)}<\infty$,于是应用 Kronlector 引理,可得

$$\lim_{N\to\infty}\frac{N}{R(N)}\frac{1}{N}\sum_{k=1}^{\infty}z^2(k)=0 \quad \text{a. s.} \tag{8.128}$$

根据 $e(k)$ 的定义,则有

$$z(k)=e(k)-v(k)=y(k)-y^*(k)-v(k) \tag{8.129}$$

$$y(k)=z(k)+y^*(k)+v(k) \tag{8.130}$$

设 $|y^*(k)|<M<\infty$,则有

$$\frac{1}{N}\sum_{k=1}^{N}y^2(k)\leqslant\frac{3}{N}\sum_{k=1}^{N}z^2(k)+M_1+\frac{3}{N}\sum_{k=1}^{N}v^2(k) \tag{8.131}$$

式中,$M_1=3M^2$ 为有限随机变量。

根据式(8.105c) 知,存在一正整数 N_0,使得

$$\frac{1}{N}\sum_{k=1}^{N}y^2(k)\leqslant\frac{3}{N}\sum_{k=1}^{N}z^2(k)+M_2 \quad \forall N\geqslant N_0 \quad \text{a. s.} \tag{8.132}$$

式中,$0<M_2<\infty$。

由式(8.104)知，$\boldsymbol{\theta}^{\mathrm{T}}\boldsymbol{\zeta}(k)=y(k)-v(k)$，故而

$$\frac{1}{N}\sum_{k=1}^{N}\boldsymbol{\theta}^{\mathrm{T}}\boldsymbol{\theta}\,\boldsymbol{\zeta}^{\mathrm{T}}(k)\boldsymbol{\zeta}(k)\leqslant\frac{2}{N}\sum_{k=1}^{N}y^{2}(k)+M_{3}\quad\forall N\geqslant N_{0}\quad\text{a. s.}\tag{8.133}$$

式中，M_3 为有限随机变量。

由假设①知，$0<\boldsymbol{\theta}^{\mathrm{T}}\boldsymbol{\theta}<\infty$，则由式(8.133)，可得

$$\frac{1}{N}\sum_{k=1}^{N}\boldsymbol{\zeta}^{\mathrm{T}}(k)\boldsymbol{\zeta}(k)\leqslant\frac{c_4}{N}\sum_{k=1}^{N}y^{2}(k)+M_{4}\quad\forall N\geqslant N_{0}\quad\text{a. s.}\tag{8.134}$$

式中，$c_4>0$ 为常数，M_4 为有限随机变量。

根据式(8.106b)和式(8.134)，则有

$$\frac{R(N)}{N}\leqslant\frac{c_4}{N}\sum_{k=1}^{N}y^{2}(k)+M_{5}\quad\forall N\geqslant N_{0}\quad\text{a. s.}\tag{8.135}$$

式中，$0<M_5<\infty$，由式(8.132)和式(8.135)，可得

$$\frac{R(N)}{N}\leqslant\frac{c_5}{N}\sum_{k=1}^{N}z^{2}(k)+M_{6}\quad\forall N\geqslant N_{0}\quad\text{a. s.}\tag{8.136}$$

式中，$0<c_5<\infty$，$0<M_6<\infty$。

下面利用反证法证明$\frac{1}{N}\sum_{k=1}^{N}\boldsymbol{\zeta}^{\mathrm{T}}(k)\boldsymbol{\zeta}(k)$有界。首先假设$\frac{1}{N}\sum_{k=1}^{N}\boldsymbol{\zeta}^{\mathrm{T}}(k)\boldsymbol{\zeta}(k)$是无界的，则由式(8.106b)，可得

$$\limsup_{N\to\infty}\frac{R(N)}{N}=\infty\tag{8.137}$$

利用式(8.136)，可得

$$\limsup_{N\to\infty}\frac{1}{N}\sum_{k=1}^{N}z^{2}(k)=\infty\tag{8.138}$$

令 $\bar{z}(N)=\frac{1}{N}\sum_{k=1}^{N}z^{2}(k)$，由式(8.136)，可得

$$\left(\frac{R(N)}{N}\right)^{-1}\frac{1}{N}\sum_{k=1}^{N}z^{2}(k)=\left(\frac{R(N)}{N}\right)^{-1}\bar{z}(N)\geqslant\frac{\bar{z}(N)}{c_5\bar{z}(N)+M_6}\quad\text{a. s.}\tag{8.139}$$

由于$\limsup\limits_{N\to\infty}\bar{z}(N)=\infty$，则存在一子序列$\{N_l\}$，使得

$$\lim_{N_l\to\infty}\bar{z}(N_l)=\infty\tag{8.140}$$

并且

$$\liminf_{N_l\to\infty}\left[\frac{R(N_l)}{N_l}\right]^{-1}\frac{1}{N_l}\sum_{k=1}^{N_l}z^{2}(k)\geqslant\frac{1}{c_5}\quad\text{a. s.}\tag{8.141}$$

与式(8.128)相矛盾。这就说明原来假设$\frac{1}{N}\sum_{k=1}^{N}\boldsymbol{\zeta}^{\mathrm{T}}(k)\boldsymbol{\zeta}(k)$无界是错误的，$\frac{1}{N}\sum_{k=1}^{N}\boldsymbol{\zeta}^{\mathrm{T}}(k)\boldsymbol{\zeta}(k)$是有界的，并且

$$\limsup_{N\to\infty}\frac{R(N)}{N}<\infty\tag{8.142}$$

因而

$$\liminf_{N\to\infty}\left[\frac{N}{R(N)}\right]\geqslant\frac{1}{k_1}>0\tag{8.143}$$

式中,$0 < k_1 < \infty$。

根据式(8.128)及式(8.143),可得

$$\lim_{N\to\infty}\frac{1}{N}\sum_{k=1}^{N}z^2(k)=0 \quad \text{a. s.} \tag{8.144}$$

根据7.3节中的维数不变原理及有关定理可知,若 $z(t)$ 为不含 f_m 以上高频分量的受频带约束信号,当选取采样频率 $f_s = 1/\tau$ 高于 $2f_m$ 时,则采样值 $z(k)$ 对于连续时间信号 $z(t)$ 维数不变,因而 $z(k)=0$ 成立包含着 $z(t)=0$ 成立。

由于 $z(t) = -\hat{\boldsymbol{\theta}}^{\mathrm{T}}\boldsymbol{\zeta}(t) + \boldsymbol{\theta}^{\mathrm{T}}\boldsymbol{\zeta}(t)$,可以通过滤波器 q^{-1} 的设计限制 $z(t)$ 的频带,所以由式(8.144)可得关系式,即

$$\lim_{N\to\infty}\frac{1}{N}\sum_{k=1}^{N}z^2(t)=0 \quad \forall\, t\in[t_k,t_{k+1}) \quad \text{a. s.} \tag{8.145}$$

设采样周期 $\tau = t_{k+1} - t_k$ 并且 $T = N\tau$,则有

$$\frac{1}{T}\int_0^{\mathrm{T}}E\{z^2(t)\}\mathrm{d}t=\frac{1}{N\tau}\sum_{k=1}^{N}\int_{t_k}^{t_{k+1}}E\{z^2(t)\}\mathrm{d}t=\frac{1}{N}\sum_{k=1}^{N}E\{z^2(t)\}\bigg|_{t=t_{k\xi}}, \quad t_{k\xi}\in[t_k,t_{k+1}) \tag{8.146}$$

因而,根据式(8.145)和式(8.146),可得

$$\lim_{N\to\infty}\frac{1}{T}\int_0^{\mathrm{T}}E\{z^2(t)\}\mathrm{d}t=0 \quad \text{a. s.} \tag{8.147}$$

由式(8.147)可直接导出式(8.109),由式(8.147)利用反证法可证明 $y(t)$ 有界,从而可证明闭环系统中的所有信号有界。

习 题

8.1 设对象和参考模型分别为

$$(s^2+4s+26)y(t)=20u(t)$$

$$(s^2+40s+800)y_{\mathrm{m}}(t)=800r(t)$$

试设计混合自适应系统,并与相应的全连续和全离散自适应系统相对照,分析其优缺点。

8.2 已知控制对象的传递函数为

$$W(s)=\frac{229}{s^2+30s+229}$$

选取参考模型的传递函数为

$$W_{\mathrm{m}}(s)=\frac{400}{s^2+40s+400}$$

试用8.2节中的方案设计混合自适应系统,并与相应的全连续自适应系统进行比较分析。

8.3 已知单输入单输出连续时间随机对象的微分算子方程为

$$(s^2+10s+64)y(t)=64u(t)+\xi(t)$$

$$\xi(t)=0.02\sin(215t)+0.01\cos(200t)$$

将 $\xi(t)$ 作为有界随机干扰,试设计混合自适应系统,并对数字仿真计算结果进行分析。

8.4 若将8.4节中的参数辨识方法式(8.106)换成常用的递推最小二乘法,试用鞅收敛理论证明其收敛性。

第 9 章　对象具有未建模动态时的混合自适应控制

随着科学技术的发展，所研究的受控对象变得越来越复杂。例如，大型航天器的数学模型用状态方程表示时，其状态变量可达数百个甚至上千个，当考虑系统结构的弹性时，其维数又有可能成倍地增加。对于这样复杂的系统，建模时不可能不进行简化，势必有些环节未被建模。当系统中存在高频寄生时，这些未建模环节的动态特性可能对系统产生很大的影响，这就是所谓的未建模动态(unmodeled dynamics)问题。

20 世纪 90 年代，不少学者都致力于分析在有界干扰和未建模动态影响下的自适应控制算法的鲁棒特性。事实证明，对于这种未建模动态，即使是很小的有界干扰，都可以使原有的大多数自适应算法变得不稳定。对于这种不稳定情况的研究结果表明，为了消除不稳定性和改善鲁棒特性，原有的大多数自适应控制器都需要进行修正或重新设计。

在第 8 章中研究的主要是理想系统，即系统中不含任何干扰或未建模动态。当系统中含有干扰或未建模动态时，根据理想系统所导出的那些自适应算法并不能保证系统的稳定性。本章中，将研究适合于对象具有未建模动态情况的混合自适应算法，并且对系统的鲁棒稳定性进行分析。至于有界干扰下的混合自适应控制问题，一般情况下都可作为对象具有未建模动态的一种特殊情况进行处理。

9.1　连续对象具有未建模动态时的混合自适应控制

9.1.1　对象模型及控制目的

考虑单输入单输出对象，即

$$\frac{y(s)}{u(s)}=G(s)=G_0(s)[1+\mu\Delta_2(s)]+\mu\Delta_1(s) \tag{9.1}$$

式中，$G_0(s)=k_p Z_0(s)/R_0(s)$ 是对象已建模部分的传递函数。$G(s)$ 是严格真的，$\mu\Delta_1(s)$ 和 $\mu\Delta_2(s)$ 分别是对象的相加和相乘未建模动态，标量参数 $\mu>0$ 表示其变化率。$Z_0(s)$ 是首一 m 阶 Hurwitz 多项式，$R_0(s)$ 是首一 n 阶多项式，$n>m$，$k_p>0$。对于对象的未建模动态，假定：① $\Delta_1(s)$ 是严格真的；② $\Delta_2(s)$ 是稳定传递函数；③ 使 $\Delta_1(s-p)$ 和 $\Delta_2(s-p)$ 的极点稳定的稳定余度 $p>0$ 的下界 p_0 是已知的。

从上述的假设中可以看出，小的 μ 值保证了 $|\mu\Delta_2(\mathrm{j}\omega)|$ 在低频范围内是小的。但是，因为当 $n^*=n-m>1$ 时 $\Delta_2(s)$ 允许是非真的，则在高频处，$|\mu\Delta_2(\mathrm{j}\omega)|$ 可能很大，也就是说，尽管

μ 非常小,若 $|\omega| \to \infty$,则 $|\mu\Delta_2(j\omega)| \to \infty$。

要求对象的输出 $y(t)$ 跟踪参考模型:

$$y_m(s) = W_m(s)r(s) = k_m \frac{1}{D_m(s)} r(s) \tag{9.2}$$

的输出 $y_m(t)$,式中 $D_m(s)$ 是首项系数为 1、阶数 $n^* = n - m$ 的 Hurwitz 多项式,$r(t)$ 是一致有界的参考输入信号。

本节的目的是,设计一个自适应控制器,使得对于某一 $\mu^* > 0$ 和任意的 $\mu \in [0, \mu^*]$ 以及 $\Delta_1(s)$,$\Delta_2(s)$ 满足假设①～③的任何可能干扰,最终的闭环系统是稳定的,并且对象输出 $y(t)$ 尽可能紧密地跟踪参考模型输出 $y_m(t)$。

9.1.2　自适应系统的误差模型

对象的输入 $u(t)$ 和输出 $y(t)$ 将用来产生 $(n-1)$ 维辅助向量 $\boldsymbol{\omega}_1$,$\boldsymbol{\omega}_2$ 及 $(2n-1)$ 维辅助向量 $\boldsymbol{\omega}$,则有

$$\dot{\boldsymbol{\omega}}_1(t) = \boldsymbol{F}\boldsymbol{\omega}_1(t) + \boldsymbol{q}u(t) \tag{9.3a}$$

$$\dot{\boldsymbol{\omega}}_2(t) = \boldsymbol{F}\boldsymbol{\omega}_2(t) + \boldsymbol{q}y(t) \tag{9.3b}$$

$$\boldsymbol{\omega}^{\mathrm{T}}(t) = [\boldsymbol{\omega}_1^{\mathrm{T}}(t) \quad \boldsymbol{\omega}_2^{\mathrm{T}}(t) \quad y(t)] \tag{9.3c}$$

式中,$\boldsymbol{F}$ 是 $(n-1)\times(n-1)$ 稳定矩阵,$(\boldsymbol{F}, \boldsymbol{q})$ 是可控对。

取对象的输入(即控制律)为

$$u(t) = \boldsymbol{\theta}_{1k}^{\mathrm{T}}\boldsymbol{\omega}_1(t) + \boldsymbol{\theta}_{2k}^{\mathrm{T}}\boldsymbol{\omega}_2(t) + \theta_{3k}y(t) + c_k r(t) \tag{9.4a}$$

或

$$u(t) = \boldsymbol{\theta}_k^{\mathrm{T}}\boldsymbol{\omega}(t) + c_k r(t), \quad k = 0,1,2,\cdots \tag{9.4b}$$

式中,$\boldsymbol{\theta}_k^{\mathrm{T}} = [\boldsymbol{\theta}_{1k}^{\mathrm{T}} \quad \boldsymbol{\theta}_{2k}^{\mathrm{T}} \quad \theta_{3k}]$ 是 $(2n-1)$ 维控制参数向量,c_k 是标量前馈参数。在区间 $[t_k, t_{k+1})$ 上,$\boldsymbol{\theta}_k$ 和 c_k 皆为常数,参数 $\boldsymbol{\theta}_k$ 和 c_k 仅仅在离散时刻 $t_k(k = 0,1,2,\cdots)$ 进行调整。

可以证明,当 $\mu = 0$ 时,存在着常值参数 $\boldsymbol{\theta}^*$ 和 c^* 使得 $\boldsymbol{\theta}_k \equiv \boldsymbol{\theta}^*$,$c_k \equiv c^*$ 时,对象与控制器所构成的系统传递函数恰好等于参数模型的传递函数,因而可得

$$W_m(s) = \frac{c^* G_0(s)}{1 - F_1(s) - F_2(s)G_0(s)} \tag{9.5}$$

式中,$F_1(s) = \boldsymbol{\theta}^{*\mathrm{T}}(s\boldsymbol{I} - \boldsymbol{F})^{-1}\boldsymbol{q}$,$F_2(s) = \theta_3^* + \boldsymbol{\theta}_2^{*\mathrm{T}}(s\boldsymbol{I} - \boldsymbol{F})^{-1}\boldsymbol{q}$。

利用式(9.1)、式(9.4)和式(9.5)可以导出

$$y = \frac{1}{c^*}W_m(s)(\boldsymbol{\varphi}_k^{\mathrm{T}}\boldsymbol{\omega} + c_k r) + \mu\Delta(s)u \tag{9.6}$$

式中

$$\boldsymbol{\varphi}_k = \boldsymbol{\theta}_k - \boldsymbol{\theta}^*$$

$$\Delta(s) = \Delta_1(s) + \frac{1}{c^*}W_m(s)F_2(s)\Delta_1(s) + \frac{1}{c^*}W_m(s)\Delta_2(s)[1 - F_1(s)]$$

令 $e_1(t) = y(t) - y_m(t)$,则有

$$e_1 = \frac{1}{c^*}W_m(s)(\boldsymbol{\varphi}_k^{\mathrm{T}}\boldsymbol{\omega} + \tilde{c}_k r) + \mu\Delta(s)u \tag{9.7}$$

式中,$\tilde{c}_k = c_k - c^*$。

为使叙述简洁明了,现假定 $k_p = k_m = 1$,则 $\tilde{c}_k = 0$,并且

$$e_1 = W_m(s)\boldsymbol{\varphi}_k^{\mathrm{T}}\boldsymbol{\omega} + \mu\Delta(s)u \tag{9.8}$$

引入辅助信号 $y_a(t)$，即

$$y_a = -\boldsymbol{\theta}_k^T W_m(s)\boldsymbol{\omega} + W_m(s)\boldsymbol{\theta}_k^T\boldsymbol{\omega} \tag{9.9}$$

并且令 $\boldsymbol{\zeta} = W_m(s)\boldsymbol{\omega}$，$\eta = \Delta(s)u$，则增广误差为

$$\varepsilon_1(t) \stackrel{\text{def}}{=\!=} e_1(t) - y_a(t) = \boldsymbol{\varphi}_k^T\boldsymbol{\zeta}(t) + \mu\eta(t) \tag{9.10}$$

9.1.3　混合自适应律

由式(9.10)，可得

$$\varepsilon(t) = \boldsymbol{\varphi}_k^T\boldsymbol{Z}(t) + \mu\eta(t)/m(t) \tag{9.11}$$

式中，$\varepsilon(t) = \varepsilon_1(t)/m(t)$，$\boldsymbol{Z}(t) = \boldsymbol{\zeta}(t)/m(t)$，$m(t)$ 称之为规范信号，它满足微分方程

$$\dot{m}(t) = -\delta_0 m(t) + \delta_1(|u| + |y| + 1),\quad m(0) > \delta_0/\delta_1 \tag{9.12}$$

式中，δ_0 和 δ_1 是正的设计常数，选择时须使其满足不等式

$$\delta_0 + \delta_2 \leqslant \min[p_0, q_0],\qquad \delta_2 \in \mathbf{R}^+ \tag{9.13}$$

式中，$q_0 > 0$ 是使 $W_m(s - q_0)$ 的极点和 $\boldsymbol{F} + q_0\boldsymbol{I}$ 的特征值稳定的常数，$\mathbf{R}^+$ 为有界正实数集。

可以证明，对于任意的 $t \geqslant t_0$，$\varepsilon(t)$，$\boldsymbol{Z}(t)$，$|\eta(t)|/m(t)$，$\|\boldsymbol{\omega}(t)\|/m(t)$，$|y(t)|/m(t)$ 都是有界的。

定义集合 Ω_1 和 Ω_2 为

$$\Omega_1 \stackrel{\text{def}}{=\!=} \{t \mid |\varepsilon(t)| \leqslant v_0\},\quad \Omega_2 \stackrel{\text{def}}{=\!=} \{t \mid |\varepsilon(t)| > v_0\} \tag{9.14}$$

式中，$v_0 > 0$ 为常数，选择其满足不等式

$$2\mu\,|\eta(t)|/m(t) \leqslant v_0 \leqslant \mu\,\rho_0 \tag{9.15}$$

式中，ρ_0 为正的常数。选择混合自适应律，有

$$\boldsymbol{\theta}_{k+1} = \boldsymbol{\theta}_k - \frac{1}{T_k}\int_{t_k}^{t_{k+1}} \frac{\sigma\varepsilon(t)\boldsymbol{Z}(t)}{1 + \boldsymbol{Z}^T(t)\boldsymbol{Z}(t)}\mathrm{d}t \tag{9.16a}$$

$$\sigma = \begin{cases} 0, & 若\ t \in \Omega_1 \\ 1, & 若\ t \in \Omega_2 \end{cases} \tag{9.16b}$$

$$T_k = t_{k+1} - t_k \tag{9.16c}$$

这种混合自适应控制系统的结构如图 9.1 所示。

9.1.4　稳定性分析

引理 9.1.1　对于控制对象式(9.1)和控制律式(9.4)，混合自适应律式(9.16)具有下述性质：

(1) $\|\boldsymbol{\theta}_k - \boldsymbol{\theta}^*\| \leqslant \|\boldsymbol{\theta}_{k-1} - \boldsymbol{\theta}^*\| \leqslant \|\boldsymbol{\theta}_0 - \boldsymbol{\theta}^*\|$　　(9.17)

(2) 对于任意的 $t_1 \geqslant t_{k0}$ 和 $T > 0$，不等式

$$\frac{1}{T}\int_{t_1}^{t_1+T} \frac{(\boldsymbol{\varphi}_k^T\boldsymbol{\zeta}(t))^2}{m^2(t)}\mathrm{d}t \leqslant \frac{g_0}{T} + \mu g_1 \tag{9.18}$$

成立，式中 $g_0, g_1 \in \mathbf{R}^+$。

证明　取二次型函数

$$V_k = \frac{1}{2}\boldsymbol{\varphi}_k^T\boldsymbol{\varphi}_k \tag{9.19}$$

则有

$$\Delta V_k = V_{k+1} - V_k = \left[\boldsymbol{\varphi}_k + \frac{\Delta\boldsymbol{\varphi}_k}{2}\right]^{\mathrm{T}} \Delta\boldsymbol{\varphi}_k \tag{9.20}$$

式中，$\Delta\boldsymbol{\varphi}_k = \boldsymbol{\varphi}_{k+1} - \boldsymbol{\varphi}_k$。将自适应律式(9.16) 代入式(9.20)，可得

$$\Delta V_k = -\frac{1}{2}\boldsymbol{\varphi}_k^{\mathrm{T}}[2\boldsymbol{I} - \boldsymbol{R}_k]\boldsymbol{R}_k\boldsymbol{\varphi}_k \tag{9.21}$$

式中

$$\boldsymbol{R}_k = \frac{1}{T_k}\int_{t_k}^{t_{k+1}} \frac{\sigma[\boldsymbol{Z}(t) + \mu\boldsymbol{\eta}^*(t)/m(t)]\boldsymbol{Z}(t)}{1 + \boldsymbol{Z}^{\mathrm{T}}(t)\boldsymbol{Z}(t)}\mathrm{d}t \tag{9.22}$$

式中，$\boldsymbol{\eta}^*(t)$ 满足关系式

$$\boldsymbol{\varphi}_k^{\mathrm{T}}\boldsymbol{\eta}^*(t)/m(t) = \eta(t)/m(t) \tag{9.23}$$

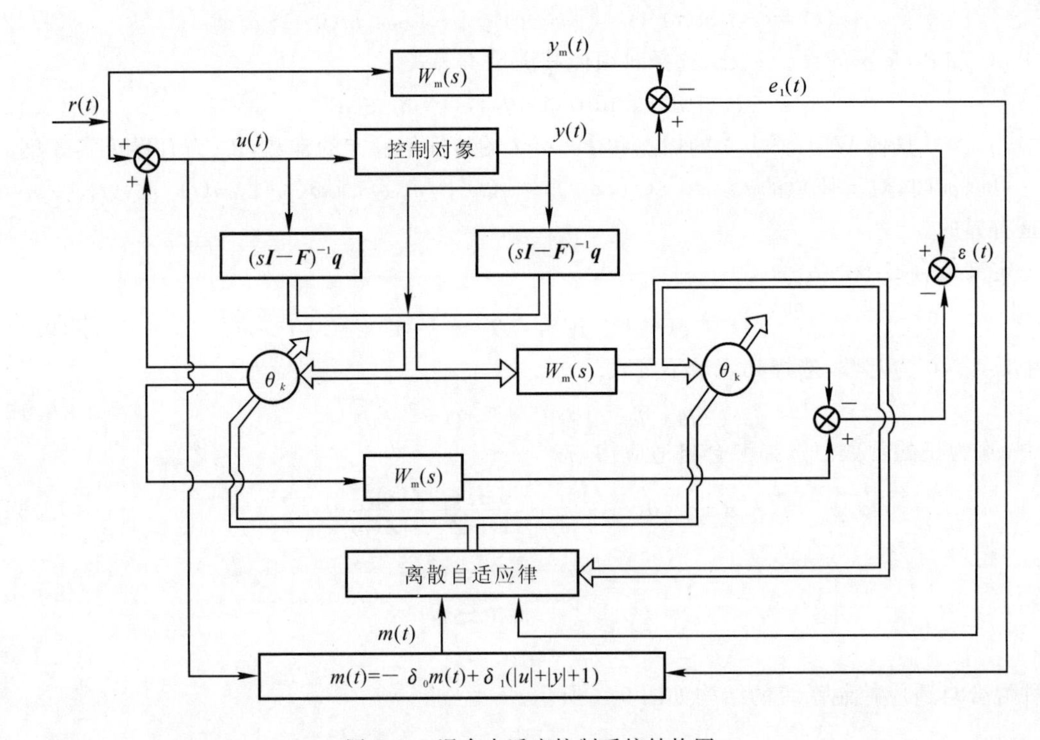

图 9.1　混合自适应控制系统结构图

根据式(9.14)、式(9.15) 和式(9.16)，可知

$$\mu\|\boldsymbol{\eta}^*(t)\|/m(t) \leqslant \|\boldsymbol{Z}(t)\| \tag{9.24}$$

以及

$$\boldsymbol{0} \leqslant \boldsymbol{R}_k < 2\boldsymbol{I} \tag{9.25}$$

因而，可得

$$\Delta V_k \leqslant 0 \tag{9.26}$$

并且对于任意的正整数 M，则有

$$\sum_{k=k_0}^{k_0+M-1} \boldsymbol{\varphi}_k^{\mathrm{T}}\boldsymbol{R}_k\boldsymbol{\varphi}_k < \infty \tag{9.27}$$

式(9.26) 意味着性质(1) 成立，式(9.27) 意味着

$$\lim_{k\to\infty}\frac{1}{T_k}\int_{t_k}^{t_{k+1}}\frac{\boldsymbol{\varphi}_k^{\mathrm{T}}[\boldsymbol{Z}(t)+\mu\boldsymbol{\eta}^*(t)/m(t)]\boldsymbol{Z}(t)\boldsymbol{\varphi}_k}{1+\boldsymbol{Z}^{\mathrm{T}}(t)\boldsymbol{Z}(t)}\mathrm{d}t=0 \tag{9.28}$$

成立，以及

$$\limsup_{k\to\infty}\int_{t_k}^{t_{k+1}}\frac{(\boldsymbol{\varphi}_k^{\mathrm{T}}\boldsymbol{\zeta}(t))^2}{m^2(t)}\mathrm{d}t\leqslant\mu g_1(t_{k+1}-t_k) \tag{9.29}$$

式中，$g_1\in\mathbf{R}^+$，性质(2) 可以从式(9.29) 直接导出。

引理 9.1.2　对于任意的 $t_1\geqslant t_{k0}$，$T>0$，以及有界的 $\boldsymbol{\varphi}_k$，若不等式

$$\frac{1}{T_k}\int_{t_1}^{t_1+T}\frac{(\boldsymbol{\varphi}_k^{\mathrm{T}}\boldsymbol{\zeta}(t))^2}{m^2(t)}\mathrm{d}t\leqslant\frac{g_0}{T}+\mu g_1 \tag{9.30}$$

成立，则有

$$\int_{t_1}^{t_1+T}\frac{|\boldsymbol{\varphi}_k^{\mathrm{T}}\boldsymbol{\omega}(t)|}{m(t)}\mathrm{d}t\leqslant\frac{r_3}{\varepsilon_0^2}+\left(\mu\frac{r_4}{\varepsilon_0^2}+r_5\varepsilon_0^{\rho}\right)T \tag{9.31}$$

式中，$\rho=2^{-(n^*+1)}$，r_3,r_4,r_5 为正常数，$\varepsilon_0\in(0,1]$ 是一任意常数。

此引理的证明过程较长，受篇幅限制，此处省略。

定理 9.1.1　存在着一个正数 μ^*，对于任意的 $\mu\in[0,\mu^*]$ 和任何初始条件，由式(9.1)、式(9.4) 和式(9.16) 所构成的自适应闭环系统中的所有信号有界，并且系统的跟踪误差属于残差集

$$D_e=\left\{e_1:\lim_{T\to\infty}\sup_{T>0}\frac{1}{T}\int_{t_1}^{t_1+T}|e_1(t)|\mathrm{d}t\leqslant\mu r_1+\bar{\varepsilon},\forall t_1\geqslant t_{k0},T>0\right\} \tag{9.32}$$

式中，$r_1\in\mathbf{R}^+$，$\bar{\varepsilon}$ 为一小的常数。

证明　首先证明规范信号 $m(t)$ 有界。对象式(9.1) 可以表示为

$$y=G_0(s)u+\mu G_0(s)q(s)\frac{\Delta_2(s)}{q(s)}u+\mu\Delta_1(s)u \tag{9.33}$$

式中，$q(s)$ 是任意的能保证 $q(s-p_0)$ 的根是稳定的(n^*-1) 次多项式。由于 $G_0(s)\Delta_2(s)$ 是严格真的，因而可知 $G_0(s)q(s)$ 是严格真的，并且 $\bar{\Delta}_2(s)=\Delta_2(s)/q(s)$ 是严格真的。根据假设 ③ 可知，$\Delta_2(s-p_0)$ 的极点是稳定的。由式(9.33) 可写出状态表达式

$$\dot{\boldsymbol{x}}=\boldsymbol{A}\boldsymbol{x}+\bar{\boldsymbol{b}}u+\mu\boldsymbol{b}\eta_2 \tag{9.34a}$$

$$y=\boldsymbol{h}^{\mathrm{T}}\boldsymbol{x}+\mu\eta_1 \tag{9.34b}$$

式中，$\eta_1=\Delta_1(s)u$，$\eta_2=\bar{\Delta}_2(s)u$，$\bar{\boldsymbol{b}}=\boldsymbol{b}q(s)$，$(\boldsymbol{A},\boldsymbol{b},\boldsymbol{h}^{\mathrm{T}})$ 是 $G_0(s)$ 的最小状态表达式。输入 $u(t)$ 可以被表示为

$$u=\boldsymbol{\varphi}_k^{\mathrm{T}}\boldsymbol{\omega}+c_kr+\boldsymbol{\theta}_1^{*\mathrm{T}}\boldsymbol{\omega}_1+\boldsymbol{\theta}_2^{*\mathrm{T}}\boldsymbol{\omega}_2+\theta_3^*\boldsymbol{h}^{\mathrm{T}}\boldsymbol{x}+\mu\theta_3^*\eta_1 \tag{9.35}$$

定义增广状态变量 $\boldsymbol{x}_{\mathrm{c}}^{\mathrm{T}}=[\boldsymbol{x}^{\mathrm{T}}\quad\boldsymbol{\omega}_1^{\mathrm{T}}\quad\boldsymbol{\omega}_2^{\mathrm{T}}]$，由式(9.34)、式(9.35) 和式(9.3) 可导出方程式

$$\dot{\boldsymbol{x}}_{\mathrm{c}}=\boldsymbol{A}_{\mathrm{c}}\boldsymbol{x}_{\mathrm{c}}+\boldsymbol{b}_{\mathrm{c}}(\boldsymbol{\varphi}_k^{\mathrm{T}}\boldsymbol{\omega}+c_kr)+\mu\boldsymbol{b}_{\mathrm{c1}}\eta_1+\mu\boldsymbol{b}_{\mathrm{c2}}\eta_2 \tag{9.36a}$$

$$y=\boldsymbol{h}_{\mathrm{c}}^{\mathrm{T}}\boldsymbol{x}_{\mathrm{c}}+\mu\eta_1 \tag{9.36b}$$

式中，$\boldsymbol{b}_{\mathrm{c1}}^{\mathrm{T}}=[\boldsymbol{b}^{\mathrm{T}}\quad\theta_3^*\boldsymbol{q}^{\mathrm{T}}\quad\theta_3^*\boldsymbol{q}^{\mathrm{T}}]$，$\boldsymbol{b}_{\mathrm{c2}}^{\mathrm{T}}=[\bar{\boldsymbol{b}}^{\mathrm{T}}\quad\boldsymbol{0}\quad\boldsymbol{0}]$，$\boldsymbol{A}_{\mathrm{c}}$ 是稳定矩阵。由于 $\boldsymbol{h}_{\mathrm{c}}^{\mathrm{T}}(s\boldsymbol{I}-\boldsymbol{A}_{\mathrm{c}})^{-1}\boldsymbol{b}_{\mathrm{c}}=\frac{1}{c^*}W_{\mathrm{m}}(s)$，因而可写出 $W_{\mathrm{m}}(s)$ 的非最小状态表达式

$$\dot{\bar{\boldsymbol{x}}}_{\mathrm{m}}=\boldsymbol{A}_{\mathrm{c}}\bar{\boldsymbol{x}}_{\mathrm{m}}+\boldsymbol{b}_{\mathrm{c}}c^*r,\quad y_{\mathrm{m}}=\boldsymbol{h}_{\mathrm{c}}^{\mathrm{T}}\bar{\boldsymbol{x}}_{\mathrm{m}} \tag{9.37}$$

式中，$\bar{\boldsymbol{x}}_{\mathrm{m}}^{\mathrm{T}}=[\boldsymbol{x}_{\mathrm{m}}^{\mathrm{T}}\quad\boldsymbol{\omega}_{\mathrm{1m}}^{\mathrm{T}}\quad\boldsymbol{\omega}_{\mathrm{2m}}^{\mathrm{T}}]$。定义状态误差 $\boldsymbol{e}=\boldsymbol{x}_{\mathrm{c}}-\boldsymbol{x}_{\mathrm{m}}$，则

$$\dot{\boldsymbol{e}} = \boldsymbol{A}_c \boldsymbol{e} + \boldsymbol{b}_c(\boldsymbol{\varphi}_k^T \boldsymbol{\omega} + c_k r) + \mu \boldsymbol{b}_{c1} \eta_1 + \mu \boldsymbol{b}_{c2} \eta_2 \tag{9.38a}$$

$$e_1 = \boldsymbol{h}_c^T \boldsymbol{e} + \mu \eta_1 \tag{9.38b}$$

为了分析式(9.38),现考查正定函数:

$$W = k_1 \boldsymbol{e}^T \boldsymbol{P} \boldsymbol{e} + \frac{m^2}{2} \tag{9.39}$$

式中,$k_1 > 0$ 是供选择的任意常数,$\boldsymbol{P} = \boldsymbol{P}^T > \boldsymbol{0}$,满足方程

$$\boldsymbol{P}\boldsymbol{A}_c + \boldsymbol{A}_c^T \boldsymbol{P} = -\boldsymbol{I} \tag{9.40}$$

将 W 对时间求导并利用式(9.38) 和式(9.12),可得

$$\dot{W} = -k_1 \| \boldsymbol{e} \|^2 + 2k_1 \boldsymbol{e}^2 \boldsymbol{P} \boldsymbol{b}_c \boldsymbol{\varphi}_k^T \boldsymbol{\omega} + 2\mu k_1 \boldsymbol{e}^T \boldsymbol{P}(\boldsymbol{b}_{c1} \eta_1 + \boldsymbol{b}_{c2} \eta_2) - \delta_0 m^2 + \delta_1(|u| + |y| + 1) \tag{9.41}$$

因为 $\boldsymbol{\varphi}_k$ 和 $\boldsymbol{\theta}_k$ 有界,利用式(9.35) ~ 式(9.38) 可以证明:

$$|u| + |y| \leqslant r_7 \| \boldsymbol{e} \| + r_8 + \mu r_9 | \eta_1 | \tag{9.42}$$

式中,r_7,r_8 和 r_9 是与 $\| \boldsymbol{\theta}_k \|$,$| y_m |$ 和 $\| \bar{\boldsymbol{x}}_m \|$ 的界有关的一些正常数。可以证明,$| \eta_1 | /m$ 和 $| \eta_2 | /m$ 是有界的,因而式(9.41) 可以表示为

$$\dot{W} \leqslant -k_1 \| \boldsymbol{e} \|^2 + k_1 r_{10} \| \boldsymbol{e} \| \, | \boldsymbol{\varphi}_k^T \boldsymbol{\omega} | - \delta_0 m^2 + \beta_0 m^2 + \beta_1 \| \boldsymbol{e} \| m + \mu k_1 r_{11} \| \boldsymbol{e} \| m + \mu \delta_1 \bar{r}_9 m^2 \tag{9.43}$$

式中,$r_{10} = 2 \| \boldsymbol{P}\boldsymbol{b}_c \|$,$\beta_0 = \delta_1(1 + r_8)$,$\beta_1 = r_7 \delta_1$,$\bar{r}_9 = r_9 \bar{r}_1$,$r_{11} = 2 \| \boldsymbol{P} \| (\| \boldsymbol{b}_{c1} \| \bar{r}_1 + \| \boldsymbol{b}_{c2} \| \bar{r}_2)$,$\bar{r}_1$ 和 $\bar{r}_2$ 分别是 $| \eta_1 | /m$ 和 $\eta_2 | /m$ 的上界。

由于

$$k_1 r_{10} \frac{\| \boldsymbol{e} \|}{\sqrt{W}} \leqslant \sqrt{k_1} \beta_2 \frac{| \boldsymbol{\varphi}_k^T \boldsymbol{\omega} |}{m} W \tag{9.44}$$

式中,$\beta_2^2 = r_{10}^2 [\lambda \min(p)]^{-1}$,式(9.43) 可以表示为

$$\dot{W} \leqslant -\frac{k_1}{2} \| \boldsymbol{e} \|^2 - \frac{\delta_0}{2} m^2 + \sqrt{k_1} \beta_2 \frac{| \boldsymbol{\varphi}_k^T \boldsymbol{\omega} |}{m} W - \frac{\| \boldsymbol{e} \|^2}{2} [k_1 - \frac{4\beta_1^2}{\delta_0} - \frac{4\mu^2 k_1^2 r_{11}^2}{\delta_0}] - \frac{\delta_0}{8} \left[(m - \frac{4\beta_0}{\delta_0})^2 + (m - \frac{4\beta_1}{\delta_0} \| \boldsymbol{e} \|)^2 - (m - \frac{4\mu k_1 r_{11} \| \boldsymbol{e} \|}{\delta_0})^2 + (1 - \frac{8\mu \delta_1 \bar{r}_9}{\delta_0}) m^2 \right] + \frac{2\beta_0^2}{\delta_0} \tag{9.45}$$

因而

$$\dot{W} \leqslant \sqrt{k_1} \beta_2 \frac{| \boldsymbol{\varphi}_k^T \boldsymbol{\omega} |}{m} W + \frac{2\beta_0^2}{\delta_0} - k_1 \| \boldsymbol{e} \|^2 [1 - \frac{2\beta_1^2}{k_1 \delta_0} - \frac{2k_1 \mu^2 r_{11}^2}{\delta_0}] - \frac{\delta_0}{2} m^2 - \frac{\delta_0}{8} (1 - \frac{8\mu \delta_1 \bar{r}_9}{\delta_0}) m^2 \tag{9.46}$$

选取 $k_1 = 8\beta_1^2 / \delta_0$,$\mu_0 = \min(\frac{\delta_0}{8\beta_1 r_{11}}, \frac{\delta_0}{8\delta_1 \bar{r}_9})$,并且在式(9.46) 的右边加减 βW 项,则对于任意 $\mu \in [0, \mu_0]$,可得

$$\dot{W} \leqslant -\beta W + \sqrt{k_1} \beta_2 \frac{| \boldsymbol{\varphi}_k^T \boldsymbol{\omega} |}{m} W + \frac{2\beta_0^2}{\delta_0} - k_1 \| \boldsymbol{e} \|^2 (\frac{1}{2} - \beta \| \boldsymbol{P} \|) - \frac{m^2}{2} (\delta_0 - \beta) \tag{9.47}$$

若选取 $\beta = \min(\frac{1}{2 \| \boldsymbol{P} \|}, \delta_0)$ 并且令 $\beta_3 = \sqrt{k_1} \beta_2$,$\beta_4 = \frac{2\beta_0^2}{\delta_0}$,则有

$$\dot{W} \leqslant -(\beta - \beta_3 \frac{|\boldsymbol{\varphi}_k^{\mathrm{T}}\boldsymbol{\omega}|}{m})W + \beta_4 \tag{9.48}$$

为了分析式(9.48)的稳定性，先来研究方程：

$$\dot{W}_0 = -(\beta - \beta_3 \frac{|\boldsymbol{\varphi}_k^{\mathrm{T}}\boldsymbol{\omega}|}{m})W_0 + \beta_4 \tag{9.49}$$

式(9.49)的齐次方程部分为

$$\dot{\overline{W}}_0 = -(\beta - \beta_3 \frac{|\boldsymbol{\varphi}_k^{\mathrm{T}}\boldsymbol{\omega}|}{m})\overline{W}_0 \tag{9.50}$$

因而，对于任意 $t \in [t_k, t_{k+1})$，可得

$$\overline{W}_0(t) = \overline{W}_0(t_k)\exp\left[-\int_{t_k}^{t}(\beta - \beta_3 \frac{|\boldsymbol{\varphi}_k^{\mathrm{T}}\boldsymbol{\omega}|}{m})\mathrm{d}\tau\right] \tag{9.51}$$

根据引理 9.1.2，则有

$$\int_{t_k}^{t} \frac{|\boldsymbol{\varphi}_k^{\mathrm{T}}\boldsymbol{\omega}(\tau)|}{m(\tau)})\mathrm{d}\tau \leqslant \frac{r_3}{\varepsilon_0^2} + \left[\mu \frac{r_4}{\varepsilon_0^2} + r_5\varepsilon_0^{\rho}\right](t - t_k) \tag{9.52}$$

将式(9.52)代入式(9.51)可知，若 $\beta > \beta_3(\mu \frac{r_4}{\varepsilon_0^2} + r_5\varepsilon_0^{\rho})$，则平衡点 $\overline{W}_0 = 0$ 指数稳定。若使 ε_0 满足不等式

$$0 < \varepsilon_0 \leqslant \min\left[(\frac{\beta}{4\beta_3 r_5})^{1/\rho}, 1\right] \tag{9.53}$$

并且取 $\mu^* = \min(\frac{\beta}{4r_4\beta_3}\varepsilon_0^2, \mu_0)$，则对于任意 $\mu \in [0, \mu^*]$，则有

$$\overline{W}_0(t) \leqslant \overline{W}_0(t_k)\exp(\frac{\beta_3 r_3}{\varepsilon_0^2})\exp\left[-\frac{\beta}{4}(t - t_k)\right], \quad \forall t \geqslant t_k \tag{9.54}$$

由此可见，$\overline{W}_0(t)$ 是指数稳定的，因而 $W_0(t)$ 是有界的，根据比较定理可知 $W(t)$ 是有界的，这就说明 $m(t)$ 和 $\boldsymbol{e}(t)$ 是有界的。由于 $\varepsilon(t), \boldsymbol{Z}(t)$，$|\eta(t)|/m(t)$，$\|\boldsymbol{\omega}(t)\|/m(t)$，$|u(t)|/m(t)$ 和 $|y(t)|/m(t)$ 有界，则 $m(t)$ 有界意味着自适应闭环系统中的所有信号有界。下面进一步推导残余跟踪误差界。

式(9.8)的最小状态表达式可以写为

$$\dot{\boldsymbol{e}}_0 = \boldsymbol{A}_{\mathrm{m}}\boldsymbol{e}_0 + \boldsymbol{b}_{\mathrm{m}}\boldsymbol{\varphi}_k^{\mathrm{T}}\boldsymbol{\omega} \tag{9.55a}$$

$$e_1 = \boldsymbol{h}_{\mathrm{m}}^{\mathrm{T}}\boldsymbol{e}_0 + \mu\eta \tag{9.55b}$$

式中，$\boldsymbol{e}_0 \in \mathbf{R}^{n^*}$，$\boldsymbol{A}_{\mathrm{m}}$ 是稳定矩阵，$\boldsymbol{h}_{\mathrm{m}}^{\mathrm{T}}(s\boldsymbol{I} - \boldsymbol{A}_{\mathrm{m}})^{-1}\boldsymbol{b}_{\mathrm{m}} = W_{\mathrm{m}}(s)$。由式(9.55)可以导出

$$\begin{aligned} |e_1(t)| \leqslant{}& \beta_5 \|\boldsymbol{e}_0(t)\| \exp[-q_1(t - t_1)] + \\ & \beta_6\int_{t_1}^{t} |\boldsymbol{\varphi}_{k\max}^{\mathrm{T}}\boldsymbol{\omega}(\tau)| \exp[-q_1(t - \tau)]\mathrm{d}\tau + \mu\beta_7 \end{aligned} \tag{9.56}$$

式中，$q_1, \beta_5, \beta_6 \in \mathbf{R}^+$，$\boldsymbol{\varphi}_{k\max} = \max\{\|\boldsymbol{\varphi}_k\|, t_k \in [t_1, t]\}$，$\beta_7 > 0$ 是 $|\eta|$ 的上界，因而

$$\begin{aligned} \frac{1}{T}\int_{t_1}^{t_1+T} |e_1(t)| \mathrm{d}t \leqslant{}& \frac{1}{T}\beta_5 \|\boldsymbol{e}_0(t_1)\| \int_{t_1}^{t_1+T} \exp[-q_1(t - t_1)]\mathrm{d}t + \\ & \frac{1}{T}\beta_6\int_{t_1}^{t_1+T}\left\{\int_{t_1}^{t} |\boldsymbol{\varphi}_{k\max}^{\mathrm{T}}\boldsymbol{\omega}(\tau)| \exp[-q_1(t - \tau)]\mathrm{d}\tau\right\} \mathrm{d}t + \mu\beta_7 \end{aligned} \tag{9.57}$$

由于 $1/m(t)$ 是有界的，从式(9.31)可知

$$\frac{1}{T}\int_{t_1}^{t_1+T} |\boldsymbol{\varphi}_{k\max}^{\mathrm{T}}\boldsymbol{\omega}(\tau)| \mathrm{d}\tau \leqslant \frac{q_2}{T} + \mu q_3 + \bar{\varepsilon}_1 \tag{9.58}$$

式中，q_2，q_3 和 $\bar{\varepsilon}_1$ 是与常数 $r_3 \sim r_5$，ε_0，ρ 以及 $1/m(t)$ 的界有关的正常数，当 ε_0 较小时，$\bar{\varepsilon}_1$ 也较小。

将式(9.58)代入式(9.57)进行积分，并且令 $T \to \infty$，可得

$$\lim_{T\to\infty} \sup_{T>0} \frac{1}{T}\int_{t_1}^{t_1+T} |e_1(t)| \mathrm{d}t \leqslant \mu r_1 + \bar{\varepsilon}, \quad \forall t \geqslant t_{k0}, \quad T > 0 \tag{9.59}$$

式中，$\bar{\varepsilon}$ 和 r_1 是正常数，并且当 ε_0 较小时，$\bar{\varepsilon} = \dfrac{\beta_6}{q_1}\bar{\varepsilon}_1$ 也较小。式(9.59)意味着式(9.32)成立。证明完毕。

由式(9.32)可以看出，如果在选取 ε_0 时使 ε_0 尽可能地小，则可达到小的均值残余跟踪误差。

9.2 σ 校正混合自适应律

上 9.1 节介绍了连续对象具有未建模动态时的混合自适应控制器设计方法，这是常用的一种最基本的方法。以下各节所采用的控制器结构与 9.1 节的完全相同，只是采用了不同的自适应律。混合自适应律的设计是混合自适应控制器设计的关键部分。本节将介绍另一种混合自适应律——σ 校正混合自适应律。这种混合自适应律与 9.1 节中介绍的混合自适应律的不同之处就在于在混合自适应律中引入了 σ 校正，加快了控制参数的自适应调整速度，也更进一步增强了闭环系统的鲁棒稳定性。

为了实现系统的自适应控制，根据式(9.11)可采用下述 σ 校正混合自适应律离散地获得控制参数估值 $\boldsymbol{\theta}_k$，则有

$$\boldsymbol{\theta}_{k+1} = (1-\sigma)\boldsymbol{\theta}_k - \frac{\Gamma a}{T_k}\int_{t_k}^{t_{k+1}} \frac{\varepsilon(\tau)\boldsymbol{Z}(\tau)}{1+\boldsymbol{Z}^{\mathrm{T}}(\tau)\boldsymbol{Z}(\tau)}\mathrm{d}\tau \tag{9.60a}$$

$$\sigma = \begin{cases} 0, & \|\boldsymbol{\theta}_k\| < M_0 \\ \sigma_0\left(\dfrac{\|\boldsymbol{\theta}_k\|}{M_0} - 1\right), & M_0 \leqslant \|\boldsymbol{\theta}_k\| \leqslant 2M_0 \\ \sigma_0, & \|\boldsymbol{\theta}_k\| > 2M_0 \end{cases} \tag{9.60b}$$

$$\Gamma = \begin{cases} 0, & t \in \Omega_1 \\ 1, & t \in \Omega_2 \end{cases} \tag{9.60c}$$

式中，σ_0，M_0 和 a 为正的设计常数，取 $M_0 \geqslant 2\|\boldsymbol{\theta}^*\|$，$\|\cdot\|$ 表示欧几里德范数，$\sigma_0 < \dfrac{1}{4}$，公式中其余所有符号的意义都与 9.1 节完全相同。

对于上述 σ 校正混合自适应律，存在着与 9.1 节相类似的定理，整个闭环自适应系统的稳定性分析，可以归结为下述定理的证明。

定理 9.2.1 存在着常数 $\mu^* > 0$，对于 $\forall \mu \in [0, \mu^*]$ 和任何有界初始条件，由方程式(9.1)～式(9.15)和式(9.60)所构成的混合自适应闭环系统中的所有信号有界，并且系统的跟踪误差 $e_1(t) \overset{\text{def}}{=\!=} y(t) - y_{\mathrm{m}}(t)$ 属于残差集：

$$D_{\mathrm{e}} = \left\{ e_1 : \lim_{T\to\infty} \sup_{T>0} \frac{1}{T}\int_{t_1}^{t_1+T} |e_1(t)| \mathrm{d}t \leqslant \mu r_1 + \bar{\varepsilon}, t_1 \geqslant 0 \right\} \tag{9.61}$$

式中，$r_1 \in \mathbf{R}^+$，$\mathbf{R}^+$ 为有界正实数集，$\bar{\varepsilon}$ 为小的正常数。

证明　式(9.60a) 又可写成

$$\boldsymbol{\varphi}_{k+1}=\boldsymbol{\varphi}_k-\sigma\boldsymbol{\theta}_k-\frac{\Gamma a}{T_k}\int_{t_k}^{t_{k+1}}\frac{\varepsilon(\tau)\boldsymbol{Z}(\tau)}{1+\boldsymbol{Z}^{\mathrm{T}}(\tau)\boldsymbol{Z}(\tau)}\mathrm{d}\tau \tag{9.62}$$

令 $V_k=\boldsymbol{\varphi}_k^{\mathrm{T}}\boldsymbol{\varphi}_k$，则有

$$\begin{aligned}\Delta V_k=&V_{k+1}-V_k=\\&-2\sigma\boldsymbol{\varphi}_k^{\mathrm{T}}\boldsymbol{\theta}_k+\sigma^2(\boldsymbol{\theta}^*+\boldsymbol{\varphi}_k)^{\mathrm{T}}\boldsymbol{\theta}_k-\frac{2\Gamma a}{T_k}\boldsymbol{\varphi}_k^{\mathrm{T}}\int_{t_k}^{t_{k+1}}\frac{\varepsilon(\tau)\boldsymbol{Z}(\tau)}{1+\boldsymbol{Z}^{\mathrm{T}}(\tau)\boldsymbol{Z}(\tau)}\mathrm{d}\tau+\\&\frac{2\Gamma\sigma a}{T_k}(\boldsymbol{\theta}^*+\boldsymbol{\varphi}_k)^{\mathrm{T}}\int_{t_k}^{t_{k+1}}\frac{\varepsilon(\tau)\boldsymbol{Z}(\tau)}{1+\boldsymbol{Z}^{\mathrm{T}}(\tau)\boldsymbol{Z}(\tau)}\mathrm{d}\tau+\\&\frac{\Gamma^2a^2}{T_k^2}\left[\int_{t_k}^{t_{k+1}}\frac{\varepsilon(\tau)\boldsymbol{Z}(\tau)}{1+\boldsymbol{Z}^{\mathrm{T}}(\tau)\boldsymbol{Z}(\tau)}\mathrm{d}\tau\right]^{\mathrm{T}}\left[\int_{t_k}^{t_{k+1}}\frac{\varepsilon(\tau)\boldsymbol{Z}(\tau)}{1+\boldsymbol{Z}^{\mathrm{T}}(\tau)\boldsymbol{Z}(\tau)}\mathrm{d}\tau\right]\end{aligned} \tag{9.63}$$

取 $\sigma\leqslant\frac{1}{4}$，$M_0\geqslant2\|\boldsymbol{\theta}^*\|$，当 $\|\boldsymbol{\theta}_k\|\geqslant M_0$ 时，则有 $\|\boldsymbol{\varphi}_k\|\geqslant\|\boldsymbol{\theta}^*\|$，并且

$$\begin{aligned}\Delta V_k\leqslant&-\frac{3}{2}\sigma\boldsymbol{\varphi}_k^{\mathrm{T}}\boldsymbol{\theta}_k-\frac{\Gamma a}{T_k}\int_{t_k}^{t_{k+1}}\frac{[\boldsymbol{\varphi}_k^{\mathrm{T}}\boldsymbol{Z}(\tau)+\mu\eta(\tau)/m(\tau)]\boldsymbol{Z}(\tau)}{1+\boldsymbol{Z}^{\mathrm{T}}(\tau)\boldsymbol{Z}(\tau)}\mathrm{d}\tau+\\&\frac{\Gamma^2a^2}{T_k^2}\left[\int_{t_k}^{t_{k+1}}\frac{[\boldsymbol{\varphi}_k^{\mathrm{T}}\boldsymbol{Z}(\tau)+\mu\eta(\tau)/m(\tau)]\boldsymbol{Z}(\tau)}{1+\boldsymbol{Z}^{\mathrm{T}}(\tau)\boldsymbol{Z}(\tau)}\mathrm{d}\tau\right]^{\mathrm{T}}\times\\&\left[\int_{t_k}^{t_{k+1}}\frac{[\boldsymbol{\varphi}_k^{\mathrm{T}}\boldsymbol{Z}(\tau)+\mu\eta(\tau)/m(\tau)]\boldsymbol{Z}(\tau)}{1+\boldsymbol{Z}^{\mathrm{T}}(\tau)\boldsymbol{Z}(\tau)}\mathrm{d}\tau\right]\end{aligned} \tag{9.64}$$

令 $\boldsymbol{\varphi}_k^{\mathrm{T}}\boldsymbol{\eta}^*(t)=\eta(t)$，则有

$$\Delta V_k\leqslant-\frac{3}{2}\sigma\boldsymbol{\varphi}_k^{\mathrm{T}}\boldsymbol{\theta}_k-\boldsymbol{\varphi}_k^{\mathrm{T}}[\boldsymbol{I}-\boldsymbol{R}_k]\boldsymbol{R}_k^{\mathrm{T}}\boldsymbol{\varphi}_k \tag{9.65}$$

式中

$$\boldsymbol{R}_k=\frac{\Gamma a}{T_k}\int_{t_k}^{t_{k+1}}\frac{[\boldsymbol{Z}(\tau)+\mu\boldsymbol{\eta}^*(\tau)/m(\tau)]\boldsymbol{Z}^{\mathrm{T}}(\tau)}{1+\boldsymbol{Z}^{\mathrm{T}}(\tau)\boldsymbol{Z}(\tau)}\mathrm{d}\tau$$

由于 $\sigma\boldsymbol{\varphi}_k^{\mathrm{T}}\boldsymbol{\theta}_k\geqslant0$，若选取 $|2\mu\eta(t)|\leqslant v_0\leqslant\mu\rho_0$，$a\leqslant\frac{1}{2}$，则有 $0\leqslant\boldsymbol{R}_k\leqslant\boldsymbol{I}$，因而 $\Delta V_k\leqslant0$，这就意味着 $\boldsymbol{\varphi}_k$ 和 $\boldsymbol{\theta}_k$ 有界，并且当 $\|\boldsymbol{\theta}_k\|\geqslant M_0$ 时，$\|\boldsymbol{\varphi}_k\|$ 逐渐减小。

当 $\|\boldsymbol{\varphi}_k\|$ 减小到使 $\|\boldsymbol{\theta}_k\|<M$ 时，$\sigma=0$，则有

$$\Delta V_k\leqslant-\boldsymbol{\varphi}_k^{\mathrm{T}}\boldsymbol{R}_k^{\mathrm{T}}\boldsymbol{\varphi}_k\leqslant0 \tag{9.66}$$

利用式(9.65) 和式(9.66)，可得

$$\sum_{k=k_0}^{\infty}\boldsymbol{\varphi}_k^{\mathrm{T}}\boldsymbol{R}_k^{\mathrm{T}}\boldsymbol{\varphi}_k\leqslant\sum_{k=k_0}^{k_0+N}\left(\frac{3}{2}\sigma\boldsymbol{\varphi}_k^{\mathrm{T}}\boldsymbol{\theta}_k\right)+V_\infty-V_{k0} \tag{9.67}$$

式中，$k_0>0$，N 为有限正整数。式(9.67) 又可写为

$$\sum_{k=k_0}^{\infty}\boldsymbol{\varphi}_k^{\mathrm{T}}\boldsymbol{R}_k^{\mathrm{T}}\boldsymbol{\varphi}_k<\infty \tag{9.68}$$

这就意味着

$$\lim_{k\to\infty}\frac{1}{T_k}\int_{t_k}^{t_{k+1}}\frac{\boldsymbol{\varphi}_k^{\mathrm{T}}[\boldsymbol{Z}(\tau)+\mu\boldsymbol{\eta}^*(\tau)/m(\tau)]\boldsymbol{Z}^{\mathrm{T}}(\tau)\boldsymbol{\varphi}_k}{1+\boldsymbol{Z}^{\mathrm{T}}(\tau)\boldsymbol{Z}(\tau)}\mathrm{d}\tau=0 \tag{9.69}$$

以及

$$\lim_{k\to\infty}\sup_k\int_{t_k}^{t_{k+1}}\frac{(\boldsymbol{\varphi}_k^{\mathrm{T}}\boldsymbol{\zeta}(\tau))^2}{m^2(\tau)}\mathrm{d}\tau\leqslant\mu g_2(t_{k+1}-t_k) \tag{9.70}$$

式中，$g_2 \in \mathbf{R}^+$。

证明的其余部分与9.1节中的证明相类似，在此不再重述。

由式(9.64)或式(9.65)可以看出，在混合自适应律式(9.60)中也可以不用死区法(见式(9.60c))，即令$v_0=0$。在这种情况下，当$\|\boldsymbol{\varphi}_k\|$较大时，$\Delta V_k<0$，自适应控制律使$\|\boldsymbol{\varphi}_k\|$逐渐减少。当$\|\boldsymbol{\varphi}_k\|$减小到一定度时，$\|\boldsymbol{\varphi}_k\|$又开始增大，而当$\|\boldsymbol{\varphi}_k\|$又增大到一定程度时又开始减小。由于系统存在未建模动态干扰，当$k\to\infty$时，$\|\boldsymbol{\varphi}_k\|$将在一个很小的范围内变动。这就是说，对于任何有界初始条件$\boldsymbol{\theta}_0$，$\boldsymbol{\varphi}_k$和$\boldsymbol{\theta}_k$都是有界的。

对于设计常数σ_0，v_0和a，为了进行数学证明，文中给出了极为保守的选择范围。在实际工程问题中，这些参数的选择是相当灵活的，也是容易选择的。当然，这些设计常数选择得合理与否将关系到系统暂态品质的优劣，对于具体问题可通过数字仿真合理选取这些设计常数。

大量的数字仿真结果表明，本节中的σ校正混合自适应律优于9.1节中的混合自适应控制律，更优于相类似的全连续或全离散自适应控制律。关于这种混合自适应控制律优于相类似的全连续或全离散自适应控制律的理论分析，受篇幅限制，此处不可能作详尽阐述，但其基本原理可简单归纳如下：

(1) 在对象含有高频寄生时，混合自适应控制律与全连续自适应控制律相比，有利于消除系统非线性影响；

(2) 由于σ校正混合自适应控制律在估计参数时采用的是有关信号在小时间区间内的积分平均值，减小了这些信号中的零均值随机干扰的影响，而σ项的引入加快了系统的调整速度；

(3) 混合自适应控制律是在对象仍保持连续本质的情况下导出的，它比离散自适应控制更能够与实际对象紧密耦合。

例 10.2.1 设被控对象为

$$\frac{y(s)}{u(s)}=\frac{1}{s(s-1)}(1-\mu s) \tag{9.71}$$

参考模型为

$$\frac{y_{\mathrm{m}}(s)}{r(s)}=\frac{1}{(s+1)(s+2)} \tag{9.72}$$

所取参数为$F=-1$，$q=1$，$\delta_0=0.7$，$\delta_1=1$，$m(0)=2$，$\mu=0.02$。图9.2所示为$\boldsymbol{\theta}_0^{\mathrm{T}}=[-1\quad 1\quad -2.5]$，$r(t)=10\sin 0.5t+5\sin 0.2t$时的系统跟踪误差曲线。可以验证，$\boldsymbol{\theta}_0^{\mathrm{T}}=[-1\quad 1\quad -2.5]$使闭环系统处于不稳定初始状态，大量的计算结果表明，其他自适应控制都很难将闭环系统由不稳定初始状态调整到渐近稳定状态，但σ校正混合自适应控制律可以做到这一点。这表明在对象具有未建模动态情况下，σ校正混合自适应控制律使闭环系统具有鲁棒稳定性。

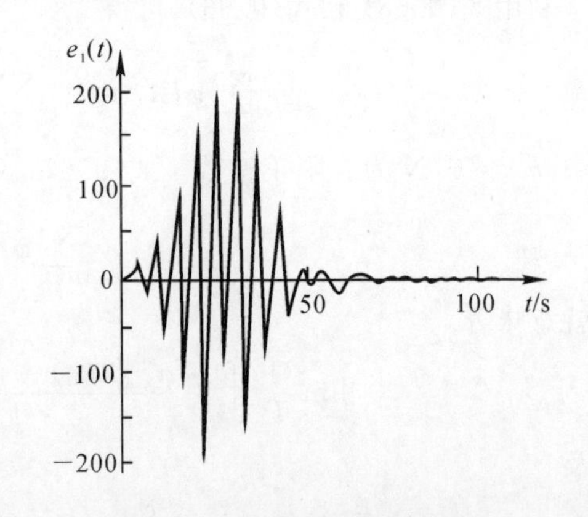

图9.2　系统跟踪误差曲线

9.3　积分式混合自适应律

由式(9.10)，可得

$$\int_{t_k}^{t_{k+1}} \frac{\varepsilon_1(\tau)}{m(\tau)}\mathrm{d}\tau = \boldsymbol{\varphi}_k^{\mathrm{T}}\int_{t_k}^{t_{k+1}} \frac{\boldsymbol{\zeta}(\tau)}{m(\tau)}\mathrm{d}\tau + \mu\int_{t_k}^{t_{k+1}} \frac{\eta(\tau)}{m(\tau)}\mathrm{d}\tau \tag{9.73}$$

式中，所有符号的定义均与 9.1 节相同。

令

$$\varepsilon_k = \int_{t_k}^{t_{k+1}} \frac{\varepsilon(\tau)}{m(\tau)}\mathrm{d}\tau,\quad \boldsymbol{\zeta}_k = \int_{t_k}^{t_{k+1}} \frac{\boldsymbol{\zeta}(\tau)}{m(\tau)}\mathrm{d}\tau,\quad \eta_k = \int_{t_k}^{t_{k+1}} \frac{\eta(\tau)}{m(\tau)}\mathrm{d}\tau$$

则式(9.73) 可以表示为

$$\varepsilon_k = \boldsymbol{\varphi}_k^{\mathrm{T}}\boldsymbol{\zeta}_k + \mu\eta_k \tag{9.74}$$

可以证明，对于任意 $t_k \in (0,\infty)$，ε_k，$\boldsymbol{\zeta}_k$ 和 η_k 是有界的，因而可用下列算法估计控制参数向量。

1. 算法 1(σ 校正法)

$$\boldsymbol{\theta}_{k+1} = (1-\sigma_k)\boldsymbol{\theta}_k - \frac{a\varepsilon_k\boldsymbol{\zeta}_k}{1+\boldsymbol{\zeta}_k^{\mathrm{T}}\boldsymbol{\zeta}_k} \tag{9.75a}$$

$$\sigma_k = \begin{cases} 0, & \|\boldsymbol{\theta}_k\| < M_0 \\ \sigma_0, & \|\boldsymbol{\theta}_k\| \geqslant M_0 \end{cases} \tag{9.75b}$$

式中，σ_0，M_0 和 a 是由设计者选定的正设计常数，并且

$$a + 2\sigma_0 < 1,\qquad M_0 \geqslant 2\|\boldsymbol{\theta}^*\| \tag{9.75c}$$

$\|\cdot\|$ 表示欧几里德范数，$\boldsymbol{\theta}^*$ 为理想控制参数。

2. 算法 2(梯度法加死区)

$$\boldsymbol{\theta}_{k+1} = \boldsymbol{\theta}_k - \frac{a_k\boldsymbol{\zeta}_k\varepsilon_k}{c+\boldsymbol{\zeta}_k^{\mathrm{T}}\boldsymbol{\zeta}_k} \tag{9.76a}$$

$$a_k = \begin{cases} a_0 & |\varepsilon_k| > 2\rho \\ 0, & \text{其他} \end{cases} \tag{9.76b}$$

式中，a_0，c 和 ρ 为正设计常数，$a_0 \leqslant 1$，并且 ρ 满足不等式

$$\sup_k \mu\,|\eta_k| \leqslant \rho \leqslant \mu\,\rho_0,\qquad \rho_0 \in \mathbf{R}^+ \tag{9.76c}$$

3. 算法 3(最小二乘法加死区)

$$\boldsymbol{\theta}_{k+1} = \boldsymbol{\theta}_k - \frac{a_k\boldsymbol{P}_{k-1}\boldsymbol{\zeta}_k\varepsilon_k}{1+a_k\boldsymbol{\zeta}_k^{\mathrm{T}}\boldsymbol{P}_{k-1}\boldsymbol{\zeta}_k} \tag{9.77a}$$

$$\boldsymbol{P}_{k-1} = \boldsymbol{P}_{k-2} - \frac{a_{k-1}\boldsymbol{P}_{k-2}\boldsymbol{\zeta}_{k-1}\boldsymbol{\zeta}_{k-1}^{\mathrm{T}}\boldsymbol{P}_{k-2}}{1+a_{k-1}\boldsymbol{\zeta}_{k-1}^{\mathrm{T}}\boldsymbol{P}_{k-2}\boldsymbol{\zeta}_{k-1}} \tag{9.77b}$$

$$a_k = \begin{cases} a_0, & \dfrac{\varepsilon_k^2}{1+\boldsymbol{\zeta}_k^{\mathrm{T}}\boldsymbol{P}_{k-1}\boldsymbol{\zeta}_k} > \rho^2 \\ 0, & \text{其他} \end{cases} \tag{9.77c}$$

式中，$0 < a_0 \leqslant 1$ 为设计常数，ρ 的定义如式(9.76c) 所示。

4. 算法 4(梯度法加相对死区)

$$\boldsymbol{\theta}_{k+1} = \boldsymbol{\theta}_k - \frac{\tau\,c_1\boldsymbol{\zeta}_k}{c+\boldsymbol{\zeta}_k^{\mathrm{T}}\boldsymbol{\zeta}_k}f(\rho,\varepsilon_k) \tag{9.78a}$$

$$f(\rho,\varepsilon_k)=\begin{cases}\varepsilon_k-\rho, & \varepsilon_k\geqslant\rho\\ 0, & |\varepsilon_k|<\rho\\ \varepsilon_k+\rho, & \varepsilon_k\leqslant-\rho\end{cases} \tag{9.78b}$$

式中，$c>0, 0<c_1<1/\tau, \tau=t_{k+1}-t_k$，$\rho$ 的定义如式(9.76c)所示。

因为 η_k 是有界的并且 μ 值很小，在应用中容易选取常数 ρ。由于系统的残余跟踪误差与参数 ρ 有关，在具体工程应用中应尽可能选取较小的 ρ 值。

5. 算法 5(改进最小二乘法)

$$\tilde{\boldsymbol{\theta}}_{k+1}=\boldsymbol{\theta}_k-\boldsymbol{P}_k\frac{\varepsilon_k\boldsymbol{\zeta}_k}{1+\boldsymbol{\zeta}_k^{\mathrm{T}}\boldsymbol{\zeta}_k} \tag{9.79a}$$

$$\boldsymbol{\theta}_{k+1}=\tilde{\boldsymbol{\theta}}_{k+1}-\boldsymbol{f}_{k+1} \tag{9.79b}$$

$$\tilde{\boldsymbol{P}}_k=\boldsymbol{P}_{k-1}-\frac{\lambda\boldsymbol{P}_{k-1}\boldsymbol{\zeta}_{k-1}\boldsymbol{\zeta}_{k-1}^{\mathrm{T}}\boldsymbol{P}_{k-1}}{\lambda_0(1+\boldsymbol{\zeta}_{k-1}^{\mathrm{T}}\boldsymbol{\zeta}_{k-1})+\lambda\boldsymbol{\zeta}_{k-1}^{\mathrm{T}}\boldsymbol{P}_{k-1}\boldsymbol{\zeta}_{k-1}} \tag{9.79c}$$

$$\boldsymbol{P}_k=(1-\frac{\alpha_0}{\alpha_1})\tilde{\boldsymbol{P}}_k+\boldsymbol{P}_0 \tag{9.79d}$$

式中，$\alpha_0, \alpha_1, \lambda_0$ 和 λ 为正设计常数，$\boldsymbol{P}_0=\boldsymbol{P}_0^{\mathrm{T}}>\boldsymbol{0}$ 为常数矩阵，并且 $0<\alpha_0\leqslant\alpha_1<1$，$\alpha_0\leqslant\|\boldsymbol{P}_0\|\leqslant\alpha_1$，$\boldsymbol{f}_{k+1}$ 为修正项。为了保证自适应律的鲁棒稳定性，修正项 $\boldsymbol{f}_{k+1}$ 需要满足一定条件。选择不同的 $\boldsymbol{f}_{k+1}$ 可以导出不同的自适应律，现给出几个例子以供参考，实际上还可以导出更多的自适应算法(自适应律)。

(1) 收缩法：

$$\boldsymbol{f}_{k+1}=\min\left\{0,(\frac{c}{\|\tilde{\boldsymbol{\theta}}_{k+1}-\boldsymbol{\theta}_0\|}-1)\right\}(\tilde{\boldsymbol{\theta}}_{k+1}-\boldsymbol{\theta}_0) \tag{9.80}$$

式中，c 为常数，选择 c 时须使 $c>\|\boldsymbol{\theta}^*-\boldsymbol{\theta}_0\|$ 和 $c>\alpha_1+\dfrac{\alpha_1}{\alpha_0}$。

(2) 死区法：

$$\boldsymbol{f}_{k+1}=\boldsymbol{P}_k\frac{\boldsymbol{\zeta}_k\sigma_k}{1+\boldsymbol{\zeta}_k^{\mathrm{T}}\boldsymbol{\zeta}_k} \tag{9.81a}$$

$$\sigma_k=\begin{cases}0, & |\varepsilon_k|\geqslant\rho_1(1+\boldsymbol{\zeta}_k^{\mathrm{T}}\boldsymbol{\zeta}_k)^{\frac{1}{2}}\\ -\varepsilon_k, & |\varepsilon_k|<\rho_1(1+\boldsymbol{\zeta}_k^{\mathrm{T}}\boldsymbol{\zeta}_k)^{\frac{1}{2}}\end{cases} \tag{9.81b}$$

式中，$\rho_1>0$ 为设计常数。当 $|\varepsilon_k|<\rho_1(1+\boldsymbol{\zeta}_k^{\mathrm{T}}\boldsymbol{\zeta}_k)^{\frac{1}{2}}$ 时，式(9.79c)和式(9.79d)中的 $\boldsymbol{P}_0$ 与 λ 要相应地修改为 $\boldsymbol{P}_0=\dfrac{\alpha_0}{\alpha_1}\tilde{\boldsymbol{P}}_k, \lambda=0$。

(3) 固定 σ 校正法：

$$\boldsymbol{f}_{k+1}=-(\sigma+\frac{\omega_\sigma}{1+\boldsymbol{\zeta}_k^{\mathrm{T}}\boldsymbol{\zeta}_k})\boldsymbol{P}_k\boldsymbol{\theta}_k \tag{9.82}$$

式中，σ, ω_σ 为正的设计常数，要求 $\omega_\sigma<\dfrac{\delta_1}{4\alpha_1(1-\delta_0)^2}, \sigma\in[0,\sigma^*), 0<\sigma^*<\dfrac{1}{4\alpha_1}, (1+\dfrac{\lambda}{\lambda_0})\times\dfrac{3\alpha_1}{2}\leqslant1$。

(4) 开关 σ 校正法：

$$\boldsymbol{f}_{k+1} = -\sigma_k \boldsymbol{P}_k \boldsymbol{\theta}_k \tag{9.83a}$$

$$\sigma_k = \begin{cases} 0, & \|\boldsymbol{\theta}_k\| < M_0 \\ \sigma_0, & \|\boldsymbol{\theta}_k\| \geqslant M_0 \end{cases} \tag{9.83b}$$

式中，σ_0 和 M_0 为正的设计常数，要求 $M_0 \geqslant 2\|\boldsymbol{\theta}^*\|$ 和 $(1+\frac{\lambda}{\lambda_0})\alpha_1 + (\alpha_1 + \alpha_1^2 \frac{\lambda}{\lambda_0}) \frac{\sigma_0}{2} \leqslant \frac{1}{2}$。

在式(9.79) 中，若选择 $\lambda = 0$ 和 $\alpha_0 = \alpha_1$，则 $\boldsymbol{P}_k$ 为一常数矩阵，由式(9.79) 所表示的改进最小二乘法变为梯度法，与式(9.80) ～ 式(9.83) 相结合，又可构成四种不同的梯度法。利用类似方法，可导出多种自适应算法。

众所周知，基于牛顿法所产生的标准自适应算法有两个缺点：① 由于牛顿法应用了纯积分作用，因而在对象具有未建模动态或有界干扰时，标准自适应算法可能会使参数估计偏差趋于无穷大；② 在标准最小二乘法中的协方差矩阵 $\boldsymbol{P}_k$ 是单调减的，因而有可能在参数误差还很大的时候，$\boldsymbol{P}_k$ 就已经趋于零，而使自适应算法不再起作用。

本节中所介绍的自适应算法都采用了规范化技术，并对标准(或称之为普通) 自适应算法进行了某些修改，例如在算法 5 中，协方差矩阵 $\boldsymbol{P}_k$ 满足关系式

$$0 < \alpha_0 \leqslant \lambda_{\min}(\boldsymbol{P}_k) \leqslant \lambda_{\max} \leqslant \alpha_1 < \infty \tag{9.84}$$

这就消除了上述标准自适应算法的缺点 ②。在对象具有未建模动态或有界干扰时，这种规范化技术的应用以及对标准自适应算法所做的一些修改，对于保证参数估计的收敛和整个自适应系统的稳定性都起着重要作用。

上述公式中所给出的设计常数选择范围是为了进行严格的数学证明所给出的最保守的取值范围。大量的数字仿真结果表明，在实际工程问题中，这些设计常数的选择是相当灵活的，也是很容易选取的。

整个混合自适应闭环系统的稳定性分析可以归结为下述引理和定理的证明。

引理 9.3.1　考虑对象式(9.1)，当采用控制律式(9.4) 和控制参数误差测度序列式(9.74) 时，算法式(9.75) 具有下列性质：

(1) 对于有界初始条件 $\boldsymbol{\theta}_0$ 及任意 $k > 0$，$\boldsymbol{\theta}_k$ 和 $\boldsymbol{\varphi}_k$ 是有界的；

(2) $$\frac{1}{N\tau} \sum_{k=k_0}^{k_0+N-1} (\boldsymbol{\varphi}_k^{\mathrm{T}} \boldsymbol{\zeta}_k)^2 \leqslant \frac{g_0}{N\tau} + \mu^2 g_1 \tag{9.85}$$

式中，$g_0, g_1 \in \mathbf{R}^+$，$\tau$ 为控制参数调整周期，$\boldsymbol{\varphi}_k = \boldsymbol{\theta}_k - \boldsymbol{\theta}^*$。

证明　由式(9.74) 及式(9.75a)，可得

$$\boldsymbol{\varphi}_{k+1} = \boldsymbol{\varphi}_k - a \frac{\boldsymbol{\theta}_k^{\mathrm{T}} \boldsymbol{\zeta}_k \boldsymbol{\zeta}_k}{1 + \boldsymbol{\zeta}_k^{\mathrm{T}} \boldsymbol{\zeta}_k} - \sigma_k \boldsymbol{\theta}_k - \mu\, a \frac{\eta_k \boldsymbol{\zeta}_k}{1 + \boldsymbol{\zeta}_k^{\mathrm{T}} \boldsymbol{\zeta}_k} \tag{9.86}$$

考虑正定函数 $V_k = \boldsymbol{\varphi}_k^{\mathrm{T}} \boldsymbol{\varphi}_k$，可得

$$V_{k+1} - V_k \leqslant -\frac{a}{2} \frac{(\boldsymbol{\varphi}_k^{\mathrm{T}} \boldsymbol{\zeta}_k)^2}{1 + \boldsymbol{\zeta}_k^{\mathrm{T}} \boldsymbol{\zeta}_k} - \frac{1}{4} \sigma_k \boldsymbol{\theta}_k^{\mathrm{T}} \boldsymbol{\varphi}_k + \mu^2 \beta_0 \tag{9.87}$$

式中，$\beta_0 \in \mathbf{R}^+$。

由于对于任意 $k > 0$，$\sigma_k \boldsymbol{\theta}_k^{\mathrm{T}} \boldsymbol{\varphi}_k \geqslant 0$，式(9.87) 意味着当 $V_k \geqslant V_0$，V_0 为一有限正常数时，$V_{k+1} - V_k \leqslant 0$。这就说明对于有界初始条件 $\boldsymbol{\theta}_0$ 和任意 $k > 0$，$\boldsymbol{\varphi}_k$ 和 $\boldsymbol{\theta}_k$ 是有界的。考虑到 $(1 + \boldsymbol{\zeta}_k^{\mathrm{T}} \boldsymbol{\zeta}_k)$ 的有界性，式(9.85) 可直接由式(9.87) 导出。

引理 9.3.2 考虑对象式(9.1)，当采用控制律式(9.4) 和控制参数误差测度序列式(9.74) 时，算法式(9.76) 具有下列性质：

(1) $\|\boldsymbol{\theta}_k-\boldsymbol{\theta}^*\|\leqslant\|\boldsymbol{\theta}_{k-1}-\boldsymbol{\theta}^*\|\leqslant\|\boldsymbol{\theta}_0-\boldsymbol{\theta}^*\|,\quad\forall k\geqslant 1$ (9.88a)

(2) $\lim\limits_{N\to\infty}\sum\limits_{k=k_0}^{k_0+N-1}\dfrac{a_k(\varepsilon_k^2-4\rho^2)}{c+\boldsymbol{\zeta}_k^{\mathrm{T}}\boldsymbol{\zeta}_k}<\infty$ (9.88b)

(3) $\lim\limits_{k\to\infty}\dfrac{a_k(\varepsilon_k^2-4\rho^2)}{c+\boldsymbol{\zeta}_k^{\mathrm{T}}\boldsymbol{\zeta}_k}=0$ (9.88c)

(4) $\lim\limits_{k\to\infty}\sup\limits_{k\geqslant 1}\|\boldsymbol{\theta}_k-\boldsymbol{\theta}_{k-1}\|\leqslant\dfrac{2\rho}{\sqrt{c}}$ (9.88d)

(5) $\lim\limits_{k\to\infty}\sup\limits_{k}|\varepsilon_k|\leqslant 2\rho$ (9.88e)

证明 由式(9.76a) 和式(9.74)，可得

$$\boldsymbol{\varphi}_{k+1}=\boldsymbol{\varphi}_k-\frac{a_k\boldsymbol{\zeta}_k}{c+\boldsymbol{\zeta}_k^{\mathrm{T}}\boldsymbol{\zeta}_k}(\boldsymbol{\varphi}_k^{\mathrm{T}}\boldsymbol{\zeta}_k+\mu\eta_k)\tag{9.89}$$

考虑到 $a_0\leqslant 1$，可得

$$\begin{aligned}\|\boldsymbol{\varphi}_{k+1}\|^2&=\|\boldsymbol{\varphi}_k\|^2-\frac{2a_k(\varepsilon_k-\mu\eta_k)\varepsilon_k}{c+\boldsymbol{\zeta}_k^{\mathrm{T}}\boldsymbol{\zeta}_k}+\frac{a_k^2\boldsymbol{\zeta}_k^{\mathrm{T}}\boldsymbol{\zeta}_k\varepsilon_k^2}{(c+\boldsymbol{\zeta}_k^{\mathrm{T}}\boldsymbol{\zeta}_k)^2}\leqslant\\&\|\boldsymbol{\varphi}_k\|^2+\frac{2a_k\mu\eta_k\varepsilon_k}{c+\boldsymbol{\zeta}_k^{\mathrm{T}}\boldsymbol{\zeta}_k}-\frac{a_k\varepsilon_k^2}{c+\boldsymbol{\zeta}_k^{\mathrm{T}}\boldsymbol{\zeta}_k}\end{aligned}\tag{9.90}$$

利用不等式 $2ab\leqslant La^2+b^2/L$，式中 L 为任意常数，则有

$$\begin{aligned}\|\boldsymbol{\varphi}_{k+1}\|^2&\leqslant\|\boldsymbol{\varphi}_k\|^2+\frac{a_k}{c+\boldsymbol{\zeta}_k^{\mathrm{T}}\boldsymbol{\zeta}_k}\left[\frac{\varepsilon_k^2}{2}+2(\mu\eta_k)^2\right]-\frac{a_k\varepsilon_k^2}{c+\boldsymbol{\zeta}_k^{\mathrm{T}}\boldsymbol{\zeta}_k}\leqslant\\&\|\boldsymbol{\varphi}_k\|^2-\frac{1}{2}\frac{a_k}{c+\boldsymbol{\zeta}_k^{\mathrm{T}}\boldsymbol{\zeta}_k}(\varepsilon_k^2-4\rho^2)\end{aligned}\tag{9.91}$$

由式(9.91) 和式(9.76b) 知，$\{\|\boldsymbol{\varphi}_k\|^2\}$ 为非增序列，因而性质(1) 成立。

由于

$$\|\boldsymbol{\varphi}_{k+1}\|^2-\|\boldsymbol{\varphi}_k\|^2\leqslant-\frac{1}{2}\frac{a_k}{c+\boldsymbol{\zeta}_k^{\mathrm{T}}\boldsymbol{\zeta}_k}(\varepsilon_k^2-4\rho^2)\tag{9.92}$$

对式(9.92) 两边求和，可得

$$\lim_{N\to\infty}\sum_{k=k_0}^{k_0+N-1}\left\{\frac{1}{2}\frac{a_k(\varepsilon_k^2-4\rho^2)}{c+\boldsymbol{\zeta}_k^{\mathrm{T}}\boldsymbol{\zeta}_k}\right\}<\infty\tag{9.93}$$

这就意味着性质(2) 成立。

由于 $\varepsilon_k^2-4\rho^2\geqslant 0$，由性质(2) 可以直接导出性质(3)。

由式(9.76a)，可得

$$\boldsymbol{\theta}_{k+1}-\boldsymbol{\theta}_k=-\frac{a_k\boldsymbol{\zeta}_k\varepsilon_k}{c+\boldsymbol{\zeta}_k^{\mathrm{T}}\boldsymbol{\zeta}_k}\tag{9.94}$$

及

$$\|\boldsymbol{\theta}_{k+1}-\boldsymbol{\theta}_k\|^2=\frac{a_k^2\boldsymbol{\zeta}_k^{\mathrm{T}}\boldsymbol{\zeta}_k\varepsilon_k^2}{(c+\boldsymbol{\zeta}_k^{\mathrm{T}}\boldsymbol{\zeta}_k)^2}\tag{9.95}$$

由于 $a_k\leqslant 1$，由式(9.95)，可得

$$\|\boldsymbol{\theta}_{k+1}-\boldsymbol{\theta}_k\|^2\leqslant\frac{\varepsilon_k^2}{c}\tag{9.96}$$

由性质(3) 可知

$$\lim_{k\to\infty}\sup_{k}(\varepsilon_k^2)\leqslant 4\rho^2 \tag{9.97}$$

因而性质(4) 和(5) 成立。

引理 9.3.3　考虑对象式(9.1)，当采用控制律式(9.4) 和控制参数误差测度序列式(9.74) 时，算法式(9.77) 具有下列性质：

(1) $\|\boldsymbol{\theta}_k-\boldsymbol{\theta}^*\|^2\leqslant\|\boldsymbol{\theta}_{k-1}-\boldsymbol{\theta}^*\|^2\leqslant k_1\|\boldsymbol{\theta}_0-\boldsymbol{\theta}^*\|^2,\quad\forall k\geqslant 1$　(9.98a)

(2) $\lim\limits_{N\to\infty}\sum\limits_{k=k_0}^{k_0+N-1}a_k\left\{\dfrac{\varepsilon_k^2}{1+a_k\boldsymbol{\zeta}_k^{\mathrm{T}}\boldsymbol{P}_{k-1}\boldsymbol{\zeta}_k}-\rho^2\right\}<\infty$　(9.98b)

(3) $\lim\limits_{k\to\infty}\left(\dfrac{\varepsilon_k^2}{1+a_k\boldsymbol{\zeta}_k^{\mathrm{T}}\boldsymbol{P}_{k-1}\boldsymbol{\zeta}_k}-\rho^2\right)=0$　(9.98c)

(4) $\lim\limits_{k\to\infty}\sup\limits_{k}\|\boldsymbol{\theta}_k-\boldsymbol{\theta}_{k-1}\|\leqslant k_2\rho$　(9.98d)

(5) $\lim\limits_{k\to\infty}\sup\limits_{k}|\varepsilon_k|\leqslant k_3\rho$　(9.98e)

式中，$k_1=\dfrac{\lambda_{\max}(\boldsymbol{P}_0^{-1})}{\lambda_{\min}(\boldsymbol{P}_0^{-1})}$，$k_2,k_3\in\mathbf{R}^+$。

证明　由式(9.77a)，可得

$$\boldsymbol{\varphi}_{k+1}=\boldsymbol{\varphi}_k-\frac{a_k\boldsymbol{P}_{k-1}\boldsymbol{\zeta}_k\varepsilon_k}{1+a_k\boldsymbol{\zeta}_k^{\mathrm{T}}\boldsymbol{P}_{k-1}\boldsymbol{\zeta}_k} \tag{9.99}$$

利用矩阵求逆引理，由式(9.77b) 可知

$$\boldsymbol{P}_k^{-1}=\boldsymbol{P}_{k-1}^{-1}+a_k\boldsymbol{\zeta}_k\boldsymbol{\zeta}_k^{\mathrm{T}} \tag{9.100}$$

定义非负定序列为

$$V_k=\boldsymbol{\varphi}_k^{\mathrm{T}}\boldsymbol{P}_{k-1}\boldsymbol{\varphi}_k \tag{9.101}$$

式(9.99) 和式(9.100) 意味着

$$\boldsymbol{\varphi}_{k+1}^{\mathrm{T}}\boldsymbol{P}_k^{-1}=\boldsymbol{\varphi}_k^{\mathrm{T}}\boldsymbol{P}_k^{-1}-\frac{a_k\varepsilon_k\boldsymbol{\zeta}_k^{\mathrm{T}}\boldsymbol{P}_{k-1}\boldsymbol{P}_k^{-1}}{1+a_k\boldsymbol{\zeta}_k^{\mathrm{T}}\boldsymbol{P}_{k-1}\boldsymbol{\zeta}_k} \tag{9.102}$$

以及

$$\begin{aligned}&\boldsymbol{\varphi}_{k+1}^{\mathrm{T}}\boldsymbol{P}_k^{-1}\boldsymbol{\varphi}_{k+1}=\\&\left[\boldsymbol{\varphi}_k^{\mathrm{T}}(\boldsymbol{P}_{k-1}^{-1}+a_k\boldsymbol{\zeta}_k\boldsymbol{\zeta}_k^{\mathrm{T}})-\frac{a_k\varepsilon_k\boldsymbol{\zeta}_k^{\mathrm{T}}\boldsymbol{P}_{k-1}(\boldsymbol{P}_{k-1}^{-1}+a_k\boldsymbol{\zeta}_k\boldsymbol{\zeta}_k^{\mathrm{T}})}{1+a_k\boldsymbol{\zeta}_k^{\mathrm{T}}\boldsymbol{P}_{k-1}\boldsymbol{\zeta}_k}\right]\left[\boldsymbol{\varphi}_k-\frac{a_k\boldsymbol{P}_{k-1}\boldsymbol{\zeta}_k\varepsilon_k}{1+a_k\boldsymbol{\zeta}_k^{\mathrm{T}}\boldsymbol{P}_{k-1}\boldsymbol{\zeta}_k}\right]=\\&\boldsymbol{\varphi}_k^{\mathrm{T}}\boldsymbol{P}_{k-1}^{-1}\boldsymbol{\varphi}_k+a_k\boldsymbol{\varphi}_k^{\mathrm{T}}\boldsymbol{\zeta}_k\boldsymbol{\zeta}_k^{\mathrm{T}}\boldsymbol{\varphi}_k-2a_k\varepsilon_k\boldsymbol{\varphi}_k^{\mathrm{T}}\boldsymbol{\zeta}_k+\frac{a_k^2\varepsilon_k^2\boldsymbol{\zeta}_k^{\mathrm{T}}\boldsymbol{P}_{k-1}\boldsymbol{\zeta}_k}{1+a_k\boldsymbol{\zeta}_k^{\mathrm{T}}\boldsymbol{P}_{k-1}\boldsymbol{\zeta}_k}\end{aligned} \tag{9.103}$$

由式(9.74)，可得

$$\boldsymbol{\varphi}_k^{\mathrm{T}}\boldsymbol{\zeta}_k=\varepsilon_k-\mu\eta_k \tag{9.104}$$

则式(9.103) 又可表示为

$$\begin{aligned}V_{k+1}-V_k&\leqslant a_k(\varepsilon_k-\mu\eta_k)^2-2a_k\varepsilon_k(\varepsilon_k-\mu\eta_k)+\frac{a_k^2\varepsilon_k^2\boldsymbol{\zeta}_k^{\mathrm{T}}\boldsymbol{P}_{k-1}\boldsymbol{\zeta}_k}{1+a_k\boldsymbol{\zeta}_k^{\mathrm{T}}\boldsymbol{P}_{k-1}\boldsymbol{\zeta}_k}\leqslant\\&a_k\rho^2-\frac{a_k\varepsilon_k^2}{1+a_k\boldsymbol{\zeta}_k^{\mathrm{T}}\boldsymbol{P}_{k-1}\boldsymbol{\zeta}_k}\leqslant-a_k\left(\frac{\varepsilon_k^2}{1+a_k\boldsymbol{\zeta}_k^{\mathrm{T}}\boldsymbol{P}_{k-1}\boldsymbol{\zeta}_k}-\rho^2\right)\end{aligned} \tag{9.105}$$

因为 $a_k\leqslant 1$，$\dfrac{\varepsilon_k^2}{1+a_k\boldsymbol{\zeta}_k^{\mathrm{T}}\boldsymbol{P}_{k-1}\boldsymbol{\zeta}_k}\geqslant\dfrac{\varepsilon_k^2}{1+\boldsymbol{\zeta}_k^{\mathrm{T}}\boldsymbol{P}_{k-1}\boldsymbol{\zeta}_k}$，根据式(9.77c) 可知，$V_{k+1}-V_k\leqslant 0$，因而

$$\|\boldsymbol{\theta}_k-\boldsymbol{\theta}^*\|\leqslant\|\boldsymbol{\theta}_{k-1}-\boldsymbol{\theta}^*\| \tag{9.106}$$

并且

$$\boldsymbol{\varphi}_{k+1}^{\mathrm{T}}\boldsymbol{P}_k^{-1}\boldsymbol{\varphi}_{k+1} \leqslant \boldsymbol{\varphi}_0^{\mathrm{T}}\boldsymbol{P}_0^{-1}\boldsymbol{\varphi}_0 \tag{9.107}$$

由式(9.100)可知

$$\lambda_{\min}(\boldsymbol{P}_k^{-1}) \geqslant \lambda_{\min}(\boldsymbol{P}_{k-1}^{-1}) \geqslant \lambda_{\min}(\boldsymbol{P}_0^{-1}) \tag{9.108}$$

这就意味着

$$\lambda_{\min}(\boldsymbol{P}_0^{-1})\|\boldsymbol{\varphi}_k\|^2 \leqslant \lambda_{\min}(\boldsymbol{P}_{k-1}^{-1})\|\boldsymbol{\varphi}_k\|^2 \leqslant \boldsymbol{\varphi}_k^{\mathrm{T}}\boldsymbol{P}_{k-1}^{-1}\boldsymbol{\varphi}_k \leqslant \boldsymbol{\varphi}_k^{\mathrm{T}}\boldsymbol{P}_0^{-1}\boldsymbol{\varphi}_k \leqslant \lambda_{\max}(\boldsymbol{P}_0^{-1})\|\boldsymbol{\varphi}_0\|^2 \tag{9.109}$$

这就确定了性质(1)。

对式(9.105),由 k_0 到 k_0+N-1 求和,可得性质(2)。由于 $a_k \leqslant 1$, $\dfrac{\varepsilon_k^2}{1+a_k\boldsymbol{\zeta}_k^{\mathrm{T}}\boldsymbol{P}_{k-1}\boldsymbol{\zeta}_k}-\rho^2 \geqslant 0$,由性质(2)可直接得出性质(3)。考虑到 $a_k\boldsymbol{\zeta}_k^{\mathrm{T}}\boldsymbol{P}_{k-1}\boldsymbol{\zeta}_k$ 的有界性,则性质(5)是性质(3)的直接结果。

由式(9.77)可知

$$\boldsymbol{\theta}_{k+1}-\boldsymbol{\theta}_k = -\frac{a_k\boldsymbol{P}_{k-1}\boldsymbol{\zeta}_k\varepsilon_k}{1+a_k\boldsymbol{\zeta}_k^{\mathrm{T}}\boldsymbol{P}_{k-1}\boldsymbol{\zeta}_k} \tag{9.110}$$

及

$$\|\boldsymbol{\theta}_{k+1}-\boldsymbol{\theta}_k\|^2 \leqslant \frac{a_k^2\|\boldsymbol{P}_{k-1}\|\boldsymbol{\zeta}_k^{\mathrm{T}}\boldsymbol{P}_{k-1}\boldsymbol{\zeta}_k\varepsilon_k^2}{(1+a_k\boldsymbol{\zeta}_k^{\mathrm{T}}\boldsymbol{P}_{k-1}\boldsymbol{\zeta}_k)^2} \leqslant \frac{\|\boldsymbol{P}_{k-1}\|\varepsilon_k^2}{1+a_k\boldsymbol{\zeta}_k^{\mathrm{T}}\boldsymbol{P}_{k-1}\boldsymbol{\zeta}_k} \tag{9.111}$$

由性质(3)知

$$\lim_{k\to\infty}\frac{\varepsilon_k^2}{1+a_k\boldsymbol{\zeta}_k^{\mathrm{T}}\boldsymbol{P}_{k-1}\boldsymbol{\zeta}_k} \leqslant \rho^2 \tag{9.112}$$

利用式(9.111)和式(9.112)及 $\|\boldsymbol{P}_{k-1}\|$ 的有界性,可导出性质(4)。

引理 9.3.4 考虑对象式(9.1),若采用控制律式(9.4)和控制参数误差测度序列式(9.74),算法式(9.78)具有下列性质:

(1) 对于所有 $k \geqslant 1$, $\|\boldsymbol{\theta}_k-\boldsymbol{\theta}^*\| \leqslant \|\boldsymbol{\theta}_{k-1}-\boldsymbol{\theta}^*\|$ (9.113a)

(2) $\lim\limits_{k\to\infty}\|\boldsymbol{\theta}_k-\boldsymbol{\theta}_{k-1}\|=0$ (9.113b)

(3) $\lim\limits_{k\to\infty}\dfrac{f^2(\rho,\varepsilon_k)}{c+\boldsymbol{\zeta}_k^{\mathrm{T}}\boldsymbol{\zeta}_k}=0$ (9.113c)

证明 由式(9.78a),可得

$$\boldsymbol{\varphi}_{k+1} = \boldsymbol{\varphi}_k - \frac{\tau c_1\boldsymbol{\zeta}_k f(\rho,\varepsilon_k)}{c+\boldsymbol{\zeta}_k^{\mathrm{T}}\boldsymbol{\zeta}_k} \tag{9.114}$$

因而

$$\|\boldsymbol{\varphi}_{k+1}\|^2-\|\boldsymbol{\varphi}_k\|^2 = \tau c_1\left\{-\frac{2\boldsymbol{\varphi}_k^{\mathrm{T}}\boldsymbol{\zeta}_k f(\rho,\varepsilon_k)}{c+\boldsymbol{\zeta}_k^{\mathrm{T}}\boldsymbol{\zeta}_k}+\frac{\tau c_1\boldsymbol{\zeta}_k^{\mathrm{T}}\boldsymbol{\zeta}_k}{(c+\boldsymbol{\zeta}_k^{\mathrm{T}}\boldsymbol{\zeta}_k)^2}f^2(\rho,\varepsilon_k)\right\} \tag{9.115}$$

利用式(9.78b)可知

$$f(\rho,\varepsilon_k)\boldsymbol{\varphi}_k^{\mathrm{T}}\boldsymbol{\zeta}_k = f(\rho,\varepsilon_k)(\varepsilon-\mu\eta_k) \geqslant f^2(\rho,\varepsilon_k) \tag{9.116}$$

及

$$-\boldsymbol{\varphi}_k^{\mathrm{T}}\boldsymbol{\zeta}_k f(\rho,\varepsilon_k) \leqslant -f^2(\rho,\varepsilon_k) \tag{9.117}$$

因而

$$\|\boldsymbol{\varphi}_{k+1}\|^2-\|\boldsymbol{\varphi}_k\|^2 \leqslant \tau c_1\left(-2+\frac{\tau c_1\boldsymbol{\zeta}_k^{\mathrm{T}}\boldsymbol{\zeta}_k}{c+\boldsymbol{\zeta}_k^{\mathrm{T}}\boldsymbol{\zeta}_k}\right)\frac{f^2(\rho,\varepsilon_k)}{c+\boldsymbol{\zeta}_k^{\mathrm{T}}\boldsymbol{\zeta}_k} \tag{9.118}$$

考虑 $0 < c_1 < \dfrac{1}{\tau}$，$0 < \tau c_1 < 1$ 以及 $-2 + \dfrac{\tau c_1 \boldsymbol{\zeta}_k^{\mathrm{T}} \boldsymbol{\zeta}_k}{c + \boldsymbol{\zeta}_k^{\mathrm{T}} \boldsymbol{\zeta}_k} < 0$，则由式(9.118)，可得

$$\| \boldsymbol{\varphi}_{k+1} \| \leqslant \| \boldsymbol{\varphi}_k \| \tag{9.119}$$

这就意味着性质(1) 成立。因而对于任意 $k \geqslant 1$，$\boldsymbol{\varphi}_k$ 和 $\boldsymbol{\theta}_k$ 是有界的，并且由式(9.118)，可得

$$\lim_{N \to \infty} \sum_{k=k_0}^{k_0+N-1} \frac{f^2(\rho, \varepsilon_k)}{c + \boldsymbol{\zeta}_k^{\mathrm{T}} \boldsymbol{\zeta}_k} < \infty \tag{9.120}$$

由式(9.120) 可知，性质(3) 成立，并且

$$\lim_{N \to \infty} \sum_{k=k_0}^{k_0+N-1} \frac{\boldsymbol{\zeta}_k^{\mathrm{T}} \boldsymbol{\zeta}_k f^2(\rho, \varepsilon_k)}{(c + \boldsymbol{\zeta}_k^{\mathrm{T}} \boldsymbol{\zeta}_k)^2} < \infty \tag{9.121}$$

$$\lim_{k \to \infty} \frac{\boldsymbol{\zeta}_k^{\mathrm{T}} \boldsymbol{\zeta}_k f^2(\rho, \varepsilon_k)}{(c + \boldsymbol{\zeta}_k^{\mathrm{T}} \boldsymbol{\zeta}_k)^2} = 0 \tag{9.122}$$

由式(9.114)，可得

$$\| \boldsymbol{\varphi}_{k+1} - \boldsymbol{\varphi}_k \|^2 = \frac{(\tau c_1)^2 \boldsymbol{\zeta}_k^{\mathrm{T}} \boldsymbol{\zeta}_k f^2(\rho, \varepsilon_k)}{(c + \boldsymbol{\zeta}_k^{\mathrm{T}} \boldsymbol{\zeta}_k)^2} \leqslant \frac{\boldsymbol{\zeta}_k^{\mathrm{T}} \boldsymbol{\zeta}_k f^2(\rho, \varepsilon_k)}{(c + \boldsymbol{\zeta}_k^{\mathrm{T}} \boldsymbol{\zeta}_k)^2} \tag{9.123}$$

由于 $\boldsymbol{\theta}_{k+1} - \boldsymbol{\theta}_k = \boldsymbol{\varphi}_{k+1} - \boldsymbol{\varphi}_k$，性质(2) 可由式(9.122) 和式(9.123) 导出。

算法 5 具有与算法 1 相类似的性质，由于证明过程冗长复杂，此处略去其证明。

引理 9.3.5　考虑对象式(9.1) 及 9.1 节中的混合自适应控制系统结构，若采用算法 1 ～ 算法 5，则对于任意 $T > 0$，存在着非负常数 g_2，g_3 和 g_4，使得

$$\frac{1}{T} \int_{t_{k0}}^{t_{k0}+T} \frac{| \boldsymbol{\varphi}_k^{\mathrm{T}} \boldsymbol{\omega}(\tau) |}{m(\tau)} \mathrm{d}\tau \leqslant \frac{g_2}{T} + \mu g_3 + \mu^2 g_4 \tag{9.124}$$

式中

$$\boldsymbol{\omega}^{\mathrm{T}}(t) = [\boldsymbol{\omega}_1^{\mathrm{T}}(t) \quad \boldsymbol{\omega}_2^{\mathrm{T}}(t) \quad y(t)] \tag{9.125}$$

证明　由于 $\| \boldsymbol{\zeta}_k \|$，$\| \boldsymbol{\omega}(t) \| / m(t)$，$\| \boldsymbol{\theta}_k \|$ 和 $\| \boldsymbol{\varphi}_k \|$ 是有界的，对于算法 1，若适当选取 $[t_{k0}, t_{k0} + T)$ 使在区间 $[t_{k0}, t_{k0} + T)$ 内绝大多数 $\boldsymbol{\zeta}_k$ 不为零，则由式(9.85) 可直接导出式(9.124)。对于算法 2 和算法 3，关系式(9.124) 可分别由式(9.88e) 和式(9.98e) 直接导出。下面来讨论算法 4。

根据 $f(\rho, \varepsilon_k)$ 的定义，可得

$$f^2(\beta, \varepsilon_k) = \begin{cases} \varepsilon_k^2 \pm 2\varepsilon_k \rho + \rho^2, & | \varepsilon_k | > 0 \\ 0, & | \varepsilon_k | \leqslant \rho \end{cases} \tag{9.126}$$

由于 $\| \boldsymbol{\zeta}_k \|$ 和 $| \varepsilon(k) |$ 是有界，由式(9.113a) 可知

$$\lim_{k \to \infty} f^2(\rho, \varepsilon_k) = 0 \tag{9.127}$$

因而

$$\lim_{k \to \infty} \sup_k \varepsilon_k^2 \leqslant k_4 \rho + \rho^2, \quad k_4 \in \mathbf{R}^+ \tag{9.128}$$

故存在一时刻 $k_e \geqslant k_0$，使得对于所有 $k \geqslant k_e$，则有

$$\varepsilon_k^2 \leqslant k_5 \rho + k_6 \rho^2 \tag{9.129}$$

式中，$k_5, k_6 \in \mathbf{R}^+$。

利用式(9.74)、式(9.78) 和式(9.76c) 及 $\| \boldsymbol{\zeta}_k \|$ 的有界性，由式(9.129)，可得

$$\frac{1}{N} \sum_{k=k_e}^{k_e+N-1} (\boldsymbol{\varphi}_k^{\mathrm{T}} \boldsymbol{\zeta}_k)^2 \leqslant \mu k_7 + \mu^2 k_8 \tag{9.130}$$

以及

$$\frac{1}{N}\sum_{k=k_e}^{k_e+N-1}\|\boldsymbol{\varphi}_k\|^2 \leqslant \mu k_9 + \mu^2 k_{10} \tag{9.131}$$

式中，$k_7 \sim k_{10} \in \mathbf{R}^+$。

令 $T = N\tau$，注意到 $\|\boldsymbol{\varphi}_k\|$ 和 $\|\boldsymbol{\omega}(t)\|/m(t)$ 的有界性，则有

$$\begin{aligned}\frac{1}{T}\int_{t_{k0}}^{t_{k0}+T}\frac{|\boldsymbol{\varphi}_k^{\mathrm{T}}\boldsymbol{\omega}(\tau)|}{m(\tau)}\mathrm{d}\tau = \frac{1}{T}\int_{t_{k0}}^{t_{ke}}\frac{|\boldsymbol{\varphi}_k^{\mathrm{T}}\boldsymbol{\omega}(\tau)|}{m(\tau)}\mathrm{d}\tau + \frac{1}{T}\int_{t_{ke}}^{t_{ke}+T}\frac{|\boldsymbol{\varphi}_k^{\mathrm{T}}\boldsymbol{\omega}(\tau)|}{m(\tau)}\mathrm{d}\tau \leqslant \\ \frac{1}{T}k_{11} + \frac{1}{T}\sum_{k=k_e}^{k_e+N-1}\|\boldsymbol{\varphi}_k\|\int_{t_k}^{t_{k+1}}\frac{\|\boldsymbol{\omega}(\tau)\|}{m(\tau)}\mathrm{d}\tau \leqslant \\ \frac{k_{11}}{T} + \frac{1}{N}k_{12}\sum_{k=k_e}^{k_e+N-1}\|\boldsymbol{\varphi}_k\|\end{aligned} \tag{9.132}$$

式中，$k_{11}, k_{12} \in \mathbf{R}^+$。

将式(9.132)与式(9.131)相结合，并且令 $g_2 = k_{11}, g_3 = k_9 k_{12}, g_4 = k_{10}k_{12}$，则可导出式(9.124)。证明完毕。

在导出关系式(9.124)之后，稳定性分析的其余部分便可归结为与9.1节中的定理极为相似的下述定理的证明。

定理 8.3.1　存在 $\mu^* > 0$，对于任意的 $\mu \in [0, \mu^*]$ 和任何有界初始条件，由式(9.1)、式(9.3)、式(9.4)、式(9.73)和式(9.74)及算法1～算法5所构成的闭环自适应系统中的所有信号有界，并且系统的跟踪误差属于残差集，即

$$D_{\mathrm{e}} = \left\{e_1 : \lim_{T\to\infty}\sup_{T>0}\frac{1}{T}\int_{t_1}^{t_1+T}|e_1(t)|\,\mathrm{d}t \leqslant \mu r_1 + \mu^2 r_2\right\} \tag{9.133}$$

式中，$r_1, r_2 \in \mathbf{R}^+$，对于算法2～算法4，$r_1$ 和 r_2 与所选择的参数 ρ 有关。

该定理可以采用与定理9.1.1完全相同的方法进行证明，在此不再重述。需要指出的是，在定理9.1.1的证明中，一开始我们应用了跟踪误差方程式(9.8)的非最小状态表达式(9.38)，如果一开始就应用跟踪误差方程式(9.8)的最小状态表达式，也可以取得同样的结果。现将此证明过程作一简述。

式(9.8)的最小状态表达式可以写为

$$\dot{\boldsymbol{e}} = \boldsymbol{A}_{\mathrm{m}}\boldsymbol{e} + \boldsymbol{b}_{\mathrm{m}}\boldsymbol{\varphi}_k^{\mathrm{T}}\boldsymbol{\omega} \tag{9.134a}$$

$$e_1 = \boldsymbol{h}_{\mathrm{m}}^{\mathrm{T}}\boldsymbol{e} + \mu\eta \tag{9.134b}$$

式中，$\boldsymbol{A}_{\mathrm{m}}$ 是一稳定阵，并且 $\boldsymbol{h}_{\mathrm{m}}^{\mathrm{T}}(s\boldsymbol{I} - \boldsymbol{A}_{\mathrm{m}})^{-1}\boldsymbol{b}_{\mathrm{m}} = W_{\mathrm{m}}(s)$。

定义正定函数为

$$W = k_1\boldsymbol{e}^{\mathrm{T}}\boldsymbol{P}\boldsymbol{e} + \frac{1}{2}m^2 \tag{9.135}$$

则可求出

$$\dot{W} \leqslant -k_1\|\boldsymbol{e}\|^2 + 2k_1\boldsymbol{e}^{\mathrm{T}}\boldsymbol{P}\boldsymbol{b}_{\mathrm{m}}\boldsymbol{\varphi}_k^{\mathrm{T}}\boldsymbol{\omega} - \delta_0 m^2 + \delta_1 m(|u| + |y| + 1) \tag{9.136}$$

因为 $|y_{\mathrm{m}}(t)|$ 是有界的，由式(9.134)，可得

$$|y| \leqslant c_3\|\boldsymbol{e}\| + c_4 + \mu|\eta| \tag{9.137}$$

式中，$c_3, c_4 \in \mathbf{R}^+$。

由于 $|y|/m$ 和 $|u|/m$ 有界，因而对于任意 $c \in \mathbf{R}^+$，$|u|/(c + |y|)$ 有界，并且

$$|u|+|y|+1 \leqslant r_3 \|\boldsymbol{e}\| + r_4 + \mu r_5 |\eta| \tag{9.138}$$

式中，$r_3, r_4, r_5 \in \mathbf{R}^+$。

将式(9.138) 代入式(9.136)，可得

$$\dot{W} \leqslant -k_1 \|\boldsymbol{e}\|^2 + k_1 r_6 \|\boldsymbol{e}\| \, |\boldsymbol{\varphi}_k^{\mathrm{T}} \boldsymbol{\omega}| - \delta_2 m^2 + \beta_0 m + \beta_1 \|\boldsymbol{e}\| m + \mu \beta_2 m^2 \tag{9.139}$$

式中，$r_6 = 2\|\boldsymbol{Pb}_{\mathrm{m}}\|$，$\beta_0 = \delta_1 r_4$，$\beta_1 = \delta_1 r_3$，$\beta_2 = r_5 \delta_1 |\eta| / m$。

接下去采用与定理 9.1.1 证明过程完全相同的方法进行配方、化简、解微分方程等，便可导出定理中的式(9.134)。

9.4　基于 Narendra 方案的混合自适应修正方案

由于受 8.1 节中 Narendra 方案的启发，我们还可以采用与 9.3 节所述方案不同的另一种方案。

将式(9.10) 等号两边先乘以 $\varepsilon_1(t)$，再除以 $m^2(t)$，然后在区间$[t_k, t_{k+1})$ 上积分，则有

$$\int_{t_k}^{t_{k+1}} \frac{\varepsilon_1^2(t)}{m^2(t)} \mathrm{d}t = \boldsymbol{\varphi}_k^{\mathrm{T}} \int_{t_k}^{t_{k+1}} \frac{\varepsilon_1(t)\boldsymbol{\zeta}(t)}{m^2(t)} \mathrm{d}t + \mu \int_{t_k}^{t_{k+1}} \frac{\varepsilon_1(t)\eta(t)}{m^2(t)} \mathrm{d}t \tag{9.140}$$

令

$$\varepsilon_k = \int_{t_k}^{t_{k+1}} \frac{\varepsilon_1^2(t)}{m^2(t)} \mathrm{d}t, \quad \boldsymbol{\zeta}_k = \int_{t_k}^{t_{k+1}} \frac{\varepsilon_1(t)\boldsymbol{\zeta}(t)}{m^2(t)} \mathrm{d}t, \quad \eta_k = \int_{t_k}^{t_{k+1}} \frac{\varepsilon_1(t)\eta(t)}{m^2(t)} \mathrm{d}t \tag{9.141}$$

则方程式(9.140) 可写为

$$\varepsilon_k = \boldsymbol{\varphi}_k^{\mathrm{T}} \boldsymbol{\zeta}_k + \mu \eta_k \tag{9.142}$$

根据方程式(9.142) 便可采用 9.3 节中的算法 1 ～ 算法 5 中的任何一种算法去离散地估计控制参数。

但是，在对关系式(9.142) 及算法 1 ～ 算法 5 作进一步分析时可以看到，上述方案中所采用的控制参数误差测度序列$\{\varepsilon_k \boldsymbol{\zeta}_k\}$ 实际上相当于 $\varepsilon_1(t)$ 的三次方序列。当 $|\varepsilon_1(t)|$ 大于 1 时，这种方案对控制参数误差相当敏感，参数估计的收敛速度较快。但是，当 $|\varepsilon_1(t)|$ 小于或等于 1 时，这种方案对控制参数误差的灵敏度变得极差，参数估计的收敛速度变得极其缓慢，甚至无法接近理想控制参数。这种方案的这一缺点在进行数字仿真时显得十分突出。为了利用这一方案的优点并弥补其不足，可以将本节中由式(9.140) ～ 式(9.142) 所表示的误差模型与 9.3 节中由式(9.73) 和式(9.74) 所表示的误差模型交替使用，构成一种变换误差模型方案，即

$$\varepsilon_k = \boldsymbol{\varphi}_k^{\mathrm{T}} \boldsymbol{\zeta}_k + \mu \eta_k \tag{9.143}$$

当 $|\varepsilon_1(t)| > b$ 时，取

$$\varepsilon_k = \int_{t_k}^{t_{k+1}} \frac{\varepsilon_1^2(t)}{m^2(t)} \mathrm{d}t, \quad \boldsymbol{\zeta}_k = \int_{t_k}^{t_{k+1}} \frac{\varepsilon_1(t)\boldsymbol{\zeta}(t)}{m^2(t)} \mathrm{d}t, \quad \eta_k = \int_{t_k}^{t_{k+1}} \frac{\varepsilon_1(t)\eta(t)}{m^2(t)} \mathrm{d}t \tag{9.144}$$

当 $|\varepsilon_1(t)| \leqslant b$ 时，取

$$\varepsilon_k = \int_{t_k}^{t_{k+1}} \frac{\varepsilon_1(t)}{m(t)} \mathrm{d}t, \quad \boldsymbol{\zeta}_k = \int_{t_k}^{t_{k+1}} \frac{\boldsymbol{\zeta}(t)}{m(t)} \mathrm{d}t, \quad \eta_k = \int_{t_k}^{t_{k+1}} \frac{\eta(t)}{m(t)} \mathrm{d}t \tag{9.145}$$

式中，b 为由设计者选择的常数。当采用自适应算法

$$\boldsymbol{\theta}_{k+1} = \boldsymbol{\theta}_k - \frac{\varepsilon_k \boldsymbol{\zeta}_k}{1 + \boldsymbol{\zeta}_k^{\mathrm{T}} \boldsymbol{\zeta}_k} \tag{9.146}$$

及其相类似的自适应算法时，b 可取 1.1 ～ 1.3，但收敛速度较慢。为了改善自适应算法的收敛速度，可增加设计参数 a_k，构成自适应算法，即

$$\boldsymbol{\theta}_{k+1} = \boldsymbol{\theta}_k - \frac{a_k \varepsilon_k \boldsymbol{\zeta}_k}{1 + \boldsymbol{\zeta}_k^{\mathrm{T}} \boldsymbol{\zeta}_k} \tag{9.147}$$

式中，设计参数 a_k 可以选为常数，也可根据需要选为变量。在具体应用时，b 的取值应与 a_k 的取值综合进行考虑，建议用数字仿真的方法来选取 a_k 和 b 的最佳值。

利用由式(9.143) ～ 式(9.145) 所表示的变换误差模型方案，也可以采用 9.3 节的算法 1 ～ 算法 5 中任何一种算法去估计控制参数，但无论采用何种算法都会遇到类似问题，需要对 b 和 a_k 的选取进行综合考虑。

大量的数字仿真结果表明，当系统跟踪误差较大时，参数的调整速度很快，而在系统跟踪误差调整到较小值之后，这种变换误差模型方案仍在进行自适应调整。由于采用了积分器，系统的跟踪误差可以逐渐调整到零。

上述变换误差模型方案显然是利用了混合自适应控制系统的控制参数误差向量 $\boldsymbol{\varphi}_k$ 在区间$[t_k, t_{k+1})$ 上为常数向量这一特点，并结合开关原理所构成的。仿照此方案，再利用线性系统的叠加原理可以构造出多种误差模型方案，这也是混合自适应控制系统的优点之一，而对于全连续或全离散系统来说，则无法做到这一点。

例 9.4.1 设对象的传递函数为

$$\frac{y(s)}{u(s)} = \frac{1}{s(s-1)}(1-\mu s) \tag{9.148}$$

式中，$0 < \mu < 1$，对象已建模部分的传递函数

$$G_0(s) = \frac{1}{s(s-1)} \tag{9.149}$$

为具有不稳定极点的非最小相位系统，对象的未建模部分用 $-\dfrac{1}{s(s-1)}\mu s$ 表示。所选取的参考模型为

$$\frac{y_{\mathrm{m}}(s)}{r(s)} = \frac{1}{(s+1)(s+2)} \tag{9.150}$$

选用的规范信号 $m(t)$ 满足微分方程，即

$$\dot{m}(t) = -0.7m(t) + |u(t)| + |y(t)| + 1, \quad m(0) = 2 \tag{9.151}$$

为了便于方案间的相互比较，计算时都采用了自适应算法式(9.147)。

为了便于叙述，我们将 8.1 节中的方案称为 Narendra 方案，将本节中由式(9.140) ～ 式(9.142) 所表示的方案称为修正方案，式(9.143) ～ 式(9.145) 所表示的方案称为变换误差模型方案。计算时主要是对这三种方案进行了比较。

计算结果表明，当闭环系统中不含高频信号时，尽管对象具有建模误差，但只要这种建模误差在低频段的影响较小，则 Narendra 方案仍具有良好的跟踪性能。

当外参考输入信号 $r(t)$ 为方波信号时，由于方波中含有高频谐波，则 Narendra 方案的跟踪性能变得很差。图 9.3 ～ 图 9.5 所示分别为 Narendra 方案、修正方案和变换误差模型方案在 $r(t)$ 是方波信号时的仿真曲线。可以看出，Narendra 方案无法使对象的输出 $y(t)$ 跟踪参考模型的输出 $y_{\mathrm{m}}(t)$，修正方案有较好的跟踪能力，但有一定的跟踪误差。变换误差模型方案在初始段有较大的跟踪误差，但经过一段时间的调整之后，跟踪误差变得很小。

图 9.6～图 9.8 所示分别为当 $r(t)$ 为正弦信号时 3 种方案的跟踪误差曲线。在相同的条件下，Narendra 方案很快就发散了。修正方案虽然没有发散，但当跟踪误差 $|e_1(t)|$ 小于 1 时，收敛速度很慢，尽管适当加大 a_k 值使收敛速度加快了一点，但在调整时间长达 500 s 时，系统的最大跟踪误差仍大于 0.7。而变换误差模型方案在 45 s 时就已经使跟踪误差减小到一个很小的范围，而在 45 s 后仍在继续进行调整，由于采用了积分器，系统的跟踪误差可以逐渐趋于零。

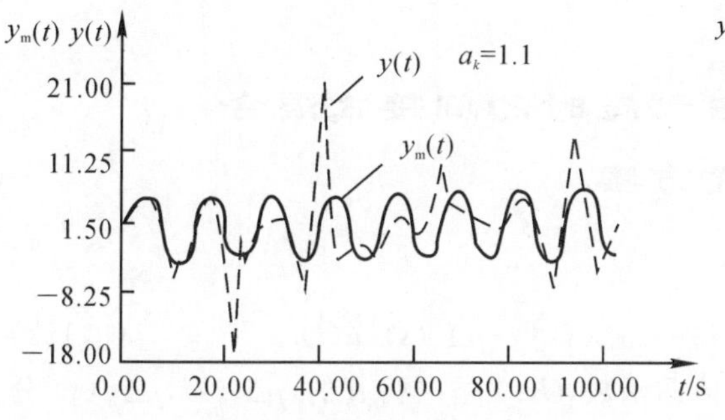

图 9.3　$r(t)$ 为方波信号时，Narendra 方案跟踪曲线

图 9.4　$r(t)$ 为方波信号时，修正方案跟踪曲线

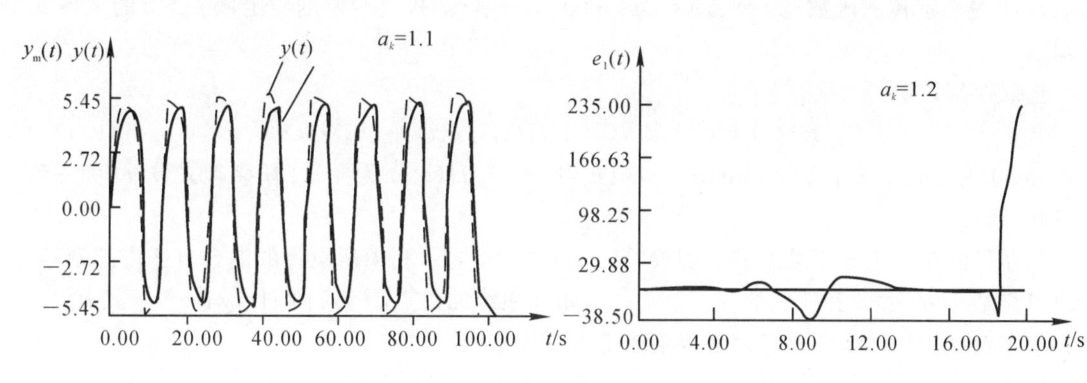

图 9.5　$r(t)$ 为方波信号时，变换误差模型方案跟踪曲线

图 9.6　$r(t)$ 为方波信号时，Narendra 方案跟踪误差曲线

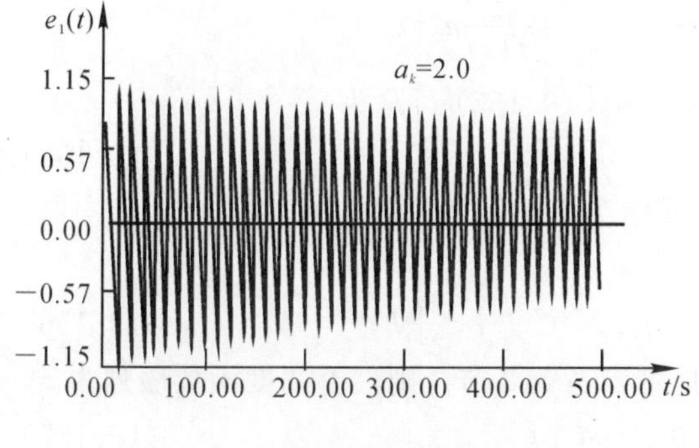

图 9.7　$r(t)$ 为方波信号时，修正方案跟踪误差曲线

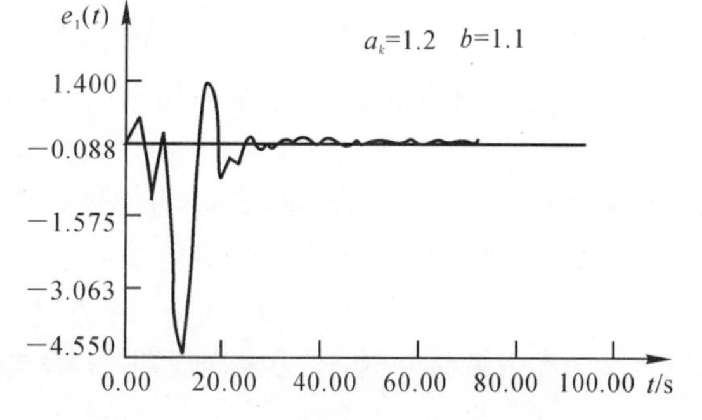

图 9.8　$r(t)$ 为方波信号时，变换误差曲线

当然,任何一种方案都有一定的适用范围,因而我们不能只凭在一定范围内的研究成果就做出结论说哪一种方案最好或哪一种方案最差,因为各有各的特点。例如,对于理想对象,在3种方案中Narendra方案也许是好的一种方案;但当对象具有未建模动态时,本节中的两种方案对于系统的跟踪性能都有很大改进;当系统存在未建模动态且要求跟踪精度高,但对初始段的过渡过程要求又不太严格时,采用变换误差模型方案较好;而当系统存在未建模动态时,若对系统的跟踪精度要求不高,但对系统的超调量有较严格的要求,则可选择本节中的修正方案。

9.5 对象具有未建模动态时的间接式混合自适应极点配置方案

考虑单输入单输出对象

$$y(t)=G(s)u(t)=\{G_0(s)[1+\mu\Delta_m(s)]+\mu\Delta_a(s)\}u(t) \tag{9.152}$$

式中,$G_0(s)=Z_p(s)/R_p(s)$ 是对象已建模部分传递函数,$G(s)$ 是严格真的,$\mu\Delta_a(s)$,$\mu\Delta_m(s)$ 分别是对象的相加和相乘未建模动态,$\mu>0$ 表示其变化率。$R_p(s)$ 为 n 阶首一多项式,$Z_p(s)$ 为 $n-1$ 阶 Hurwitz 多项式,$R_p(s)$,$Z_p(s)$ 互质。对于未建模动态,假设:① $\Delta_a(s)$ 是严格真的;② $\Delta_m(s)$ 为稳定传递函数;③ 使 $\Delta_a(s-p)$ 和 $\Delta_m(s-p)$ 的极点稳定的稳定域 $p>0$ 的下界 p_0 已知。

选取控制策略

$$q(s)u(t)=K(t,s)u(t)+H(t,s)y(t)+q(s)r(t) \tag{9.153}$$

式中,$q(s)$ 为任选的 $n-1$ 阶 Hurwitz 多项式,$K(t,s)$,$H(t,s)$ 为 $n-1$ 阶多项式,$r(t)$ 为一致有界参考输入。

控制目的是在未建模动态满足假设 ① ~ ③ 的条件下,利用所设计的混合自适应控制器,使得对于某一 $\mu^*>0$ 和任意的 $\mu\in[0,\mu^*)$,闭环系统的极点趋于 n 阶 Hurwitz 多项式 $R_m(s)$ 的相应零点,输出 $y(t)$ 尽可能紧密地跟踪隐参考模型

$$R_m(s)y_m(t)=Z_p(s)r(t) \tag{9.154}$$

的输出 $y_m(t)$。

定义滤波信号

$$\bar{y}(t)\xlongequal{\text{def}}\frac{1}{f(s)}y(t),\qquad \bar{u}(t)\xlongequal{\text{def}}\frac{1}{f(s)}u(t)$$

式中,$f(s)$ 为任选的至少为 n 阶的 Hurwitz 多项式,则式(9.152) 可写为

$$s^n\bar{y}(t)=\boldsymbol{\theta}^{*\mathrm{T}}\bar{\boldsymbol{\varphi}}(t)+\mu\bar{\eta}(t) \tag{9.155}$$

式中,$\boldsymbol{\theta}^*$ 为 $G_0(s)$ 的系数向量,$\bar{\boldsymbol{\varphi}}(t)$ 为信号向量,$\bar{\eta}(t)$ 为未建模动态引起的干扰项。

选取参数辨识采样时间序列,即

$$t_{k+1}-t_k=N\tau_k,\quad t_k^i=t_k+i\tau_k,\quad 0\leqslant i\leqslant N \tag{9.156}$$

式中,t_k 为参数调整时刻,τ_k 为采样周期,N 的选择可参考 8.2 节。则误差测度函数序列为

$$e_k^i=s^n\bar{y}(t_k^i)-(\boldsymbol{\theta}_k^i)^{\mathrm{T}}\bar{\boldsymbol{\varphi}}(t_k^i) \tag{9.157}$$

引入规范信号 $m(t)$,$m(t)$ 满足微分方程

$$\dot{m}(t)=-\delta_0 m(t)+\delta_1(|u(t)|+|y(t)|+1),\quad m(0)\geqslant\delta_1/\delta_0 \tag{9.158}$$

式中，δ_0 和 δ_1 为设计常数，其选择方法可参考9.1节。

令 $\varepsilon_k^i = e_k^i / m(t_k^i)$，$\boldsymbol{\varphi}_n(t_k^i) = \bar{\boldsymbol{\varphi}}(t_k^i)/m(t_k^i)$，则可采用下述带遗忘因子的协方差重置递推最小二乘法获得对象参数 $\boldsymbol{\theta}^*$ 的估计值序列，即

$$\boldsymbol{\theta}_k^i = \boldsymbol{\theta}_k^{i-1} + \frac{\boldsymbol{p}_k^{i-2}\boldsymbol{\varphi}_n(t_k^{i-1})}{1+\boldsymbol{\varphi}_n^{\mathrm{T}}(t_k^{i-1})\boldsymbol{p}_k^{i-2}\boldsymbol{\varphi}_n(t_k^{i-1})}\varepsilon_k^{i-1} \tag{9.159a}$$

$$\boldsymbol{p}_k^{i-1} = \frac{1}{\lambda_k^{i-1}}\left[\boldsymbol{p}_k^{i-2} - \frac{\boldsymbol{p}_k^{i-2}\boldsymbol{\varphi}_n(t_k^{i-1})\boldsymbol{\varphi}_n^{\mathrm{T}}(t_k^{i-1})\boldsymbol{p}_k^{i-2}}{1+\boldsymbol{\varphi}_n^{\mathrm{T}}(t_k^{i-1})\boldsymbol{p}_k^{i-2}\boldsymbol{\varphi}_n(t_k^{i-1})}\right] \tag{9.159b}$$

$$\lambda_k^{i-1} = 1 - \frac{\boldsymbol{\varphi}_k^{\mathrm{T}}(t_k^{i-1})\boldsymbol{p}_k^{i-2}\boldsymbol{p}_k^{i-2}\boldsymbol{\varphi}_n(t_k^{i-1})}{\mathrm{tr}\boldsymbol{p}_0[1+\boldsymbol{\varphi}_n^{\mathrm{T}}(t_k^{i-1})\boldsymbol{p}_k^{i-2}\boldsymbol{\varphi}_n(t_k^{i-1})]} \tag{9.159c}$$

$$\boldsymbol{p}_k^{-1} = \boldsymbol{p}_{k-1}^{N-1} = \frac{1}{\sigma_0}\boldsymbol{I} > \boldsymbol{0},\quad \boldsymbol{\theta}_k^0 = \boldsymbol{\theta}_{k-1}^N = \boldsymbol{\theta}_k,\quad \boldsymbol{\theta}_{-1}^N = \boldsymbol{\theta}_0(\text{任选}) \tag{9.159d}$$

控制器增益在 t_k 时刻的估值可以通过求解Diophantine方程

$$\hat{H}_k(s)\hat{Z}_{\mathrm{p},k-1}(s) + \hat{K}_k(s)\hat{R}_{\mathrm{p},k-1}(s) = q(s)[\hat{R}_{\mathrm{p},k-1}(s) - R_{\mathrm{m}}(s)] \tag{9.160}$$

来确定，式中 $\hat{R}_{\mathrm{p},k-1}(s)$ 和 $\hat{Z}_{\mathrm{p},k-1}(s)$ 分别是 $R_{\mathrm{p}}(s)$ 和 $Z_{\mathrm{p}}(s)$ 在 t_k 时刻的估值。

整个混合自适应控制系统的稳定性分析，可归结为下述定理的证明。

定理9.5.1　存在一个标量 $\mu^* > 0$，使得对于任意的 $\mu \in [0, \mu^*)$ 以及任何有界初始条件，由方程式(9.152)、式(9.159)和式(9.160)所组成的自适应闭环系统所有信号有界，并且系统跟踪误差 $e_1(t) = y(t) - y_{\mathrm{m}}(t)$ 属于残差集

$$D_{\mathrm{e}} = \left\{e_1 : \lim_{T\to\infty}\frac{1}{T}\int_{t_1}^{t_1+T} |e_1(\tau)|\,\mathrm{d}\tau \leqslant \mu q_2,\quad \forall t_1 > 0,\quad T > 0\right\} \tag{9.161}$$

式中，q_2 为一正常数。

有关此定理的证明可参考9.1节及9.3节。

例9.5.1　设控制对象为

$$y(t) = \frac{1}{s^2+4s+26}\left(1+0.1\frac{1}{s+20}\right)u(t) \tag{9.162}$$

选取 $R_{\mathrm{m}}(s) = s^2 + 40s + 800$。图9.9所示为系统的跟踪曲线，可见本节中的方案在对象具有未建模动态时跟踪性能良好。

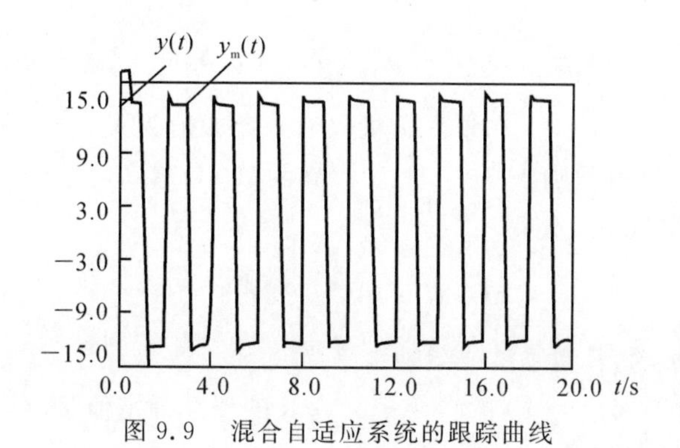

图9.9　混合自适应系统的跟踪曲线

9.6 对象具有未建模动态时的混合自适应控制系统的持续激励问题

系统持续激励问题一直是国外学者所热心研究的内容之一，我国的航天基础性研究基金选题指南中，也曾将系统持续激励问题的研究作为一项课题列入，这表明在国内这一问题的研究也引起了人们的重视。

在前面几节中，介绍了几种对象具有未建模动态时混合自适应控制器的设计方法，也谈到过系统的持续激励问题，其中有的控制算法直接要求系统是持续激励的，有的虽然不要求系统必须持续激励，但数字仿真结果表明，当系统满足持续激励条件时，可以明显改善系统的跟踪性能，所以系统的持续激励问题也是与混合自适应控制有密切关系的一个重要内容，虽然国外对全连续和全离散系统的持续激励问题研究较多，但关于混合自适应控制系统持续激励问题的研究却很少见到。

在混合自适应控制系统稳定性分析中，最困难的一个问题就是在证明了离散量收敛之后，如何保证相应的连续量也是收敛的。在 8.3 节和 8.4 节中，曾用维数不变原理解决了这一问题。对理想系统来说，为了保证采样值 $\boldsymbol{\zeta}(k)$ 对于连续时间信号 $\boldsymbol{\zeta}(t)$ 的维数不变，可以通过选取采样频率达到这一目的。但是，当系统存在干扰和未建模动态时，仅仅通过选择采样频率并不一定能够保证采样值对于连续信号的维数不变，因为干扰或未建模动态有可能降低系统的持续激励度。在系统激励度较低的情况下，由于干扰或未建模动态的影响，μ 个元素持续激励独立信号经采样后有可能变成 L 个($L<\mu$)元素持续激励独立信号。为了避免这种情况的出现，一个较妥善的解决方法是使系统的已建模部分，即系统的主体部分的信号是充分富裕的，即保持高水平的激励，这就要引入“主富输入”概念。

所谓“主富输入”问题，就是研究在对象存在干扰或未建模动态情况下，如何通过选择系统的外参考输入信号的幅值和频率来保证系统主导部分的有关信号具有较高水平的持续激励。

本节将较详细地研究对象具有未建模动态时混合自适应控制系统的持续激励问题，给出保证闭环混合自适应控制系统持续激励的一种方法。

定义 9.6.1(频谱线)　对于有界函数 $\boldsymbol{x}(t):[0,\infty)\rightarrow \mathbf{R}^n$ 来说，若关系式

$$\lim_{T\to\infty}\frac{1}{T}\int_s^{s+T}\boldsymbol{x}(t)\exp(-\mathrm{j}\omega t)\mathrm{d}t=\boldsymbol{X}(\omega),\quad s\geqslant 0 \tag{9.163}$$

成立，并且 $\boldsymbol{X}(\omega)\neq\boldsymbol{0}$，则称 $\boldsymbol{x}(t)$ 在频率 ω 处具有一条幅值为 $\boldsymbol{X}(\omega)$ 的频谱线。

定义 9.6.2(激励度或激励水平)　对于有界函数 $\boldsymbol{x}(t):[0,\infty)\rightarrow\mathbf{R}^n$ 来说，若存在 $\delta,\beta\in\mathbf{R}^+$ ($\mathbf{R}^+$ 表示有界正实数集)，使得

$$\int_s^{s+T}\boldsymbol{x}(t)\boldsymbol{x}^{\mathrm{T}}(t)\mathrm{d}t\geqslant\beta\delta\boldsymbol{I},\qquad s\geqslant 0 \tag{9.164}$$

则称 $\boldsymbol{x}(t)$ 是持续激励的，其激励度或激励水平为 β。

定义 9.6.3　对于函数 $f(x)$ 的自变量 $x\in\mathbf{R}$ 的任意确定值 $x_1\in x$，若存在 $c\in\mathbf{R}^+$ 使得 $\|f(x_1)\|=c\mid x_1\mid$，则称函数 $f(x)$ 是 $o(x)$。

定义 9.6.4(主富输入)　对于具有未建模动态的对象，即

$$\frac{y(s)}{u(s)}=G(s)=G_0(s)[1+\mu\Delta_2(s)]+\mu\Delta_1(s) \tag{9.165}$$

式中，$G_0(s)$ 是对象已建模部分的传递函数，$G(s)$ 严格真，$\mu\Delta_1(s)$ 和 $\mu\Delta_2(s)$ 分别是对象的相加和相乘未建模动态，正标量参数 μ 表示其变化率，$\Delta_1(s)$ 是严格真稳定传递函数，$\Delta_2(s)$ 是稳定传递函数，当对象的相对阶次 $n^* > 2$ 时，$\Delta_2(s)$ 允许是非真的。设向量信号为为

$$\boldsymbol{\zeta}=[W_m(s)(s\boldsymbol{I}-\boldsymbol{F})^{-1}\boldsymbol{q}u \quad W_m(s)(s\boldsymbol{I}-\boldsymbol{F})^{-1}\boldsymbol{q}y \quad W_m(s)y]^{\mathrm{T}} \tag{9.166}$$

式中，$\boldsymbol{F}$ 和 $\boldsymbol{q}$ 分别为自适应控制系统中的辅助变量设计参数矩阵和向量，$W_m(s)$ 为参考模型

$$y_m=W_m(s)r \tag{9.167}$$

的传递函数，$r(t)$ 和 $y_m(t)$ 分别为参考模型的输入和输出，具体的混合自适应控制方案可参阅 9.1 节 ～ 9.5 节。若向量信号 $\boldsymbol{\zeta}(t)$ 是持续激励的，并且激励度 $\beta > o(\mu_2)$，则称外参考输入信号 $r(t)$ 是主富输入。

定义 9.6.5（μ 小均值）　对于有界分段连续函数 $\boldsymbol{x}(t):[t_0,t_0+T]\to\mathbf{R}^n$ 来说，若存在常数 $c\in\mathbf{R}^+$，使得

$$\frac{1}{T}\int_{t_0}^{t_0+T}\|\boldsymbol{x}(t)\|\,\mathrm{d}t\leqslant\mu+\frac{c}{T} \tag{9.168}$$

式中，$T>0$，$t_0>0$，则称 $\boldsymbol{x}(t)$ 具有 μ 小均值。

分析 9.1 节 ～ 9.5 节中的混合自适应控制方案可以看出，尽管其形式各不相同，但可归纳为下列统一形式的表达式，即

$$y_m=W_m(s)r \tag{9.169}$$

$$u=\boldsymbol{\theta}_{1k}^{\mathrm{T}}\frac{\boldsymbol{\alpha}(s)}{\Lambda(s)}y+\boldsymbol{\theta}_{2k}^{\mathrm{T}}\frac{\boldsymbol{\alpha}(s)}{\Lambda(s)}u+r \tag{9.170}$$

$$\boldsymbol{\zeta}=\left[\frac{\boldsymbol{\alpha}^{\mathrm{T}}(s)}{\Lambda(s)}y \quad \frac{\boldsymbol{\alpha}^{\mathrm{T}}(s)}{\Lambda(s)}u\right]^{\mathrm{T}} \tag{9.171}$$

$$\boldsymbol{H}(s)=\left[\frac{\boldsymbol{\alpha}^{\mathrm{T}}(s)}{\Lambda(s)} \quad \frac{\boldsymbol{\alpha}^{\mathrm{T}}(s)}{\Lambda(s)}G_0^{-1}(s)\right]^{\mathrm{T}}W_m(s) \tag{9.172}$$

$$\boldsymbol{\zeta}_m=\left[\frac{\boldsymbol{\alpha}^{\mathrm{T}}(s)}{\Lambda(s)}y_m \quad \frac{\boldsymbol{\alpha}^{\mathrm{T}}(s)}{\Lambda(s)}u_m\right]^{\mathrm{T}} \tag{9.173}$$

$$u_m=\boldsymbol{\theta}^{*\mathrm{T}}\frac{\boldsymbol{\alpha}(s)}{\Lambda(s)}y_m+\boldsymbol{\theta}^{*\mathrm{T}}\frac{\boldsymbol{\alpha}(s)}{\Lambda(s)}u_m+r \tag{9.174}$$

$$\boldsymbol{\alpha}^{\mathrm{T}}(s)=[1 \quad s \quad \cdots \quad s^{n-1}] \tag{9.175}$$

式中，$\Lambda(s)$ 为 Hurwitz 多项式，$\boldsymbol{\theta}_{1k}$ 和 $\boldsymbol{\theta}_{2k}$ 为控制参数向量，在区间 $[t_k,t_{k+1})$ 上 $\boldsymbol{\theta}_{1k}$ 和 $\boldsymbol{\theta}_{2k}$ 为常值向量，$\boldsymbol{\theta}_1^*$ 和 $\boldsymbol{\theta}_2^*$ 是使关系式

$$y_m=G_0(s)u_m \tag{9.176}$$

成立的理想控制参数向量。

引理 9.6.1　令

$$\boldsymbol{\zeta}_m=\boldsymbol{H}(s)r \tag{9.177}$$

则对于所有 $\mu\in[1,\mu^*]$，$(\boldsymbol{\zeta}-\boldsymbol{\zeta}_m)$ 是 $r_2(\mu+\varepsilon)$ 小均值，且 $r_2\in\mathbf{R}^+$，μ^* 和 ε 为小的常数。

证明　利用式(9.165) 和式(9.176)，可得

$$u-u_m=[G_0^{-1}(s)(y-y_m)-\mu[\Delta_2(s)+G_0^{-1}(s)\Delta_1(s)]u \tag{9.178}$$

根据式(9.171)、式(9.173) 和式(9.178)，则有

$$\boldsymbol{\zeta}-\boldsymbol{\zeta}_{\mathrm{m}}=\left[\frac{\boldsymbol{\alpha}^{\mathrm{T}}(s)}{\Lambda(s)}(y-y_{\mathrm{m}}) \quad \frac{\boldsymbol{\alpha}^{\mathrm{T}}(s)}{\Lambda(s)}(u-u_{\mathrm{m}})\right]^{\mathrm{T}}=\boldsymbol{H}_1(s)(y-y_{\mathrm{m}})+\mu\boldsymbol{H}_2(s)u \tag{9.179}$$

式中

$$\boldsymbol{H}_1(s)=\left[\frac{\boldsymbol{\alpha}^{\mathrm{T}}(s)}{\Lambda(s)} \quad \frac{\boldsymbol{\alpha}^{\mathrm{T}}(s)}{\Lambda(s)}G_0^{-1}(s)\right]^{\mathrm{T}} \tag{9.180}$$

$$\boldsymbol{H}_2(s)=\left[0 \quad -\frac{\boldsymbol{\alpha}^{\mathrm{T}}(s)}{\Lambda(s)}(\Delta_2(s)+G_0^{-1}(s)\Delta_1(s)\right]^{\mathrm{T}} \tag{9.181}$$

并且 $\boldsymbol{H}_1(s)$ 和 $\boldsymbol{H}_2(s)$ 都是严格真稳定传递函数矩阵。

令 $\boldsymbol{h}_1(t)$ 为 $\boldsymbol{H}_1(s)$ 的脉冲响应函数。由于 $\boldsymbol{H}_1(s)$ 为严格真稳定传递函数矩阵，故 $\boldsymbol{h}_1(t)\in L^1$。又因为 $\boldsymbol{H}_2(s)$ 为严格真稳定传递函数矩阵并且 $u(t)$ 有界，则 $\boldsymbol{H}_2(s)u(t)$ 有界，$\|\mu\boldsymbol{H}_2(s)u(t)\|\leqslant k_0\mu, k_0\in\mathbf{R}^+$。因而有

$$\begin{aligned}\int_{t_0}^{t_0+T}\|\boldsymbol{\zeta}(t)-\boldsymbol{\zeta}_{\mathrm{m}}(t)\|\,\mathrm{d}t &\leqslant \int_{t_0}^{t_0+T}|y(t)-y_{\mathrm{m}}(t)|\,\mathrm{d}t\left(\int_0^{\infty}\|\boldsymbol{h}_1(t)\|\,\mathrm{d}t\right)+\\ &\quad k_0\mu T+c_0\leqslant\\ &\quad k_1\left(\int_{t_0}^{t_0+T}|y(t)-y_{\mathrm{m}}(t)|\,\mathrm{d}t\right)+k_0\mu T+c_0\end{aligned} \tag{9.182}$$

式中，$c_0, k_0\in\mathbf{R}^+$。

对于任意 $T>0$ 和 $t_0\geqslant 0$，则有

$$\frac{1}{T}\int_{t_0}^{t_0+T}|y(t)-y_{\mathrm{m}}(t)|\,\mathrm{d}t\leqslant r_1(\mu+\varepsilon)+\frac{c}{T} \tag{9.183}$$

式中，$\varepsilon>0$ 为一小的常数，$c\in\mathbf{R}^+$。

由式(9.182)和式(9.183)，可得

$$\frac{1}{T}\int_{t_0}^{t_0+T}\|\boldsymbol{\zeta}(t)-\boldsymbol{\zeta}_{\mathrm{m}}(t)\|\,\mathrm{d}t\leqslant k_1r_1(\mu+\varepsilon)+k_0\mu+\frac{k_1c+c_0}{T} \tag{9.184}$$

令 $r_2=k_1r_1+k_0$，则证明完毕。

引理 9.6.2 若参考输入信号 $r(t)$ 在频率 $\omega_1,\omega_2,\cdots,\omega_N(N\geqslant 2n)$ 具有频谱线 $\{\omega_i, R(\omega_i)\}\in\Omega$，

$$\Omega=\{\omega\in\mathbf{R},\quad R(\omega)\in\mathbf{C}: |\omega|<o(1),\quad |R(\omega)|>o(\mu)\} \tag{9.185}$$

并且当 $i\neq j$ 时，$|\omega_i-\omega_j|>o(\mu)$，则 $\boldsymbol{\zeta}_{\mathrm{m}}(t)$ 是持续激励的，并且激励度 $\beta_{\mathrm{m}}>o(\mu^2)$。

证明 根据参考文献[21]可知，若 $r(t)$ 在 ω 具有幅值为 $R(\omega)$ 的频谱线，则 $\boldsymbol{\zeta}_{\mathrm{m}}(t)$ 在 ω 处频谱线的幅值为

$$\boldsymbol{Z}_{\mathrm{m}}(\omega)=\boldsymbol{H}(\mathrm{j}\omega)R(\omega) \tag{9.186}$$

并且

$$\int_s^{s+\delta}\boldsymbol{\zeta}_{\mathrm{m}}(t)\boldsymbol{\zeta}_{\mathrm{m}}^{\mathrm{T}}(t)\,\mathrm{d}t\geqslant\delta\|\boldsymbol{S}_0^{-1}\|^{-2}\boldsymbol{I} \tag{9.187}$$

式中，$\delta>0$ 为任意常数，

$$\boldsymbol{S}_0=[\boldsymbol{Z}_{\mathrm{m}}(\omega_1)\quad\boldsymbol{Z}_{\mathrm{m}}(\omega_2)\quad\cdots\quad\boldsymbol{Z}_{\mathrm{m}}(\omega_N)]^{\mathrm{T}} \tag{9.188}$$

对于本章中所研究的闭环系统，根据式(9.172)，则有

$$\boldsymbol{H}(\mathrm{j}\omega)=\boldsymbol{Q}(\mathrm{j}\omega)W_{\mathrm{m}}(\mathrm{j}\omega) \tag{9.189}$$

式中

$$\boldsymbol{Q}(\mathrm{j}\omega)=\left[\frac{\boldsymbol{\alpha}^{\mathrm{T}}(\mathrm{j}\omega)}{\Lambda(\mathrm{j}\omega)}\quad\frac{\boldsymbol{\alpha}^{\mathrm{T}}(\mathrm{j}\omega)}{\Lambda(\mathrm{j}\omega)}G_0^{-1}(\mathrm{j}\omega)\right]^{\mathrm{T}}\tag{9.190}$$

由式(9.186)、式(9.188)、式(9.189)和式(9.190)，可得

$$\boldsymbol{S}_0^{-1}=\boldsymbol{A}\boldsymbol{B}\tag{9.191}$$

$$\boldsymbol{A}=([\boldsymbol{Q}(\mathrm{j}\omega_1)R(\omega_1)\quad \boldsymbol{Q}(\mathrm{j}\omega_2)R(\omega_2)\quad\cdots\quad \boldsymbol{Q}(\mathrm{j}\omega_N)R(\omega_N)]^{\mathrm{T}})^{-1}\tag{9.192}$$

$$\boldsymbol{B}=\mathrm{diag}[W_{\mathrm{m}}^{-1}(\mathrm{j}\omega_1)\quad W_{\mathrm{m}}^{-1}(\mathrm{j}\omega_2)\quad\cdots\quad W_{\mathrm{m}}^{-1}(\mathrm{j}\omega_N)]\tag{9.193}$$

由于$\boldsymbol{Q}(s)$的最大相对阶数为$2n-1$，$W_{\mathrm{m}}(s)$的相对阶数为$n^*>0$，故对于$\{\omega_i,R(\omega_i)\}\in\Omega$，$|\omega_i-\omega_j|>o(\mu)$，$i\neq j$，存在着$k_2,k_3\in\mathbf{R}^+$，使得

$$\|\boldsymbol{A}\|\leqslant k_2(\min_i R(\omega_i))^{-1}\max_i|\omega_i|^{2n-1}\tag{9.194}$$

$$\|\boldsymbol{B}\|\leqslant k_3\max_i|\omega_i|^{n^*}\tag{9.195}$$

因而

$$\|\boldsymbol{S}_0^{-1}\|^{-2}\geqslant\frac{k_4\min_i R^2(\omega_i)}{\max_i|\omega_i|^{4n+2n^*-2}},\quad k_4\in\mathbf{R}^+\tag{9.196}$$

由于$\{\omega_i,R(\omega_i)\}\in\Omega$，即$\max_i|\omega_i|<o(1)$，$\min_i|R(\omega_i)|>o(\mu)$，令$\beta_{\mathrm{m}}=\|\boldsymbol{S}_0^{-1}\|^{-2}$，则$\beta_{\mathrm{m}}>o(\mu^2)$，由式(9.187)及激励度定义可知，$\boldsymbol{\zeta}_{\mathrm{m}}(t)$是激励度为$\beta_{\mathrm{m}}$的持续激励信号，证毕。

引理 9.6.3　若信号$\boldsymbol{x}(t)$，$\boldsymbol{x}_{\mathrm{m}}(t)$：$[0,\infty)\to\mathbf{R}^n$是一致有界的，并且$(\boldsymbol{x}(t)-\boldsymbol{x}_{\mathrm{m}}(t))$具有$\mu_{\mathrm{c}}$小均值，则存在$\mu_{\mathrm{c}}^*>0$使得对于$\forall\mu_{\mathrm{c}}\in[0,\mu_{\mathrm{c}}^*]$，当且仅当$\boldsymbol{x}_{\mathrm{m}}(t)$是激励度为$\beta_{\mathrm{m1}}$的持续激励信号时，$\boldsymbol{x}(t)$是持续激励的，并且激励度$\beta_1>o(\mu^2)$。

证明　由于引理叙述的对称性，现只证明充分条件。

设$\boldsymbol{x}_{\mathrm{m}}(t)$持续激励并且激励度$\beta_{\mathrm{m1}}>o(\mu^2)$，则存在$\delta>0$，使得

$$\int_s^{s+\delta}\boldsymbol{x}_{\mathrm{m}}(t)\boldsymbol{x}_{\mathrm{m}}^{\mathrm{T}}(t)\mathrm{d}t\geqslant\beta_{\mathrm{m1}}\delta\boldsymbol{I},\qquad\forall s\geqslant 0\tag{9.197}$$

设p为一任选的正整数，则有

$$\int_s^{s+P\delta}\boldsymbol{x}_{\mathrm{m}}(t)\boldsymbol{x}_{\mathrm{m}}^{\mathrm{T}}(t)\mathrm{d}t\geqslant p\beta_{\mathrm{m1}}\delta\boldsymbol{I},\qquad\forall s\geqslant 0\tag{9.198}$$

因而，对于$\forall\mathbf{V}\in\mathbf{R}^n$，则有

$$\mathbf{V}^{\mathrm{T}}\left(\int_s^{s+P\delta}\boldsymbol{x}_{\mathrm{m}}(t)\boldsymbol{x}_{\mathrm{m}}^{\mathrm{T}}(t)\mathrm{d}t\right)\mathbf{V}\geqslant\mathbf{V}^{\mathrm{T}}\mathbf{V}p\beta_{\mathrm{m1}}\delta,\qquad\forall s\geqslant 0\tag{9.199}$$

因为

$$(\mathbf{V}^{\mathrm{T}}\boldsymbol{x}(t))^2-(\mathbf{V}^{\mathrm{T}}\boldsymbol{x}_{\mathrm{m}}(t))^2=\mathbf{V}^{\mathrm{T}}(\boldsymbol{x}(t)-\boldsymbol{x}_{\mathrm{m}}(t))\mathbf{V}^{\mathrm{T}}(\boldsymbol{x}(t)+\boldsymbol{x}_{\mathrm{m}}(t))\leqslant 2k_5\mathbf{V}^{\mathrm{T}}\mathbf{V}\|\boldsymbol{x}(t)-\boldsymbol{x}_{\mathrm{m}}(t)\|\tag{9.200}$$

式中，k_5是$\boldsymbol{x}(t)$和$\boldsymbol{x}_{\mathrm{m}}(t)$的上界。

由引理 9.6.1 证明过程可以证明，$(\boldsymbol{x}(t)-\boldsymbol{x}_{\mathrm{m}}(t))$具有$\mu_{\mathrm{c}}$小均值，则有

$$\mathbf{V}^{\mathrm{T}}\left(\int_s^{s+P\delta}\boldsymbol{x}(t)\boldsymbol{x}^{\mathrm{T}}(t)\mathrm{d}t\right)\mathbf{V}\geqslant\mathbf{V}^{\mathrm{T}}\mathbf{V}[p\beta_{\mathrm{m1}}\delta-2k_5(p\delta\mu_{\mathrm{c}}+c)]\tag{9.201}$$

式中，$c\in\mathbf{R}^+$。

令$\mu_{\mathrm{c}}^*=\dfrac{\beta_{\mathrm{m1}}}{6k_{\mathrm{c}}}$，$p>\dfrac{6k_{\mathrm{c}}}{\beta_{\mathrm{m1}}}$，对于$\forall\mu_{\mathrm{c}}\in[0,\mu_{\mathrm{c}}^*]$，则有

$$\mathbf{V}^{\mathrm{T}}\left(\int_s^{s+P\delta}\boldsymbol{x}(t)\boldsymbol{x}^{\mathrm{T}}(t)\mathrm{d}t\right)\mathbf{V}\geqslant\frac{1}{3}\mathbf{V}^{\mathrm{T}}\mathbf{V}p\beta_{\mathrm{m1}}\delta\tag{9.202}$$

这就意味着 $\boldsymbol{x}(t)$ 是持续激励的，并且激励度 $\beta=\dfrac{1}{3}\beta_{m1}\geqslant o(\mu^2)$，证毕。

定理 9.6.1 若参考输入信号 $r(t)$ 在频率 $\omega_1,\omega_2,\cdots,\omega_N(N\geqslant 2n)$ 具有频谱线$\{\omega_i,R(\omega_i)\}\in\Omega$，并且当 $i\neq j$ 时，$|\omega_i-\omega_j|>o(\mu)$，则存在 $\mu_0^*>0$，使得对于 $\forall\mu\in[0,\mu_0^*]$ 以及由对象式(9.165)和形如式(9.169)～式(9.172)的模型参考混合自适应控制器所构成的闭环系统来说，$r(t)$ 是主富输入。

证明 根据引理 9.6.2 可知，当 $r(t)$ 满足引理 9.6.2 中的条件时，$\boldsymbol{\zeta}_m(t)$ 是持续激励的并且激励度 $\beta_m>o(\mu^2)$。又由引理 9.6.1 可知，$(\boldsymbol{\zeta}(t)-\boldsymbol{\zeta}_m(t))$ 具有 $\mu_c=r_2(\mu+\varepsilon)$ 小均值，因而根据引理 9.6.3 知，存在 μ_0^* 且满足关系式 $0<\mu_0^*\leqslant\mu^*$，使得对于 $\forall\mu\in[0,\mu_0^*]$，$\boldsymbol{\zeta}(t)$ 是持续激励的并且激励度 $\beta>o(\mu^2)$，从而得知 $r(t)$ 为闭环混合自适应系统的主富输入，证毕。

定理 9.6.2 设 $r(t)$ 在频率 $\omega_1,\omega_2,\cdots,\omega_{2n}$ 具有 $2n$ 条频谱线，如果其中任一条频谱线$\{\omega_i,R(\omega_i)\}\notin\Omega$，则 $r(t)$ 不一定是混合自适应闭环系统的主富输入。

证明 要证明定理 9.6.2，只需证明对于 $r(t)$ 的任何 $|\omega_i|>o(1)$ 或 $|R(\omega_i)|<o(\mu)$，则 $\boldsymbol{\zeta}(t)$ 的激励度不一定能保证 $\beta_1>o(\mu^2)$ 即可，现分两种情况进行讨论。

(1) $|R(\omega_l)|<o(\mu)$，$|\omega_l|<o(1)$，$l=\{i:1,2,\cdots,2n\}$ 令

$$\boldsymbol{R}_{\zeta m}=\lim_{T\to\infty}\frac{1}{T}\int_s^{s+T}\boldsymbol{\zeta}_m(t)\boldsymbol{\zeta}_m^{\mathrm{T}}(t)\mathrm{d}t,\quad\forall s\geqslant 0\tag{9.203}$$

因为 $\boldsymbol{\zeta}_m(t)$ 具有 $2n$ 条频谱线，根据文献[22]可知 $\boldsymbol{R}_{\zeta m}$ 存在，并且

$$\boldsymbol{R}_{\zeta m}=\sum_{i=1}^{2n}|R(\omega_i)|^2|W_m(\mathrm{j}\omega_i)|^2\boldsymbol{Q}(\mathrm{j}\omega_i)\boldsymbol{Q}^{\mathrm{T}}(-\mathrm{j}\omega_i)\tag{9.204}$$

由于 $\boldsymbol{R}_{\zeta m}\in\mathbf{R}^{2n\times 2n}$ 由 $2n$ 个并矢(dyad)组成，根据文献[23]知，对于任意正整数 $l,0<l\leqslant 2n$，以及所有 $k=1,2,\cdots,l-1,l+1,\cdots,2n$，均存在着 $\boldsymbol{Z}_l\in\mathbf{R}^{2n}$ 且 $\boldsymbol{Z}_l\neq\mathbf{0}$，使得

$$\boldsymbol{Z}_l^{\mathrm{T}}\boldsymbol{Q}(\mathrm{j}\omega_k)=0\tag{9.205}$$

因此有

$$\boldsymbol{Z}_l^{\mathrm{T}}\boldsymbol{R}_{\zeta m}\boldsymbol{Z}_l=|R(\omega_l)|^2|W_m(\mathrm{j}\omega_l)|^2|\boldsymbol{Z}_l^{\mathrm{T}}\boldsymbol{Q}(\mathrm{j}\omega_l)|^2\tag{9.206}$$

因为 $W_m(s)$ 和 $\boldsymbol{Q}(s)$ 是严格真稳定传递函数矩阵，这意味着 $|W_m(\mathrm{j}\omega_l)|^2$ 和 $|\boldsymbol{Z}_l^{\mathrm{T}}\boldsymbol{Q}(\mathrm{j}\omega_l)|^2$ 一致有界。因而当 $|R(\omega_l)|<o(\mu)$ 时，则有

$$\boldsymbol{Z}_l^{\mathrm{T}}\boldsymbol{R}_{\zeta m}\boldsymbol{Z}_l\leqslant\boldsymbol{Z}_l^{\mathrm{T}}\boldsymbol{Z}_l o(\mu^2)\tag{9.207}$$

若 $\boldsymbol{\zeta}_m$ 是持续激励的并且激励度 $\beta_m>o(\mu^2)$，则有

$$\boldsymbol{Z}^{\mathrm{T}}\left(\frac{1}{N\delta}\int_s^{s+N\delta}\boldsymbol{\zeta}_m(t)\boldsymbol{\zeta}_m^{\mathrm{T}}(t)\mathrm{d}t\right)\boldsymbol{Z}\geqslant\beta_m\boldsymbol{Z}^{\mathrm{T}}\boldsymbol{Z}\tag{9.208}$$

式中，$\boldsymbol{Z}\neq\mathbf{0}$，$N\geqslant 1$。令 $N\to\infty$，则有

$$\boldsymbol{Z}^{\mathrm{T}}\boldsymbol{R}_{\zeta m}\boldsymbol{Z}\geqslant\beta_m\boldsymbol{Z}^{\mathrm{T}}\boldsymbol{Z},\quad\forall\boldsymbol{Z}\in\mathbf{R}^{2n}\tag{9.209}$$

在式(9.209)中，若取 $\boldsymbol{Z}=\boldsymbol{Z}_l$，则由式(9.207)和式(9.209)，可得

$$\beta_m\leqslant o(\mu^2)\tag{9.210}$$

因而，由引理 9.6.3 可知 $\boldsymbol{\zeta}(t)$ 不可能达到激励度 $\beta>o(\mu^2)$ 的持续激励。所以，当 $|R(\omega_l)|<o(\mu)$ 时，$r(t)$ 对于闭环混合自适应系统来说，不是主富输入。

(2) $|R(\omega_l)|>o(\mu)$，$|\omega_l|>o(1)$ 频率 ω_l 对闭环系统持续激励的影响，不像 $|R(\omega_l)|<o(\mu)$ 时那样明显，但由式(9.196)可以看出，当 $|\omega_l|>o(1)$ 时，将不一定能够保

证 $\beta_m > o(\mu^2)$，因而也无法保证 $r(t)$ 是闭环混合自适应系统的主富输入。证毕。

上述定理给出了十分有用的结论。定理 9.6.1 表明，在对象具有未建模动态时，完全可以通过选择外输入参考信号来保证闭环混合自适应系统是持续激励的。对于 9.1 节 ～ 9.5 节所研究的混合自适应系统，均可以选择形式为

$$r(t) = \sum_{i=1}^{n} R_i \sin\omega_i(t) \tag{9.211}$$

的外输入参考信号，只要满足条件 $|R_i| > o(\mu)$，$|\omega_i| < o(1)$，并且当 $i \neq j$ 时，$|\omega_i - \omega_j| > o(\mu)$，则可保证闭环混合自适应系统是持续激励的，并且 $\boldsymbol{\zeta}(t)$ 的激励度 $\beta_m > o(\mu^2)$。定理 9.6.2 告诉我们，在选择形如式(9.211) 的外输入参考信号时，一定不要使幅值 R_i 太小，也不要使频率 ω_i 过大，否则不可能保证系统满足持续激励条件。在外输入参考信号含有高频分量时，除尽可能增大外输入参考信号的幅值外，滤除其高频分量完全必要。9.1 节 ～ 9.5 节中的混合自适应控制器都具有一定的滤波功能，在设计控制器时，通过选择合适的设计参数，完全可以达到比较理想的滤波目的。

习　题

9.1　已知控制对象的传递函数为

$$W_0(s) = \frac{2}{s+1}\,\frac{229}{s^2+30s+229}$$

在设计自适应控制时，取对象传递函数的简化模型为

$$W(s) = \frac{2}{s+1}$$

对象的未建模动态为

$$\Delta_2(s) = \frac{229}{s^2+30s+229}$$

参考模型的传递函数为

$$W_m(s) = \frac{3}{s+3}$$

(1) 在不考虑未建模动态的情况下，设计混合自适应控制律，进行仿真计算，并分析仿真计算结果。

(2) 在考虑未建模动态的情况下，设计混合自适应控制律，进行仿真计算，并分析仿真计算结果。

9.2　设控制对象的传递函数为

$$W_0(s) = \frac{1}{s(s-1)}(1-0.02s)$$

在设计自适应控制时，取对象传递函数的简化模型为

$$W(s) = \frac{1}{s(s-1)}$$

参考模型的传递函数为

$$W_m(s) = \frac{1}{(s+1)(s+2)}$$

试设计混合自适应系统，进行仿真计算，并分析仿真计算结果。

9.3　试仿照9.3节中介绍的方法设计几种新的混合自适应控制律，并证明系统的收敛性。

9.4　在进行系统的数字仿真时，为什么人们总喜欢用方波信号作为输入信号？

9.5　目前对连续系统的可测变量进行采样时有三种采样方式：

(1) 固定周期采样；

(2) 随机周期采样；

(3) 自适应周期采样。

试定性分析三种采样方式的应用场合及可能的优缺点。

第 10 章 非线性控制对象的自适应控制

研究非线性系统，最原始的方法是首先将研究对象的模型线性化，然后应用线性理论去设计控制器。这种方法很难或不可能适应目前世界上早已有的许多复杂(强非线性)系统的分析与控制。例如，飞机的大攻角运动及机动飞行，空间飞行器的姿态控制等。

在过去的 20 多年中，人们应用微分几何中的一些结果，在理解非线性系统的性质，如可控性、可观测性、左右可逆性等方面，取得了一定的进展，同时还初步解决了诸如干扰解耦、输入输出解耦以及反馈线性化的控制问题，但其理论和应用都处于发展阶段，有许多未解决的问题。

非线性系统的复杂性与困难性，要求我们沿各种方向去研究解决非线性控制对象的自适应控制的方法，微分几何控制只是有发展的方法之一。鉴于微分几何方法基础知识的复杂性，且微分几何控制理论仍在发展之中，在此不作介绍，只是选择了一些在非线性自适应控制问题研究中较为成熟的方法，以供进行此类课题研究时作为参考。

10.1 非线性系统的自适应线性控制

线性自适应控制理论适用于线性慢时变系统的控制问题。这些线性时变系统也可以认为产生于非线性系统围绕某一轨迹的非准确线性化。因而自适应线性控制也可以看做是设计非线性动态控制器的一种方法。非线性系统可以认为由两部分组成，一部分是具有未知参数的线性时变部分，另一部分则是在线性设计方法中被忽略的高阶项。本节中将根据这一思路来研究非线性控制问题，将适用于线性时变系统的一些算法进行改进，使其适用于线性化模型含有高阶非线性项的系统，并且不需要预先知道系统线性化的标称轨迹，只要求知道标称轨迹的界。

10.1.1 非线性控制问题的描述

设所研究的非线性系统的差分方程为

$$y(t)=f(y(t-1),\cdots,y(t-n);u(t-1),\cdots,u(t-n);d(t-1),\cdots,d(t-p)) \tag{10.1}$$

式中，y,u,d 分别为系统的输出、输入和干扰信号，并且 n 为已知的正整数。

为书写方便，将方程式(10.1)改写为

$$y(t)=f(\boldsymbol{v}(t-1),\boldsymbol{\omega}(t-1)) \tag{10.2}$$

式中

$$\boldsymbol{v}(t-1)=[y(t-1)\quad\cdots\quad y(t-n)\quad u(t-1)\quad\cdots\quad u(t-n)]$$

$$\boldsymbol{\omega}(t-1)=[d(t-1) \quad \cdots \quad d(t-p)]$$

并且用 $v_i(i=1,2,\cdots,2n)$ 和 $\omega_i(i=1,2,\cdots,p)$ 分别表示向量 $\boldsymbol{v},\boldsymbol{\omega}$ 的分量。

对于任意的函数 $f:\mathbf{R}^{2n}\times\mathbf{R}^{p}\rightarrow\mathbf{R}$ 和信号 u,d，当给定初始条件 $\boldsymbol{v}(0),\boldsymbol{\omega}(0)$ 时，方程式(10.2)具有惟一解 y。

控制的目的，假定是围绕所给定的理想输出信号 y^* 进行调节。在许多应用中，函数 f 是复杂的，但至少应该近似知道，否则，就应该对系统的行为有充分了解，知道其标称轨迹。

假设 10.1.1 对于所给定的 $y^*(t)$ 和 d，存在输入信号 $u^*(t)$，使得

$$y^*(t)=f(\boldsymbol{v}^*(t-1),\boldsymbol{\omega}(t-1)) \tag{10.3}$$

式中，$\boldsymbol{v}^*$ 由 $\{u^*(t),y^*(t)\}$ 导出。假定已知 u_1 使得对所有 i 均有

$$\left[\sum_{t=i}^{n+i}(u_1(t)-u^*(t)^2\right]^{1/2}\leqslant U \tag{10.4}$$

式中，U 为一常数。

为了方便，引入与标称值的偏差，即

$$\Delta u(t)=u(t)-u_1(t),\qquad \Delta y(t)=y(t)-y^*(t) \tag{10.5}$$

上述公式精确描述了在非线性实域内如何实现线性控制问题。为了更清楚地说明这一点，让我们看一下图 10.1 所示方案。非线性对象式(10.2)由两个环进行控制，其中高水准控制确定了标称轨迹。例如，在电子系统中它表示人的操作所产生的较慢的控制动作，在飞机控制中它表示驾驶员的动作等。这个环所检测的是系统状态向量 $\boldsymbol{x}$。如果所实施的动作成功，则在 $u_1(t)$ 的作用下 $y(t)$ 将接近于 $y^*(t)$。当然，$u_1(t)$ 和 $y^*(t)$ 是已知的，因而 $\Delta u(t)$ 和 $\Delta y(t)$ 是可测的。图 10.1 中的另一个环是间接式参数自适应控制器，用来改善系统的快速性能。在电子系统中，它表示自适应交流电压调节回路。这里所关心的问题是在什么条件下这个自适应环是稳定的。

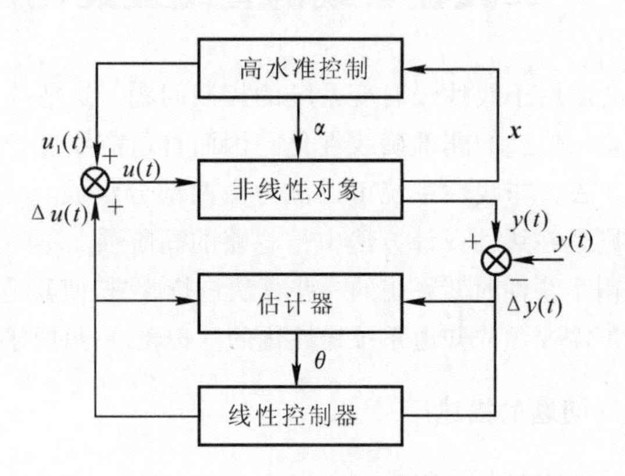

图 10.1 自适应线性控制方案

10.1.2 模型变换

对于式(10.2)所示对象，围绕某一标称轨迹进行台劳级数展开，使线性化模型与非线性误差项相分离。

假设 10.1.2 偏导数 $f_{v_i}=\dfrac{\partial f}{\partial v_i}$，$i=1,2,\cdots,2n$ 存在，并且对于 $\boldsymbol{v}$ 和 $\boldsymbol{\omega}$ 是局部 Lipschitz 的。

这一假设意味着对假设 10.1.1 中的函数 f 增加了函数是局部光滑的要求。

令 $\mathscr{B}(\boldsymbol{x}_0, r)=\{\boldsymbol{x} \mid \|\boldsymbol{x}-\boldsymbol{x}_0\| \leqslant r\}$，其中 $\|\cdot\|$ 表示欧几里德范数，并且令 $\mathscr{B}_r=\mathscr{B}(0,r)$。为了方便起见，将信号向量 (y^*, u_1) 用 $\bar{\boldsymbol{v}}_1$ 表示，由假设 10.1.2 知系统可以围绕 $\bar{\boldsymbol{v}}_1$ 进行线性化。因而有

$$\Delta y(t)=y(t)-y^*(t)=f(\boldsymbol{v}(t-1), \boldsymbol{\omega}(t-1))-f(\boldsymbol{v}^*(t-1), \boldsymbol{\omega}(t-1))= \\ \boldsymbol{\varphi}^{\mathrm{T}}(t-1)\boldsymbol{\theta}(t-1)+R(t) \tag{10.6}$$

式中

$$\boldsymbol{\theta}^{\mathrm{T}}(t)=[\theta_1(t-1) \quad \cdots \quad \theta_{2n}(t-1)]$$

$$\boldsymbol{\varphi}^{\mathrm{T}}(t-1)=[\Delta y(t-1) \quad \cdots \quad \Delta y(t-n) \quad \Delta u(t-1) \quad \cdots \quad \Delta u(t-n)]$$

$$\theta_i(t)=f_{v_i}(\bar{\boldsymbol{v}}_1(t), \boldsymbol{\omega}(t)), \quad i=1,2,\cdots,2n \tag{10.7}$$

$R(t)$ 为余项，由两部分组成，即

$$R(t)=R_1(t)+R_2(t)$$

$$R_1(t)=f(\boldsymbol{v}(t-1), \boldsymbol{\omega}(t-1))-f(\bar{\boldsymbol{v}}_1(t-1), \boldsymbol{\omega}(t-1))-\boldsymbol{\varphi}^{\mathrm{T}}(t-1)\boldsymbol{\theta}(t-1) \tag{10.8a}$$

$$R_2(t)=f(\bar{\boldsymbol{v}}_1(t-1), \boldsymbol{\omega}(t-1))-f(\boldsymbol{v}^*(t-1), \boldsymbol{\omega}(t-1)) \tag{10.8b}$$

$R_1(t)$ 称为非线性误差，$R_2(t)$ 称为参考解误差。由于式(10.6)具有参数估计算法中常采用的回归形式，故将 $\boldsymbol{\theta}$ 和 $\boldsymbol{\varphi}$ 分别称为参数向量和回归向量。

假设 10.1.3　参考信号、干扰和导数 f_{v_i} 使得 $\forall t$ 有 $\boldsymbol{\theta}(t) \in \boldsymbol{b}$，其中 $\boldsymbol{b} \subset \mathbf{R}^{2n}$ 是一已知的紧凸域。

这一假设将 f 沿 $\bar{\boldsymbol{v}}_1$ 的斜率限制在有限的极限内，因而有

$$\|\boldsymbol{\theta}_1-\boldsymbol{\theta}_2\| \leqslant k_c, \quad \|\boldsymbol{\theta}\| \leqslant k_\theta, \quad \forall \boldsymbol{\theta}, \boldsymbol{\theta}_1, \boldsymbol{\theta}_2 \in \boldsymbol{b} \tag{10.9}$$

式中，k_c，k_θ 是与 $\boldsymbol{b}$ 的大小有关的常数。

引理 10.1.1　$\exists \varepsilon_r$，$l \in \mathbf{R}^+$，使得

$$|R(t)| \leqslant \varepsilon_r \|\boldsymbol{\varphi}(t-1)\|+l, \qquad \forall \boldsymbol{\varphi}(t-1) \in \mathscr{B}_r \tag{10.10}$$

证明　由假设 10.1.2 并对式(10.8a)运用中值定理，可得

$$R_1(t)=\left(\left.\frac{\partial f}{\partial \boldsymbol{v}}\right|_{\bar{\boldsymbol{v}}_2}\right)^{\mathrm{T}}(\boldsymbol{v}(t-1)-\bar{\boldsymbol{v}}_1(t-1))-\left(\left.\frac{\partial f}{\partial \boldsymbol{v}}\right|_{\bar{\boldsymbol{v}}_1}\right)^{\mathrm{T}}\boldsymbol{\varphi}(t-1)= \\ \left(\left(\left.\frac{\partial f}{\partial \boldsymbol{v}}\right|_{\bar{\boldsymbol{v}}_2}-\left.\frac{\partial f}{\partial \boldsymbol{v}}\right|_{\bar{\boldsymbol{v}}_1}\right)^{\mathrm{T}}\boldsymbol{\varphi}(t-1)\right. \tag{10.11}$$

式中，$\bar{\boldsymbol{v}}_2=\lambda \boldsymbol{v}(t-1)+(1-\lambda)\bar{\boldsymbol{v}}_1(t-1)$，$\lambda \in (0,1)$。

令

$$\varepsilon_r=\sup_{\substack{\bar{\boldsymbol{v}}_2 \text{ s. t.} \\ \|\bar{\boldsymbol{v}}_2-\bar{\boldsymbol{v}}_1\| \leqslant r}} \left\|\left(\left.\frac{\partial f}{\partial \boldsymbol{v}}\right|_{\bar{\boldsymbol{v}}_2}-\left.\frac{\partial f}{\partial \boldsymbol{v}}\right|_{\bar{\boldsymbol{v}}_1}\right)\right\| \tag{10.12}$$

显然有

$$|R_1(t)| \leqslant \varepsilon_r \|\boldsymbol{\varphi}(t-1)\|, \qquad \forall \boldsymbol{\varphi}(t-1) \in \mathscr{B}_r \tag{10.13}$$

同样，由式(10.4)，可得

$$|R_2(t)| \leqslant LU \tag{10.14}$$

式中，L 为一常数，其界可由 f 的任一 Lipschitz 常数确定。取 $l=LU$，则式(10.10)得证。

评注 10.1.1

(1) 式(10.12)将式(10.10)中 $R(t)$ 的界与偏导数$\frac{\partial f}{\partial \boldsymbol{v}}$在球 $\mathscr{B}_r$ 中的变化联系起来,参数 ε_r 的值反映了对象的非线性程度。也就是说,对于较小的 r 值,对象的非线性程度越强,则 ε_r 越大。

(2) 不必知道 ε_r 或 l 值,只要知道这种值存在即可。

(3) 在使用非线性模型时,具有非结构性扰动的系统可以明显地描述出与信号$(0,u^*)$的关系。在自适应控制的设计中,将隐含地利用 $u_1=0$ 来近似 u^*。常数 U 的值可能是很大的。

现在进一步做一些假设来限制信号 u_1, y^* 和 d 的变化速率。

假设 10.1.4 $\exists \delta_1, \delta_2, \delta_3 \in \mathbf{R}^+$ 使得 y^*, d, u_1 满足

$$|y^*(t)-y^*(t-1)| \leqslant \delta_1, \quad \forall t \tag{10.15a}$$

$$|d(t)-d(t-1)| \leqslant \delta_2, \quad \forall t \tag{10.15b}$$

$$|u_1(t)-u_1(t-1)| \leqslant \delta_3, \quad \forall t \tag{10.15c}$$

实际上,假设 10.1.1 已保证了式(10.15c)的成立,为了方便,这里明确列出了式(10.15c)。

由假设 10.1.4 容易做出结论:存在 $\delta_v, \delta_\omega > 0$,使得

$$\|\bar{\boldsymbol{v}}(t)-\bar{\boldsymbol{v}}(t-1)\| \leqslant \delta_v, \quad \forall t \tag{10.16a}$$

$$\|\boldsymbol{\omega}(t)-\boldsymbol{\omega}(t-1)\| \leqslant \delta_\omega, \quad \forall t \tag{10.16b}$$

由假设 10.1.2 可知 f_{v_i} 是局部 Lipschitz 的,具体说,存在 F_1, F_2 和 δ_4, δ_5 使得对于所给定的 $\boldsymbol{\omega}, (\boldsymbol{v}-\bar{\boldsymbol{v}}) \in \mathscr{B}_{\delta_4}$,则有

$$|f_{v_i}(\boldsymbol{v},\boldsymbol{\omega})-f_{v_i}(\bar{\boldsymbol{v}},\boldsymbol{\omega})| \leqslant F_1\|\boldsymbol{v}-\bar{\boldsymbol{v}}\|, \quad i=1,2,\cdots,2n \tag{10.17a}$$

对于所给定的 $\boldsymbol{v}, (\boldsymbol{\omega}-\bar{\boldsymbol{\omega}}) \in \mathscr{B}_{\delta_5}$,则有

$$|f_{v_i}(\boldsymbol{v},\boldsymbol{\omega})-f_{v_i}(\boldsymbol{v},\bar{\boldsymbol{\omega}})| \leqslant F_2\|\boldsymbol{\omega}-\bar{\boldsymbol{\omega}}\|, \quad i=1,2,\cdots,2n \tag{10.17b}$$

假设 10.1.5 假设 10.1.4 中的信号变化缓慢得足以保证 $\delta_4 \geqslant \delta_v, \delta_5 \geqslant \delta_\omega$。

将不等式(10.16)与不等式(10.17)相结合,便给出了对参数向量 $\boldsymbol{\theta}(t)$ 时变速率的约束,即

$$\begin{aligned}|\theta_i(t)-\theta_i(t-1)| = & |f_{v_i}(\bar{\boldsymbol{v}}_1(t),\boldsymbol{\omega}(t))-f_{v_i}(\bar{\boldsymbol{v}}_1(t-1),\boldsymbol{\omega}(t-1))| \leqslant \\ & |f_{v_i}(\bar{\boldsymbol{v}}_1(t),\boldsymbol{\omega}(t))-f_{v_i}(\bar{\boldsymbol{v}}_1(t-1),\boldsymbol{\omega}(t))| + \\ & |f_{v_i}(\bar{\boldsymbol{v}}_1(t-1),\boldsymbol{\omega}(t))-f_{v_i}(\bar{\boldsymbol{v}}_1(t-1),\boldsymbol{\omega}(t-1))| \leqslant \\ & F_1\delta_v+F_2\delta_\omega\end{aligned} \tag{10.18}$$

因而,可知存在 $\varepsilon_{\boldsymbol{\theta}} > 0$,使得

$$\|\boldsymbol{\theta}(t)-\boldsymbol{\theta}(t-1)\| \leqslant \varepsilon_{\boldsymbol{\theta}}, \quad \forall t \tag{10.19}$$

评注 10.1.2

式(10.2)中非线性的基本参数是 r, ε_r 和 $\varepsilon_{\boldsymbol{\theta}}$,显然它们是相互关联的,因对式(10.10)和式(10.19)中的界来说,r 越大,则 ε_r 和 $\varepsilon_{\boldsymbol{\theta}}$ 越大。

10.1.3 自适应控制方案

现采用一种与简单梯度方案相类似的参数估计算法,即

$$\hat{\boldsymbol{\theta}}(t)=\mathscr{P}\left\{\hat{\boldsymbol{\theta}}(t-1)+\frac{\boldsymbol{\varphi}(t-1)e(t)}{1+\boldsymbol{\varphi}^{\mathrm{T}}(t-1)\boldsymbol{\varphi}(t-1)}\right\} \leqslant q_0, \quad \forall t \tag{10.20}$$

式中，$\hat{\boldsymbol{\theta}}(t)$ 为 $\boldsymbol{\theta}(t)$ 的估值，$\mathscr{P}$ 表示保证使 $\hat{\boldsymbol{\theta}}(t) \in \boldsymbol{b}(\forall t)$ 的映射算子，且

$$e(t) = \Delta y(t) - \boldsymbol{\varphi}^{\mathrm{T}}(t-1)\hat{\boldsymbol{\theta}}(t-1) \tag{10.21}$$

$e(t)$ 为预测误差。假定 $r > r_0 \in \mathbf{R}^+$ 使得 $\dfrac{l}{r_0} \leqslant \delta_0$。

引理 10.1.2　用于系统式(10.3)或式(10.6)的估计算法式(10.20)和式(10.21)具有下列性质：

(1) 若 $\boldsymbol{\varphi}(t-1) \in \mathscr{B}_r$，则 $\exists k \in \mathbf{R}^+$，使得

$$|\tilde{e}(t)| \leqslant k \tag{10.22}$$

式中

$$|\tilde{e}(t)| = e(t)/(1 + \|\boldsymbol{\varphi}(t-1)\|^2)^{1/2} \tag{10.23}$$

(2) $$\|\hat{\boldsymbol{\theta}}(t) - \hat{\boldsymbol{\theta}}(t-1)\| \leqslant |\tilde{e}(t)|, \quad \forall t \tag{10.24}$$

(3) 若 $\boldsymbol{\varphi}(i) \in \mathscr{B}_r$ 并且 $\|\boldsymbol{\varphi}(i)\| > r$，$i = t_0, t_0+1, \cdots, t+1$，则有

$$\sum_{i=t_0+1}^{t} \tilde{e}(i) \leqslant \alpha_1 + \alpha_2(t-t_0) + \alpha_3(t-t_0) \tag{10.25}$$

式中

$$\alpha_1 = k_c^2, \quad \alpha_2 = 0(\varepsilon_r, \varepsilon_{\boldsymbol{\theta}}), \quad \alpha_3 = 0(\delta) \tag{10.26}$$

引理 10.1.2 可用标准的步骤进行证明，受篇幅限制，这里不再详述。

评注 10.1.3

式(10.25)的特点就在于利用减小 ε_r，$\varepsilon_{\boldsymbol{\theta}}$，可以使 α_2 任意小。

将系统中的参数 $\boldsymbol{\theta}(t)$ 用其估计值代替，考虑极点配置方法，即

$$\hat{L}(t-1)\Delta u(t) = -\hat{P}(t-1)\Delta y(t) \tag{10.27}$$

式中，$\hat{L}$，$\hat{P}$ 满足方程

$$\hat{A}(t-1)\hat{L}(t-1) + \hat{B}(t-1)\hat{P}(t-1) = A^* \tag{10.28}$$

式中

$$\hat{A}(t-1) = 1 - \hat{\theta}_1(t-1)q^{-1} - \cdots - \hat{\theta}_n(t-1)q^{-n} \tag{10.29a}$$

$$\hat{B}(t-1) = \hat{\theta}_{n+1}(t-1)q^{-1} + \cdots + \hat{\theta}_{2n}(t-1)q^{-n} \tag{10.29b}$$

A^* 为给定的 $2n$ 阶首一多项式，q^{-1} 为时延算子。因而 $\hat{L}$ 和 $\hat{P}$ 给出了一个严格正实调节器，设

$$\hat{L}(t-1) = 1 + \hat{l}_0(t-1)q^{-1} + \cdots + \hat{l}_{n-1}(t-1)q^{-n} \tag{10.30a}$$

$$\hat{P}(t-1) = \hat{p}_0(t-1)q^{-1} + \cdots + \hat{p}_{n-1}(t-1)q^{-n} \tag{10.30b}$$

假设 10.1.6　多项式 $z^{2n}A^*$ 是离散严格 Hurwitz 的。

正如所有的间接式自适应控制一样，这里所遇到的一个技术上的困难是解方程式(10.28)。我们要求 $\|\hat{L}\|$，$\|\hat{P}\|$ 是有界的，其中 $\|\cdot\|$ 为多项式系数向量的范数。现需要对系统模型作进一步限制。

假设 10.1.7　对于所有的 $\boldsymbol{\theta} \in \boldsymbol{b}$，线性系统模型是一致稳定的。

评注 10.1.4

这里在假设 10.1.3 中的凸域 $\boldsymbol{b}$ 的基础上又增加了一个假设，这一假设明显地对非线性对象提出了可控性要求。由于任意大的参数空间域都可以由多个凸域所覆盖，因而下面的分析方法可以扩展到任意的参数空间域。

10.1.4　稳定性分析

稳定性分析的主要结果是确定整个系统中的所有变量偏离标称轨迹 $\bar{v}_1$ 的偏差量是局部有界的。

将方程式(10.21)与式(10.27)相结合可得闭环系统方程，即

$$\boldsymbol{\varphi}(t+1)=\boldsymbol{A}(t)\boldsymbol{\varphi}(t)+\boldsymbol{b}e(t+1) \tag{10.31}$$

式中

$$\boldsymbol{A}(t)=\begin{bmatrix} \hat{\theta}_1(t) & \cdots & \hat{\theta}_{n-1}(t) & \hat{\theta}_n(t) & \hat{\theta}_{n+1}(t) & \cdots & \hat{\theta}_{2n-1}(t) & \hat{\theta}_{2n}(t) \\ 1 & \cdots & 0 & 0 & 0 & \cdots & 0 & 0 \\ \vdots & & \vdots & \vdots & \vdots & & \vdots & \vdots \\ 0 & \cdots & 1 & 0 & 0 & \cdots & 0 & 0 \\ -\hat{p}_0(t) & \cdots & -\hat{p}_{n-2}(t) & -\hat{p}_{n-1}(t) & -\hat{l}_0(t) & \cdots & -\hat{l}_{n-2}(t) & -\hat{l}_{n-1}(t) \\ 0 & \cdots & 0 & 0 & 1 & \cdots & 0 & 0 \\ \vdots & & \vdots & \vdots & \vdots & & \vdots & \vdots \\ 0 & \cdots & 0 & 0 & 0 & \cdots & 1 & 0 \end{bmatrix} \tag{10.32a}$$

$$\boldsymbol{b}^{\mathrm{T}}=[1 \quad 0 \quad \cdots \quad 0] \tag{10.32b}$$

引理 10.1.3　对于线性时变系统，即

$$\boldsymbol{x}(t+1)=\boldsymbol{A}(t)\boldsymbol{x}(t) \tag{10.33}$$

假定：

(1) $\boldsymbol{A}(t)$ 是有界的。

(2) 对于 $t>t_0$，则有

$$\sum_{\tau=t_0+1}^{t}\|\boldsymbol{A}(\tau)-\boldsymbol{A}(\tau-1)\|^2\leqslant k_0+k_1(t-t_0) \tag{10.34}$$

式中，k_0 和 k_1 为正的常数，并且 k_1 足够小。

(3) 对于所有 t，$|\lambda_i(\boldsymbol{A}(t))|<1,\quad i=1,2,\cdots,n$，则系统式(10.33)的转移矩阵 $\boldsymbol{\psi}(t,\tau)$ 满足关系式

$$\|\boldsymbol{\psi}(t,\tau)\|\leqslant c_1\mu^{t-\tau},\quad t\geqslant\tau \tag{10.35}$$

式中，$\mu\in(0,1)$，c_1 为正的常数。

引理 10.1.3 的证明可参考文献[37]、[38]。

定理 10.1.1　对于由对象式(10.2)、估计器式(10.20)、式(10.21)和调节器式(10.27)～式(10.30)所构成的自适应方案，在上述假设条件下，存在 r^*，ε_r^*，$\varepsilon_{\boldsymbol{\theta}}^*$ 和 r，使得 $r\geqslant r^*$，$\varepsilon_r\geqslant\varepsilon_r^*$，$\varepsilon_{\boldsymbol{\theta}}\leqslant\varepsilon_{\boldsymbol{\theta}}^*$，并且当 $\boldsymbol{\varphi}(0)\in\mathscr{B}_{r0}$ 时，保证 $\boldsymbol{\varphi}(t)\in\mathscr{B}_r$，对于任意的 t 皆成立。具体说，就是控制信号 $\Delta u(t)$ 和跟踪误差 $\Delta y(t)$ 对任意的 t 均有界。

证明　将时间序列 z^+ 分为两个子序列，即

$$z_1=\{t\in z^+\mid\|\boldsymbol{\varphi}(t)\|>r_0\},\quad z_2=\{t\in z^+\mid\|\boldsymbol{\varphi}(t)\|\leqslant r_0\} \tag{10.36}$$

由于 $r>r_0$，显然只需证明对于 $\tau\in z_1$，有 $\|\boldsymbol{\varphi}(\tau)\|<r$ 即可。同样，也假设初始条件满足不等式 $\|\boldsymbol{\varphi}(0)\|\leqslant r_0$。

利用归纳法进行证明。假设 $\|\boldsymbol{\varphi}(\tau)\|\leqslant M,\tau=0,1,\cdots,t-1$，选取 t_0 使得 $t_0-1\in z_2$；t_0，

$t_0+1,\cdots,t-1\in z_1$。由引理 10.1.2 容易看出,若对于 $\tau=0,1,\cdots,t-1$ 有 $\boldsymbol{\varphi}(\tau)\in\mathscr{B}_r$,则式(10.32a) 所示矩阵 $\boldsymbol{A}(t)$ 满足引理 10.1.3 中的所有条件。在条件(2) 中,有 $k_1=k(\alpha_2+\alpha_3)$,式中 k 是一独立的常数。于是对于线性时变系统,即

$$\boldsymbol{\varphi}(t+1)=\boldsymbol{A}(t)\boldsymbol{\varphi}(t) \tag{10.37}$$

若对于 $\forall t\geqslant\tau,\tau=0,1,2,\cdots,t-1$,均有 $\alpha_2\leqslant\bar{\alpha}_2^*,r_0\geqslant\bar{r}_0^*,\boldsymbol{\varphi}(\tau)\in\mathscr{B}_r$,其中 $\bar{\alpha}_2^*$ 是一充分小的正常数,$\bar{r}_2^*$ 是一充分大的常数,则转移矩阵 $\boldsymbol{\Phi}(t,\tau)$ 满足关系式

$$\|\boldsymbol{\Phi}(t,\tau)\|\leqslant c_1\sigma^{t-\tau} \tag{10.38}$$

式中,$\sigma\in(0,1)$。

式(10.31) 的通解为

$$\boldsymbol{\varphi}(t)=\boldsymbol{\Phi}(t,t_0)\boldsymbol{\varphi}(t_0)+\sum_{\tau=t_0}^{t-1}\boldsymbol{\Phi}(t,\tau)\boldsymbol{b}\boldsymbol{e}(\tau+1) \tag{10.39}$$

利用式(10.38) 和 Schwarz 不等式,可得

$$\sigma^{-t}\|\boldsymbol{\varphi}(t)\|^2=s^2(t)+c_2\sum_{\tau=t_0}^{t-1}\sigma^{-\tau}\|\boldsymbol{\varphi}(\tau)\|^2\,|\,\tilde{e}(t+1)\,|^2 \tag{10.40}$$

式中

$$s^2(t)=2c^2\sigma^t\|\boldsymbol{\varphi}(t_0)\|^2+c_1 \tag{10.41}$$

对式(10.41) 利用离散 Grownwall 定理[32] 及算术和几何中值定理[32] 以及引理 10.1.2,对于 $\alpha_2\leqslant\bar{\alpha}_2^*$ 和 $r_0\geqslant\bar{r}_0^*$,可得

$$\|\boldsymbol{\varphi}(t)\|^2\leqslant 2c^2(\sigma_c^*)^t(1+kt)[\,\|\boldsymbol{\varphi}(t_0)\|+c_3] \tag{10.42}$$

式中,$\sigma<\sigma_c^*<1$,$\bar{\alpha}_2^*$ 是一小的常数,$\bar{r}_0^*$ 是一充分大的常数。

由方程式(10.42),可得

$$\|\boldsymbol{\varphi}(t)\|^2\leqslant c_4\|\boldsymbol{\varphi}(t_0)\|^2+c_3 \tag{10.43}$$

因而,当 $r^2>c_3$ 并且

$$\|\boldsymbol{\varphi}(t_0)\|^2\leqslant\frac{r^2-c_3}{c_4} \tag{10.44}$$

时,则有

$$\|\boldsymbol{\varphi}(t)\|^2\leqslant r^2 \tag{10.45}$$

即 $\boldsymbol{\varphi}(t)\in\mathscr{B}_r$,归纳证明完毕。

剩下的问题是验证定理叙述中的常数。已有 $r^*=\max\{r_0,\sqrt{c_3}\}$,$r_0^2=\max\left\{\bar{r}_0^*,\bar{\bar{r}}_0^*,\dfrac{r^2-c_3}{c_4}\right\}$,现在令 $\bar{\alpha}_2^*=\min\{\bar{\alpha}_2^*,\bar{\bar{\alpha}}_2^*\}$,可以选择 $\varepsilon_{\boldsymbol{\theta}}^*$ 和 ε_r^* 使得式(10.26) 给出的 $\alpha_2\leqslant\bar{\alpha}_2^*$。

评注 10.1.5

(1) 可以看到,ε_r,$\varepsilon_{\boldsymbol{\theta}}$ 有界并且 $r>r^*$ 是对这一类非线性的最简单的约束;

(2) 由有界问题进一步所导出的定性结果将涉及 A^* 的稳定度。较小的 σ 值允许 ε_r 和 $\varepsilon_{\boldsymbol{\theta}}$ 有较大的值,也就是允许有较严重的非线性。若 $R(t)$ 的界在 ε_r,l 与 r 相独立的意义上是全局有界的,则容易导出下面的定理。

定理 10.1.2　假设定理 10.1.1 的条件改变为 $f(\cdot,\boldsymbol{\omega})$ 是全局 Lipschitz,则 $\exists\varepsilon_r^*$ 和 $\varepsilon_{\boldsymbol{\theta}}^*$ 使得 $\varepsilon_r\leqslant\varepsilon_r^*$ 和 $\varepsilon_{\boldsymbol{\theta}}\leqslant\varepsilon_{\boldsymbol{\theta}}^*$ 可保证系统围绕标称轨迹是有界输入、有界状态(BIBS) 稳定的。

综上所述可以看到,自适应线性控制对于离散时间非线性系统是一种好的设计方法。稳

定性条件本质上是限制了由差分方程所描述的函数的梯度，对于全局稳定，要求这一函数是全局 Lipschitz 的。目前基于归纳法的离散系统证明方法还不能直接应用于相对应的连续系统，然而可以推测，对于相应的连续系统仍会有相类似的结果。

10.2 非线性一阶系统的鲁棒自适应控制

在第 3 章、第 8 章和第 9 章所进行的线性单输入单输出(SISO) 系统模型参考自适应控制问题的研究中可以看到，那些在理想情况下所设计的自适应控制算法，当考虑到系统的干扰和未建模动态时可能无法保证系统的稳定性。为了解决这一问题，人们提出了许多方法，这些方法可以归纳为两类：一类是对现有自适应方法进行修正，产生了死区法、σ 校正法、e_1 校正法等；另一类则是增加参考输入信号的丰富性，以保证系统的持续激励。

本节中，我们将死区法引入非线性一阶系统的控制器设计，介绍这类控制器的结构、自适应控制律及其性质。

10.2.1 鲁棒控制器结构设计

研究一类非线性系统，即

$$\dot{x} = -\boldsymbol{\theta}^{\mathrm{T}}\boldsymbol{f}(x) - bu + w_1(t) + g(x) \tag{10.46}$$

$$\bar{x} = x + w_2(t) \tag{10.47}$$

式中，$u,\ x,\ \bar{x} \in \mathbf{R}$ 分别为系统的输入、状态和状态测量值，并且满足如下条件：

(1) $\boldsymbol{\theta} \in \mathbf{R}^p$，$b \in \mathbf{R}$ 为系统的未知参数；

(2) $\boldsymbol{f}(x) \in \mathbf{R}^p$ 为系统的已知向量函数，$g(x)$ 为未知的标量函数，表示系统的未建模动态；

(3) 假定 $w_1(t)$，$w_2(t)$，$\boldsymbol{f}(x)$，$g(x)$ 是标准光滑有界的，以保证微分方程解的存在。

控制的目的是使上述的非线性控制对象与线性一阶参考模型

$$\dot{x}_{\mathrm{m}} = a_{\mathrm{m}}x_{\mathrm{m}} + r \tag{10.48}$$

渐近耦合，式中 $r \in \mathbf{R}$ 为参考信号，$a_{\mathrm{m}} < 0$。

首先，利用状态测量值将式(10.46) 改写为

$$\dot{\bar{x}} = \dot{x} + \dot{w}_2 = -\boldsymbol{\theta}^{\mathrm{T}}\boldsymbol{f}(\bar{x}) + \boldsymbol{\theta}^{\mathrm{T}}\Delta\boldsymbol{f}(x,w_2) - bu + \dot{w}_2 + w_1 + g(x) \tag{10.49}$$

式中，$\Delta\boldsymbol{f}(x,w_2) = \boldsymbol{f}(\bar{x}) - \boldsymbol{f}(x)$。

由式(10.48) 和式(10.49) 可导出误差方程，即

$$\dot{e} = \dot{\bar{x}} - \dot{x}_{\mathrm{m}} = a_{\mathrm{m}}e + b\left[-\bar{\boldsymbol{\theta}}^{\mathrm{T}}\bar{\boldsymbol{f}} - u + \frac{\dot{w}_2}{b} + \frac{w_1}{b} + \frac{1}{b}\boldsymbol{\theta}^{\mathrm{T}}\Delta\boldsymbol{f}(x,w_2) + \frac{g(x)}{b}\right] \tag{10.50}$$

式中

$$\bar{\boldsymbol{\theta}}^{\mathrm{T}} = \begin{bmatrix} \dfrac{a_{\mathrm{m}}}{b} & \dfrac{\boldsymbol{\theta}^{\mathrm{T}}}{b} & \dfrac{1}{b} \end{bmatrix} \tag{10.51}$$

$$\bar{\boldsymbol{f}}^{\mathrm{T}} = [x \quad \boldsymbol{f}^{\mathrm{T}}(x) \quad r] \tag{10.52}$$

假设：

(1) b 是未知的，但其符号是已知的，不失一般性，假定 $b > 0$；

(2) 存在一个适当的未知参数 $w_{\mathrm{m}} > 0$ 和已知的连续时间函数 $h(\bar{x}) > 0$，使得

$$\frac{1}{b}\mid \dot{w}_2+w_1+\boldsymbol{\theta}^{\mathrm{T}}\Delta \boldsymbol{f}(x,w_2)+g(x)\mid \leqslant w_{\mathrm{m}}h(\bar{x}) \tag{10.53}$$

由于 e 和 $\bar{\boldsymbol{f}}$ 是可测量的，因而可用其构成控制律。为达到控制目的，可采用控制律

$$u=-\hat{\boldsymbol{\theta}}^{\mathrm{T}}\bar{\boldsymbol{f}}+\frac{e\mid e\mid h(\bar{x})}{\varepsilon_0(e)}\hat{w}_{\mathrm{m}} \tag{10.54}$$

式中，$\hat{\boldsymbol{\theta}}\in \mathbf{R}^{p+2}$ 表示未知参数向量 $\bar{\boldsymbol{\theta}}$ 的估计向量，$\varepsilon_0(e)$ 是一合适的跟踪误差函数，$\hat{w}_{\mathrm{m}}$ 为一辅助参数估计，对此后面还要进一步给出。

为了证明由式(10.46)和式(10.54)所组成的闭环系统的稳定性，选取正定函数为

$$V(t)=\frac{1}{2}e^2+\frac{1}{2}b[\tilde{\boldsymbol{\theta}}^{\mathrm{T}}\tilde{\boldsymbol{\theta}}+\tilde{w}_{\mathrm{m}}^2] \tag{10.55}$$

式中，$\tilde{\boldsymbol{\theta}}=\hat{\boldsymbol{\theta}}-\bar{\boldsymbol{\theta}}$，$\tilde{w}_{\mathrm{m}}=\hat{w}_{\mathrm{m}}-w_{\mathrm{m}}$。

将 $V(t)$ 沿闭环系统的轨迹取导数，并考虑到式(10.50)和式(10.54)，可得

$$\begin{aligned}\dot{V}(t)=e\Big\{&a_{\mathrm{m}}e+b[\tilde{\boldsymbol{\theta}}^{\mathrm{T}}\boldsymbol{f}-\frac{e\mid e\mid}{\varepsilon_0(e)}h(\bar{x})\hat{w}_{\mathrm{m}}+\frac{\dot{w}_2}{b}+\frac{w_1}{b}+\\&\frac{1}{b}\boldsymbol{\theta}^{\mathrm{T}}\Delta\boldsymbol{f}(x,w_2)+\frac{g(x)}{b}]\Big\}+b(\tilde{\boldsymbol{\theta}}^{\mathrm{T}}\dot{\tilde{\boldsymbol{\theta}}}+\tilde{w}_{\mathrm{m}}\dot{\tilde{w}}_{\mathrm{m}})\end{aligned} \tag{10.56}$$

由式(10.53)和式(10.56)，可得

$$\dot{V}(t)\leqslant a_{\mathrm{m}}e^2+b\left[-\frac{e^2\mid e\mid}{\varepsilon_0(e)}h(\bar{x})\hat{w}_{\mathrm{m}}+\mid e\mid w_{\mathrm{m}}h(\bar{x})\right]+b\,\tilde{\boldsymbol{\theta}}^{\mathrm{T}}(e\bar{\boldsymbol{f}}+\dot{\tilde{\boldsymbol{\theta}}})+b\tilde{w}_{\mathrm{m}}\dot{\tilde{w}}_{\mathrm{m}} \tag{10.57}$$

因为 $\bar{\boldsymbol{\theta}}$ 和 w_{m} 是未知的定常参数，故 $\dot{\tilde{\boldsymbol{\theta}}}=\dot{\hat{\boldsymbol{\theta}}}$，$\dot{\tilde{w}}_{\mathrm{m}}=\dot{\hat{w}}_{\mathrm{m}}$。现选取

$$\dot{\hat{w}}_{\mathrm{m}}=\begin{cases}\mid e\mid \dfrac{e^2}{\varepsilon_0(e)}h(\bar{x}), & \mid e\mid\geqslant\varepsilon_1\\ 0, & \mid e\mid<\varepsilon_1\end{cases} \tag{10.58}$$

$$\dot{\hat{\boldsymbol{\theta}}}=\begin{cases}-e\bar{\boldsymbol{f}}, & \mid e\mid\geqslant\varepsilon_1\\ \boldsymbol{0}, & \mid e\mid<\varepsilon_1\end{cases} \tag{10.59}$$

式中，ε_1 为所选定的死区范围。将式(10.58)和式(10.59)引入式(10.57)，对于 $\mid e\mid\geqslant\varepsilon_1$，则有

$$\dot{V}(t)\leqslant a_{\mathrm{m}}e^2+b\mid e\mid w_{\mathrm{m}}\left[1-\frac{e^2}{\varepsilon_0(e)}\right]h(\bar{x}) \tag{10.60}$$

若选取 $\varepsilon_0(e)$ 使得对于所有的 e 和 $\mid e\mid\geqslant\varepsilon_1$，均有

$$\mid e\mid\geqslant[\varepsilon_0(e)]^{1/2} \tag{10.61}$$

则可得

$$\dot{V}(t)\leqslant a_{\mathrm{m}}e^2\leqslant a_{\mathrm{m}}\varepsilon_1^2,\qquad \mid e\mid\geqslant\varepsilon_1 \tag{10.62}$$

因而，当 $e,\boldsymbol{\theta},\hat{w}_{\mathrm{m}}$ 初始值有界时，$V(t)$ 是逐渐减小的，直到 $\mid e\mid$ 达到死区边界，即 $\mid e\mid=\varepsilon_1$ 时为止。

令 $\Omega_1=\{t\mid\mid e\mid\leqslant\varepsilon_1\}$，$\Omega_2=\{t\mid\mid e\mid>\varepsilon_1\}$，对于 $t\in\Omega_1$，$\hat{\boldsymbol{\theta}}$ 和 $\hat{w}_{\mathrm{m}}$ 为常数。假定对于 $t=t_0\in\Omega_1$，$\mid e(t_0)\mid=\varepsilon_1$，即轨迹位于 Ω_1 的边界上，并假定 $\mid e\mid$ 在 t_1 时离开 Ω_1，则存在 $t_2>t_1$，使得 $t_2\in\Omega_2$。由式(10.62)可知，区间 (t_1,t_2) 的长度必定是有限的，因而存在一时刻 $t_3>t_2$，使得 $\mid e(t_3)\mid=\varepsilon_1$。由于 $e^2(t_3)=e^2(t_1)$，并且对于 $t\in\Omega_2$，$V(t)$ 是严格递减的，因而可以导出

$$\|\tilde{\boldsymbol{\theta}}(t_3)\|^2+\tilde{w}_{\mathrm{m}}^2(t_3)<\|\tilde{\boldsymbol{\theta}}(t_1)\|^2+\tilde{w}_{\mathrm{m}}^2(t_1) \tag{10.63}$$

每当跟踪误差离开并且再入死区时,参数向量的欧几里德范数严格递减。这就可以得出结论:Ω_2 具有有限测度,即跟踪误差在死区外的总时间区间具有有限测度。

值得注意的是,若下述三个不等式成立,则假设(2) 中的不等式(10.53) 成立。

$$\frac{1}{b}\,|\,\dot{w}_2+w_1\,|\leqslant w_{\mathrm{m1}} \tag{10.64a}$$

$$\frac{1}{b}\,|\,\boldsymbol{\theta}^{\mathrm{T}}\Delta\boldsymbol{f}(x,w_2)\,|\leqslant w_{\mathrm{m2}}h_2(\bar{x}) \tag{10.64b}$$

$$\frac{1}{b}\,|\,g(x)\,|\leqslant w_{\mathrm{m3}}h_3(\bar{x}) \tag{10.64c}$$

式中,$w_{\mathrm{m}i}(i=1,2,3)$ 是未知的正常数,$h_i(\bar{x})(i=1,2,3)$ 是已知正常数。上述三个不等式的意义就在于外干扰、敏感项 $\Delta\boldsymbol{f}$ 以及未建模动态可以分开进行处理,而且若 $\boldsymbol{f}$ 和 g 是全局 Lipschitz,则可令 $h_2(\bar{x})\equiv 1,h_3(\bar{x})=\bar{x}$。在这种情况下可以看到,无论是在上述三个不等式中,还是在不等式(10.53) 中,都不要求预先知道它们的上确界。

10.2.2 死区大小的选择

上面已证明,当选取函数 $\varepsilon_0(e)$ 使得式(10.61) 成立时,利用控制律式(10.54)、式(10.58) 和式(10.59),可以使系统式(10.46)、式(10.47) 全局稳定。下面介绍选取 $\varepsilon_0(e)$ 的三种不同方法。

(1) 选取

$$\varepsilon_0(e)=e^2,\qquad \varepsilon_1=0 \tag{10.65}$$

在这种情况下,可得

$$\dot{\hat{w}}_{\mathrm{m}}=|\,e\,|\,h(\bar{x}) \tag{10.66}$$

$$\dot{\hat{\boldsymbol{\theta}}}=-e\bar{\boldsymbol{f}} \tag{10.67}$$

$$u=-\hat{\boldsymbol{\theta}}^{\mathrm{T}}\bar{\boldsymbol{f}}+\mathrm{sgn}(e)\hat{w}_{\mathrm{m}}h(\bar{x}) \tag{10.68}$$

式中,sgn 表示符号函数。

由式(10.65)、式(10.66) 可知,当到达滑动面 $e=0$ 时,参数被冻结。但在实际中是不可能遇到这种情况的,因为实际的转换开关只能提供一种近似的符号函数。如果采用数字实现,则跟踪误差中的舍入误差可能会破坏 $e=0$ 邻域内的符号信息。根据理论观点,在 $e=0$ 的邻域内,控制律式(10.65)、式(10.66) 和式(10.67) 将会导出一种左侧不连续的误差方程,就不存在通常意义下的解。

(2) 选取

$$\varepsilon_0(e)=\begin{cases}e^2, & |\,e\,|\geqslant\varepsilon_1\\ \varepsilon_1\,|\,e\,|, & |\,e\,|<\varepsilon_1\end{cases} \tag{10.69}$$

式中,$\varepsilon_1>0$ 是一任意标量。容易验证,这样选取 $\varepsilon_0(e)$ 可以满足稳定条件式(10.61),并且在这种情况下,可得

$$\dot{\hat{w}}_{\mathrm{m}}=\begin{cases}|\,e\,|\,h(\bar{x}), & |\,e\,|\geqslant\varepsilon_1\\ 0, & |\,e\,|<\varepsilon_1\end{cases} \tag{10.70}$$

$$\dot{\hat{\boldsymbol{\theta}}}=\begin{cases}-e\bar{\boldsymbol{f}}, & |e|\geqslant \varepsilon_1 \\ \boldsymbol{0}, & |e|<\varepsilon_1\end{cases} \tag{10.71}$$

$$u=-\hat{\boldsymbol{\theta}}^{\mathrm{T}}\bar{\boldsymbol{f}}+\operatorname{sat}(e/\varepsilon_1)\hat{w}_{\mathrm{m}}h(\bar{x}) \tag{10.72}$$

式中,饱和函数 $\operatorname{sat}(e/\varepsilon_1)$ 如图 10.2 所示。可以看出,只要 e 位于死区之外,式(10.70)、式(10.71)、式(10.72) 与式(10.66)、式(10.67)、式(10.68) 是等效的。如果 e 位于死区之内,则式(10.70)、式(10.71) 中的参数被冻结,式(10.72) 中的输入是跟踪误差的线性连续函数。如果 ε_1 定义一个以 $e=0$ 为原点的充分大的邻域,则可避免利用式(10.65) 选取 $\varepsilon_0(e)$ 时所遇到的难题。

(3) 选取

$$\varepsilon_0(e)=\varepsilon_1^2+\alpha(e^2-\varepsilon_1) \tag{10.73}$$

式中,$\alpha\in[0,1)$,$\varepsilon_1>0$ 均为任意标量。容易证明,这样选取 $\varepsilon_0(e)$ 可以满足式(10.61) 稳定条件。由式(10.58) 和式(10.59),可得

$$\dot{\hat{w}}_{\mathrm{m}}=\begin{cases}\dfrac{|e|e^2}{\varepsilon_1^2+\alpha(e^2-\varepsilon_1^2)}h(\bar{x}), & |e|\geqslant\varepsilon_1 \\ 0, & |e|<\varepsilon_1\end{cases} \tag{10.74}$$

$$\dot{\hat{\boldsymbol{\theta}}}=\begin{cases}-e\bar{\boldsymbol{f}}, & |e|\geqslant \varepsilon_1 \\ \boldsymbol{0}, & |e|<\varepsilon_1\end{cases} \tag{10.75}$$

$$u=-\hat{\boldsymbol{\theta}}^{\mathrm{T}}\bar{\boldsymbol{f}}+\frac{e|e|}{\varepsilon_1^2+\alpha(e^2-\varepsilon_1^2)}\hat{w}_{\mathrm{m}}h(\bar{x}) \tag{10.76}$$

可以看到,对于 ε_1 的某一固定值,若 α 趋近于 1,则 $\varepsilon_0(e)$ 趋近于 e^2,式(10.76) 中的 u 将趋近于式(10.68) 中所确定的不连续输入,因而必须选取 α 小于 1。利用 α 的自由选取可以改善系统暂态特性。如果 e 位于死区之内,则参数被冻结,控制输入是一个非线性连续函数,这同样可避免利用式(10.65) 中选取 $\varepsilon_0(e)$ 时所遇到的困难。

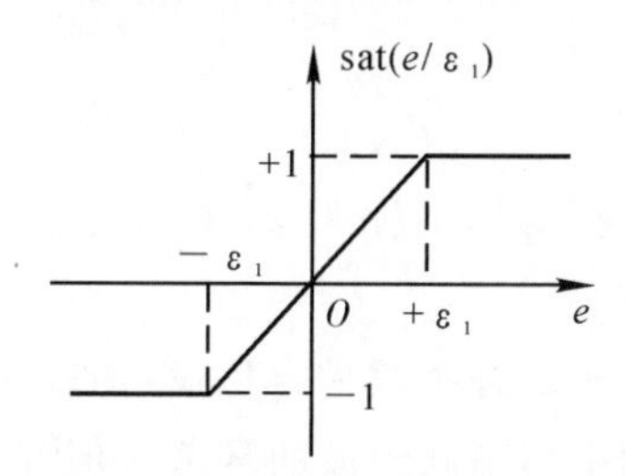

图 10.2　控制律中的饱和函数

例 10.2.1　非线性控制对象方程为

$$\dot{x}=\sum_{n=0}^{4}\frac{1}{(n+1)^2}\cos(nx)+u+w_1 \tag{10.77a}$$

$$\bar{x}=x+w_2 \tag{10.77b}$$

所选取的参考模型为

$$\dot{x}_{\mathrm{m}}=-x_{\mathrm{m}}+r \tag{10.78}$$

参考输入 r 是幅值为 1、宽度和间隔均为 $T=8$ s 的周期性正的方波信号,$h(\bar{x})=1$,$g(x)=0$,选取 $\varepsilon_1=0.01$,$\alpha=0.1$,仿真结果如图 10.3 所示。

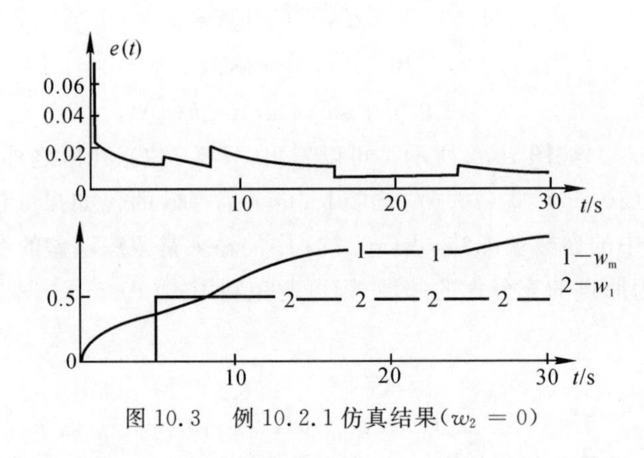

图 10.3　例 10.2.1 仿真结果($w_2=0$)

10.3　可补非时变非线性系统的自适应控制

进行非线性系统的控制器设计时，若非线性因素对整个系统特性的影响较小时，可将其视为线性系统的不确定性因素，由设计裕度保证设计结果的有效性，否则，就要视其为系统的确定性因素，进行有效的补偿和设计。

10.3.1　非时变非线性可补性概念

非时变非线性可以划分为可补的和非可补的两类。例如，对于饱和特性等，就无法补偿其输入信号使其输出与输入信号成线性关系。而对于死区或间隙非线性等，就可以做到这一点。这就涉及非时变非线性的可补性概念问题。

定义 10.3.1(可补性)　若存在非时变非线性 $g(x)\equiv g(x,\dot{x},x_0)$，使得非时变非线性 $f(x)\equiv f(x,\dot{x},x_0)$，则有

$$f(x,g(x))=kx \tag{10.79}$$

式中，kx 为 $f(x)$ 补偿后的线性化结果，则称 $f(x)$ 具有可补性，$g(x)$ 为 $f(x)$ 的补函数，简称为补。

显然，对于死区、间隙非线性等的补函数是容易找到的，例如死区的补为理想继电器，间隙非线性的补为微分环节和理想继电器串联组成的环节。但并非所有的非时变非线性均可补，例如饱和、理想继电器等非线性就是不可补的。可补的非时变非线性具有如下性质。

性质 1　非时变非线性可补的充分必要条件是对任意输入 x，存在 $y(x)\equiv y(x,\dot{x},x_0)$，使得 $f(y)=kx$。

性质 2　可补的非时变非线性必须是无界的。

性质 3　对非时变非线性 $f(x)$，其线性化结果为 kx，若方程

$$f(x+y)=kx \tag{10.80}$$

有实数解 $y=g(x)$，则 $g(x)$ 为 $f(x)$ 的补函数。

性质 3 给出了求解补函数的方法，即对方程式(10.80)求得 y 对 x 的表达式。

对于具有可补性的非时变非线性 $f(x)$，可硬件补偿为线性系统，如图 10.4 所示。对其作

等效结构变换，注意保持非线性环节的等效性，即有图 10.5 所示结构。其中 $P_c(s) \to g(x) \to P_c^{-1}(s)$ 称为逆前馈补偿通道。虚框内为控制器结构，其中包含非线性补偿通道，其复杂程度取决于 $P(s)$ 和 $f(x)$。

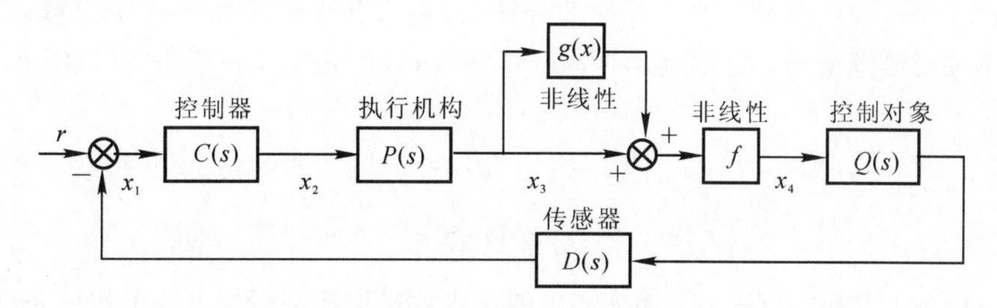

图 10.4　可补非时变非线性系统补偿线性化结构

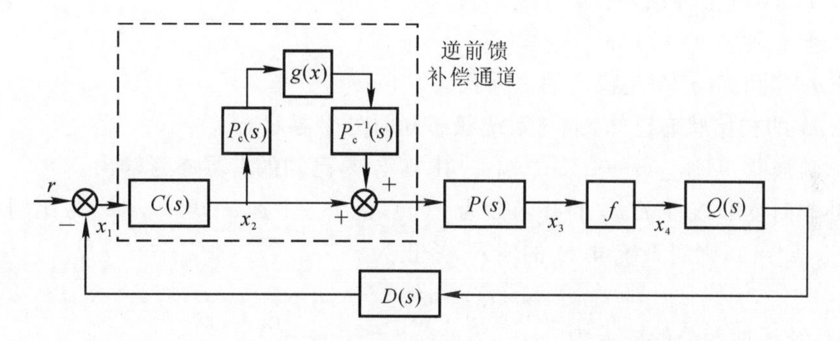

图 10.5　系统等效结构变换后的补偿线性化结构

为了控制器的实现，可将 $P(s)$ 分解为最小相位环节 $P_-(s)$ 和非最小相位环节 $P_+(s)$，即

$$P(s) = P_-(s) + P_+(s) \tag{10.81}$$

同时取 $P_+(0)=1$，即希望在稳态时能实现全补偿。将 $P_-(s)$ 作为 $P_c(s)$ 的一部分，同时，引入低通滤波器

$$F_p(s) = 1/(Ts+1)^n \tag{10.82}$$

式中，$T>0$ 为滤波时间常数，n 为 $P_-(s)$ 的极、零点个数之差。所以有

$$P_c(s) = P_-(s)F_p(s) \tag{10.83}$$

由于增加了低通滤波器 $F_p(s)$，不再出现求高阶导数的问题。又由于 $P_c(s)$ 由最小相位环节组成，初值的影响在闭环系统稳定下将逐渐消失。

虽然上述方案使控制器变得复杂一些，但由于逆前馈通道的补函数补偿了系统已知的非线性，从而在设计中可降低对稳定裕度的要求。也就是说，在同样的稳定储备下，利用补函数补偿后的系统能克服更大的不确定性或干扰的影响，使系统具有更好的鲁棒稳定性。具体实现时，可考虑 $P(s)$ 的主要模态或高阶 $P(s)$ 的低阶等效环节。

10.3.2　可补非时变非线性系统的自适应算法

考虑 SISO 可补非时变非线性系统，即

$$A(q^{-1})y(t) = q^{-d}B(q^{-1})u(t) + C(q^{-1})w(t) \tag{10.84}$$

$$\bar{u}(t) = f(u(t)) \equiv f(u(t),\ \dot{u}(t),\ u(0)) \tag{10.85}$$

$$A(q^{-1})=1+\sum_{k=1}^{n}a_kq^{-k},\quad B(q^{-1})=1+\sum_{k=0}^{m}b_kq^{-k},\quad C(q^{-1})=1+\sum_{k=1}^{l}c_kq^{-k} \tag{10.86}$$

$\{y(t)\}$，$\{\bar{u}(t)\}$，$\{w(t)\}$ 分别为系统线性部分输出、输入和噪声序列，$\{u(t)\}$ 是系统的输入序列，q^{-1} 是单位时延算子，q^{-d} 是系统延时，噪声序列 $\{w(t)\}$ 是定义在概率空间 $\{\Omega,F,P\}$ 的实随机序列，且

$$E\{w(t)\mid F_{t-1}\}=0\quad \text{a. s.},\quad E\{w^2(t)\mid F_{t-1}\}=\sigma^2\quad \text{a. s.}$$

$$\sup_N \frac{1}{N}\sum_{t=1}^{N}w^2(t)=\sigma^2\quad \text{a. s.} \tag{10.87}$$

$\{F_{t-1}\}$ 为 $\{y(t-1)\}$ 和 $\{u(t-1)\}$ 序列产生的 σ 代数递增序列（F_0 包含了初始条件的所有信息）。同时假定：

(1) n，m 和 l 的上界已知；

(2) 时延 d 和 $f(u)$ 已知；

(3) $C(q^{-1})$ 和 $B(q^{-1})$ 是稳定的多项式；

(4) $f(u)$ 的初始状态已知，或与系统状态同时处于零状态。

取指标函数 $J=E\{[y(t+d)-y_r]^2\}$，其中 y_r 是已知的有界参考输出。

设可补非时变非线性 $f(u)$ 的补函数为 $g(u)$，且 $f(u+g(u))=k_p u$，k_p 为比例系数。不失一般性，可令 $k_p=1$，则对系统 $u(t)$ 的输入，修正为

$$u_c(t)=u(t)+g(u) \tag{10.88}$$

从而，可知系统线性部分的输入为

$$\bar{u}(t)=f(u_c)=f(u(t)+g(u))=k_p u(t)=u(t) \tag{10.89}$$

由此可知，修正后的系统已是线性系统，其结构如图 10.6 所示，因而采用线性系统的自适应控制算法。

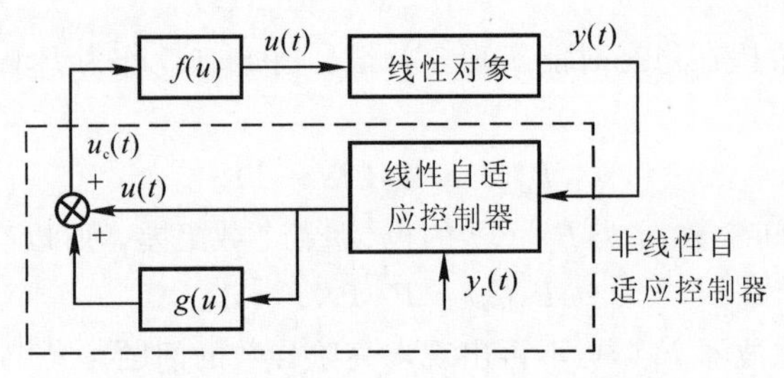

图 10.6 修正后的自适应系统结构图

下面分别对 $C(q^{-1})=0$ 和 $C(q^{-1})\neq 0$ 两种情况进行讨论。

1. $C(q^{-1})=0$

当 $C(q^{-1})=0$ 时，式(10.84) 变为

$$A(q^{-1})y(t)=q^{-d}B(q^{-1})u(t) \tag{10.90}$$

$$A(q^{-1})=1+a_1q^{-1}+\cdots+a_nq^{-n}$$

$$B(q^{-1})=b_0+b_1q^{-1}+\cdots+b_mq^{-m},\quad b_0\neq 0$$

逐次代换，式(10.90) 可表示为

$$y(t+d)=\alpha(q^{-1})y(t)+\beta(q^{-1})u(t) \tag{10.91}$$

式中

$$\alpha(q^{-1})=\alpha_0+\alpha_1 q^{-1}+\cdots+\alpha_{n-1}q^{-n+1}$$

$$\beta(q^{-1})=\beta_0+\beta_1 q^{-1}+\cdots+\beta_{m+d-1}q^{-m-d+1},\quad \beta_0\neq 0$$

令 $\boldsymbol{\theta}_0$ 为系统参数向量，则有

$$\boldsymbol{\theta}_0^{\mathrm{T}}=[\alpha_0\quad \alpha_1\quad \cdots\quad \alpha_{n-1}\quad \beta_0\quad \cdots\quad \beta_{m+d-1}] \tag{10.92}$$

则式(10.91) 可以写为

$$y(t+d)=\boldsymbol{\varphi}^{\mathrm{T}}(t)\boldsymbol{\theta}_0 \tag{10.93}$$

$$\boldsymbol{\varphi}^{\mathrm{T}}(t)=[y(t)\quad y(t-1)\quad \cdots\quad y(t-n+1)\quad u(t)\quad \cdots\quad u(t-m-d+1)]$$

定义输出跟踪误差为

$$e(t+d)=y(t+d)-y_{\mathrm{r}}(t+d)=\boldsymbol{\varphi}^{\mathrm{T}}(t)\boldsymbol{\theta}_0-y_{\mathrm{r}}(t+d) \tag{10.94}$$

若选取 $\{u(t)\}$ 满足

$$\boldsymbol{\varphi}^{\mathrm{T}}(t)\boldsymbol{\theta}_0=y_{\mathrm{r}}(t+d) \tag{10.95}$$

则跟踪误差显然恒等于零。但由于 $\boldsymbol{\theta}_0$ 未知，选取下列的自适应算法可得到 $\boldsymbol{\theta}_0$ 的估值。

算法 10.3.1

$$\hat{\boldsymbol{\theta}}(t)=\hat{\boldsymbol{\theta}}(t-1)+a(t)\boldsymbol{\varphi}(t-d)[1+\boldsymbol{\varphi}^{\mathrm{T}}(t-d)\boldsymbol{\varphi}(t-d)]^{-1}\times [y(t)-\boldsymbol{\varphi}^{\mathrm{T}}(t-d)\hat{\boldsymbol{\theta}}(t-1)] \tag{10.96}$$

$$\boldsymbol{\varphi}^{\mathrm{T}}(t)\hat{\boldsymbol{\theta}}(t)=y_{\mathrm{r}}(t+d) \tag{10.97}$$

式中，$a(t)$ 为增益常数，若利用 $a(t)=1$ 所计算出的 $\hat{\boldsymbol{\theta}}(t)$ 的第 $(n+1)$ 个分量不为零，则选取 $a(t)=1$；否则，$a(t)=r$，$r\neq 1$，r 为在区间 $(\varepsilon,2-\varepsilon)$ 内选取的常数，$0<\varepsilon<1$。这样选取增益常数可以防止式(10.97) 中 $u(t)$ 的系数为零。

算法 10.3.2

$$\hat{\boldsymbol{\theta}}(t)=\hat{\boldsymbol{\theta}}(t-1)+\frac{a(t)\boldsymbol{P}(t-2)\boldsymbol{\varphi}(t-d)}{1+a(t)\boldsymbol{\varphi}^{\mathrm{T}}(t-d)\boldsymbol{P}(t-2)\boldsymbol{\varphi}(t-d)}\times [y(t)-\boldsymbol{\varphi}^{\mathrm{T}}(t-d)\hat{\boldsymbol{\theta}}(t-1)] \tag{10.98}$$

$$\boldsymbol{P}(t)=\left[\boldsymbol{I}-\frac{a(t+1)\boldsymbol{P}(t-1)\boldsymbol{\varphi}(t-d)\boldsymbol{\varphi}^{\mathrm{T}}(t-d)}{1+a(t+1)\boldsymbol{\varphi}^{\mathrm{T}}(t-d)\boldsymbol{P}(t-1)\boldsymbol{\varphi}(t-d)}\right]\boldsymbol{P}(t-1) \tag{10.99}$$

$$\boldsymbol{\varphi}^{\mathrm{T}}(t)\hat{\boldsymbol{\theta}}(t)=y_{\mathrm{r}}(t+d) \tag{10.100}$$

式中，$\boldsymbol{P}(t)$ 的初始矩阵 $\boldsymbol{P}(-1)$ 可选为任一正定矩阵。序列 $\{a(t)\}$ 可以按照算法 10.3.1 中的方法进行选取，对标量 $a(t)$ 的主要要求是在利用式(10.98) 计算 $\hat{\boldsymbol{\theta}}(t)$ 时，避免第 $(n+1)$ 个分量为零，这样在利用式(10.100) 计算 $u(t)$ 时，就可避免被零除。

定理 10.3.1　对于由式(10.84)、式(10.85)$(C(q^{-1})=0)$、式(10.88)、式(10.89) 与式(10.96)、式(10.97) 或式(10.98) ～ 式(10.100) 所构成的闭环系统，若本小节中假定(1) ～ (4) 成立，则有

(1) $\{u(t)\}$，$\{y(t)\}$ 都是有界序列；

(2) $\lim\limits_{t\to\infty}\{y(t)-y_{\mathrm{r}}(t)\}=0$。

该定理的证明过程与参考文献[39] 中的证明相类似。

2. $C(q^{-1})\neq 0$

当 $C(q^{-1})\neq 0$ 时，系统式(10.84) 为随机系统，进行系统的稳定性分析时须采用鞅收敛理论，这就要求噪声序列 $\{w(t)\}$ 必须满足式(10.87)。

式(10.84)的 d 步超前预测形式可表示为

$$C(q^{-1})[y(t+d)-v(t+d)]=\alpha(q^{-1})y(t)+\beta(q^{-1})u(t) \tag{10.101}$$

式中

$$\alpha(q^{-1})=\alpha_0+\alpha_1 q^{-1}+\cdots+\alpha_{n-1}q^{-n+1}$$

$$\beta(q^{-1})=\beta_0+\beta_1 q^{-1}+\cdots+\beta_{m-1}q^{-m+1},\quad \beta_0\neq 0$$

$$C(q^{-1})=1+c_1 q^{-1}+\cdots+c_l q^{-l}$$

$y(t+d)-v(t+d)$ 为 $y(t+d)$ 的最优线性 d 步超前预测,$v(t+d)$ 是由干扰所驱动的 $d-1$ 阶移动平均模型,即

$$v(t+d)=\sum_{i=0}^{d-1}f_i w(t+d-i) \tag{10.102}$$

于是

$$E\{v(t+d)\mid F_t\}=0\quad \text{a. s.} \tag{10.103}$$

$$E\{v^2(t+d)\mid F_t\}=\sigma^2\sum_{i=1}^{d-1}f_i^2\quad \text{a. s.} \tag{10.104}$$

从式(10.101)两边减去 $C(q^{-1})y_r(t+d)$,可得

$$\begin{aligned}&C(q^{-1})[y(t+d)-y_r(t+d)-v(t+d)]=\\&\alpha(q^{-1})y(t)+\beta(q^{-1})u(t)-C(q^{-1})y_r(t+d)\end{aligned} \tag{10.105}$$

令 $e(t+d)=y(t+d)-y_r(t+d)$,式(10.105)可写为

$$C(q^{-1})[e(t+d)-v(t+d)]=\boldsymbol{\varphi}^{\mathrm{T}}(t)\boldsymbol{\theta}_0-y_r(t+d) \tag{10.106}$$

式中

$$\begin{aligned}\boldsymbol{\varphi}^{\mathrm{T}}(t)=[&y(t)\quad\cdots\quad y(t-n+1)\quad u(t)\quad\cdots\quad u(t-m+1)\\&-y_r(t+d-1)\quad\cdots\quad -y_r(t+d-t)]\end{aligned}$$

$$\boldsymbol{\theta}_0^{\mathrm{T}}=[\alpha_0\quad\cdots\quad\alpha_{n-1}\quad\beta_0\quad\cdots\quad\beta_{m-1}\quad c_1\quad\cdots\quad c_l]$$

显然,若 $\boldsymbol{\theta}_0$ 已知,采用反馈规律 $\boldsymbol{\varphi}^{\mathrm{T}}(t)\boldsymbol{\theta}_0=y_r(t+d)$,跟踪误差 $e(t+d)$ 可以达到最优值 $v(t+d)$。但由于 $\boldsymbol{\theta}_0$ 未知,将采用下列的自适应递推算法获得 $\boldsymbol{\theta}_0$ 的估值 $\hat{\boldsymbol{\theta}}(t)$:

$$\hat{\boldsymbol{\theta}}(t)=\hat{\boldsymbol{\theta}}(t-d)+\frac{\bar{a}}{r(t-d)}\boldsymbol{\varphi}(t-d)[y(t)-\boldsymbol{\varphi}^{\mathrm{T}}(t-d)\hat{\boldsymbol{\theta}}(t-d)],\quad \bar{a}>0 \tag{10.107}$$

$$r(t-d)=r(t-d-1)+\boldsymbol{\varphi}^{\mathrm{T}}(t-d)\boldsymbol{\varphi}(t-d),\quad r(0)=1 \tag{10.108}$$

$$\boldsymbol{\varphi}^{\mathrm{T}}(t)\hat{\boldsymbol{\theta}}(t)=y_r(t+d) \tag{10.109}$$

定理 10.3.2 对于系统式(10.84)和式(10.85),若式(10.87)及本小节中假定(1)~(4)成立,且$[C(q)-\frac{\bar{a}}{2}]$严格正实,由式(10.88)和式(10.89)并采用自适应算法式(10.107)~式(10.109),则有

(1) $\limsup\limits_{N\to\infty}\dfrac{1}{N}\sum\limits_{t=1}^{N}\bar{u}^2(t)<\infty\quad$ a. s. (10.110)

(2) $\limsup\limits_{N\to\infty}\dfrac{1}{N}\sum\limits_{t=1}^{N}u^2(t)<\infty\quad$ a. s. (10.111)

(3) $\limsup\limits_{N\to\infty}\dfrac{1}{N}\sum\limits_{t=1}^{N}y^2(t)<\infty\quad$ a. s. (10.112)

(4) $$\limsup_{N\to\infty}\frac{1}{N}\sum_{t=1}^{N}E\{[y(t)-y_{\mathrm{r}}(t)]^2 \mid F_{t-d}\}=\Gamma^2 \quad \text{a. s.} \tag{10.113}$$

式中,Γ^2 是利用线性反馈所可能达到的最小均方控制误差。

此定理的证明可见参考文献[40]。

10.4　对象具有未知死区时的自适应控制

死区特性是在许多控制系统部件中都存在的一种物理现象。在 10.3 节研究可补非时变非线性系统的自适应控制问题时,曾介绍过适用于已知非时变死区的自适应控制器设计方法。而在实际工程问题中,死区特性往往难以预先确定,而且有可能是时变的。因而,在设计自适应控制器时,除了考虑对象线性部分的不确定性之外,还往往要求所设计的控制器能够适应死区的不确定性。本节将介绍适用于对象具有未知死区时的模型参考自适应控制器设计方案,这种方案可以保证闭环系统的所有信号有界,并且具有小的跟踪误差。

10.4.1　问题的描述

输入为 $v(t)$、输出为 $u(t)$ 的死区如图 10.7 所示,其数学描述为

$$u(t)=D(v(t))=\begin{cases}m_{\mathrm{r}}(v(t)-b_{\mathrm{r}}), & v(t)\geqslant b_{\mathrm{r}}\\ 0, & b_l<v(t)<b_{\mathrm{r}}\\ m_l(v(t)-b_l), & v(t)\leqslant b_l\end{cases} \tag{10.114}$$

本节中所研究的控制问题的主要特点:

(1) 死区输出 $u(t)$ 是不可测量的;

(2) 死区参数 $b_{\mathrm{r}}, b_l, m_{\mathrm{r}}, m_l$ 是未知的,但它们的符号是已知的,$b_{\mathrm{r}}>0, b_l<0, m_{\mathrm{r}}>0, m_l>0$。

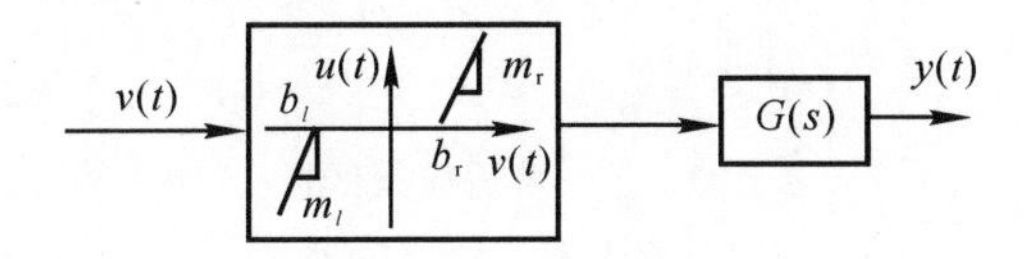

图 10.7　对象模型

研究图 10.7 所示的对象,其中

$$y(t)=G(s)[u](t),\quad u(t)=D(v(t)),\quad G(s)=k_{\mathrm{p}}\frac{Z(s)}{R(s)} \tag{10.115}$$

式中,符号[·]表示其中的变量为微分算子方程的输入变量。

对于对象的线性部分 $G(s)$,假定:

(1) $G(s)$ 是最小相位的,$Z(s)$ 和 $R(s)$ 为首一多项式;

(2) $G(s)$ 的分母多项式与分子多项式阶数之差 n^* 是已知的;

(3) 多项式 $R(s)$ 的阶数 n 的上界 $\bar{n}$ 是已知的;

(4) 增益 k_{p} 的符号已知,不失一般性,假设 $k_{\mathrm{p}}>0$。

控制的目的是设计一种反馈控制,使得闭环系统的所有信号有界,并且对象的输出 $y(t)$ 能够跟踪参考模型

$$y_{\mathrm{m}}(t)=W_{\mathrm{m}}(s)[r](t) \tag{10.116}$$

的输出 $y_{\mathrm{m}}(t)$，其中 $W_{\mathrm{m}}(s)$ 为稳定传递函数，$r(t)$ 为一有界分段连续信号。为了方便，假定 $\bar{n}=n$，并且不失一般性，假定 $W_{\mathrm{m}}(s)=R_{\mathrm{m}}^{-1}(s)$，$R_{\mathrm{m}}(s)$ 是一阶数为 n^* 的 Hurwirtz 多项式。

本节所采用的方法是构造一个死区逆(或称死区补)来抵消死区，使得由线性模型参考控制器所产生的理想控制可适用于对象式(10.115)。由于死区是未知的，它的逆也只有利用其参数的估值才能实现。为了对死区逆进行线性参数化，将利用 $m_{\mathrm{r}}b_{\mathrm{r}}, m_{\mathrm{r}}, m_l b_l, m_l$ 的估值 $\widehat{m_{\mathrm{r}}b_{\mathrm{r}}}$，$\hat{m}_{\mathrm{r}}, \widehat{m_l b_l}, \hat{m}_l$，而 b_{r} 和 b_l 的估值则由 $\hat{b}_{\mathrm{r}}=\widehat{m_{\mathrm{r}}b_{\mathrm{r}}}/\hat{m}_{\mathrm{r}}$ 和 $\hat{b}_l=\widehat{m_l b_l}/\hat{m}_l$ 求得。在控制过程中，将利用鲁棒自适应律不断修正这些估值。

令 $u_{\mathrm{d}}(t)$ 为对象无死区时能达到控制目的的线性控制信号，$v(t)$ 为根据图 10.8 所示确定性等价死区逆所产生的控制信号，$v(t)$ 可表示为

$$v(t)=\overline{DI}(u_{\mathrm{d}}(t))=\begin{cases}\dfrac{u_{\mathrm{d}}(t)+\widehat{m_{\mathrm{r}}b_{\mathrm{r}}}}{\hat{m}_{\mathrm{r}}}, & u_{\mathrm{d}}(t)\geqslant 0\\[2ex] \dfrac{u_{\mathrm{d}}(t)+\widehat{m_l b_l}}{\hat{m}_l}, & u_{\mathrm{d}}(t)<0\end{cases}\tag{10.117}$$

为了保证(10.117)式是可实现的，即保证对所有 $t\geqslant 0$ 有 $\hat{m}_{\mathrm{r}}(t)\neq 0, \hat{m}_l\neq 0$，需要假定：死区斜率 m_{r}, m_l 具有下界 $m_{\mathrm{r},0}, m_{l,0}$，使得 $0<m_{\mathrm{r},0}\leqslant m_{\mathrm{r}}, 0<m_{l,0}\leqslant m_l$，其中 $m_{\mathrm{r},0}, m_{l,0}$ 为常数。

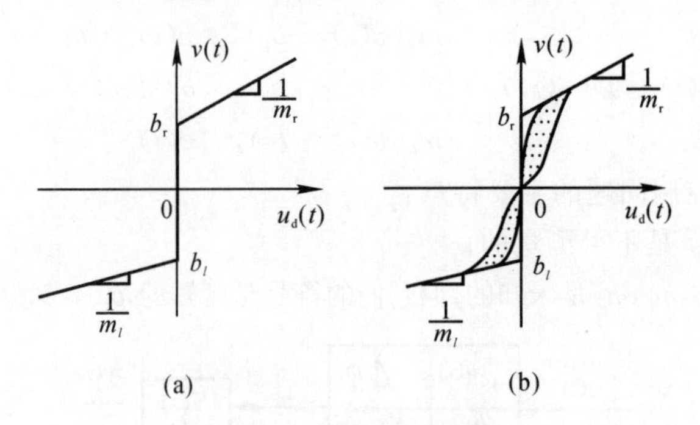

图 10.8 自适应死区逆

(a) 硬死区逆；(b) 软死区逆

就像在图 10.8(a) 所示硬死区逆上附加有软变化一样，我们可以利用图 10.8(b) 中的阴影区内的任何一条光滑曲线。这种软死区逆避免了在 $u_{\mathrm{d}}(t)=0$ 处的不连续性，但在消除死区影响时会产生误差。如果 $\hat{b}_{\mathrm{r}}, \hat{b}_l$ 有界，则所产生的误差有界。在自适应控制时，利用死区参数上界的先验知识进行预测，可以保证这种有界性。

下面我们将研究硬、软死区逆对一类简单自适应控制系统动态性能的影响问题。

10.4.2 自适应死区逆系统的动态特性

死区逆具有继电器型的不连续性，当死区逆精确时，可以与死区相抵消。但是，每当间断点值 $\hat{b}_{\mathrm{r}}, \hat{b}_l$ 大于真实值 b_{r}, b_l 时，这种不连续性就会出现，相应的微分方程就会具有在滑动模态理论中所研究的形式。为了更清楚说明这一点，现详细分析一类具有对称死区的一阶不稳定对象，即

$$G(s)=\frac{1}{s-1}\tag{10.118}$$

其对称死区为

$$u(t)=\begin{cases}v(t)-b, & v(t)\geqslant b\\ 0, & -b<v(t)<b\\ v(t)+b, & v(t)\leqslant -b\end{cases} \tag{10.119}$$

式中的间断点 $b>0$ 是惟一的未知参数。对于定常值 $r>0$，对象和理想控制为

$$\dot{y}=y+u,\quad u_{\mathrm{d}}=-2y+r \tag{10.120}$$

在不存在死区的情况下，$v(t)=v_{\mathrm{d}}(t)$ 将导致 $\dot{y}=-y+r$，因而当 $t\to\infty$ 时，$h(t)\to r_0$。当存在式(10.119) 所示死区时，为了达到同样的跟踪结果，选取自适应死区逆为

$$v(t)=u_{\mathrm{d}}(t)+\hat{b}(t)\operatorname{sgn}(u_{\mathrm{d}}(t)) \tag{10.121}$$

式中，$\hat{b}(t)$ 为 b 的估值，其误差为 $\varphi(t)=\hat{b}(t)-b$。由于 v 既可以在死区内，也可以在死区外，因而跟踪误差 $e(t)=y(t)-r$ 的方程具有两种形式：

$$\dot{e}=-e-u_{\mathrm{d}},\quad -b<v(t)<b \tag{10.122a}$$

$$\dot{e}=-e+\varphi\operatorname{sgn}(u_{\mathrm{d}}),\quad v(t)\leqslant -b\text{ 或 }v(t)>b \tag{10.122b}$$

对于式(10.122b) 的形式可以利用李亚普诺夫型的自适应修正律对 $b(t)>0$ 进行估计，即

$$\dot{\varphi}=\dot{\hat{b}}=\begin{cases}-e\operatorname{sgn}(u_{\mathrm{d}}), & \hat{b}>0\\ 0, & \hat{b}=0\text{ 且 }-e\operatorname{sgn}(u_{\mathrm{d}})<0\end{cases} \tag{10.123}$$

最终的自适应系统既可以用式(10.122a) 和式(10.123) 表示，也可以用式(10.122b) 和式(10.123) 来表示。在两种情况下，在 $u_{\mathrm{d}}=0$，即 $e=-\dfrac{r}{2}$ 处，均不连续。若直线 $e=-\dfrac{r}{2}$ 任一边的向量场指向这条线，即当 $u_{\mathrm{d}}>0$ 以及 $u_{\mathrm{d}}<0$ 时，$\dot{u}_{\mathrm{d}}u_{\mathrm{d}}<0$，则会出现滑动模态。对式(10.122a) 进行考查表明，正如所预料的一样，当 $v(t)$ 位于死区内时，不会出现滑动模态。对于位于死区外的系统式(10.122b) 和式(10.123)，不论 u_{d} 是正，还是负，都有

$$\dot{u}_{\mathrm{d}}u_{\mathrm{d}}=2(eu_{\mathrm{d}}-\varphi\mid u_{\mathrm{d}}\mid)<0,\quad \varphi>\frac{r}{2} \tag{10.124}$$

这表明只是沿半直线 $e=-\dfrac{r}{2}$，$\varphi>\dfrac{r}{2}$ 才会出现滑动模态，其滑动模态解由下式求出：

$$\dot{e}=0,\qquad e(t)=-\frac{r}{2} \tag{10.125}$$

$$\dot{\varphi}=-\frac{e^2}{\varphi}=-\frac{r^2}{4\varphi},\qquad \varphi(t)>\frac{r}{2} \tag{10.126}$$

因此，对于 $\varphi(0)>\dfrac{r}{2}$，式(10.126) 的解 $\varphi(t)$ 在有限时间内可以到达滑动模态的终端 $\varphi=\dfrac{r}{2}$。在滑动模态之外，自适应系统具有通常意义下的解。系统的解是连续的，只是其导数在 $u_{\mathrm{d}}=0$ 处不连续。

现在证明，$(e,\varphi)=(0,0)$ 是自适应系统的全局渐近稳定平衡点。若对式(10.122b) 和式(10.123) 选取 $V(e,\varphi)=\dfrac{1}{2}(e^2+\varphi^2)$，则对死区处的所有解，包括出现滑动模态的那些解，均有 $\dot{V}=-e^2$。这就表明，那些在死区外开始并且保持在死区外的所有解都收敛至 $(e,\varphi)=(0,0)$。对于死区内的解，利用式(10.122a) 和式(10.123)，可得

$$\dot{V}=-e^2-e(u_{\mathrm{d}}+\varphi\operatorname{sgn}(u_{\mathrm{d}}))=e(e+r-\varphi\operatorname{sgn}(u_{\mathrm{d}})) \tag{10.127}$$

因为 $\mathrm{sgn}(u_{\mathrm{d}})=\mathrm{sgn}(v)$，我们需要在 $u_{\mathrm{d}}>0, 0<v<b$ 和 $u_{\mathrm{d}}<0, -b<v<0$ 两种情况下考查 $\dot{V}$。在第一种情况下，$e<-\frac{r}{2}<0$ 且 $-e<e+r-\varphi$，因而 $\dot{V}<-e^2$。在第二情况下，由于 $u_{\mathrm{d}}-\varphi>0$，只要 $e\geqslant 0$，则 $\dot{V}\leqslant -e^2$。同样，对于 $-\frac{r}{2}<e<0$ 和 $e+r+\varphi>0$ 均有 $\dot{V}<0$。而在区域 $-\frac{r}{2}<e<0$ 和 $e+r+\varphi\leqslant 0$ 内，则有 $\dot{V}\geqslant 0$，我们必须证明状态在有限时间内会离开这一区域。因为 $-b\leqslant\varphi$，这一区域是紧的，可以证明由式(10.122a)所定义的 $e(t)$ 在有限时间内可以变成正的，这一结论可以由 $\dot{e}=-e-u_{\mathrm{d}}=e+r>\frac{r}{2}$ 直接得出。因而 $(e,\varphi)=(0,0)$ 是全局渐近稳定的这一结论得证。在这种情况下，既可以保证渐近跟踪，也可以做到使参数收敛。

具有硬自适应死区逆式(10.121)的自适应系统的 φ-e 关系图，如图 10.9 所示，计算时取 $b=3, r=2$，使得 $u_{\mathrm{d}}=0$，不连续点位于 $e=-1$。而滑动端点位于 $(\varphi,3)=(\cdot,-1)$，其中“$\cdot$”表示可变化的值。对于同一系统具有软自适应死区逆的 φ-e 关系图，如图 10.10 所示。软死区逆的具体形式为可微函数，即

$$v=u_{\mathrm{d}}+\hat{b}(1-\mathrm{e}^{-10u_{\mathrm{d}}^2})\mathrm{sng}(u_{\mathrm{d}}) \tag{10.128}$$

两种图形间的惟一定性的差别就在于图 10.10 中的图形消除了滑动模态，沿着一个引力簇运动。在渐近跟踪和参数收敛方面，两者是相同的。一般说来，使用软死区逆可以避免滑动模态，而对跟踪性能的影响可以忽略不计。

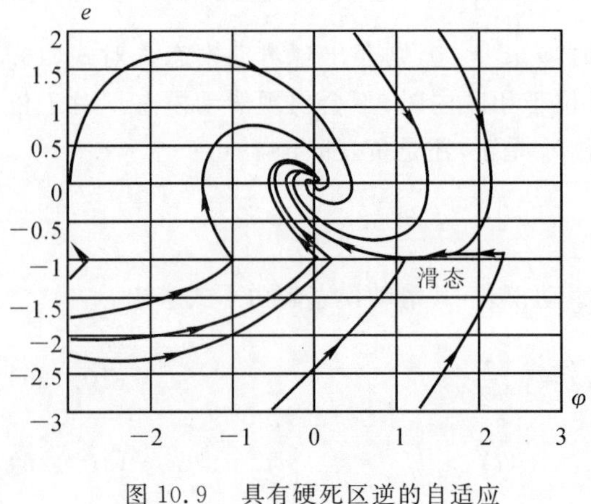

图 10.9 具有硬死区逆的自适应系统 φ-e 关系曲线

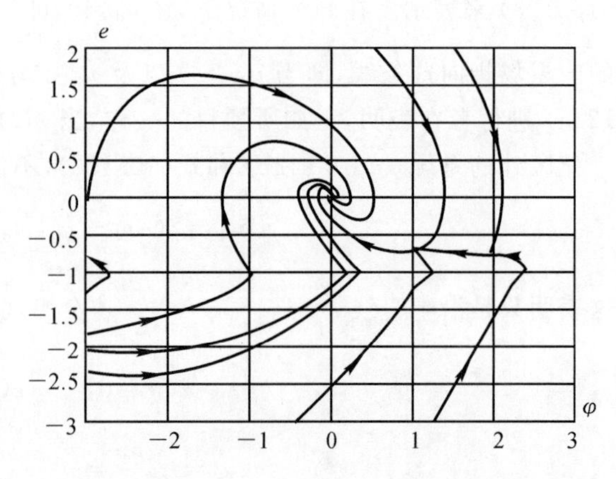

图 10.10 具有软死区逆的自适应系统 φ-e 关系曲线

10.4.3 自适应死区逆的设计

为了介绍适用于高阶对象的自适应逆的设计方法，我们先选择下述基本的线性控制器结构，即

$$u_{\mathrm{d}}(t)=\boldsymbol{\theta}_1^{\mathrm{T}}\boldsymbol{\omega}_1(t)+\boldsymbol{\theta}_2^{\mathrm{T}}\boldsymbol{\omega}_2(t)+\theta_3 r(t) \tag{10.129}$$

式中，$\boldsymbol{\omega}_1(t)=(\boldsymbol{a}(s)/\Lambda(s))[u_{\mathrm{d}}](t)$，$\boldsymbol{\omega}_2(t)=(\boldsymbol{a}(s)/\Lambda(s))[y](t)$，$\boldsymbol{a}(s)=[1\quad s\quad\cdots\quad s^{n-1}]^{\mathrm{T}}$，$\Lambda(s)$ 是一任意的 n 阶 Hurwitz 多项式，$\boldsymbol{\theta}_1,\boldsymbol{\theta}_2\in\mathbf{R}^n$，$\theta_3\in\mathbf{R}$。

解决标准的模型参考控制问题(即不存在死区，并且 $v(t)=u_{\mathrm{d}}(t)$)时，是令控制器的参数

$\boldsymbol{\theta}_1, \boldsymbol{\theta}_2, \theta_3$ 在取值 $\boldsymbol{\theta}_1^*, \boldsymbol{\theta}_2^*, \theta_3^*$ 时，满足关系式

$$\boldsymbol{\theta}_1^{*\mathrm{T}}\boldsymbol{a}(s)R(s)+\boldsymbol{\theta}_2^{*\mathrm{T}}\boldsymbol{a}(s)k_\mathrm{p}Z(s)=\Lambda(s)(R(s)-k_\mathrm{p}\theta_3^* Z(s)R_\mathrm{m}(s)), \quad \theta_3^*=k_\mathrm{p}^{-1} \tag{10.130}$$

当对象中存在的死区式(10.114) 为已知时，则上述的线性控制器与精确的死区逆式(10.117) 相串联，并且 $\widehat{m_\mathrm{r}b_\mathrm{r}}=m_\mathrm{r}b_\mathrm{r}, \hat{m}_\mathrm{r}=m_\mathrm{r}, \widehat{m_l b_l}=m_l b_l, \hat{m}_l=m_l$，整个闭环系统具有信号有界和渐近跟踪等理想特性。然而，在本节所研究的控制问题中，死区是未知的，因而需要寻找一种自适应死区逆，使得在死区未知的情况下仍可以达到理想系统的特性。

在着手进行自适应死区逆设计之前，先来考查一下不采用自适应死区逆时可能达到的控制目标。当利用一些不精确的常数估值 $\widehat{m_\mathrm{r}b_\mathrm{r}}, \widehat{m_l b_l}, \hat{m}_\mathrm{r}, \hat{m}_l$ 实现固定的死区逆时，具有这种不匹配死区逆的对象式(10.115) 可表示为

$$y(t)=\frac{Z(s)}{R(s)}[k(u_\mathrm{d}+d_\mathrm{u})](t) \tag{10.131}$$

式中

$$d_\mathrm{u}(t)=\begin{cases}\widehat{m_\mathrm{r}b_\mathrm{r}}-\hat{m}_\mathrm{r}b_\mathrm{r}, & v(t)\geqslant b_\mathrm{r}\\ \widehat{m_\mathrm{r}b_\mathrm{r}}-\hat{m}_\mathrm{r}v(t), & 0\leqslant v(t)<b_\mathrm{r}\\ \widehat{m_l b_l}-\hat{m}_l b_l, & b_l\geqslant v(t)\\ \widehat{m_l b_l}-\hat{m}_l v(t), & b_l<v(t)<0\end{cases} \tag{10.132a}$$

$$k(t)=\begin{cases}k_\mathrm{p}m_\mathrm{r}/\hat{m}_\mathrm{r}, & v(t)\geqslant 0\\ k_\mathrm{p}m_l/\hat{m}_l, & v(t)<0\end{cases} \tag{10.132b}$$

由于只有当 $b_l<v(t)<b_\mathrm{r}$ 时，$d_\mathrm{u}(t)$ 才与 $v(t)$ 有关，并且当且仅当 $\hat{b}_\mathrm{r}\overset{\mathrm{def}}{=\!=}\dfrac{\widehat{m_\mathrm{r}b_\mathrm{r}}}{\hat{m}_\mathrm{r}}=b_\mathrm{r}, \hat{b}_l\overset{\mathrm{def}}{=\!=}\dfrac{\widehat{m_l b_l}}{\hat{m}_l}=b_l$ 时，$d_\mathrm{u}(t)=0$，因而对于所有 $v(t)$，$d_\mathrm{u}(t)$ 是有界的。$k(t)$ 是在两个未知的有界常数值之间转换，$\mathrm{sgn}(k(t))=\mathrm{sgn}(k_\mathrm{p})$。此外，如果图 9.8(b) 所示软死区逆得以实现，则 $d_\mathrm{u}(t)$ 将包含一项附加误差，这一附加误差也是有界的。

当 $G(s)$ 已知时，可以解式(10.130) 求出 $\boldsymbol{\theta}_1^*, \boldsymbol{\theta}_2^*$ 及 θ_3^*，利用 $\boldsymbol{\theta}_1^*, \boldsymbol{\theta}_2^*, \theta_3^*$ 实现固定的线性控制器，即

$$u_\mathrm{d}(t)=\boldsymbol{\theta}_1^{*\mathrm{T}}\frac{\boldsymbol{a}(s)}{\Lambda(s)}[u_\mathrm{d}](t)+\boldsymbol{\theta}_2^{*\mathrm{T}}\frac{\boldsymbol{a}(s)}{\Lambda(s)}[y](t)+\theta_3^* r(t) \tag{10.133}$$

将这一控制器应用于对象式(10.131)，若 $|\hat{m}_\mathrm{r}-m_\mathrm{r}|, |\hat{m}_l-m_l|$ 较小时，所有的信号可以保持有界。然而，当 $|\hat{m}_\mathrm{r}-m_\mathrm{r}|, |\hat{m}_l-m_l|$ 较大时，闭环系统可能变得不稳定。

当 $G(s)$ 未知时，可以将固定死区逆与控制器式(10.129) 的鲁棒自适应修正律同时使用。在等斜率情况下，即 $m_\mathrm{r}=m_l=m$，可以将式(10.131) 改写为

$$y(t)=G(s)/(m/\hat{m})[u_\mathrm{d}+d_\mathrm{u}](t) \tag{10.134}$$

式中，$\hat{m}$ 是斜率 m 的固定估值。利用 $\boldsymbol{\theta}^\mathrm{T}(t)=[\boldsymbol{\theta}_1^\mathrm{T}(t)\quad \boldsymbol{\theta}_2^\mathrm{T}(t)\quad \theta_3(t)]$ 作为 $\boldsymbol{\theta}^{*\mathrm{T}}=[\boldsymbol{\theta}_1^{*\mathrm{T}}\quad \boldsymbol{\theta}_2^{*\mathrm{T}}\quad \theta_3^*]$ 的估值，并且将式(10.130) 中的 k_p 用 $k_\mathrm{p}(\hat{m}/m)$ 代替，再利用回归向量 $\boldsymbol{\omega}^\mathrm{T}(t)=[\boldsymbol{\omega}_1^\mathrm{T}(t)\quad \boldsymbol{\omega}_2^\mathrm{T}(t)\quad r(t)]$，则最终的跟踪误差方程可写为

$$e(t)=y(t)-y_{\mathrm{m}}(t)=\theta_3^{*-1}W_{\mathrm{m}}(s)[\boldsymbol{\varphi}^{\mathrm{T}}\boldsymbol{\omega}](t)+\theta_3^{*-1}[1-\boldsymbol{\theta}_1^{*\mathrm{T}}\frac{\boldsymbol{a}(s)}{\Lambda(s)}]W_{\mathrm{m}}(s)[d_{\mathrm{u}}](t) \tag{10.135}$$

利用参考文献[35]中的鲁棒自适应控制理论可以证明,对于任意大的误差($\hat{m}-m$),系统的所有信号有界。这就意味着在存在适用于对象线性部分的鲁棒自适应控制器的情况下,固定的不匹配的死区逆不会引起信号无界。然而,不使用自适应死区逆就不能达到渐近跟踪,这是因为不匹配的间断点估值 $\hat{b}_{\mathrm{r}}\neq b_{\mathrm{r}},\hat{b}_l\neq b_l$ 将会导致非零干扰 $d_{\mathrm{u}}(t)$。

可以做出结论:使用固定的不匹配的死区逆不可能消除跟踪误差。为了达到改善跟踪性能这一最终目标,可以在假定未知斜率相等,即 $m_{\mathrm{r}}=m_l=m$ 的情况下,设计死区逆参数的自适应修正律。仿真结果表明,即使在斜率不相等的情况下,即 $m_{\mathrm{r}}\neq m_l$,跟踪误差仍可以收敛至零。但对此难以给出分析证明。

对于等斜率死区,真实的死区参数、参数估值和参数估值误差分别表示为

$$\boldsymbol{\theta}_0^*=[m\quad mb_{\mathrm{r}}\quad mb_l]^{\mathrm{T}},\quad \boldsymbol{\theta}_0=[\hat{m}(t)\quad \widehat{mb}_{\mathrm{r}}(t)\quad \widehat{mb}_l(t)]^{\mathrm{T}},\quad \boldsymbol{\varphi}_0(t)=\boldsymbol{\theta}_0(t) \tag{10.136}$$

相应的回归向量为

$$\boldsymbol{\omega}_0(t)=[-v(t)\quad \chi(t)\quad 1-\chi(t)]^{\mathrm{T}} \tag{10.137}$$

式中

$$\chi(t)=\begin{cases}1, & u_{\mathrm{d}}(t)>0\\ 0, & 其他\end{cases} \tag{10.138}$$

利用死区逆式(10.127)和式(10.129)中的符号,则死区输出 $u(t)$,即对象线性部分的输入,可表示为

$$u(t)=u_{\mathrm{d}}(t)+\boldsymbol{\varphi}_0^{\mathrm{T}}(t)\boldsymbol{\omega}_0(t)+d_0(t) \tag{10.139}$$

在系统稳定性分析时通常要确定控制误差($u(t)-u_{\mathrm{d}}(t)$)的表达式,其中不可参数化部分为

$$d_0(t)=m_{\mathrm{r}}\Delta_{\mathrm{r}}(t)[v(t)-b_{\mathrm{r}}]+m_l\Delta_l(t)[v(t)-b_l] \tag{10.140}$$

式中

$$\Delta_{\mathrm{r}}(t)=\begin{cases}-1, & 0\leqslant v(t)<b_{\mathrm{r}}\\ 0, & 其他\end{cases} \tag{10.141a}$$

$$\Delta_l(t)=\begin{cases}-1, & b_l\leqslant v(t)<0\\ 0, & 其他\end{cases} \tag{10.141b}$$

从这些表达式可以明显看出,扰动项 $d_0(t)$ 是有界的。当 $m_{\mathrm{r}}\neq m_l$ 时,式(10.140)和式(10.141)仍然成立,这一点对于后面所提出的自适应控制方案是十分有用的。

在研究自适应控制方案时,我们仍然是研究 $G(s)$ 已知和 $G(s)$ 未知两种情况。在第一种情况下,自适应死区逆和固定的线性控制器组合,而在第二种情况下,则对于死区逆和线性控制器都要进行自适应调节。

1. 自适应死区逆与固定的线性控制器组合

当 $G(s)$ 已知时,模型匹配方程式(10.130)要求 $u(t)$ 和 $y(t)$ 满足关系式

$$u(t)=\boldsymbol{\theta}_1^{*\mathrm{T}}\frac{\boldsymbol{a}(s)}{\Lambda(s)}[u](t)+\boldsymbol{\theta}_2^{*\mathrm{T}}\frac{\boldsymbol{a}(s)}{\Lambda(s)}[y](t)+\theta_3^*W_{\mathrm{m}}^{-1}(s)[y](t) \tag{10.142}$$

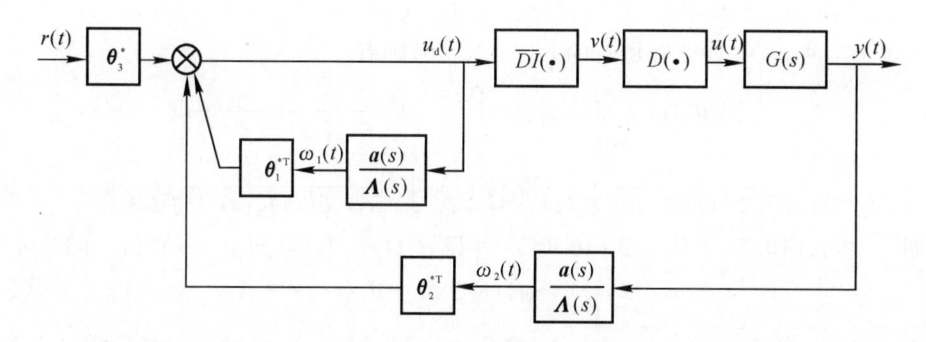

图 10.11　$G(s)$ 已知时的控制器结构

如图 10.11 所示，控制信号 $u_d(t)$ 由线性控制器式(10.133) 得到，将其代入式(10.139) 可得到信号 $u(t)$。由这些表达式可知，由死区参数估计误差 $\varphi_0(t)$ 引起的跟踪误差为

$$e(t)=H(s)[\boldsymbol{\varphi}_0^{\mathrm{T}}\boldsymbol{\omega}_0+d_0](t) \tag{10.143}$$

式中，$H(s)=\theta_3^{*-1}W_m(s)\left[1-\boldsymbol{\theta}_1^{*\mathrm{T}}\frac{\boldsymbol{a}(s)}{\Lambda(s)}\right]$是已知的严格真稳定的传递函数。对于与跟踪误差方程式(10.143) 相似的一类方程，建议采用下列的修正律来估计死区参数，即

$$\dot{\boldsymbol{\theta}}_0(t)=-\frac{\boldsymbol{\Gamma}\boldsymbol{\zeta}(t)\varepsilon(t)}{1+\boldsymbol{\zeta}^{\mathrm{T}}(t)\boldsymbol{\zeta}(t)+\xi^2(t)}-\boldsymbol{\Gamma}\sigma(\boldsymbol{\theta}_0(t))\boldsymbol{\theta}_0(t) \tag{10.144}$$

式中，$\boldsymbol{\Gamma}=\boldsymbol{\Gamma}^{\mathrm{T}}>\mathbf{0}$，并且

$$\varepsilon(t)=e(t)+\xi(t) \tag{10.145}$$

$$\xi(t)=\boldsymbol{\theta}_0^{\mathrm{T}}\boldsymbol{\zeta}(t)-H(s)[\boldsymbol{\theta}_0^{\mathrm{T}}\boldsymbol{\omega}_0](t) \tag{10.146}$$

$$\boldsymbol{\zeta}(t)=H(s)[\boldsymbol{\omega}_0](t) \tag{10.147}$$

$$\sigma(\boldsymbol{\theta}_0(t))=\begin{cases}0, & \|\boldsymbol{\theta}_0(t)\|<M_0\\ \sigma_0\left(\dfrac{\|\boldsymbol{\theta}_0(t)\|}{M_0}-1\right), & M_0\leqslant\|\boldsymbol{\theta}_0(t)\|<2M_0\\ \sigma_0, & \|\boldsymbol{\theta}_0(t)\|>2M_0\end{cases} \tag{10.148}$$

式中，$\sigma_0>0$ 为一设计参数，M_0 根据 $\|\boldsymbol{\theta}_0^*\|$ 上界的先验知识确定，即 $\|\boldsymbol{\theta}_0^*\|<M_0$。

尽管在式(10.144) 中没有明示，但根据前面死区斜率 m_r，m_l 具有下界的假定，则利用式(10.144) 得到的 $\boldsymbol{\theta}_0(t)$ 估计值将可保证 $m(t)\geqslant m^0>0$(m^0 为常数)，也保证了 $\widehat{mb}_r(t)\geqslant0$ 和 $\widehat{mb}_l(t)\leqslant0$。

式(10.143) 中的干扰项 $d_0(t)$ 具有对自适应设计有利的三个重要性质。

(1) 当 $\hat{b}_r\geqslant b_r$ 且 $\hat{b}_l\leqslant b_l$ 时，$d_0(t)=0$，这就是说，当间断点 b_r 和 b_l 估计过大时，$d_0(t)$ 消失；

(2) 当 $v(t)\geqslant b_r$ 或 $v(t)\leqslant b_l$，即 $u(t)$ 和 $v(t)$ 在死区外时，$d_0(t)=0$；

(3) $d_0(t)$ 依赖于自适应修正的估值 $\hat{b}_r$，$\hat{m}$ 和 $\hat{b}_l$。

为了避免涉及 $u_d(t)=0$ 处的不连续性问题，我们采用一种软死区逆，但 $d_0(t)$ 会包含一项附加误差。当参数的估值有界时，附加误差有界。

下面的引理确定了自适应修正律式(10.144) 的有界性质。

引理 10.4.1　自适应修正律式(10.144) 可保证：

(1) $\boldsymbol{\theta}_0(t),\dot{\boldsymbol{\theta}}_0(t),\varepsilon(t)\sqrt{1+\boldsymbol{\zeta}^{\mathrm{T}}(t)\boldsymbol{\zeta}(t)+\xi^2(t)}\in L_\infty$ (10.149)

(2) 对于某些 $c_1,c_2>0$ 和所有的 $t_2>t_1\geqslant 0$,则有

$$\int_{t_1}^{t_2}\|\dot{\boldsymbol{\theta}}_0(t)\|^2\mathrm{d}t\leqslant c_1+\int_{t_1}^{t_2}\frac{c_2}{1+\boldsymbol{\zeta}^{\mathrm{T}}(t)\boldsymbol{\zeta}(t)+\xi^2(t)}\mathrm{d}t \tag{10.150}$$

$$\int_{t_1}^{t_2}\frac{\varepsilon^2(t)}{1+\boldsymbol{\zeta}^{\mathrm{T}}(t)\boldsymbol{\zeta}(t)+\xi^2(t)}\mathrm{d}t\leqslant c_1+\int_{t_1}^{t_2}\frac{c_2}{1+\boldsymbol{\zeta}^{\mathrm{T}}(t)\boldsymbol{\zeta}(t)+\xi^2(t)}\mathrm{d}t \tag{10.151}$$

证明 将式(10.143)代入式(10.145)并设 $d_1(t)=H(s)[d_0](t)$,则估计误差可写为

$$\varepsilon(t)=\boldsymbol{\varphi}_0^{\mathrm{T}}(t)\boldsymbol{\zeta}(t)+d_1(t) \tag{10.152}$$

可以导出,正定函数 $V_0(\boldsymbol{\varphi}_0(t))=\frac{1}{2}\boldsymbol{\varphi}_0^{\mathrm{T}}(t)\boldsymbol{\Gamma}^{-1}\boldsymbol{\varphi}_0(t)$ 沿式(10.144)轨迹的导数满足不等式

$$\dot{V}_0(\boldsymbol{\varphi}_0(t))\leqslant\frac{\varepsilon^2(t)}{2(1+\boldsymbol{\zeta}^{\mathrm{T}}(t)\boldsymbol{\zeta}(t)+\xi^2(t))}+\frac{d_1^2(t)}{2(1+\boldsymbol{\zeta}^{\mathrm{T}}(t)\boldsymbol{\zeta}(t)+\xi^2(t))}-\sigma(\boldsymbol{\theta}_0(t))\boldsymbol{\varphi}_0^{\mathrm{T}}(t)\boldsymbol{\theta}_0(t) \tag{10.153}$$

这就证明了 $\boldsymbol{\theta}_0(t)\in L_\infty$,并且 $\varepsilon(t)/\sqrt{1+\boldsymbol{\zeta}^{\mathrm{T}}(t)\boldsymbol{\zeta}(t)+\xi^2(t)},\dot{\boldsymbol{\theta}}_0(t)\in L_\infty$。注意到对于某些 $k_1>0$,$\sigma(\boldsymbol{\theta}_0(t))$ 具有的性质,即

$$2\sigma^2(\boldsymbol{\theta}_0(t))\|\boldsymbol{\theta}_0(t)\|^2\|\boldsymbol{\Gamma}\|^2\leqslant k_1\sigma(\boldsymbol{\theta}_0(t))\|\boldsymbol{\theta}_0(t)\|(\|\boldsymbol{\theta}_0(t)\|-\|\boldsymbol{\theta}_0^*\|)\leqslant k_1\sigma(\boldsymbol{\theta}_0(t))\boldsymbol{\varphi}_0^{\mathrm{T}}(t)\boldsymbol{\theta}_0(t) \tag{10.154}$$

则引理的性质(2)得证。证毕。

下面的定理说明闭环系统的所有信号有界。

定理 10.4.1 由自适应死区逆和固定线性控制器式(10.114)～式(10.117)、式(10.133)和式(10.144)组合所构成的闭环系统所有信号有界,并且对于某些 $c_3,c_4>0$ 和任意的 $t_2\geqslant t_1\geqslant 0$,跟踪误差 $e(t)$ 满足关系式

$$\int_{t_1}^{t_2}e^2(t)\mathrm{d}t\leqslant c_3+c_4\int_{t_1}^{t_2}d_0(t)\mathrm{d}t \tag{10.155}$$

证明 由于 $\boldsymbol{\theta}_0(t)\in L_\infty$,并且式(10.144)可保证 $\hat{m}(t)>m^0>0$,因而有

$$u(t)=\frac{m}{\hat{m}(t)}u_{\mathrm{d}}(t)+d_2(t) \tag{10.156}$$

式中,$d_2(t)$ 为有界信号。定义两个假设信号 $z_0(t),z_1(t)$ 和两个假设滤波器 $K_1(s),K(s)$,即

$$z_0(t)=\frac{1}{s+a_0}[u](t),\quad z_1(t)=\frac{1}{s+a_0}[y](t)\quad a_0>0 \tag{10.157}$$

$$sK_1(s)=1-K(s),\quad K(s)=\frac{a^{n^*}}{(s+a)^{n^*}},\quad a>0 \tag{10.158}$$

则有

$$z_0(t)+a_0K_1(s)[z_0](t)-K_1(s)[u](t)=K(s)G^{-1}(s)[z](t) \tag{10.159}$$

利用式(10.133)、式(10.156)和式(10.157),可得

$$u(t)=\frac{m}{\hat{m}(t)}\boldsymbol{\theta}_1^{*\mathrm{T}}\frac{\boldsymbol{a}(s)}{\Lambda(s)}\frac{\hat{m}(\cdot)}{m}(s+a_0)[z_0](t)+\frac{m}{\hat{m}(t)}\boldsymbol{\theta}_2^{*\mathrm{T}}\frac{\boldsymbol{a}(s)}{\Lambda(s)}(s+a_0)[z](t)+\frac{m}{\hat{m}(t)}\theta_3^*r(t)+$$

$$\left(1-\frac{m}{\hat{m}(t)}\right)\boldsymbol{\theta}_1^{*\mathrm{T}}\frac{\boldsymbol{a}(s)}{\Lambda(s)}\frac{\hat{m}(\cdot)}{m}[d_2](t) \tag{10.160}$$

将上式代入(10.159)，可得 $z(t)$ 与 $z_0(t)$ 间的关系式为

$$\left\{1+K_1(s)[a_0-\frac{m}{\hat{m}(\cdot)}\boldsymbol{\theta}_1^{*\mathrm{T}}\frac{\boldsymbol{a}(s)}{\Lambda(s)}\frac{\hat{m}(\cdot)}{m}(s+a_0)]\right\}[z_0](t)=$$

$$[K(s)G^{-1}(s)+K_1(s)\frac{m}{\hat{m}(\cdot)}\boldsymbol{\theta}_2^{*\mathrm{T}}\frac{\boldsymbol{a}(s)}{\Lambda(s)}(s+a_0)][z_0](t)+$$

$$K_1(s)[\frac{m}{\hat{m}}\theta_3^* r](t)+K_1(s)[1-\frac{m}{\hat{m}(\cdot)}\boldsymbol{\theta}_1^{*\mathrm{T}}\frac{\boldsymbol{a}(s)}{\Lambda(s)}\frac{\hat{m}(\cdot)}{m}][d_2](t) \tag{10.161}$$

根据 $\hat{m}(t),\dot{\hat{m}}(t)\in L_\infty$，以及

$$\frac{m}{\hat{m}(t)}\boldsymbol{\theta}_1^{*\mathrm{T}}\frac{\boldsymbol{a}(s)}{\Lambda(s)}\frac{\hat{m}(\cdot)}{m}(s+a_0)[z_0](t)=\frac{m}{\hat{m}(t)}\boldsymbol{\theta}_1^{*\mathrm{T}}\frac{\boldsymbol{a}(s)}{\Lambda(s)}\left\{s[\frac{\hat{m}}{m}z_0]-\right.$$

$$\left.z_0 s[\frac{\hat{m}}{m}]+a_0\frac{\hat{m}}{m}z_0\right\}(t) \tag{10.162}$$

可知 $\frac{m}{\hat{m}(t)}\boldsymbol{\theta}_1^{*\mathrm{T}}\frac{\boldsymbol{a}(s)}{\Lambda(s)}\frac{\hat{m}(\cdot)}{m}(s+a_0)$ 是稳定的真有理式算子。

$K_1(s)$ 的脉冲响应函数 $K_1(t)$ 满足关系式，即

$$\int_0^\infty |K_1(t)|\,\mathrm{d}t=n^*/a \tag{10.163}$$

因而存在 $a^0>0$，使得对于任意有限的 $a>a^0$，算子

$$T_0(s,t)\overset{\mathrm{def}}{=\!=}\{1+K_1(s)[a_0-\frac{m}{\hat{m}(\cdot)}\boldsymbol{\theta}_1^{*\mathrm{T}}\frac{\boldsymbol{a}(s)}{\Lambda(s)}\frac{\hat{m}(\cdot)}{m}(s+a_0)]\}^{-1} \tag{10.164}$$

是稳定的真有理式。对于任一固定的 $a>a^0$，式(10.161) 意味着

$$z_0(t)=T_1(s,t)[z](t)+b_1(t) \tag{10.165}$$

式中，$T_1(s,t)$ 是一稳定的真有理式算子，$b_1(t)$ 是与 $r(t),d_2(t)$ 有关的有界信号。

令$(\boldsymbol{A},\boldsymbol{B},\boldsymbol{C})$ 为 $H(s)$ 的最小实现，定义 $W_\mathrm{c}(s)=\boldsymbol{C}(s\boldsymbol{I}-\boldsymbol{A})^{-1}$，$W_\mathrm{b}=(s\boldsymbol{I}-\boldsymbol{A})^{-1}\boldsymbol{B}$，则 $\xi(t)$ 的表达式为

$$\xi(t)=W_\mathrm{c}(s)[W_\mathrm{b}(s)(s+a_0)\frac{1}{s+a_0}\boldsymbol{\omega}_0^\mathrm{T}\dot{\boldsymbol{\theta}}_0](t) \tag{10.166}$$

应用 $\boldsymbol{\omega}_0(t)$ 和 $z_0(t)$ 的定义式(10.137) 和式(10.157)，则有

$$\frac{1}{s+a_0}\boldsymbol{\omega}_0(t)=\frac{1}{m}[Z_0(t)\quad 0\quad 0]^\mathrm{T}+\boldsymbol{d}_3(t) \tag{10.167}$$

式中，$\boldsymbol{d}_3(t)$ 为包含有界余项的向量信号。

将式(10.145) 等号两边用 $1/(s+a_0)$ 进行滤波，并再次利用式(10.157)，可得

$$z(t)=\frac{1}{s+a_0}[y_\mathrm{m}](t)+\frac{1}{s+a_0}[\varepsilon-\xi](t) \tag{10.168}$$

不等式

$$|\varepsilon(t)|\leqslant\frac{|\varepsilon(t)|}{\sqrt{1+\boldsymbol{\zeta}^\mathrm{T}(t)\boldsymbol{\zeta}(t)+\xi^2(t)}}(1+\|\boldsymbol{\zeta}(t)\|+|\xi(t)|) \tag{10.169}$$

以及式(10.165) ～ 式(10.168) 意味着

$$|z(t)|\leqslant x_0(t)+T_2(s,\cdot)[x_1T_3(s,t)][|z|](t) \tag{10.170}$$

式中，$x_0(t) \in L_\infty$，$x_1(t) \in L_\infty$，并且对于某些 $c_5, c_6 > 0$ 和任意的 $t_2 \geqslant t_1 \geqslant 0$，则有

$$\int_{t_1}^{t_2} x_1^2(t)\mathrm{d}t \leqslant c_5 + \int_{t_1}^{t_2} \frac{c_6}{1+\boldsymbol{\zeta}^{\mathrm{T}}(t)\boldsymbol{\zeta}(t)+\xi^2(t)}\mathrm{d}t \tag{10.171}$$

算子 $T_2(s,t)$ 是稳定的严格真有理式，而算子 $T_3(s,t)$ 是稳定的真有理式并且具有非负的脉冲响应。

若 $\boldsymbol{\zeta}(t)$ 和 $\xi(t)$ 有界，则由引理 10.4.1 和式(10.147) 知，$\varepsilon(t)$ 和 $y(t)$ 有界；由式(10.157) 和式(10.165) 知，$z(t)$ 和 $z_0(t)$ 有界；由式(10.156)、式(10.133) 和式(10.117) 知，$u_{\mathrm{d}}(t)$ 和 $u(t)$ 有界。于是，闭环系统的所有信号有界。反之，若 $\boldsymbol{\zeta}(t)$ 和 $\xi(t)$ 无界，$\boldsymbol{\zeta}^{\mathrm{T}}(t)\boldsymbol{\zeta}(t)+\xi^2(t)$ 无限增大，由式(10.171) 知 $x_1(t)$ 变小，导致式(10.170) 中的 $z(t)$ 有界，这又意味着式(10.165) 中的 $z_0(t)$ 有界，因而式(10.160) 中的 $u(t)$、式(10.156) 中的 $u_{\mathrm{d}}(t)$、式(10.137) 中的 $\boldsymbol{\omega}_0(t)$、式(10.146) 中的 $\xi(t)$ 以及式(10.145) 中的 $y(t)$ 均有界。因而可以得出结论：闭环系统中的所有信号有界。利用式(10.146) ~ 式(10.154)、式(10.166) 可得式(10.155)，证毕。

总之，跟踪误差$[u(t)-u_{\mathrm{d}}(t)]$ 的表达式(10.139) 和跟踪误差方程式(10.143) 使得我们可以采用自适应律式(10.144) 来估计死区参数，并且证明了闭环系统所有信号有界。若 $d_0(t)$ 较小，则跟踪误差在式(10.155) 的意义上也较小。当 $\hat{b}_{\mathrm{r}}(t) \geqslant b_{\mathrm{r}}$ 且 $\hat{b}_l(t) \leqslant b_l$，或 $v(t) \geqslant b_{\mathrm{r}}$，或$v(t) \leqslant b_l$ 时，$d_0(t)=0$。当 $\boldsymbol{\theta}_0(t)$ 的估值接近 $\boldsymbol{\theta}_0^*$ 时，$d_0(t)$ 很小。因而本节中的自适应方案可以保证较小的跟踪误差。

2. 自适应死区逆与自适应线性控制器的组合

当死区和 $G(s)$ 均未知时，需要设计一种自适应方案去修正两者参数的估值。首先需要开发一种修正的线性控制器结构，这自然会使我们想到跟踪误差方程的类似形式。但仔细考查表明，线性控制器式(10.129) 在这种情况下是不适用的，因为 $\boldsymbol{\theta}_1^{\mathrm{T}}\boldsymbol{\omega}_1(t)$ 需要重新参数化。当利用真实参数的死区逆表达式时，$u_{\mathrm{d}}(t)=-\boldsymbol{\theta}_0^{*\mathrm{T}}\boldsymbol{\omega}_0(t)$，根据式(10.133) 这一项的固定形式可以写为

$$\boldsymbol{\theta}_1^{*\mathrm{T}}\boldsymbol{\omega}_1(t) = -\boldsymbol{\theta}_1^{*\mathrm{T}}\frac{\boldsymbol{a}(s)}{\Lambda(s)}[\boldsymbol{\theta}_0^{*\mathrm{T}}\boldsymbol{\omega}_0](t) \tag{10.172}$$

这启发我们引入新的参数向量 $\boldsymbol{\theta}_4^* \in \mathbf{R}^{3n}$ 作为 $-\boldsymbol{\theta}_1^*$ 与 $\boldsymbol{\theta}_0^*$ 的 Kronecker 积，即 $\boldsymbol{\theta}_4^* = -\boldsymbol{\theta}_1^* \otimes \boldsymbol{\theta}_0^*$。定义新的回归向量 $\boldsymbol{\omega}_4(t)$，使得

$$\boldsymbol{\theta}_4^{*\mathrm{T}}\boldsymbol{\omega}_4(t) \overset{\mathrm{def}}{=\!=\!=} -\boldsymbol{\theta}_1^{*\mathrm{T}}\frac{\boldsymbol{a}(s)}{\Lambda(s)}[\boldsymbol{\theta}_0^{*\mathrm{T}}\boldsymbol{\omega}_0](t) \tag{10.173}$$

由此可知，回归向量 $\boldsymbol{\omega}_4(t)$ 可以通过将 $\boldsymbol{\omega}_0(t)$ 进行滤波来得到，即

$$\boldsymbol{\omega}_4(t) = \frac{\boldsymbol{A}(s)}{\Lambda(s)}[\boldsymbol{\omega}_0](t) \tag{10.174}$$

式中，$\boldsymbol{A}(s)=[\boldsymbol{I}_3 \quad s\boldsymbol{I}_3 \quad \cdots \quad s^{n-1}\boldsymbol{I}_3]^{\mathrm{T}}$，$\boldsymbol{I}_3$ 是 3×3 的单位矩阵。为进行自适应调节，这里我们所采用的线性控制器结构是将式(10.129) 中的 $\boldsymbol{\theta}_1^{\mathrm{T}}\boldsymbol{\omega}_1(t)$ 用 $\boldsymbol{\theta}_4^{\mathrm{T}}\boldsymbol{\omega}_4(t)$ 来代替，即

$$u_{\mathrm{d}}(t) = \boldsymbol{\theta}_2^{\mathrm{T}}\boldsymbol{\omega}_2(t) + \theta_3 r(t) + \boldsymbol{\theta}_4^{\mathrm{T}}\boldsymbol{\omega}_4(t) \tag{10.175}$$

这种控制器如图 10.12 所示，其中 $\boldsymbol{\omega}_0(t)$ 由实现式(10.137) 的逻辑块 L 得到。

利用这种控制器结构可以得到跟踪误差方程的理想形式，即

$$e(t) = \rho^* W_{\mathrm{m}}(s)[\boldsymbol{\varphi}^{\mathrm{T}}\boldsymbol{\omega}](t) + d_1(t) \tag{10.176}$$

式中

$$\rho^* = \theta_3^{*-1}, \quad \boldsymbol{\varphi} = \boldsymbol{\theta} - \boldsymbol{\theta}^*, \quad \boldsymbol{\theta} = [\boldsymbol{\theta}_2^{\mathrm{T}} \quad \theta_3 \quad \boldsymbol{\theta}_4^{\mathrm{T}} \quad \boldsymbol{\theta}_0^{\mathrm{T}}]^{\mathrm{T}}$$

$$\boldsymbol{\theta}^* = [\boldsymbol{\theta}_2^{*\mathrm{T}} \quad \theta_3^* \quad \boldsymbol{\theta}_4^{*\mathrm{T}} \quad \boldsymbol{\theta}_0^{*\mathrm{T}}]^{\mathrm{T}}, \quad \boldsymbol{\omega} = [\boldsymbol{\omega}_2^{\mathrm{T}} \quad r \quad \boldsymbol{\omega}_4^{\mathrm{T}} \quad \boldsymbol{\omega}_0^{\mathrm{T}}]^{\mathrm{T}}$$

$$d_1(t)=\theta_3^{*-1}W_{\rm m}(s)\left(1-\boldsymbol{\theta}_1^{*\rm T}\frac{\boldsymbol{a}(s)}{\Lambda(s)}\right)[d_0](t) \tag{10.177}$$

$\boldsymbol{\theta}^*$ 满足式(10.130)。

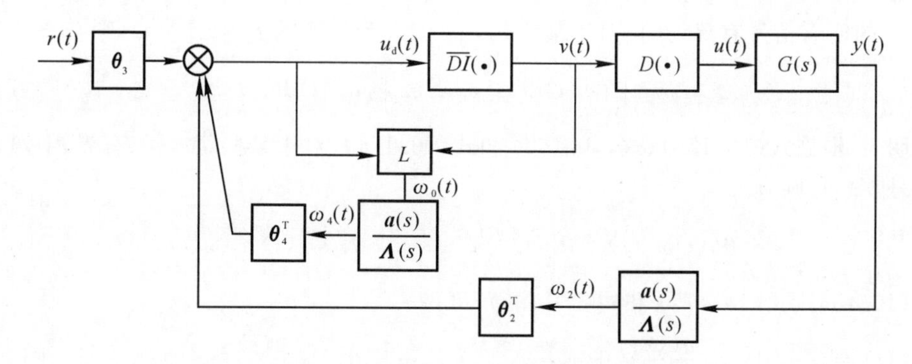

图 10.12　$G(s)$ 未知，$m_{\rm r}=m_l$ 时的控制器结构

为了证明式(10.176)，我们用 $u_{\rm d}(t)=-\boldsymbol{\theta}_0^{\rm T}(t)\boldsymbol{\omega}_0(t)$ 来表示自适应死区逆的特性，并且将

$$u(t)=u_{\rm d}(t)+\boldsymbol{\varphi}_0^{\rm T}(t)\boldsymbol{\omega}_0(t)+d_0(t)=-\boldsymbol{\theta}_0^{*\rm T}\boldsymbol{\omega}_0(t)+d_0(t) \tag{10.178}$$

代入模型匹配方程式(10.142)，利用式(10.173)，可得

$$u_{\rm d}(t)+\boldsymbol{\varphi}_0^{\rm T}(t)\boldsymbol{\omega}_0(t)+d_0(t)=\boldsymbol{\theta}_2^{*\rm T}\boldsymbol{\omega}_2(t)+\theta_3^*r(t)+\theta_3^*W_{\rm m}^{-1}(s)[y-y_{\rm m}](t)+$$
$$\boldsymbol{\theta}_4^{*\rm T}\boldsymbol{\omega}_4(t)+\boldsymbol{\theta}_1^{*\rm T}\frac{\boldsymbol{a}(s)}{\Lambda(s)})[d_0](t) \tag{10.179}$$

最后，将式(10.133)代入式(10.179)，即可得到跟踪误差式(10.176)。

根据跟踪误差方程的形式，建议对 $\boldsymbol{\theta}(t)$ 和 $\rho(t)$ 采用下列修正律，即

$$\dot{\boldsymbol{\theta}}(t)=-\frac{{\rm sgn}(k_{\rm p})\boldsymbol{\Gamma}\boldsymbol{\zeta}(t)\varepsilon(t)}{1+\boldsymbol{\zeta}^{\rm T}\boldsymbol{\zeta}(t)+\xi^2(t)}-\boldsymbol{\Gamma}\sigma(\boldsymbol{\theta}(t))\boldsymbol{\theta}(t),\quad \boldsymbol{\Gamma}=\boldsymbol{\Gamma}^{\rm T}>\boldsymbol{0} \tag{10.180}$$

$$\dot{\rho}(t)=-\frac{\beta\xi(t)\varepsilon(t)}{1+\boldsymbol{\zeta}^{\rm T}(t)\boldsymbol{\zeta}(t)+\xi^2(t)}-\beta\sigma(\rho(t))\rho(t),\quad \beta>0 \tag{10.181}$$

式中，$\rho(t)$ 为 ρ^* 的估值，$\sigma(\boldsymbol{\theta}(t))$ 和 $\sigma(\rho(t))$ 与式(10.148)所定义的 $\sigma(\boldsymbol{\theta}_0(t))$ 相类似，并且

$$\varepsilon(t)=e(t)+\rho(t)\xi(t) \tag{10.182}$$

$$\xi(t)=\boldsymbol{\theta}^{\rm T}(t)\boldsymbol{\zeta}(t)-W_{\rm m}(s)[\boldsymbol{\theta}^{\rm T}\boldsymbol{\omega}](t) \tag{10.183}$$

$$\boldsymbol{\zeta}(t)=W_{\rm m}(s)[\boldsymbol{\omega}](t) \tag{10.184}$$

自适应修正律式(10.180) ~ 式(10.184)的有界性质可归结为下述引理。

引理 10.4.2　自适应律式(10.180) ~ 式(10.184)可以保证：

(1) $\boldsymbol{\theta}(t),\dot{\boldsymbol{\theta}}(t),\rho(t),\dot{\rho}(t),\varepsilon(t)/\sqrt{1+\boldsymbol{\zeta}^{\rm T}(t)\boldsymbol{\zeta}(t)+\xi^2(t)}\in L_\infty$；

(2) 对于某些 $c_7,c_8>0$ 和所有的 $t_2>t_1\geqslant 0$，则有

$$\int_{t_1}^{t_2}\|\dot{\boldsymbol{\theta}}(t)\|^2{\rm d}t\leqslant c_7+\int_{t_1}^{t_2}\frac{c_8}{1+\boldsymbol{\zeta}^{\rm T}(t)\boldsymbol{\zeta}(t)+\xi^2(t)}{\rm d}t \tag{10.185}$$

$$\int_{t_1}^{t_2}\frac{\varepsilon^2(t)}{1+\boldsymbol{\zeta}^{\rm T}(t)\boldsymbol{\zeta}(t)+\xi^2(t)}{\rm d}t\leqslant c_7+\int_{t_1}^{t_2}\frac{c_8}{1+\boldsymbol{\zeta}^{\rm T}(t)\boldsymbol{\zeta}(t)+\xi^2(t)}{\rm d}t \tag{10.186}$$

引理 10.4.2 的证明与引理 10.4.1 的证明相似，但此处所选择的正定函数为

$$V(\boldsymbol{\varphi},\psi)=\frac{1}{2}(|\rho^*|\boldsymbol{\varphi}^{\rm T}\boldsymbol{\Gamma}^{-1}\boldsymbol{\varphi}+\beta^{-1}\psi^2),\qquad \psi(t)=\rho(t)-\rho^* \tag{10.187}$$

应用上述的修正律，将自适应控制器式(10.173) 应用于具有等斜率未知死区的控制对象，可以保证闭环系统的下述性质(见定理 10.4.2)。

定理 10.4.2 闭环系统式(10.114) ～ 式(10.117)、式(10.175)、式(10.180) ～ 式(10.184) 的所有信号有界，并且对于某些 $c_9, c_{10} > 0$ 和任意的 $t_2 \geqslant t_1 > 0$，则有

$$\int_{t_1}^{t_2} e^2(t)\mathrm{d}t \leqslant c_9 + c_{10}\int_{t_1}^{t_2} d_0^2(t)\mathrm{d}t \tag{10.188}$$

证明 根据式(10.157)、式(10.167) 和式(10.174)，对于某些 $a_0 > 0$、有界 $\boldsymbol{\theta}_a(t) \in \mathbf{R}^n$ 和有界信号 $b_0(t)$，则有

$$\boldsymbol{\theta}_4^{\mathrm{T}}(t)\boldsymbol{\omega}_4(t) = \boldsymbol{\theta}_a^{\mathrm{T}}(t)\frac{\boldsymbol{a}(s)}{\Lambda(s)}(s+a_0)[z_0](t) + b_0(t) \tag{10.189}$$

利用式(10.156)、式(10.175) 和式(10.189)，可得

$$u(t) = \frac{m}{\hat{m}(t)}\boldsymbol{\theta}_a^{\mathrm{T}}(t)\frac{\boldsymbol{a}(s)}{\Lambda(s)}(s+a_0)[z_0](t) + \frac{m}{\hat{m}(t)}\boldsymbol{\theta}_2^{\mathrm{T}}(t)\frac{\boldsymbol{a}(s)}{\Lambda(s)}(s+a_0)[z](t) +$$
$$\frac{m}{\hat{m}(t)}\theta_3(t)r(t) + \frac{m}{\hat{m}(t)}b_0(t) + d_2(t) \tag{10.190}$$

由式(10.159) 和式(10.190) 可导出

$$\{1 + K_1(s)[a_0 - \frac{m}{\hat{m}(\cdot)}\boldsymbol{\theta}_a^{\mathrm{T}}(\cdot)\frac{\boldsymbol{a}(s)}{\Lambda(s)}(s+a_0)]\}[z_0](t) =$$
$$\{K(s)G^{-1}(s) + K_1(s)\frac{m}{\hat{m}(\cdot)}\boldsymbol{\theta}_2^{\mathrm{T}}(\cdot)\frac{\boldsymbol{a}(s)}{\Lambda(s)}(s+a_0)\}[z](t) +$$
$$K_1(s)[\frac{m}{\hat{m}}\theta_3 r](t) + K_1(s)[d_2](t) + K_1(s)[\frac{m}{\hat{m}}b_0](t) \tag{10.191}$$

由此遵循与定理 10.4.1 的证明相类似的过程即可完成定理 9.4.2 的证明。

新的控制器结构是自适应控制器设计的关键，由此可导出跟踪误差方程式(10.176)。该方程是线性的，但其中的对象参数未知，因而不可能具有不用修正的控制器结构式(10.129)。也幸亏这种线性的参数化方法，才使得线性自适应理论能够应用于具有死区的对象的自适应控制。式(10.176) 的另一个关键性质是它的不可参数化部分[即扰动 $d_1(t)$] 的有界性。这一性质使人们可以利用现有的鲁棒自适应修正律。式(10.139) 及 $d_0(t)$ 的有界性对确定 $d_1(t)$ 的有界性是很重要的。而 $d_1(t)$ 与自适应估值 $\hat{b}_r, \hat{m}, \hat{b}_l$ 有关，并且当 $\boldsymbol{\theta}_0(t)$ 收敛至 $\boldsymbol{\theta}_0^*$ 时，$d_1(t)$ 收敛至零。

自适应律式(10.180) ～ 式(10.184) 是根据误差模型式(10.176) 进行选取的。当然，其他的一些鲁棒自适应律也可用来保证闭环系统信号的有界性。而开关 σ 校正律的优点就在于当自适应死区逆收敛至精确时，跟踪误差是渐近收敛的，也就是说，当 t 较大时，$d_0(t)$ 的作用将从式(10.188) 中消失。

10.4.4 仿真结果

前面所得到的分析结果需要在两个方面进行扩展：一是关于死区未知斜率相等这一假设常常是不现实的，应当去掉；二是即使在斜率相等的情况下，也仍然缺乏跟踪性能的解析特征。这两个问题都是需要研究的课题，我们借助于大量数字仿真结果来讨论这两个问题。在所有的仿真中采用的自适应律都不要求死区的斜率相等。

1. 不等斜率时的修正律

一般说来，有四种死区参数 m_r, m_l, b_r, b_l，并且 $m_r \neq m_l, b_r \neq b_l$，而从实践的观点来看，不失一般性，可假定 $m_r > 0, m_l > 0, b_r > 0, b_l < 0$。在自适应死区逆中，四种参数的估值为 $\hat{m}_r(t), \widehat{m_r b_r}(t), \hat{m}_l(t), \widehat{m_l b_l}(t)$，或者用向量表示为

$$\boldsymbol{\theta}_0^* = [m_r \quad m_r b_r \quad m_l \quad m_l b_l]^T$$

$$\boldsymbol{\theta}_0(t) = [\hat{m}_r(t) \quad \widehat{m_r b_r}(t) \quad \hat{m}_l(t) \quad \widehat{m_l b_l}(t)]^T$$

$$\boldsymbol{\varphi}_0(t) = \boldsymbol{\theta}_0(t) - \boldsymbol{\theta}_0^*$$

利用式(10.138)所定义的 $\chi(t)$，相应的回归向量可表示为

$$\boldsymbol{\omega}_0(t) = [-\chi(t)v(t) \quad \chi(t) \quad -(1-\chi(t))v(t) \quad 1-\chi(t)]^T \tag{10.192}$$

则死区可描述为

$$u(t) = u_d(t) = \boldsymbol{\varphi}_0^T(t)\boldsymbol{\omega}_0(t) + d_0(t) \tag{10.193}$$

式中，$d_0(t)$ 如式(10.140)所示，是有界的。在前面的讨论中，$\boldsymbol{\theta}_0^*, \boldsymbol{\theta}_0(t), \boldsymbol{\omega}_0(t) \in \mathbf{R}^3$，而现在它们属于 $\mathbf{R}^4$，因而需要对前面的修正律进行修正。而 $H(s), e(t), \varepsilon(t), \boldsymbol{\zeta}(t), \xi(t), \boldsymbol{\omega}(t)$ 等在形式上都与前面相同。例如

$$\boldsymbol{\omega}_4(t) = \frac{\mathbf{A}(s)}{\Lambda(s)}[\boldsymbol{\omega}_0](t) \tag{10.194}$$

具有与前面相同的形式，但 $\mathbf{A}(s) = [\boldsymbol{I}_4 \quad s\boldsymbol{I}_4 \quad \cdots \quad s^{n-1}\boldsymbol{I}_4]$，其中 $\boldsymbol{I}_4$ 为 4×4 单位阵，而前面 $\mathbf{A}(s)$ 中包含的是 3×3 单位阵 $\boldsymbol{I}_3$。线性控制器式(10.175)相应被修改为

$$u_d(t) = \boldsymbol{\theta}_2^T\boldsymbol{\omega}_2(t) + \theta_3 r(t) + \bar{\boldsymbol{\theta}}_4^T\boldsymbol{\omega}_4(t) \tag{10.195}$$

式中，$\bar{\boldsymbol{\theta}}_4 \in \mathbf{R}^{4n}$，其维数增大。由式(10.194)所定义的信号向量 $\boldsymbol{\omega}_4(t)$，则是由测量信号 $v(t)$，$u_d(t)$ 得到的。

在 $G(s)$ 已知的情况下，$\boldsymbol{\theta}_0(t)$ 的修正律与式(10.144)形式相同，而在 $G(s)$ 未知的情况下，将按照形如式(10.180)和式(10.181)的修正律来修正所有的参数估值。在这两种情况下，相应的参数估值和回归向量的维数都比以前要高。而目前还难以对这种普通形式进行稳定性证明。

2. 跟踪性能

为了考察本节所提出的自适应死区方案的有效性，仿真时选取不稳定对象 $G(s) = -2/(s^2-s-6)$，未知死区 $u(t) = D(v(t))$ 中 $b_r = 0.25, b_l = 0.3$，不等斜率 $m_r = 1.0, m_l = 1.25$。选取 $W_m(s) = 1/(s^2+4s+4)$，线性控制器式(10.129)的结构为

$$u_d(t) = (\theta_{11} + \theta_{12}s)\frac{1}{(s+1)^2}[u_d](t) + (\theta_{21} + \theta_{22}s)\frac{1}{(s+1)^2}[y](t) + \theta_3 r(t) \tag{10.196}$$

满足式(10.130)的参数值 $\theta_{11}^* = -25, \theta_{12}^* = -5, \theta_{21}^* = 80, \theta_{22}^* = 40, \theta_3^* = -0.5$。

当控制器采用固定死区逆与 $G(s)$ 未知时的线性控制器式(10.196)相组合时，虽然对线性控制器的参数进行自适应调整，但整个控制器仍导致在较长的区段内存在大的跟踪误差，其跟踪误差曲线如图 10.13(a)所示，$\hat{b}_r = 2b_r, \hat{b}_l = 1.43b_l, \hat{m}_r = 1.25m_r, \hat{m}_l = 1.3m_l$。这种控制器的自适应作用是十分明显的，因为利用那样一种不匹配的死区逆，即使在 $G(s)$ 已知的情况下，固定的线性控制器也会导致系统的不稳定。尽管自适应线性控制器可以导致信号有界，如图 10.13 所示，但由于死区参数估值误差很大，系统的响应是很糟的，甚至可能是无界的。这说

明采用固定死区逆的控制器不适用于斜率明显不同的死区($m_r \neq m_l$)。

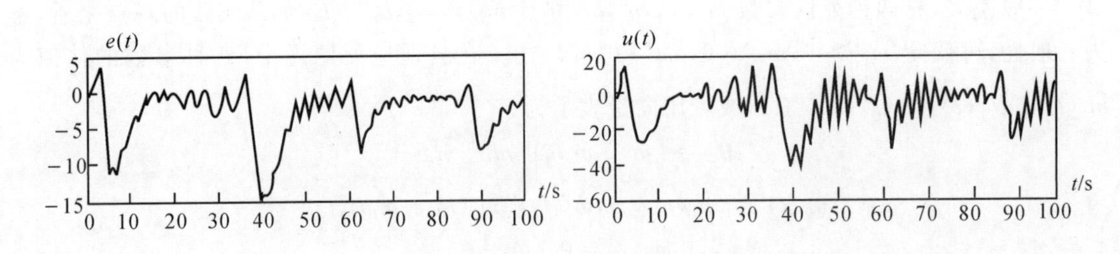

图 10.13　具有固定死区逆时的系统响应曲线

(a) 跟踪误差曲线；(b) 控制曲线

当采用自适应死区逆时,情况会有明显改善。当 $G(s)$ 已知时,自适应控制器只是修正自适应死区逆的参数,所采用的线性控制器式(10.196)具有固定的参数 $\theta_{11}^*, \theta_{12}^*, \theta_{21}^*, \theta_{22}^*, \theta_3^*$。当 $G(s)$ 未知时,死区逆和线性控制器式(10.195)的参数都要修正。大量的仿真证明,自适应死区逆控制器可以允许斜率 m_r, m_l 和间断点 b_r, b_l 有很大差异。图 10.14 所示为 $G(s)$ 已知时具有自适应死区逆和固定线性控制器的系统的典型响应曲线。图 10.15 所示为 $G(s)$ 未知时具有自适应死区逆和自适应线性控制器的系统的典型响应曲线。这些图形表明,跟踪误差在经过短时间暂态过程后都收敛至很小的值。其他一些仿真结果也表明,对于大的死区参数初始误差,采用固定死区逆控制器将导致系统响应无界,而采用自适应死区逆控制器可以保证信号有界和小的跟踪误差。这表明自适应死区逆明显改善了系统的性能。

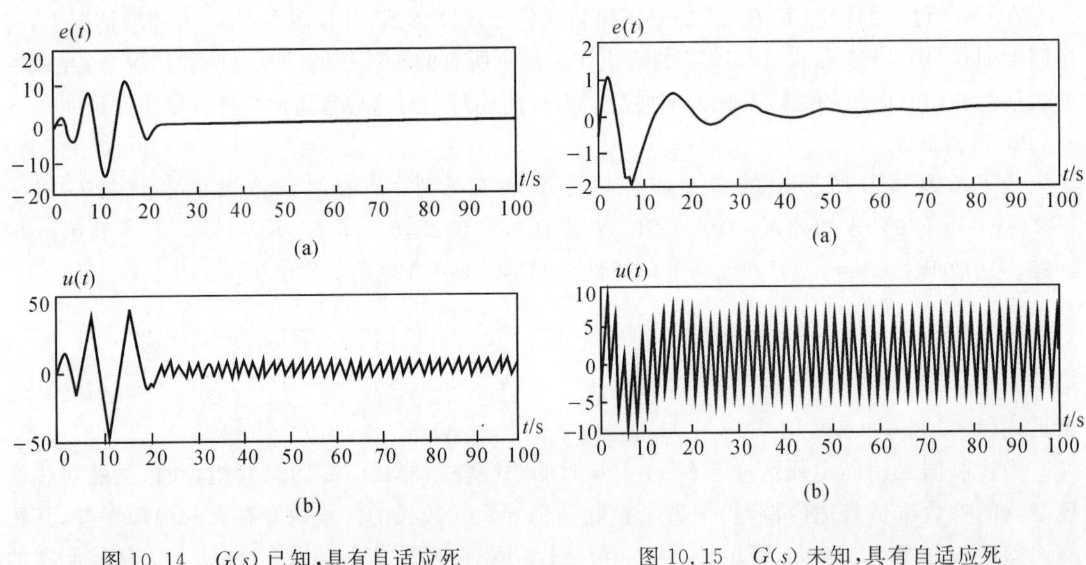

图 10.14　$G(s)$ 已知,具有自适应死区逆时的系统响应曲线

(a) 跟踪误差曲线；(b) 控制曲线

图 10.15　$G(s)$ 未知,具有自适应死区逆时的系统响应曲线

(a) 跟踪误差曲线；(b) 控制曲线

习　题

10.1　试对非线性控制对象的自适应控制问题进行分类。

10.2　在网络上查取非线性控制对象自适应控制方面的最新参考文献，对其中最新的三个研究方向进行概述，阐明其应用前景、需要解决的问题和所应用的主要研究方法和数字工具。

10.3　定理 10.1.2 将定理 10.1.1 的假设条件改变为 $f(0,\boldsymbol{\omega})$ 是全局 Lipschitz，试定性分析这一假设条件的改变对定理 10.1.2 结论的必要性。

10.4　将例题 10.2.1 中周期性正方波参考输入信号的宽度和间隔 T 改为 1 s，2 s，4 s 和 6 s，其余参数不变，试进行数字仿真计算并分析计算结果。

10.5　试对式(10.196)所给出的仿真例子进行全面数字仿真计算，并分析计算结果。

第 11 章　模糊自适应控制

模糊自适应控制理论是模糊控制理论与自适应控制理论相互交叉、相互渗透而形成的一个研究领域。模糊控制是运用模糊集合理论，总体考虑系统因素，协调控制作用的一种控制方法。它以模糊控制命题表示一组控制规律，将指标函数与控制量联系起来，经模糊推理决定控制量，而不管系统本身的内在方式或直接变化方式。因而，模糊控制特别适用于那些参数和结构存在很大不确定性因素或未知时的控制对象，而自适应控制的目的就是在系统出现这些不确定性因素时仍能使系统保持既定的特性，所以将模糊控制与自适应控制相结合，组成模糊自适应控制系统，将会是一种比较理想的控制方法。由于模糊自适应控制系统对参数变化和环境变化不灵敏，能用于非线性和多变量复杂对象，而且收敛速度快、鲁棒性好，并且可以在运行过程中不断修正自己的控制规则来改善控制性能，因而受到了控制界的广泛重视。本章将介绍模糊控制的基本概念和几种模糊自适应控制器设计方法。

11.1　模糊控制的基本概念

11.1.1　模糊集合及隶属函数

在普通集合的概念中，其论域中的任一元素，要么属于某个集合，要么不属于该集合，不允许有含混不清的说法。因而普通集合适用于描述“非此即彼”的清晰概念。例如，“所有大于 1 的实数”，是一个清晰概念，可用普通集合

$$\overline{A}=\{x \mid 1<x<\infty\}$$

来表示。它表明，凡大于 1 的实数都是集合 $\overline{A}$ 的元素，尽管这些元素无法一一例举但其范围是完全可以确定的。

然而，现实生活中却充满了模糊事物和模糊概念。例如，若将上述清晰概念改为“所有比 1 大得多的实数”，则变成了模糊概念。在这种情况下，只能说某数属“比 1 大得多的实数”的程度高，另一数属于它的程度低，无法划出一个明确的界限，使得在此界限内都属于“比 1 大得多的实数”，而在界限外都不属于“比 1 大得多的实数”。又如，“胖子”集合，“高个子”集合等，都没有明确的边界，这类边界不明确的集合即是模糊集合。

由于对模糊概念不能像对清晰概念那样用“属于”或“不属于”来描述，故对模糊集合也不能像对普通集合那样用特征函数来表征，而必须通过某元素 x 属于模糊集合 A 的程度的隶属函数 μ_A 来表征。

定义 11.1.1　设给定论域 X，x 是 X 的元素通名，X 到闭区间[0,1]的任一映射 μ_A，即

$$\mu_A: X \to [0,1]$$
$$x \to \mu_A(x)$$

都确定X的一个模糊子集A，μ_A称为模糊子集A的隶属函数，$\mu_A(x)$称为x对于A的隶属度。隶属度也可记为$A(x)$。在不混淆的情况下，模糊子集也称模糊集合。

上述定义表明：论域X上的模糊子集A由隶属函数μ_A来表征，$\mu_A(x)$的取值范围为闭区间$[0,1]$，$\mu_A(x)$的大小反映了x对模糊子集A的从属程度的高低。$\mu_A(x)$的值接近于1，表示x从属于A的程度很高；$\mu_A(x)$的值接近于0，表示x从属于A的程度很低。可见，模糊子集完全由隶属函数所描述。当μ_A的值域仅取闭区间$[0,1]$的两个端值时，模糊子集（模糊集合）就退化为经典集合论中的普通子集（普通集合）。

11.1.2　模糊集合的表达方式

（1）当X为有限集$\{x_1,x_2,\cdots,x_n\}$时，通常有以下3种表达方式。

1）Zadeh 表示法：

$$A=\frac{\mu_A(x_1)}{x_1}+\frac{\mu_A(x_2)}{x_2}+\cdots+\frac{\mu_A(x_n)}{x_n} \tag{11.1}$$

式中，$\frac{\mu_A(x_i)}{x_i}$并不表示“分数”，而是表示论域X中的元素x_i与其隶属度$\mu_A(x_i)$之间的对应关系，“+”也不表示“求和”，而是表示模糊集合A在论域X上的整体。

2）序偶表示法。将论域X中的元素x_i与其隶属度$\mu_A(x_i)$构成序偶来表示A，即

$$A=\{(x_1,\mu_A(x_1)),(x_2,\mu_A(x_2)),\cdots,(x_n,\mu_A(x_m))\} \tag{11.2}$$

3）向量表示法：

$$\mathbf{A}=[\mu_A(x_1)\quad \mu_A(x_2)\quad \cdots\quad \mu_A(x_n)] \tag{11.3}$$

（2）当X是有限连续时，Zadeh 表示法为

$$A=\int_X \frac{\mu_A(x)}{x}\mathrm{d}x \tag{11.4}$$

式中，$\frac{\mu_A(x)}{x}$表示论域X上的元素x与隶属度$\mu_A(x)$之间的对应关系，符号“$\int$”表示论域X上的无限多个元素x与相应隶属度$\mu_A(x)$对应关系的一个总括。

例如，Zadeh 曾以年龄作论域，取$X=[0,200]$给出了“年老”O和“年青”Y两个模糊集合的隶属函数，即

$$\mu_O(x)=\begin{cases}0, & 0\leqslant x\leqslant 50\\ [1+(\frac{x-50}{5})^{-2}]^{-1}, & 50< x\leqslant 200\end{cases} \tag{11.5}$$

$$\mu_Y(x)=\begin{cases}1, & 0\leqslant x\leqslant 25\\ [1+(\frac{x-25}{5})^{2}]^{-1}, & 25< x\leqslant 200\end{cases} \tag{11.6}$$

采用 Zadeh 法，“年老”O和“年青”Y两个模糊集合可表示为

$$O=\int_{0\leqslant x\leqslant 50}\frac{0}{x}\mathrm{d}x+\int_{50<x\leqslant 200}\frac{[1+(\frac{x-50}{5})^{-2}]^{-1}}{x}\mathrm{d}x=\int_{50<x\leqslant 200}\frac{[1+(\frac{x-50}{5})^{-2}]^{-1}}{x}\mathrm{d}x$$

$$Y=\int_{0\leqslant x\leqslant 25}\frac{1}{x}\mathrm{d}x+\int_{25<x\leqslant 200}\frac{[1+(\frac{x-25}{5})^2]^{-1}}{x}\mathrm{d}x \tag{11.7}$$

在给定论域 X 上可以有多个模糊子集，由所有这些模糊子集组成的模糊集合全体为 $\mathscr{F}(X)$，即

$$\mathscr{F}(X)=\{A \mid A:X\rightarrow[0,1]\} \tag{11.8}$$

$\mathscr{F}(X)$ 称为 X 上的模糊幂集。

11.1.3 常见的几种隶属函数

(1) 正态型：

$$\mu(x)=\mathrm{e}^{-(\frac{x-a}{b})^2},\quad b>0 \tag{11.9}$$

(2) 哥西型：

$$\mu(x)=\frac{1}{1+a(x-c)^b},\quad a>0,\quad b\text{ 为正偶数} \tag{11.10}$$

(3)Γ 型：

$$\mu(x)=\begin{cases}0, & x<0\\ (\frac{x}{\lambda\upsilon})^{\upsilon}\mathrm{e}^{\upsilon-\frac{x}{\lambda}}, & x\geqslant 0\end{cases} \tag{11.11}$$

式中，$\lambda>0$，$\upsilon>0$。

(4) 戒上型：

1) 降半正态型为

$$\mu(x)=\begin{cases}1, & x\leqslant a\\ \mathrm{e}^{-(\frac{x-a}{b})^2}, & x>a,\quad b>0\end{cases} \tag{11.12}$$

2) 降半哥西型为

$$\mu(x)=\begin{cases}1, & x\leqslant c\\ \dfrac{1}{1+a(x-c)^b}, & x>c,\quad a>0,\quad b>0\end{cases} \tag{11.13}$$

(5) 戒下型：

1) 升半正态型为

$$\mu(x)=\begin{cases}0, & x\leqslant a\\ 1-\mathrm{e}^{-(\frac{x-a}{b})^2}, & x>a,\quad b>0\end{cases} \tag{11.14}$$

2) 升半哥西型为

$$\mu(x)=\begin{cases}0, & x\leqslant c\\ \dfrac{1}{1+a(x-c)^b}, & x>c,\quad a>0,\quad b<0\end{cases} \tag{11.15}$$

11.1.4 模糊集合的基本运算

设 A,B 是论域 X 上的两个模糊子集，规定 A 与 B“并”运算($A\cup B$)，“交”运算($A\cap B$)及“补”运算($\overline{A},\overline{B}$)的隶属函数分别为 $\mu_{A\cup B}$，$\mu_{A\cap B}$，$\mu_{\overline{A}}$ 及 $\mu_{\overline{B}}$，对于 $\forall x\in X$，则有

$$\mu_{A\cup B}(x)\xlongequal{\text{def}}\mu_A(x)\vee\mu_B(x)=\max[\mu_A(x),\mu_{\overline{B}}(x)],\quad\forall x\in X \tag{11.16}$$

$$\mu_{A\cap B}(x) \xlongequal{\text{def}} \mu_A(x) \wedge \mu_B(x) = \min[\mu_A(x), \mu_B(x)], \quad \forall x \in X \tag{11.17}$$

$$\mu_{\overline{A}}(x) \xlongequal{\text{def}} 1 - \mu_A(x), \quad \forall x \in X \tag{11.18}$$

$$\mu_{\overline{B}}(x) \xlongequal{\text{def}} 1 - \mu_B(x), \quad \forall x \in X \tag{11.19}$$

式中,符号 $\vee$ 表示取大运算,即取两个隶属度中的较大者作为运算结果;符号 $\wedge$ 表示取小运算,即取两个隶属度中的较小者作为运算结果。模糊集合的并、交运算可以推广到任意个模糊集合。

设 A 和 B 分别是论域 X 和 Y 上的子集,则 $A\times B$ 称为模糊集合 A 和 B 的直积,$A\cdot B$ 称为模糊集合 A 和 B 的代数积,$A+B$ 称为模糊集合 A 和 B 的代数和,$A\oplus B$ 称为模糊集合 A 和 B 的环和,它们的隶属函数分别为

$$\mu_{A\times B}(x,y) = \min[\mu_A(x), \mu_B(y)], \quad \forall (x,y) \in X\times Y \tag{11.20}$$

$$\mu_{A\cdot B}(x,y) = \mu_A(x)\mu_B(y) \tag{11.21}$$

$$\mu_{A+B}(x,y) = \begin{cases} \mu_A(x) + \mu_B(y), & \mu_A(x) + \mu_B(y) \leqslant 1 \\ 1, & \mu_A(x) + \mu_B(y) > 1 \end{cases} \tag{11.22}$$

$$\mu_{A\oplus B}(x,y) = \mu_A(x) + \mu_B(y) - \mu_{A\cdot B}(x,y) \tag{11.23}$$

11.1.5　模糊关系和模糊变量

关系是描述客观事物之间联系的重要概念,模糊关系是普通关系的推广。普通关系描述元素之间有无关联,而模糊关系则是描述元素之间关联程度的多少。

定义 11.1.2　设 X,Y 是两个非空集合,则直积

$$X\times Y = \{(x,y) \mid x \in X, \quad y \in Y\} \tag{11.24}$$

中的一个模糊子集 R 称为从 X 到 Y 的一个模糊关系,其隶属函数为

$$\mu_R : X\times Y \to [0,1] \tag{11.25}$$

序偶(x,y)的隶属度为 $\mu_R(x,y)$。当 $X=Y$ 时,R 称为 X 上的模糊关系。

上面定义的模糊关系又称二元模糊关系。当论域为 n 个集合的直积

$$X_1 \times X_2 \times \cdots \times X_n$$

时,所对应的为 n 元模糊关系 R。通常所说的模糊关系一般是指二元模糊关系。

当论域 X,Y 都是有限集时,模糊关系可用模糊矩阵表示。例如,当 $X=\{x_1 \quad x_2 \quad \cdots \quad x_n\}$,$Y=\{y_1 \quad y_2 \quad \cdots \quad y_m\}$ 时,模糊矩阵 $\boldsymbol{R}$ 的元素 r_{ij} 表示论域 X 中的第 i 个元素 x_i 与论域 Y 中的第 j 个元素 y_j 对于模糊关系 R 的隶属程度,即 $\mu_R(x_i,y_j)=r_{i,j}$。

当一个变量用论域 X 中的一个模糊子集进行赋值时,称为模糊变量。

11.1.6　模糊命题与模糊逻辑

具有模糊概念的陈述句称为模糊命题。例如,“这个房间温度太高”“电动机的转速稍偏低”等陈述句中的“太高”“稍偏低”都是模糊概念,给出的界限都是不分明的,无法用传统的命题真值概念来判断它们是真是假。普通命题只取真、假二值,用 1 和 0 表示,所以又称二值逻辑。而模糊命题则在闭区间[0,1]上取连续值,用以表示模糊命题真或假的程度。

研究模糊命题的逻辑称为连续值逻辑,也称模糊逻辑,它是二值逻辑的推广,是对经典的

二值逻辑的模糊化。

模糊逻辑是建立在模糊集合和二值逻辑概念基础上的，可以把它看做为一类特殊的多值逻辑。研究二值逻辑运算规律的数学工具是布尔代数，或称逻辑代数；而研究模糊逻辑的运算规则的数学工具是德·摩根代数(De-Morgan 代数)，或称模糊代数。

11.1.7 模糊逻辑系统

模糊逻辑系统是指那些与模糊概念和模糊逻辑有直接关系的系统，由模糊规则库、模糊推理机、模糊化和非模糊化四部分组成，如图 11.1 所示。

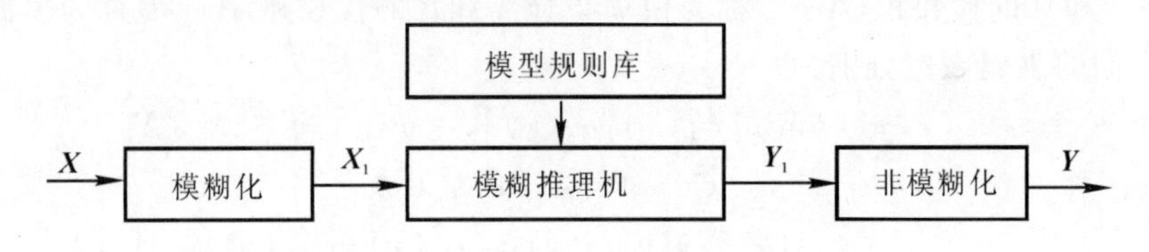

图 11.1 模糊逻辑系统的基本组成

模糊系统的工作过程就是将一数值向量 $\boldsymbol{X}$ 经模糊化变成模糊变量 $\boldsymbol{X}_1$，这种模糊变量调用模糊规则库中的有关规则，经模糊推理机得到模糊响应 $\boldsymbol{Y}_1$，再将这种模糊响应经非模糊化转变成系统的实际响应 $\boldsymbol{Y}$。将模糊逻辑系统应用于控制问题，则为模糊控制器。在模糊控制器中，$\boldsymbol{X}$ 为精确的输入量，$\boldsymbol{X}_1$ 为模糊输入，$\boldsymbol{Y}_1$ 为模糊输出，$\boldsymbol{Y}$ 为精确的控制量。

模糊规则库和模糊推理机是模糊逻辑系统的关键部分。模糊规则来源于专家对于系统变化过程的的认识与经验总结，模糊规则库中模糊规则的完善程度及准确度将直接确定整个系统作用效果的好坏。模糊规则库由具有多输入单输出形式的若干条模糊规则"If - then"(如果-则)的总和所组成，即

$$R^{(j)}: \text{If } x_{11} \text{ is } F_1^j \text{ and } \cdots \text{ and } x_{1n} \text{ is } F_n^j \text{ then } Y_1 \text{ is } G^j \tag{11.26}$$

式中，$F_i^j(i=1,2,\cdots,n)$ 和 G^j 为模糊论域，$\boldsymbol{X}_1=[x_{11} \quad x_{12} \quad \cdots \quad x_{1n}]^{\mathrm{T}}$ 和 Y_1 为模糊变量，分别是模糊逻辑的多输入和单输出。设 m 为规则库中所包含的模糊规则"If-then"的总数，则在式(10.26)中，$j=1,2,\cdots,m$。

模糊化的作用是将精确的输入 $\boldsymbol{X}$ 进行模糊化，从而产生模糊变量 X_1。目前，常采用的模糊化方法有以下两种：

(1) 独立模糊化。设 $\boldsymbol{X}=[x_1 \quad x_2 \quad \cdots \quad x_n]^{\mathrm{T}}$，$A'$ 为在 $\boldsymbol{X}$ 上的模糊函数，$\boldsymbol{X}_t$ 为某一模糊论域的中心点，则有

$$\text{当 } \boldsymbol{X}'=\boldsymbol{X}_t \text{ 时}, \quad \mu_{A'}(X')=1$$

$$\text{当 } \boldsymbol{X}' \neq \boldsymbol{X}_t \text{ 时}, \quad \mu_{A'}(X')=0$$

(2) 非独立模糊化。$\mu_{A'}(\boldsymbol{X}_t)=1$，$\mu_{A'}(\boldsymbol{X}')$ 的大小决定于 $\boldsymbol{X}'$ 离开 $\boldsymbol{X}_t$ 的距离，即

$$\mu_{A'}(\boldsymbol{X}')=\exp\left[-\frac{(\boldsymbol{X}_t-\boldsymbol{X}')^{\mathrm{T}}(\boldsymbol{X}_t-\boldsymbol{X}')}{\sigma^2}\right] \tag{11.27}$$

式中，σ^2 称为模糊度。

从上面两种模糊化方法的数学表达式可以看出，独立模糊化是一种离散的模糊化方法，而非独立模糊化则是一种连续的模糊化方法。由于独立模糊化方法简单，所以过去常采用这种

方法。但非独立模糊化更科学，因为这种方法中所采用的正态分布更符合人们的思维规律，而且正态分布比较容易收敛。

非模糊化是将模糊响应转化为精确响应的过程，其作用是利用模糊决策将模糊变量转化为非模糊变量。设模糊响应为 $\boldsymbol{U}=(\mu(u_1)/u_1,\mu(u_2)/u_2,\cdots,\mu(u_n)/u_n)$，它表示隶属函数 $\mu(u_i)$ 的精确响应为 $u_i(i=1,2,\cdots,n)$。非模糊化过程可采用的模糊决策方法很多，常用的模糊决策方法有以下几种：

(1) 最大值法。这种方法是将模糊集合 $\boldsymbol{U}$ 中隶属度最大的元素作为精确响应量。例如，若

$$\mu_{\max}(u)=\max(\mu(u_1),\mu(u_2),\cdots,\mu(u_n)) \tag{11.28}$$

则精确响应就是 $\mu_{\max}(u)$ 所对应的响应 u_0。

(2) 最大值平均法。设 u_i' 是隶属函数 μ 取最大值时 u_i 的数值，m 是 u_i' 的个数，则可用最大值平均法，即

$$u_0=\frac{1}{m}\sum_{i=1}^{m}u_i' \tag{11.29}$$

确定精确响应 u_0。

当 m 为无限值时，可用最大值中点法求得精确响应 u_0。

(3) 最大值中点法。设 u_0' 和 u_0'' 是 $\mu(u)$ 取最大值时 u 的最小值和最大值，则精确响应为

$$u_0=\frac{1}{2}(u_0'+u_0'') \tag{11.30}$$

(4) 加权平均法。取 $u_i(i=1,2,\cdots,n)$ 的加权平均值。若令 u_i 的加权系数为 $k_i(i=1,2,\cdots,n)$，则精确响应量为

$$u_0=\sum_{i=1}^{n}k_iu_i\Big/\sum_{i=1}^{n}k_i \tag{11.31}$$

(5) 面积等分法。将面积 $\int\mu(u)\mathrm{d}u$ 等分为二的点 u_0 作为精确响应，u_0 满足的关系式为

$$\int_{u<u_0}\mu(u)\mathrm{d}u=\int_{u>u_0}\mu(u)\mathrm{d}u \tag{11.32}$$

(6) 重心法。

$$u_0=\frac{\int\mu(u)u\mathrm{d}u}{\int\mu(u)\mathrm{d}u} \tag{11.33}$$

(7) 阈值重心法。给定阈值 $\alpha(0\leqslant\alpha<1)$，则有

$$u_0=\frac{\int_{u(\alpha)}\mu(u)u\mathrm{d}u}{\int_{u(\alpha)}\mu(u)\mathrm{d}u} \tag{11.34}$$

式中，$u(\alpha)$ 为由下式定义的集合，即

$$u(\alpha)=\{u\mid\mu(u)\geqslant\alpha\} \tag{11.35}$$

阈值重心法忽略了隶属函数中小于阈值 α 的部分对 u_0 的影响。当 $\alpha=0$ 时，阈值重心法与重心法完全相同。

在上述决策方法中，最大值法最为简单，但利用的信息太少。重心法和面积法利用了较多

的信息，但增加了计算量。阈值重心法比重心法减少了一定的计算量，但增加了阈值的选取问题。加权平均法的关键在于加权系数的选取，而选取加权系数需要一定的经验和技巧。在实际应用中需视具体情况选用合适的决策方法。

11.1.8 模糊控制

将模糊逻辑系统作为控制器用的系统称为模糊控制系统。模糊控制中常用的模糊条件语句有

$$\text{If } A \text{ then } B \tag{11.36}$$

读作“若 A 则 B”。例如，“若水位高则排水”。

$$\text{If } A \text{ then } B \text{ else } C \tag{11.37}$$

读作“若 A 则 B 否则 C”，“若水已热则停止加煤，否则继续加煤”。

$$\text{If } A \text{ then if } B \text{ then } C \quad \text{或} \quad \text{If } A \text{ and } B \text{ then } C \tag{11.38}$$

读作“若 A 则若 B 则 C”或“若 A 且 B 则 C”。例如，“若水温偏高且温度继续上升则多加一些冷水”。

所有模糊控制器的基本结构都具有如下形式：

If（过程量）then（控制量）

这里过程量和控制量表示基本变量的一些命题，即模糊语言变量。由上述结构形式可以看到，模糊控制器实质上是一个将过程状态映射到控制作用的非线性增益控制器。

模糊控制的特点是受控对象的动态特性很难用常规的微分、差分或状态方程描述，而且控制规则只能用模糊语义进行定性描述。因而在设计模糊控制器时必须解决模糊控制算法设计、语言变量赋值、控制输入的判定计算三个问题。

1. 模糊控制算法设计

现在研究一个单输入单输出系统的模糊控制问题，控制目标是消除输出对设定值的偏差。因此，有关的模糊变量是输出误差 E、误差变化 $\dot{E}$ 和控制输入 U，它们分别对应 X,Y,Z 三个论域。根据工程控制经验，可通过这三个量的关系组成一系列的控制规则。例如：

若 E 正小，且 $\dot{E}$ 为零，则 U 负中；

若 E 负大，且 $\dot{E}$ 正小，则 U 负中；

如此等等。

上述控制规则所对应的模糊条件语句属于句型式(11.38)，即

$$\text{If } E \text{ is } A_i \text{ then if } \dot{E} \text{ is } B_j \text{ then } U \text{ is } C_k \tag{11.39a}$$

或写为

$$\text{If } E \text{ is } A_i \text{ and } \dot{E} \text{ is } B_j \text{ then } U \text{ is } C_k \tag{11.39b}$$

式中，A_i，B_j 和 C_k 分别为论域 X，Y 和 Z 的模糊子集。式(11.39)中的每条控制规则表示了一个模糊关系，即

$$R_l = A_i \, B_j \, C_k \tag{11.40a}$$

或

$$\mu_{R_l}(x,y,z) = \mu_{A_i}(x) \wedge \mu_{B_j}(y) \wedge \mu_{C_k}(z) \tag{11.40b}$$

由全部控制规则导出的总的模糊关系为

$$R = R_1 \cup R_2 \cup \cdots \cup R_n = \bigcup_{l=1}^{n} R_l \tag{11.41}$$

习惯上，常把模糊语言变量分为 8 级，它们是正大(PB)、正中(PM)、正小(PS)、正零(P0)、负零(N0)、负小(NS)、负中(NM) 和负大(NB)。对于根据输出误差和误差变化率来消除偏差的模糊控制器，一种可能的控制规则见表 11.1，由表 11.1 可导出所需的总的模糊关系，不同受控对象，甚至同一对象，也可能会因各自的经验不同而导出不同的控制规则。

表 11.1　消除偏差的控制规则 U

E \ $\dot{E}$	NB	NM	NS	0	PS	PM	PB
NB	0	0	0	PM	PM	PB	PB
NM	0	0	0	PM	PM	PB	PB
NS	NM	PS	PS	PM	PB	PB	PB
N0	NM	NS	NS	PS	PM	PM	PB
P0	PB	PS	PS	NS	NM	NM	NM
PS	PB	NS	NS	NM	NM	NB	NB
PM	PS	NM	NM	NB	NB	NB	NB
PB	0	NS	NS	NS	NS	NB	NB

2. 语言变量的赋值

在实际控制问题中，误差 e、误差变化率 $\dot{e}$ 和控制 u 常常是连续变化的，因而必须建立确切量与模糊量之间的转换关系。为了减小 R 的维数并占用较少的存储空间，可把连续量分为几个等级。例如，若 e 在闭区间$[-6,6]$上变化，可把它分为 8 个等级，这时可用表 11.2 作为精确量与模糊量之间的转换关系，然后再利用工程经验，针对具体对象对语言变量赋值，表 11.3 是一个具体的赋值例子，赋值表中的数字代表对应元素的隶属度。与此相似，可导出 E 和 U 的赋值表。

表 11.2　精确量与模糊量间的转换关系

e	≈ -6	≈ -4	≈ -2	$\leqslant 0$	$\geqslant 0$	≈ 2	≈ 4	≈ 6
E	NB	NM	NS	N0	P0	PS	PM	PB

3. 控制输入的判定计算

模糊控制器的输出是一个模糊子集，它反映的是控制语言的不同取值的一种组合，因此必须从这个模糊子集中判定出一个精确的控制输入量(亦称确切量)，以便加到实际对象的输入端。因此，控制输入的判定计算即是前面所述的非模糊化过程，可采用前面所述的任何一种模糊决策方法来进行控制决策，计算出精确的控制输入量。

由于在线计算精确控制输入量 u_0 比较费时，针对具体工程控制问题，人们常事先算好控制表，在进行实时控制时，可由每次采得的 e 和算得或采得的 $\dot{e}$，由表直接得到 u_0。表 11.4 是控制表的一个例子，可以看出，它是非线性的。

表 11.3　E 的赋值表

	−6	−5	−4	−3	−2	−1	0	1	2	3	4	5	6
PB	0	0	0	0	0	0	0	0	0.2	0.4	0.7	0.8	0.1
PM	0	0	0	0	0	0	0	0	0.2	0.7	1	0.7	0.2
PS	0	0	0	0	0	0	0.3	0.8	1	0.7	0.5	0.4	0.2
P0	0	0	0	0	0	0	1	0.6	0.1	0	0	0	0
N0	0	0	0	0	0.1	0.6	1	0	0	0	0	0	0
NS	0.2	0.4	0.5	0.7	1	0.8	0.3	0	0	0	0	0	0
NM	0.2	0.7	1	0.4	0.2	0	0	0	0	0	0	0	0
NB	1	0.8	0.7	0.4	0.2	0	0	0	0	0	0	0	0

表 11.4　模糊控制表

$\dot{E}$ / E		趋向设定值							离开设定值					
		−6	−5	−4	−3	−2	−1	0	+1	+2	+3	+4	+5	+6
低于设定值	−6	0	0	0	0	0	6	6	4	4	4	6	6	6
	−5	0	0	0	0	0	6	6	6	2	6	6	6	6
	−4	0	0	0	0	0	6	6	4	4	4	6	6	6
	−3	−4	−1	2	2	3	3	4	5	5	6	6	6	6
	−2	−4	−1	2	2	2	3	4	5	6	6	5	6	6
	−1	−3	−1	0	−1	0	1	3	6	6	5	3	3	6
	−0	−4	−3	−2	−1	−1	−1	3	6	6	4	1	6	6
高于设定值	+0	6	3	1	1	1	2	−3	−6	−6	−6	−4	−4	−4
	+1	6	2	2	1	−1	0	−3	−6	−6	−6	−6	−4	−4
	+2	5	1	−2	−2	−3	−3	−4	−5	−5	−5	−4	−6	−4
	+3	4	1	−3	−3	−3	−3	−3	−6	−6	−5	−5	−6	−5
	+4	2	0	−4	−3	−4	−5	−6	−6	−6	−6	−6	−5	−5
	+5	0	−2	−3	−3	−5	−3	−3	−2	−2	−2	−6	−5	−6
	+6	0	−1	−2	−2	0	−2	−2	−3	−3	−6	−6	−5	−5

上述单输入单输出模糊控制系统的结构如图 11.2 所示。

由于模糊控制器的结构是一种语言表达式，而语言表达式的方式是多种多样的，推理方法亦有多种，从而可以形成各种形式的模糊控制器。图 11.2 所示是一种最基本的典型模糊控制系统，它是根据所描述的过程状态变量与控制量的对应关系并针对该过程状态变量提出控制要求的一种直接的最简单的控制方法，其控制规则和控制要求都是事先确定的，控制过程中无须对其进行变换或改动。在这种模糊控制系统中，输入模糊逻辑系统的 e 和 $\dot{e}$ 是连续变化的，经过相应的比例规则整定后，得到 E 和 $\dot{E}$ 的控制等级，查找出各自的隶属度赋值表，找到对应于该控制等级的隶属度不为零的所有语言变量，找出这些语言变量的隶属函数和有关的条件控制语句；再运用模糊运算规则进行计算与合成，得到有关的模糊关系，根据模糊输入，经模糊推理得到模糊控制量；最后采用模糊决策中的一种方法进行决策，可得到作用于被控对象的实际控制量。

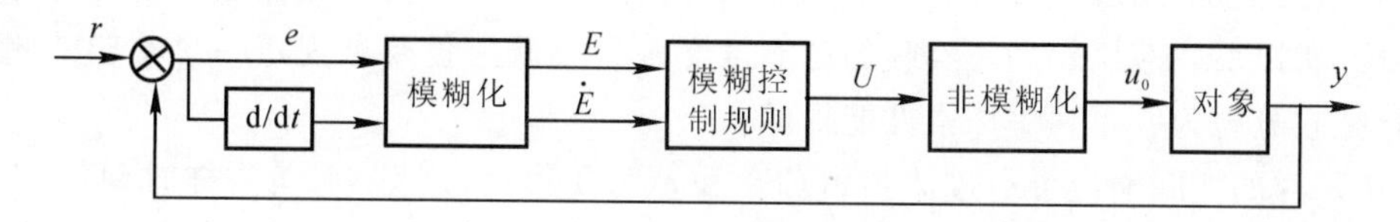

图 11.2　基本的模糊控制系统

上述过程就是典型模糊控制的工作原理。以这种典型模糊控制为基础，产生了模糊-线性复合控制、模糊 PI 控制、模糊自适应控制等改进方法。

模糊控制有以下优点：

(1) 设计系统时不需要建立被控对象的数学模型，只要求掌握现场操作人员或有关专家的经验、知识或操作数据；

(2) 模糊控制也可用于模型确定的对象；

(3) 系统的鲁棒性强，尤其适用于非线性时变、滞后系统的控制；

(4) 由过程的定性认识出发，较易建立语言变量控制规则；

(5) 模糊控制方法可与经典控制方法相结合，因而灵活多变、形式多样。

模糊控制，尤其是基本模糊控制，也存在一定的局限性。

(1) 虽然模糊控制系统的动态品质对于对象参数的变化不敏感，但其稳态品质对于对象参数的变化却是比较敏感的，系统可能产生相应的稳态误差或自激振荡；

(2) 基本模糊控制只利用误差和误差的变化率，且控制论域等级是固定的，因而它不但无法使整个系统的稳态误差降到最小极限，而且系统的动态品质受到限制；

(3) 误差和误差变化率的动态范围需要反复整定；

(4) 对于较为复杂的系统，很难得到较为完善的控制规则；

(5) 模糊控制是一种仿人的操作过程，一般不会出现不稳定，但其稳定性没有严格的理论根据。

在这种情况下，模糊控制的应用，特别是在静、动态品质要求较高的领域中的应用，受到了极大的限制。为了保持模糊控制的优点而弥补其不足，人们将模糊控制与现代控制理论相结合，产生了许多好的控制方法。下面所介绍的模糊自适应控制，就是将模糊控制与自适应控制相结合所导出的控制方法。

11.2　模糊自适应控制

对于复杂的非线性多变量系统，要想凭实际工程经验一次性构造出一个满意的控制表是十分困难的。为了解决这一问题，可采用自适应控制策略。实际上，在常规模糊控制系统中，附加上性能量度和比较、控制校正量赋值及修正算法三个功能块，就可构成模糊自适应控制系统。

11.2.1 性能量度和比较

为了改善控制策略,自适应控制器应能够评价自身的性能,为此首先应有一个性能量度。常用的性能量度可分为两大类:一类是全局性,它能度量系统的整体性能;另一类是局部性的,只能度量系统一部分状态的性能。由于后者比前者简单,而且局部性能的改善也有益于提高整体性能,所以后者应用较多。实际的性能量度多是根据工程要求规定一个希望的闭环响应特性,再把它分解为一系列单样本性能指标。

每次采样的实际响应可通过监测 $e(kT)$ 和 $\dot{e}(kT)$ 得出,这里 kT 为采样时刻,T 为采样周期。把实际响应与希望响应相比较,就可度量控制器的性能,能大概表明需要校正的输出量。

具体实现时,性能量度可以从判定表查出,这种表是根据 $e(kT)$ 和 $\dot{e}(kT)$ 的知识制定出来的。表 11.5 是性能量度判定表的一个例子,其中 E 和 $\dot{E}$ 的论域都是[$-6,6$],表中的全部数值给出了希望响应集合,零元素表示该状态不需要校正,非零元的值不仅考虑了偏离设定值的距离,而且还考虑了趋向设定值或离开设定值的速度。与小误差和大误差变化率相比,小误差和小误差变化率更可取,因为后者可能无超调。在实时控制时,每次采样都要调用一次性能量度判定表,以便获取当前实际输出偏离希望轨迹的量度。

表 11.5 性能量度判定表

E \ $\dot{E}$		趋向设定值							离开设定值					
		−6	−5	−4	−3	−2	−1	0	+1	+2	+3	+4	+5	+6
低于设定值	−6	0	0	0	0	0	0	6	6	6	6	6	6	6
	−5	0	0	0	2	2	3	6	6	6	6	6	6	6
	−4	0	0	0	2	4	5	6	6	6	6	6	6	6
	−3	0	0	0	2	2	3	4	4	4	4	5	5	3
	−2	0	0	0	0	0	0	2	2	2	3	4	5	6
	−1	0	0	0	0	0	0	1	1	1	2	3	4	5
	−0	0	0	0	0	0	0	0	0	0	1	2	3	4
高于设定值	+0	0	0	0	0	0	0	0	0	0	−1	−2	−3	−4
	+1	0	0	0	0	0	0	−1	−1	−1	−2	−3	−4	−5
	+2	0	0	0	0	0	0	−2	−2	−2	−3	−4	−5	−6
	+3	0	0	0	−2	−2	−3	−4	−4	−4	−4	−5	−5	−6
	+4	0	0	0	−2	−4	−5	−6	−6	−6	−6	−6	−6	−6
	+5	0	0	0	−2	−2	−3	−6	−6	−6	−6	−6	−6	−6
	+6	0	0	0	0	0	0	−6	−6	−6	−6	−6	−6	−6

在多变量情况下,为了对各个输出规定不同的性能量度,可先对每个控制器变量选出一个适当的比例因子,再调用性能量度判定表。

11.2.2　控制输入校正量的赋值

为了把从性能量度判定表得到的需要校正的输出量变换为控制输入校正量，需要解决三个问题：

(1) 如何由输出变差知识算出控制输入校正量；

(2) 对于多输入多输出对象应校正哪些控制输入，以及校正量如何确定；

(3) 使当前性能变差是哪些先前的控制作用。

有了对象的输入输出关系及时滞特性，则上述问题容易解决，因而最好是建立对象的模型。但与非自适应控制不同，这里不需要建立精确的对象模型，有一个增量模型就能满足要求，而建立这样的模型是比较容易的。

考虑由状态空间方程

$$\left.\begin{aligned}\dot{x}_1 &= f(x_1, u_1, u_2)\\ \dot{x}_2 &= g(x_2, u_1, u_2)\end{aligned}\right\} \tag{11.42}$$

描述的双输入双输出的对象，微小的输入变化引起的输出导数的变化为

$$\begin{bmatrix}\delta\dot{x}_1\\ \delta\dot{x}_2\end{bmatrix} = \boldsymbol{J}\begin{bmatrix}\delta u_1\\ \delta u_2\end{bmatrix} \tag{11.43}$$

式中，$\boldsymbol{J}$ 为系统的 Jacobian 矩阵

$$\boldsymbol{J} = \begin{bmatrix}\dfrac{\partial f}{\partial u_1} & \dfrac{\partial f}{\partial u_2}\\[2ex] \dfrac{\partial g}{\partial u_1} & \dfrac{\partial g}{\partial u_2}\end{bmatrix} \tag{11.44}$$

在经历一个采样周期后，输入变化 Δu_1 和 Δu_2 引起的输出变化 Δx_1 和 Δx_2，可近似表示为

$$\begin{bmatrix}\Delta x_1\\ \Delta x_2\end{bmatrix} \approx \begin{bmatrix}T\delta\dot{x}_1\\ T\delta\dot{x}_2\end{bmatrix} = \boldsymbol{M}\begin{bmatrix}\Delta u_1\\ \Delta u_2\end{bmatrix} \tag{11.45}$$

式中，对象的增量模型 $\boldsymbol{M}$ 为

$$\boldsymbol{M} = T\boldsymbol{J} \tag{11.46}$$

$\boldsymbol{M}$ 是对象状态的函数。

一般地，设 $\Delta x(kT)$ 为输出校正量，$\Delta u(kT)$ 为输入校正量，则由上述推证过程，可导出

$$\Delta u(kT) = \boldsymbol{M}^{-1}\Delta x(kT) \tag{11.47}$$

该方程已用标度因子定标，所以是一个归一化方程。在获取增量模型 $\boldsymbol{M}$ 时，未对受控对象加以任何限制，所以式(11.47) 具有普遍意义。此外，在模糊自适应控制中，对 $\boldsymbol{M}$ 的精确性要求不高，只要开始时有一个粗略的控制策略，便可通过在线学习得到改进，这就缓解了获取 Jacobian 矩阵时精确求解偏导数的困难。

在确定控制作用时，还需要考虑对象的动力学性质。一个大时滞的高阶对象，需要更多的先前的控制作用，才能克服时滞的影响。一个时滞小的低阶对象，只需要当前的控制作用就够了。因此，控制作用可根据设计者对受控对象的判断来设置，这就意味着把时滞特性纳入对象模型。

11.2.3　修正算法

修正算法的目的是利用所得的控制输入校正量来修改已有控制规则，以改善控制性能。

假设在前 d 次采样中使当前的系统性能变差，那时的误差、误差变化率和控制输入分别为 $e((k-d)T)$，$\dot{e}((k-d)T)$ 和 $u((k-d)T)$。根据控制输入校正量的计算结果，控制输入应当取为 $\{u((k-d)T)+\Delta u(kT)\}$。

为了得到修正策略，针对相应论域中的这些量，构造模糊子集，即

$$E((k-d)T)=F\{e((k-d)T)\} \tag{11.48}$$

$$\dot{E}((k-d)T)=F\{\dot{e}((k-d)T)\} \tag{11.49}$$

$$U((k-d)T)=F\{u((k-d)T)\} \tag{11.50}$$

$$V((k-d)T)=F\{u((k-d)T)+\Delta u(kT)\} \tag{11.51}$$

式中，F 代表环绕单点的模糊过程。用新的蕴涵

$$E((k-d)T)\rightarrow \dot{E}((k-d)T)\rightarrow V((k-d)T) \tag{11.52}$$

代替先前的蕴涵

$$E((k-d)T)\rightarrow \dot{E}((k-d)T)\rightarrow U((k-d)T) \tag{11.53}$$

这两个蕴涵构成的模糊关系分别为

$$R_U(kT)=E((k-d)T)\times \dot{E}((k-d)T)\times U((k-d)T) \tag{11.54}$$

$$R_V(kT)=E((k-d)T)\times \dot{E}((k-d)T)\times V((k-d)T) \tag{11.55}$$

因此，上述两个蕴涵可用下列模糊语句来实现：

$$\boldsymbol{R}((k+1)T)=\{\boldsymbol{R}(kT)\ \text{but not}\ R_U(kT)\}\ \text{else}\ R_V(kT) \tag{11.56a}$$

或

$$\boldsymbol{R}((k+1)T)=[\boldsymbol{R}(kT)\cap \overline{R_U(kT)}]\cup R_V(kT) \tag{11.56b}$$

式中，$\boldsymbol{R}(kT)$ 是当前控制器的模糊关系矩阵，$\boldsymbol{R}((k+1)T)$ 是新的修正矩阵。

修正算法式(10.56) 不是惟一的，还可构造另外的模糊语句来实现蕴涵式(11.52) 代替蕴涵式(11.53)。此外，在实际应用中，为了减少存储量，常常存储控制规则而不存储关系矩阵。

11.3 模糊自校正控制

本节所介绍的模糊自校正调节器设计方法，可用于非线性、慢时变、时滞系统的自校正控制。

11.3.1 模糊模型结构

设单输入单输出被控过程的模糊模型为

$$y(t)=[u(t-k)\times y(t-l)]\boldsymbol{R}+e(t) \tag{11.57}$$

式中，$y(t)$ 和 $y(t-l)$ 分别表示在时刻 t 和 $(t-l)$ 上被控过程的输出，$u(t-k)$ 表示在时刻 $(t-k)$ 上被控过程的输入，$e(t)$ 为作用于被控过程上的零均值白噪声，符号“+”代表普通加法运算，$\boldsymbol{R}$ 为直积 $u(t-k)\times y(t-l)$ 上的模糊关系，即

$$\boldsymbol{R}=\begin{array}{c} \\ u_1 \\ u_2 \\ \vdots \\ u_m \end{array}\begin{array}{c} \begin{array}{cccc} y_1 & y_2 & \cdots & y_n \end{array} \\ \begin{bmatrix} y_{11} & y_{12} & \cdots & y_{1n} \\ y_{21} & y_{22} & \cdots & y_{2n} \\ \vdots & \vdots & & \vdots \\ y_{m1} & y_{m2} & \cdots & y_{mn} \end{bmatrix} \end{array} \tag{11.58}$$

式中，$u_1,u_2,\cdots,u_m$ 为输入论域 U 中的元素，$y_1,y_2,\cdots,y_n$ 为输出论域 Y 中的元素，$y_{ij}(i=1,2,\cdots,m;j=1,2,\cdots,n)$ 是对应 $u(t-k)$ 第 i 级、$y(t-l)$ 第 j 级时的 $y(t)$ 值。

11.3.2　模糊模型辨识及在线修正

假设输入论域 U 中的任何 $u_i(i=1,2,\cdots,m)$ 都不为零，并且输出论域 Y 中的任何 $y_j(j=1,2,\cdots,n)$ 也都不为零。当被控过程满足上述假设时，模糊关系 $\boldsymbol{R}$ 可作如下等价变换，即

$$\boldsymbol{R}'=\begin{bmatrix} r_{11} & r_{12} & \cdots & r_{1n} \\ r_{21} & r_{22} & \cdots & r_{2n} \\ \vdots & \vdots & & \vdots \\ r_{m1} & r_{m2} & \cdots & r_{mn} \end{bmatrix} \tag{11.59}$$

式中

$$r_{ij}=\frac{y_{ij}}{u_i y_i},\quad i=1,2,\cdots,m;\quad j=1,2,\cdots,n \tag{11.60}$$

考虑到式(11.60)，则式(11.57)可化为

$$y(t)=u(t-k)y(t-l)r_{ij} \tag{11.61}$$

式中，r_{ij} 为对应 $u(t-k)$ 和 $y(t-l)$ 分别属于第 i 级和第 j 级时 $\boldsymbol{R}'$ 中的相应元素。应用最小二乘法可导出 r_{ij} 的在线递推公式，即

$$r_{ij}(t)=r_{ij}(t-1)+p(t-l)\varphi(t-l)[y(t)-\varphi(t-l)r_{ij}(t-l)] \tag{11.62}$$

$$p(t-l)=\frac{1}{\lambda}[p(t-l-1)-\frac{p^2(t-l-1)\varphi^2(t-l)}{1+p(t-l-1)\varphi^2(t-l)}] \tag{11.63}$$

$$\varphi(t-l)=u(t-k)y(t-l) \tag{11.64}$$

$$p(t-l-1)>0,\quad 0<\lambda\leqslant 1 \tag{11.65}$$

式中，λ 为遗忘因子。

在自校正调节过程中，每当对输出 $y(t)$ 采样一次，都按式(11.62)～式(11.64)对原模型做一次修正。

11.3.3　模糊自校正调节器设计

考虑带有白噪声干扰的被控过程的模糊模型为

$$y(t)=[u(t-k)\times y(t-l)]\boldsymbol{R}'+e(t) \tag{11.66}$$

设白噪声 $e(t)$ 的方差为有限值 σ^2，即

$$E[e^2(t)]=\sigma^2<+\infty \tag{11.67}$$

由式(11.66)，求得

$$y(t+l)=[u(t+l-k)\times y(t)]\boldsymbol{R}'+e(t+l) \tag{11.68}$$

设由时刻 t 以前的信息对 $y(t+l)$ 的最佳预测为 $\hat{y}(t+l\mid t)$，取指标泛函为

$$J=E[(y(t+l)-\hat{y}(t+l\mid t))^2] \tag{11.69}$$

在 $J\Rightarrow\min$ 的情况下，求得

$$\hat{y}(t+l\mid t)=[u(t+l-k)\times y(t)]\boldsymbol{R}' \tag{11.70}$$

这时

$$J=E[e^2(t+l)]=\sigma^2 \tag{11.71}$$

设被控过程在时刻$(t+l)$上的理想输出为$y^*(t+l)$，则在令$\hat{y}(t+l\mid t)=y^*(t+l)$的情况下，由式(11.70)，可得

$$[u(t+l-k)\times y(t)]\boldsymbol{R}'=y^*(t+l) \tag{11.72}$$

于是，由给定$y^*(t+l)$及$y(t)$和最新修正过的$\boldsymbol{R}'$，利用式(11.72)按无解型模糊关系方程的迭代法求解，可反解出控制作用$u(t+l-k)$，从而实现被控过程的模糊自校正调节。

应当指出，对于具有严重非线性、慢时变和时滞的被控过程，目前尚无为其建立精确数学模型的通用方法。但是，本节所介绍的模糊自校正调节器设计方法为解决这类被控过程的控制问题提供了一种较为通用的方法。试验结果表明，本节介绍的模糊自校正调节算法在有白噪声干扰和无噪声干扰两种情况下都是收敛的，并在相当范围之内过程是稳定的，其控制精度满足一般工程要求。

11.4 神经网络模糊自适应控制

模糊自适应控制是20世纪90年代提出的一种控制方法，目前常用的模糊自适应控制系统的结构如图11.3～图11.5所示。

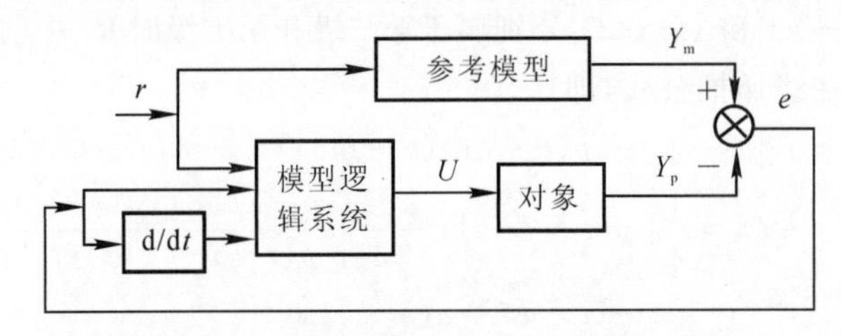

图11.3 模糊自适应控制系统结构1

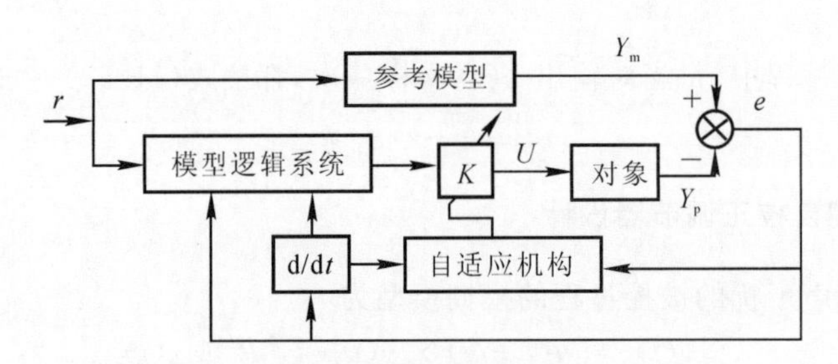

图11.4 模糊自适应控制系统结构2

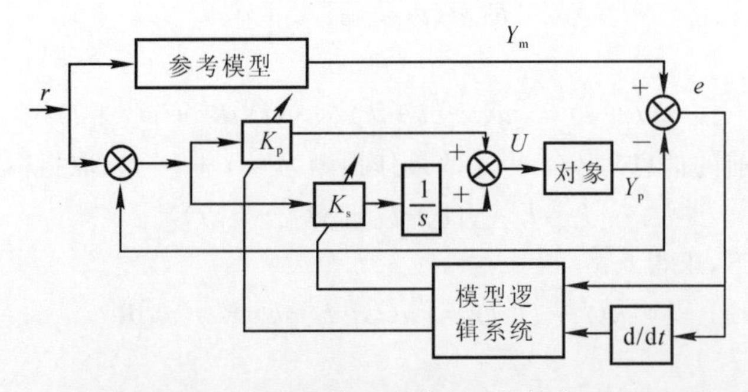

图11.5 模糊自适应控制系统结构3

神经网络理论发展日益成熟之后，人们又将神经网络理论应用于模糊逻辑系统中的参数调节，构成神经网络模糊逻辑系统，进而与自适应控制相结合，组成神经网络模糊自适应控制系统。其结构如图 11.6 所示。

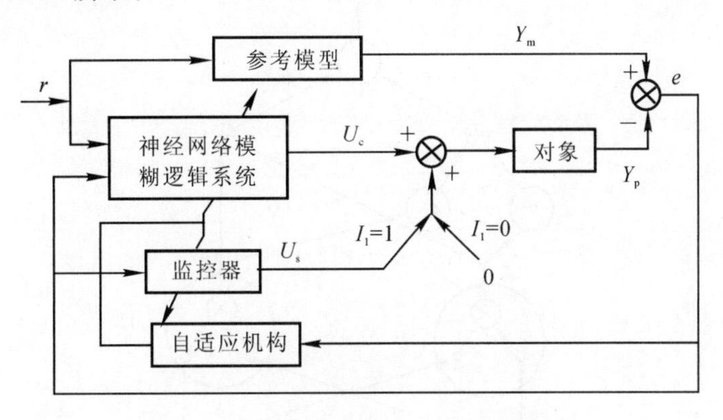

图 11.6　神经网络模糊自适应控制系统

可以看到，神经网络模糊自适应控制系统与模糊自适应控制系统的区别仅在于模糊规则“If - then”的实现方法不同。在模糊自适应控制系统中，模糊规则的参数是预先确定的，是固定不变的。而在神经网络自适应控制系统中，模糊规则“If - then”则是通过神经网络来实现的，其参数在线可调，因而可以在给定精度上逼近任意的非线性函数，从而取得更好的控制效果。

假设模糊逻辑系统采用非独立模糊化方法和加权平均决策，则可得模糊逻辑系统，即

$$U_c(e)=\frac{\sum_{l=1}^{m}\alpha_l\left[\prod_{i=1}^{n}\exp\left(-\left(\frac{e_i-eI_{l,i}}{\sigma_{l,i}}\right)^2\right)\right]}{\sum_{l=1}^{m}\left[\prod_{i=1}^{n}\exp\left(-\left(\frac{e_i-eI_{l,i}}{\sigma_{l,i}}\right)^2\right)\right]} \tag{11.73}$$

式中，$\boldsymbol{e}=[e_1\quad e_2\quad\cdots\quad e_n]^{\mathrm{T}}$ 为输入量，$l=1,2,\cdots,m$ 表示有 m 条“If - then”规则，$\alpha_l,eI_{l,i},\sigma_{l,i}$ $(i=1,2,\cdots,n)$ 为第 l 条“If - then”规则的参数，这些参数是可调的。式(11.73)利用一个三层的前馈网络来实现，如图 11.7 所示，其中各参数的意义为

$$\mu=\exp\left[-\left(\frac{e_i-eI_{l,i}}{\sigma_{l,i}}\right)^2\right],\quad i=1,2,\cdots,n;\quad l=1,2,\cdots,m \tag{11.74a}$$

$$f=a/b \tag{11.74b}$$

$$z_l=\prod_{i=1}^{n}\exp\left[-\left(\frac{e_i-eI_{l,i}}{\sigma_{l,i}}\right)^2\right],\quad l=1,2,\cdots,m \tag{11.74c}$$

$$a=\sum_{l=1}^{m}\alpha_l z_l \tag{11.74d}$$

$$b=\sum_{l=1}^{m}z_l \tag{11.74e}$$

实现模糊控制的网络图，图 11.7 中符号 ⊗ 表示乘，⊕ 表示加，α_l（圈）表示乘以 α_l，α_m 表示乘以 α_m。

图 11.7 所示的三层前馈网络实现模糊逻辑系统的基本工作原理：先把专家的经验归纳成“If - then”规则，再在应用过程中用输入输出数据在线修正这些规则，也就是对 $\alpha_l,eI_{l,i},\sigma_{l,i}$ 三个参数进行在线训练学习。目前这种训练学习的方法有 BP 法，即反馈学习算法、正交最小二

乘学习算法及中心点训练学习算法等。由于在神经网络理论中BP算法最为成熟，所以在神经网络逻辑系统中常采用BP算法。

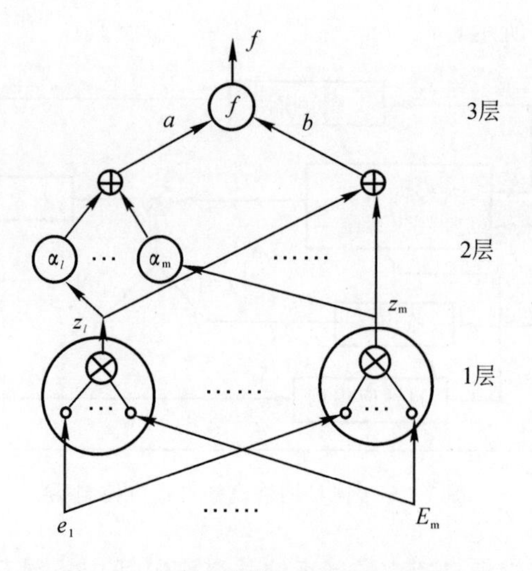

图 11.7　实现模糊逻辑系统的网络

对于自适应控制器的设计来说，无论是模糊自适应控制系统，还是神经网络模糊自适应控制系统，其设计方法都是相同的。这里介绍两种常用的基于李雅普诺夫稳定性理论的模糊自适应控制器的设计方法。

11.4.1　间接式模糊自适应控制

间接式模糊自适应控制是以模糊逻辑系统充当模型构造控制器，其结构图如图 11.6 所示。设被控对象的状态方程为

$$\left.\begin{aligned}\dot{x}_1&=x_2\\ \dot{x}_2&=x_3\\ &\cdots\cdots\\ \dot{x}_n&=f(x_1,x_2,\cdots,x_n)+g(x_1,x_2,\cdots,x_n)u\end{aligned}\right\}\tag{11.75}$$

$$y_{\mathrm{p}}=x_1\tag{11.76}$$

即

$$y_{\mathrm{p}}^{(n)}=x_1^{(n)}=f(x_1,\dot{x}_1,\cdots,x_1^{(n-1)})+g(x_1,\dot{x}_1,\cdots,x_1^{(n-1)})u_{\mathrm{c}}=f(\boldsymbol{x})+g(\boldsymbol{x})u_{\mathrm{c}}\tag{10.77}$$

式中，f，g 为未知的连续函数，$\boldsymbol{x}=[x_1\quad x_2\quad\cdots\quad x_n]^{\mathrm{T}}$ 是可控和可观测的。

系统的控制目的是使对象的输出 $y_{\mathrm{p}}(t)$ 能跟踪参考模型的输出 $y_{\mathrm{m}}(t)$，不失一般性，假设 $g(\boldsymbol{x})>0$ 且所有信号有界，则控制系统的设计目标为：基于神经网络模糊逻辑系统，设计一个自适应反馈控制系统，使得 ① 当所有变量有界时，即 $\|\boldsymbol{x}(t)\|\leqslant M_x<\infty$，$\|\boldsymbol{\theta}(t)\|\leqslant M_\theta<\infty$，$|u|\leqslant M_{\mathrm{u}}<\infty$，则闭环系统必定是一致稳定的，其中 M_x，M_θ，M_{u} 为设计者根据性能指标所选择的设计参数；② 跟踪误差 $e=y_{\mathrm{m}}-y_{\mathrm{p}}$ 尽可能快地收敛。

设 $\boldsymbol{E}=[e\quad\dot{e}\quad\cdots\quad e^{(n-1)}]^{\mathrm{T}}$，$\boldsymbol{K}=[k_n\quad k_{n-1}\quad\cdots\quad k_1]$，且方程

$$s^n+k_1s^{n-1}+\cdots+k_{n-1}s+k_n=0\tag{11.78}$$

的所有根都处于左半复平面，若 f，g 已知，选取控制律为

$$u_c = [-f(\boldsymbol{x}) + y_m^{(n)} + \boldsymbol{K}^T\boldsymbol{E}]/g(\boldsymbol{x}) \tag{11.79}$$

代入式(11.77)，可得

$$e^{(n)} + \boldsymbol{K}^T\boldsymbol{E} = e^{(n)} + k_1 e^{(n-1)} + \cdots + k_{n-1}\dot{e} + k_n e = 0 \tag{11.80}$$

由式(11.78)，可知

$$\lim_{t\to\infty} e(t) = 0 \tag{11.81}$$

即系统是一致稳定的且跟踪误差趋于零。

但在工程实际问题中所遇到的对象往往是 $f(\boldsymbol{x})$ 和 $g(\boldsymbol{x})$ 未知或不能精确表示，因而只好用模糊逻辑系统来充当模型。选取形如式(11.73) 的模糊逻辑系统，即

$$\Phi(\boldsymbol{x}) = \frac{\sum_{l=1}^{m}\alpha_l\left[\prod_{i=1}^{n}\exp\left(-\left(\frac{x_i - xI_{l,i}}{\sigma_{l,i}}\right)^2\right)\right]}{\sum_{l=1}^{m}\left[\prod_{i=1}^{n}\exp\left(-\left(\frac{x_i - xI_{l,i}}{\sigma_{l,i}}\right)^2\right)\right]} \tag{11.82}$$

给出 $\hat{f}(\boldsymbol{x}\mid\boldsymbol{\theta}_f)$ 和 $\hat{g}(\boldsymbol{x}\mid\boldsymbol{\theta}_g)$ 的调节参数，使 $\hat{f}(\boldsymbol{x}\mid\boldsymbol{\theta}_f)$ 和 $\hat{g}(\boldsymbol{x}\mid\boldsymbol{\theta}_g)$ 分别逼近 $f(\boldsymbol{x})$ 和 $g(\boldsymbol{x})$，进而用 $\hat{f}(\boldsymbol{x}\mid\boldsymbol{\theta}_f)$ 和 $\hat{g}(\boldsymbol{x}\mid\boldsymbol{\theta}_g)$ 代替式(11.79) 式中的 $f(\boldsymbol{x})$ 和 $g(\boldsymbol{x})$，构成实际的控制律，其中 $\boldsymbol{\theta}_f = [\alpha_f \quad xI_f \quad \sigma_f]^T$，$\boldsymbol{\theta}_g = [\alpha_g \quad xI_g \quad \sigma_g]^T$ 为模糊逻辑系统的可调参数。

用 $\hat{f}(\boldsymbol{x}\mid\boldsymbol{\theta}_f)$ 和 $\hat{g}(\boldsymbol{x}\mid\boldsymbol{\theta}_g)$ 代替式(11.79) 中的 $f(\boldsymbol{x})$ 和 $g(\boldsymbol{x})$，可得

$$u_c = [-\hat{f}(\boldsymbol{x}\mid\boldsymbol{\theta}_f) + y_m^{(n)} + \boldsymbol{K}^T\boldsymbol{E}]/\hat{g}(\boldsymbol{x}\mid\boldsymbol{\theta}_g) \tag{11.83}$$

则误差方程为

$$e^{(n)} = y_m^{(n)} - y_p^{(n)} = -\boldsymbol{K}^T\boldsymbol{E} + \hat{f}(\boldsymbol{x}\mid\boldsymbol{\theta}_f) - f(\boldsymbol{x}) + [\hat{g}(\boldsymbol{x}\mid\boldsymbol{\theta}_g) - g(\boldsymbol{x})]u_c \tag{11.84}$$

即

$$\dot{\boldsymbol{E}} = \boldsymbol{K}_c\boldsymbol{E} + \boldsymbol{B}_c[\hat{f}(\boldsymbol{x}\mid\boldsymbol{\theta}_f) - f(\boldsymbol{x}) + (\hat{g}(\boldsymbol{x}\mid\boldsymbol{\theta}_g) - g(\boldsymbol{x}))u_c] \tag{11.85}$$

式中

$$\boldsymbol{K}_c = \begin{bmatrix} 0 & 1 & 0 & \cdots & 0 & 0 \\ 0 & 0 & 1 & \cdots & 0 & 0 \\ \vdots & \vdots & \vdots & & \vdots & \vdots \\ 0 & 0 & 0 & \cdots & 0 & 1 \\ -k_n & -k_{n-1} & -k_{n-2} & \cdots & -k_2 & -k_1 \end{bmatrix}$$

$$\boldsymbol{B}_c = [0 \quad 0 \quad \cdots \quad 0 \quad 1]$$

因而，必定存在 $n\times n$ 正定对称矩阵 $\boldsymbol{P}$ 满足李雅普诺夫方程，即

$$\boldsymbol{K}_c^T\boldsymbol{P} + \boldsymbol{P}\boldsymbol{K}_c = -\boldsymbol{Q} \tag{11.86}$$

式中，$\boldsymbol{Q}$ 为 $n\times n$ 正定矩阵。

选取李雅普诺夫函数为 $V_e = \frac{1}{2}\boldsymbol{E}^T\boldsymbol{P}\boldsymbol{E}$，则有

$$\dot{V}_e = \frac{1}{2}\dot{\boldsymbol{E}}^T\boldsymbol{P}\boldsymbol{E} + \frac{1}{2}\boldsymbol{E}^T\boldsymbol{P}\dot{\boldsymbol{E}} \tag{11.87}$$

利用式(11.85)，式(11.86)，可得

$$\dot{V}_e=-\frac{1}{2}\boldsymbol{E}^{\mathrm{T}}\boldsymbol{Q}\boldsymbol{E}+\boldsymbol{E}^{\mathrm{T}}\boldsymbol{P}\boldsymbol{B}_c[\hat{f}(\boldsymbol{x}\mid\boldsymbol{\theta}_f)-f(\boldsymbol{x})+(\hat{g}(\boldsymbol{x}\mid\boldsymbol{\theta}_g)-g(\boldsymbol{x}))u_c] \tag{11.88}$$

根据李雅普诺夫稳定性定理可知,若能保证 $\dot{V}_e\leqslant 0$,则 $\boldsymbol{E}=\boldsymbol{0}$ 是渐近稳定的,即闭环系统是渐近稳定的。

如图 11.6 所示,将控制量分为两部分,即

$$u=u_s+u_c \tag{11.89}$$

式中,u_s 称为监控量,其作用是当 $V_e\geqslant V_{\max}$ 时,保证 $\dot{V}_e\leqslant 0$。于是有

$$\dot{\boldsymbol{E}}=\boldsymbol{K}_c\boldsymbol{E}+\boldsymbol{B}_c[\hat{f}(\boldsymbol{x}\mid\boldsymbol{\theta}_f)-f(\boldsymbol{x})+(\hat{g}(\boldsymbol{x}\mid\boldsymbol{\theta}_g)-g(\boldsymbol{x}))u_c-g(\boldsymbol{x})u_s] \tag{11.90}$$

将式(11.90)代入式(11.87),可得

$$\begin{aligned}\dot{V}_e=&-\frac{1}{2}\boldsymbol{E}^{\mathrm{T}}\boldsymbol{Q}\boldsymbol{E}+\boldsymbol{E}^{\mathrm{T}}\boldsymbol{P}\boldsymbol{B}_c[\hat{f}(\boldsymbol{x}\mid\boldsymbol{\theta}_f)-f(\boldsymbol{x})+(\hat{g}(\boldsymbol{x}\mid\boldsymbol{\theta}_g)-g(\boldsymbol{x}))u_c-g(\boldsymbol{x})u_s]\leqslant\\&\frac{1}{2}\boldsymbol{E}^{\mathrm{T}}\boldsymbol{Q}\boldsymbol{E}+|\boldsymbol{E}^{\mathrm{T}}\boldsymbol{P}\boldsymbol{B}_c|[|\hat{f}(\boldsymbol{x}\mid\boldsymbol{\theta}_f)|+|f(\boldsymbol{x})|+|(\hat{g}(\boldsymbol{x}\mid\boldsymbol{\theta}_g)u_c|+|g(\boldsymbol{x})u_c|]-\\&\boldsymbol{E}^{\mathrm{T}}\boldsymbol{P}\boldsymbol{B}_c g(\boldsymbol{x})u_s\end{aligned} \tag{11.91}$$

欲使系统稳定,需要选取 u_s 使上式非正。

定义函数 $f_u(\boldsymbol{x}),g_u(\boldsymbol{x}),g_L(\boldsymbol{x})$ 使得 $|f(\boldsymbol{x})|\leqslant f_u(\boldsymbol{x}),0<g_L(\boldsymbol{x})\leqslant g(\boldsymbol{x})\leqslant g_u(\boldsymbol{x})$,由式(11.91),可得

$$u_s=I_1\operatorname{sgn}(\boldsymbol{E}^{\mathrm{T}}\boldsymbol{P}\boldsymbol{B}_c)\frac{|\hat{f}(\boldsymbol{x}\mid\boldsymbol{\theta}_f)|+f_u(\boldsymbol{x})+|\hat{g}(\boldsymbol{x}\mid\boldsymbol{\theta}_g)u_c|+|g_u(\boldsymbol{x})u_c|}{g_L(\boldsymbol{x})} \tag{11.92}$$

式中

$$I_1=\begin{cases}1, & V_e\geqslant V_{\max}\\0, & V_e<V_{\max}\end{cases} \tag{11.93}$$

式中,$V_{\max}$ 是可以允许的 V_e 的最大值。这样选取 u_s 可以保证当 $V_e\geqslant V_{\max}$ 时,$\dot{V}_e\leqslant 0$,从而保证了 $\boldsymbol{E}$ 有界。

现在进一步来确定系统的自适应律。

定义

$$\boldsymbol{\theta}_f^*=\arg\min_{\boldsymbol{\theta}_f\in\boldsymbol{\omega}_f}[\sup_{\boldsymbol{x}\in U_c}|\hat{f}(\boldsymbol{x}\mid\boldsymbol{\theta}_f)-f(\boldsymbol{x})|] \tag{11.94}$$

$$\boldsymbol{\theta}_g^*=\arg\min_{\boldsymbol{\theta}_g\in\boldsymbol{\omega}_g}[\sup_{\boldsymbol{x}\in U_c}|\hat{g}(\boldsymbol{x}\mid\boldsymbol{\theta}_g)-g(\boldsymbol{x})|] \tag{11.95}$$

式中,$\boldsymbol{\omega}_f,\boldsymbol{\omega}_g$ 分别是 $\boldsymbol{\theta}_f,\boldsymbol{\theta}_g$ 的集合,即

$$\boldsymbol{\omega}_f=\{\boldsymbol{\theta}_f:\|\boldsymbol{\theta}_f\|\leqslant M_f,\sigma_{l,i}\geqslant\sigma\} \tag{11.96}$$

$$\boldsymbol{\omega}_g=\{\boldsymbol{\theta}_g:\|\boldsymbol{\theta}_g\|\leqslant M_g,\alpha_l\geqslant\varepsilon,\sigma_{l,i}\geqslant\sigma\} \tag{11.97}$$

式中,$M_f,M_g,\varepsilon,\sigma$ 为设计常数。

定义

$$\omega=\hat{f}(\boldsymbol{x}\mid\boldsymbol{\theta}_f)-f(\boldsymbol{x})+[\hat{g}(\boldsymbol{x}\mid\boldsymbol{\theta}_g)-g(\boldsymbol{x})]u_c \tag{11.98}$$

则有

$$\dot{\boldsymbol{E}}=\boldsymbol{K}_c\boldsymbol{E}-\boldsymbol{B}_c[\hat{f}(\boldsymbol{x}\mid\boldsymbol{\theta}_f)-\hat{f}(\boldsymbol{x}\mid\boldsymbol{\theta}_f^*)+(\hat{g}(\boldsymbol{x}\mid\boldsymbol{\theta}_g)-\hat{g}(\boldsymbol{x}\mid\boldsymbol{\theta}_g^*))u_c+\omega] \tag{11.99}$$

将 $\hat{f}(\boldsymbol{x}\mid\boldsymbol{\theta}_f^*)$ 和 $\hat{g}(\boldsymbol{x}\mid\boldsymbol{\theta}_g^*)$ 在 $\boldsymbol{\theta}_f$ 和 $\boldsymbol{\theta}_g$ 点展开为台劳级数,则有

$$\boldsymbol{\Phi}_{\mathrm{f}}=\boldsymbol{\theta}_{\mathrm{f}}^{*}-\boldsymbol{\theta}_{\mathrm{f}}, \qquad \boldsymbol{\Phi}_{\mathrm{g}}=\boldsymbol{\theta}_{\mathrm{g}}^{*}-\boldsymbol{\theta}_{\mathrm{g}} \tag{11.100}$$

$$\hat{f}(\boldsymbol{x} \mid \boldsymbol{\theta}_{\mathrm{f}})-\hat{f}(\boldsymbol{x} \mid \boldsymbol{\theta}_{\mathrm{f}}^{*})=\boldsymbol{\Phi}_{\mathrm{f}}^{\mathrm{T}}(\frac{\partial \hat{f}(\boldsymbol{x} \mid \boldsymbol{\theta}_{\mathrm{f}})}{\partial \boldsymbol{\theta}_{\mathrm{f}}})+o(|\boldsymbol{\Phi}_{\mathrm{f}}|^{2}) \tag{11.101}$$

$$\hat{g}(\boldsymbol{x} \mid \boldsymbol{\theta}_{\mathrm{g}})-\hat{g}(\boldsymbol{x} \mid \boldsymbol{\theta}_{\mathrm{g}}^{*})=\boldsymbol{\Phi}_{\mathrm{g}}^{\mathrm{T}}(\frac{\partial \hat{g}(\boldsymbol{x} \mid \boldsymbol{\theta}_{\mathrm{g}})}{\partial \boldsymbol{\theta}_{\mathrm{g}}})+o(|\boldsymbol{\Phi}_{\mathrm{g}}|^{2}) \tag{11.102}$$

式中，$o(|\boldsymbol{\Phi}_{\mathrm{g}}|^{2})$，$o(|\boldsymbol{\Phi}_{\mathrm{f}}|^{2})$ 为高阶余项。这种情况下的误差方程为

$$\dot{\boldsymbol{E}}=\boldsymbol{K}_{\mathrm{c}}\boldsymbol{E}-\boldsymbol{B}_{\mathrm{c}}g(\boldsymbol{x})u_{\mathrm{s}}+\boldsymbol{B}_{\mathrm{c}}v+\boldsymbol{B}_{\mathrm{c}}\left[\boldsymbol{\Phi}_{\mathrm{f}}^{\mathrm{T}}\left(\frac{\partial \hat{f}(\boldsymbol{x} \mid \boldsymbol{\theta}_{\mathrm{f}})}{\partial \boldsymbol{\theta}_{\mathrm{f}}}\right)+\boldsymbol{\Phi}_{\mathrm{g}}\left(\frac{\partial \hat{g}(\boldsymbol{x} \mid \boldsymbol{\theta}_{\mathrm{g}})}{\partial \boldsymbol{\theta}_{\mathrm{g}}}\right)u_{\mathrm{c}}\right] \tag{11.103}$$

$$v=\omega+o(|\boldsymbol{\Phi}_{\mathrm{f}}|^{2})+o(|\boldsymbol{\Phi}_{\mathrm{g}}|^{2})u_{\mathrm{c}} \tag{11.104}$$

在设计中，式(11.104) 一般忽略不计。因而系统的自适应调节律为

$$\begin{gathered}\hat{f}(\boldsymbol{x} \mid \boldsymbol{\theta}_{\mathrm{f}})-\hat{f}(\boldsymbol{x} \mid \boldsymbol{\theta}_{\mathrm{f}}^{*})=\boldsymbol{\Phi}_{\mathrm{f}}^{\mathrm{T}}\left(\frac{\partial \hat{f}(\boldsymbol{x} \mid \boldsymbol{\theta}_{\mathrm{f}})}{\partial \boldsymbol{\theta}_{\mathrm{f}}}\right) \\ \hat{g}(\boldsymbol{x} \mid \boldsymbol{\theta}_{\mathrm{g}})-\hat{g}(\boldsymbol{x} \mid \boldsymbol{\theta}_{\mathrm{g}}^{*})=\boldsymbol{\Phi}_{\mathrm{g}}^{\mathrm{T}}\left(\frac{\partial \hat{g}(\boldsymbol{x} \mid \boldsymbol{\theta}_{\mathrm{g}})}{\partial \boldsymbol{\theta}_{\mathrm{g}}}\right)\end{gathered} \tag{11.105}$$

将被控对象、控制律与自适应调节律相结合，可得闭环反馈控制系统。

11.4.2　直接式模糊自适应控制

直接式模糊自适应控制是以模糊逻辑系统充当控制器，其模糊逻辑系统的在线调节是非线性的。直接式模糊自适应控制和间接式模糊自适应控制的系统结构均如图 11.6 所示，区别之处仅在于模糊逻辑系统的功能不同。间接式模糊自适应控制是以形如式(11.82) 的模糊逻辑系统给出 $\hat{f}(\boldsymbol{x} \mid \boldsymbol{\theta}_{\mathrm{f}})$ 和 $\hat{g}(\boldsymbol{x} \mid \boldsymbol{\theta}_{\mathrm{g}})$，然后用 $\hat{f}(\boldsymbol{x} \mid \boldsymbol{\theta}_{\mathrm{f}})$ 和 $\hat{g}(\boldsymbol{x} \mid \boldsymbol{\theta}_{\mathrm{g}})$ 代替 $f(\boldsymbol{x})$ 和 $g(\boldsymbol{x})$ 来构造控制器 u_{c}。而直接式模糊自适应控制则是用形如式(11.82) 的模糊逻辑系统直接充当控制器 u_{c}。

设被控对象为

$$x_1^{(n)}=f(x_1,\dot{x}_1,\cdots,x_1^{(n-1)})+bu, \quad y_{\mathrm{p}}=x_1 \tag{11.106}$$

并设

$$\begin{gathered}\boldsymbol{x}=[x_1 \quad x_2 \quad \cdots \quad x_n]^{\mathrm{T}}=[x_1 \quad \dot{x}_1 \quad \cdots \quad x_1^{(n-1)}]^{\mathrm{T}} \\ \boldsymbol{E}=[e \quad \dot{e} \quad \cdots \quad e^{(n-1)}]^{\mathrm{T}}, \quad \boldsymbol{K}=[k_n \quad k_{n-1} \quad \cdots \quad k_1]^{\mathrm{T}}\end{gathered}$$

式中，向量 $\boldsymbol{K}$ 的取值必须满足方程

$$s^n+k_1 s^{n-1}+\cdots+k_{n-1}s+k_n=0 \tag{11.107}$$

控制量 u 由基本控制量 $u_{\mathrm{c}}(\boldsymbol{x} \mid \boldsymbol{\theta})$ 和监控量 $u_{\mathrm{s}}(\boldsymbol{x})$ 组成，即

$$u=u_{\mathrm{c}}(\boldsymbol{x} \mid \boldsymbol{\theta})+u_{\mathrm{s}}(\boldsymbol{x}) \tag{11.108}$$

式中，$u_{\mathrm{c}}(\boldsymbol{x} \mid \boldsymbol{\theta})$ 为形如式(11.82) 的模糊逻辑系统，

$$\boldsymbol{\theta}=[\alpha_l \quad xI_{l,i} \quad \sigma_{l,i}]^{\mathrm{T}} \tag{11.109}$$

将式(11.108) 代入式(11.106)，可得

$$y^{(n)}=f(\boldsymbol{x})+b[u_{\mathrm{c}}(\boldsymbol{x} \mid \boldsymbol{\theta})+u_{\mathrm{s}}(\boldsymbol{x})] \tag{11.110}$$

若 $f(\boldsymbol{x})$ 和 b 已知，则由式(11.79)，可知

$$u^{*}=\frac{-f(\boldsymbol{x})+y_{\mathrm{m}}^{(n)}+\boldsymbol{K}^{\mathrm{T}}\boldsymbol{E}}{b} \tag{11.111}$$

式中，y_m 为参考模型输出。将式(11.111)代入式(11.110)可得闭环系统误差方程，即

$$e^{(n)}=y_m^{(n)}-y_p^{(n)}=-\boldsymbol{K}^{\mathrm{T}}\boldsymbol{E}+b[u^*-u_c(\boldsymbol{x}\mid\boldsymbol{\theta})-u_s(\boldsymbol{x})] \tag{11.112}$$

或者

$$\dot{\boldsymbol{E}}=\boldsymbol{K}_c\boldsymbol{E}+\boldsymbol{B}_c[u^*-u_c(\boldsymbol{x}\mid\boldsymbol{\theta})-u_s(\boldsymbol{x})] \tag{11.113}$$

$$\boldsymbol{B}_c=[0\quad 0\quad \cdots\quad 0\quad b]^{\mathrm{T}}$$

$$\boldsymbol{K}_c=\begin{bmatrix}0 & 1 & 0 & \cdots & 0 & 0\\ 0 & 0 & 1 & \cdots & 0 & 0\\ \vdots & \vdots & \vdots & & \vdots & \vdots\\ 0 & 0 & 0 & \cdots & 0 & 1\\ -k_n & -k_{n-1} & -k_{n-2} & \cdots & -k_2 & -k_1\end{bmatrix} \tag{11.114}$$

选取李雅普诺夫函数 $V_e=\frac{1}{2}\boldsymbol{E}^{\mathrm{T}}\boldsymbol{P}\boldsymbol{E}$，其中 $\boldsymbol{P}$ 是对称正定矩阵且满足李雅普诺夫方程，即

$$\boldsymbol{K}_c^{\mathrm{T}}\boldsymbol{P}+\boldsymbol{P}\boldsymbol{K}_c=-\boldsymbol{Q} \tag{11.115}$$

式中，$\boldsymbol{Q}$ 为对称正定矩阵。定义 $|f(\boldsymbol{x})|\leqslant f_u(\boldsymbol{x})$，$0\leqslant b_1\leqslant b$，分别以 $f_u(\boldsymbol{x})$ 和 b_1 代替 $|f(\boldsymbol{x})|$ 和 b，则参照式(11.92)，可得

$$u_s=I_1\operatorname{sgn}(\boldsymbol{E}^{\mathrm{T}}\boldsymbol{P}\boldsymbol{B}_c)\left[|u_c|+\frac{f_u(\boldsymbol{x})+|y_m^{(n)}|+|\boldsymbol{K}^{\mathrm{T}}\boldsymbol{E}|}{b_1}\right] \tag{11.116}$$

式中，I_1 的定义与式(11.93)相同。

定义最优参数向量为

$$\boldsymbol{\theta}^*=\arg\min_{|\boldsymbol{\theta}|\leqslant M_{\boldsymbol{\theta}}}[\sup_{|\boldsymbol{x}|\leqslant M_x}|u_c(\boldsymbol{x}\mid\boldsymbol{\theta})-u^*|] \tag{11.117}$$

式中，$M_{\boldsymbol{\theta}}$，M_x 为设计参数，则自适应调节律为

$$\boldsymbol{\Phi}=\boldsymbol{\theta}^*-\boldsymbol{\theta} \tag{11.118}$$

$$u_c(\boldsymbol{x}\mid\boldsymbol{\theta}^*)-u_c(\boldsymbol{x}\mid\boldsymbol{\theta})=\boldsymbol{\Phi}^{\mathrm{T}}\frac{\partial u_c(\boldsymbol{x}\mid\boldsymbol{\theta})}{\partial\boldsymbol{\theta}} \tag{11.119}$$

11.5 基于模糊聚类算法的模糊自适应控制

模糊逻辑系统的一个重要用途就是可以作为非线性系统的数学模型。利用 Stone - Weierstrass 定理可以证明，式(11.82)所示模糊逻辑系统能够在任意精度上一致逼近任何定义在一个致密集上的非线性函数。模糊逻辑系统所具有的这种逼近性，为建立非线性动态系统的模型提供了理论依据。如何使模糊逻辑系统以任意精度收敛于非线性动态系统，可以在辨识算法中来解决。本节将介绍常用的一种辨识算法 —— 模糊聚类算法。下面将首先推导出这种非线性动态系统辨识算法，然后利用李雅普诺夫稳定性理论设计模型参考模糊自适应控制系统。

11.5.1 模糊聚类学习算法

设有 N 对输入输出样本数据对$(\boldsymbol{x}_j, y_j)$，$\boldsymbol{x}_j\in U\subset\mathbf{R}^n$，$y_j\in V\subset\mathbf{R}$，$j=1,2,\cdots,N$，且 N 较小。我们的目的是利用模糊逻辑系统

$$f(\boldsymbol{x})=\frac{\sum_{j=1}^{N}y_j\left[\prod_{i=1}^{n}\exp(-(x_i-x_{ij})^2/\delta^2)\right]}{\sum_{j=1}^{N}\left[\prod_{i=1}^{n}\exp(-(x_i-x_{ij})^2/\delta^2)\right]} \tag{11.120}$$

通过适当选择 δ，将所有 N 对输入输出数据拟合到任意给定的精度，即对于任意给定的 $\varepsilon>0$，保证对所有的 $j(j=1,2,\cdots,N)$，均有

$$|f(\boldsymbol{x}_j)-y_j|<\varepsilon \tag{11.121}$$

定义

$$\boldsymbol{x}=[x_1\quad x_2\quad \cdots\quad x_n]^{\mathrm{T}},\quad \boldsymbol{x}_j=[x_{1j}\quad x_{2j}\quad \cdots\quad x_{nj}]^{\mathrm{T}}$$

则可推得

$$\prod_{i=1}^{n}\exp(-(x_i-x_{ij})^2/\delta^2)=\exp\left(-\frac{\sum_{i=1}^{n}|x_i-x_{ij}|^2}{\delta^2}\right)=\exp(-|\boldsymbol{x}-\boldsymbol{x}_j|^2/\delta^2) \tag{11.122}$$

式中

$$|\boldsymbol{x}-\boldsymbol{x}_j|^2=\sum_{i=1}^{n}|x_i-x_{ij}|^2 \tag{11.123}$$

将式(11.122)代入式(11.120)，可得模糊逻辑系统的另一种形式，即

$$f(\boldsymbol{x})=\frac{\sum_{j=1}^{N}y_j\exp(-|\boldsymbol{x}-\boldsymbol{x}_j|^2/\delta^2)}{\sum_{j=1}^{N}\exp(-|\boldsymbol{x}-\boldsymbol{x}_j|^2/\delta^2)} \tag{11.124}$$

可以证明，对于任意给定的 $\varepsilon>0$，一定存在一个 $\delta^*>0$，使模糊逻辑系统式(11.120)或式(11.124)在 $\delta=\delta^*$ 时，使不等式(11.121)对于所有 $j=1,2,\cdots,N$ 都成立。在这种意义上来说，式(11.120)或式(11.124)为最优模糊逻辑系统。

在式(11.124)中，δ 是一平滑参数。δ 越小，则拟合误差 $|f(\boldsymbol{x}_j)-y_j|$ 就越小，但 $f(\boldsymbol{x})$ 越不平滑，从而导致 $f(\boldsymbol{x})$ 对样本集合外的数据点不具有一般性。所以在选择 δ 时必须折中考虑，以维持拟合性与一般性之间的平衡。由于 δ 是一维参数，因而在实际问题中不难找到一个合适的 δ 来，有时通过几次试验和误差信息就可以确定出满意的 δ 值。

式(11.120)或式(11.124)所示最优模糊逻辑系统只是对小样本数据对能以任意精度进行拟合，即系统中的每一规则对应于小样本集合中的一个输入输出数据对。如果样本数据对的数目远远大于 N 时，此系统仍要以任意精度拟合这些数据对的话，其规则数目就会剧增而导致系统没有实际使用价值。对于这样的大样本问题，可采用最近邻聚类方法对数据进行分组，使每一组数据对应于模糊逻辑系统的一条规则，从而减少系统的规则数目，使系统仍能以任意精度拟合样本数据对。

下面介绍模糊聚类方法的一些概念和具体算法。

设每一有序对$(\boldsymbol{x},\boldsymbol{x}_j)$$(\boldsymbol{x},\boldsymbol{x}_j\in\boldsymbol{X}$，$\boldsymbol{X}$ 为一集合)之间的距离为

$$d(\boldsymbol{x},\boldsymbol{x}_j)=|\boldsymbol{x}-\boldsymbol{x}_j|=\left(\sum_{i=1}^{n}|x_i-x_{ij}|^2\right)^{1/2} \tag{11.125}$$

由于 $d(\boldsymbol{x},\boldsymbol{x}_j)$ 满足条件：

(1) $d(\boldsymbol{x},\boldsymbol{x}_j)>0$，并且当 $\boldsymbol{x}=\boldsymbol{x}_j$ 时，$d(\boldsymbol{x},\boldsymbol{x}_j)=0$；

(2) $d(\boldsymbol{x},\boldsymbol{x}_j)=d(\boldsymbol{x}_j,\boldsymbol{x})$；

(3) 对于任何 $\boldsymbol{z}\in X$，$d(\boldsymbol{x},\boldsymbol{x}_j)\leqslant d(\boldsymbol{x},\boldsymbol{z})+d(\boldsymbol{z},\boldsymbol{x}_j)$。所以集合 $\boldsymbol{X}$ 为度量空间，而函数 $d(\boldsymbol{x},\boldsymbol{x}_j)$ 为度量。

对于度量空间 $\boldsymbol{X}$ 的每一点 $\boldsymbol{x}_j$ 及每一个正数 r，考虑满足 $d(\boldsymbol{x},\boldsymbol{x}_j)\leqslant r$ 的所有 $\boldsymbol{x}\in\boldsymbol{X}$ 的集合，称这个集合是以 $\boldsymbol{x}_j$ 为中心、r 为半径的球，以 V_r 来表示。

由于在样本集合数据对中，$\boldsymbol{x}=[x_1 \quad x_2 \quad \cdots \quad x_n]^{\mathrm{T}}\in U\subset\mathbf{R}^n$ 是有界的，因而集合 U 必是度量空间 $\boldsymbol{X}$ 内的紧集。又紧集是闭的且是有界的，所以有限个 V_r 就可以覆盖住 U，即覆盖住这个空间。故在考虑样本集合中的 $\boldsymbol{x}$ 是否在以 $\boldsymbol{x}_j$ 为中心、r 为半径的球内，即是否以半径 r 聚类于 $\boldsymbol{x}_j$ 点，可利用式(11.125) 所定义的距离函数 $d(\boldsymbol{x},\boldsymbol{x}_j)$ 来度量。具体方法如下：

对于样本数据对$(\boldsymbol{x}_s,\ y_s)(s=1,2,\cdots)$，从第一数据对$(\boldsymbol{x}_1,y_1)$ 开始，在 $\boldsymbol{x}_1$ 上建立一个聚类中心点 $c\boldsymbol{x}_1$，即让 $c\boldsymbol{x}_1=\boldsymbol{x}_1$。而且设 $A_1(1)=y_1$，$B_1(1)=1$，选择聚类半径为 r。

假设在第 $s(s=2,3,\cdots)$ 对数据对时已存在 M 个聚类，其中心点分别为 $c\boldsymbol{x}_1,c\boldsymbol{x}_2,\cdots,c\boldsymbol{x}_M$，则 $\boldsymbol{x}_s$ 到这 M 个聚类中心的距离为

$$d(\boldsymbol{x}_s,c\boldsymbol{x}_j)=|\ \boldsymbol{x}_s-c\boldsymbol{x}_j\ | \tag{11.126}$$

式中，$j=1,2,\cdots,M$。设 $d(\boldsymbol{x}_s,c\boldsymbol{x}_{j,s})=|\ \boldsymbol{x}_s-c\boldsymbol{x}_{j,s}\ |$ 为这 M 个距离中的最小距离，即 $c\boldsymbol{x}_{j,s}$ 为 $\boldsymbol{x}_s$ 的最近邻聚类。如果 $d(\boldsymbol{x}_s,c\boldsymbol{x}_{j,s})\leqslant r$，则在第 s 数据对时，聚类的中心点为 $c\boldsymbol{x}_{j,s}$，并且

$$A_{j,s}(s)=A_{j,s}(s-1)+y_s \tag{11.127}$$

$$B_{j,s}(s)=B_{j,s}(s-1)+1 \tag{11.128}$$

其余，$j\neq j_s(j=1,2,\cdots,M)$ 的聚类中心点 $c\boldsymbol{x}_j$ 不变，则有

$$A_j(s)=A_j(s-1) \tag{11.129}$$

$$B_j(s)=B_j(s-1) \tag{11.130}$$

这样，第 k 时刻的模糊逻辑系统在 $\boldsymbol{x}_s$ 不需建立一个新聚类点。此时，可由式(11.124) 推导出如下的最优模糊逻辑系统来拟合样本，即

$$f(\boldsymbol{x}_s)=\frac{\sum_{j=1}^{M}A_j(s)\exp(-|\ \boldsymbol{x}_s-c\boldsymbol{x}_j\ |^2/\delta^2)}{\sum_{j=1}^{M}B_j(s)\exp(-|\ \boldsymbol{x}_s-c\boldsymbol{x}_j\ |^2/\delta^2)} \tag{11.131}$$

如果 $d(\boldsymbol{x}_s,c\boldsymbol{x}_{j,s})>r$，则在第 s 数据对时需要建立一个新的聚类中心点 $c\boldsymbol{x}_{M+1}=\boldsymbol{x}_s$，此时聚类中心点的数目由 M 变成 $M+1$，同时式(11.131) 中的 M 也变成 $M+1$，并且

$$A_{M+1}(s)=y_s \tag{11.132}$$

$$B_{M+1}(s)=1 \tag{11.133}$$

其余 M 个聚类中心点 $c\boldsymbol{x}_j(j=1,2,\cdots,M)$，仍保持不变。

模糊逻辑系统式(11.131) 按上述聚类方法进行学习以后，可得到全部聚类中心点。由于聚类点集合覆盖了整个 $\boldsymbol{x}$ 取值区间，因而对于任意一组样本数据对$(\boldsymbol{x}_s,\ y_s)$，当其归于且只归于一个聚类 j 时(假设 j 聚类中心点为 $c\boldsymbol{x}_j$，且有 n 个样本数据对聚类于 j 点)，由式(11.131) 计算样本 y_s 的拟合值 $f(\boldsymbol{x}_s)$ 为

$$f(\boldsymbol{x}_s)=\frac{A_j(s)+\sum_{i=1,i\neq j}^{M}A_i(s)\exp(-|\ \boldsymbol{x}_s-c\boldsymbol{x}_i\ |^2/\delta^2)}{B_j(s)+\sum_{i=1,i\neq j}^{M}B_i(s)\exp(-|\ \boldsymbol{x}_s-c\boldsymbol{x}_i\ |^2/\delta^2)} \tag{11.134}$$

只要适当选择 δ，就可以不考虑其他聚类点对 $f(\boldsymbol{x}_s)$ 的影响，即

$$\sum_{i=1,i\neq j}^{M}A_i(s)\exp(-|\ \boldsymbol{x}_s-c\boldsymbol{x}_i\ |^2/\delta^2)\approx 0 \tag{11.135}$$

$$\sum_{i=1, i\neq j}^{M} B_i(s)\exp(-|\ \boldsymbol{x}_s - c\boldsymbol{x}_i\ |^2/\delta^2) \approx 0 \tag{11.136}$$

于是,式(11.134)变为

$$f(\boldsymbol{x}_s) = A_j(s)/B_j(s) \tag{11.137}$$

式中,$A_j(s)$,$B_j(s)$ 均按聚类方法获得,则有

$$A_j(s) = \sum_{s'=1}^{n} y_{s'}, \quad B_j(s) = n \tag{11.138}$$

将式(11.138)代入式(11.137),可得

$$f(\boldsymbol{x}_s) = \frac{1}{n}\sum_{s'=1}^{n} y_{s'} = c_j \tag{11.139}$$

式中,c_j 为一常数。

又假设在样本学习过程中,聚类于 j 点的 n 个样本数据对为$(x_{s'}, y_{s'})(s'=1,2,\cdots,n)$。根据最小二乘原理,希望 c_j 的取值能保证准则函数

$$E = \sum_{s'=1}^{n} (y_{s'} - c_j)^2 \tag{11.140}$$

为最小。由此不难求得,只有当

$$c_j = \frac{1}{n}\sum_{s'=1}^{n} y_{s'} \tag{11.141}$$

时,即 c_j 为 $y_{s'}(s'=1,2,\cdots,n)$ 的均值时,E 为最小。

由式(11.139)和式(11.141)可以看到,用聚类算法对样本数据对进行拟合是符合最小二乘原理的,从而解释了基于式(11.131)的模糊逻辑系统使用本节所讨论的聚类算法的合理性。

半径 r 的大小决定了式(11.131)模糊逻辑系统 $f(\boldsymbol{x})$ 的复杂程度。当 r 取值较小时,所得到的聚类数目就会较多,从而导致 $f(\boldsymbol{x}_s)$ 拟合样本集合$(\boldsymbol{x}_s, y_s)$的程度较好,但同时会产生较复杂的非线性回归过程,计算量也会增大。由于 r 是一个一维参数,对于某一具体问题,一般都可以通过试验和误差信息找到一个适当的 r,使模糊逻辑系统 $f(\boldsymbol{x})$ 以较高的精度拟合样本集合。

此外,由于使用聚类算法会使每一个输入输出数据对样本可能产生一个新的聚类,所以式(11.131)所示的模糊逻辑系统 $f(\boldsymbol{x})$ 同时在进行着参数和结构两个过程的自适应调整,即在某种意义上说,聚类算法也是一种变结构调整方法。

11.5.2　模型参考模糊自适应控制系统设计

在本节中,我们只分析、讨论基于模糊逻辑系统的模型参考模糊自适应控制系统的设计方法,其基本结构如图11.8所示。在这种控制系统中,模糊控制器与被控对象一起组成参数可调的闭环系统,简称可调系统。控制器采用间接控制方法,即先利用模糊逻辑系统为被控对象建模,然后再产生所需要的控制作用。这里对控制器参数调整实际上就是对模糊逻辑系统可调参数的调整,即通过调整模糊逻辑系统的可调参数达到逼近被控对象的目的,从而使可调系统的输出在一定条件下,能以任意精度跟踪参考模型的输出。

考虑非线性离散系统,即

$$y(t+1) = g(t) + h(t)u(t) \tag{11.142}$$

式中

$$g(t)=g(y(t),y(t-1),\cdots,y(t-n_1+1),u(t),u(t-1),\cdots,u(t-n_2+1))\tag{11.143}$$

$$h(t)=h(y(t),y(t-1),\cdots,y(t-m_1+1),u(t),u(t-1),\cdots,u(t-m_2+1))\tag{11.144}$$

$g(\cdot),h(\cdot)$ 均为未知的非线性连续函数,其中 $t\geqslant n_1,n_2,m_1,m_2,u(t)\in\mathbf{R}$ 和 $y(t)\in\mathbf{R}$ 分别为系统的输入和输出。

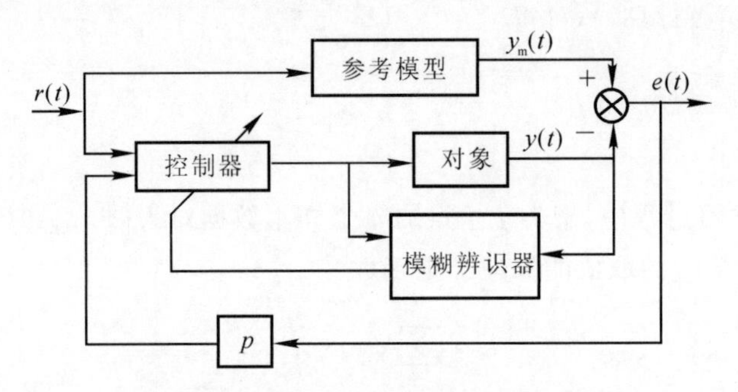

图 11.8　模型参考模糊自适应控制系统

假设 $g(t)$ 和 $h(t)$ 可通过某种手段小样本量测或者估计出来,且有 $h(t)\neq 0(t=0,1,2,\cdots)$ 成立。控制任务就是要迫使被控系统的输出 $y(t+1)$ 跟踪一个给定的有界参考信号 $y_m(t+1)$,其约束条件是所有的信号必须是有界的。为明确起见,下面进一步给出控制任务的定义。

控制任务:基于模糊逻辑系统求出一个反馈控制 $u(t)$ 和一个可调参数向量 $\boldsymbol{w}(t)$ 的自适应律,使得:

(1) 在所有变量 $\boldsymbol{w}(t)$ 和 $u(t)$ 一致有界的意义下,系统输出误差

$$e(t+1)=y_m(t+1)-y(t+1)\tag{11.145}$$

应尽可能小;

(2) 在满足一定条件下,可调系统一定具有全局渐近稳定性。

下面将讨论如何构造一个稳定的模型参考模糊自适应控制系统来完成上述的控制任务。

对于式(11.142) 所示非线性离散系统,如果函数 $g(t)$ 和 $h(t)$ 为已知,取控制律为

$$u_c(t)=\frac{1}{h(t)}[-g(t)+y_m(t+1)+pe(t)]\tag{11.146}$$

式中,$p<0$ 为反馈增益,则系统的输出误差为

$$\begin{aligned}e(t+1)&=y_m(t+1)-y(t+1)=y_m(t+1)-[g(t)+h(t)u_c(t)]=\\&y_m(t+1)-\left[g(t)+h(t)\frac{1}{h(t)}(-g(t)+y_m(t+1)+pe(t))\right]=\\&y_m(t+1)-y_m(t+1)-pe(t)=-pe(t)\end{aligned}\tag{11.147}$$

即当 $|p|<1$ 时,可调系统输出能渐近跟踪参考模型输出 $y_m(t+1)$。

然而,由于 $g(t)$ 和 $h(t)$ 是未知的连续函数,如果用模糊逻辑系统 $\hat{g}(t)$ 和 $\hat{h}(t)$ 分别代替 $g(t)$ 和 $h(t)$,取控制律为

$$u_c(t)=\frac{1}{\hat{h}(t)}[-\hat{g}(t)+y_m(t+1)+pe(t)] \tag{11.148}$$

则有

$$y(t+1)=g(t)+h(t)\frac{1}{\hat{h}(t)}[-\hat{g}(t)+y_m(t+1)+pe(t)] \tag{11.149}$$

等式两边同乘 $\hat{h}(t)$ 并同加 $-\hat{h}(t)y_m(t+1)$，可得

$$\begin{aligned}\hat{h}(t)y(t+1)-\hat{h}(t)y_m(t+1)=&\hat{h}(t)g(t)-\hat{h}(t)y_m(t+1)-\\&h(t)\hat{g}(t)+h(t)y_m(t+1)+ph(t)e(t)\end{aligned} \tag{11.150}$$

等式两边合并整理，可得

$$\begin{aligned}-\hat{h}(t)[y_m(t+1)-y(t+1)]=&\hat{h}(t)[g(t)-\hat{g}(t)]-\\&\hat{h}(t)[-\hat{g}(t)+y_m(t+1)]+h(t)[-\hat{g}(t)+y_m(t+1)]+ph(t)e(t)\end{aligned} \tag{11.151}$$

根据式(11.148)，则有

$$u_c(t)=\frac{1}{\hat{h}(t)}[-\hat{g}(t)+y_m(t+1)]+\frac{1}{\hat{h}(t)}pe(t)=u_c'(t)+\frac{p}{\hat{h}(t)}e(t) \tag{11.152}$$

式中

$$u_c'(t)=\frac{1}{\hat{h}(t)}[-\hat{g}(t)+y_m(t+1)] \tag{11.153}$$

式(11.153) 两边同乘 $\hat{h}(t)$，可得

$$\hat{h}(t)u_c'(t)=-\hat{g}(t)+y_m(t+1) \tag{11.154}$$

将式(11.154) 与式(11.145) 代入式(11.151)，可导出系统误差为

$$\begin{aligned}e(t+1)=&-[g(t)-\hat{g}(t)]+\hat{h}(t)u_c'(t)-h(t)u_c'(t)-p\frac{h(t)}{\hat{h}(t)}e(t)=\\&\hat{g}(t)-g(t)+[\hat{h}(t)-h(t)]u_c'(t)-p\frac{h(t)}{\hat{h}(t)}e(t)\end{aligned} \tag{11.155}$$

令

$$\Delta g(t)=\hat{g}(t)-g(t) \tag{11.156}$$

$$\Delta h(t)=\hat{h}(t)-h(t) \tag{11.157}$$

则有

$$e(t+1)=\Delta g(t)+\Delta h(t)u_c'(t)-p\frac{h(t)}{\hat{h}(t)}e(t) \tag{11.158}$$

式中，$\Delta g(t)$ 和 $\Delta h(t)$ 分别为未知函数 $g(t)$ 和 $h(t)$ 的辨识误差。

为了设计全局渐近稳定的模型参考模糊自适应控制系统，有必要首先依据离散时间系统的李雅普诺夫稳定性定理，选取二次型函数

$$V(t)=\frac{1}{2}e^2(t) \tag{11.159}$$

为李雅普诺夫函数。为使系统输出误差渐近收敛，必须使

$$\Delta V(t)=V(t+1)-V(t)<0 \tag{11.160}$$

由式(11.159)，可推得

$$\Delta V(t)=\frac{1}{2}e^2(t+1)-\frac{1}{2}e^2(t)=\frac{1}{2}\Delta e(t)[e(t+1)+e(t)] \tag{11.161}$$

式中，$\Delta e(t)=e(t+1)-e(t)$。上式又可写为

$$\Delta V(t)=\frac{1}{2}\Delta e(t)[\Delta e(t)+2e(t)]=\frac{1}{2}(\Delta e(t))^2+\Delta e(t)e(t)=$$
$$\frac{1}{2}(\Delta e(t))^2+[e(t+1)-e(t)]e(t) \tag{11.162}$$

从式(11.162)知，要使 $\Delta V(t)<0$，就必须使

$$[e(t+1)-e(t)]e(t)<0 \tag{11.163}$$

然而，这一条件仅仅是使式(11.158)所示系统输出误差渐近收敛于零的必要条件，而不是充分条件。事实上，式(11.163)不能保证系统输出误差收敛于原点，有可能导致系统输出误差在原点附近以逐渐增大的幅度颤振，即导致可调系统不稳定。为此，根据式(11.163)可提出一个充分必要条件，即

$$|e(t+1)|<|e(t)| \tag{11.164}$$

满足式(11.164)的自适应控制 $u_c(t)$ 将会使式(11.158)的系统输出误差逐渐收敛，也就是能够使

$$\Delta V(t)=V(t+1)-V(t)<0$$

一定成立，从而使可调系统是大范围渐近稳定的。为便于分析，将式(11.164)分解为以下两个不等式，即

$$(e(t+1)-e(t)\mathrm{sgn}(e(t)))<0 \tag{11.165}$$
$$(e(t+1)+e(t)\mathrm{sgn}(e(t)))>0 \tag{11.166}$$

这里，称式(11.165)和式(11.166)为式(11.158)所示系统输出误差的收敛条件。

对于式(11.158)的系统输出误差，要使其渐近收敛，即 $\Delta V(t)<0$，根据式(11.165)、式(11.166)的收敛条件可知，当 $e(t)>0$ 时，应当保证

$$e(t+1)-e(t)<0 \tag{11.167}$$
$$e(t+1)+e(t)>0 \tag{11.168}$$

同时成立。将式(11.158)代入式(11.167)和式(11.168)，可得

$$\Delta g(t)+\Delta h(t)u_c'(t)-p\frac{h(t)}{\hat{h}(t)}e(t)-e(t)<0 \tag{11.169}$$

$$\Delta g(t)+\Delta h(t)u_c'(t)-p\frac{h(t)}{\hat{h}(t)}e(t)+e(t)>0 \tag{11.170}$$

整理后有

$$e(t)>\frac{\Delta g(t)+\Delta h(t)u_c'(t)}{1+p\dfrac{h(t)}{\hat{h}(t)}} \tag{11.171}$$

$$e(t)>-\frac{\Delta g(t)+\Delta h(t)u_c'(t)}{1-p\dfrac{h(t)}{\hat{h}(t)}} \tag{11.172}$$

假设在非线性离散系统式(11.142)中，未知函数 $g(t)$ 和 $h(t)$ 的最大辨识误差分别为 $\max|\Delta g(t)|$ 和 $\max|\Delta h(t)|$ $(t=0,1,2,\cdots)$。令

$$a(t) = \max |\Delta g(t)| + \max |\Delta h(t)| |u_c'(t)| \tag{11.173}$$

并假设辨识后 $\hat{h}(t)$ 能以任意小 $\varepsilon > 0$ 的精度逼近 $h(t)$，则有

$$|p|(1-\varepsilon) \leqslant |p| \frac{h(t)}{\hat{h}(t)} \leqslant |p|(1+\varepsilon) \tag{11.174}$$

又假设

$$1 - |p| \frac{h(t)}{\hat{h}(t)} \geqslant \sigma \tag{11.175}$$

式中，$0 < \sigma \leqslant 1$。结合式(11.175)，可令

$$1 - |p|(1-\varepsilon) \geqslant \sigma \tag{11.176}$$

即

$$|p| \leqslant \frac{1-\sigma}{1-\varepsilon} \tag{11.177}$$

使得，当

$$e(t) \geqslant \frac{a(t)}{\sigma} \tag{11.178}$$

时，可保证式(11.171) 与式(11.172) 同时成立。也就是说，若取控制律式(11.148)，则系统的输出误差式(11.158) 是渐近收敛的。

类似地，当系统输出误差 $e(t) < 0$ 时，根据收敛条件式(11.165) 与式(11.166) 可知，应当保证

$$e(t+1) - e(t) > 0 \tag{11.179}$$

$$e(t+1) + e(t) < 0 \tag{11.180}$$

同时成立。将式(11.158) 代入式(11.179) 和式(11.180)，可得

$$\Delta g(t) + \Delta h(t) u_c'(t) - p \frac{h(t)}{\hat{h}(t)} e(t) - e(t) > 0 \tag{11.181}$$

$$\Delta g(t) + \Delta h(t) u_c'(t) - p \frac{h(t)}{\hat{h}(t)} e(t) + e(t) < 0 \tag{11.182}$$

整理后有

$$e(t) < \frac{\Delta g(t) + \Delta h(t) u_c'(t)}{1 + p \dfrac{h(t)}{\hat{h}(t)}} \tag{11.183}$$

$$e(t) < -\frac{\Delta g(t) + \Delta h(t) u_c'(t)}{1 - p \dfrac{h(t)}{\hat{h}(t)}} \tag{11.184}$$

同样，当取

$$|p| \leqslant \frac{1-\sigma}{1-\varepsilon} \tag{11.185}$$

使得

$$e(t) \leqslant -\frac{a(t)}{\sigma} \tag{11.186}$$

时，可保证式(11.183) 与式(11.184) 同时成立。也就是当取控制律式(11.148) 时，系统输出误差式(11.158) 仍是渐近收敛的。

从上面的分析可知，当 $t \to \infty$ 时，假设未知系统的最大辨识误差为

$$\max |\Delta g(t)| \to 0, \quad \max |\Delta h(t)| \to 0 \tag{11.187}$$

即 $a(t) \to 0$，根据式(11.178)和式(11.186)，可知 $e(t) \to 0$，可调系统处于全局渐近稳定状态。

从理论上讲，使用非线性动态系统的模糊聚类辨识算法，在一定条件下，随着辨识过程的增加，系统的辨识结果能以任意精度逼近真实的非线性系统，即当 $t \to \infty$ 时，系统辨识误差能够趋于零，使得 $a(t) \to 0$。因而，在这种意义上来说，这里所设计的可调系统是全局渐近稳定的。

实际上，由于模糊聚类辨识算法的原因，辨识误差只能是趋于零，而不会等于零，即使 $a(t) \neq 0$，导致可调系统不能处于全局渐近稳定状态，而是处于李雅普诺夫意义上的稳定，即式(11.158)所示系统输出误差只能够渐近收敛于区间 $(-a(t)/\sigma, a(t)/\sigma)$ 的点集。

由式(11.173)可知，$a(t)$ 的大小只取决于对可调系统中未知函数 $g(t)$ 和 $h(t)$ 的辨识精度，因而采用上面所推导出的模糊聚类辨识算法，能极大地减小辨识误差，虽不能保证可调系统全局渐近稳定，但可以控制系统跟踪误差的范围 $(-a(t)/\sigma, a(t)/\sigma)$，从而使可调系统的输出 $y(t+1)$ 能以很高的精度跟踪参考模型的输出 $y_{\mathrm{m}}(t+1)$。

由上面的分析讨论可知，系统输出误差的大小仅与未知函数 $g(t)$ 和 $h(t)$ 的辨识误差有关。因而对系统控制律的设计，实质上是对 $\hat{g}(t)$ 和 $\hat{h}(t)$ 辨识过程（即可调参数调节律）的设计。

根据式(11.131)，选取 $\hat{g}(t)$ 和 $\hat{h}(t)$ 的模糊逻辑系统为

$$\hat{g}(t) = \hat{g}(\boldsymbol{x}_t \mid \boldsymbol{\theta}_{\mathrm{g}}) = \frac{\sum_{j=1}^{M} A_{\mathrm{g}j}(t)\exp(-|\boldsymbol{x}_t - c\boldsymbol{x}_{\mathrm{g}j}|^2/\delta^2)}{\sum_{j=1}^{M} B_{\mathrm{g}j}(t)\exp(-|\boldsymbol{x}_t - c\boldsymbol{x}_{\mathrm{g}j}|^2/\delta^2)} \tag{11.188}$$

$$\hat{h}(t) = \hat{h}(\boldsymbol{x}_t \mid \boldsymbol{\theta}_{\mathrm{h}}) = \frac{\sum_{j=1}^{M'} A_{\mathrm{h}j}(t)\exp(-|\boldsymbol{x}_t - c\boldsymbol{x}_{\mathrm{h}j}|^2/\delta^2)}{\sum_{j=1}^{M'} B_{\mathrm{h}j}(t)\exp(-|\boldsymbol{x}_t - c\boldsymbol{x}_{\mathrm{h}j}|^2/\delta^2)} \tag{11.189}$$

式中，$\boldsymbol{\theta}_{\mathrm{g}}$ 定义为可调参数 $A_{\mathrm{g}j}$，$B_{\mathrm{g}j}$ 和 $Cx_{\mathrm{g}j}$ 的总和，$\boldsymbol{\theta}_{\mathrm{h}}$ 定义为可调参数 $A_{\mathrm{h}j}$，$B_{\mathrm{h}j}$ 和 $Cx_{\mathrm{h}j}$ 的总和。

采用所导出的模糊聚类算法式(11.127) ~ 式(11.130)、式(11.132) ~ 式(11.133)对可调参数 $\boldsymbol{\theta}_{\mathrm{g}}$ 和 $\boldsymbol{\theta}_{\mathrm{h}}$ 分别进行调节，从而使得 $\hat{g}(t)$ 和 $\hat{h}(t)$ 在一定条件下能以任意精度收敛于未知非线性函数 $g(t)$ 和 $h(t)$。

由于模糊聚类算法是以最优模糊逻辑系统为依据而推导出来的，所以在使用这种算法对未知函数进行辨识时，可保证在一定条件下式(11.188)和式(11.189)能以任意精度收敛于未知函数 $g(t)$ 和 $h(t)$，使得可调系统输出能以任意精度跟踪参考模型输出。

例 10.5.1 在非线性被控系统

$$y(t+1) = g(y(t), y(t-1)) + u(t) \tag{11.190}$$

中，未知函数为

$$g(y(t), y(t-1)) = \frac{y(t)y(t-1)(y(t)+2.5)}{1 + y^2(t) + y^2(t-1)} \tag{11.191}$$

试基于模糊自适应系统求出控制律 $u(t)$，使得可调系统的输出 $y(t+1)$ 能跟踪参考模型

$$y_{\mathrm{m}}(t+1) = 0.6y_{\mathrm{m}}(t) + 0.2y_{\mathrm{m}}(t-1) + r(t) \tag{11.192}$$

的输出 $y_m(t+1)$。

解　根据前面所讨论的模型参考模糊自适应控制系统设计方法，设计自适应控制律为

$$u(t)=-\hat{g}(y(t),y(t-1))+y_m(t+1)+pe(t) \tag{11.193}$$

式中，$\hat{g}(\cdot)$ 为模糊逻辑系统式(11.188)。

将式(11.192)代入式(11.193)，可得

$$u(t)=-\hat{g}(y(t),y(t-1))+0.6y_m(t)+0.2y_m(t-1)+r(t)+pe(t) \tag{11.194}$$

将式(11.194)代入式(11.190)，便可用非线性差分方程

$$\begin{aligned}y(t+1)=&g(y(t),y(t-1))-\hat{g}(y(t),y(t+1))+\\&0.6y_m(t)+0.2y_m(t-1)+r(t)+pe(t)\end{aligned} \tag{11.195}$$

来描述模型参考模糊自适应控制系统的特性。整个系统的结构如图 11.8 所示。

从图 11.8 所示可以看出，所设计的模糊自适应控制器由两部分组成，一部分是辨识器，另一部分是控制器。辨识器采用模糊逻辑系统 $\hat{g}(t)$ 为被控系统中的未知非线性函数 $g(t)$ 建模，然后再将所辨识出的模型 $\hat{g}(t)$ 运用于控制器。

根据前面所推导的模糊聚类算法，取 $\delta=0.3$，$r(t)=\sin(2\pi t/250)$，聚类半径 $r=0.3$，辨识从 $t=1$ 开始进行，图 11.9 和图 11.10 所示分别为辨识学习过程终止于 $t=500$ 时，可调系统输出与参考模型输出曲线以及系统输出误差曲线。

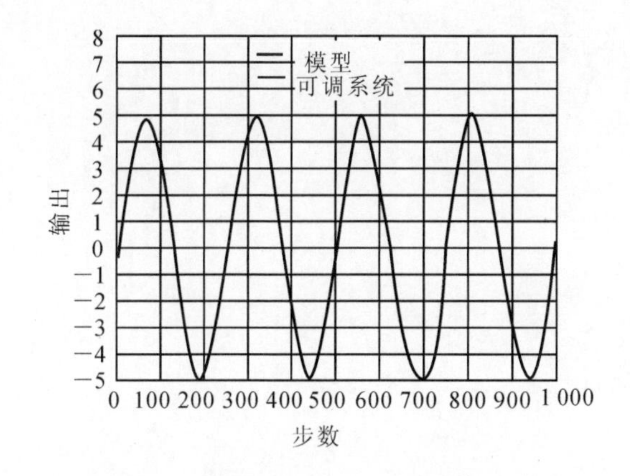

图 11.9　系统输出与参考模型输出曲线

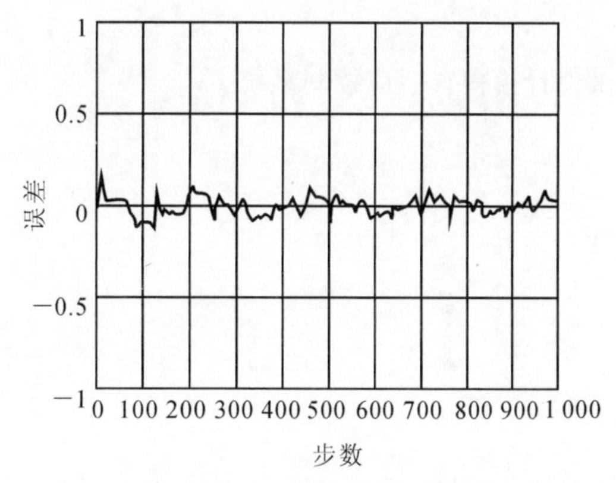

图 11.10　系统输出误差曲线

从图中的曲线可以看出，辨识器采用模糊聚类算法能使可调系统输出较好地跟踪参考模型输出，即系统的自适应控制效果相当理想。此外，通过大量的计算还可知道，适当地增加辨识学习过程，系统的自适应控制性能可以得到进一步改善。

习　　题

11.1　设控制对象的差分方程为

$$(1-1.3q^{-1}+0.4q^{-2})y(t)=q^{-2}(1+0.5q^{-1})u(t)+(1-0.65q^{-1}+0.1q^{-2})\varepsilon(t)$$

式中，$\varepsilon(t)$ 是均值为 0、方差为 0.1 的白噪声。试设计模糊自校正调节器，使其输出的方差为最

小，并将计算结果与习题 5.1 的计算结果进行对比分析。

11.2　设控制对象的差分方程为

$$(1-1.2q^{-1}+0.35q^{-2})y(t)=(0.5q^{-2}-0.8q^{-3})u(t)+(1-0.95q^{-1})\varepsilon(t)$$

式中，$\varepsilon(t)$ 是均值为 0、方差为 0.2 的白噪声。设闭环特征方程 $T(q^{-1})=1-0.5q^{-1}$，设计极点配置自校正调节器，并进行仿真计算，然后设计模糊自适应调节器，将两者的仿真计算结果进行对比分析。

11.3　已知线性二阶控制对象的传递函数为

$$W(s)=\frac{s+6}{(s+1)^2}$$

参考模型的传递函数为

$$W_{\mathrm{m}}(s)=\frac{s+1.5}{(s+1)(s+2)}$$

试设计模糊自适应控制器。

11.4　已知二阶控制对象状态方程为

$$\dot{\boldsymbol{x}}=\begin{bmatrix}0 & 1\\1.5 & 2.0\end{bmatrix}\boldsymbol{x}+\begin{bmatrix}0\\1\end{bmatrix}u+\begin{bmatrix}0\\1\end{bmatrix}f$$

式中，扰动 f 满足 $|f|\leqslant 1.0$。参考模型为

$$\dot{\boldsymbol{x}}_{\mathrm{m}}=\begin{bmatrix}0 & 1\\-1 & -2\end{bmatrix}\boldsymbol{x}_{\mathrm{m}}+\begin{bmatrix}0\\1\end{bmatrix}u_{\mathrm{m}}$$

试设计模糊自适应控制系统。

第 12 章 自适应控制的应用

12.1 战术导弹的自校正控制

战术导弹在整个飞行过程中，由于飞行速度和高度的变化，使弹体参数剧烈变化，严重地影响了控制性能。当用经典控制理论设计自动驾驶仪时，一般采用舵回路、阻尼回路和加速度回路来减弱参数变化对系统的影响，但用这种方法不能完全消除参数变化对系统的影响。为了进一步提高导弹的控制性能，有必要采用自适应控制。

自校正控制是自适应控制的一种，它适用于结构已知，但参数未知而恒定或参数缓慢变化的系统。采用自校正控制需要辨识被控系统的参数，并自动校正控制作用，达到预期的控制效果。用自校正控制技术设计自动驾驶仪，能够使被控系统适应参数变化，保持较好的性能。

12.1.1 对象模型

本节所讨论的被控对象为战术导弹的自动驾驶仪回路，其典型方块图如图 12.1 所示。对图 12.1 进行化简后，如图 12.2 所示。

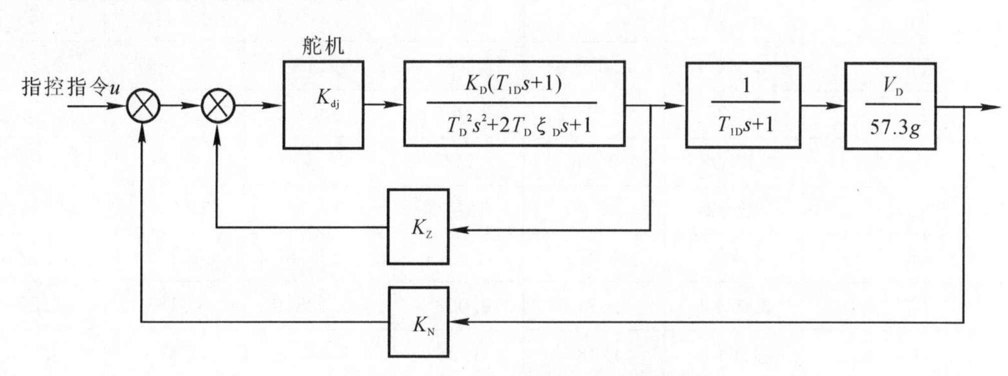

图 12.1 自动驾驶仪典型方块图

阻尼回路传递函数为

$$\Phi_\theta(s)=\frac{K_D^*(T_{1D}s+1)}{T_D^{*2}s^2+2T_D^*\xi_D^*s+1} \tag{12.1}$$

式中

$$K_D^*=\frac{K_{dj}K_D}{1+K_{dj}K_DK_Z},\quad T_D^*=\frac{T_D^*}{\sqrt{1+K_{dj}K_DK_Z}} \tag{12.2a}$$

$$\xi_{\mathrm{D}}^{*}=\frac{\xi_{\mathrm{D}}+K_{\mathrm{D}}K_{\mathrm{dj}}K_{\mathrm{Z}}T_{1\mathrm{D}}/(2T_{\mathrm{D}})}{\sqrt{1+K_{\mathrm{dj}}K_{\mathrm{D}}K_{\mathrm{Z}}}} \tag{12.2b}$$

加速度回路传递函数为

$$G(s)=\frac{K_{1}}{T_{1}^{2}s^{2}+2T_{1}\xi_{1}s+1} \tag{12.3}$$

式中

$$K_{1}=\frac{K_{\mathrm{D}}^{*}V_{\mathrm{D}}}{57.3g+K_{\mathrm{D}}^{*}V_{\mathrm{D}}K_{\mathrm{N}}},\quad T_{1}=\frac{T_{\mathrm{D}}^{*}}{\sqrt{1+K_{\mathrm{N}}K_{\mathrm{D}}^{*}V_{\mathrm{D}}/(57.3g)}} \tag{12.4a}$$

$$\xi_{1}=\frac{\xi_{\mathrm{D}}^{*}}{\sqrt{1+K_{\mathrm{N}}K_{\mathrm{D}}^{*}V_{\mathrm{D}}/(57.3g)}} \tag{12.4b}$$

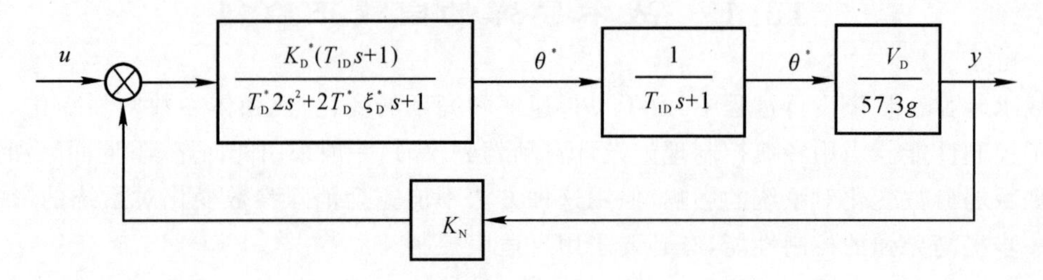

图 12.2　自动驾驶仪回路简化方块图

表 12.1 给出了一条弹道上的导弹自动驾驶仪参数。

表 12.1　导弹自动驾驶仪弹道参数

t/s	6	14	22	30	38	44.924
V_{D}	547.67	600.67	682.29	804.08	978.81	1 163.3
K_{D}	0.503	0.415	0.311 8	0.210 2	0.123 9	0.069 5
T_{D}	0.084 4	0.090 6	0.101 4	0.129 4	0.189	0.290
ξ_{D}	0.126	0.107 7	0.086 8	0.067 2	0.047 1	0.033 3
$T_{1\mathrm{D}}$	1.00	1.16	1.45	2.15	3.95	7.57
K_{dj}	12.32	12.20	12.104	12.16	12.784	13.12
K_{D}^{*}	4.785	4.079	3.199	2.278	1.475	0.875
T_{D}^{*}	0.074 1	0.081 3	0.093 3	0.122 1	0.183	0.284
ξ_{D}^{*}	1.645	1.481	1.262	1.017 8	0.810	0.588
K_{1}	1.130	1.112	1.078	1.024	0.944	0.818
T_{1}	0.036 4	0.041 0	0.049 1	0.068	0.110 9	0.190
ξ_{1}	0.807	0.747	0.664	0.569 9	0.490	0.395

对 $G(s)$ 进行带零阶保持器的 Z 变换(见图 12.3),可得

$$G(q^{-1})=Z\left[\frac{1-\mathrm{e}^{-Ts}}{s}G(s)\right]=\frac{q^{-1}(b_{0}+b_{1}q^{-1})}{1+a_{1}q^{-1}+a_{2}q^{-2}} \tag{12.5}$$

式中，T 为采样周期，其他参数为

$$a_1 = -2e^{-\sigma T}\cos\omega T, \quad a_2 = e^{-2\sigma T} \tag{12.6a}$$

$$b_0 = K_1[1 - e^{-\sigma T}(\cos\omega T + r\sin\omega T)] \tag{12.6b}$$

$$b_1 = K_1 e^{-\sigma T}(e^{-\sigma T} + r\sin\omega T - \cos\omega T) \tag{12.6c}$$

$$\sigma = \xi_1/T_1, \quad \omega = \sqrt{1-\xi_1^2}/T_1, \quad r = \xi_1/\sqrt{1-\xi_1^2} \tag{12.6d}$$

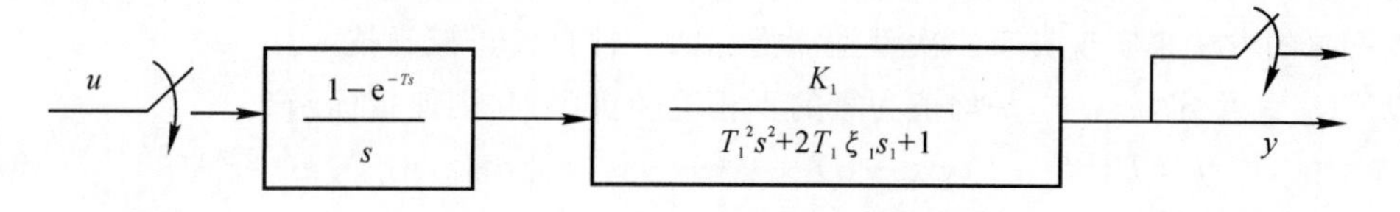

图 12.3　带零阶保持器的采样系统

如考虑被控系统受到噪声干扰，则其离散数学模型为

$$A(q^{-1})y(t) = q^{-1}B(q^{-1})u(t) + C(q^{-1})\varepsilon(t) \tag{12.7}$$

式中

$$A(q^{-1}) = 1 + a_1 q^{-1} + a_2 q^{-2} \tag{12.8a}$$

$$B(q^{-1}) = b_0 + b_1 q^{-1} \tag{12.8b}$$

$$C(q^{-1}) = c_0 + c_1 q^{-1} + c_2 q^{-2} \tag{12.8c}$$

式中，$A(q^{-1})$，$B(q^{-1})$ 的系数 a_1，a_2，b_0 和 b_1 随时间变化，$C(q^{-1})$ 的系数 c_0，c_1 和 c_2 则取决于噪声特性。在导弹自动驾驶仪自校正控制系统的实时控制中，这些都是需要辨识的参数。

12.1.2　自校正控制方案

设被控对象的差分方程为

$$A(q^{-1})y(t) = q^{-d}B(q^{-1})u(t) + C(q^{-1})\varepsilon(t) \tag{12.9}$$

式中，d 为输出延迟，其他多项式为

$$A(q^{-1}) = 1 + a_1 q^{-1} + \cdots + a_n q^{-n} \tag{12.10a}$$

$$B(q^{-1}) = b_0 + b_1 q^{-1} + \cdots + b_m q^{-m} \tag{12.10b}$$

$$C(q^{-1}) = c_0 + c_1 q^{-1} + \cdots + c_l q^{-l} \tag{12.10c}$$

我们采用最小方差自校正、极点配置自校正和渐近最小方差自校正三种方案进行设计。

1. 最小方差自校正控制器

最小方差自校正控制器要求系统的输出 $y(t)$ 在噪声干扰和参数变化的情况下，能很好地跟踪参考输入 $y_r(t)$。

采用最小方差准则，并考虑对控制信号 $u(t)$ 加以限制，可得到最小方差自校正控制器的性能指标，即

$$J = E\{[y(t+d) - K'y_r(t)]^2 + \lambda u^2(t)\} \tag{12.11}$$

式中，K' 为比例系数，λ 为控制加权系数。

由最小方差控制理论，可得最小方差自校正控制器的控制规律，即

$$u(t) = \frac{K'b_0C(q^{-1})y_r(t) - b_0G(q^{-1})y(t)}{b_0B(q^{-1})F(q^{-1}) + \lambda C(q^{-1})} \tag{12.12}$$

式中

$$C(q^{-1})=A(q^{-1})F(q^{-1})+q^{-d}G(q^{-1}) \tag{12.13}$$

$$F(q^{-1})=f_0+f_1q^{-1}+\cdots+f_{d-1}q^{-(d-1)} \tag{12.14a}$$

$$G(q^{-1})=g_0+g_1q^{-1}+\cdots+g_{n-1}q^{-(n-1)} \tag{12.14b}$$

2. 极点配置自校正控制器——辅助输出法

极点配置自校正控制不用指标函数，而将预期的闭环系统特性用一组系统的极点位置加以规定。自校正控制的目的就是使实际闭环系统的极点收敛于希望的极点，而辅助输出法是用极点配置的方法来实现具有二次型性能指标的一种自校正控制技术。

设 $C(q^{-1})$ 稳定，$\{\varepsilon(t)\}$ 是均值为零的不相关随机序列，则使指标函数

$$J=E\{[\Gamma(q^{-1})y(t+d)-\Psi(q^{-1})y_{\mathrm{r}}(t)]^2+[\Lambda(q^{-1})u(t)]^2\} \tag{12.15}$$

达到极小的自校正控制规律为

$$u(t)=\frac{H(q^{-1})y_{\mathrm{r}}(t)-G(q^{-1})y(t)}{F(q^{-1})} \tag{12.16}$$

式中

$$H(q^{-1})=C(q^{-1})\Psi(q^{-1}) \tag{12.17a}$$

$$F(q^{-1})=F_d(q^{-1})B(q^{-1})+\Lambda(q^{-1})C(q^{-1}) \tag{12.17b}$$

$$G(q^{-1})=A(q^{-1})F_d(q^{-1})+q^{-d}G(q^{-1}) \tag{12.17c}$$

此时，闭环系统方程为

$$y(t)=\frac{q^{-d}B(q^{-1})\Psi(q^{-1})}{\Lambda(q^{-1})A(q^{-1})+\Gamma(q^{-1})B(q^{-1})}y_{\mathrm{r}}(t)+\frac{F(q^{-1})}{\Lambda(q^{-1})A(q^{-1})+\Gamma(q^{-1})B(q^{-1})}\varepsilon(t) \tag{12.18}$$

采用极点配置，就是对事先规定的一个期望极点多项式 $T(q^{-1})$ 求出多项式 $\Lambda(q^{-1})$ 和 $\Gamma(q^{-1})$，从而实现对于被控系统式(12.9)的控制规律式(12.16)，使闭环极点移到由多项式 $T(q^{-1})$ 的零点所规定的位置，即满足方程

$$\Lambda(q^{-1})A(q^{-1})+\Gamma(q^{-1})B(q^{-1})=T(q^{-1}) \tag{12.19}$$

式中，$T(q^{-1})$ 为首一多项式。

为了由式(12.19)得到惟一的 $\Lambda(q^{-1})$ 和 $\Gamma(q^{-1})$，对各多项式的阶数作如下约束，即

$$\deg\Lambda(q^{-1})=\deg B(q^{-1})-1 \tag{12.20a}$$

$$\deg\Gamma(q^{-1})=\deg A(q^{-1})-1 \tag{12.20b}$$

$$\deg T(q^{-1})\leqslant\deg A(q^{-1})+\deg B(q^{-1})-1 \tag{12.20c}$$

$$\deg G(q^{-1})=\deg A(q^{-1})-1,\quad \deg F_d(q^{-1})=d-1 \tag{12.20d}$$

利用式(12.19)，则式(12.18)可以表示为

$$y(t)=\frac{q^{-d}B(q^{-1})\Psi(q^{-1})}{T(q^{-1})}y_{\mathrm{r}}(t)+\frac{F(q^{-1})}{T(q^{-1})}\varepsilon(t) \tag{12.21}$$

这样就达到了极点配置的目的。

3. 渐近最小方差自校正控制器

这种方法是通过设计自校正控制器的极点和可调增益使控制器稳定，并能兼顾闭环系统的动态特性，也可使输出方差趋于最小，具有在线校正控制器参数的优点。这种方法并非某一确定指标下的最优解，但设计的灵活性能使系统具有良好的综合性能。

对被控系统的差分方程式(12.9)，讨论跟踪问题 $\lim\limits_{t\to\infty}y(t)=y_{\mathrm{r}}(t)$。设控制器形式为

$$u(t)=\frac{Hy_r(t)-KQ(q^{-1})y(t)}{T_n(q^{-1})} \tag{12.22}$$

式中，$T_n(q^{-1})$ 和 $Q(q^{-1})$ 为 q^{-1} 的实系数多项式，H 和 K 为可调增益。将式(12.22)代入式(11.9)，经整理可得

$$A_n(q^{-1})y(t)=q^{-d}B(q^{-1})Hy_r(t)+T_n(q^{-1})\varepsilon(t) \tag{12.23}$$

式中

$$A_n(q^{-1})=A(q^{-1})T_n(q^{-1})+q^{-d}B(q^{-1})KQ(q^{-1}) \tag{12.24}$$

为闭环系统的特征多项式。

由式(12.24)可知，设计 $T_n(q^{-1})$ 和 $Q(q^{-1})$ 可以任意配置闭环系统的极点，但同时要求 $T_n(q^{-1})$ 稳定。

考虑到闭环系统的可辨识条件，令

$$T_n(q^{-1})=1+t_1'q^{-1}+\cdots+t_{n+d-1}'q^{-(n+d-1)} \tag{12.25a}$$

$$Q(q^{-1})=q_0+q_1q^{-1}+\cdots+q_\mu q^{-\mu},\quad \mu\geqslant n-1 \tag{12.25b}$$

下面讨论三种特殊情况。

(1) 由式(12.12)可知，最小方差自校正控制器为

$$u(t)=\frac{\bar{C}(q^{-1})y_r(t)-\bar{G}(q^{-1})y(t)}{\bar{F}(q^{-1})} \tag{12.26}$$

式中

$$\bar{C}(q^{-1})=K'b_0C(q^{-1}),\quad G(q^{-1})=b_0G(q^{-1}) \tag{12.27a}$$

$$\bar{F}(q^{-1})=b_0B(q^{-1})F(q^{-1})+\lambda C(q^{-1}) \tag{12.27b}$$

若使控制器式(12.22)在稳定时趋于最小方差控制器式(12.26)，则有

$$H=\frac{\bar{C}(1)T_n(1)}{\bar{F}(1)},\quad K=\frac{T_n(1)G(1)}{Q(1)\bar{F}(1)} \tag{12.28}$$

(2) 若令 $Q(q^{-1})=\bar{G}(q^{-1})$，则式(12.22)为

$$u(t)=\frac{Hy_r(t)-K\bar{G}(q^{-1})y(t)}{T_n(q^{-1})} \tag{12.29}$$

当式(12.29)具有渐近最小方差特性时，则有

$$H=\frac{\bar{C}(1)T_n(1)}{\bar{F}(1)},\quad K=\frac{T_n(1)}{\bar{F}(1)} \tag{12.30}$$

(3) 若 $A(q^{-1})$ 稳定，则可令 $Q(q^{-1})=A(q^{-1})$，式(12.22)为

$$u(t)=\frac{Hy_r(t)-KA(q^{-1})y(t)}{T_n(q^{-1})} \tag{12.31}$$

若

$$H=\frac{\bar{C}(1)T_n(1)}{\bar{F}(1)},\quad K=\frac{T_n(1)\bar{G}(1)}{A(1)\bar{F}(1)} \tag{12.32}$$

式(12.31)具有渐近最小方差特性。

12.1.3　参数辨识方法

为了实现自校正控制，必须选用一种适合的在线辨识方法来估计对象的参数。可用的在线辨识方法很多，每种方法都各有特点。但当与自校正控制相结合时，就存在一个使用性的问

题。所谓使用性是指辨识精度、收敛速度、运算量、内存占用量及结合自校正控制后的效果等能否满足工程技术要求。本节选用了如下的在线辨识方法。

1. 带遗忘因子的递推最小二乘法

$$\hat{\boldsymbol{\theta}}(t+1)=\hat{\boldsymbol{\theta}}(t)+r(t+1)\boldsymbol{P}(t)\boldsymbol{Z}(t+1)[y(t+1)-\boldsymbol{Z}^{\mathrm{T}}(t+1)\hat{\boldsymbol{\theta}}(t)] \tag{12.33a}$$

$$\boldsymbol{P}(t+1)=\frac{1}{\lambda_1}[\boldsymbol{P}(t)-r(t+1)\boldsymbol{P}(t)\boldsymbol{Z}(t+1)\boldsymbol{Z}^{\mathrm{T}}(t+1)\boldsymbol{P}(t)] \tag{12.33b}$$

$$r(t+1)=1/[\lambda_1+\boldsymbol{Z}^{\mathrm{T}}(t+1)\boldsymbol{P}(t)\boldsymbol{Z}(t+1)] \tag{12.33c}$$

式中，$\hat{\boldsymbol{\theta}}(t)$ 为参数向量估值，$\boldsymbol{P}(t)$ 为估计误差方差阵，λ_1 为实时估计遗忘因子，$\boldsymbol{Z}(t)$ 为观测向量，$y(t)$ 为被估系统输出。以下各估计方法中的符号意义相同，不再加以说明。

2. 平方根法

$$\hat{\boldsymbol{\theta}}(t+1)=\hat{\boldsymbol{\theta}}(t)+r(t+1)\boldsymbol{s}(t)\boldsymbol{s}^{\mathrm{T}}(t)\boldsymbol{Z}(t+1)[y(t+1)-\boldsymbol{Z}^{\mathrm{T}}(t+1)\hat{\boldsymbol{\theta}}(t)] \tag{12.34a}$$

$$r(t+1)=1/[\lambda_1+\boldsymbol{Z}^{\mathrm{T}}(t+1)\boldsymbol{s}(t)\boldsymbol{s}^{\mathrm{T}}\boldsymbol{Z}(t+1)] \tag{12.34b}$$

$$\alpha(t+1)=1/\sqrt{1\pm r(t+1)} \tag{12.34c}$$

$$\boldsymbol{s}(t+1)=\frac{1}{\sqrt{\lambda_1}}\boldsymbol{s}(t)[I-\alpha(t+1)r(t+1)\boldsymbol{s}^{\mathrm{T}}(t)\boldsymbol{Z}(t+1)\boldsymbol{Z}^{\mathrm{T}}(t+1)\boldsymbol{s}(t)] \tag{12.34d}$$

3. 卡尔曼滤波法

$$\hat{\boldsymbol{\theta}}(t+1)=\hat{\boldsymbol{\theta}}(t)+r(t+1)\boldsymbol{P}(t)\boldsymbol{Z}(t+1)[y(t+1)-\boldsymbol{Z}^{\mathrm{T}}(t+1)\hat{\boldsymbol{\theta}}(t)] \tag{12.35a}$$

$$\boldsymbol{P}(t+1)=\boldsymbol{P}(t)-r(t+1)\boldsymbol{P}(t)\boldsymbol{Z}(t+1)\boldsymbol{Z}^{\mathrm{T}}(t+1)\boldsymbol{P}(t)+\boldsymbol{R}_1(t+1) \tag{12.35b}$$

$$r(t+1)=1/[1+\boldsymbol{Z}^{\mathrm{T}}(t+1)\boldsymbol{P}(t)\boldsymbol{Z}(t+1)] \tag{12.35c}$$

式中，$\boldsymbol{R}_1(t)=E[\boldsymbol{\varepsilon}(t)\boldsymbol{\varepsilon}^{\mathrm{T}}(t)]$。

4. 随机逼近法

$$\hat{\boldsymbol{\theta}}(t+1)=\hat{\boldsymbol{\theta}}(t)+r_t\boldsymbol{Z}(t+1)[y(t+1)-\boldsymbol{Z}^{\mathrm{T}}(t+1)\hat{\boldsymbol{\theta}}(t)] \tag{12.36a}$$

式中，r_t 是事先给定的序列$\{r_t\}$中的元素，且满足

$$\sum_{t=1}^{\infty}r_t=\infty,\quad \sum_{t=1}^{\infty}r_t^P<\infty,\quad \forall P>1 \tag{12.36b}$$

5. 递推极大似然法

$$\hat{\boldsymbol{\theta}}(t)=\hat{\boldsymbol{\theta}}(t-1)-\boldsymbol{R}_1^{-1}(t\mid{}^*,\lambda_1)\boldsymbol{u}(t\mid t-1)\boldsymbol{e}(t\mid t-1) \tag{12.37a}$$

$$\boldsymbol{R}_1^{-1}(t\mid{}^*,\lambda_1)=\boldsymbol{R}_t^{-1}(t\mid{}^*,\lambda_1)[\boldsymbol{I}-\boldsymbol{w}(t\mid t-1)\boldsymbol{e}(t\mid t-1)\boldsymbol{R}_t^{-1}(t\mid{}^*,\lambda_1)] \tag{12.37b}$$

$$\boldsymbol{R}_1^{-1}(t\mid{}^*,\lambda_1)=\frac{1}{\lambda_1}\boldsymbol{R}^{-1}(t-1\mid{}^*,\lambda_1)-\frac{\boldsymbol{R}^{-1}(t-1\mid{}^*,\lambda_1)\boldsymbol{u}(t\mid t-1)\boldsymbol{R}^{-1}(t-1\mid{}^*,\lambda_1)}{\lambda_1+\boldsymbol{u}^{\mathrm{T}}(t\mid t-1)\boldsymbol{R}^{-1}(t-1\mid{}^*,\lambda_1)\boldsymbol{u}(t\mid t-1)} \tag{12.37c}$$

式中

$$\boldsymbol{u}(t\mid t-1)=\frac{\partial\boldsymbol{e}(t\mid t-1)}{\partial\hat{\boldsymbol{\theta}}(t\mid t-1)},\quad \boldsymbol{w}(t\mid t-1)=\frac{\partial^2\boldsymbol{e}(t\mid t-1)}{\partial\hat{\boldsymbol{\theta}}^2(t\mid t-1)} \tag{12.37d}$$

$\boldsymbol{e}(t\mid t-1)$ 是根据 $\hat{\boldsymbol{\theta}}(t-1)$ 计算出的预测误差。

将以上各种在线辨识方法结合本节中的对象模型和最小方差自校正控制进行计算，计算结果表明，递推最小二乘法对时变参数具有较强的跟踪能力，且有一定的抗干扰性。平方根法目的是为了克服因计算舍入误差等因素而引起的估计发散，其基本思想和递推最小二乘法相

似，当计算设备条件较好时，其计算结果与递推最小二乘法相同，但计算量较大。卡尔曼滤波法的辨识精度与递推最小二乘法相近，但从控制效果上看，却比递推最小二乘法差。采用递推最小二乘法时，自校正自动驾驶仪系统对方波信号的跟踪曲线较平滑，而采用卡尔曼滤波法时则系统跟踪曲线振荡较严重。随机逼近法虽然具有计算简单、占用内存少等优点，但由于它把递推最小二乘法中的增益项 $r(t+1)\boldsymbol{P}(t)$ 不进行递推，而用一个事先选定的序列来代替，因而不适于辨识时变参数。极大似然法具有可处理有色噪声的优点，但计算量大、占用内存多，若进行简化处理，则与最小二乘法基本相似。就本节所采用的五种辨识方法来看，带遗忘因子的递推最小二乘法比较适合于本节中的自校正控制系统。

12.1.4 自校正自动驾驶仪数字仿真

对于战术导弹自动驾驶仪的数学模型式(12.7)和式(12.8)来说，$d=1,n=2,m=1$，可得如下三种自校正方案的具体控制规律。

1. 最小方差自校正控制

假设系统的噪声为白噪声序列，即 $C(q^{-1})=1$，则导弹自校正自动驾驶仪的控制规律为

$$u(t)=\frac{K'y_r(t)+a_1y(t)+a_2y(t-1)-b_1u(t-1)}{b_0+\lambda/b_0} \tag{12.38}$$

需辨识的参数为

$$\boldsymbol{\theta}^{\mathrm{T}}=[a_1 \quad a_2 \quad b_0 \quad b_1]$$

当系统噪声为有色噪声时，若假定 $C(q^{-1})=c_0+c_1q^{-1}$，则有

$$u(t)=\frac{K'c_0y_r(t)+K'c_1y_r(t-1)-(c_1-a_1c_0)y(t)}{b_0c_0+\lambda c_0^2/b_0}+\frac{a_2c_0y(t-1)-(c_0b_1+\lambda c_0c_1/b_0)u(t+1)}{b_0c_0+\lambda c_0^2/b_0} \tag{12.39}$$

需辨识的参数为

$$\boldsymbol{\theta}^{\mathrm{T}}=[a_1 \quad a_2 \quad b_0 \quad b_1 \quad c_0 \quad c_1]$$

从式(12.38)和式(12.39)可以看到，自校正控制信号 $u(t)$ 是输出 $y(t)$ 和参考信号 $y_r(t)$ 的函数。$u(t)$ 与指标函数式(12.11)中的系数 K' 和 λ 有关。在指标函数式(12.11)中，引入 λu^2 项是为了限制 $u(t)$ 不要太大。$u(t)$ 的大小和 λ 有很大关系，当 λ 大时，$u(t)$ 比较小，反之，$u(t)$ 比较大。系统的稳态误差与 K' 有关，系统的快速性与 K' 和 λ 有关。因此，应按对系统过渡过程、跟踪精度、稳态误差及控制信号幅值等的要求，合理选择 K' 和 λ。

2. 极点配置自校正控制——辅助输入法

假定系统的噪声为白噪声序列，即 $C(q^{-1})=1$，则有

$$u(t)=\frac{y_r(t)+r_1y_r(t-1)+(a_1-r_1)y(t)+a_2y(t-1)-b_1u(t-1)}{b_0+\lambda_0} \tag{12.40}$$

$$\lambda_0=\frac{b_0^2t_0+b_1^2-b_0b_1t_1}{a_2b_0+b_1t_1-(b_0t_2+a_1b_1)} \tag{12.41a}$$

$$r_1=\frac{b_1t_2+b_0t_1a_2-(a_2t_1+a_1b_0t_2)}{a_2b_0+b_1t_1-(b_0t_2+a_1b_1)} \tag{12.41b}$$

需辨识的参数 $\boldsymbol{\theta}^{\mathrm{T}}=[a_1 \quad a_2 \quad b_0 \quad b_1]$，$t_1,t_2$ 为系统所期望的闭环多项式 $T(z^{-1})$ 的系数。t_1,t_2 需要根据系统的稳定性、超调量、震荡次数、过渡过程时间和通频带等性能指标的要求来选取。

3. 渐近最小方差自校正控制

设系统噪声为白噪声序列，$C(q^{-1})=1$，并选取 $Q(q^{-1})=G(q^{-1})=g_0+g_1q^{-1}$，则有

$$u(t)=K[K'y_r(t)+a_1y(t)+a_2y(t-1)]-t_1u(t-1)-t_2u(t-2) \tag{12.42}$$

式中

$$K=\frac{1+t_1'+t_2'}{b_0+b_1+\lambda/b_0} \tag{12.43}$$

需要辨识的参数 $\boldsymbol{\theta}^{\mathrm{T}}=[a_1\quad a_2\quad b_0\quad b_1]$，$K'$ 和 λ 的选择原则与最小方差自校正控制相同，应考虑过渡过程特征、稳定性及跟踪误差等因素。t_1'，t_2' 为控制器多项式 $T_n(q^{-1})$ 的系数，选择时要保证控制器稳定。

对上述三种自校正控制方案进行数字仿真，所采用的参数辨识方法是带遗忘因子的递推最小二乘法。假定系统噪声干扰为零均值、方差 $\sigma_1^2=0.1$ 的白噪声序列，参数估计中选取遗忘因子 $\lambda_1=0.985$，初值 $\boldsymbol{P}_0=10^4\boldsymbol{I}_4$，$\hat{\boldsymbol{\theta}}_0^{\mathrm{T}}=[-1\quad 0.5\quad 0.1\quad 0.1]$。仿真时间为 6～28 s，取采样周期 $T=0.01$ s，利用式(12.6)计算得到的弹道特征点处的参数 a_1，a_2，b_0 和 b_1 作为系统的真实参数，利用式(12.7)求得相应的 $y(t)$ 值并附加上白噪声作为输出 $y(t)$ 的测量值。在弹道特征点之间的 a_1，a_2，b_0 和 b_1 参数值则可利用线性插值方法得到。仿真中取控制加权系数 $\lambda=0.01$；极点配置自校正控制系统的期望闭环极点多项式系数 $t_1=-1$，$t_2=0.29$；渐近最小方差自校正控制器多项式 $t_1'=-1$，$t_2'=0.25$。参数输入信号分别采用周期为 4 s、幅值为 1.0 的方波信号和随机误差信号。

当参考输入为方波信号时，系统在经典控制作用下的输出如图 12.4 所示，采用最小方差和极点配置两种不同自校正控制时的系统输出分别如图 12.5 和图 12.6 所示。

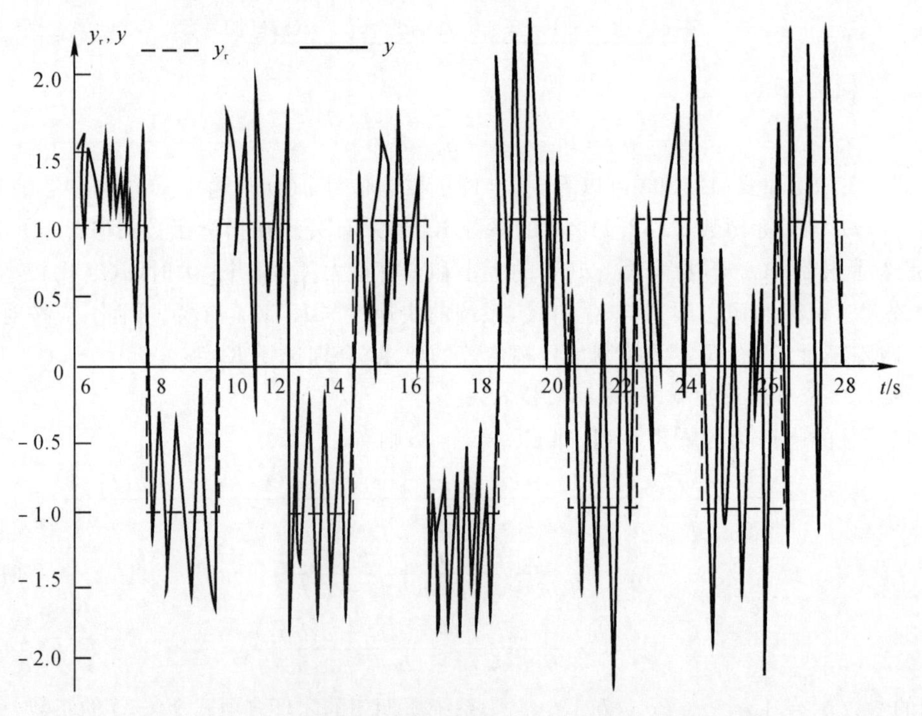

图 12.4 系统在经典控制作用下的输出(参考输入为方波信号)

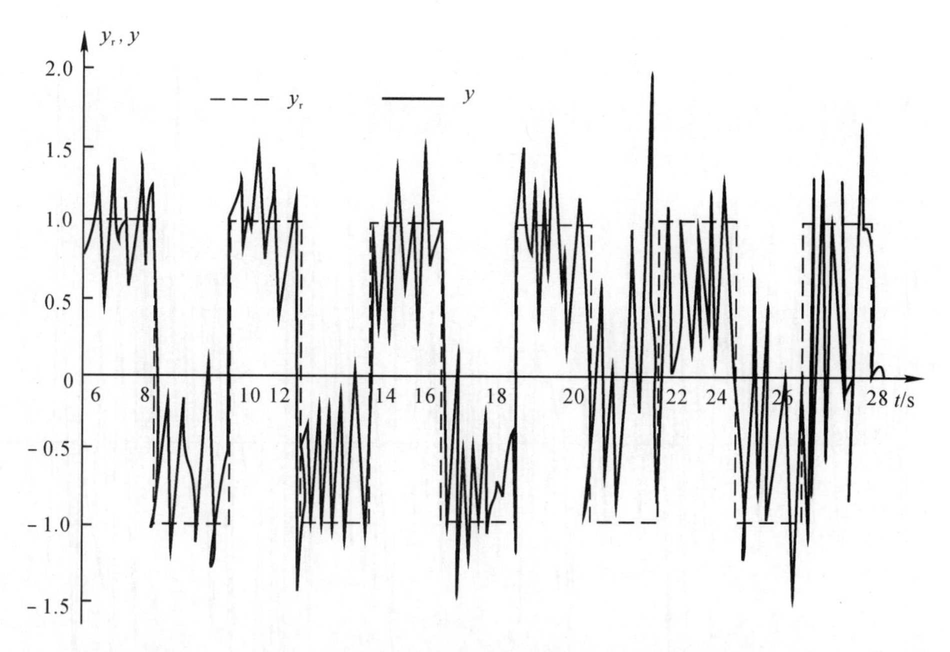

图 12.5　最小方差自校正控制的系统输出(参考输入为方波信号)

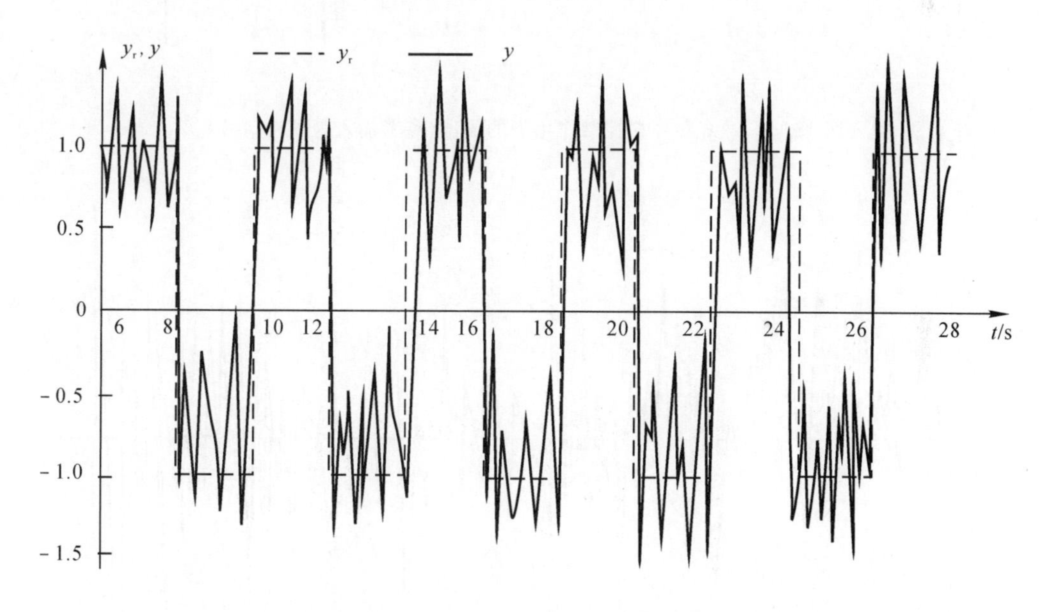

图 12.6　极点配置自校正控制的系统输出(参考输入为方波信号)

当参考输入为随机信号时,系统在经典控制作用下的输出如图 12.7 所示,采用最小方差、极点配置和渐近最小方差三种不同自校正控制时的系统输出分别如图 12.8 ～ 图12.10 所示。

将图 12.4 和图 12.5、图 12.6 及图 12.7 和图 12.8、图 12.9、图 12.10 作比较,可以看出:加入自校正控制后,系统对干扰的抑制作用明显加强,跟踪输入信号的能力有较大提高,加速性能也有改善。

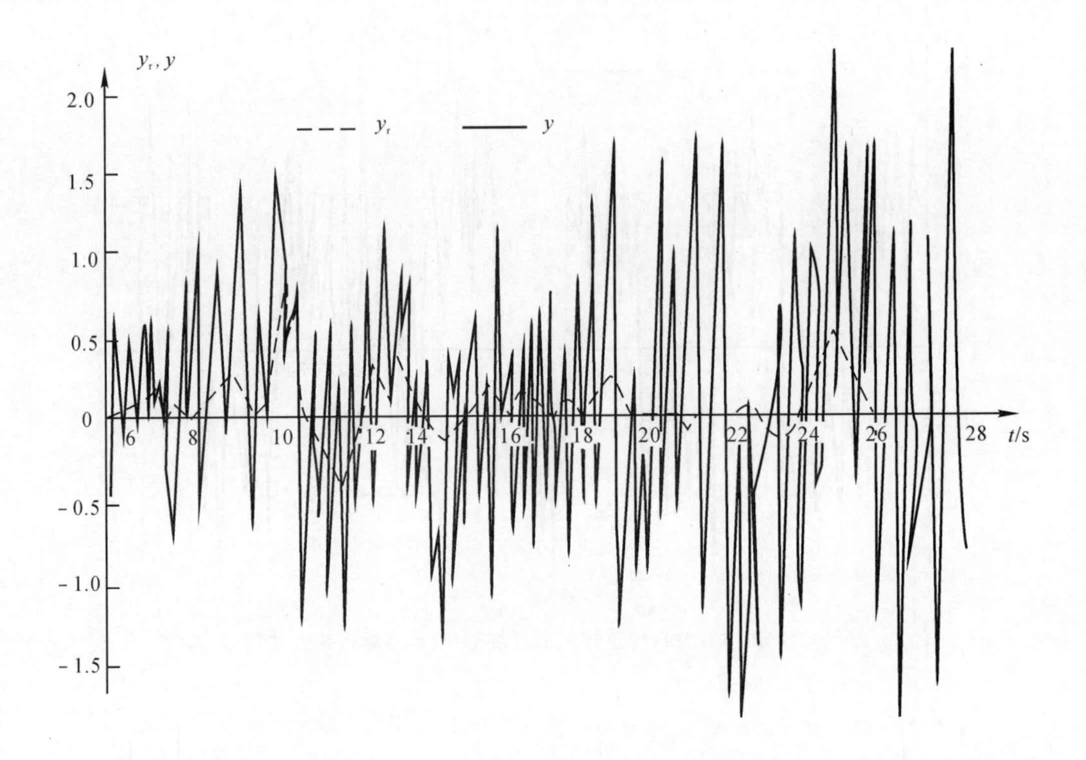

图 12.7　系统在经典控制作用下的输出(参考输入为随机信号)

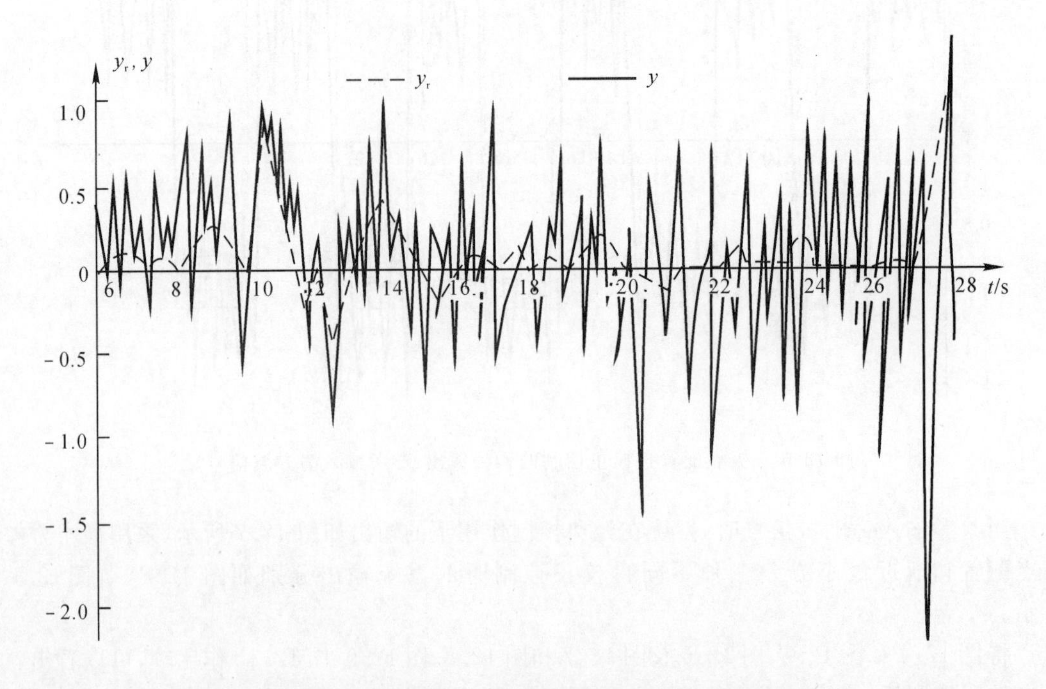

图 12.8　最小方差自校正控制的系统输出(参考输入为随机信号)

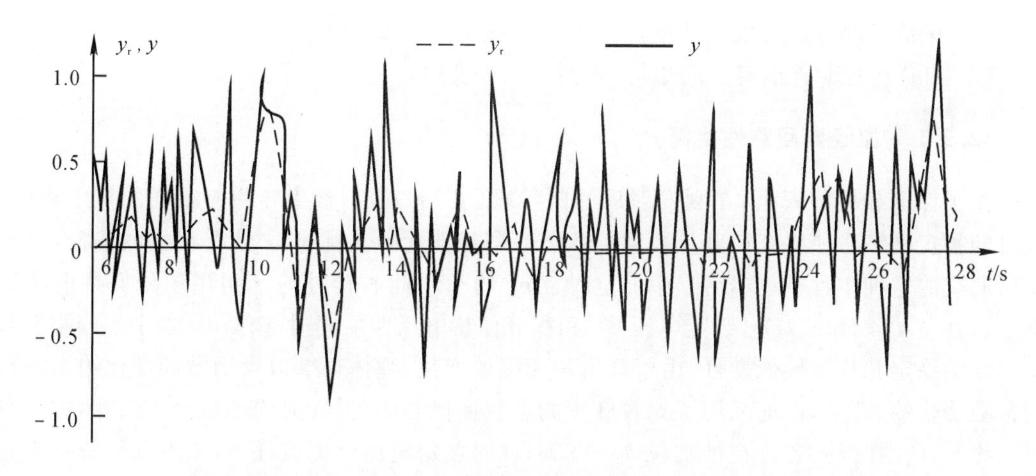

图 12.9　极点配置自校正控制的系统输出(参考输入为随机信号)

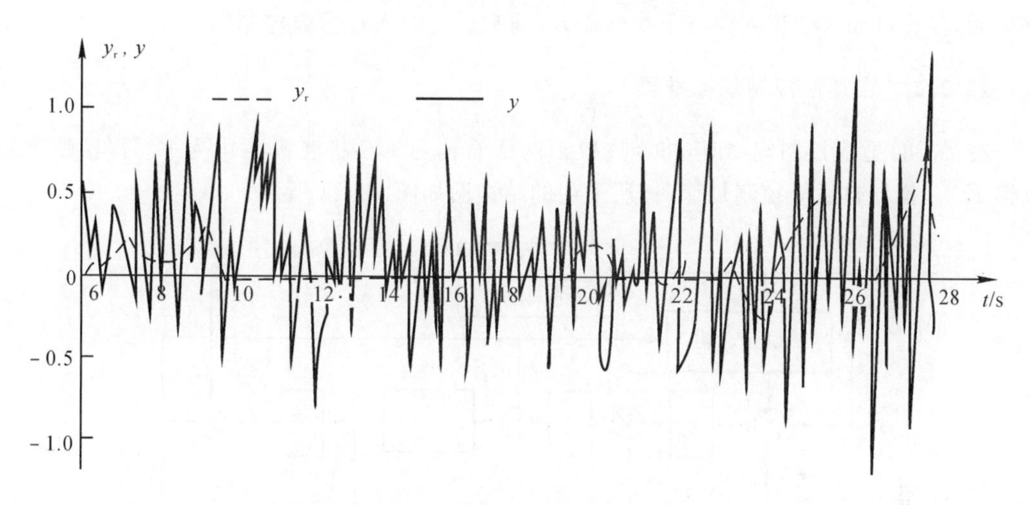

图 12.10　渐近最小方差自校正控制的系统输出(参考输入为随机信号)

12.2　具有多输入和扰动作用的空-空导弹滚动通道的前馈/反馈自适应控制器

中程空-空导弹滚动回路的任务，一方面要求滚动角 γ 按线性比例关系响应输入信号 U_k，一方面要求抗干扰性能好，即在等效干扰舵偏角 δ_F 作用下滚动角应尽可能小。从回路设计的角度来说，该回路相当于一个双输入系统，对不同输入有不同要求。由于作战空域宽，弹体参数变化范围很大，经典自动驾驶仪回路不能满足多方面的要求。经多种方案的对比研究，采用本节所述的模型参考自适应控制方案，既能精确跟踪装定信号，又能很好地抑制干扰的影响，具有比经典自动驾驶仪系统明显、优良的性能。

本方案选取了三组自适应参数，第一组主要消除输入信号 U_k 幅值变化对系统性能的影响，第二组主要消除弹体参数变化对系统性能的影响，第三组主要消除气动干扰等效舵偏角对系统性能的影响。本方案在结构上的特点如下：

(1) 保留了部分经典校正网络,但其参数不必换档,且省掉了积分保持电路;

(2) 自适应控制器的算法简单可行,便于工程实现。

12.2.1 原经典回路性能简介

为了保证载机的安全,在刚发射后的归零段$(0-t_1)s$,不希望导弹有很强的抗干扰能力,此时的校正网络1使整个回路呈弱阻尼状态。当受到大的干扰时,γ角有很大的偏差,对于我们所研究的这种中程空-空导弹,中低空时,Δr_{t1}约12°,此时转过的γ角用积分保持电路记忆下来。在主动段$(t_1-t_2)s$,装定电压U_k和积分保持电压U_{1F}同时起作用,改用校正网络2,整个回路的稳定和控制性能变好,由于高度和速度的变化,弹体环节放大因数的变化约10倍,时间常数变化约22倍,因而采用了比较麻烦的参数换档办法,但性能仍不能令人满意,中低空时Δr_{t2}约8°,高空时约12°。在被动段$(t_1-t_2)s$,此时装定电压已完成任务,横滚动系统只起稳定作用,由于只有角速度反馈,所以中低空时Δr_{t2}仍较大,在10°左右,高空时在6°左右。上述数据说明,经典自动驾驶仪回路抗干扰性能差,非常需要引入自适应控制器。

12.2.2 自适应控制规律推导

在推导自适应控制规律时,将经典校正网络简化为K_v,将舵机简化为K_c,保留速度陀螺反馈K_{oc}。推导自适应控制规律时,所采用的结构图如图12.11所示。

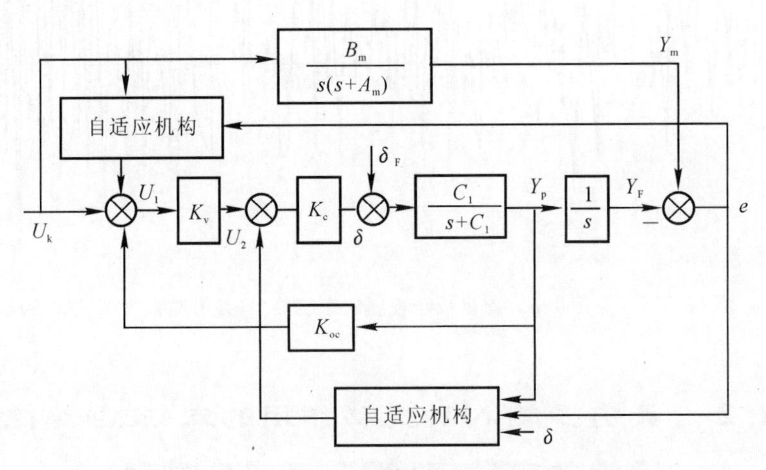

图12.11 推导自适应控制规律时,所采用的结构图

根据模型参考自适应控制理论,我们给出如下自适应可知规律。

参考模型方程为

$$\ddot{Y}_m + A_m Y_m = B_m U_k \tag{12.44}$$

被控对象方程为

$$\ddot{Y}_p + C_1\dot{Y}_p = C_2\{\delta_F[(U_k + U_1 - K_{oc}\dot{Y}_p)K_v + U_2]K_c\} \tag{12.45}$$

广义误差方程为

$$e = Y_m - Y_p \tag{12.46}$$

由上述方程可得广义误差微分方程,即

$$\ddot{e} + A_m\dot{e} = (B_m - C_2K_vK_c)U_k - C_2K_vK_cU_1 +$$
$$(-A_m + C_1 + K_{oc}K_vK_cC_2)\dot{Y}_p - C_2\delta_F - C_2K_cU_2 \tag{12.47}$$

为了使广义误差 $\dot{e}$ 趋于零,选择自适应补偿信号,即

$$U_1 = K_{p1}U_k,\quad U_2 = K_{p2}\dot{Y}_p + K_{p3}\delta_F \tag{12.48}$$

于是,广义误差微分方程可写为

$$\ddot{e} + A_m\dot{e} = \sum_{i=1}^{3} X_iT_i \tag{12.49}$$

式中

$$X_1 = B_m - C_2K_vK_c - C_2K_vK_cK_{p1} \tag{12.50}$$
$$T_1 = U_k \tag{12.51}$$
$$X_2 = -A_m + C_1 + C_2K_{oc}K_sK_c - C_2K_cK_{p2} \tag{12.52}$$
$$T_2 = \dot{Y}_p \tag{12.53}$$
$$X_3 = -C_2 - C_2K_cK_{p2} \tag{12.54}$$
$$T_3 = \delta_F \tag{12.55}$$

选择正定的李雅普诺夫函数为

$$V(X,t) = \dot{e}^2 + \sum_{i=1}^{3} \frac{1}{\lambda_i}(X_i + B_i\dot{e}T_i)^2 \tag{12.56}$$

对时间求导,可得

$$\dot{V}(X,t) = 2\dot{e}\ddot{e} + 2\sum_{i=1}^{3} \frac{1}{\lambda_i}(X_i + B_i\dot{e}T_i)\left[\dot{X}_i + B_i\frac{\mathrm{d}}{\mathrm{d}t}(\dot{e}T_i)\right] =$$
$$-2A_m\dot{e}^2 + 2\dot{e}\sum_{i=1}^{3} X_iT_i + 2\sum_{i=1}^{3} \frac{1}{\lambda_i}(X_i + B_i\dot{e}T_i)\left[\dot{X}_i + B_i\frac{\mathrm{d}}{\mathrm{d}t}(\dot{e}T_i)\right] \tag{12.57}$$

为了保证李雅普诺夫导函数 $\dot{V}(X,t)$ 负定,可选择调节参数的自适应规律为

$$\dot{X}_i = -\lambda_i\dot{e}T_i - B_i\frac{\mathrm{d}}{\mathrm{d}t}(\dot{e}T_i) \tag{12.58}$$

将式(12.58)代入式(12.57),可得

$$\dot{V}(x,t) = -2A_m\dot{e}^2 - 2\sum_{i=1}^{3} B_i\dot{e}^2T_i^2 \tag{12.59}$$

显然 $\dot{V}(X,t)$ 负定。

由式(12.58),可得自适应规律,即

$$K_{p1} = \lambda_1\int_0^t \dot{e}U_k\,\mathrm{d}t + B_1\dot{e}U_k + A_1 \tag{12.60a}$$

$$K_{p2} = \lambda_2\int_0^t \dot{e}\dot{Y}_p\,\mathrm{d}t + B_2\dot{e}\dot{Y}_p + A_2 \tag{12.60b}$$

$$K_{p3} = \lambda_3\int_0^t \dot{e}\delta_F\,\mathrm{d}t + B_e\dot{e}\delta_F + A_3 \tag{12.60c}$$

式中 λ_1, λ_2, λ_3 为积分常数;B_1, B_2, B_3 为比例常数;A_1, A_2, A_3 为经典最佳值。

12.2.3 数字仿真结果

数字仿真时，对各种不同飞行高度，分别计算了采用经典自动驾驶仪和自适应自动驾驶仪时的典型弹道，其计算结果见表 12.2。

表 12.2 经典驾驶仪回路和自适应驾驶仪性能对照表

驾驶仪	飞行高度/km	干扰 δ_F/(°)	装定信号 U_k/V	$\Delta\gamma_{t1}$/(°)	$\Delta\gamma_{t2}$/(°)	$\Delta\gamma_{t3}$/(°)	附　注
经典	10	0.2	2	11.410	7.751	8.951	$U_{IF}\neq 0$
自适应	10	0.2	2	7.453	0.362	0.020	以下 $U_{IF}=0$
经典	1	0.14	2	8.723	9.099	10.634	
自适应	1	0.14	2	3.867	0.219	0.006	
经典	0～10	0.14	2	9.766	8.092	10.628	
自适应	0～10	0.14	2	3.343	0.207	0.006	
经典	18	0.4	2	27.557	14.141	16.540	
自适应	18	0.4	2	20.568	0.628	0.025	
经典	10～20	0.4	2	24.963	13.382	15.775	
自适应	10～20	0.4	2	19.612	0.609	0.022	

比较同一高度的自适应弹道和经典弹道可知，$\Delta\gamma_{t1}$ 减少了 4°～7°，自适应弹道的 $\Delta\gamma_{t2}$ 只有 0.2°～0.6°，$\Delta\gamma_{t3}$ 只有 0.006°～0.025°，最大稳态误差为 0.46%，自适应弹道性能良好。

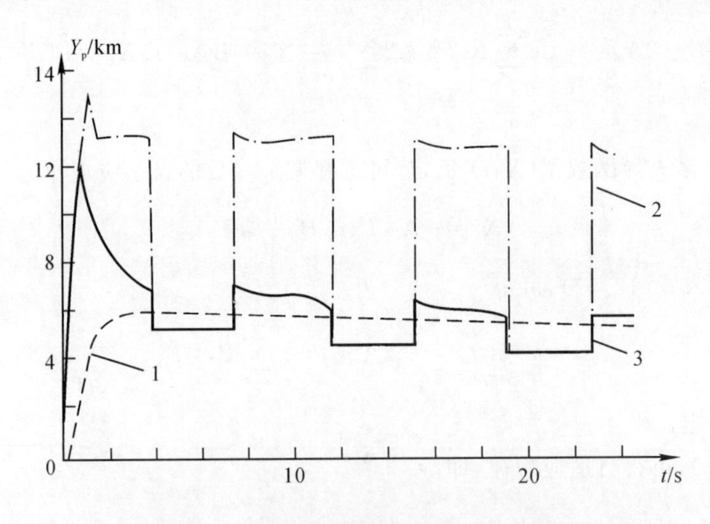

图 12.12 方波干扰时的经典弹道和自适应弹道

1— 只加装定信号时的响应曲线；

2— 加装定信号和方波干扰时的古典回路的响应曲线；

3— 加装定信号和方波干扰时自适应回路的响应曲线

图12.12所示为0～10 km高度、加方波干扰时经典弹道与自适应弹道的比较曲线。对其

他飞行高度亦进行了同样计算。结果表明，经典弹道的振荡平均值和理想稳态值相差较大，低空时为4.2°，中空时为6°，高空时为12°，而自适应弹道的平均值和理想稳态值完全重合。经典弹道的振荡幅值比较大，低空为8°，中空为4°，高空为6°，而自适应弹道的振幅比较小，低空为0.8°，中空为1°，高空为2.3°。

经典弹道始终未能进5%公差带，所以无法计算调节时间。自适应弹道在中低空调节时，$t_s \leqslant 0.6$ s；高空时，$t_s \leqslant 0.9$ s。

若设随机干扰为白噪声，取速率陀螺随机干扰均值为0，方差为0.5°/s；随机风均值为0，方差为0.15°，则经典弹道均方差为14%，自适应弹道均方差为1.6%。

仿真结果表明，自适应回路对装定角有很好的响应特性，抗干扰能力有很大提高，系统性能得到明显改善，滚动角 γ 可以很好地稳定在装定角上，这样就保证了俯仰偏航回路的控制精度，从而保证了整个武器系统命中概率的提高。

12.3　广义预测自适应控制器在导弹控制系统设计中的应用

现有的自适应控制算法对数学模型的精度有一定要求，被控对象在下列情况下的控制效果欠佳。

(1) 时延不确知系统。例如，最小方差控制对时延估计不准，自适应控制精度将大大下降。

(2) 阶数不确知系统。实际系统的阶数估计不正确，则极点配置和LQC算法将不能使用。

(3) 非最小相位系统。许多连续时间的最小相位系统，离散化后所获得的可能是非最小相位系统。

(4) 开环不稳定或具有容易引起不稳定极点的系统，如弹性飞行器和机器人等。

(5) 时变系统。像导弹这类控制系统是快速时变系统，而且工作在复杂的环境下，易受各类随机干扰，当考虑弹体的弹性时，还具有未建模动态和容易引起开环不稳定的极点存在。

因此，建立精确的数学模型相当困难，许多现有的自适应控制算法都不适用于这类控制系统，因而希望寻找各种对数学模型要求低、鲁棒性强的自适应控制算法。广义预测自适应控制便是满足这种要求的一种自适应控制算法。

广义预测自适应控制将远程预测控制与自适应控制相结合，对系统的时延、阶数和采样周期变化有很强的鲁棒性，适用于非最小相位系统和开环不稳定系统，并已开始应用于各种过程控制。

12.3.1　鲁棒广义预测自适应控制

考虑由下列GCARMA模型给出的系统，则有

$$\overline{A}(q^{-1})y(t)=B(q^{-1})v(t-1)+C(q^{-1})e(t) \tag{12.61}$$

$$v(t-1)=D(q^{-1})u(t-1) \tag{12.62}$$

$$\overline{A}(q^{-1})=A(q^{-1})D(z^{-1}) \tag{12.63}$$

式中，$y(t)$ 和 $u(t)$ $(t=0,1,2,\cdots)$ 分别表示系统的输出和输入，$v(t)$ 表示辅助输入，$e(t)$ 是均值为零、方差为 σ^2 的白噪声。多项式 $A(q^{-1})$，$B(q^{-1})$，$C(q^{-1})$ 和 $D(q^{-1})$ 分别为

$$A(q^{-1})=1+a_1q^{-1}+\cdots+a_{n_a}q^{-n_a} \tag{12.64a}$$

$$B(q^{-1})=b_0+b_1q^{-1}+\cdots+b_{n_b}q^{-n_b} \tag{12.64b}$$

$$C(q^{-1})=1+c_1q^{-1}+\cdots+c_{n_c}q^{-n_c} \tag{12.64c}$$

$$D(q^{-1})=1+d_1q^{-1}+\cdots+d_{n_d}q^{-n_d} \tag{12.64d}$$

式中，$D(q^{-1})$ 为参考输入和干扰的内模多项式。假设 $\overline{A}(q^{-1})$ 和 $B(q^{-1})$ 可稳，$C(q^{-1})$ 的全部零点在 Z 平面的单位圆内，可观测性指数 $n=\max(n_a,n_b)$ 已知。

目标函数取为

$$J=E\left\{\sum_{j=1}^{N}[P(q^{-1})y(t+j)-R(q^{-1})y_r(t+j)]^2+\lambda\sum_{j=1}^{N}v^2(t+j-1)\right\} \tag{12.65}$$

式中，$P(q^{-1})$ 和 $R(q^{-1})$ 为加权多项式，满足 $p(1)=r(1)$；λ 是控制权系数，N 是输出时域，$y_r(t+j)$ 是有界参考轨迹。$y_r(t+j)$ 由下列参考模型产生，即

$$y_r(t)=y(t) \tag{12.66a}$$

$$y_r(t+j)=ay_r(t+j-1)+(1-a)r(t) \tag{12.66b}$$

式中，$0\leqslant a\leqslant 1$，$r(t)$ 是指令信号。

控制约束取为

$$D(q^{-1})u(t+j)=0,\quad j\geqslant N_u \tag{12.67}$$

式中，N_u 为控制时域。

若 $u(t)$ 的允许控制是 $y(t),y(t-1),\cdots$ 和 $u(t-1),u(t-2),\cdots$ 的线形函数，则广义预测控制问题可以描述为在模型约束式(12.61)和控制约束式(12.67)的条件下，求出使目标函数式(12.65)极小的允许控制律。

引入多项式，即

$$P(q^{-1})C(q^{-1})=\overline{A}(q^{-1})E_j(q^{-1})+q^{-j}F_j(q^{-1}) \tag{12.68}$$

$$B(q^{-1})E(q^{-1})=G_j(q^{-1})C_j(q^{-1})+q^{-j}\Gamma_j(q^{-1}) \tag{12.69}$$

式中，$E_j(q^{-1})$，$F_j(q^{-1})$，$G_j(q^{-1})$ 和 $\Gamma_j(q^{-1})$ 是待求的多项式，阶数分别为

$$\deg E_j(q^{-1})=j-1,\quad \deg F_j(q^{-1})=\max(n_p+n_c-j,n_a+n_d-1)$$

$$\deg G_j(q^{-1})=j-1,\quad \deg\Gamma_j(q^{-1})=\max(n_b-1,n_c-1)$$

其中，$n_p=\deg P(q^{-1})$。由式(12.61)、式(12.68)和式(12.69)可将辅助输出

$$\varphi(t+j)=P(q^{-1})y(t+j) \tag{12.70}$$

分解为

$$\varphi(t+j)=G_j(q^{-1})v(t+j-1)+\Gamma_j(q^{-1})v_f(t-1)+F_j(q^{-1})y_f(t)+E_j(q^{-1})e(t+j) \tag{12.71}$$

式中，滤波输出 $y_f(t)$ 和滤波输入信号 $v_f(t)$ 定义为

$$C(q^{-1})y_f(t)=y(t) \tag{12.72}$$

$$C(q^{-1})v_f(t)=v(t) \tag{12.73}$$

这里引入控制器观测多项式 $C(q^{-1})$ 的作用是增强控制器的鲁棒性和抗干扰能力。

若 $u(t),u(t+1),\cdots,u(t+n-1)$ 在 t 时刻是可测的，则辅助输出 $\varphi(t+j)$ 的最优预测为

$$\hat{\varphi}(t+j\mid t)=G_j(q^{-1})v(t+j-1)+\hat{\varphi}_0(t+j\mid t) \tag{12.74}$$

式中

$$\hat{\varphi}_0(t+j\mid t)=\Gamma_j(q^{-1})v_f(t-1)+F_j(q^{-1})y_f(t) \tag{12.75}$$

在式(12.74)中，令 $j=1,2,\cdots,N$，并考虑控制时域的假设，可以获得辅助输出大范围预测模

型,即

$$\hat{\boldsymbol{\Phi}}(t)=\boldsymbol{G}\boldsymbol{V}(t)+\hat{\boldsymbol{\Phi}}_0(t) \tag{12.76}$$

式中

$$\hat{\boldsymbol{\Phi}}(t)=[\hat{\varphi}(t+1\mid t)\quad \hat{\varphi}(t+2\mid t)\quad \cdots\quad \hat{\varphi}(t+N\mid t)]^{\mathrm{T}}$$

$$\boldsymbol{V}(t)=[v(t)\quad v(t+1)\quad \cdots\quad v(t+N_u-1)]^{\mathrm{T}}$$

$$\hat{\boldsymbol{\Phi}}_0(t)=[\hat{\varphi}_0(t+1\mid t)\quad \hat{\varphi}_0(t+2\mid t)\quad \cdots\quad \hat{\varphi}_0(t+N\mid t)]^{\mathrm{T}}$$

$\boldsymbol{G}$ 是 $N\times N_u$ 矩阵,则有

$$\boldsymbol{G}=\begin{bmatrix} g_0 & 0 & \cdots & 0 \\ g_1 & g_0 & \cdots & 0 \\ \vdots & \vdots & & \vdots \\ g_{N-1} & g_{N-2} & \cdots & g_{N-N_u} \end{bmatrix} \tag{12.77}$$

式中,$g_j(j=0,1,2,\cdots,N-1)$ 是 $P(q^{-1})\overline{A}^{-1}(q^{-1})B(q^{-1})$ 的前 N 个脉冲响应系数。

$$G_j(q^{-1})=g_0+g_1q^{-1}+\cdots+g_{j-1}q^{-(j-1)} \tag{12.78}$$

其目标函数为

$$J=E\{[\Phi(t)-Y_{\mathrm{r}}(t)]^{\mathrm{T}}[\Phi(t)-Y_{\mathrm{r}}(t)]+\lambda\boldsymbol{V}^{\mathrm{T}}(t)\boldsymbol{V}(t)\} \tag{12.79}$$

式中

$$\boldsymbol{\Phi}(t)=[\varphi(t+1)\quad \varphi(t+2)\quad \cdots\quad \varphi(t+N)]^{\mathrm{T}}$$

$$\boldsymbol{Y}_{\mathrm{r}}(t)=[R(q^{-1})y_{\mathrm{r}}(t)\quad R(q^{-1})y_{\mathrm{r}}(t+1)\quad \cdots\quad R(q^{-1})y_{\mathrm{r}}(t+N)]^{\mathrm{T}}$$

将式(12.79)极小化,可得最优控制律,即

$$\boldsymbol{V}(t)=(\boldsymbol{G}^{\mathrm{T}}\boldsymbol{G}+\lambda\boldsymbol{I})^{-1}\boldsymbol{G}^{\mathrm{T}}[\boldsymbol{Y}_{\mathrm{r}}(t)-\hat{\boldsymbol{\Phi}}_0(t)] \tag{12.80}$$

式中,$\boldsymbol{I}$ 是 $N_u\times N_u$ 的单位矩阵。

采用滚动优化控制律加以实施,则有

$$v(t)=\boldsymbol{H}^{\mathrm{T}}[\boldsymbol{Y}_{\mathrm{r}}(t)-\hat{\boldsymbol{\Phi}}(t)] \tag{12.81}$$

式中,$\boldsymbol{H}^{\mathrm{T}}$ 是矩阵$(\boldsymbol{G}^{\mathrm{T}}\boldsymbol{G}+\lambda\boldsymbol{I})^{-1}\boldsymbol{G}^{\mathrm{T}}$ 的第一行,故广义预测控制律为

$$u(t)=v(t)/D(q^{-1}) \tag{12.82}$$

下面建立式(12.82)的自适应算法。

采用间接自适应控制算法。参数估计模型为

$$y_{\mathrm{f}}(t)=[1-\overline{A}(q^{-1})]y_{\mathrm{f}}(t)+B(q^{-1})v_{\mathrm{f}}(t-1)+e(t) \tag{12.83}$$

式中,滤波输出 $y_{\mathrm{f}}(t)$ 和滤波输入信号 $v_{\mathrm{f}}(t)$ 定义为

$$T(q^{-1})y_{\mathrm{f}}(t)=y(t) \tag{12.84}$$

$$T(q^{-1})v_{\mathrm{f}}(t)=v(t) \tag{12.85}$$

式中,估计器滤波多项式 $T(q^{-1})$ 的作用是使参数估计器有合适的带宽,并减少计算量。

根据确定性等价原理可得自适应控制算法的步骤如下:

(1) 设置初值:

$N,\ N_u,\ \lambda,\ \alpha,\ n_a,\ n_b,\ n_c,\ n_d,\ n_p,\ P(q^{-1}),\ R(q^{-1}),\ C(q^{-1}),\ T(q^{-1}),\ D(q^{-1})$

(2) 采用参数估计模型式(12.83),用带遗忘因子的最小二乘法估计 $\overline{A}(q^{-1})$,$B(q^{-1})$ 中的参数;

(3) 递推求解方程式(12.68)和式(12.69);

(4) 由式(12.66) 计算参考轨迹向量 $\boldsymbol{Y}_r(t)$;

(5) 由式(12.75) 计算零输入辅助输出预测向量 $\hat{\boldsymbol{\Phi}}(t)$,并由式(12.74) 计算 $\hat{\boldsymbol{\Phi}}(t)$;

(6) 由 $(\boldsymbol{G}^T\boldsymbol{G}+\lambda\boldsymbol{I})^{-1}$ 计算增益向量 $\boldsymbol{H}^T$;

(7) 由式(12.81) 计算辅助输入 $v(t)$,并由式(12.82) 计算广义预测控制律 $u(t)$,作为系统输入;

(8) 每个采样周期都重复步骤(2) ~ (7)。

对于闭环系统的稳定性和鲁棒性有下述结论:如果开环系统可稳,则适当选取 N, N_u, λ,可确保闭环系统稳定,并且具有内在的鲁棒性。

12.3.2 被控对象描述

某型战术导弹自动驾驶仪传递函数方块图如图 12.13 所示。

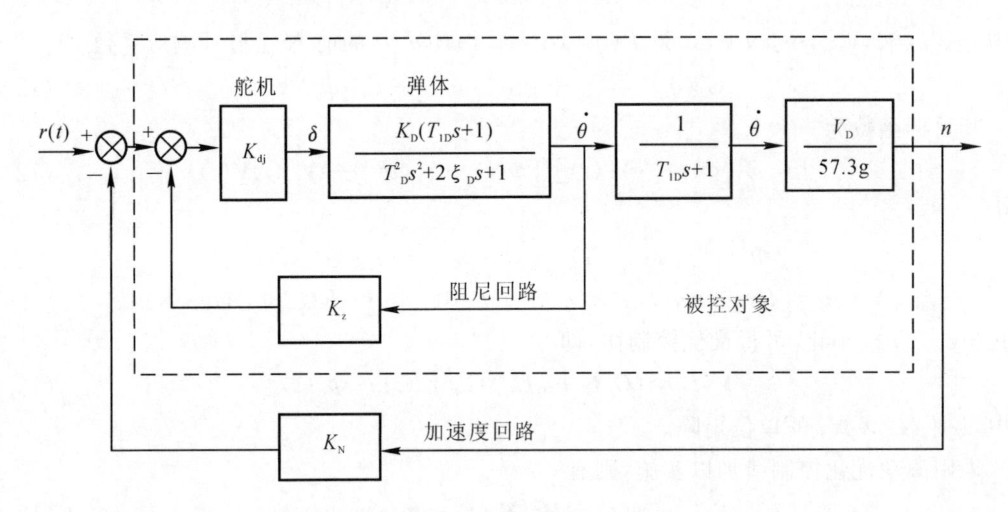

图 12.13 自动驾驶仪方框图

在图 12.13 中,$r(t)$ 表示导弹所接收到的由地面站发出的控制指令信号,参数 K_{dj},K_D,T_{1D},T_D,ξ_D 和 V_D 均随导弹的飞行高度和大气环境等而变化,导弹的某一条特征弹道参数见表 12.3。可见导弹从低空到高空飞向目标的攻击过程中,表现为一个参数变化较快的系统。

一般情况下,设计自适应自动驾驶仪时以参数变化较缓慢的加速度闭环回路作为被控对象。在本节中,断开加速度回路,取图 12.13 中虚框内的阻尼回路作为被控对象,这样会使对象参数变化更为剧烈,更能考验广义预测自适应控制的有效性。

控制的目的是使系统的输出迅速准确地跟踪控制指令信号,希望导弹过载 n 和指令信号形成一定的正比关系,要求这一关系不随导弹的飞行速度和飞行高度而变化。

被控对象的传递函数为

$$\varphi_n(s)=\frac{K_1}{T_1^2s^2+2\xi_1T_1s+1} \tag{12.86}$$

式中

$$K_1=\frac{K_{dj}K_DK_D}{57.3g(1+K_{dj}K_DK_Z)},\quad T_1=\frac{T_D}{\sqrt{1+K_{dj}K_DK_Z}}$$

$$\xi_1 = \frac{2\xi_D T_D + K_{dj} K_D K_Z T_{1D}}{2T_D \sqrt{1 + K_{dj} K_D K_Z}}$$

设阻尼反馈因数 $K_2 = 0.047\,6$，参数 K_1，T_1 和 ξ_1 的计算结果见表 12.3。

表 12.3　某条特征弹道参数

t/s	K_{dj}	K_D	T_{1D}	T_D	ξ_D	V_D	K_1	T_1	ξ_1
6	12.320	0.503 0	1.00	0.084 4	0.126 0	547.67	4.667	0.074 1	1.645
14	12.200	0.415 0	1.16	0.090 6	0.107 7	600.67	4.363	0.081 3	1.481
22	12.104	0.311 8	1.45	0.101 4	0.086 8	682.29	3.887	0.093 3	1.262
30	12.160	0.210 2	2.15	0.129 4	0.067 2	804.08	3.262	0.122 1	1.017 8
38	12.784	0.123 9	3.95	0.189 0	0.047 1	978.81	2.571	0.183 0	0.810
45	13.120	0.069 5	7.57	0.290 0	0.033 3	1163.3	1.813	0.284 0	0.588

12.3.3　数字仿真研究

将连续的被控对象式(12.86)连同零阶保持器一起离散化，可得对象的脉冲传递函数，即

$$G(q^{-1}) = \frac{q^{-1}(b_0 + b_1 q^{-1})}{1 + a_1 q^{-1} + a_2 q^{-2}} \tag{12.87}$$

式中，a_1，a_2，b_0 和 b_1 是 K_1，T_1 和 ξ_1 及采样周期 T 的函数。考虑干扰 $e(t)$ 和误差 d 时，被控对象的数学模型可以取为

$$y(t) = \frac{q^{-1}(b_0 + b_1 q^{-1})}{1 + a_1 q^{-1} + a_2 q^{-2}} u(t) + e(t) + d \tag{12.88}$$

导弹自动驾驶仪广义预测自适应控制系统结构图如图 12.14 所示。

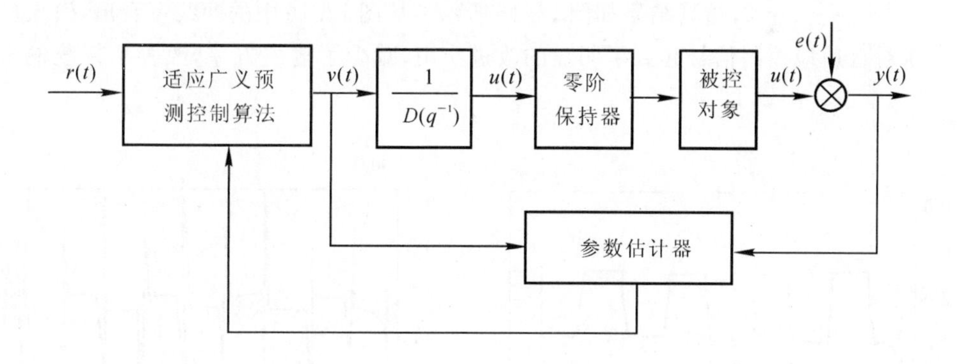

图 12.14　广义预测自适应控制系统结构图

1. 数字仿真结果

仿真时，时变对象的仿真以不同飞行时刻弹道特征上的动力学系数作为时变系数，所选特征点以外时间的动力系数数值由线性插值获得。

选取加权多项式、内模多项式和设计多项式分别为

$$P(q^{-1}) = R(q^{-1}) = I,\quad D(q^{-1}) = 1 - q^{-1},\quad C(q^{-1}) = T(q^{-1}) = I$$

系数可观测性指数、采样周期及可调参数为

$$n=\max(n_a,n_b)=2,\quad T=0.05\text{s},\quad N=10,\quad N_u=5,\quad \lambda=\alpha=0$$

随机干扰噪声强度 $\sigma=0.1$，确定性干扰 $d=1.0$，指令信号的周期为 9.0s，幅值为 3.0 的方波，仿真结果如图 12.15 所示。由所选参数可以看出，这是一种原始的自适应算法。虽然被控对象输出能迅速跟踪指令信号，但自适应控制信号过大（尤其是在高空），具有强烈的振荡性，稳态跟踪精度欠佳，说明系统抗干扰能力差，缺乏鲁棒性。

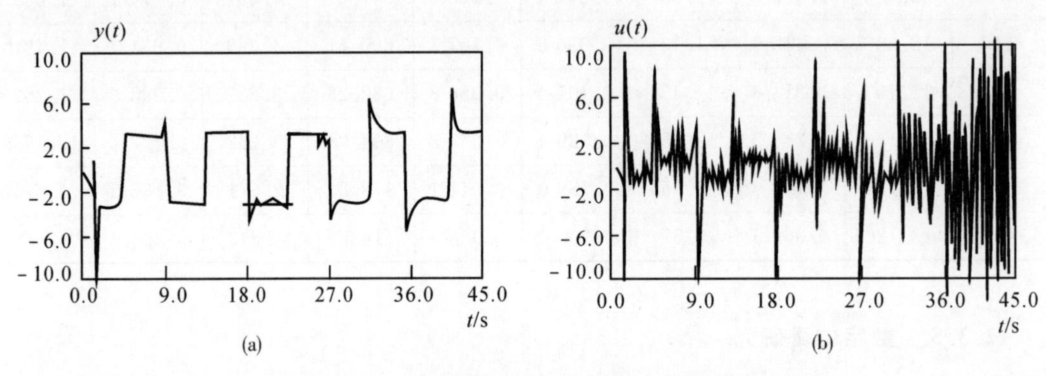

图 12.15　原始算法的对象输出和自适应信号

本节所采用一种克服控制信号振荡性和饱和性的方法，其实质是用加权控制律代替一步控制律，使实际控制输入信号具有滤波作用。此外，引入控制器观测多项式 $C(q^{-1})$ 和估计器滤波多项式 $T(q^{-1})$，以增强系统的鲁棒性和抗干扰能力，从而减少自适应控制信号的振荡性和饱和性。

若选取 $C(q^{-1})=T(q^{-1})$，且

$$C(q^{-1})=(1-c_1q^{-1})^{n_a} \tag{12.89}$$

式中，$c_1=0.8$，$n_a=n=2$，仿真结果如图 12.16 所示。从图 12.16 中的曲线可看出，引入 $C(q^{-1})$ 和 $T(q^{-1})$ 对自适应控制信号起到了明显的改进作用，减少了输出方差，改善了系统输出的跟踪性能。

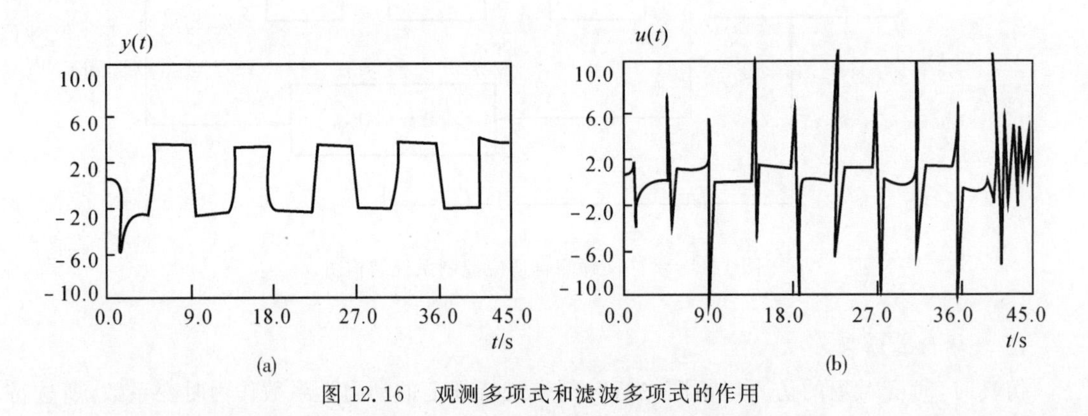

图 12.16　观测多项式和滤波多项式的作用

2. 设计参数对控制系数性能的影响

(1) 输出时域 N。一般说来，N 确定了预测范围，应与系统上升时间或调节时间 t_s 相

当，即

$$t_r = NT \quad 或 \quad t_s = NT \tag{12.90}$$

从而保证预测范围能包含对象的主要动态特征。本节被控对象 t_r 或 t_s 大约为 0.5 s，若选择采样周期 $T = 0.05$ s，则 $N = 10$。N 增大，对系统性能影响不大；N 减小，输出跟踪速度变快，控制量变化增大。因而 N 值不能过小，否则控制性能变坏，容易引起不稳定。一般可取 $N > n$。

(2) 控制时域 N_u。N_u 增大，允许控制量变化大，输出跟踪速度快；N_u 减小，允许控制量变化小，输出跟踪速度慢。一般可选取 N_u 大于对象不稳定或容易引起开环不稳定的极点数。$N_u = 1$ 时的仿真曲线如图 12.17 所示。

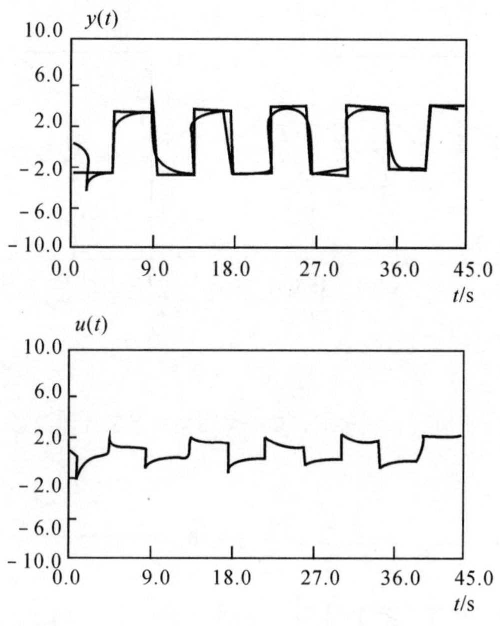

图 12.17　控制时域对控制系统性能的影响

3. 控制权系数

控制权系数 λ 一般用来处理开环不稳定或非最小相位等复杂对象，λ 对系统性能的影响与 N_u 情况类似。这里应指出的是，λ 的大小对常值偏差没有影响，采用 GCARMA 模型可以自动消除常值偏差。

4. 加权多项式 $P(q^{-1})$ 和参考模型(式(12.66))

引入多项式 $P(q^{-1})$ 和参考模型式(12.66)，使输出具有模型跟踪性能，输出响应变慢，控制信号平稳。图 12.18(a)(b) 所示为 $P(q^{-1}) = 6 - 5q^{-1}$，$R(q^{-1}) = 1$，$\lambda = a = 0$ 时的仿真曲线，图 12.18(c)(d) 所示为 $P(q^{-1}) = R(q^{-1}) = I$，$\lambda = 0$，$a = 0.9$ 时的仿真曲线。

5. 对象阶次 n_a，n_b

为了考察控制系统对被控阶数变化的鲁棒性，在控制器设计中，令 $n = n_a = n_b = 1$(具有未建模动态) 和 $n = n_a = n_b = 3$(具有建模动态) 分别进行数字仿真，仿真结果分别如图 11.19(a)(b) 和(c)(d) 所示。由仿真曲线可以看出；对象阶数变化对系统性能几乎没有影响，说明系统具有很强的鲁棒性。

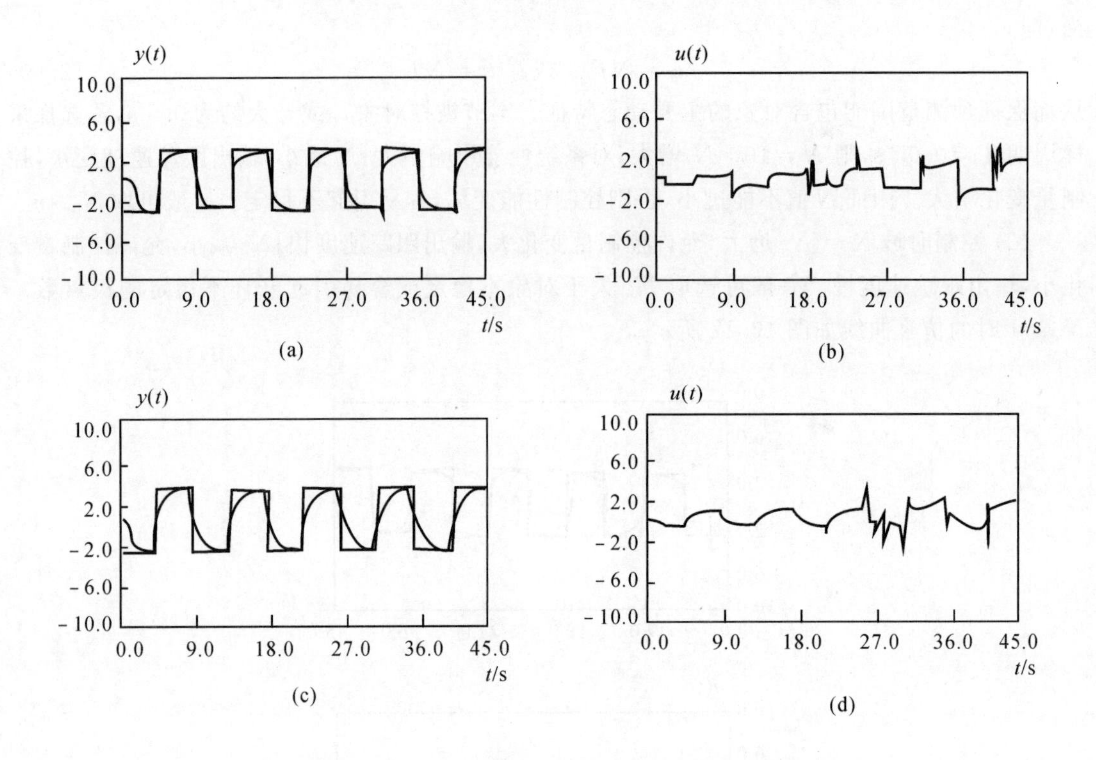

图 12.18　加权多项式和参考模型对系统性能的影响

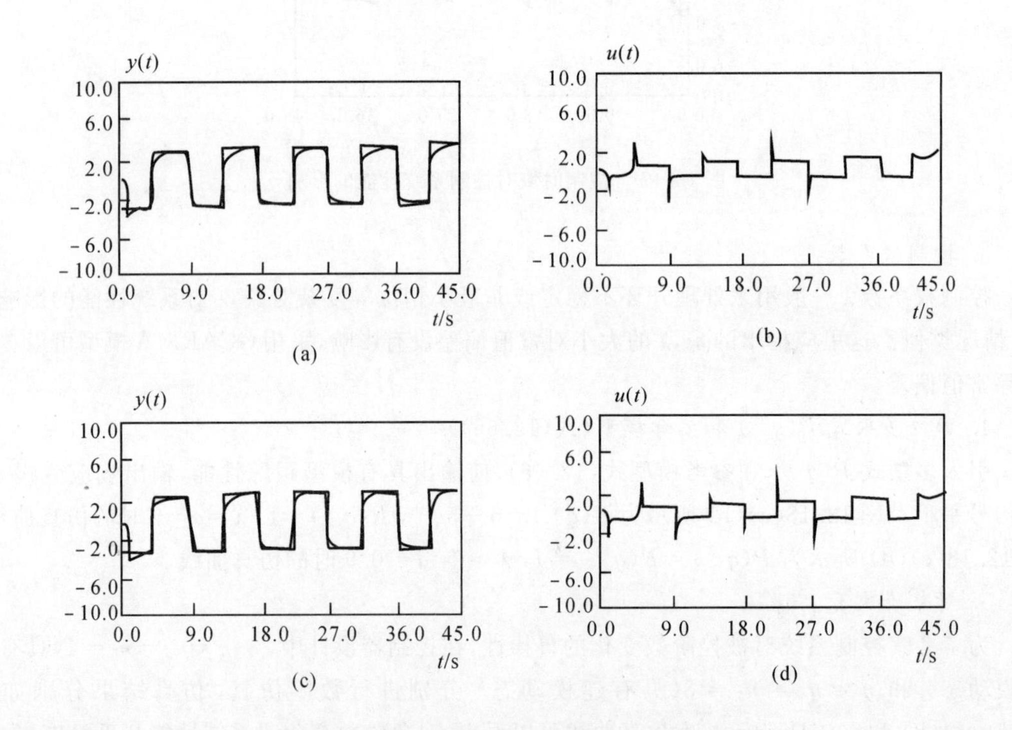

图 12.19　被控对象阶数变化对系统性能的影响

12.4　导弹控制系统的随机混合自适应控制方案

本节针对战术导弹工程实践中遇到的一些问题，介绍一种连续时间随机对象最小方差混合自校正控制器设计方法。利用这种方法设计自适应控制律时，不需要人为地将连续时间对象离散化，而是始终保持连续时间状态，但控制参数的估计和调整是离散的，整个系统为混合自适应控制系统。由于这种系统具有连续系统和离散系统两者的优点，因而是一种很有前途的控制系统。文中利用地-空导弹自动驾驶仪作为例子进行了数字仿真，仿真结果表明，这类混合系统的跟踪性能优于相类似的全离散系统。当系统具有小阻尼比时，即在导弹飞行的高空段，这一优点显得尤为突出。

12.4.1　最优控制率推导

设单输入-单输出连续时间对象为

$$A'(s)y(t) = B'(s)u(t) + C'(s)\xi(t) \tag{12.91a}$$

$$A'(s) = s^n + a_1' s^{n-1} + \cdots + a_n' \tag{12.91b}$$

$$B'(s) = b_0' s^m + b_1' s^{m-1} + \cdots + b_m' \tag{12.91c}$$

$$C'(s) = s^n + c_1' s^{n-1} + \cdots + c_n' \tag{12.91d}$$

式中，$s = \mathrm{d}/\mathrm{d}t$ 微分算子，$\xi(t)$ 为高频随机干扰。$B'(s)$ 和 $C'(s)$ 为 Hurwitz 多项式，$A'(s)$ 和 $B'(s)$ 互质，并且 $n^* = n - m \geqslant 2$。

设 $q^{-1} = \dfrac{1}{1+\tau s}$，$\tau > 0$ 为设计常数，则式(12.91) 可以表示为等价形式，即

$$A(q^{-1})y(t) = q^{-n^*} B(q^{-1})u(t) + C(q^{-1})\xi(t) \tag{12.92a}$$

$$A(q^{-1}) = 1 + a_1 q^{-1} + \cdots + a_n q^{-n} \tag{12.92b}$$

$$B(q^{-1}) = b_0 + b_1 q^{-1} + \cdots + b_m q^{-m} \tag{12.92c}$$

$$C(q^{-1}) = 1 + c_1 q^{-1} + \cdots + c_n q^{-n} \tag{12.92d}$$

式(12.92) 具有与离散时间系数相类似的形式，但本质却完全不同。在离散时间系统中，q^{-1} 表示时间延迟，而式(12.92) 则是连续时间系统，q^{-1} 表示一级滤波器。由于式(12.92) 在形式上与离散系统相似，可以参考现有的处理离散系统的方法进行公式推导。但由于两者存在本质差别，因而这里不能直接利用离散系统的推导结果。在进行具体公式推导时，需特别注意这些本质区别。

本节的目的是在对象具有随机干扰的情况下设计最小方差混合自校正控制器，使随机干扰对系统输出的影响最小，也就是使系统的输出 $y(t)$ 尽可能紧密地跟踪参考输入信号 $r(t)$，同时希望对控制 $u(t)$ 加以限制，使所需要的控制信号不致过大。

为了达到上述目的，选取目标函数为

$$J = E\{[\bar{C}(q^{-1})y(t) - K\bar{C}(q^{-1})r(t)]^2 + \lambda[q^{-n^*} u(t)]^2\} \tag{12.93}$$

式中，$\bar{C}(q^{-1})$ 为由设计者选择的多项式，即

$$\bar{C}(q^{-1}) = 1 + \bar{c}_1 q^{-1} + \cdots + \bar{c}_n q^{-n} \tag{12.94}$$

并且 $\bar{C}(q^{-1})$ 乘以 q^n 所得到的 n 次微分多项式 $\bar{C}(s)$ 是 Hurwitz 多项式。

现在，根据目标函数式(12.93) 来推导最优控制律。

设计一个滤波器 q^{-1}，并假设高频随机干扰 $\xi(t)$ 经过一级以上的滤波器滤波以后基本被滤除，则在设计控制器时可以将式(12.92a)中的 $\bar{C}(q^{-1})$ 近似为 $\bar{C}(q^{-1})=1$。根据某些战术导弹靶试记录曲线以及导弹控制系统的实际工作情况，考虑到方案的可行性，我们认为这种假设是合理的。因而，设多项式 $\bar{C}(q^{-1})$ 和 $G(q^{-1})$ 满足的关系式如下：

$$\bar{C}(q^{-1})=A(q^{-1})F(q^{-1})+q^{-n^*}G(q^{-1}) \tag{12.95}$$

式中

$$F(q^{-1})=1+f_1q^{-1}+\cdots+f_{n^*-1}q^{-(n^*-1)} \tag{12.96}$$

$$G(q^{-1})=g_0+g_1q^{-1}+\cdots+g_{n-1}q^{-(n-1)} \tag{12.97}$$

将式(12.95)等号两边同乘以 $y(t)$，可得

$$\bar{C}(q^{-1})y(t)=A(q^{-1})F(q^{-1})y(t)+q^{-n^*}G(q^{-1})y(t) \tag{12.98}$$

利用式(12.92a)可将关系式(12.98)表示为

$$\bar{C}(q^{-1})y(t)=q^{-n^*}B(q^{-1})F(q^{-1})u(t)+q^{-n^*}G(q^{-1})y(t)+F(q^{-1})C(q^{-1})\xi(t) \tag{12.99}$$

因而

$$J=E\{[q^{-n^*}B(q^{-1})F(q^{-1})u(t)+q^{-n^*}G(q^{-1})y(t)+ F(q^{-1})C(q^{-1})\xi(t)-K\bar{C}(q^{-1})r(t)]^2+\lambda[q^{-n^*}u(t)]^2\} \tag{12.100}$$

根据前面关于 $\xi(t)$ 的假设，考虑到滤波器 q^{-1} 的滤波作用，则 $q^{-1}y(t),q^{-2}y(t),\cdots,q^{-(n+n^*-1)}y(t)$；$q^{-1}u(t),q^{-2}u(t),\cdots,q^{-(n+n^*-1)}u(t)$ 均与 $\xi(t)$ 是不相关的，因而可得

$$J=E\{\xi^2(t)\}+E\{[q^{-n^*}B(q^{-1})F(q^{-1})u(t)+q^{-n^*}G(q^{-1})y(t)- K\bar{C}(q^{-1})r(t)]^2+\lambda[q^{-n^*}u(t)]^2\} \tag{12.101}$$

求 J 关于 $q^{-n^*}u(t)$ 的偏导数，并令其为零，可得

$$\frac{\partial J}{\partial[q^{-n^*}u(t)]}=2E\{[q^{-n^*}B(q^{-1})F(q^{-1})u(t)+q^{-n^*}G(q^{-1})y(t)- K\bar{C}(q^{-1})r(t)]b_0+\lambda q^{-n^*}u(t)\}=0 \tag{12.102}$$

若选择 $u(t)$，使得

$$[q^{-n^*}B(q^{-1})F(q^{-1})u(t)+q^{-n^*}G(q^{-1})y(t)-K\bar{C}(q^{-1})r(t)]b_0+\lambda q^{-n^*}u(t)]=0 \tag{12.103}$$

则 $\partial J/\partial[q^{-n^*}u(t)]$ 必为零，J 为最小。因而，最优控制律为

$$u(t)=\frac{K\bar{C}(q^{-1})q^{n^*}r(t)-G(q^{-1})y(t)}{B(q^{-1})F(q^{-1})+\lambda_1} \tag{12.104}$$

式中，$\lambda_1=\lambda/b_0$ 为由设计者选择的正常数。

12.4.2 参数估计

为了实现由关系式(12.104)所表示的最优控制 $u(t)$，需要对式(12.104)中的未知参数进行估计。

1. 间接式参数估计

设

$$\boldsymbol{\theta}^{\mathrm{T}}=[a_1\quad a_2\quad\cdots\quad a_n\quad b_0\quad b_1\quad\cdots\quad b_m] \tag{12.105}$$

$$\boldsymbol{\zeta}^{\mathrm{T}}(t)=[-q^{-1}y(t)\cdots-q^{-n}y(t)\quad q^{-n^*}u(t)\cdots q^{-(n^*+m)}u(t)] \tag{12.106}$$

则式(12.92a)可表示为

$$y(t)=\boldsymbol{\theta}^{\mathrm{T}}\boldsymbol{\zeta}(t)+\xi(t) \tag{12.107}$$

式中，$y(t)$ 和 $\boldsymbol{\zeta}(t)$ 都是物理上可实现并且可以直接测量的变量。

对 $y(t)$ 和 $\boldsymbol{\zeta}(t)$ 进行离散时间采样，设 $\{t_k\}_0^\infty$ 为时间序列，可得与方程式(12.107)相对应的离散形式方程，即

$$y(k)=\boldsymbol{\theta}^{\mathrm{T}}\boldsymbol{\zeta}(k)+\xi(k) \tag{12.108}$$

式中，k 表示采样时刻 t_k。

根据式(12.108)，利用所得到的采样值 $y(t)$ 和 $\boldsymbol{\zeta}(t)$，则可选取各种辨识方法得到对象参数在 t_k 时刻的估值 $\boldsymbol{\theta}(k)$，进而利用式(12.95)去确定控制规律式(12.104)中的未知参数估值。由于向量 $\boldsymbol{\zeta}(k)$ 中的所有变量均与 $\xi(k)$ 不相关，因而利用递推最小二乘法可以得到 $\boldsymbol{\theta}$ 的一致无偏估计。

2. 直接式参数估计

将式(12.95)等号两边同乘以 $y(t)$，并且利用式(12.92a)，可得

$$\overline{C}(q^{-1})y(t)=q^{-n^*}B(q^{-1})F(q^{-1})u(t)+q^{-n^*}G(q^{-1})y(t)+\xi(t) \tag{12.109}$$

令

$$B(q^{-1})F(q^{-1})=\beta_0+\beta_1q^{-1}+\cdots+\beta_{m+n^*-1}q^{-(m+n^*-1)} \tag{12.110}$$

$$\boldsymbol{\theta}^{\mathrm{T}}=[\beta_0\quad \beta_1\quad \cdots\quad \beta_{m+n^*-1}\quad g_0\quad g_1\quad \cdots\quad g_{n-1}] \tag{12.111}$$

$$\boldsymbol{\zeta}^{\mathrm{T}}(t)=[q^{-n^*}u(t)\quad \cdots\quad q^{-(m+2n^*-1)}u(t)\quad q^{-n^*}y(t)\quad \cdots\quad q^{-(n+n^*-1)}y(t)] \tag{12.112}$$

$$y'(t)=\overline{C}(q^{-1})y(t)=y(t)+\overline{C}_1(q^{-1})y(t)+\cdots+\overline{C}_n(q^{-n})y(t) \tag{12.113}$$

则式(12.109)可以表示为

$$y'(t)=\boldsymbol{\theta}^{\mathrm{T}}\boldsymbol{\zeta}(t)+\xi(t) \tag{12.114}$$

式中，$y'(t)$ 和 $\boldsymbol{\zeta}(t)$ 都是物理上可实现的变量。对 $y'(t)$ 和 $\boldsymbol{\zeta}(t)$ 进行离散时间采样，就可以根据式(12.114)，利用所获得的采样信息离散地估计控制参数。

获得控制参数向量估值 $\boldsymbol{\theta}(k)$ 之后，即可得到物理上可实现的混合自适应控制规律，即

$$u(t)=\frac{1}{\beta_0(k)+\lambda_1}\left[K\sum_{i=0}^{n}\overline{C}_iq^{-(i-n^*)}r(t)-\sum_{j=0}^{n-1}g_j(k)q^{-j}y(t)-\sum_{l=1}^{m+n^*-1}\beta_1(k)q^{-1}u(t)\right] \tag{12.115}$$

式中，$\overline{C}_0=1$，在区间 $(t_k,\ t_{k+1})$ 上，$\boldsymbol{\theta}(k)$ 为常数，即控制参数是离散调整的，而其他信号则保持连续状态。要求外参考输入信号 $r(t)$ 为 n^* 阶可微，这点通过合理选取 $r(t)$ 完全可以做到。

此系统的稳定性分析不仅与对象中的随机干扰形式有关，而且涉及 λ_1 的选择和具体的辨识算法。当滤波和采样后的对象干扰序列为鞅差序列时，利用鞅收敛定理和维数不变性原理可以完成闭环系统的稳定性证明。当对象中的干扰为其他形式的有界随机干扰时，若对象的输入、输出信号有界，则容易给出闭环系统的稳定性证明。关于这些问题的讨论，可参阅第8章和第9章有关内容，此处不再详述。

值得注意的是，在进行控制系统的稳定性分析时，对象方程必须采用式(12.91)，而不能用式(12.92)。因为式(12.91)才是真实对象模型，而式(12.92)仅仅是为了设计混合自适应控

制规律所采用的一种等价形式方程。

12.4.3 地-空导弹混合自校正控制系统设计

某型地-空导弹自动驾驶仪俯仰通道的简化方块图如图 12.1 或图 12.13 所示。

利用图 12.1 所示方块图可以求出地-空导弹自动驾驶仪俯仰通道的传递函数,即

$$\frac{y(s)}{u(s)}=W(s)=A/(s^2+Bs+C) \tag{12.116}$$

式中,$A=K_1/T_1^2$,$B=2\xi_1/T_1$,$C=1/T_1^2$,其中 K_1,ξ_1 和 T_1 的表达式如式(12.4)所示。因而,连续时间对象方程可以表示为

$$(s^2+Bs+C)y(t)=Au(t)+(s^2+ds+f)\xi(t) \tag{12.117}$$

式中,$\xi(t)$ 为高频有界随机干扰。

选择 $\bar{C}(q^{-1})=1, K=1$,以及参考模型为

$$(s^2+28s+400)r(t)=400s(t) \tag{12.118}$$

式中,$s(t)$ 为方波指令信号,$r(t)$ 为参考模型的输出。

采用直接式参数估计,取

$$\boldsymbol{\theta}^{\mathrm{T}}=[\theta_1 \quad \theta_2 \quad \theta_3 \quad \theta_4] \tag{12.119}$$

$$\boldsymbol{\zeta}^{\mathrm{T}}(t)=[q^{-2}u(t) \quad q^{-3}u(t) \quad q^{-2}y(t) \quad q^{-3}y(t)] \tag{12.120}$$

所选用的辨识算法为

$$\boldsymbol{\theta}(k)=\boldsymbol{\theta}(T_i)+\boldsymbol{\theta}_{\mathrm{s}}(k)(k-T_i) \tag{12.121a}$$

$$\boldsymbol{\theta}_{\mathrm{s}}(k+1)=\boldsymbol{\theta}_{\mathrm{s}}(k)+\boldsymbol{K}(k+1)\left[\frac{y(k+1)-\boldsymbol{\theta}^{\mathrm{T}}(T_i)\boldsymbol{\zeta}'(k+1)}{k-T_i}-\boldsymbol{\theta}_{\mathrm{s}}^{\mathrm{T}}(k)\boldsymbol{\zeta}(k+1)\right] \tag{12.121b}$$

$$\boldsymbol{K}(k+1)=\boldsymbol{P}(k)\boldsymbol{\zeta}(k+1)[1+\boldsymbol{\zeta}^{\mathrm{T}}(k+1)\boldsymbol{P}(k)\boldsymbol{\zeta}(k+1)]^{-1} \tag{12.121c}$$

$$\boldsymbol{P}(k)=\boldsymbol{P}(k-1)-\boldsymbol{K}(k)\boldsymbol{\zeta}^{\mathrm{T}}(k)\boldsymbol{P}(k-1) \tag{12.121d}$$

当 $k\to\infty$ 时,为了避免协方差矩阵 $\boldsymbol{P}(k)\to 0$,可采用协方差重置法,即令

$$\boldsymbol{P}(T_i)=c^2 I, \quad i=0,1,2,\cdots \tag{12.121e}$$

式中,c 为设计者选择的常数。

系统混合最优控制律为

$$u(t)=\frac{1}{\theta_1(k)}[q^2 r(t)-\theta_2(k)q^{-2}u(t)-\theta_3(k)y(t)-\theta_4(k)q^{-1}y(t)] \tag{12.122}$$

进行参数估计时,选取

$$q^{-1}=1/(1+0.05\mathrm{s}), \quad T_{\mathrm{s}}=t_k-t_{k-1}=0.02\mathrm{s}$$

$$\theta^{\mathrm{T}}(0)=[2.119 \quad 1.157 \quad 0.353 \quad 0.03], \quad \boldsymbol{\zeta}^{\mathrm{T}}(0)=[0 \quad 0 \quad 0 \quad 0]$$

全弹道分 5 个时间区段,$T_1=6\mathrm{s}$, $T_2=14\mathrm{s}$, $T_3=22\mathrm{s}$, $T_4=30\mathrm{s}$, $T_5=38\mathrm{s}$。导弹发射后,6s 开始实施控制,具体的仿真结果如图 12.20 ~ 图 12.22 所示。图 12.22 所加入的是有色噪声随机干扰。图 12.23 和图 12.24 分别表示所加入的是白噪声和有色噪声随机干扰图形。图 12.25 和图 12.26 表示在相同条件下,采用全离散方法所得到的系统输出曲线。从图 12.20 和图 12.21 与图 12.25 和图 12.26 的相互对比可以看出,混合自校正控制的这一优点尤为突出。

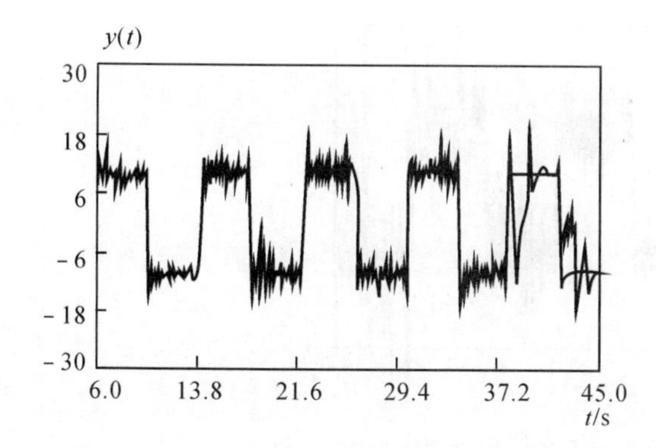

图 12.20　加入均值为零、方差为 0.5 的白噪声随机干扰时,混合自校正控制系统的输出曲线(图中方波为指令信号)

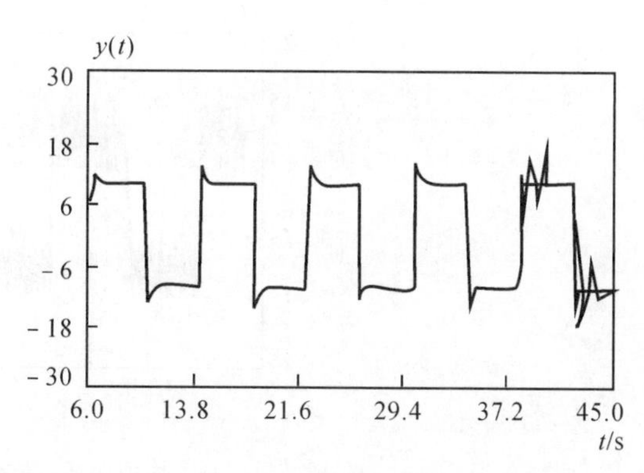

图 12.21　加入均值为零、方差为 0.1 的白噪声随机干扰时,混合自校正控制系统的输出曲线(图中方波为指令信号)

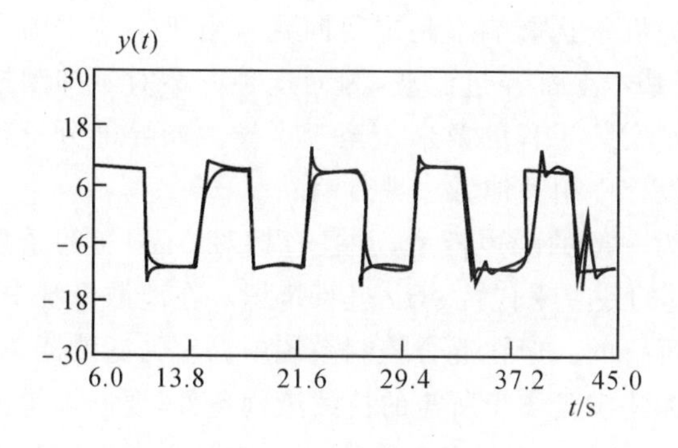

图 12.22　加入有色噪声随机干扰时,混合自校正控制系统的输出曲线(图中波为指令信号)

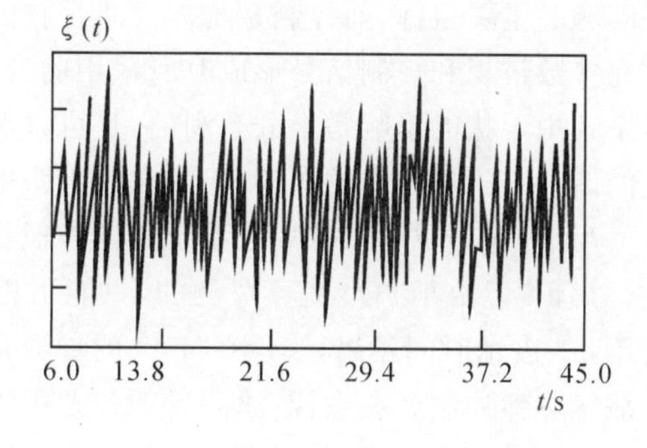

图 12.23　仿真时,加入的均值为零、方差为 0.5 的白噪声随机干扰图形

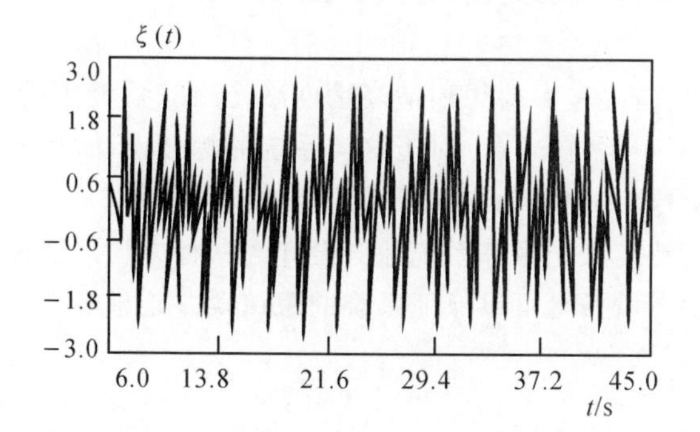

图 12.24　仿真时,加入的有色噪声随机干扰图形

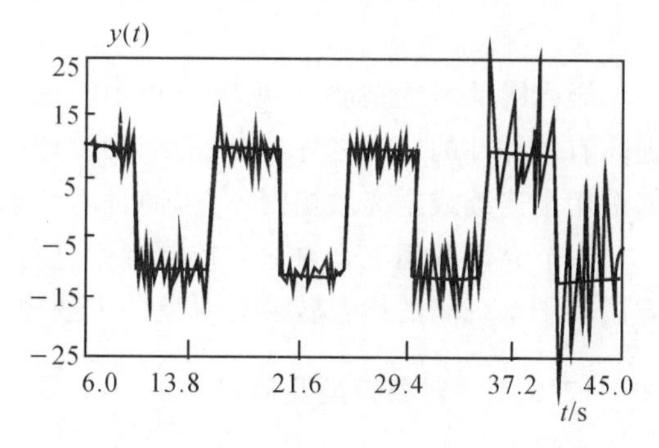

图 12.25　加入均值为零、方差为 0.1 的白噪声随机干扰时,全离散自校正控制系统的输出曲线(方波为指令信号)

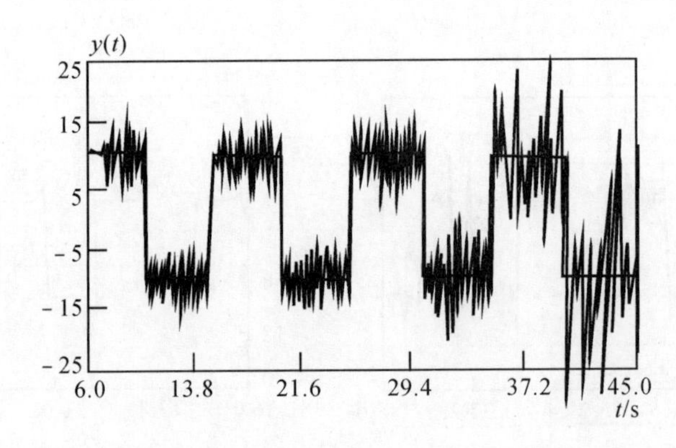

图 12.26　加入均值为零、方差为 0.5 的白噪声随机干扰时，全离散自校正控制系统的输出曲线(方波为指令信号)

本节中的控制方案和对象中随机干扰噪声的假设是根据战术导弹的工程实践提出来的一种简化方法。对于战术导弹，尤其是地-空导弹，解决在高空小阻尼情况下的指令信号的跟踪问题是主要目标，而控制系统本身所存在的随机干扰影响不是主要问题。由于本节中的方案在参数辨识和控制信号形成时所采用的变量基本上都经过滤波，因而这种方案对于抑制控制系统中干扰的影响是十分有利的，足可以满足实际工程的要求。至于由导弹制导部分所产生的诸如角闪烁之类的噪声，建议在导引头的设计中用其他方法进行消除。

当然，我们也可以像离散系统那样考虑更为一般的噪声模型，并且直接对 $C(q^{-1})$ 的系数进行辨识，但由于 $\xi(t)$ 是不可测的，只能用相应的残差来代替 $\xi(t)$ 进行辨识。在离散系统中，由于 q^{-1} 表示时间延迟，辨识 $C(q^{-1})$ 的参数是可行的。但在混合控制系统中，q^{-1} 为滤波器，对于战术导弹控制系统来说，滤波后的残差可能无法满足辨识所需的持续激励条件，要准确辨识 $C(q^{-1})$ 的参数是困难的。最主要的问题还在于 $C(q^{-1})$ 的出现会使所导出的混合最优控制规律变得十分复杂，使得工程上难以实现。当然，对于混合自适应控制理论的研究来说，这是一个值得进一步研究的问题，但已不属于本节的研究范围。

12.5　高精度激光跟踪系统的综合设计

激光跟踪系统是航空、航天工程中的重要设备之一。要想建造高精度激光跟踪系统，除了提高有关部件的精度之外，系统的综合设计是一个关键步骤。对于这类系统的综合设计，目前都采用全连续或全离散控制方案，而且不考虑对象未建模动态和子系统间的耦合问题。

本节介绍利用混合自适应控制理论进行高精度激光跟踪系统综合设计的一种方法。这种方法将子系统间的耦合转换为对象的未建模动态，这样，可以保证系统的跟踪误差趋于零。

12.5.1　对象模型及简化

经简化后的某激光跟踪系统方案如图 12.27 所示。

由于系统中的两个通道是完全对称的，并且 4 个框架分别进行驱动，在此只研究方位通道中的内框架控制系统，介绍内框架混合自适应控制器设计方案。当然，外框架的运动对内框架是有影响的，这种内、外框架间的耦合作用将作为一个重要因素加以考虑。

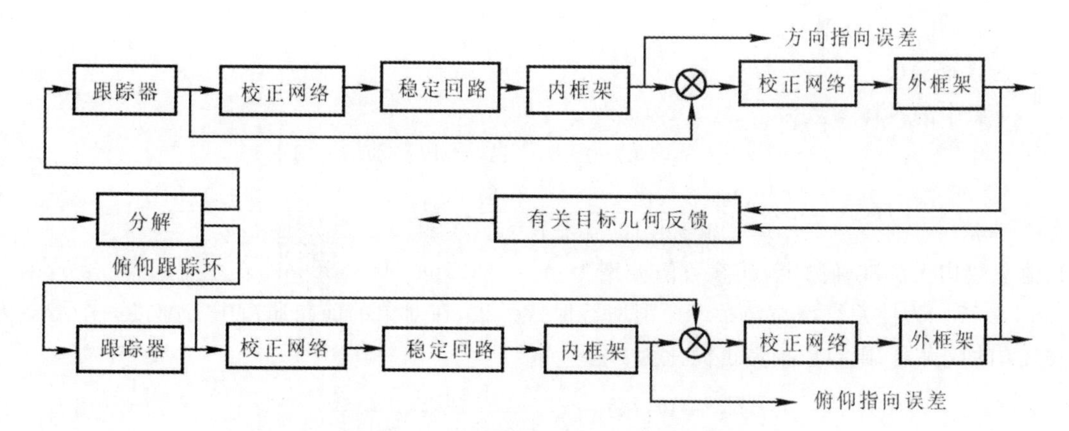

图 12.27　激光跟踪系统简化的结构图

作为控制对象的激光跟踪系统内框架部分的方块图如图 12.28 所示。

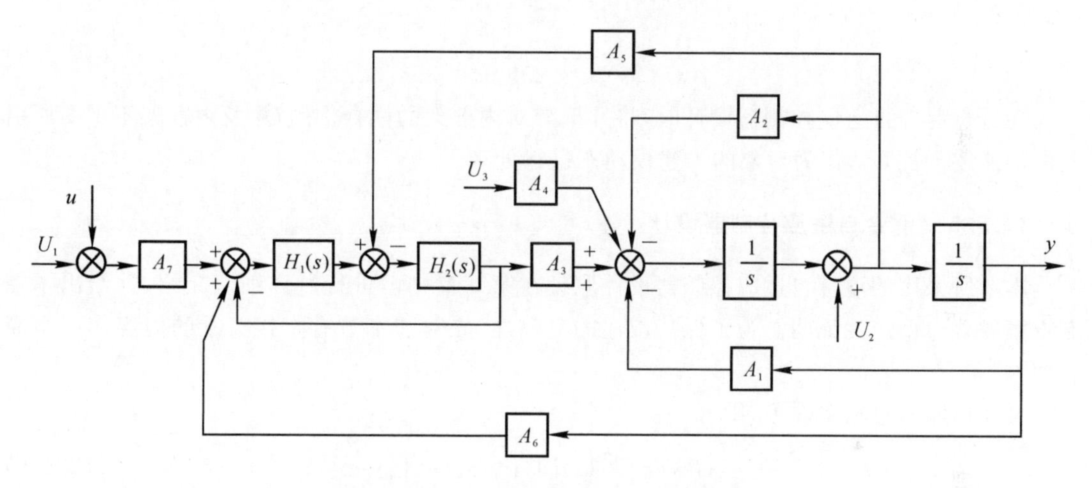

图 12.28　激光跟踪系统内框架部分图

图 12.28 中各符号定义如下：

$1/s$：积分环节，两串联积分环节表示内框架；

$H_1(s)$，$H_2(s)$：液压回路传递函数；

u：将要加入的自适应控制信号；

U_1：由稳定回路输入的指令性内框架矩；

U_2：外框架运动对内框架的耦合作用；

U_3：由于内框架的不平衡所引起的线性加速度干扰；

A_1：内框架弹性力增益；

A_2：内框架阻尼；

A_3：输入力矩转换器的液压；

A_4：加速度干扰力臂长度；

A_5：框架运动与液压组件之间的液压流动耦合增益；

A_6：弹性抵消项；

A_7:电子放大器增益;

y:系统输出。

对象中的具体参数为

$$A_3 = 0.005\,6, \quad A_7 = 178.27$$

$$H_1(s) = \frac{0.0024(5.414 \times 10^{-4} s + 1)}{5.88 \times 10^{-3} s + 1}, \quad H_2(s) = \frac{3\,333.3}{0.003\,79 s + 1}$$

其他参数均无法准确测定,其参考值分别为 $A_1 = 353.64$, $A_2 = 62.59$, $A_4 = 1$, $A_5 = 3.5$, $A_6 = 568\,35.77$。为使系统增益与参考模型增益保持一致,在对象的前向通道中需加接一个增益为 461.4 的放大器,则对象模型可简化为

$$\frac{y(s)}{u(s)} = W_{\mathrm{p}}(s) = \frac{400}{s^2 + 8.259\,3 s + 353.64} \tag{12.123}$$

在这种情况下,$U_2(s)$ 和 $U_3(s)$ 与输出 $y(s)$ 之间的关系可分别表示为

$$\frac{y(s)}{U_2(s)} = \frac{s}{s^2 + 8.259\,3 s + 353.64} \tag{12.124}$$

$$\frac{y(s)}{U_3(s)} = \frac{1}{s^2 + 8.259\,3 s + 353.64} \tag{12.125}$$

在进行混合自适应控制器设计时,将外框架对内框架的耦合作用 U_2 及内框架不平衡所引起的加速度干扰 U_3,作为对象的未建模动态进行处理。

12.5.2 混合自适应控制器设计

本节所采用的混合自适应控制器设计原理在第 9 章中已进行过详细地介绍,并给出了控制方案的鲁棒稳定性证明。为了保持叙述的完整性,先对与本节有直接关系的内容作一个简要回顾。

考虑单输入单输出对象,则有

$$\frac{y(s)}{u(s)} = G(s) = G_0(s)[1 + \mu\Delta_2(s)] + \mu\Delta_1(s) \tag{12.126}$$

式中,$G_0(s) = K_{\mathrm{p}} Z_0(s)/R_0(s)$ 是对象已建模部分的传递函数。$G(s)$ 是严格真的,$\mu\Delta_1(s)$ 和 $\mu\Delta_2(s)$ 分别是对象的相加和相乘未建模动态,正标量参数 μ 表示其变化率。$Z_0(s)$ 是 m 阶 Hurwitz 多项式,$R_0(s)$ 是 n 阶多项式,$n > m$, $K_{\mathrm{p}} > 0$。对于对象的未建模动态,假定:

(1) $\Delta_1(s)$ 是严格真的;

(2) $\Delta_2(s)$ 是稳定传递函数;

(3) 使 $\Delta_1(s-p)$ 和 $\Delta_2(s-p)$ 的极点稳定的稳定裕度 $p > 0$ 的下界 p_0 是已知的。

利用对象的输入 $u(t)$ 和输出 $y(t)$ 产生$(n-1)$ 维辅助向量 $\boldsymbol{\omega}_1$,$\boldsymbol{\omega}_2$ 及$(2n-1)$ 维辅助向量 $\boldsymbol{\omega}$:

$$\dot{\boldsymbol{\omega}}_1 = \boldsymbol{F}\boldsymbol{\omega}_1 + \boldsymbol{q}u, \quad \dot{\boldsymbol{\omega}}_2 = \boldsymbol{F}\boldsymbol{\omega}_2 + \boldsymbol{q}_y, \quad \boldsymbol{\omega}^{\mathrm{T}} = [\boldsymbol{\omega}_1^{\mathrm{T}} \quad \boldsymbol{\omega}_2^{\mathrm{T}} \quad y] \tag{12.127}$$

式中,$\boldsymbol{F}$ 是$(n-1) \times (n-1)$ 稳定矩阵,$\boldsymbol{q}$ 为$(n-1)$ 维向量,$(\boldsymbol{F}, \boldsymbol{q})$ 为可控对。

取对象的控制输入为

$$u(t) = \boldsymbol{\theta}_k^{\mathrm{T}} \boldsymbol{\omega}(t) + c_k r(t), \quad k \in \mathbf{N} \tag{12.128}$$

式中,k 表示时刻 t_k,$\boldsymbol{\theta}_k^{\mathrm{T}} = [\boldsymbol{\theta}_k^{\mathrm{T}} \quad \boldsymbol{\theta}_{2k}^{\mathrm{T}} \quad \theta_{3k}]$ 是$(2n-1)$ 为控制参数向量,c_k 是标量前馈增益。在区间$[t_k, t_{k+1})$ 上,$\boldsymbol{\theta}_k$ 和 c_k 皆为常值,控制参数 $\boldsymbol{\theta}_k$ 和 c_k 仅仅在离散时刻 t_k 进行调整。

选取参考模型,即

$$\frac{y_m(s)}{r(s)}=W_m(s)=\frac{K_m}{D_m(s)} \tag{12.129}$$

式中,$D_m(s)$ 是 n^* 阶 Hurwitz 多项式,$n^*=n-m$;$r(t)$ 是一致有界的参考输入信号。

令 $e_1(t)=y(t)-y_m(t)$,当 $K_m=K_p=1$ 时,则有

$$e_1=W_m(s)\boldsymbol{\Phi}_k^T\boldsymbol{\omega}+\mu\Delta(s)u \tag{12.130}$$

式中,$\boldsymbol{\Phi}_k=\boldsymbol{\theta}_k-\boldsymbol{\theta}^*$,$\boldsymbol{\theta}^{*T}=[\boldsymbol{\theta}_1^{*T}\quad \boldsymbol{\theta}_2^{*T}\quad \theta_3^*]$ 为理想控制参数向量。

$$\Delta(s)=\Delta_1(s)+W_m(s)[\theta_3^*+\boldsymbol{\theta}_2^{*T}(s\boldsymbol{I}-\boldsymbol{F})^{-1}]\boldsymbol{q}\Delta_1(s)+$$
$$W_m(s)\Delta_1(s)[1-\boldsymbol{\theta}_1^{*T}(s\boldsymbol{I}-\boldsymbol{F})^{-1}\boldsymbol{q}]$$

引入辅助信号 $y_a(t)$,即

$$y_a=-\boldsymbol{\theta}_k^TW_m(s)\boldsymbol{\omega}+W_m(s)\boldsymbol{\theta}_k^T\boldsymbol{\omega} \tag{12.131}$$

并且令 $\boldsymbol{\zeta}=\boldsymbol{W}_m(s)\boldsymbol{\omega}$,$\eta=\Delta(s)u$,则增广误差为

$$\varepsilon_1(t)=e_1(t)-y_a(t)=\boldsymbol{\Phi}_k^T\boldsymbol{\zeta}(t)+\mu\eta(t) \tag{12.132}$$

在稳态情况下,采用 $\varepsilon_1(t)$ 与 $e_1(t)$ 没有什么区别,但在瞬态过程中,采用 $\varepsilon_1(t)$ 有助于改善系统性能。

将式(12.132)等号两边同除以 $m(t)$,然后在区间 $[t_k,t_{k+1}]$ 上进行积分,可得

$$\int_{t_k}^{t_{k+1}}\frac{\varepsilon_1(t)}{m(t)}dt=\boldsymbol{\Phi}_k^T\int_{t_k}^{t_{k+1}}\frac{\boldsymbol{\zeta}(t)}{m(t)}dt+\mu\int_{t_k}^{t_{k+1}}\frac{\eta(t)}{m(t)}dt \tag{12.133}$$

式中,规范信号 $m(t)$ 满足微分方程,即

$$\dot{m}(t)=-\delta_0m(t)+\delta_1(|u(t)|+|y(t)|+1)\quad m(0)\geqslant\delta_0/\delta_1 \tag{12.134}$$

式中,δ_0 和 δ_1 为正的设计参数,选择 δ_0 满足不等式 $\delta_0+\delta_2\leqslant\min[p_0,q_0]$,$\delta_2\in\mathbf{R}^+$,其中,$q_0>0$ 是使 $W_m(s-q_0)$ 的极点和 $\boldsymbol{F}+q_0\boldsymbol{I}$ 的特征值稳定的一个常数,p_0 的定义已在前面给出。实际上,这里所给出的参数选择原则纯粹是为了进行严格系统稳定性证明,在具体应用中,这些参数的选择是相当灵活的,也是很容易选取的。

令

$$\varepsilon_k=\int_{t_k}^{t_{k+1}}\frac{\varepsilon_1(\tau)}{m(\tau)}d\tau,\quad \boldsymbol{\zeta}_k=\int_{t_k}^{t_{k+1}}\frac{\boldsymbol{\zeta}(\tau)}{m(\tau)}d\tau,\quad \eta_k=\int_{t_k}^{t_{k+1}}\frac{\eta(\tau)}{m(\tau)}d\tau$$

则式(12.135)可以表示为

$$\varepsilon_k=\boldsymbol{\Phi}_k^T\boldsymbol{\zeta}_k+\mu\eta_k \tag{12.135}$$

根据式(12.135)可以采用各种离散辨识算法对控制参数 $\boldsymbol{\theta}_k$ 进行实时估计,从而实现式(11.128)所示的控制律。

对于本节的高精度激光跟踪系统来说,U_2 和 U_3 的影响均作为 $\mu=0.002\,8$ 的相加未建模动态进行处理。

根据简化对象模型式(12.123)设计混合自适应控制器,其方程为

$$(s+20)\tilde{u}(t)=u(t),\quad (s+20)\tilde{y}(t)=y(t) \tag{12.136}$$

$$u(t)=[h_0(k)+h_0(k)s]\tilde{y}(t)+K_0(k)\tilde{u}(t)+U_1(t) \tag{12.137}$$

选取参考模型为

$$\frac{y_m(s)}{U_1(s)}=400/(s^2+28s+400) \tag{12.138}$$

则有

$$(s^2+28s+400)\bar{u}(t)=u(t) \tag{12.139}$$

$$(s^2+28s+400)\bar{y}(t)=y(t) \tag{12.140}$$

$$\boldsymbol{\zeta}^{\mathrm{T}}(t)=[\bar{y}(t) \quad s\bar{y}(t) \quad \bar{u}(t)] \tag{12.141}$$

$$\varepsilon_1(t)=y(t)-y_{\mathrm{m}}(t) \tag{12.142}$$

选取 $\delta_0=0.7, m(0)=2, T_k=t_{k+1}-t_k=0.2\mathrm{s}$，采用最简单的梯度法进行参数辨识

$$\boldsymbol{\theta}_{k+1}=\boldsymbol{\theta}_k-a\boldsymbol{\zeta}_k\varepsilon_k/(1+\boldsymbol{\zeta}_k^{\mathrm{T}}\boldsymbol{\zeta}_k) \tag{12.143}$$

式中，$a=44\,225.0$，$\boldsymbol{\theta}_k^{\mathrm{T}}=[h_0(k) \quad h_1(k) \quad K_0(k)]$。

12.5.3 数字仿真结果

进行数字仿真时，对象全部按图 12.28 所示方块图进行仿真，并考虑了摩擦力的影响，所加入的指令性信号为 $U_1(t)=10\sin(0.5t)$。未加入自适应控制器时，系统跟踪误差为一正弦曲线，振幅约为 0.15，始终无法使跟踪误差趋于零。

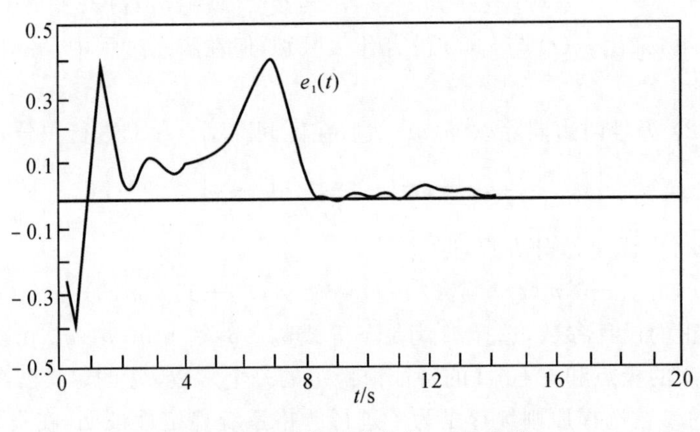

图 12.29 系统跟踪误差 $e_1(t)$ 曲线

加入自适应控制后的系统跟踪误差曲线如图 12.29 所示，可以看到，系统的跟踪误差很快趋于零。在仿真时，我们曾取控制参数向量初值为

$$\boldsymbol{\theta}_0^{\mathrm{T}}=[0 \quad 0 \quad 0], \quad \boldsymbol{\theta}_0^{\mathrm{T}}=[15.039 \quad -0.669\,7 \quad -19.7]$$

等，均获得了理想的结果，表明混合自适应控制能使系统实现高精度跟踪。

12.6 空间站的混合自适应控制

空间站是大型空间结构，具有柔性结构的特征。例如，它属于分布参数系统，其阻尼系数和模态频率与空间站的运动和结构有关，存在控制溢出和测量溢出等。此外，当飞船与空间站对接时，整个系统不仅要受到一个很大的冲击力作用，而且其质量也同时发生很大变化。对于这样的系统，一般的控制方法是难以保证空间站的性能要求。

本节介绍一种便于微机实现的多变量极点配置空间站混合自适应控制方案。

12.6.1 两板空间站数学模型

本节所采用的空间站具有两块太阳能帆板，每块长 76.2 m，宽 12.2 m，两块太阳能帆板的

地面质量为1 816 kg，空间站地面总质量为 60.836 kg。两板空间站的有限元模型和有关参数如图 12.30 所示。根据这个有限元模型，得到空间站的运动方程为

$$\boldsymbol{M}\ddot{\boldsymbol{Z}}_{\mathrm{p}} = \boldsymbol{K}\boldsymbol{Z}_{\mathrm{p}} = \boldsymbol{f} = \boldsymbol{B}\boldsymbol{u}_{\mathrm{p}} \tag{12.144a}$$

$$\boldsymbol{y}_{\mathrm{p}} = \boldsymbol{C}(\alpha\boldsymbol{Z}_{\mathrm{p}} + \dot{\boldsymbol{Z}}_{\mathrm{p}}) \tag{12.144b}$$

式中

$$\boldsymbol{Z}_{\mathrm{p}} = [z_1 \quad \theta_1 \quad z_2 \quad \theta_2 \quad z_3 \quad \theta_3]^{\mathrm{T}}$$

$$\boldsymbol{f} = [F_1 \quad T_1 \quad F_2 \quad T_2 \quad F_3 \quad T_3]^{\mathrm{T}}$$

$\boldsymbol{M}$ 为总的系统质量矩阵，$\boldsymbol{K}$ 为刚度矩阵，$\boldsymbol{B}$ 为 $6 \times m$ 控制作用矩阵，$\boldsymbol{C}$ 为 $m \times 6$ 测量分布矩阵，α 为位置相对速率加权系数，$\boldsymbol{u}_{\mathrm{p}}$ 和 $\boldsymbol{y}_{\mathrm{p}}$ 分别是 m 维的控制输入向量和输出向量，z_1 和 z_3 为两块帆板顶端的位移量，θ_1 和 θ_3 为帆板顶端的弯曲角，θ_2 和 z_2 分别为站心的转动角和位移量。F_1，F_2 和 F_3 分别为作用在三个点上的力，T_1，T_2 和 T_3 分别为作用在这 3 个点上的力矩。

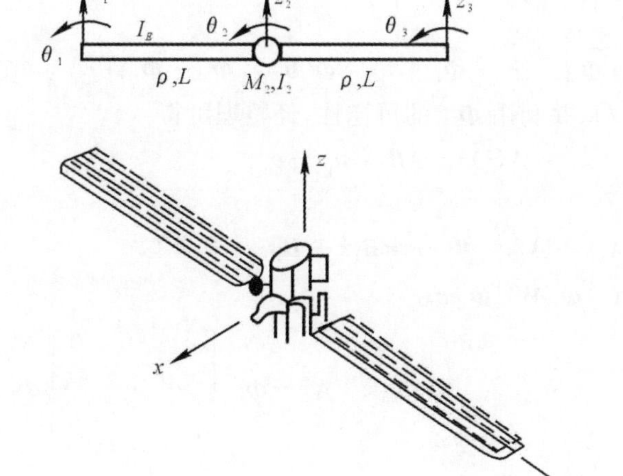

图 12.30　两板结构的有限元模型

(1) 太阳能板：$I_{\mathrm{E}} = 3.998 \times 10^5\ \mathrm{kg \cdot m^2}$，$L = 76.2\ \mathrm{m}$，$\rho = 23.8\ \mathrm{kg/m^3}$

(2) 心站：$m_2 = 5.699 \times 10^4\ \mathrm{kg}$，$I_2 = 3.918 \times 10^6\ \mathrm{kg \cdot m^2}$

为了得到空间站在模态坐标下的状态方程，引入变换 $\boldsymbol{Z}_{\mathrm{p}} = \boldsymbol{\varphi\eta}$，其中 $\boldsymbol{\eta}$ 为模态幅值向量，$\boldsymbol{\Phi}$ 为规范特征向量矩阵，且满足方程

$$\boldsymbol{\Phi}^{\mathrm{T}}\boldsymbol{M}\boldsymbol{\Phi} = \boldsymbol{I}, \qquad \boldsymbol{\Phi}^{\mathrm{T}}\boldsymbol{K}\boldsymbol{\Phi} = \boldsymbol{\Lambda} \tag{12.145}$$

式中，$\boldsymbol{I}$ 为单位阵，$\boldsymbol{\Lambda}$ 为对角特征值矩阵，即

$$\boldsymbol{\Lambda} = \mathrm{diag}(\omega_1^2 \quad \omega_2^2 \quad \cdots \quad \omega_6^2)$$

式中，ω_1 到 ω_6 为空间站的 6 个模态频率，分别 0 Hz，0 Hz，0.04 Hz，0.063 7 Hz，0.388 5 Hz 和 0.394 7 Hz。由式(12.144) 及式(12.145)，可得

$$\ddot{\boldsymbol{\eta}} + \boldsymbol{\Lambda}\boldsymbol{\eta} = \boldsymbol{\varphi}^{\mathrm{T}}\boldsymbol{B}\boldsymbol{u}_{\mathrm{p}} \tag{12.146a}$$

$$\boldsymbol{y}_{\mathrm{p}} = \boldsymbol{C}\boldsymbol{\Phi}(\alpha\boldsymbol{\eta} + \dot{\boldsymbol{\eta}}) \tag{12.146b}$$

考虑阻尼因素，在上式中加入阻尼项，可得

$$\ddot{\eta} + \mathrm{diag}[2\xi_1\omega_1 \quad \cdots \quad 2\xi_6\omega_6]\dot{\eta} + \mathrm{diag}[\omega_1^2 \quad \cdots \quad \omega_6^2]\eta = \boldsymbol{\Phi}^{\mathrm{T}}\boldsymbol{B}\boldsymbol{u}_{\mathrm{p}} \tag{12.147a}$$

$$\boldsymbol{y}_{\mathrm{p}}=\boldsymbol{C\Phi}(\alpha\boldsymbol{\eta}+\dot{\boldsymbol{\eta}}) \tag{12.147b}$$

式中，ξ_1 到 ξ_6 为与空间站 6 个模态相应的阻尼系数。

下面推导空间站传递矩阵的左分解形式。首先，选择控制输入向量为

$$\boldsymbol{u}_{\mathrm{p}}=[u_{\mathrm{p1}}\quad u_{\mathrm{p2}}\quad u_{\mathrm{p3}}\quad u_{\mathrm{p4}}]^{\mathrm{T}}=[T_1\quad F_2\quad T_2\quad T_3]^{\mathrm{T}} \tag{12.148}$$

和输出向量为

$$\boldsymbol{y}_{\mathrm{p}}=[y_{\mathrm{p1}}\quad y_{\mathrm{p2}}\quad y_{\mathrm{p3}}\quad y_{\mathrm{p4}}]^{\mathrm{T}}=\alpha[\theta_1\quad z_2\quad \theta_2\quad \theta_3]^{\mathrm{T}}+[\dot{\theta}_1\quad \dot{z}_2\quad \dot{\theta}_2\quad \dot{\theta}_3] \tag{12.149}$$

假定传感器和执行机构是同位配置的，则有

$$\boldsymbol{B}=\begin{bmatrix}0&1&0&0&0&0\\0&0&1&0&0&0\\0&0&0&1&0&0\\0&0&0&0&0&1\end{bmatrix},\qquad \boldsymbol{C}=\boldsymbol{B}^{\mathrm{T}} \tag{12.150}$$

由于空间站的后两个模态频率值是前四个的 5 倍以上，因而可将这后两个模态作为高频模态，而将前四个模态看做主模态。令

$$C\,\Phi=[\overbrace{\boldsymbol{\Phi}_{11}}^{4\times4}\ \vdots\ \overbrace{\boldsymbol{\Phi}_{12}}^{4\times2}],\qquad \Phi^{\mathrm{T}}\boldsymbol{B}=[\boldsymbol{\Phi}_{11}\ \vdots\ \boldsymbol{\Phi}_{12}]^{\mathrm{T}} \tag{12.151}$$

将式(12.149)代入式(12.147)，并利用 $\boldsymbol{\Phi}_{11}$ 的可逆性，经整理可得

$$\boldsymbol{A}(s)y_{\mathrm{p}}=\boldsymbol{B}(s)\boldsymbol{u}_{\mathrm{p}}+\boldsymbol{e}_{\mathrm{p}} \tag{12.152}$$

式中

$$\boldsymbol{A}(s)=s^2\boldsymbol{I}+\boldsymbol{A}_1s+\boldsymbol{A}_2,\quad \boldsymbol{B}(s)=\boldsymbol{B}_1s+\boldsymbol{B}_2$$

$$\boldsymbol{e}_{\mathrm{p}}=(s+a)\boldsymbol{A}(s)\boldsymbol{\Phi}_{12}\boldsymbol{W}^{-1}\boldsymbol{\Phi}_{12}\boldsymbol{u}_{\mathrm{p}}$$

$$\boldsymbol{A}_1=\boldsymbol{\Phi}_{11}\begin{bmatrix}2\xi_1\omega_1&&0\\&\ddots&\\0&&2\xi_4\omega_4\end{bmatrix}\boldsymbol{\Phi}_{11}^{\mathrm{T}},\quad \boldsymbol{A}_2=\boldsymbol{\Phi}_{11}\begin{bmatrix}\omega_1^2&&0\\&\ddots&\\0&&\omega_4^2\end{bmatrix}\boldsymbol{\Phi}_{11}^{\mathrm{T}}$$

$$\boldsymbol{B}_1=\boldsymbol{\Phi}_{11}\boldsymbol{\Phi}_{11}^{\mathrm{T}},\quad \boldsymbol{B}_2=\alpha\boldsymbol{\Phi}_{11}\boldsymbol{\Phi}_{11}^{\mathrm{T}}$$

$$\boldsymbol{W}=\mathrm{diag}[s^2+2\xi_5\omega_5s+\omega_5^2\quad s^2+2\xi_6\omega_6s+\omega_6^2]$$

式(12.152)是空间站传递矩阵的左分解形式，也是降阶输入输出模型，包含一个由高频模态所产生的与输入向量有关的干扰向量 $\boldsymbol{e}_{\mathrm{p}}$。

12.6.2 自适应控制器设计

假定不存在干扰项 $\boldsymbol{e}_{\mathrm{p}}$，则有

$$\boldsymbol{A}(s)\boldsymbol{y}_{\mathrm{p}}=\boldsymbol{B}(s)\boldsymbol{u}_{\mathrm{p}} \tag{12.153}$$

选取控制律为

$$\boldsymbol{u}_{\mathrm{p}}=\boldsymbol{F}(s)\boldsymbol{E}^{-1}(s)(\boldsymbol{r}-\boldsymbol{y}_{\mathrm{p}}) \tag{12.154}$$

式中，$\boldsymbol{r}$ 为参考输入向量，$\boldsymbol{F}(s)$ 和 $\boldsymbol{E}(s)$ 为待定的多项式矩阵。

将式(12.154)代入式(12.153)得系统的闭环方程，即

$$[\boldsymbol{A}(s)\boldsymbol{E}(s)+\boldsymbol{B}(s)\boldsymbol{F}(s)]\boldsymbol{E}^{-1}(s)\boldsymbol{y}_{\mathrm{p}}=\boldsymbol{B}(s)\boldsymbol{F}(s)\boldsymbol{E}^{-1}(s)\boldsymbol{r} \tag{12.155}$$

控制器设计的目的，是通过选择多项式 $\boldsymbol{E}(s)$ 和 $\boldsymbol{F}(s)$ 将系统的极点配置到期望的位置，即

$$\boldsymbol{A}(s)\boldsymbol{E}(s)+\boldsymbol{B}(s)\boldsymbol{F}(s)=\boldsymbol{T}(s) \tag{12.156}$$

式中，$\boldsymbol{T}(s)$ 为所期望的闭环极点多项式。如果 $\boldsymbol{A}(s)$ 和 $\boldsymbol{B}(s)$ 右互质，则一定存在多项式矩阵

$\boldsymbol{E}(s)$ 和 $\boldsymbol{F}(s)$ 使式(12.156) 成立，而且 $\partial[\boldsymbol{E}(s)]$ 和 $\partial[\boldsymbol{F}(s)]$ 都为 1，$\partial[\cdot]$ 表示取多项式矩阵的最高阶次。令

$$\boldsymbol{E}(s)=s\boldsymbol{I}+\boldsymbol{E}_1,\qquad \boldsymbol{F}(s)=\boldsymbol{F}_0 s+\boldsymbol{F}_1 \tag{12.157a}$$

$$\boldsymbol{T}(s)=s^3\boldsymbol{I}+\boldsymbol{T}_1 s^2+\boldsymbol{T}_2 s+\boldsymbol{T}_3 \tag{12.157b}$$

由式(12.156) 可得关系式，即

$$\boldsymbol{A}_1+\boldsymbol{E}_1+\boldsymbol{B}_1\boldsymbol{F}_0=\boldsymbol{T}_1 \tag{12.158a}$$

$$\boldsymbol{A}_2+\boldsymbol{A}_1\boldsymbol{E}_1+\boldsymbol{B}_2\boldsymbol{F}_0+\boldsymbol{B}_1\boldsymbol{F}_1=\boldsymbol{T}_2 \tag{12.158b}$$

$$\boldsymbol{A}_2\boldsymbol{E}_1+\boldsymbol{B}_2\boldsymbol{F}_1=\boldsymbol{T}_3 \tag{12.158c}$$

当 $\boldsymbol{A}_1,\boldsymbol{A}_2,\boldsymbol{B}_1,\boldsymbol{B}_2,\boldsymbol{T}_1,\boldsymbol{T}_2$ 和 $\boldsymbol{T}_3$ 已知时，由上式可求出控制器的参数矩阵 $\boldsymbol{E}_1,\boldsymbol{F}_0$ 和 $\boldsymbol{F}_1$；当 $\boldsymbol{A}_1,\boldsymbol{A}_2,\boldsymbol{B}_1$ 和 $\boldsymbol{B}_2$ 未知时，就要先估计对象的这些参数矩阵，然后才能利用式(12.158) 求解控制器的参数矩阵。

引入滤波器，即

$$\boldsymbol{J}(s)\boldsymbol{y}_{\mathrm{f}}=\boldsymbol{y}_{\mathrm{p}},\quad \boldsymbol{J}(s)\boldsymbol{u}_{\mathrm{f}}=\boldsymbol{u}_{\mathrm{p}},\quad \boldsymbol{J}(s)\boldsymbol{e}_{\mathrm{f}}=\boldsymbol{e}_{\mathrm{p}} \tag{12.159}$$

式中，$\boldsymbol{J}(s)=j(s)\boldsymbol{I}=s^2\boldsymbol{I}+\boldsymbol{J}_1 s+\boldsymbol{J}_2$，这种形式的 $\boldsymbol{J}(s)$ 可与任意相同维数的方阵互换。在式(11.150) 等号两边同是加上 $\boldsymbol{J}(s)\boldsymbol{y}_{\mathrm{p}}$，经整理后，可得

$$\boldsymbol{y}_{\mathrm{p}}=(\boldsymbol{J}_1-\boldsymbol{A}_1)\dot{\boldsymbol{y}}_{\mathrm{f}}+(\boldsymbol{J}_2-\boldsymbol{A}_2)\boldsymbol{y}_{\mathrm{f}}+\boldsymbol{B}_1\dot{\boldsymbol{u}}_{\mathrm{f}}+\boldsymbol{B}_2\boldsymbol{u}_{\mathrm{f}}+\boldsymbol{e}_{\mathrm{f}} \tag{12.160}$$

式中，$\dot{\boldsymbol{y}}_{\mathrm{f}},\boldsymbol{y}_{\mathrm{f}},\dot{\boldsymbol{u}}_{\mathrm{f}}$ 和 $\boldsymbol{u}_{\mathrm{f}}$ 都是滤波器的输出量，可直接获取。式(12.160) 可写成乘积形式，即

$$\boldsymbol{y}_{\mathrm{p}}=\boldsymbol{\theta}^{\mathrm{T}}\boldsymbol{z}+\boldsymbol{e}_{\mathrm{f}} \tag{12.161}$$

式中

$$\boldsymbol{\theta}=[\boldsymbol{J}_1-\boldsymbol{A}_1\quad \boldsymbol{J}_2-\boldsymbol{A}_2\quad \boldsymbol{B}_1\quad \boldsymbol{B}_2]^{\mathrm{T}} \tag{12.162a}$$

$$\boldsymbol{z}=[\dot{\boldsymbol{y}}_{\mathrm{f}}^{\mathrm{T}}\quad \boldsymbol{y}_{\mathrm{f}}^{\mathrm{T}}\quad \dot{\boldsymbol{u}}_{\mathrm{f}}^{\mathrm{T}}\quad \boldsymbol{u}_{\mathrm{f}}^{\mathrm{T}}]^{\mathrm{T}} \tag{12.162b}$$

设 $\boldsymbol{y}_{\mathrm{p}}$ 的估计值为 $\hat{\boldsymbol{y}}_{\mathrm{p}}$，且

$$\hat{\boldsymbol{y}}_{\mathrm{p}}=\hat{\boldsymbol{\theta}}_k^{\mathrm{T}}\boldsymbol{z} \tag{12.163}$$

式中，$\hat{\boldsymbol{\theta}}_k$ 表示在 kT 时刻 $\boldsymbol{\theta}$ 的估值，T 为采样周期。则误差方程为

$$\boldsymbol{e}_k=\boldsymbol{y}_{\mathrm{p}k}-\hat{\boldsymbol{y}}_{\mathrm{p}k}=\boldsymbol{y}_{\mathrm{p}k}-\hat{\boldsymbol{\theta}}_k^{\mathrm{T}}\boldsymbol{z}_k \tag{12.164}$$

式中，下标 k 表示 kT 时刻。

当 $\boldsymbol{e}_{\mathrm{f}}$ 为零或零均值白噪声向量时，利用递推最小二乘法可得到 $\boldsymbol{\theta}$ 的一致性无偏估计。然而，对于本节中的系统，$\boldsymbol{e}_{\mathrm{f}}$ 是由建模误差引起的非零干扰，会引起参数估值漂移。为解决这一问题，在标准递推最小二乘法中引入了死区函数，即

$$\hat{\boldsymbol{\theta}}_{k+1}=\hat{\boldsymbol{\theta}}_k+\frac{D[e_k,d\rho_k]}{\rho_k+\boldsymbol{z}_k^{\mathrm{T}}\boldsymbol{P}_k\boldsymbol{z}_k}\boldsymbol{z}_k^{\mathrm{T}}\boldsymbol{P}_k \tag{12.165a}$$

$$\boldsymbol{P}_{k+1}=\boldsymbol{P}_k-\frac{\boldsymbol{P}_k\boldsymbol{z}_k\boldsymbol{z}_k^{\mathrm{T}}\boldsymbol{P}_k}{\rho_k+\boldsymbol{z}_k^{\mathrm{T}}\boldsymbol{P}_k\boldsymbol{z}_k} \tag{12.165b}$$

$$\rho_k=\mu\rho_{k-1}+\max(\|z_1\|^2,\bar{\rho}),\ \bar{\rho}>0,\ 1>\mu>0 \tag{12.165c}$$

$$D[\boldsymbol{e}_k,d\rho_k]=\begin{cases}0 & \|\boldsymbol{e}_k\|^2\leqslant d\rho_k\\ e_{ik}-\mathrm{sign}(e_{ik})d\rho_k & i=1,2,3,4\end{cases} \tag{12.165d}$$

式中，ρ_k 为规范信号，$D(\cdot,\cdot)$ 为死区函数，d 和 $\bar{\rho}$ 都是正常数，e_{ik} 表示 $\boldsymbol{e}_k$ 的第 i 个分量。

12.6.3　数字仿真结果

在进行空间站混合自适应控制系统数字仿真时，主要是考虑了受初始干扰作用和飞船对

接两种情况。

1. 受初始干扰作用

假定空间站各测量点的初始值为

$$z_1 = -1.127\ \text{m},\quad z_2 = 0.105\ \text{m},\quad z_3 = 1.241\ \text{m}$$

$$\dot{z}_1 = -0.267\ \text{m/s},\quad \dot{z}_2 = 0.011\ \text{m/s},\quad \dot{z}_3 = 0.319\ \text{m/s}$$

$$\theta_1 = 0.869^\circ,\quad \theta_2 = 0.937^\circ,\quad \theta_3 = 0.723^\circ$$

$$\dot{\theta}_1 = 0.336^\circ/\text{s},\quad \dot{\theta}_2 = 0.037^\circ/\text{s},\quad \dot{\theta}_3 = 0.387^\circ/\text{s}$$

2. 与飞船对接

飞船与空间站对接模型及有关参数如图 12.31 所示，对接力 F_d 和对接力矩 T_d 满足如下关系式，即

$$F_d = D_L(\dot{z}_s - \dot{z}_2) + K_L(z_s - z_2) \tag{12.166a}$$

$$T_d = D_A(\dot{\theta}_s - \dot{\theta}_2) + K_A(\theta_s - \theta_2) \tag{12.166b}$$

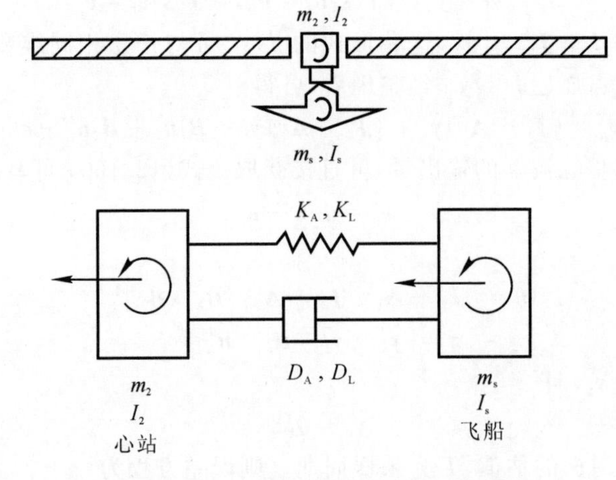

图 12.31　飞船对接示意图与系统参数

对接系统参数如下：

转动惯性和质量：

$$I_2 = 3.93 \times 10^6\ \text{kg}\cdot\text{m}^2,\quad I_s = 1.02 \times 10^7\ \text{kg}\cdot\text{m}^2$$

$$m_2 = 5.72 \times 10^4\ \text{kg},\quad m_s = 1.14 \times 10^5\ \text{kg}$$

飞船的运动方程为

$$\ddot{z}_s = -Fd/m_s,\qquad \ddot{\theta}_s = -Td/I_s \tag{12.167}$$

式中，z_s 和 θ_s 分别为飞船的位移和转动角，m_s 和 I_s 分别为飞船的质量和转动惯量。对接时，空间站不仅受到控制向量 $\boldsymbol{u}_p$ 的作用，而且还受到对接力 F_d 和力矩 T_d 的作用，实际作用到空间站的输入向量 $\bar{\boldsymbol{u}}_p$ 为

$$\bar{\boldsymbol{u}}_p = \boldsymbol{u}_p + [0\quad F_d\quad T_d\quad 0]^T = [u_1\quad u_2 + F_d\quad u_3 + T_d\quad u_4]^T \tag{12.168}$$

这使得空间站与飞船构成一个复合运动体。假设对接前飞船的残余速率为

$$\dot{z}_s(0) = 0.015\ \text{m/s},\qquad \dot{\theta}_s(0) = 0.2^\circ/\text{s}$$

空间站的所有初始状态为零。

对接参数 D_L, K_L, D_A 和 K_A 的取值为

$D_L = 3.445 \times 10^3$ kg/(m/s)，　$K_L = 1.531 \times 10^3$ kg/m

$D_A = 2.574 \times 10^6$ (m · kg)/(rad/s)，　$K_A = 1.142 \times 10^7$ m · kg/rad

在以上两种情况的仿真中，期望的闭环极点多项式矩阵选为 $\boldsymbol{T}(s) = (s + 0.5)^3 \boldsymbol{I}$，滤波器的多项式 $j(s) = (s + 1)^2$，调参间隔 $T = 0.1$ s，输出向量定义为 $\boldsymbol{y}_p = [\theta_1 \quad z_2 \quad \theta_2 \quad \theta_3]^T$，$\alpha = 1$，$\beta_1 = 0$，估计参数个数为 $4 \times 12 = 48$。方程式(12.158) 简化为

$$\hat{\boldsymbol{A}}_1 + \hat{\boldsymbol{E}}_1 = \boldsymbol{T}_1 \tag{12.169a}$$

$$\hat{\boldsymbol{A}}_2 + \hat{\boldsymbol{A}}_1 \hat{\boldsymbol{E}}_1 + \hat{\boldsymbol{B}}_2 \hat{\boldsymbol{F}}_0 = \boldsymbol{T}_2 \tag{12.169b}$$

$$\hat{\boldsymbol{A}}_2 \hat{\boldsymbol{E}}_1 + \hat{\boldsymbol{B}}_2 \hat{\boldsymbol{F}}_1 = \boldsymbol{T}_3 \tag{12.169c}$$

数字仿真结果如图 12.32 和图 12.33 所示。

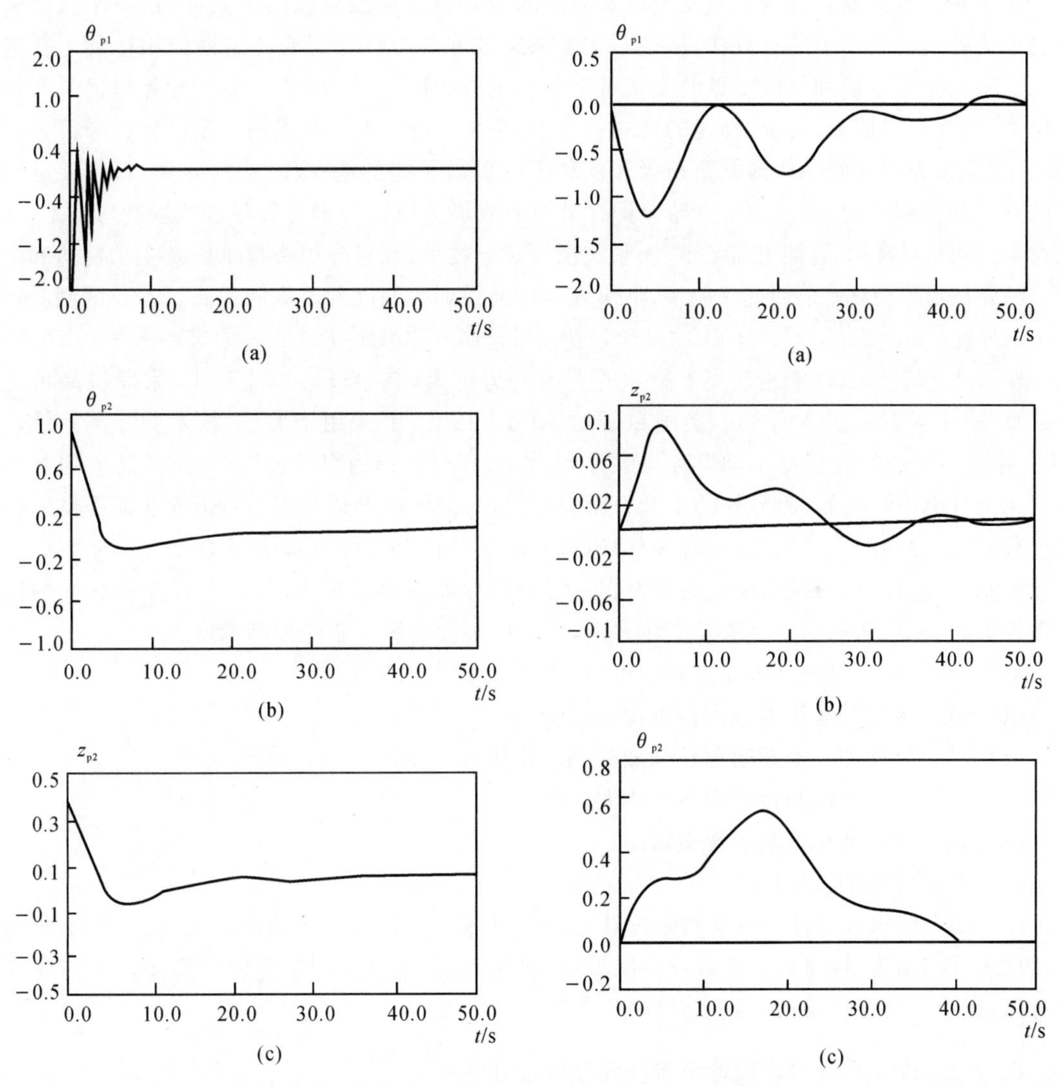

图 12.32　初始干扰作用下自适应控制仿真结果　　　图 12.33　对接情况下混合自适应控制仿真结果

由数字仿真结果可以看出：

(1) 引入混合自适应控制后，空间站能很快消除初始干扰的影响；

(2) 在对接情况下,空间站的所有状态在 50 s 内都能收敛至零状态;

(3) 与飞船对接,空间站需要较长时间才能稳定;

(4) 本节所介绍的方案使空间站稳定所需要的调整时间可以满足需要。

可见本节所介绍的空间站多变量极点配置混合自适应控制系统设计方法是可行的,能消除空间站的高频模态、飞船对接效应及初始状态干扰的影响,可保证空间站的动态品质满足要求,同时也便于工程实现。

12.7 倾斜转弯导弹的时变滑动模态变结构自适应控制

由于高技术武器装备的迅速发展以及海湾战争对传统作战思想的巨大冲击,空军武器装备已成为各国优先发展的重点项目,空军在未来地区冲突中将起到的决定性作用得到了普遍共识。未来空战环境和空战特点的变化对空战的主攻武器 —— 地-空、空-空导弹提出了严峻的挑战,研究和发展新一代高性能的地-空、空-空导弹以适应未来空战的需要已势在必行。以美国、俄罗斯为代表的一些国家正积级开发和研制更高性能的地-空、空-空导弹,新的关键技术的开发和应用将使地-空、空-空导弹具有更强的战场适应性。推力矢量和倾斜转弯技术、切梢弹翼气动布局技术、智能引信技术、捷联式惯性制导技术、双模导引头技术以及主动雷达和毫米波制导技术等新技术的研究和应用,将使导弹性能得到大幅度的改进和提高。本节就倾斜转弯技术导弹(Bank-To-Turn,BTT) 的自动驾驶仪设计展开详细研究。

BTT 导弹比 STT(侧滑转弯) 导弹的有效升力更大,其中段修正能耗小,末段机动可达 $50g$,而 STT 导弹只能达到 $35g$,美国在研的 AIM—120—Ⅱ 采用了 BTT 技术的控制系统。BTT 导弹的自动驾驶仪基于极坐标操纵体制,在实现对目标的跟踪过程中,滚转通道控制系统快速地操纵弹体旋转,将导弹的主升力面对准目标,最大限度地利用主升力面所能提供的法向过载,提高导弹的机动能力;同时,俯仰通道控制系统控制导弹在最大升力面内快速跟踪法向导引指令,追踪攻击目标,偏航通道控制系统操纵导弹在偏航平面内运动,以保证导弹的侧滑角近似为零,从而达到减小诱导滚转力矩,实现极坐标操纵体制的控制精度。

从 BTT 导弹自身及其操纵过程中可知,BTT 导弹有以下特点:

(1) BTT 导弹的系统参数大范围快速时变;

(2) BTT 导弹的三通道间存在强烈的耦合作用;

(3) BTT 导弹侧滑角近似为零的协调控制;

(4) BTT 导弹高精度复现导引指令;

(5) BTT 导弹的快速性。

以上特点要求所设计的自动驾驶仪具有强的鲁棒性且其响应快速而准确。因此,本节的设计任务可归结为:针对一个参数大范围摄动、快速时变、耦合作用强烈的线性多变量时变被控对象,设计一个强鲁棒、大稳定性域的控制器。

12.7.1 BTT 导弹数学模型及自动驾驶仪设计指标

1. BTT 导弹的弹体数学模型描述

BTT 导弹各通道间存在着各种耦合作用,其中最为主要的是惯性耦合和动力学耦合。在仅考虑惯性耦合和动力学耦合并忽略其他耦合作用情况下,某型 BTT 导弹的弹体运动方程为

$$\dot{\alpha}=\omega_z-\frac{\omega_x\beta}{57.3}-a_4\alpha-a_5\delta_z \tag{12.170}$$

$$\dot{\beta}=\omega_y-\frac{\omega_x\alpha}{57.3}-b_4\beta-b_5\delta_y \tag{12.171}$$

$$\dot{\omega}_z=-a_1\omega_z-a_1'\dot{\alpha}-a_2\alpha-a_3\delta_z+\frac{J_x-J_y}{57.3J_z}\omega_x\omega_y \tag{12.172}$$

$$\dot{\omega}_y=-b_1\omega_y-b_1'\dot{\beta}-b_2\beta-b_3\delta_y+\frac{J_z-J_x}{57.3J_y}\omega_x\omega_z \tag{12.173}$$

$$\dot{\omega}_x=-c_1\omega_x-c_3\delta_x+\frac{J_y-J_z}{57.3J_x}\omega_y\omega_z \tag{12.174}$$

弹体纵、横向过载方程分别为

$$n_y=\frac{Va_4}{57.3g}\alpha \tag{12.175}$$

$$n_z=-\frac{Vb_4}{57.3g}\beta \tag{12.176}$$

这是一组建立在弹体坐标系上的 BTT 导弹弹体动力学方程。其中，式(12.170)、式(12.172)及式(12.175)是导弹俯仰通道的动力学方程；式(12.171)、式(12.173)及式(12.176)是导弹偏航通道的动力方程；式(12.174)则描述了导弹俯仰通道的动力学特性。从 BTT 导弹的弹体动力学方程可知，该型导弹的惯性耦合和运动学耦合作用很强烈。

上述各式中各变量的物理含义为：α 为迎角，β 为侧滑角；ω_x 为弹体的滚转角速率，ω_y 为弹体的偏航角速率，ω_z 为弹体的俯仰角速率；δ_x 为滚转舵偏角，δ_y 为偏航舵偏角，δ_z 为俯仰舵偏角；J_x，J_y，J_z 分别为绕弹体 x，y，z 轴的转动惯量；n_y 为导弹的纵向过载，n_z 为导弹的侧向过载；V 为导弹的速度，g 为重力加速度；$a_1,a_1',a_2,\cdots,a_5$，$b_1,b_1',b_2,\cdots,b_5$ 以及 c_1,c_3 为导弹时变的气动参数。

各物理量的量纲规定：$\alpha,\beta,\delta_x,\delta_y,\delta_z$ 的单位为度(°)；$\omega_x,\omega_y,\omega_z$ 的单位为(°)/s；n_y,n_z 无量纲。

弹体的气动参数与其标称值(风洞实验数据)的误差范围为

a_1，b_1：	$\pm 40\%$；	a_1'，b_1'：	$\pm 30\%$；
a_2，b_2：	$\pm 12\%$；	a_3，b_3：	$\pm 20\%$；
a_4，b_4：	$\pm 10\%$；	a_5，b_5：	$\pm 15\%$；
c_1：	$\pm 40\%$；	c_3：	$\pm 15\%$。

2. BTT 导弹的测量元件及执行机构的动态特性

(1) 速率陀螺。速率陀螺的数学模型为

$$G_g(s)=\frac{K_g}{T_g^2s^2+2\xi_gT_gs+1} \tag{12.177}$$

式中，各参数值为 $K_g=0.04$，$T_g=0.002$，$\xi_g=0.4$；速率陀螺的最大量程为 450°/s。

(2) 加速度计。加速度计的数学模型为

$$G_a(s)=\frac{K_a}{T_a^2s^2+2\xi_aT_as+1} \tag{12.178}$$

式中，各参数值为 $K_a=0.287\,5$，$T_a=0.001\,6$，$\xi_a=0.4$；加速度计的最大量程为 $\pm 50g$。

(3) 舵机系统。舵机的数学模型为

$$G_d(s)=\frac{K_d}{a_{d3}s^3+a_{d2}s^2+a_{d1}s+a_{d0}} \tag{12.179}$$

式中，$K_d=3.4$，$a_{d3}=1.0762\times10^{-7}$，$a_{d2}=6.3775\times10^{-5}$，$a_{d1}=6.0128\times10^{-2}$，$a_{d0}=1$。舵机系统操纵舵面的最大偏转角为 $\pm34°$，最大偏转角速率为 $\pm300°/\mathrm{s}$。

3. BTT 导弹自动驾驶仪的设计指标

(1) 俯仰通道。70% 的调节时间 $t_s\leqslant0.2$ s，超调量 $\sigma\leqslant10\%$。

(2) 偏航通道。70% 的调节时间 $t_s\leqslant0.2$ s，超调量 $\sigma\leqslant10\%$，侧滑角 $|\beta|<3°$。

(3) 滚转通道。70% 的调节时间 $t_s\leqslant0.17$ s，超调量 $\sigma\leqslant10\%$。

12.7.2 BTT 导弹协调式耦合自动驾驶仪设计思想

分析式(12.170) ~ 式(12.176) 描述的BTT导弹弹体运动方程可知，由于BTT导弹飞行的速度、飞越的空域是不断变化的，导致了运动方程中的动力学系数 $a_1,a_1',a_2,\cdots,a_5,b_1,b_1',b_2,\cdots,b_5$ 以及 c_1,c_3 大范围快速变化，且俯仰、偏航及滚转三通道运动方程中均含有诸如 $\omega_x\alpha$，$\omega_x\beta$，$\omega_x\omega_y$，$\omega_x\omega_z$ 等的状态变量乘积项，导致了通道间的耦合作用强烈。因此，BTT 导弹是一个多变量非线性快速时变被控对象。

对于这样一个非线性系统，本书首先采用一种简化处理方法，将此非线性对象线性化。即将式(12.174) 中含有 $\omega_y\omega_z$ 的项作为干扰项，使得俯仰、偏航通道与滚转通道之间的耦合关系简化为后者对前者的耦合关系，从而将滚转通道独立出来进行单通道控制律设计及求解；同时，将滚转通道的解实时代入俯仰、偏航通道方程，并把方程中的状态变量乘积项 $\omega_x\alpha$，$\omega_x\beta$，$\omega_x\omega_y$，$\omega_x\omega_z$ 等化成线性项。这样处理后，就将一个非线性被控对象简化成一个单变量线性时变系统和一个多变量线性时变系统，进而进行 BTT 导弹的自动驾驶仪的设计。

由于该型BTT导弹采用了"三加速度＋三速率陀螺"的捷联惯导系统，因此可以实时测量和计算出导弹在任意飞行时刻的迎角 α、侧滑角 β、滚转角 γ、弹体绕体系轴的角速率 ω_x，ω_y，ω_z 以及导弹的纵向过载 n_y；导弹的飞行速度 V 和绕弹体 x，y，z 轴的转动惯量 J_x，J_y，J_z 通过一些途径也可得到；而动力学系数 $a_1,a_1',a_2,\cdots,a_5,b_1,b_1',b_2,\cdots,b_5$ 以及 c_1，c_3，则可由动压、马赫数、时间等参数，根据存储在弹载计算机中的气动参数风洞实验数据实时估计。因此，弹体动力学方程中的所有参数的估值均可实时得到。在此前提下，我们就可以采用第 6 章提出的线性时变系统的时变全程滑动模态变结构控制理论进行 BTT 导弹自动驾驶仪的设计。

基于上述分析，本书的 BTT 导弹协调式耦合自动驾驶仪的设计方法归纳如下：

(1) 滚转通道的控制目的是快速响应系统的制导指令，使得导弹的最大升力面迅速对准所需机动方向。其自动驾驶仪采用模型参考时变全程滑动模态变结构控制方法，进行单独设计，方程中的乘积项 $\omega_y\omega_z$ 作为系统的干扰项，且由于 ω_y,ω_z 可实时测得，因此可以较好地消除俯仰、偏航通道对滚转通道的影响。

(2) 俯仰、偏航通道作为一个两输入两输出的线性时变多变量系统进行联合设计，仍采用模型参考时变全程滑动模态变结构控制方法。其协调控制关系确定为 $n_y=n_{yc}$ 和 $\beta=0$，这样既保证了俯仰通道具有良好的指令跟踪性能，又保证偏航通道满足对侧滑角的限制要求。

12.7.3 BTT 导弹滚转通道自动驾驶仪设计

由 12.7.2 节所述，BTT 导弹滚转通道自动驾驶仪采用模型参考时变全程滑动模态变结构控制方法进行设计，我们首先建立滚转通道的模型参考误差模型。

1. *滚转通道模型参考误差模型的建立*

BTT 导弹滚转通道的运动方程由式(12.174)描述，选取滚转角 γ、滚转角速率 ω_x 为 BTT 导弹滚转通道的状态变量，且暂不考虑各测量元件及执行机构的动态过程的影响，则滚转通道的状态方程为

$$\boldsymbol{X}_{\mathrm{p}}=\boldsymbol{A}(t)\boldsymbol{X}_{\mathrm{p}}+\boldsymbol{B}(t)\boldsymbol{U}_{\mathrm{p}}+\boldsymbol{D}f \tag{12.180}$$

式中

$$\boldsymbol{A}(t)=\begin{bmatrix}0 & 1\\ 0 & -c_1(t)\end{bmatrix},\qquad \boldsymbol{B}(t)=\begin{bmatrix}0\\ -c_3(t)\end{bmatrix}$$

$$\boldsymbol{D}=[0\quad 1]^{\mathrm{T}},\qquad \boldsymbol{X}_{\mathrm{p}}=[\gamma\quad \omega_x]^{\mathrm{T}}$$

$\boldsymbol{U}_{\mathrm{p}}$ 对应舵偏 δ_x；$f=(J_y-J_z)\omega_y\omega_z/(57.3\times J_x)$ 为俯仰、偏航通道所引入的干扰项；$c_1(t)$，$c_3(t)$ 为时变的气动参数。

由于 $c_1(t)$，$c_3(t)$ 可以实时估计，因此在系统设计时，将估计值作为其标称值，记为 $\bar{c}_1(t)$ 和 $\bar{c}_3(t)$。真实值与标称值的偏差已由 12.7.1 小节给出，即 $c_1(t)$ 的真值为估值 $\bar{c}_1(t)$ 拉偏 40%，$c_3(t)$ 的真值为估值 $\bar{c}_3(t)$ 拉偏 15% 的范围内。令

$$\Delta c_1(t)=c_1(t)-\bar{c}_1(t),\quad \Delta c_3(t)=c_3(t)-\bar{c}_3(t) \tag{12.181}$$

则滚转通道弹体运动方程写为

$$\boldsymbol{X}_{\mathrm{p}}=[\boldsymbol{A}_{\mathrm{p}}(t)+\Delta\boldsymbol{A}_{\mathrm{p}}(t)]\boldsymbol{X}_{\mathrm{p}}+[\boldsymbol{B}_{\mathrm{p}}(t)+\Delta\boldsymbol{B}_{\mathrm{p}}(t)]\boldsymbol{U}_{\mathrm{p}}+\boldsymbol{D}f \tag{12.182}$$

式中

$$\boldsymbol{A}_{\mathrm{p}}(t)=\begin{bmatrix}0 & 1\\ 0 & -\bar{c}_1(t)\end{bmatrix},\qquad \boldsymbol{B}_{\mathrm{p}}(t)=\begin{bmatrix}0\\ -\bar{c}_3(t)\end{bmatrix}$$

$$\Delta\boldsymbol{A}_{\mathrm{p}}(t)=\begin{bmatrix}0 & 0\\ 0 & -\Delta c_1(t)\end{bmatrix},\qquad \Delta\boldsymbol{B}_{\mathrm{p}}(t)=\begin{bmatrix}0\\ -\Delta c_3(t)\end{bmatrix}$$

参考模型选取为

$$\gamma_{\mathrm{m}}=\frac{1}{T_{\mathrm{m}}^2s^2+2\xi_{\mathrm{m}}T_{\mathrm{m}}s+1} \tag{12.183}$$

写成状态方程为

$$\dot{\boldsymbol{X}}_{\mathrm{m}}(t)=\boldsymbol{A}_{\mathrm{m}}\boldsymbol{X}_{\mathrm{m}}(t)+\boldsymbol{B}_{\mathrm{m}}\gamma_{\mathrm{c}} \tag{12.184}$$

$$\boldsymbol{A}_{\mathrm{m}}=\begin{bmatrix}0 & 1\\ -\dfrac{1}{T_{\mathrm{m}}^2} & -\dfrac{2\xi_{\mathrm{m}}}{T_{\mathrm{m}}}\end{bmatrix},\qquad \boldsymbol{B}_{\mathrm{m}}=\begin{bmatrix}0\\ \dfrac{1}{T_{\mathrm{m}}^2}\end{bmatrix}$$

式中，$\boldsymbol{X}_{\mathrm{m}}=[\gamma_{\mathrm{m}}\omega_{\mathrm{m}}]^{\mathrm{T}}$ 为参考模型的状态变量，γ_{c} 为滚转角制导指令。时间常数 T_{m} 和阻尼系数 ξ_{m} 根据设计指标确定。

由式(12.182)和式(12.184)定义模型参考控制系统的误差向量为

$$\boldsymbol{e}(t)=\boldsymbol{X}_{\mathrm{m}}(t)-\boldsymbol{X}_{\mathrm{p}}(t) \tag{12.185}$$

则在区间段 (t_i,t_{i+1}) 中推导，可得误差模型，即

$$\begin{aligned}\dot{\boldsymbol{e}}=&\boldsymbol{A}_{\mathrm{m}}\boldsymbol{e}(t)+[\boldsymbol{A}_{\mathrm{m}}-\boldsymbol{A}_{\mathrm{p}}(t)]\boldsymbol{X}_{\mathrm{p}}+\boldsymbol{B}_{\mathrm{m}}\gamma_{\mathrm{c}}-\boldsymbol{B}_{\mathrm{p}}(t_i)\boldsymbol{U}_{\mathrm{p}}-\\&\Delta\boldsymbol{A}_{\mathrm{p}}(t)\boldsymbol{X}_{\mathrm{p}}-[\Delta\boldsymbol{B}_{\mathrm{p}}(t_i)+\boldsymbol{B}_{\mathrm{p}}(t)-\boldsymbol{B}_{\mathrm{p}}(t_i)]\boldsymbol{U}_{\mathrm{p}}-\boldsymbol{D}f\end{aligned} \tag{12.186}$$

其标称模型为

$$\dot{\boldsymbol{e}}(t)=\boldsymbol{A}_{\mathrm{m}}\boldsymbol{e}(t)+[\boldsymbol{A}_{\mathrm{m}}-\boldsymbol{A}_{\mathrm{p}}(t)]\boldsymbol{X}_{\mathrm{p}}+\boldsymbol{B}_{\mathrm{m}}\gamma_{\mathrm{c}}-\boldsymbol{B}_{\mathrm{p}}(t)_i\boldsymbol{U}_{\mathrm{p}} \tag{12.187}$$

2. 滚转通道全程滑动模态变结构控制律设计

针对式(12.186)误差系统，采用第6章中时变全程滑动模态变结构的第一种控制形式，即选取的切换超平面为

$$\boldsymbol{S}=[k\quad 1]e-[k\quad 1]\begin{bmatrix}\exp[-\theta_1(t-t_i)] & 0\\ 0 & \exp[-\theta_2(t-t_i)]\end{bmatrix}\boldsymbol{e}(t_i) \tag{12.188}$$

式中，t_i 为每次区间段切换的起始时刻；k 为滑动模态参数矩阵参数；θ_1,θ_2 为滑动模态移动参数，其值由设计指标确定。若系统需配置的滑动模态运动极点为 λ_x，由第6章的滑动模态极点配置方法及滑动模态移动参数的设计原则，可得

$$k=\theta_1=\theta_2=-\lambda_x \tag{12.189}$$

根据第6章的知识，变结构控制律取为

$$\boldsymbol{U}_{\mathrm{p}}=\boldsymbol{u}_{\mathrm{M}}+\boldsymbol{u}_{\mathrm{V}} \tag{12.190}$$

式中，$\boldsymbol{u}_{\mathrm{M}}$ 为匹配控制律，$\boldsymbol{u}_{\mathrm{V}}$ 为变结构控制项。由误差模型式(12.186)可知，系统满足完全模型跟踪的模型匹配条件和不确定性匹配条件，又由于干扰项 f 可实时解得，则可求得匹配控制 $\boldsymbol{u}_{\mathrm{M}}$ 为

$$\begin{aligned}\boldsymbol{u}_{\mathrm{M}}=&\boldsymbol{B}_{\mathrm{p2}}^{-1}[\boldsymbol{0}\quad \boldsymbol{I}_{\mathrm{m}}](\boldsymbol{A}_{\mathrm{m}}-\boldsymbol{A}_{\mathrm{p}})\boldsymbol{X}_{\mathrm{p}}+\boldsymbol{B}_{\mathrm{p2}}^{-1}[\boldsymbol{0}\quad \boldsymbol{I}_{\mathrm{m}}]\boldsymbol{B}_{\mathrm{m}}\gamma_{\mathrm{c}}-\boldsymbol{B}_{\mathrm{p2}}^{-1}[\boldsymbol{0}\quad \boldsymbol{I}_{\mathrm{m}}]\boldsymbol{D}f=\\ &-\frac{1}{\bar{c}_3(t_i)}[0\quad 1]\left\{\begin{bmatrix}0 & 0\\ -\dfrac{1}{T_{\mathrm{m}}^2} & \bar{c}_1(t)-\dfrac{2\xi_{\mathrm{m}}}{T_{\mathrm{m}}}\end{bmatrix}\boldsymbol{X}_{\mathrm{p}}+\begin{bmatrix}0\\ \dfrac{1}{T_{\mathrm{m}}^2}\end{bmatrix}\gamma_{\mathrm{c}}-\begin{bmatrix}0\\ f\end{bmatrix}\right\}=\\ &\frac{1}{\bar{c}_3(t_i)T_{\mathrm{m}}^2}(\bar{\gamma}-\gamma_{\mathrm{c}})+\frac{2\xi_{\mathrm{m}}-T_{\mathrm{m}}\bar{c}_1(t)}{\bar{c}_3(t_i)T_{\mathrm{m}}}\times\bar{\omega}_x+\frac{\bar{f}}{\bar{c}_3(t_i)T_{\mathrm{m}}^2}\end{aligned} \tag{12.191}$$

式中，$\bar{\gamma},\bar{\omega}_x$ 及 $\bar{f}$ 为与其对应量的测量值，真值与测量值认为是非常接近的。将式(12.191)代入式(11.186)，可得

$$\dot{\boldsymbol{e}}(t)=\boldsymbol{A}_{\mathrm{m}}\boldsymbol{e}(t)-\boldsymbol{B}_{\mathrm{p}}(t_i)\boldsymbol{u}_{\mathrm{V}}-\Delta\boldsymbol{A}_{\mathrm{p}}(t)\boldsymbol{X}_{\mathrm{p}}-[\Delta\boldsymbol{B}_{\mathrm{p}}(t_i)+\boldsymbol{B}_{\mathrm{p}}(t)-\boldsymbol{B}_{\mathrm{p}}(t_i)]\boldsymbol{U}_{\mathrm{p}} \tag{12.192}$$

取变结构控制 $\boldsymbol{u}_{\mathrm{V}}$ 为

$$\boldsymbol{u}_{\mathrm{V}}=\frac{g(t)}{\bar{c}_3(t_i)}\mathrm{sgn}(\boldsymbol{S}) \tag{12.193}$$

利用第6章变结构控制律的设计方法，推导可得

$$\begin{aligned}g(t)=&(1-a_5)^{-1}\{a_1\max(e_1,e_2)+a_2\max(\bar{\gamma},\bar{\omega}_x)+\\ &a_3\parallel\boldsymbol{u}_{\mathrm{M}}\parallel\}+a_4\exp[\lambda_{\mathrm{r}}(t-t_i)]\}+0.5\end{aligned} \tag{12.194}$$

式(12.194)中的各项系数求解如下：

$$a_1=\parallel\boldsymbol{C}(t_i)\boldsymbol{A}_{\mathrm{m}}\parallel=\parallel\begin{bmatrix}-\dfrac{1}{T_{\mathrm{m}}^2} & -\dfrac{2\xi_{\mathrm{m}}}{T_{\mathrm{m}}}\end{bmatrix}\parallel=\frac{1}{T_{\mathrm{m}}^2}$$

$$a_2=\parallel\boldsymbol{C}(t_i)\Delta\boldsymbol{A}_{\mathrm{p}}(t)\parallel=\Delta c_1(t)=0.4c_1(t)$$

$$\begin{aligned}a_3=&\parallel\boldsymbol{C}(t_i)[\boldsymbol{B}(t)-\boldsymbol{B}(t_i)+\Delta\boldsymbol{B}_{\mathrm{p}}(t_i)]\parallel=\\ &\eta_{\mathrm{b}x}\bar{c}_3(t_i)+\Delta c_3(t_i)=[\eta_{\mathrm{b}x}+0.15]\bar{c}_3(t_i)\end{aligned}$$

$$a_4=\parallel\lambda_x\boldsymbol{C}(t_i)e(t_i)\parallel=-\lambda_x\ |-\lambda_x e_1(t_i)+e_2(t_i)\ |$$

$$a_5=\parallel\boldsymbol{C}(t_i)[\Delta\boldsymbol{B}_{\mathrm{p}}(t_i)+\boldsymbol{B}(t)-\boldsymbol{B}(t_i)]\parallel\ \parallel(\boldsymbol{C}(t_i)\boldsymbol{B}(t_i))^{-1}\parallel=$$

$$[\eta_{bx}+0.15]\bar{c}_3(t_i)/\bar{c}_3(t_i)=\eta_{bx}+0.15$$

式中，η_{bx} 为滚转通道控制矩阵的分段参数。

至此，由式(12.188)、式(12.190)、式(12.191)、式(12.193) 和式(12.194) 构成了 BTT 导弹的滚转通道模型参考变结构控制，完成了该通道的自动驾驶仪的设计。

12.7.4 BTT 导弹俯仰、偏航通道自动驾驶仪设计

本节将运用线性时变系统的模型参考时变全程滑动模态变结构控制方法，设计 BTT 导弹俯仰、偏航通道的协调式耦合自动驾驶仪。

1. 俯仰、偏航通道模型跟踪误差模型的建立

重写俯仰、偏航通道的弹体方程及过载方程，即

$$\dot{\alpha}=\omega_z-\frac{\omega_x\beta}{57.3}-a_4\alpha-a_5\delta_z \tag{12.195}$$

$$\dot{\beta}=\omega_y-\frac{\omega_x\alpha}{57.3}-b_4\beta-b_5\delta_y \tag{12.196}$$

$$\dot{\omega}_z=-a_1\omega_z-a_1'\dot{\alpha}-a_2\alpha-a_3\delta_z+\frac{J_x-J_y}{57.3J_z}\omega_x\omega_y \tag{12.197}$$

$$\dot{\omega}_y=-b_1\omega_y-b_1'\dot{\beta}-b_2\beta-b_3\delta_y+\frac{J_z-J_x}{57.3J_y}\omega_x\omega_z \tag{12.198}$$

$$n_y=\frac{Va_4}{57.3g}\alpha \tag{12.199}$$

$$n_z=-\frac{Vb_4}{57.3g}\beta \tag{12.200}$$

采用系数冻结法假设，由式(12.199) 和式(12.200)，可得

$$\dot{\alpha}=\frac{57.3g}{Va_4}\dot{n}_y,\qquad \dot{\beta}=-\frac{57.3g}{Vb_4}\dot{n}_z \tag{12.201}$$

代入式(12.195) 和式(12.196)，则有

$$\dot{n}_y=-a_4n_y+\frac{a_4\omega_x}{57.3b_4}n_z+\frac{a_4V}{57.3g}\omega_z-\frac{a_4a_5V}{57.3g}\delta_z \tag{12.202}$$

$$\dot{n}_z=-b_4n_z-\frac{b_4\omega_x}{57.3a_4}n_y-\frac{b_4V}{57.3g}\omega_y+\frac{b_4b_5V}{57.3g}\delta_y \tag{12.203}$$

选取状态变量 $\boldsymbol{X}_r=[n_y\quad n_z\quad \omega_z\quad \omega_y]^T$，控制输入 $\boldsymbol{U}_r=[\delta_z\quad \delta_y]^T$，结合式(12.197) 和式(12.198)，则在区间段(t_i,t_{i+1}) 中俯仰、偏航通道的状态方程(各气动参数变量均省略自变量) 为

$$\dot{\boldsymbol{X}}_r(t)=\boldsymbol{A}_r(t_i)\boldsymbol{X}_r+\boldsymbol{B}_r(t_i)\boldsymbol{U}_r+[\Delta\boldsymbol{A}_{ri}+\Delta\boldsymbol{A}_r(t)]\boldsymbol{X}_r+[\Delta\boldsymbol{B}_{ri}+\Delta\boldsymbol{B}_r(t)]\boldsymbol{U}_r \tag{12.204}$$

$$\boldsymbol{A}_r=\begin{bmatrix}0 & 0 & \frac{V\bar{a}_4}{57.3g} & 0\\ 0 & 0 & 0 & -\frac{V\bar{b}_4}{57.3g}\\ \left(\bar{a}_1'-\frac{\bar{a}_2}{\bar{a}_4}\right)\frac{57.3g}{V} & -\frac{\bar{a}_1'\omega_xg}{V\bar{b}_4} & -(\bar{a}_1+\bar{a}_1') & \frac{J_x-J_y}{57.3J_z}\omega_x\\ -\frac{\bar{b}_1'\omega_xg}{V\bar{a}_4} & -\left(\bar{b}_1'-\frac{\bar{b}_2}{\bar{b}_4}\right)\frac{57.3g}{V} & \frac{J_z-J_x}{57.3J_y}\omega_x & -(\bar{b}_1+\bar{b}_1')\end{bmatrix}$$

$$\Delta \boldsymbol{A}_{\mathrm{r}}=\begin{bmatrix} -a_4 & \dfrac{a_4\omega_x}{57.3b_4} & \dfrac{\Delta a_4 V}{57.3g} & 0 \\ -\dfrac{b_4\omega_x}{57.3a_4} & -b_4 & 0 & -\dfrac{\Delta b_4 V}{57.3g} \\ \Delta\left(a_1'-\dfrac{a_2}{a_4}\right)\dfrac{57.3g}{V} & -\Delta\left(\dfrac{a_1'}{b_4}\right)\dfrac{\omega_x g}{V} & -\Delta(a_1'+a_1) & 0 \\ -\Delta\left(\dfrac{b_1'}{a_4}\right)\dfrac{\omega_x g}{V} & -\Delta\left(b_1'-\dfrac{b_2}{b_4}\right)\dfrac{57.3g}{V} & 0 & -\Delta(b_1'+b_1) \end{bmatrix}$$

$$\boldsymbol{B}_{\mathrm{r}}=\begin{bmatrix} 0 & 0 \\ 0 & 0 \\ \bar{a}_1'\bar{a}_5-\bar{a}_3 & 0 \\ 0 & \bar{b}_1'\bar{b}_5-\bar{b}_3 \end{bmatrix}$$

$$\Delta \boldsymbol{B}_{\mathrm{r}}=\begin{bmatrix} -\dfrac{a_4a_5V}{57.3g} & 0 \\ 0 & \dfrac{b_4b_5V}{57.3g} \\ \Delta(a_1'a_5-a_3) & 0 \\ 0 & \Delta(b_1'b_5-b_3) \end{bmatrix}$$

上述各矩阵中元素$[\bar{\cdot}]$,未经特别说明均指其在 t_i 时刻的标称值;摄动量 $\Delta\boldsymbol{A}_{ri}$ 和 $\Delta\boldsymbol{B}_{ri}$ 为该区间段的分段误差矩阵。

假定在理想情况下,则有

$$\dot{\alpha}_{\mathrm{m}}=\omega_{z\mathrm{m}}, \qquad \dot{\beta}_{\mathrm{m}}=\omega_{y\mathrm{m}} \tag{12.205}$$

选取参考模型的状态变量及外部输入指令为$\boldsymbol{X}_{\mathrm{m}}=[n_{y\mathrm{m}} \quad n_{z\mathrm{m}} \quad \omega_{z\mathrm{m}} \quad \omega_{y\mathrm{m}}]^{\mathrm{T}}$,$\boldsymbol{R}=[n_{yc} \quad n_{zc}]^{\mathrm{T}}$,则选择的参考模型状态方程为

$$\dot{\boldsymbol{X}}_{\mathrm{m}}(t)=\boldsymbol{A}_{\mathrm{m}}(t_i)\boldsymbol{X}_{\mathrm{m}}+\boldsymbol{B}_{\mathrm{m}}(t_i)\boldsymbol{R} \tag{12.206}$$

$$\boldsymbol{A}_{\mathrm{m}}(t_i)=\begin{bmatrix} 0 & 0 & \dfrac{V\bar{a}_4}{57.3g} & 0 \\ 0 & 0 & 0 & -\dfrac{V\bar{b}_4}{57.3g} \\ -\dfrac{57.3g}{V\bar{a}_4T_{\mathrm{m}z}^2} & 0 & -\dfrac{2\xi_{\mathrm{m}z}}{T_{\mathrm{m}z}} & 0 \\ 0 & \dfrac{57.3g}{V\bar{b}_4T_{\mathrm{m}y}^2} & 0 & -\dfrac{2\xi_{\mathrm{m}y}}{T_{\mathrm{m}y}} \end{bmatrix}$$

$$\boldsymbol{B}_{\mathrm{m}}(t_i)=\begin{bmatrix} 0 & 0 \\ 0 & 0 \\ \dfrac{57.3g}{V\bar{a}_4T_{\mathrm{m}z}^2} & 0 \\ 0 & -\dfrac{57.3g}{V\bar{b}_4T_{\mathrm{m}y}^2} \end{bmatrix}$$

式中,矩阵 $\boldsymbol{A}_{\mathrm{m}}(t_i)$,$\boldsymbol{B}_{\mathrm{m}}(t_i)$ 中参数 $T_{\mathrm{m}z}$,$\xi_{\mathrm{m}z}$ 为俯仰通道的时间常数及阻尼系数,由俯仰通道的设计指标确定;参数 $T_{\mathrm{m}y}$,$\xi_{\mathrm{m}y}$ 为偏航通道的时间常数及阻尼系数,由偏航通道的设计指标确定。

同理,由式(12.204)和式(12.206)定义误差向量为

$$\boldsymbol{e}(t)=\boldsymbol{X}_{\mathrm{m}}(t)-\boldsymbol{X}_{\mathrm{r}}(t) \tag{12.207}$$

则在区间段(t_i,t_{i+1})中误差模型为

$$\begin{aligned}\dot{\boldsymbol{e}}(t)=&\boldsymbol{A}_{\mathrm{m}}(t_i)\boldsymbol{e}(t)+[\boldsymbol{A}_{\mathrm{m}}(t_i)-\boldsymbol{A}_{\mathrm{r}}(t_i)]\boldsymbol{X}_{\mathrm{r}}+\boldsymbol{B}_{\mathrm{m}}(t_i)\boldsymbol{R}-\boldsymbol{B}_{\mathrm{r}}(t_i)\boldsymbol{U}_{\mathrm{r}}-\\&[\Delta\boldsymbol{A}_{ri}+\Delta\boldsymbol{A}_{\mathrm{r}}(t)]\boldsymbol{X}_{\mathrm{r}}-[\Delta\boldsymbol{B}_{ri}+\Delta\boldsymbol{B}_{\mathrm{r}}(t)]\boldsymbol{U}_{\mathrm{r}}\end{aligned} \tag{12.208}$$

其标称模型为

$$\dot{\boldsymbol{e}}(t)=\boldsymbol{A}_{\mathrm{m}}(t_i)\boldsymbol{e}(t)+[\boldsymbol{A}_{\mathrm{m}}(t_i)-\boldsymbol{A}_{\mathrm{r}}(t_i)]\boldsymbol{X}_{\mathrm{r}}+\boldsymbol{B}_{\mathrm{m}}(t_i)\boldsymbol{R}-\boldsymbol{B}_{\mathrm{r}}(t_i)\boldsymbol{U}_{\mathrm{r}} \tag{12.209}$$

分析式(12.209),则有

$$\mathrm{rank}[\boldsymbol{B}_{\mathrm{r}}\quad \boldsymbol{A}_{\mathrm{m}}-\boldsymbol{A}_{\mathrm{r}}]=\mathrm{rank}[\boldsymbol{B}_{\mathrm{r}}]$$
$$\mathrm{rank}[\boldsymbol{B}_{\mathrm{r}}\quad \boldsymbol{B}_{\mathrm{m}}]=\mathrm{rank}[\boldsymbol{B}_{\mathrm{r}}]$$

因此,所构造的参考模型满足完全跟踪的模型匹配条件。

2. 俯仰、偏航通道变结构控制律设计

切换超平面的设计仍采用第 6 章中时变全程滑动模态变结构的第一种控制形式,即选取的切换超平面为

$$\boldsymbol{S}=\boldsymbol{C}(t_i)\boldsymbol{e}-\boldsymbol{C}(t_i)\boldsymbol{E}(t-t_i)\boldsymbol{e}(t_i) \tag{12.210}$$

$$\boldsymbol{E}(t-t_i)=\begin{bmatrix}\boldsymbol{E}_1(t-t_i) & 0\\ 0 & \boldsymbol{E}_2(t-t_i)\end{bmatrix}$$
$$\boldsymbol{E}_1(t-t_i)=\mathrm{diag}[\exp(-\theta_1(t-t_i)),\exp(-\theta_2(t-t_i))]$$
$$\boldsymbol{E}_2(t-t_i)=\mathrm{diag}[\exp(-\theta_3(t-t_i)),\exp(-\theta_4(t-t_i))]$$
$$\mathrm{Re}(\theta_i)>0,\quad i=1,2,3,4$$

式中,t_i 为每次区间段切换的起始时刻,k 为滑动模态参数矩阵参数,θ_i 为滑动模态移动参数,其值由设计指标确定。若配置系统的滑动模态运动极点 $\lambda_z=\lambda_y=\lambda$,则滑动模态参数矩阵及滑动模态移动参数为

$$\theta_1=\theta_2=\theta_3=\theta_4=-\lambda$$

$$\boldsymbol{C}(t_i)=\begin{bmatrix}-\lambda\dfrac{57.3g}{V\bar{a}_4} & 0 & 1 & 0\\ 0 & \lambda\dfrac{57.3g}{V\bar{b}_4} & 0 & 1\end{bmatrix}$$

取变结构控制律为

$$\boldsymbol{U}_{\mathrm{r}}=\boldsymbol{u}_{\mathrm{M}}+\boldsymbol{u}_{\mathrm{V}} \tag{12.211}$$

式中,$\boldsymbol{u}_{\mathrm{M}}$ 为匹配控制律,$\boldsymbol{u}_{\mathrm{V}}$ 为变结构控制项。由于误差模型满足完全模型跟踪的模型匹配条件,则可求得匹配控制 $\boldsymbol{u}_{\mathrm{M}}$ 为

$$\begin{aligned}\boldsymbol{u}_{\mathrm{M}}=&\boldsymbol{B}_{\mathrm{r2}}^{-1}[\boldsymbol{0}\quad \boldsymbol{I}_{\mathrm{m}}](\boldsymbol{A}_{\mathrm{m}}-\boldsymbol{A}_{\mathrm{r}})\boldsymbol{X}_{\mathrm{r}}+\boldsymbol{B}_{\mathrm{r2}}^{-1}[\boldsymbol{0}\quad \boldsymbol{I}_{\mathrm{m}}]\boldsymbol{B}_{\mathrm{m}}\boldsymbol{R}=\boldsymbol{B}_{\mathrm{r2}}^{-1}\boldsymbol{A}_{\mathrm{mr2}}\boldsymbol{X}_{\mathrm{r}}+\boldsymbol{B}_{\mathrm{r2}}^{-1}\boldsymbol{B}_{\mathrm{m2}}\boldsymbol{R}=\\&\begin{bmatrix}\dfrac{1}{\bar{a}_1'\bar{a}_5-\bar{a}_3} & 0\\ 0 & \dfrac{1}{\bar{b}_1'\bar{b}_5-\bar{b}_3}\end{bmatrix}\begin{bmatrix}a_{31} & a_{32} & a_{33} & a_{34}\\ a_{41} & a_{42} & a_{43} & a_{44}\end{bmatrix}\boldsymbol{X}_{\mathrm{r}}+\\&\begin{bmatrix}\dfrac{57.3g}{(\bar{a}_1'a_5-\bar{a}_3)V\bar{a}_4T_{\mathrm{mz}}^2} & 0\\ 0 & -\dfrac{57.3g}{(\bar{b}_1'\bar{b}_5-\bar{b}_3)V\bar{b}_4T_{\mathrm{my}}^2}\end{bmatrix}\boldsymbol{R}\end{aligned} \tag{12.212}$$

式中，$a_{ij}(i=3,4;\ j=1,2,3,4)$ 为

$$a_{31}=-\frac{57.3g}{\bar{a}_4 V}\left(\frac{1}{T_{mz}^2}+\bar{a}_1'\bar{a}_4-\bar{a}_2\right) \qquad a_{32}=\frac{\bar{a}_1'\omega_x g}{V\bar{b}_4}$$

$$a_{33}=-\frac{2\xi_{mz}}{T_{mz}}+(\bar{a}_1+\bar{a}_1') \qquad a_{34}=-\frac{J_x-J_y}{57.3J_z}\omega_x$$

$$a_{41}=\frac{\bar{b}_1'\omega_x g}{V\bar{a}_4} \qquad a_{42}=\frac{57.3g}{\bar{b}_4 V}\left(\frac{1}{T_{my}^2}+\bar{b}_1'\bar{b}_4-\bar{b}_2\right)$$

$$a_{33}=-\frac{J_z-J_x}{57.3J_y}\omega_x \qquad a_{34}=-\frac{2\xi_{my}}{T_{my}}+(\bar{b}_1+\bar{b}_1')$$

将式(12.211)代入式(12.208)，可得

$$\dot{\boldsymbol{e}}(t)=\boldsymbol{A}_m(t_i)\boldsymbol{e}(t)-\boldsymbol{B}_r(t_i)\boldsymbol{u}_V-[\Delta\boldsymbol{A}_{ri}+\Delta\boldsymbol{A}_r(t)]\boldsymbol{X}_r-[\Delta\boldsymbol{B}_{ri}+\Delta\boldsymbol{B}_r(t)]\boldsymbol{U}_r$$

取变结构控制 $\boldsymbol{u}_V$ 为

$$\boldsymbol{u}_V=g(t)\begin{bmatrix}\dfrac{1}{\bar{a}_1'\bar{a}_5-\bar{a}_3} & 0\\ 0 & \dfrac{1}{\bar{b}_1'\bar{b}_5-\bar{b}_3}\end{bmatrix}\operatorname{sgn}(\boldsymbol{S}) \tag{12.213}$$

式中，$g(t)$ 经推导，可得

$$g(t)=(1-a_5)^{-1}\{a_1\|\boldsymbol{e}\|+a_2\|\boldsymbol{X}_r\|+a_3\|\boldsymbol{u}_M\|+a_4\exp[\lambda_r(t-t_i)]\}+0.5 \tag{12.214}$$

各项系数为

$$a_1=\|\boldsymbol{C}(t_i)\boldsymbol{A}_m(t_i)\|$$
$$a_2=\|\boldsymbol{C}(t_i)\|[\eta_{ayz}\|\boldsymbol{A}_r(t_i)\|+\|\Delta\boldsymbol{A}_r\|]$$
$$a_3=\|\boldsymbol{C}(t_i)\|\|\Delta\boldsymbol{B}_{r1}\|+\eta_{byz}\|\boldsymbol{B}_r(t_i)\|+\|\Delta\boldsymbol{B}_{r2}\|$$
$$a_4=\|\lambda\boldsymbol{C}(t_i)\boldsymbol{e}(t_i)\|$$
$$a_5=a_3\|\boldsymbol{B}_r^{-1}(t_i)\|$$

式中，η_{ayz}，η_{byz} 为系统矩阵及控制矩阵的分段参数，范数 $\|\Delta\boldsymbol{A}_r\|$，$\|\Delta\boldsymbol{B}_{r1}\|$ 及 $\|\Delta\boldsymbol{B}_{r2}\|$ 按下面方法计算，即

$$\begin{aligned}&\|\Delta\boldsymbol{A}_r\|=\max_i(P_i),\quad i=1,2,3,4\\&\|\Delta\boldsymbol{B}_{r1}\|=\max[1.25|a_4a_5|V/57.3g,\ 1.25|b_4b_5|V/57.3g]\\&\|\Delta\boldsymbol{B}_{r2}\|=\max[(0.45|a_1'a_5|+0.2|a_3|),(0.45|b_1'b_5|+0.2|b_3|)]\end{aligned} \tag{12.215}$$

式中

$$P_1=\left(1.1+1.2\omega_x\left|\frac{1}{b_4}\right|/57.3+0.1V/57.3g\right)|a_4|$$

$$P_2=\left(1.1+1.2\omega_x\left|\frac{1}{a_4}\right|/57.3+0.1V/57.3g\right)|b_4|$$

$$P_3=\left(0.3|a_1'|+0.22\left|\frac{a_2}{a_4}\right|\right)57.3g/V+0.4\omega_x g\left|\frac{a_1'}{b_4}\right|/V+0.4|a_1|+0.3|a_1'|$$

$$P_4=\left(0.3|b_1'|+0.22\left|\frac{b_2}{b_4}\right|\right)57.3g/V+0.4\omega_x g\left|\frac{b_1'}{a_4}\right|/V+0.4|b_1|+0.3|b_1'|$$

至此，由式(12.210)、式(12.211)、式(12.212)和式(12.213)构成了 BTT 导弹的俯仰、偏航通道模型参考变结构控制系统。

此外，分析舵机的动态特性可知，其调节时间 $t_s = 0.18$ s，与 BTT 导弹的自动驾驶仪回路的调节时间非常接近，故而舵机系统在自动驾驶仪回路中相当于一个时延较大的滞后环节，对整个控制系统的稳定性及其动态品质均有较大的不良影响，因此还需对舵机系统进行校正，以提高其动态响应速度。本章对舵机系统进行反馈校正，经校正后的舵机系统的调节时间为 $t_s = 0.05$ s。在下面的数字仿真中就采用了校正后的舵机系统。

12.7.5　BTT 导弹三通道联合仿真及结果分析

在本节的 BTT 导弹三通道联合仿真中，将自动驾驶仪设计时忽略的非理想环节，诸如测量元件、执行机构等的动态特性及各元件的限幅特性引入仿真之中，以验证本文研究的时变全程滑动模态变结构控制理论的正确性和工程应用的有效性。

1. 三通道自动驾驶仪参数的确定

根据三通道的具体设计指标，确定滚转通道、俯仰、偏航通道的参考模型参数及滑动模态配置极点、分段参数如下：

$$\xi_m = 0.8,\quad T_m = 0.08\ \text{s},\quad \lambda_x = -40,\quad \eta_{bx} = 0.35$$
$$\xi_{mz} = 0.8,\quad T_{mz} = 0.09\ \text{s},\quad \lambda_z = -50,\quad \eta_{ayz} = 0.5$$
$$\xi_{my} = 0.8,\quad T_{my} = 0.09\ \text{s},\quad \lambda_y = -50,\quad \eta_{byz} = 0.20$$

2. 数字仿真及结果分析

根据所设计的某型 BTT 导弹时变全程滑动模态某型参考变结构自动驾驶仪和确定的自动驾驶仪参数，其三通道联合数字仿真结果如图 12.34 ～ 图 12.69 所示。

图 12.34 ～ 图 12.36 所示为滚转角制导指令 γ_c 为方波时，BTT 导弹弹体滚转角 γ 在低、中及高空域跟踪参考模型的变化曲线，图 12.37 ～ 图 12.39 所示为相对应的副翼偏转角 δ_x 的变化曲线。

图 12.40 ～ 图 12.42 所示为纵向过载制导指令 n_{yc} 为方波时，BTT 导弹弹体纵向过载 n_y 在低、中及高空域跟踪参考模型的变化曲线，图 12.43 ～ 图 12.45 所示为相对应的升降舵偏转角 δ_z 的变化曲线。

图 12.46 ～ 图 12.48 所示为滚转角制导指令 γ_c、纵向过载制导指令 n_{yc} 都为方波时，BTT 导弹弹体侧滑角 β 在低、中及高空域跟踪参考模型的变化曲线，图 12.49 ～ 图 12.51 所示为相对应的方向舵偏转角 δ_y 的变化曲线。

图 12.52 ～ 图 12.54 所示为滚转角制导指令 γ_c 由典型弹道确定时，BTT 导弹弹体滚转角 γ 在低、中及高空域跟踪参考模型的变化曲线，图 12.55 ～ 图 12.57 所示为相对应的副翼偏转角 δ_x 的变化曲线。

图 12.58 ～ 图 12.60 所示为纵向过载制导指令 n_{yc} 由典型弹道确定时，BTT 导弹弹体纵向过载 n_y 在低、中及高空域跟踪参考模型的变化曲线，图 12.61 ～ 图 12.63 所示为相对应的升降舵偏转角 δ_z 的变化曲线。

图 12.64 ～ 图 12.66 所示为滚转角制导指令 γ_c、纵向过载制导指令 n_{yc} 均为由典型弹道确定时，BTT 导弹弹体侧滑角 β 在低、中及高空域跟踪参考模型的变化曲线，图 12.67 ～ 图 12.69 所示为相对应的方向舵偏转角 δ_y 的变化曲线。

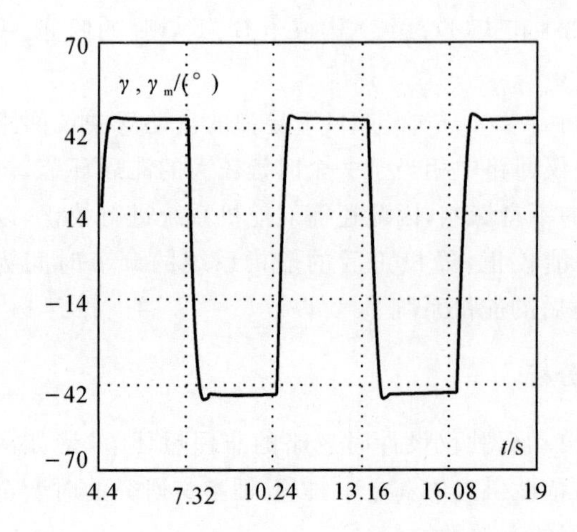

图 12.34 γ_c 为方波时，γ,γ_m 在低空域的变化曲线

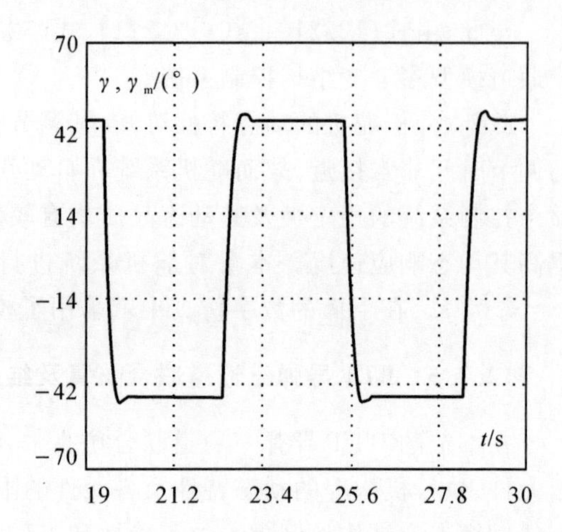

图 12.35 γ_c 为方波时，γ,γ_m 在中空域的变化曲线

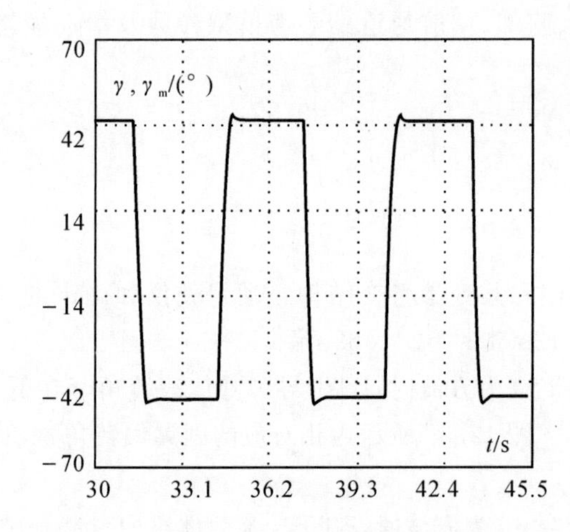

图 12.36 γ_c 为方波时，γ,γ_m 在高空域的变化曲线

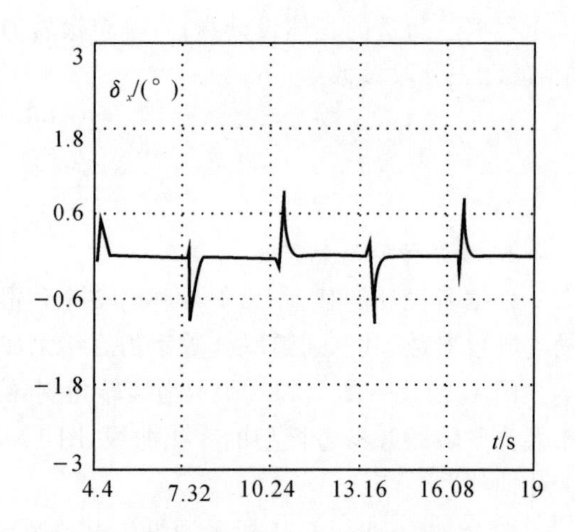

图 12.37 γ_c 为方波时，δ_x 在低空域的变化曲线

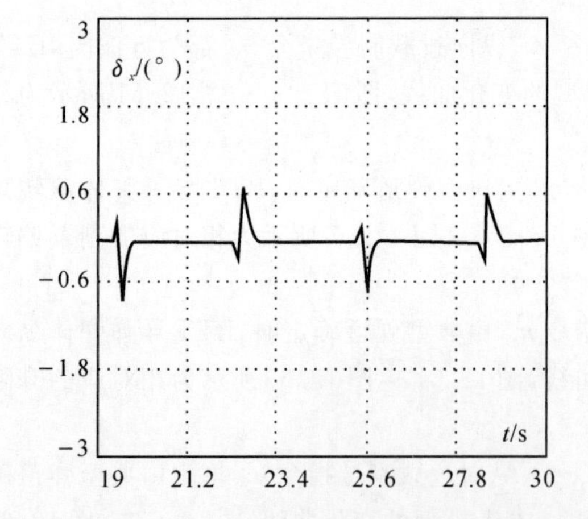

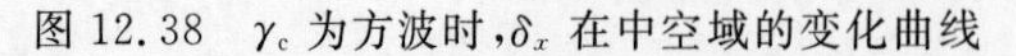

图 12.38 γ_c 为方波时，δ_x 在中空域的变化曲线

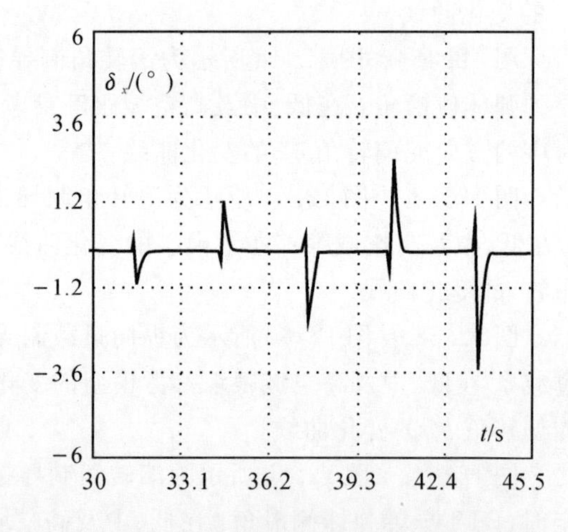

图 12.39 γ_c 为方波时，δ_x 在高空域的变化曲线

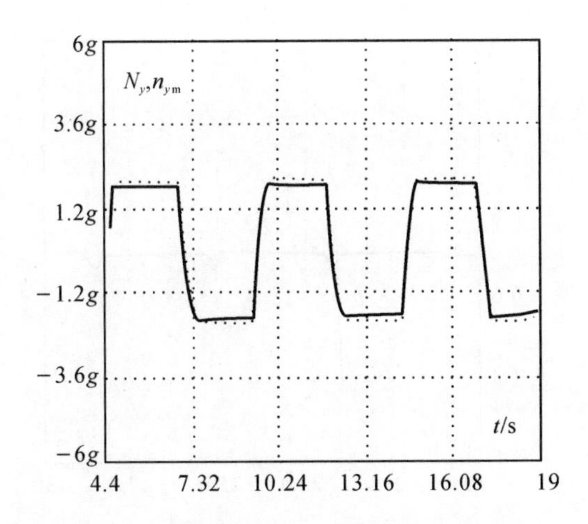

图 12.40　n_{yc} 为方波时，n_y，n_{ym} 在低空域的变化曲线

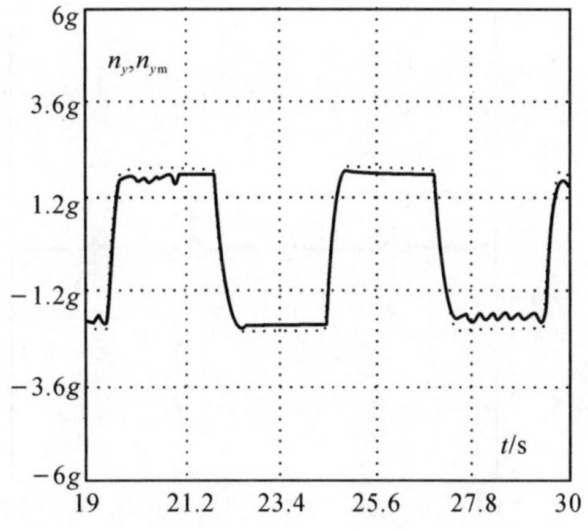

图 12.41　n_{yc} 为方波时，n_y，n_{ym} 在中空域的变化曲线

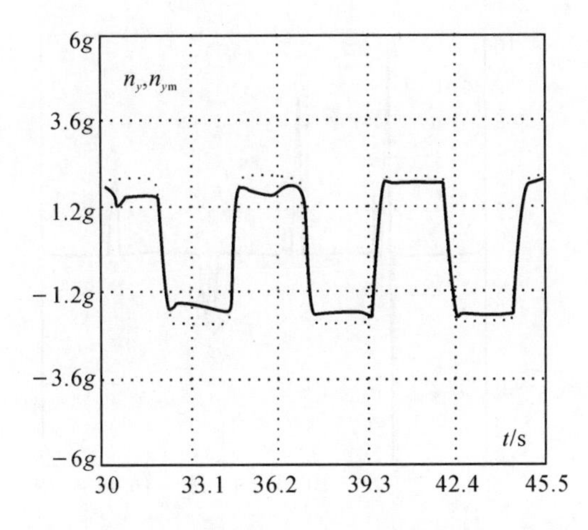

图 12.42　n_{yc} 为方波时，n_y，n_{ym} 在高空域的变化曲线

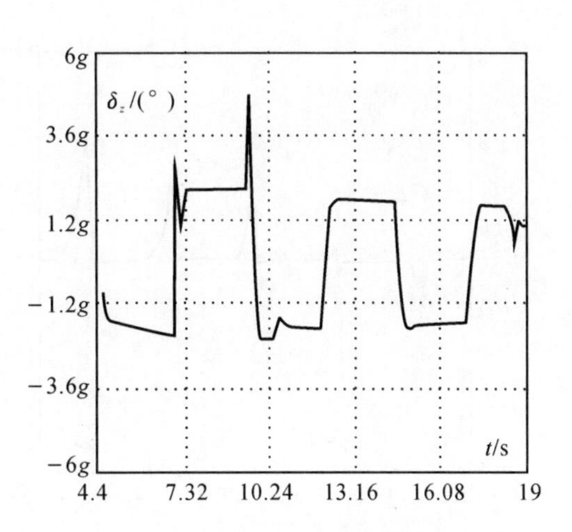

图 12.43　n_{yc} 为方波时，δ_z 在低空域的变化曲线

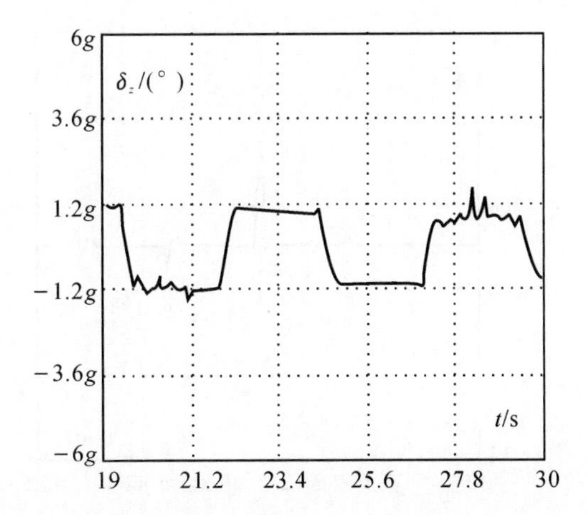

图 12.44　n_{yc} 为方波时，δ_z 在中空域的变化曲线

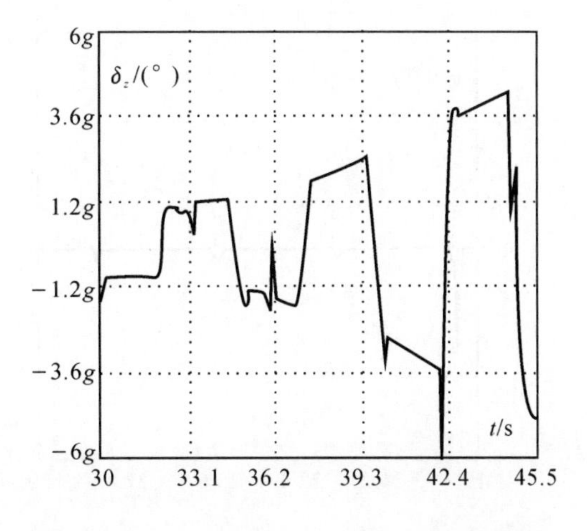

图 12.45　n_{yc} 为方波时，δ_z 在高空域的变化曲线

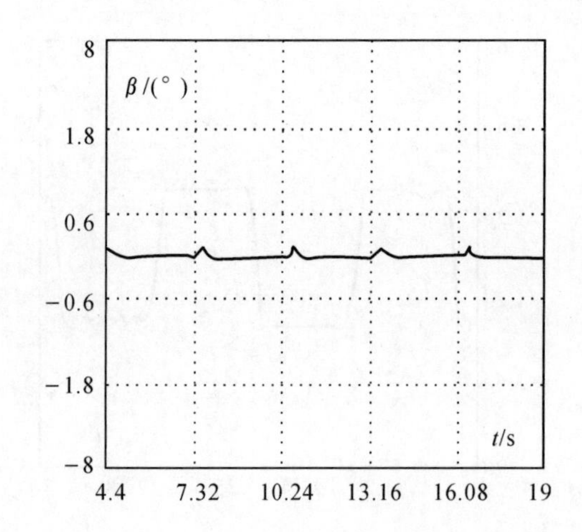

图 12.46 γ_c, n_{yc} 为方波时，β 在低空域的变化曲线

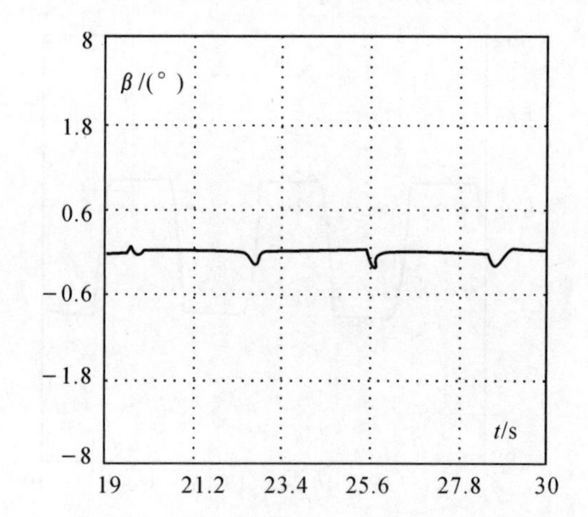

图 12.47 γ_c, n_{yc} 为方波时，β 在中空域的变化曲线

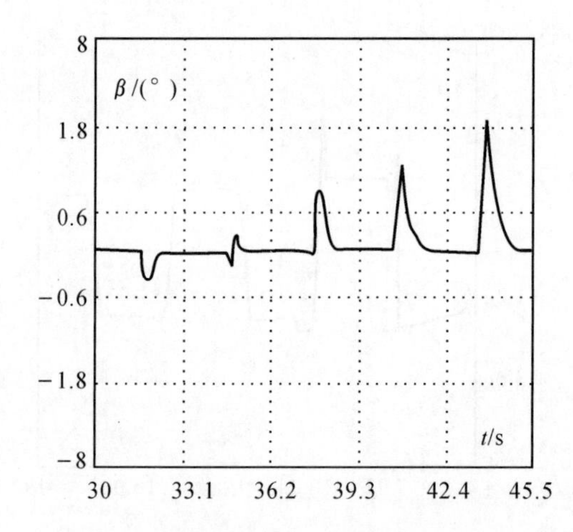

图 12.48 γ_c, n_{yc} 为方波时，β 在高空域的变化曲线

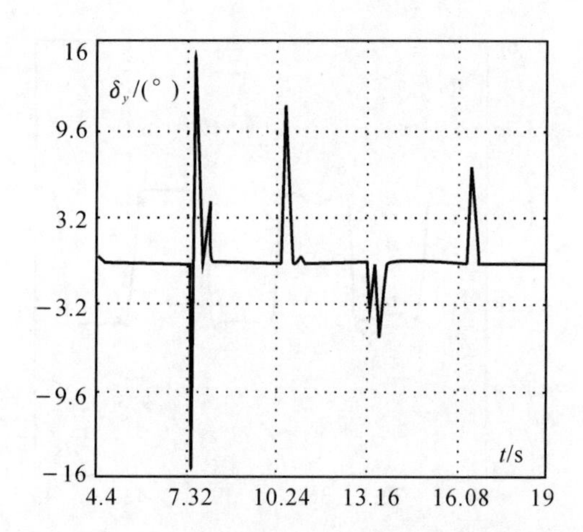

图 12.49 γ_c, n_{yc} 为方波时，δ_y 在低空域的变化曲线

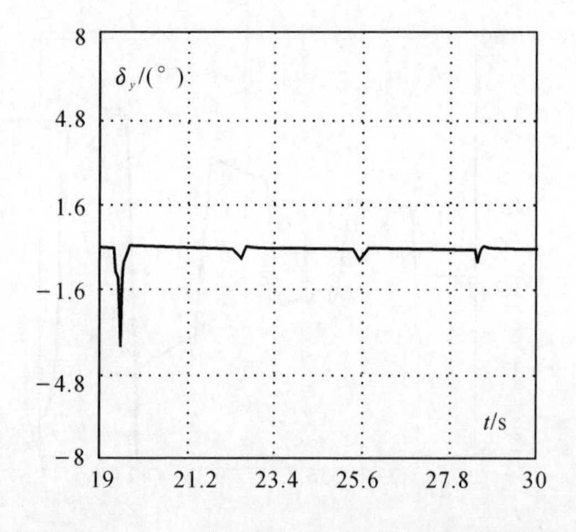

图 12.50 γ_c, n_{yc} 为方波时，δ_y 在中空域的变化曲线

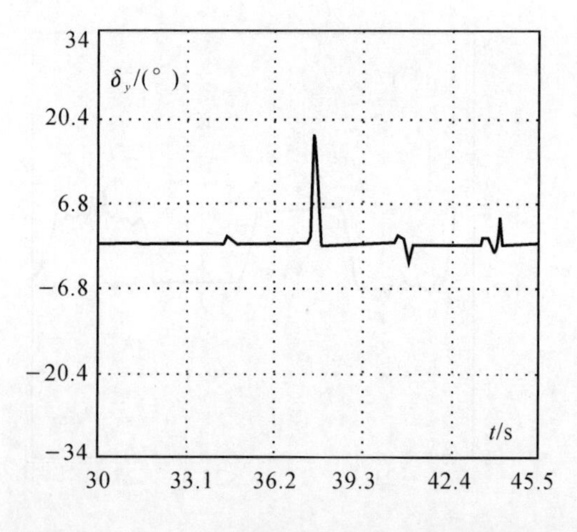

图 12.51 γ_c, n_{yc} 为方波时，δ_y 在高空域的变化曲线

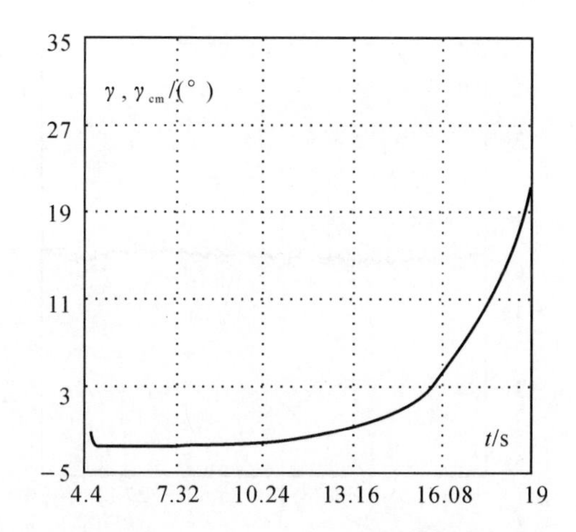

图 12.52　γ_c 确定时，γ,γ_{cm} 在低空域的变化曲线

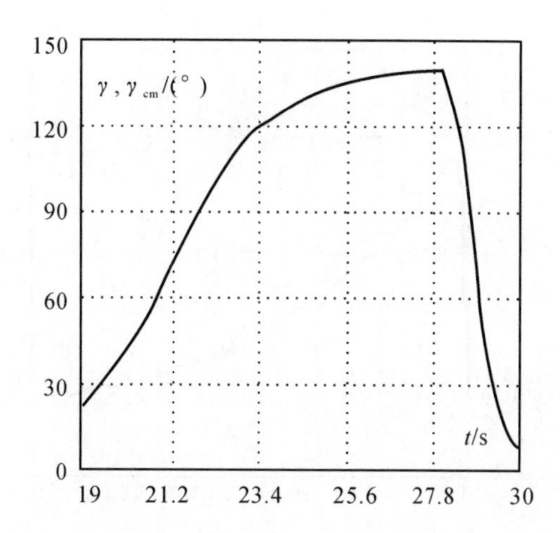

图 12.53　γ_c 确定时，γ,γ_{cm} 在中空域的变化曲线

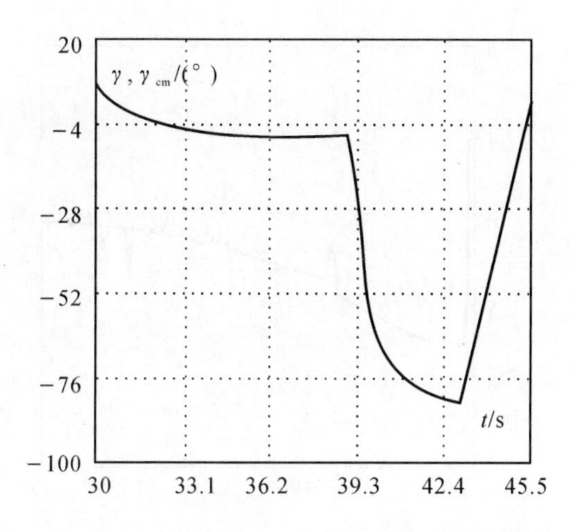

图 12.54　γ_c 确定时，γ,γ_{cm} 在高空域的变化曲线

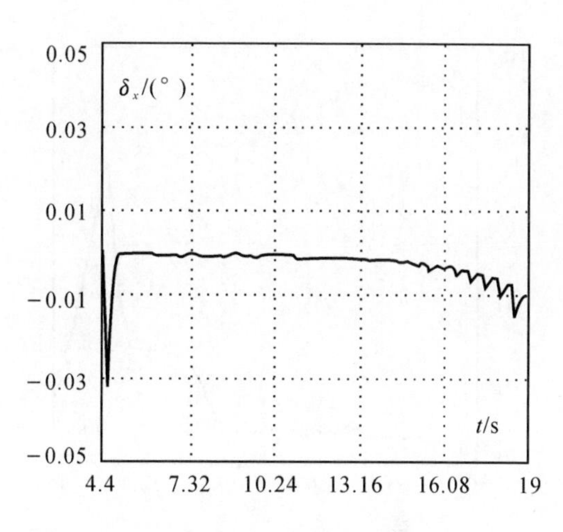

图 12.55　γ_c 确定时，δ_x 在低空域的变化曲线

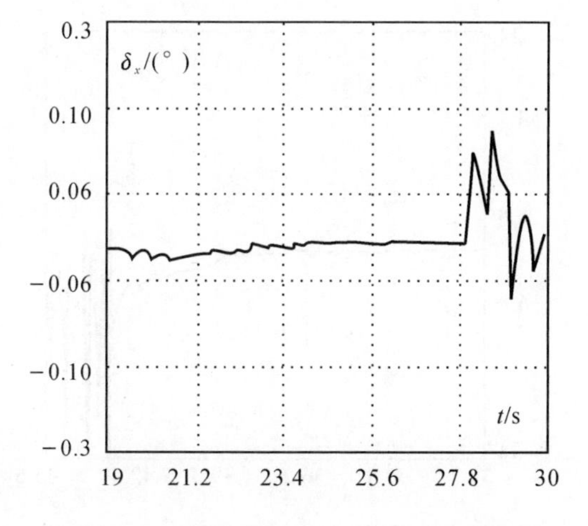

图 12.56　γ_c 确定时，δ_x 在中空域的变化曲线

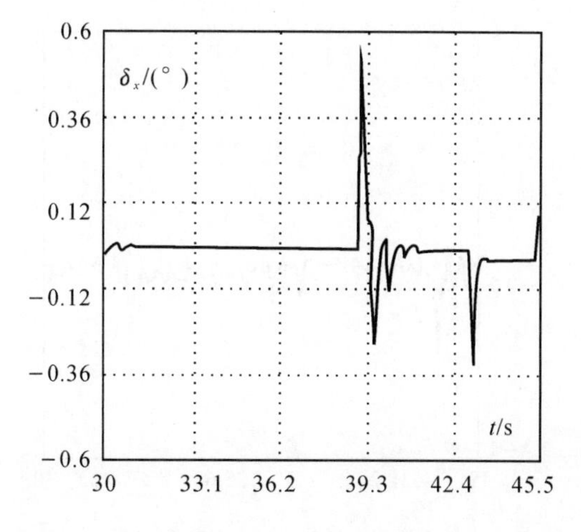

图 12.57　γ_c 确定时，δ_x 在高空域的变化曲线

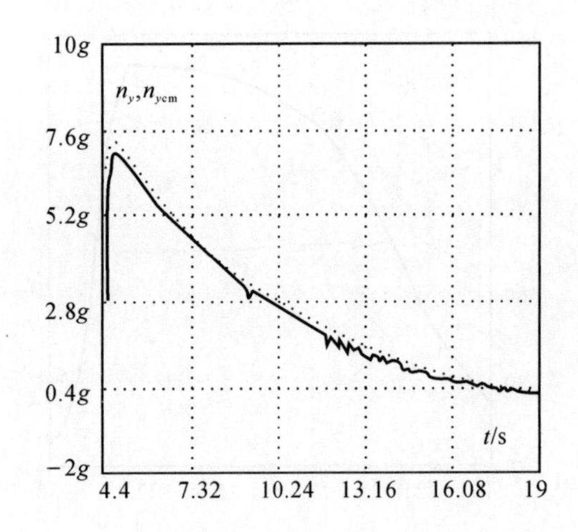

图 12.58　n_{yc} 确定时，n_y，n_{ycm} 在低空域的变化曲线

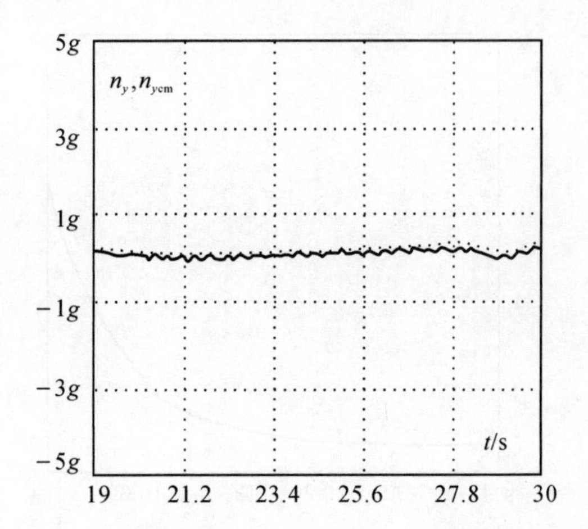

图 12.59　n_{yc} 确定时，n_y，n_{ycm} 在中空域的变化曲线

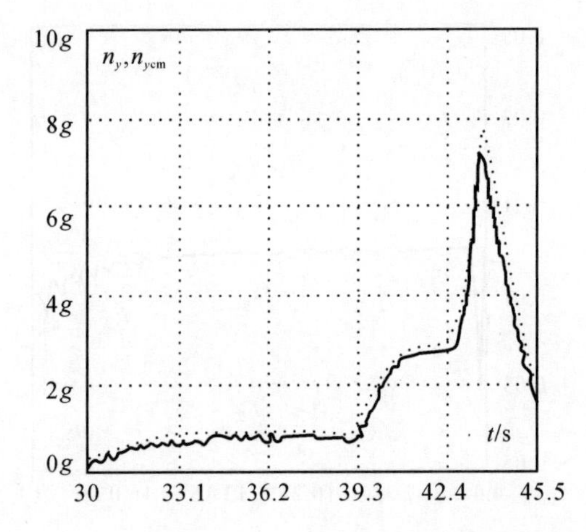

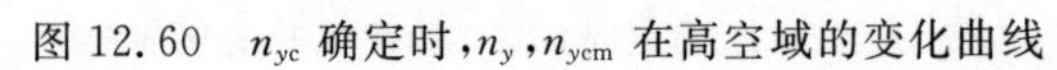

图 12.60　n_{yc} 确定时，n_y，n_{ycm} 在高空域的变化曲线

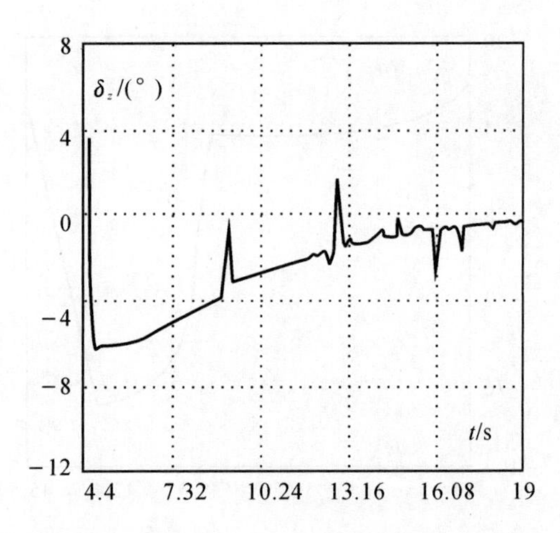

图 12.61　n_{yc} 确定时，δ_z 在低空域的变化曲线

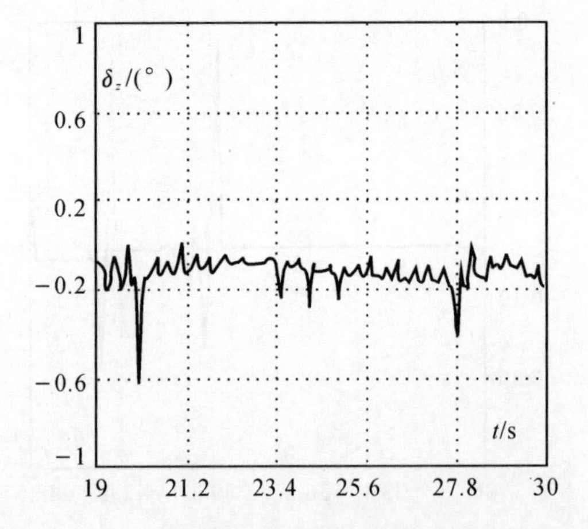

图 12.62　n_{yc} 确定时，δ_z 在中空域的变化曲线

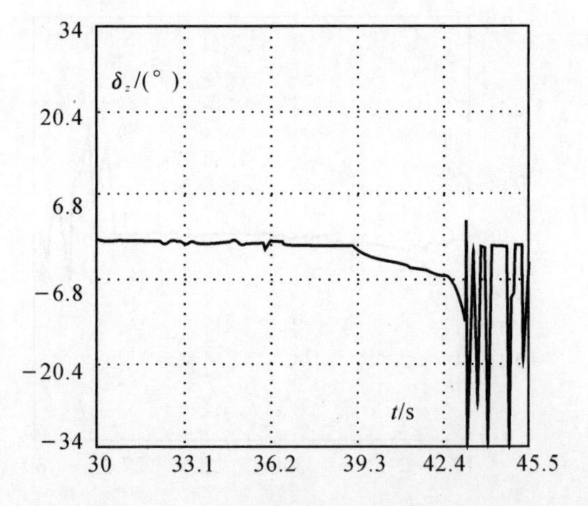

图 12.63　n_{yc} 确定时，δ_z 在高空域的变化曲线

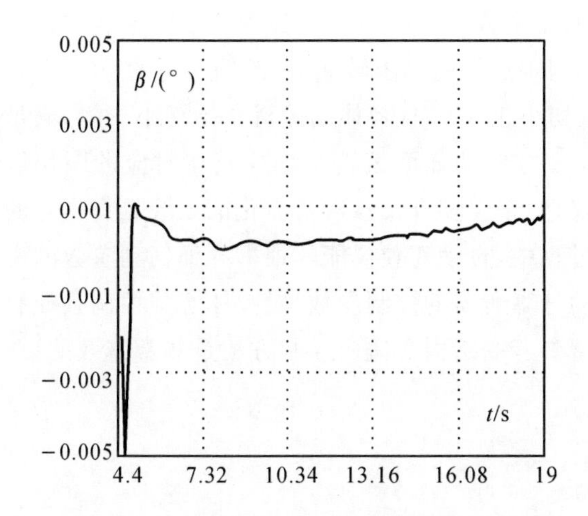

图 12.64　γ_c, n_{yc} 确定时，β 在低空域的变化曲线

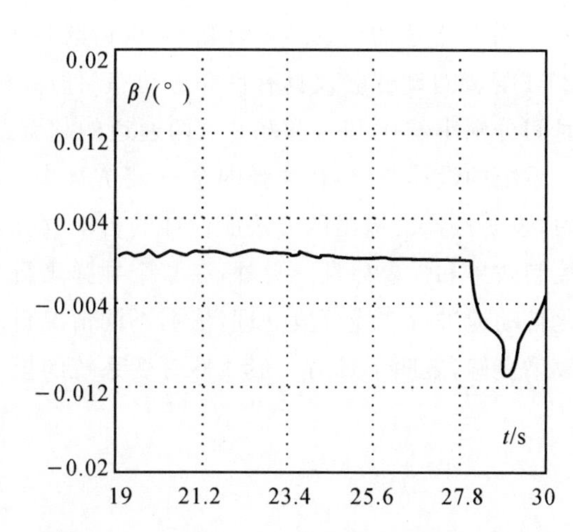

图 12.65　γ_c, n_{yc} 确定时，β 在中空域的变化曲线

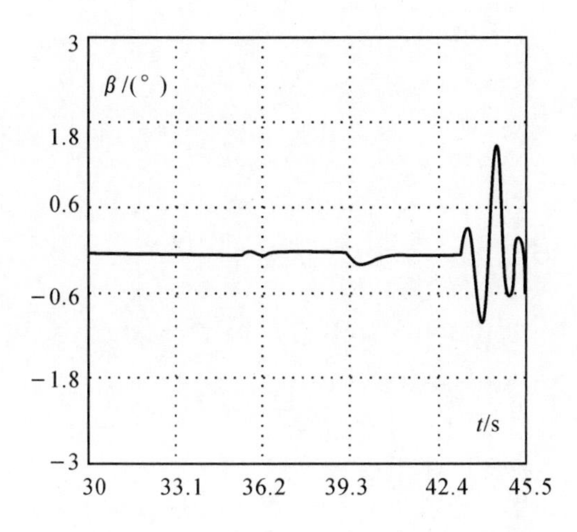

图 12.66　γ_c, n_{yc} 确定时，β 在高空域的变化曲线

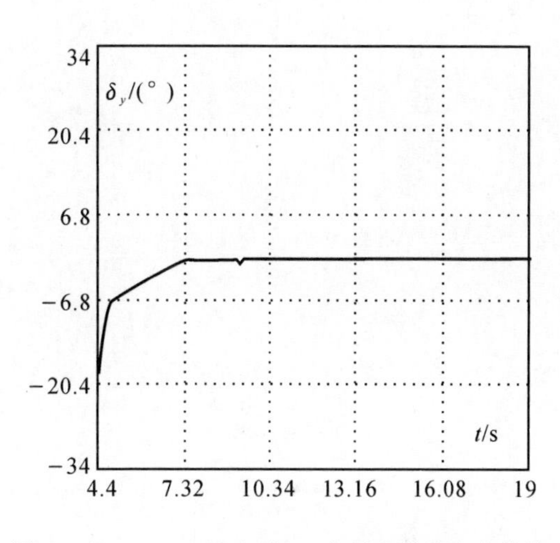

图 12.67　γ_c, n_{yc} 确定时，δ_y 在低空域的变化曲线

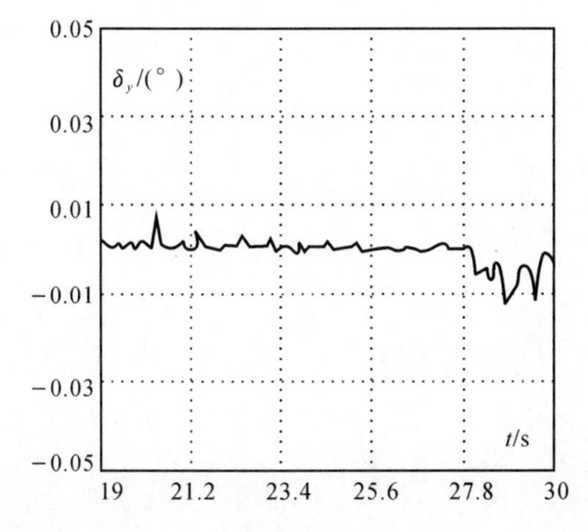

图 12.68　γ_c, n_{yc} 确定时，δ_y 在中空域的变化曲线

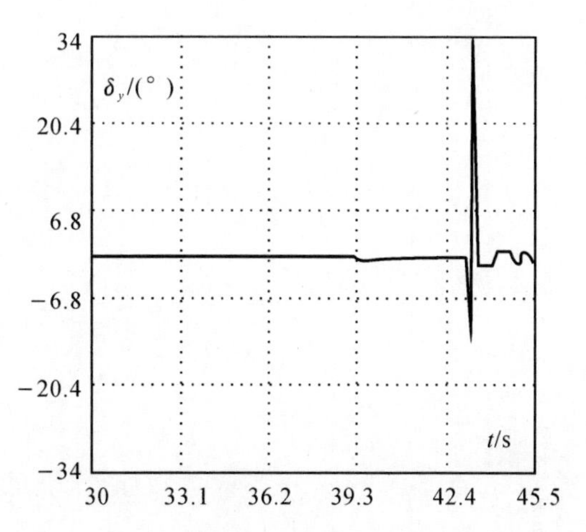

图 12.69　γ_c, n_{yc} 确定时，δ_y 在高空域的变化曲线

分析上述的仿真结果可知，所设计的基于时变全程滑动模态模型参考变结构控制理论的BTT导弹自动驾驶仪具有良好的动态品质和模型跟踪性能。滚转通道、俯仰通道的70%上升时间分别小于0.17 s和0.2 s，两通道的超调量均小于3%，且弹体的侧滑角始终小于3°，满足了系统的设计要求；在导弹的全空域仿真中，三个方向的舵面偏转角均在其相对应的限幅区内，表明按本书提出的方法所设计的自动驾驶仪，对于强耦合及参数快变化的系统具有良好的控制效果和强鲁棒性。另外，在整个导弹飞行过程中，自动驾驶仪能够根据导弹气动参数的变化自动地进行在线分段处理，依据不同情况自动计算所需的控制参数，对弹体实施控制且控制效果良好，表明了针对一般线性时变系统的模型参考变结构自适应控制方法是非常有效的。

第13章　尾坐式无人机的自适应控制方法

前面介绍了自适应控制的理论和自适应控制器的设计方法，本章将给出一个采用自适应控制理论中的模型预测控制和滑模变结构控制来设计 Arkbird 尾坐式无人机垂直起降飞行模式控制器的实例，进一步说明自适应控制器的设计过程和控制效果。下面将对尾坐式无人机垂直起降阶段的数学模型和位置、姿态的自适应控制器设计过程进行阐述。

13.1　尾坐式无人机的系统模型

13.1.1　尾坐式无人机的构型

Arkbird 尾坐式无人机如图 13.1 所示，采用飞翼气动布局，由机身、机翼、和两侧的三角形起落架组成。两侧机翼前缘各安装一台由无刷电机驱动的螺旋桨发动机，在机翼末端安装有一对副翼，飞控设备安装在机身内部。除此之外，该无人机采用型号为 *NACA*009 的对称翼型，外部构型和质量分布均关于飞机纵向对称平面和横向对称平面对称。*Arkbird* 尾坐式无人机的相关参数见表 13.1。

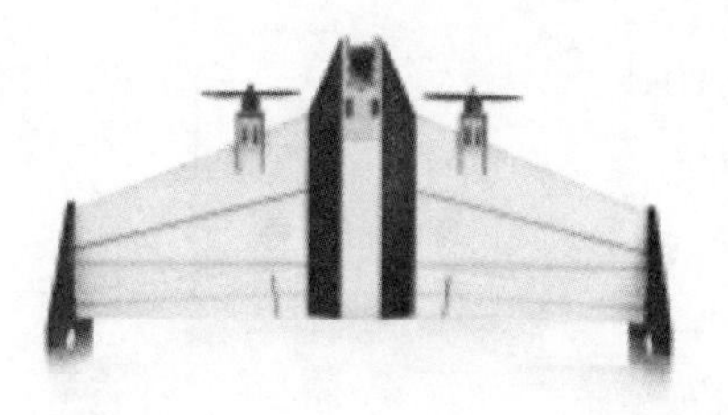

图 13.1　*Arkbird* 尾坐式无人机

表 13.1　Arkbird 尾坐式无人机参数

参　数	值
质量 m/kg	0.88
机翼特征面积 S/m^2	0.207 33
翼展 b/m	0.85
平均气动弦长 c/m	0.243 92
重心距机头距离 L/m	0.126

续表

参　数	值
纵轴转动惯量 J_x/kg·m^2	0.114 7
横轴转动惯量 J_y/kg·m^2	0.057 6
竖轴转动惯量 J_z/kg·m^2	0.171 2
前缘后掠角/(°)	21.371
后缘后掠角/(°)	4.968

Arkbird尾坐式无人机的这种设计方案，使得飞机在垂直起降速度很小或空中悬停的情况下，依靠机翼前缘螺旋桨产生的高速滑流，通过副翼联动，实现俯仰姿态的调节；通过副翼差动，实现滚转姿态的调节；通过机翼前缘两个螺旋桨差速，实现偏航姿态的调节。此外，无人机的构型和质量分布，关于横向和纵向对称平面对称，省去了控制预留偏量，降低了气动模型的复杂度，更利于控制系统的设计和实现。

13.1.2　尾坐式无人机的六自由度非线性模型

坐标系统是建立尾坐式无人机运动学和动力学模型的参考基准。在垂直起降阶段尾坐式无人机的机体与速度坐标系和参考地理坐标系（垂向地理坐标系，天东北，UEN）分别如图13.2和图13.3所示。

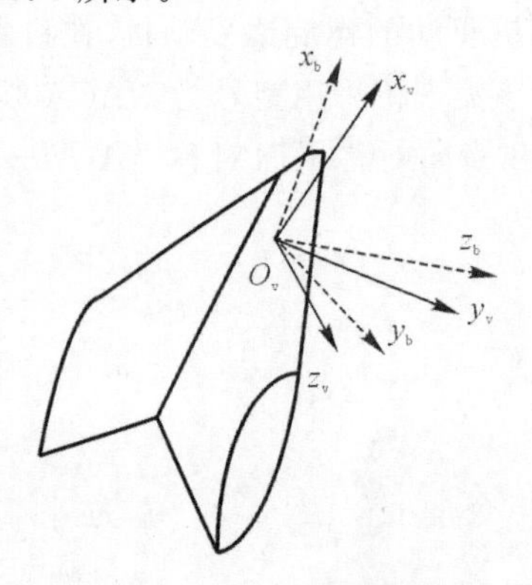

图13.2　机体与速度坐标系

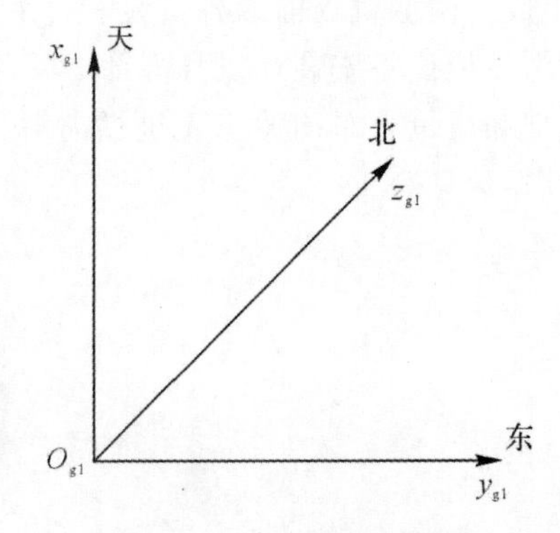

图13.3　参考地理坐标系

基于上述坐标系，尾坐式无人机的运动参数有：俯仰角θ_v、偏航角Ψ_v、滚转角ϕ_v、惯性天向位置p_u、惯性东向位置p_e、惯性北向位置p_n、攻角α、侧滑角β、滚转角速度p、俯仰角速度q和偏航角速度r等，其定义方法与教科书中定义一致。

考虑到尾坐式无人机的空气动力模型较为复杂，将在后续专门进行说明，下面暂且给出尾坐式无人机垂直起降飞行模式下，空气动力模型暂不展开的六自由度运动学和动力学模型：

$$\begin{bmatrix} \dot{p}_u \\ \dot{p}_e \\ \dot{p}_n \end{bmatrix} = \begin{bmatrix} v_u \\ v_e \\ v_n \end{bmatrix} \tag{13.1}$$

$$\begin{bmatrix}\dot{v}_u\\ \dot{v}_e\\ \dot{v}_n\end{bmatrix}=\frac{1}{m}\begin{bmatrix}\cos\theta_v\cos\Psi_v & \sin\theta_v\cos\Psi_v\sin\phi_v-\sin\Psi_v\cos\phi_v & \sin\theta_v\cos\Psi_v\cos\phi_v+\sin\Psi_v\sin\phi_v\\ \cos\theta_v\sin\Psi_v & \sin\theta_v\sin\Psi_v\sin\phi_v+\cos\Psi_v\cos\phi_v & \sin\theta_v\sin\Psi_v\cos\phi_v-\cos\Psi_v\sin\phi_v\\ -\sin\theta_v & \cos\theta_v\sin\phi_v & \cos\theta_v\cos\phi_v\end{bmatrix}\cdot$$

$$\begin{bmatrix}F_{aero\_x}+\frac{1}{2}\rho S_{prop}C_{\text{prop}}(k_{prop}^2(\delta_{t_L}^2+\delta_{t_R}^2)-2V_a^2)\\ F_y\\ F_{aero\_z}\end{bmatrix}+\begin{bmatrix}-mg\\ 0\\ 0\end{bmatrix}\tag{13.2}$$

$$\begin{bmatrix}\dot{\phi}_v\\ \dot{\theta}_v\\ \dot{\Psi}_v\end{bmatrix}=\begin{bmatrix}1 & \sin\phi_v\tan\theta_v & \cos\phi_v\tan\theta_v\\ 0 & \cos\phi_v & -\sin\phi_v\\ 0 & \sin\phi_v\sec\theta_v & \cos\phi_v\sec\theta_v\end{bmatrix}\begin{bmatrix}p\\ q\\ r\end{bmatrix}\tag{13.3}$$

$$\begin{bmatrix}\dot{p}\\ \dot{q}\\ \dot{r}\end{bmatrix}=\begin{bmatrix}\frac{(J_y-J_z)qr}{J_x}\\ \frac{(J_z-J_x)pr}{J_y}\\ \frac{(J_x-J_y)pq}{J_z}\end{bmatrix}+$$

$$\begin{bmatrix}\frac{1}{J_x}(P_{in}bC_{l_0}(V_{a\_in},\alpha_{in})+P_{out}bC_{l_0}(V_a,\alpha_{out})+(P_{in}bC_{l\delta_a}(\alpha_{in})+P_{out}bC_{l\delta_a}(\alpha_{out}))\cdot\delta_a)\\ \frac{1}{J_y}(P_{in}cC_{m_0}(V_{a\_in},\alpha_{in})+P_{out}cC_{m_0}(V_a,\alpha_{out})+(P_{in}cC_{m\delta_e}(\alpha_{in})+P_{out}cC_{l\delta_e}(\alpha_{out}))\cdot\delta_e)\\ \frac{1}{J_z}(P_{in}bC_{n_0}(V_{a\_in},\alpha_{in})+P_{out}bC_{n_0}(V_a,\alpha_{out})+(P_{in}bC_{n\delta_a}(\alpha_{in})+P_{out}bC_{n\delta_a}(\alpha_{out}))\cdot\delta_a+M_t)\end{bmatrix}\tag{13.4}$$

式中：ρ 为空气密度，取 1.268 2 kg/m^3；S_{prop} 为螺旋桨扫过的面积，取 0.024 8 m^2；C_{prop} 为发动机参数，取 1；k_{prop} 为离开螺旋桨的气流速度与油门指令的比例系数，取 28；δ_{t_L} 为左侧发动机的油门指令，取值范围 0—1；δ_{t_R} 为右侧发动机的油门指令，取值范围 0—1；v_u 为天向速度，m/s；v_e 为东向速度，m/s；v_n 为北向速度，m/s；V_a 为无人机的空速，m/s；F_{aero_x} 为机体系表示的 x 轴方向所受空气动力，N；F_{aero_y} 为机体表示的 y 轴方向所受空气动力，N；F_y 为机体系表示的 y 轴方向所受的力，N；p_{in} 为螺旋桨滑流影响区内的动压与无人机参考面积的乘积；p_{out} 为螺旋桨滑流影响区以外的动压与无人机参考面积的乘积。

13.1.3　尾坐式无人机的空气动力模型

如图 13.4 所示，按螺旋桨滑流的作用范围，将机翼和机身表面划分为五部分，l_1 和 r_1 两个表面处于螺旋桨滑流影响区域，其余表面则直接暴露在外部环境。对于这种局部气动表面上的气流条件需要特殊考虑的情况，本章采用动压面积法建立了气动力和力矩模型。

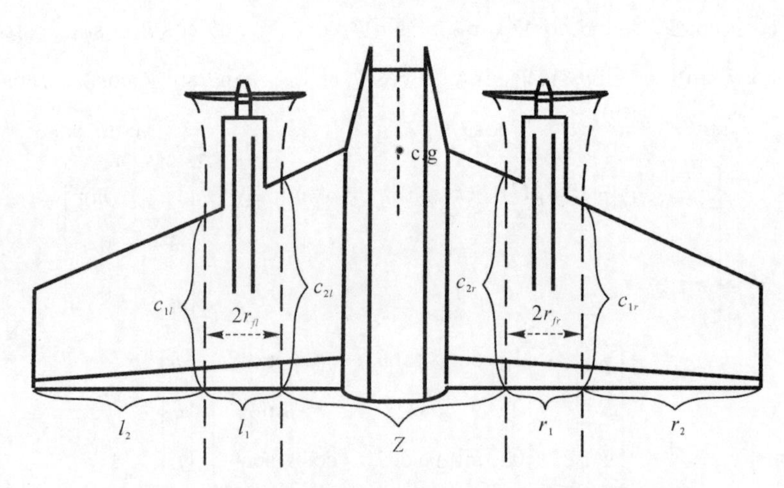

图 13.4　螺旋桨滑流作用效果及部分气动计算参数示意图

(1) 螺旋桨滑流模型。基于动量理论建立的螺旋桨滑流模型已被证明具有较高的估计精度，依据动量理论，螺旋桨桨盘轴向的滑流速度模型为

$$v_{induce}=\frac{V_a\cos\alpha+\sqrt{V_a^2\cos^2\alpha+2T_p/\rho A}}{2}\left[1+\frac{d_p/R_p}{\sqrt{1+(d_p/R_p)^2}}\right] \tag{13.5}$$

式中：

v_{induce} 为螺旋桨桨盘轴向的滑流速度，m/s；V_a 为螺旋桨前方自由流速度的大小，即无人机空速的大小，m/s；α 为攻角，rad；T_p 为螺旋桨推，N；ρ 为空气密度，取 1.268 2 kg/m^3；A 为螺旋桨桨盘面积，m^2；d_p 为螺旋桨桨盘在其轴线方向距机翼 25% 弦长的距离，m；R_p 为螺旋桨桨盘的半径，m。通过螺旋桨桨盘的空气流速为

$$V_1=\frac{V_a\cos\alpha+v_{induce}}{2} \tag{13.6}$$

根据通过桨盘的质量流率守恒，滑流流管在机翼前缘 25% 弦长位置处的轴向截面面积 A_3 和流管半径 r_f 为

$$\begin{cases}A_3=\dfrac{AV_1}{v_{induce}}\\ r_f=\sqrt{\dfrac{A_3}{\pi}}\end{cases} \tag{13.7}$$

如图 13.4 所示，机翼浸没在螺旋桨滑流中的区域呈梯形，其面积为

$$S_{in}=r_{fl}(c_{1l}+c_{2l})+r_{fr}(c_{1r}+c_{2r}) \tag{13.8}$$

式中：S_{in} 为机翼浸没在滑流影响区中的面积，m^2；r_{fl} 为左侧螺旋桨滑流流管半径，m；c_{1r} 为机翼左侧滑流影响区梯形面的上底边长，m；c_{2l} 为机翼左侧滑流影响区梯形面的下底边长，m；r_{fr} 为右侧螺旋桨滑流流管半径，m；c_{1r} 为机翼右侧滑流影响区梯形面的上底边长，m；c_{2r} 为机翼右侧滑流影响区梯形面的下底边长，m。

螺旋桨滑流影响区内的攻角和侧滑角表示为

$$\begin{cases}\alpha_{in}=\tan^{-1}\left(\dfrac{v_{a\_in\_z}}{v_{a\_in\_x}}\right)\\ \beta_{in}=\tan^{-1}\left(\dfrac{v_{a\_in\_y}}{v_{a\_in\_x}}\right)\end{cases} \tag{13.9}$$

式中：$v_{a\_in\_z}$ 为空速在机体系 z 轴上的分量，m/s；$v_{a\_in\_x}$ 为空速在机体系 x 轴上的分量，m/s；$v_{a\_in\_y}$ 为空速在机体系 y 轴上的分量，m/s；α_{in} 为螺旋桨滑流影响区内的攻角，rad；β_{in} 为螺旋桨滑流影响区内的侧滑角，rad。

(2) 基于动压面积法的气动力和气动力矩模型。

作用在尾坐式无人机上的空气动力和力矩表示为式(13.10)的形式。

$$\begin{cases} F_{lift}=\frac{1}{2}\rho V_a^2 SC_L \\ F_{drag}=\frac{1}{2}\rho V_a^2 SC_D \\ F_y=\frac{1}{2}\rho V_a^2 SC_Y \\ l_a=\frac{1}{2}\rho V_a^2 SbC_l \\ m_a=\frac{1}{2}\rho V_a^2 ScC_m \\ n_a=\frac{1}{2}\rho V_a^2 SbC_n \end{cases} \tag{13.10}$$

由于无人机实际飞行的侧滑角非常小，为便于分析，本章假设侧滑角为零。采用气动估算软件 Datcom，估算出尾坐式无人机在不同攻角、不同空速和不同舵面偏角情况下的气动系数。并对获得气动系数线性插值，建立无人机的气动系数数据库。以副翼不发生偏转时为例，纵向气动力和力矩系数如：升力系数 C_L、阻力系数 C_D 和俯仰力矩系数 C_m 数据库如图 13.5 所示。以副翼差动偏转 10° 时为例，横向气动力和力矩系数如：侧向力系数 C_Y、滚转力矩系数 C_l 和偏航力矩系数 C_n 数据库如图 13.6 所示。无人机的特征尺寸、侧滑角、攻角、空速、舵面偏角等主要参数设置见表 13.2。

表 13.2　气动估算主要参数设置

设置参数	取值或取值范围	取值间隔
特征面积 S/m^2	0.207 33	
翼展 b/m	0.85	
平均气动弦长 c/m	0.243 92	
重心距机头距离 L/m	0.126	
机翼前缘后掠角 χ_0/(°)	21.371	
机翼后缘后掠角 χ_1/(°)	4.968	
翼型	NACA 009	
侧滑角 β/(°)	0	0
攻角 α/(°)	−180—180	2
空速 V_a/Ma	0.01—0.19	0.01
舵面联动 δ_e/(°)	−30—30	5
舵面差动 δ_a/(°)	−30—30	5

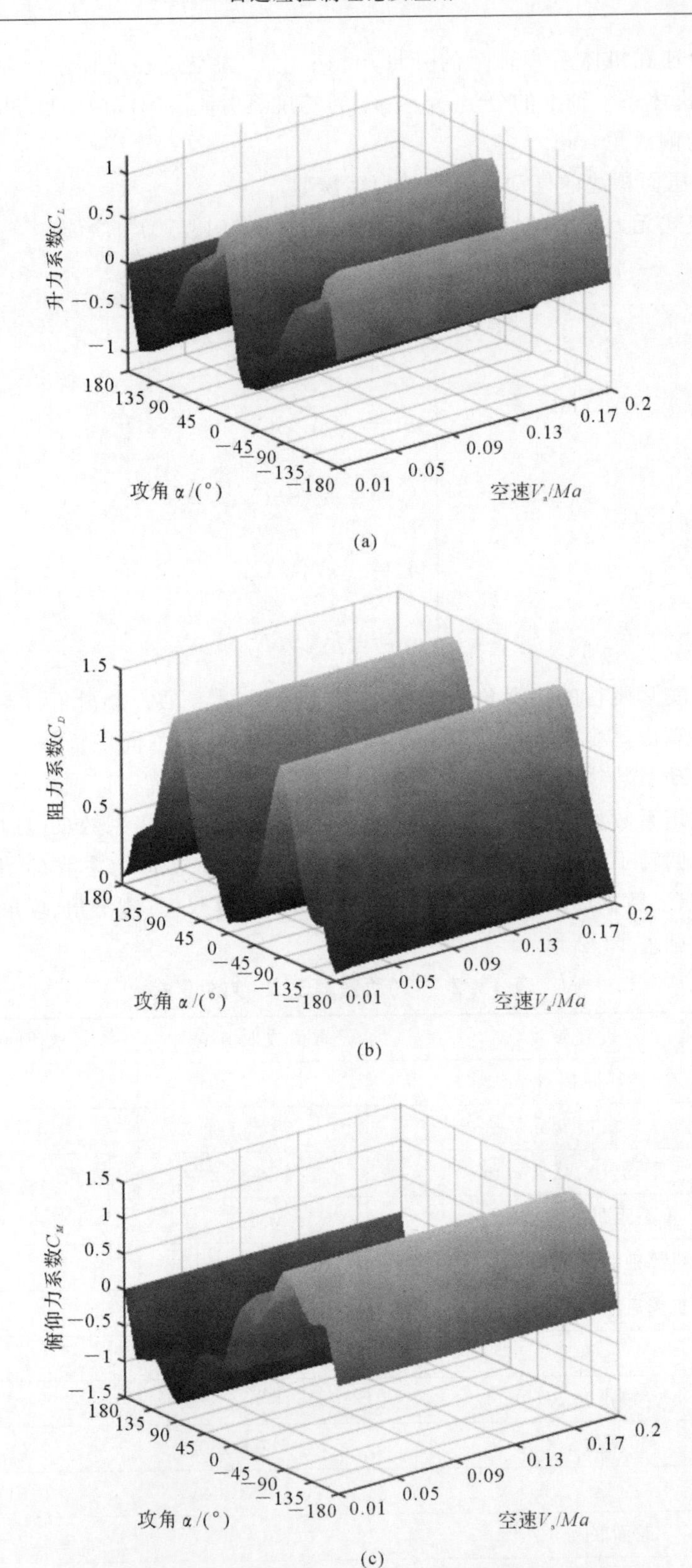

图 13.5　纵向气动力和力矩系数

(a) 升力系数 C_L；(b) 阻力系数 C_D；(c) 俯仰力矩系数 C_m

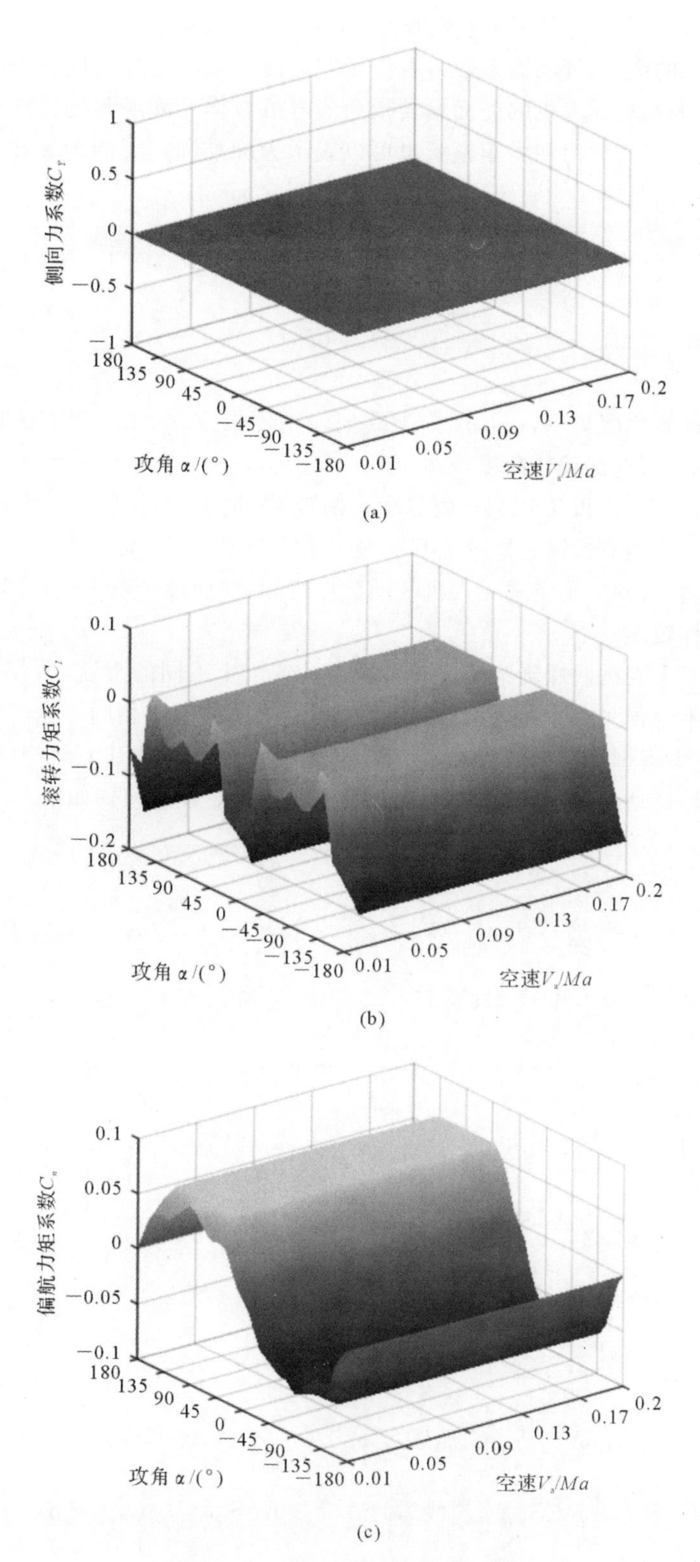

图 13.6　横向气动力和力矩系数

(a) 侧向力系数 C_Y；(b) 滚转力矩系数 C_l；(c) 偏航力矩系数 C_n

据获取的尾坐式无人机实际气动数据表明，空速对气动系数的影响是轻微的。为方便后续无人机控制系统的设计，气动力系数可看作无舵面偏转影响部分与舵面偏转产生影响的叠加。在数学上，飞翼布局无人机的舵面偏转指令信号可看作升降舵和副翼舵面偏转指令的叠加，即飞翼无人机的空气动力和力矩模型也可以表示为标准固定翼的副翼和升降舵的形式。具体关系如下：

$$\begin{bmatrix}\delta_e\\ \delta_a\end{bmatrix}=\begin{bmatrix}\frac{1}{2} & \frac{1}{2}\\ -\frac{1}{2} & \frac{1}{2}\end{bmatrix}\begin{bmatrix}\delta_{er}\\ \delta_{el}\end{bmatrix} \tag{13.11}$$

式中：

δ_e 为升降舵偏转角度指令，rad；δ_a 为副翼偏转角度指令，rad；δ_{er} 为右侧副翼舵面偏转角度，rad；δ_{el} 为左侧副翼舵面偏转角度，rad。

分别以空速 $0.08Ma$ 和 $0.12Ma$，副翼联动偏转 $10°$ 时为例，俯仰操纵力矩系数 $C_{m\delta_e}$、滚转操纵力矩系数 $C_{l\delta_a}$ 和偏航操纵力矩系数 $C_{n\delta_a}$ 随攻角的变化关系，如图 13.7 所示。

由图 13.7 和获取到的尾坐式无人机气动数据可知，舵面偏转产生气动影响的操纵力矩系数受空速影响同样较小。

考虑到尾坐式无人机两螺旋桨转速的差异会导致产生不同的滑流，致使机翼表面的流场变得更加复杂和不可预测。为此，假设两螺旋桨产生的滑流流场相同。由于空速对气动系数的影响非常小，在考虑螺旋桨滑流影响的情况下，采用动压面积法建立尾坐式无人机的升力、阻力、侧向力、滚转气动力矩、俯仰气动力矩和偏航气动力矩模型分别如下：

$$\left.\begin{aligned}F_{lift\_in}&=\frac{1}{2}\rho V_{a\_in}^2S_{in}C_{L_0}(V_{a\_in},\alpha_{in})+\frac{1}{2}\rho V_{a\_in}^2S_{in}C_{L\delta_e}(\alpha_{in})\cdot\delta_e\\ F_{lift\_out}&=\frac{1}{2}\rho V_a^2S_{out}C_{L_0}(V_a,\alpha_{out})+\frac{1}{2}\rho V_a^2S_{out}C_{L\delta_e}(\alpha_{out})\cdot\delta_e\end{aligned}\right\} \tag{13.12}$$

$$\left.\begin{aligned}F_{drag\_in}&=\frac{1}{2}\rho V_{a\_in}^2S_{in}C_{D_0}(V_{a\_in},\alpha_{in})+\frac{1}{2}\rho V_{a\_in}^2S_{in}C_{D\delta_e}(\alpha_{in})\cdot\delta_e\\ F_{drag\_out}&=\frac{1}{2}\rho V_a^2S_{out}C_{D_0}(V_a,\alpha_{out})+\frac{1}{2}\rho V_a^2S_{out}C_{D\delta_e}(\alpha_{out})\cdot\delta_e\end{aligned}\right\} \tag{13.13}$$

$$\left.\begin{aligned}F_{y\_in}&=\frac{1}{2}\rho V_{a\_in}^2S_{in}C_{Y_0}(V_{a\_in},\alpha_{in})+\frac{1}{2}\rho V_{a\_in}^2S_{in}C_{Y\delta_a}(\alpha_{in})\cdot\delta_a\\ F_{y\_out}&=\frac{1}{2}\rho V_a^2S_{out}C_{Y_0}(V_a,\alpha_{out})+\frac{1}{2}\rho V_a^2S_{out}C_{Y\delta_a}(\alpha_{out})\cdot\delta_a\end{aligned}\right\} \tag{13.14}$$

$$\left.\begin{aligned}F_{l\_in}&=\frac{1}{2}\rho V_{a\_in}^2S_{in}bC_{l_0}(V_{a\_in},\alpha_{in})+\frac{1}{2}\rho V_{a\_in}^2S_{in}bC_{l\delta_a}(\alpha_{in})\cdot\delta_a\\ F_{l\_out}&=\frac{1}{2}\rho V_a^2S_{out}bC_{l_0}(V_a,\alpha_{out})+\frac{1}{2}\rho V_a^2S_{out}bC_{l\delta_a}(\alpha_{out})\cdot\delta_a\end{aligned}\right\} \tag{13.15}$$

$$\left.\begin{aligned}F_{m\_in}&=\frac{1}{2}\rho V_{a\_in}^2S_{in}cC_{m_0}(V_{a\_in},\alpha_{in})+\frac{1}{2}\rho V_{a\_in}^2S_{in}cC_{m\delta_e}(\alpha_{in})\cdot\delta_e\\ F_{m\_out}&=\frac{1}{2}\rho V_a^2S_{out}cC_{m_0}(V_a,\alpha_{out})+\frac{1}{2}\rho V_a^2S_{out}cC_{m\delta e}(\alpha_{out})\cdot\delta_e\end{aligned}\right\} \tag{13.16}$$

$$\left.\begin{aligned}F_{n\_in}&=\frac{1}{2}\rho V_{a\_in}^{2}S_{in}bC_{n_0}(V_{a\_in},\alpha_{in})+\frac{1}{2}\rho V_{a\_in}^{2}S_{in}bC_{n\delta_a}(\alpha_{in})\cdot\delta_a\\F_{n\_out}&=\frac{1}{2}\rho V_{a}^{2}S_{out}bC_{n_0}(V_{a},\alpha_{out})+\frac{1}{2}\rho V_{a}^{2}S_{out}bC_{n\delta_a}(\alpha_{out})\cdot\delta_a\end{aligned}\right\}\tag{13.17}$$

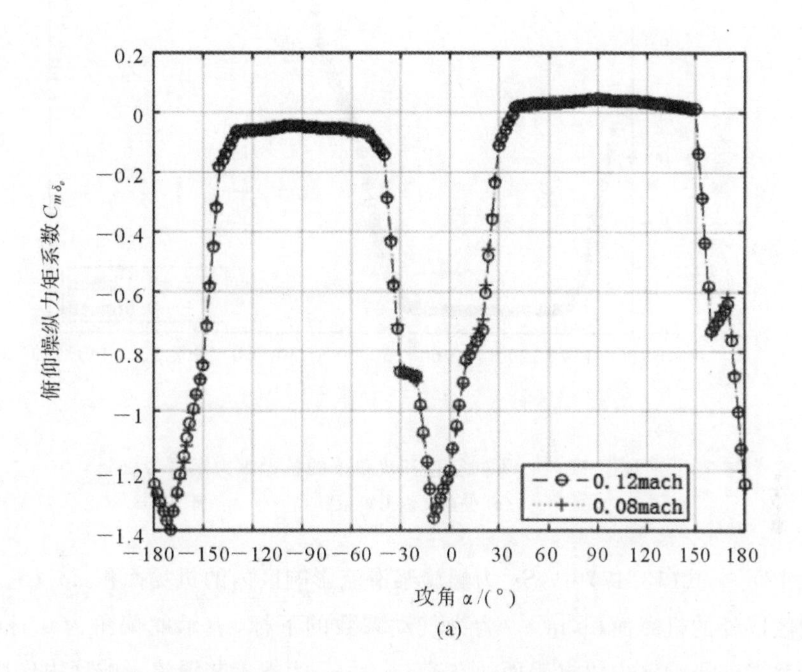

(a)

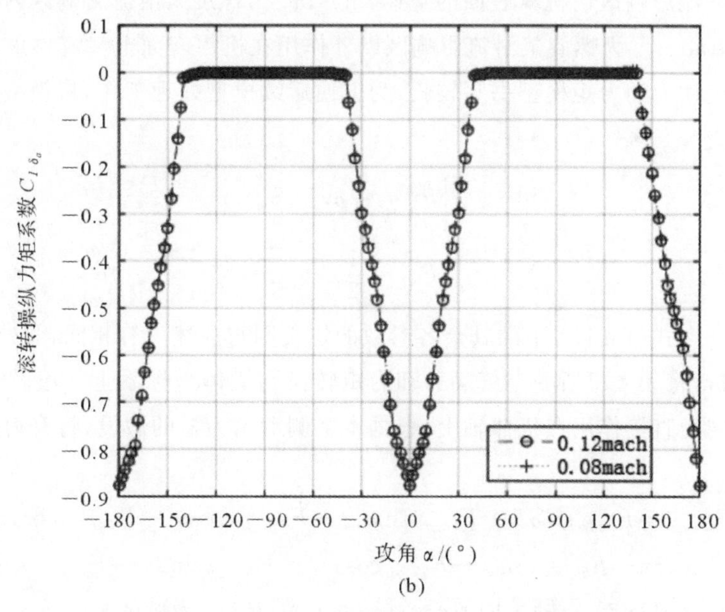

(b)

图 13.7　不同空速和攻角下的各操纵力矩系数

(a) 俯仰操纵力矩系数 $C_{m\delta_e}$；(b) 滚转操纵力矩系数 $C_{l\delta_a}$

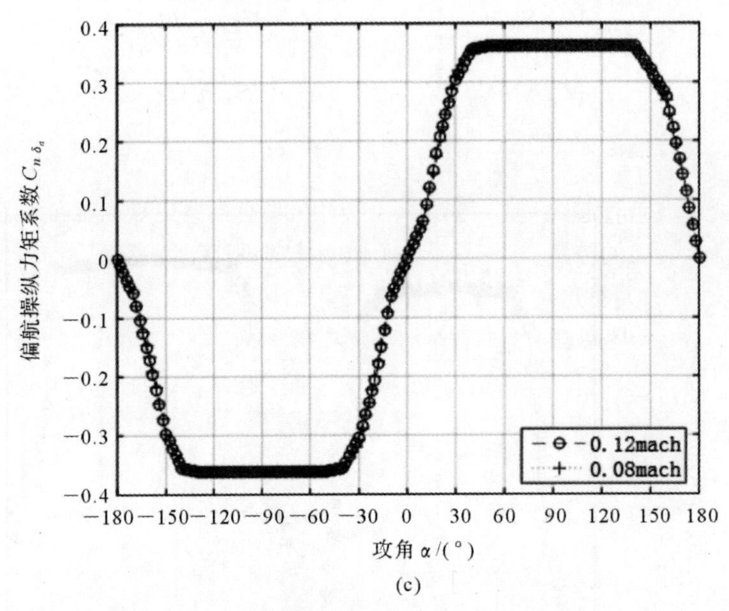

(c)

续图 13.7　不同空速和攻角下的各操纵力矩系数

(c) 偏航操纵力矩系数 $C_{n\delta_a}$

式(13.12) ~ 式(13.17) 中：S_{in} 为螺旋桨滑流影响区内的机翼面积，m^2；S_{out} 为处于螺旋桨滑流影响区以外的机翼面积，m^2；$_0$ 为为气动系数的下标，表示舵偏角为 0 时的气动系数；V_{a_in} 为螺旋桨滑流影响区内机翼表面的空速，m/s；α_{in} 为螺旋桨滑流影响区内作用在机翼表面上的气流攻角，rad；α_{out} 为螺旋桨滑流影响区以外作用在机翼表面上气流攻角，rad。

由于上述气动力和力矩模型书写较长，为方便后续模型处理工作，将模型中的动压面积部分记为如下形式

$$\begin{cases} P_{in} = \dfrac{1}{2}\rho V_{a\_in}^2 S_{in} \\ P_{out} = \dfrac{1}{2}\rho V_a^2 S_{out} \end{cases} \tag{13.18}$$

式(13.12) ~ 式(13.17) 中的其余各参数的定义则与前述内容相同，此处不再阐述。

为便于分析，将无人机所受空气动力和力矩转换到机体坐标系上。滚转力矩、俯仰力矩、偏航力矩和侧向力直接作用在机体轴上，根据本文侧滑角为零的假设，将升力阻力转换到机体坐标系表示为

$$\begin{cases} F_{aero\_x} = F_{lift\_in}\sin\alpha_{in} + F_{lift\_out}\sin\alpha_{out} - F_{drag\_in}\cos\alpha_{in} - F_{drag\_out}\cos\alpha_{out} \\ F_{aero\_z} = -F_{lift\_in}\cos\alpha_{in} - F_{lift\_out}\cos\alpha_{out} - F_{drag\_in}\sin\alpha_{in} - F_{drag\_out}\sin\alpha_{out} \end{cases} \tag{13.19}$$

式中：F_{aero_x} 为机体坐标系 x_b 轴方向所受空气动力，N；F_{aero_z} 为机体坐标系 z_b 轴方向所受空气动力，N。

至此便完成了尾坐式无人机在垂直起降飞行模式下的六自由度运动学和动力学的模型介绍。

13.2　垂直起降飞行模式的控制器设计

13.2.1　控制器的总体架构

尾坐式无人机在垂直起降飞行模式下，为设计出具有位置定点控制和姿态控制功能的，同时具有一定抗扰动能力的控制器，本章首先根据无人机的飞行特点，对无人机的线运动模型做了解耦和线性化处理，并将角运动模型解耦为三个姿态角通道。然后，基于模型预测控制设计了水平位置控制器和 PD 高度位置控制器(PD 控制不是重点故不做详细介绍)。接着，融合反步控制原理，采用自适应滑模变结构控制方法设计了姿态控制器。最后对所设计的控制器进行数值仿真，验证控制器的性能。垂直起降飞行模式控制器的框架如图 13.8 所示。

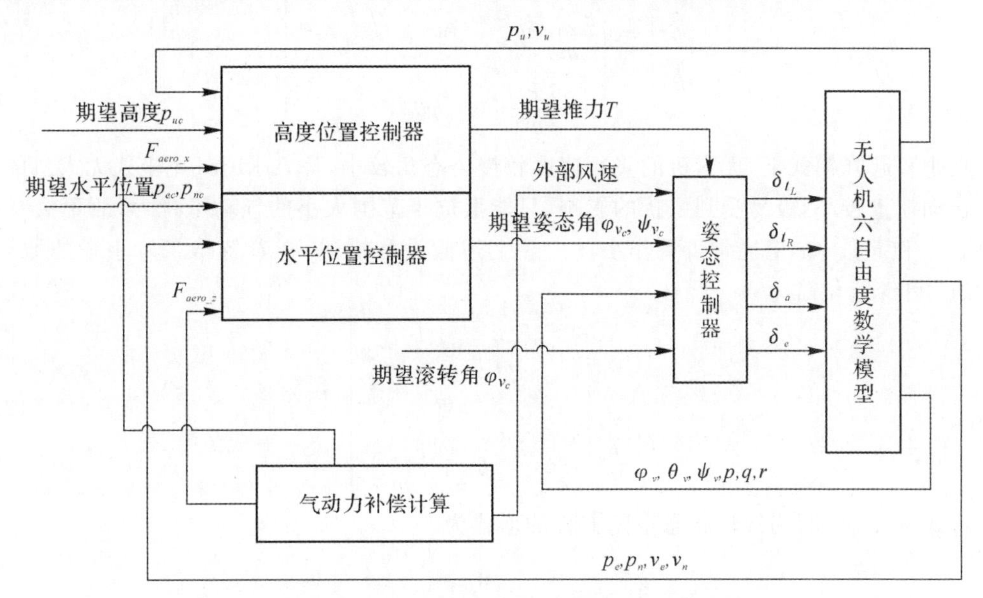

图 13.8　尾坐式无人机垂直起降飞行模式控制器框架图

13.2.2　模型预处理

尾坐式无人机在垂直起降飞行模式下，其六自由度运动学和动力学模型是非线性强耦合的。而无人机外环位置控制所采用的 PD 控制算法和模型预测控制算法均是基于线性模型的控制器；内环姿态控制器的设计，同样需要将角运动模型解耦为三个姿态角通道。因此，在正式设计控制器之前，需要对垂直起降飞行模式下的运动学和动力学模型进行预处理。

(1)质心线运动模型的预处理。

尾坐式无人机垂直起降飞行模式的特点类似于多旋翼飞行器，以空中悬停时的状态为平衡状态，则其通常偏离平衡状态较小，故滚转角 φ_v、俯仰角 θ_v 和偏航角 Ψ_v 都是小量。因此，可进一步假设：$\sin\varphi_v \approx \varphi_v$，$\cos\varphi_v \approx 1$，$\sin\theta_v \approx \theta_v$，$\cos\theta_v \approx 1$，$\sin\Psi_v \approx \Psi_v$，$\cos\Psi_v \approx 1$。由于飞行速度慢，可以认为：$T \approx mg$。经上述假设，机体系到惯性坐标系的变换矩阵 $R_{g_1 b}$ 可化简为如下形式

$$R_{g_1 b}=\begin{bmatrix}1 & -\Psi_v & \theta_v\\ \Psi_v & 1 & -\phi_v\\ -\theta_v & \phi_v & 1\end{bmatrix} \tag{13.20}$$

由前述气动力建模部分可知，尾坐式无人机在垂直起降飞行模式下所受空气动力主要作用在机体坐标系的 x_b 和 z_b 轴方向，侧向力则较小，故模型化简过程忽略侧向力的影响。考虑到横风是尾坐式无人机在垂直起降阶段的主要干扰源，在无人机飞行时，会在垂直于机翼表面的机体轴 z_b 方向产生较强的气动力 F_{aero_z}，横风速度越大该气动力也相应越大。无人机飞行时由螺旋桨滑流和外部空速环境共同作用下，在机体坐标系 x_b 轴方向产生空气动力 F_{aero_x}。则式(13.2)可写为

$$\begin{bmatrix}\ddot{p}_u\\ \ddot{p}_e\\ \ddot{p}_n\end{bmatrix}=\begin{bmatrix}\dfrac{F_{aero\_x}}{m}+\dfrac{T}{m}+\dfrac{F_{aero\_z}\theta_v}{m}-g\\ \dfrac{F_{aero\_x}}{m}\Psi_v+g\Psi_v-\dfrac{\phi_v F_{aero\_z}}{m}\\ \dfrac{-\theta_v F_{aero\_x}}{m}-g\theta_v+\dfrac{F_{aero\_z}}{m}\end{bmatrix} \tag{13.21}$$

在垂直起降模式下，无人机的飞行速度较慢姿态角较小，且 Arkbird 尾坐式无人机的质量较轻转动惯量较小，极易受到风扰的影响，只能抵抗小范围大小的气动干扰力，故不失一般情况，F_{aero_x} 和 F_{aero_z} 的值通常可看作小量。经上述假设和描述，本着忽略二阶小量的原则，式(13.21)可继续化简为

$$\begin{bmatrix}\ddot{p}_u\\ \ddot{p}_e\\ \ddot{p}_n\end{bmatrix}=\begin{bmatrix}\dfrac{F_{aero\_x}}{m}+\dfrac{T}{m}-g\\ g\Psi_v\\ -g\theta_v+\dfrac{F_{aero\_z}}{m}\end{bmatrix} \tag{13.22}$$

将式(13.22)写为线性状态空间方程的形式为

$$\begin{bmatrix}\dot{p}_u\\ \dot{p}_e\\ \dot{p}_n\\ \ddot{p}_u\\ \ddot{p}_e\\ \ddot{p}_n\end{bmatrix}=\begin{bmatrix}\mathbf{0}_{3\times3} & \mathbf{I}_{3\times3}\\ \mathbf{0}_{3\times3} & \mathbf{0}_{3\times3}\end{bmatrix}\begin{bmatrix}p_u\\ p_e\\ p_n\\ \dot{p}_u\\ \dot{p}_e\\ \dot{p}_n\end{bmatrix}+\begin{bmatrix}\multicolumn{3}{c}{\mathbf{0}_{3\times3}} & \multicolumn{3}{c}{\mathbf{0}_{3\times3}}\\ \dfrac{1}{m} & 0 & 0 & \dfrac{1}{m} & 0 & -1\\ 0 & 0 & g & 0 & 0 & 0\\ 0 & -g & 0 & 0 & \dfrac{1}{m} & 0\end{bmatrix}\begin{bmatrix}T\\ \theta_w\\ \Psi_w\\ F_{aero\_x}\\ F_{aero\_z}\\ g\end{bmatrix} \tag{13.23}$$

式(13.23)可进一步写为高度位置通道模型和水平位置通道模型解耦的形式，分别如式(13.24)和式(13.25)，即

$$\begin{cases}\dot{p}_u=v_u\\ \dot{v}_u=\dfrac{T}{m}+\dfrac{F_{aero\_x}}{m}-g\end{cases} \tag{13.24}$$

$$\begin{bmatrix}\dot{p}_e\\ \dot{p}_n\\ \ddot{p}_e\\ \ddot{p}_n\end{bmatrix}=\begin{bmatrix}\mathbf{0}_{2\times2} & \mathbf{I}_{2\times2}\\ \mathbf{0}_{2\times2} & \mathbf{0}_{2\times2}\end{bmatrix}\begin{bmatrix}p_e\\ p_n\\ \dot{p}_e\\ \dot{p}_n\end{bmatrix}+\begin{bmatrix}\multicolumn{2}{c}{\mathbf{0}_{2\times2}} & \mathbf{0}_{2\times1}\\ 0 & g & 0\\ -g & 0 & \dfrac{1}{m}\end{bmatrix}\begin{bmatrix}\theta_w\\ \Psi_w\\ F_{aero\_z}\end{bmatrix} \tag{13.25}$$

至此，完成了尾坐式无人机在垂直起降飞行模式下，质心线运动的运动学和动力学模型的预处理。

(2) 绕质心转动的运动学动力学模型的预处理。

根据尾坐式无人机的模型特点，将无人机质心角运动的运动学和动力学模型解耦为三个姿态控制通道，即升降副翼 δ_e— 俯仰角 θ_v 通道，差动副翼 δ_a— 滚转角 ϕ_v 通道，发动机差速力矩 M_t— 偏航角 Ψ_v 通道。

1) 俯仰角通道的模型处理。考虑到尾坐式无人机在垂直起降飞行模式下的滚转角非常小，俯仰角速率 q 是影响俯仰角 θ_v 的主要因素，故可将式(13.3) 中的俯仰角部分进行如下处理：

$$\dot{\theta}_v = q\cos\phi_v - r\sin\phi_v = q - r\sin\phi_v + q(\cos\phi_v - 1) = q + d_{\theta_{v1}} \tag{13.26}$$

式中：$d_{\theta_{v1}}$ 为小量干扰，即 $d_{\theta_{v1}} = -r\sin\phi_v + q(\cos\phi_v - 1)$。

对式(13.26) 两边求导：

$$\ddot{\theta}_v = \dot{q} + \dot{d}_{\theta_{v1}} \tag{13.27}$$

将式(13.4) 中的第二式带入式(13.27) 为

$$\begin{aligned}\ddot{\theta}_v = &\frac{(J_z - J_x)pr}{J_y} + \frac{1}{J_y}(P_{in}cC_{m_0}(V_{a\_in}, \alpha_{in}) + P_{out}cC_{m_0}(V_a, \alpha_{out}) + \\ &(P_{in}cC_{m\delta_e}(\alpha_{in}) + P_{out}cC_{l\delta_e}(\alpha_{out}))\cdot\delta_e) + \dot{d}_{\theta_{v1}}\end{aligned} \tag{13.28}$$

式(13.28) 进一步写为

$$\begin{aligned}\ddot{\theta}_v = &\frac{1}{J_y}(P_{in}cC_{m\delta_e}(\alpha_{in}) + P_{out}cC_{l\delta_e}(\alpha_{out}))\cdot\delta_e + \frac{(J_z - J_x)pr}{J_y} + \\ &\frac{1}{J_y}(P_{in}cC_{m_0}(V_{a\_in}, \alpha_{in}) + P_{out}cC_{m_0}(V_a, \alpha_{out}) +) + \dot{d}_{\theta_{v1}}\end{aligned} \tag{13.29}$$

定义：

$$\left.\begin{aligned}a_{\theta_v} &= \frac{1}{J_y}(P_{in}cC_{m\delta_e}(\alpha_{in}) + P_{out}cC_{m\delta_e}(\alpha_{out})) \\ d_{\theta_v} &= \frac{(J_z - J_x)pr}{J_y} + \frac{1}{J_y}(P_{in}cC_{m_0}(V_{a\_in}, \alpha_{in}) + P_{out}cC_{m_0}(V_a, \alpha_{out})) + \dot{d}_{\theta_{v1}}\end{aligned}\right\} \tag{13.30}$$

在垂直起降飞行模式下，无人机偏离平衡状态较小，飞行速度和飞行攻角通常也小，可将 d_{θ_v} 看作俯仰通道的干扰。则俯仰通道的化简模型为

$$\ddot{\theta}_v = a_{\theta_v}\delta_e + d_{\theta_v} \tag{13.31}$$

2) 滚转角通道的模型处理。考虑到尾坐式无人机在垂直起降飞行模式下的俯仰角非常小，影响滚转角 ϕ_v 的主要因素是滚转角速度 p，故可将式(13.3) 中的滚转角部分进行如下处理：

$$\ddot{\phi}_v = p + q\sin\phi_v\tan\theta_v + r\cos\phi_v\tan\theta_v = p + d_{\phi_{v1}} \tag{13.32}$$

式中：$d_{\phi_{v1}}$ 为小量干扰，即 $d_{\phi_{v1}} = q\sin\phi_v\tan\theta_v + r\cos\phi_v\tan\theta_v$。

对式(13.32) 两边求导：

$$\ddot{\phi}_v = \dot{p} + \dot{d}_{\phi_{v1}} \tag{13.33}$$

将式(13.4) 中的第一式带入式(13.33) 为

$$\ddot{\phi}_v = \frac{(J_y - J_z)qr}{J_x} + \frac{1}{J_x}(P_{in}bC_{l_0}(V_{a\_in}, \alpha_{in}) + P_{out}bC_{l_0}(V_a, \alpha_{out}) +$$

$$(P_{in}bC_{l\delta_a}(\alpha_{in})+P_{out}bC_{l\delta_a}(\alpha_{out}))\cdot\delta_a)+\dot{d}_{\phi_{v1}} \tag{13.34}$$

式(13.34) 进一步可写为

$$\ddot{\phi}_v=\frac{1}{J_x}(P_{in}bC_{l\delta_a}(\alpha_{in})+P_{out}bC_{l\delta_a}(\alpha_{out}))\cdot\delta_a+\frac{(J_y-J_z)qr}{J_x}+\frac{1}{J_x}(P_{in}bC_{l_0}(V_{a\_in},\alpha_{in})+P_{out}bC_{l_0}(V_a,\alpha_{out}))+\dot{d}_{\phi_{v1}} \tag{13.35}$$

定义：

$$\left.\begin{aligned}a_{\phi_v}&=\frac{1}{J_x}(P_{in}bC_{l\delta_a}(\alpha_{in})+P_{out}bC_{l\delta_a}(\alpha_{out}))\\d_{\phi_v}&=\frac{(J_y-J_z)qr}{J_x}+\frac{1}{J_x}(P_{in}bC_{l_0}(V_{a\_in},\alpha_{in})+P_{out}bC_{l_0}(V_a,\alpha_{out}))+\dot{d}_{\phi_{v1}}\end{aligned}\right\} \tag{13.36}$$

在垂直起降飞行模式下，可将 d_{ϕ_v} 看作滚转通道的干扰。则滚转通道的化简模型为

$$\ddot{\phi}_v=a_{\phi_v}\delta_a+d_{\phi_v} \tag{13.37}$$

3) 偏航角通道的模型处理。考虑到尾坐式无人机在垂直起降飞行模式下的滚转角和俯仰角都较小，影响偏航角 Ψ_v 的主要因素是偏航角速度 r，故可将式(13.3) 中的偏航角部分进行如下处理：

$$\dot{\Psi}_v=q\sin\phi_v\sec\theta_v+r\cos\phi_v\sec\theta_v=r+r(\cos\phi_v\sec\theta_v-1)+q\sin\phi_v\sec\theta_v=r+d_{\Psi_{v1}} \tag{13.38}$$

式中：$d_{\Psi_{v1}}$ 为小量干扰，即 $d_{\Psi_{v1}}=r(\cos\phi_v\sec\theta_v-1)+q\sin\phi_v\sec\theta_v$。

对式(13.38) 两边求导：

$$\ddot{\Psi}_v=\dot{r}+\dot{d}_{\Psi_{v1}} \tag{13.39}$$

将式(13.4) 中的第三式带入式(13.39) 为

$$\ddot{\Psi}_v=\frac{(J_x-J_y)pq}{J_z}+\dot{d}_{\Psi_{v1}}+\frac{1}{J_z}(P_{in}bC_{n_0}(V_{a\_in},\alpha_{in})+P_{out}bC_{n_0}(V_a,\alpha_{out})+(P_{in}bC_{n\delta_a}(\alpha_{in})+P_{out}bC_{n\delta_a}(\alpha_{out}))\cdot\delta_a+M_t) \tag{13.40}$$

式(13.40) 进一步可写为

$$\ddot{\Psi}_v=\frac{1}{J_z}M_t+\frac{(J_x-J_y)pq}{J_z}+\dot{d}_{\Psi_{v1}}+\frac{1}{J_z}(P_{in}bC_{n_0}(V_{a\_in},\alpha_{in})+P_{out}bC_{n_0}(V_a,\alpha_{out})+(P_{in}bC_{n\delta_a}(\alpha_{in})+P_{out}bC_{n\delta_a}(\alpha_{out}))\cdot\delta_a) \tag{13.41}$$

定义：

$$\left.\begin{aligned}a_{\Psi_v}&=\frac{1}{J_z}\\d_{\Psi_v}&=\frac{(J_x-J_y)pq}{J_z}+\dot{d}_{\Psi_{v1}}+\frac{1}{J_z}(P_{in}bC_{n_0}(V_{a\_in},\alpha_{in})+P_{out}bC_{n_0}(V_a,\alpha_{out}))+\\&\quad\frac{1}{J_z}(P_{in}bC_{n\delta_a}(\alpha_{in})+P_{out}bC_{n\delta_a}(\alpha_{out}))\cdot\delta_a\end{aligned}\right\} \tag{13.42}$$

此处将 d_{Ψ_v} 视为偏航通道的干扰。则偏航通道的化简模型为

$$\ddot{\Psi}_v=a_{\Psi_v}M_t+d_{\Psi_v} \tag{13.43}$$

13.2.3 水平位置控制器的设计

尾坐式无人机在垂直起降飞行模式下，宽大的机翼使其很容易被横风和乱流影响到，所受

干扰力主要来自垂直于机翼表面方向，侧向和轴向则较小。为提高控制器的抗干扰能力，将外部干扰的影响也纳入到控制算法的计算处理过程，本节采用模型预测控制算法设计了水平位置通道控制器，并对算法的原理和控制器的设计过程就行系统详细的介绍。

(1) 模型预测控制算法的原理介绍。模型预测控制的基本原理如图 13.9 所示，以状态空间差分方程(13.44) 为例：

$$\left.\begin{aligned} x(k+1) &= f(x(k), u(k)) \\ y(k) &= h(x(k), u(k)) \end{aligned}\right\} \tag{13.44}$$

式中：$x(k)$，k 时刻的系统状态；$u(k)$，k 时刻的控制输入；$y(k)$，k 时刻的系统输出。

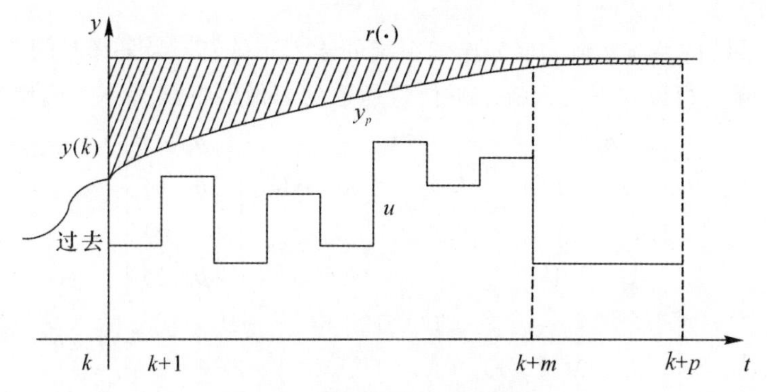

图 13.9　模型预测控制原理图

图 13.9 中，m 表示控制时域，p 表示预测时域，通常 $m \leqslant p$。以 k 时刻的系统状态 $x(k)$，输入 $u(k)$ 和输出 $y(k)$ 为起点，基于预测模型(13.44) 可预测出未来一段时间内的系统输出：

$$\{y_p(k+1 \mid k), y_p(k+2 \mid k), \cdots, y_p(k+p \mid k)\} \tag{13.45}$$

式中：p 表示预测时域。

为达到控制目的，使系统输出 $y(\cdot)$ 能够跟踪期望的参考输出式 $r(\cdot)$，其序列如(13.46) 所示，并且满足控制约束和输出约束如式(13.47) 所示。为使预测系统输出最接近期望系统输出，需寻找预测时域内的最优控制序列 U_k。

$$\{r(k+1), r(k+2), \cdots, r(k+p)\} \tag{13.46}$$

$$\left.\begin{aligned} u_{\min} \leqslant u(k+i) \leqslant u_{\max}, \quad i \geqslant 0 \\ y_{\min} \leqslant y(k+i) \leqslant y_{\max}, \quad i \geqslant 0 \end{aligned}\right\} \tag{13.47}$$

通过对预测输出、期望输出与控制输入构建优化目标函数，将上述问题转化为对优化问题的求解，以此获得优化控制序列 U_k。优化问题描述如下：

$$\min J(y(k), r(k), U_k) \tag{13.48}$$

寻求最佳控制序列 U_k 使式(13.48) 最小，且满足系统状态空间差分方程(13.44) 和如下约束：

$$\left.\begin{aligned} u_{\min} \leqslant u(k+i) \leqslant u_{\max}, \quad i \geqslant 0 \\ y_{\min} \leqslant y(k+i) \leqslant y_{\max}, \quad i \geqslant 0 \end{aligned}\right\} \tag{13.49}$$

式(13.48) 通常为二次形式，采用优化算法求得的第 k 时刻的优化解如式(13.50) 所示。并将优化解的第一个元素作用于系统，实现局部最优全局次优的控制效果。

$$U_k^* = \{u^*(k \mid k), u^*(k+1 \mid k), \cdots, u^*(k+p-1 \mid k)\} \tag{13.50}$$

这种控制机理，可提前知晓未来的控制量，及时优化控制曲线，从而使控制系统的鲁棒性和平稳性得到提高。下面将结合模型预测控制理论，同时根据尾坐式无人机的模型特点，详细介绍基于模型预测控制算法的水平位置通道控制器的设计。

(2)建立预测模型。考虑到论文所使用的 Pixhawk 飞控的采样时间间隔为 $T_s=0.005$ s，无人机质量为 $m=0.88$ kg，重力加速度取 $g=9.81\ \text{m/s}^2$，根据连续时间模型与离散时间模型的转换关系：

$$\left.\begin{aligned} A &= e^{A_c T_s} \\ B &= \int_0^{T_s} e^{A_c \tau} d\tau \cdot B_c \end{aligned}\right\} \tag{13.51}$$

式中：A_c 为连续系统的系统矩阵；B_c 为连续系统的输入矩阵；T_s 为采样时间 /s。

可得垂直起降飞行模式下无人机水平位置通道的离散线性状态空间模型为

$$\begin{bmatrix} p_e(k+1) \\ p_n(k+1) \\ \dot{p}_e(k+1) \\ \dot{p}_n(k+1) \end{bmatrix} = \begin{bmatrix} \mathbf{I}_{2\times2} & 0.005 \cdot \mathbf{I}_{2\times2} \\ \mathbf{0}_{2\times2} & \mathbf{I}_{2\times2} \end{bmatrix} \begin{bmatrix} p_e(k) \\ p_n(k) \\ \dot{p}_e(k) \\ \dot{p}_n(k) \end{bmatrix} +$$
$$\begin{bmatrix} 0 & 0.000\,122\,6 & 0 \\ -0.000\,122\,6 & 0 & 1.42e-5 \\ 0 & 0.049\,05 & 0 \\ -0.049\,05 & 0 & 0.005\,682 \end{bmatrix} \begin{bmatrix} \theta_x(k) \\ \boldsymbol{\Psi}_x(k) \\ F_{aero\_z}(k) \end{bmatrix} \tag{13.52}$$

式中：$e-5$，即10^{-5} 的表示形式。

将离散线性状态空间方程(13.52) 的状态向量记为 $x_m(k)$，系统矩阵记为 A_m，输入矩阵记为 B_m，控制输入记为 $u(k)$，则式(13.52) 可写为如下形式

$$x_m(k+1) = A_m x_m(k) + B_m u(k) \tag{13.53}$$

对应系统的输出方程写为如下形式

$$y_m(k) = C_m x(k) \tag{13.54}$$

式中：$y_m(k)$ 为系统输出，即 $y_m(k) = [p_e(k), p_n(k)]^{\mathrm{T}}$；$C_m$ 为输出矩阵，即 $C_m = [\mathbf{I}_{2\times2} \quad \mathbf{0}_{2\times2}]$。

式(13.52) 中，F_{aero_z} 无法直接测量，可看作不可测量干扰，通过外界风速估计算法，对作用于机翼表面的风速进行估计，依据风速三角形的关系，求出当前空速，由式(13.19) 的气动力模型对 F_{aero_z} 进行估计。系统将估计值以前馈的形式传递给控制器，这样外部干扰的影响便会通过包含在预测输出模型中，而被纳入预测控制过程，直接对控制进行补偿，起到抗扰动的效果。其余输入则为控制变量，记为 $u(k)$，干扰项和控制变量所对应的输入矩阵依次记为 B_{md} 和 B_{mu}。则式(13.53) 写为如下形式

$$x_m(k+1) = A_m x_m(k) + B_{mu} u(k) + B_{md} F_{aero\_z}(k) \tag{13.55}$$

式中：B_{mu} 为控制输入变量对应的输入矩阵；B_{md} 为不可测量干扰 $F_{\text{aero\_z}}(k)$ 对应的输入矩阵。

系统的输出方程写为

$$y_m(k) = C_m x_m(k) \tag{13.56}$$

式中：C_m 为系统输出矩阵，即 $C_m = [\mathbf{I}_{2\times2} \quad \mathbf{0}_{2\times2}]$。

根据模型预测控制的算法特点，将式(13.55) 和式(13.56) 改写为增量模型的形式

$$\left.\begin{aligned}&\Delta x_m(k+1)=A_m\Delta x_m(k)+B_{mu}\Delta u(k)+B_{md}\Delta F_{aero\_z}(k)\\&y_m(k)=C_m\Delta x_m(k)+y_m(k-1)\\&\Delta x_m(k)=x_m(k)-x_m(k-1)\\&\Delta u(k)=u(k)-u(k-1)\\&\Delta F_{aero\_z}(k)=F_{aero\_z}(k)-F_{aero\_z}(k-1)\end{aligned}\right\}\tag{13.57}$$

设定控制时域为 m，预测时域为 p，且 $m\leqslant p$，假设超过控制时域之外的控制量不发生变化，即 $\Delta u(k+i)=0,i=m,m+1,\cdots,p-1$。考虑到外部干扰的不确定性，假设当前 k 时刻之后的外部干扰不再发生变化，即 $\Delta F_{aero\_z}(k+i)=0,i=1,2,\cdots,p-1$。当前时刻 k 对未来第 i 时刻的预测表示为 $(k+i\mid k)$，$i=0,1,2,\cdots p$。以当前 k 时刻 $\Delta x(k)$ 作为预测系统未来动态的起点，根据式(13.57) 中的第一式，预测系统未来时刻的状态增量为

$$\begin{aligned}\Delta x_m(k+1\mid k)=&A_m\Delta x_m(k)+B_{mu}\Delta u(k)+B_{md}\Delta F_{aero\_z}(k)\\\Delta x_m(k+2\mid k)=&A_m\Delta x_m(k+1\mid k)+B_{mu}\Delta u(k+1)+B_{md}\Delta F_{aero\_z}(k+1)=\\&A_m^2\Delta x_m(k)+A_mB_{mu}\Delta u(k)+B_{mu}\Delta u(k+1)+A_mB_{md}\Delta F_{aero\_z}(k)\\\Delta x_m(k+3\mid k)=&A_m\Delta x_m(k+2\mid k)+B_{mu}\Delta u(k+2)+B_{md}\Delta F_{aero\_z}(k+2)=\\&A_m^3\Delta x_m(k)+A_m^2B_{mu}\Delta u(k)+A_mB_{mu}\Delta u(k+1)+\\&B_{mu}\Delta u(k+2)+A_m^2B_{md}\Delta F_{aero\_z}(k)\end{aligned}\tag{13.58}$$

$$\begin{aligned}\Delta x_m(k+p\mid k)=&A_m\Delta x_m(k+p-1\mid k)+B_{mu}\Delta u(k+p-1)+\\&B_{md}\Delta F_{aero\_z}(k+p-1)=A_m^p\Delta x_m(k)+A_m^{p-1}B_{mu}\Delta u(k)+\\&A_m^{p-2}B_{mu}\Delta u(k+1)+\cdots+A_m^{p-m}B_{mu}\Delta u(k+m-1)+\\&A_m^{p-1}B_{md}\Delta F_{aero\_z}(k)\end{aligned}\tag{13.59}$$

结合式(13.55) ～ 式(13.59)，预测系统未来时刻的动态输出为

$$\begin{aligned}y_m(k+1\mid k)=&C_m\Delta x_m(k+1\mid k)+y_m(k)=C_mA_m\Delta x_m(k)+\\&C_mB_u\Delta u(k)+C_mB_{md}\Delta F_{aero\_z}(k)+y_m(k)\\y_m(k+2\mid k)=&C_m\Delta x_m(k+2\mid k)+y_m(k+1\mid k)=(C_mA_m^2+C_mA_m)\Delta x_m(k)+\\&(C_mA_mB_u+C_mB_u)\Delta u(k)+C_mB_u\Delta u(k+1)\\&(C_mA_mB_{md}+C_mB_{md})\Delta F_{aero\_z}(k)+y_m(k)\end{aligned}\tag{13.60}$$

$$\vdots$$

$$\begin{aligned}y_m(k+p\mid k)=&C_m\Delta x_m(k+p\mid k)+y_m(k+p-1\mid k)=\\&\sum_{i=1}^{p}C_mA_m^i\Delta x_m(k)+\sum_{i=1}^{p}C_mA_m^{i-1}B_u\Delta u(k)+\\&\sum_{i=1}^{p-1}C_mA^{i-1}B_u\Delta u(k+1)+\cdots+\\&\sum_{i=1}^{p-m+1}C_mA_m^{i-1}B_u\Delta u(k+m-1)+\sum_{i=1}^{p}C_cA^{i-1}B_{md}\Delta F_{aero\_z}(k)+\\&\sum_{i=1}^{p}C_cA^{i-1}B_{mw}\Delta F_{dz}(k)+y_m(k)\end{aligned}\tag{13.61}$$

至此，对上述输出动态预测模型进行总结，写为标准预测模型的形式如下：

$$Y_{mp}(k+1\mid k)=S_x\Delta x_m(k)+Iy_m(k)+S_d\Delta F_{aero\_z}(k)+S_u\Delta U(k)\tag{13.62}$$

式中：

$$Y_{mp}(k+1\mid k)=\begin{bmatrix} y_m(k+1\mid k) \\ y_m(k+2\mid k) \\ \vdots \\ y_m(k+p\mid k) \end{bmatrix}_{p\times 1} \quad \Delta U(k)=\begin{bmatrix} \Delta u(k) \\ \Delta u(k+1) \\ \vdots \\ \Delta u(k+m-1) \end{bmatrix}_{m\times 1} \quad S_x=\begin{bmatrix} C_m A_m \\ \sum_{i=1}^{2} C_m A^i \\ \vdots \\ \sum_{i=1}^{p} C_m A^i \end{bmatrix}_{p\times 1} \tag{13-63}$$

$$I=\begin{bmatrix} \mathbf{I}_{2\times 2} \\ \mathbf{I}_{2\times 2} \\ \vdots \\ \mathbf{I}_{2\times 2} \end{bmatrix}_{p\times 1} \quad S_d=\begin{bmatrix} C_m B_{md} \\ \sum_{i=1}^{2} C_m A^{i-1} B_{md} \\ \vdots \\ \sum_{i=1}^{p} C_m A^{i-1} B_{md} \end{bmatrix}_{p\times 1} \tag{13.64}$$

$$S_u=\begin{bmatrix} C_m B_u & \mathbf{0} & \mathbf{0} & \cdots & \mathbf{0} \\ \sum_{i=1}^{2} C_m A^{i-1} B_u & C_m B_u & \mathbf{0} & \cdots & \mathbf{0} \\ \vdots & \vdots & \vdots & \ddots & \vdots \\ \sum_{i=1}^{m} C_m A^{i-1} B_u & \sum_{i=1}^{m-1} C_m A^{i-1} B_u & \cdots & \cdots & C_m B_u \\ \vdots & \vdots & \vdots & \ddots & \vdots \\ \sum_{i=1}^{p} C_m A^{i-1} B_u & \sum_{i=1}^{p-1} C_m A^{i-1} B_u & \cdots & \cdots & \sum_{i=1}^{p-m+1} C_m A^{i-1} B_u \end{bmatrix}_{p\times m} \tag{13.65}$$

(3) 建立目标函数。将水平位置通道模型预测控制器的目标函数建立为关于位置误差和控制增量的二次函数形式

$$J(\Delta U(k))=\| R_y(Y_{mp}(k+1\mid k)-R(k+1))\|^2+\| R_u \Delta U(k)\|^2 \tag{13.66}$$

式中:R_y 为位置误差的正半定加权矩阵,如式(13.67);$R(k+1)$ 为期望输出位置的参考指令序列,如式(13.68);R_u 为控制增量的正半定加权矩阵,如式(13.69)。

$$R_y=\mathrm{diag}\{R_{y1_{2\times 2}},R_{y2_{2\times 2}},\cdots,R_{yp_{2\times 2}}\}_{p\times p} \tag{13.67}$$

$$R(k+1)=[r(k+1),r(k+2),\cdots,r(k+p)]^{\mathrm{T}}_{1\times p} \tag{13.68}$$

$$R_u=\mathrm{diag}\{R_{u1_{2\times 2}},R_{u2_{2\times 2}},\cdots,R_{up_{2\times 2}}\}_{p\times p} \tag{13.69}$$

通常情况下,某一方向位置误差的权重越大,系统的优化过程便会优先考虑这一项的影响,使目标函数最小。同理,控制增量的权重越大,控制变化越小,消耗的能量也相应越小。至此,完成了水平位置通道,模型预测控制目标函数的建立。

(4)设定控制约束及优化求解。模型预测控制最大的优势是能够在优化过程中处理显示约束,考虑到尾坐式无人机的发动机推力范围、允许姿态角和姿态控制响应速度,在客观条件下存在物理限制,故将控制约束表示为时域约束的形式

$$\left.\begin{aligned} u_{\min}(k+i)\leqslant u(k+i)\leqslant u_{\max}(k+i),i=0,1,\cdots,m-1 \\ \Delta u_{\min}(k+i)\leqslant \Delta u(k+i)\leqslant \Delta u_{\max}(k+i),i=0,1,\cdots,m-1 \end{aligned}\right\} \tag{13.70}$$

式中：$u_{\min}(k+i)$ 为在第 $k+i$ 时刻，系统最小允许控制输入，如式(13.71)；$u_{\max}(k+i)$ 为在第 $k+i$ 时刻，系统最大允许控制输入，如式(13.71)；$\Delta u_{\min}(k+i)$ 为在第 $k+i$ 时刻，系统最小允许控制增量，如式(13.72)；$\Delta u_{\max}(k+i)$ 为在第 $k+i$ 时刻，系统最大允许控制增量，如式(13.72)。

$$\left.\begin{aligned} u_{\min}(k+i) &= [\theta_{w\_\min}(k+i), \Psi_{w\_\min}(k+i)]^{\mathrm{T}}_{2\times1}, i=0,1,2\cdots,m-1 \\ u_{\max}(k+i) &= [\theta_{w\_\max}(k+i), \Psi_{w\_\max}(k+i)]^{\mathrm{T}}_{2\times1}, i=0,1,2\cdots,m-1 \end{aligned}\right\} \tag{13.71}$$

$$\left.\begin{aligned} \Delta u_{\min}(k+i) &= [\Delta\theta_{w\_\min}(k+i), \Delta\Psi_{w\_\min}(k+i)]^{\mathrm{T}}_{2\times1}, i=0,1,2\cdots,m-1 \\ \Delta u_{\max}(k+i) &= [\Delta\theta_{w\_\max}(k+i), \Delta\Psi_{w\_\max}(k+i)]^{\mathrm{T}}_{2\times1}, i=0,1,2\cdots,m-1 \end{aligned}\right\} \tag{13.72}$$

水平位置控制本质上是一个带控制约束的二次规划问题。本文采用二次规划算法对该优化问题进行求解，需要将式(13.66)目标函数和式(13.70)控制约束转化为二次规划问题的描述形式。

将式(13.66)的目标函数转化为形如 $\Delta U(k)^{\mathrm{T}} H \Delta U(k) - G^{\mathrm{T}} \Delta U(k)$ 的二次规划描述形式。将预测模型(13.62)带入目标函数(13-66)，并定义：

$$E_p(k+1 \mid k) = R(k+1) - S_x \Delta x_m(k) - I y_m(k) - S_d \Delta F_{aero\_z}(k) \tag{13.73}$$

目标函数变为

$$\begin{aligned} J = &\| R_y(S_u \Delta U(k) - E_p(k+1 \mid k)) \|^2 + \| R_u \Delta U(k) \|^2 = \\ &\Delta U(k)^{\mathrm{T}} S_u{}^{\mathrm{T}} R_y{}^{\mathrm{T}} R_y S_u \Delta U(k) + E_p(k+1 \mid k)^{\mathrm{T}} R_y{}^{\mathrm{T}} R_y E_p(k+1 \mid k) + \\ &\Delta U(k)^{\mathrm{T}} R_u{}^{T} R_u \Delta U(k) - 2E_p(k+1 \mid k)^{\mathrm{T}} R_y{}^{\mathrm{T}} R_y S_u \Delta U(k) \end{aligned} \tag{13.74}$$

在第 k 时刻令目标函数最小，只能通过操作优化独立变量 $\Delta U(k)$ 来实现，故式(13.74)中不含优化独立变量的式子与优化问题无关。故对式(13.74)进一步化简，得到二次规划描述形式的目标函数如下：

$$J = \Delta U(k)^{\mathrm{T}} H \Delta U(k) - G(k+1 \mid k)^{\mathrm{T}} \Delta U(k) \tag{13.75}$$

式(13.75)中各项为

$$\left.\begin{aligned} H &= S_u{}^{\mathrm{T}} R_y{}^{\mathrm{T}} R_y S_u + R_u{}^{\mathrm{T}} R_u \\ G(k+1 \mid k) &= 2E_p(k+1 \mid k)^{\mathrm{T}} R_y{}^{\mathrm{T}} R_y S_u \end{aligned}\right\} \tag{13.76}$$

至此，完成了模型预测控制目标函数向二次规划描述形式的转化。

将式(13.70)的控制约束转化为形如 $C\Delta U(k) \geqslant b$ 的二次规划描述形式。考虑到无人机在垂直起降飞行模式下，控制输入的物理约束是定值，不会随时间改变，即

$$\left.\begin{aligned} u_{\min} &= u_{\min}(k) = u_{\min}(k+1) = \cdots = u_{\min}(k+m-2) = u_{\min}(k+m-1) \\ u_{\max} &= u_{\max}(k) = u_{\max}(k+1) = \cdots = u_{\max}(k+m-2) = u_{\max}(k+m-1) \end{aligned}\right\} \tag{13.77}$$

$$\left.\begin{aligned} \Delta u_{\min} &= \Delta u_{\min}(k) = \Delta u_{\min}(k+1) = \cdots = \Delta u_{\min}(k+m-2) = \Delta u_{\min}(k+m-1) \\ \Delta u_{\max} &= \Delta u_{\max}(k) = \Delta u_{\max}(k+1) = \cdots = \Delta u_{\max}(k+m-2) = \Delta u_{\max}(k+m-1) \end{aligned}\right\} \tag{13.78}$$

则式(13.70)可改写为如下形式

$$\left.\begin{aligned} U_{\min} &\leqslant U(k) \leqslant U_{\max} \\ \Delta U_{\min} &\leqslant \Delta U(k) \leqslant \Delta U_{\max} \end{aligned}\right\} \tag{13.79}$$

其中：

$$\left.\begin{aligned}U_{\min} &= [\mathbf{I}_{2\times2}, \mathbf{I}_{2\times2}, \cdots, \mathbf{I}_{2\times2}]_{1\times m}^{\mathrm{T}} u_{\min} \\ U_{\max} &= [\mathbf{I}_{2\times2}, \mathbf{I}_{2\times2}, \cdots, \mathbf{I}_{2\times2}]_{1\times m}^{\mathrm{T}} u_{\max}\end{aligned}\right\} \tag{13.80}$$

$$\left.\begin{aligned}\Delta U_{\min} &= [\mathbf{I}_{2\times2}, \mathbf{I}_{2\times2}, \cdots, \mathbf{I}_{2\times2}]_{1\times m}^{\mathrm{T}} \Delta u_{\min} \\ \Delta U_{\max} &= [\mathbf{I}_{2\times2}, \mathbf{I}_{2\times2}, \cdots, \mathbf{I}_{2\times2}]_{1\times m}^{\mathrm{T}} \Delta u_{\max}\end{aligned}\right\} \tag{13.81}$$

假设$k-1$时刻的控制量$u(k-1)$已知，则系统未来时刻的控制量和控制增量的关系可写为如下形式

$$\begin{bmatrix} u(k \mid k) \\ u(k+1 \mid k) \\ u(k+2 \mid k) \\ \vdots \\ u(k+m-1 \mid k) \end{bmatrix}_{m\times1} = \begin{bmatrix} \mathbf{I}_{2\times2} \\ \mathbf{I}_{2\times2} \\ \mathbf{I}_{2\times2} \\ \vdots \\ \mathbf{I}_{2\times2} \end{bmatrix}_{m\times1}$$

$$u(k-1) + \begin{bmatrix} \mathbf{I}_{2\times2} & \mathbf{0}_{2\times2} & \mathbf{0}_{2\times2} & \cdots & \mathbf{0}_{2\times2} \\ \mathbf{I}_{2\times2} & \mathbf{I}_{2\times2} & \mathbf{0}_{2\times2} & \cdots & \mathbf{0}_{2\times2} \\ \mathbf{I}_{2\times2} & \mathbf{I}_{2\times2} & \mathbf{I}_{2\times2} & \cdots & \mathbf{0}_{2\times2} \\ \vdots & \vdots & \vdots & & \vdots \\ \mathbf{I}_{2\times2} & \mathbf{I}_{2\times2} & \mathbf{I}_{2\times2} & \cdots & \mathbf{I}_{2\times2} \end{bmatrix}_{m\times m} \begin{bmatrix} \Delta u(k \mid k) \\ \Delta u(k+1 \mid k) \\ \Delta u(k+2 \mid k) \\ \vdots \\ \Delta u(k+m-1 \mid k) \end{bmatrix}_{m\times1} \tag{13.82}$$

定义：

$$a_1 = \begin{bmatrix} \mathbf{I}_{2\times2} \\ \mathbf{I}_{2\times2} \\ \mathbf{I}_{2\times2} \\ \vdots \\ \mathbf{I}_{2\times2} \end{bmatrix}_{m\times1}, \quad a_2 = \begin{bmatrix} \mathbf{I}_{2\times2} & \mathbf{0}_{2\times2} & \mathbf{0}_{2\times2} & \cdots & \mathbf{0}_{2\times2} \\ \mathbf{I}_{2\times2} & \mathbf{I}_{2\times2} & \mathbf{0}_{2\times2} & \cdots & \mathbf{0}_{2\times2} \\ \mathbf{I}_{2\times2} & \mathbf{I}_{2\times2} & \mathbf{I}_{2\times2} & \cdots & \mathbf{0}_{2\times2} \\ \vdots & \vdots & \vdots & & \vdots \\ \mathbf{I}_{2\times2} & \mathbf{I}_{2\times2} & \mathbf{I}_{2\times2} & \cdots & \mathbf{I}_{2\times2} \end{bmatrix}_{m\times m} \tag{13.83}$$

结合式(13.79)，式(13.82)和式(13.83)，可进一步推导获得如下关系：

$$\begin{cases} (a_1 u(k-1) + a_2 \Delta U(k)) \geqslant U_{\min} \\ -(a_1 u(k-1) + a_2 \Delta U(k)) \geqslant -U_{\max} \\ -\Delta U(k) \geqslant -\Delta U_{\max} \\ \Delta U(k) \geqslant \Delta U_{\min} \end{cases} \Rightarrow \begin{cases} a_2 \Delta U(k) \geqslant (U_{\min} - a_1 u(k-1)) \\ -a_2 \Delta U(k) \geqslant (-U_{\max} + a_1 u(k-1)) \\ -\Delta U(k) \geqslant -\Delta U_{\max} \\ \Delta U(k) \geqslant \Delta U_{\min} \end{cases} \tag{13.84}$$

式(13.70)的二次规划描述形式为

$$L\Delta U(k) \geqslant M \tag{13.85}$$

其中：

$$L = \begin{bmatrix} a_2 \\ -a_2 \\ -\mathbf{I}_{2m\times2m} \\ \mathbf{I}_{2m\times2m} \end{bmatrix}, \quad M = \begin{bmatrix} U_{\min} - a_1 u(k-1) \\ -U_{\max} + a_1 u(k-1) \\ -\Delta U_{\max} \\ \Delta U_{\min} \end{bmatrix} \tag{13-86}$$

至此，模型预测控制的目标函数和控制约束已全部转化为二次规划的描述形式。

当前，有多种方法可用于求解二次规划问题，比如：内点法、积极集法等，且这些算法在

Matlab中已有集成好的函数可以直接调用。由于本节重点不是研究优化算法本身，故直接调用Matlab中的qpact()函数对上述二次规划问题进行求解，获得控制增量：

$$\Delta U^*(k)=[\Delta u^*(k\mid k),\Delta u^*(k+1\mid k),\cdots,\Delta u^*(k+m-1\mid k)] \tag{13.87}$$

根据模型预测控制原理，将控制序列 $\Delta U^*(k)$ 的第一个元素 $\Delta u^*(k\mid k)$ 作用于系统，即求得 k 时刻作用于系统的控制量为

$$u^*(k)=u(k-1)+\Delta u^*(k\mid k) \tag{13.88}$$

至此，水平位置通道的控制器设计完成。

13.2.4 姿态控制器的设计

本节将基于解耦后的三个姿态角通道模型，采用自适应滑模变结构控制算法设计姿态控制器，使尾坐式无人机的姿态角能够稳定收敛到期望姿态角，并且能够抑制住气动参数摄动、外部干扰和建模误差等系统扰动对姿态控制系统的影响。

(1)俯仰角通道的滑模变结构控制器设计。将升降副翼 δ_e— 俯仰角 θ_v 通道的预处理模型写为含系统不确定干扰项的形式，有

$$\ddot{\theta}_v=a_{\theta_v}\delta_e+d_{\theta_v}+\Delta_\theta \tag{13.89}$$

式中：Δ_θ 为模型不确定干扰项。

给定期望俯仰角 θ_w，定义俯仰角跟踪误差为

$$e_{\theta 1}=\theta_w-\theta_v \tag{13.90}$$

根据李雅普诺夫稳定性理论，假定俯仰角系统在 $e_{\theta 1}=0$ 时达到平衡状态，选取李雅普诺夫函数为

$$V(e_{\theta 1})=\frac{1}{2}e_{\theta 1}^2 \tag{13.91}$$

对式(13.91)等号两边进行求导，有

$$\dot{V}(e_{\theta 1})=e_{\theta 1}(\dot{\theta}_w-\dot{\theta}_v) \tag{13.92}$$

根据李雅普诺夫稳定性理论，为使式(13-92)为负半定，引入控制 $\dot{\theta}_v^v$，将其看成姿态环的虚拟控制，即：

$$\dot{\theta}_v^v=\dot{\theta}_w+a_\theta e_{\theta 1} \tag{13.93}$$

式中：a_θ 为控制器的可调参数，且 $a_\theta>0$。

俯仰角速度跟踪误差定义为

$$e_{\theta 2}=\dot{\theta}_v-\dot{\theta}_v^v=\dot{\theta}_v-\dot{\theta}_w-a_\theta e_{\theta 1} \tag{13.94}$$

设计滑模面，有

$$S_\theta=\dot{\theta}_v-\dot{\theta}_w-a_\theta e_{\theta 1} \tag{13.95}$$

对式(13.95)等号两边进行求导，并带入式(13.95)为

$$\dot{S}_\theta=a_{\theta_v}\delta_e+d_{\theta_v}+\Delta_\theta-\ddot{\theta}_w-a_\theta\dot{e}_{\theta 1} \tag{13.96}$$

为改善俯仰角系统的趋近运动品质，实现俯仰角系统的快速收敛，同时能够对气动参数摄动、干扰力矩和建模误差等系统干扰进行有效抑制，设计自适应趋近律：

$$\begin{cases}\dot{S}_\theta=-\varepsilon_\theta\mathrm{sgn}(S_\theta)-k_\theta S_\theta-\hat{\xi}_\theta\mathrm{sgn}(S_\theta)\\ \dot{\hat{\xi}}_\theta=\zeta_\theta|S_\theta|\end{cases} \tag{13.97}$$

式中：ε_θ 为等速趋近律参数，且 $\varepsilon_\theta > 0$；k_θ 为指数趋近律参数，且 $k_\theta > 0$；$\hat{\xi}_\theta$ 为切换增益自适应律；ζ_θ 为自适应设计参数，且 $\zeta_\theta > 0$。

由式(13.97)可知，自适应趋近律是由指数趋近律和切换增益自适应律叠加而成。滑模控制器的趋近律增益，通常是在明确系统干扰上界的基础上确定，使控制器在抑制住系统干扰的同时具有良好的控制效果。而自适应滑模控制律则不需要知道系统干扰的上界，当系统干扰造成系统状态偏离滑模面使 $S_\theta \neq 0$，则自适应切换增益的导数$\dot{\hat{\xi}}_\theta$ 为正，致使自适应切换增益 $\hat{\xi}_\theta$ 逐渐增大，直到抑制住系统干扰的影响，使系统状态重新回到滑模面上。

则俯仰通道的自适应滑模变结构控制律为：

$$\delta_e = \frac{1}{a_{\theta_v}}(-d_{\theta_v} + \ddot{\theta}_w + a_\theta \dot{e}_{\theta 1} - \varepsilon_\theta \mathrm{sgn}(S_\theta) - k_\theta S_\theta - \hat{\xi}_\theta \mathrm{sgn}(S_\theta)) \tag{13.98}$$

下面验证俯仰角控制回路的李雅普诺夫稳定性，定义李雅普诺夫函数如下：

$$V(e_{\theta 2}) = \frac{1}{2}S_\theta^2 + \frac{1}{2}\zeta^{-1}\tilde{\xi}_\theta^2 \tag{13.99}$$

式中：$\tilde{\xi}_\theta$ 为自适应切换增益的估计误差，即 $\tilde{\xi}_\theta = \xi_\theta - \hat{\xi}_\theta$。

假设自适应切换增益的真值 ξ_θ 为正常数且有界，则对李雅普诺夫函数(13.99)等号两边进行求导：

$$\begin{aligned}
\dot{V}(e_{\theta 2}) = {} & S_\theta \dot{S}_\theta + \zeta^{-1}\tilde{\xi}_\theta \dot{\tilde{\xi}}_\theta = \\
& S_\theta(-\varepsilon_\theta \mathrm{sgn}(S_\theta) - k_\theta S_\theta - \hat{\xi}_\theta \mathrm{sgn}(S_\theta) + \Delta_\theta) - \zeta^{-1}\tilde{\xi}_\theta \dot{\hat{\xi}}_\theta = \\
& S_\theta(-\varepsilon_\theta \mathrm{sgn}(S_\theta) - k_\theta S_\theta - \hat{\xi}_\theta \mathrm{sgn}(S_\theta) + \Delta_\theta) - \tilde{\xi}_\theta |S_\theta| = \\
& S_\theta(-\varepsilon_\theta \mathrm{sgn}(S_\theta) - k_\theta S_\theta + \Delta_\theta) - \hat{\xi}_\theta |S_\theta| - (\xi_\theta - \hat{\xi}_\theta)|S_\theta| \leqslant \\
& S_\theta(-\varepsilon_\theta \mathrm{sgn}(S_\theta) - k_\theta S_\theta) + (|\Delta_\theta| - \xi_\theta)|S_\theta| \leqslant \\
& -(\varepsilon_\theta |S_\theta| + k_\theta S_\theta^2)
\end{aligned} \tag{13.100}$$

式(13.100)表明，俯仰角控制回路满足李雅普诺夫稳定性，系统的状态轨迹能够渐进稳定的收敛到滑模面 $S_\theta = 0$，即俯仰角控制回路是渐进稳定的。

(2) 滚转角通道的滑模变结构控制器设计。由于滚转角通道和俯仰角通道具有相同形式的预处理模型，同理，设计滚转通道的滑模面：

$$S_\phi = \dot{\phi}_v - \dot{\phi}_w - a_\phi e_{\phi 1} \tag{13.101}$$

式中：ϕ_w 为系统期望的滚转角，°；a_ϕ 为控制器的可调参数，且 $a_\phi > 0$；$e_{\phi 1}$ 为滚转角跟踪误差，即 $e_{\phi 1} = \phi_w - \phi_v$。

设计自适应趋近律：

$$\begin{cases}
\dot{S}_\phi = -\varepsilon_\phi \mathrm{sgn}(S_\phi) - k_\phi S_\phi - \hat{\xi}_\phi \mathrm{sgn}(S_\phi) \\
\dot{\hat{\xi}}_\phi = \zeta_\phi |S_\phi|
\end{cases} \tag{13.102}$$

式中：ε_ϕ 为等速趋近律参数，且 $\varepsilon_\phi > 0$；k_ϕ 为指数趋近律参数，且 $k_\phi > 0$；$\hat{\xi}_\phi$ 为切换增益自适应律；ζ_ϕ 为自适应设计参数，且 $\zeta_\phi > 0$。

则滚转通道的自适应滑模变结构控制律为

$$\delta_a = \frac{1}{a_{\phi_v}}(-d_{\phi_v} + \ddot{\phi}_w + a_\phi \dot{e}_{\phi 1} - \varepsilon_\phi \mathrm{sgn}(S_\phi) - k_\phi S_\phi - \hat{\xi}_\phi \mathrm{sgn}(S_\phi)) \tag{13.103}$$

滚转角控制回路的李雅普诺夫稳定性证明与俯仰角通道类似，此处不再阐述。

(3) 偏航角通道的滑模变结构控制器设计。偏航角通道和俯仰角通道，同样具有相同形式的预处理模型，同理，设计偏航通道的滑模面：

$$S_{\Psi} = \dot{\Psi}_{v} - \dot{\Psi}_{w} - a_{\Psi} e_{\Psi 1} \tag{13.104}$$

式中：Ψ_{w} 为系统期望的偏航角，°；a_{Ψ} 为控制器的可调参数，且 $a_{\Psi} > 0$；$e_{\Psi 1}$ 为偏航角跟踪误差，即 $e_{\Psi 1} = \Psi_{w} - \Psi_{v}$。

设计自适应趋近律：

$$\begin{cases} \dot{S}_{\Psi} = -\varepsilon_{\Psi}\mathrm{sgn}(S_{\Psi}) - k_{\Psi} S_{\Psi} - \hat{\xi}_{\Psi}\mathrm{sgn}(S_{\Psi}) \\ \dot{\hat{\xi}}_{\Psi} = \zeta_{\Psi} |S_{\Psi}| \end{cases} \tag{13.105}$$

式中：ε_{Ψ} 为等速趋近律参数，且 $\varepsilon_{\Psi} > 0$；k_{Ψ} 为指数趋近律参数，且 $k_{\Psi} > 0$；$\hat{\xi}_{\Psi}$ 为切换增益自适应律；ζ_{Ψ} 为自适应设计参数，且 $\zeta_{\Psi} > 0$。

则偏航通道的自适应滑模变结构控制律为

$$M_{t} = \frac{1}{a_{\Psi_{v}}}(-d_{\Psi_{v}} + \ddot{\Psi}_{w} + a_{\Psi}\dot{e}_{\Psi 1} - \varepsilon_{\Psi}\mathrm{sgn}(S_{\Psi}) - k_{\Psi}S_{\Psi} - \hat{\xi}_{\Psi}\mathrm{sgn}(S_{\Psi})) \tag{13.106}$$

偏航角控制回路的李雅普诺夫稳定性证明同样与俯仰角通道类似，此处不再阐述。至此，完成尾坐式无人机在垂直起降飞行模式下三个姿态角通道的控制器设计。

13.2.5　控制分配

尾坐式无人机的偏航力矩是通过机翼前缘两台发动机的差速实现，无人机所受发动机推力是两台发动机的推力之和。因此，需要将垂向位置控制器输出的发动机期望推力 T_{sp} 和偏航角通道控制器(13.106) 输出的期望转矩 M_{t} 转化为每一台发动机的油门控制指令。则尾坐式无人机左右两侧发动机的期望推力为

$$\begin{cases} T_{L} = \dfrac{M_{t}}{2d} + \dfrac{T_{sp}}{2} \\ T_{R} = \dfrac{T_{sp}}{2} - \dfrac{M_{t}}{2d} \end{cases} \tag{13.107}$$

由单台发动机油门 — 推力模型，则每台发动机的期望油门指令为

$$\begin{cases} \delta_{t_{L}} = \dfrac{1}{k_{prop}}\sqrt{\dfrac{2T_{L}}{\rho S_{prop} C_{prop}} + V_{a}^{2}} \\ \delta_{t_{R}} = \dfrac{1}{k_{prop}}\sqrt{\dfrac{2T_{R}}{\rho S_{prop} C_{prop}} + V_{a}^{2}} \end{cases} \tag{13.108}$$

在工程实际中，油门指令大小在 0—1 之间，故对式(13.108) 做 0—1 之间的限幅处理，则有

$$\begin{cases} \delta_{t_{L}} = \mathrm{sat}\left(\dfrac{1}{k_{prop}}\sqrt{\dfrac{2T_{L}}{\rho S_{prop} C_{prop}} + V_{a}^{2}}, 0, 1\right) \\ \delta_{t_{R}} = \mathrm{sat}\left(\dfrac{1}{k_{prop}}\sqrt{\dfrac{2T_{R}}{\rho S_{prop} C_{prop}} + V_{a}^{2}}, 0, 1\right) \end{cases} \tag{13.109}$$

13.3 仿真分析

本节首先在 Matlab/Simulink 上搭建了尾坐式无人机垂直起降飞行模式的仿真模型，然后进行位置控制器、姿态控制器联合仿真实验，检验本章所设计控制器的有效性。

13.3.1 控制器参数的整定

无人机的相关物理参数见表 13.1 和表 13.2，气动数据如 13.1 节中的气动系数数据库所示，在没有外界风扰的作用下，选取尾坐式无人机悬停时的状态为工作点，整定位置控制器和姿态控制器的参数见表 13.3～表 13.5。

表 13.3 高度位置 PD 控制器参数

控制器参数	值
位置环比例系数 k_{pu}	2.5
速度环比例系数 k_{vp}	10
速度环微分系数 k_{vd}	2

表 13.4 姿态角通道控制器参数

通道	a	ε	k	ζ
滚转角通道	10.5	100	100	2
俯仰角通道	8.5	50	50	2
偏航角通道	6.7	100	100	1

表 13.5 水平位置控制器参数

控制器参数	值
预测时域 p	500
控制时域 m	10
系统采样间隔 T_s/s	0.005
各时刻位置误差加权矩阵 R_{yi}	$1\,000 \cdot \mathbf{I}_{2\times 2}$
各时刻控制增量加权矩阵 R_{ui}	$10 \cdot \mathbf{I}_{2\times 2}$
最小控制俯仰角输入 $u_{\min}$/rad	−0.349 1
最大控制俯仰角输入 $u_{\max}$/rad	0.349 1
最小控制偏航角输入 $u_{\min}$/rad	−0.196 3
最大控制偏航角输入 $u_{\max}$/rad	0.196 3
最大控制增量 $\Delta u_{\max}$/rad	0.2
最小控制增量 $\Delta u_{\min}$/rad	−0.2

13.3.2　联合数值仿真分析

在无风条件下进行仿真实验，对所设计的位置控制器、姿态控制器进行验证。

(1)数值仿真分析。考虑到尾坐式无人机垂直起降飞行模式的控制器均是以悬停静止状态为工作点进行设计的。因此为了保证控制效果，将高度控制器的推力范围限制在平衡状态推力附近，即 $7 \leqslant T \leqslant 15(N)$，保证无人机工作在悬停状态附近。

假设无人机的初始状态为地面待飞状态，初始位置为[0,0,0]，初始姿态角也均为 0。仿真步长 $T_s=0.005$ s，仿真时间 $t=70$ s，在 $t=0$ 时刻，无人机开始起飞，按照表 13.6 的期望航迹指令时间序列飞行，仿真结果如图 13.10 所示。

表 13.6　期望航迹指令时间序列

时间 t/s	高度 P_{uc}/m	东向位置 P_{ec}/m	北向位置 P_{nc}/m	滚转角 ϕ_c/rad
0	0	1	1	0
10	1	0	0	0
20	1	1	1	0
30	2	2	0	0
40	3	1	1	0
50	3	0	0	0
60	0	1	1	0
70	0	1	1	0

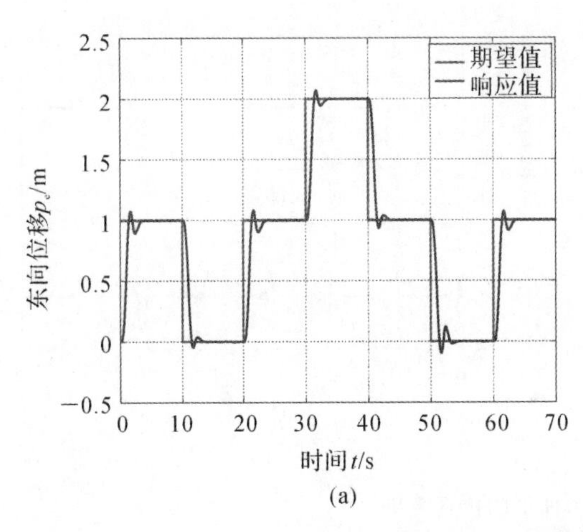

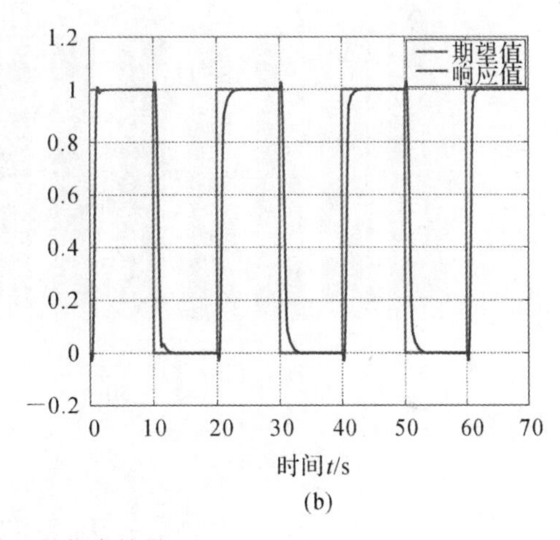

图 13.10　无风条件下的仿真结果

(a)东向位置响应曲线；(b)北向位置响应曲线

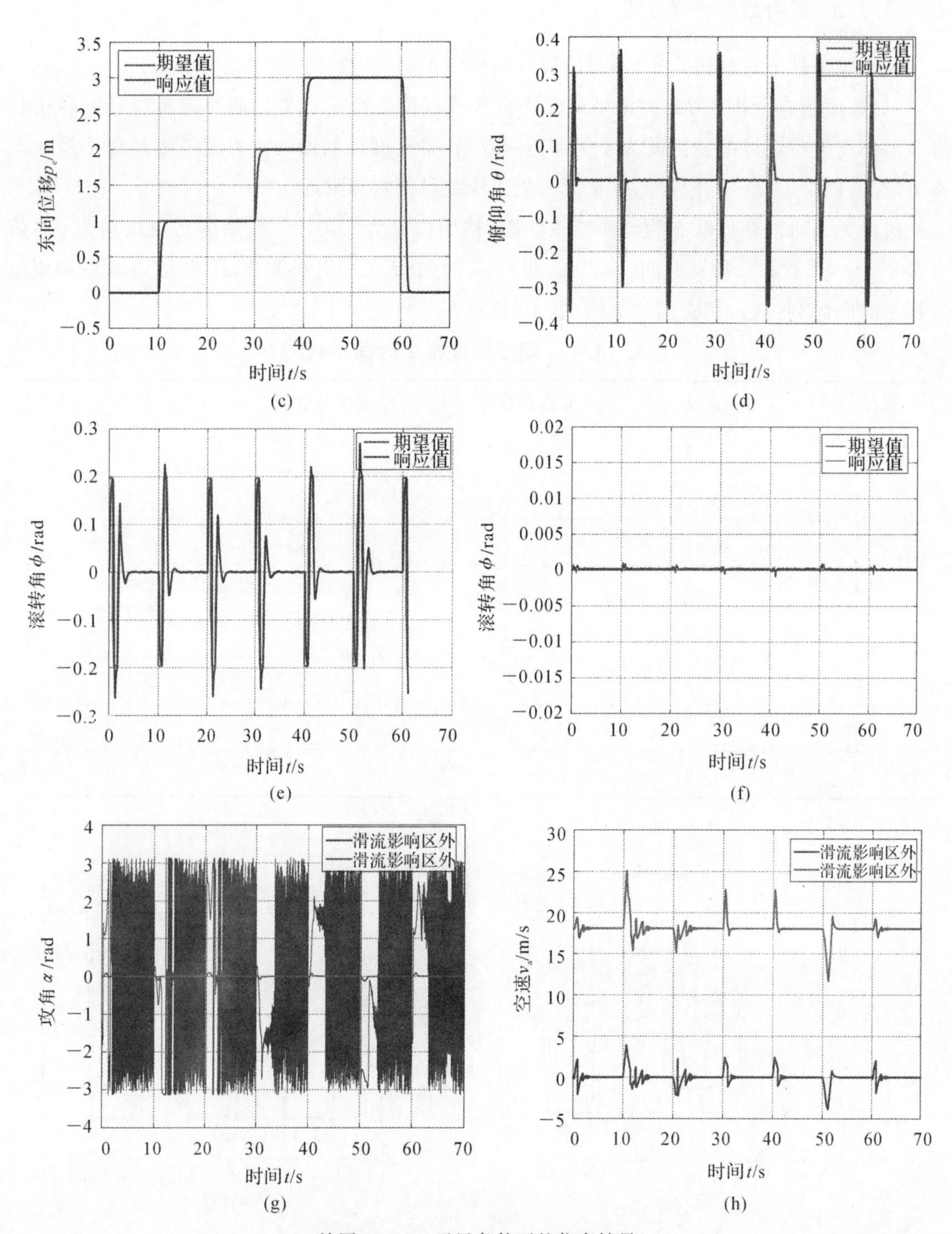

续图 13.10 无风条件下的仿真结果

(c)高度位置响应曲线；(d)俯仰角响应曲线；(e)偏航角响应曲线；

(f)滚转角响应曲线；(g)攻角曲线；(h)空速曲线

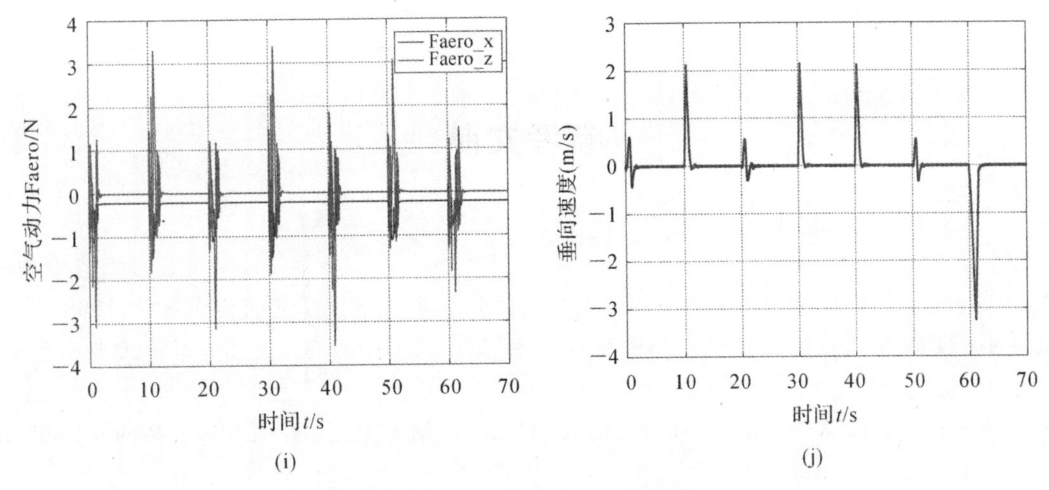

续图 13.10　无风条件下的仿真结果

(i)空气动力曲线；　(j)垂向速度曲线

图 13.10 展示了尾坐式无人机的路径追踪仿真结果。无人机能够对期望位置快速准确跟踪，由于通道间存在耦合，无人机每次到达新的期望位置，位置跟踪具有 10%左右的超调量。由图 13.10(d)～图 13.10(f)可知，姿态控制系统能够对期望姿态角快速准确追踪响应，由于姿态通道间存在耦合，姿态控制出现 5%左右的超调，滚转角发生小幅度波动。图 13.10(g)和图 13.10(h)分别描述了空速和攻角变化曲线，滑流影响区内较高的空速和较小的攻角，保证了垂直起降飞行模式的控制效率。从图 13.10(c)和图 13.10(i)可知，无人机从 3 m 高度下降，逐渐降低下降速度，着陆过程较为平稳。仿真结果验证了在无风环境下，本章所设计的位置控制器和姿态控制器的有效性。

本章以 Arkbird 尾坐式无人机为例，介绍了垂直起降飞行模式下的数学模型和位置姿态控制器的设计过程。首先，对垂直起降飞行模式的数学模型进行了介绍，然后，对无人机的线运动模型做了解耦和离散线性化处理，将角运动模型解耦为三个姿态角通道，接着采用模型预测控制算法设计了水平位置控制器，采用自适应滑模控制算法设计了姿态控制器。最后，对控制系统进行了数值仿真分析，仿真结果表明，在悬停状态和垂直飞行状态，位置控制器和姿态控制器是有效的，具有较好的控制效果。

参考文献

[1] 陈新海,李言俊,周军. 自适应控制及应用[M]. 西安:西北工业大学出版社,1998.

[2] I·D朗道. 自适应控制——模型参考法[M]. 吴百凡,译. 北京:国防工业出版社,1985.

[3] Åström K J, Wittenmark B. Adaptive Control[M]. Botons: Addison-Wesly Publishing Company, 1989.

[4] Harrics C J, Biillings S A. Self Tuning and Adaptive Control: Theory and Applications[M]. London: Peter Peregrinus, 1981.

[5] Hartmanu U, Krebs V. Command and Stability Systems for Aircrafts: A New Digital Adaptive Approach[J]. Automatica, 1980, 16(2):135-146.

[6] Parks P C. Liapunov Redesign of Model Reference Adaptive Control Systems[J]. IEEE Trans. on AC, 1966, 11(3):362-367.

[7] Narendra K S, Valavani L S. Stable Adaptive Controller Design——Direct Control[J]. IEEE Trans. on AC, 1978, 23(4):570-583.

[8] Narendra K S, Lin Y H, Valavani L S. Stable Adaptive Controller Design, Part Ⅱ: Proof of Stability[J]. IEEE Trans. on AC, 1980, 25(3):440-448.

[9] Narendra K S, Annaswamy A M. Stable Adaptive Systems[M]. New Jeresy: Prentice Hall, 1989.

[10] Goodwin G C, Sin K S. Adaptive Filtering Prediction and Control[M]. New Jeresy: Prentice Hall, 1984.

[11] Shankar Sastry, Marc Bodson. Adaptive Control——Stability, Convergence and Robustness[J]. New Jeresy: Prentice Hall, 1989.

[12] Gawthrop P J, Phil D. Hybrid Self-Tuning Control[J]. IEE Proceedings, 1980, 127(5):229-239.

[13] Narendra K S, Khalifa I H, Annaswamy A M. Error Model for Stable Hybrid Adaptive Systems[J]. IEEE Trans. on AC, 1985, 30(4):339-347.

[14] Elliott E. Hybrid Adaptive Control of Continuous Time Systems[J]. IEEE Trans. on AC, 1982, 27(2):419-426.

[15] 玲木,隆·新中新二,金森春夫. モテル规范适应制御系ワハイブリッド构成法[A]. 计测自动制御学会论文集[C],1983,9(10).

[16] Goodwin G C, Ramadge P J, Cains P E. Discrete Time Stochastic Adaptive Control[J]. SIAM J. Control and Optinization, 1981, 19(6):829-853.

[17] Ioannou P, Gang Tao. Persistent Excitation of Adaptive Control Systems[M]. Cali-

fornia: University of Southern California, 1986.

[18] Ioannou P, Sun J. Theory and Design of Robust Direct and Indirect Adaptive Control Schemes[J]. California: University of Southern California, 1988,47(13):775 - 813.

[19] Ioannou P, Tsakalis K. Robust Discrete-time Adaptive Control[J]. University of Southern Califoria, 1986,73 - 85.

[20] Ioannou P, Sun J. The Robust Adaptive Control of discrete-time System[M]. California: University of Southern California, 1986.

[21] Boyd S. On Parameter Convergency in Adaptive Control[J]. System and Control Letters, 1983, 3(6):311 - 319.

[22] Boyd S. Necessary and Sufficient Conditions for Parameter Convergence in Adaptive Control[J]. Automatica, 1986, 22(6):629 - 639.

[23] Strang G. Linear Algebra and Its Applications[M]. New York: Academic Press, 1976.

[24] 李言俊,陈新海. 一种新的随机系统混合自适应控制器设计方法[J]. 西北工业大学学报,1990,8(3):247 - 255.

[25] 李言俊. 连续对象具有未建模动态时的一种鲁棒混合自适应控制器[J]. 西北工业大学学报,1989,7(1):57 - 65.

[26] 李言俊,张安华,陈新海. σ校正混合自适应控制律[J]. 自动化学报,1991,17(3):304 - 310.

[27] 李言俊,陈新海. 一种积分式混合自适应控制器[J]. 控制与决策,1990,10(6):46 - 48.

[28] 李言俊,江勇,朱志刚. 两种基于Narendra方案的混合自适应修正方案[J]. 控制理论与应用,1993,10(5):543 - 548.

[29] 朱志刚,李言俊,强文鑫. 一种对象具有未建模动态时的间接式混合自适应极点配置方案[J]. 自动化学报,1993,19(3):351 - 355.

[30] Clarke D W, Gawthrop P J. Self-Tuning Controller[J]. IEE Proceedings, 1975, 122(9):929 - 934.

[31] Chang Yun Wen, David J H. Adaptive Linear Control of Nonlinear Systems[J]. IEEE Trans. on AC, 1990, 35(11):1253 - 1257.

[32] Hardy G H, Littlewood J E, Polya G. Inequalities[M]. London: Cambridge University Press, 1952.

[33] Bernard Brogliato, Alexandre Trofino-Neto, Rogelio Lozano. Robust Adaptive Control of A Class of Nonlinear First Order Systems[J]. Automatica, 1992, 28(4):795 - 801.

[34] Gang Tao, Kokotovic Peter V. Adaptive Control of Plants with Unkown Dead-Zones[J]. IEEE Trans. on AC, 1994, 39(1):59 - 68.

[35] Ioannou P, Tsakalis K. A Robust Direct Adaptive Controller[J]. IEEE Trans. on AC, 1986, 31(11):1033 - 1043.

[36] Wen C, Hill D J. Robustness of Adaptive Control without Dead-Zones, Data Normalization or Persistence of Excitation[J]. Automatica, 1989, 25(6):943 - 947.

[37] Wen C, Hill D J. Adaptive Linear Control of Nonlinear Systems[J]. New South Wales, 1990,35(11):1253-1257.

[38] Middleton R H, Goodwin G C. Adaptive Control of Time Varying Linear Systems [J]. IEEE Trans. on AC, 1988, 33(2):150-155.

[39] Goodwin G C, Ramadge P J, Caines P E. Discrete-Time Multivariable Adaptive Control[J]. IEEE Trans. on AC, 1980, 25(3):449-456.

[40] Goodwin G C, Kwai Sangsin, Saluja K K. Stochastic Adaptive Control and Prediction——The General Delay-Colored Noise Case[J]. IEEE Trans. on AC, 1980, 25 (5):946-950.

[41] 邱晓红,高金源. 可补的非时变非线性系统的自适应控制算法[J]. 控制与决策,1994,9 (4):291-295.

[42] Wang L X. Adaptive Fuzzy Systems and Control:Design and Stability Analysis[M]. New Jeresy: Prentice Hall, 1994.

[43] Wang L X. Stable Adaptive Fuzzy Control of Nonlinear Systems[J]. Proc. 31st IEEE Conf. on Decision and Control. Tucson: 1993,1(2):146-155.

[44] 贺剑锋,陈晖,黄石生. 模糊控制的新近发展[J]. 控制理论及应用,1994,11(2):129-136.

[45] 樊战旗. 模糊自适应理论在航空发动机控制中的应用:[D]. 西安:西北工业大学,1996.

[46] 李学锋. 自适应模糊控制理论与应用研究[D]. 西安:西北工业大学,1996.

[47] 陈建勤,吕剑虹,陈来九. 模糊控制系统的闭环模型及稳定性分析[J]. 自动化学报,1994,20(1):1-9.

[48] 李友善,李军. 模糊控制理论及其在过程控制中的应用[M]. 北京:国防工业出版社,1993.

[49] 李士勇. 模糊控制、神经控制和智能控制论[M]. 哈尔滨:哈尔滨工业大学出版社,1996.

[50] 李宝绶,刘志俊. 用模糊集合理论测辨系统的模型[J]. 信息与控制,1980(3):34-40.

[51] 徐征明,杨振野. 基于模糊模型设计自校正调节器的研究[J]. 自动化学报,1987,13 (3):207-211.

[52] 赵振宇,徐用懋. 模糊理论和神经网络的基础与应用[M]. 北京:清华大学出版社,1996.

[53] 胡寿松. 自动控制原理[M]. 4 版. 北京:科学出版社,2003.

[54] 冯纯伯,史维. 自适应控制[M]. 北京:电子工业出版社,1986.

[55] 李清泉. 自适应控制系统理论、设计与应用[M]. 北京:科学出版社,1990.

[56] 韩曾晋. 自适应控制[M]. 北京:清华大学出版社,1996.

[57] 陈宗基. 自适应技术的理论及应用[M]. 北京:北京航空航天大学出版社,1991.

[58] 赵国良,姜仁锋. 自适应控制技术与应用[M]. 北京:人民交通出版社,1991.

[59] 须田信英,等. 自动控制中的矩阵理论[M]. 曹长修,译. 北京:科学出版社,1979.

[60] Utkin V I. Variable Structure System with Sliding Modes[J]. IEEE Transactions on

Automatic Control, 1977, 22(2):212 - 222.

[61] Drazenovic B. The Invariance Conditions in Variable Stracture[J]. System Automatica, 1969, 5(3):287 - 295.

[62] Burton J A, Zinober A S I. Continuous Approximation of Variable Structure Control [J]. Int J System Sci, 1986, 17(6):875 - 885.

[63] Dorlings C M, Zinober A S I. Two Approaches to Hyperplances Design in Multivariable Variable Structure Control Systems[J]. Int J Control, 1986, 44(1):65 - 82.

[64] Yong K K D. Design of Variable Structure Model—Following Control System[J]. IEEE Transactions on Automatic Control, 1978, 23(6):1079 - 1085.

[65] Zinober A S I. El-Ghezawi O M E, Billings S A. Multivariable Variable—Structure Adaptive Model—Following Control Systems[J]. IEE Proceedings, ptD, 1982, 129 (1):6 - 12.

[66] Ambrosino G, Celentano G, Garofalo F. Variable Structure Model Reference Adaptive Control Systems[J]. Int J Control, 1984, 39(6):1339 - 1349.

[67] Liu Hsu, Costa R R. Variable Structure Model Reference Adaptive Control Using Only Input and Output Measurements[J]. Int J Control, 1989,49(2):399 - 416.

[68] Narendra K S, Boskovic J D. A Combined Direct, Indirect and Variable Structure Method for Robust Adaptive Control[J]. IEEE Transactions on Automatic Control, 1992, 37(2):262 - 268.

[69] 周军. 不确定性系统的变结构自适应控制理论及其应用[D]. 西安:西北工业大学, 1993.

[70] 周军,陈新海. 大型柔性空间结构的变结构模型参考自适应控制[J]. 航空学报,1992, 13(4):158 - 163.

[71] 周军,周凤岐,陈新海. 非线性不确定性系统的变结构控制策略研究[J]. 西安:西北工业大学学报,1995, 13(4):614 - 618.

[72] 周凤岐,强文鑫,阙志宏. 现代控制理论及其应用[M]. 成都:电子科技大学出版社, 1994.

[73] 欧阳玲. 具有多输入和扰动作用的空-空导弹滚动通道的前馈/反馈自适应控制器[J]. 宇航学报,1994(2):54 - 57.

[74] 周德云,佟明安,陈新海. 广义预测自适应控制器在导弹控制系统设计中的应用[J]. 航空学报,1992, 13(4):171 - 179.

[75] 周德云,陈新海. 采用加权控制律的自适应广义预测控制器[J]. 控制与决策,1991 (1):7 - 13.

[76] 李言俊,陈新海. 导弹控制系统的随机混合自适应方案研究[J]. 宇航学报,1991(2): 23 - 30.

[77] 李言俊,陈新海. 高精度激光跟踪系统的综合设计[J]. 航空学报,1991, 12(7):105 - 109.

[78] IhC—H C, Wang S J, Leondes C T. An Investigation of Adaptive Control Techniques for Space Stations[C]. Proc. 1985 Amer. Contr. Conf. , 1985,81 - 94.

[79] 鲍平安,张钟俊. 空间站的混合自适应控制[J]. 宇航学报,1991,12(3):31-38.
[80] 张科,常新杰,周凤岐. 多变量系统的全程滑态变结构模型跟踪控制[J]. 西北工业大学学报,1999(1):99-103.
[81] 张科,周凤岐. 全程滑态输出反馈变结构调节器设计[J]. 西北工业大学学报,1999(2):311-315.
[82] 张科,周凤岐. 不确定性多变量系统的全程滑态变结构控制方案设计[J]. 控制理论与应用,1999(2):221-224.
[83] 张科. 时变线性系统的全程滑态变结构控制研究[J]. 宇航学报,1999,20(4):47-52.
[84] 张科,常新杰,周凤岐. BTT导弹时变滑态变结构自适应自动驾驶仪设计[J]. 航天控制,1999(4):22-26.